建筑·室内·景观设计 SketchUp2024 从入门到精通

施博阳　编著

机械工业出版社
CHINA MACHINE PRESS

SketchUp2024 是直接面向设计过程而开发的三维绘图软件，易学易用，功能强大。本书从实际应用的角度出发，通过大量专业实例，由浅入深、循序渐进地讲解了 SketchUp 的基本操作，以及使用 SketchUp2024 进行建筑、室内和景观设计的方法和技巧。

本书共 11 章，第 1 章～第 5 章从熟悉操作界面开始，逐个介绍了 SketchUp 常用工具和高级工具的用法，以及导入和导出操作，读者可以了解和掌握 SketchUp 的基本操作，然后通过酒柜、木桥、欧式凉亭、喷水池、廊架的绘制实例，综合练习前面所学知识，深刻领会 SketchUp 建模的思路和流程；第 6 章～第 10 章详细讲解了使用 SketchUp 进行室内户型图设计、欧式别墅客厅室内设计、室外别墅建筑照片建模、欧式办公楼建筑设计、广场景观方案设计的方法和技巧；第 11 章介绍了 V-Ray for SketchUp 渲染器及渲染输出高品质效果图的方法和技巧。

本书配套资源内容丰富，除包含全书所有实例的素材和源文件外，还额外赠送高清语音视频教学及大量模型、贴图等实用资源，让您花一本书的钱，享受多本书的价值。

本书内容翔实，实例丰富，结构严谨，深入浅出，适合广大室内设计、建筑设计、城市规划设计、景观设计的工作人员与相关专业的大中专院校学生学习使用，也可供房地产开发策划人员、效果图与动画公司的从业人员及希望使用 SketchUp 来进行作图的图形图像爱好者作为参考。

图书在版编目（CIP）数据

建筑·室内·景观设计 SketchUp2024 从入门到精通 / 施博阳编著. -- 北京：机械工业出版社，2025. 1.
ISBN 978-7-111-76946-0
Ⅰ. TU201.4
中国国家版本馆 CIP 数据核字第 2024UT7889 号

机械工业出版社（北京市百万庄大街 22 号 邮政编码 100037）
策划编辑：黄丽梅　　责任编辑：黄丽梅　王春雨
责任校对：梁　园　张亚楠　　责任印制：任维东
北京中兴印刷有限公司印刷
2025 年 1 月第 1 版第 1 次印刷
184mm × 260mm · 23.25 印张 · 630 千字
标准书号：ISBN 978-7-111-76946-0
定价：89.00 元

电话服务
客服电话：010-88361066
010-88379833
010-68326294

网络服务
机　工　官　网：www.cmpbook.com
机　工　官　博：weibo.com/cmp1952
金　　书　　网：www.golden-book.com
机工教育服务网：www.cmpedu.com

前 言

关于 SketchUp

SketchUp 是一款直接面向设计过程的三维软件，区别于追求模型造型与渲染表现真实度的其他三维软件，SketchUp 更多地关注于设计，软件的应用方法类似于现实中的铅笔绘画。SketchUp 软件可以让使用者非常容易地在三维空间中画出尺寸精准的图形，并能够快速生成 3D 模型。因此通过短期的认真学习，即可熟练掌握该软件的使用，并在设计工作中发掘出该软件的无限潜力。

本书内容

本书首先从易到难、由浅及深地介绍了 SketchUp 软件各方面的基本操作，然后结合建筑、室内、景观等实际案例，深入讲解了 SketchUp 在各设计行业的应用方法和技巧，最后介绍了 V-Ray 渲染器与 SketchUp 结合，进行渲染输出的方法和技巧。

本书共 11 章，各章具体内容如下：

第 1 章为 SketchUp 快速入门，主要介绍 SketchUp 软件的功能特点，并熟悉软件的基本界面与操作。

第 2 章为 SketchUp 常用工具，主要介绍 SketchUp 常用的工具栏，使读者掌握软件最为常用的一些模型建立方法，快速上手。

第 3 章为 SketchUp 高级工具，主要介绍 SketchUp 实体工具、剖切工具以及地形工具等高级工具，使读者进一步掌握 SketchUp 建模方法。

第 4 章为 SketchUp 导入与导出，主要介绍 SketchUp 与 AutoCAD、3ds max 等软件文件间的互转，方便在实际工作中使用相关文件。

第 5 章为 SketchUp 基本建模练习，主要通过介绍一些常用的模型组件建立方法，使读者具备初步的软件应用能力，部分模型如下图所示。

酒柜模型

木桥模型

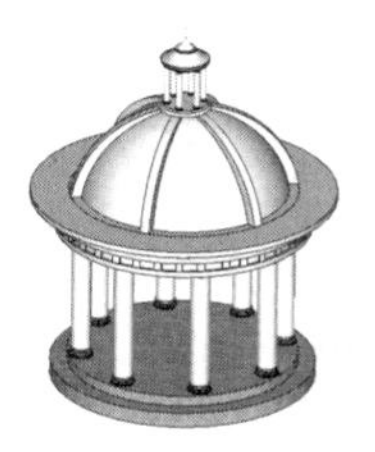

欧式凉亭模型

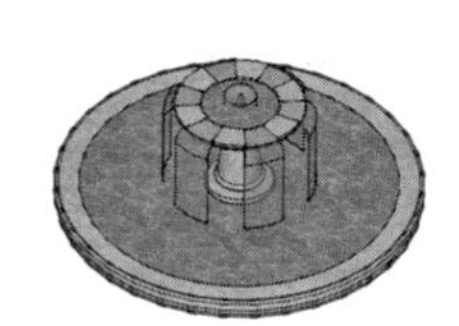

喷水池模型

第 6 章为室内户型图设计，介绍利用一张平面布置图建立户型图三维模型的方法与技巧，如下图所示。

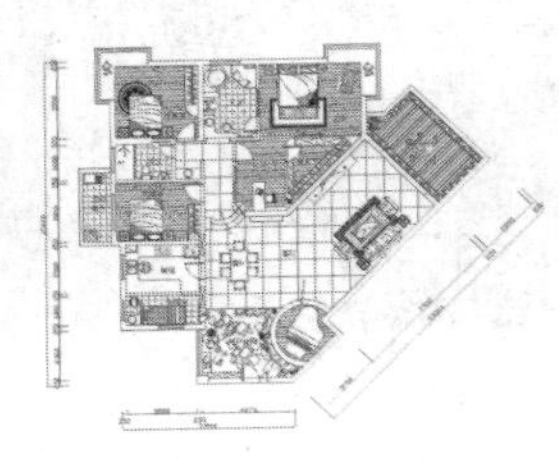
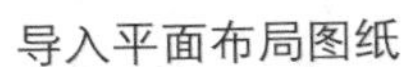
导入平面布局图纸

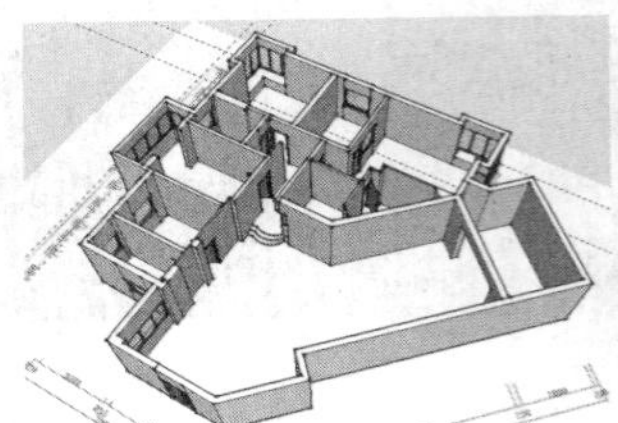
建立框架

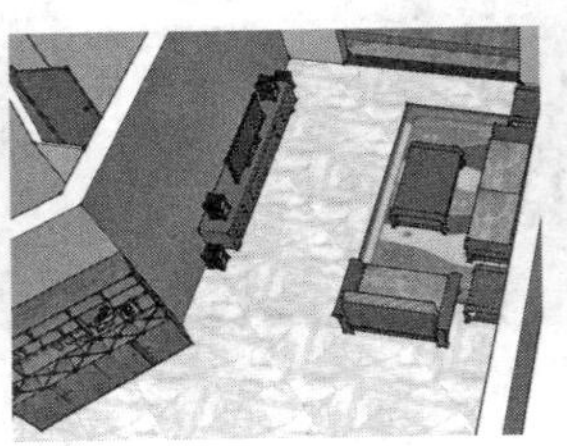
细化空间

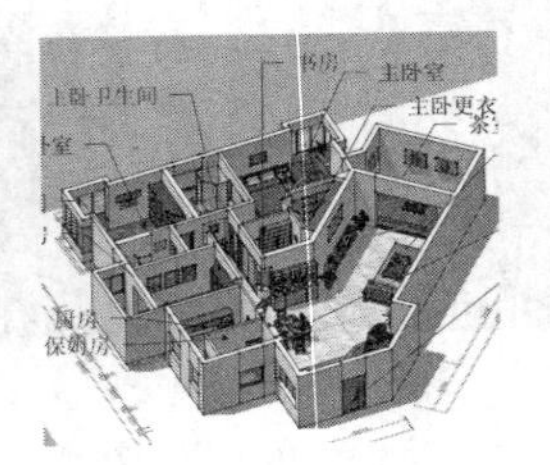
户型图最终效果

第 7 章为欧式别墅客厅室内设计，介绍通过 AutoCAD 平面图推敲高细节的室内装饰三维模型的方法与技巧，如下图所示。

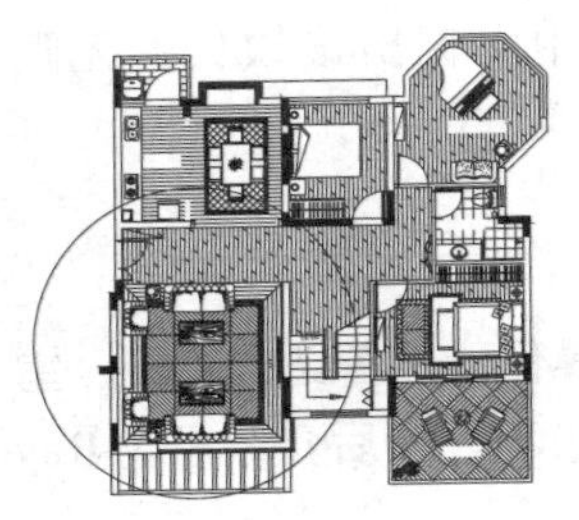
导入 CAD 平面布置图

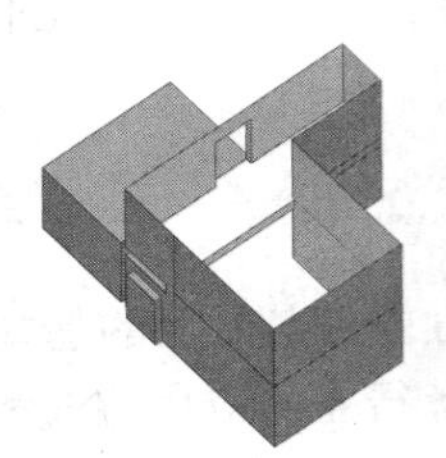
建立框架

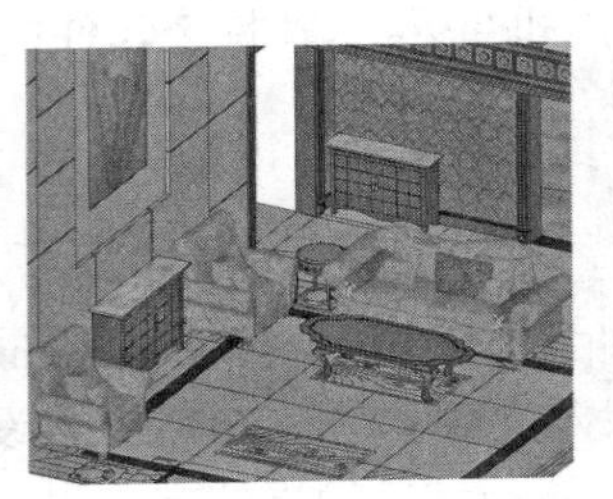
细化立面与合并家具

最终完成效果

第 8 章为室外别墅照片建模，介绍通过图片建立匹配的三维模型的方法与技巧，如下图所示。

导入图片

进行图片匹配

创建建筑

最终完成效果

第 9 章为欧式办公楼建筑设计，介绍通过 AutoCAD 图建立高细节的三维模型的方法与技巧，如下图所示。

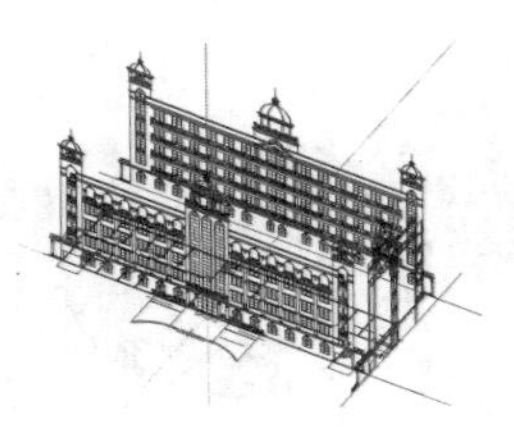
导入背立面图

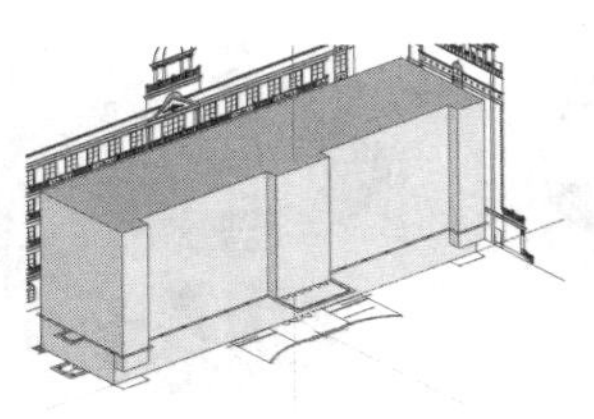
创建轮廓

细化立面

最终完成效果

第 10 章为广场景观方案设计，介绍通过彩平图建立广场景观的方法与技巧，如下图所示。

导入彩平图

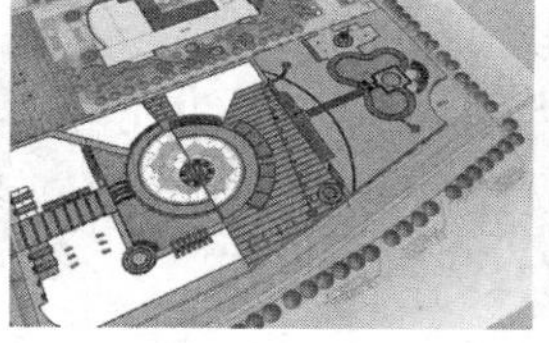
创建景观

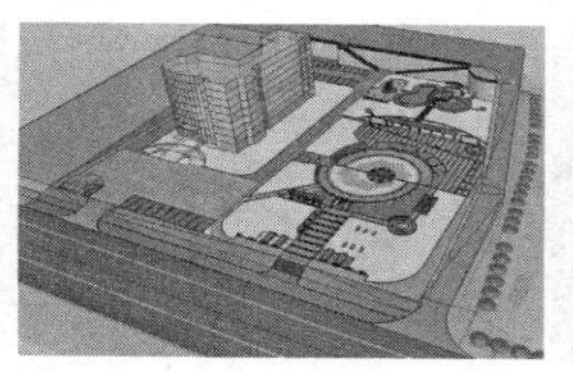
创建建筑与环境

最终完成效果

第 11 章为 V-Ray for SketchUp 渲染器，介绍了 V-Ray for SketchUp 渲染器材质、灯光和渲染面板的基本知识，然后通过客厅渲染具体案例，讲解效果图的渲染流程和方法，如下图所示。

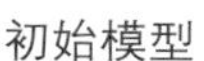
初始模型

布置完场景模型

初步渲染效果

最终渲染效果

本书资源

本书物超所值，随书附赠素材、视频、模型等资源，扫描“资源下载”二维码即可获得下载方式。

读者可以先像看电影一样轻松愉悦地通过教学视频学习本书内容，然后对照书本加以实践和练习，以提高学习效率。

资源下载

读者群体

本书内容翔实，实例丰富，结构严谨，深入浅出，适合广大室内设计、建筑设计、城市规划设计、景观设计的工作人员与相关专业的大中专院校学生学习使用，也可供房地产开发策划人员、效果图与动画公司的从业人员及希望使用 SketchUp 来进行作图的图形图像爱好者作为参考。

本书作者

本书由施博阳编著，由于作者水平有限，书中错误、疏漏之处在所难免。在感谢您选择本书的同时，也希望您能够对本书提出意见和建议。

读者服务邮箱：lushanbook@qq.com。

读 者 QQ 群：375559705。

2024 年 7 月

目录

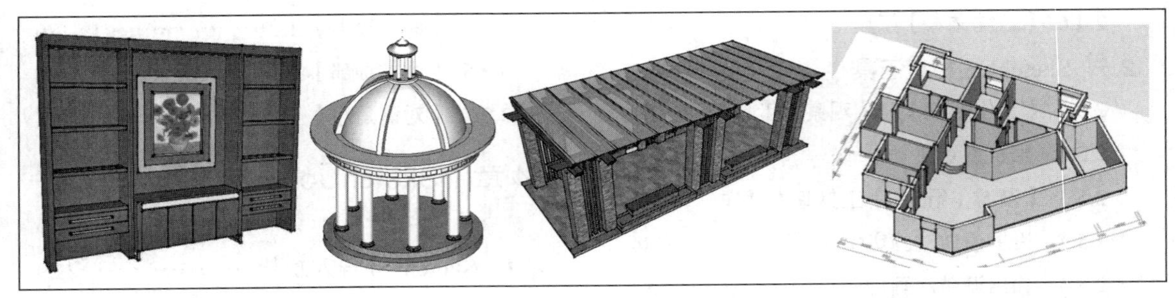

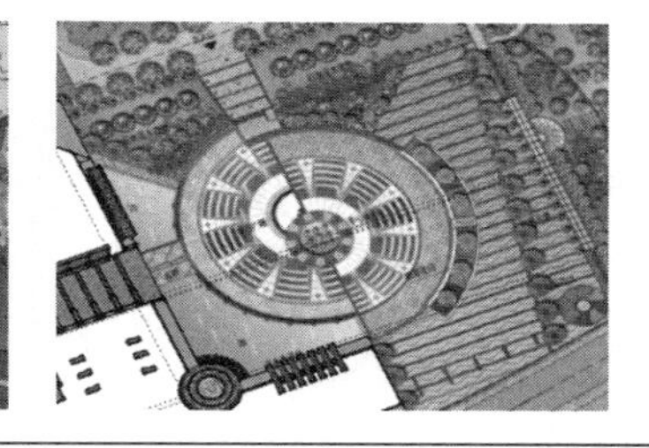

第01章

SketchUp 快速入门

本章重点：

- ◆ 认识 SketchUp
- ◆ 了解 SketchUp2024 界面构成
- ◆ SketchUp 视图的控制
- ◆ SketchUp 对象的选择
- ◆ SketchUp 对象的显示
- ◆ 设置 SketchUp 绘图环境

SketchUp 最初由 @AtLast Software 公司开发，是一款直接面向设计方案创作过程的设计工具。由于其使用简便、容易上手，直接面向设计过程，在设计时可以进行直观的构思，满足与客户即时交流的需要，并且能随着构思的深入不断增加设计细节，因此被形象地比喻为计算机辅助设计中的“铅笔”。

目前 SketchUp 已经广泛用于建筑、室内以及景观等设计领域，效果如图 1-1~ 图 1-3 所示。本章介绍 SketchUp 的工作界面、视图控制、对象选择、视图显示和环境设置等基本内容，为后面章节的学习打下坚实的基础。

图 1-1　SketchUp 建筑效果

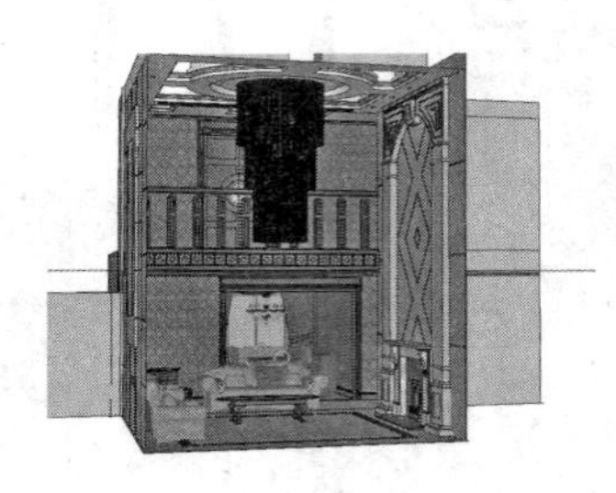

图 1-2　SketchUp 室内效果

图 1-3　SketchUp 景观效果

1.1 认识 SketchUp

SketchUp 在 2006 年 3 月被 Google 公司收购，现已推出新版本 SketchUp2024，其软件开启界面与默认工作界面分别如图 1-4 与图 1-5 所示。

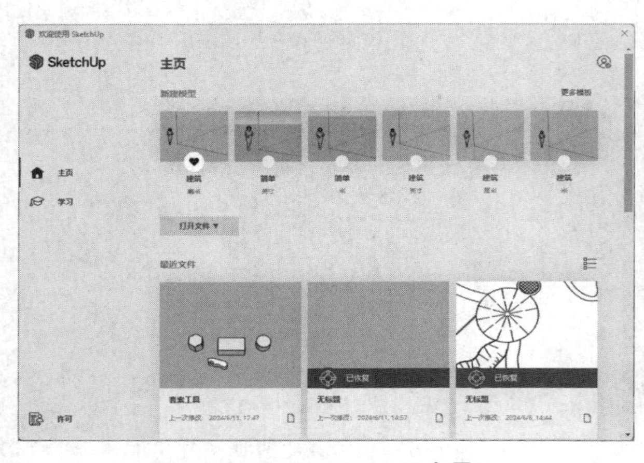

图 1-4　SketchUp2024 开启界面

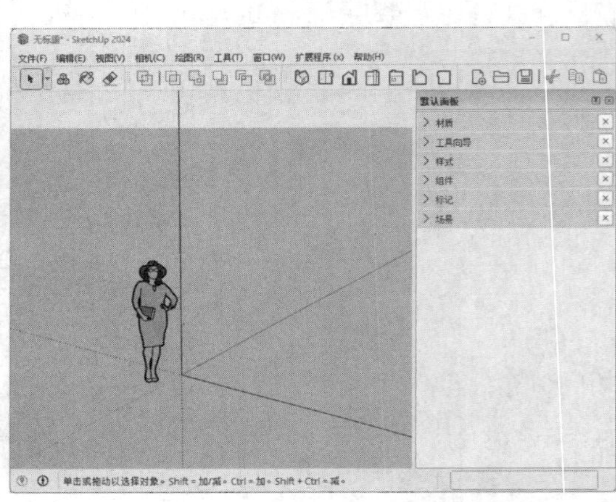

图 1-5　SketchUp2024 默认工作界面

SketchUp 之所以能快速、全面地被建筑设计、室内设计、景观设计等诸多设计领域设计人员接受并推崇，主要有下述几个明显区别于其他三维软件的特点。

1.1.1　直观的显示效果

在使用 SketchUp 进行设计创作时，可以实现“所见即所得”，设计过程中的任何阶段都可以作为直观的三维成品，如图 1-6 所示，并能快速切换不同的显示样式，如图 1-7 所示。

不但摆脱了传统的绘图方法的繁重与枯燥，而且能与客户进行更为直接、灵活和有效的交流。

图 1-6　直观的三维成品

图 1-7　切换不同的显示样式

1.1.2　便捷的操作性

观察图 1-5 可以发现，SketchUp 的界面十分简洁，所有的功能都可以通过界面菜单与按钮完成。对于初学者来说，很快即可上手运用。而经过一段时间的练习，成熟的设计师使用鼠标能像拿着铅笔一样灵活，不再受到软件繁杂操作的束缚，而专心于设计的构思与实现。

1.1.3　优秀的方案深化能力

SketchUp 三维模型的建立基于最简单的推拉等操作，同时由于其有着十分直观的显示效果，因此使用 SketchUp 可以方便地进行方案的修改与深化，直至完成最终的方案效果，如图 1-8 所示。

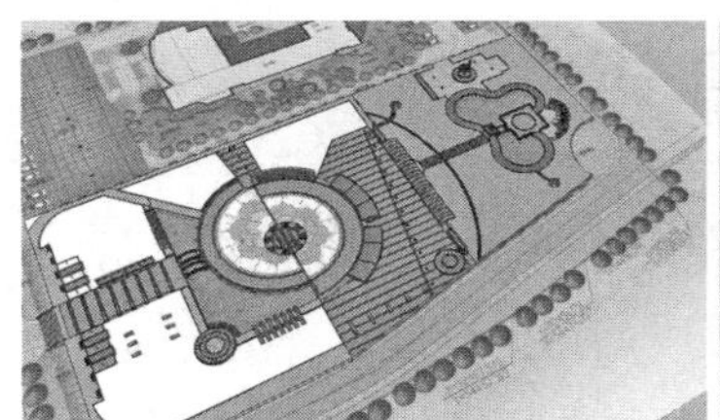

初步方案

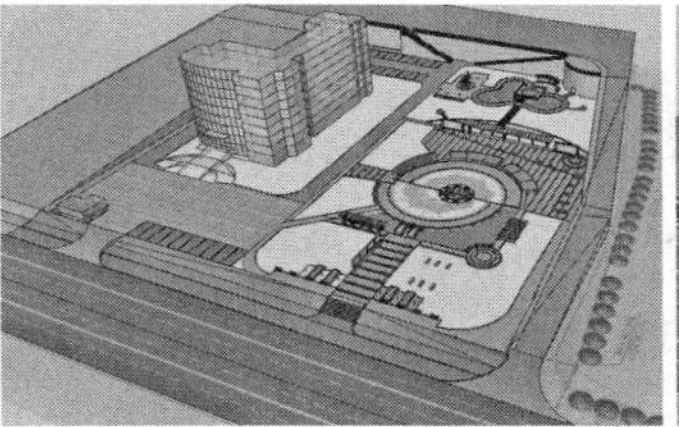

深化方案

最终方案

图 1-8　方案设计过程

1.1.4　全面的软件支持与互转

SketchUp 虽然俗称“草图大师”，但其功能远远不局限于方案设计的草图阶段。SketchUp 不但能在模型的建立上满足建筑制图高精确度的要求，还能完美地结合 VRay、Piranesi 、Artlantis 等渲染器实现如图 1-9 与图 1-10 所示的多种样式的表现效果。此外 SketchUp 与 AutoCAD、3ds-max、Revit 等常用设计软件能进行十分快捷的文件转换互用，能满足多个设计领域的需求。

图 1-9　VRay 渲染效果

图 1-10　Piranesi 渲染效果

1.1.5 自主的二次开发功能

SketchUp 的使用者可以通过 Ruby 语言进行创建性应用功能的自主开发，通过开发的插件可以全面提升 SketchUp 的使用效率或突出延伸其在某个设计领域的功能。

1.1.6 SketchUp2024 新增功能

跟之前的SketchUp版本相比，SketchUp2024增加和改善了一些功能，主要表现在下述几个方面。

1. 封面人物的变化

SketchUp2024的封面人物更换为担任SketchUp核心团队质量工程师的Teddy，如图1-11所示。图 1-12 所示为 SketchUp2021 版本的封面人物。

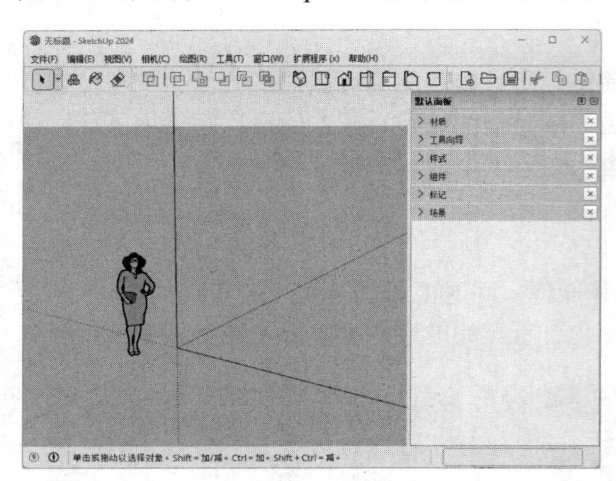

图 1-11　SketchUp2024 封面人物

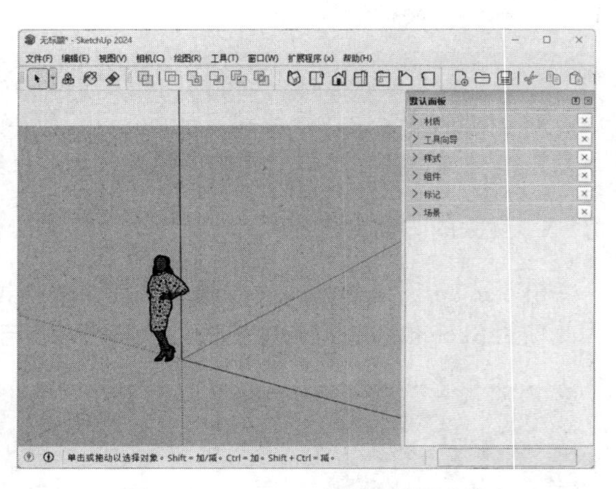

图 1-12　SketchUp2021 封面人物

2. 全新图形引擎

SketchUp2024 版本带来了全新的图形引擎，让大模型在浏览时非常顺畅，运行操作也不会出现延迟、卡顿等现象。在系统设置中，不仅可以查看图形引擎详细信息，还可以切换显卡。在硬件不兼容的情况下可以切换回以前的图形引擎版本。

3. 新增“添加位置”插件

SketchUp2024 新增了一个全新的“添加位置”插件，支持更精确的地形数据导入。

4. 自动推测边缘线、图元到辅助线的参考推理

在旧版本中，在使用矩形工具绘制矩形时，与世界坐标轴对齐，新版本中可以推理出与所绘制的矩形及其所在的面在同一平面的边缘对齐。

在之前的版本里，从对象绘制到辅助线的线条时，有时无法进行推理，现在可以推理并连接到边缘的辅助线。

5. 新增导入导出格式文件

SketchUp2024 新增了导入导出 USDZ 和 glb、gltf 格式文件。

6. 新增共享模型方式

通过 Trimble Connect 的链接地址共享使用者的模型，还可以在桌面版本、iPad 版本和网页版本上查看同一个模型。使用者的客户无须订阅 SketchUp 就可以查看 SketchUp 模型，使用人数也不受限制，还可以自定义访问权限。

7. 文件保存提醒

如果没有及时保存模型，SketchUp 界面上标题栏的文件名处会显示一个“*”符号。

使用环境光遮蔽的新全局样式设置，可在模型边缘增加视觉重点和深度感知，可用于生成类似黏土或白横的风格化视觉效果，该功能可在桌面版本、iPad 版本和 LayOut 中使用。

8. LayOut 草稿模式

在以往旧版 LayOut 中，LayOut 卡顿是使用者烦恼的一个原因，在 SketchUp2024 版本中，新增的草稿模式可以提高 LayOut 的响应速度，整体性能得到极大提升。

1.2 了解 SketchUp2024 界面构成

SketchUp2024 默认工作界面十分简洁，如图 1-13 所示。主要由【标题栏】、【菜单栏】、【工具栏】、【状态栏】、【数值输入框】、【绘图区】构成。

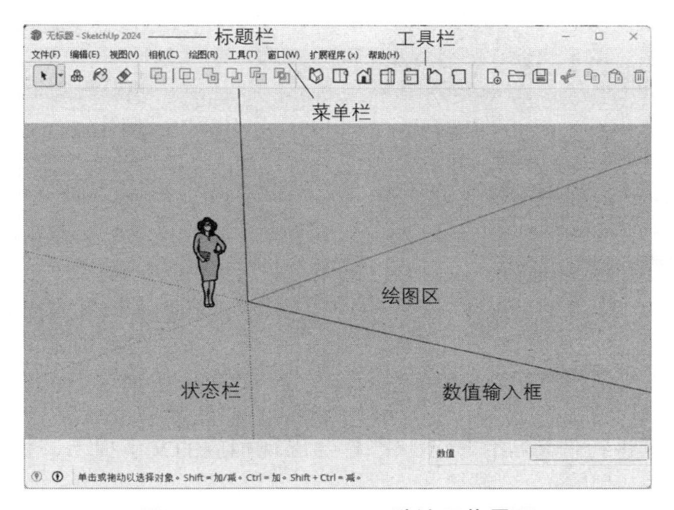

图 1-13　SketchUp2024 默认工作界面

1.2.1　菜单栏

SketchUp2024 菜单栏由【文件】、【编辑】、【视图】、【相机】、【绘图】、【工具】、【窗口】等主菜单构成，单击这些主菜单可以打开相应的子菜单以及次级子菜单，如图 1-14 所示。

1.2.2　工具栏

默认状态下，SketchUp2024 仅有横向【使用入门】工具栏，主要有【绘图】、【相机】、【编辑】等工具组按钮，通过调用【视图】|【工具栏】命令，在弹出的【工具栏】对话框中可以调出或关闭某个工具栏，如图 1-15 所示。

技 巧

【默认面板】可关闭，单击【窗口】|【默认面板】|【显示面板】即可重新显示，执行【窗口】|【默认面板】|【工具向导】菜单命令，如图 1-16 所示，即可打开工具向导动画面板，观看操作演示，以方便初学者了解工具的功能和用法，如图 1-17 所示。

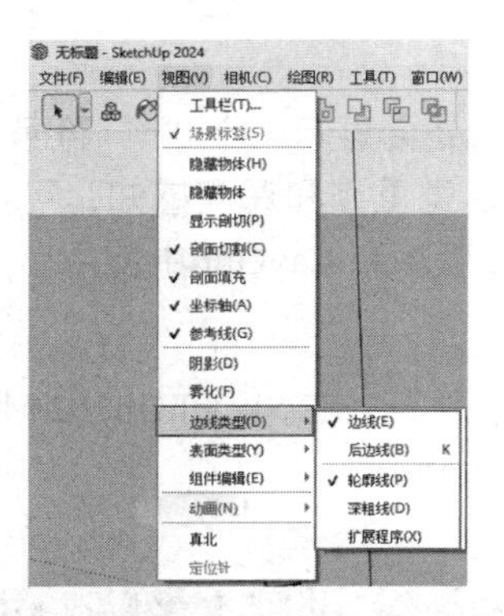

图 1-14　子菜单与次级子菜单

图 1-15　【工具栏】对话框

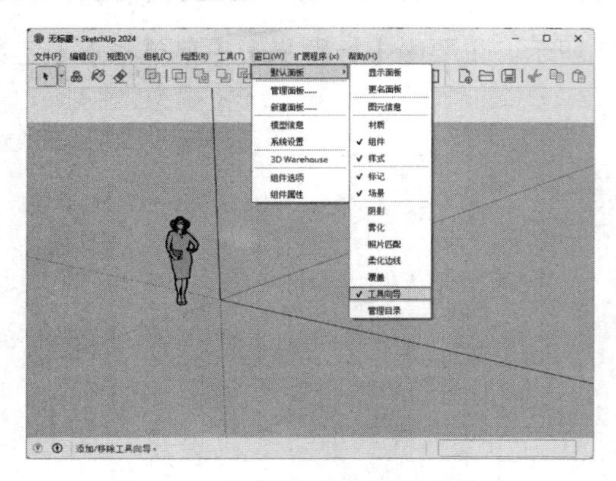

图 1-16　执行工具向导菜单命令

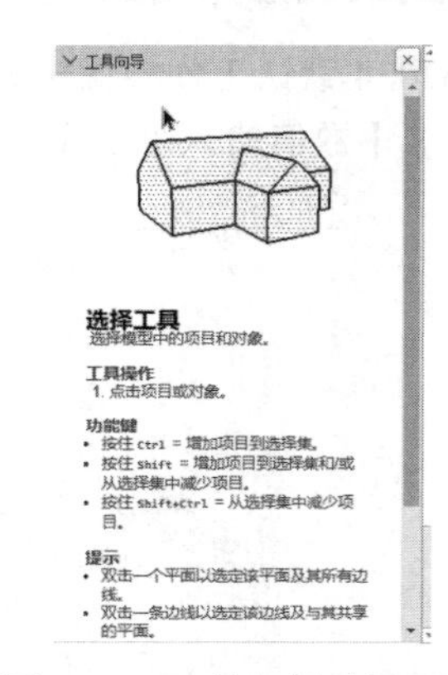

图 1-17　工具向导动画面板

1.2.3　状态栏

当操作者在绘图区进行任意操作时，状态栏会出现相应的文字提示，根据这些提示，操作者可以更准确地完成操作，如图 1-18 所示。

1.2.4　数值输入框

在进行精确模型创建时，可以通过键盘直接在输入框内输入“长度”“半径”“角度”“个数”等参数数值，以确定所绘图形的大小，如图 1-19 所示。

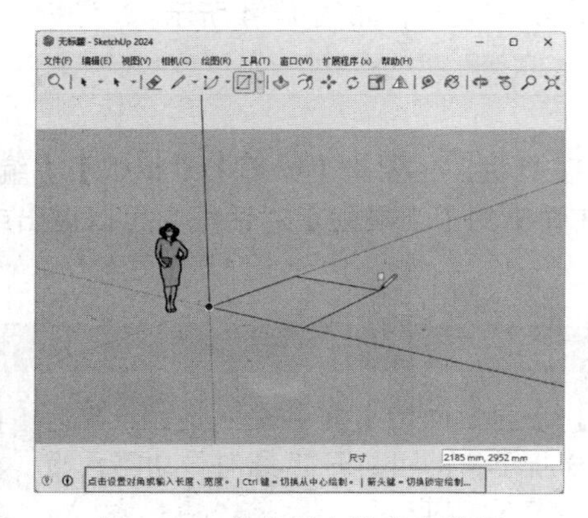

图 1-18　状态栏内的文字提示

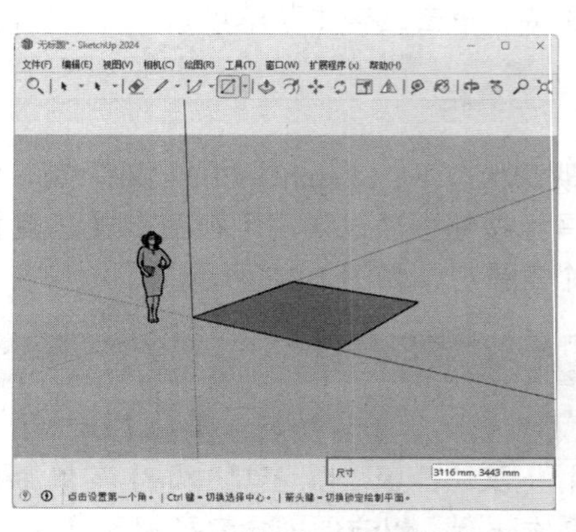

图 1-19　直接输入参数数值

1.2.5 绘图区

绘图区占据了 SketchUp 工作界面大部分的空间，与 Maya、3ds Max 等大型三维软件平面、立面、剖面及透视多视口显示方式不同，SketchUp 为了界面的简洁，仅设置了单视口，通过对应的工具按钮或快捷键，可以快速地进行各个视图的切换，如图 1-20~ 图 1-22 所示，有效节省系统显示的负载。而通过 SketchUp 独有的【剖面】工具，还能快速获得如图 1-23 所示的剖面图。

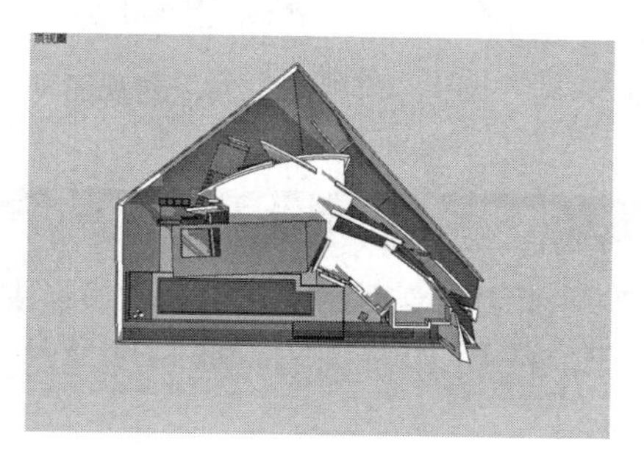

图 1-20　俯视图

图 1-21　主视图

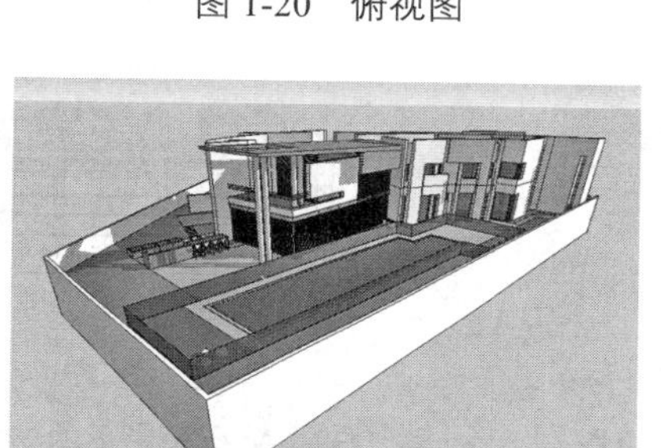

图 1-22　透视图

图 1-23　剖面图

1.3 SketchUp 视图的控制

在使用 SketchUp 进行方案推敲的过程中，会经常需要通过视图的切换、缩放、旋转、平移等操作，以确定模型的创建位置或观察当前模型的细节效果，因此可以说，熟练地对视图进行操作是掌握 SketchUp 其他功能的前提。

1.3.1 切换视图

SketchUp 主要通过【视图】工具栏 7 个视图按钮进行快速切换，单击某按钮即可切换至对应的视图，如图 1-24~ 图 1-29 所示。

图 1-24　等轴视图

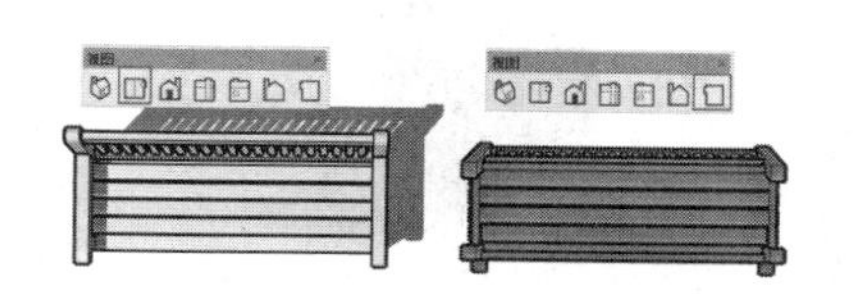

图 1-25　顶视图与底视图

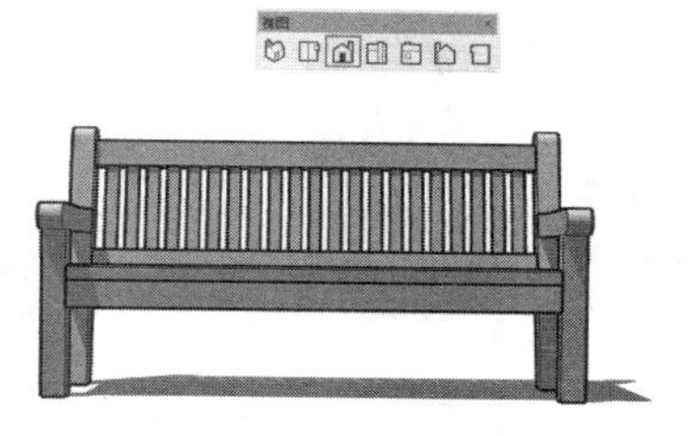

图 1-26　前视图

图 1-27　右视图

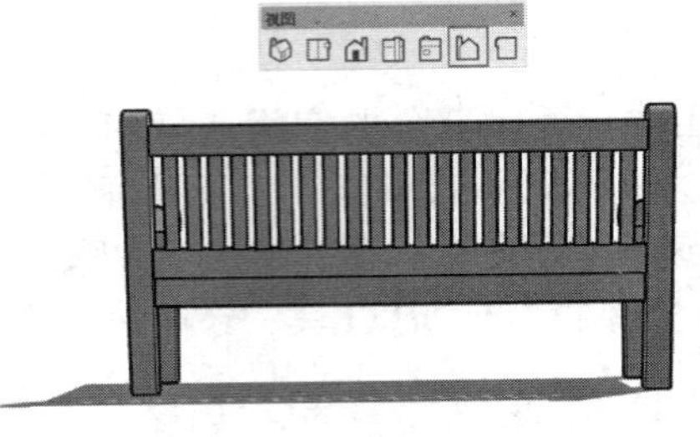

图 1-28　后视图

图 1-29　左视图

注 意

SketchUp 默认设置为“透视显示”，因此所得到的平面图与立面图都非绝对的投影视图，执行【相机】|【平行投影】菜单命令即可得到绝对的投影视图，如图 1-30~ 图 1-32 所示。

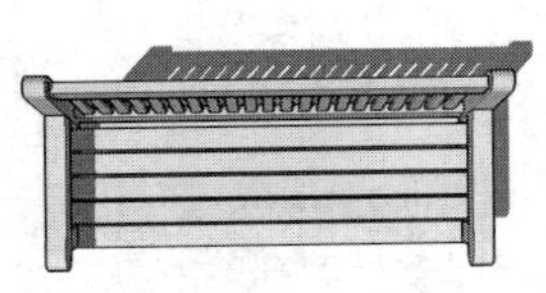

图 1-30　透视显示下的俯视图

图 1-31　调整为平行投影

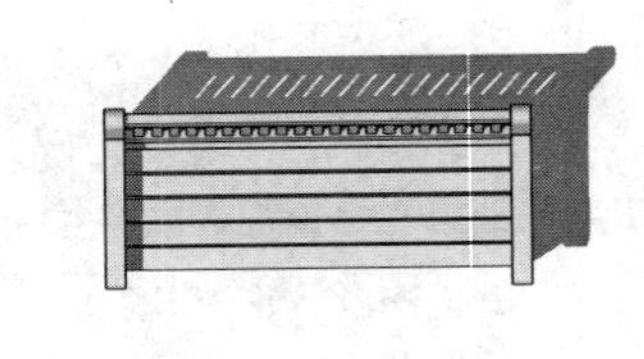

图 1-32　平行投影下的俯视图

在建立三维模型时，平面图（俯视图）通常用于模型的定位与轮廓的制作，而各个立面图用于创建对应立面的细节，透视图则用于整体模型的特征与比例的观察与调整。为了能快捷、准确地绘制三维模型，应该多加练习，以熟练掌握各个视图的作用。

1.3.2　旋转视图

在任意视图中旋转，可以快速观察模型各个角度的效果，单击【相机】工具栏中【环绕观察】按钮，按住鼠标左键进行拖动，即可对视图进行旋转，如图 1-33~ 图 1-35 所示。

技 巧

默认设置下【旋转】工具的快捷键为“O”，此外按住鼠标的滚轮不放拖动鼠标同样可以进行旋转操作。

图 1-33　旋转角度 1

图 1-34　旋转角度 2

图 1-35　旋转角度 3

1.3.3 缩放视图

通过【缩放】工具可以调整模型在视图中显示的大小，以方便观察整体效果或局部细节。SketchUp 的【相机】工具栏内提供了多种视图缩放工具。

1.【缩放】工具

【缩放】用于调整整个模型在视图中显示的大小。单击【相机】工具栏【缩放】按钮，按住鼠标左键不放，从屏幕下方往上方移动是放大视图，从屏幕上方往下方移动是缩小视图，如图 1-36~ 图 1-38 所示。

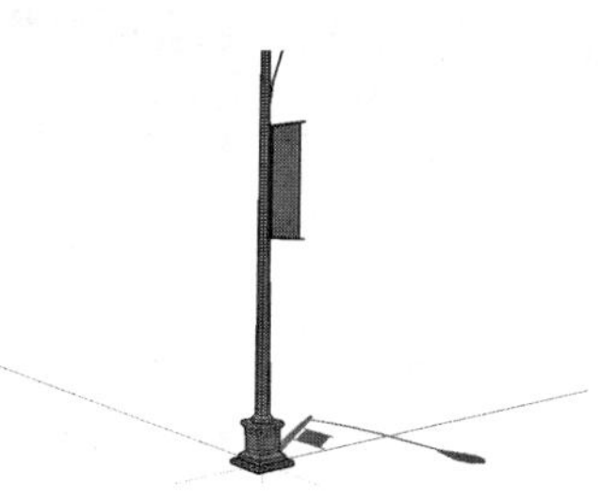

图 1-36　原模型显示效果

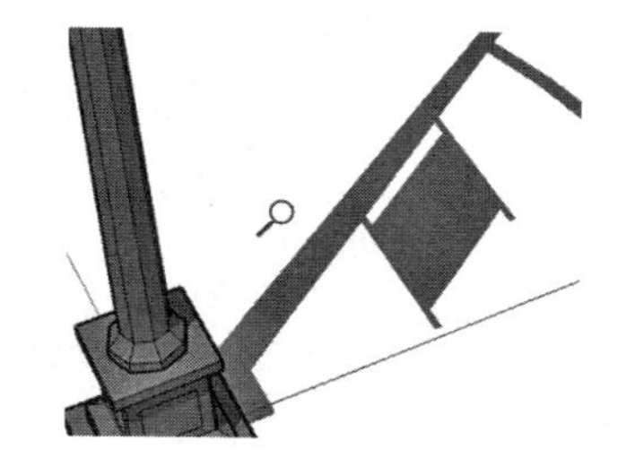

图 1-37　放大视图显示观察细节

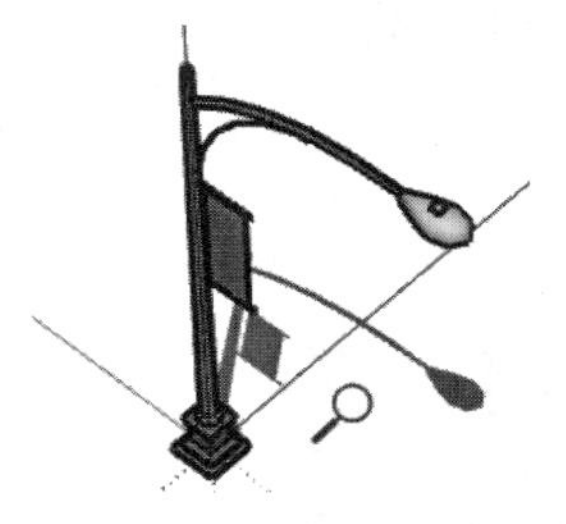

图 1-38　缩小视图显示观察整体

> **技 巧**
>
> 默认设置下【缩放】工具的快捷键为“Z”，此外前后滚动鼠标的滚轮同样可以进行缩放操作。

2.【缩放窗口】工具

【缩放窗口】工具可以划定一个显示区域，位于划定区域内的模型将在视图内最大化显示。单击【相机】工具栏【缩放窗口】按钮，然后在视图中划定一个区域即可进行缩放，如图 1-39~ 图 1-41 所示。

图 1-39　原模型显示效果

图 1-40　划定缩放窗口

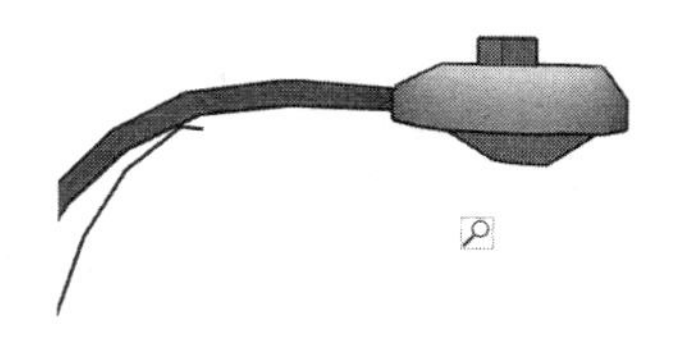

图 1-41　窗口缩放效果

> **技 巧**
>
> 【缩放窗口】工具默认快捷键为“Ctrl+Shift+W”。

3.【充满视窗】工具

【充满视窗】工具可以快速地将场景中所有可见模型以屏幕的中心为中心进行最大化显示。其操作步骤非常简单，直接单击【相机】工具栏【充满视窗】按钮即可，如图 1-42、图 1-43 所示。

图 1-42　原视图

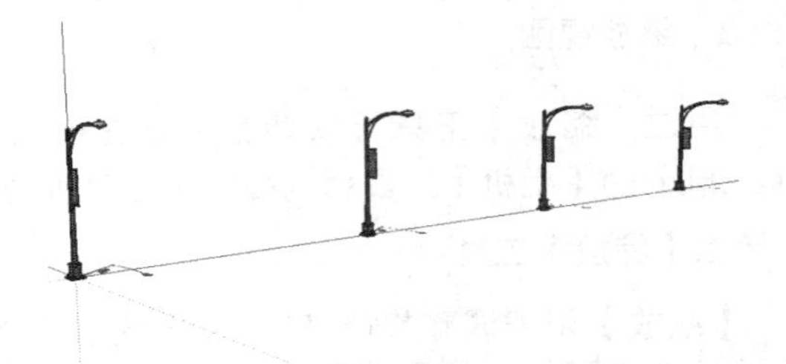

图 1-43　充满视窗显示

技 巧

【充满视窗】工具默认快捷键为“Shift+Z”或“Ctrl+Shift+E”。

1.3.4　平移视图

【平移】工具可以保持当主视图内模型显示大小比例不变时，整体拖动视图进行任意方向的调整，以观察到当前未显示在视窗内的模型。单击【相机】工具栏【平移】按钮，当视图中出现抓手图标时，拖动鼠标即可进行视图的平移操作，如图 1-44~ 图 1-46 所示。

图 1-44　原视图

图 1-45　向左平移视图

图 1-46　向下平移视图

技 巧

默认设置下【平移】工具的快捷键为“H”，此外按住键盘上的“Shift”键同时按住滚动鼠标进行拖动，同样可以进行平移操作。

1.3.5　撤销、返回视图工具

在进行视图操作时，难免出现误操作，使用【相机】工具栏【上一个】按钮，可以进行视图的撤销与返回，如图 1-47~ 图 1-49 所示。

图 1-47　原视图

图 1-48　返回上一视图

图 1-49　返回原视图

技 巧

【上一视图】默认快捷键为“F8”，如果需要多步撤销或返回，连续单击对应按钮即可。

1.3.6 设置视图背景与天空颜色

不同的使用者可以根据个人喜好进行天空与背景颜色的设置，具体方法如下：

01 单击【窗口】菜单，选择其下的【样式】子菜单，如图 1-50 所示，弹出【样式】面板。

02 在【样式】面板选择【编辑】选项卡，单击【背景设置】图标，即可对其中各项参数后的色块进行调整，设置背景颜色，如图 1-51 所示。

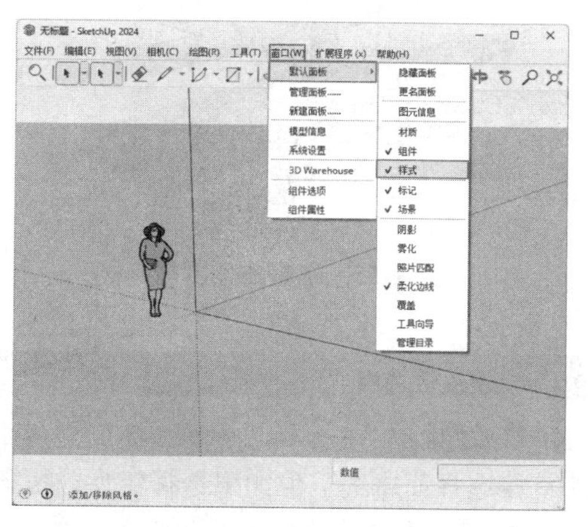

图 1-50 单击【窗口】菜单

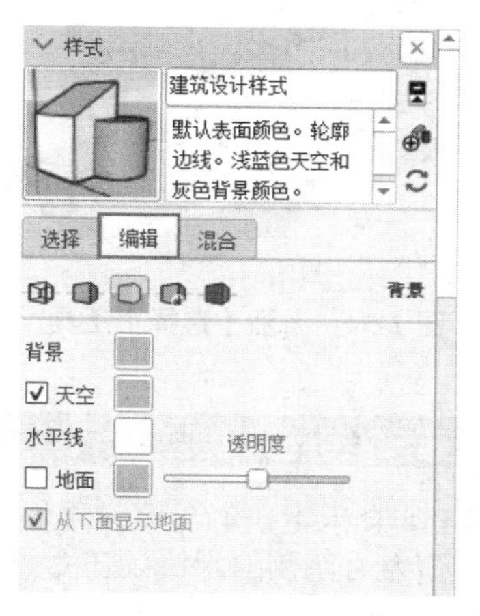

图 1-51 设置背景颜色

1.4 SketchUp 对象的选择

SketchUp 是一个面向对象的软件，即首先创建简单的模型，然后再选择模型进行深入细化等后续工作，因此在工作中能否快速、准确地选择到目标对象，对工作效率有着很大的影响。SketchUp 常用的选择方式有一般选择、框选与叉选、扩展选择三种。

1.4.1 一般选择

SketchUp 中【选择】命令可以通过单击工具栏选择按钮 或直接按键盘上的空格键激活，下面以实例操作进行说明。

01 启动 SketchUp2024，执行【文件】|【打开】命令，弹出【打开】对话框，选择文件，如图 1-52 所示。

02 打开配套资源“对象的选择”模型，本实例为一套由多个构件组成的户外桌椅模型，如图 1-53 所示。

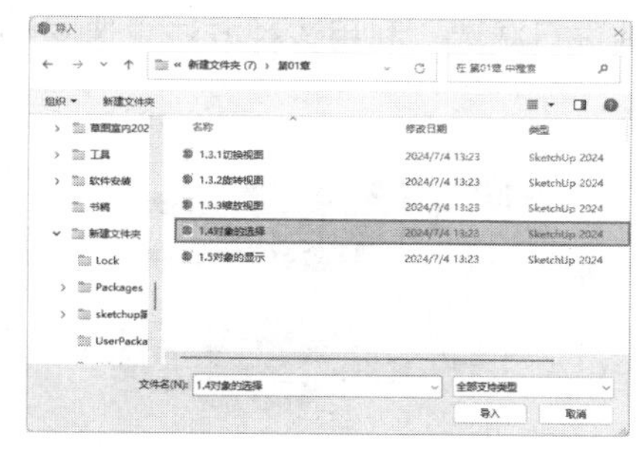

图 1-52 选择文件

图 1-53 户外桌椅模型

03 单击选择按钮 ，或直接按键盘上的空格键，激活【选择】工具，此时在视图内将出现一个“箭头”图标，如图 1-54 所示。

04 此时在任意对象上单击均可将其选择，这里选择左侧木板，观察视图可以看到，被选择的对象以高亮显示，以区别于其他对象，如图 1-55 所示。

图 1-54 激活【选择】工具

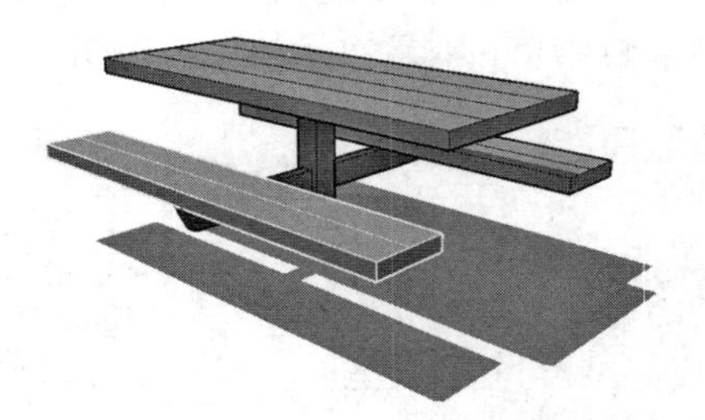

图 1-55 选择左侧木板

注 意

SketchUp 中最小的可选择单位为线，其次分别是面与组件，光盘中“对象选择”文件中的桌椅模型左右两侧的木板以及支架均为组件，无法直接选择面或线。但如果选择组件，执行右键快捷菜单中的“炸开模型”命令，如图 1-56 所示，就可以选择线或面，如图 1-57 所示。

图 1-56 执行“炸开模型”命令

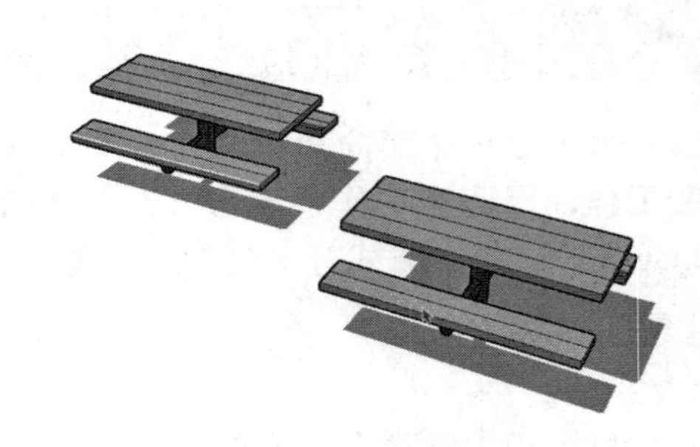

图 1-57 选择线或面

05 在选择了一个目标对象后，如果要继续选择其他对象，则首先要按住“Ctrl”键不放，待视图中的光标变成 +时，再单击下一个目标对象，即可将其加入选择。利用该方法加选支架与右侧木板，如图 1-58 所示。

06 如果误选了某个对象而需要将其从选择范围中去除时，可以按住“Ctrl+Shift”键不放，待视图中的光标变成 –时，单击误选对象即可将其进行减选。利用该种方法减选支架，如图 1-59 所示。

图 1-58 加选支架与右侧木板

图 1-59 减选支架

07 此外，如果单独按住“Shift”键不放，待视图中的光标变成↖±时，单击当前未选择的对象，则将自动加选桌面木板线条，如图 1-60 所示。单击当前已选择的对象，则自动减选右侧木板，如图 1-61 所示。

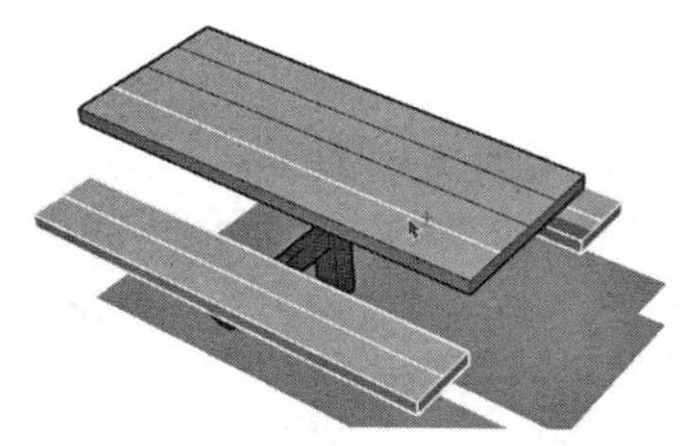

图 1-60 自动加选桌面木板线条

图 1-61 自动减选右侧木板

技 巧

进行减选时不可直接单击组件黄色高亮的范围框，而需单击模型表面方能成功进行减选。

1.4.2 框选与叉选

以上介绍的选择方法均为单击鼠标完成，因此每次只能选择单个对象，而使用【框选】与【叉选】，可以一次性完成多个对象的选择。

【框选】是指在激活【选择】工具后，使用鼠标从左至右划出如图 1-62 所示的实线选择框，完全被该选择框包围的对象将被选择，选择结果如图 1-63 所示。

图 1-62 划出实线选择框

图 1-63 选择结果

【叉选】是指在激活【选择】工具后，使用鼠标从右至左划出如图 1-64 所示的虚线选择框，全部或部分位于选择框内的对象都将被选择，选择结果如图 1-65 所示。

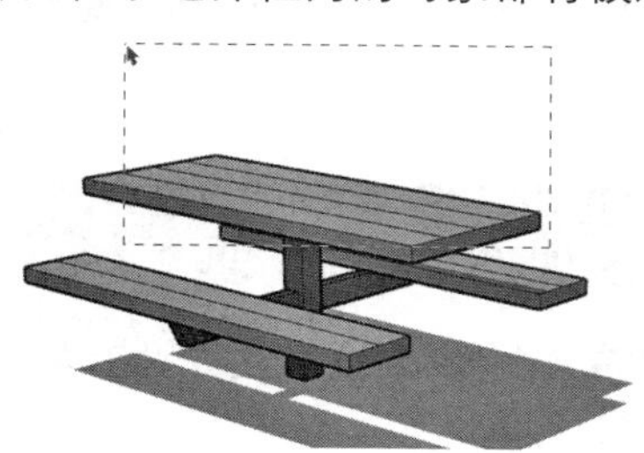

图 1-64 划出虚线选择框

图 1-65 选择结果

注 意

选择完成后，单击视图任意空白处，将取消当前所有选择。

按“Ctrl+A”键将全选所有对象，无论是否显示在当前的视图范围内。

上一节所讲述的加选与减选的方法对于【框选】与【叉选】同样适用。

1.4.3 扩展选择

在 SketchUp 中，线是最小的可选择单位，面则是由线组成的基本建模单位，通过扩展选择，可以快速选择关联的面或线。

鼠标直接单击某个面，这个面就会被单独选择，如图 1-66 所示。

鼠标双击某个面，则与这个面关联的边线也将同时被选择，如图 1-67 所示。

鼠标三击某个面，则与这个面关联的所有面与线都将被选择，如图 1-68 所示。

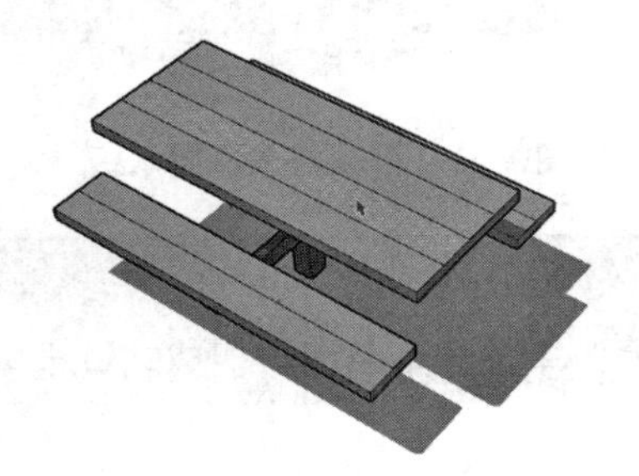

图 1-66　单击选择面

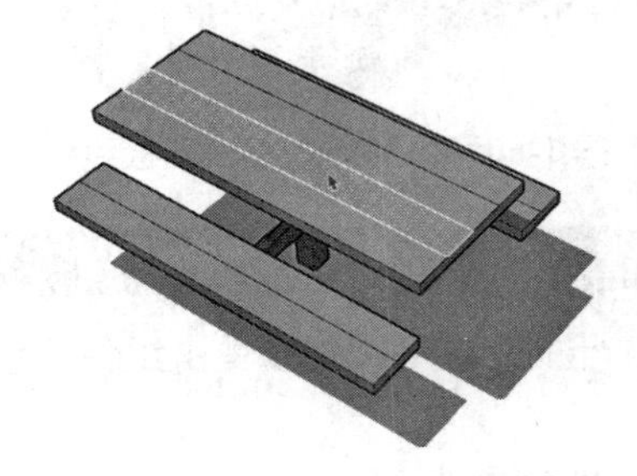

图 1-67　双击选择面与关联边线

注 意

在选择对象上单击右键，可以通过弹出的快捷菜单进行关联的边线、平面或其他对象的选择，如图 1-69 所示。

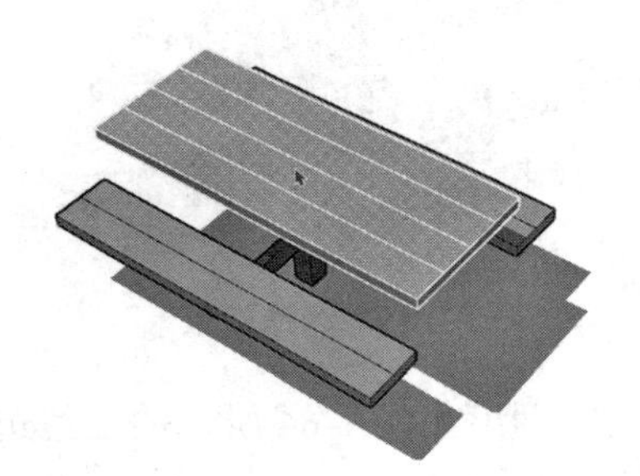

图 1-68　三击选择所有关联的面与线

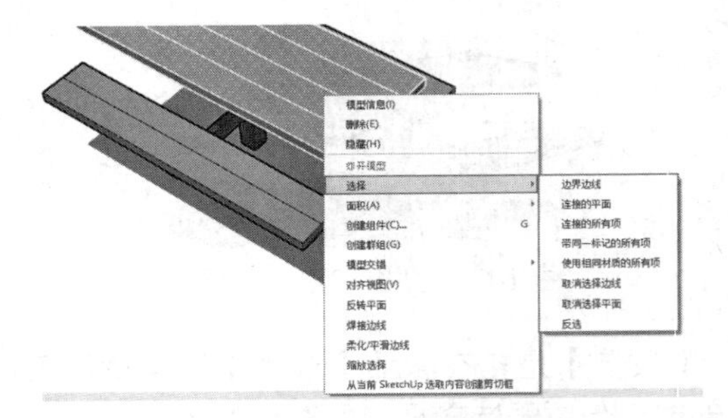

图 1-69　通过快捷菜单进行选择

1.5 SketchUp 对象的显示

SketchUp 是一个直接面向设计的软件，提供了多种对象显示效果以满足设计方案的表达需求，让甲方能够更好地了解方案，理解设计意图。

1.5.1 七种显示样式

单击【样式】工具栏按钮，可以快速切换不同的显示样式，以满足不同的观察要求，如图 1-70 所示。从左至右分别为 X 光透视样式、后边线样式、线框显示样式、隐藏线样式、阴影样式、贴图显示样式以及单色显示样式七种显示样式的按钮。

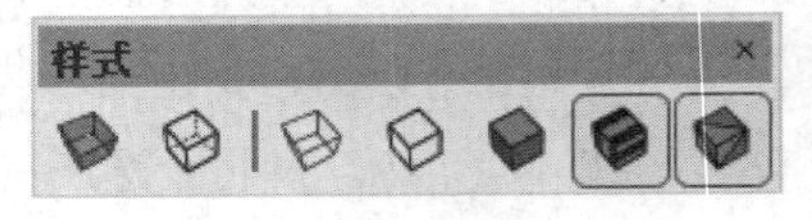

图 1-70 【样式】工具栏

1. X 光透视样式

在进行室内或建筑等设计时，有时需要直接观察室内构件以及配饰等效果，此时单击 X 光透视样式按钮，即可马上实现如图 1-71 所示的显示效果，不用进行任何模型的隐藏，即可对内部效果一览无余。

2. 后边线样式

后边线样式是一种附加的显示样式，单击该样式按钮可以在当前显示效果的基础上以虚线的形式显示模型背面无法观察的线条，如图 1-72 所示。但在当前为 X 光透视样式与线框显示样式效果时，该附加显示无效。

图 1-71　X 光透视样式

图 1-72　后边线样式

3. 线框显示样式

线框显示样式是 SketchUp 中最节省系统资源的显示样式，其效果如图 1-73 所示。在该种显示样式下，场景中所有对象均以实线条显示，材质、贴图等效果也将暂时失效。在进行视图的缩放、平移等操作时，大型场景最好能切换到该样式，可以有效避免卡屏、迟滞等现象。

4. 隐藏线样式

隐藏线样式将仅显示场景中可见的模型面，此时大部分的材质与贴图会暂时失效，仅在视图中体现实体与透明的材质区别，因此是一种比较节省资源的显示方式，如图 1-74 所示。

图 1-73　线框显示样式

图 1-74　隐藏线显示样式

5. 阴影样式

阴影样式是一种介于隐藏线与贴图之间的显示样式，该样式在可见模型面的基础上，根据场景已经赋予的材质，自动在模型面上生成相近的色彩，如图 1-75 所示。在该样式下，实体与透明的材质区别也有所体现，因此显示的模型空间感比较强烈。

技 巧

如果场景模型没有指定任何材质，则在阴影样式下模型仅以黄、蓝两色表明模型的正反面。

6. 贴图显示样式

贴图显示样式是 SketchUp 中最全面的显示样式，该样式下材质的颜色、纹理及透明效果都将得到完整的体现，如图 1-76 所示。

图 1-75　阴影样式

图 1-76　贴图显示样式

> **技 巧**
>
> 贴图显示样式十分占用系统资源，因此该样式通常用于观察材质以及模型整体效果，在建立样式、旋转、平衡视图等操作时，则应尽量使用其他样式，以避免卡屏、迟滞等现象。此外，如果场景中模型没有赋予任何材质，该样式将无法应用。

7. 单色显示样式

单色显示样式是一种在建模过程中经常会用到的显示样式，该样式用纯色显示场景中的可见模型面，以黑色实线显示模型的轮廓线，在较少占用系统资源的前提下，有十分强的空间立体感，如图 1-77 所示。

图 1-77　单色显示样式

1.5.2　边线显示效果

SketchUp 中文俗称“草图大师”，能得到这样的一个称谓，其主要原因是 SketchUp 通过设置边线显示参数，可以显示出类似于手绘草图样式的效果，如图 1-78 与图 1-79 所示。

图 1-78　建筑手绘草图

图 1-79　SketchUp 草图显示效果

1. 设置边线显示类型

在 SketchUp 中打开【视图】|【边线类型】子菜单，选择其下的命令，可以快速设置【边线】、【后边线】、【轮廓线】、【深粗线】以及【出头】的效果，如图 1-80 所示。

轮廓线：【轮廓线】默认为选择，显示轮廓线的效果如图 1-81 所示。取消选择后，场景中模型边线将淡化或消失。

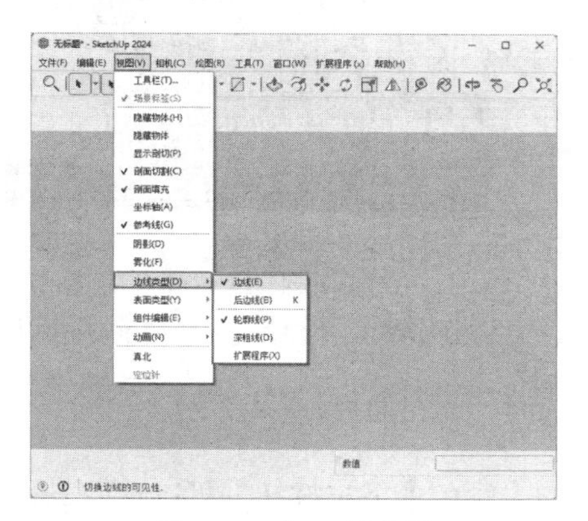

图 1-80 打开子菜单

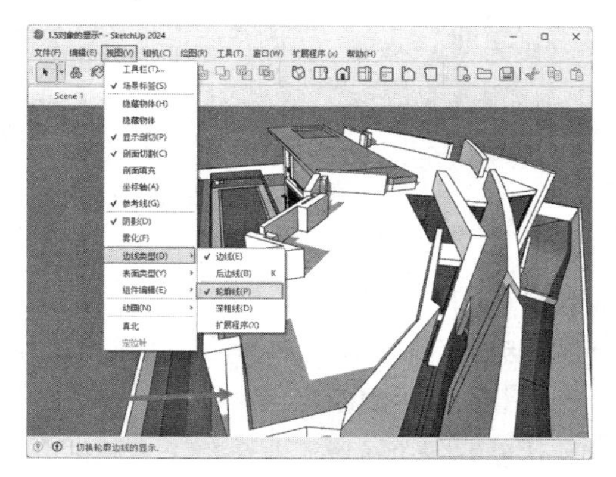

图 1-81 显示轮廓线的效果

深粗线：选择【深粗线】后，边线将以比较粗的深色线条显示。由于该种效果影响模型细节的观察，因此通常不予勾选，深粗线的显示效果如图 1-82 所示。

出头：在实际手绘草图的过程中，两条相交的直线通常会稍微延伸出头，在 SketchUp 中勾选【出头】参数，即可实现出头的显示效果，如图 1-83 所示。

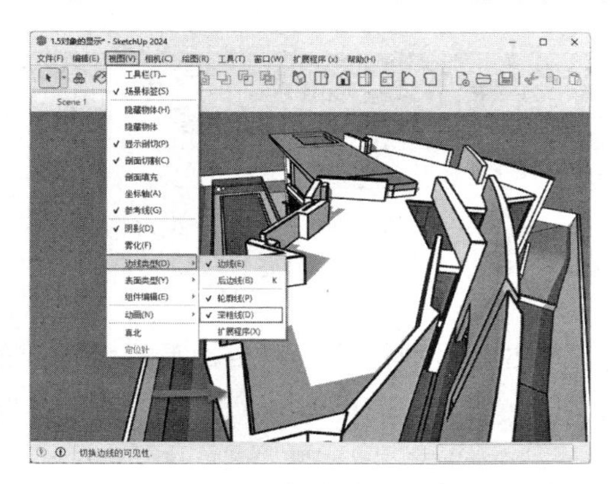

图 1-82 深粗线的显示效果

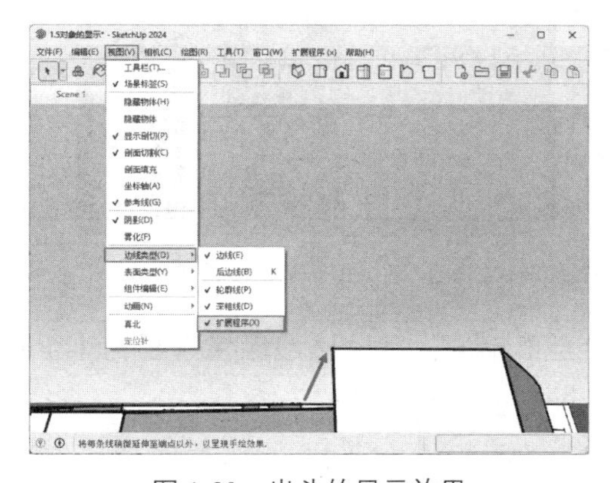

图 1-83 出头的显示效果

在【边线类型】菜单中，仅能简单地设置各种边线效果，对边线的宽度、长度、颜色等特征都无法进行控制。执行【窗口】|【默认面板】|【样式】命令，打开【样式】面板，在【编辑】选项卡中单击【边线设置】按钮，即可进行更加丰富的边线类型与效果的设置，如图 1-84 所示。

端点：选择【端点】复选框后，边线与边线的交接处将以较粗的线条显示，显示端点的效果如图 1-85 所示，通过其后的参数可以设置线条的宽度。

注 意

在【样式】面板中，各种边线类型后面都有数值输入框，除了【出头】参数用于控制延伸长度外，其他参数均用于控制线条自身宽度。

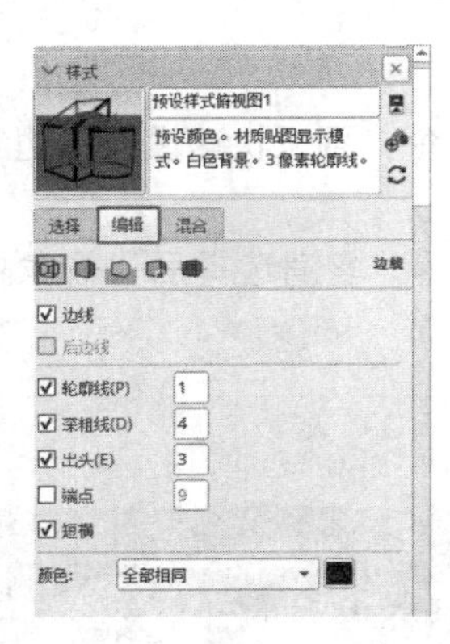

图 1-84 【样式】面板

图 1-85 显示端点的效果

短横：选择【短横】复选框后，笔直的边界线将以稍微弯曲的线条进行显示，如图 1-86 所示。该种效果用于模拟手绘中真实的线段细节。

2. 设置边线的显示颜色

默认设置下边线以深灰色显示，单击【样式】面板的【颜色】下拉按钮，可以选择三种不同的边线颜色设置类型，如图 1-87 所示。

图 1-86 短横的显示效果

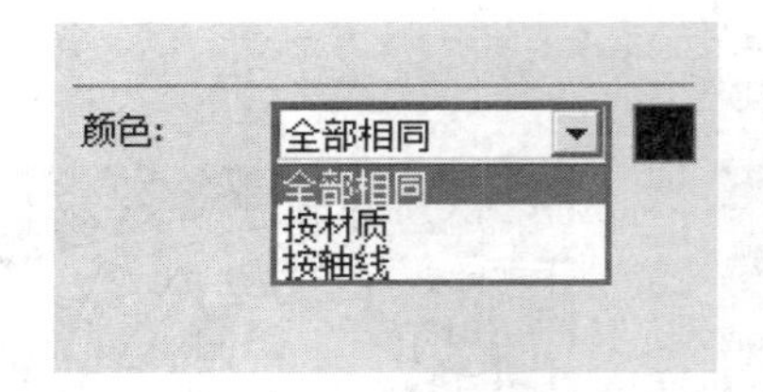

图 1-87 向下弹出列表

全部相同：默认边线颜色选项为【全部相同】，单击其后的色块可以自由调整色彩，如图 1-88、图 1-89 所示。

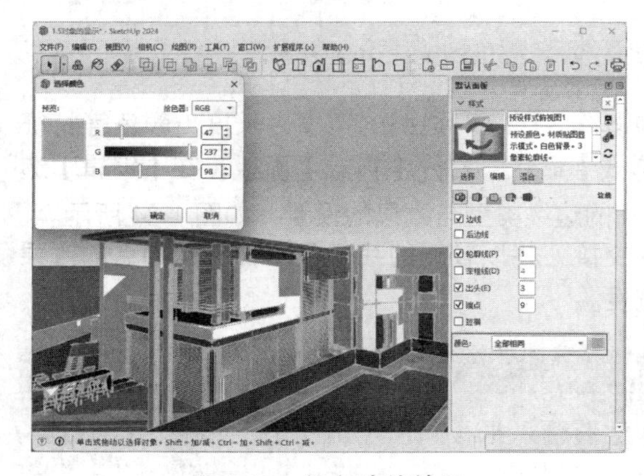

图 1-88 绿色边线效果

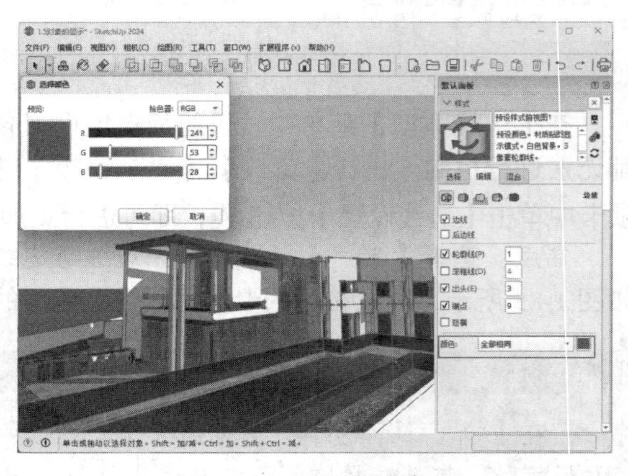

图 1-89 红色边线效果

按材质：选择【按材质】选项后，系统将自动调整模型边线为与自身材质颜色一致的颜色，如图 1-90 所示。

按坐标轴：选择【按坐标轴】选项后，系统分别将 X、Y、Z 三个轴向上的边线以红、绿、蓝三种颜色显示，如图 1-91 所示。

注 意

SketchUp 无法分别设置边线颜色，只有利用【按材质】或【按轴线】参数才能使边线颜色有所差别。但即使这样，颜色效果的区分也不是绝对的，因为即使不设置任何边形类型，场景的模型仍可以显示出部分黑色边线。

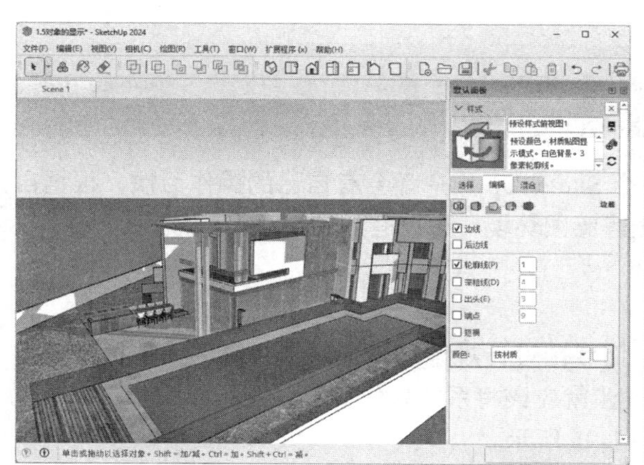

图 1-90　按材质显示边线效果

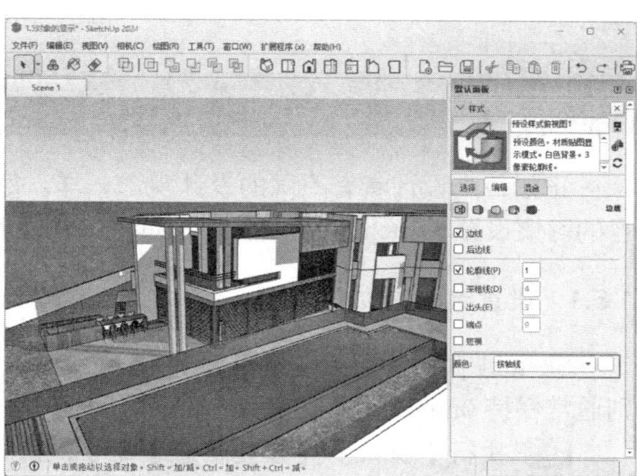

图 1-91　按坐标轴显示边线效果

注 意

除了调整以上类似铅笔黑白素描的效果外，通过【样式】对话框中的下拉按钮，还可以选择诸如【手绘边线】、【颜色集】等其他效果，选择列表及样式效果如图 1-92~ 图 1-94 所示。

图 1-92　【样式】对话框

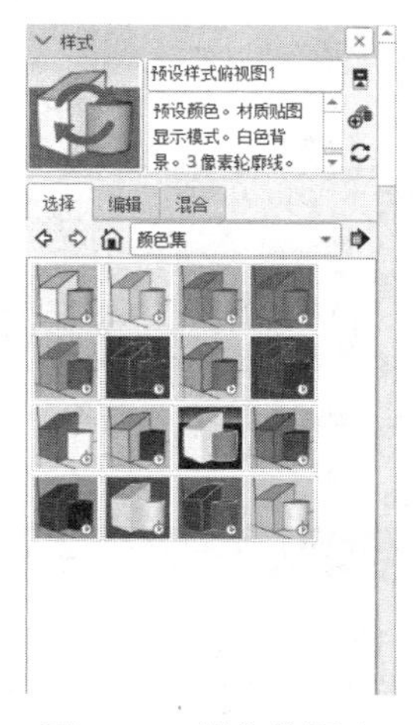

图 1-93　颜色集列表

图 1-94　颜色集样式效果

1.6 设置 SketchUp 绘图环境

正如每个设计者有不同的设计观念一样，每个 SketchUp 用户都会有自己的操作习惯，根据自己的习惯设置 SketchUp 的单位、工具栏、快捷键等绘图环境，可以有效地提高工作效率。

1.6.1　设置绘图单位

SketchUp 默认以英寸（美制）为绘图单位，而我国设计规范均以毫米（公制）为单位，精度则通常保持 0mm。因此在使用 SketchUp 时，第一步就应该将系统单位调整好，具体的步骤如下：

01 执行【窗口】|【模型信息】命令，如图 1-95 所示。

02 打开【模型信息】设置面板，在【单位】选项中单击【格式】下拉按钮，选择【十进制】，在其后下拉按钮中选择【mm】，最后单击【精确度】下拉按钮，选择【0mm】，如图 1-96 所示。

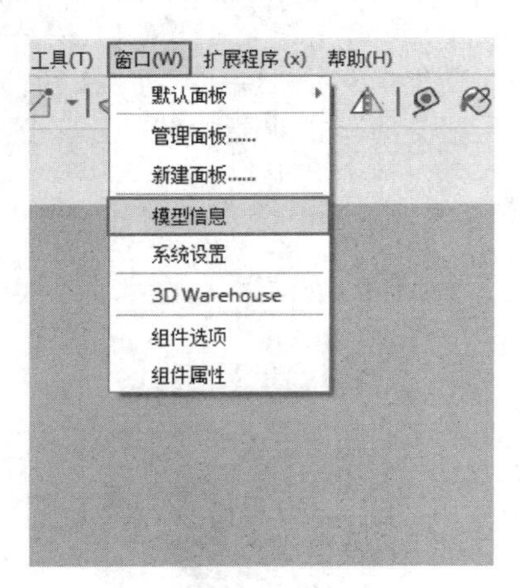

图 1-95　执行命令

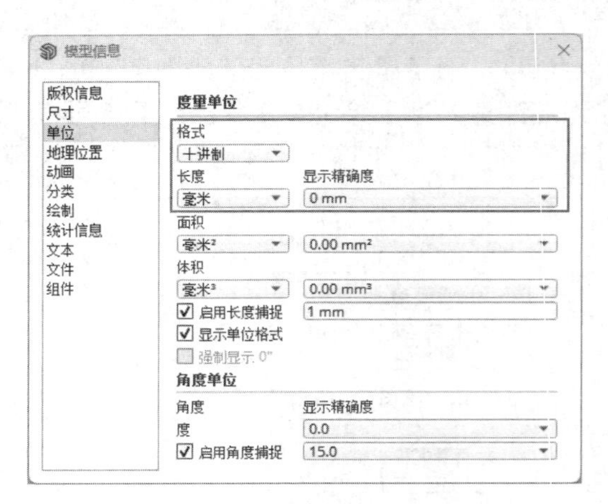

图 1-96　设置单位

技 巧

在开启 SketchUp 时，会弹出如图 1-97 所示的启动面板，单击【更多模板】按钮，可以直接选择毫米制建筑绘图模板，如图 1-98 所示。

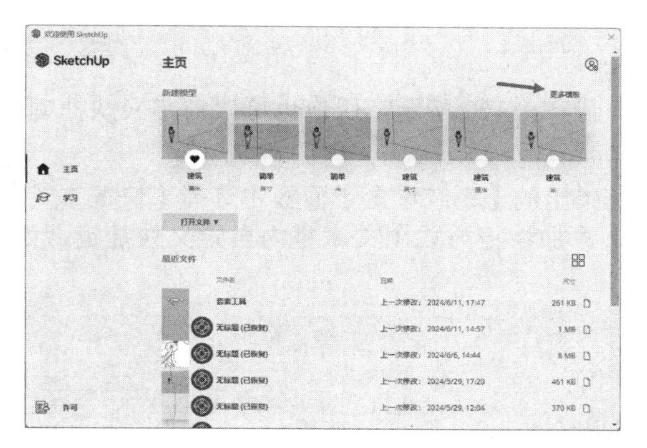

图 1-97　SketchUp 启动面板

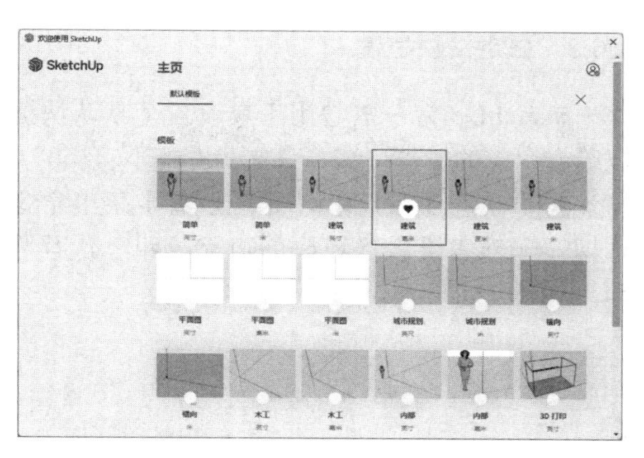

图 1-98　选择毫米制建筑绘图模板

1.6.2　设置工具栏

默认设置下 SketchUp 仅有一行横向的工具栏，如图 1-99 所示。该工具栏罗列了一些常用的工具按钮，用户可以根据需要调整出更多的工具栏，具体步骤如下：

01 执行【视图】|【工具栏】菜单命令，弹出【工具栏】对话框，如图 1-100 所示。

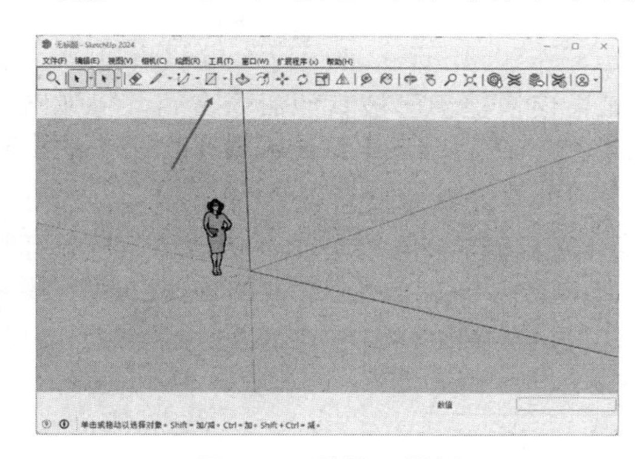

图 1-99　默认工具栏

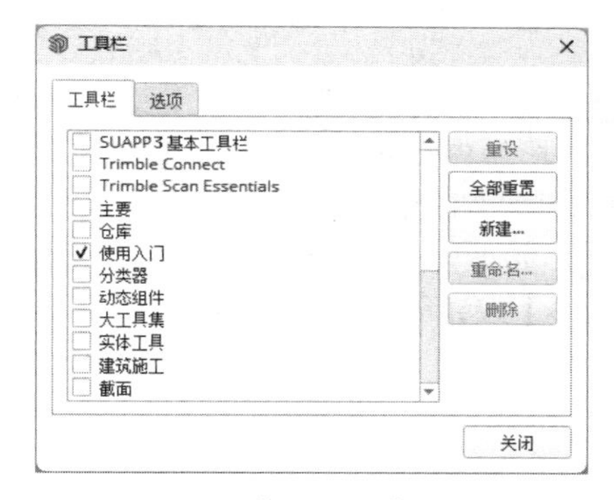

图 1-100　【工具栏】对话框

02 通过【工具栏】菜单调整出【标准】、【视图】、【样式】、【截面】、【绘图】、【图层】、【相机】等工具栏，将其吸附在绘图区上方（【大工具集】一般位于左侧），吸附结果如图 1-101 所示。

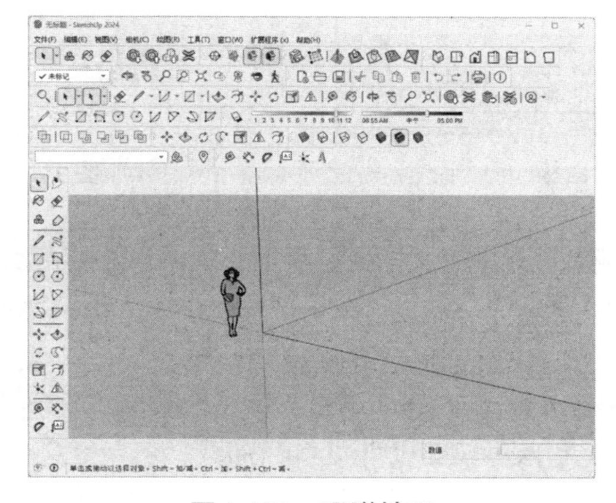

图 1-101　吸附结果

1.6.3 自定义快捷键

SketchUp 为一些常用工具设置了默认快捷键，如图 1-102 所示。用户也可以自定义快捷键，以符合个人的操作习惯，具体步骤如下：

01 执行【窗口】|【系统设置】菜单命令，在弹出的【系统设置】面板中选择【快捷方式】选项，在列表中选择对应的命令，即可在右侧的【添加快捷方式】文本框内自定义快捷键，如图 1-103 所示。

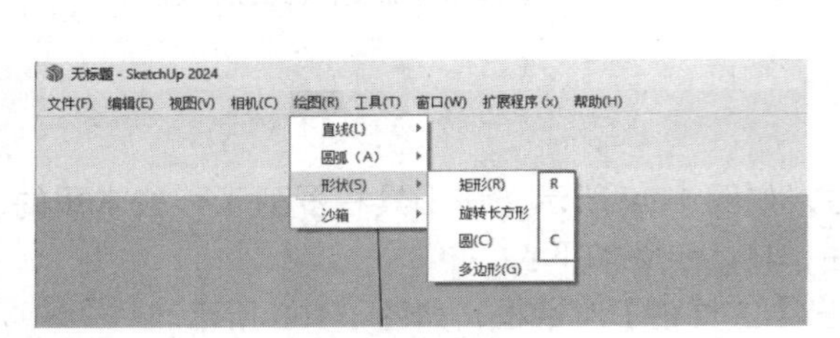

图 1-102 默认快捷键

图 1-103 自定义快捷键

02 输入快捷键后，单击【添加】按钮即可，如果该快捷键已被其他命令占用，将弹出如图 1-104 所示的提示面板，此时单击【是】选项将其替代。然后单击【系统设置】面板中的【确定】按钮即可生效。

03 如果要删除已经设置好的快捷键，只需要选择对应的命令，然后选择快捷键，单击右侧的【删除】按钮即可，如图 1-105 所示。

图 1-104 提示面板

图 1-105 删除快捷键

技 巧

单击面板中的【导出】按钮，弹出如图 1-106 所示的【输出预置】对话框，在其中设置好文件名并单击【导出】按钮，即可将自定义好的快捷键以 .dat 文件进行保存。而当重装系统或在他人电脑上应用 SketchUp 时，再单击【导入】按钮，在弹出的【输入预置】对话框中选择快捷键文件，单击【导入】按钮，即可快速加载之前自定义的所有快捷键，如图 1-107 所示。

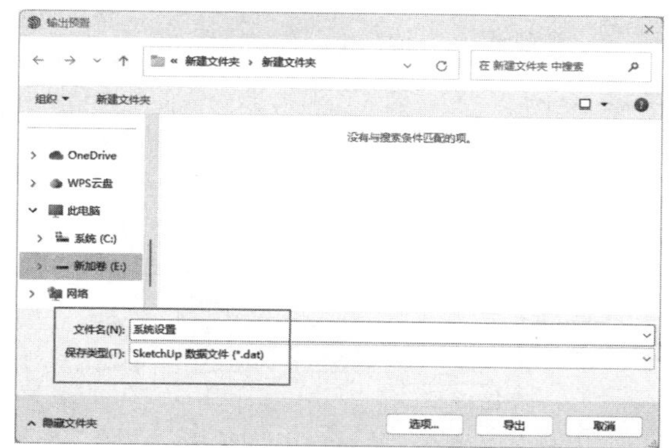

图 1-106 【输出预置】对话框

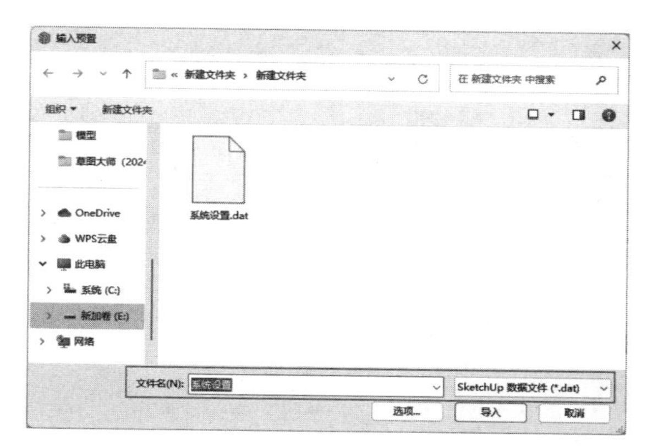

图 1-107 导入快捷键

1.6.4 设置文件自动备份

为了防止因为断电等突发情况造成文件的丢失，SketchUp 提供文件自动备份与保存的功能，设置步骤如下：

01 执行【窗口】|【系统设置】菜单命令，在弹出的【系统设置】面板中选择【常规】选项，如图 1-108 所示，即可设置保存备份以及间隔时间，如图 1-109 所示。

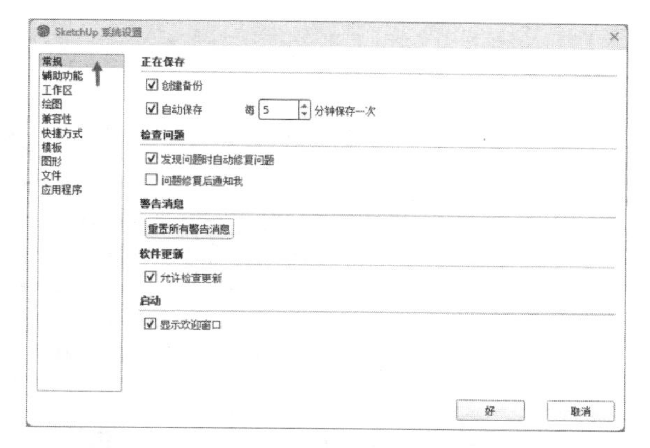

图 1-108 选择【常规】选项

图 1-109 设置保存备份以及间隔时间

注 意

创建备份与自动保存是两个概念，如果只选择【自动保存】复选框，数据将直接保存在打开的文件上。只有同时选择【自动备份】，才能将数据另外存储在一个新的文件上，这样即使打开的文件出现损坏，还可以使用备份文件。

02 选择【文件】选项，如图 1-110 所示，单击【模型】选项右侧【更改文件位置】按钮，在弹出的【选择文件夹】对话框内设置自动备份的文件路径，如图 1-111 所示。

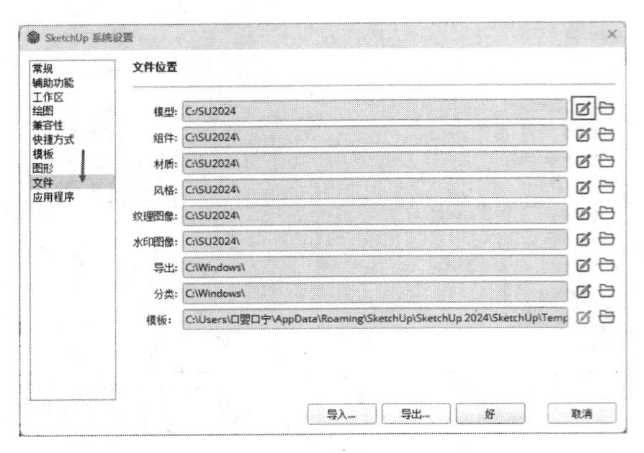

图 1-110　选择【文件】选项

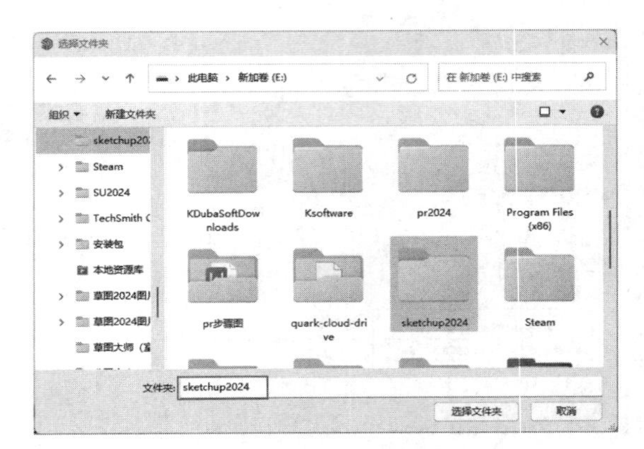

图 1-111　【选择文件夹】对话框

1.6.5　保存与调用模板

设置好以上的绘图环境后，还可以将其保存为模板文件，在以后的工作中随时调用，具体的步骤如下：

01 执行【文件】|【另存为模板】菜单命令，在弹出的【保存为模板】面板中设置模板名称和保存路径，单击【保存】按钮即可，如图 1-112 所示。

02 保存完成后关闭当前文件，再次打开 SketchUp，即可在开启界面中选用自定义模板，进行直接调用，如图 1-113 所示。

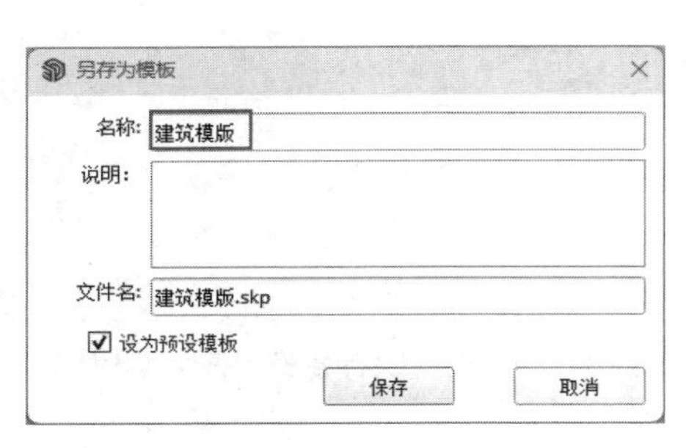

图 1-112　设置模板名称和保存路径

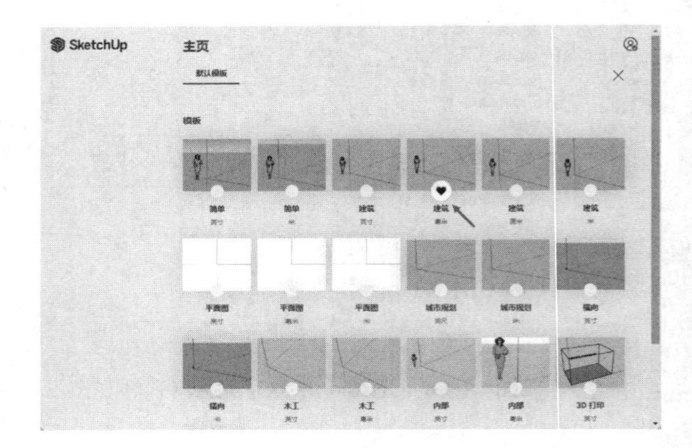

图 1-113　选用自定义模板

技　巧

如果在开启 SketchUp 时忘记选用模板，可以执行【窗口】|【系统设置】命令，如图 1-114 所示。在【系统设置】面板中选择【模板】选项卡，然后单击【浏览】按钮，选择之前保存的模板文件打开，如图 1-115 所示。

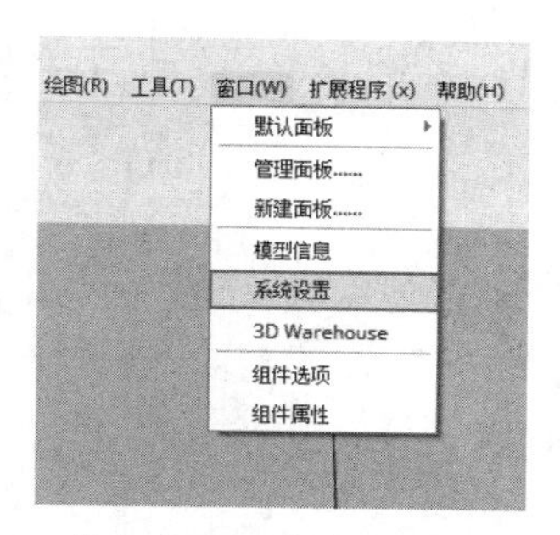

图 1-114 执行【窗口】|【系统设置】命令

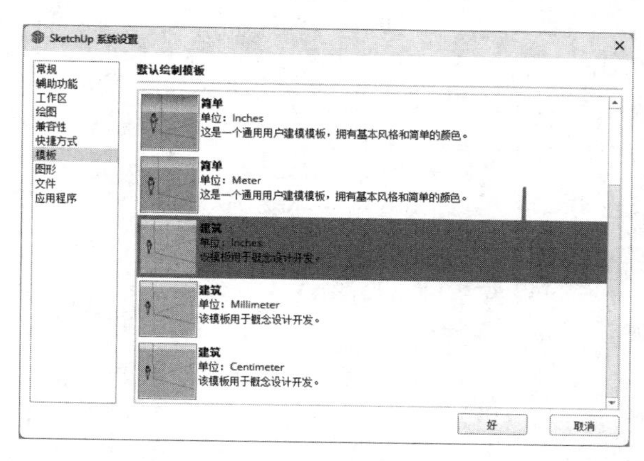

图 1-115 选择之前保存的模板文件打开

第 02 章

SketchUp 常用工具

本章重点：

- SketchUp 绘图工具栏
- SketchUp 编辑工具栏
- SketchUp 主要工具栏
- SketchUp 建筑施工工具栏
- SketchUp 相机工具栏

本章介绍 SketchUp 的常用工具，包括绘图工具栏、编辑工具栏、主要工具栏、建筑施工工具栏和相机工具栏中的工具。通过学习这些工具的用法，可以掌握 SketchUp 基本模型的创建和编辑方法。

2.1 SketchUp 绘图工具栏

SketchUp2024 绘图工具栏如图 2-1 所示，包含了【矩形】工具、【直线】工具、【圆】工具、【圆弧】工具、【多边形】工具和【手绘线】工具等共 10 种二维图形绘制工具。

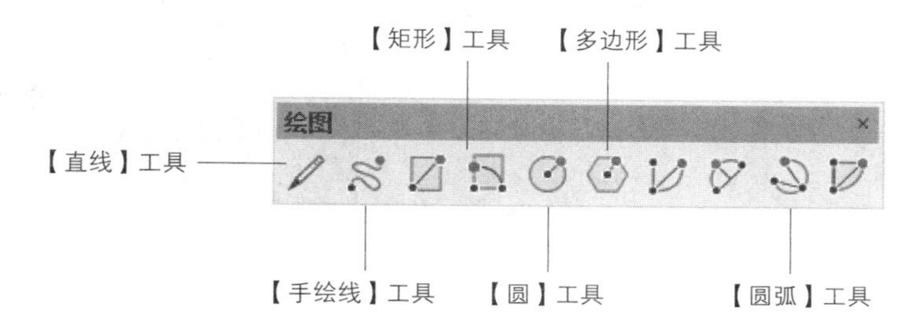

图 2-1　SketchUp2024 绘图工具栏

三维建模的一个最重要的方式就是从二维到三维。即首先使用绘图工具栏中的二维绘图工具绘制好平面轮廓，然后通过“推 / 拉”等编辑工具生成三维模型。因此绘制出精确的二维平面图形是建好三维模型的前提。

2.1.1 【矩形】工具

【矩形】工具通过两个对角点的定位生成规则的矩形，绘制完成将自动生成封闭的矩形平面。【旋转矩形】工具主要通过指定矩形的任意两条边和角度，绘制任意方向的矩形。单击【绘图】工具栏 / 或执行【绘图】|【形状】|【矩形】、【旋转长方形】命令，均可启用该工具。

技 巧

【矩形】创建工具默认快捷键为“R”。

1. 通过鼠标新建矩形

01 调用【矩形】绘图命令，待光标变成时在绘图区域单击，确定矩形的第一个角点，然后任意方向拖动鼠标确定矩形对角点，如图 2-2 所示。

02 确定对角点位置后，再次单击鼠标，即可完成矩形绘制，SketchUp 将自动生成一个等大的矩形平面，如图 2-3 所示。

注 意

（1）在创建二维图形时，SketchUp 自动将封闭的二维图形生成等大的平面，此时可以选择并删除自动生成的“面”，如图 2-4 所示。

（2）当绘制的矩形长宽比接近 0.618 的黄金分割比率时，矩形内部将出现一条虚线，如图 2-5 所示，此时单击鼠标即可创建满足黄金分割比例的矩形，如图 2-6 所示。

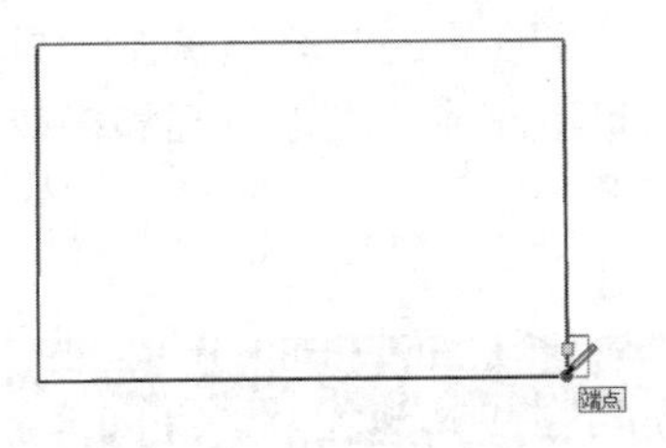

图 2-2　绘制矩形

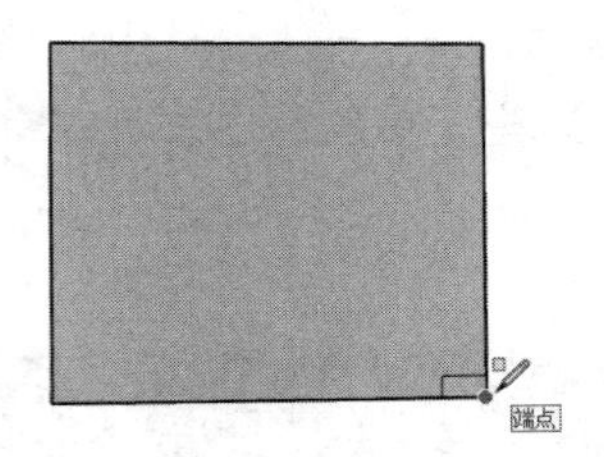

图 2-3　自动生成一个等大的矩形平面

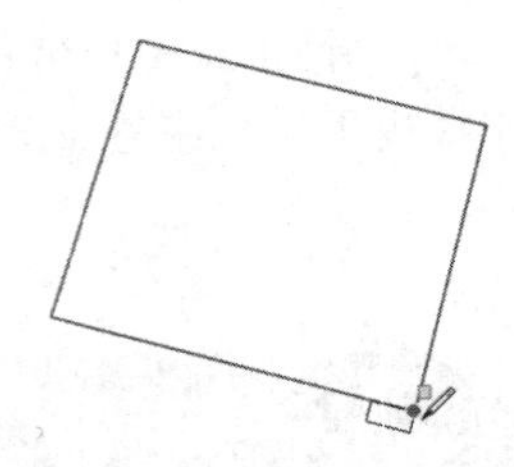

图 2-4　删除“面”后的矩形

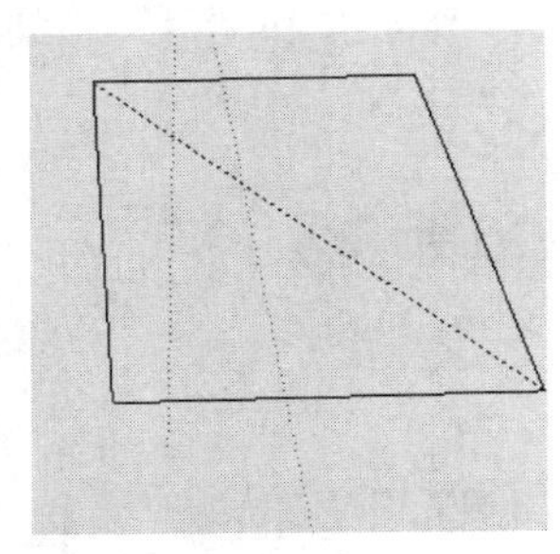

图 2-5　显示矩形内部虚线

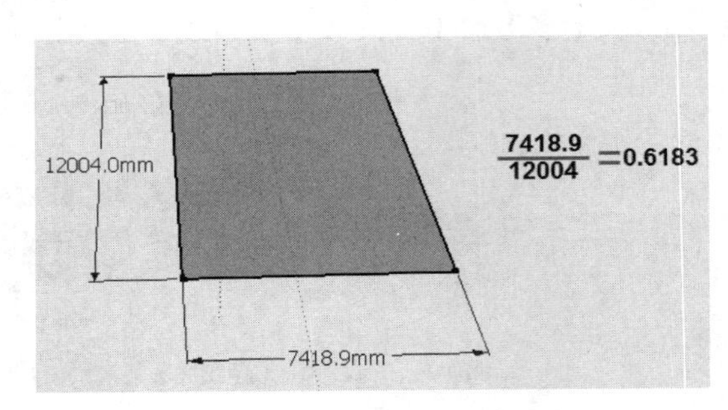

图 2-6　满足黄金分割比例的矩形

2. 通过输入新建矩形

在没有图纸进行参考时，直接使用鼠标难以完成准确尺寸的矩形绘制，此时需要结合键盘输入的方法进行精确图形的绘制，操作步骤如下：

01 调用【矩形】绘图命令，待光标变成时在绘图区域单击，确定矩形的第一个角点，然后在尺寸标注框内输入长宽数值，数值中间使用逗号进行分隔，如图 2-7 所示。

02 输入长宽数值后，按下键盘上的“Enter”键进行确认，即可生成准确大小的矩形，如图 2-8 所示。

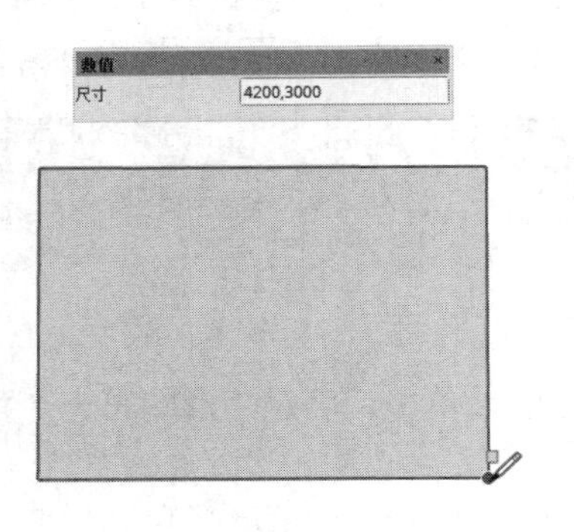

图 2-7　输入长宽数值

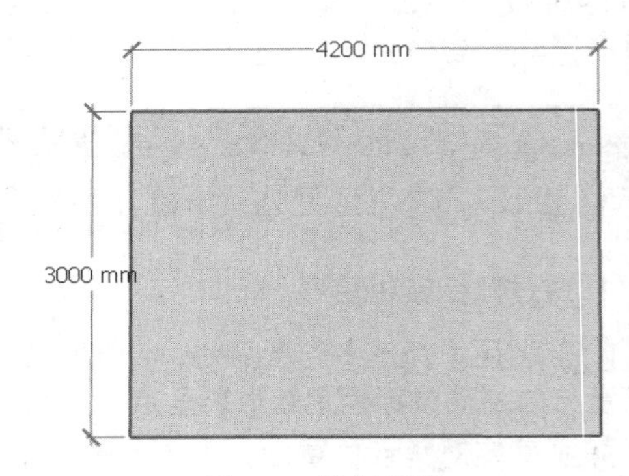

图 2-8　绘制矩形

3. 绘制任意方向上的矩形

SketchUp2024 的旋转矩形工具能在任意角度绘制离轴的矩形（并不一定要在地面上），这样方便了绘制图形，可以大量节省绘图时间。

01 调用【旋转长方形】绘图命令，待光标变成时，在绘图区域单击确定矩形的第一个角点，如图 2-9 所示。

02 拖曳光标指定对角点，输入矩形的长度，如图 2-10 所示。

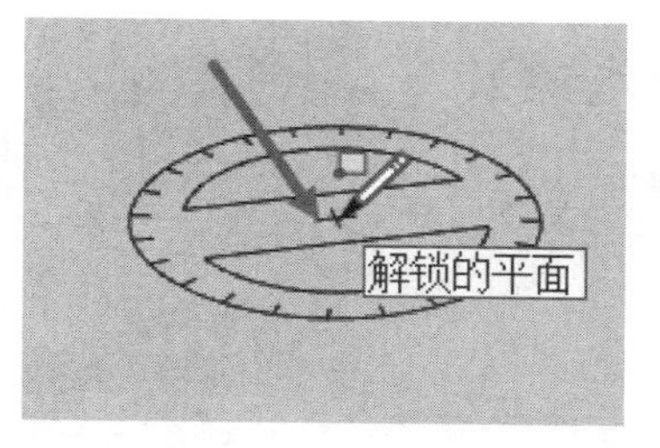

图 2-9　确定矩形第一个角点

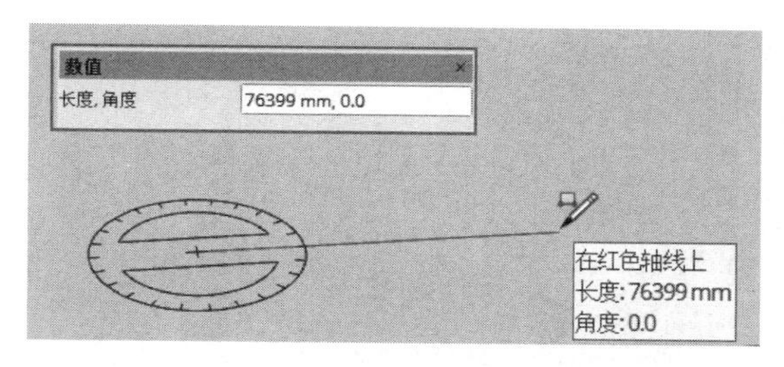

图 2-10　输入矩形的长度

03 向上移动鼠标，指定方向，并输入参数，确定矩形的宽度与角度，如图 2-11 所示。

04 按下“Enter”键，绘制矩形的结果如图 2-12 所示。

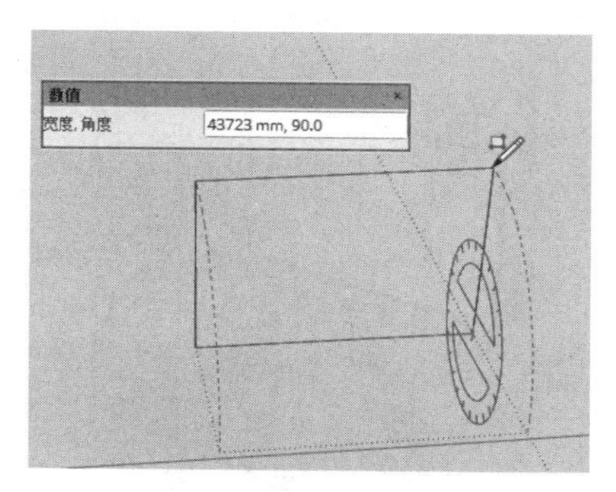

图 2-11　输入参数

图 2-12　绘制矩形的结果

4. 绘制空间内的矩形

除了可以绘制轴方向上的矩形，SketchUp 还允许用户直接绘制处于空间任何平面上的矩形，具体方法如下：

01 调用【旋转矩形】绘图命令，待光标变成时，置于已有矩形的端点上，往 Z 轴方向移动鼠标，确定矩形第一个角点，如图 2-13 所示。

02 向右移动鼠标，利用追踪功能，确定矩形的第二个角点，如图 2-14 所示。

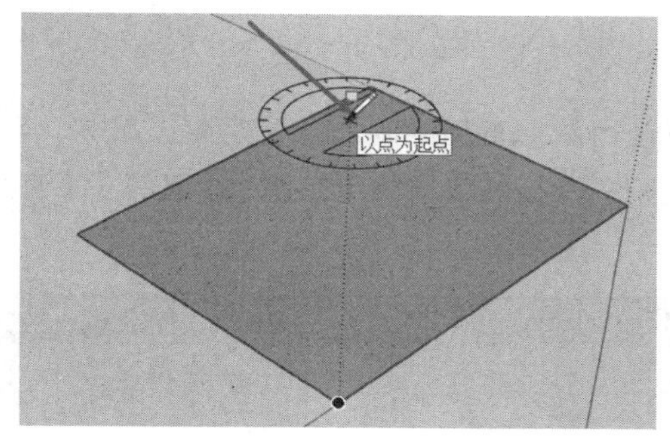

图 2-13　确定矩形第一个角点

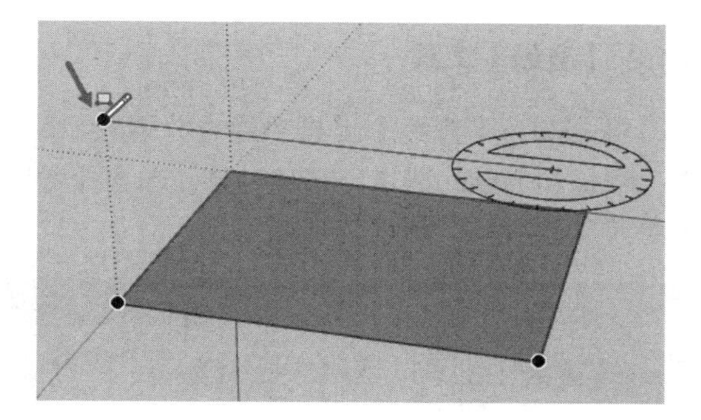

图 2-14　确定矩形第二个角点

03 移动鼠标，继续确定矩形第三个角点，如图 2-15 所示。

04 绘制空间内平面矩形的效果如图 2-16 所示。

参考上述的操作方法，能够以已有的矩形为基准，创建空间内的立面矩形，如图 2-17、图 2-18 所示。

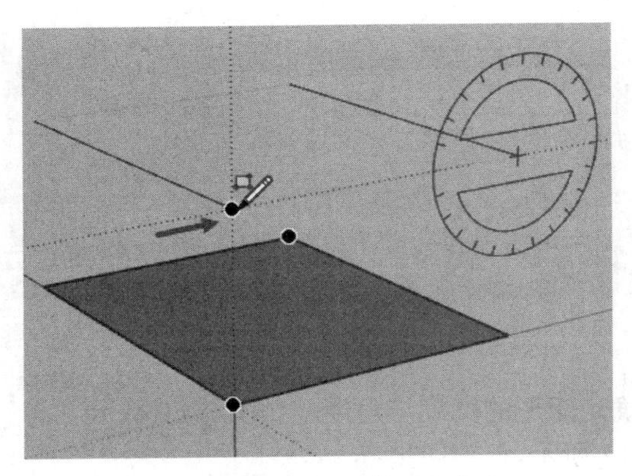

图 2-15　确定矩形第三个角点

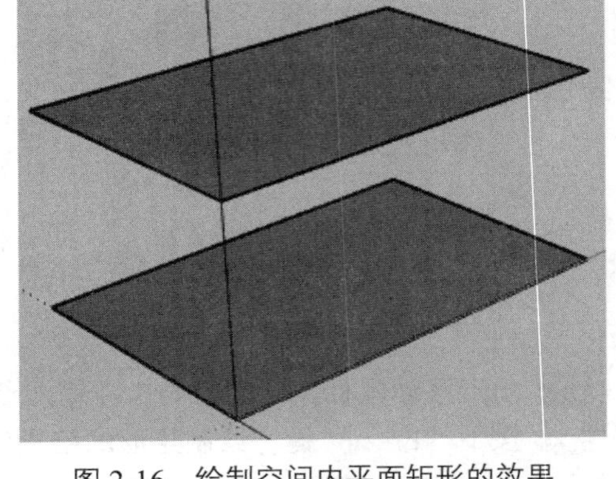

图 2-16　绘制空间内平面矩形的效果

图 2-17　创建空间内的立面矩形 1

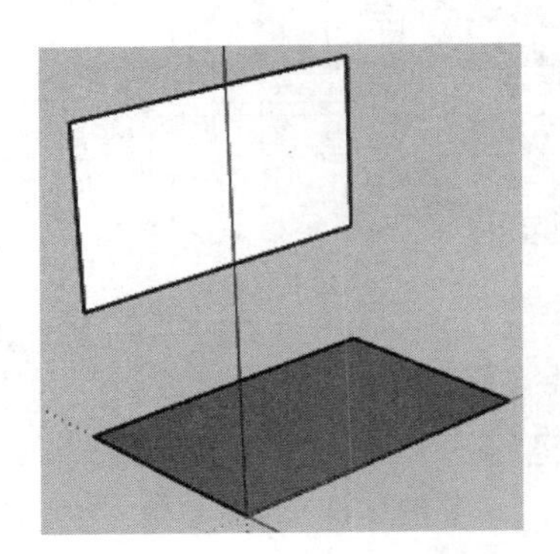

图 2-18　创建空间内的立面矩形 2

技 巧

在绘制矩形的过程中，按住“Ctrl”键，可以将矩形的中心点指定为绘制起点。按住“Shift”键，能够锁定轴向。按下键盘上的方向键，锁定表面法线。按下“↑”，锁定蓝色轴线。按下“←”，锁定绿色轴线。按下“→”，锁定红色轴线。按下“↓”，可以在平行方向上创建矩形。

2.1.2 【直线】工具

SketchUp【直线】工具功能十分强大，除了可以使用鼠标直接绘制外，还能通过尺寸、坐标点、捕捉和追踪功能进行精确绘制。单击【绘图】工具栏 按钮或执行【绘图】|【直线】|【直线】菜单命令，均可启用该工具。

技 巧

【直线】工具默认的快捷键为“L”。

1. 通过鼠标绘制直线

01 调用【直线】绘图命令，待光标变成 时，在绘图区域单击确定线段的起点，如图 2-19 所示。

02 沿着线段目标方向拖动鼠标，同时观察屏幕右下角【数值输入框】内的数值，确定好线段长度后再次单击鼠标，即完成目标线段的绘制，如图 2-20 所示。

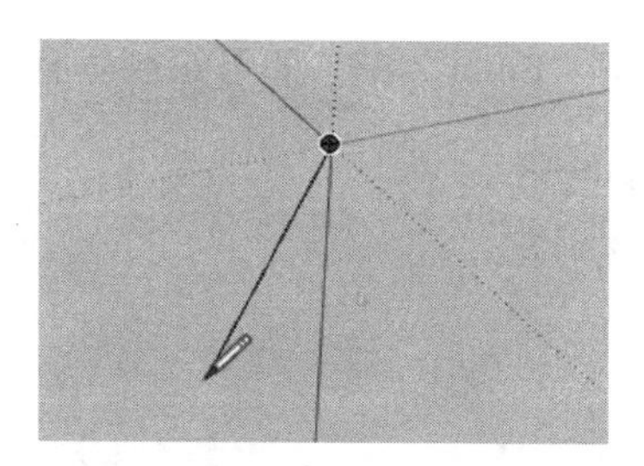

图 2-19　确定线段的起点

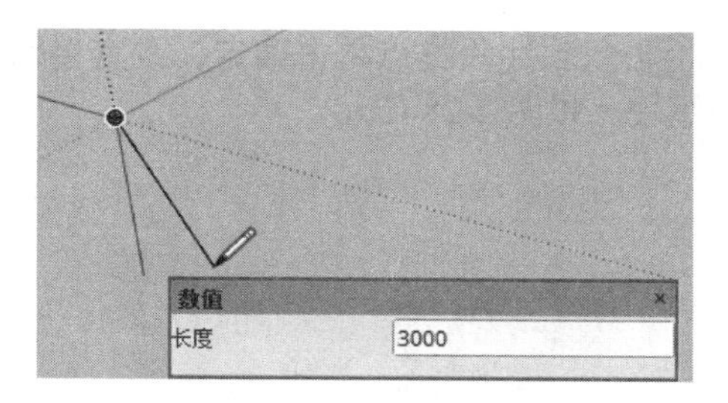

图 2-20　完成目标线段的绘制

技 巧

在线段的绘制过程中，确定线段终点前按下“Esc”键，可取消该次操作。如果连续绘制线段，则上一条线段的终点即为下一条线段的起点，因此利用连续线段可以绘制出任意的多边形，如图 2-21~ 图 2-23 所示。

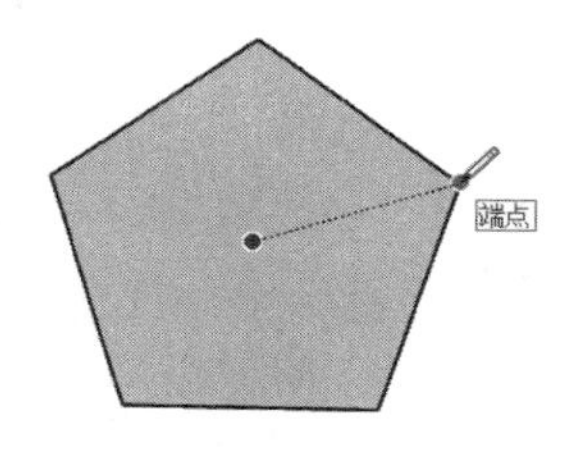

图 2-21　绘制五边形

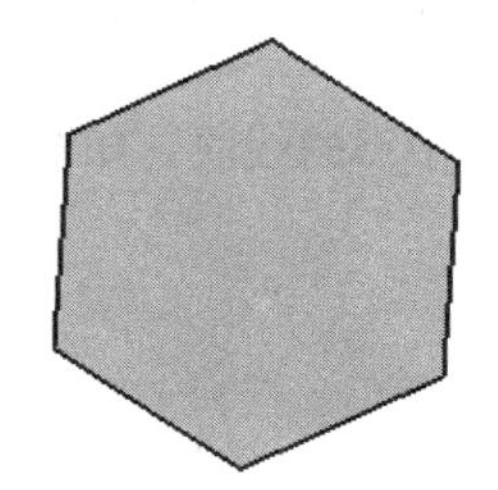

图 2-22　绘制六边形

图 2-23　绘制五角星

2. 通过输入绘制直线

在实际的工作中，经常需要绘制精确长度的线段，此时可以通过键盘输入的方式完成这类线段的绘制，具体方法如下：

01 调用【直线】绘图命令，待光标变成 时在绘图区域单击确定线段的起点，如图 2-24 所示。

02 拖动鼠标至线段目标方向，然后在【数值输入框】直接输入线段长度，并按“Enter”键确定，即可绘制精确长度的线段，如图 2-25 与图 2-26 所示。

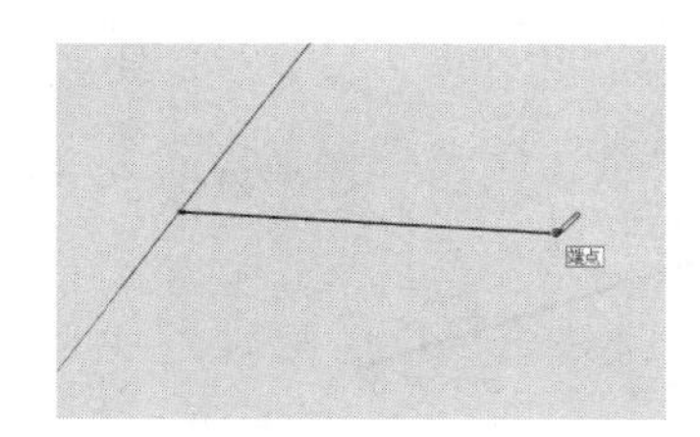

图 2-24　确定线段的起点

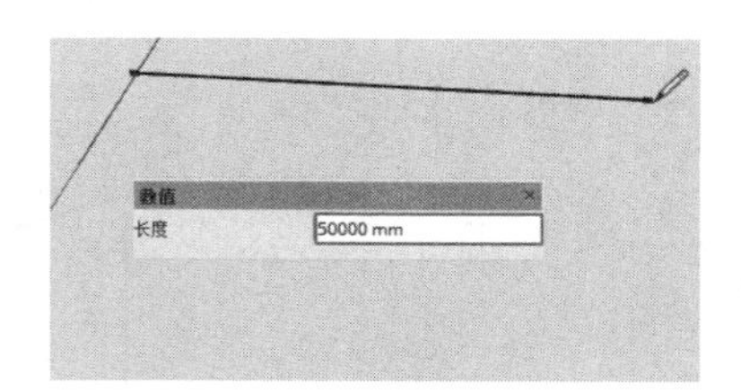

图 2-25　输入线段长度

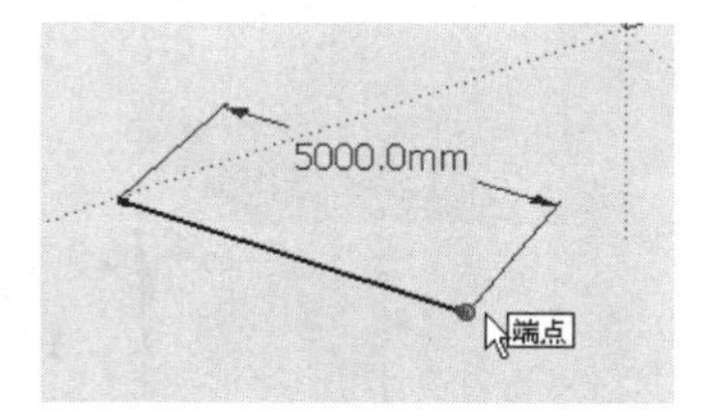

图 2-26　绘制精确长度的线段

3. 绘制空间内的直线

直接绘制的线段都将处于 XY 平面内，接下来学习绘制垂直或平行 XY 平面的线段的方法。

01 调用【直线】绘图命令，待光标变成 时，在绘图区域单击确定线段的起点，在起点位置向上移动鼠标，此时会出现“在蓝色轴线上”的提示文字，如图 2-27 所示。

02 找到线段终点单击确定，或直接输入线段长度按下“Enter”键，即可绘制垂直于 XY 平面的线段，如图 2-28 所示。

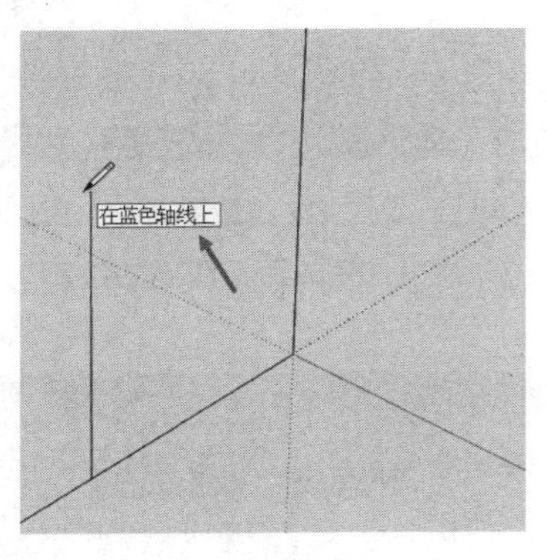

图 2-27 出现提示文字

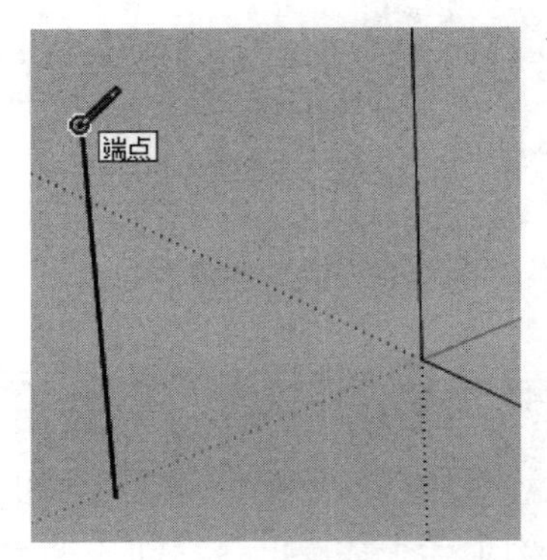

图 2-28 绘制垂直于 XY 平面的线段

03 指定线段的起点，在 X 轴方向上移动鼠标，出现“在红色轴线上”的提示文字，如图 2-29 所示。

04 在终点位置单击，绘制与 X 轴平行的线段，如图 2-30 所示。

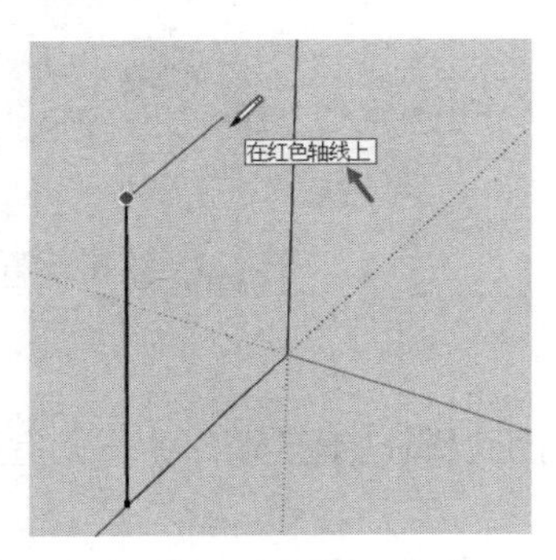

图 2-29 出现提示文字

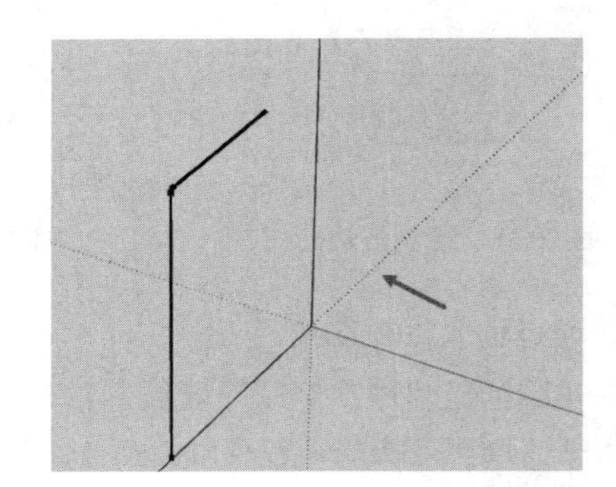

图 2-30 绘制与 X 轴平行的线段

05 指定线段的起点，在 Y 轴方向上移动鼠标，出现“在绿色轴线上”的提示文字，如图 2-31 所示。

06 单击，指定线段的终点，绘制与 Y 轴平行的线段，如图 2-32 所示。

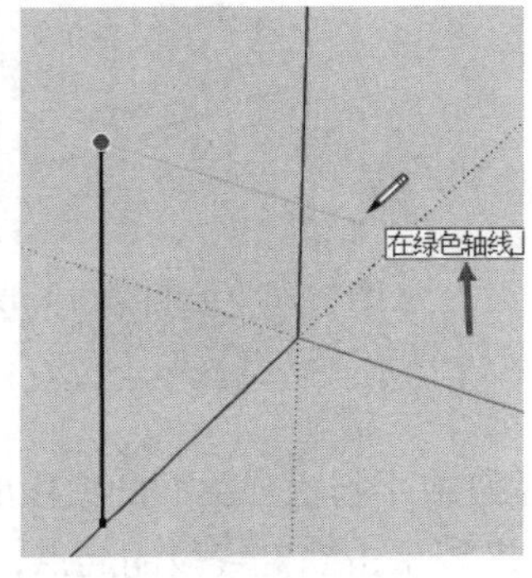

图 2-31 出现提示文字

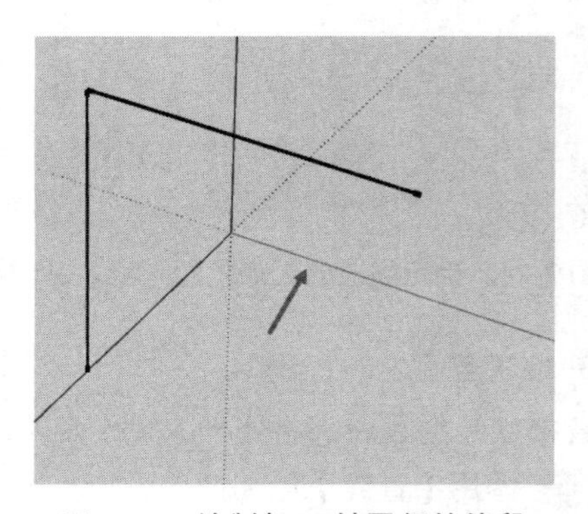

图 2-32 绘制与 Y 轴平行的线段

技 巧

在绘制任意图形时，如果出现“在蓝色轴线上”的提示文字，则当前对象与 Z 轴平行，如果出现“在红色轴线上”的提示文字，则当前对象与 X 轴平行，如果出现“在绿色轴线上”的提示文字，则当前对象与 Y 轴平行。

4. 直线的捕捉与追踪功能

与 AutoCAD 类似，SketchUp 也具有自动捕捉和追踪功能，并且默认为开启状态，在绘图的过程中可以直接运用，以提高绘图的准确度与工作效率。

捕捉是一种绘图模式，即在定位点时，系统能够自动定位到图形的端点、中点、交点等特殊几何点。SketchUp 可以自动捕捉到线段的端点与中点，如图 2-33、图 2-34 所示。

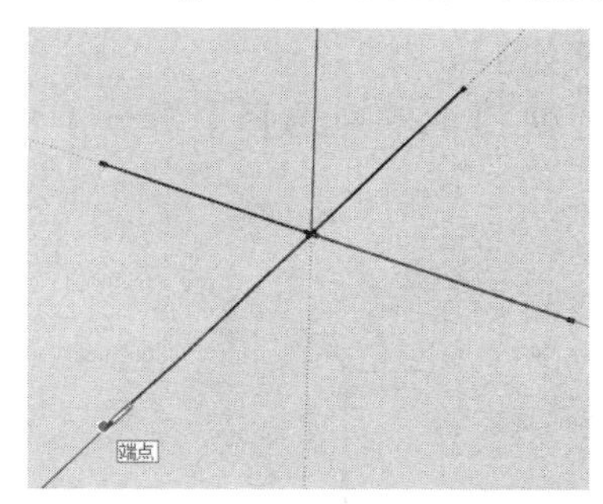

图 2-33 捕捉线段端点

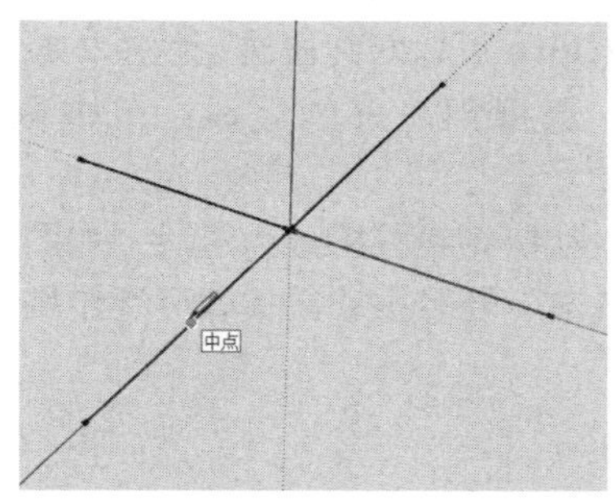

图 2-34 捕捉线段中点

注 意

相交线段在交点处将一分为二，此时线段中点的位置将发生改变，如图 2-34 所示，可以进行分段删除，如图 2-35、图 2-36 所示。此外，如果一条相交线段被删除，另外一条线段将恢复原状，如图 2-37 所示。

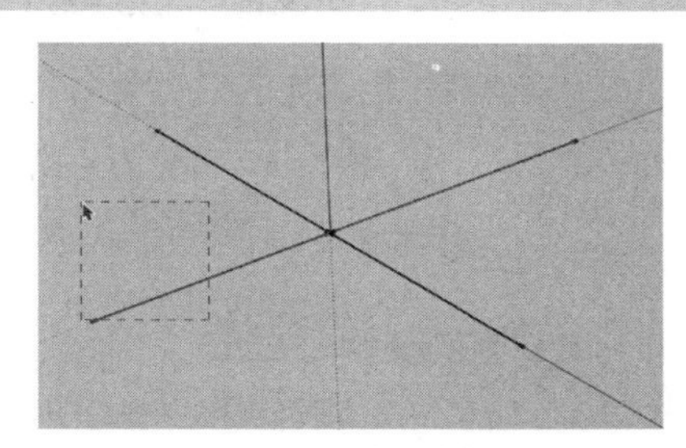

图 2-35 删除左侧线段

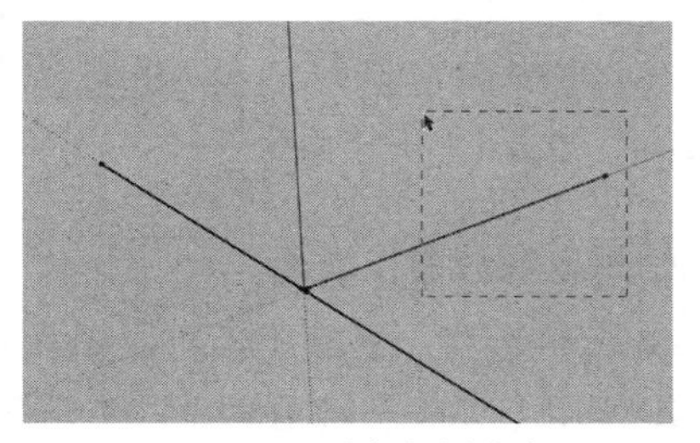

图 2-36 删除右侧线段

追踪的功能相当于辅助线，将鼠标放置到直线的中点或端点，在垂直或水平方向移动鼠标即可进行追踪，从而轻松绘制出长度为一半且与之平行的线段。如图 2-38~ 图 2-40 所示。

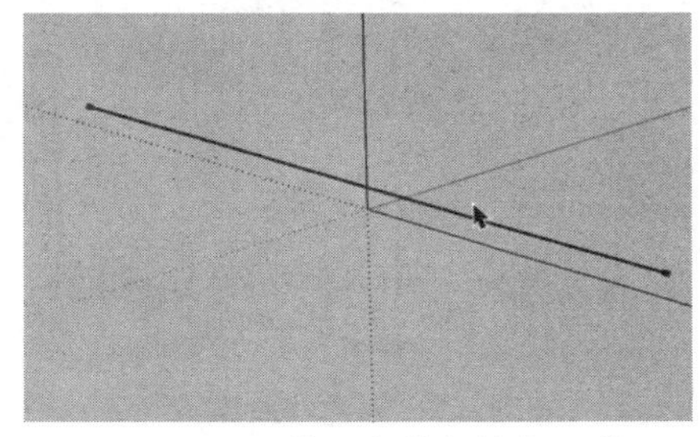

图 2-37 另外一条线段恢复原状

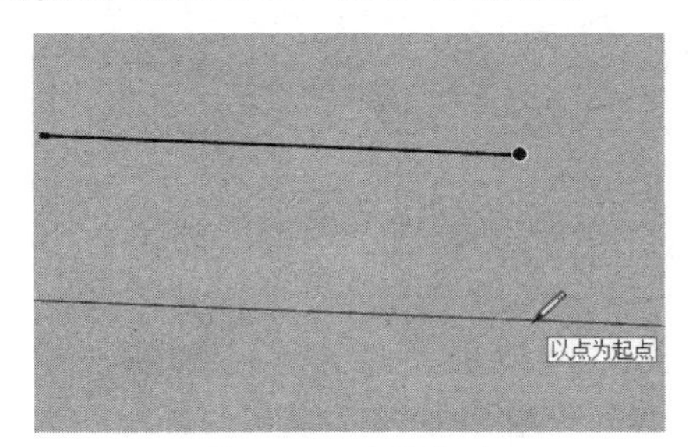

图 2-38 追踪起点

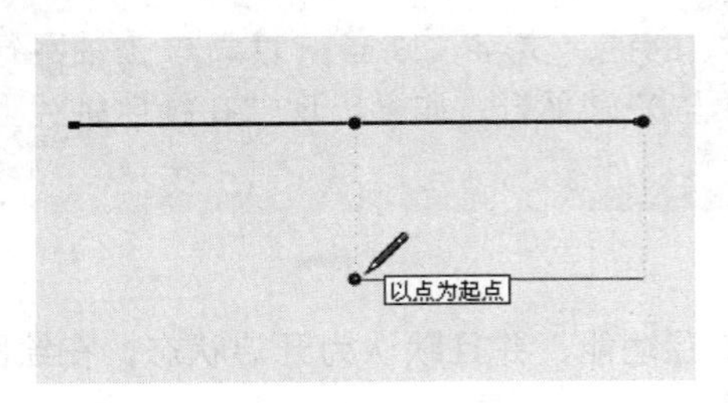

图 2-39　追踪中点

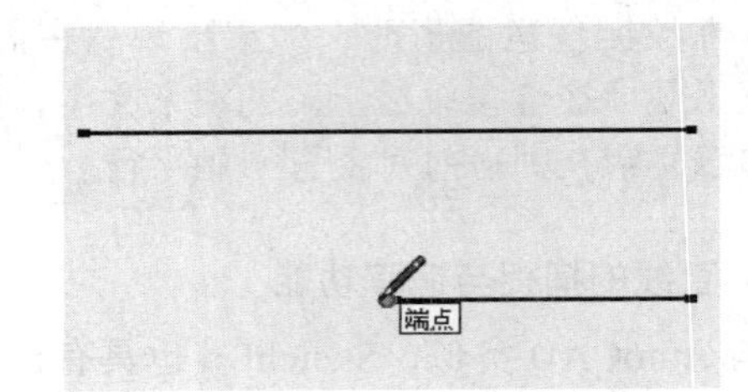

图 2-40　绘制完成

5. 拆分线段

SketchUp 可以对线段进行快捷的拆分操作，具体的步骤如下：

01 选择创建好的线段，单击鼠标右键，在弹出的快捷菜单中选择【拆分】命令，如图 2-41 所示。

02 默认将线段拆分为 3 段，如图 2-42 所示。

03 向上轻轻推动鼠标即可逐步增加拆分段数，如图 2-43 所示。

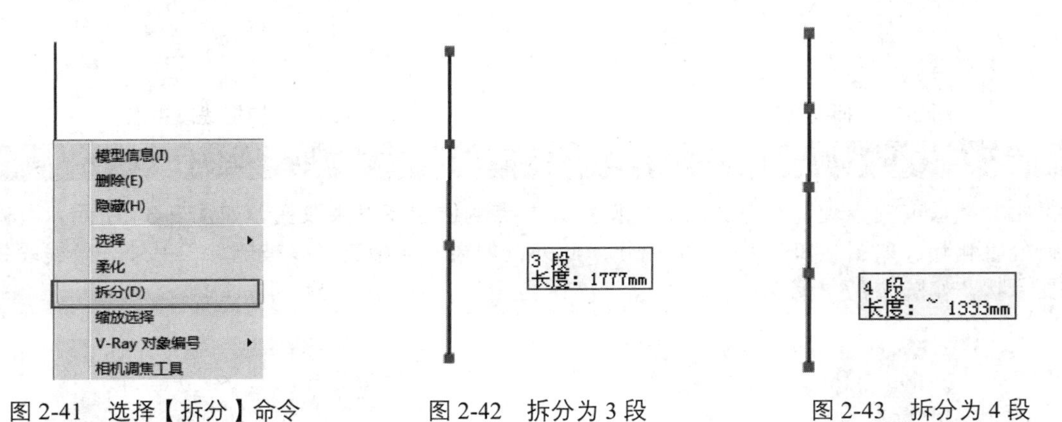

图 2-41　选择【拆分】命令　　图 2-42　拆分为 3 段　　图 2-43　拆分为 4 段

6. 使用直线分割模型面

在 SketchUp 中，直线不但可以相互分段，而且可以用于模型面的分割。

01 调用【直线】绘图命令，待光标变成 ✎ 时，将其置于“面”的边界线上，当出现“在边线上”的提示文字时单击鼠标，创建线段起点如图 2-44 所示。

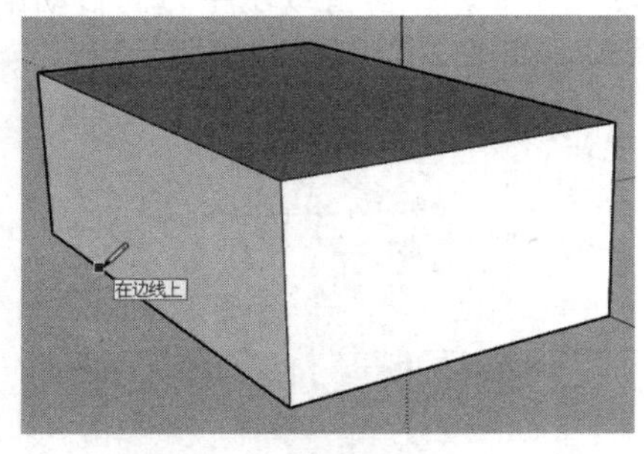

图 2-44　创建线段起点

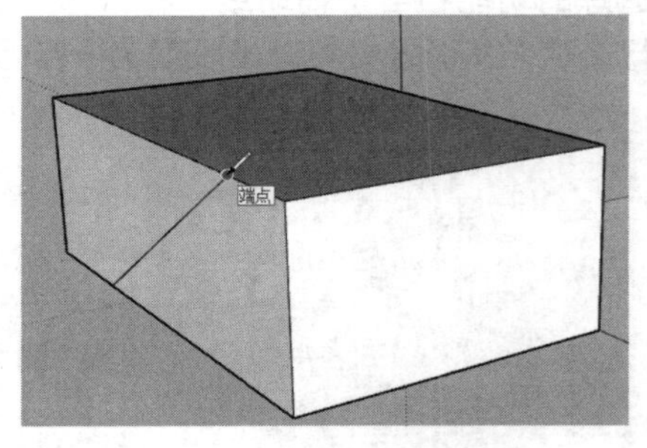

图 2-45　创建线段端点

02 将光标置于模型另侧边线，在出现“在边线上”的提示文字时，单击鼠标创建线段端点，如图 2-45 所示。

03 在模型面上单击选择，可发现其已经被分割成左右两个“面”，如图 2-46 所示。

技 巧

在 SketchUp 中，用于分割模型面的分割线为细实线，普通线段为粗实线，如图 2-47 所示。

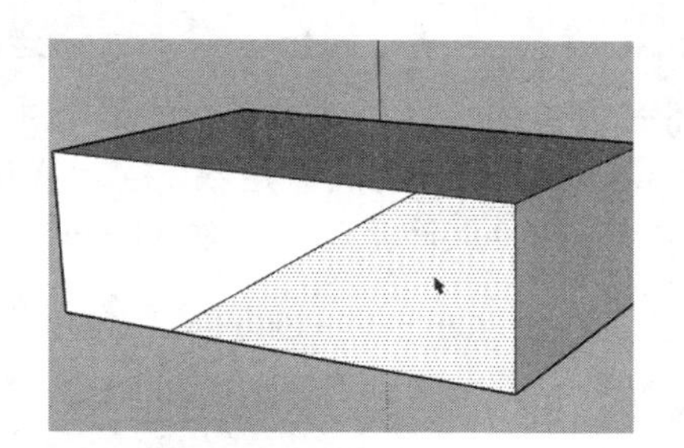

图 2-46 分割成左右两个“面”

图 2-47 分割线与普通线段

2.1.3 【圆】工具

圆广泛应用于各种设计中，单击绘图工具栏按钮，或执行【绘图】|【形状】|【圆】命令均可启用该工具。

技 巧

圆创建工具默认快捷键为“C”。

1. 通过鼠标创建圆形

01 调用【圆】绘图命令，待光标变成时，在绘图区域单击，确定圆心，如图 2-48 所示。

02 拖动鼠标拉出圆形的半径，如图 2-49 所示。

03 再次单击即可创建圆形平面，如图 2-50 所示。

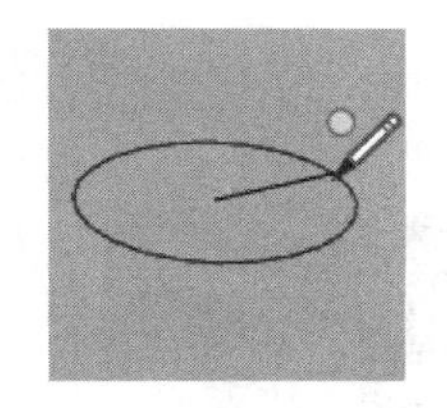

图 2-48 确定圆心

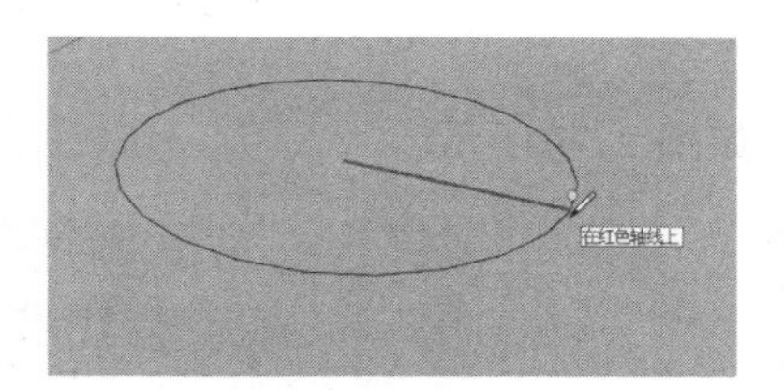

图 2-49 拉出圆形的半径

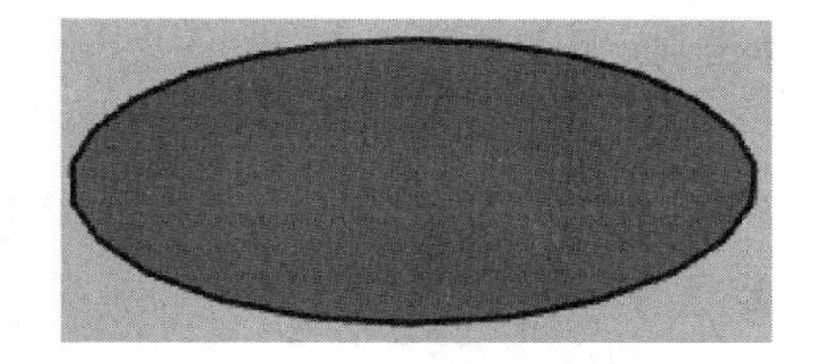

图 2-50 创建圆形平面

2. 通过输入创建圆形

01 调用【圆】绘图命令，待光标变成时，在绘图区域单击确定圆心，直接在键盘上输入【半径】数值，如图 2-51 所示。

02 按下“Enter”键即可创建精确大小的圆形平面，如图 2-52 所示。

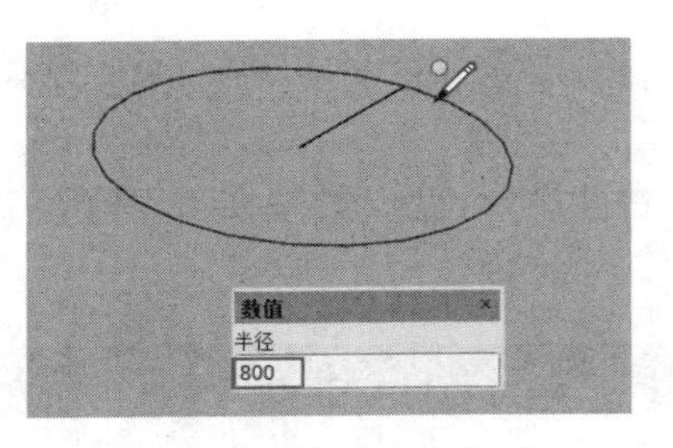

图 2-51　输入半径数值

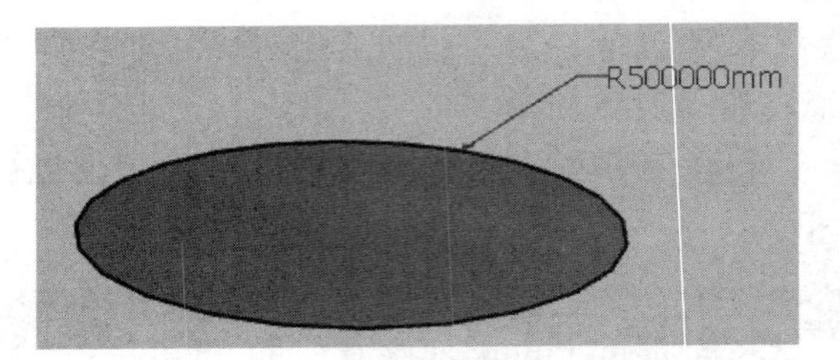

图 2-52　创建精确大小的圆形平面

技 巧

在三维软件中，圆除了半径这个几何特征外，还有边数的特征，边数越大，圆越平滑，所占用的内存也越大，SketchUp 也是如此。在 SketchUp 中，如果要设置边数，可以在确定圆心后，按住快捷键“Ctrl”和“+”或者“Ctrl”和“−”来输入圆形边数，绘制圆形平面，如图 2-53~ 图 2-55 所示。

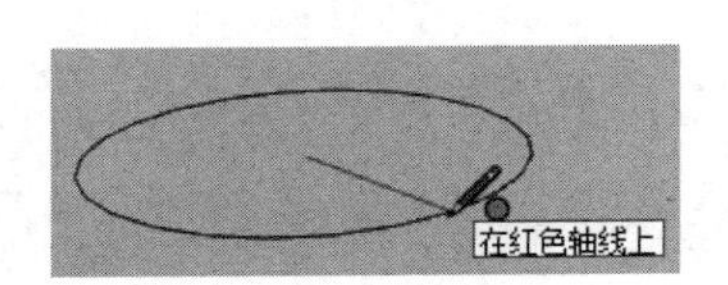

图 2-53　确定圆心

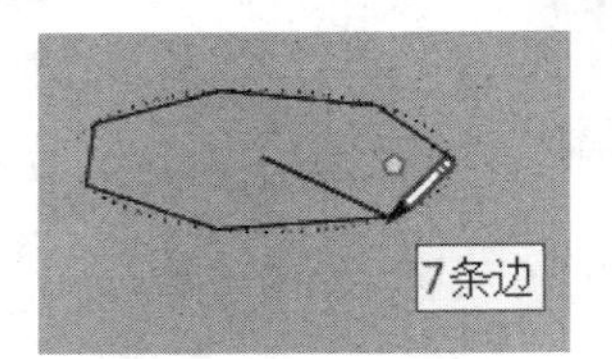

图 2-54　输入圆形边数

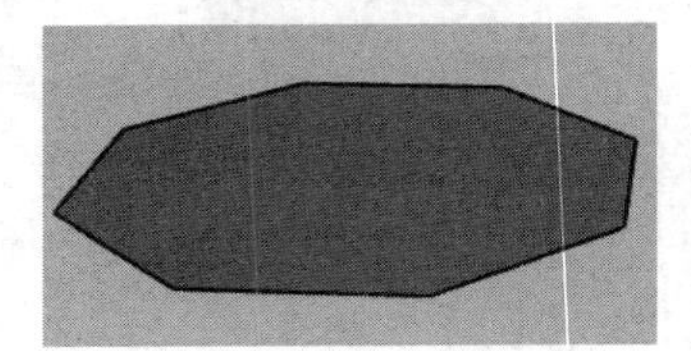

图 2-55　绘制圆形平面

2.1.4 【圆弧】工具

【圆弧】虽然只是圆的一部分，但其可以绘制更为复杂的曲线，因此在使用与控制上更有技巧性。单击绘图工具栏按钮或执行【绘图】|【圆弧】菜单命令，均可启用该工具。

技 巧

【圆弧】工具默认快捷键为“A”。

下面介绍常用的圆形绘制方法。

1. 从中心和两点绘制圆弧

01 单击【绘图】工具栏上的【圆弧】按钮，此工具从中心和两点绘制圆弧，在绘图区域单击确定圆弧的中心点，如图 2-56 所示。

02 拖曳鼠标，指定第一个圆弧点，如图 2-57 所示。

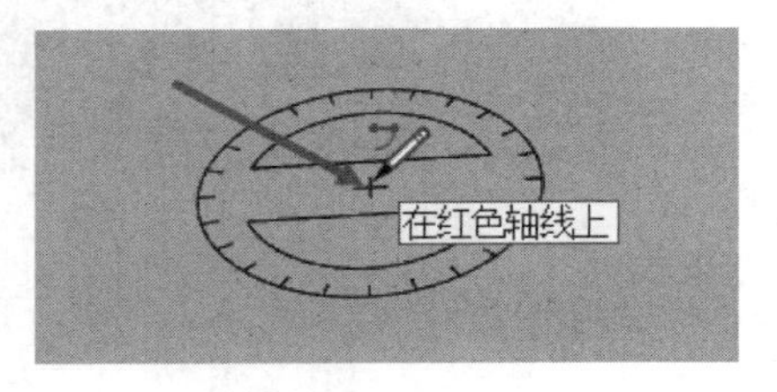

图 2-56　确定圆弧的中心点

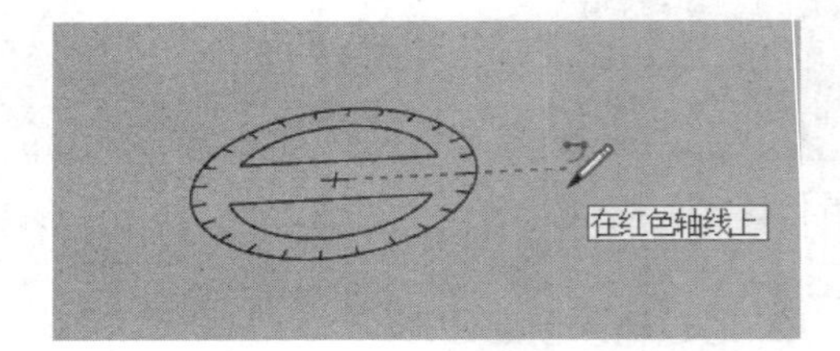

图 2-57　指定第一个圆弧点

03 移动鼠标，指定第二个圆弧点，如图 2-58 所示。

04 单击左键，绘制圆弧，如图 2-59 所示。

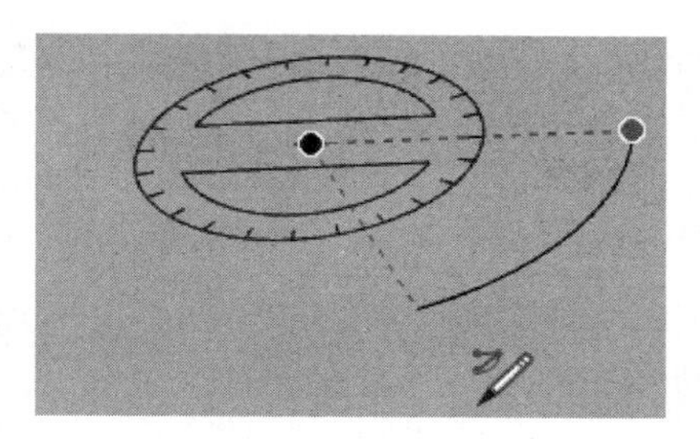
图 2-58　指定第二个圆弧点

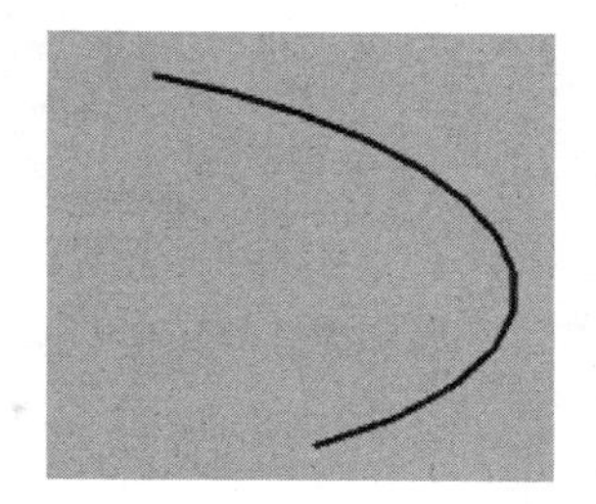
图 2-59　绘制圆弧

技 巧

如果要绘制半圆，则需要在拉出弧长后，往左或右移动鼠标，待出现“半圆”提示时再单击确定，如图 2-60、图 2-61 所示。

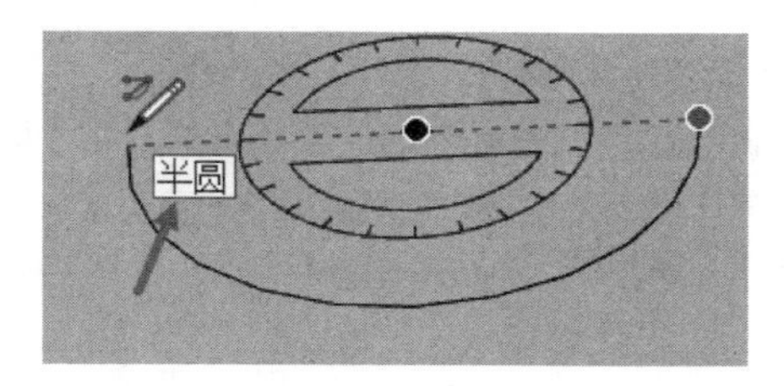

图 2-60　确定圆弧起点

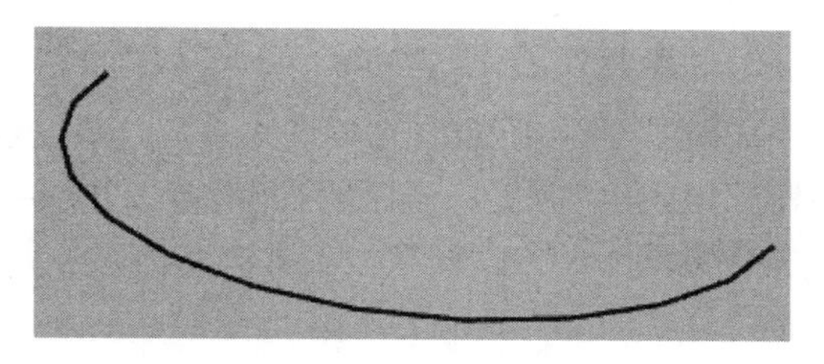
图 2-61　绘制半圆

2. 根据起点、终点和凸起部分绘制圆弧

01 单击【绘图】工具栏上的【两点圆弧】按钮，根据起点、终点和凸起部分绘制圆弧，在绘图区域单击确定圆弧起点，如图 2-62 所示。

02 输入【长度】数值，如图 2-63 所示，按下“Enter”键确认。

图 2-62　确定圆弧起点

图 2-63　输入【长度】数值

03 移动鼠标，输入【弧高】数值，如图 2-64 所示。

04 按下“Enter”键，绘制圆弧如图 2-65 所示。

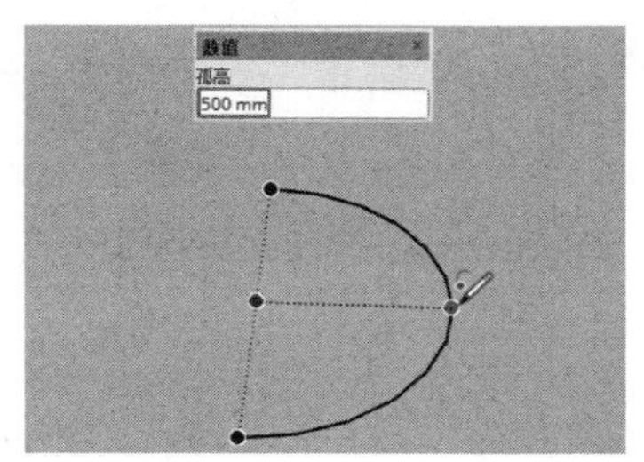

图 2-64　输入【弧高】数值

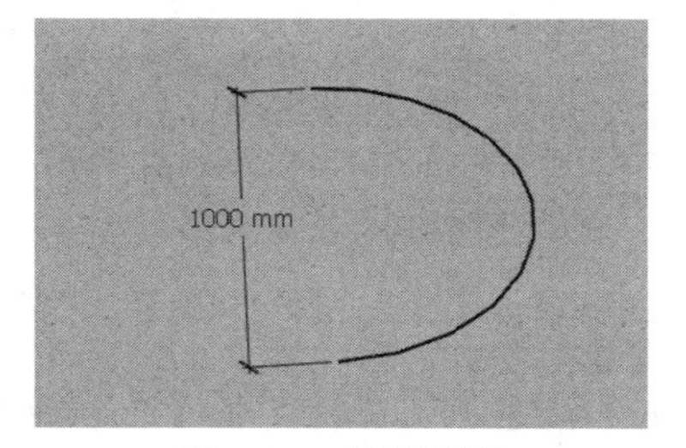

图 2-65　绘制圆弧

技 巧

除了直接输入【弧高】决定弧度外，还可以“R”格式进行输入，即输入半径确定弧度，如图 2-66、图 2-67 所示。

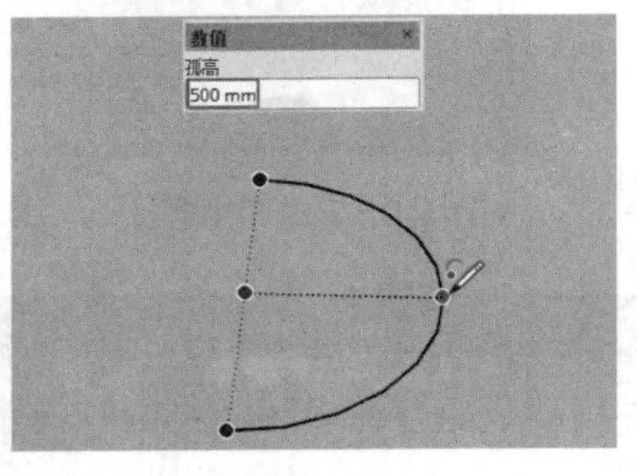

图 2-66　输入弧高

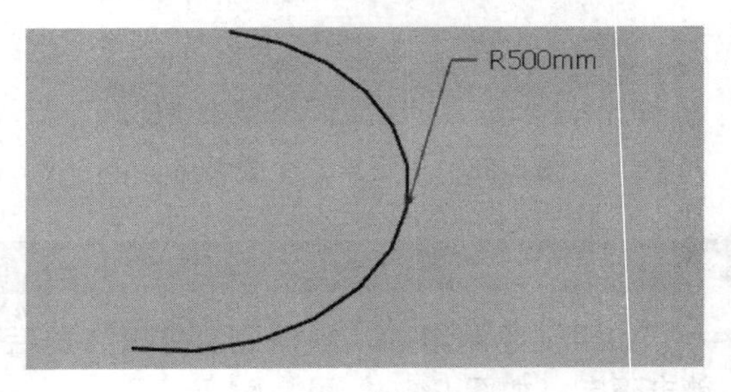

图 2-67　输入半径

3. 绘制相切圆弧

如果要绘制与已知图形相切的圆弧，首先需要保证圆弧的起点位于某个图形的端点外。在【绘图】工具栏上单击按钮，光标置于已有圆弧的端点之上，如图 2-68 所示，单击左键，指定圆弧的起点。

移动鼠标，将光标置于线段之上，显示【顶点切线】提示文字，如图 2-69 所示。

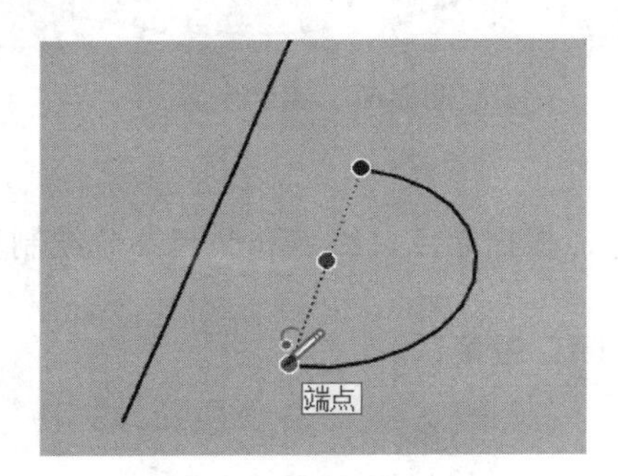

图 2-68　指定圆弧起点

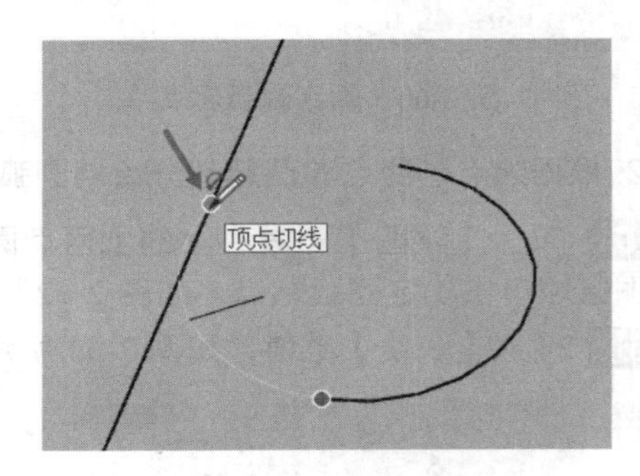

图 2-69　显示提示文字

移动鼠标，指定弧高，如图 2-70 所示。在合适的位置单击左键，绘制相切圆弧，如图 2-71 所示。

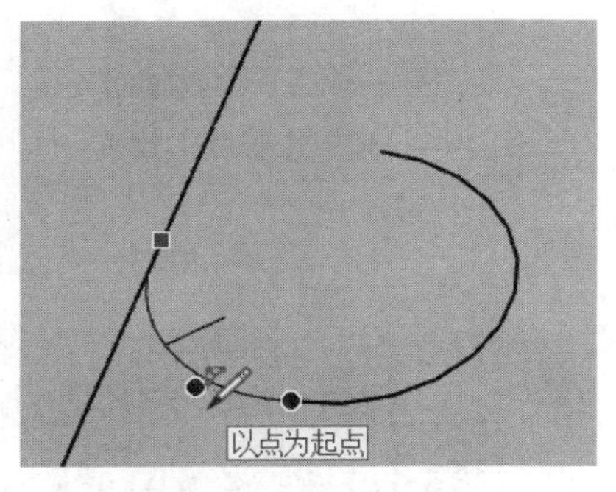

图 2-70　指定弧高

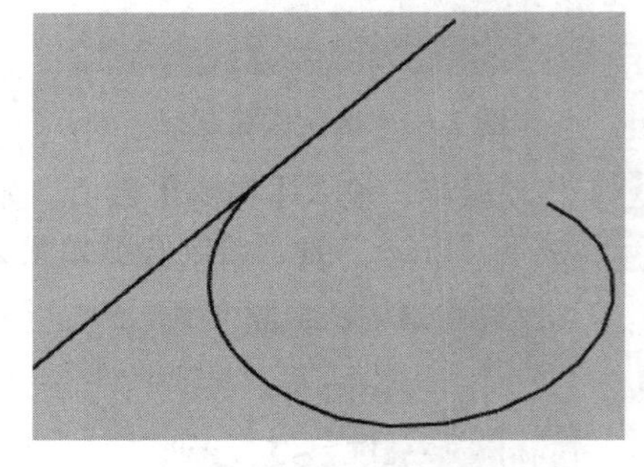

图 2-71　绘制相切圆弧

4. 三点画弧

单击【绘图】工具栏上的【三点画弧】按钮，在绘图区域中单击指定起点，如图 2-72 所示。移动鼠标，指定第二个圆弧点，如图 2-73 所示。

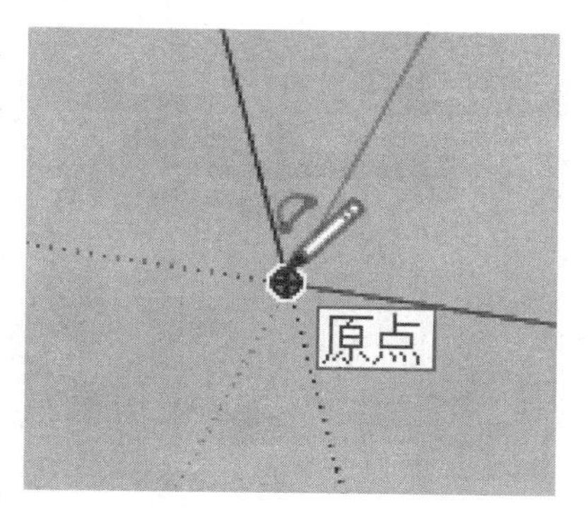

图 2-72　指定起点

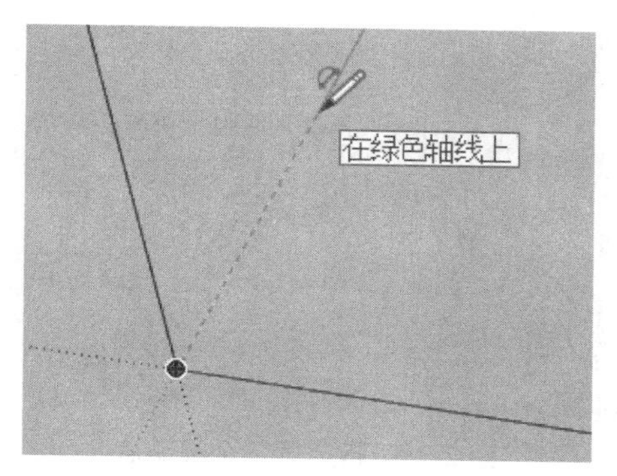

图 2-73　指定第二个圆弧点

移动鼠标，指定圆弧端点，如图 2-74 所示。在合适的位置上单击鼠标，即可通过确定三点绘制圆弧，如图 2-75 所示。

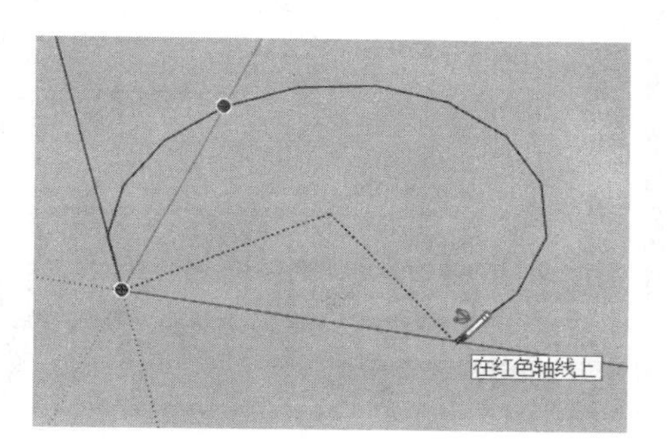

图 2-74　指定圆弧端点

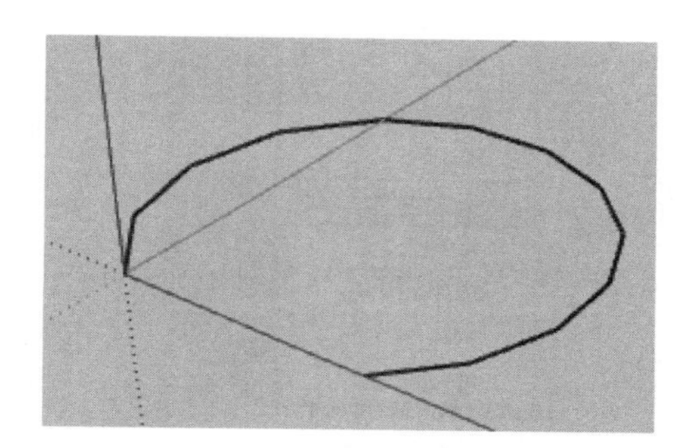
图 2-75　确定三点绘制圆弧

5. 扇形

在【绘图】工具栏上单击【扇形】按钮，在绘图区域中单击鼠标，指定中心点，如图 2-76 所示。移动鼠标，指定第一个圆弧点，如图 2-77 所示。

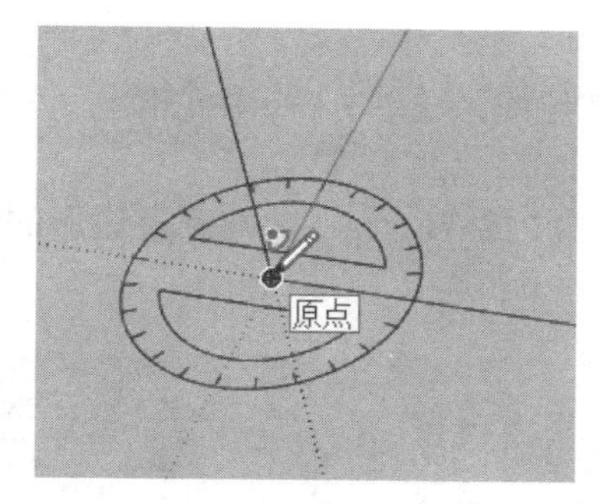

图 2-76　指定中心点

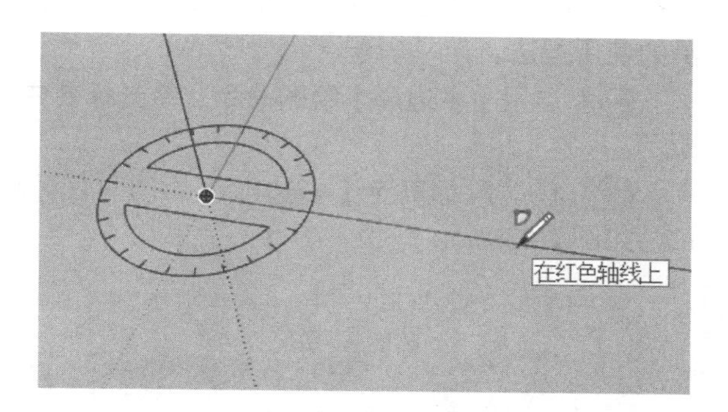

图 2-77　指定第一个圆弧点

移动鼠标，指定第二个圆弧点，如图 2-78 所示。绘制扇形如图 2-79 所示。

技 巧

执行【窗口】|【模型信息】命令，如图 2-80 所示。打开【模型信息】对话框，选择【单位】选项卡，在【角度单位】选项组下设置捕捉角度，如图 2-81 所示。

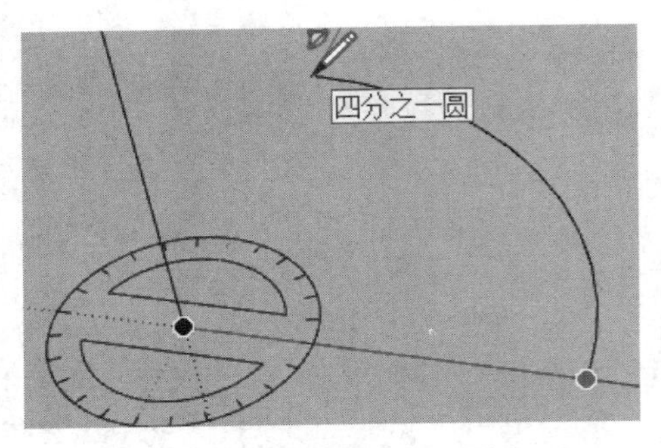

图 2-78　指定第二个圆弧点

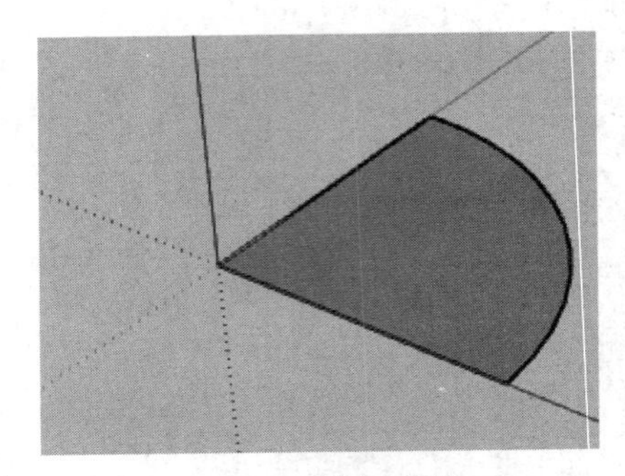

图 2-79　绘制扇形

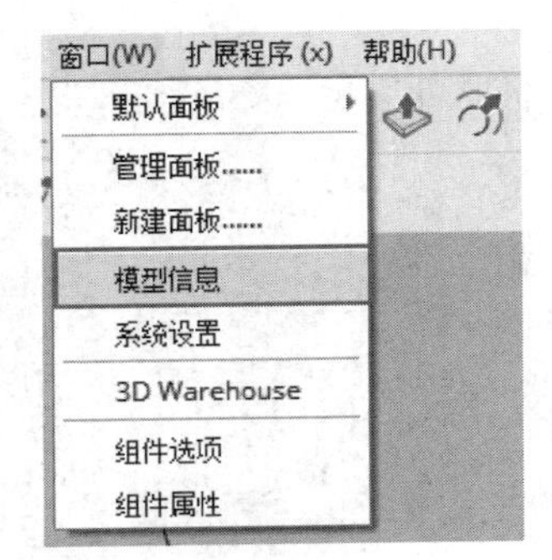

图 2-80　执行【窗口】|【模型信息】命令

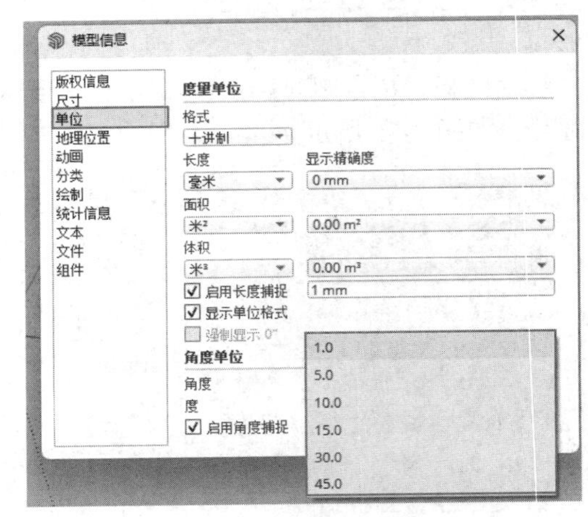

图 2-81　设置捕捉角度

2.1.5 【多边形】工具

使用【多边形】工具，可以绘制边数在 3~100 间的任意多边形。单击【绘图】工具栏按钮或执行【绘图】|【多边形】菜单命令，均可启用该工具。接下来以绘制正 12 边形为例，讲解该工具的使用方法。

01 启用【多边形】绘图命令，待光标变成时，在绘图区域单击确定中心位置，如图 2-82 所示。

02 移动鼠标确定【多边形】的切向，再输入“12”并按“Enter”键确定多边形的边数为 12，如图 2-83 所示。

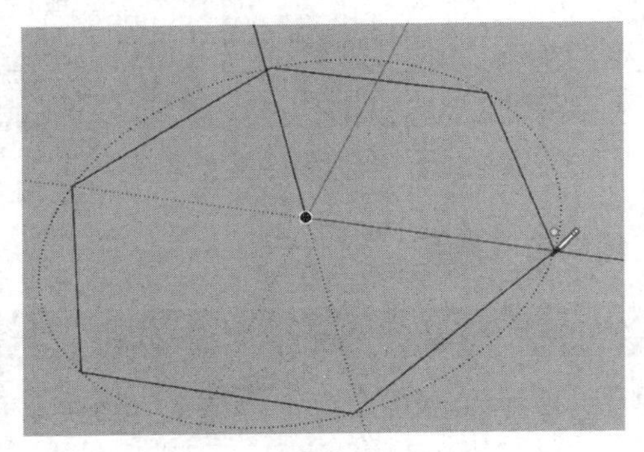

图 2-82　确定中心位置

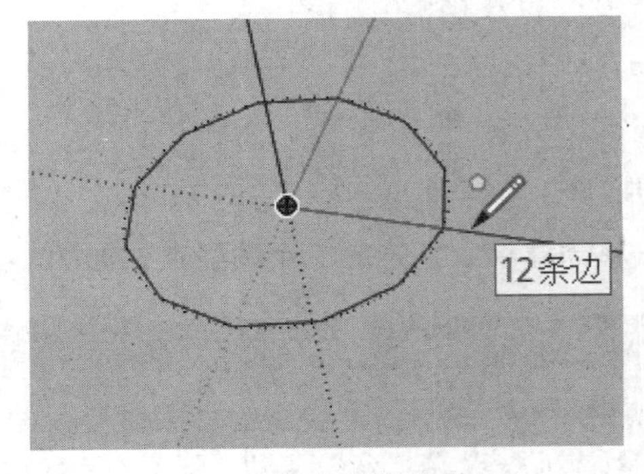

图 2-83　确定多边形边数为 12

03 输入多边形内切圆半径值，如图 2-84 所示，并按“Enter”键确定。

04 绘制正 12 边形平面，如图 2-85 所示。

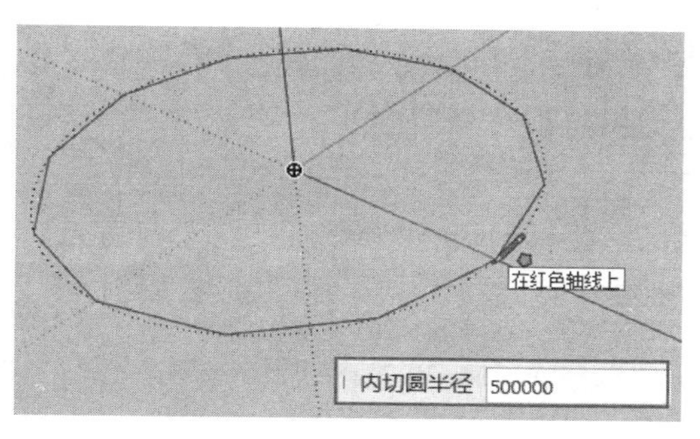

图 2-84　输入多边形内切圆半径值

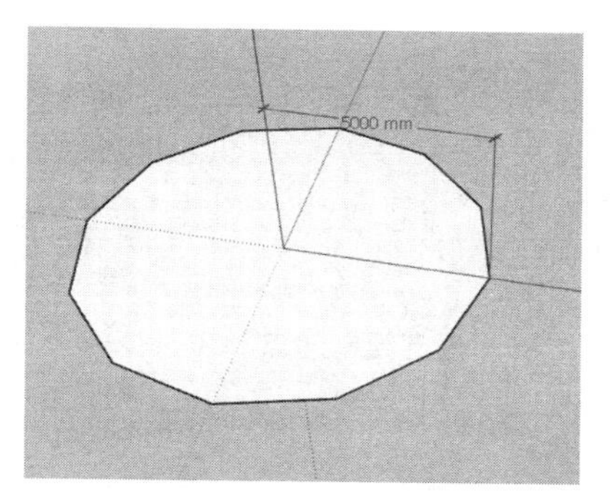

图 2-85　绘制正 12 边形平面

注 意

多边形与圆之间可以进行相互转换，当多边形的边数较多时，整个图形就十分圆滑了，接近于圆形的效果。同样当圆的边数较少时，其形状也会变成对应边数的多边形，如图 2-86~图 2-88 所示。

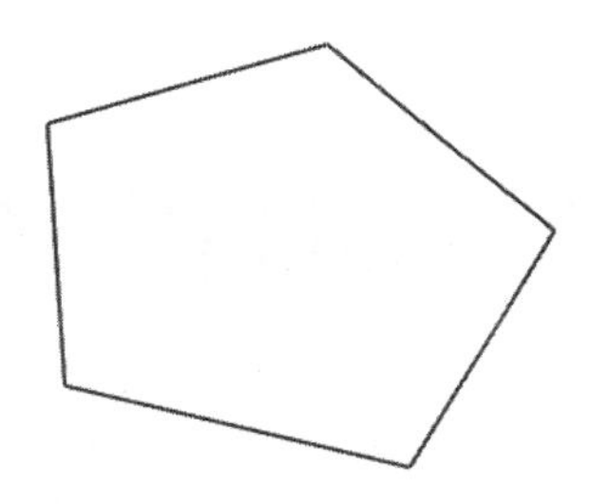
图 2-86　正 5 边形

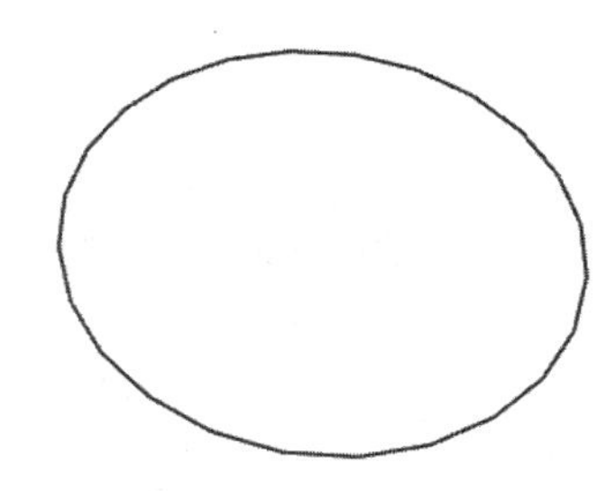
图 2-87　正 24 边形

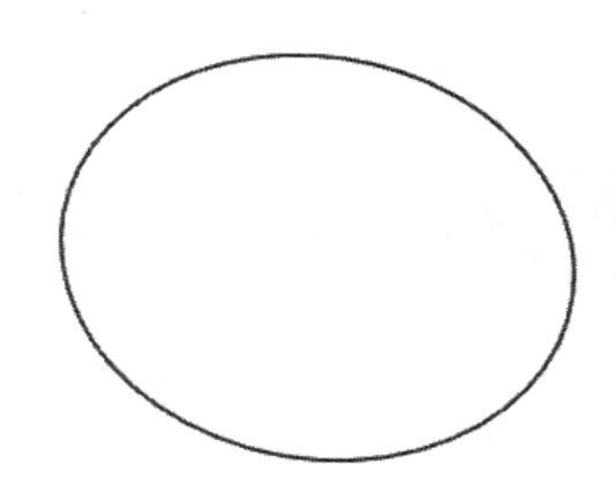
图 2-88　圆形

2.1.6 【手绘线】工具

【手绘线】工具用于绘制凌乱的、不规则的曲线平面。单击【绘图】工具栏按钮或执行【绘图】|【直线】|【手绘线】菜单命令，均可启用该工具。

01 调用【手绘线】绘图命令，待光标变成时，在绘图区域单击确定绘制起点（此时应保持左键为按下状态），如图 2-89 所示。

02 任意移动鼠标绘制所需要的曲线，如图 2-90 所示，最终移动至起点处闭合图形，以生成不规则的面，如图 2-91 所示。

技 巧

在执行【手绘线】命令的过程中，按住“Shift”键，可以绘制较为圆滑的曲线，如图 2-92 所示，同时曲线显示为淡灰色。松开“Shift”键，所绘制的曲线的转角较为生硬，如图 2-93 所示，同时曲线加粗显示。

图 2-89　确定绘制起点

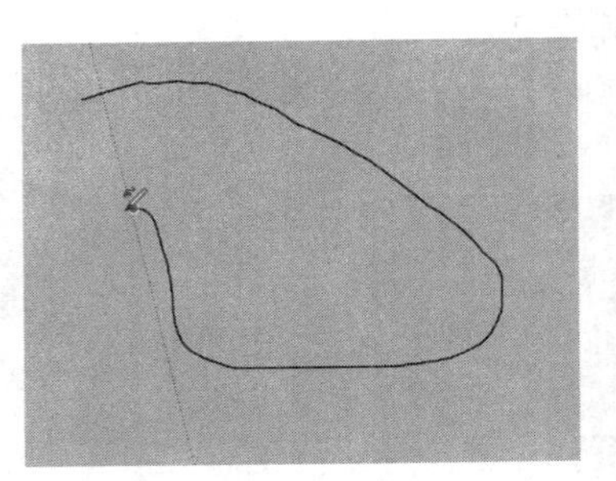
图 2-90　绘制曲线

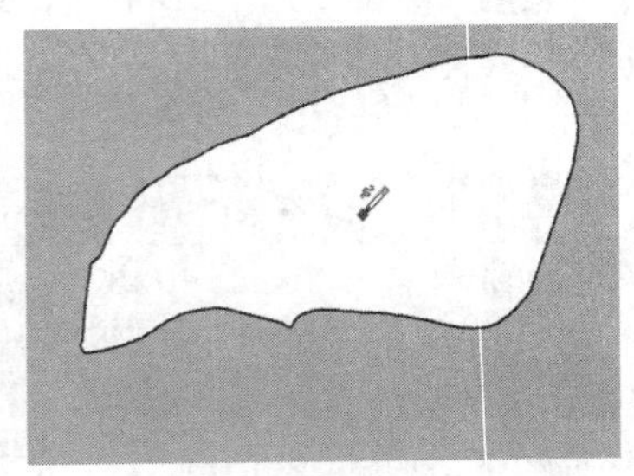
图 2-91　生成不规则的面

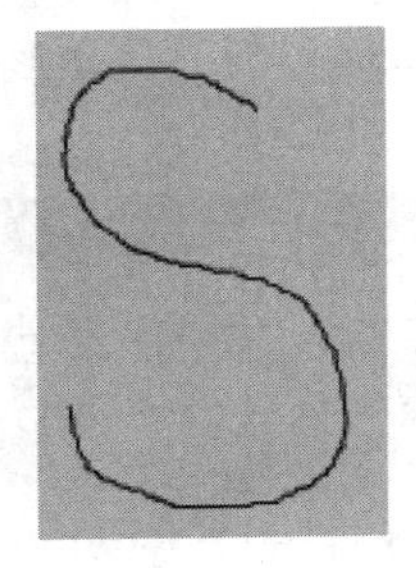
图 2-92　圆滑曲线

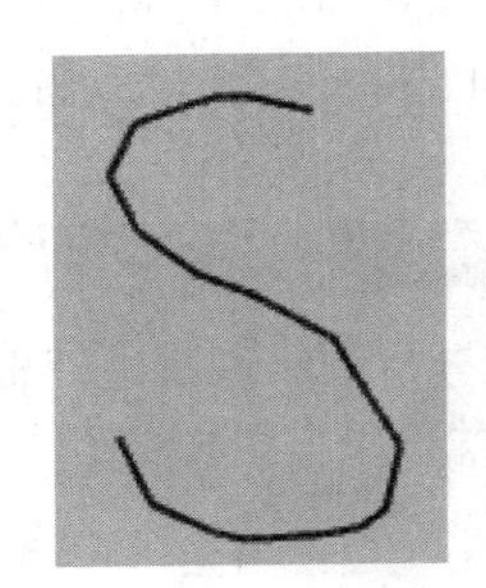
图 2-93　曲线的转角较为生硬

2.2 SketchUp 编辑工具栏

SketchUp 编辑工具栏如图 2-94 所示，包含【移动】、【推 / 拉】、【旋转】、【路径跟随】、【缩放】、【镜像】以及【偏移】共 7 种工具。其中【移动】、【旋转】、【缩放】、【镜像】和【偏移】5 个工具用于对象位置、形态的变换与复制，而【推 / 拉】、【跟随路径】两个工具用于将二维图形转变成三维实体。

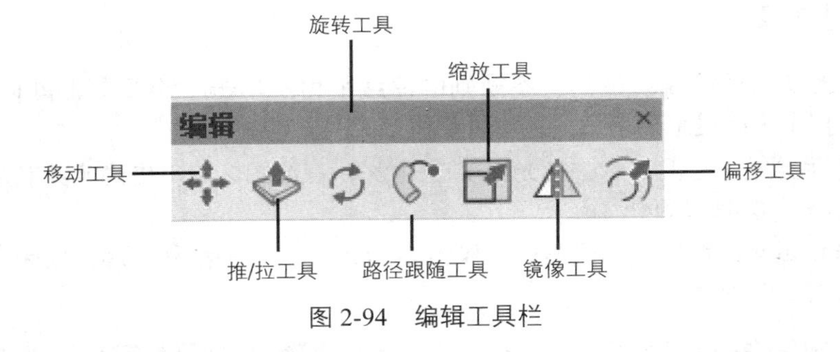

图 2-94　编辑工具栏

2.2.1 【移动】工具

【移动】工具不但可以进行对象的移动，同时还兼具复制功能。单击编辑工具栏按钮或执行【工具】|【移动】菜单命令，均可启用该工具。

技 巧

【移动】工具默认快捷键为“M”。

1. 移动对象

01 打开配套资源“第 02 章 |2.2.1 移动原始 .skp”模型，如图 2-95 所示为一个树木组件。

02 选择模型再启用【移动】工具，待光标变成时，在模型上单击确定移动起始点，再拖动鼠标即可在任意方向移动选择对象，在 X 轴上移动如图 2-96 所示。

03 将光标置于移动目标点，再次单击鼠标即完成对象的移动，如图 2-97 所示。

图 2-95 树木组件

图 2-96 在 X 轴上移动

图 2-97 完成对象的移动

技 巧

如果要进行精确距离的移动，可以在确定移动方向后，直接输入精确的数值，然后再按“Enter”键确定。

2. 移动复制对象

使用【移动】工具也可以进行对象的复制，具体的操作如下：

01 选择树木组件，如图 2-98 所示，启用【移动】工具。

02 按住键盘上的“Ctrl”键，待光标变成时，再确定移动起始点，此时拖动鼠标可以进行移动复制，如图 2-99~ 图 2-100 所示。

图 2-98 选择树木组件

图 2-99 移动复制

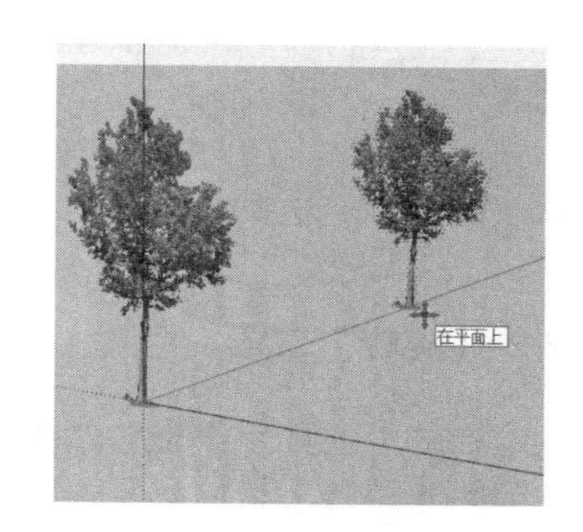

图 2-100 移动复制的结果

03 如果要精确控制移动复制的距离，可以在确定移动方向后，输入指定的数值，然后按“Enter”键确定，如图 2-101 与图 2-102 所示。

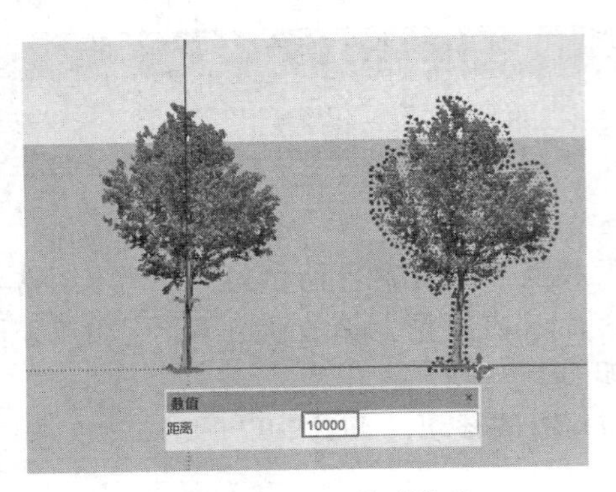

图 2-101　输入移动数值

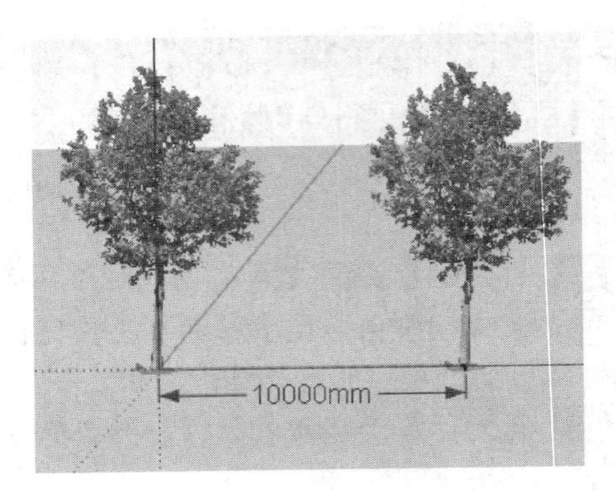

图 2-102　精确移动的结果

技 巧

如果需要以指定的距离复制多个对象，可以先输入距离数值并按“Enter”键确定，然后以“个数 X”的形式输入复制数目并按“Enter”键确定，如图 2-103~ 图 2-105 所示。

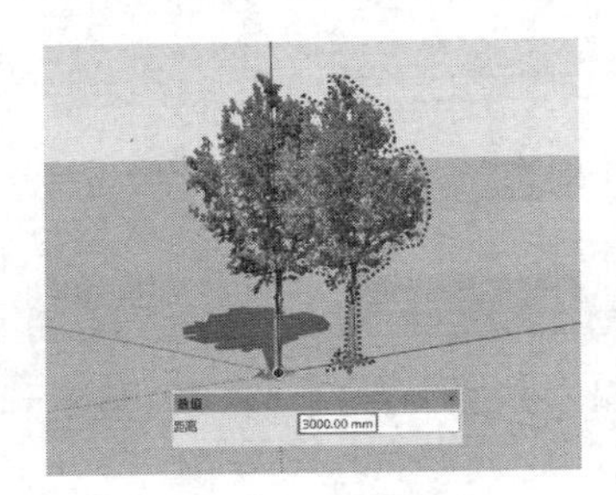

图 2-103　输入移动距离

图 2-104　输入复制数量

图 2-105　等距复制多个对象

三维模型“面”同样可以使用【移动】工具进行移动复制，如图 2-106~ 图 2-108 所示。

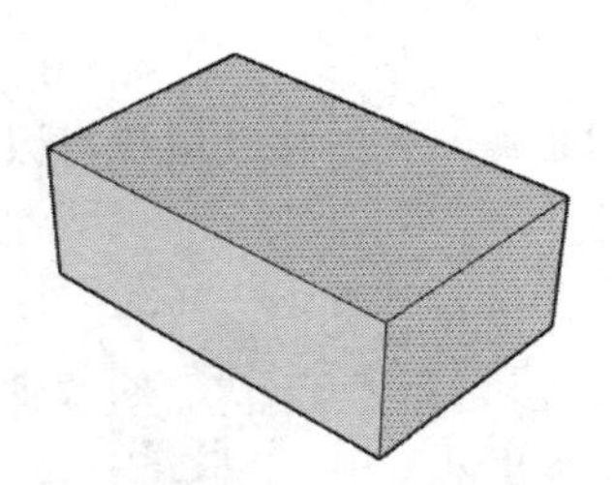
图 2-106　选择模型面

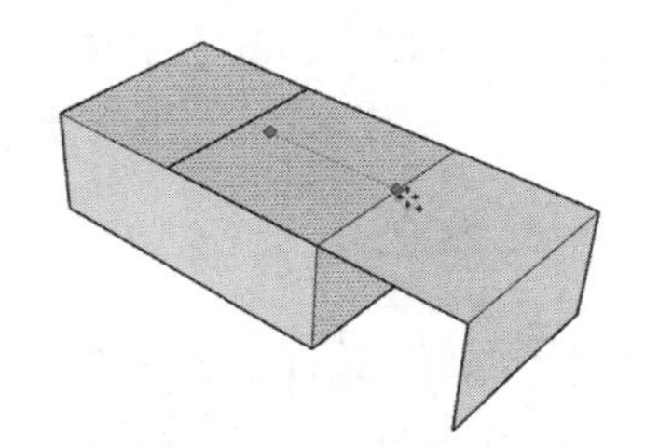
图 2-107　移动复制

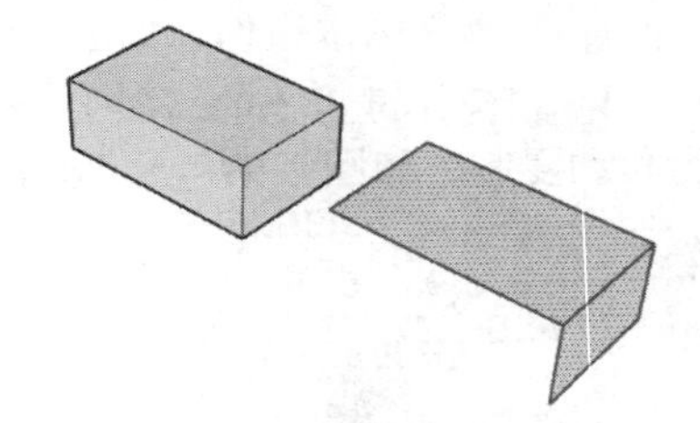
图 2-108　移动完成

2.2.2 【旋转】工具

【旋转】工具用于旋转对象，同样也可以完成旋转复制。单击【编辑】工具栏按钮或执行【工具】|【旋转】菜单命令，均可启用该工具。

技 巧

【旋转】工具默认快捷键为“Q”。

1. 旋转对象

01 打开配套资源“第 02 章 \2.2.2 旋转原始 .skp”模型，如图 2-109 所示。

02 选择模型并启用【旋转】工具，待光标变成时拖动鼠标确定旋转平面，如图 2-110 所示，然后在模型表面确定旋转轴心点与轴心线。

03 拖动鼠标即可进行任意角度的旋转，此时可以观察数值框数值，也可以直接输入旋转度数，确定角度后再次单击鼠标左键，即可完成旋转，如图 2-111 所示。

图 2-109　打开模型

图 2-110　确定旋转平面

图 2-111　完成旋转

技 巧

启用【旋转】工具后，按住鼠标左键不放，往不同方向拖动将产生不同的旋转平面，从而使目标对象产生不同的旋转效果。其中，当旋转平面显示为蓝色时，对象将以 Z 轴为轴心进行旋转，如图 2-110 中所示；而显示为红色或绿色时，将分别以 Y 轴或 Z 轴为轴心进行旋转，如图 2-112、图 2-113 所示。如果以其他位置作为轴心则以灰色显示，如图 2-114 所示。

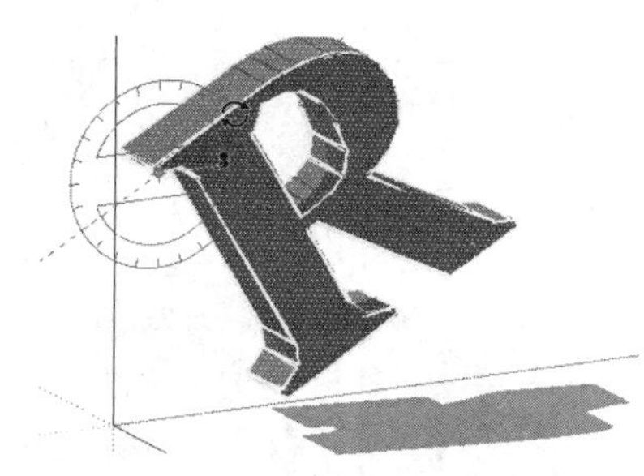

图 2-112　以 Y 轴为轴心进行旋转

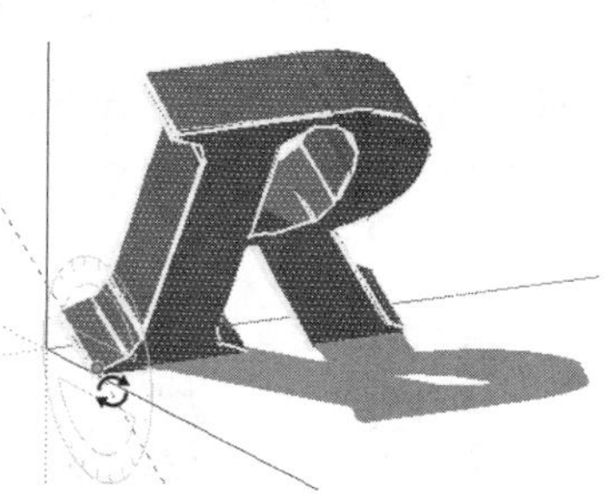

图 2-113　以 Z 轴为轴心进行旋转

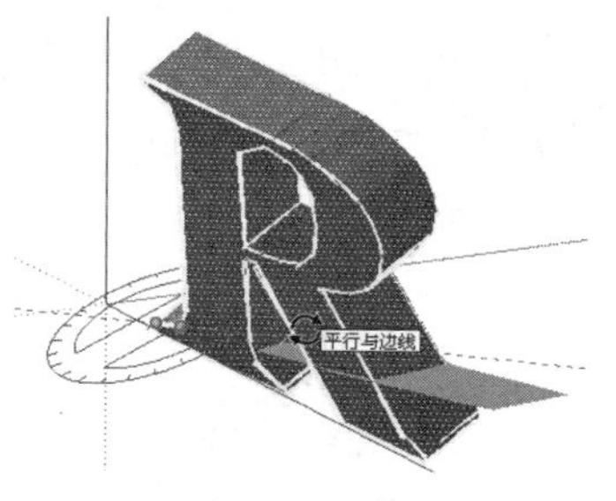

图 2-114　以其他位置作为轴心

2. 旋转部分模型

除了对整个模型对象进行旋转外，还可以对表面已经分割好的模型进行部分旋转，下面介绍具体操作。

01 选择模型对象要旋转的部分表面，然后确定旋转平面，如图 2-115 所示，并将轴心点与轴心线确定在分割线端点。

02 拖动鼠标确定旋转方向，输入旋转角度，如图 2-116 所示，按“Enter”键确定完成一次旋转。

03 选择最上方的“面”，重新确定轴心点与轴心线，再次输入旋转角度并按“Enter”键完成旋转，如图 2-117 所示。

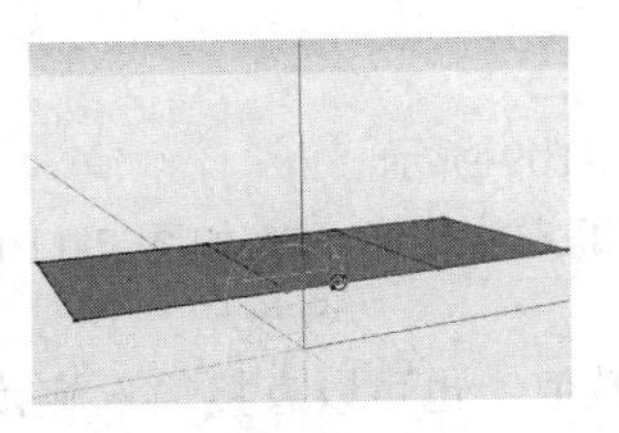

图 2-115　确定旋转平面

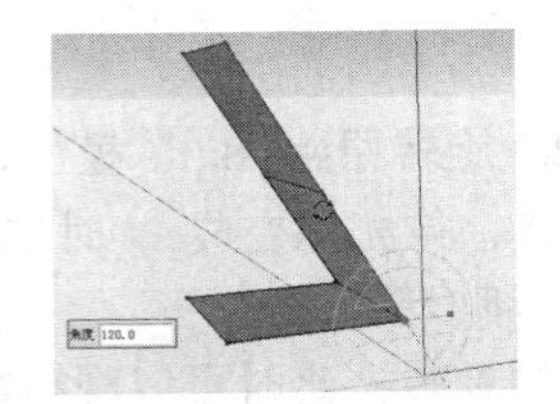

图 2-116　输入旋转角度

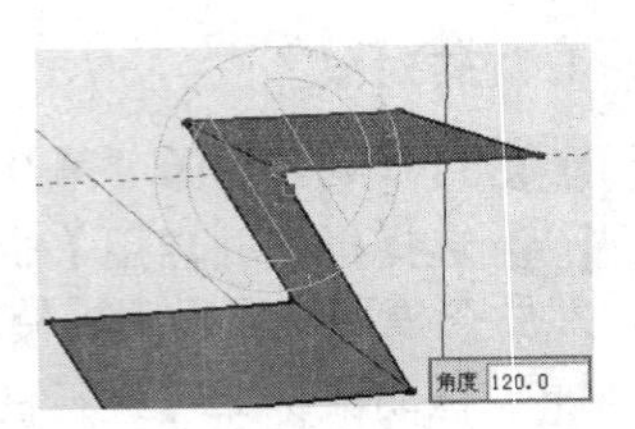

图 2-117　完成旋转

3. 旋转复制对象

01 选择目标对象，启用【旋转】工具，确定旋转平面、轴心点与轴心线。

02 按住键盘 Ctrl 键，待光标将变成后输入旋转角度，如图 2-118 所示。

03 按“Enter”键确定旋转数值，再以“数量 X”的格式输入要复制的对象数目，按“Enter”键即可完成旋转复制，如图 2-119 与图 2-120 所示。

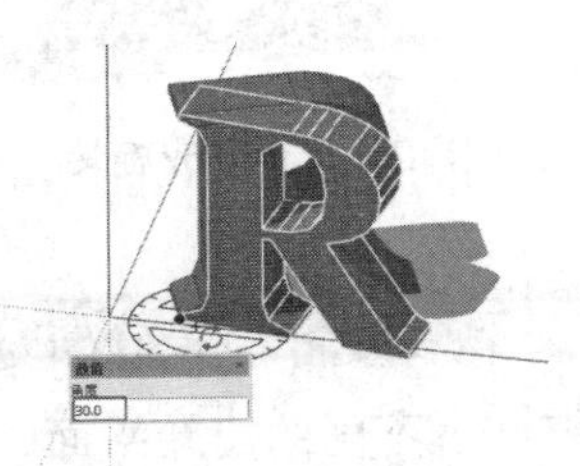

图 2-118　输入旋转角度

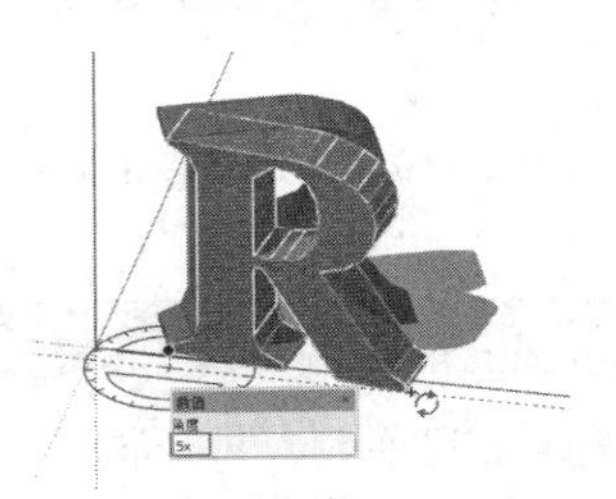

图 2-119　输入复制数量

图 2-120　完成旋转复制

技 巧

除了以上的复制方法外，还可以首先复制出多个复制对象首尾相接的模型，然后以“/ 数量”的形式输入要复制的对象数目并按“Enter”键，此时就会以平均角度进行旋转复制，如图 2-121~ 图 2-123 所示。

图 2-121　输入旋转角度

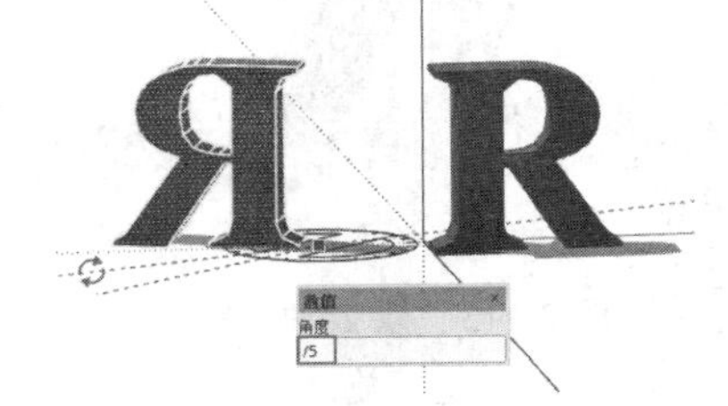

图 2-122　输入复制数量

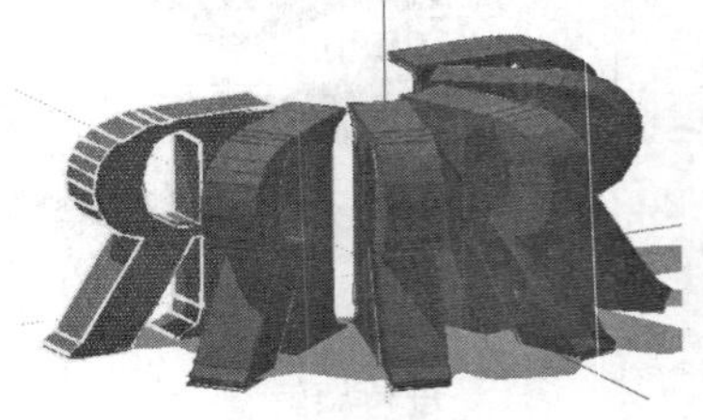

图 2-123　旋转复制的结果

2.2.3 【缩放】工具

【缩放】工具用于对象的缩小或放大，既可以进行 X、Y、Z 三个轴向等比的缩放，也可以进行任意两个轴向的非等比缩放。单击【工具】工具栏按钮或执行【工具】|【缩放】菜单命令，均可启用该工具。下面学习其具体的使用方法与技巧。

技 巧

【缩放】工具默认快捷键为“S”。

1. 等比缩放

01 打开配套资源“第 02 章 |2.2.3 缩放原始 .skp”模型，选择右侧的足球模型，启用【缩放】工具，模型周围出现用于缩放的栅格，如图 2-124 所示。

02 待光标变成 时，选择任意一个位于顶点的栅格点，即出现“等比缩放”提示，此时按住鼠标左键并进行拖动，即可进行模型的等比缩放，如图 2-125 与图 2-126 所示。

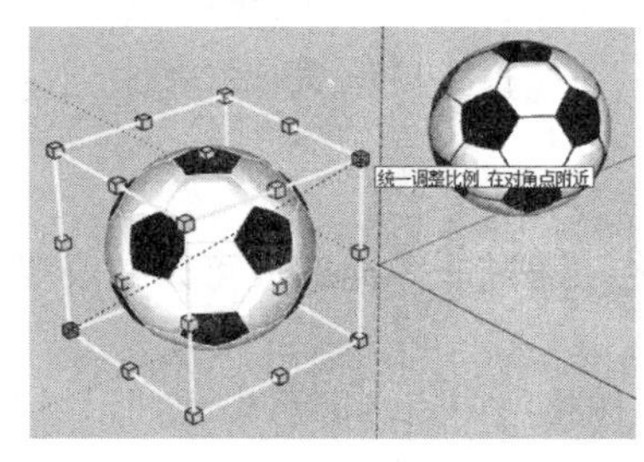

图 2-124 出现用于缩放的栅格

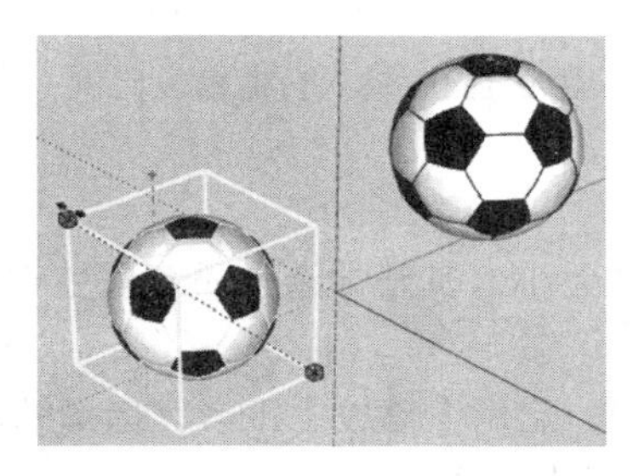
图 2-125 出现“等比缩放”提示

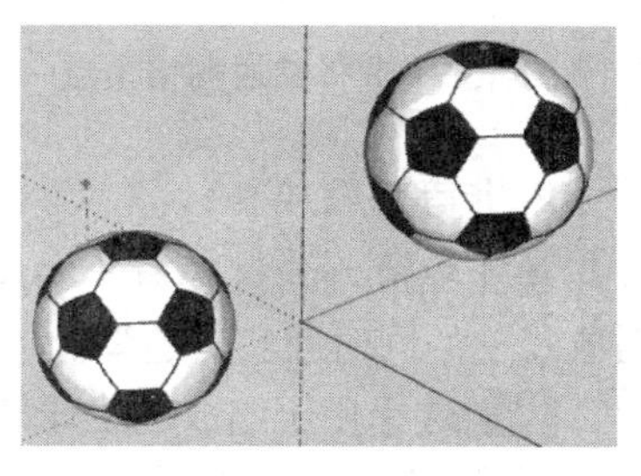
图 2-126 等比缩放的结果

技 巧

选择缩放栅格后，按住鼠标向上推动为放大模型，向下推动则为缩小模型。此外，在进行二维平面模型等比缩放时，同样需要选择四周的栅格点，方可进行等比缩放，如图 2-127~图 2-129 所示。

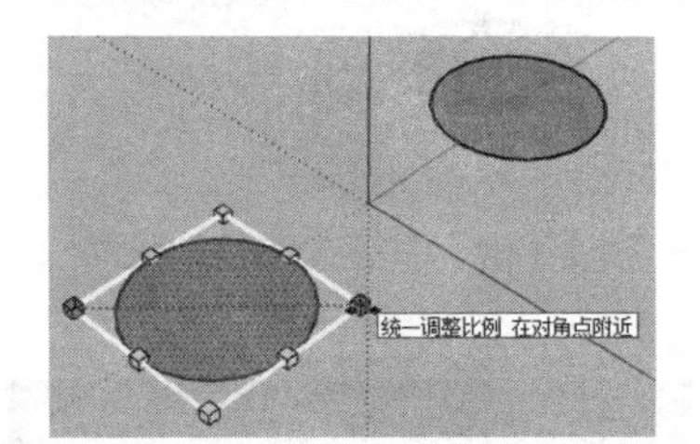

图 2-127 选择缩放栅格顶点

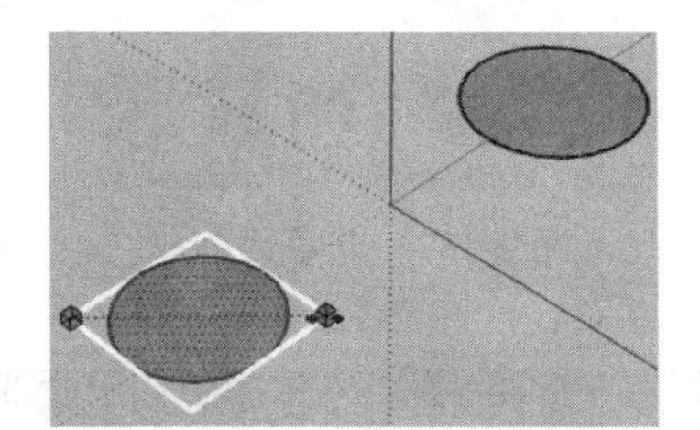
图 2-128 进行等比缩放

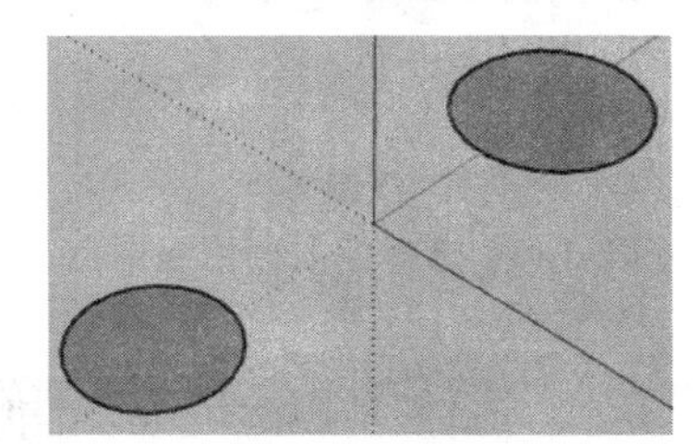
图 2-129 等比缩放的结果

03 除了直接通过鼠标进行缩放外，在确定好缩放栅格顶点后，输入缩放比例，按“Enter”键可完成指定比例的缩放，如图 2-130~ 图 2-132 所示。

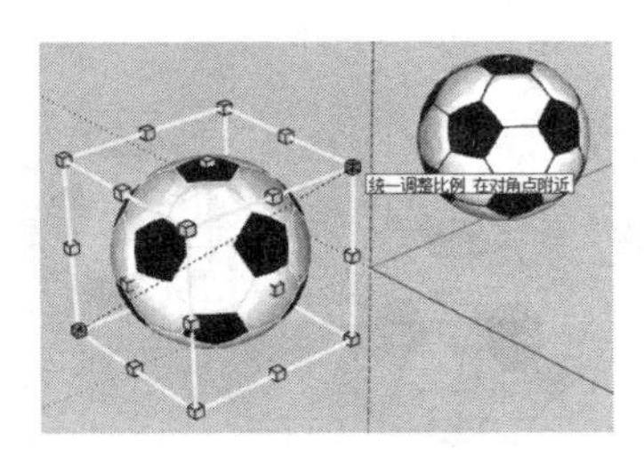

图 2-130 选择缩放栅格顶点

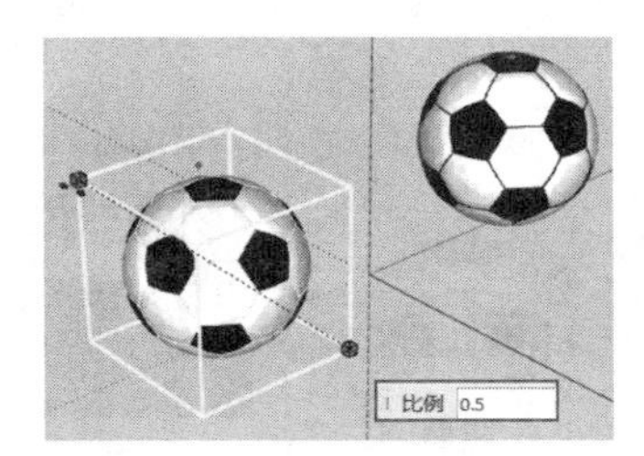

图 2-131 输入缩放比例

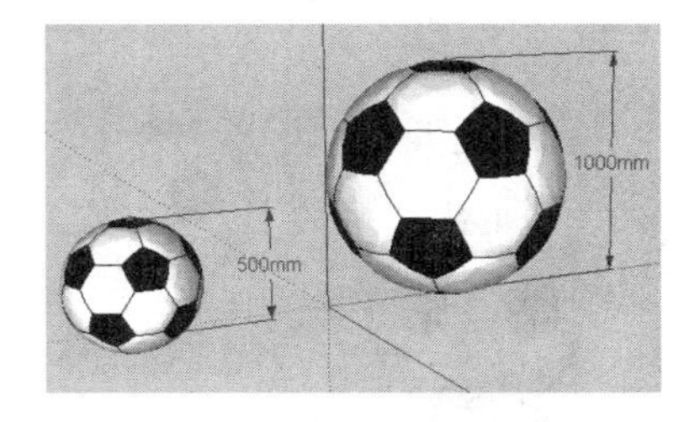

图 2-132 精确等比缩放的结果

技 巧

在进行精确比例的等比缩放时，数量小于 1 为缩小，大于 1 为放大。如果输入负值，则对象不但会进行比例的调整，其位置也会发生翻转改变，如图 2-133~ 图 2-135 所示。因此如果输入 -1，将得到【翻转】的效果。

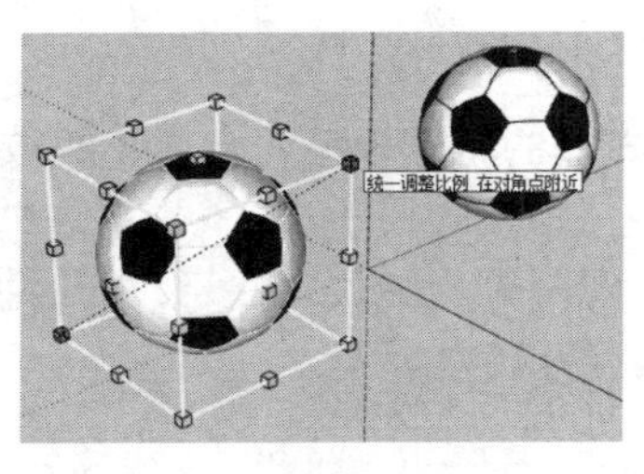

图 2-133　选择缩放栅格顶点

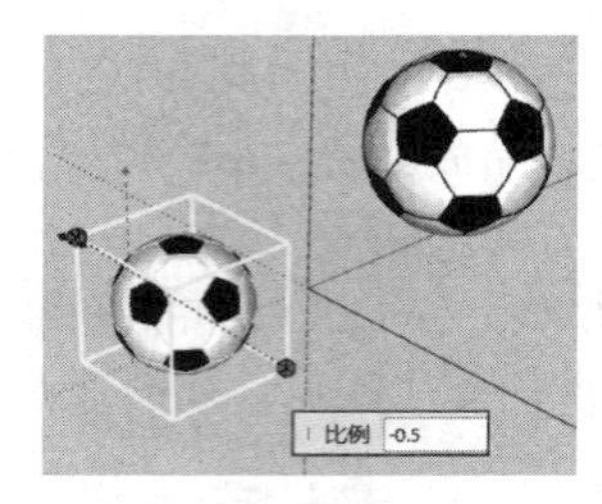

图 2-134　输入负值缩放比例

图 2-135　完成效果

2. 非等比缩放

等比缩放均匀改变对象的尺寸大小，其整体造型不会发生改变，通过非等比缩放可以在改变对象尺寸的同时改变其造型。

01 选择用于缩放的足球模型，启用【缩放】工具，选择缩放栅格线中点，即可出现“沿绿|蓝轴缩放比例”或类似提示，如图 2-136 所示。

02 确定栅格点后单击确定，然后拖动鼠标即可进行缩放，确定缩放大小后单击，即可完成非等比缩放，如图 2-137、图 2-138 所示。

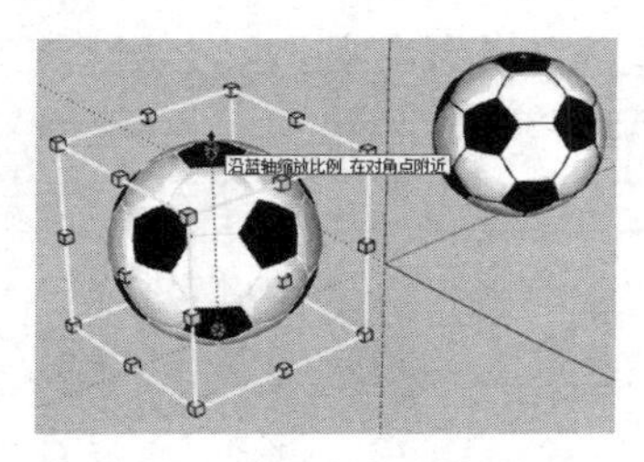

图 2-136　选择缩放栅格线中点

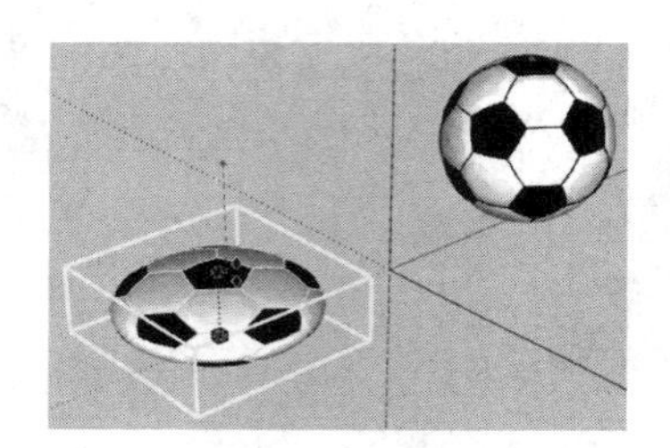
图 2-137　非等比缩放

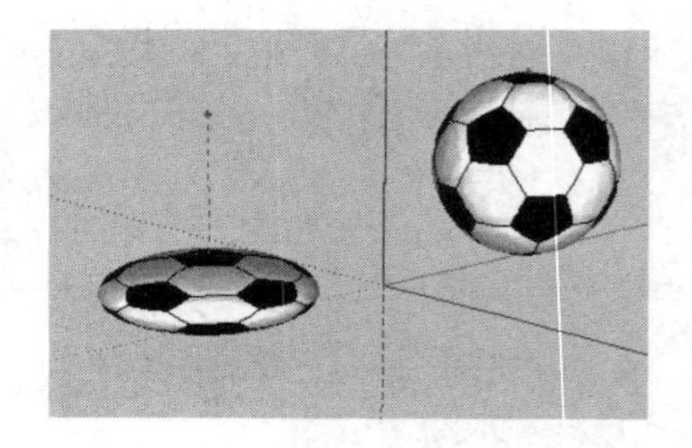
图 2-138　非等比缩放的结果

技 巧

除了“沿绿|蓝色轴缩放比例”的提示外，选择其他栅格点还可出现“沿红、蓝色轴缩放比例”或“沿红、绿色轴缩放比例”的提示，出现这些提示时都可以进行非等比缩放，如图 2-139、图 2-140 所示。此外，选择某个位于面中心的栅格点，还可进行 X、Y、Z 任意单个轴向上的非等比缩放，如图 2-141 所示为 Y 轴上的非等比缩放。

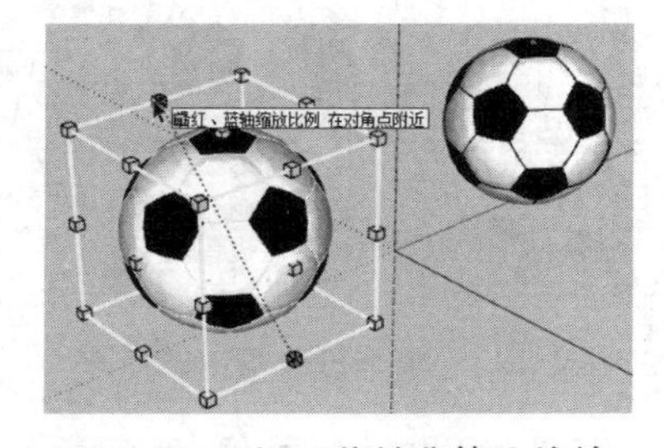

图 2-139　红、蓝轴非等比缩放

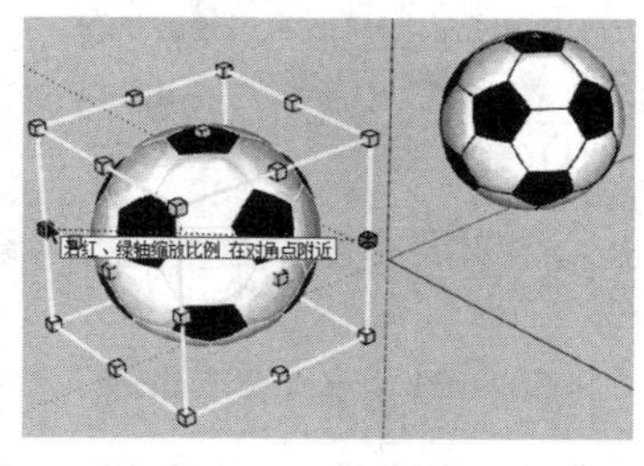

图 2-140　红、绿轴非等比缩放

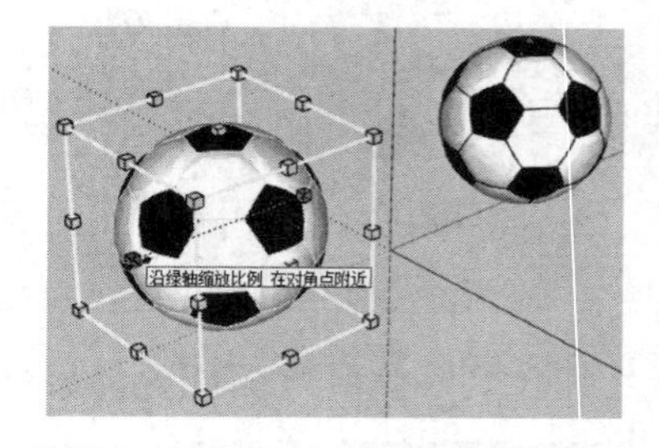

图 2-141　Y 轴上的非等比缩放

在执行缩放操作的过程中，光标置于任意的栅格点之上，按住“Shift”键不放，拖曳鼠标，等比缩放图形，如图 2-142 所示。光标置于栅格点之上，按住“Ctrl”键不放，以中心点为基点缩放图形，如图 2-143 所示。

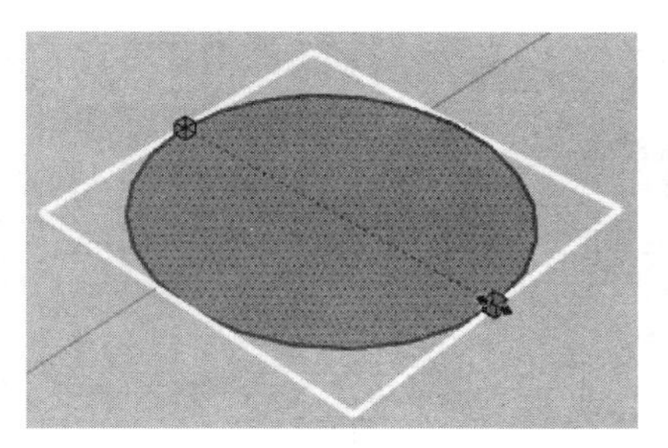

图 2-142　等比缩放图形

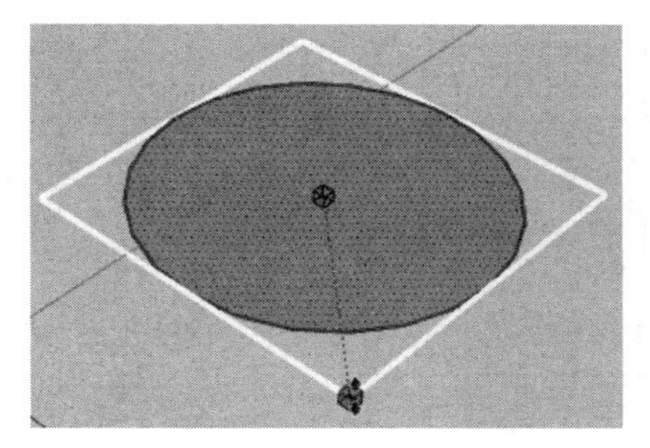

图 2-143　以中心点为基点缩放图形

2.2.4 【偏移】工具

【偏移】工具可以同时将对象进行移动与复制，单击【工具】工具栏按钮或执行【工具】|【偏移】菜单命令均可启用该工具。在实际工作中，【偏移】工具可以对任意形状的“面”进行偏移复制，但对于“线”的偏移复制则有一定的前提，接下来具体介绍。

技 巧

【偏移】工具默认快捷键为“F”。

1. 面的偏移复制

01 在视图中创建一个长宽约为 1500mm 的矩形平面，如图 2-144 所示，然后启用【偏移】工具。

02 待光标变成形状时，在要进行偏移的“平面”上单击，以确定偏移的参考点，然后向内拖动鼠标即可进行偏移复制，如图 2-145 所示。

03 确定偏移大小后，再次单击，即可完成偏移复制，结果如图 2-146 所示。

图 2-144　创建矩形平面

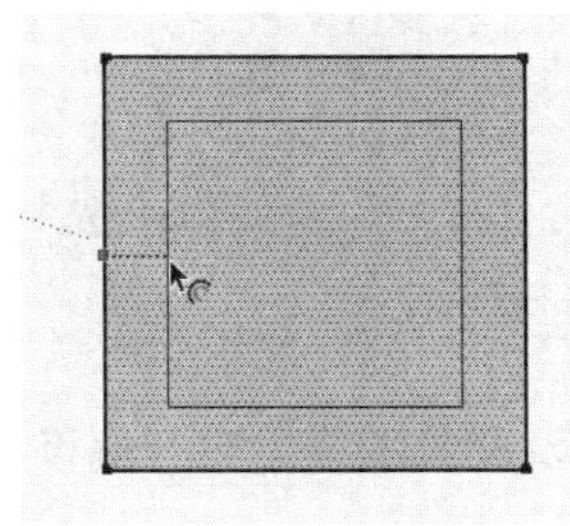

图 2-145　向内偏移复制

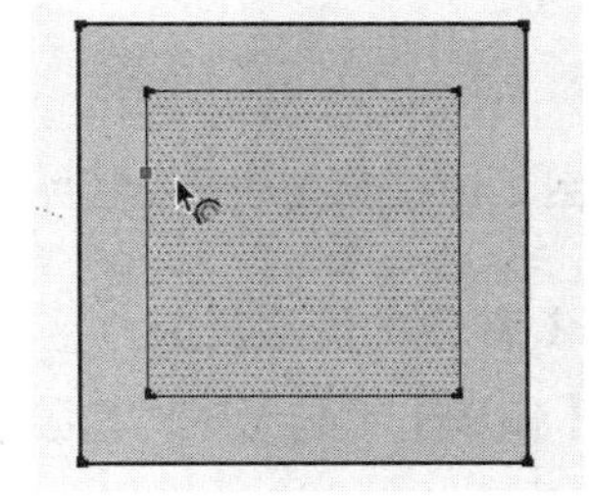

图 2-146　偏移复制的结果

注 意

【偏移】工具不仅可以向内进行收缩复制，还可以向外进行放大复制。在“平面”上单击确定偏移参考点后，向外推动鼠标即可，如图 2-147~ 图 2-149 所示。

04 如果要进行指定距离的偏移复制，可以在“平面”上单击确定偏移参考点后，直接输入偏移距离，再按“Enter”键确认，如图 2-150~ 图 2-152 所示。

【偏移】工具对任意造型的“面”均可进行偏移与复制，如图 2-153~ 图 2-155 所示。但对于“线”的复制则有所要求，接下来介绍。

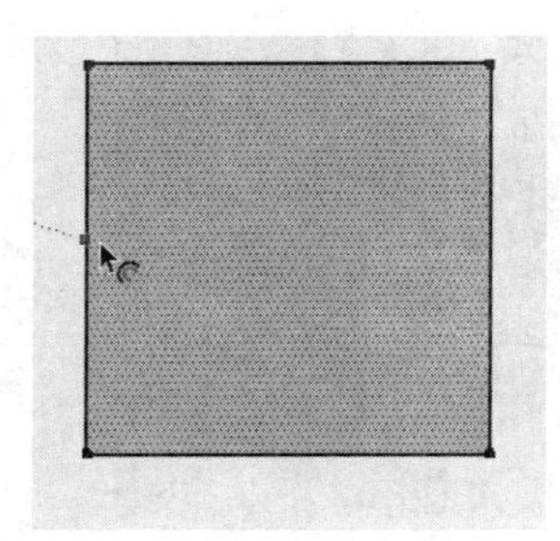
图 2-147　确定偏移参考点

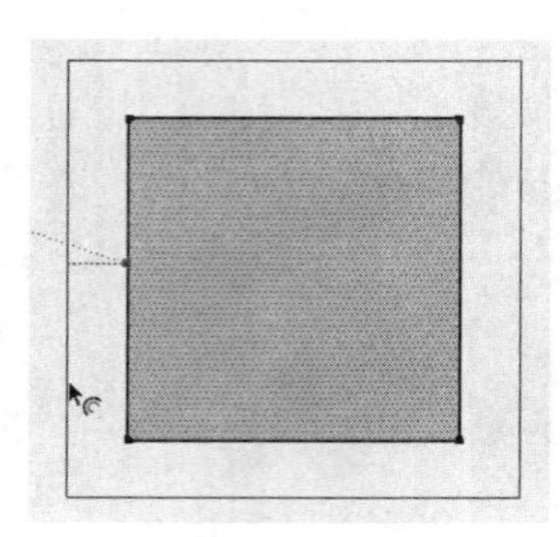
图 2-148　向外偏移复制

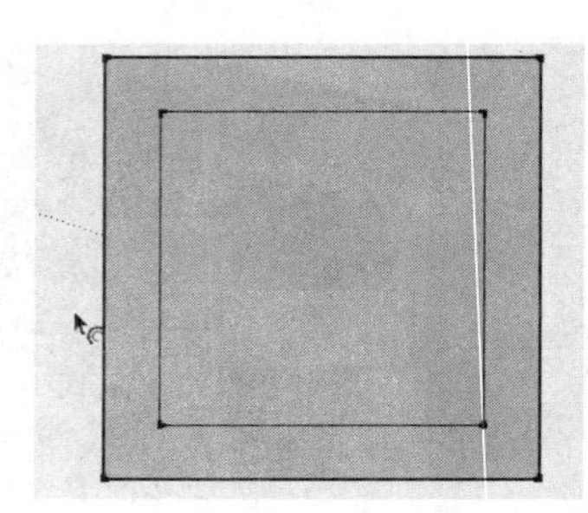
图 2-149　完成效果

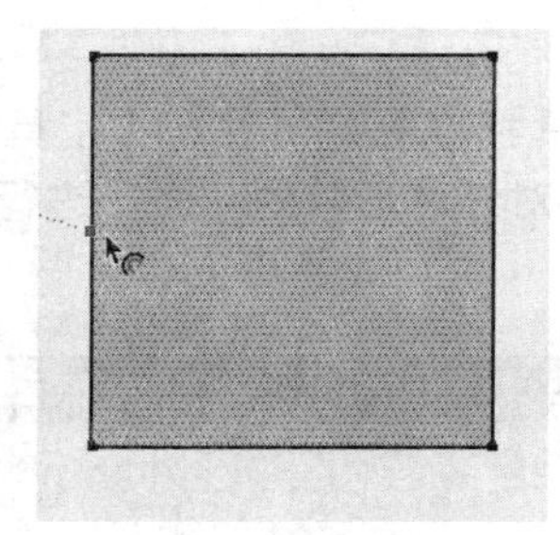
图 2-150　确定偏移参考点

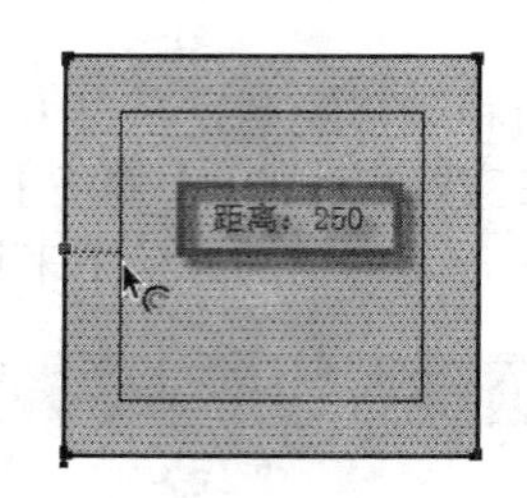

图 2-151　输入偏移距离

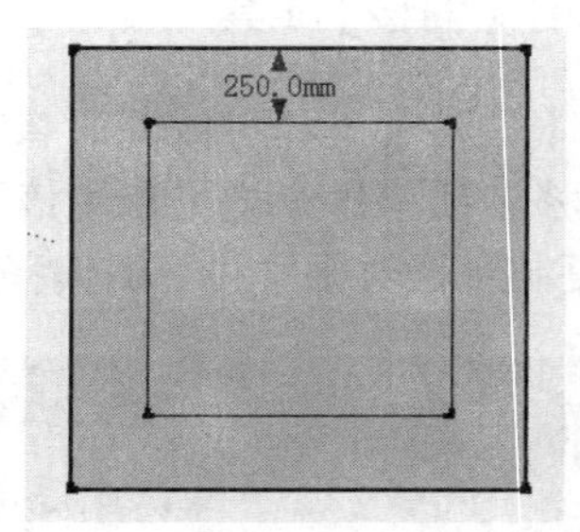

图 2-152　精确偏移完成效果

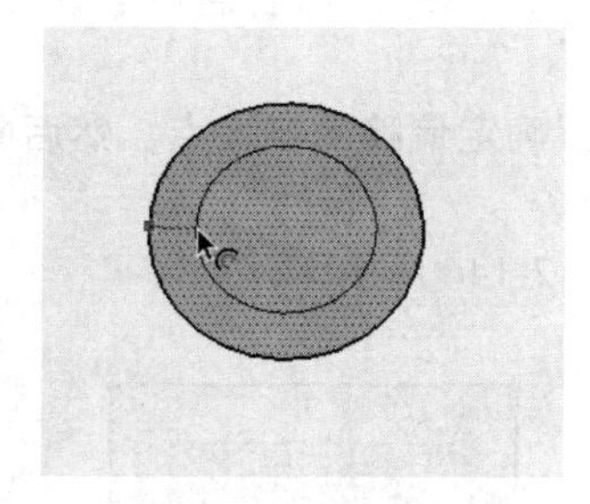
图 2-153　圆形的偏移复制

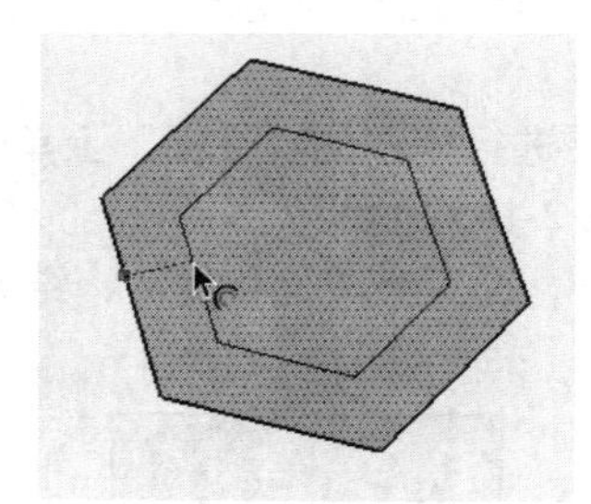
图 2-154　多边形的偏移复制

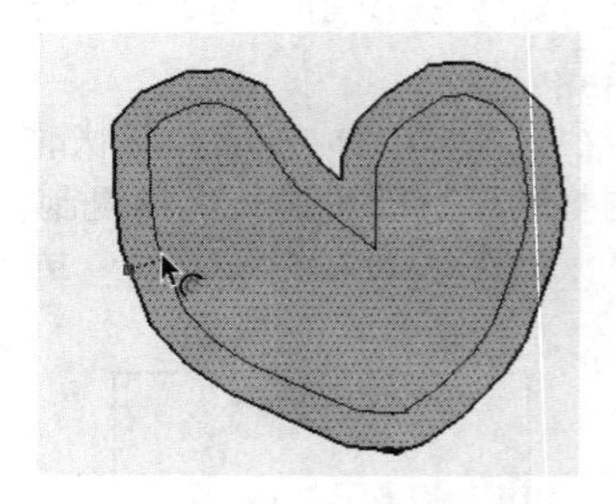
图 2-155　曲线平面的偏移复制

2. 线段的偏移复制

【偏移】工具无法对单独的线段以及交叉的线段进行偏移与复制，如图 2-156、图 2-157 所示。

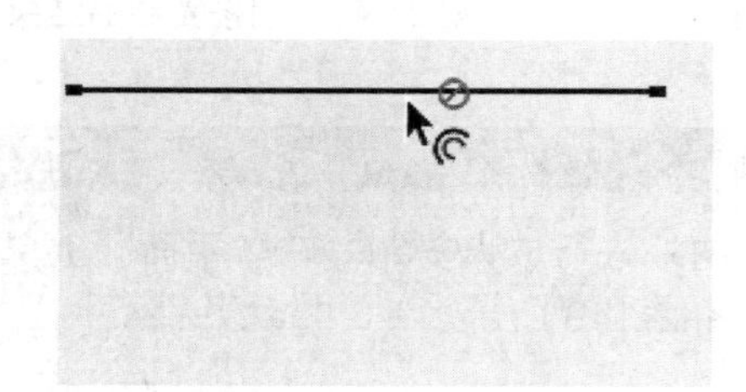
图 2-156　无法偏移复制单独线段

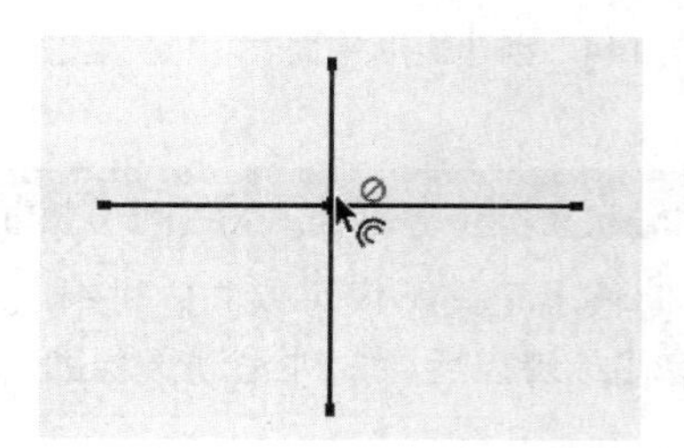
图 2-157　无法偏移复制交叉线段

而对于多条线段组成的转折线、弧线以及线段与弧形组成的线形，均可以进行偏移与复制，如图 2-158~ 图 2-160 所示。其具体操作方法和功能与“面”的操作类似，这里就不再赘述了。

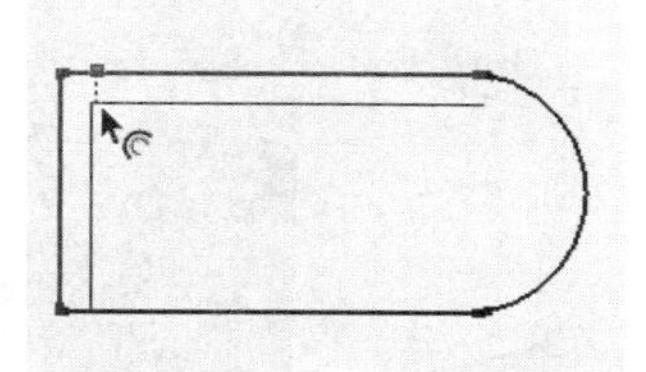

图 2-158　偏移复制转折线

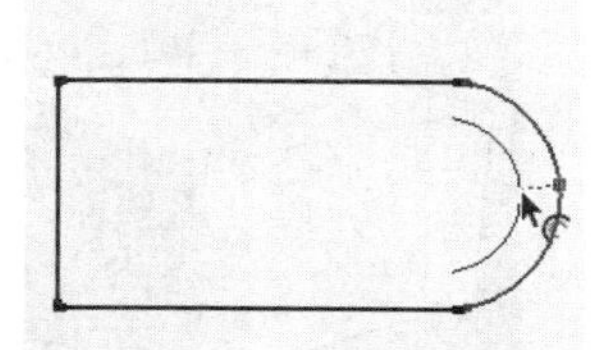

图 2-159　偏移复制弧线

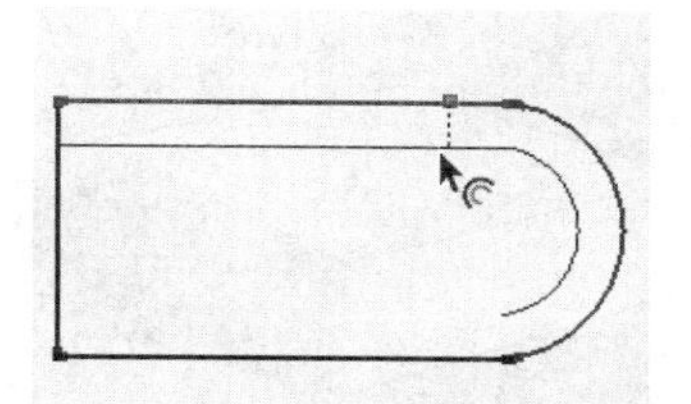

图 2-160　偏移复制混合线形

2.2.5 【推 / 拉】工具

【推 / 拉】工具是二维平面生成三维实体模型最为常用的工具。单击【工具】工具栏按钮或执行【工具】|【推 / 拉】菜单命令，均可启用该工具。

> **技 巧**
>
> 【推 / 拉】工具默认快捷键为“P”。

1. 推拉单面

01 在场景中创建一个长宽约为2000mm的矩形，如图2-161所示，然后启用【推/拉】工具。

02 待光标变成时，将其置于将要拉伸的“面”单击确定，然后拖动鼠标向上拉伸出三维实体，拉伸出合适的高度后再次单击，完成拉伸，如图 2-162 与图 2-163 所示。

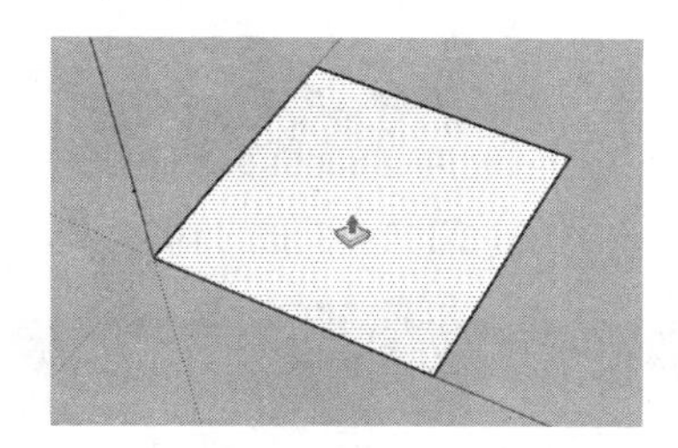

图 2-161　创建矩形平面

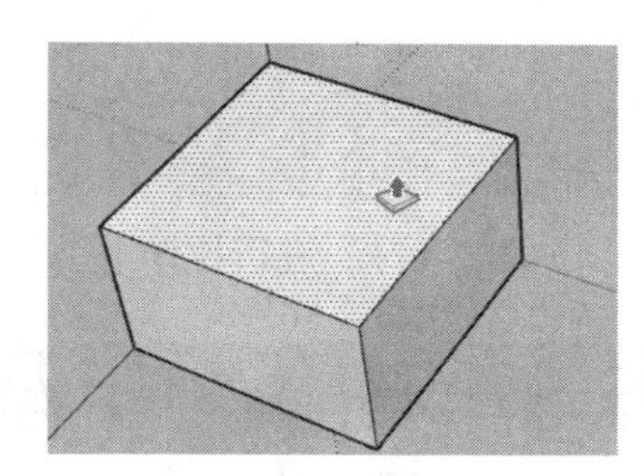

图 2-162　向上拉伸平面

图 2-163　完成拉伸

03 如果要进行精确的拉伸，则可以在拉伸完成前输入推拉数值，并按“Enter”键确认，如图 2-164~ 图 2-166 所示。

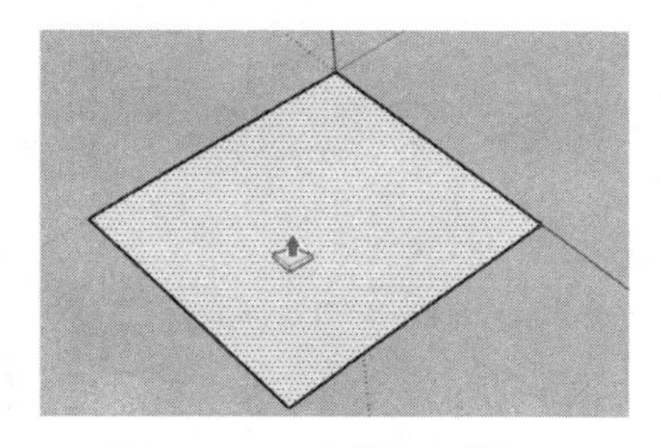

图 2-164　选择矩形平面

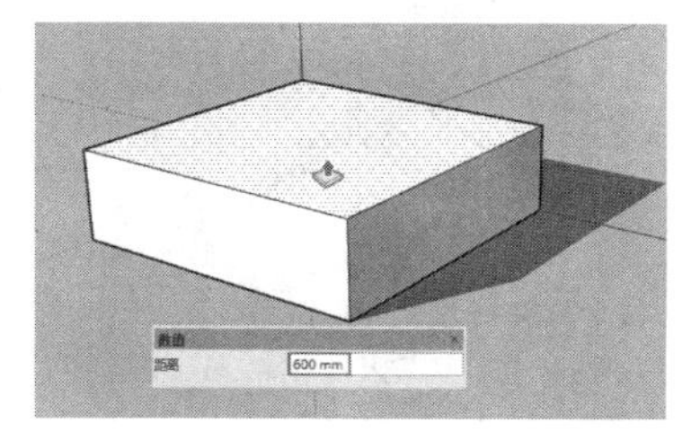

图 2-165　输入推拉数值

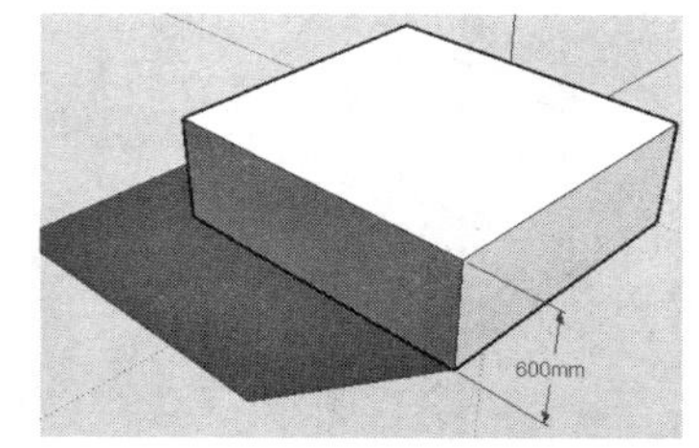

图 2-166　完成精确拉伸

> **技 巧**
>
> 在拉伸完成后，再次启用【推 / 拉】工具，可以继续拉伸，如图 2-167、图 2-168 所示。如果此时按住“Ctrl”键，拉伸则会以复制的形式进行，效果如图 2-169 所示。

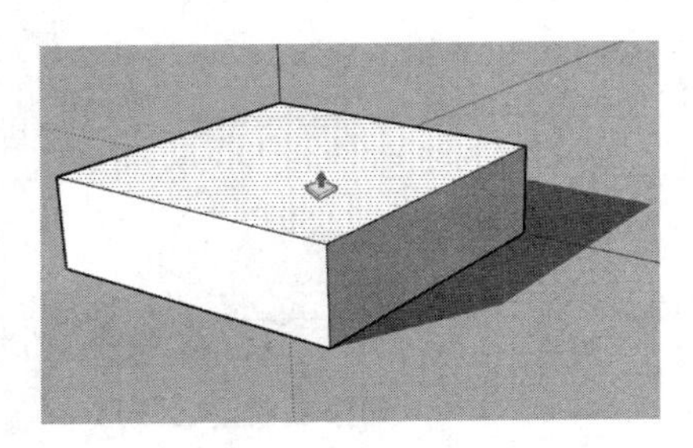

图 2-167　选择已拉伸出的平面

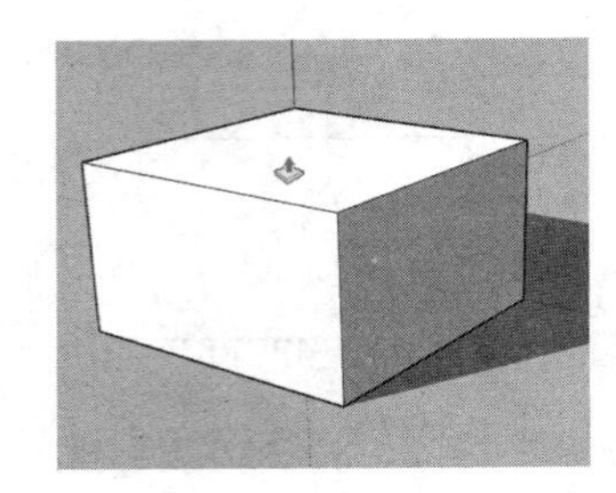

图 2-168　继续拉伸

图 2-169　拉伸复制效果

2. 推拉实体面

【推/拉】工具不仅可以将平面转换成三维实体，还可以将三维实体的分割“面”进行拉伸或挤压，以形成凸出或凹陷的造型。

01 启用【推/拉】工具，待光标变成时，将其置于将要拉伸的模型表面并单击确定，如图 2-170 所示。

02 向上推动鼠标，即可进行任意高度的拉伸，再次单击即可完成拉伸，如图 2-171、图 2-172 所示。

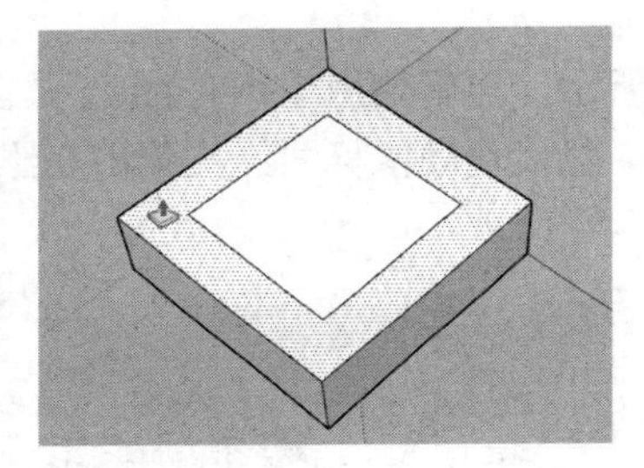

图 2-170　确定光标位置

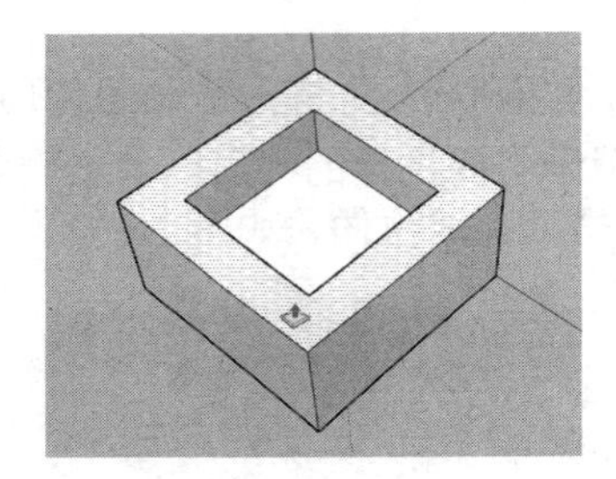

图 2-171　进行拉伸

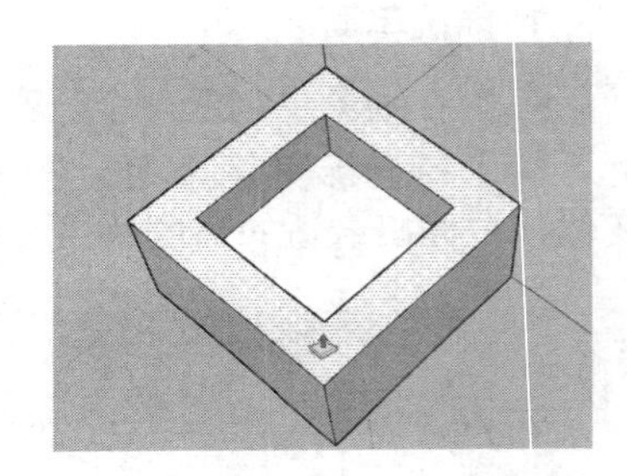

图 2-172　完成拉伸

注 意

单击确定拉伸面之后，向下拖动鼠标，则将得到凹陷效果，如图 2-173 所示。

03 如果要进行指定距离的拉伸或凹陷，只需要在单击确定拉伸面之后输入相关数值即可，如图 2-174、图 2-175 所示。

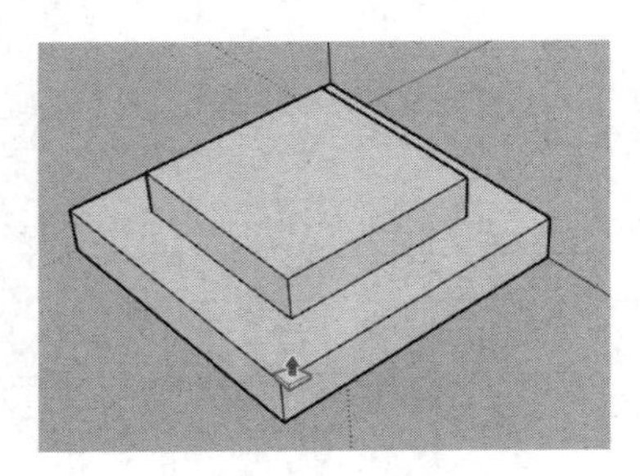

图 2-173　凹陷效果

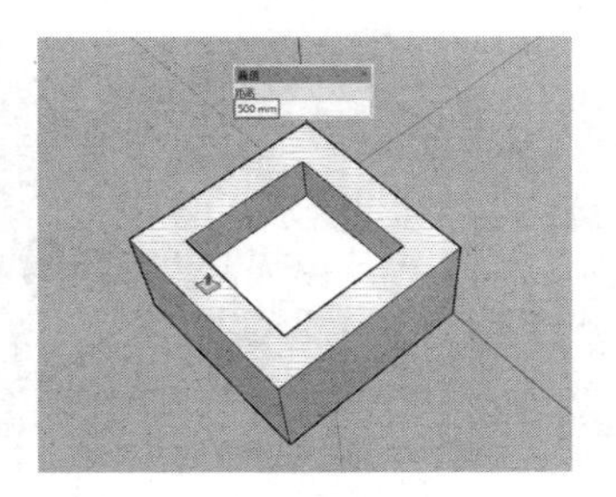

图 2-174　输入精确数值

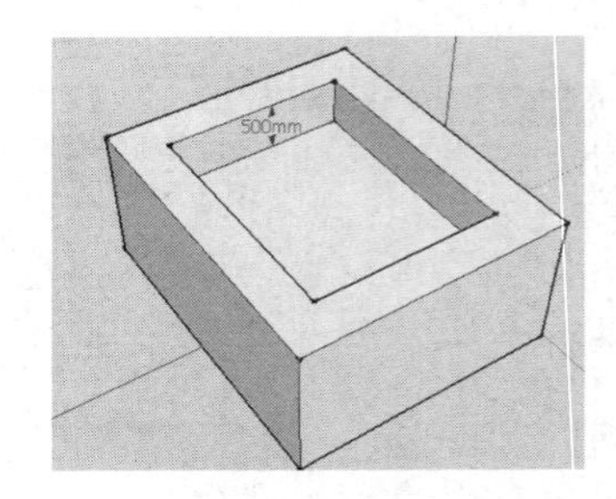

图 2-175　精确拉伸完成效果

技 巧

如果有多个面的推拉深度相同，则在完成其中某一个面的推拉之后，在其他面上使用【推/拉】工具直接双击左键，即可快速完成相同的推拉效果，如图 2-176~ 图 2-178 所示。

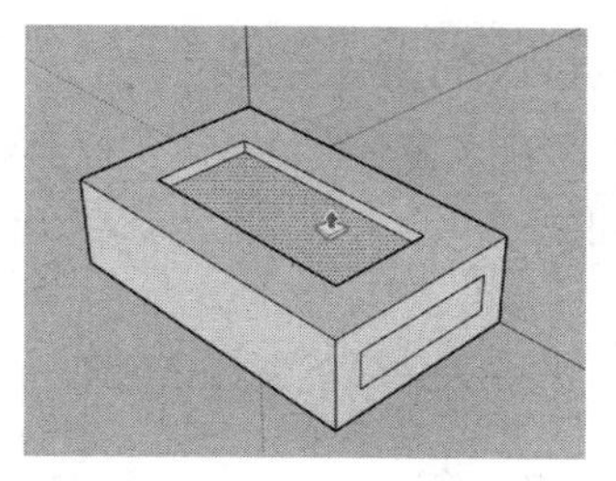

图 2-176　向下挤压面

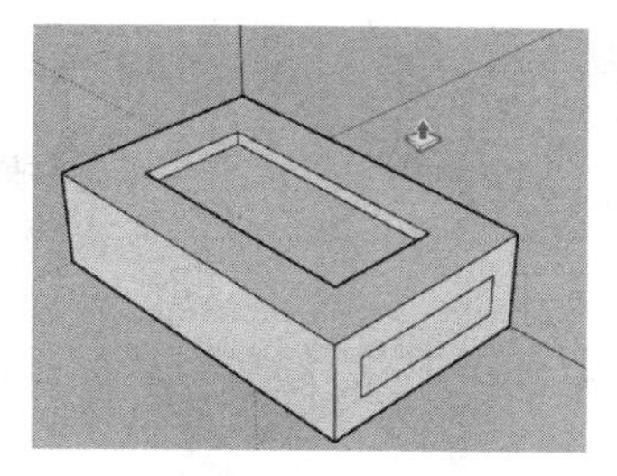

图 2-177　挤压完成

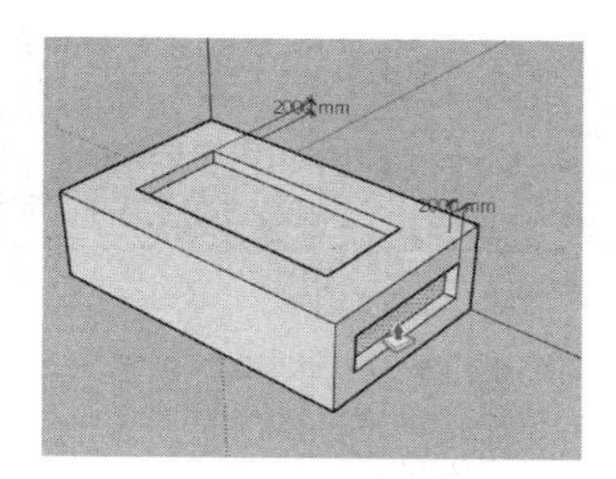

图 2-178　快速完成相同挤压

2.2.6 【路径跟随】工具

【路径跟随】工具可以利用两个二维线型或平面生成三维实体。单击【工具】工具栏按钮或执行【工具】|【路径跟随】菜单命令，均可启用该工具。

1. 面与线的应用

01 打开配套资源“第 02 章 | 路径跟随 .skp”文件，如图 2-179 所示，场景中有一个平面图形和二维线型。

02 启用【路径跟随】工具，待光标变成时，单击选择其中的二维平面，如图 2-180 所示。

03 移动光标至线型附近，此时在线型上会出现一个红色的捕捉点，二维平面也会根据该点至线型下方端点的走势生成三维实体，如图 2-181 所示。

04 向上推动鼠标直至线型的端点，确定实体效果后单击鼠标，即可完成三维实体的制作，完成效果如图 2-182 所示。

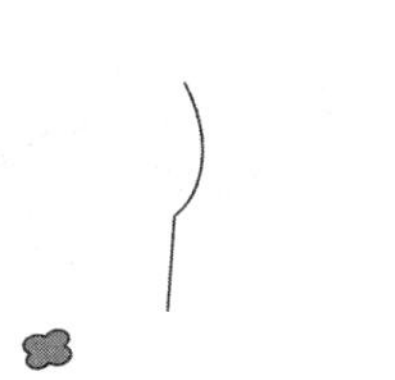

图 2-179　打开跟随路径文件

图 2-180　选择二维平面

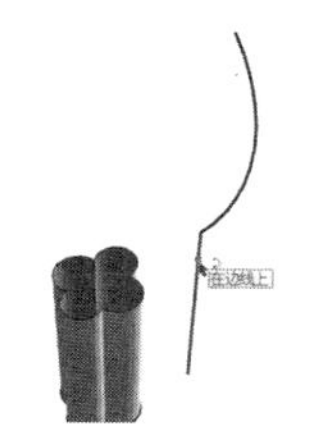

图 2-181　生成三维实体

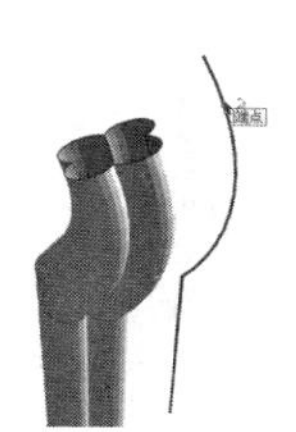

图 2-182　完成效果

2. 面与面的应用

在 SketchUp 中利用【路径跟随】工具，通过“面”与“面”的应用，可以绘制出室内具有线脚的天花板等常用构件。

01 在视图中绘制线脚截面与天花板平面二维图形，然后启用【路径跟随】工具并单击选择线脚截面，如图 2-183 所示。

02 待光标变成时，将其移动至天花板平面图形，然后跟随其捕捉一周，如图 2-184 所示。

03 单击确定捕捉完成，完成效果如图 2-185 所示。

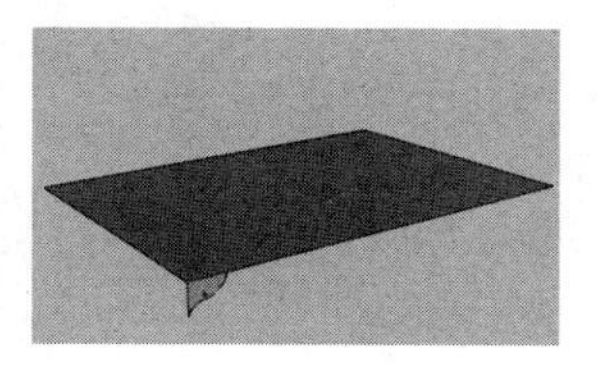

图 2-183　选择线脚截面

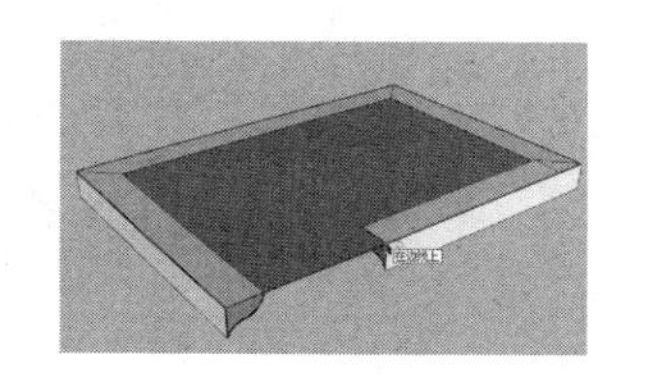

图 2-184　捕捉天花板平面

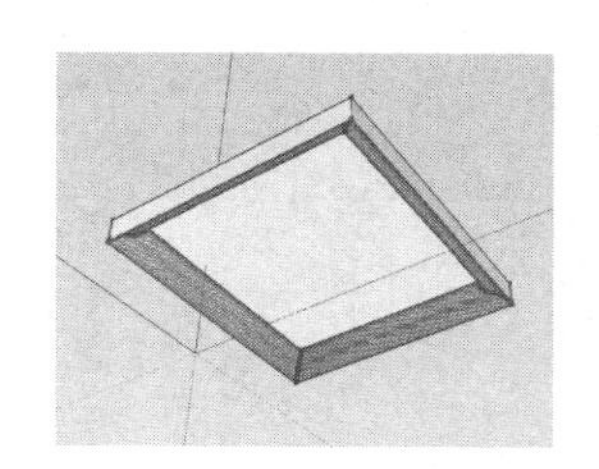

图 2-185　完成效果

技 巧

SketchUp 并不能直接创建球体、棱锥、圆锥等几何形体，通常在“面”与“面”上应用【路径跟随】工具进行创建，其中球体的创建步骤如图 2-186~ 图 2-188 所示。

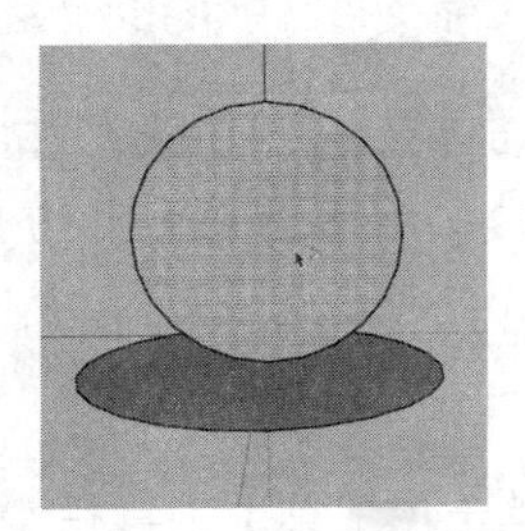
图 2-186　选择圆形平面

图 2-187　捕捉底部圆形

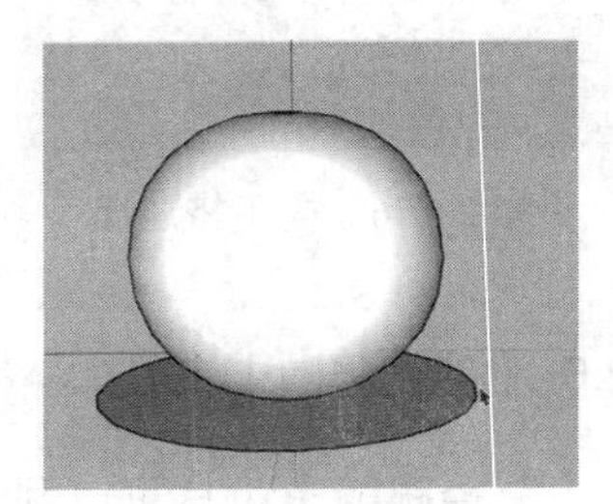
图 2-188　完成效果

3. 实体上的应用

利用【路径跟随】工具，还可以在实体模型上直接制作出边角细节，具体的操作方法如下：

01 在实体表面上直接绘制好边角截面轮廓，然后启用【路径跟随】工具并单击选择边角截面，如图 2-189 所示。

02 待光标变成时，单击选择边角轮廓，将光标置于实体轮廓线上，此时就可以参考出现的虚线确定跟随效果，如图 2-190 所示。

03 确定好跟随效果后单击，实体边角完成效果如图 2-191 所示。

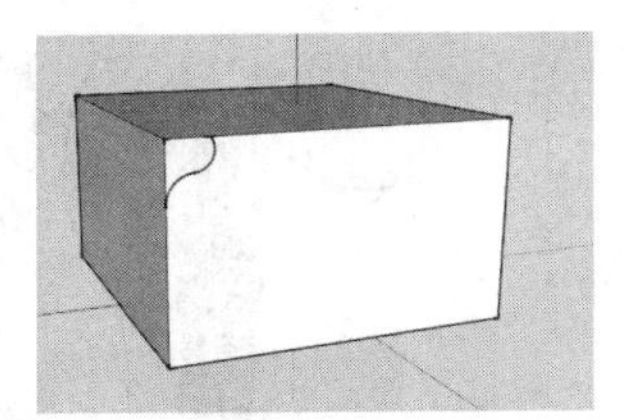
图 2-189　选择边角截面

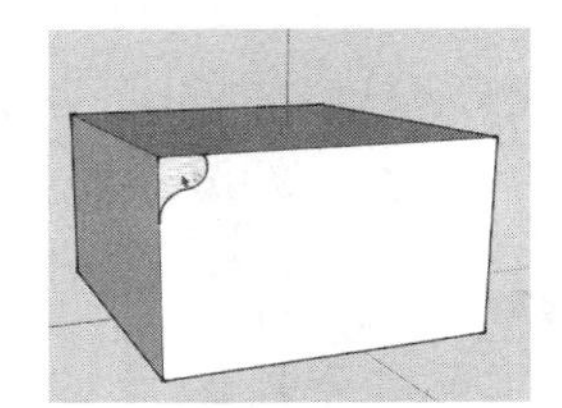
图 2-190　确定跟随效果

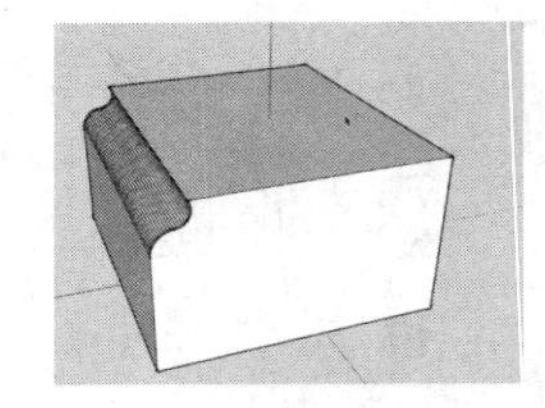
图 2-191　实体边角完成效果

技 巧

利用【路径跟随】工具直接在实体模型上创建边角效果时，如果捕捉完整的一周，将制作出如图 2-192 所示的效果。此外还可以任意捕捉实体轮廓线进行效果的制作，如图 2-193、图 2-194 所示。

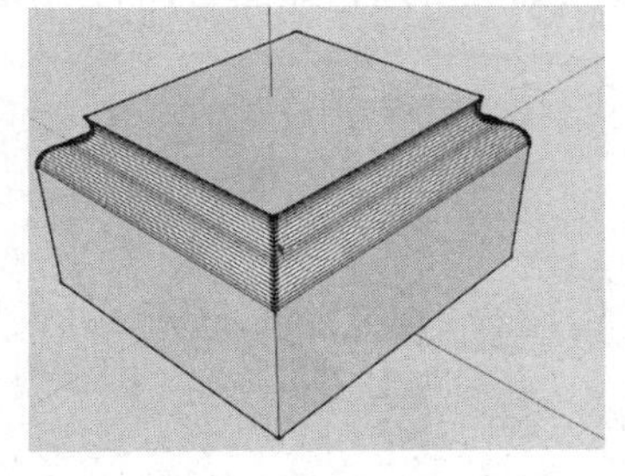
图 2-192　捕捉一周的效果

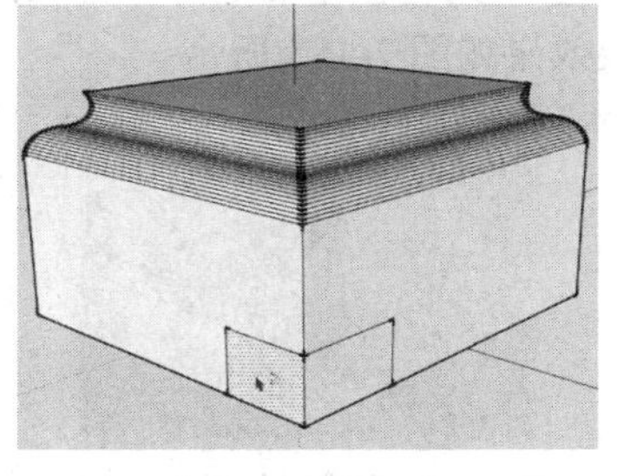
图 2-193　捕捉效果

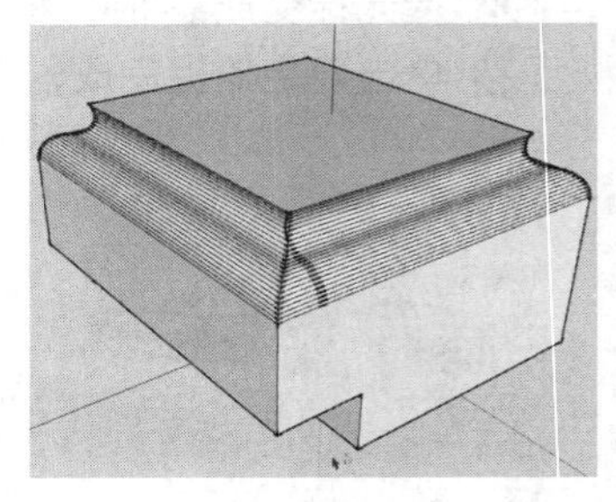
图 2-194　完成效果

2.3 SketchUp 主要工具栏

SketchUp 主要工具栏如图 2-195 所示，其中包含了【选择】工具、【创建组件】工具、【材质】工具以及【删除】工具共四种工具，其中【选择】工具在第 1 章已经进行了详细介绍，本节介绍另外三种工具的使用方法与技巧。

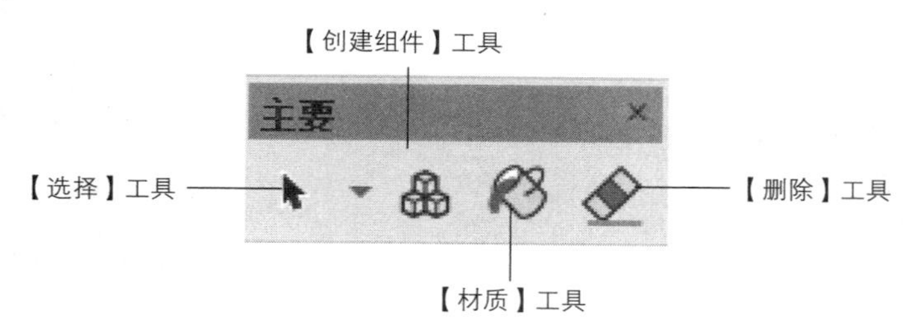

图 2-195　SketchUp 主要工具栏

2.3.1 【创建组件】工具

【创建组件】工具用于管理场景中的模型，当在场景中制作好了某个模型套件（如由拉手、门页、门框、组成的门模型），通过将其制作成组件，不但可以精简模型个数，方便模型的选择，而且如果复制了多个，在修改其中的一个时，其他模型也会发生相同的改变，从而提高了工作效率。

此外，模型组件可以单独导出，这样不但方便与他人分享，自己也可以随时再导入使用，接下来介绍组件的制作方法。

1. 创建与分解组件

01 打开配套资源“第 02 章|2.3.1 组件原始 .skp”模型，场景中有一个由拉手、门页、门框组成的门模型，如图 2-196 所示。

02 按“Ctrl+A”组合键选择所有模型组件，单击组件工具按钮，或者单击右键，在快捷菜单中选择“创建组件”命令，如图 2-197 所示。

03 弹出如图 2-198 所示的【创建组件】面板，设置【名称】等参数，完成后单击【创建】按钮，即可创建如图 2-199 所示的门组件。

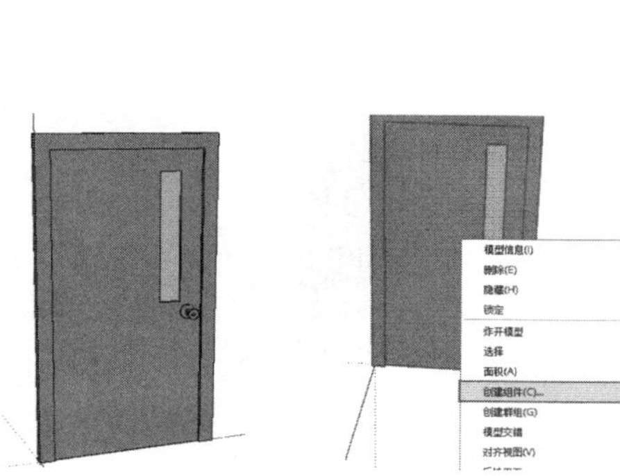

图 2-196　门模型　　图 2-197　选择命令

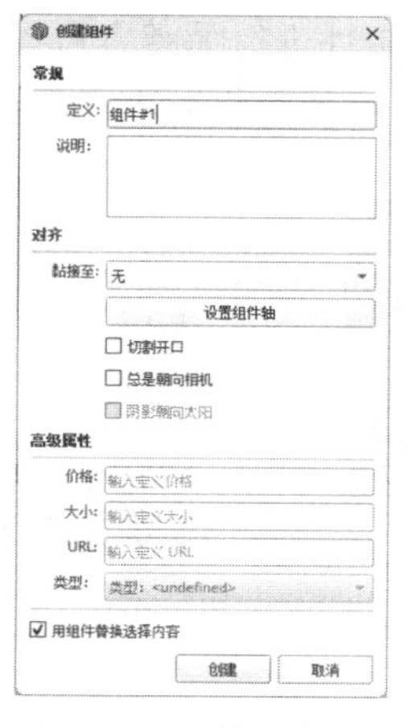

图 2-198　输入名称

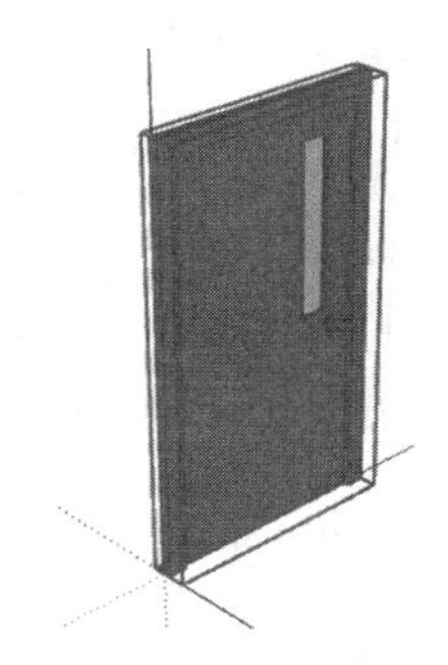

图 2-199　创建门组件

技 巧

选择【创建组件】面板【总是朝向相机】复选框，随着相机的移动，植物组件也会保持转动，使其始终以正面面向相机，避免出现不真实的单面渲染效果，如图 2-200~ 图 2-202 所示。

图 2-200　原始效果

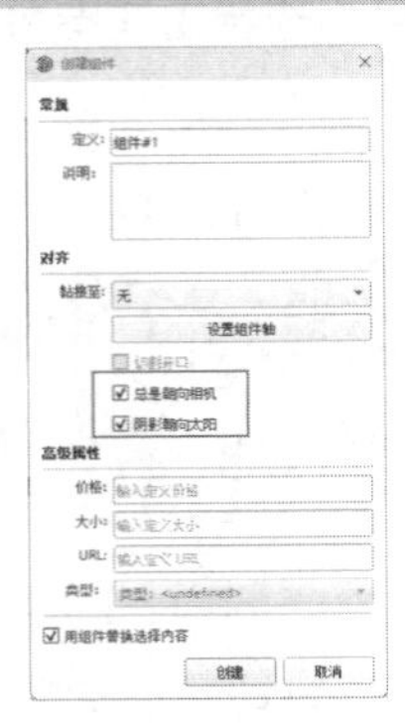
图 2-201　设置参数

图 2-202　调整效果

04 组件创建完成后，复制组件如图 2-203 所示。在方案推敲的过程中如果要进行统一修改，在组件上方单击右键，选择快捷菜单【编辑组件】命令，如图 2-204 所示。

05 选择门页模型，进行如图 2-205 所示的缩放，可以发现复制的模型同时发生了改变，如图 2-206 所示。

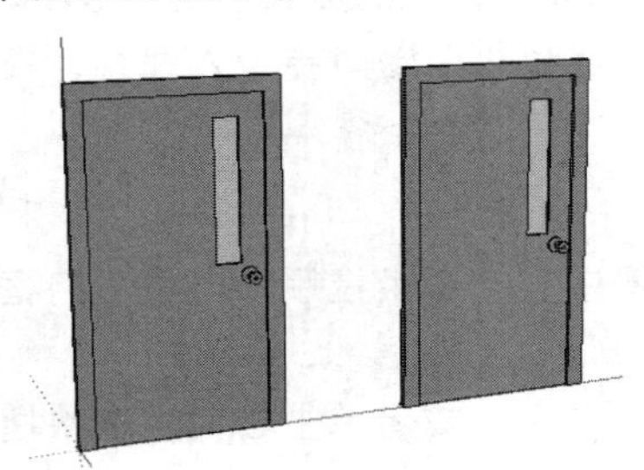
图 2-203　复制组件

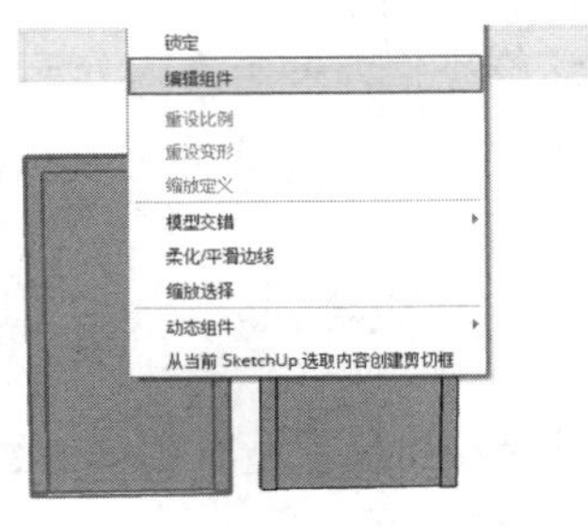

图 2-204　选择命令

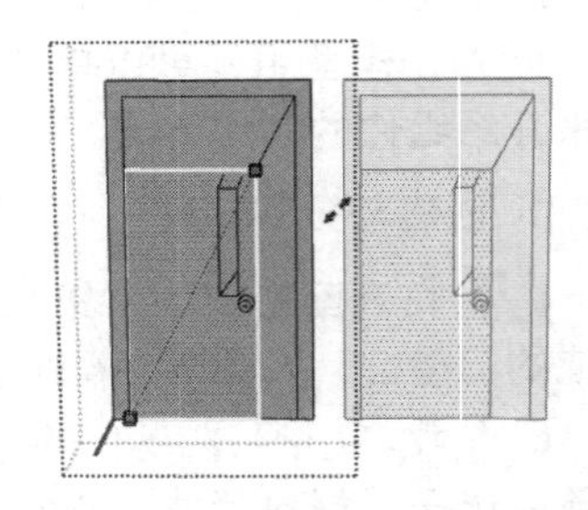
图 2-205　缩放门页模型

技 巧

如果要单独对某个组件进行调整，可以单击右键，选择快捷菜单【设定为唯一】命令，此时再编辑模型，将不影响其他复制组件，如图 2-207~ 图 2-209 所示。

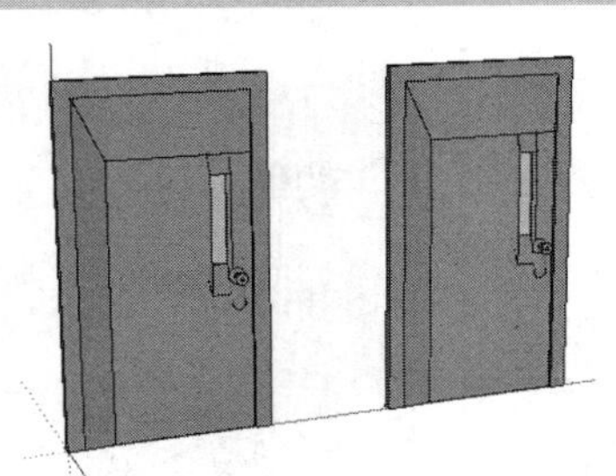
图 2-206　调整完成效果

图 2-207　选择命令

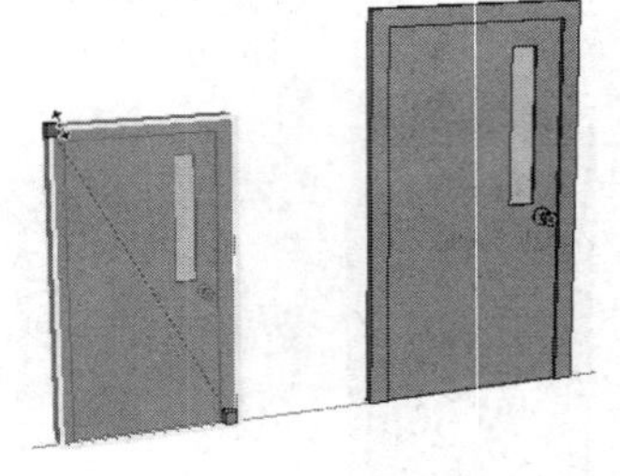
图 2-208　缩放模型

06 选择制作好的组件，在其上方单击鼠标右键，选择快捷菜单【炸开模型】命令，即可打散制作好的组件。

2. 导出与导入组件

组件制作完成后，首先应该将其导出为单独的模型，以方便调用，下面介绍具体的操作。

01 选择制作好的组件，在其上方单击右键，在快捷菜单中选择【另存为】命令，如图 2-210 所示。

02 在弹出的【另存为】对话框中输入【文件名】，单击【保存】按钮保存组件，如图 2-211 所示。

图 2-209　调整完成效果

图 2-210　选择命令

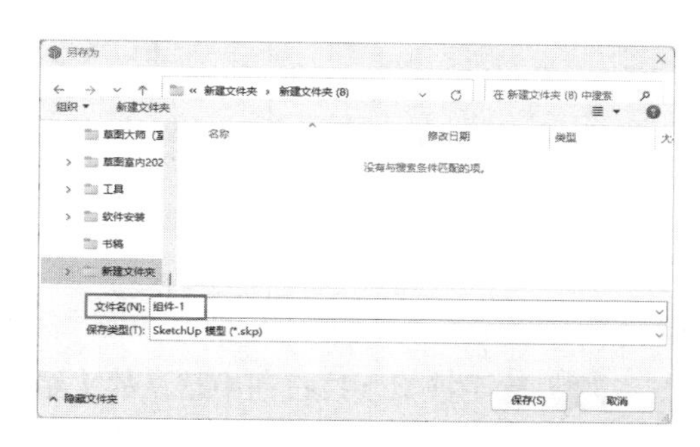

图 2-211　保存组件

03 制作的组件保存完成后，执行【窗口】|【默认面板】|【组件】菜单命令，系统弹出【组件】面板，单击选择保存的组件，即可直接插入场景，如图 2-212~ 图 2-214 所示。

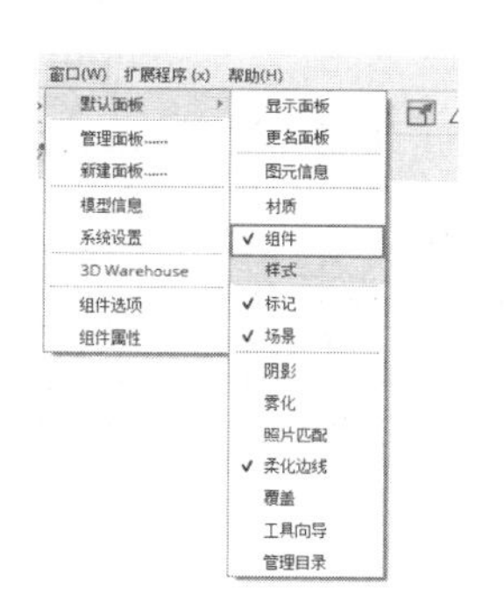

图 2-212　选择命令

图 2-213　直接选择保存的组件

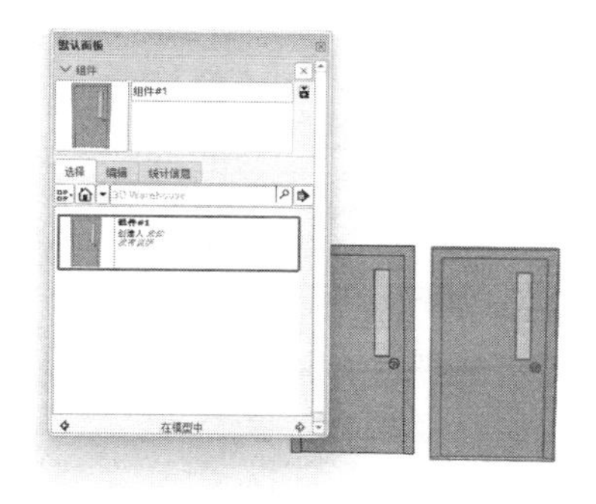

图 2-214　插入组件

> **技 巧**
>
> 只有将制作好的组件保存在 SketchUp 安装路径中名为“Components”（组件）的文件夹内，才可以通过【组件】面板进行直接调用。

3. 组件库

个人或者团队制作的组件通常都比较有限，Google 公司在收购 SketchUp 之后，结合其强大的搜索功能，可以使 SketchUp 用户直接在网上搜索【组件】，同时也可以将自己制作好的组件上传到互联网供其他用户使用，这样全世界的 SketchUp 用户就构成了一个十分庞大的网络【组件库】。下面介绍在网上搜索以及上传组件的具体方法。

01 单击【组件】面板中的下拉按钮，在弹出的菜单中选择对应的组件类型名称，如图 2-215 所示。

02 自动搜索 Google 3D 模型库，如图 2-216 所示。

图 2-215　选择组件类型名称

图 2-216　搜索 Google 3D 模型库

03 除了搜索下拉按钮中默认的【组件】类型外，用户还可以如图 2-217 所示进行自定义搜索。

04 搜索完成后，单击搜索结果中的目标【组件】，进入如图 2-218 所示的模型下载场景，单击【下载】按钮并确认，将其加入 Google SketchUp 模型库。

05 下载完成后即可将其直接插入场景，如图 2-219 所示。

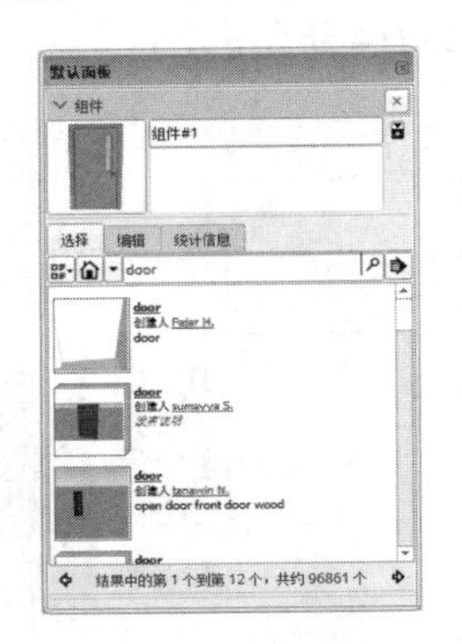

图 2-217　进行自定义搜索

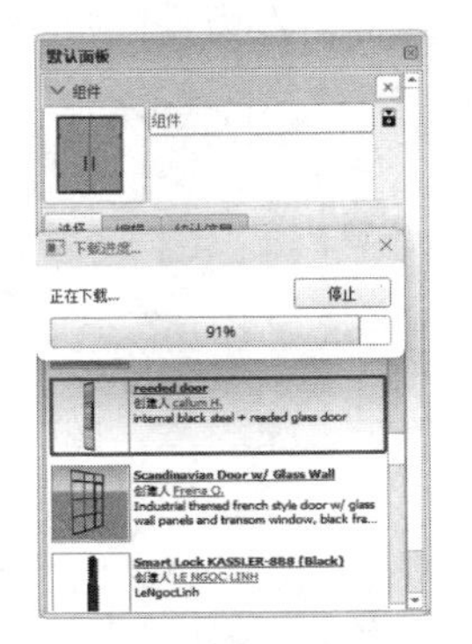

图 2-218　模型下载场景

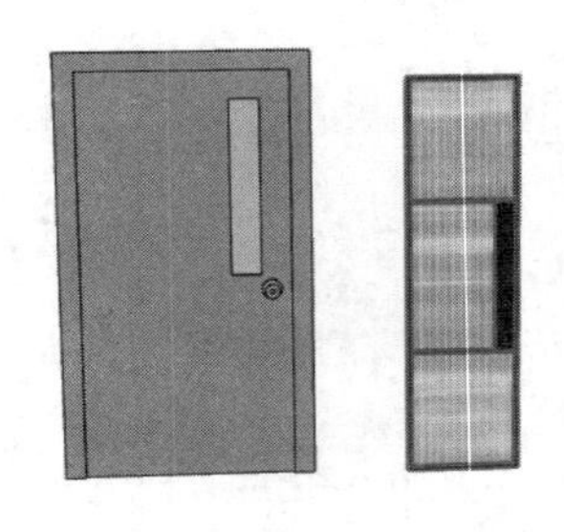

图 2-219　直接插入场景

06 如果要上传【组件】，则首先要将其选择，然后选择快捷菜单【共享组件】命令，如图 2-220 所示。

07 进入【3D 模型库】上传对话框，如图 2-221 所示，单击【上传】按钮即可进行上传。上传完成后，如图 2-222 所示，其他用户即可通过互联网进行搜索与下载。

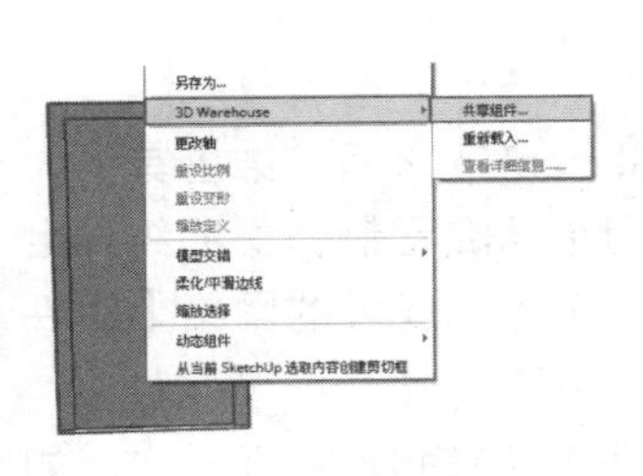

图 2-220　选择【共享组件】命令

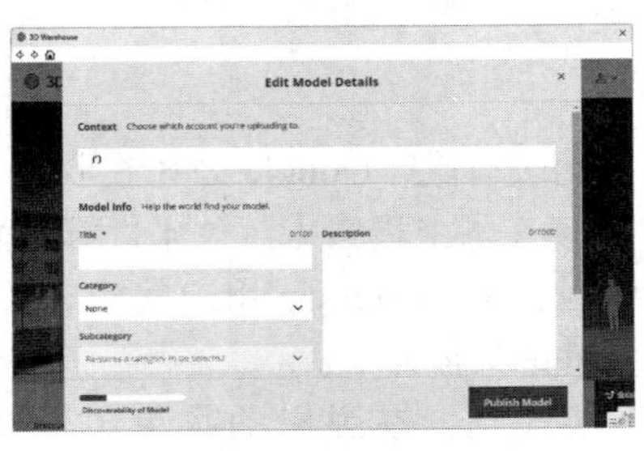

图 2-221　【3D 模型库】上传对话框

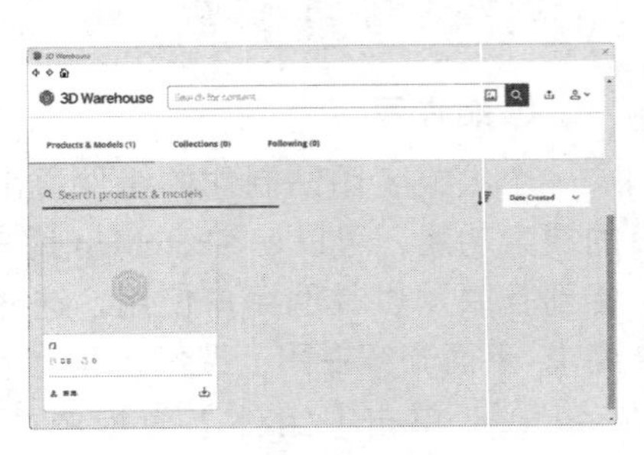

图 2-222　上传完成

注 意

使用 Google 3D 模型库进行组件上传前，需注册 Google 用户并同意上传协议。

2.3.2 【材质】工具

材质是模型在渲染时产生真实质感的前提，配合灯光系统能使模型表面体现出颜色、纹理、明暗等效果，从而使虚拟的三维模型具备真实物体所具备的质感细节。

SketchUp 软件的特色在于设计方案的推敲与草绘效果的表现，在写实渲染方面能力并不出色，一般只需为模型添加颜色或是纹理即可，然后通过样式设置得到各个草绘效果。

因此本节重点讲解 SketchUp 赋予材质的方法、材质编辑器的功能以及纹理图像的调整，模拟材质真实质感的方法，将在本书的渲染实例章节进行详细的探讨。

1. 赋予材质的方法

01 打开配套资源“第 02 章 |2.3.2.1 材质原始 .skp”，材质原始模型如图 2-223 所示，这是一个没有任何材质效果的垃圾桶模型。

02 单击【材质】工具按钮，或执行【工具】|【材质】菜单命令，打开如图 2-224 所示的【材质】面板。

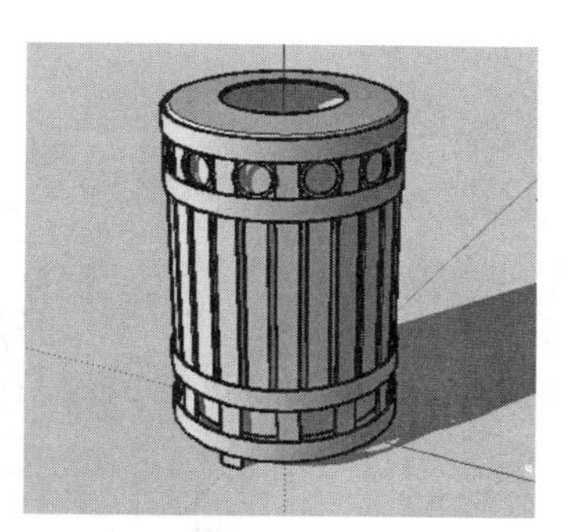

图 2-223　材质原始模型

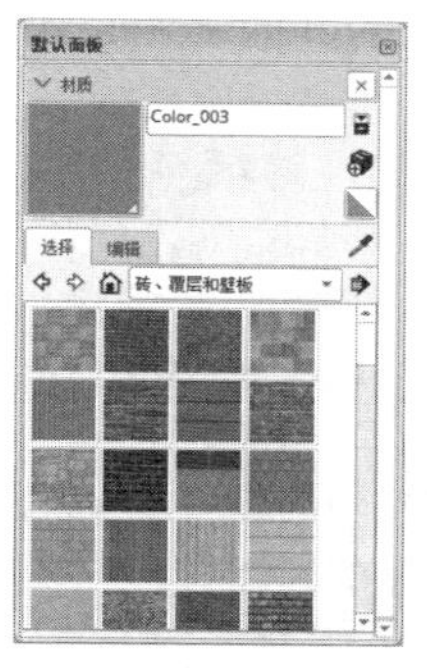

图 2-224　【材质】面板

03 SketchUp 分门别类地制作好了一些材质，直接单击文件夹或通过下拉按钮均可进入该类材质，如图 2-225、图 2-226 所示。

04 为了避免错赋材质，首先选择要赋予材质的对象，如图 2-227 所示，然后进入名为“木质纹”的文件夹，选择其中的“带节子的木胶合板”材质，如图 2-228 所示。

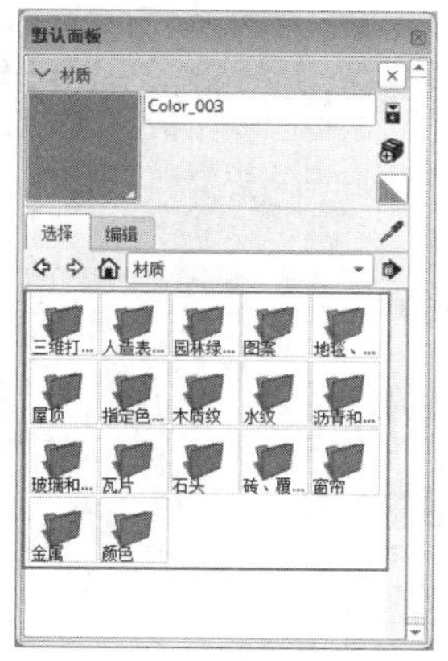

图 2-225　显示材质类型

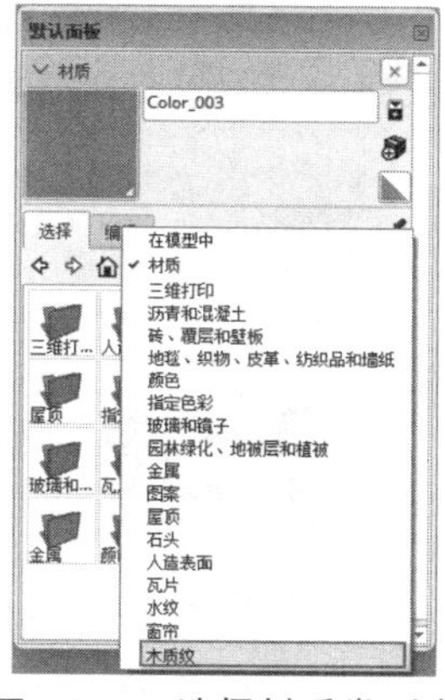

图 2-226　选择材质类型表

图 2-227　选择要赋予材质的对象

技 巧

【材质】工具默认快捷键为“B”。

05 此时光标将变成形状，将其置于选择对象表面，单击赋予材质，如图 2-229、图 2-230 所示。

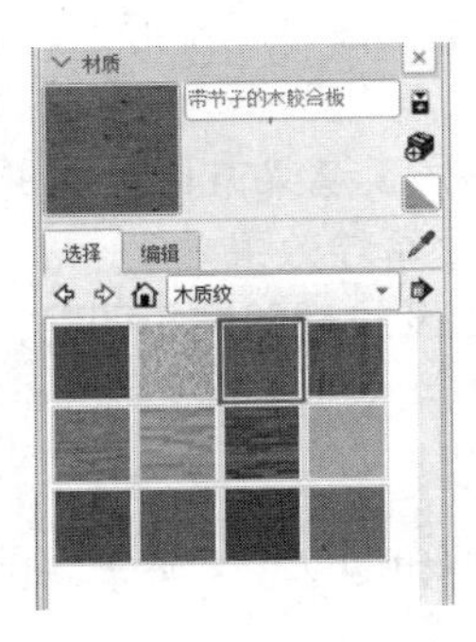

图 2-228　选择材质

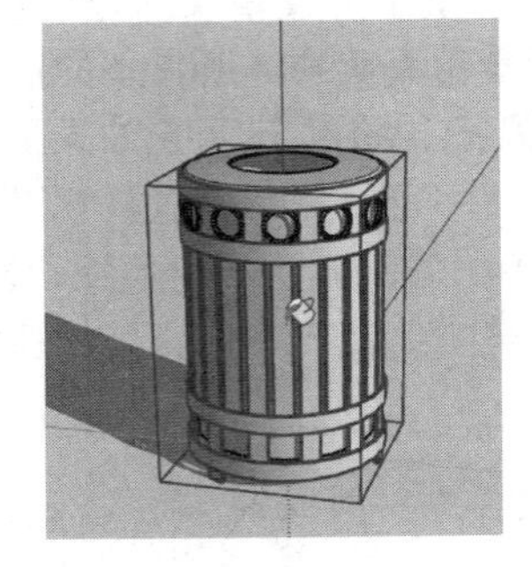

图 2-229　将光标置于模型表面

图 2-230　单击赋予材质

06 选择“金属”文件夹的“粗糙金属”材质，如图 2-231 所示，重复之前的操作，将其赋予场景中垃圾桶的其他部件，如图 2-232、图 2-233 所示。

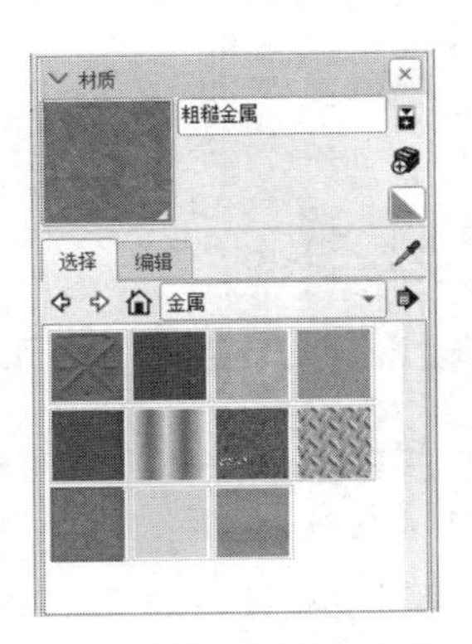

图 2-231　选择“粗糙金属”材质

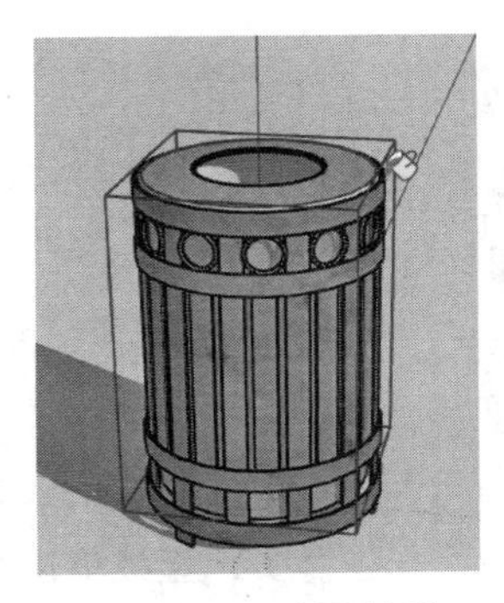

图 2-232　赋予材质

图 2-233　材质赋予完成效果

技 巧

如果场景模型已有材质，可以单击【在模型中】按钮进行查看，如图 2-234、图 2-235 所示。此外，还可以单击【样本颜料】按钮，直接在模型表面吸取已有材质，如图 2-236 所示。

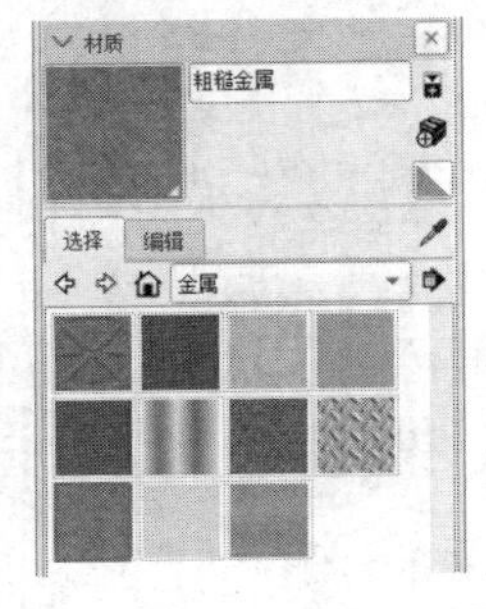

图 2-234　单击【在模型中】按钮

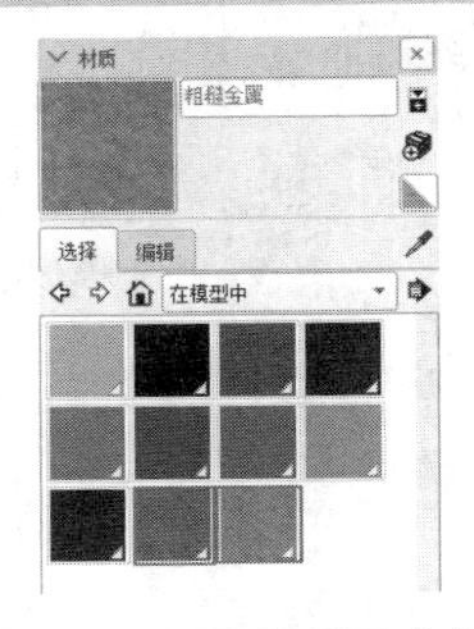

图 2-235　显示场景已有材质

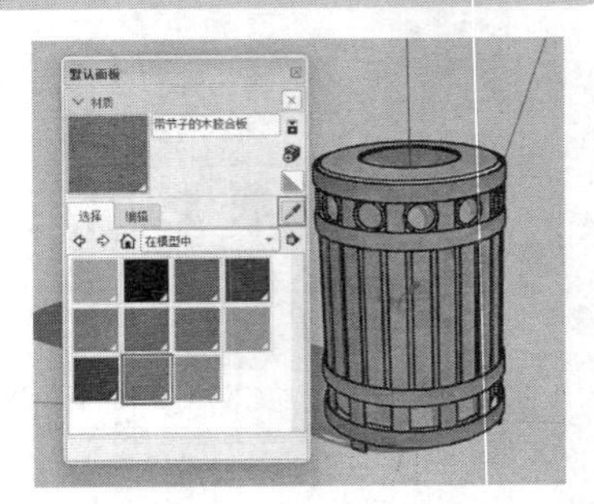

图 2-236　吸取模型表面已有材质

SketchUp 虽然提供了许多材质，但并不一定能满足各类设计的需要，此时可以通过选择已有材质，再进入【编辑】选项卡进行修改，也可以直接单击【创建材质】按钮制作新的材质。由于【编辑】选项卡与【创建材质】选项卡的参数一致，因此接下来将直接讲解【创建材质】选项卡的功能与使用方法。

2. 材质编辑器的功能

单击【创建材质】按钮，即可弹出材质编辑器，其功能图解如图 2-237 所示。

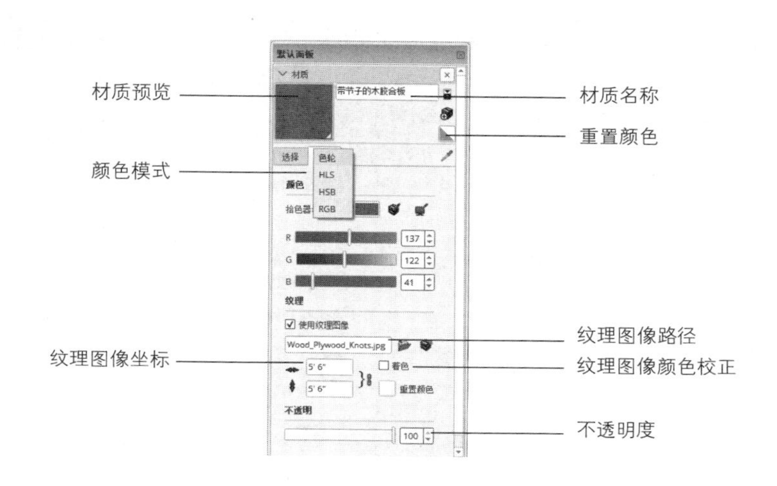

图 2-237　材质编辑器功能图解

❑ 材质名称

新建材质第一件事就是为材质起一个易于识别的名称，材质的命名应该正规、简短，如“木纹”“玻璃”等，也可以以拼音首字母进行命令，如“MW”“BL”等。

如果场景中有多个类似的材质，则应该添加后缀，以便区分，如“玻璃 _ 半透明”“玻璃 _ 磨砂”等，此外也可以根据材质模型的对象进行区分，如“木纹 _ 地板”“木纹 _ 书桌”等。

❑ 材质预览

通过材质预览可以快速查看当前新建的材质效果，在预览窗口内可以对颜色、纹理以及透明度进行实时预览，如图 2-238~ 图 2-240 所示。

图 2-238　颜色预览

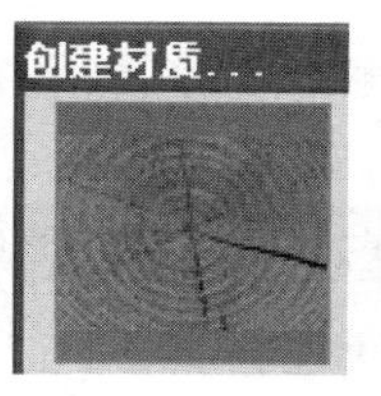

图 2-239　纹理预览

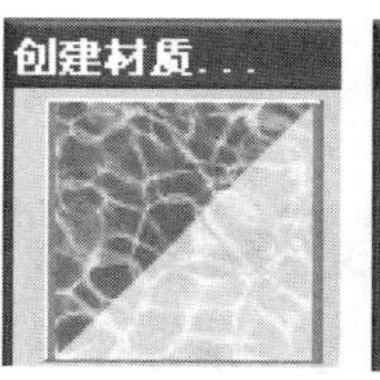

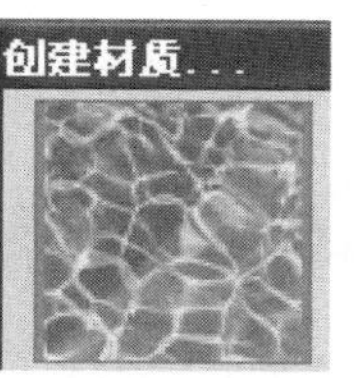

图 2-240　透明度预览

❑ 颜色模式

按下“颜色模式”下拉按钮，可以选择默认颜色模式外的 HLS、HSB 以及 RGB 三种模式，如图 2-241~ 图 2-243 所示。

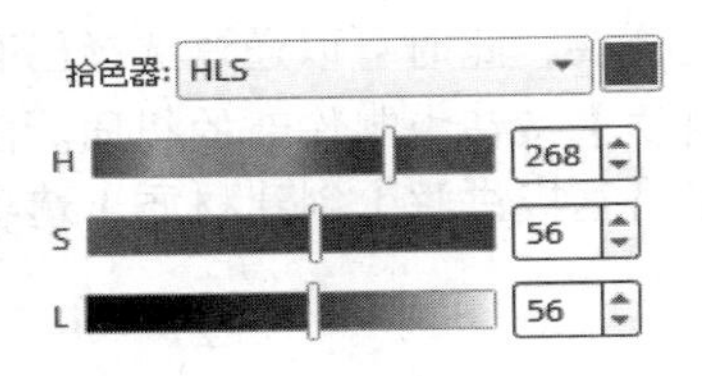

图 2-241　HLS 模式

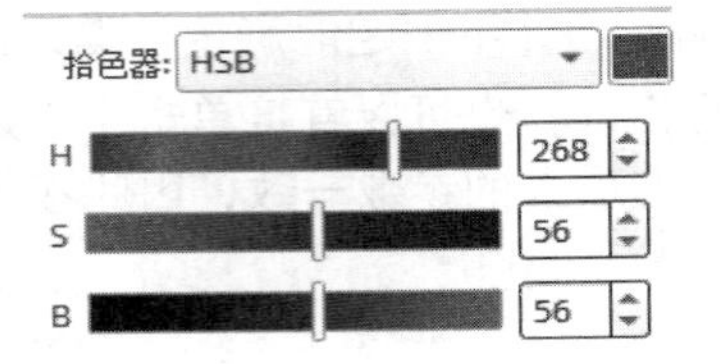

图 2-242　HSB 模式

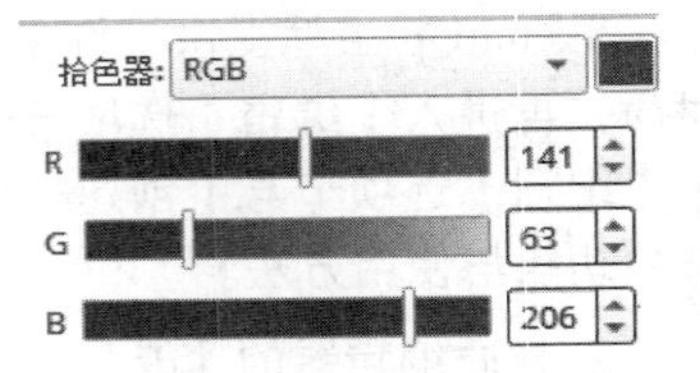

图 2-243　RGB 模式

注意

这四种颜色模式在色彩的表现能力上并没有任何区别，读者可以根据自己的习惯进行选择。但由于 RGB 模式使用红色（R）、绿色（G）、蓝色（B）三种光原色进行颜色的调整，比较直观，应用较广。

❑ **重置颜色**

按下“重置颜色”色块，系统将恢复颜色的 RGB 值为 255、255、255。

❑ **纹理图像路径**

按下纹理图像路径后的【浏览材质图像文件】按钮，将打开【选择图像】面板进行纹理图像的加载，如图 2-244、图 2-245 所示。

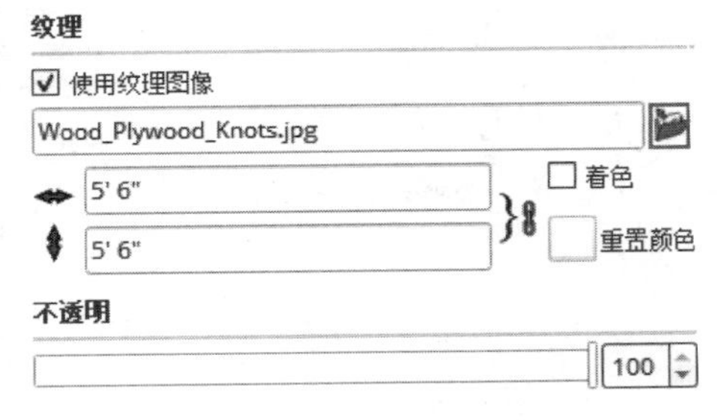

图 2-244　单击按钮

图 2-245 【选择图像】面板

注意

通过上述过程添加纹理图像之后，【使用纹理图像】复选框将自动勾选，此外通过选择【使用纹理图像】复选框，也可以直接进入【选择图像】面板。如果要取消纹理图像的使用，取消选择该复选框即可。

❑ **纹理图像坐标**

默认的纹理图像尺寸并不一定适合场景对象，如图 2-246 所示，此时可通过调整纹理图像坐标来得到比较理想的显示效果，如图 2-247 所示。

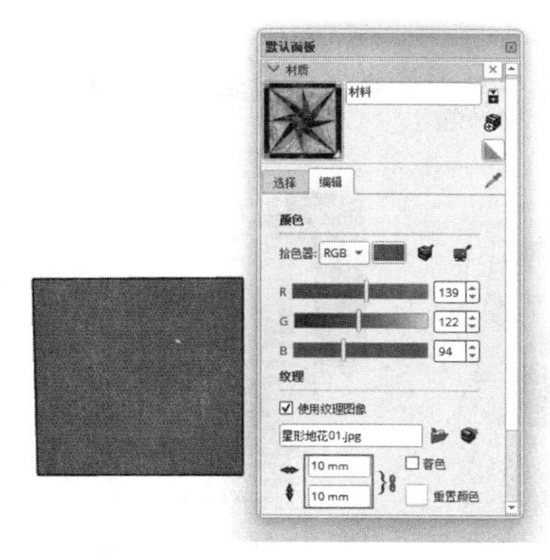

图 2-246　默认的纹理图像尺寸

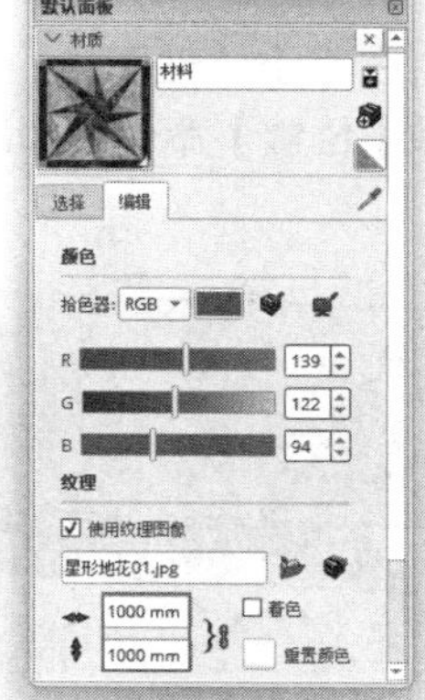

图 2-247　调整纹理图像坐标

默认设置下，锁定纹理图像的长宽比例，例如将纹理图像宽度调整为 2000mm，其长度会自动调整为 2000mm，如图 2-248 所示，以保持长宽比不变。如果需要单独调整纹理图像长度和宽度，可以单击其后的解锁按钮，分别输入长度和宽度，如图 2-249、图 2-250 所示。

图 2-248　保持原始比例

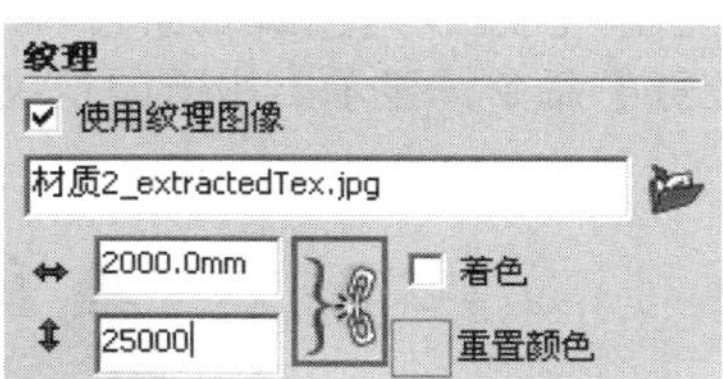

图 2-249　解锁

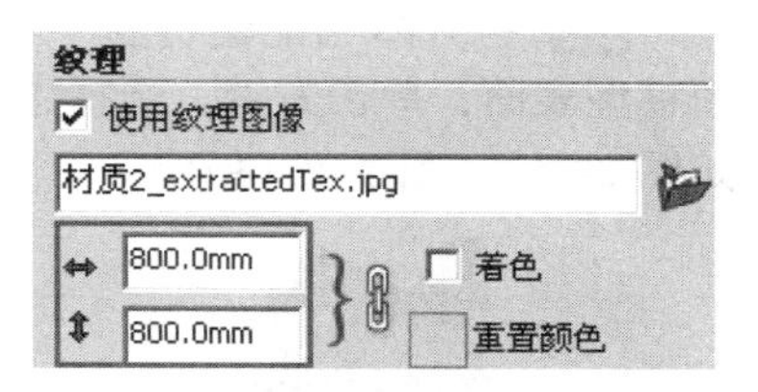

图 2-250　输入新的宽度

注 意

SketchUp 材质编辑器只能改变纹理图像尺寸与比例，如果调整纹理图像位置、角度等，则需要通过【纹理】子菜单命令完成，读者可参阅本节“纹理图像的调整”。

❑ 纹理图像颜色校正

除了可以调整纹理图像尺寸与比例，选择【着色】复选框，还可以校正纹理图像的颜色，如图 2-251、图 2-252 所示。单击其下的【重置颜色】色块，颜色即可还原，如图 2-253 所示。

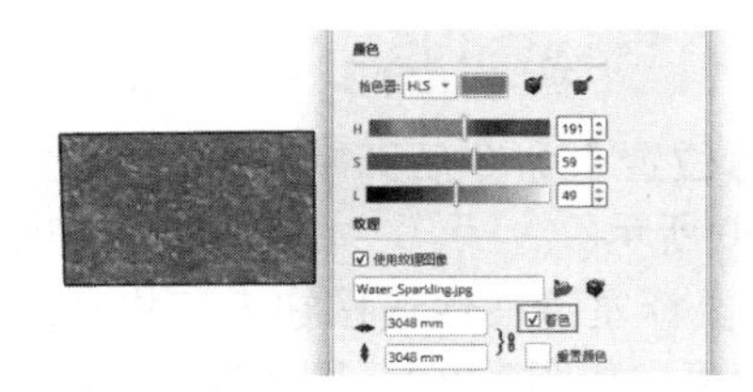

图 2-251　选择【着色】复选框

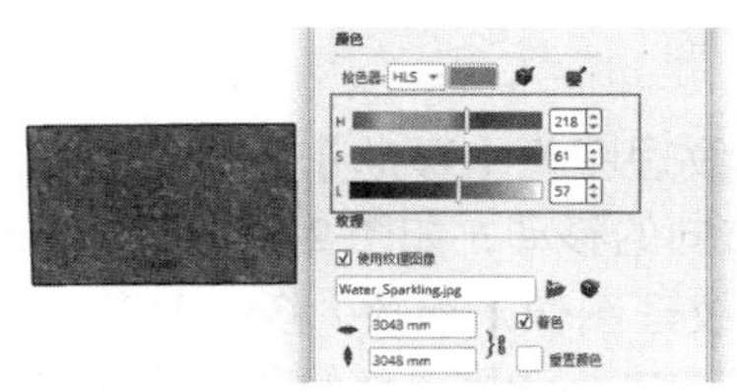

图 2-252　调整颜色

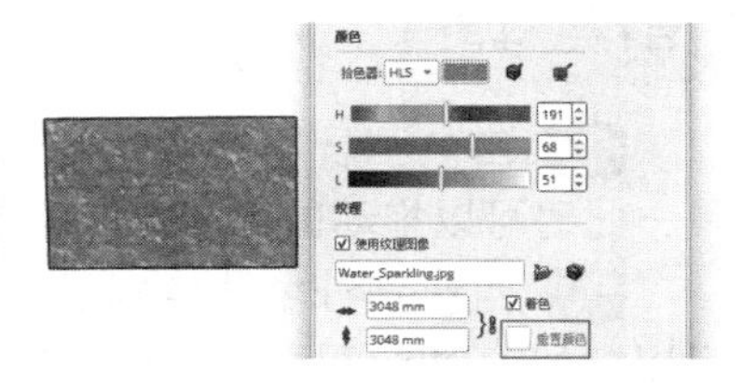

图 2-253　颜色还原

❑ 不透明度

不透明度数值越高，材质越不透明，如图 2-254、图 2-255 所示。在调整时可以通过滑块进行，有利于透明效果的实时观察。

3. 纹理图像的调整

在赋予纹理图像的模型表面单击右键，选择【纹理】子菜单命令，可以编辑纹理图像。例如选择【位置】命令，如图 2-256 所示。

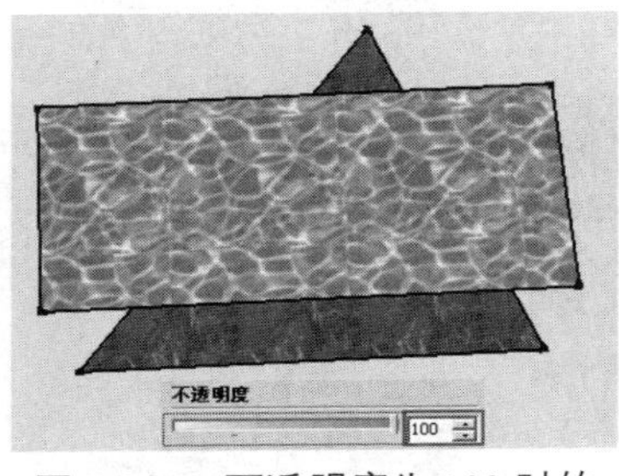

图 2-254　不透明度为 100 时的材质效果

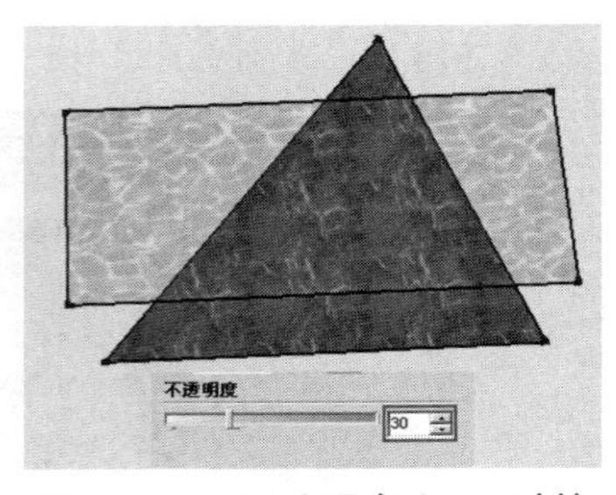

图 2-255　不透明度为 30 时的材质效果

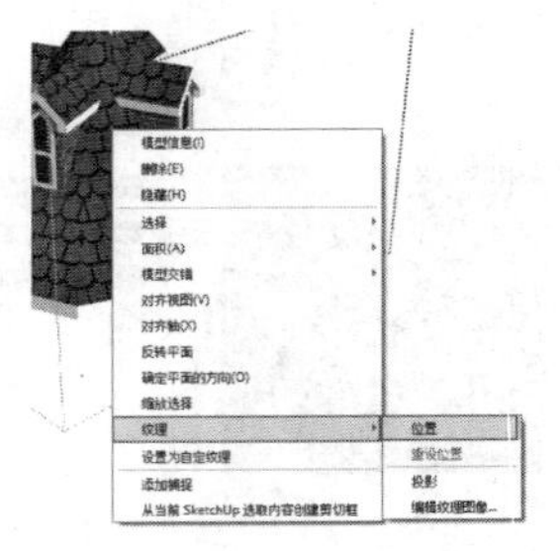
图 2-256　纹理子菜单命令

❑ 纹理图像位置

通过【纹理】子菜单【位置】命令，可以对纹理图像进行【移动】、【旋转】、【扭曲】、【拉伸】等操作，下面介绍具体操作方法。

01 打开本书配套资源“第 02 章 |2.3.2.3 贴图编辑原始 .skp”模型，选择赋予纹理图像的屋顶模型表面，单击右键，选择【位置】命令，显示出用于调整纹理图像的半透明平面与四色别针，如图 2-257、图 2-258 所示。

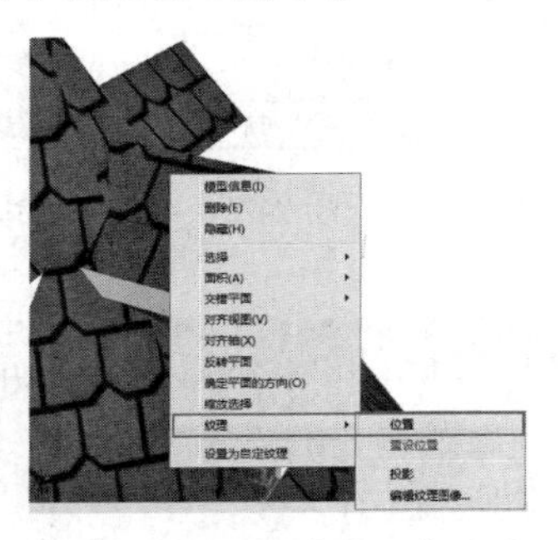
图 2-257　选择【位置】命令

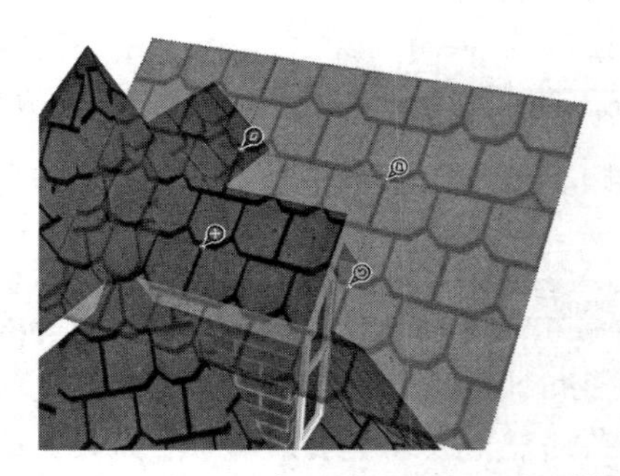
图 2-258　显示半透明平面与四色别针

> **技 巧**
>
> 半透明平面内显示了整个纹理图像的分布，可以配合纹理图像【移动】工具，轻松地将目标纹理图像区域移动至模型表面。

02 四色别针中红色别针为纹理图像【移动】工具，单击【位置】命令后即默认启用该工具，此时可以拖动鼠标进行任意方向的移动，如图 2-259、图 2-260 所示。

03 四色别针中蓝色别针为纹理图像【缩放 / 移动】工具，鼠标左键按住该按钮上下拖动，可以增加纹理图像竖向重复次数，左右拖动则改变纹理图像平铺角度，如图 2-261、图 2-262 所示。

04 四色别针中黄色别针为纹理图像【扭曲】工具，鼠标左键按住该按钮向任意方向拖动，鼠标将对纹理图像进行对应方向的扭曲，如图 2-263、图 2-264 所示。

05 四色别针中绿色别针为纹理图像【缩放 / 旋转】工具，鼠标左键按住该按钮在水平方向移动，将对纹理图像进行等比缩放，如图 2-265 所示。上下移动则将对纹理图像进行旋转，如图 2-266 所示。

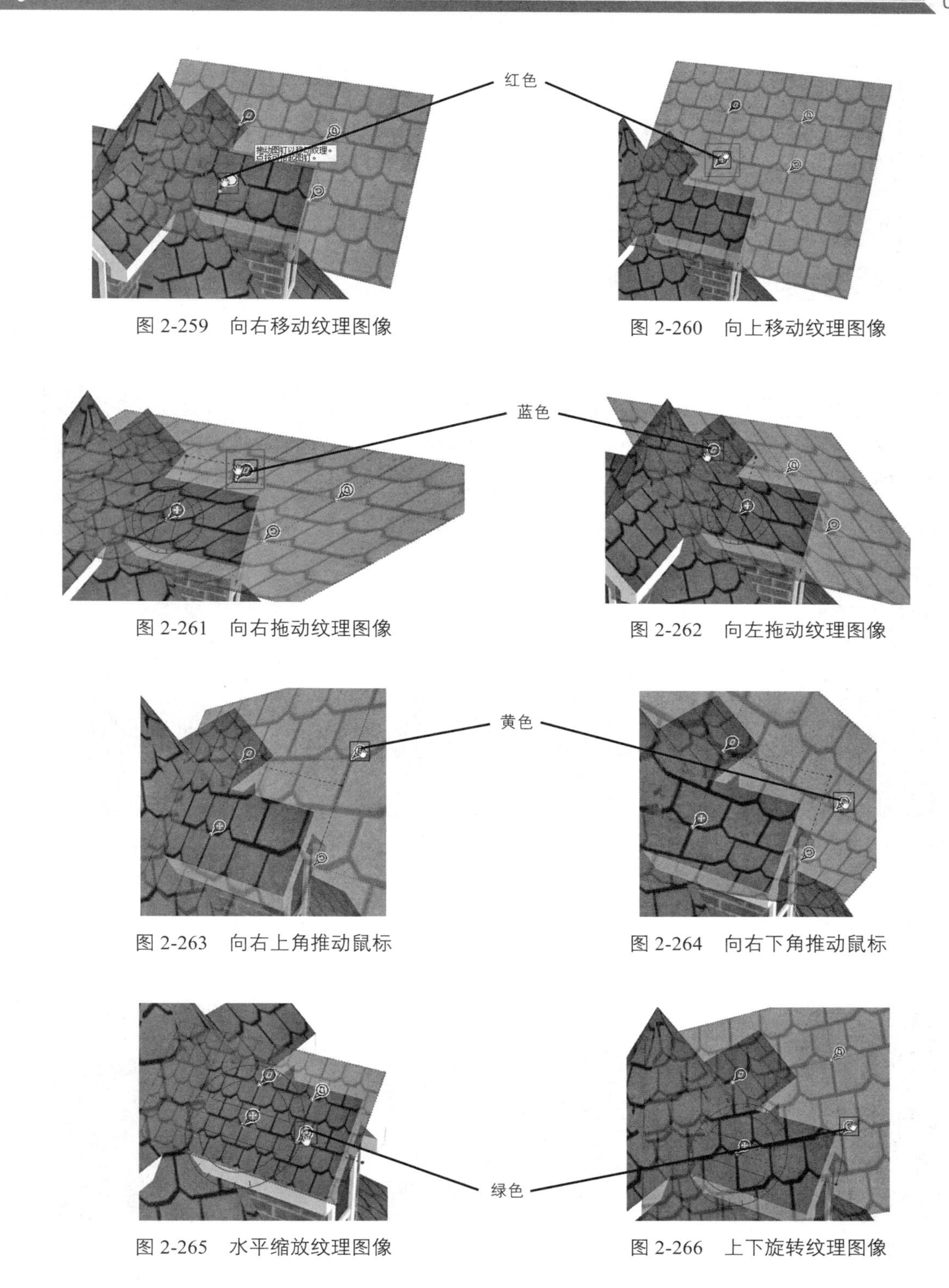

图 2-259　向右移动纹理图像

图 2-260　向上移动纹理图像

图 2-261　向右拖动纹理图像

图 2-262　向左拖动纹理图像

图 2-263　向右上角推动鼠标

图 2-264　向右下角推动鼠标

图 2-265　水平缩放纹理图像

图 2-266　上下旋转纹理图像

06 调整完成后单击右键，将弹出如图 2-267 所示的快捷菜单，单击【完成】结束编辑，单击【重设】按钮则取消当前的调整，恢复至编辑前的状态。

07 在快捷菜单中选择【镜像】命令，向右弹出子菜单，如图 2-268 所示，选择【镜像】命令，镜像编辑纹理图像。

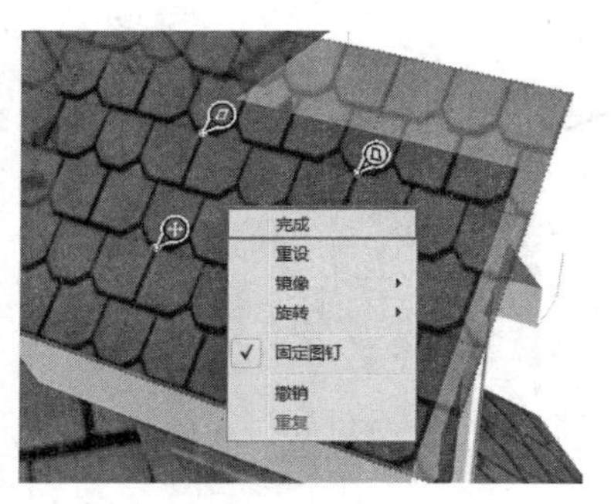

图 2-267　快捷菜单

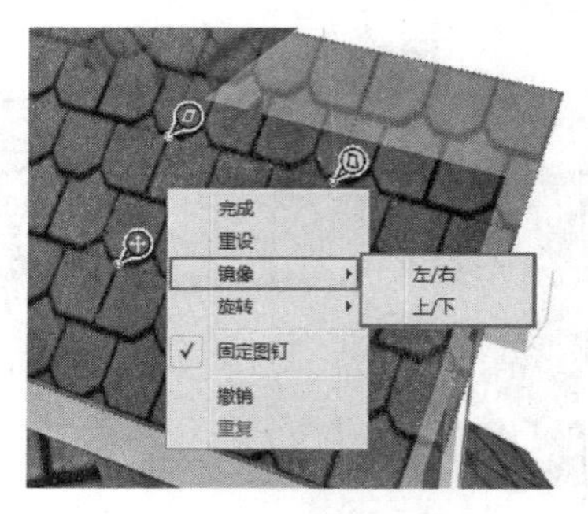

图 2-268　向右弹出子菜单

技 巧

如果已经通过【完成】菜单结束编辑，此时如果要返回编辑前的效果，可以选择【纹理】菜单下的【重设】命令。

08 通过【镜像】子菜单，可以快速对当前纹理图像进行【左 / 右】或【上 / 下】镜像操作，如图 2-269 ~ 图 2-271 所示。

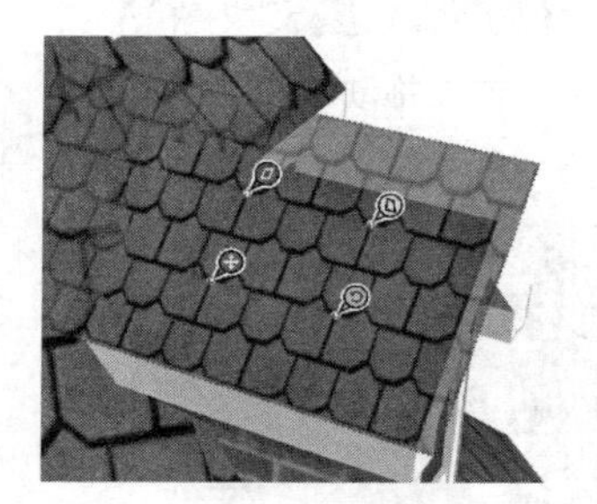
图 2-269　原始纹理图像效果

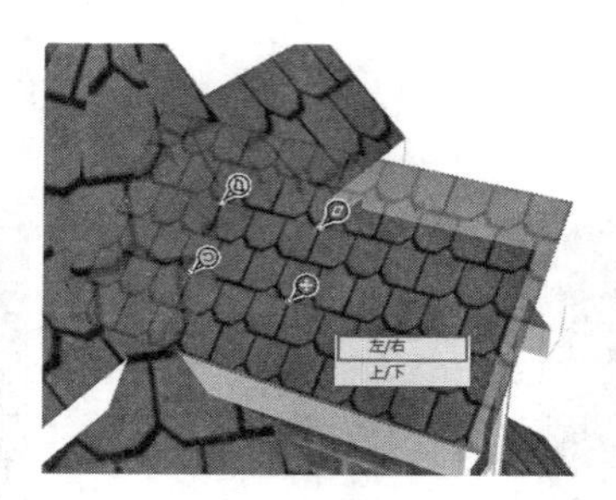

图 2-270　左 / 右镜像纹理图像效果

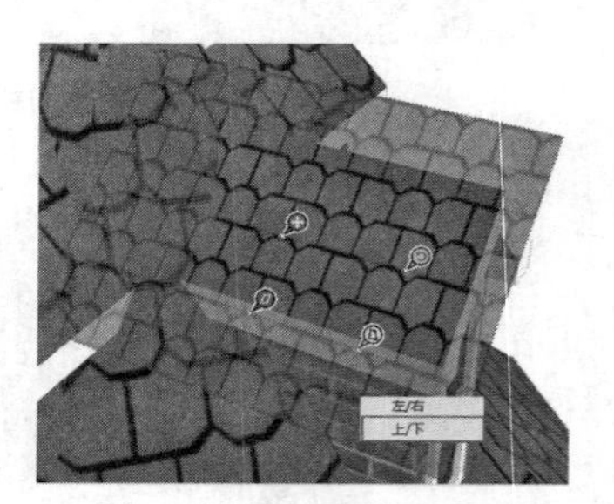

图 2-271　上 / 下镜像纹理图像效果

09 通过【旋转】子菜单，可以快速对当前纹理图像进行【90】、【180】、【270】三种角度的旋转，如图 2-272~ 图 2-274 所示。

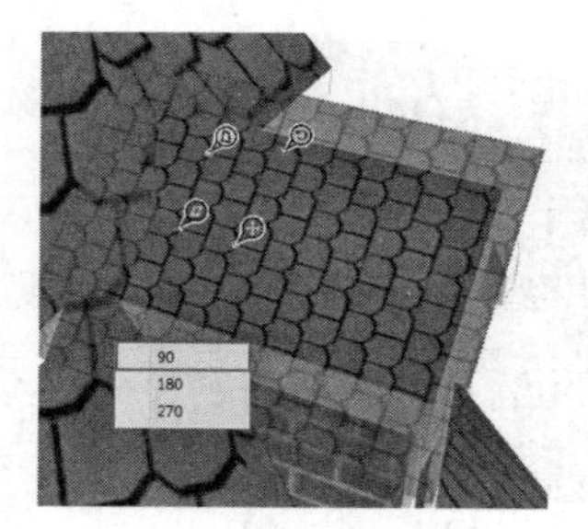

图 2-272　旋转 90° 后的纹理图像效果

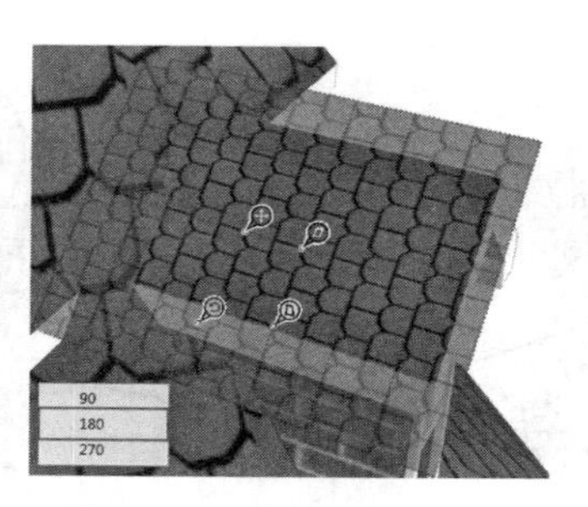

图 2-273　旋转 180° 后的纹理图像效果

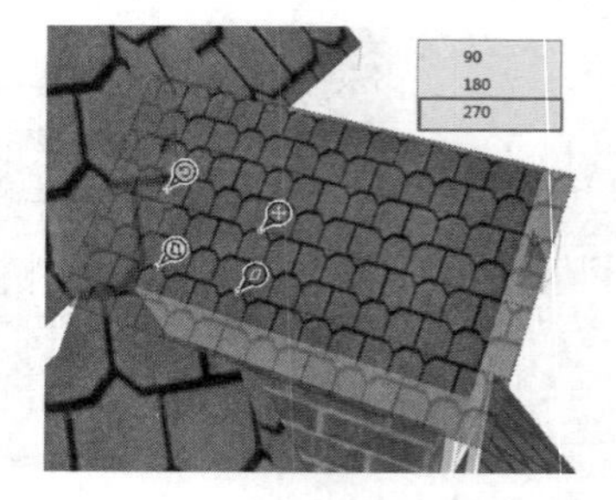

图 2-274　旋转 270° 后的纹理图像效果

❑ **投影**

【纹理】菜单下的【投影】命令用于在曲面上制作贴合的纹理图像效果，下面介绍具体使用方法。

01 打开本书配套资源“第 02 章|2.3.2.3.2 贴图投影 .skp”模型，如图 2-275 所示。此时如果直接在其表面赋予纹理图像，将得到凌乱的拼贴效果，如图 2-276 所示。

02 为了在曲面上得到贴合的纹理图像效果，首先在其正前方创建一个宽度相等的长方形平面，如图 2-277 所示。

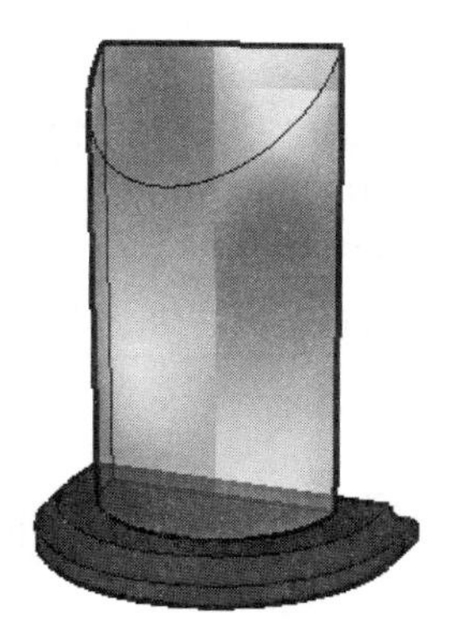

图 2-275 打开模型

图 2-276 直接赋予纹理图像的效果

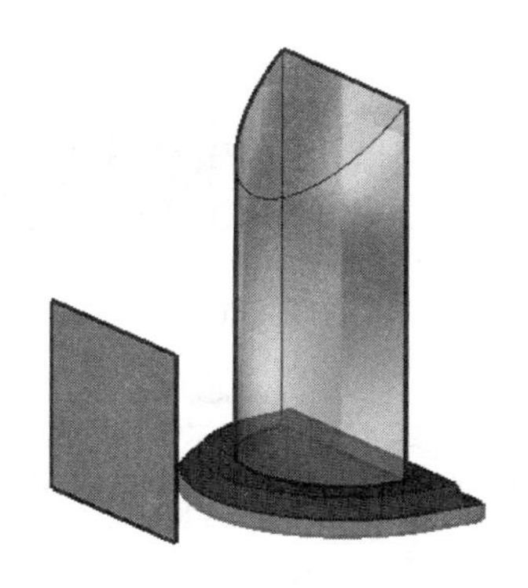

图 2-277 创建长方形平面

03 执行【视图】|【表面类型】|【X 光透视模式】菜单命令，如图 2-278 所示。

04 执行上述操作后，场景模型产生透明效果，便于观察纹理图像，如图 2-279 所示。

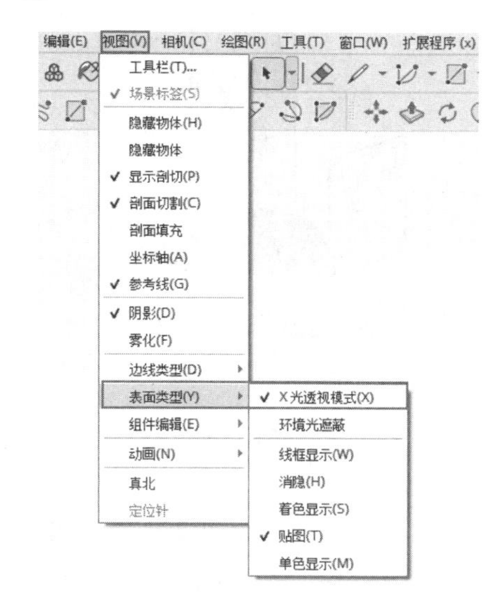

图 2-278 选择命令

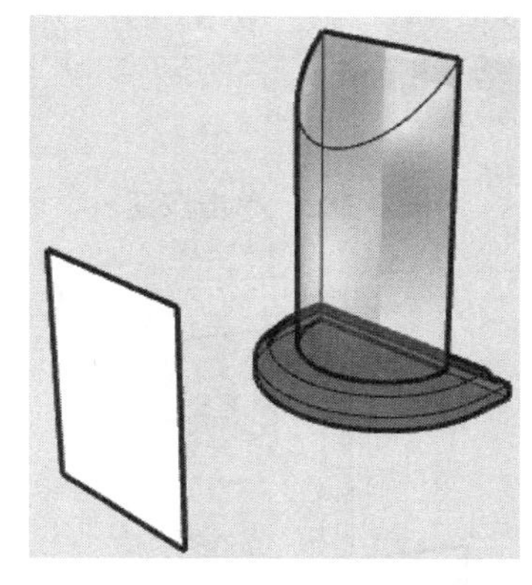

图 2-279 场景模型显示为透明效果

05 将材质纹理图像赋予平面模型，并调整好拼贴效果，如图 2-280 所示。

06 选择平面模型并单击右键，在快捷菜单中选择【纹理】菜单【投影】命令，如图 2-281 所示。

07 单击【材料】面板【样本颜料】按钮，如图 2-282 所示，同时按住键盘上的“Alt”键。

08 吸取赋予在平面模型上的材质，如图 2-283 所示。

09 松开“Alt”键，当光标变成时，将材质赋予曲面，此时在曲面上出现贴合的纹理图像效果，如图 2-284 所示。

图 2-280　将材质赋予模型

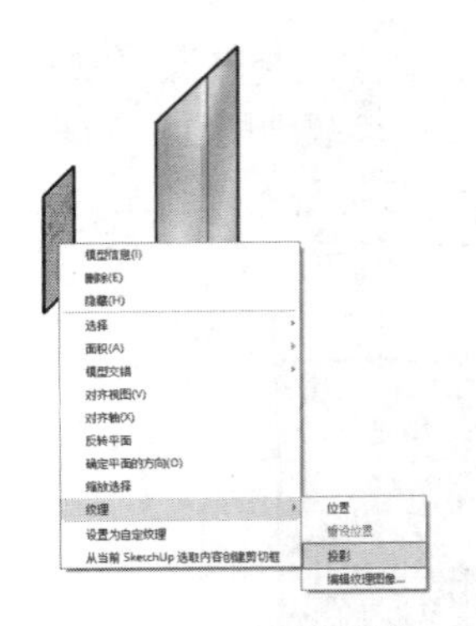

图 2-281　快捷菜单

图 2-282　单击按钮

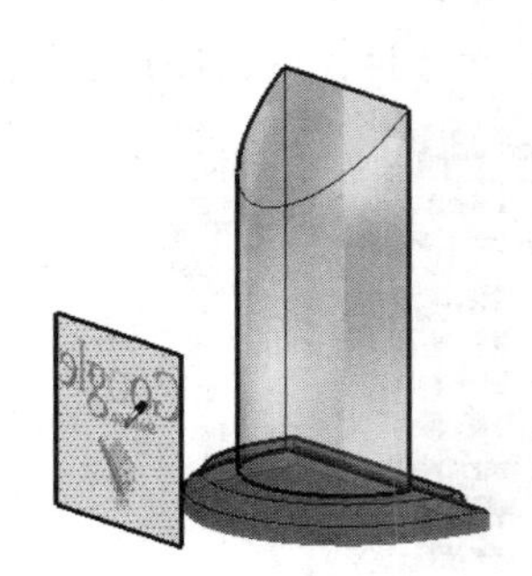

图 2-283　吸取材质

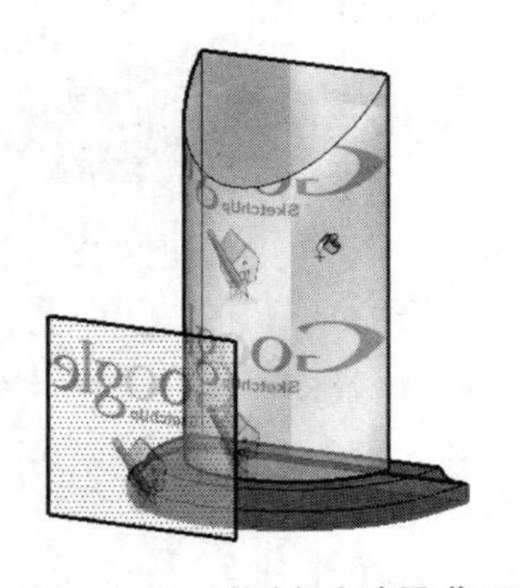

图 2-284　将材质赋予曲面

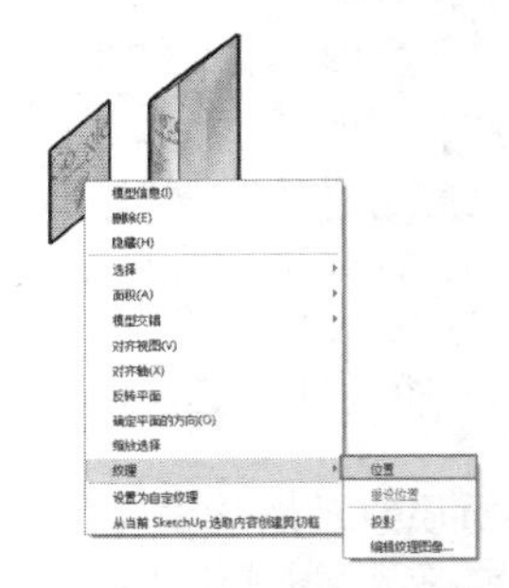

图 2-285　选择【位置】命令

10 此时纹理图像如果出现方向错误，可以选择平面并单击右键，在快捷菜单中选择【位置】命令，如图 2-285 所示。

11 进入编辑模式，在纹理图像上单击右键，弹出快捷菜单，选择【镜像】选项，设置镜像方式为【左 / 右】，如图 2-286 所示。

12 镜像翻转图像纹理的效果如图 2-287 所示。

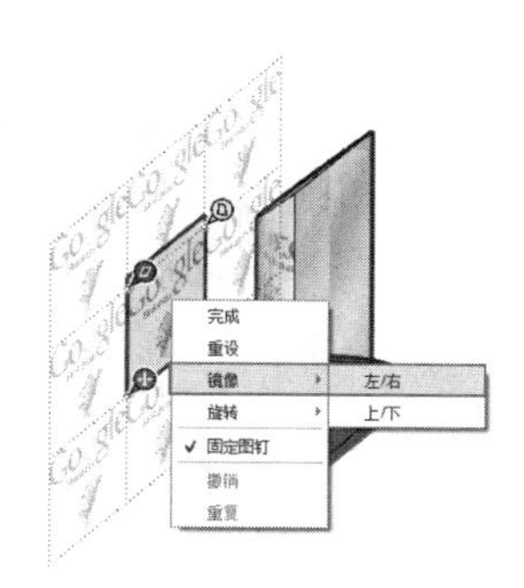

图 2-286　选择【镜像】选项

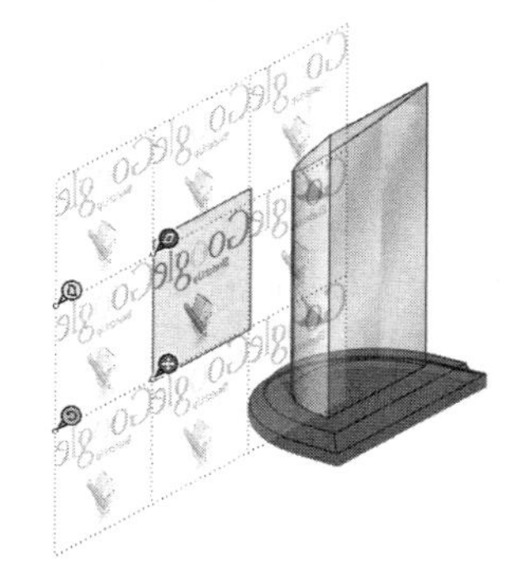

图 2-287　镜像翻转图像纹理的效果

13 再次将平面上的材质赋予曲面，如图 2-288 所示。

14 赋予材质后，可以发现已得到正确的纹理图像效果，如图 2-289 所示。

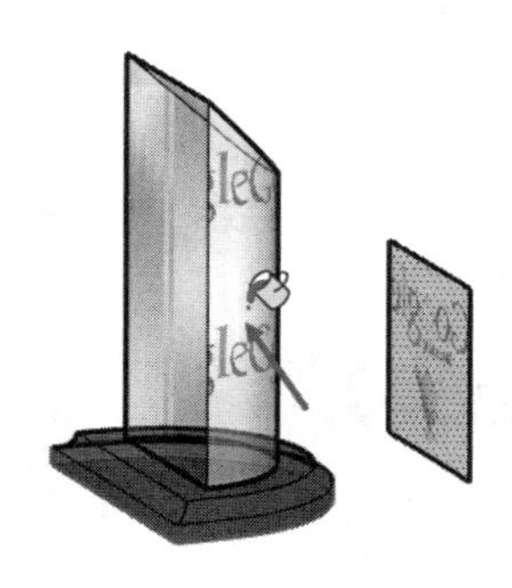

图 2-288　再次将材质赋予曲面

图 2-289　正确的纹理图像效果

2.3.3 【删除】工具

单击 SketchUp 主要工具栏【删除】工具按钮，待光标变成时，将其置于目标线段上方，单击鼠标即可直接将其删除，如图 2-290、图 2-291 所示。但该工具不能直接进行“面”的删除，如图 2-292 所示。

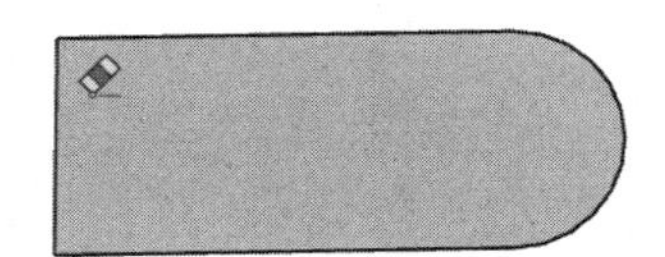

图 2-290　单击线段

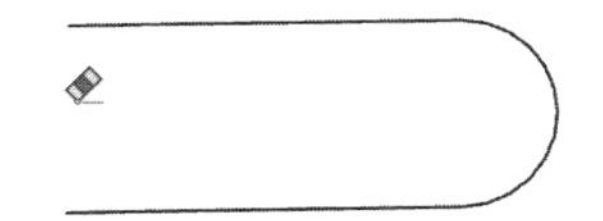

图 2-291　删除完成

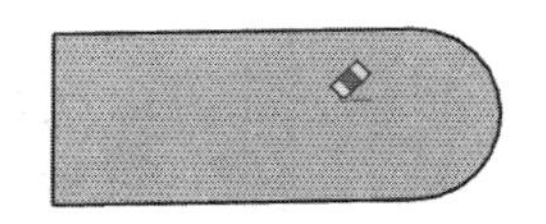

图 2-292　不能直接删除面

技 巧

【删除】工具默认快捷键为 E。

2.4 SketchUp 建筑施工工具栏

SketchUp 建模可以达到十分高的精确度，这主要得益于功能强大的辅助定位【建筑施工】工具。【建筑施工】工具栏包含【卷尺】、【量角器】、【尺寸标注】、【文本】、【轴】及【三维文本】工具，如图 2-293 所示。其中【卷尺】工具与【量角器】工具用于尺寸与角度的精确测量与辅助定位，其他工具则用于进行各种标识与文字创建。

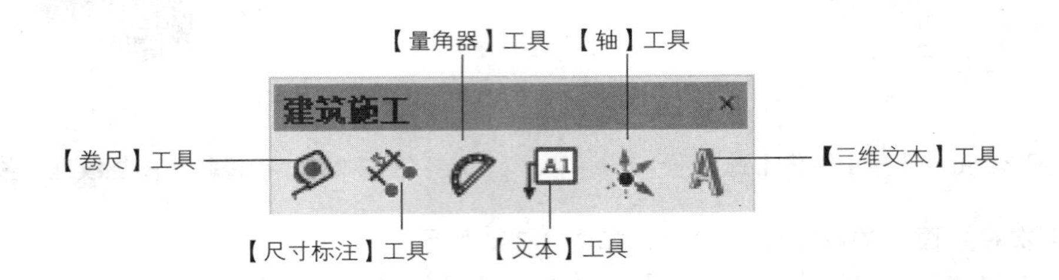

图 2-293　建筑施工工具栏

2.4.1 【卷尺】工具

【卷尺】工具不仅可用于距离的精确测量，也可以用于制作精准的辅助线。单击建筑施工工具栏按钮，或执行【工具】|【卷尺】菜单命令，均可启用该命令。

技 巧

【卷尺】工具默认快捷键为 T。

1. 测量距离工具使用方法

01 打开配套资源“第 02 章 |2.4.1 测量 .skp”模型，如图 2-294 示，该场景为一个窗户模型。

02 启用【卷尺】工具，当光标变成时单击确定测量起点，拖动鼠标至测量端点并再次单击确定，即可在端点处显示长度数值，如图 2-295、图 2-296 所示。

图 2-294　打开测量模型

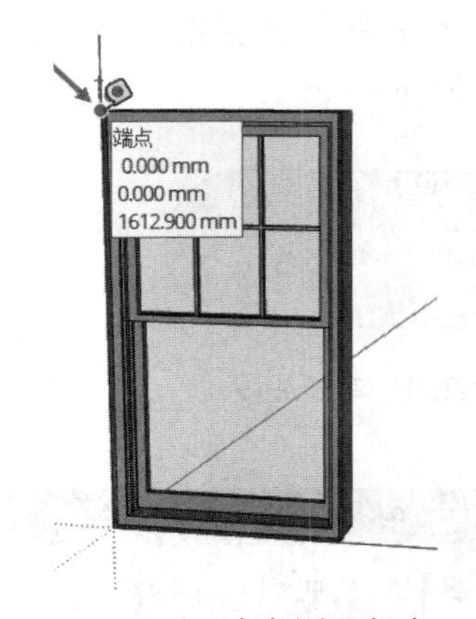

图 2-295　确定测量起点

技 巧

图 2-296 中显示的长度数值为大约值，这是因为 SketchUp 根据单位精度进行了四舍五入。执行【窗口】|【模型信息】命令，如图 2-297 所示。打开【模型信息】对话框，选择【单位】选项卡，调整精确度，如图 2-298 所示。再次测量即可显示精确的长度数值，如图 2-299 所示。

图 2-296 在端点处显示长度数值

图 2-297 执行命令

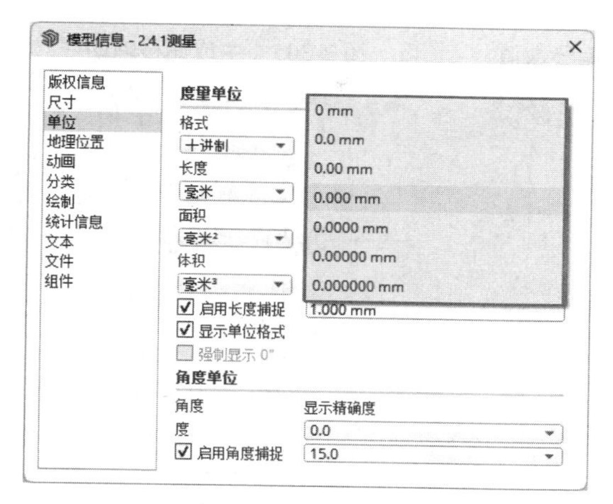

图 2-298 调整精确度

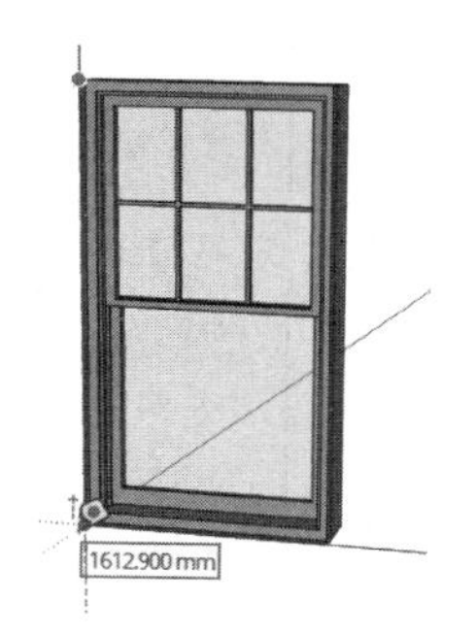

图 2-299 显示精确的长度数值

2. 测量距离的辅助线功能

使用【卷尺】工具可以制作出延长辅助线与偏移辅助线。

01 启用【卷尺】工具，单击鼠标确定延长辅助线起点，如图 2-300 所示。

02 拖动鼠标确定延长辅助线方向，输入延长数值并按“Enter”键确定，即可生成延长辅助线，如图 2-301、图 2-302 所示。

03 创建偏移辅助线。启用【卷尺】工具，在偏移参考线两侧单点以外的任意位置单击，确定偏移辅助线起点，如图 2-303 所示。

04 拖动鼠标确定偏移辅助线方向，如图 2-304 所示，输入偏移数值并按“Enter”键确定，即可生成偏移辅助线，如图 2-305 所示。

05 辅助线之间的交点，辅助线与线、平面以及实体的交点均可用于捕捉。选择【隐藏】与【取消隐藏】菜单命令，可以隐藏或显示辅助线，如图 2-306、图 2-307 所示。也可以选择如图 2-308 所示的【删除参考线】菜单命令进行删除。

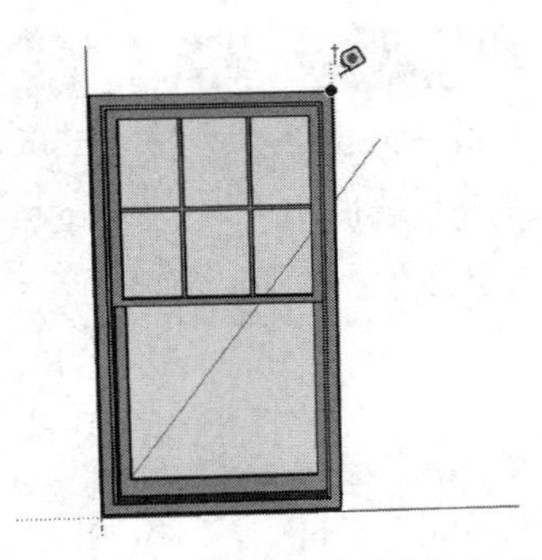
图 2-300　确定延长辅助线起点

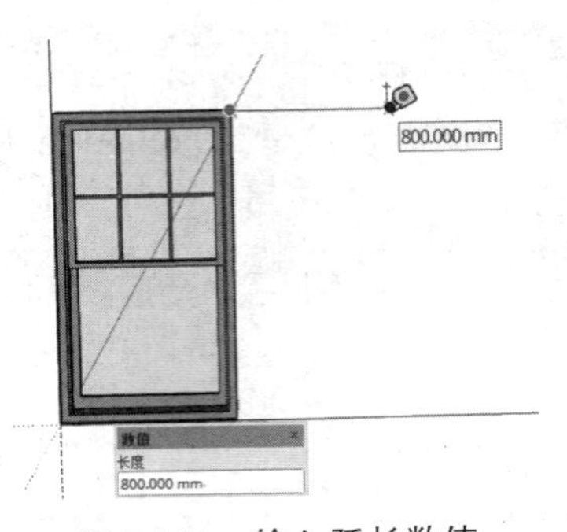

图 2-301　输入延长数值

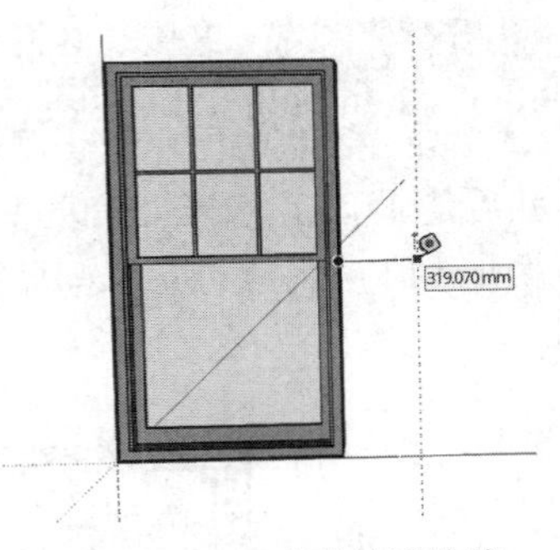

图 2-302　生成延长辅助线

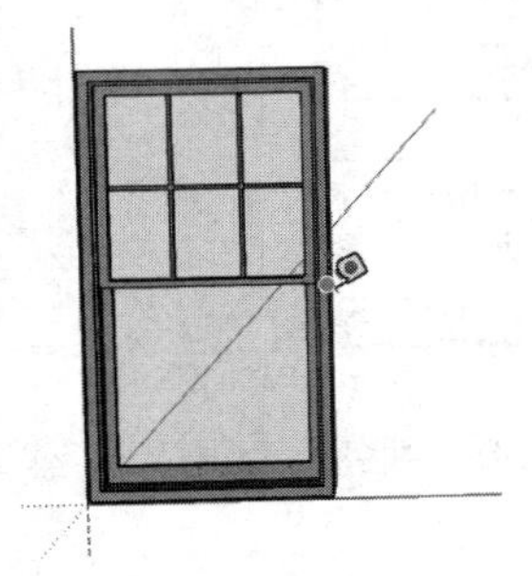
图 2-303　选择偏移辅助线起点

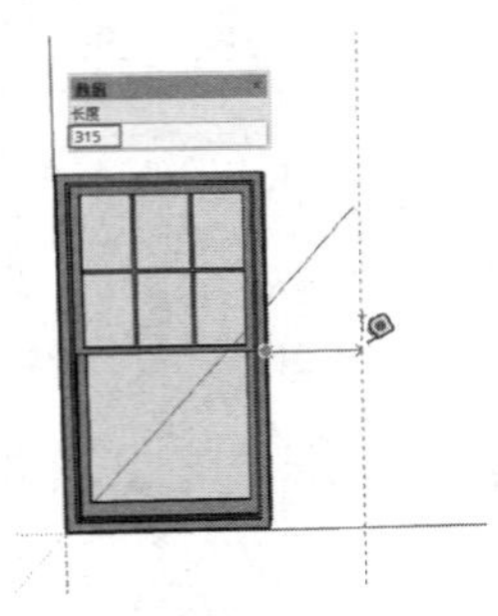

图 2-304　输入偏移数值

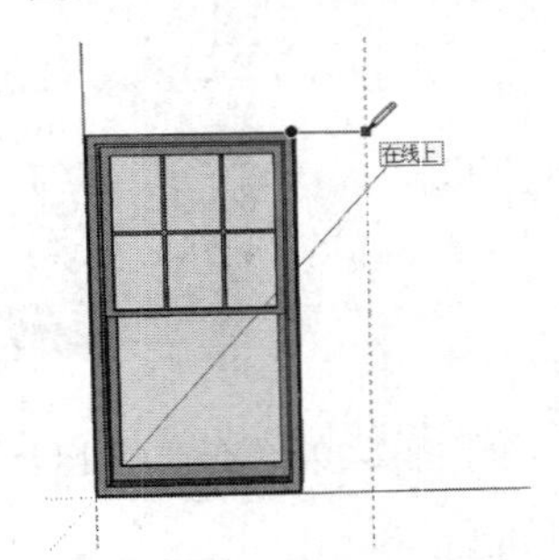

图 2-305　生成偏移辅助线

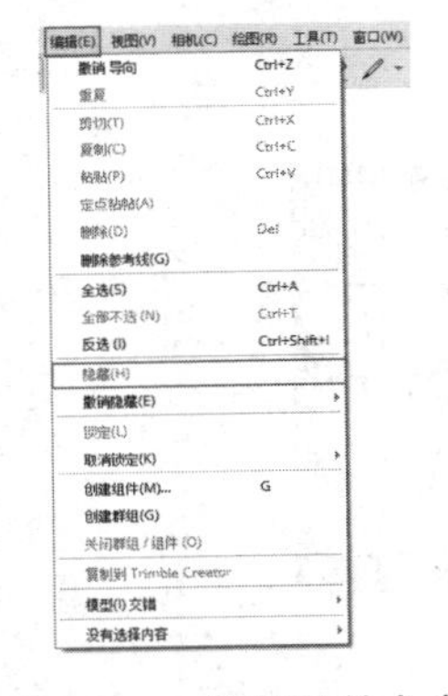
图 2-306　隐藏菜单命令

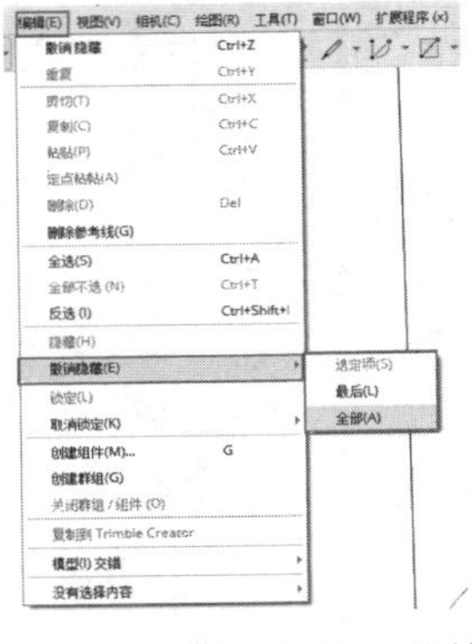
图 2-307　取消隐藏子菜单

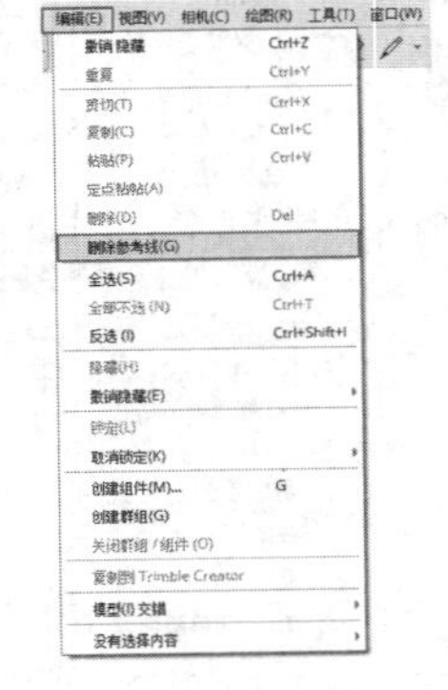
图 2-308　【删除参考线】命令

2.4.2 【量角器】工具

【量角器】工具具有角度测量与创建角度辅助线的功能。单击【建筑施工】工具栏按钮，或执行【工具】|【量角器】菜单命令，均可启用该工具，接下来介绍其使用方法。

1. 量角器工具使用方法

01 启用【量角器】工具，待光标变成后，单击确定目标测量角的顶点，如图 2-309 所示。

02 拖动鼠标捕捉目标测量角任意一条边线，如图 2-310 所示，并单击确定，然后捕捉另一条边线单击确定，即可在【数值输入框】内观察到测量角度值，如图 2-311 所示。

注 意

通过相应精度的调整，测量角度值也可以显示出非常精确的数值，具体调整方法可以参考上一节的内容。

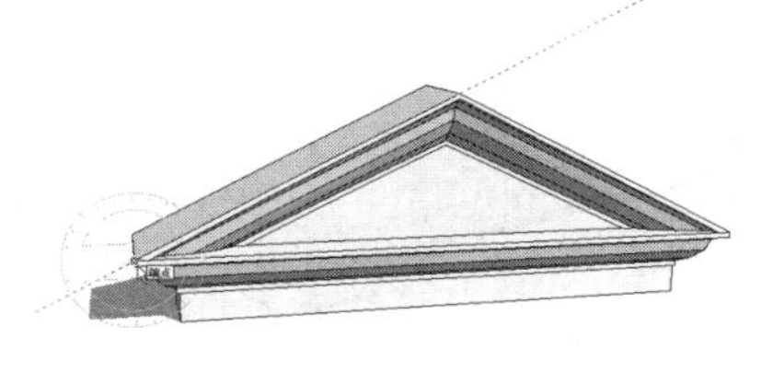

图 2-309　确定测量角的顶点

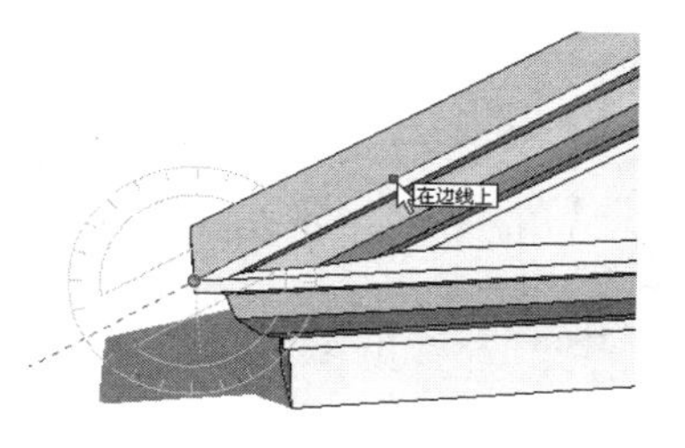

图 2-310　捕捉测量角一条边线

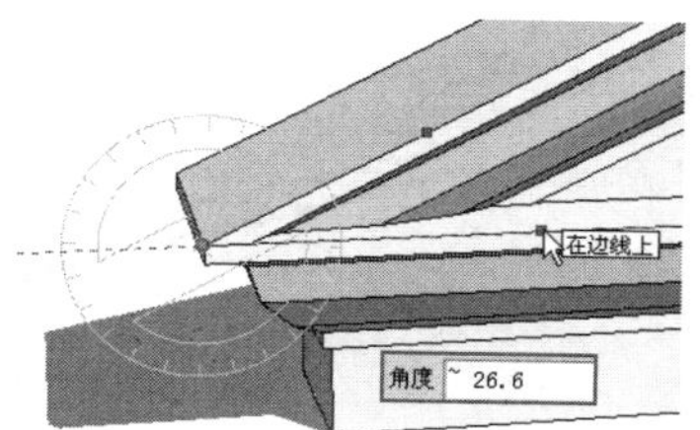

图 2-311　测量角度值

2. 量角器的角度辅助线功能

使用【量角器】工具可以创建任意值的角度辅助线，具体的操作方法如下：

01 启用【量角器】工具，在目标位置单击鼠标确定顶点位置，如图 2-312 所示。

02 拖动鼠标创建角度起始线，如图 2-313 所示。在实际的工作中可以创建任意角度的斜线，以进行相对测量。

03 在【角度】输入框中输入角度数值，并按“Enter”键确定，将以起始线为参考，创建相对角度的辅助线，如图 2-314 所示。

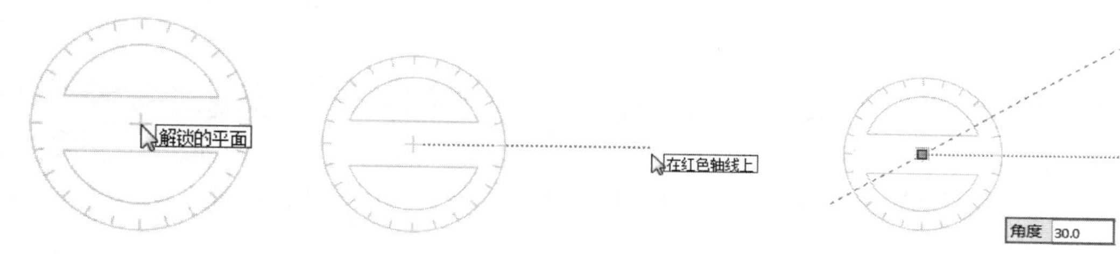

图 2-312　确定顶点位置　　图 2-313　创建角度起始线　　图 2-314　创建相对角度的辅助线

2.4.3 【尺寸标注】工具

SketchUp 具有十分强大的标注功能，能够创建满足施工要求的尺寸标注，这也是 SketchUp 区别于其他三维软件的一个明显优势。单击建筑施工工具栏按钮，或执行【工具】|【尺寸】菜单命令，均可启用该工具，接下来学习长度标注、半径标注、直径标注的操作方法与技巧以及设置标注样式和修改标注。

1. 长度标注

01 启用【尺寸标注】工具，然后选定标注起点，如图 2-315 所示。

02 拖动鼠标至标注端点单击确定，如图 2-316 所示。

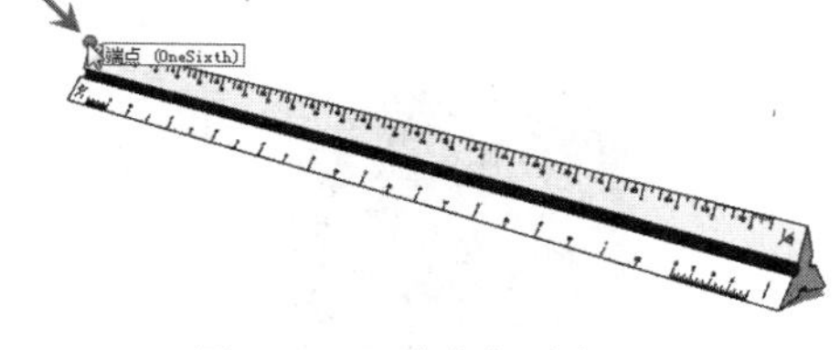

图 2-315　选定标注起点

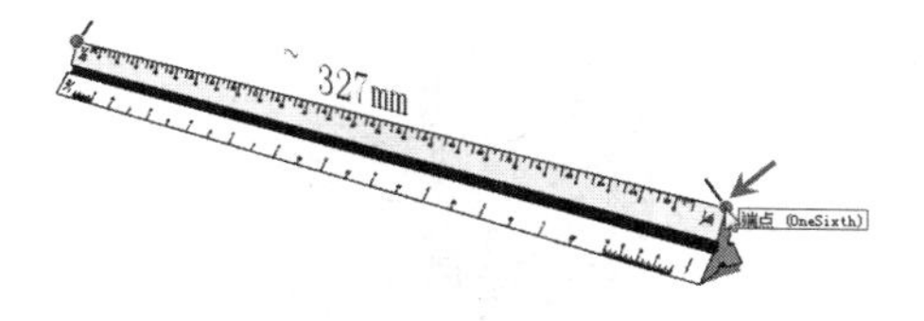

图 2-316　确定标注端点

03 向上推动鼠标放置标注，标注结果如图 2-317 所示。

04 选择标注，单击右键，在弹出的快捷菜单中选择【编辑文字】选项，如图 2-318 所示。

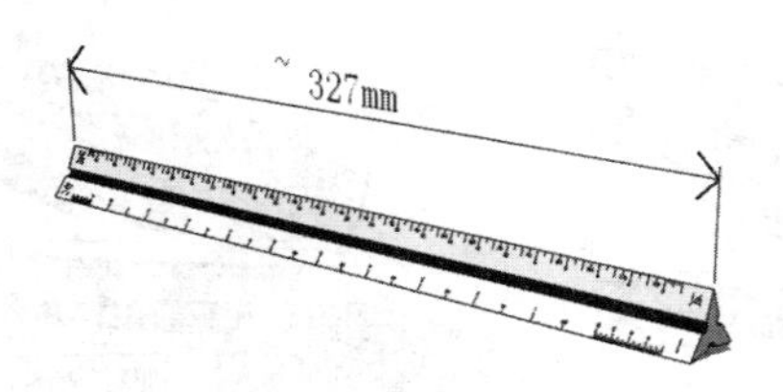

图 2-317　标注结果

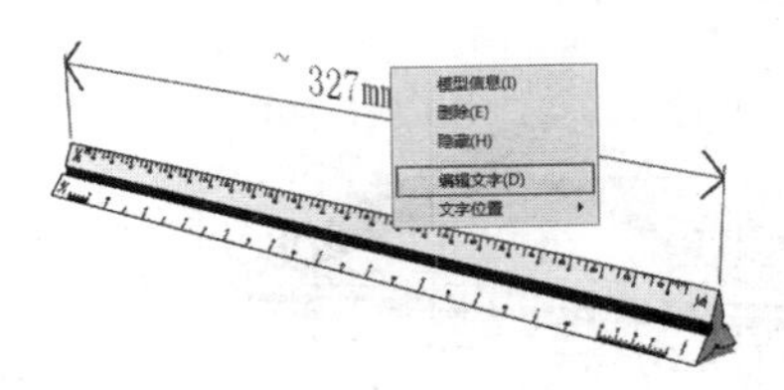

图 2-318　快捷菜单

05 进入在位编辑模式，删除尺寸数字前的符号～，如图 2-319 所示。

06 在空白区域单击，结束操作，操作结果如图 2-320 所示。

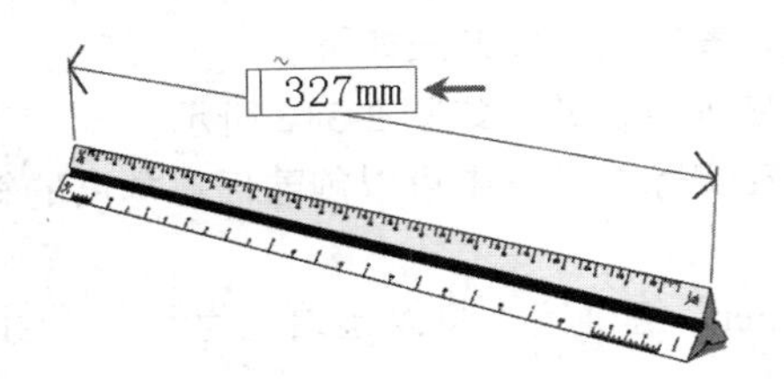

图 2-319　删除符号

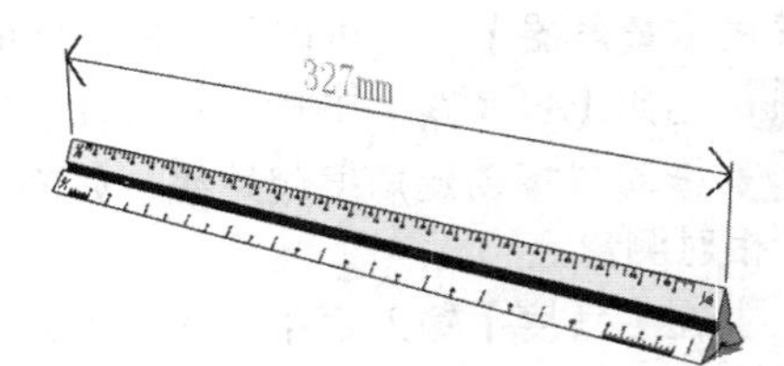

图 2-320　操作结果

注 意

在 SketchUp 中，可以在多个位置放置标注，实现三维标注的效果，如图 2-321～图 2-323 所示。此外，调整【模型信息】面板中的精确度，可以标注出十分精确的数值。

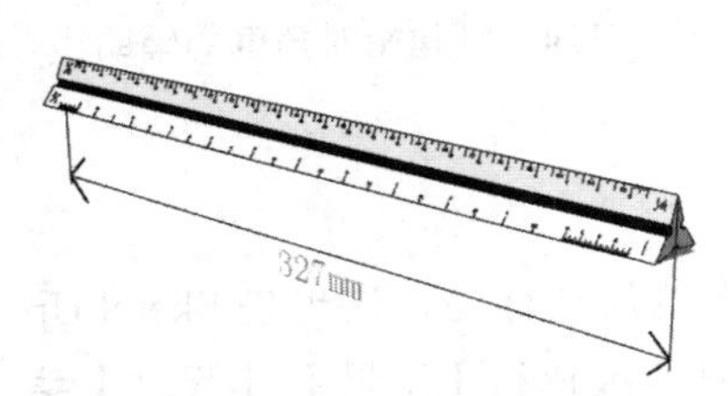

图 2-321　向下放置标注

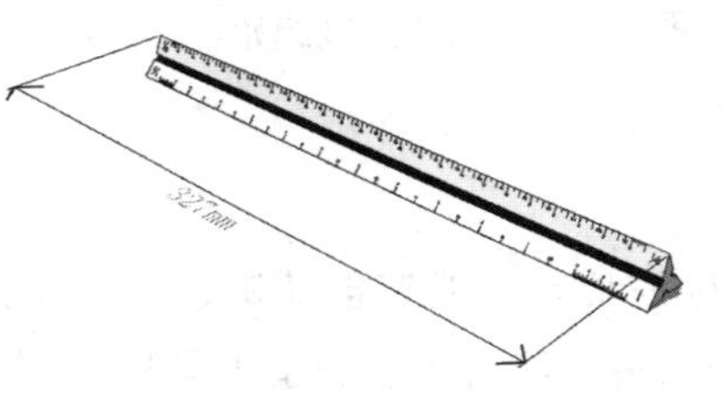

图 2-322　向左旋转标注

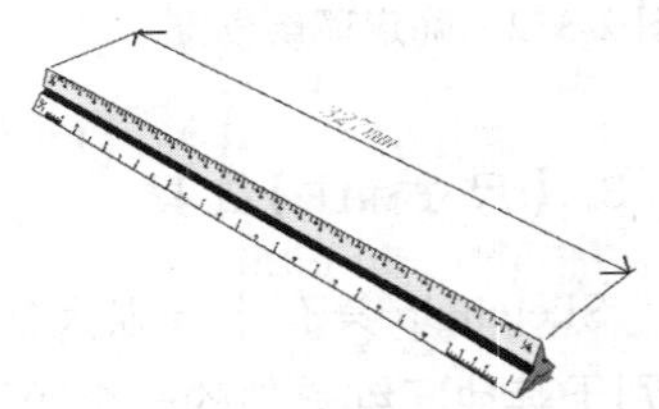

图 2-323　向右放置标注

2. 半径标注

01 启用【尺寸标注】工具，在目标弧线上单击确定标注对象，如图 2-324 所示。

02 往任意方向拖动鼠标放置标注，即可完成半径标注，标注效果如图 2-325 所示。

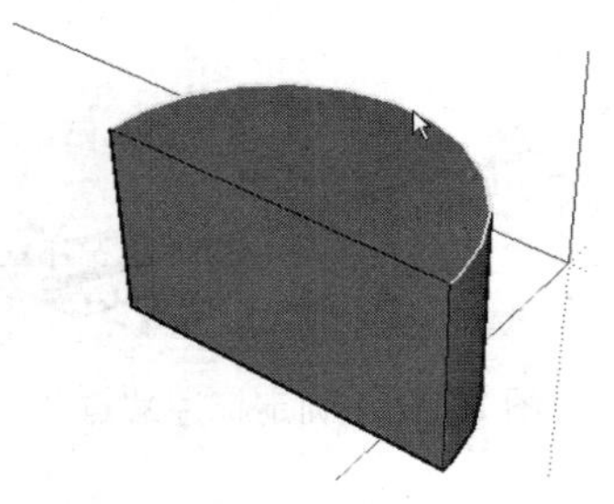

图 2-324　确定标注对象

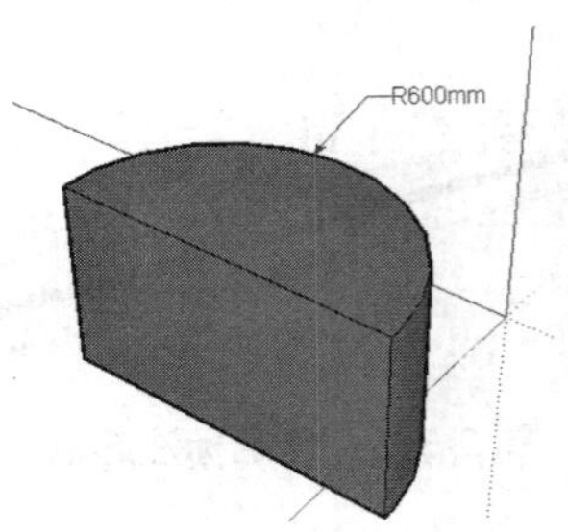

图 2-325　标注效果

3. 直径标注

01 启用【尺寸标注】工具，在目标圆形边线上单击确定标注对象，如图 2-326 所示。

02 往任意方向拖动鼠标放置标注，即可完成直径标注，标注效果如图 2-327 所示。

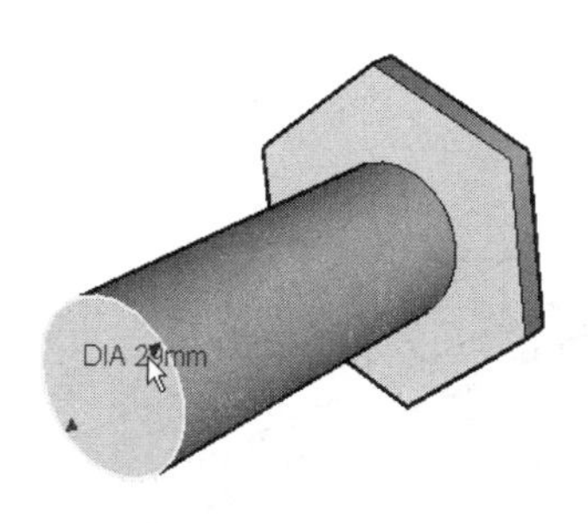

图 2-326　确定标注对象

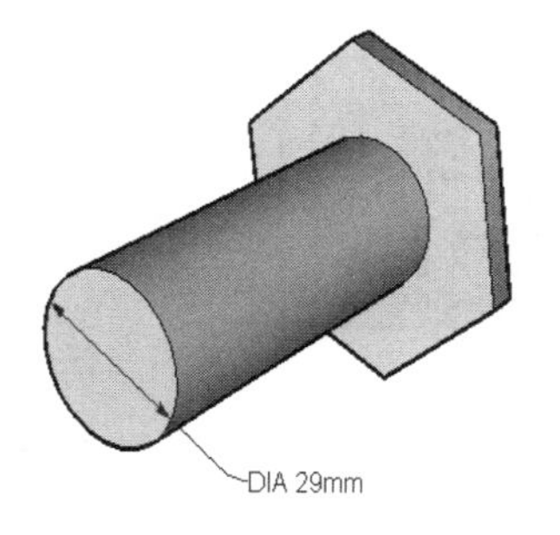

图 2-327　标注效果

4. 设置标注样式

01 标注由箭头、标注线以及标注文字构成，进入【模型信息】面板，选择【尺寸】选项，可以进行标注样式的调整，如图 2-328、图 2-329 所示。

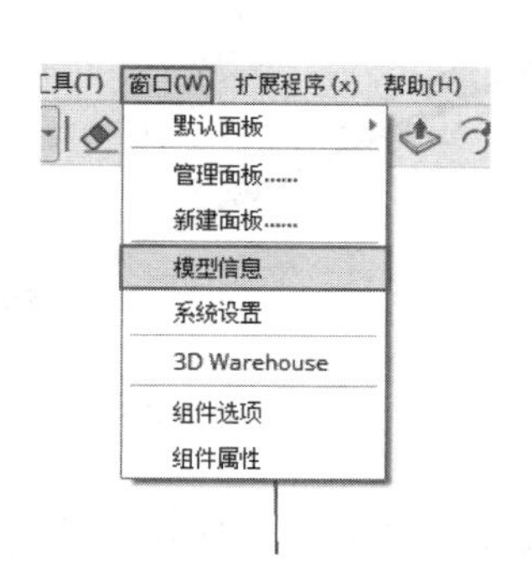

图 2-328　进入【模型信息】面板

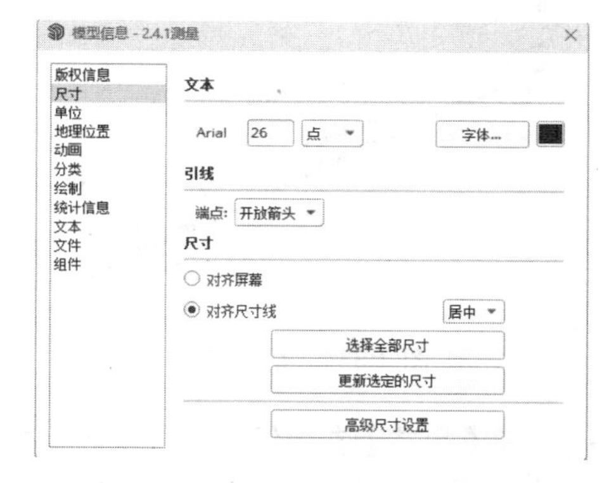

图 2-329　选择【尺寸】选项

02 单击【文本】参数组【字体】按钮，可以打开如图 2-330 所示的【字体】设置面板，通过该面板可以设置标注文字的字体、样式、大小，调整出不同字体的标注效果，如图 2-331 所示。

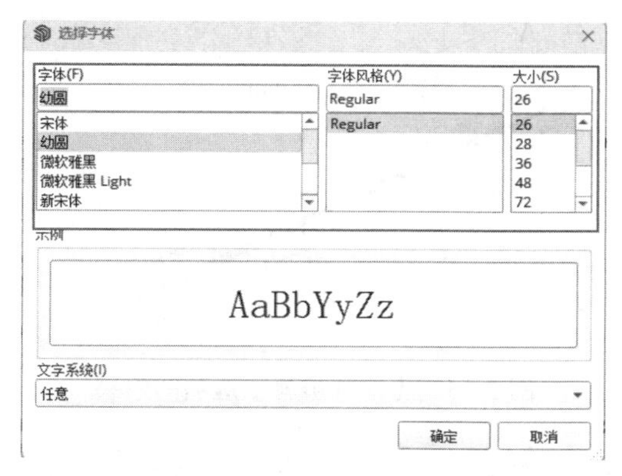

图 2-330　【字体】设置面板

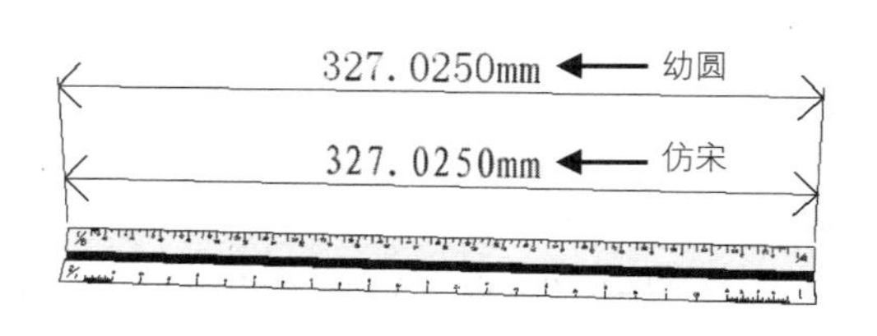

图 2-331　不同字体的标注效果

03 选择【引线】参数组【端点】下拉按钮，可以选择【无】、【斜线】、【点】、【闭合箭头】、【开放箭头】五种标注端点效果，如图 2-332 所示。

04 默认设置下为【闭合箭头】，另外三种端点效果如图 2-333~ 图 2-335 所示。

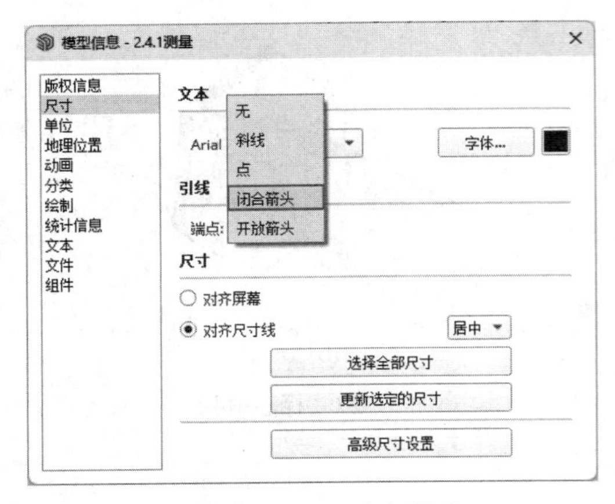

图 2-332　显示端点样式

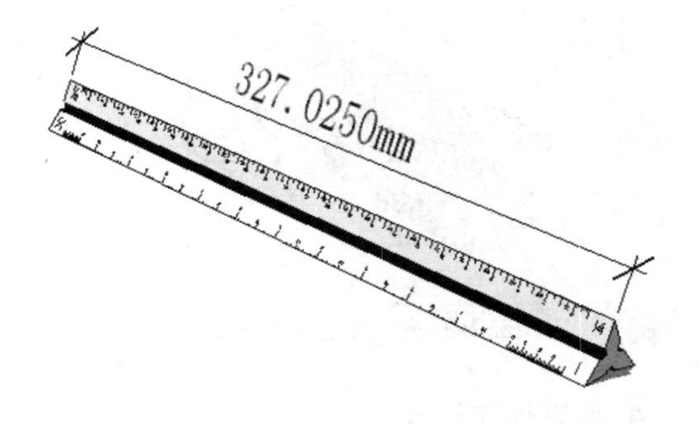

图 2-333　斜线标注

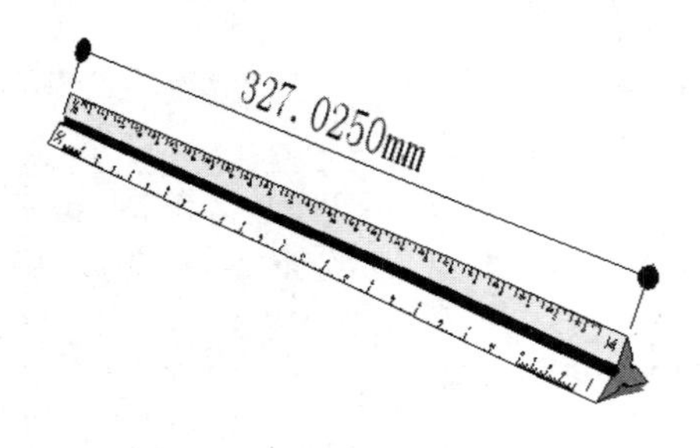

图 2-334　点标注

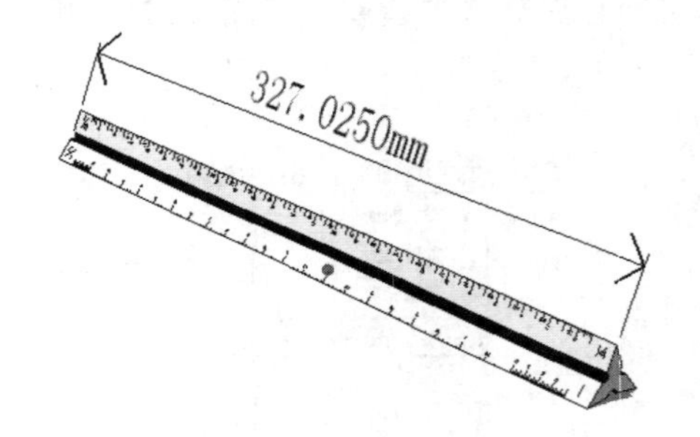

图 2-335　开放箭头

05 在【尺寸】参数组内，可以调整标注文字与尺寸线的位置关系，如图 2-336 所示。其中【对齐屏幕】选项的效果如图 2-337 所示，此时标注文字始终平行于屏幕。

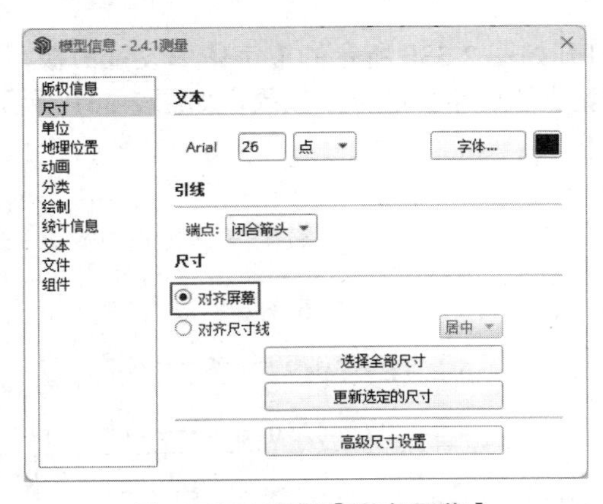

图 2-336　选择【对齐屏幕】

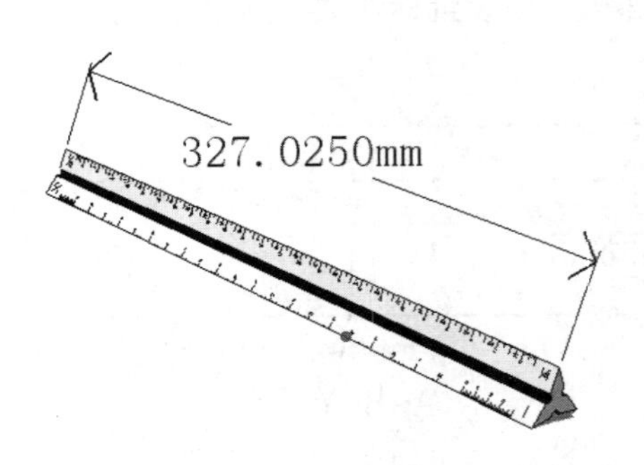

图 2-337　【对齐屏幕】选项的效果

06 选择【对齐尺寸线】单选按钮，则可以通过下拉按钮切换【上方】、【居中】、【外部】三种方式，如图 2-338 所示，对齐效果分别如图 2-339~ 图 2-341 所示。

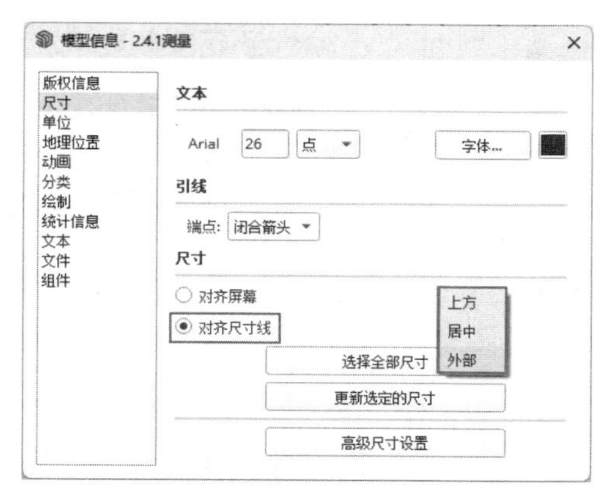

图 2-338 【对齐尺寸线】选项的三种方式

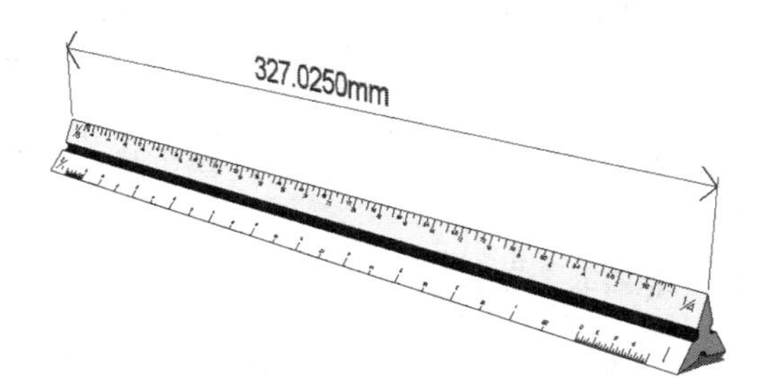

图 2-339 上方对齐效果

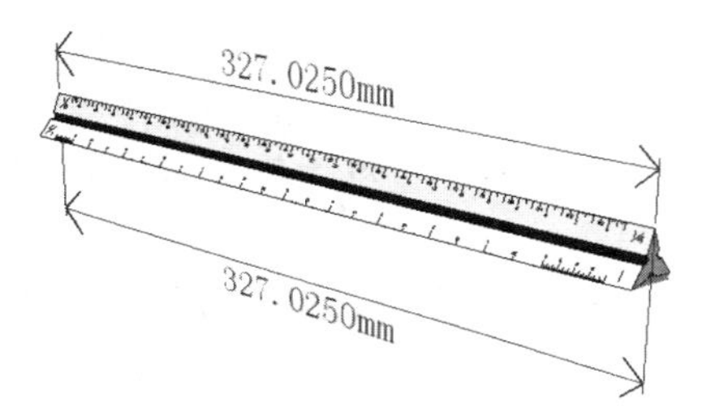

图 2-340 居中对齐效果

图 2-341 外部对齐效果

注 意

【上方】与【外部】两种方式有类似的地方，但对比观察图 2-339 与图 2-341 可以发现，在任何情况下，【上方】方式中标注文字始终位于尺寸线上方，而【外部】方式中标注文字则始终位于尺寸线外侧。

5. 修改标注

SketchUp2024 改进了标注样式的修改方式，如果需要修改场景中所有标注，可以在设置好标注样式后，单击【尺寸】选项卡【选择全部尺寸】按钮进行统一修改。如果只需要修改部分标注，则可以通过【更新选定尺寸】按钮进行部分修改，如图 2-342 所示。

技 巧

如果是修改单个或几个标注，可以通过如图 2-343 与图 2-344 所示的右键快捷菜单完成，此外双击标注文字可以直接修改文字内容，如图 2-345 所示。

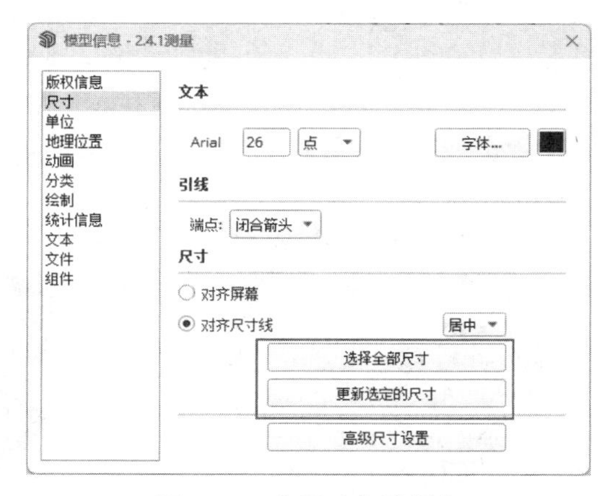

图 2-342 【尺寸】选项卡

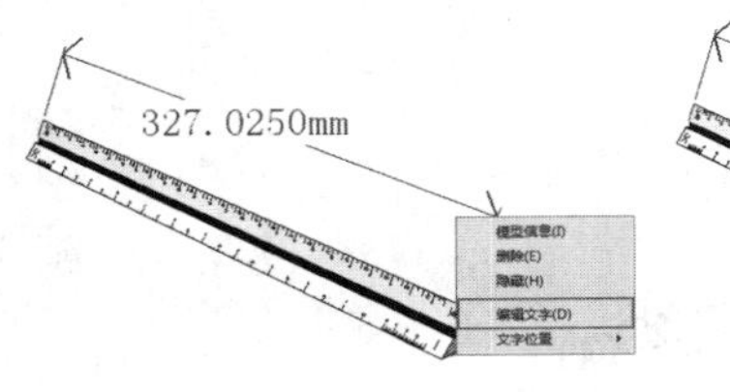

图 2-343　选择编辑文字

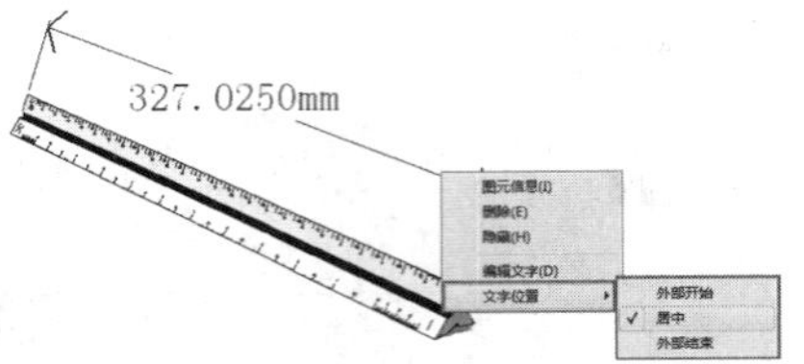

图 2-344　文字位置子菜单

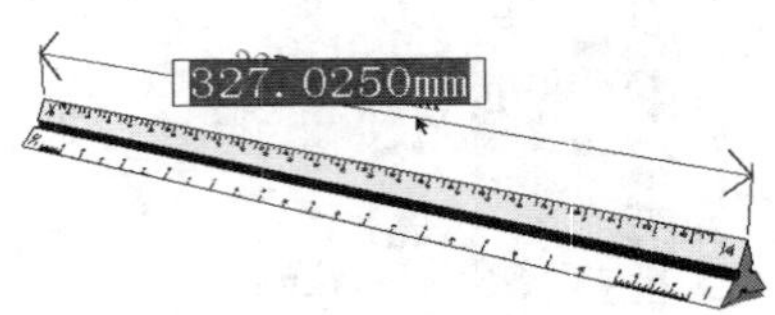

图 2-345　双击修改文字内容

2.4.4 【文本】工具

单击建筑施工工具栏 按钮，或执行【工具】|【文本】菜单命令，可以启用【文本】工具，从而对图形面积、线段长度、定点坐标进行文字标注。

此外，通过【文本】工具的用户标注功能还可以对材料类型、特殊做法以及细部构造进行详细的文字说明。

1. 系统标注

SketchUp 系统设置的【文本】命令可以直接对面积、长度、定点坐标进行文字标注，具体操作方法如下：

01 执行【文本】命令，待光标变成 时，将光标移动至目标平面标注表面，如图 2-346 所示。

02 双击鼠标，在当前位置直接显示【文本】内容，如图 2-347 所示。此外，还可以首先单击确定【文本】端点位置，然后拖动鼠标到任意位置放置【文本】，再次单击鼠标确定，如图 2-348 所示。

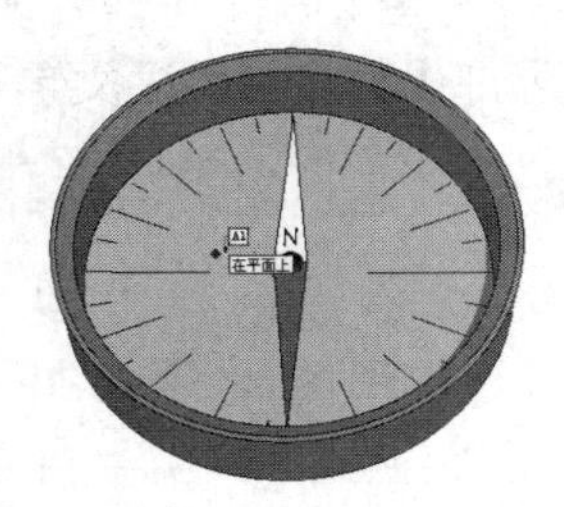

图 2-346　光标移动至标注表面

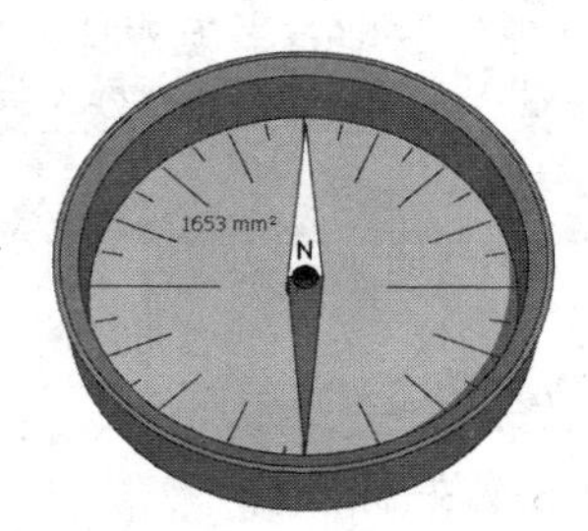

图 2-347　双击鼠标效果

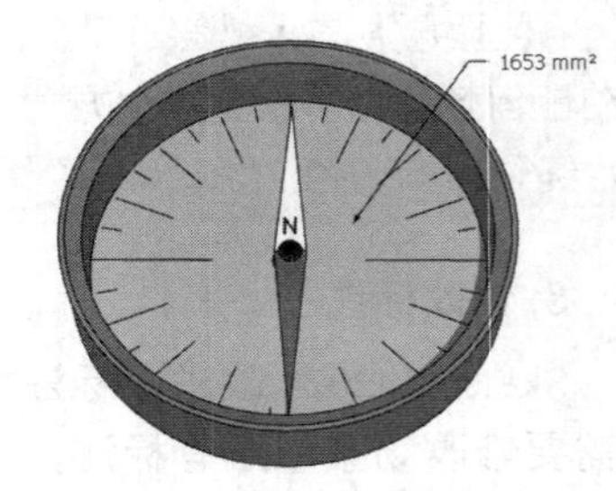

图 2-348　单击拖动鼠标标注效果

03 线段长度与点坐标标注方法基本相同，如图 2-349 ~ 图 2-351 所示。

图 2-349　选择标注线形

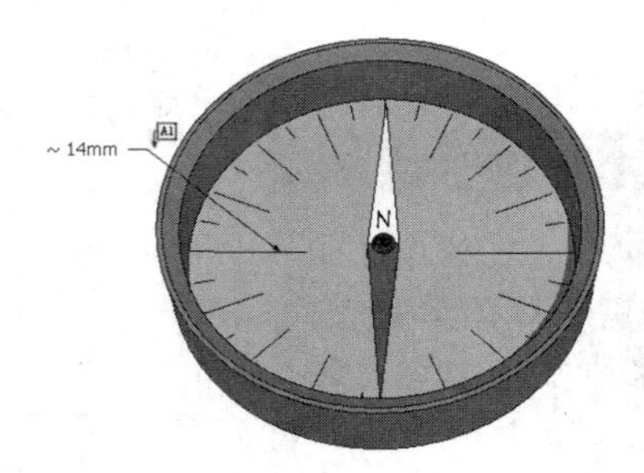

图 2-350　线形文字标注效果

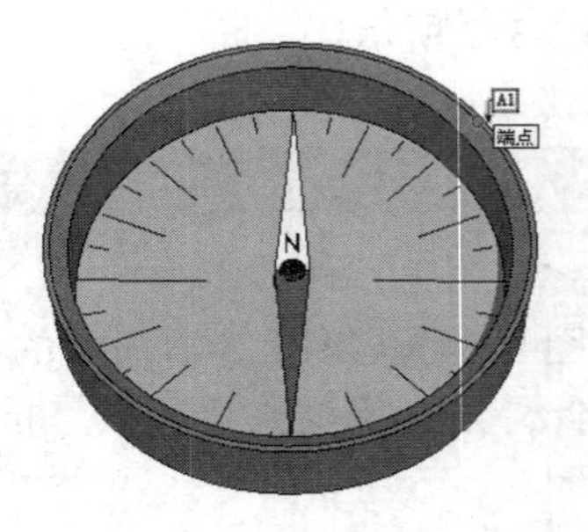

图 2-351　选择标注圆形

2. 用户标注

用户在使用【文本】工具时，可以轻松地编写文字内容，具体操作方法如下：

01 执行【文本】命令，待光标变成时，将光标移动至目标平面标注表面，如图 2-352 所示。

02 单击确定【文本】起始点位置，然后拖动鼠标在任意位置放置文本，此时即可自行进行标注内容的编写，如图 2-353、图 2-354 所示。

03 完成标注内容编写后，单击鼠标确认，完成自定义标注，如图 2-355 所示。

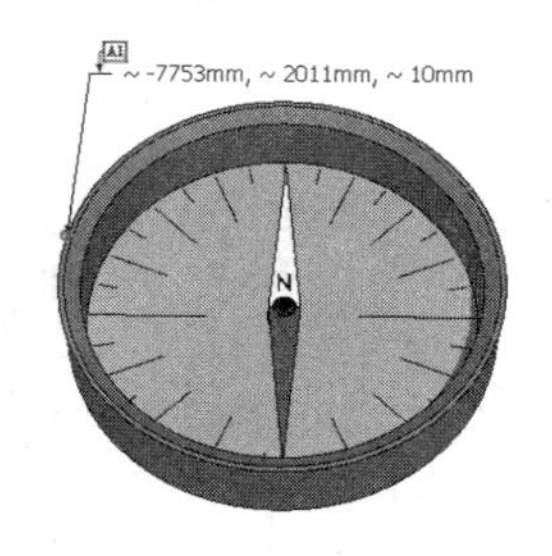

图 2-352　光标移动至标注表面

图 2-353　单击确定起始点位置

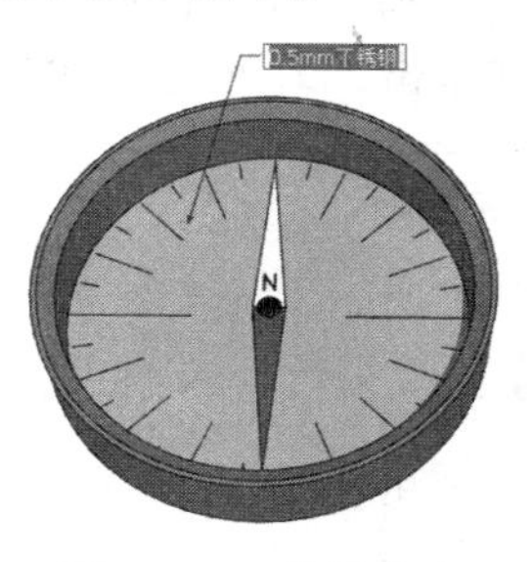

图 2-354　放置文本

3. 修改文字标注

修改文本十分简单，可以双击文本进行文字内容的修改，如图 2-356、图 2-357 所示。也可以单击右键通过快捷菜单进行修改，如图 2-358 所示。

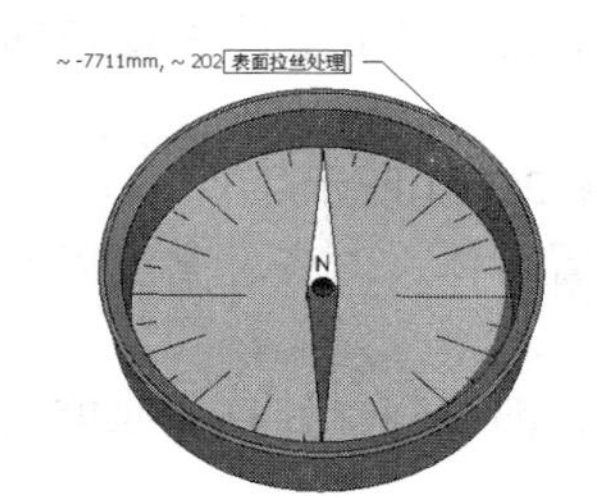

图 2-355　完成自定义标注

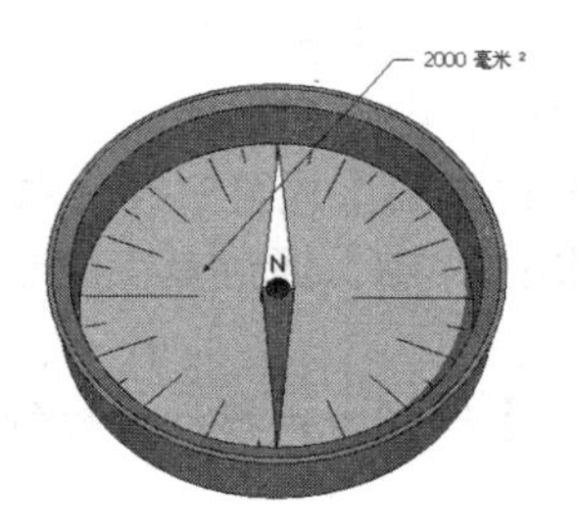

图 2-356　当前文字内容

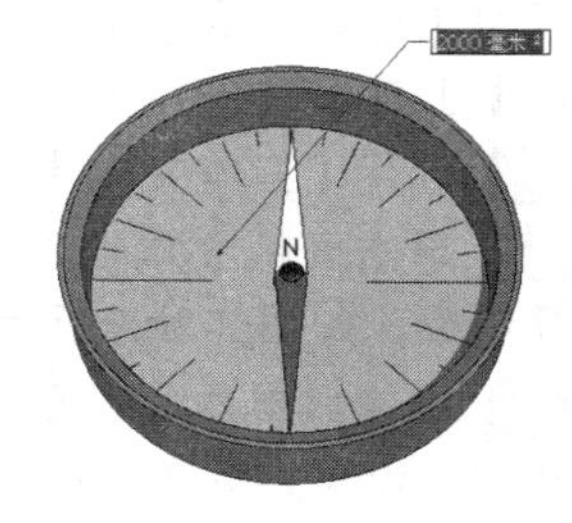

图 2-357　双击修改文字内容

2.4.5 【轴】工具

SketchUp 和其他三维软件一样，都是通过轴进行位置定位，如图 2-359 所示。为了方便模型创建，SketchUp 还可以自定义轴，单击建筑施工工具栏按钮，或执行【工具】|【坐标轴】菜单命令，即可启用【轴】工具，具体操作步骤如下：

01 启用【轴】工具，待光标变成时，移动光标至目标位置单击确定，如图 2-360 所示。

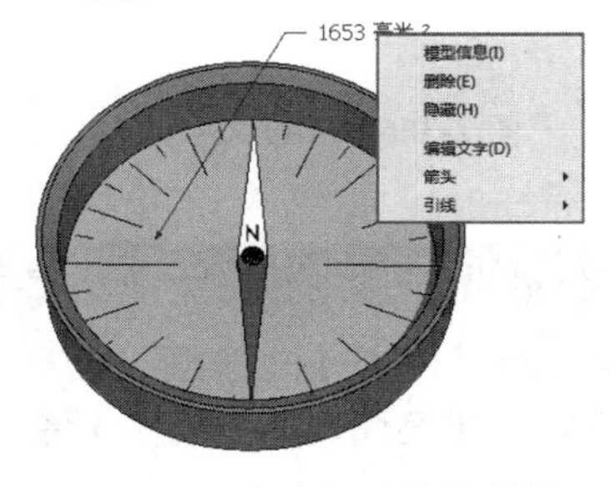

图 2-358　文字标注快捷菜单

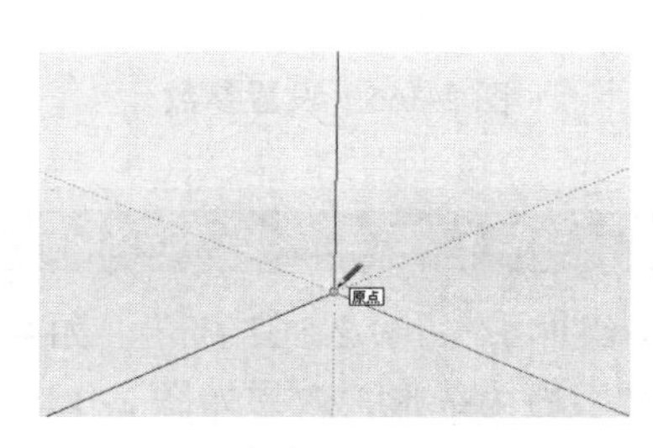

图 2-359　通过轴定位

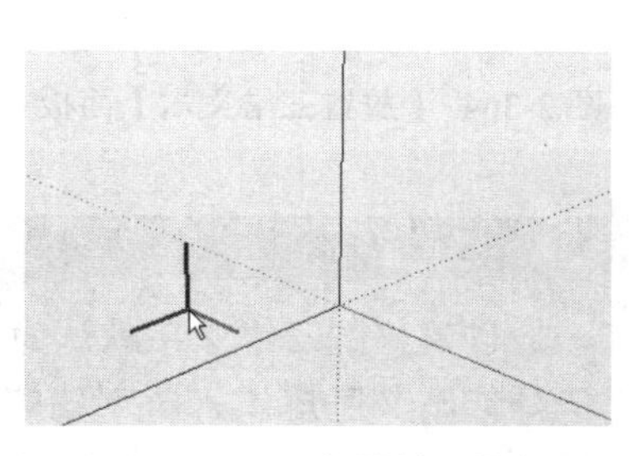

图 2-360　启用轴工具

技 巧

在实际的工作中，可以将轴放置于模型的某个顶点，这样有利于轴向的调整。

02 确定目标位置后，可以左右拖动鼠标，自定义 X、Y 轴的轴向，调整到目标方向后，单击确定即可，如图 2-361 所示。

03 确定 X、Y 轴的轴向后，可以上下拖动鼠标确定 Z 轴轴向，如图 2-362 所示。调整完成后再次单击，即可完成轴的自定义，如图 2-363 所示。

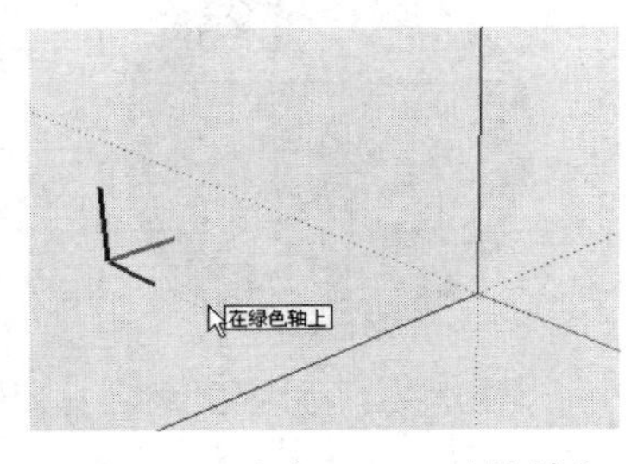

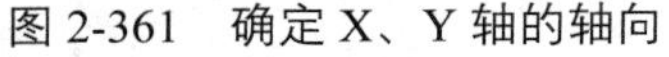

图 2-361　确定 X、Y 轴的轴向

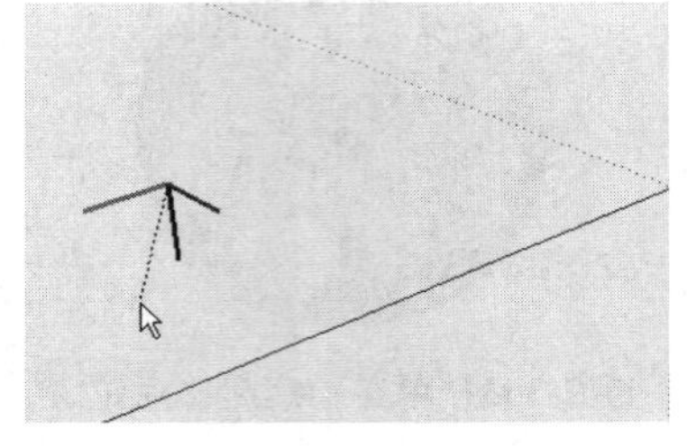

图 2-362　确定 Z 轴轴向

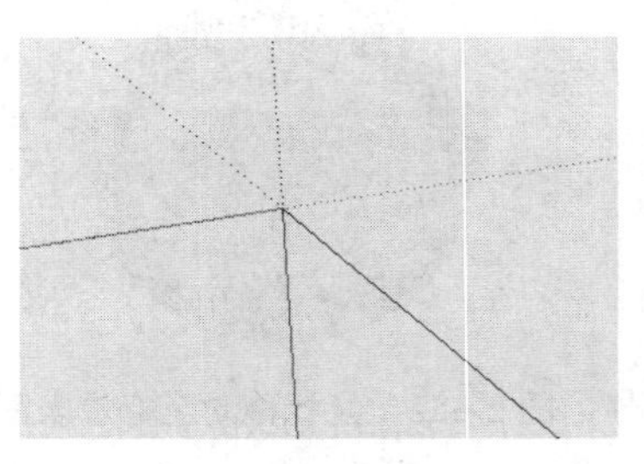

图 2-363　完成轴的自定义

2.4.6 【三维文本】工具

通过【三维文本】工具，可以快速创建三维或平面的文字效果，单击建筑施工工具栏按钮或执行【工具】|【三维文本】菜单命令，即可启用该工具。

01 启用【三维文本】工具，系统弹出【放置三维文本】面板，如图 2-364 所示。

02 单击面板文本输入框可以输入文字，通过其下的参数，可以设置字体、对齐、高度以及延伸等参数，如图 2-365 所示。

03 设置好参数后，单击【放置】按钮，再移动光标到目标点单击，即可创建好具有厚度的三维文字，效果如图 2-366 所示。

图 2-364 【放置三维文本】面板

图 2-365　设置参数

图 2-366　三维文字效果

注 意

创建好的三维文字默认为【组件】，如图 2-367 所示。如果不选择【填充】复选框，将无法延伸出文字厚度，所创建的文字将为线形，效果如图 2-368 所示；如果仅选择【填充】复选框，则创建的文字则为平面，效果如图 2-369 所示。

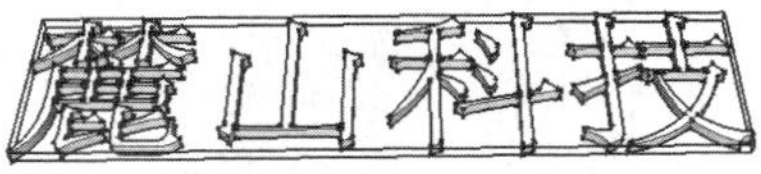

图 2-367　三维文字组件

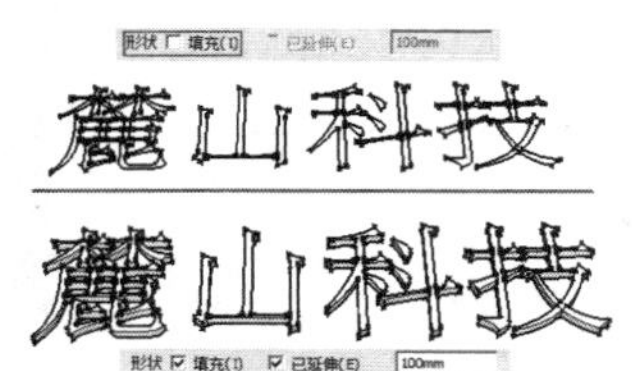

图 2-368　线形效果

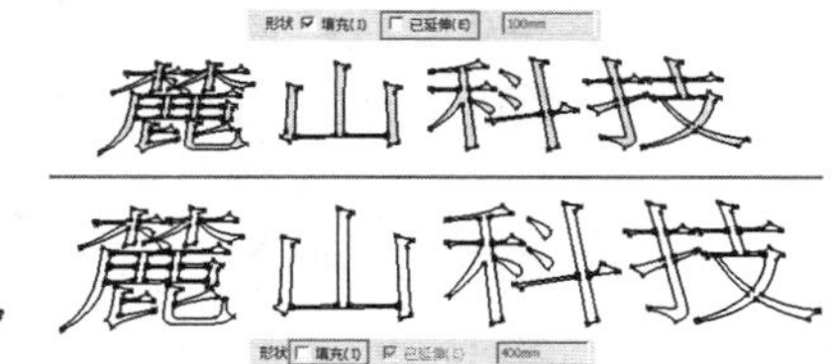

图 2-369　平面效果

2.5 SketchUp 相机工具栏

SketchUp【相机】工具栏如图 2-370 所示，有些工具已在前面进行了介绍，本节只介绍【定位相机】、【观察】以及【漫游（行走）】三个工具，其中【定位相机】与【观察】工具用于相机位置与观察方向的确定，【漫游（行走）】工具则用于制作漫游动画。

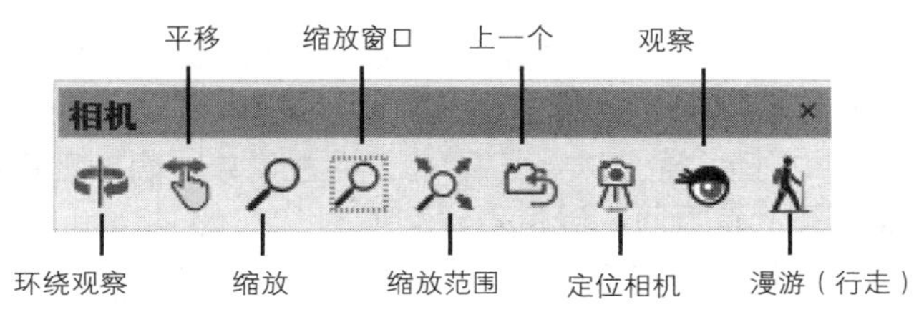

图 2-370　相机工具栏

2.5.1 【定位相机】与【观察】工具

01 单击【定位相机】工具栏按钮，或执行【相机】|【定位相机】菜单命令，此时光标将变成 形状，将光标移动至相机目标放置点单击即可。此外，通过【数值输入框】可设置视点高度，通常保持默认的 1676mm 即可，如图 2-371、图 2-372 所示。

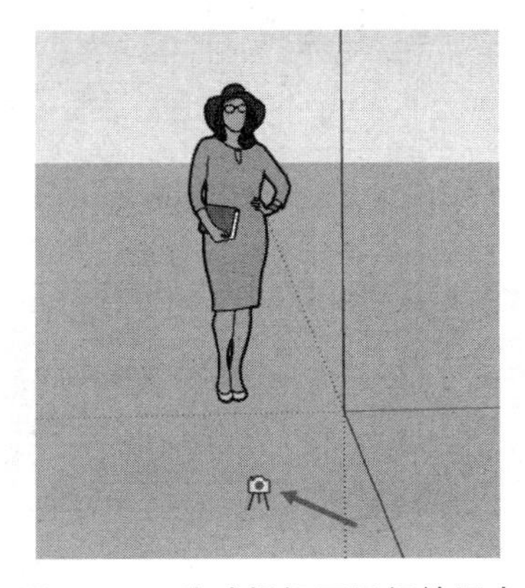

图 2-371　移动相机至目标放置点

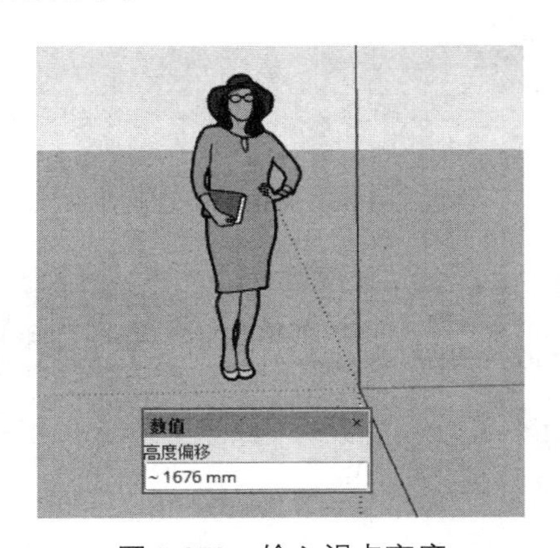

图 2-372　输入视点高度

02 设置好视点高度后，按“Enter”键，系统将自动启用【观察】工具，此时光标将变成 状，拖动鼠标即可转换视角，如图 2-373、图 2-374 所示。

图 2-373　光标改变形状

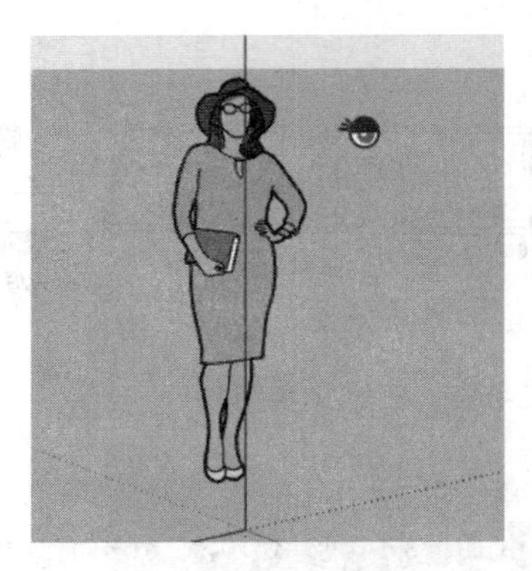

图 2-374　转换视角

03 通过一个实例的制作掌握【定位相机】与【观察】工具的使用，并学会在 SketchUp 中创建场景以保持设置好的相机视角的方法。

2.5.2　相机设置实例

01 打开配套资源“第 02 章 | 2.5.2 相机原始 .skp”文件，原始相机视角如图 2-375 所示，接下来设置向右观察电视柜的相机视角。

02 启用【定位相机】工具，待光标变成 时，在左侧单击确定观察点，如图 2-376 所示。然后按住鼠标向右上拖动确定观察方向，如图 2-377 所示。

03 松开鼠标，系统将自动转换到设置的相机视角，通常此时的相机高度都不太理想，如图 2-378 所示。

图 2-375　原始相机视角

图 2-376　确定观察点

图 2-377　确定观察方向

图 2-378　相机高度不理想

04 此时可以在数值输入框内输入视点高度 1700mm，如图 2-379 所示，然后按“Enter”键拉高相机。使用【绕轴旋转】工具调整好视角，完成效果如图 2-380 所示。

图 2-379 输入视点高度

图 2-380 完成效果

05 相机调整完成后，为了便于以后的其他操作，执行【视图】|【动画】|【添加场景】菜单命令，如图 2-381 所示，添加一个单独的【场景】进行保存，如图 2-382 所示。

06 将当前设置好的相机视角添加到新的场景后，可以在其名称上单击右键利用快捷菜单进行移动、删除、添加等操作，如图 2-383 所示。

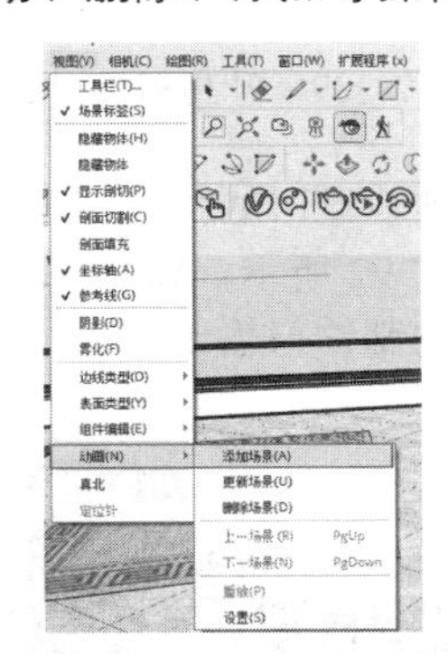

图 2-381 执行【添加场景】命令

图 2-382 添加场景

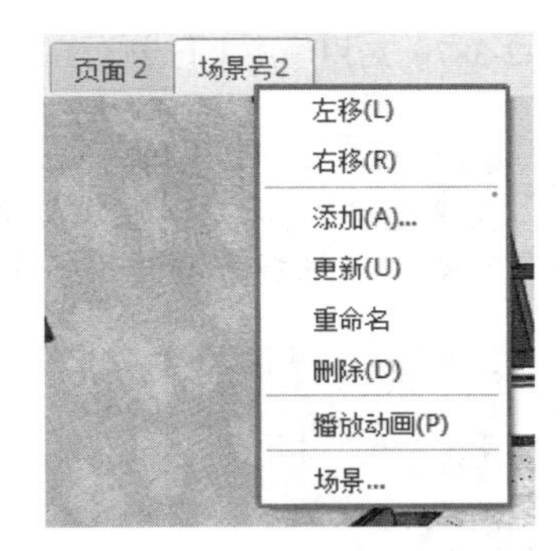

图 2-383 快捷菜单

07 如果要进行场景的重命名，则首先需要执行右键菜单【场景】命令，如图 2-384 所示，打开【场景】设置面板。

08 在【场景】设置面板中单击选中要重命名的场景，在其下的名称框中输入名称，如图 2-385 所示。

09 输入完成，按“Enter”键确定，即可成功重命名场景，如图 2-386 所示。

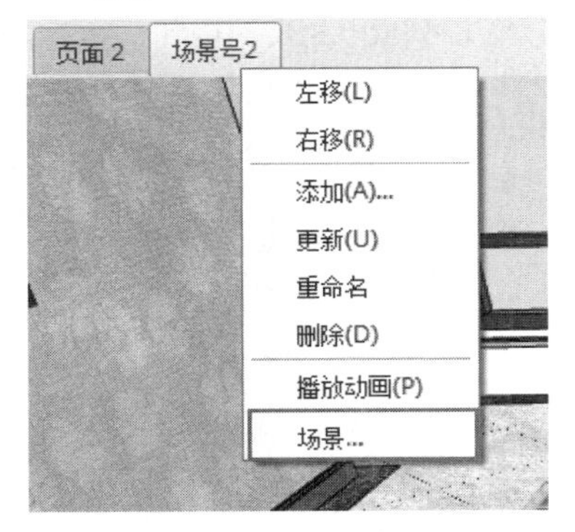

图 2-384 执行【场景】命令

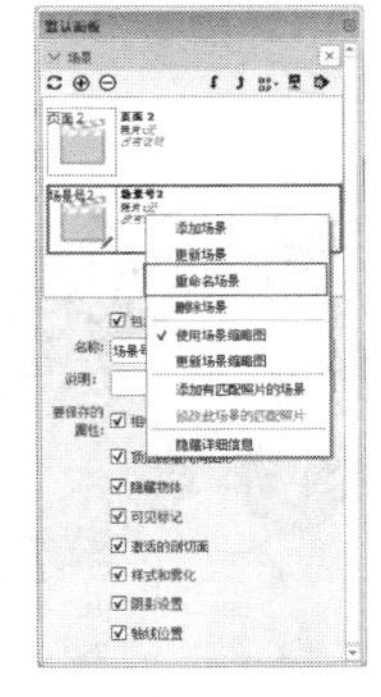

图 2-385 【场景】设置面板

图 2-386 重命名场景

2.5.3 【漫游（行走）】工具基本操作

通过【漫游（行走）】工具，可以模拟出跟随观察者的移动，从而在相机视图内产生连续变化的漫游动画效果。单击相机工具栏漫游（行走）按钮，或执行【相机】|【漫游（行走）】菜单命令，即可启用该工具。

启用【漫游（行走）】工具后光标将变成状，此时通过鼠标及键盘“Ctrl”与“Shift”键，即可完成前进、上移、加速、转向等漫游动作，下面介绍具体的操作。

01 启用【漫游（行走）】工具，光标将变成形状，如图 2-387 所示。在视图内按住鼠标左键向前推动相机，即可产生向前漫游（行走）的效果，如图 2-388 所示。

02 按住“Shift”键上、下移动鼠标，则可以升高或降低相机视点，如图 2-389、图 2-390 所示。

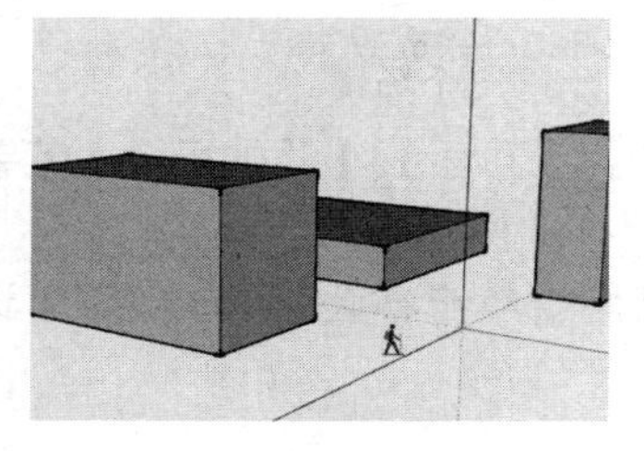

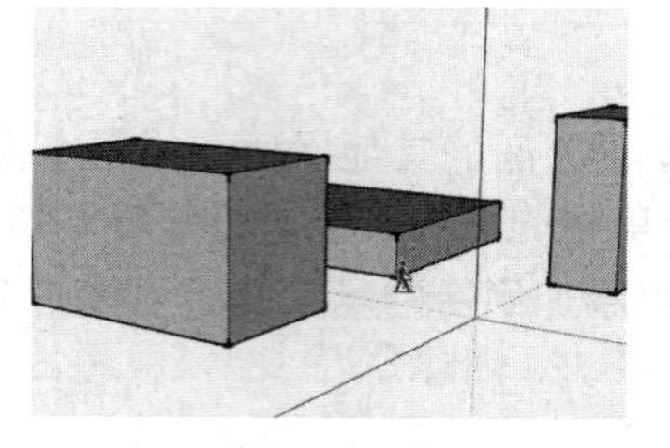

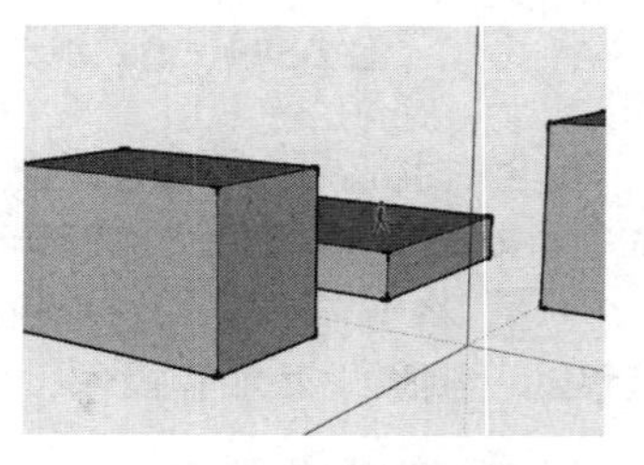

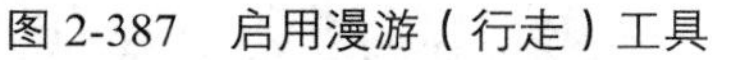

图 2-387　启用漫游（行走）工具　　图 2-388　向前漫游（行走）　　图 2-389　升高相机视点

03 如果按住“Ctrl”键推动鼠标，则会产生加速前进的效果，如图 2-391 所示。

04 按住鼠标左键左右移动光标，则可以产生转向的效果，如图 2-392 所示。接下来通过一个漫游实例，掌握【漫游（行走）】工具的使用与 SketchUp 中场景动画的制作与输出。

图 2-390　降低相机视点

图 2-391　加速前进的效果

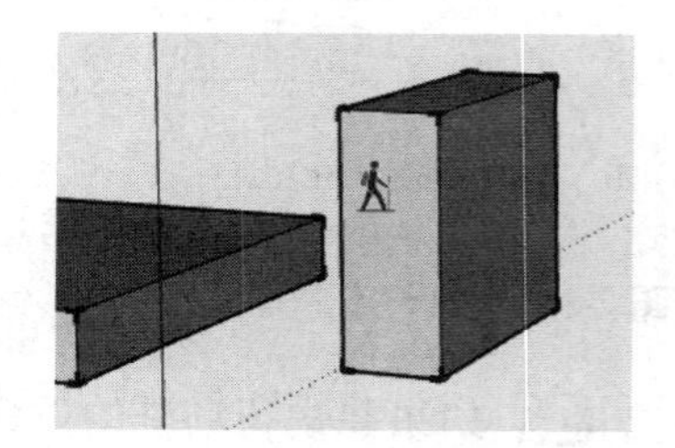

图 2-392　转向的效果

2.5.4 设置漫游动画实例

打开配套资源“第 02 章 | 2.5.4 漫游原始 .skp”文件，接下来按照如图 2-393 所示的漫游线路设置动画效果。

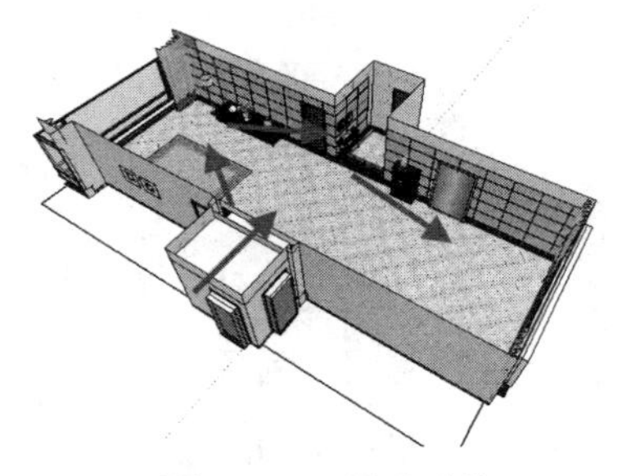

图 2-393　漫游路线

01 当前的相机视角效果如图 2-394 所示，为了避免操作失误，造成相机视角无法返回，首先添加一个场景（页面），如图 2-395 所示。

图 2-394　当前的相机视角效果

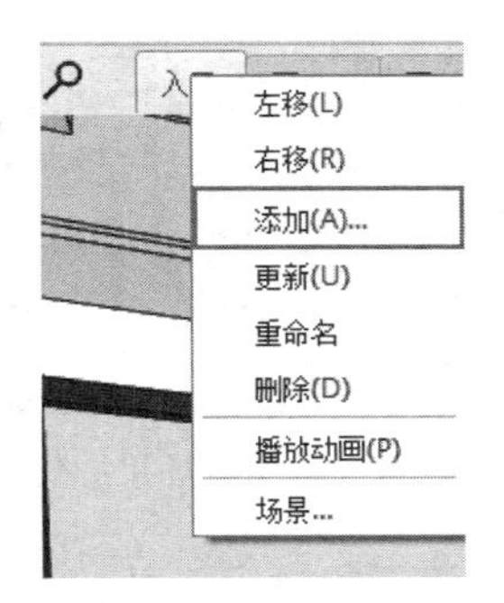

图 2-395　添加一个场景（页面）

02 启用【漫游（行走）】工具，待光标变成🚶状后，按住鼠标左键推动使其向前漫游（行走），如图 2-396 所示。

03 前进到如图 2-397 所示的位置时，往左移动鼠标产生转向，转到如图 2-398 所示的位置时，松开鼠标并添加一个场景（页面），以保存当前设置好的漫游效果。

04 再次按住鼠标左键向前推动一段较小的距离，然后往右移动鼠标，使画面向右转向，如图 2-399 所示。

图 2-396　向前漫游（行走）

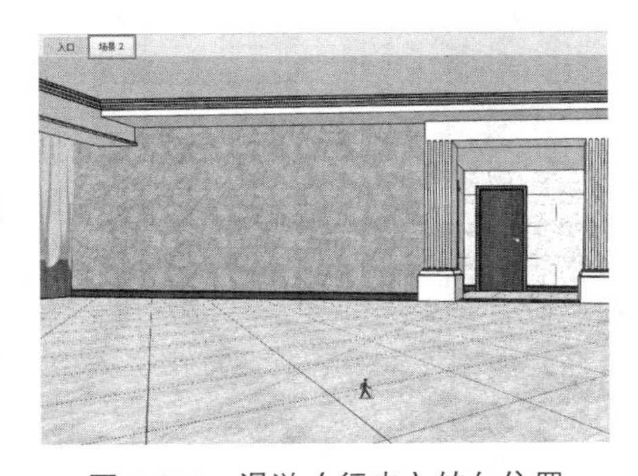

图 2-397　漫游（行走）转向位置

图 2-398　添加新场景的位置

图 2-399　使画面向右转向

05 转动至如图 2-400 所示的位置时再次松开鼠标，添加【页面 3】，从而在【页面 2】内保存之前设置好的转动效果。

06 按住鼠标左键向前一直推动到窗户前，完成漫游设置，如图 2-401 所示。

图 2-400 添加新场景的位置

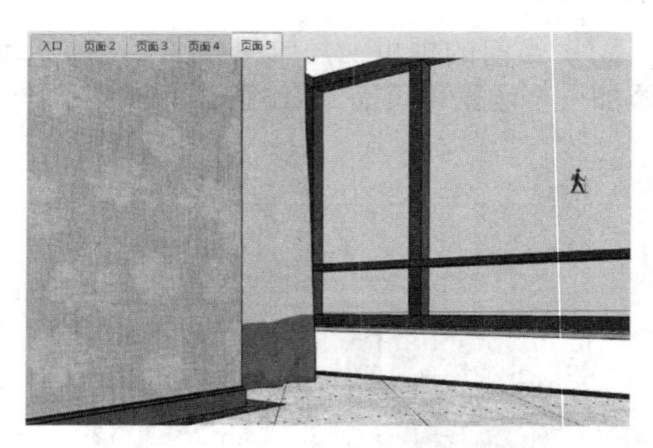

图 2-401 完成漫游设置

07 漫游设置完成后，可以通过右击【场景（页面）】名称利用快捷菜单或执行【视图】|【动画】|【播放】菜单命令进行播放，如图 2-402、图 2-403 所示。

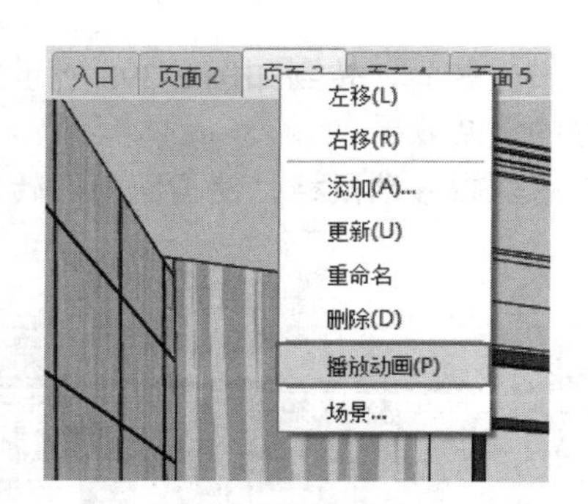

图 2-402 利用快捷菜单进行播放

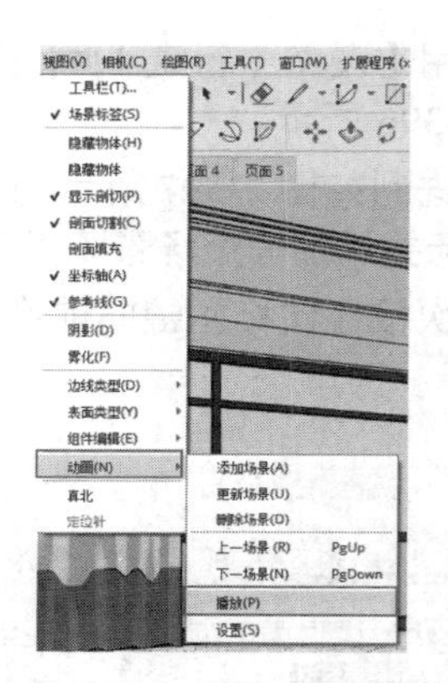

图 2-403 执行菜单命令进行播放

08 默认的参数设置下，动画播放速度通常过快，此时可以执行【视图】|【动画】|【设置】菜单命令，如图 2-404 所示，直接进入【模型信息】面板中的【动画】选项卡进行参数调整，如图 2-405 所示。

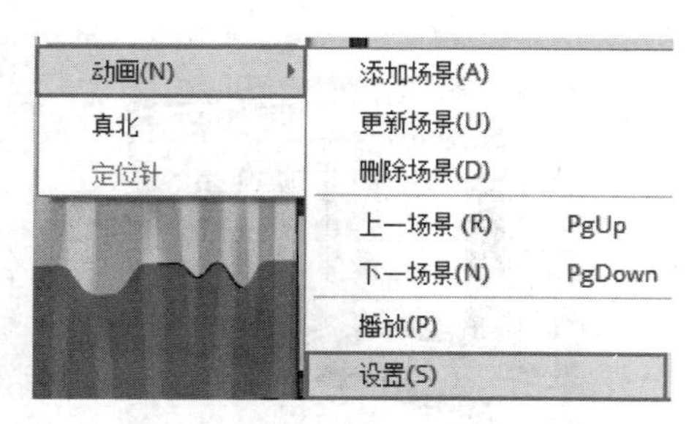

图 2-404 执行【设置】菜单命令

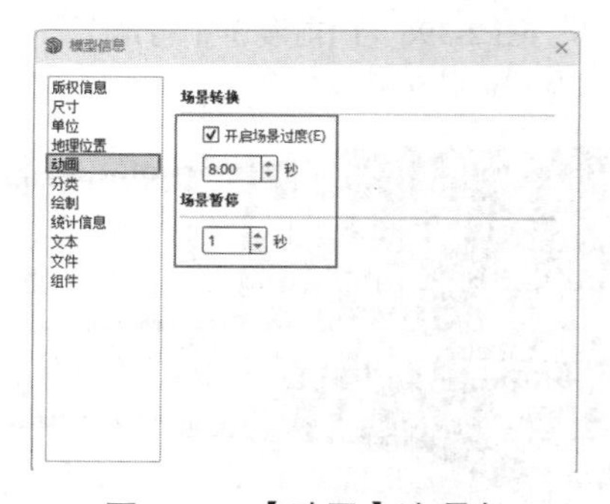

图 2-405 【动画】选项卡

技 巧

在【动画】选项卡中，【场景转换】下的时间设定值为每个场景内所设置的漫游动作完成的时间，【场景暂停】下的时间则为场景之间进行衔接的停顿时间。

2.5.5 输出漫游动画

通过修改【模型信息】面板【动画】选项卡中的时间，调整好整个漫游动画的速度与节奏后，即可将动画输出为 AVI 等常用视频格式，便于后期特效添加以及非 SketchUp 用户观看。

01 执行【文件】|【导出】|【动画】|【视频】菜单命令，如图 2-406 所示，打开【输出动画】对话框。

02 在【输出动画】对话框设置文件名与文件类型，单击【选项】按钮，打开动画【输出选项】面板，设置视频分辨率、压缩格式等参数，如图 2-407、图 2-408 所示。

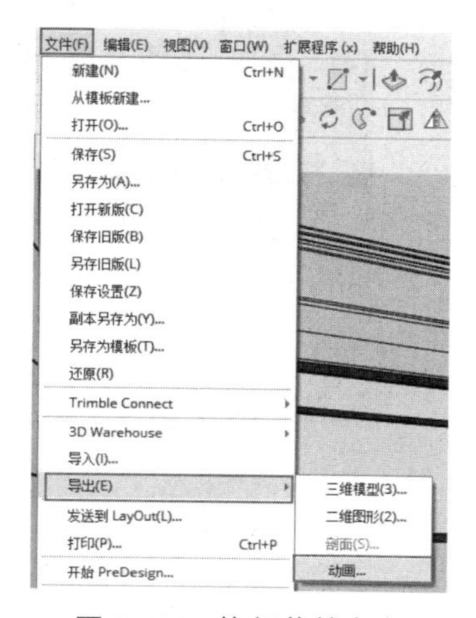

图 2-406 执行菜单命令

图 2-407 【输出动画】对话框

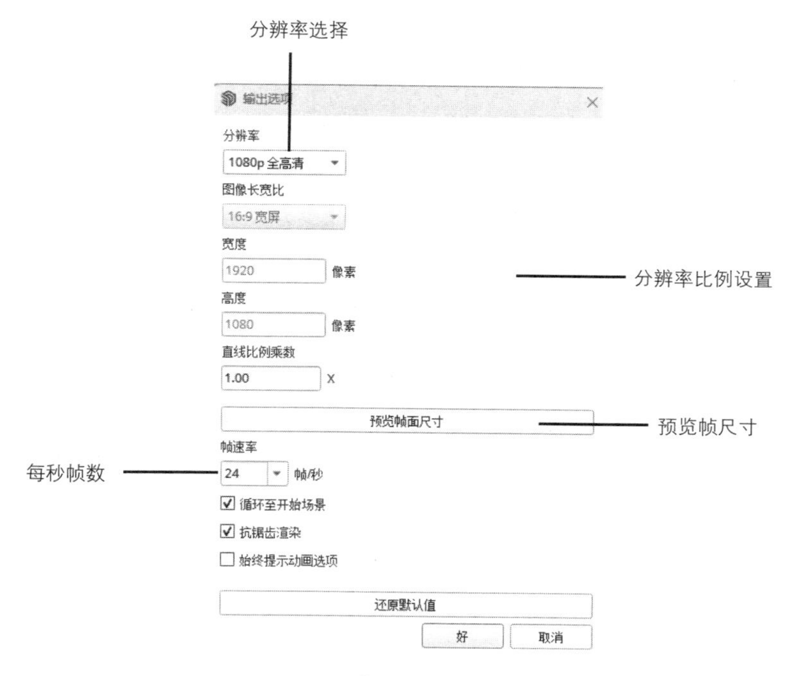

图 2-408 【输出选项】面板

03 设置好动画【输出选项】参数后，单击【导出】按钮即开始导出，并显示如图 2-409 所示的导出进度对话框。

04 导出完成后，通过播放器即可观赏动画效果，如图 2-410 所示。

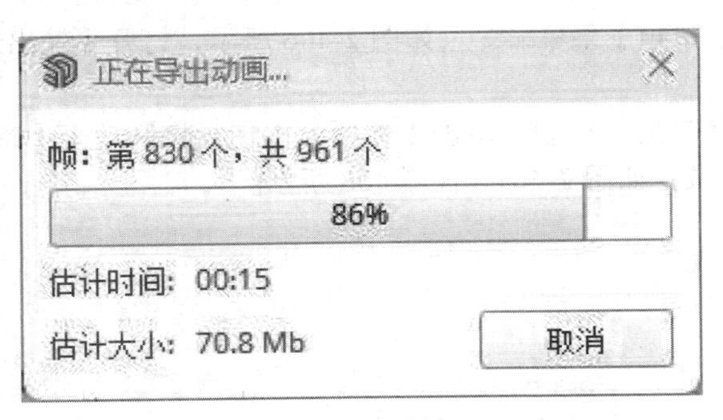

图 2-409　导出进度对话框

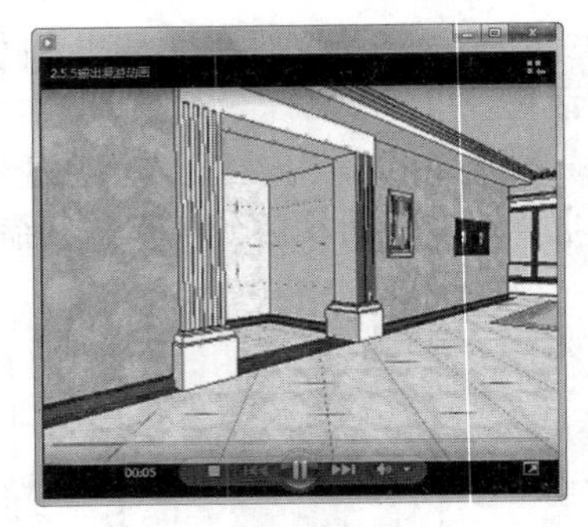

图 2-410　动画效果

第03章

SketchUp 高级工具

本章重点：

- SketchUp 组工具
- SketchUp 图层工具
- SketchUp 截面工具
- SketchUp 阴影设置
- SketchUp 雾化特效
- SketchUp 实体工具
- SketchUp 沙箱地形工具

本书第 2 章介绍了 SketchUp 基本建模和辅助工具的使用方法，本章将学习 SketchUp 的一些高级建模功能和场景管理工具，具体如下：

SketchUp 模型管理工具：包括组与标记工具，学习场景模型管理的技巧。

SketchUp 特色功能：包括截面工具、真实的阴影设置、雾化特效，如图 3-1~ 图 3-3 所示。

SketchUp 高级建模工具及插件：包括实体工具、沙箱地形工具，如图 3-4、图 3-5 所示。

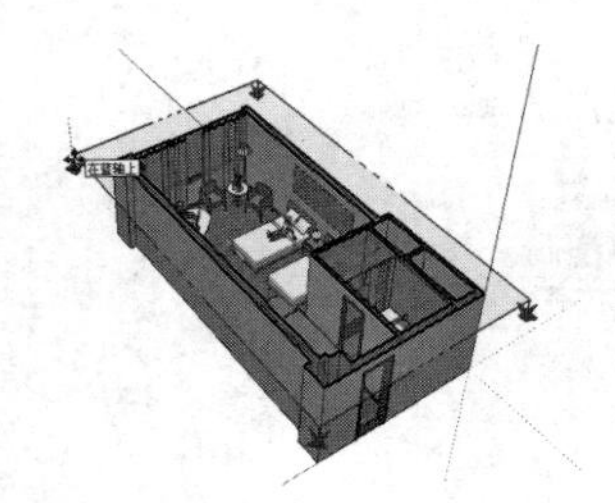

图 3-1　截面工具

图 3-2　真实的阴影设置

图 3-3　雾化特效

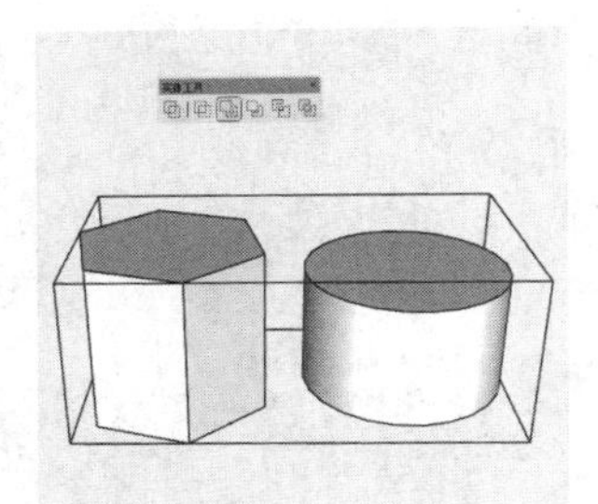

图 3-4　实体工具

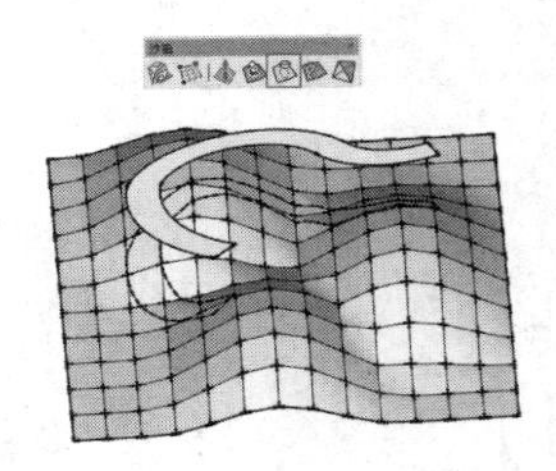

图 3-5　沙箱地形工具

3.1　SketchUp 组工具

使用组工具，可以将相关的模型进行组合，这样既可减少场景中模型的数量，又便于相关模型的选择与调整。此外，模型在组之后，执行简单的命令仍可以进行单独的调整。

3.1.1　创建与分解组

01 打开配套资源“第 03 章 \3.1 群组 .skp”场景模型，该场景模型包含椅子、餐桌及玻璃杯模型，如图 3-6 所示。

02 此时模型为独立的个体，绘制选框，只能选择到部分模型，如图 3-7 所示。

图 3-6　打开场景模型

图 3-7　绘制选框

03 如果进行移动，则会破坏模型相对关系，如图 3-8 所示。

04 在【视图】工具栏上单击【俯视图】按钮，转换至俯视图。在【阴影】工具栏上单击【显示 / 隐藏阴影】按钮，关闭阴影，模型的显示效果如图 3-9 所示。

图 3-8　破坏模型相对关系

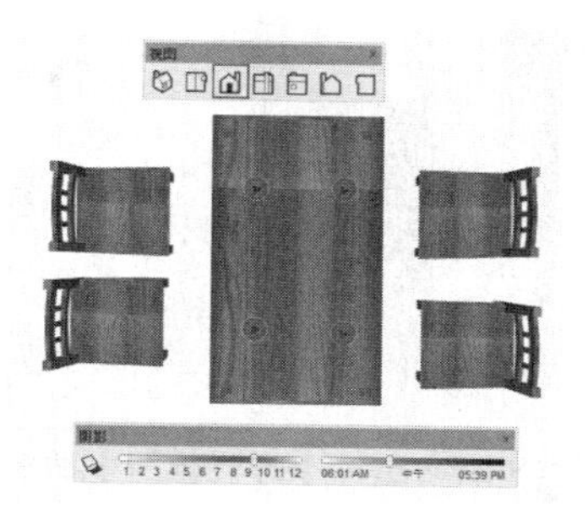
图 3-9　模型的显示效果

技 巧

为了不影响视线，可以先暂时关闭阴影效果。切换至俯视图，是为了方便选择指定的模型，例如椅子模型。

05 创建椅子组。选择椅子的所有模型面，右击，选择菜单中的【创建群组】命令，如图 3-10 所示。

06 椅子组创建完成后，单击即可选择椅子整体，如图 3-11 所示。

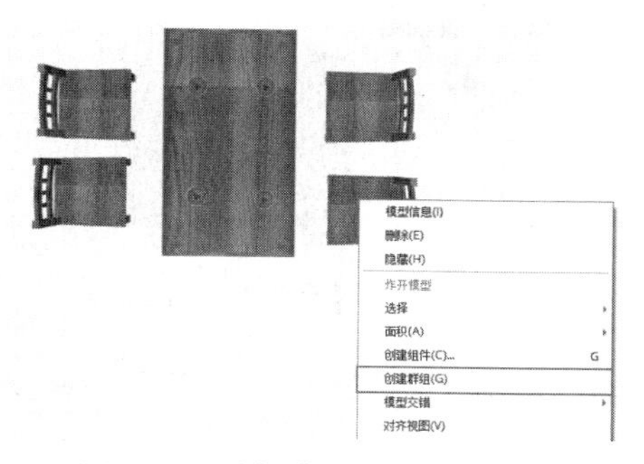

图 3-10　选择【创建群组】命令

图 3-11　椅子组创建完成

07 此时可以启用【移动】、【缩放】命令编辑模型，如图 3-12、图 3-13 所示。

图 3-12　移动模型

图 3-13　缩放模型

08 如果想取消群组，选择该组后右击，选择【炸开模型】命令来分解群组，如图 3-14、图 3-15 所示。

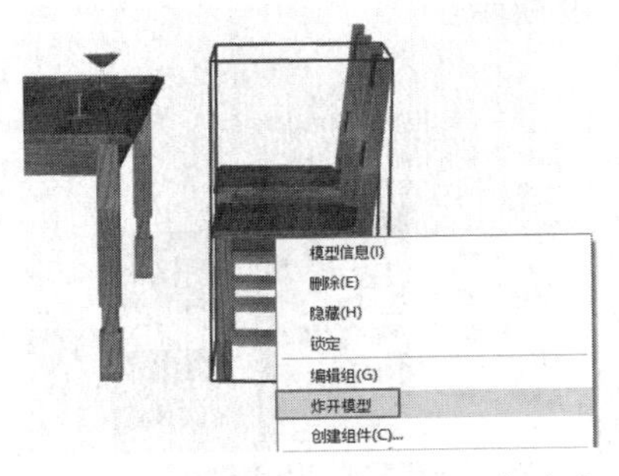

图 3-14　选择【炸开模型】命令

图 3-15　分解群组

3.1.2　嵌套组

如果场景模型较为复杂，还可以使用嵌套组，即将现有组进行组合，创建得到新的组，以进一步简化模型数量，具体操作方法如下：

01 利用前面介绍的方法，分别创建各个椅子、杯子模型组，如图 3-16 所示。

02 选择场景所有组，右击，选择快捷菜单【创建群组】命令，如图 3-17 所示。

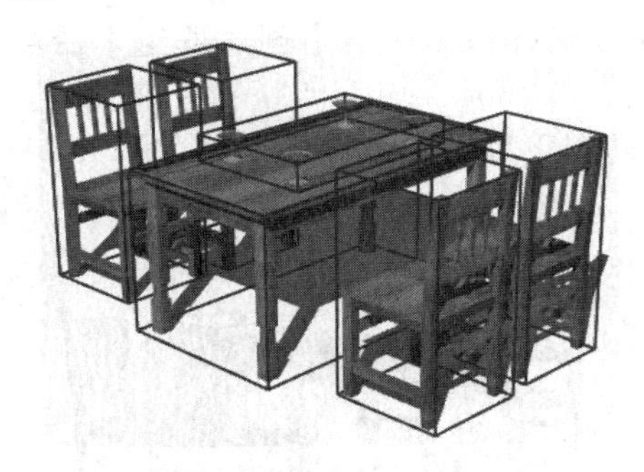

图 3-16　创建各个模型组

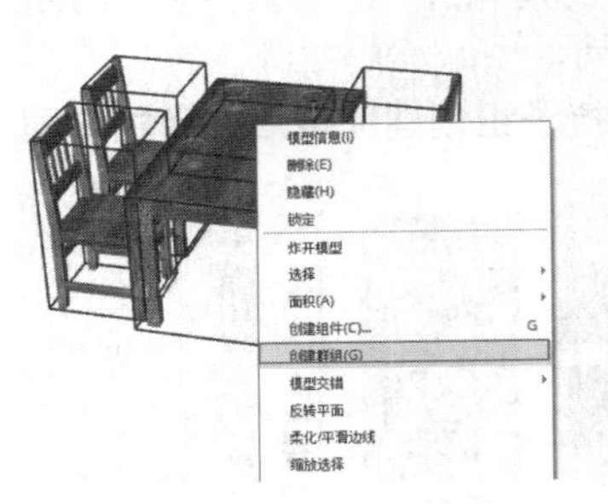

图 3-17　选择【创建群组】命令

03 此时椅子与餐桌就组成了一个整体，成为嵌套组，如图 3-18 所示，根据场景的需要可以快速调整摆放效果，如图 3-19 所示。

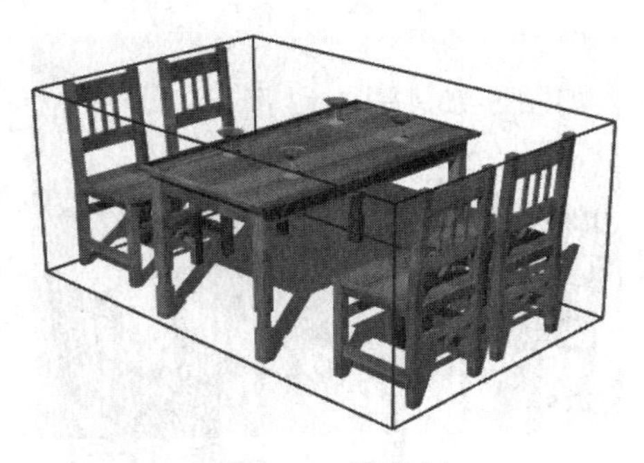

图 3-18　嵌套组

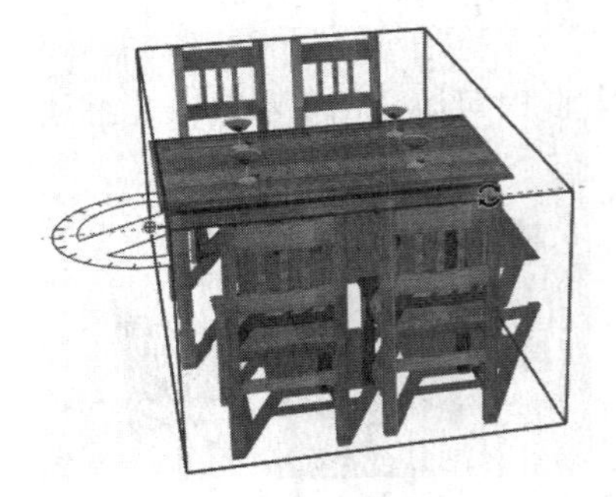

图 3-19　调整摆放效果

04 嵌套组创建完成后，如果选择【炸开模型】命令，如图 3-20 所示，只能还原到下一层的组，分解效果如图 3-21 所示。

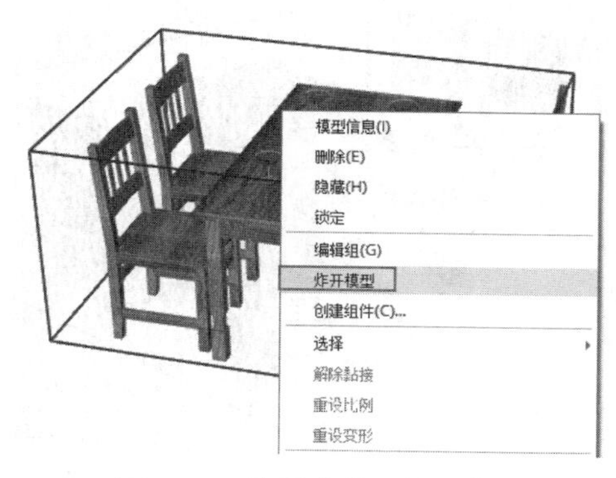

图 3-20　选择【炸开模型】命令

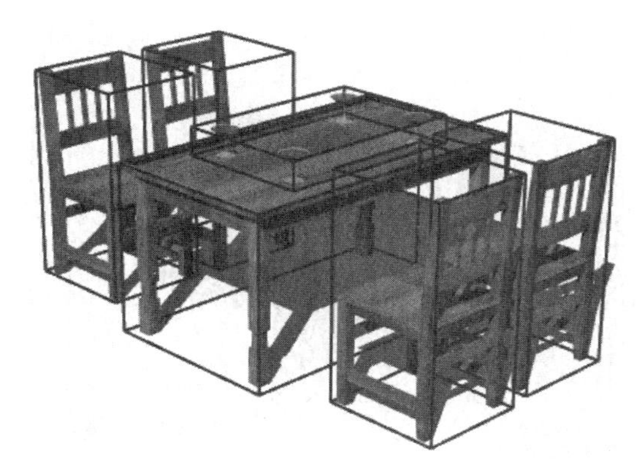

图 3-21　分解效果

> **技 巧**
>
> 组可以进行多次嵌套，但如果需要对组最底层模型进行编辑，则同样需要多步执行【炸开模型】命令才能进行。

3.1.3　编辑组

通过编辑组命令，可以暂时打开组，从而对组内的模型进行单独调整，调整完成后又可以恢复到组状态。

01 选择上一节创建的组模型，右击，选择【编辑组】命令，如图 3-22 所示。

02 暂时打开的组以虚线框进行标示，如图 3-23 所示，此时可以单独调整组内的模型，如图 3-24 所示。

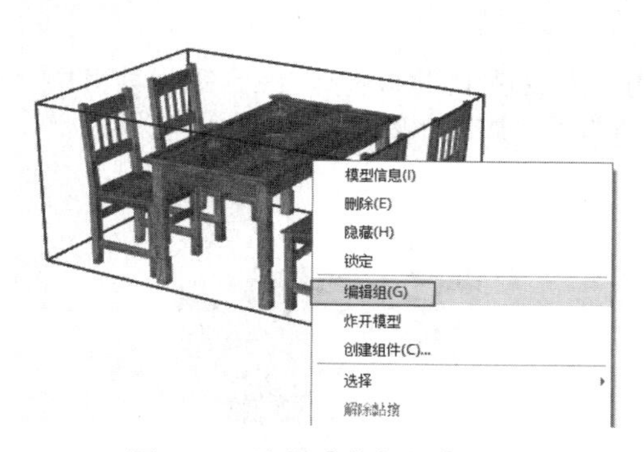

图 3-22　选择【编辑组】命令

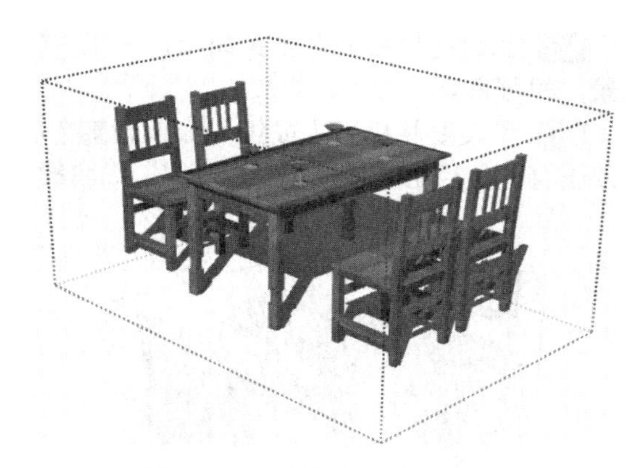

图 3-23　虚线框标示打开的组

> **技 巧**
>
> 在组上快速双击鼠标左键，可以快速执行【编辑组】命令。

03 调整完成后，在视图空白处单击，即可恢复组，如图 3-25 所示。

图 3-24　单独调整组内的模型

图 3-25　恢复组

04 在组打开后，选择其中的模型（或组），如图 3-26 所示，然后按下“Ctrl+X”组合键，可以暂时将其剪切出组，如图 3-27 所示。

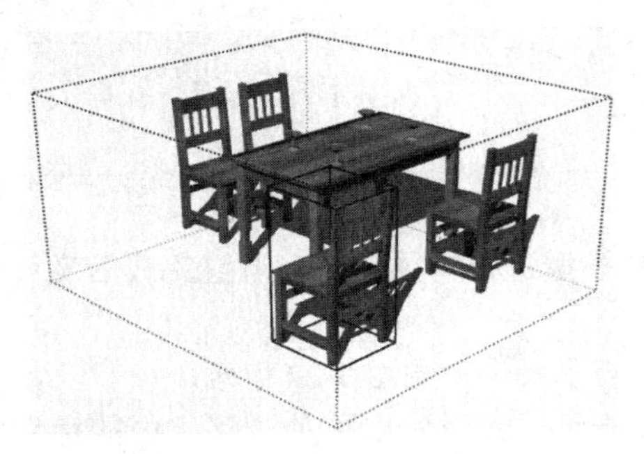

图 3-26　选择其中的模型

图 3-27　剪切出组

05 此时在空白处单击关闭组，按下“Ctrl+V”组合键，将剪切出组的模型（或组）粘贴进场景，即可将其移出组，如图 3-28 所示。

06 如果要将模型（或组）加入到某个已有组内，可以按下“Ctrl+X”组合键将其剪切，然后双击打开目标组，再按下“Ctrl+V”组合键将其粘贴即可，如图 3-29 所示。

图 3-28　移出组

图 3-29　加入已有组

3.1.4　锁定组

暂时不需要编辑的组可以将其锁定，以避免误操作。

01 选择需要锁定的组，右击，选择快捷菜单的【锁定】命令，即可锁定当前组，如图 3-30 所示。

02 锁定的组以红色线框显示，此时不可对其进行选择以及其他操作，如图 3-31 所示。

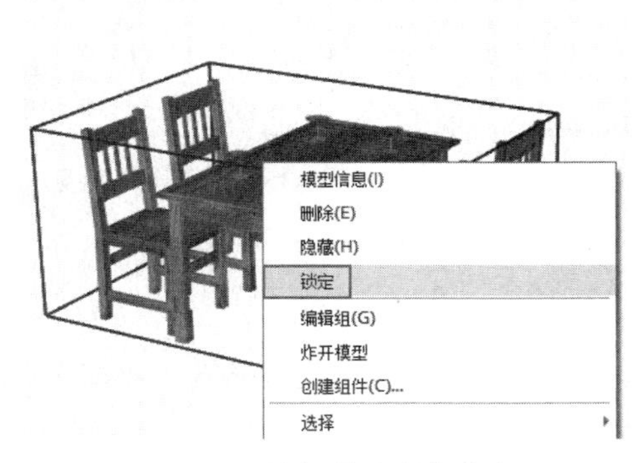

图 3-30 选择【锁定】命令

图 3-31 锁定的组

03 如果要解锁组，可以在组上方右击，选择【解锁】命令，如图 3-32 所示。

注 意

执行【编辑】|【锁定】命令，锁定选定的组。执行【编辑】|【取消锁定】|【选定项】命令，或者【编辑】|【取消锁定】|【全部】命令，如图 3-33 所示，取消锁定组。

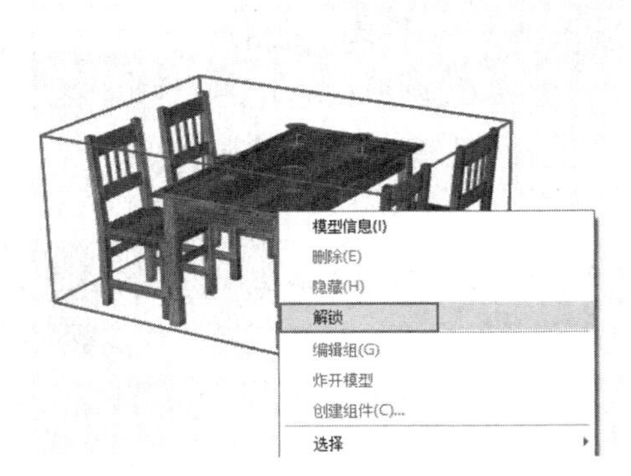

图 3-32 选择【解锁】命令

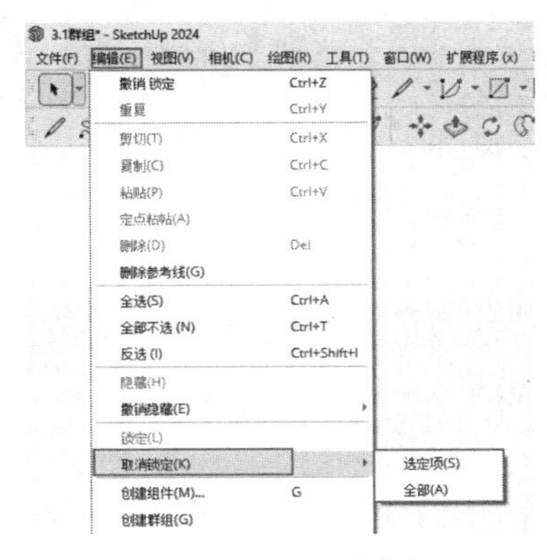

图 3-33 取消锁定组

3.2 SketchUp 图层工具

标记是一个强有力的模型管理工具，可以对场景模型进行有效的归类，以方便进行隐藏、取消隐藏等操作。执行【视图】|【工具栏】命令，弹出如图 3-34 所示【工具栏】对话框，打开【标记】工具栏，如图 3-35 所示。

执行【窗口】|【工具栏】|【标记】命令，可以打开如图 3-36 所示的【标记】面板，图层的管理均通过【标记】面板完成。

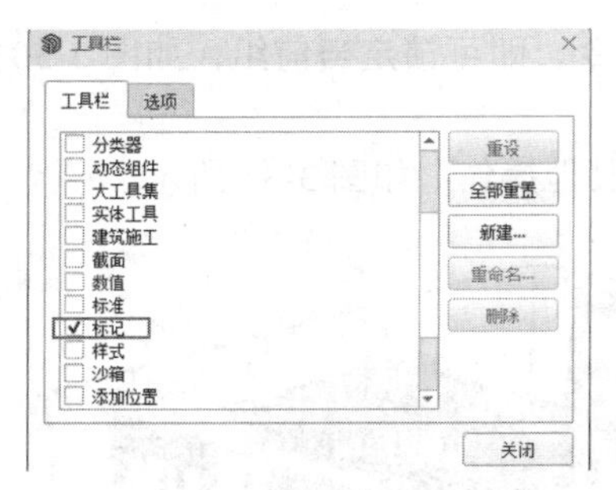

图 3-34 【工具栏】对话框

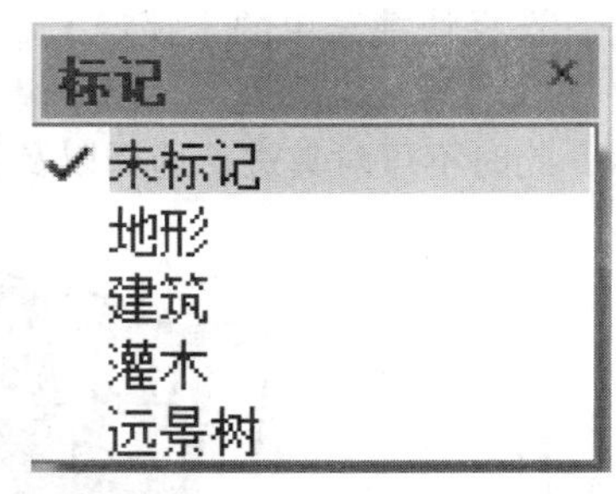

图 3-35 【标记】工具栏

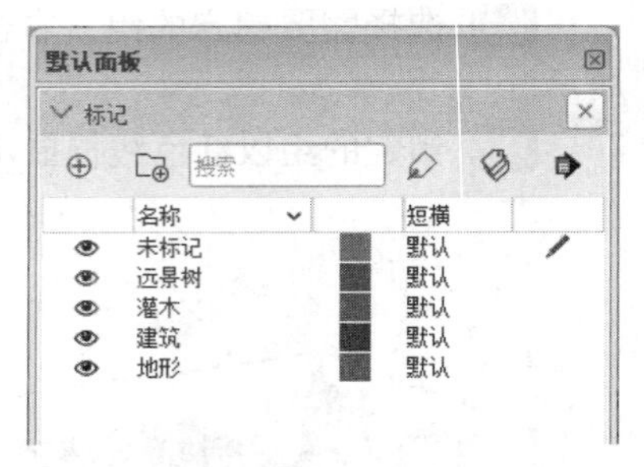

图 3-36 【标记】面板

3.2.1 图层的显示与隐藏

01 打开配套资源“第03章\3.2图层.skp”场景模型，如图3-37所示，该场景由建筑、地形、远景树木以及近景灌木组成。

02 打开【标记】工具栏【标记】面板，可以发现当前场景已经创建了【建筑】、【地形】、【远景树】及【灌木】图层，如图 3-38 所示。

图 3-37 打开场景模型

图 3-38 【标记】面板

技 巧

单击【标记】面板右侧的【颜色随标记】按钮，可以使同一图层所有对象均以标记的颜色显示，从而快速区分各个图层模型对象，如图 3-39、图 3-40 所示。单击【标记】面板【颜色随标记】各色块，可以更改各标记的颜色，如图 3-41、图 3-42 所示。

图 3-39 单击【颜色随标记】按钮

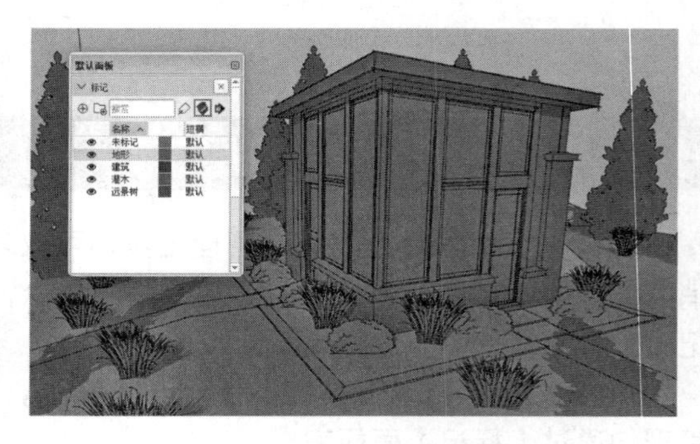

图 3-40 同一图层均以标记颜色显示

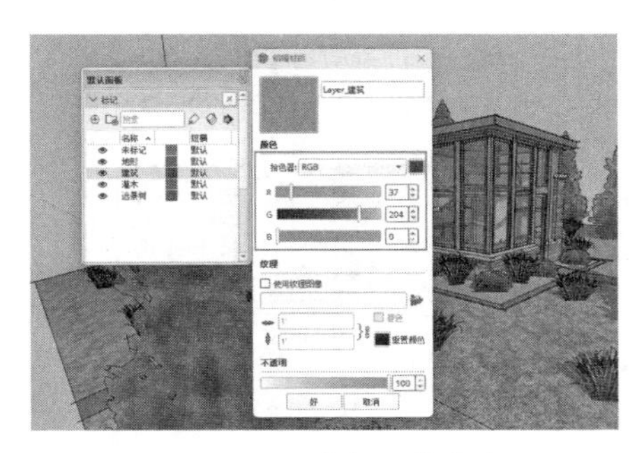

图 3-41　更改标记的颜色

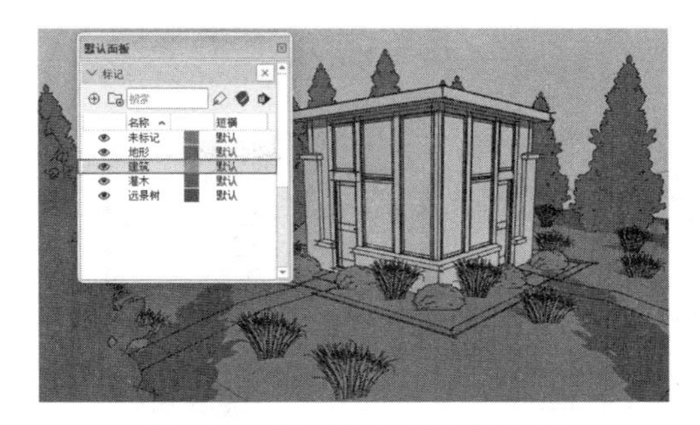

图 3-42　更改标记颜色的效果

03 如果要关闭某个标记，使其不显示在视图中，只需单击取消该标记【显示】复选框勾选即可，如图 3-43 所示。再次勾选复选框，则该标记又会重新显示，如图 3-44 所示。

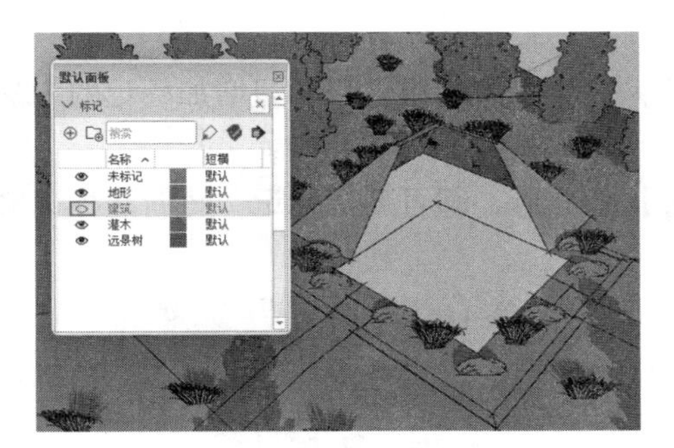

图 3-43　取消勾选标记

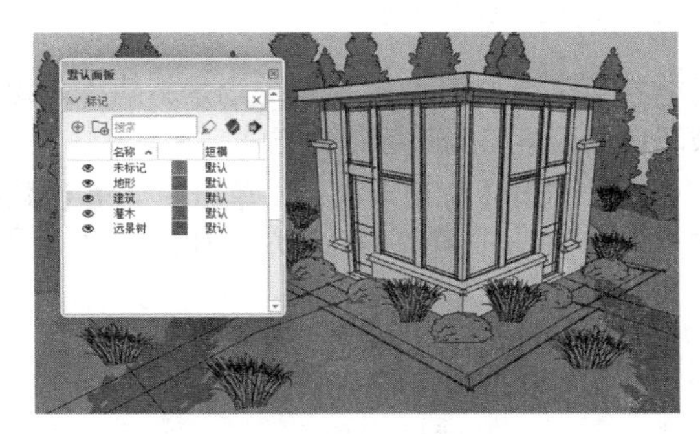

图 3-44　重新显示标记

注 意

当前层不可进行隐藏，默认的当前层为 0 图层（Layer0）。在图层名称前单击，即可将其置为当前层。如果将隐藏图层置为当前层，则隐藏图层将自动显示。

04 如果要同时隐藏或显示多个图层，可以按住“Ctrl”键进行多选，然后单击【显示】复选框即可，如图 3-45、图 3-46 所示。

图 3-45　选择多个图层

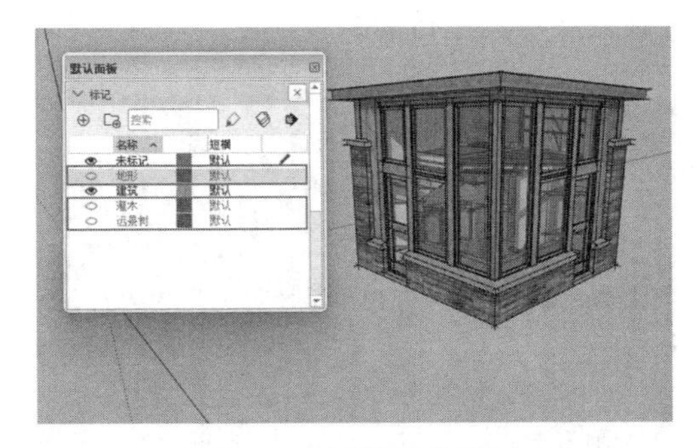

图 3-46　隐藏多个图层

技 巧

按住“Shift”键可以进行连续多选，单击【图层】面板右侧的【详细信息】按钮，可以全选所有图层，如图 3-47、图 3-48 所示。

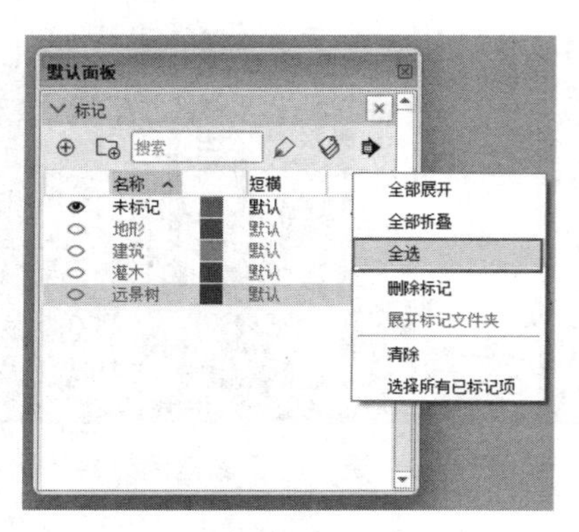

图 3-47　执行【全选】命令

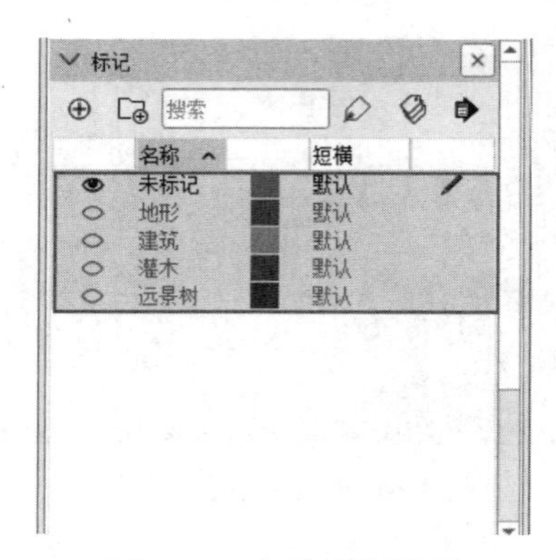

图 3-48　全选所有图层

3.2.2　增加与删除图层

接下来为如图 3-49 所示的场景新建【人物】标记，并添加人物组件，学习增加标记的方法与技巧，然后学习删除标记的方法。

01 打开【标记】面板，单击左上角【添加标记】按钮⊕，即可新建标记，将新建标记命名为“人物”，并将其置为当前层，如图 3-50 所示。

图 3-49　场景

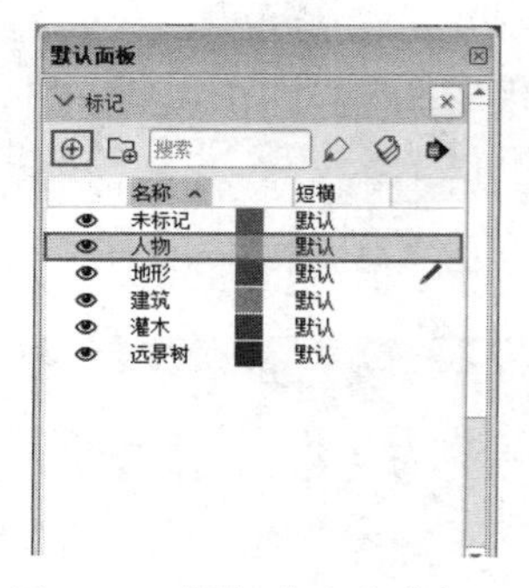

图 3-50　添加【人物】标记

02 插入人物组件，此时插入的组件即位于新建的【人物】当前层内，如图 3-51 所示。可以通过该图层对其进行隐藏或显示，隐藏人物标记如图 3-52 所示。

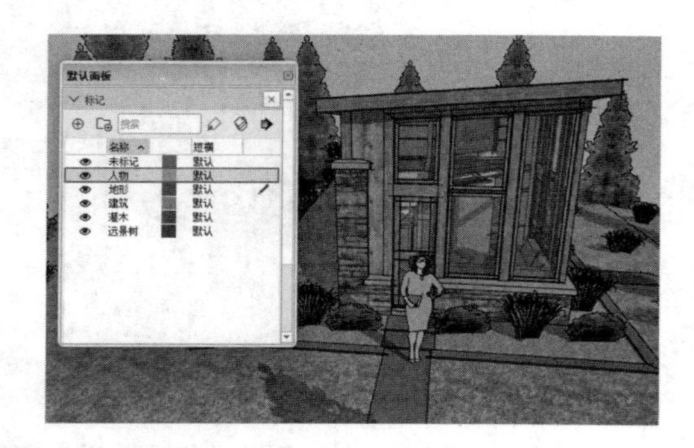

图 3-51　插入人物组件

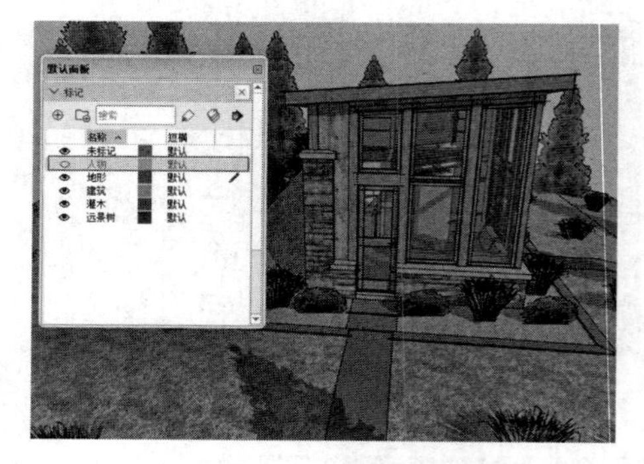

图 3-52　隐藏人物标记

03 当某个标记不再需要时，可以将其删除。选择要删除的标记，右击选择【删除标记】，如图 3-53 所示。

04 如果删除标记没有包含物体，系统将直接将其删除。如果图层内包含物体，则将弹出【删除包含图元的标记】提示面板，如图 3-54 所示。

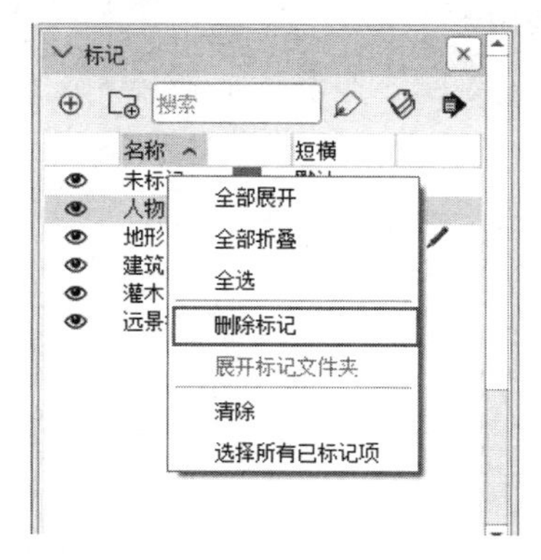

图 3-53　选择【删除标记】

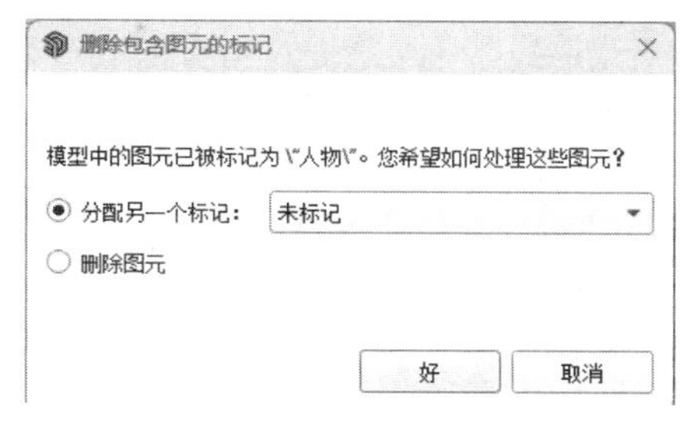

图 3-54　【删除包含图元的标记】提示面板

05 此时选择【分配另一个标记】选项，该图层内的物体将自动转移至未标记内，如图 3-55 所示，隐藏未标记图层会将人物模型关闭，效果如图 3-56 所示。如果选择【删除图元】选项，则将图层与物体同时删除。

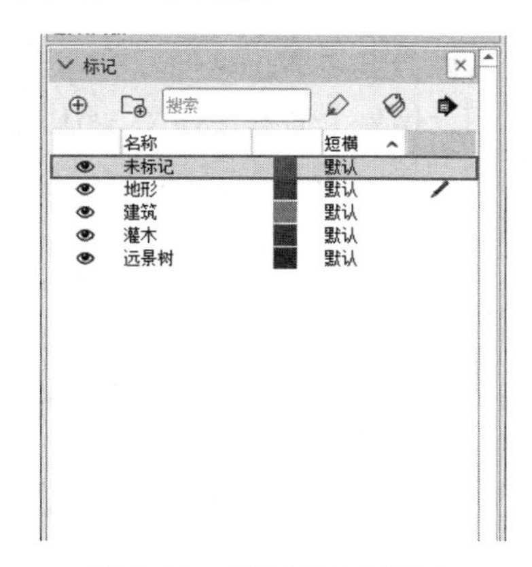

图 3-55　转移至未标记内

图 3-56　隐藏未标记的效果

06 如果要将删除层内的物体转移至其他标记，可以先将另一标记设为当前标记，然后在【删除包含图元的标记】提示面板内选择【分配另一个标记】选项，如图 3-57、图 3-58 所示。

图 3-57　设置灌木图层为当前标记

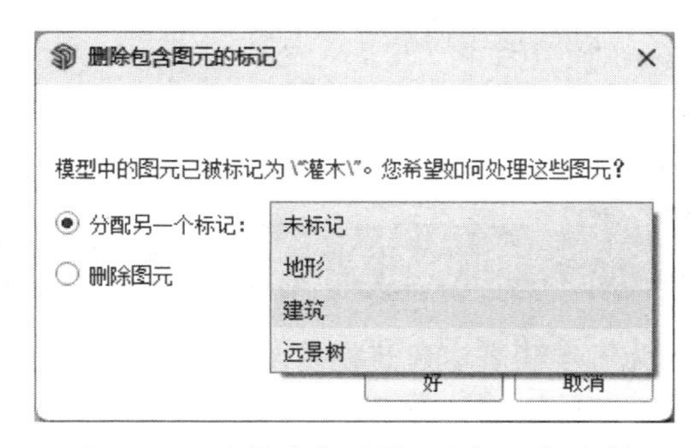

图 3-58　选择【分配另一个标记】选项

技 巧

如果场景内包含空白标记，可以单击【标记】面板右侧的【详细信息】按钮，选择【清除】选项，如图 3-59 所示，即可自动删除所有空白标记，结果如图 3-60 所示。

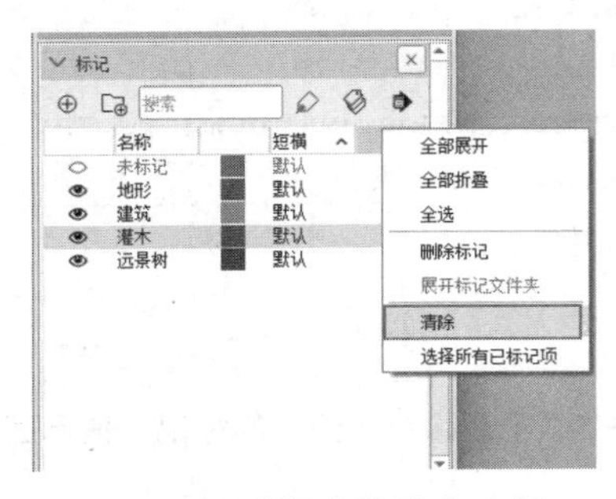

图 3-59 选择【清除】选项

图 3-60 清理空白标记的结果

3.2.3 改变对象所处图层

通过【图元信息】面板可以快速改变对象所处的图层，操作步骤如下：

01 选择【窗口】|【默认面板】|【图元信息】，打开【图元信息】面板，如图 3-61 所示。

02 在【图元信息】面板中单击【标记】下拉按钮，更换图层，如图 3-62 所示。

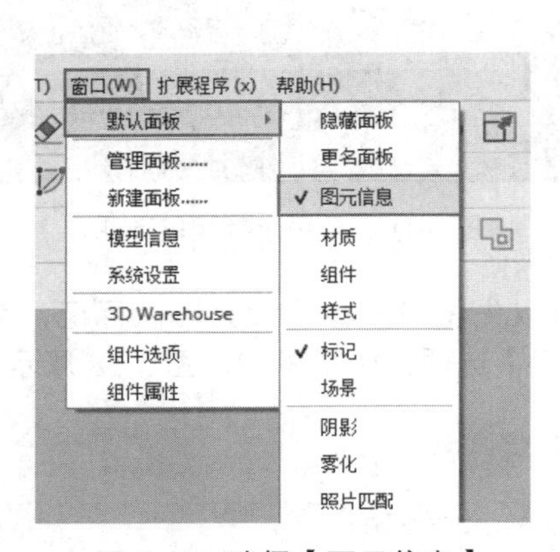

图 3-61 选择【图元信息】

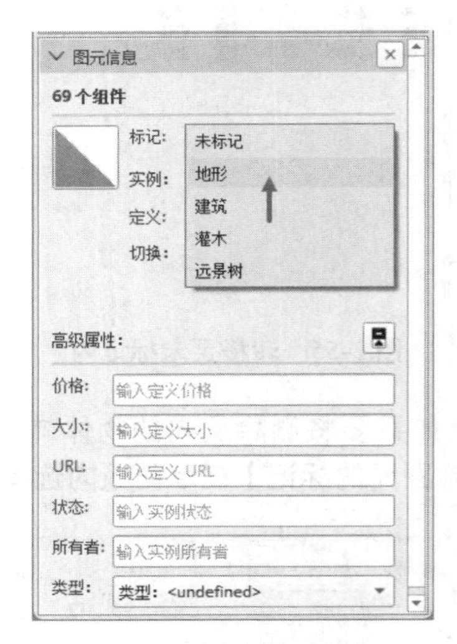

图 3-62 更换图层

3.3 SketchUp 截面工具

为了准确表达建筑物内部结构关系与交通组织关系，通常需要绘制平面布置图及立面图和截面图，如图 3-63、图 3-64 所示。在 SketchUp 中，利用截面工具可以快速获得当前场景模型的平面布局与立面截面效果。

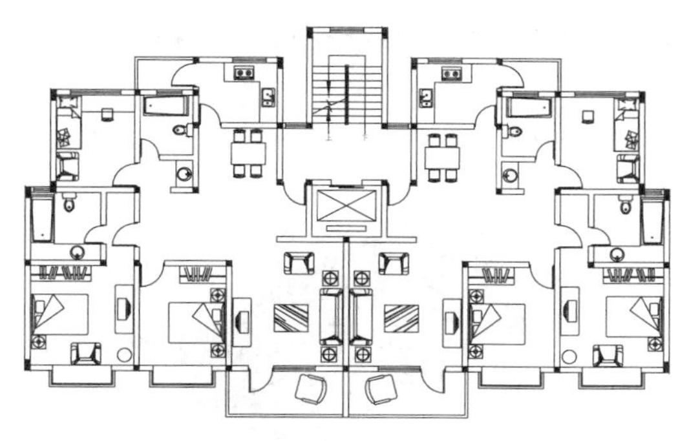
图 3-63 AutoCAD 中的平面布置图

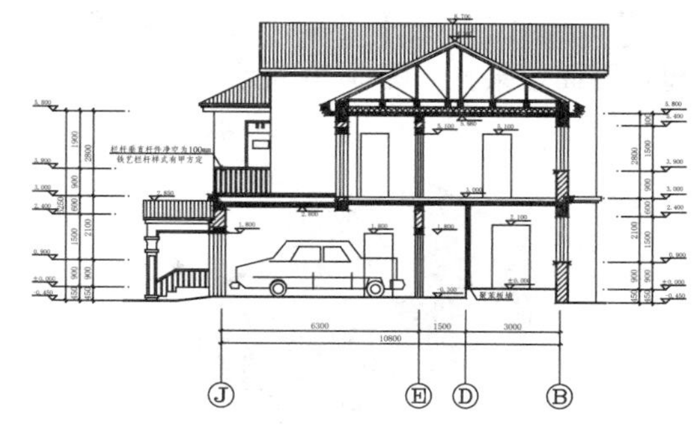
图 3-64 AutoCAD 中的立面图和截面图

3.3.1 创建截面

01 打开配套资源“第 03 章\3.3 截面 .skp”场景模型，该场景为一个封闭的空间，如图 3-65 所示，接下来通过截面工具查看其内部布局。

02 执行【视图】|【工具栏】菜单命令，在弹出的工具栏选项板中调出【截面】工具栏，如图 3-66 所示。

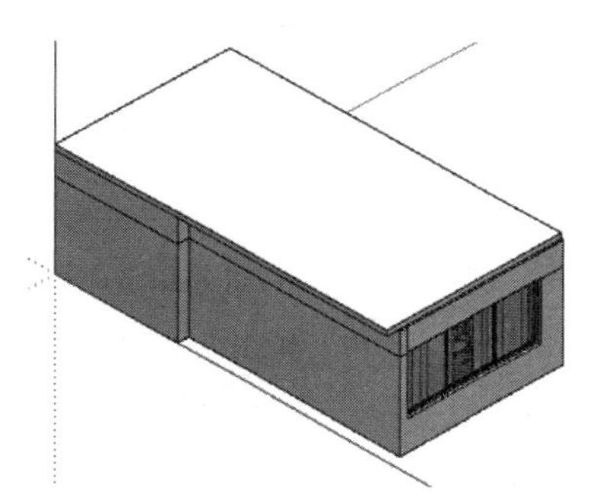
图 3-65 打开场景模型

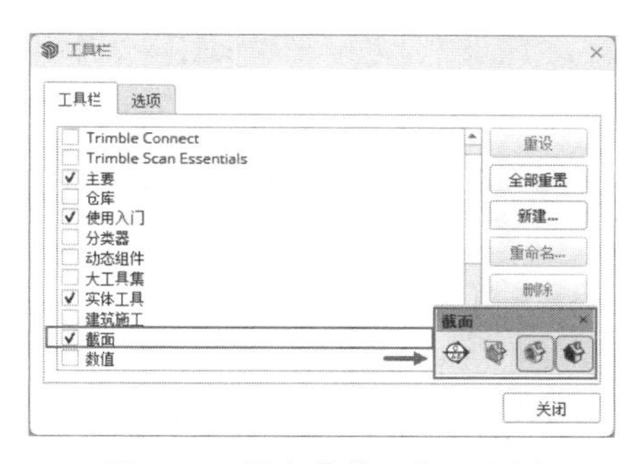

图 3-66 调出【截面】工具栏

03 在【截面】工具栏中单击剖切面按钮，打开【命名剖切面】对话框。设置【名称】与【符号】参数，如图 3-67 所示。

04 单击【好】按钮，在场景中拖动鼠标即可创建截面，如图 3-68 所示。

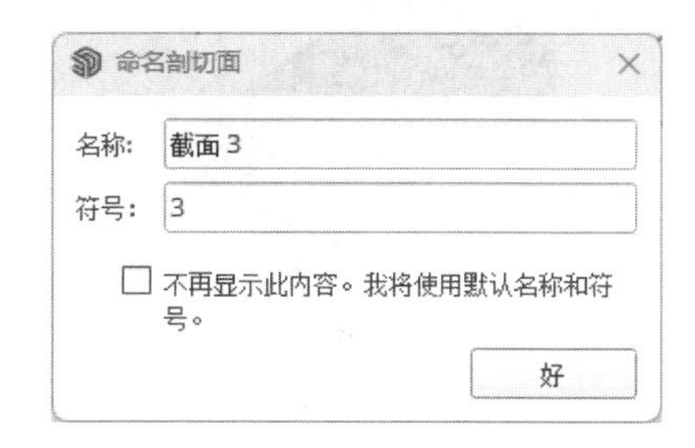

图 3-67 【命名剖切面】对话框

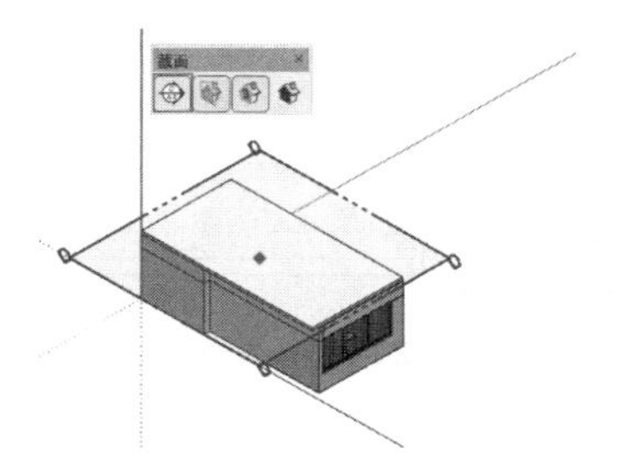

图 3-68 创建截面

注 意

截面创建完成后，将自动调整到与当前模型面积大小接近的形状，如图 3-69 所示。

05 启用【移动】工具，单击选择截面，将其往箭头方向推动，当截面与模型接触时即可动态显示截面效果，如图 3-70 所示。

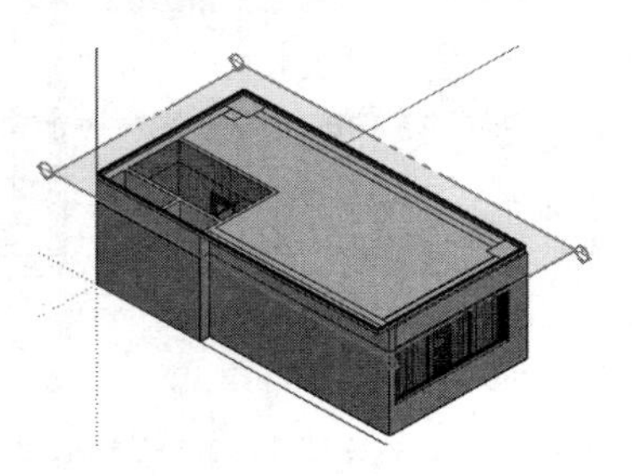

图 3-69　调整截面形状

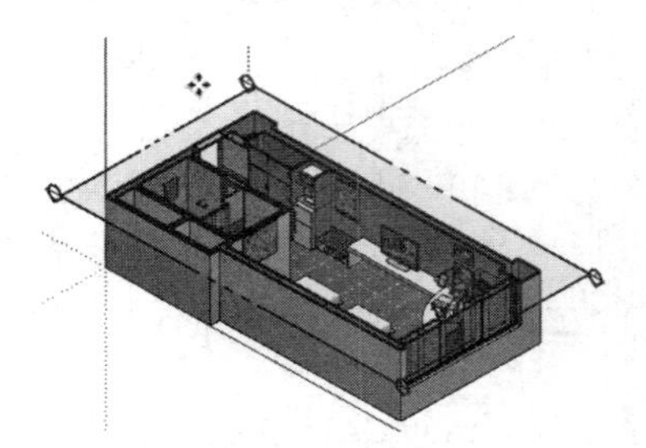

图 3-70　截面效果

技 巧

确定好截面位置后，除了可以在 SketchUp 中直观观看外，还可以切换至俯视图，选择【相机】|【平行投影】命令，如图 3-71 所示。接着执行【文件】|【导出】|【剖面】命令，如图 3-72 所示，导出对应的 DWG 文件，如图 3-73 所示。通过加工即可制作出完整的平面布置图。

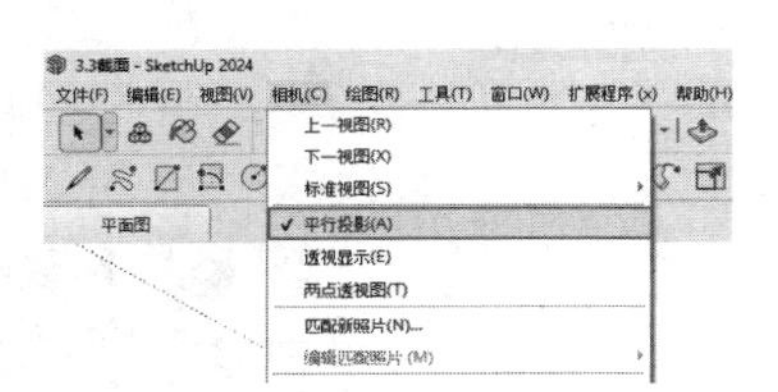

图 3-71　选择【平行投影】命令

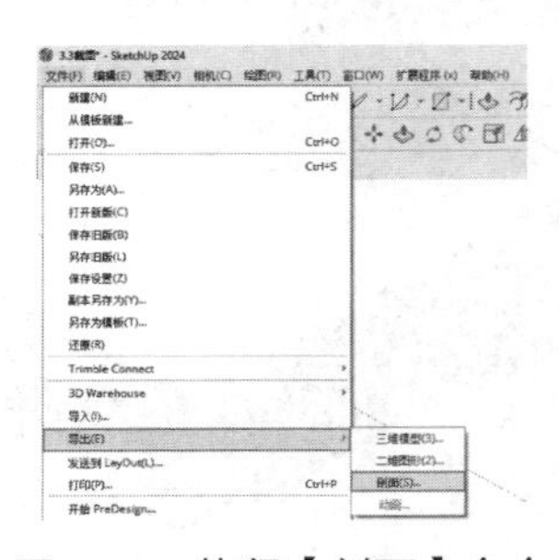

图 3-72　执行【剖面】命令

06 除了可以移动截面外，使用【旋转】工具还可以旋转截面，以得到不同的截面效果，如图 3-74 所示。

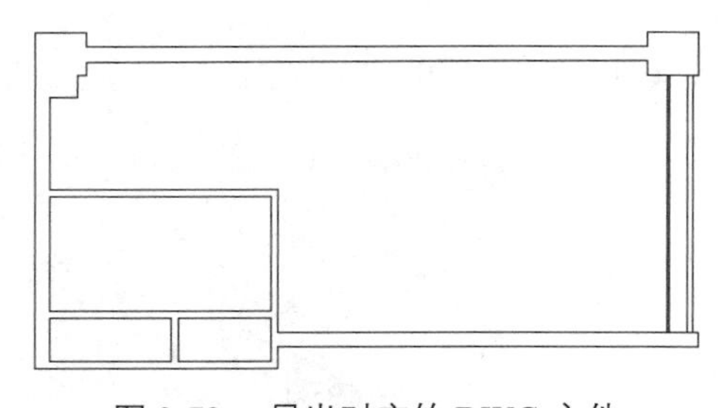

图 3-73　导出对应的 DWG 文件

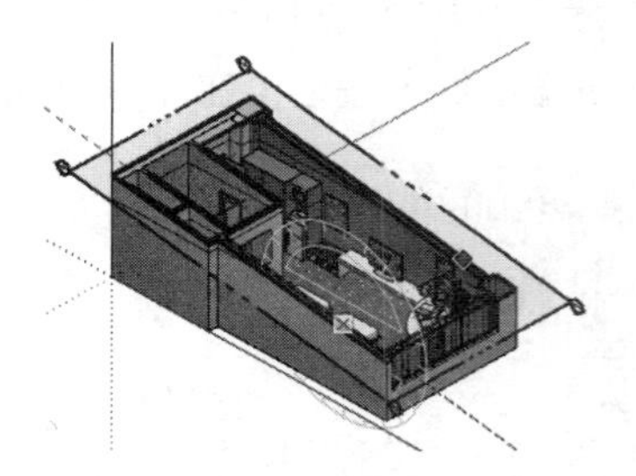

图 3-74　旋转截面

3.3.2　截面常用操作与功能

1. 打开和关闭剖切面

单击【截面】工具栏上的【显示剖切面】按钮，如图 3-75 所示。此时，剖切面轮廓线显示灰色，同时取消显示剖面切割的效果，图形恢复显示正常样式，如图 3-76 所示。

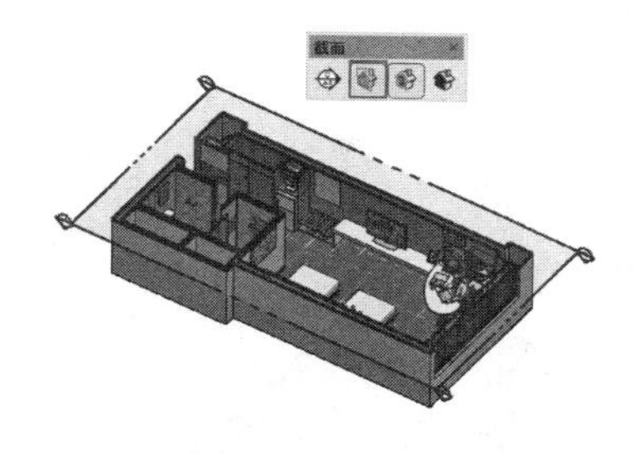

图 3-75　单击【显示剖切面】按钮

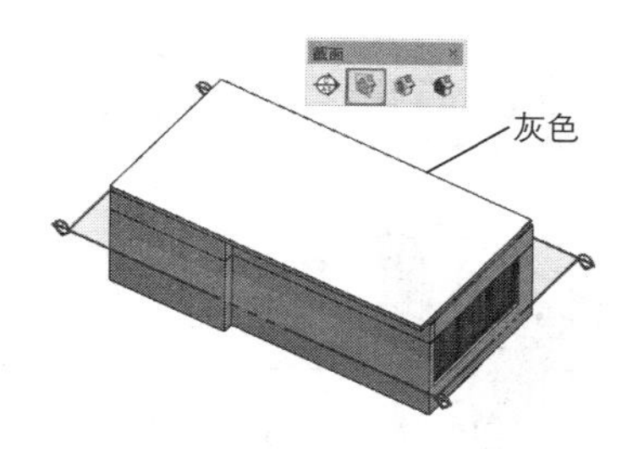

图 3-76　恢复显示正常样式

2. 显示剖面切割

取消显示剖面切割后，单击【截面】工具栏上的【显示剖面切割】按钮，如图 3-77 所示。此时，剖切面的轮廓线显示为橙色，同时显示剖面切割的效果，如图 3-78 所示。

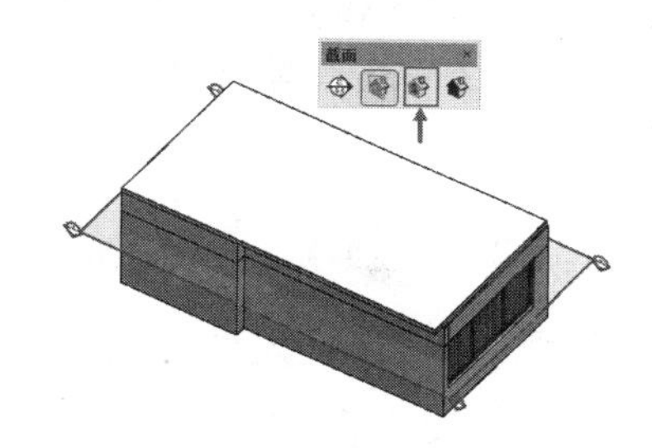

图 3-77　单击【显示剖面切割】按钮

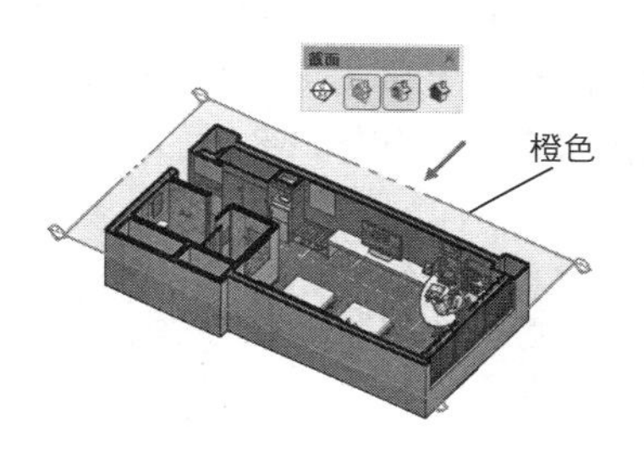

图 3-78　显示剖面切割的效果

3. 打开和关闭剖面填充

默认情况下，剖切面没有显示填充图案，如图 3-79 所示。单击【截面】工具栏上的【显示剖面填充】按钮，显示剖面的实体填充图案，如图 3-80 所示。

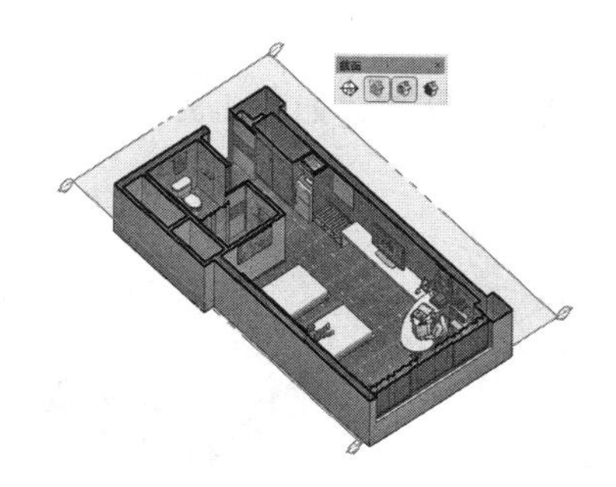

图 3-79　剖切面没有显示填充图案

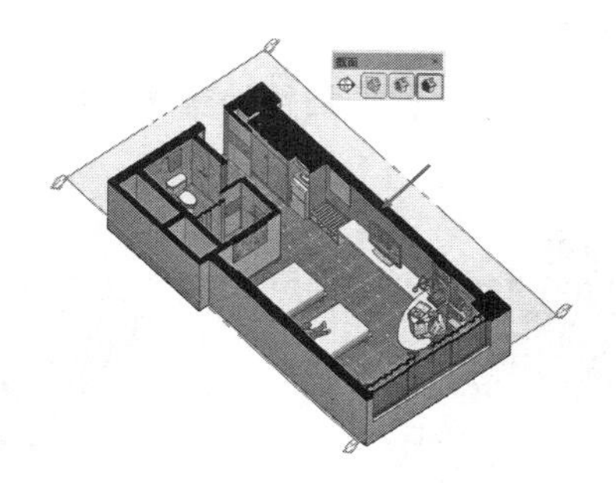

图 3-80　显示剖面的实体填充图案

4. 显示与隐藏截面

光标置于截面之上，右击，弹出快捷菜单，选择【隐藏】选项，如图 3-81 所示。此时，截面被隐藏，但是剖面切割效果仍然可见，如图 3-82 所示。

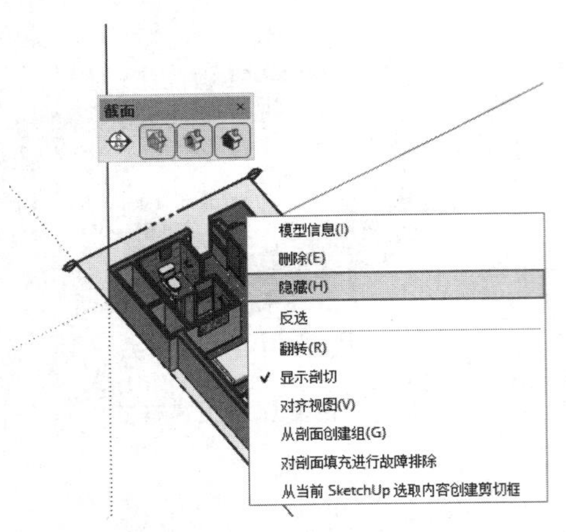

图 3-81　选择【隐藏】选项

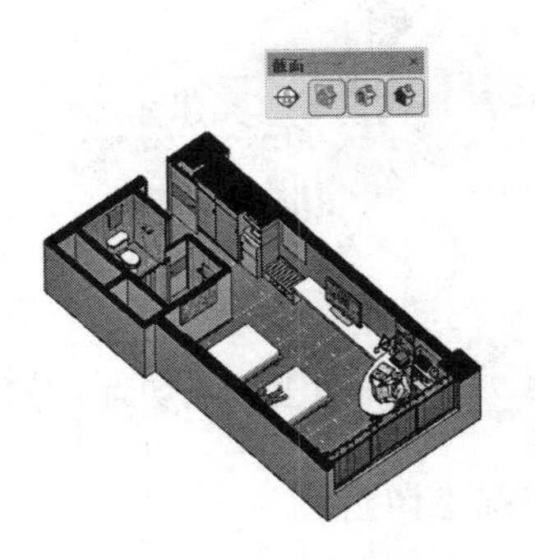

图 3-82　截面被隐藏

选择截面，执行【编辑】|【隐藏】命令，也可以隐藏截面。

执行【编辑】|【取消隐藏】|【全部】命令，如图 3-83 所示，可以恢复显示被隐藏的截面。在被剖切的图形上单击，显示截面，轮廓线类型为虚线。在截面上右击，弹出快捷菜单，选择【撤销隐藏】选项，如图 3-84 所示，恢复显示截面。

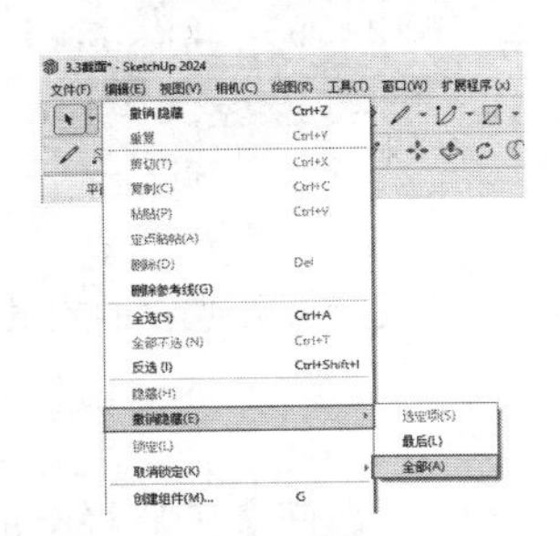

图 3-83　执行【全部】命令

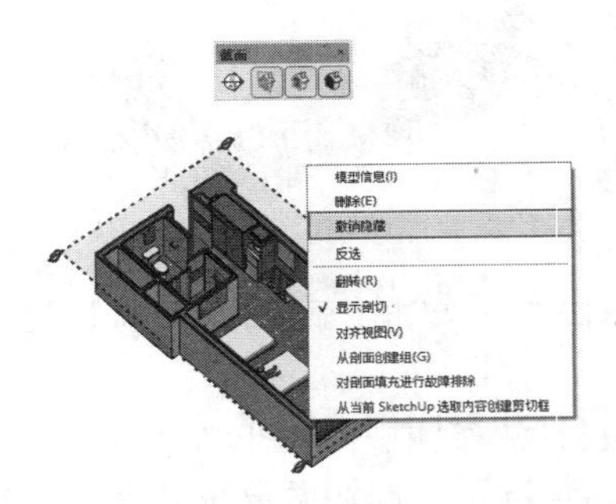

图 3-84　选择【撤销隐藏】选项

5. 翻转截面

在截面上右击，选择快捷菜单中的【翻转】命令，可以使截面翻转，如图 3-85~ 图 3-87 所示。

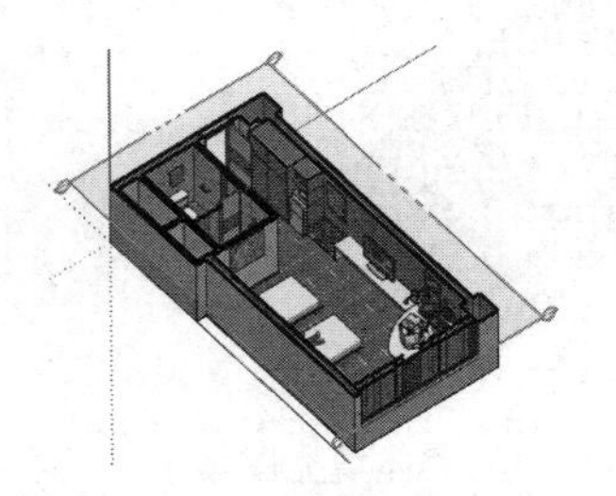

图 3-85　当前截面效果

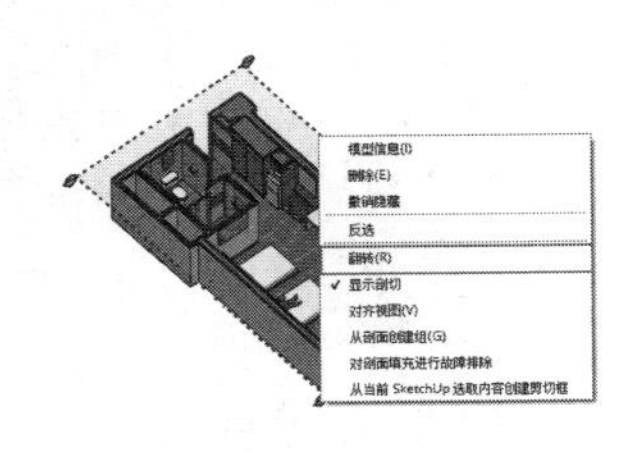

图 3-86　选择【翻转】命令

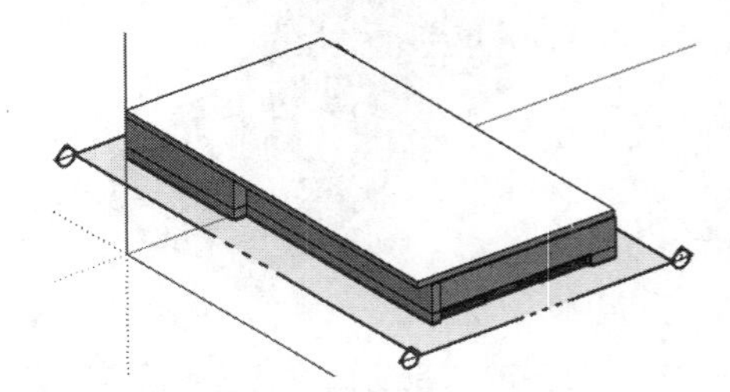

图 3-87　翻转截面效果

6. 截面的激活与冻结

在截面上右击，取消快捷菜单【显示剖切】勾选，可以使截面效果暂时失效，如图 3-88~ 图 3-90 所示。再次勾选，即可恢复截面效果。

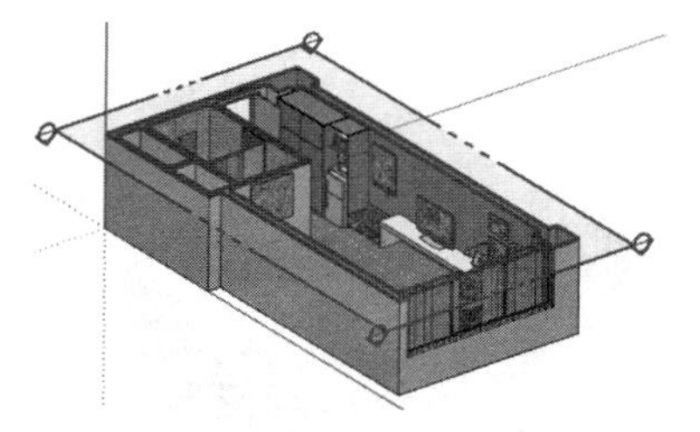

图 3-88　当前截面效果

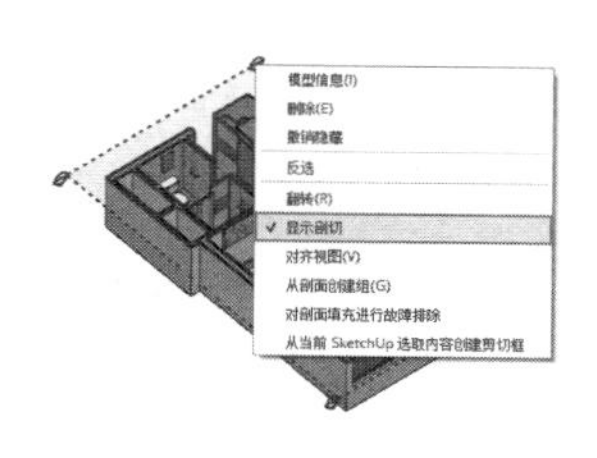

图 3-89　选择【显示剖切】命令

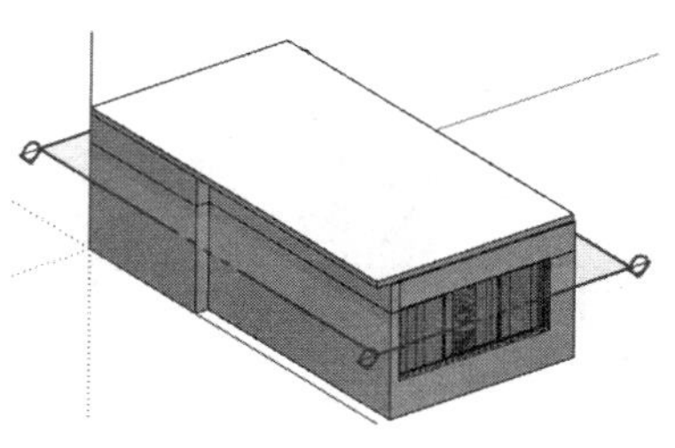

图 3-90　取消【显示剖切】效果

技 巧

在【截面】工具栏内单击【显示剖面切割】按钮，或在截面上直接双击右键，可以快速进行激活与冻结。

7. 对齐到视图

在截面上右击，选择快捷菜单中的【对齐视图】命令，如图 3-91 所示。可以将视图自动对齐到截面的投影视图，平行投影显示效果如图 3-92 所示。

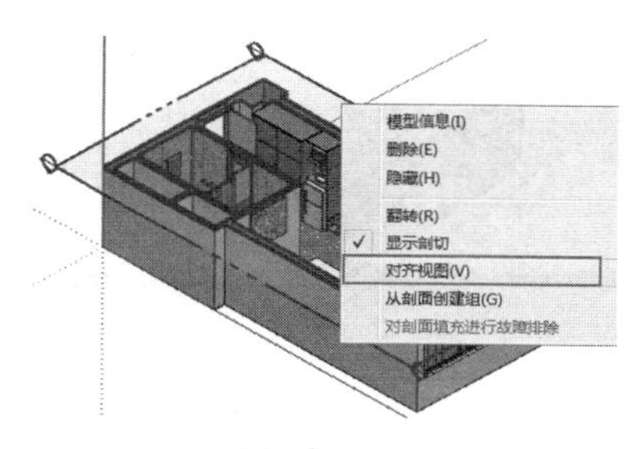

图 3-91　选择【对齐视图】命令

图 3-92　平行投影显示效果

注 意

默认设置下 SketchUp 为平行投影，执行【相机】|【透视显示】命令，如图 3-93 所示。可以产生透视视图的效果，如图 3-94 所示。

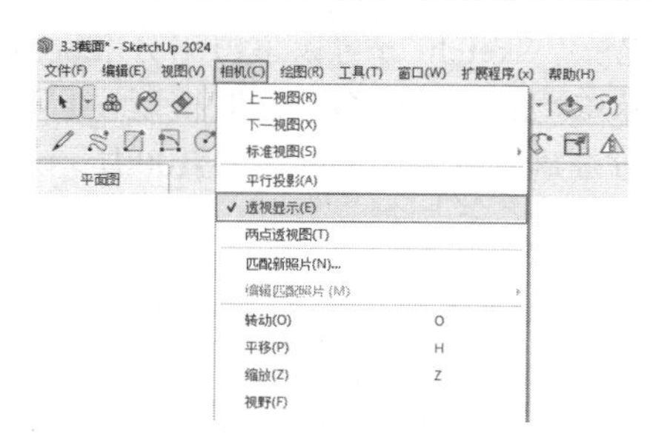

图 3-93　执行【透视显示】命令

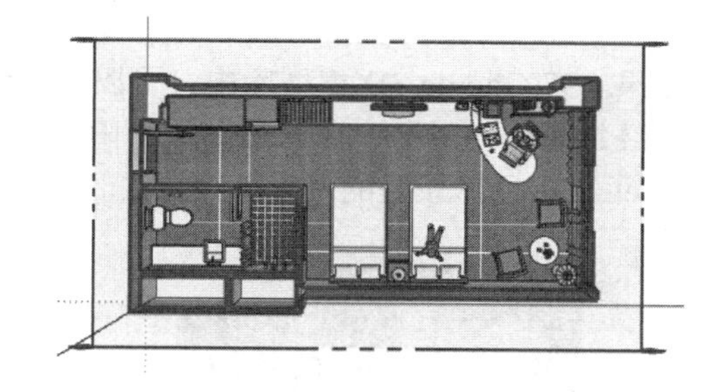

图 3-94　透视视图的效果

8. 从剖面创建组

在截面上右击，选择快捷菜单中的【从剖面创建组】命令，如图 3-95 所示，可以在截面位置产生单独截面线实体，并能进行移动、拉伸等操作，移动截面线实体如图 3-96 所示。

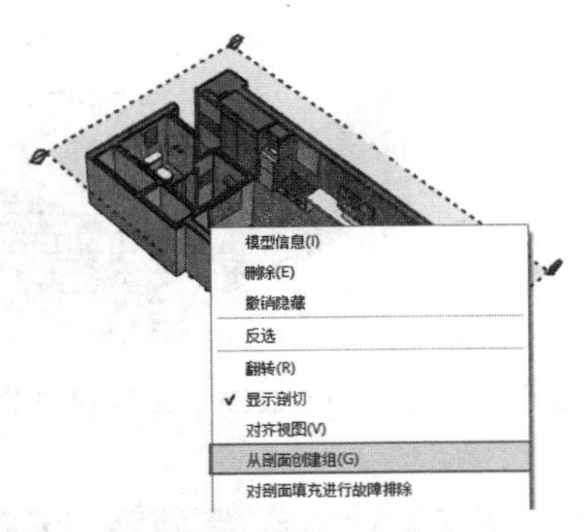

图 3-95　选择【从剖面创建组】命令

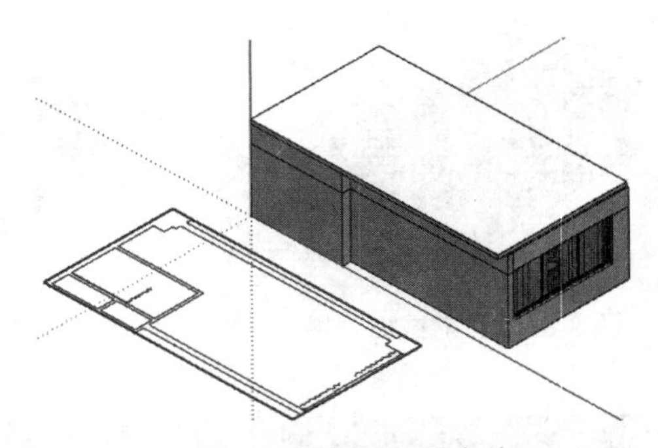

图 3-96　移动截面线实体

9. 创建多个截面

在 SketchUp 中，允许创建多个截面，如图 3-97 所示，在侧面创建截面，可以观察到模型的立面和截面效果。

需要注意的是，SketchUp 默认只支持其中一个截面产生作用，即最后创建的截面将产生截面效果。此时可以通过激活不同的截面切换截面效果，如图 3-98 所示。

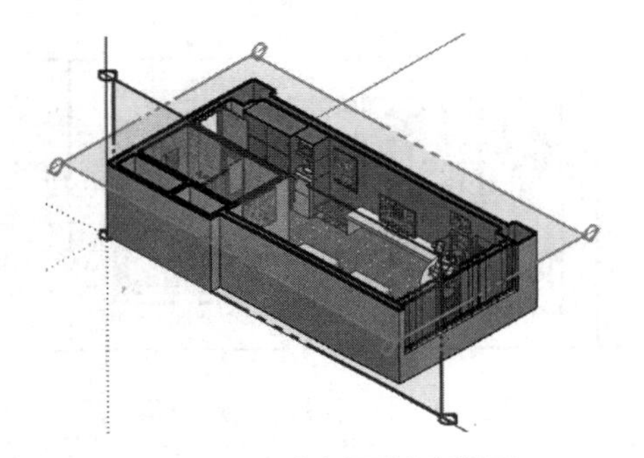

图 3-97　在侧面创建截面

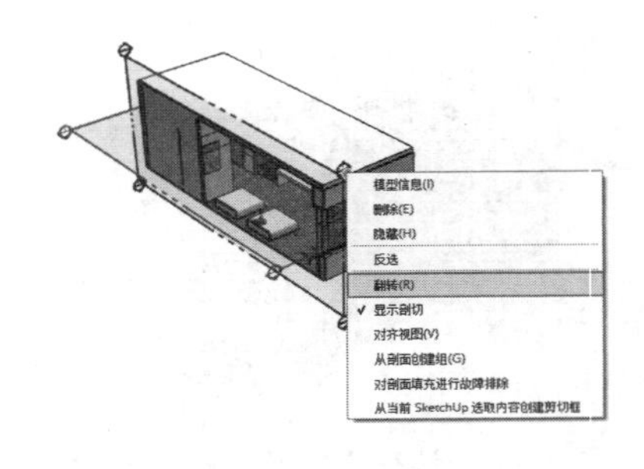

图 3-98　激活不同的截面

3.4 SketchUp 阴影设置

基于 Google 地球对 SketchUp 场景模型的精确坐标定位，SketchUp 可以模拟十分准确的阳光阴影效果。在 Google 3D 模型库内，可以找到世界各国标志性的建筑模型，这些模型设置了十分精确的经纬坐标与时区，因此所表现的阳光阴影效果十分准确，如图 3-99、图 3-100 所示。本节学习 SketchUp 阴影设置的具体操作方法。

图 3-99　Google 3D 模型库中天坛模型

图 3-100　Google 3D 模型库中自由女神像模型

3.4.1　设置地理位置

设置准确的场景模型地理位置，是 SketchUp 产生准确阴影效果的前提，通过【模型信息】面板可以进行模型精确的定位，具体操作方法如下：

01 打开配套资源“第 03 章\3.4 阴影设置 .skp”场景模型，如图 3-101 所示。

02 执行【窗口】|【模型信息】命令，如图 3-102 所示。

图 3-101　打开场景模型

图 3-102　执行【模型信息】命令

03 打开【模型信息】对话框，选择【地理位置】选项卡，此时在【地理位置】选项下，可以看到提示信息，提示“尚未对此模型进行地理定位”，如图 3-103 所示。

技 巧

通过 Google 3D 模型库下载的标志性建筑，通常已经进行了准确的地理定位，如图 3-104 所示。

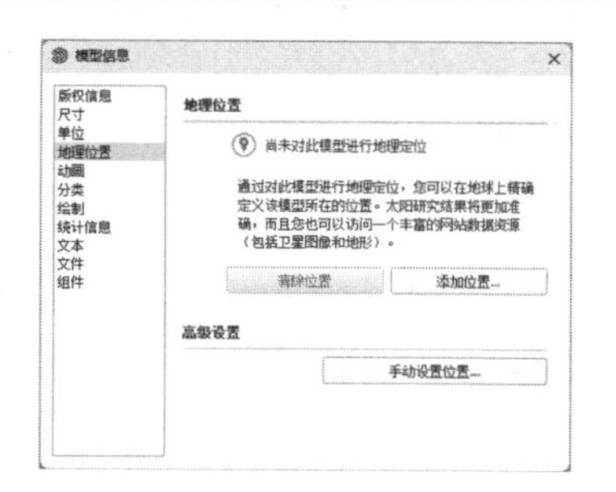

图 3-103　提示信息

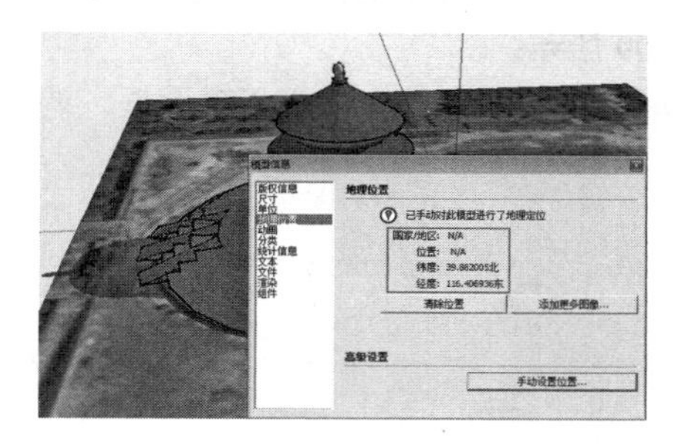

图 3-104　已经进行了准确的地理定位

04 单击【高级设置】参数栏的【手动设置位置】按钮，打开【手动设置地理位置】对话框，如图 3-105 所示。

05 此时在【纬度】、【经度】框内可以输入准确的经纬度坐标，这里输入湖南省长沙市经纬度坐标，如图 3-106 所示。

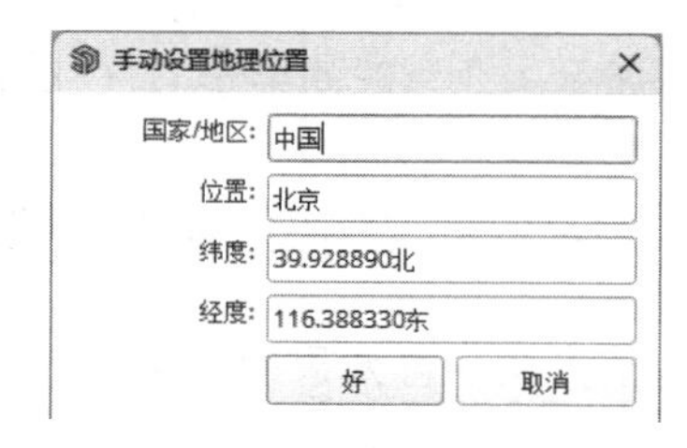

图 3-105　“手动设置地理位置”对话框

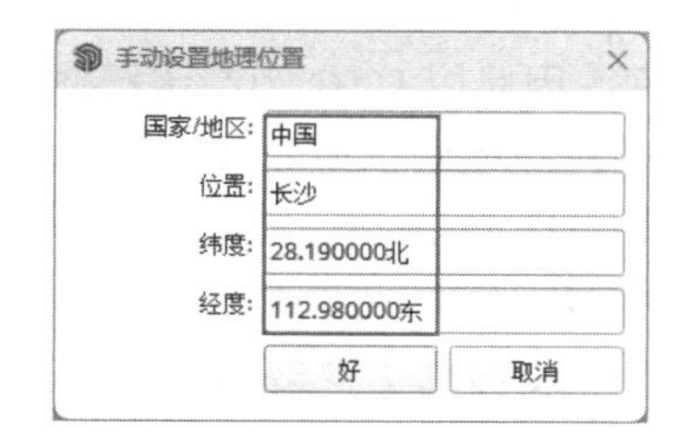

图 3-106　输入经纬度坐标

注 意

在【手动设置地理位置】面板中，还可以设置【国家 / 地区】与【位置】，在有准确的经纬度坐标数据的前提下，这两项参数可以留白。经纬度不但有数值之分，还要准确输入后缀方向，以表明所处半球以及经度。

06 在【地理位置】选项卡中，显示设置参数，如图 3-107 所示。

07 设置好场景地理位置后，即可发现场景中模型阴影已经发生了变化，如图 3-108 所示。

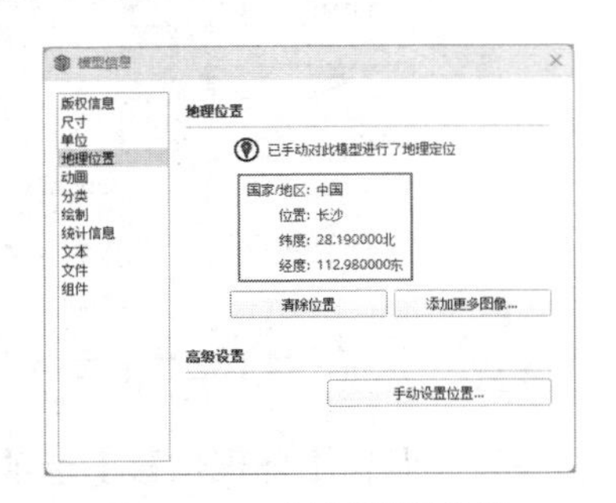

图 3-107 显示设置参数

图 3-108 设置好场景地理位置后

3.4.2 设置阴影工具栏

通过阴影工具栏可以对日期、时间等参数进行十分细致的设置，从而模拟出十分准确的阴影效果。执行【视图】|【工具栏】命令，打开【工具栏】对话框，选择【阴影】选项，如图 3-109 所示。

单击【关闭】按钮，关闭对话框，调出阴影工具栏，如图 3-110 所示。

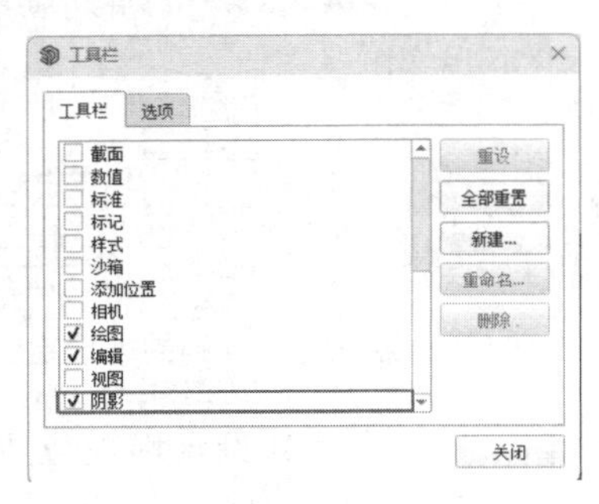

图 3-109 选择【阴影】选项

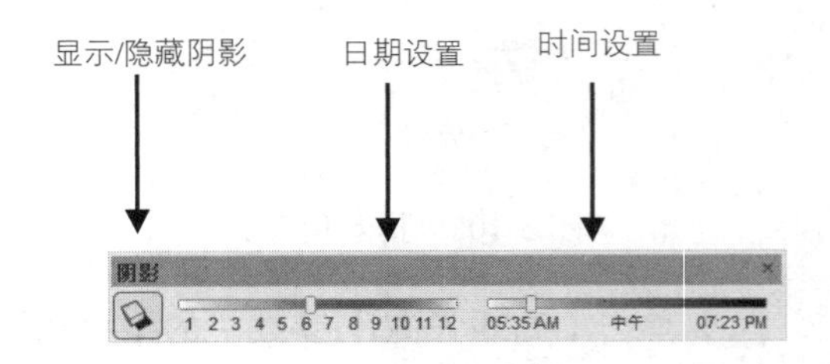

图 3-110 阴影工具栏

单击【窗口】|【默认面板】|【阴影】按钮，即可打开【阴影】面板，如图 3-111 所示。

【阴影】面板第一个参数为 UTC（协调世界时）调整，在中国统一使用北京时间（东八区）为本地时间，因此以 UTC 为参照标准调整时间，如图 3-112 所示。北京时间早于 UTC 8 小时，在 SketchUp 中对应地调整为 UTC+08:00。

设置好 UTC 时间后，拖动【阴影】面板【时间】滑块即可产生对应的阴影效果，如图 3-113、图 3-114 所示。

而在同一【时间】参数的设定下，拖动【日期】滑块也能产生阴影效果的变化，如图 3-115、图 3-116 所示。

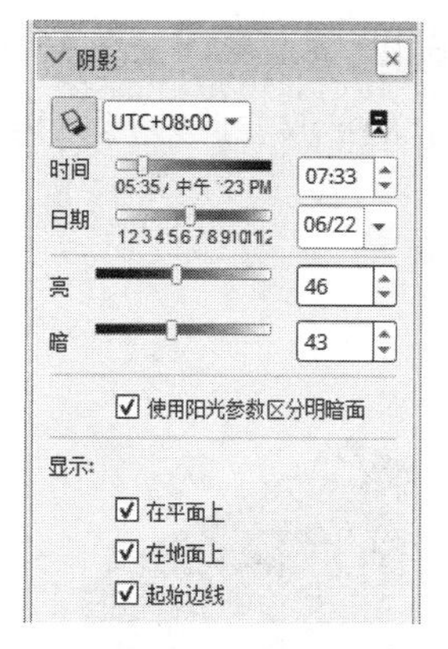

图 3-111 【阴影】面板

图 3-112 调整时间

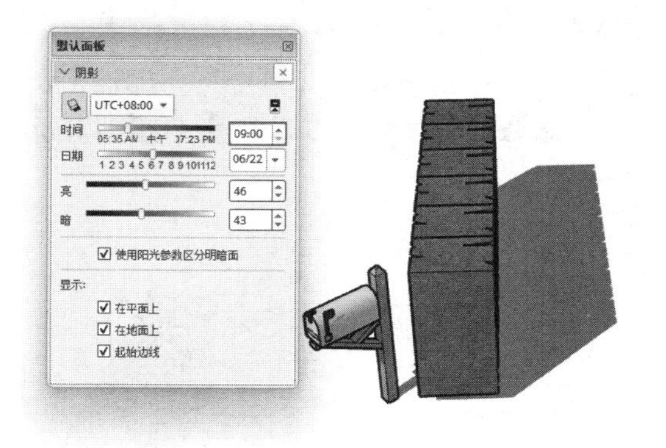

图 3-113 早上 9 点整的阴影

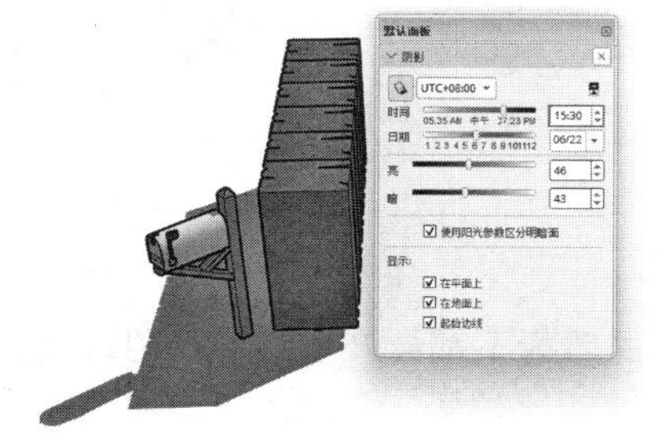

图 3-114 下午 15 点 30 分的阴影

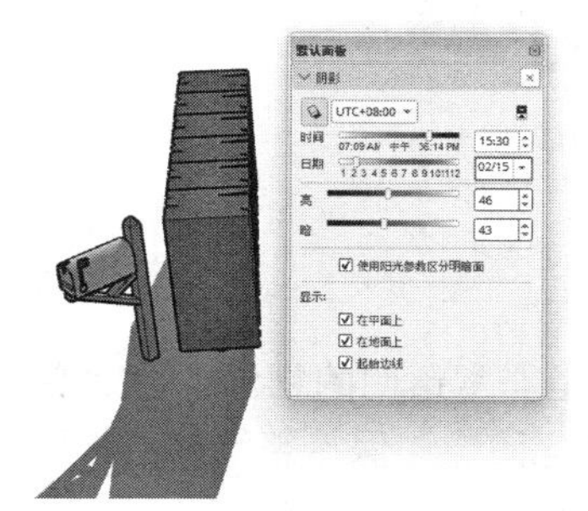

图 3-115 2 月 15 日的阴影

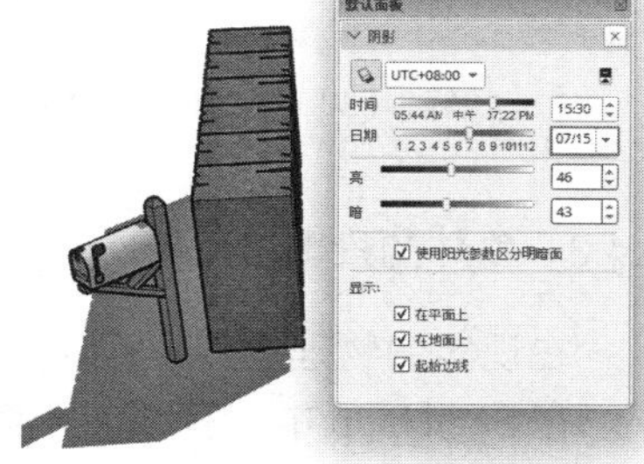

图 3-116 7 月 15 日的阴影

注 意

只有在场景设置的 UTC 时间与地理位置相符合的前提下，调整【时间】滑块才可能产生正确的阴影效果。

在其他参数相同的前提下，调整【亮】参数的滑块，可以调整场景整体亮度，数值越小场景整体越暗，数值为 22 的场景亮度如图 3-117 所示。

在其他参数相同的前提下，调整【暗】参数的滑块，可以调整场景阴影的亮度，数值越小阴影越暗，数值为 20 的阴影亮度如图 3-118 所示。

此外，通过设置【显示】参数选项，可以控制场景模型【在平面上】以及【在地面上】是否接收阴影，只有在选择对应参数的前提下，模型表面与地面才能接收到其他物体产生的投影，如图 3-119、图 3-120 所示。

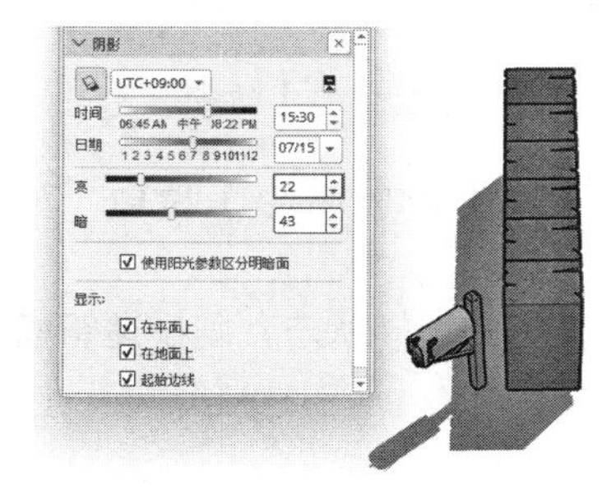

图 3-117 数值为 22 的场景亮度

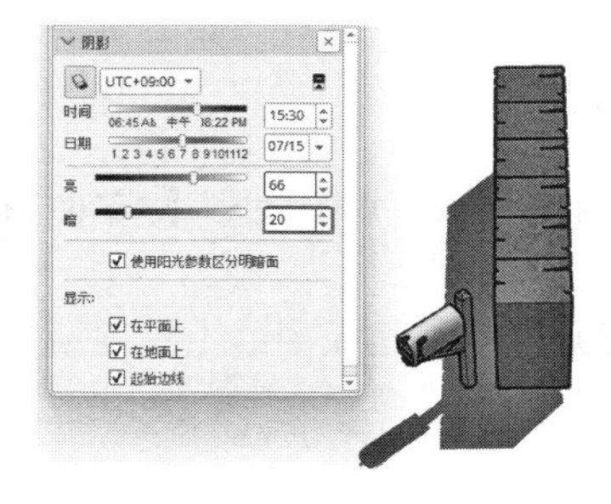

图 3-118 数值为 20 的阴影亮度

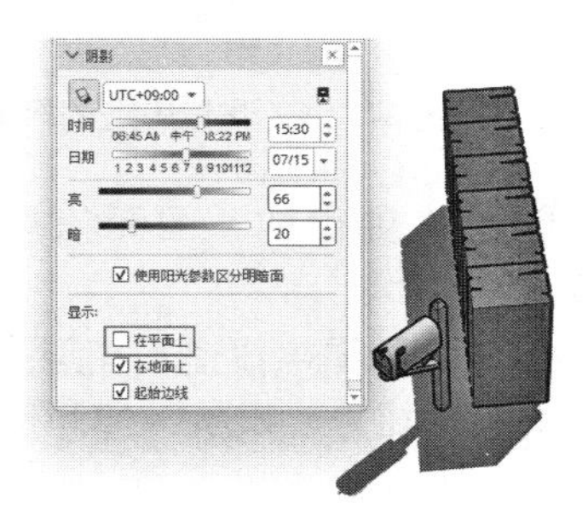

图 3-119 取消在平面上的阴影

注 意

在 SketchUp 中，不可同时取消【在平面上】及【在地面上】对阴影的接收。此外，取消【起始边线】复选框勾选，即可关闭边线阴影，如图 3-121 所示。

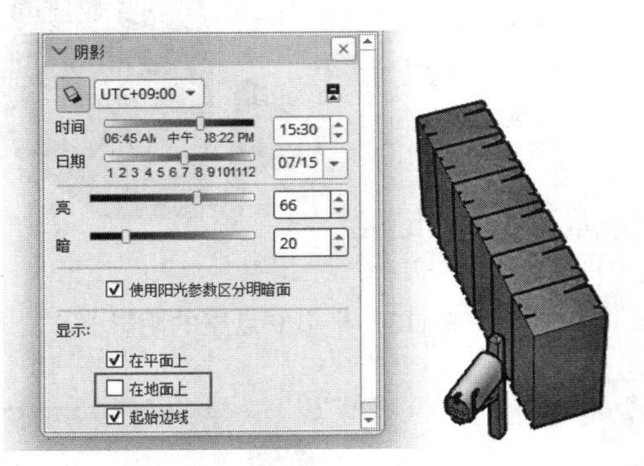

图 3-120　取消在地面上的阴影

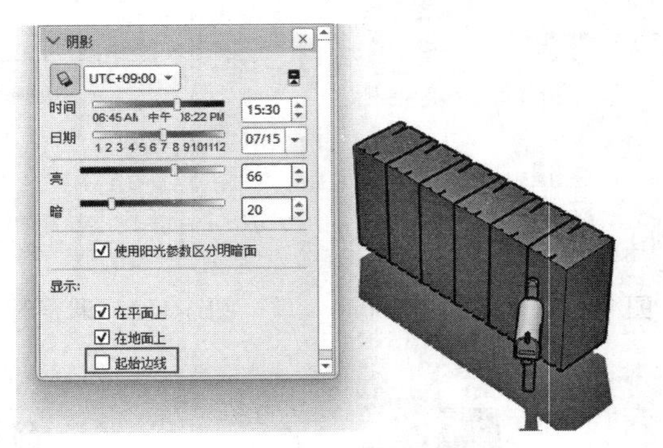

图 3-121　关闭边线阴影

3.4.3　物体的投影与受影

在现实的物理世界中，除非是非常透明的物体，否则在灯光的照射下都会产生或接收阴影效果。在 SketchUp 中，有时为了美化图像，保持整洁感与鲜明的明暗对比效果，可以人为地取消一些附属模型的投影与受影，下面介绍具体的操作方法。

01 将前一节中的模型的阴影效果调整为如图 3-122 所示，使其中的投递箱和邮箱在其后方的模型表面与地面均产生阴影，而后方的模型仅在地面产生阴影。

02 选择投递箱右击，在弹出的快捷菜单中选择【模型信息】命令，如图 3-123 所示。

图 3-122　调整模型的阴影效果

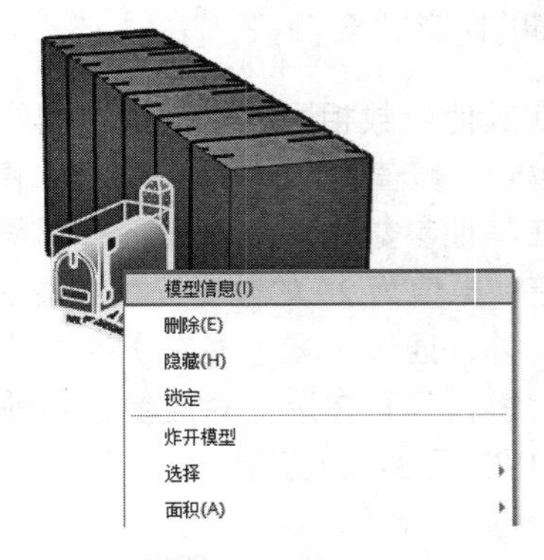

图 3-123　选择【模型信息】命令

03 在弹出的【图元信息】面板中，可以找到【接收阴影】与【投射阴影】按钮，如图 3-124 所示。

04 如果退出投递箱模型【图元信息】面板中的【投射阴影】按钮的选择状态，则投递箱模型失去投影能力，如图 3-125 所示。

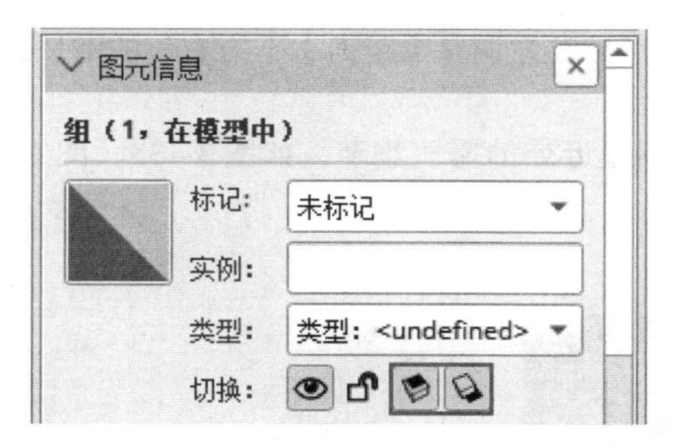

图 3-124 【接收阴影】与【投射阴影】选项

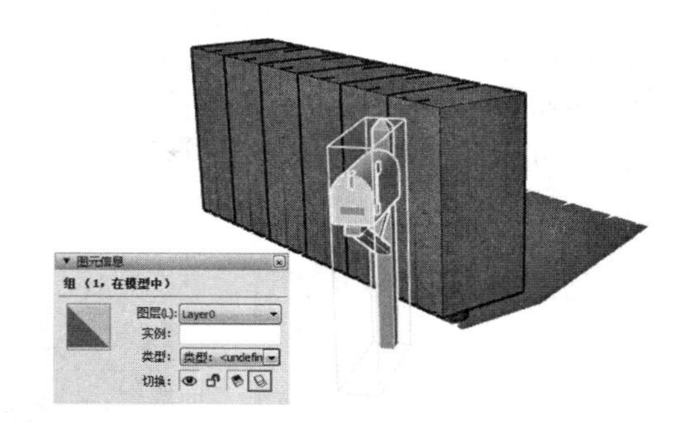

图 3-125 投递箱模型失去投影能力

05 选择邮箱，退出【接收阴影】按钮的选择状态，则邮箱表面不会接收投递箱模型的阴影，如图 3-126 所示。

06 如果同时退出邮箱模型【接收阴影】与【投射阴影】按钮的选择状态。由于其不能接收阴影，邮箱所投射的阴影将透过其表面直接投射在地面上，其自身在地面上的投影也将消失，如图 3-127 所示。

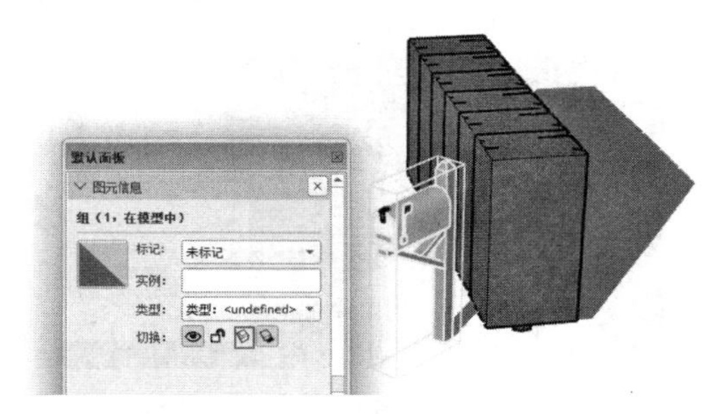

图 3-126 退出【接收阴影】按钮的选择状态

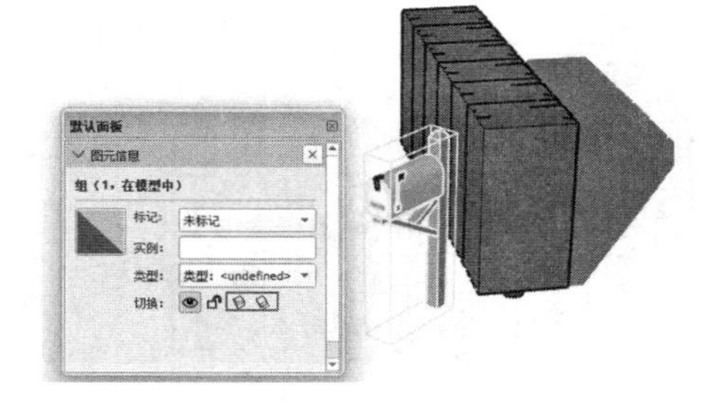

图 3-127 同时退出两个按钮的选择状态

3.5 SketchUp 雾化特效

在 SketchUp 中，可以为场景添加雾化特效，以增强环境氛围，下面介绍具体的操作方法。

01 打开配套资源“第 03 章\3.5 雾效 .skp”场景模型，如图 3-128 所示，当前的场景内阳光明媚，接下来为其制作雾化特效。

02 执行【窗口】|【默认面板】|【雾化】菜单命令，打开【雾化】面板，如图 3-129、图 3-130 所示。

图 3-128 打开场景模型

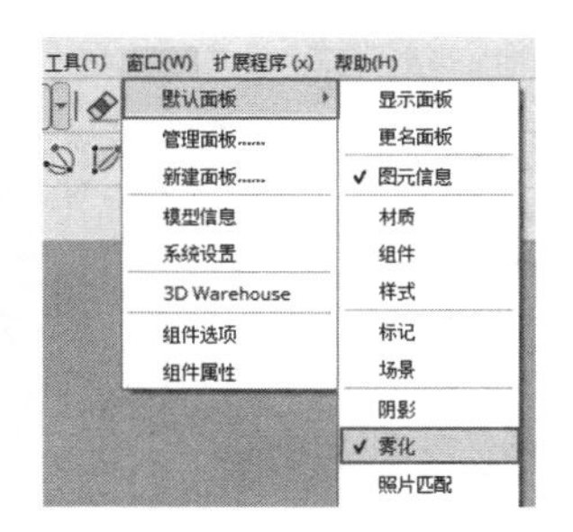

图 3-129 执行【雾化】命令

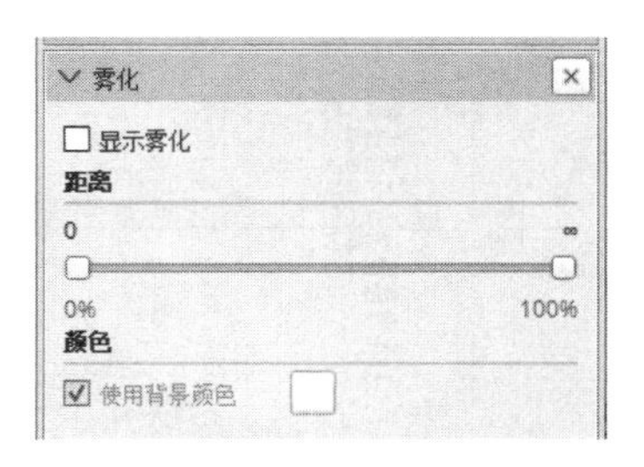

图 3-130 【雾化】面板

03 勾选【雾化】面板中的【显示雾化】选项，然后往左调整【距离】下方右侧的滑块，使场景由远及近产生浓雾效果，如图 3-131、图 3-132 所示。

04 向右拖动调整【距离】下方左侧的滑块，调整近处的雾气细节，如图 3-133、图 3-134 所示。

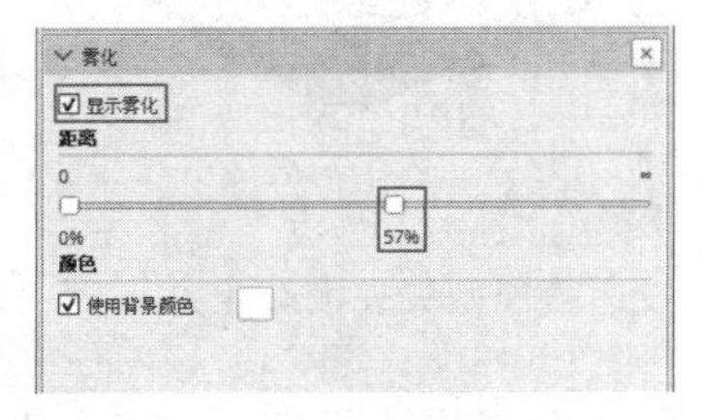

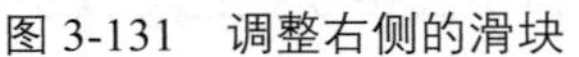

图 3-131 调整右侧的滑块

图 3-132 调整雾气效果

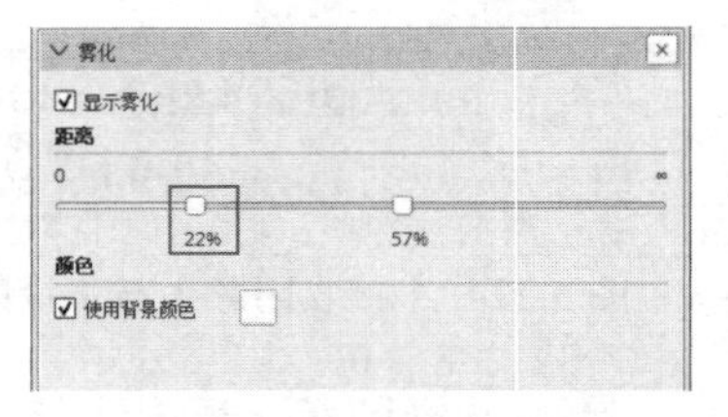

图 3-133 调整左侧的滑块

05 默认设置下雾气的颜色与背景颜色一致，取消【使用背景颜色】参数的勾选，然后调整其后色块的颜色，即可随意改变雾气颜色，如图 3-135 所示。

图 3-134 调整近处的雾气细节

图 3-135 随意改变雾气颜色

3.6 SketchUp 实体工具

执行【视图】|【工具栏】命令，在弹出的【工具栏】对话框中选择【实体工具】，如图 3-136 所示，即可弹出【实体工具】工具栏，如图 3-137 所示。工具栏从左到右的工具，依次为【实体外壳】、【交集】、【并集】、【差集】、【修剪】、【分割】。

【实体工具】工具栏中常用工具为进行布尔运算的【交集】、【并集】以及【差集】工具。此外还有【实体外壳】、【修剪】以及【分割】3 个工具，接下来了解每个工具的使用方法与技巧。

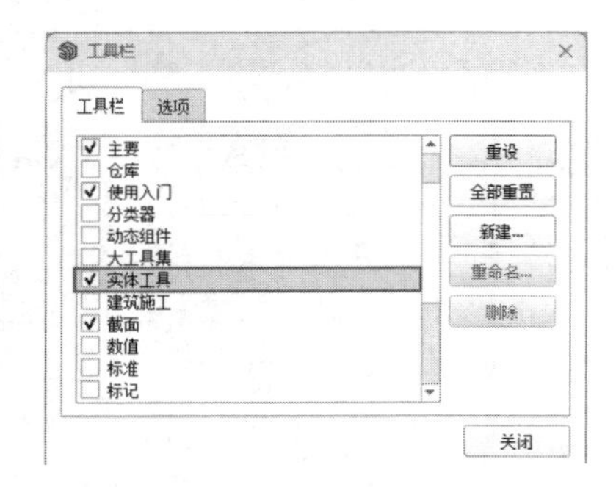

图 3-136 选择【实体工具】

图 3-137 【实体工具】工具栏

3.6.1 【实体外壳】工具

【实体外壳】工具可以快速将多个单独的实体模型合并成一个实体。

01 打开 SketchUp 后创建两个几何体，如图 3-138 所示。此时如果直接启用实体工具对几何体进行修改，将出现“不是实体”的提示，如图 3-139 所示。

02 选择左侧圆柱体，右击，弹出菜单，选择【创建群组】选项，如图 3-140 所示。

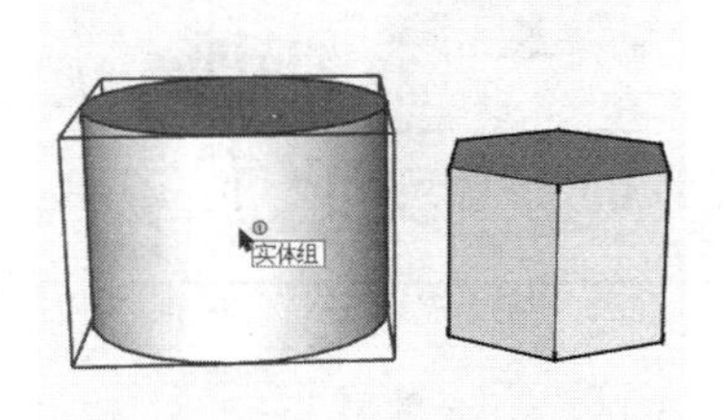

图 3-138 创建两个几何体

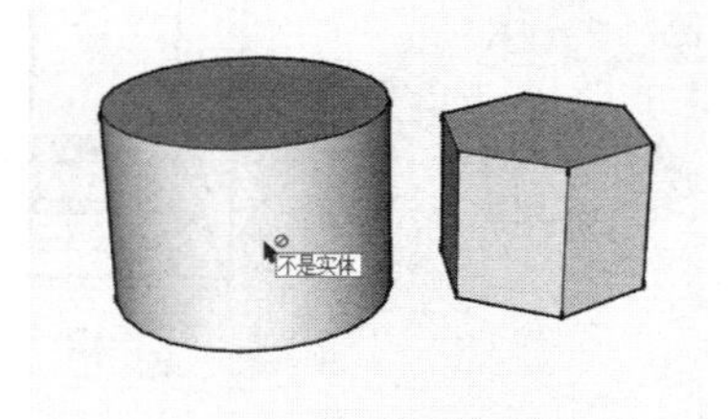

图 3-139 “不是实体”的提示

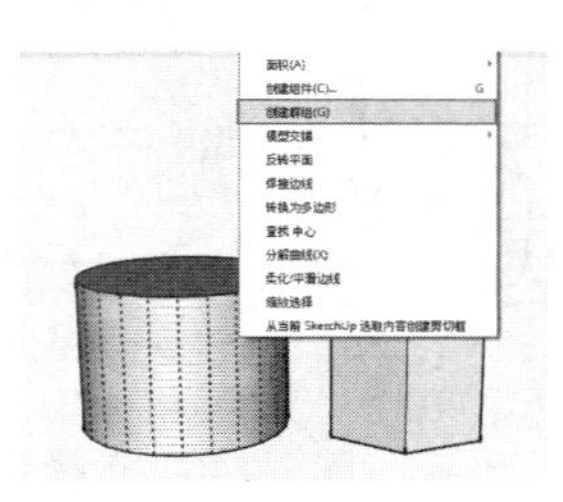

图 3-140 选择【创建群组】选项

注 意

区别于其他常用的图形软件，在 SketchUp 中几何体并非实体，在该软件中模型只有在添加【创建群组】命令后才被认可为实体。

03 再次启用【实体工具】进行编辑则可出现“实体组”的提示，如图 3-141 所示。

04 选择右侧几何体，右击，选择【创建群组】选项，如图 3-142 所示。

05 将几何体转换为实体，如图 3-143 所示。

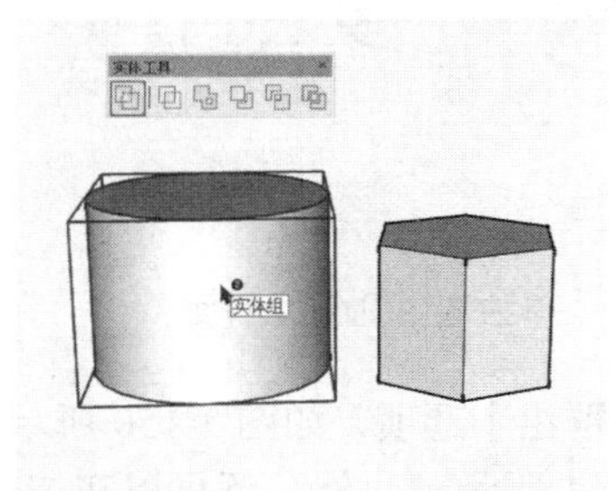

图 3-141 “实体组”的提示

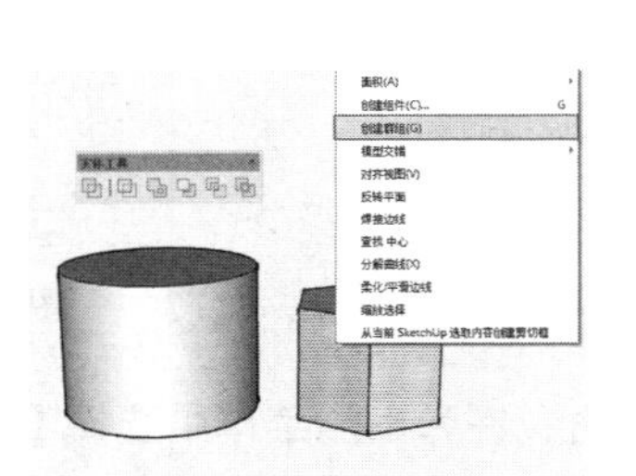

图 3-142 选择【创建群组】选项

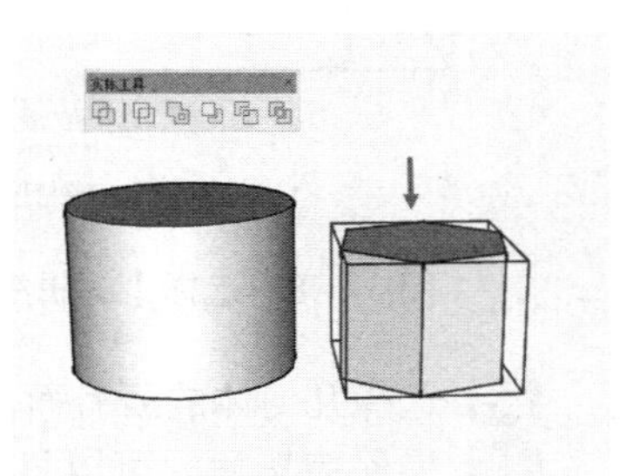

图 3-143 将几何体转换为实体

06 单击【实体外壳】按钮，在第一个实体表面单击鼠标确定后，再在第二个实体表面单击确定，即可将两者组合成一个大的实体，如图 3-144、图 3-145 所示。

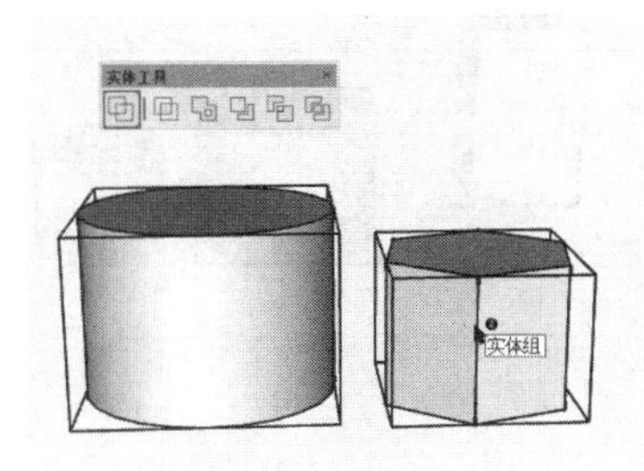

图 3-144 选择实体

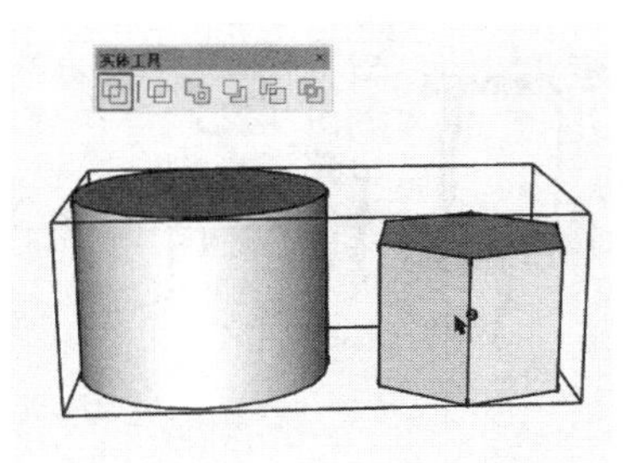

图 3-145 将两者组合成一个大的实体

07 如果场景中有比较多的实体需要进行组合，可以在选择全部实体后再单击【实体外壳】工具按钮，这样可以快速进行组合，如图 3-146、图 3-147 所示。

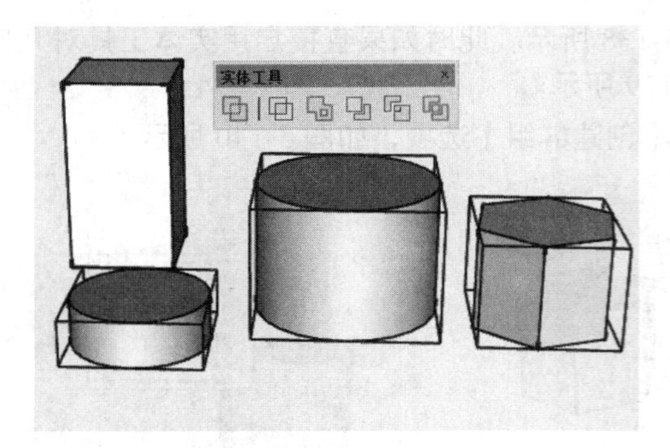

图 3-146　选择全部实体

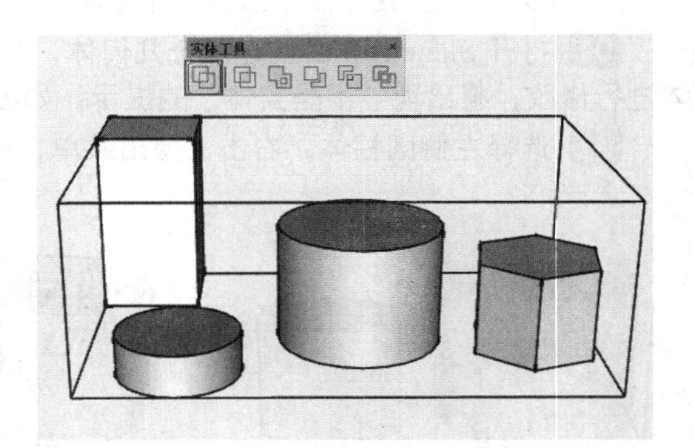

图 3-147　组合效果

08 选择实体组合，右击，打开快捷菜单，选择【编辑组】选项，如图 3-148 所示。

09 进入编辑模式，单击选择几何体，此时发现，可以单独选中几何体的面，如图 3-149 所示。

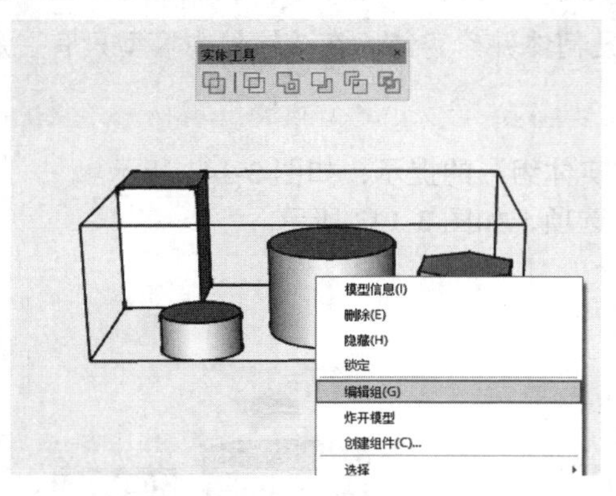

图 3-148　选择【编辑组】选项

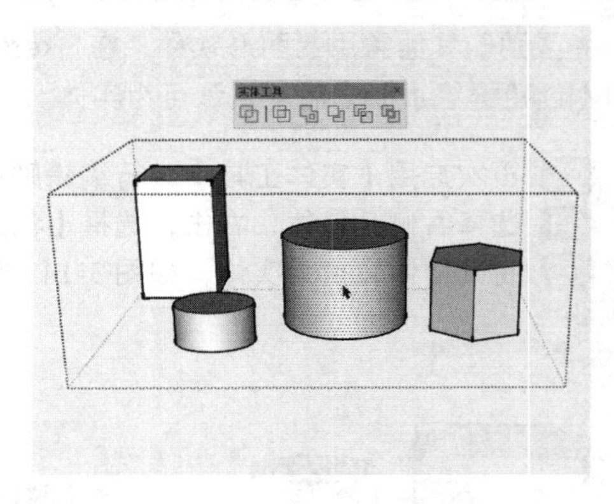

图 3-149　单独选中几何体的面

10 选择几何体的所有面，右击，在弹出的菜单中选择【创建群组】选项，如图 3-150 所示。

11 操作完毕后，可以将选中的几何体转换为实体，如图 3-151 所示。此外，还可以在编辑模式中，激活【移动】、【旋转】等工具编辑实体。

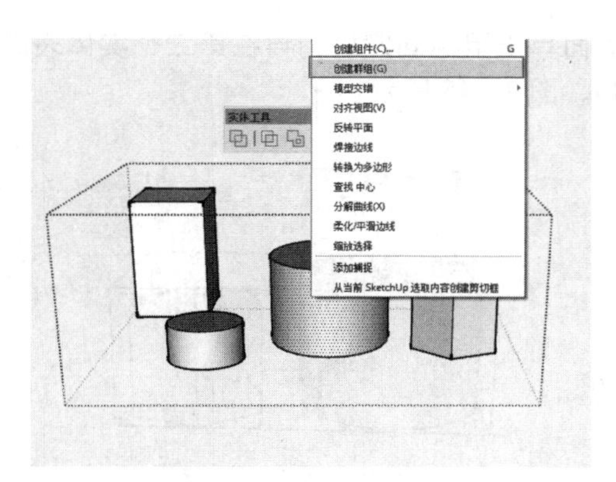

图 3-150　选择【创建群组】选项

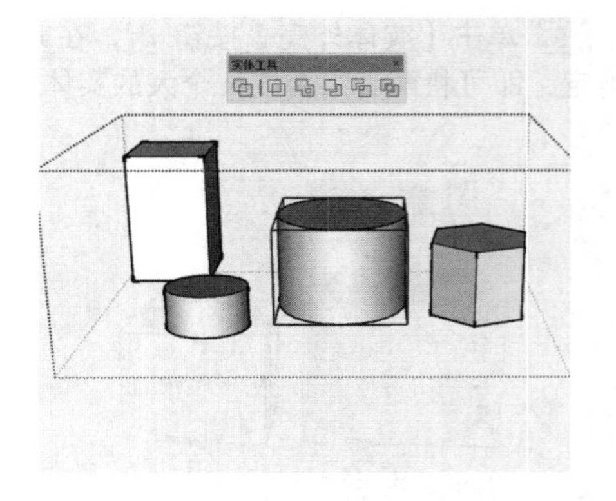

图 3-151　将几何体转换为实体

注 意

在编辑模式中，没有执行【创建群组】的几何体，各个面仍然为独立的状态，可以选择某个面进行编辑，如图3-152所示。选择面，激活【推/拉】工具，移动鼠标，调整面的位置，如图 3-153 所示，最终影响几何体的显示效果。但是已经执行【创建群组】操作的几何体，被转换为实体后，就只能更改位置或者角度，外观不可以被编辑。

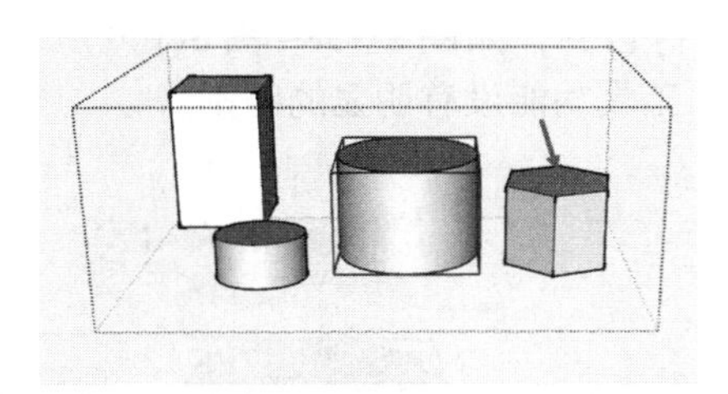

图 3-152　选择某个面

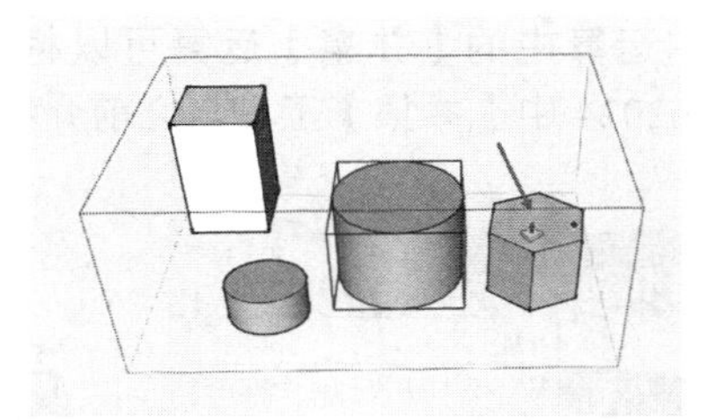

图 3-153　调整面的位置

3.6.2 【交集】工具

布尔运算是大多数三维图形软件都具有的功能，其中【交集】运算可以快速获取“实体”间相交的部分模型，下面介绍具体的操作方法与技巧。

01 使“实体”之间产生相交区域，如图 3-154 所示。

02 启用【交集】工具，并单击选择其中一个“实体”，如图 3-155 所示。

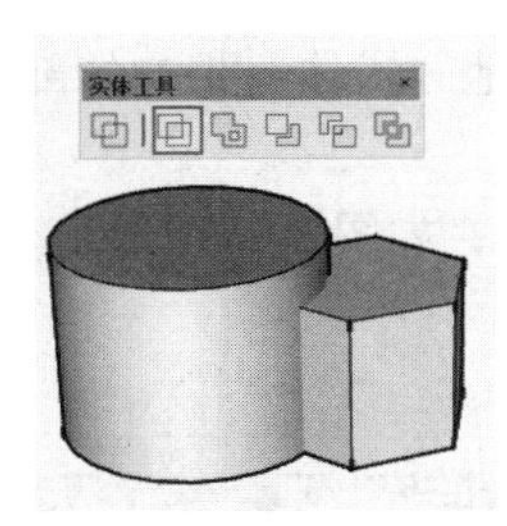

图 3-154　使“实体”之间产生相交区域

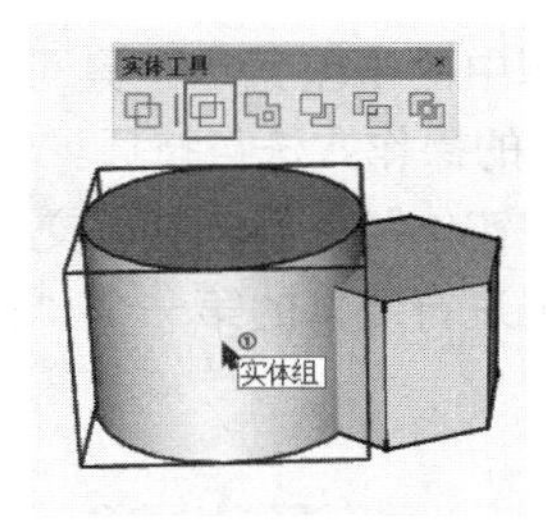

图 3-155　选择其中一个“实体”

03 单击另一个“实体”，如图 3-156 所示。

04 获得两个“实体”相交部分的模型，同时之前的“实体”模型将被删除，操作结果如图 3-157 所示。

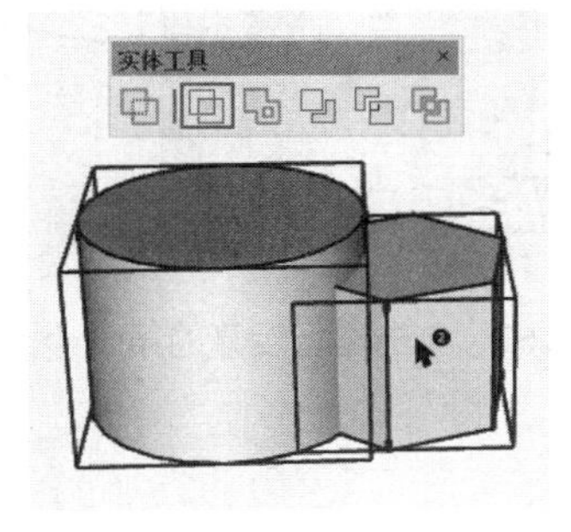

图 3-156　单击另一个“实体”

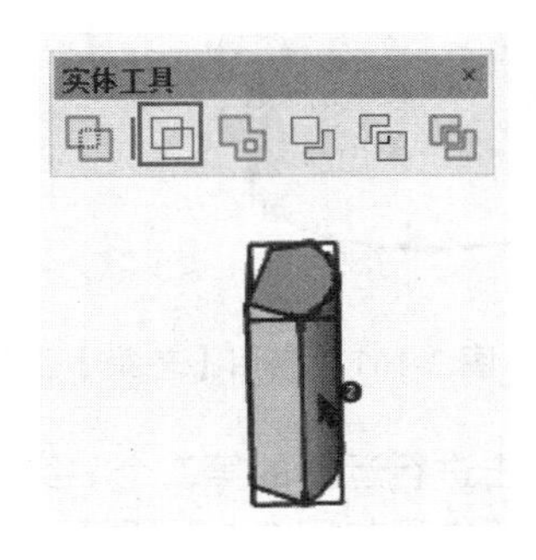

图 3-157　操作结果

注 意

多个相交“实体”间的【交集】运算可以先全选相关“实体”，然后再单击【交集】工具按钮进行快速运算。

3.6.3 【并集】工具

布尔运算中的【并集】运算可以将多个“实体”进行合并，如图 3-158~ 图 3-160 所示。在 SketchUp2024 中【并集】工具与之前介绍的【实体外壳】工具功能没有明显的区别。

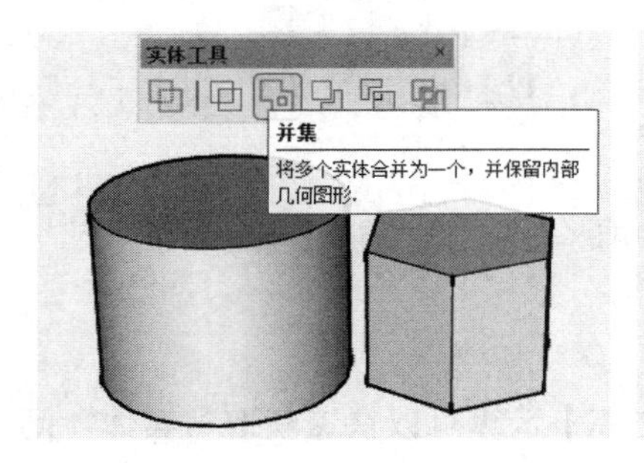

图 3-158　单击并集运算按钮

图 3-159　选择实体

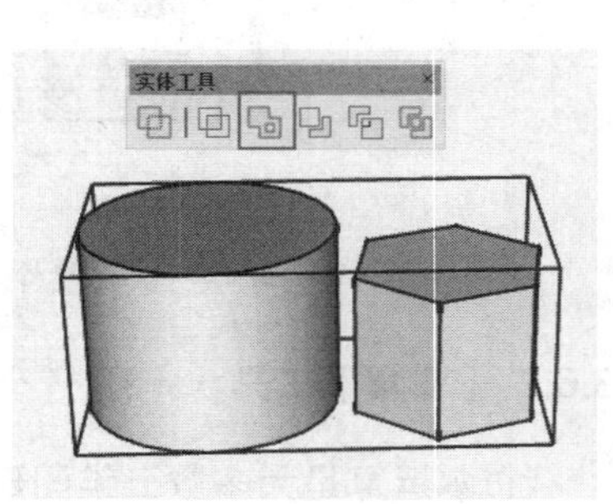

图 3-160　并集运算完成效果

3.6.4 【差集】工具

布尔运算中的【差集】工具可以快速将某个“实体”与其他“实体”相交的部分进行切除，下面介绍具体的操作方法与技巧。

01 使“实体”之间产生相交区域，之后启用【差集】工具，如图 3-161 所示。

02 单击进行运算的第一个“实体”，如图 3-162 所示。

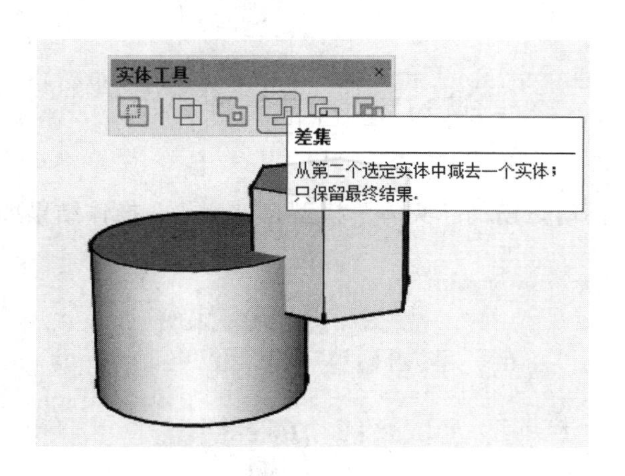

图 3-161　启用【差集】工具

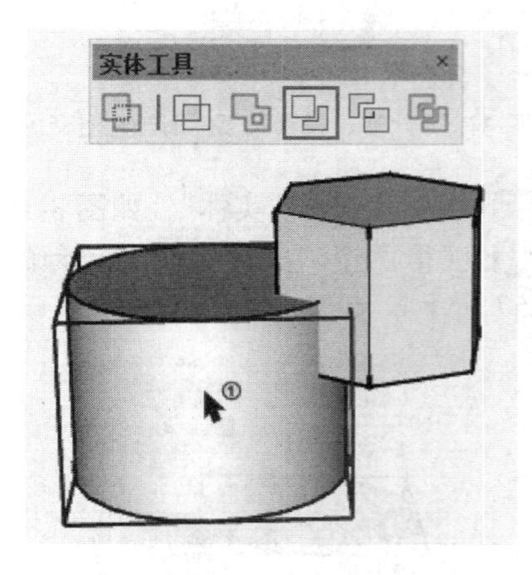

图 3-162　单击进行运算的第一个“实体”

03 单击进行运算的第二个“实体”，如图 3-163 所示。

04 运算结果如图 3-164 所示。

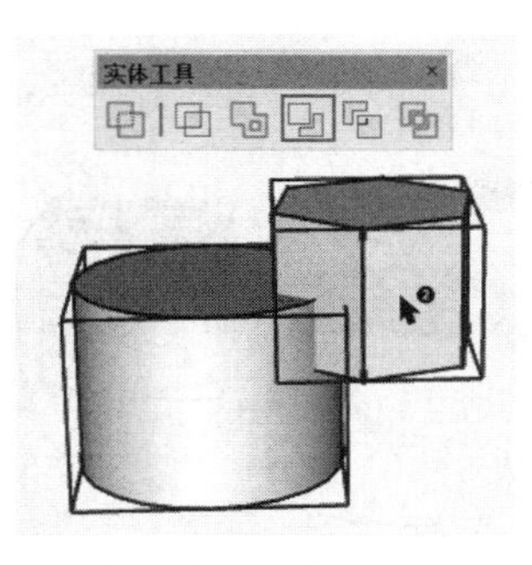

图 3-163　单击进行运算的第二个“实体”

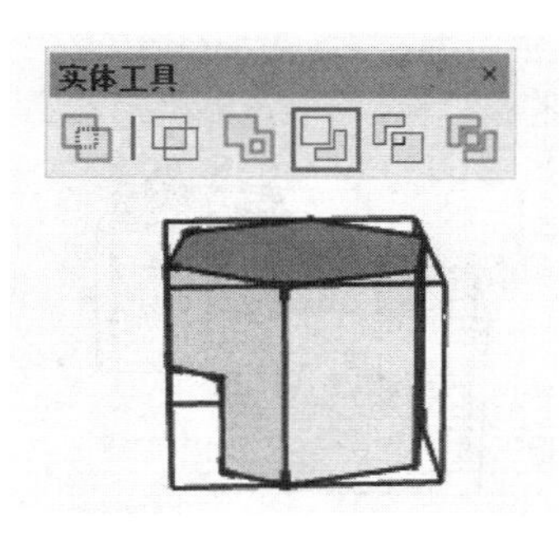

图 3-164　运算结果

05【差集】运算完成之后将保留后选择的“实体”，而删除先选择的实体以及相关的部分。因此同一场景在进行【差集】运算时，“实体”的选择顺序可以改变最后的运算结果，如图 3-165~图 3-167 所示。

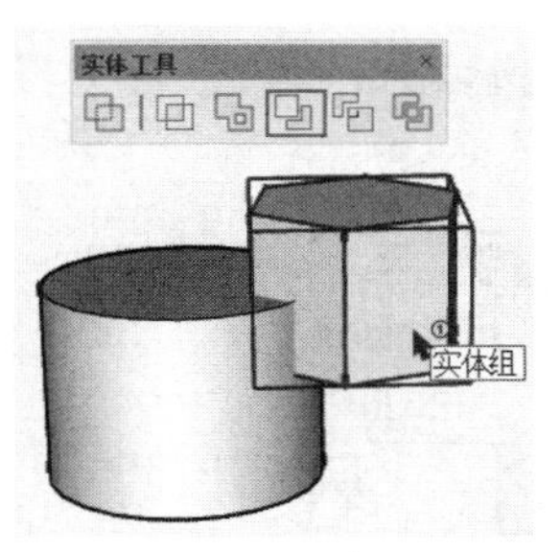

图 3-165　单击进行运算的第一个“实体”

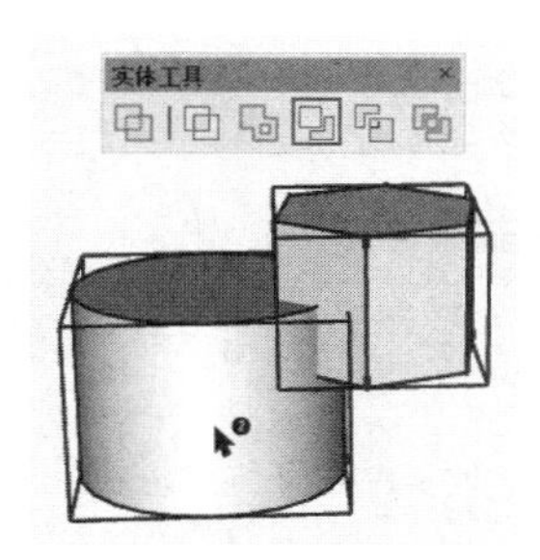

图 3-166　单击进行运算的第二个“实体”

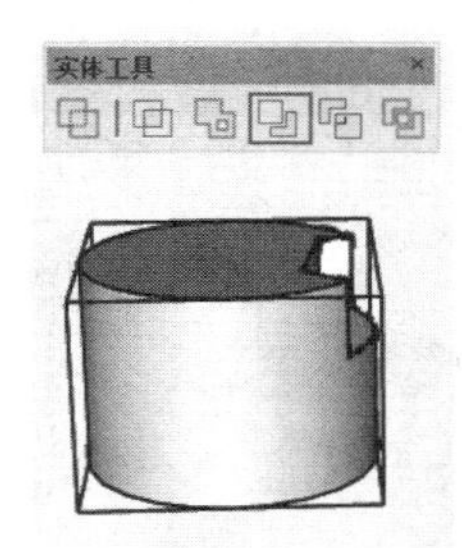

图 3-167　【差集】运算完成效果

3.6.5 【修剪】工具

在 SketchUp 中，【修剪】工具的功能类似于布尔运算中的【差集】工具，但其在进行“实体”接触部分切除时，不会删除用于切除的实体，如图 3-168 ~ 图 3-171 所示。

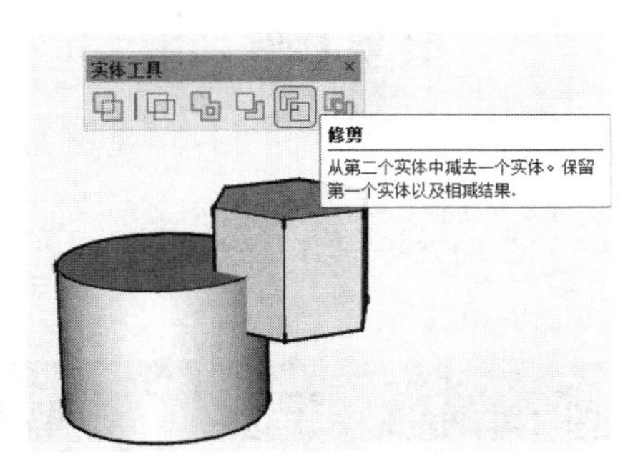

图 3-168　单击【修剪】按钮

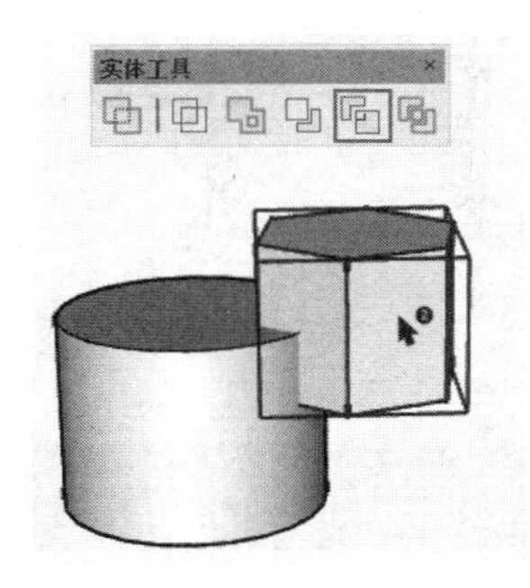

图 3-169　选择第一个“实体”

注 意

与【差集】工具的运用类似，在使用【修剪】工具时，“实体”单击次序的不同将产生不同的【修剪】效果。

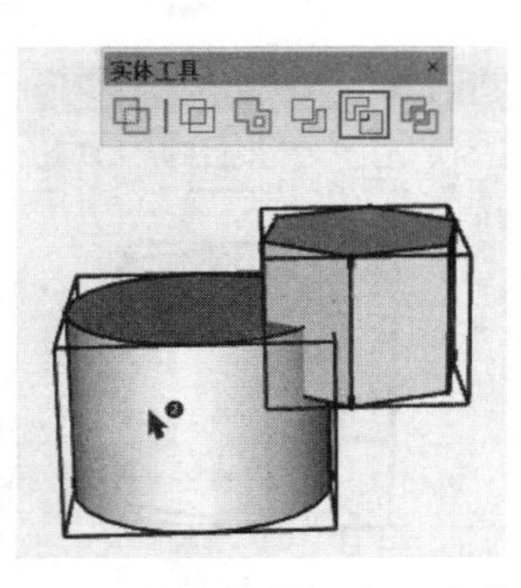

图 3-170　选择第二个“实体”

图 3-171　“实体”修剪结果

3.6.6 【分割】工具

在 SketchUp 中，【分割】工具的功能类似于布尔运算中的【交集】工具，但其在获得“实体”间相接触的部分的同时仅删除之前“实体”间相接触的部分，如图 3-172～图 3-175 所示。

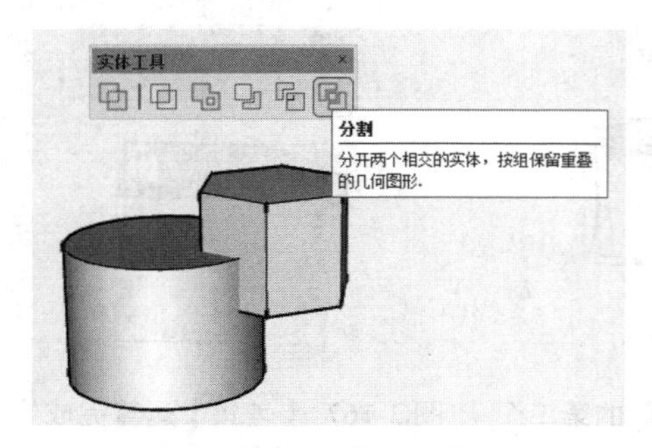

图 3-172　单击【分割】按钮

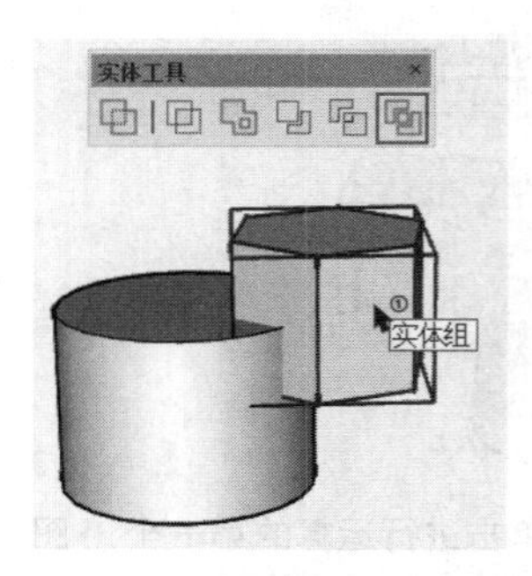

图 3-173　选择第一个“实体”

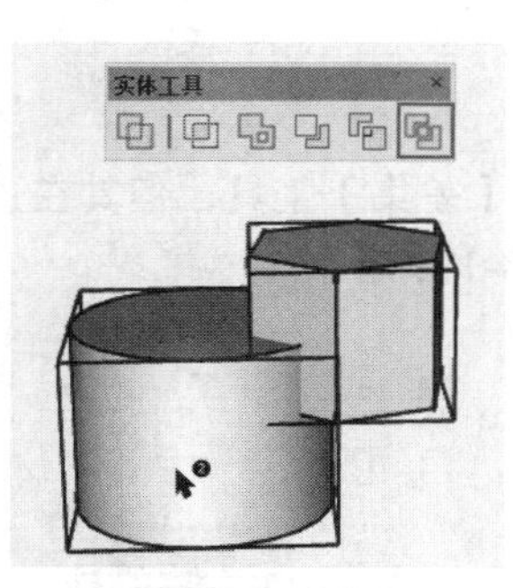

图 3-174　选择第二个“实体”

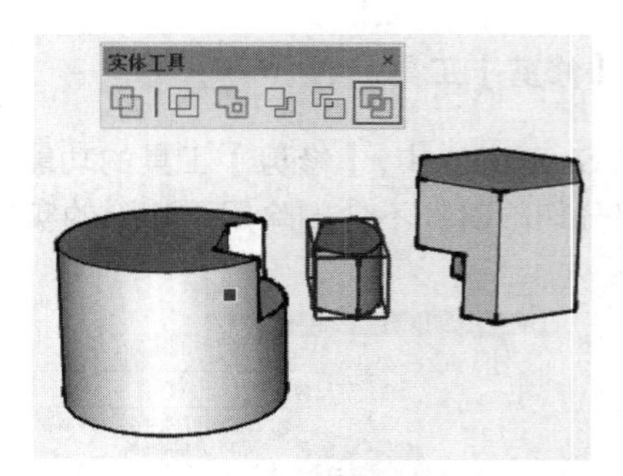

图 3-175　“实体”分割结果

3.7 SketchUp 沙箱地形工具

沙箱是 SketchUp 内置的一个地形工具，用于制作三维地形效果。执行【视图】|【工具栏】菜单命令，在弹出的【工具栏】对话框中选择【沙箱】，即可弹出【沙箱】工具栏，如图 3-176 所示。

【沙箱】工具栏内各个工具的功能如图 3-177 所示，其主要通过【根据等高线创建】与【根据网格创建】工具创建地形，然后通过【曲面起伏】、【曲面平整】、【曲面投射】、【添加细部】以及【对调角线】工具进行细节处理。接下来介绍具体的使用方法与技巧。

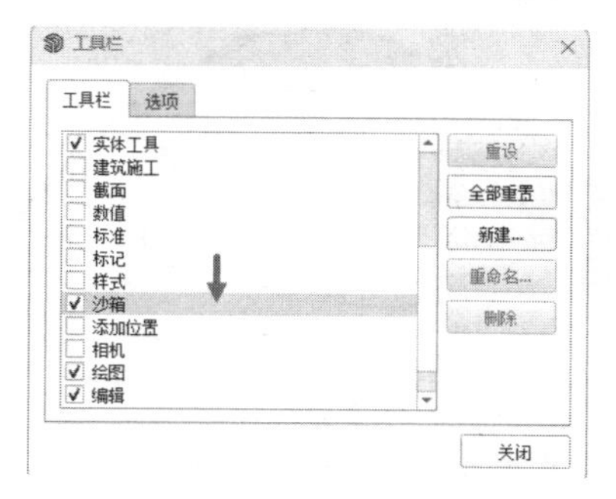

图 3-176　选择【沙箱】

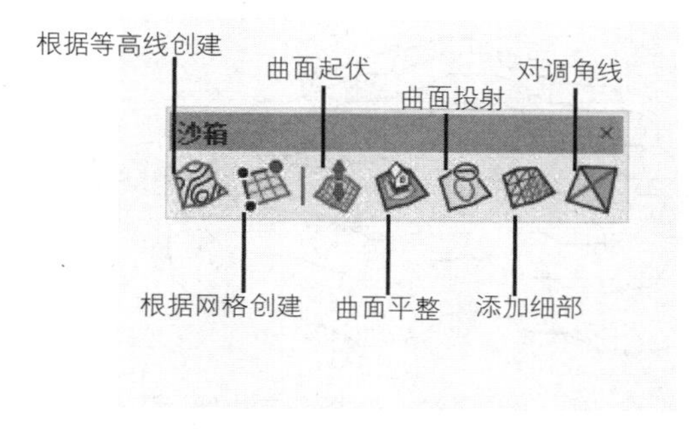

图 3-177　【沙箱】工具栏内各个工具的功能

3.7.1 【根据等高线创建】工具

01 调出【沙箱】工具栏，然后在场景中使用【手绘线】工具绘制一个曲线平面，如图 3-178 所示。

02 选择平面，启用【推 / 拉】工具，按住“Ctrl”键向上推拉复制，完成效果如图 3-179 所示。

03 选择推拉出的平面进行删除，仅保留边线作为等高线，如图 3-180 所示。

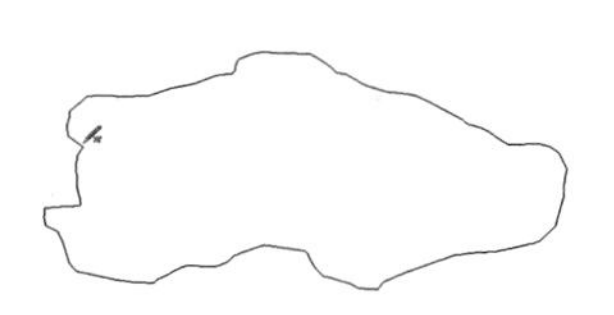

图 3-178　绘制一个曲线平面

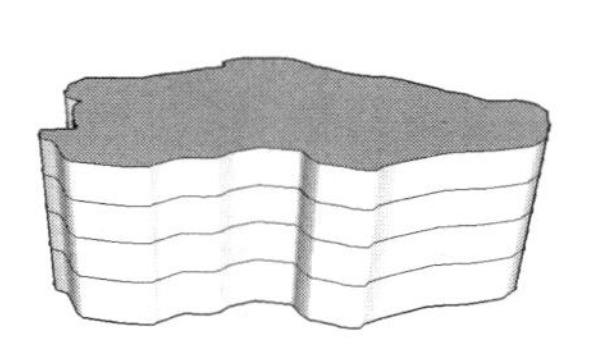

图 3-179　完成效果

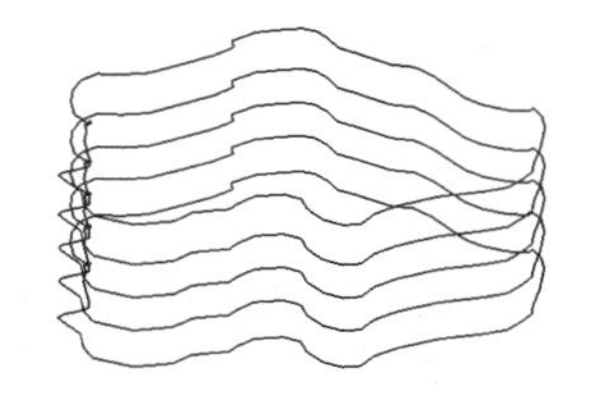

图 3-180　仅保留边线作为等高线

04 启用【拉伸】工具，从下至上选择边线，逐次进行缩小，如图 3-181 所示。

05 在缩小时可以按住“Ctrl”键进行中心拉伸，完成效果如图 3-182 所示。

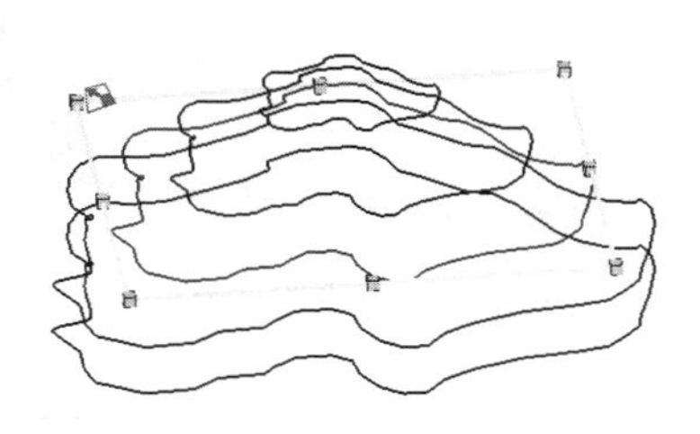

图 3-181　逐次进行缩小

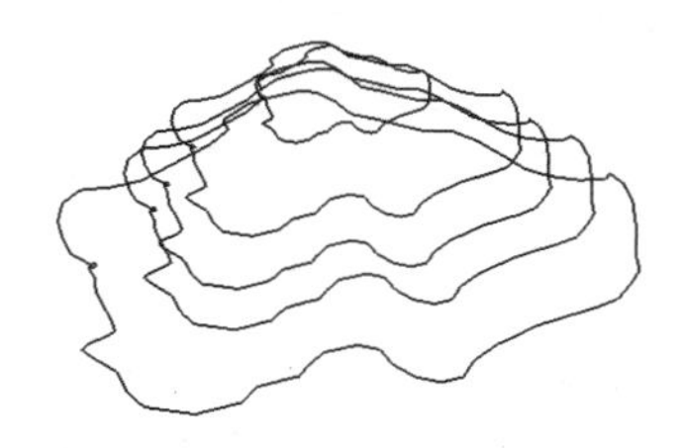

图 3-182　完成效果

06 逐步拉伸，完成后选择所有边线，如图 3-183 所示。

07 单击按钮，启用【根据等高线创建】工具，根据制作好的等高线，SketchUp 将生成对应的地形效果，如图 3-184 所示。

08 单击【材质】按钮，在【材料】面板中选择【编辑】选项卡，设置 RGB 参数值，如图 3-185 所示，指定材质的颜色。

09 选择地形为涂刷对象，赋予材质，如图 3-186 所示。

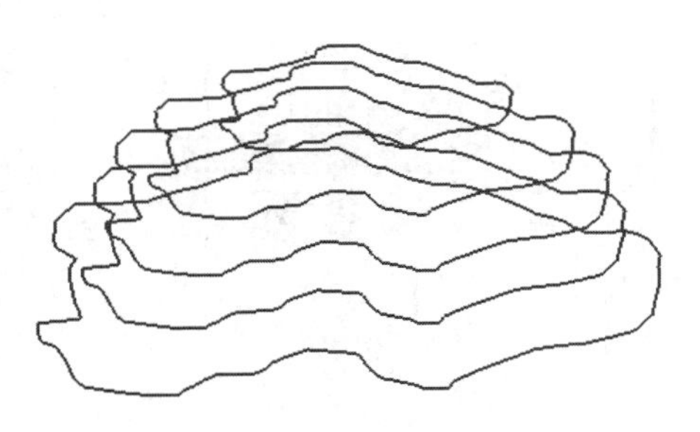

图 3-183　选择所有边线

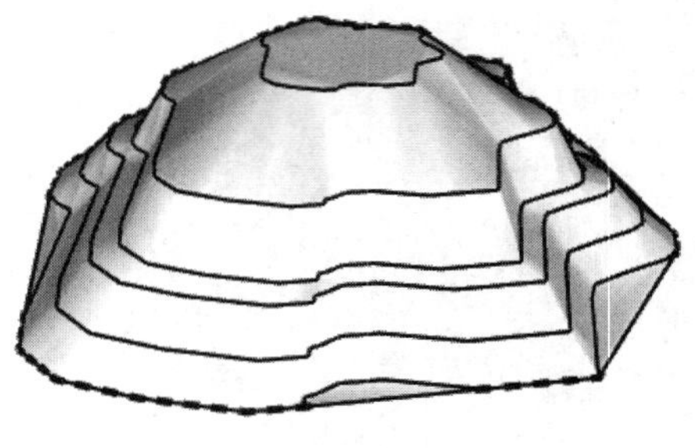

图 3-184　对应的地形效果

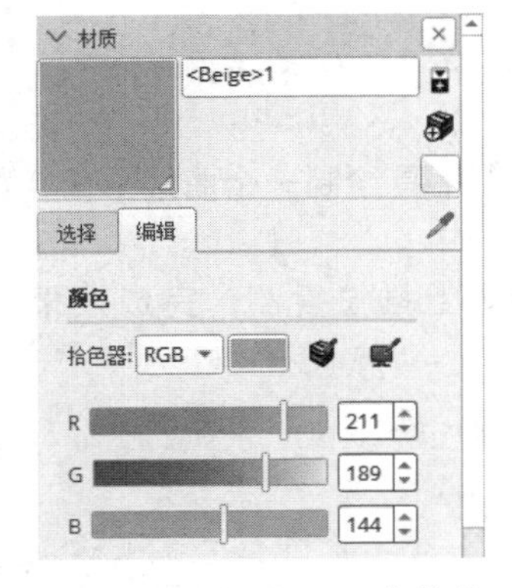

图 3-185　设置 RGB 参数值

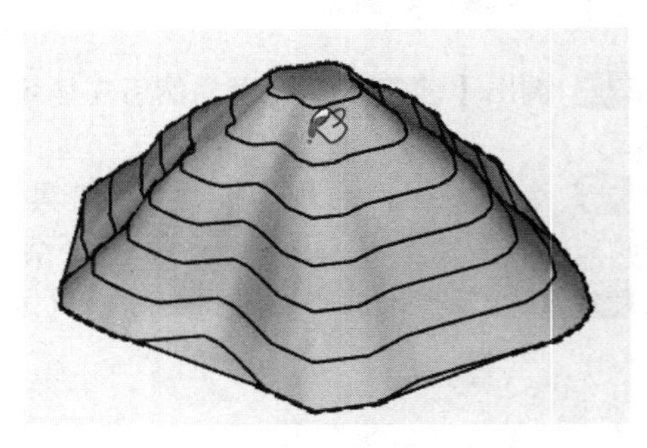

图 3-186　赋予材质

10 按住“Ctrl”键，选择边线，如图 3-187 所示。

11 按下“Delete”键，删除边线，如图 3-188 所示。

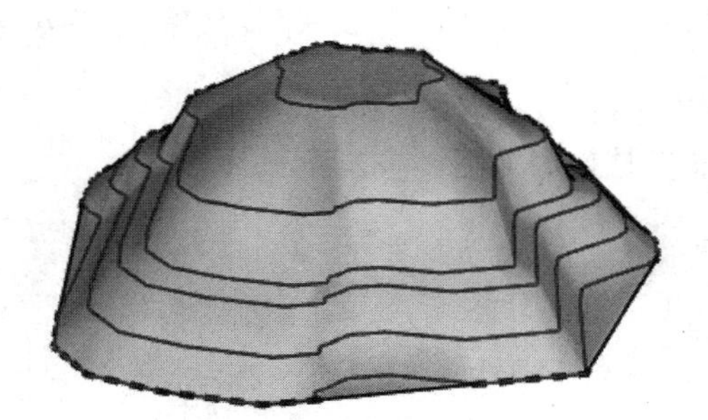

图 3-187　选择边线

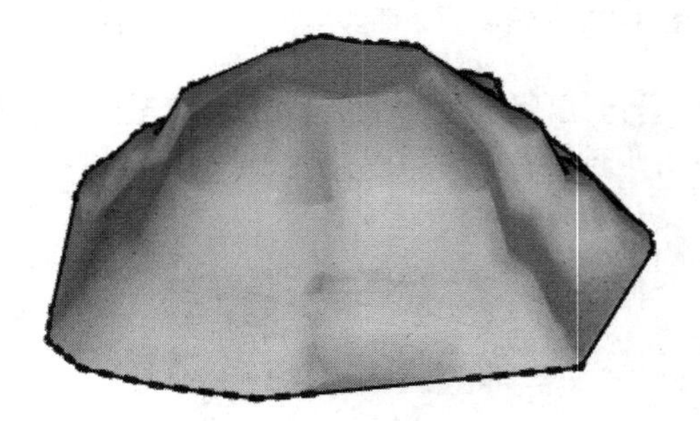

图 3-188　删除边线

利用【根据等高线创建】工具制作出的地形细节效果完全取决于等高线的紧密程度，等高线越紧密，制作的地形越细致。在 SketchUp 中更为常用的地形为利用【根据网格创建】工具制作的地形，接下来介绍其创建的方法与技巧。

3.7.2 【根据网格创建】工具

01 启用【沙箱】工具后单击按钮，启用【根据网格创建】工具，等光标变成时，在【栅格间距】内输入单个网格的长度，然后按“Enter”键确定，如图 3-189 所示。

02 在绘图区目标位置单击鼠标确定网格绘制起点，然后拖动鼠标绘制网格的总宽度并按“Enter”键确定，如图 3-190 所示。

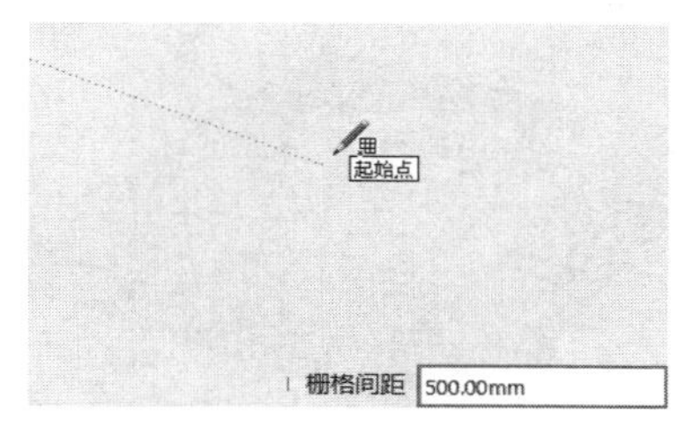

图 3-189　输入单个网格的长度

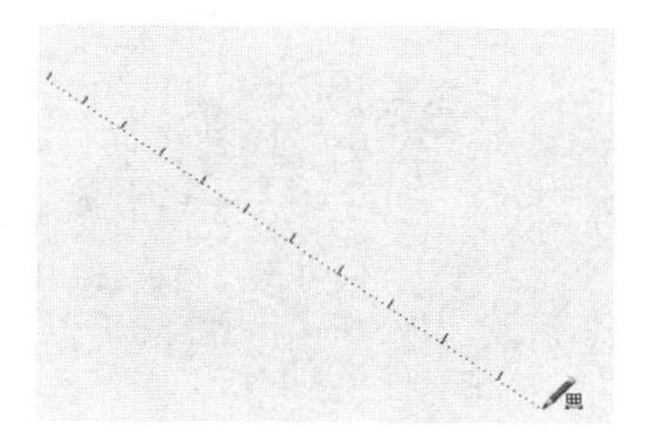

图 3-190　绘制网格的总宽度

03 网格总宽度确定好后横向拖动鼠标，绘制出网格的长度，如图 3-191 所示。

04 按“Enter”键确定即可完成绘制，如图 3-192 所示。

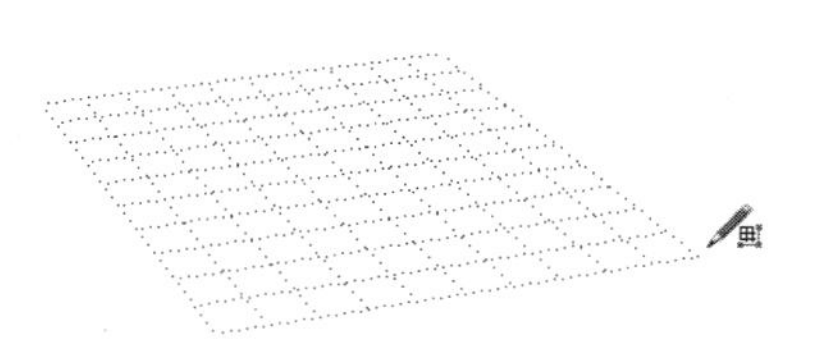

图 3-191　绘制网格的长度

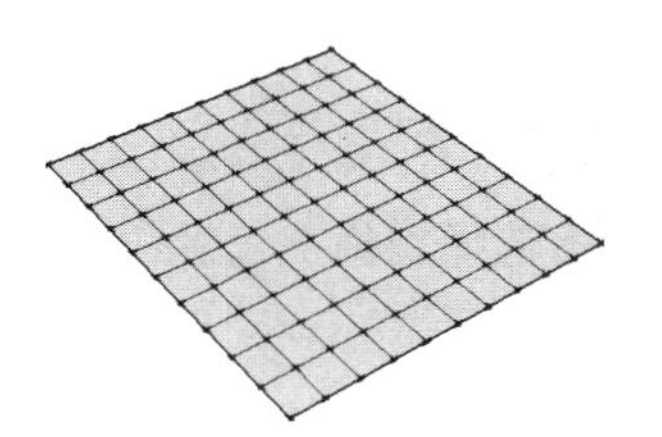

图 3-192　完成绘制

网格绘制完成后，使用【沙箱】工具栏中其他工具进行调整与修改才能产生地形效果。下面介绍曲面起伏工具的使用方法与技巧。

技 巧

在输入【栅格间距】并确定后，绘制网格时每个刻度之间的距离即为设定间距宽度。

3.7.3 【曲面起伏】工具

01 绘制好的网格默认为【组】，无法使用【沙箱】工具栏中的工具进行调整，如图 3-193 所示。

02 选择网格模型后右击并选择【炸开模型】命令使其变成“面”，如图 3-194 所示。

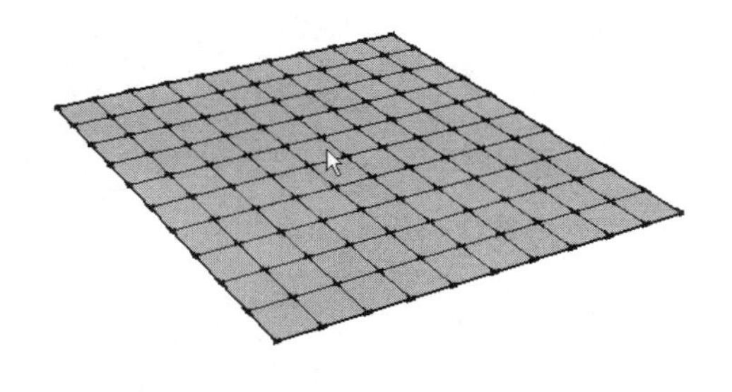

图 3-193　无法调整网格

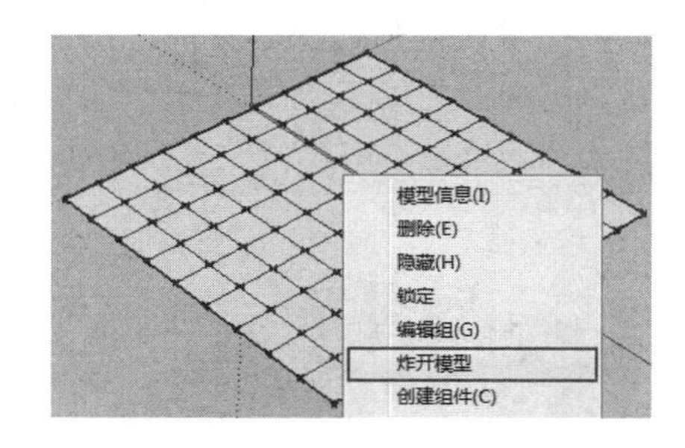

图 3-194　选择【炸开模型】

03 再次单击选择网格，可发现其已经成为一个由细分面组成的大型平面，如图 3-195 所示。

04 此时启用【曲面起伏】工具，可发现其光标已经变成了状并能自动捕捉网格上的交点，为曲面起伏输入半径值，如图 3-196 所示。

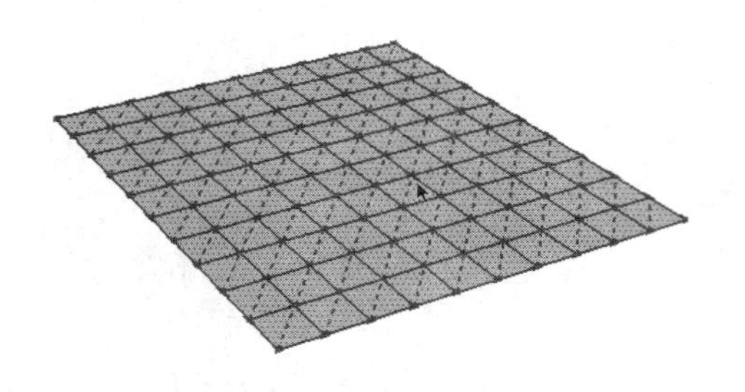

图 3-195 网格成为大型平面

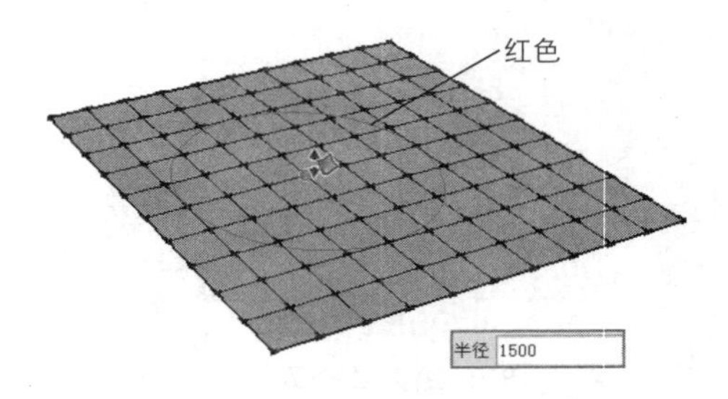

图 3-196 为曲面起伏输入半径值

技 巧

【曲面起伏】图标下方的红色圆圈为其影响的范围大小，在启用该工具后即可输入数值自定义其半径大小。

05 单击选择网格上任意一个交点，如图 3-197 所示。

06 向上推拉鼠标，即可产生地形的起伏效果，如图 3-198 所示。

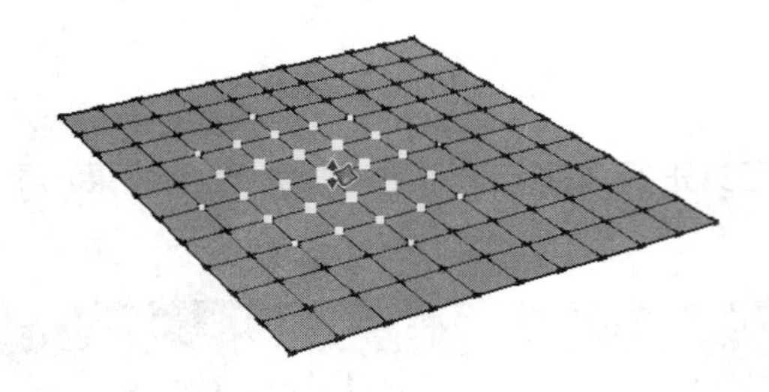

图 3-197 选择网格上任意一个交点

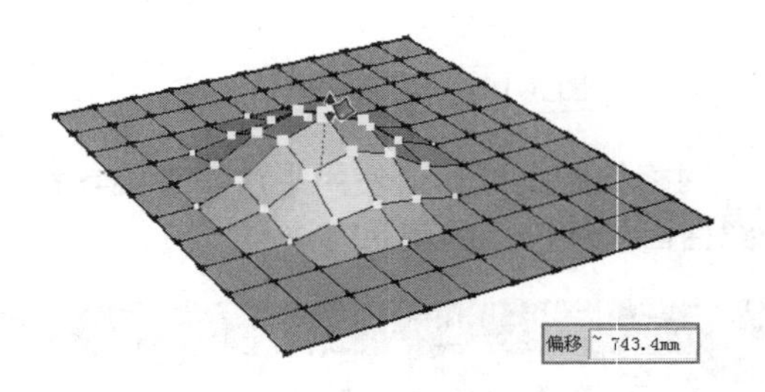

图 3-198 向上推拉鼠标

07 确定好地形起伏效果后，再次单击鼠标即可完成该处地形效果的制作，如图 3-199 所示。

【曲面起伏】工具是制作根据网格创建的地形起伏效果的主要工具，因此通过对网格的点、线、面进行不同的选择，可以制作出丰富的地形效果，接下来进行具体的介绍。

技 巧

在单击确定地形起伏效果前直接输入数值可以得到精确的高度，如图 3-200 所示，如果输入负值则将产生凹陷效果。此外对于通过【根据等高线创建】工具创建的地形，同样需要先将其炸开方可进行编辑，如图 3-201、图 3-202 所示。

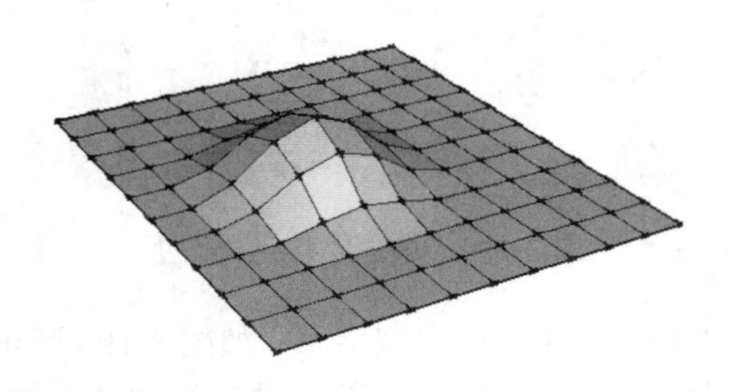

图 3-199 完成该处地形效果的制作

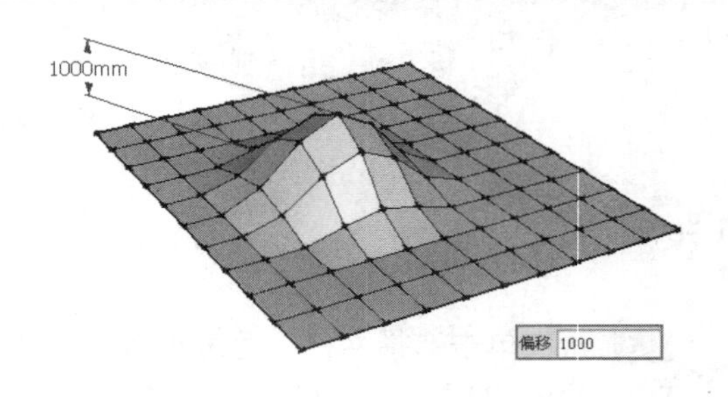

图 3-200 得到精确的高度

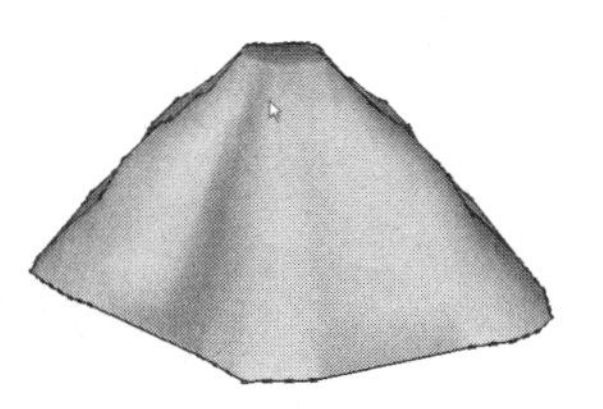

图 3-201　等高线地形

图 3-202　炸开后编辑地形

1. 点拉伸

在默认设置下，启用【曲面起伏】工具后，其将自动捕捉网格的交点与边线。此时如果选择任意一个交点进行拉伸，即可制作出具有明显“顶点”的地形起伏效果，如图 3-203、图 3-204 所示。

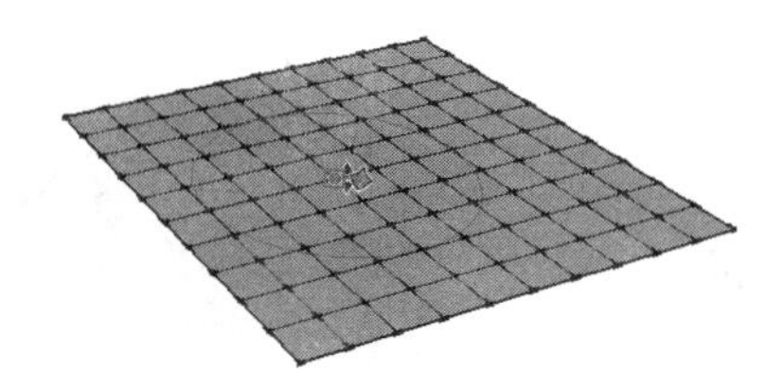

图 3-203　选择一个交点

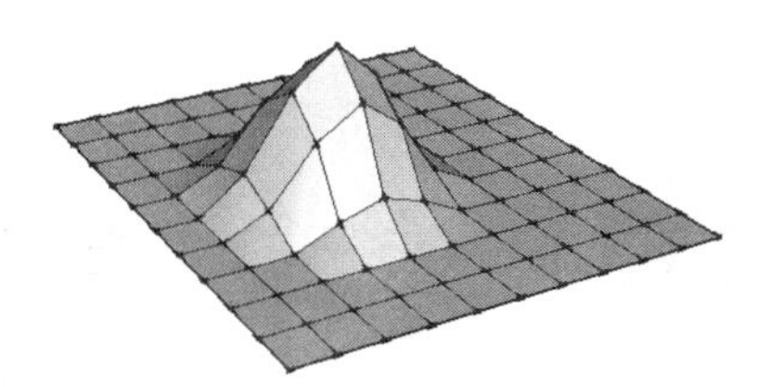

图 3-204　地形起伏效果

技 巧

选择的交点在拉伸后即为地形起伏的“顶点”。使用这种方法一次只能选择一个顶点，因此所制作出的地形起伏比较单调，接下来学习线与面的拉伸。

2. 线拉伸

01 启用【曲面起伏】工具后选择任意一条边线，推动鼠标即可制作比较平缓的地形起伏效果，如图 3-205、图 3-206 所示。

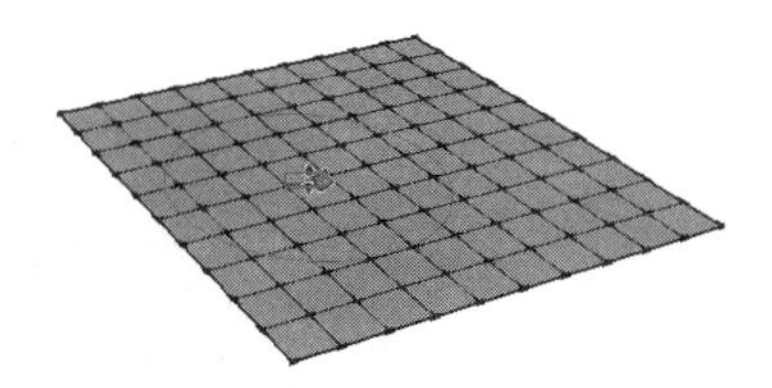

图 3-205　选择一条边线

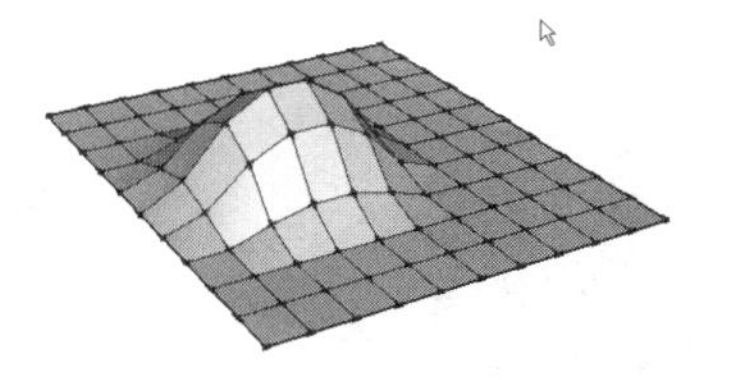

图 3-206　比较平缓的地形起伏效果

02 如果在启用【曲面起伏】工具前选择网格面上的连续边线，然后再启用【曲面起伏】工具进行拉伸，则可得到具有“山脊”特征的地形起伏效果，如图 3-207~ 图 3-209 所示。

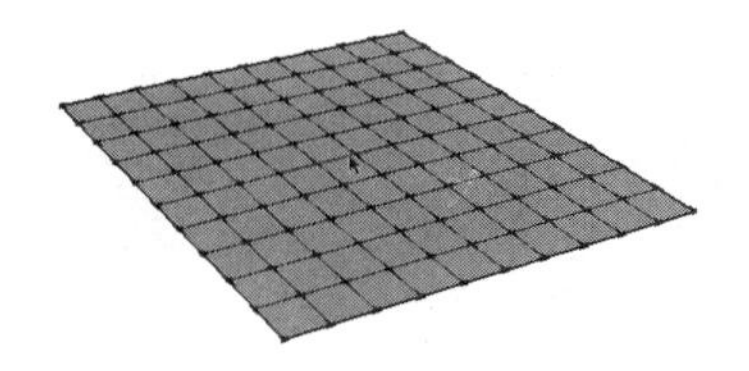

图 3-207　选择连续边线

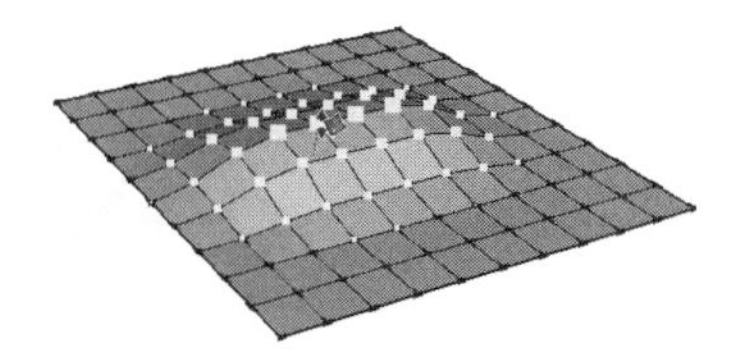

图 3-208　拉伸连续边线

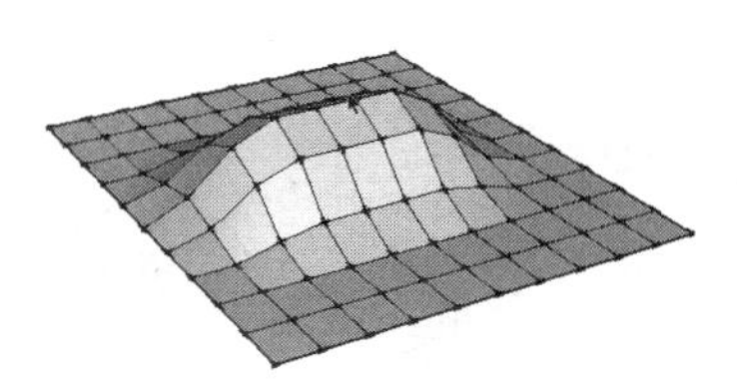

图 3-209　拉伸完成效果

03 在启用【曲面起伏】工具前，如果在网格面上选择间隔的多条边线，然后再启用【曲面起伏】工具进行拉伸，则可得到连绵起伏的地形效果，如图 3-210~ 图 3-212 所示。

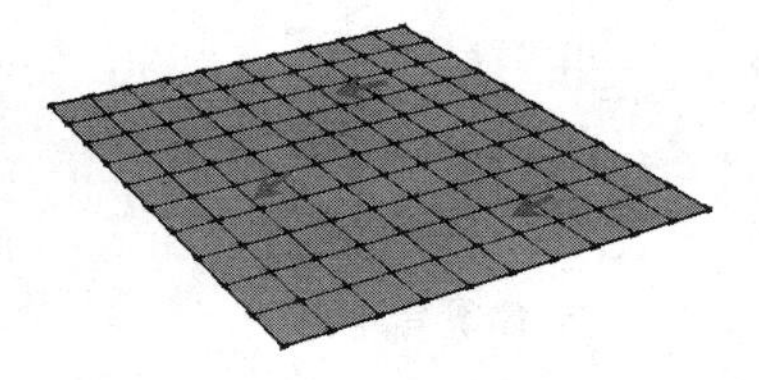
图 3-210　选择间隔的多条边线

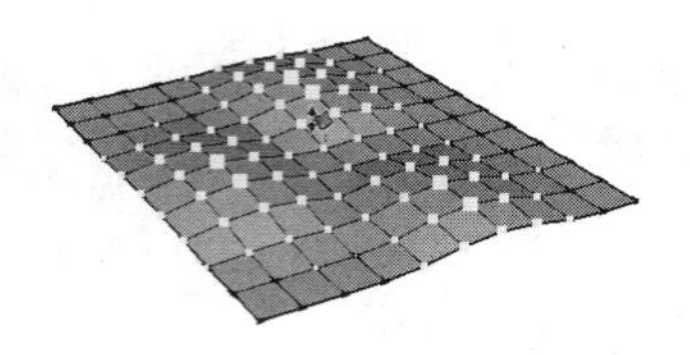
图 3-211　拉伸间隔边线

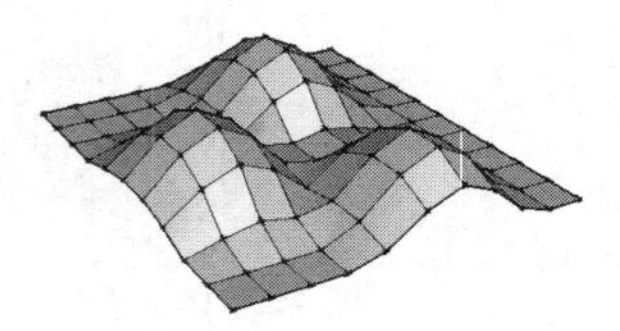
图 3-212　拉伸完成效果

04 执行【视图】|【隐藏物体】菜单命令，可以将网格中隐藏的对角边线进行虚显，选择对角边线后启用【曲面起伏】工具进行拉伸，可以得到斜向的起伏效果，如图 3-213 ~ 图 3-215 所示。

图 3-213　选择【隐藏物体】命令

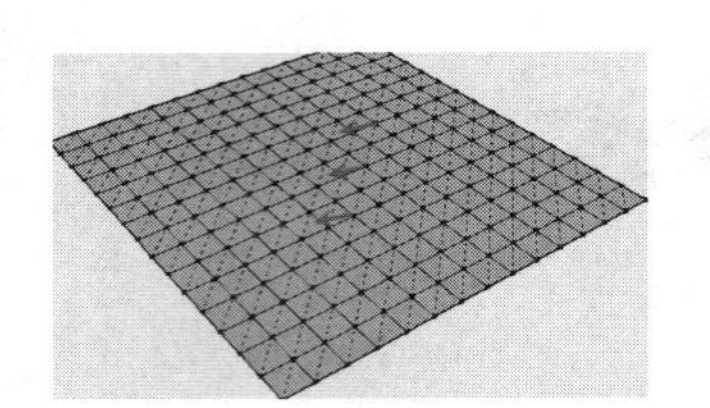
图 3-214　选择对角边线

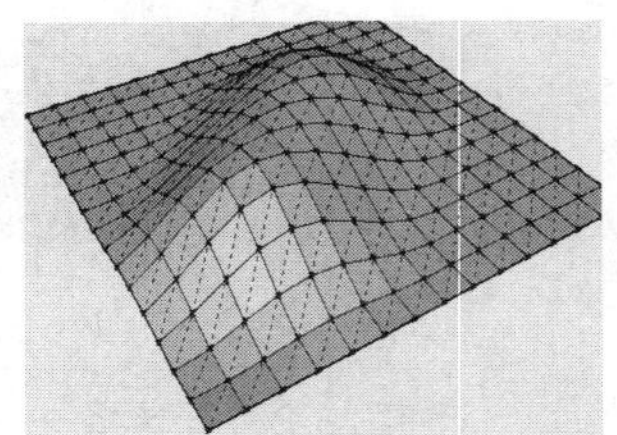
图 3-215　拉伸完成效果

技 巧

在使用【曲面起伏】工具制作根据网格创建的地形起伏效果时，线拉伸是主要手段。在制作过程中应该根据连续边线、间隔边线以及对角线的位伸特点，灵活地进行结合运用。

3. 面拉伸

01 在启用曲面起伏工具前，在根据网格创建的面上选择任意一个面，即可制作具有“顶部平面”的地形起伏效果，如图 3-216~ 图 3-218 所示。

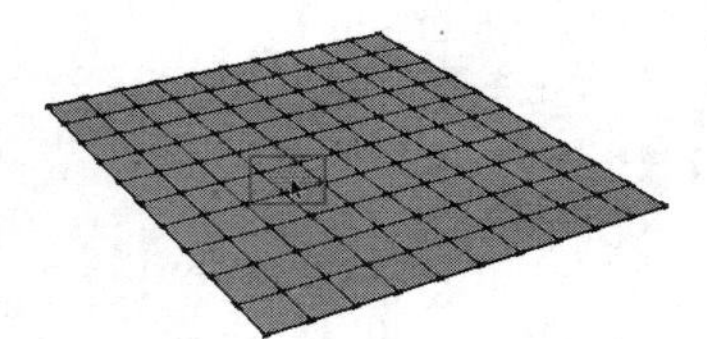
图 3-216　选择一个面

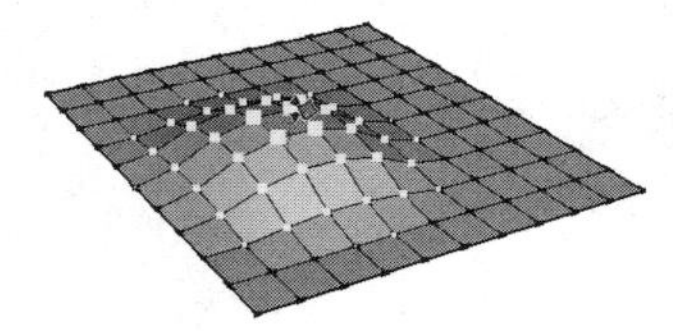
图 3-217　拉伸面

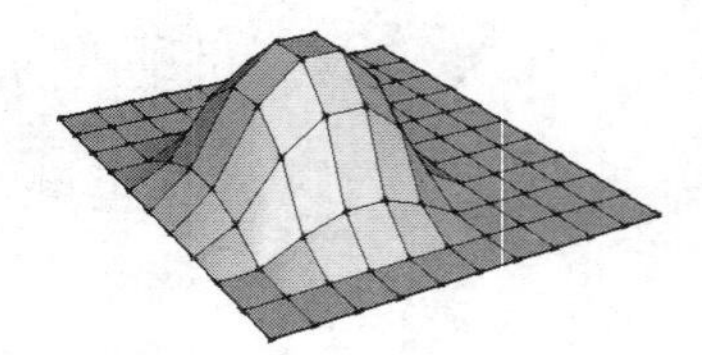
图 3-218　拉伸完成效果

02 同样，进行面拉伸时可以选择多个面同时拉伸，以制作出连绵起伏的地形效果，如图 3-219~ 图 3-221 所示。

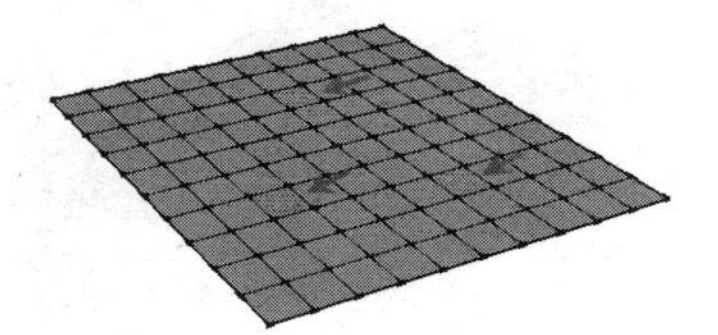
图 3-219　选择多个面

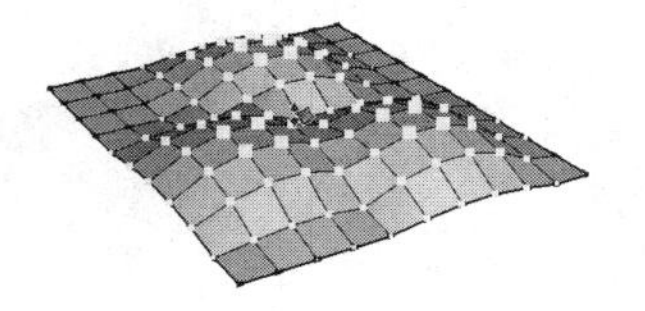
图 3-220　拉伸多个面

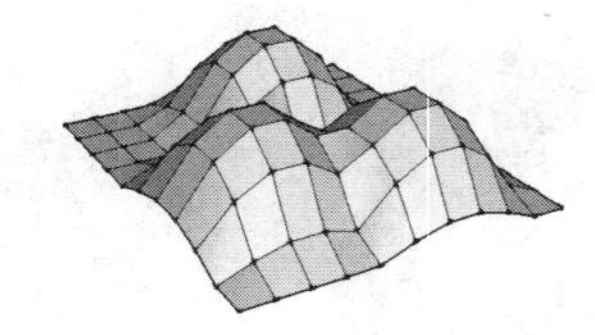
图 3-221　拉伸完成效果

3.7.4 【曲面平整】工具

在实际的项目制作中，经常会遇到需要在起伏的地形上放置规则的建筑物的情况，此时使用【曲面平整】工具可以快速制作出放置建筑物的平面，接下来介绍它的操作方法与技巧。

01 打开本书配套资源“第 03 章\3.7.4 曲面平整 .skp”场景模型，如图 3-222 所示。接下来使用【曲面平整】工具使场景模型贴合地放置在山顶上。

02 选择房屋模型，如图 3-223 所示。

03 启用【曲面平整】工具，此时房屋模型下方会出现一个矩形，如图 3-224 所示。该矩形范围即其对下方地形产生影响的范围。

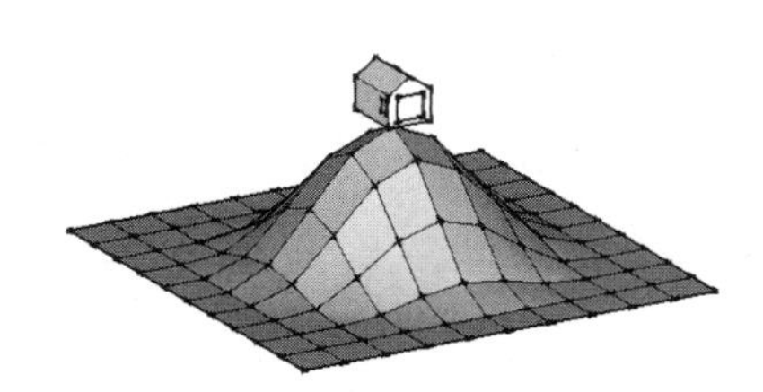

图 3-222　打开场景模型

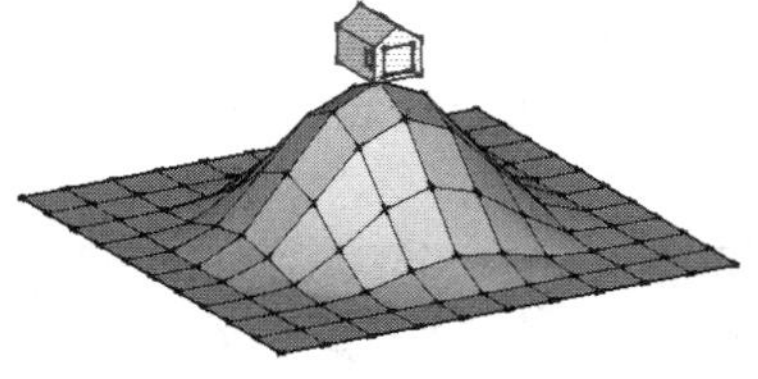

图 3-223　选择房屋模型

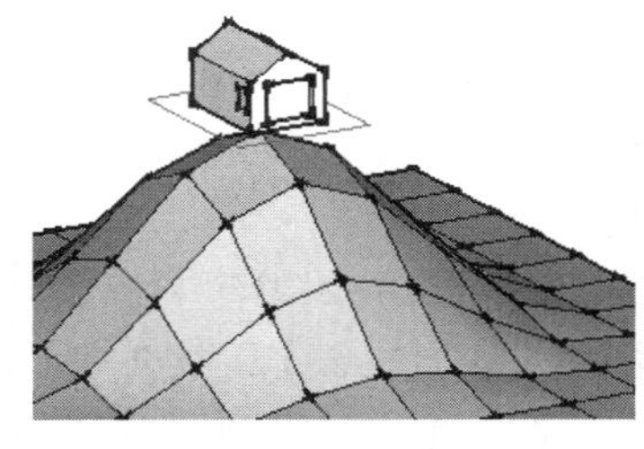

图 3-224　出现一个矩形

04 此时光标移动至根据网格创建的地形上方时将变成状，而根据网格创建的地形也将显示细分面效果，如图 3-225 所示。

05 在根据网格创建的地形上单击鼠标进行确定，根据网格创建的地形即会出现如图 3-226 所示的平面。

06 选择其上方的房屋模型将其移动至出现的平面上即可，如图 3-227 所示。

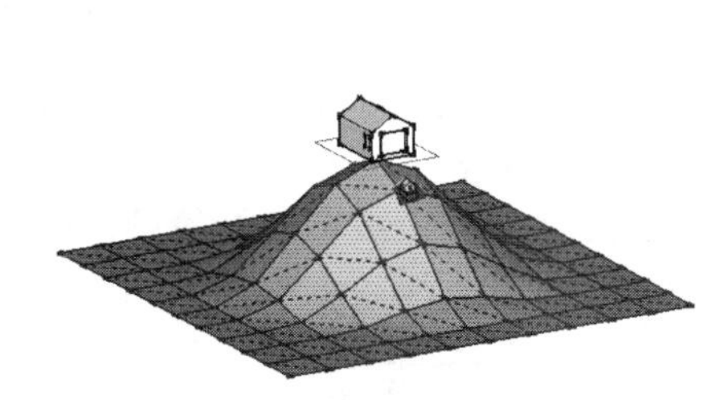

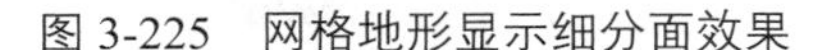

图 3-225　网格地形显示细分面效果

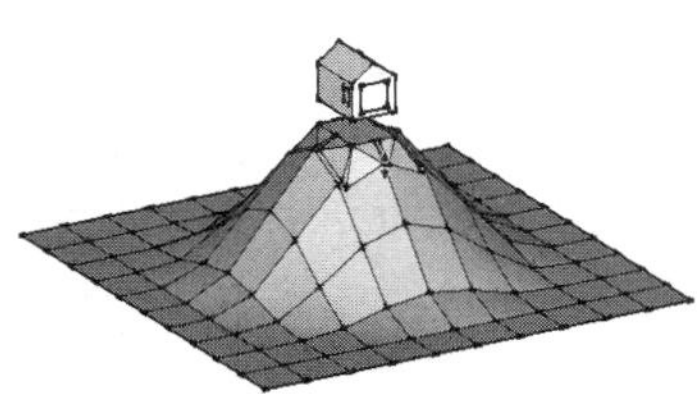

图 3-226　出现平面

图 3-227　移动房屋模型至平面

注 意

在根据网格创建的地形上单击鼠标形成平面后，应该在空白处单击确定平面效果。如果此时将平面向上拉伸至与房屋底面，如图 3-228 所示，地形将产生生硬的边缘现象。

07 如果在启用【曲面平整】工具后输入较大的偏移数值，再单击根据网格创建的地形将会产生更大的平整范围，如图 3-229、图 3-230 所示。但此时绝对的平整区域将仍保持与房屋底面等大，仅在周边产生更多的三角细分面，因此通常保持默认即可。

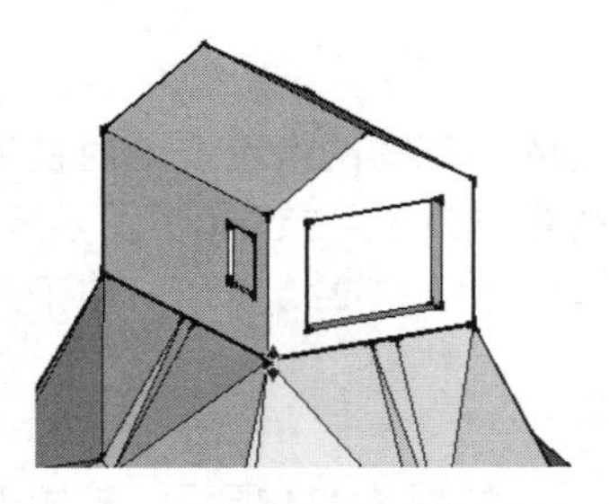

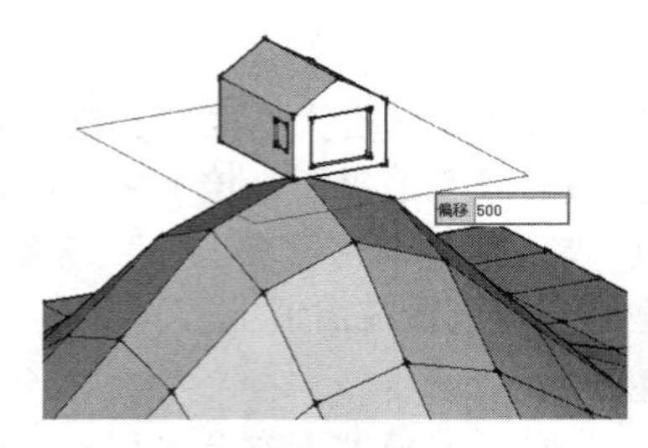

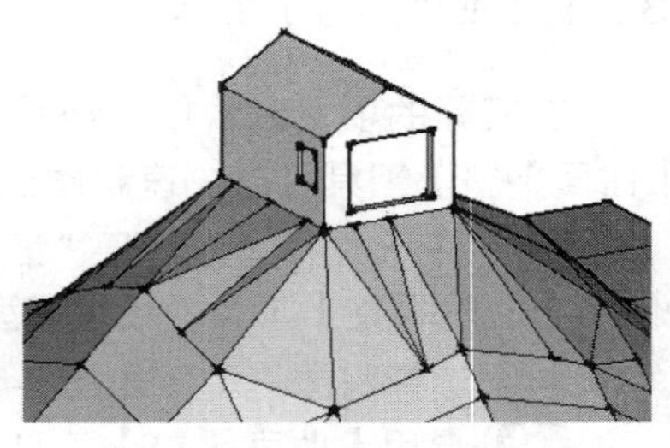

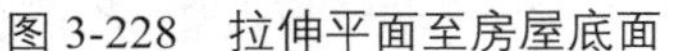

图 3-228　拉伸平面至房屋底面　　图 3-229　产生更大的平整范围　　图 3-230　更大的平整影响区域

3.7.5 【曲面投射】工具

在使用 SketchUp 进行城市规划等场景的制作时，通常会遇到需要在连绵起伏的地形上制作公路的情况，此时使用【曲面投射】工具可以快速制作山间公路等效果，下面介绍具体操作方法与技巧。

01 打开本书配套资源“第 03 章\3.7.5 创建道路 .skp”场景模型，如图 3-231 所示。接下来利用【曲面投射】工具在地形表面制作出一条公路的效果。

02 使用【手绘线】工具在地形表面的上方绘制公路平面模型，然后将其移动至曲面地形正上方，如图 3-232、图 3-233 所示。

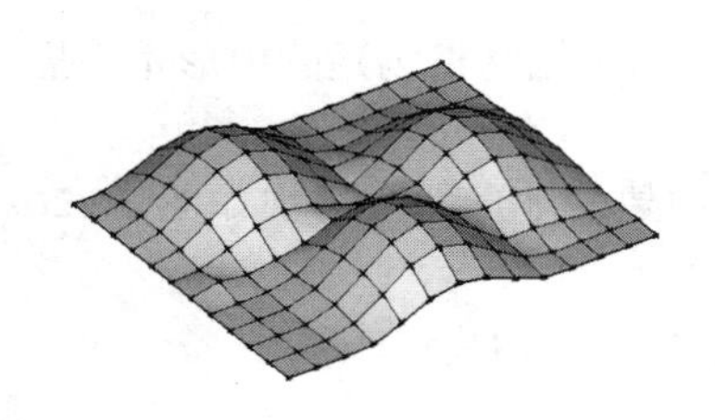

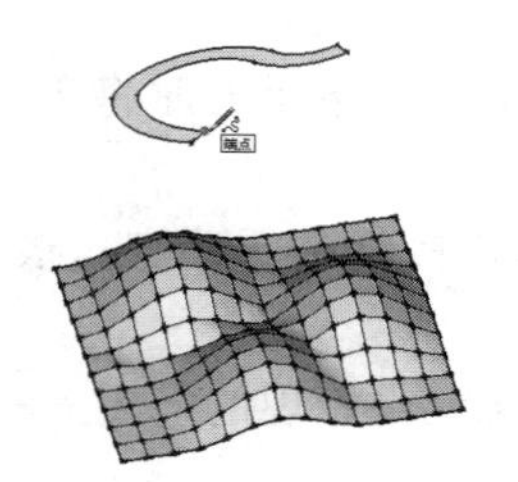

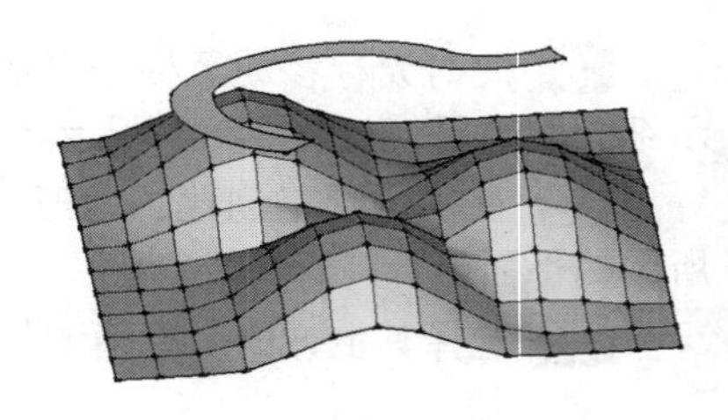

图 3-231　打开场景模型　　图 3-232　绘制公路平面模型　　图 3-233　移动至曲面地形正上方

03 选择公路模型平面，启用曲面投射工具，将光标置于根据网格创建的地形上方时将变成状，而根据网格创建的地形也将显示细分面效果，如图 3-234、图 3-235 所示。

04 在根据网格创建的地形上单击鼠标进行曲面投射，在网格地形表面投影公路轮廓，如图 3-236 所示。

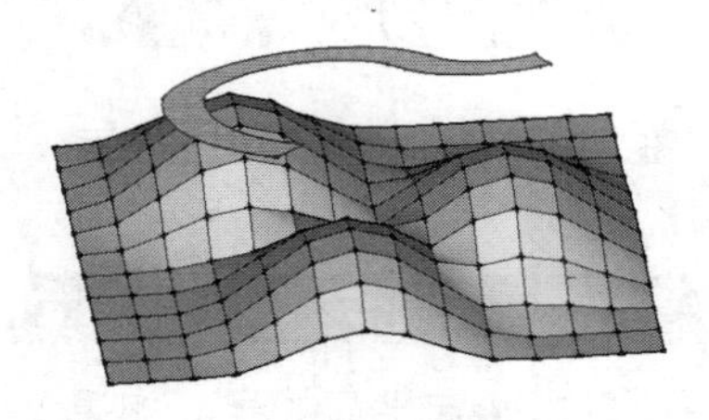

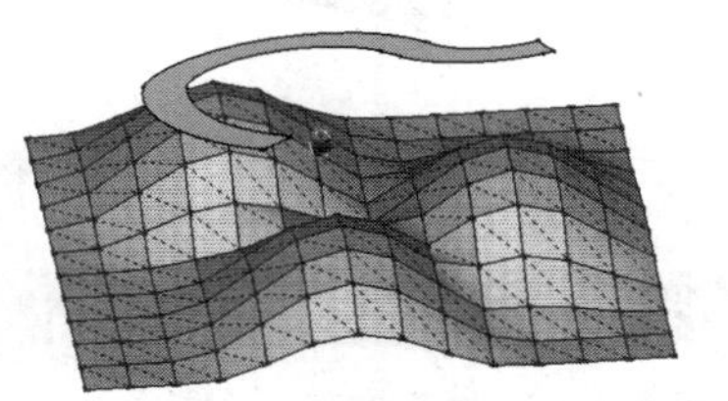

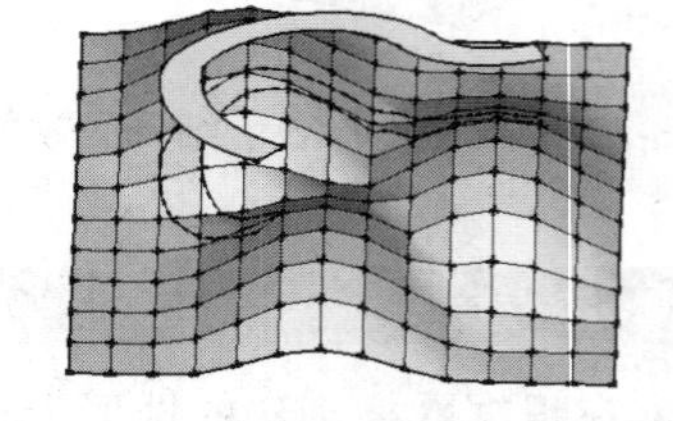

图 3-234　选择公路模型平面　　图 3-235　显示细分面效果　　图 3-236　在网格地形表面投影公路轮廓

3.7.6 【添加细部】工具

在使用【根据网格创建】工具进行地形效果的制作时，过少的细分面将使地形效果显得生硬，过多的细分面则会增大系统显示与计算负担。使用【添加细部】工具可以在需要表现细节的地方增加细分面，而其他区域则保持较少的细分面，下面介绍具体的操作方法。

01 在 SketchUp 中以 500mm 的网格宽度创建一个地形平面，如图 3-237 所示。

02 此时直接使用曲面起伏工具选择交点进行拉伸，可以发现起伏边缘比较生硬，如图3-238所示。

03 为了使边缘显得平滑，可以在使用【曲面起伏】工具前选择将要进行拉伸的网格平面，然后启用【添加细部】工具对选择面进行细分，如图 3-239、图 3-240 所示。

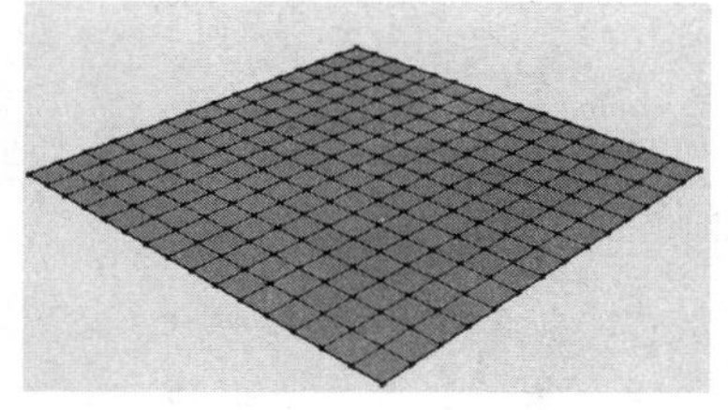
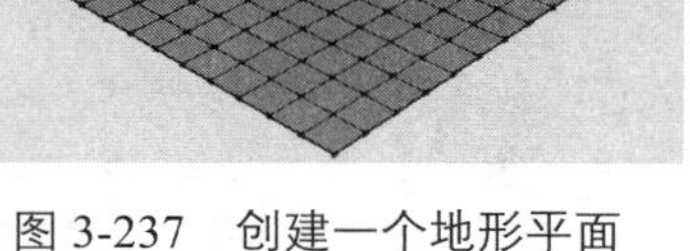

图 3-237　创建一个地形平面

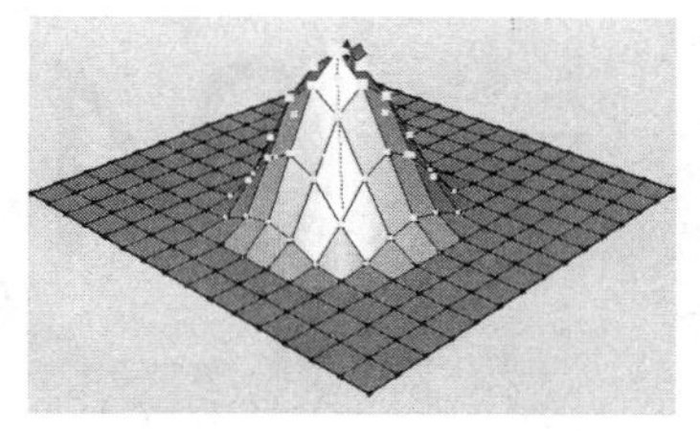

图 3-238　起伏边缘比较生硬

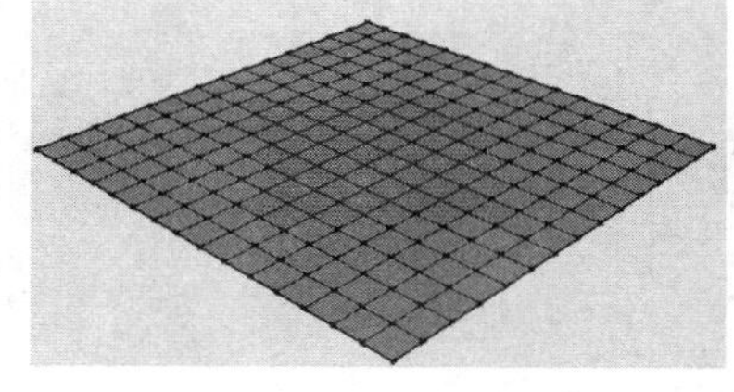

图 3-239　选择将要拉伸的网格平面

04 使用【曲面起伏】工具进行拉伸，即可得到平滑的拉伸边缘，如图 3-241、图 3-242 所示。

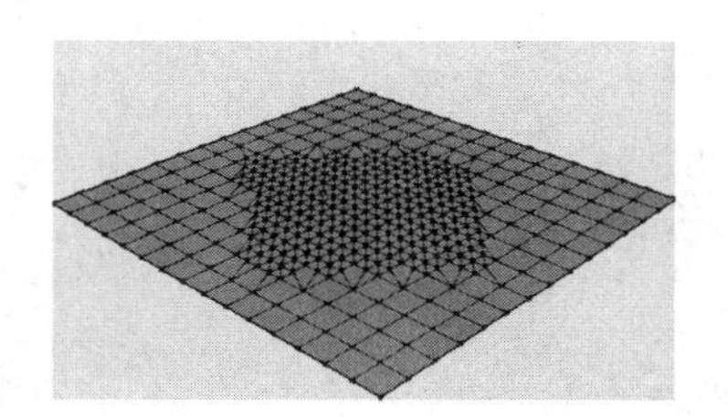

图 3-240　对网格平面进行细分

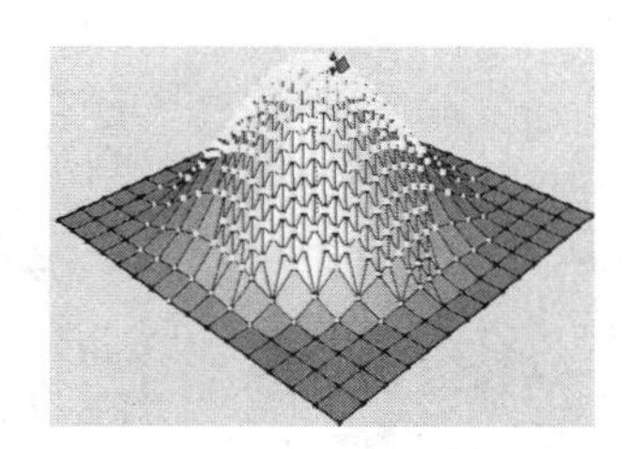

图 3-241　使用曲面起伏工具进行拉伸

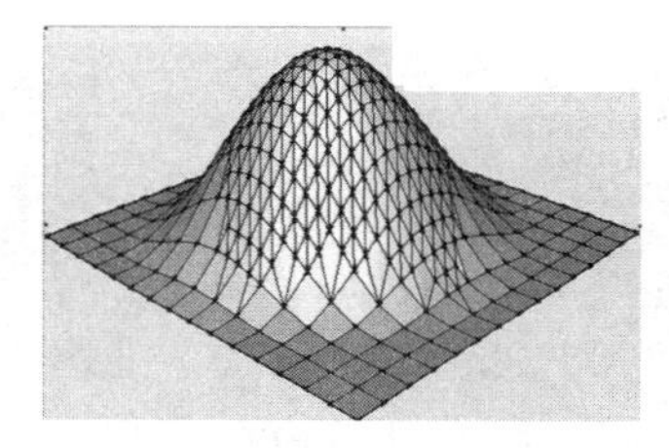

图 3-242　平滑的拉伸边缘

3.7.7 【对调角线】工具

在虚显根据网格创建的地形的对角边线后，启用【对调角线】工具可以根据地势走向对应改变对角边线方向，从而使地形变得平缓一些，如图 3-243、图 3-244 所示。

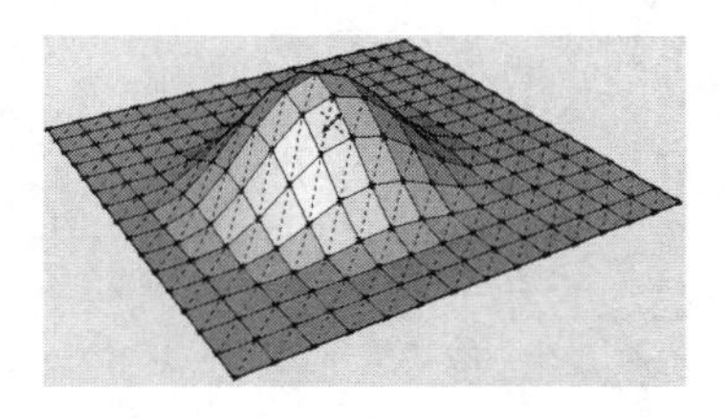

图 3-243　启用对调角线工具

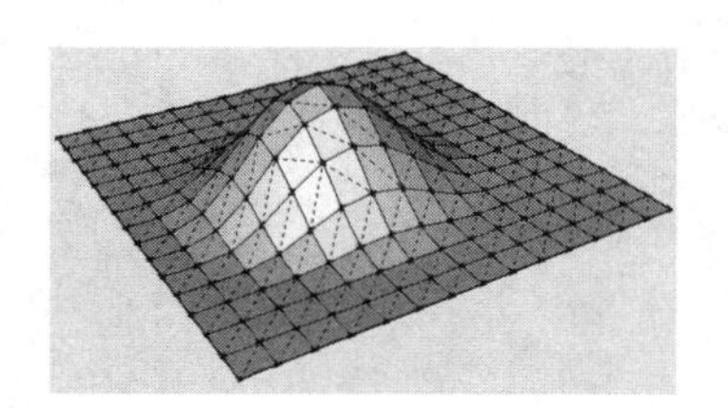

图 3-244　改变对角边线方向

第04章

SketchUp 导入与导出

本章重点：

- ◆ SketchUp 导入功能
- ◆ SketchUp 导出功能

SketchUp 软件虽然是一个面向方案设计的软件，但通过其文件的导入与导出功能，可以很好地与 AutoCAD、3ds max、Photoshop 以及 Piranesi 常用图形图像软件进行紧密协作。

4.1 SketchUp 导入功能

4.1.1 导入 AutoCAD 文件

SketchUp 作为真正的方案推敲工具，支持方案设计的全过程。除了抽象的建筑形体推敲，在 SketchUp 中导入精确的 AutoCAD 图纸，完全可以制作出高精度、高细节的三维模型，如图 4-1、图 4-2 所示。

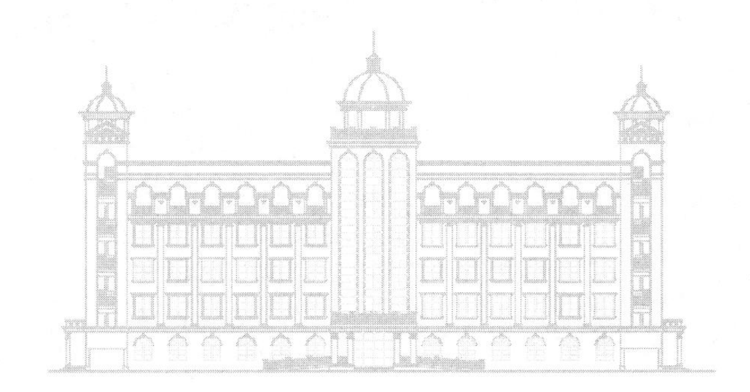

图 4-1 导入 AutoCAD 图纸

图 4-2 在 SketchUp 中制作三维模型

SketchUp 支持 AutoCAD 中 DWG/DXF 两种格式文件的导入，下面介绍具体的操作方法。

01 执行【文件】|【导入】菜单命令，如图 4-3 所示。打开【导入】对话框，选择文件类型为【AutoCAD 文件】，如图 4-4 所示。

图 4-3 执行【导入】菜单命令

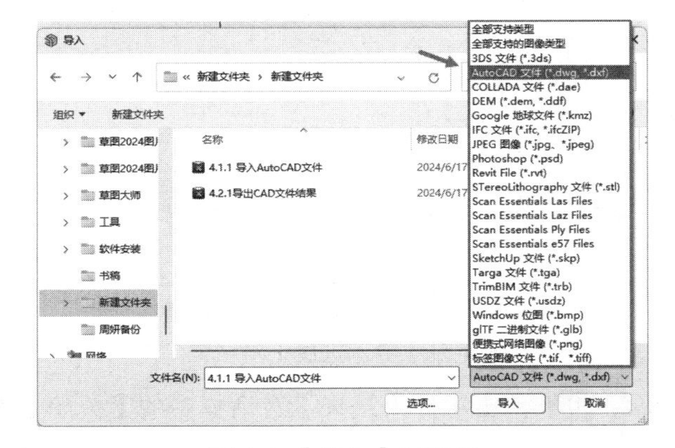

图 4-4 【导入】对话框

02 单击【导入】对话框中的【选项】按钮，打开【导入 AutoCAD DWG/DXF 选项】对话框。单击【单位】选项，向下弹出列表，选择【毫米】选项，如图 4-5 所示，设置图纸单位。

03 在【导入 AutoCAD DWG/DXF 选项】对话框中单击【确定】按钮，在【导入】对话框中选择目标导入文件，双击文件即可进行导入，如图 4-6 所示。

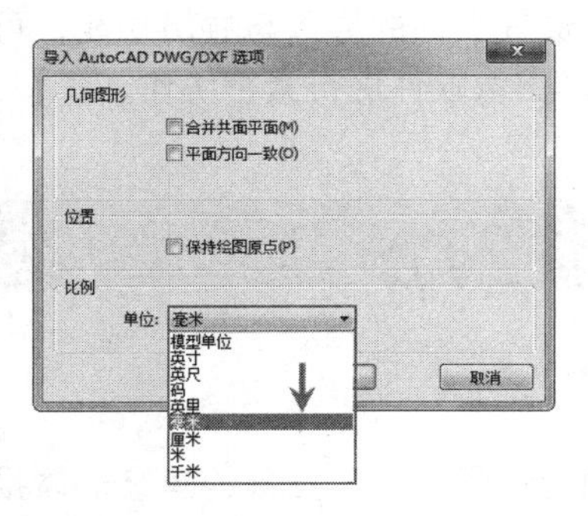

图 4-5 【导入 AutoCAD DWG/DXF 选项】对话框

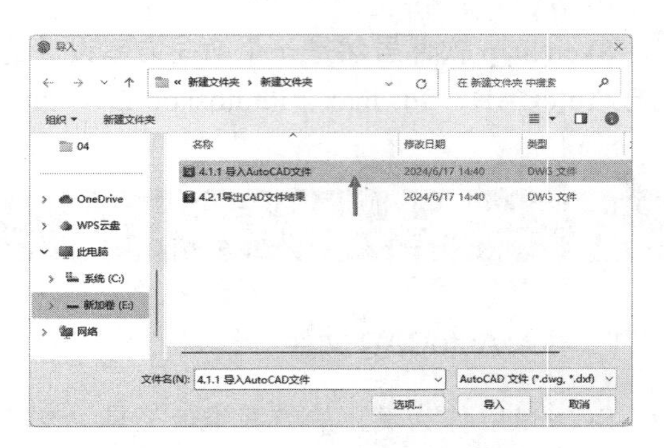

图 4-6 选择目标导入文件

技 巧

【导入 AutoCAD DWG/DXF 选项】对话框参数含义如下：

【合并共面平面】：导入 DWG/DXF 文件时，如果在一些平面上出现三角形的划分线，选择该选项，SketchUp 将自动删除多余的划分线。

【平面方向一致】：选择该选项，SketchUp 将自动分析导入表面的朝向，并统一表面的法线方向。

【保持绘图原点】：选择该选项，保持导入文件的绘图原点不变。

【单位】：根据导入要求选择对应单位即可，通常为毫米。

04 打开【导入进度】对话框，显示文件的导入情况，如图 4-7 所示。

05 文件成功导入后，弹出【导入结果】对话框，显示输入、简化和忽略的 AutoCAD 图元，如图 4-8 所示。

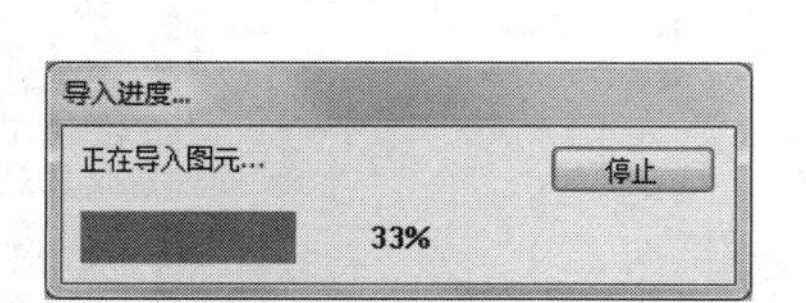

图 4-7 【导入进度】对话框

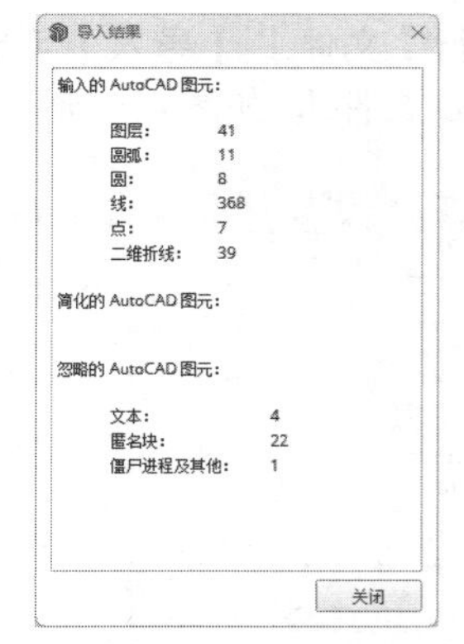

图 4-8 【导入结果】对话框

06 单击【导入结果】对话框中的【关闭】按钮，即可利用鼠标放置导入的文件，如图 4-9 所示。

07 对比 AutoCAD 中的图形效果，可以发现两者并无区别，如图 4-10 所示。

技 巧

如果工作中必须导入这些未被支持的图元，可以先在 AutoCAD 中将其分解变成线、圆弧等支持的图元。如果并不需要这些图元，则可以直接删除。

图 4-9　放置导入的文件

图 4-10　AutoCAD 中的图形效果

4.1.2　导入 3ds 文件

SketchUp 支持 3ds 格式的三维文件导入，下面介绍具体的操作方法。

01 执行【文件】|【导入】菜单命令，在【导入】对话框中选择【3DS 文件】文件类型，如图 4-11、图 4-12 所示。

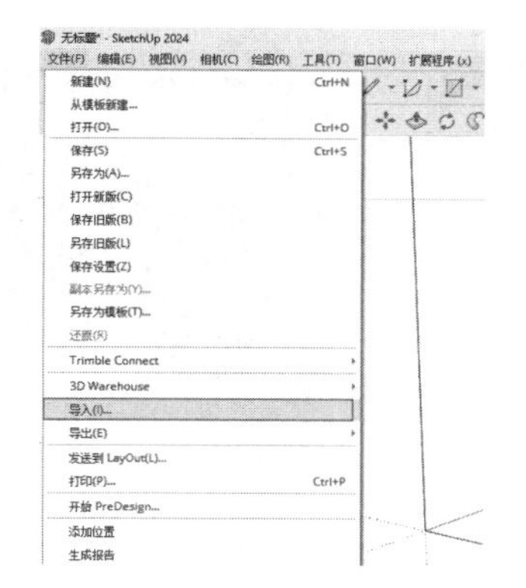

图 4-11　执行【导入】菜单命令

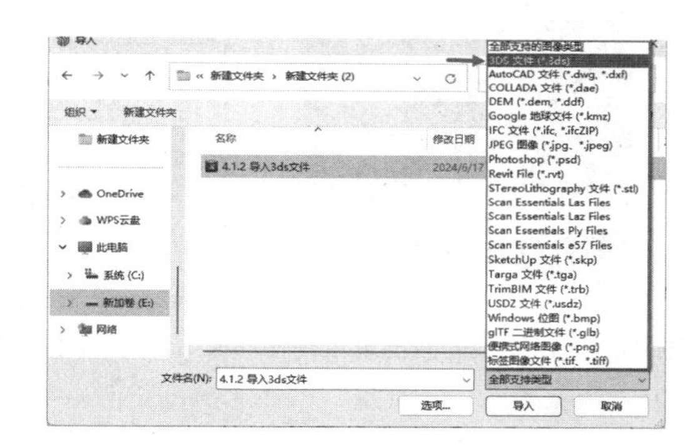

图 4-12　选择【3DS 文件】文件类型

02 单击【导入】对话框中的【选项】按钮，打开对应的【3DS 导入选项】对话框，设置参数如图 4-13 所示。

03 在【导入】对话框中双击目标导入文件，即可进行导入，如图 4-14 所示。

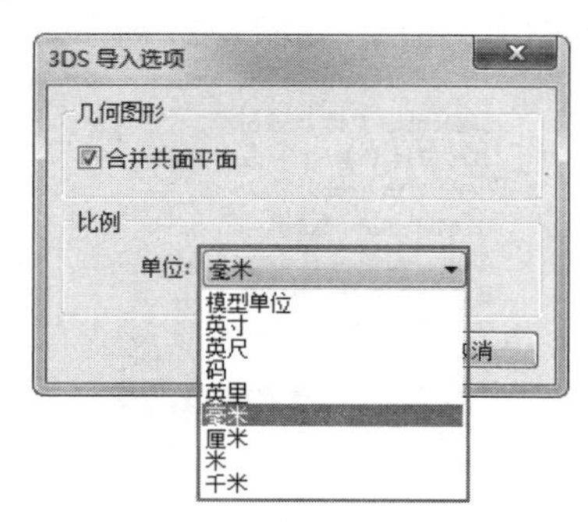

图 4-13　【3DS 导入选项】对话框

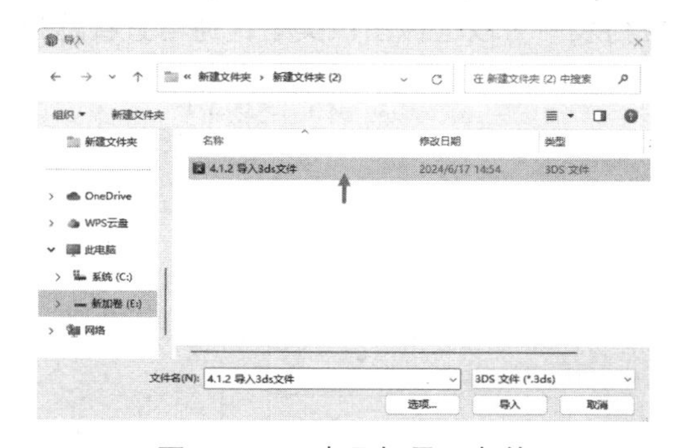

图 4-14　双击目标导入文件

04 打开【导入进度】对话框，显示导入文件的进度，如图 4-15 所示。

05 文件成功导入后的效果如图 4-16 所示。

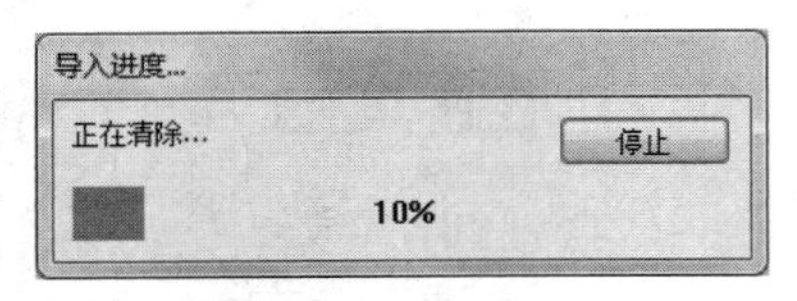

图 4-15 【导入进度】对话框

图 4-16 文件成功导入后的效果

技 巧

另外一个比较常见的问题是在模型表面出现三角面，如图 4-17 所示。对于结构本来较为简单的模型，勾选【3DS 导入选项】面板中的【合并共面平面】复选框，可以有效解决该问题，如图 4-18、图 4-19 所示。

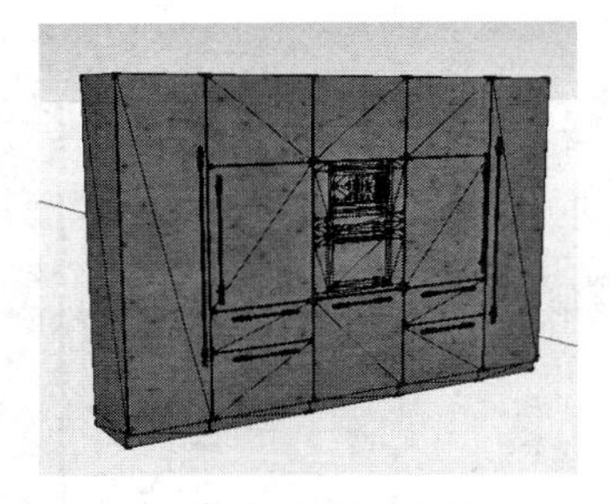

图 4-17 在模型表面出现三角面

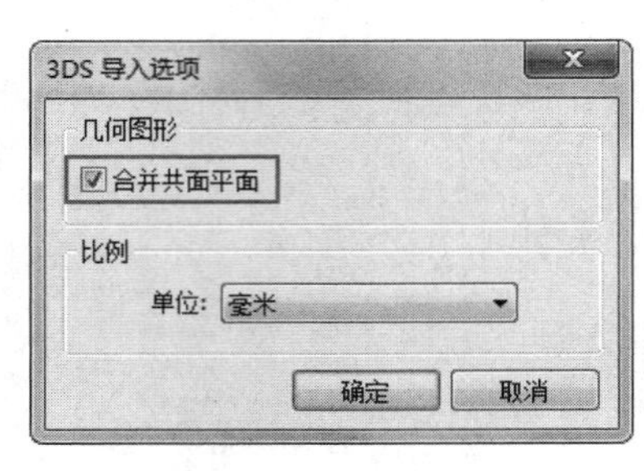

图 4-18 勾选复选框

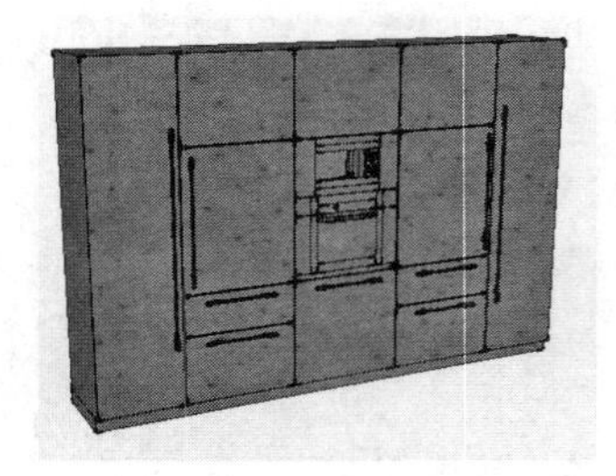

图 4-19 调整效果

4.1.3 导入二维图像

1. 二维图像导入方法

SketchUp 支持 JPG、PNG、TIF、TGA 等常用二维图像文件导入，下面介绍操作步骤。

01 执行【文件】|【导入】菜单命令，如图 4-20 所示。打开【导入】对话框，在文件类型下拉列表中可以选择图像类型，通常直接选择【所有支持的图像类型】，如图 4-21 所示。

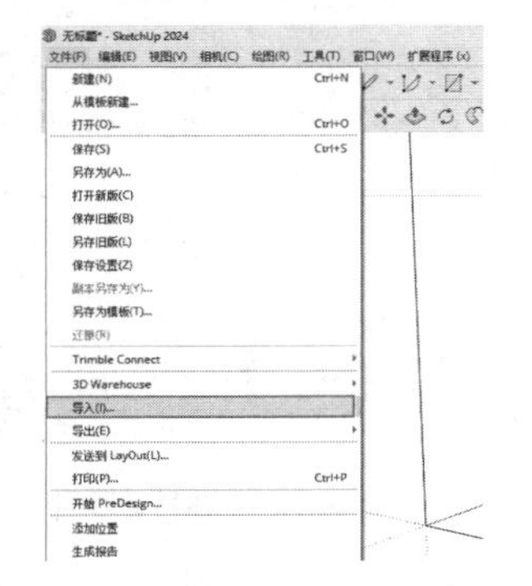

图 4-20 执行【导入】菜单命令

SketchUp 文件 (*.skp)
3DS 文件 (*.3ds)
COLLADA 文件 (*.dae)
DEM (*.dem, *.ddf)
AutoCAD 文件 (*.dwg, *.dxf)
IFC 文件 (*.ifc, *.ifcZIP)
Google 地球文件 (*.kmz)
STereoLithography Files (*.stl)
所有支持的图像类型
JPEG 图像 (*.jpg)
便携式网络图形 (*.png)
Photoshop (*.psd)
标记图像文件 (*.tif)
Targa 文件 (*.tga)
Windows 位图 (*.bmp)

图 4-21 选择图像类型

02 选择图像导入类型后，可以在【导入】对话框的下侧选择图像的导入功能，如图 4-22 所示，这里保持默认的【图像】选项。

03 在【导入】对话框中双击目标图像文件，或单击【导入】按钮，如图 4-23 所示。

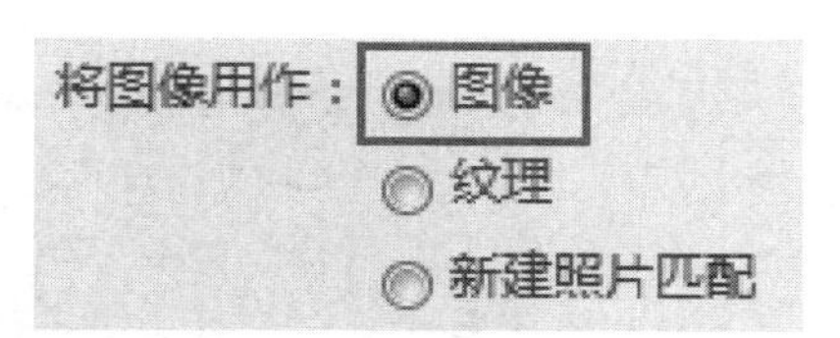

图 4-22 选择【图像】选项

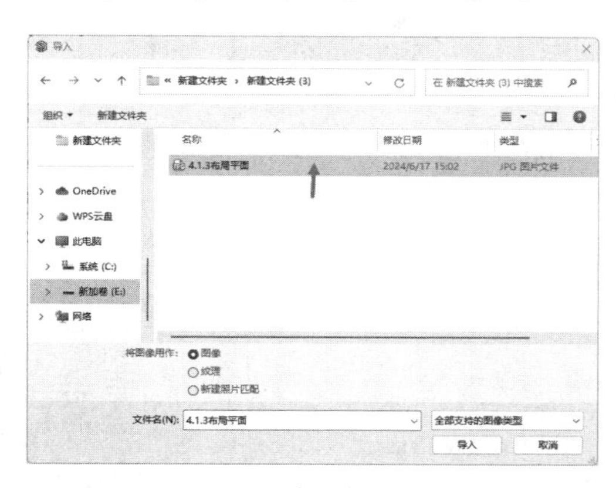

图 4-23 双击目标图像文件

04 单击将其放置于原点附近，如图 4-24 所示。

05 拖动鼠标，指定第二个点，如图 4-25 所示。

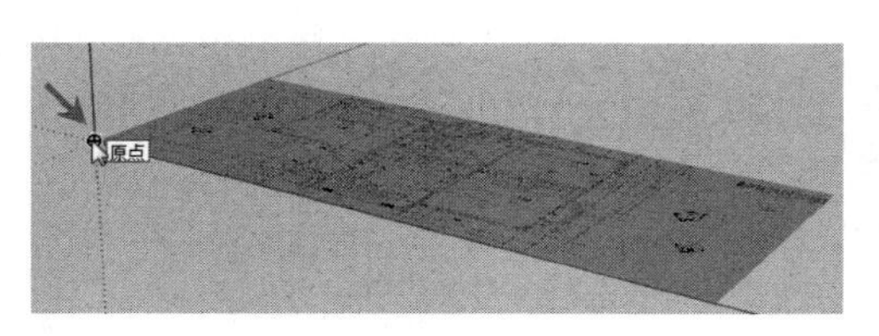

图 4-24 放置于原点附近

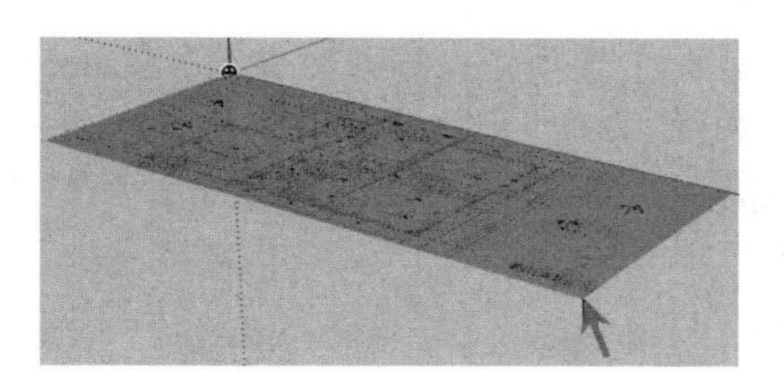

图 4-25 指定第二个点

06 二维图像的放置结果如图 4-26 所示。

07 导入进来的图像作为参考底图，用于 SketchUp 辅助建模，如图 4-27 所示。

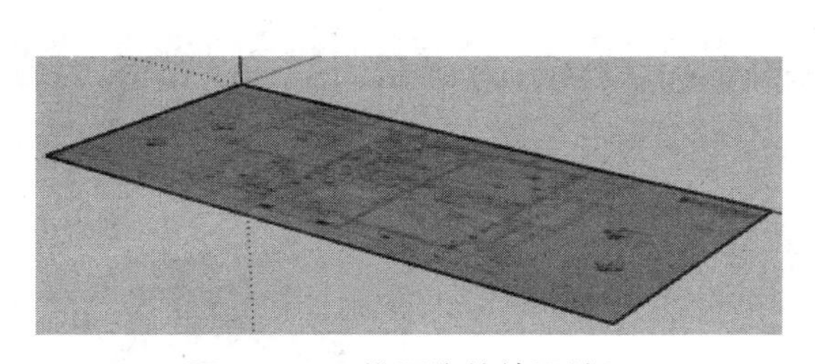

图 4-26 二维图像的放置结果

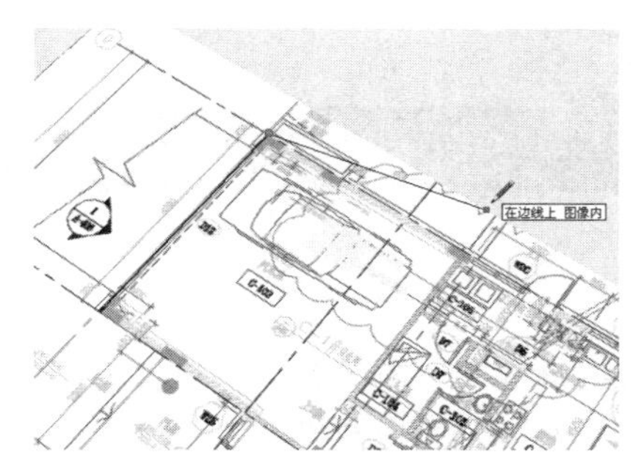

图 4-27 图像作为底图辅助建模

2. 二维图像导入技巧

将二维图像成功导入 SketchUp 后，将自动生成一个与图像长宽比例一致的平面，如图 4-28 所示。而在确定该平面第一个放置点后，按住“Shift”键拖动，可以改变平面的长宽比例，如图 4-29 所示。如果按住“Ctrl”键，则平面中心将与放置点自动对齐，放置结果如图 4-30 所示。

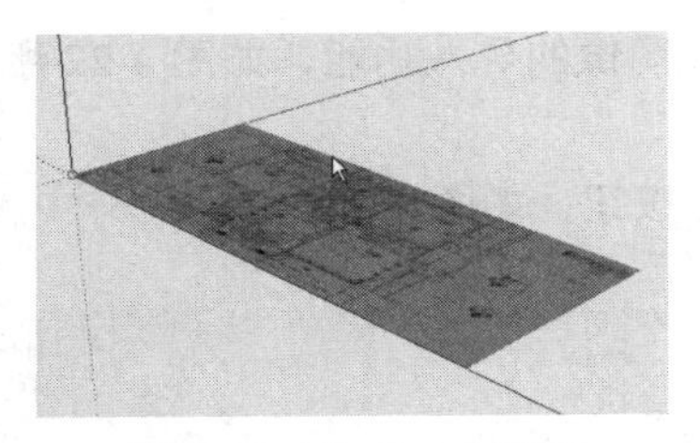

图 4-28　生成一个平面

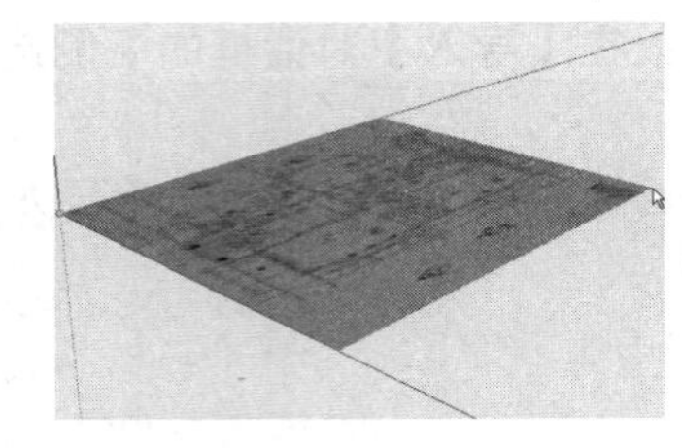

图 4-29　改变平面的长宽比例

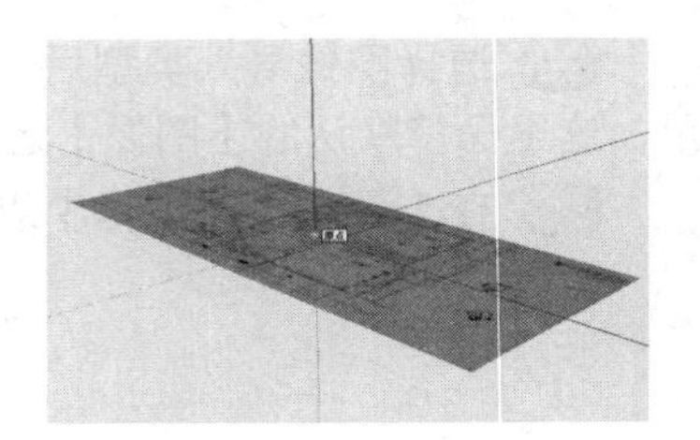

图 4-30　放置结果

此外，如果在【导入】面板中选择将图像导入为材质，则可以将其赋予至场景模型表面，如图 4-31~ 图 4-33 所示。

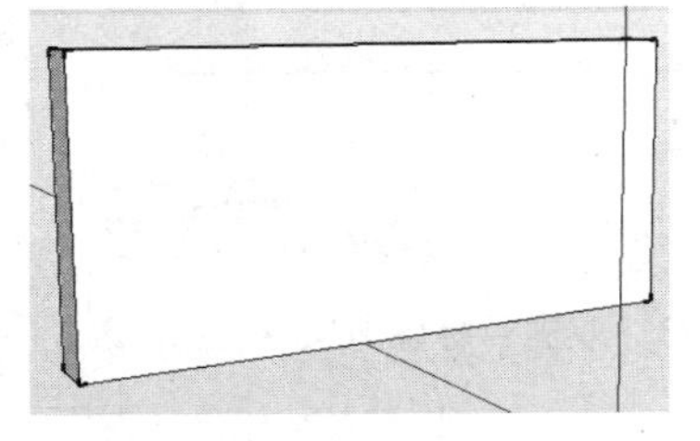

图 4-31　空白模型表面

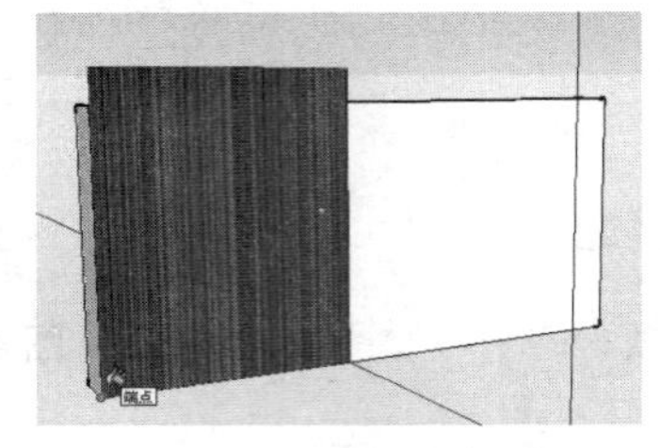

图 4-32　放置材质图像

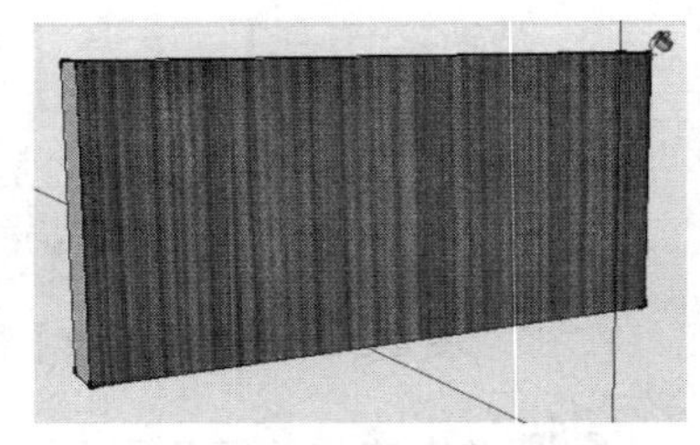

图 4-33　材质完成效果

如果在【导入】对话框的下侧选择【新建照片匹配】选项，在导入图像后，SketchUp 将出现如图 4-34 所示的照片匹配界面，以进行配置调整，具体照片匹配方法请读者参考本书第 7 章的详细内容。

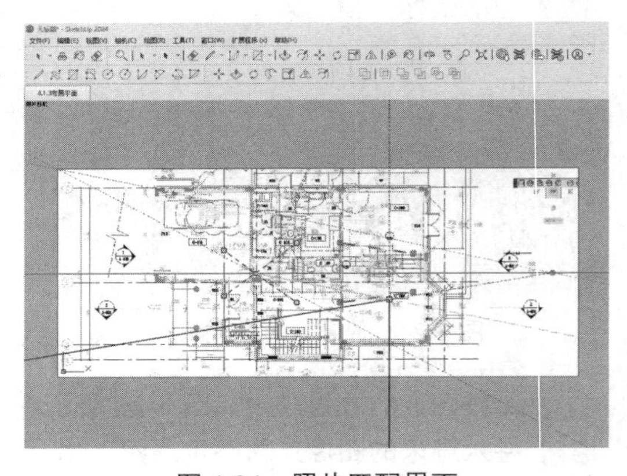

图 4-34　照片匹配界面

4.2 SketchUp 导出功能

4.2.1　导出 AutoCAD 文件

SketchUp 可以将场景内的三维模型（包括单面对象）以 DWG/DXF 两种格式导出为 AutoCAD 可用文件，本节以导出 DWG 格式文件为例，讲解具体的操作方法。

1. DWG 文件导出方法

01 打开配套资源“第 04 章 | 4.2.1 导出 dwg.skp”模型文件，如图 4-35 所示，该场景为一个中型的城市规划模型。

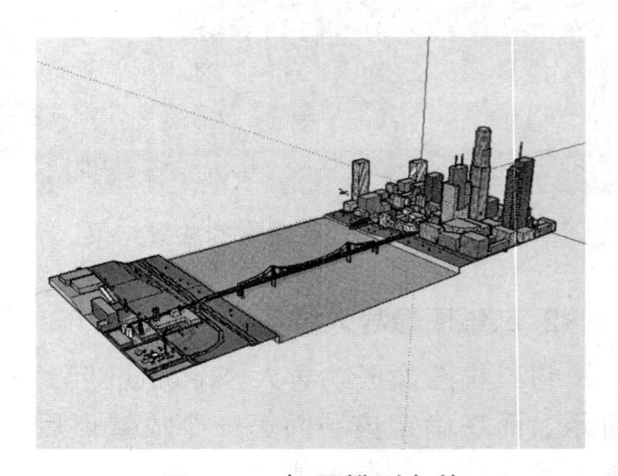

图 4-35　打开模型文件

02 执行【文件】|【导出】|【二维图形】菜单命令，打开【输出二维图形】对话框，如图 4-36 所示。

03 单击【保存类型】选项，在列表中选择“AutoCAD DWG 文件”，如图 4-37 所示。

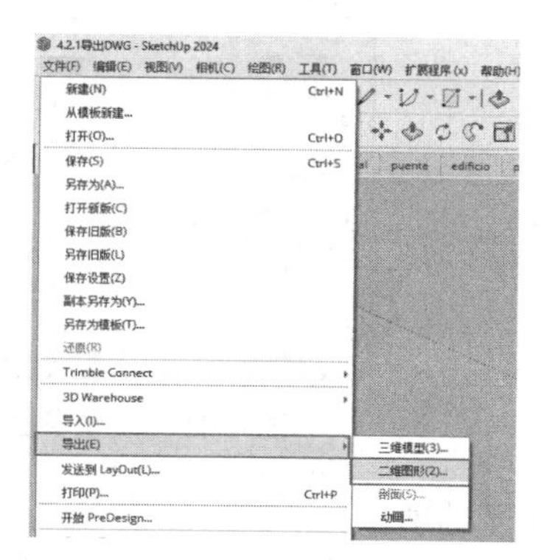

图 4-36 执行【二维图形】命令

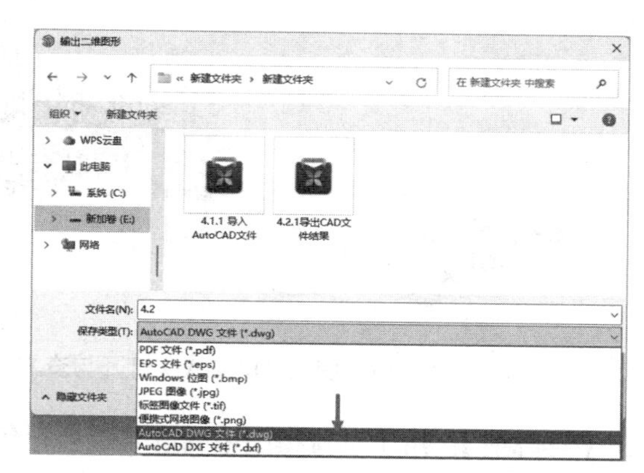

图 4-37 选择【保存类型】

04 单击【输出二维图形】对话框中的【选项】按钮，打开【DWG/DXF 消隐选项】对话框，根据导出要求设置参数，单击【确定】按钮确认，如图 4-38 所示。

05 在【输出二维图形】对话框单击【导出】按钮，即可导出 DWG 文件，成功导出 DWG 文件后，SketchUp 将弹出如图 4-39 所示的提示。

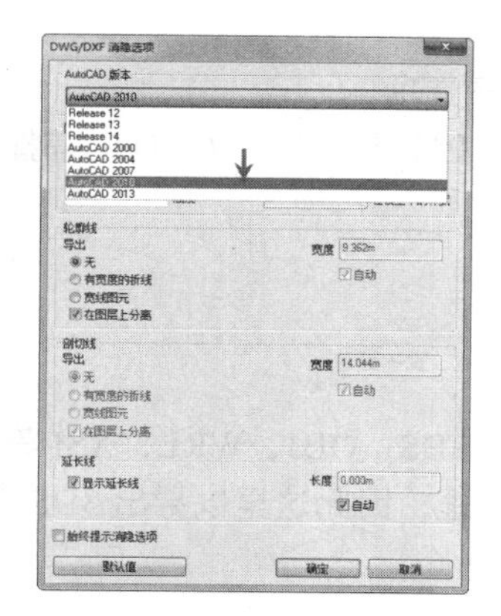

图 4-38 【DWG/DXF 消隐选项】对话框

图 4-39 成功导出提示

06 在导出路径中找到导出的 DWG 文件，即可使用 AutoCAD 打开与查看，如图 4-40 所示。

2.【DWG/DXF 消隐选项】对话框的参数功能

在导出 AutoCAD 文件时，用户可以根据需要设置相应的【DWG/DXF 消隐选项】对话框参数，如图 4-41 所示，其中各项参数含义如下：

【AutoCAD 版本】：用于设置导出 CAD 图像的软件版本。

【图纸比例与大小】：用于设置绘图区域比例与尺寸大小，包含以下三个子选项。

- 实际尺寸：勾选后将按照真实尺寸大小导出图形。
- 在图纸中 / 在模型中的样式：分别表示导出时的拉伸比例。在透视图模式下这两项不能定义，即使在平行投影模式下，也只有在表面法线垂直视图时才能定义。
- 宽度 / 高度：用于定义导出图形的宽度和高度。

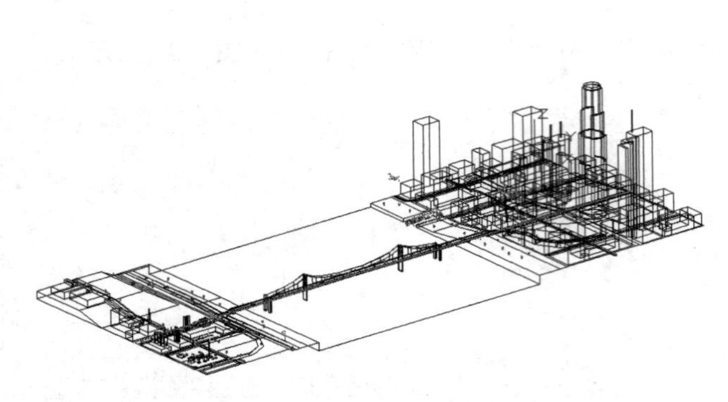

图 4-40　使用 AutoCAD 打开与查看

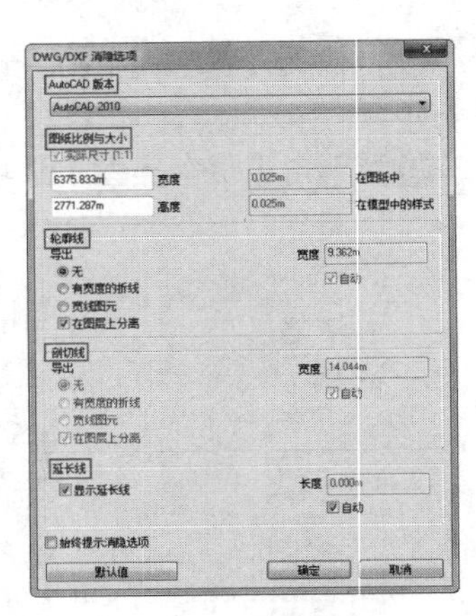

图 4-41　设置参数

【轮廓线】：用于设置模型中轮廓线选项，包括以下五个子选项。

- 无：选择后，将会导出正常的线条，而非在屏幕中显示的特殊效果，一般情况下，SketchUp 的轮廓线导出后都是较粗的线条。
- 有宽度的折线：选择后导出的轮廓线将以多段线在 CAD 中显示。
- 宽线图元：选择后，导出的剖面线为粗线实体，只有对 AutoCAD2000 以上版本有效。
- 在图层上分离：用于导出专门的轮廓线图层，以便进行设置和修改。
- 宽度：用于设置线段的宽度。

【剖切线】：与【轮廓线】选项类似。

【延长线】：用于设置模型中延长线选项，包括以下两个子选项。

- 显示延长线：勾选后，导出的图像中将显示延长线。因为延长线对 CAD 的捕捉参考系统有影响，一般情况下不勾选此项。
- 长度：用于设置延长线的长度。

4.2.2　导出常用三维文件

SketchUp 除了可以导出 DWG 文件格式外，还可以导出 3DS、OBJ、WRL、XSI 等常用三维格式文件。由于 SketchUp 经常使用 3ds max 进行后期渲染处理，因此这里以导出 3DS 文件为例，讲解 SketchUp 导出三维格式文件的方法。

1. 3DS 文件导出方法

01 打开配套资源“第 04 章\4.2.2 导出 3DS.skp”场景模型，如图 4-42 所示，该场景为一个高层楼体模型。

02 执行【文件】【导出】【三维模型】菜单命令，打开【输出模型】对话框，如图 4-43 所示。

03 在对话框中单击【保存类型】选项，在列表中选择【文件类型】为 3DS 文件，如图 4-44 所示。

04 单击【输出模型】对话框中的【选项】按钮，在弹出的【3DS 导出选项】对话框中根据要求设置选项参数，如图 4-45 所示。

05 在【输出模型】对话框中单击【导出】按钮即可进行导出，在【导出进度】对话框中显示导出文件的进度，如图 4-46 所示。

06 成功导出“3ds”文件后，SketchUp 将弹出如图 4-47 所示的【3ds 导出结果】对话框，罗列导出的详细信息。

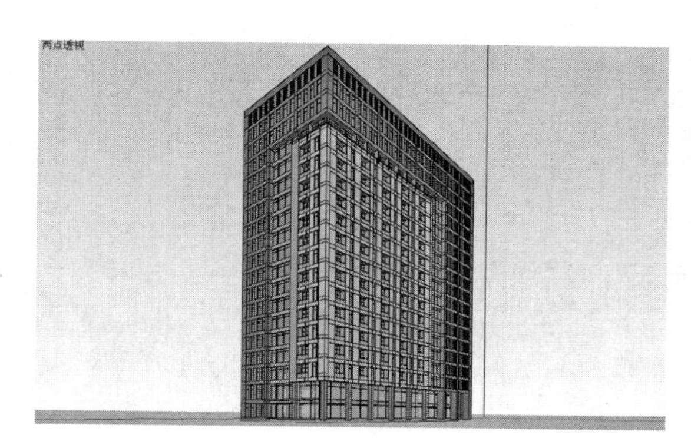

图 4-42　打开场景模型

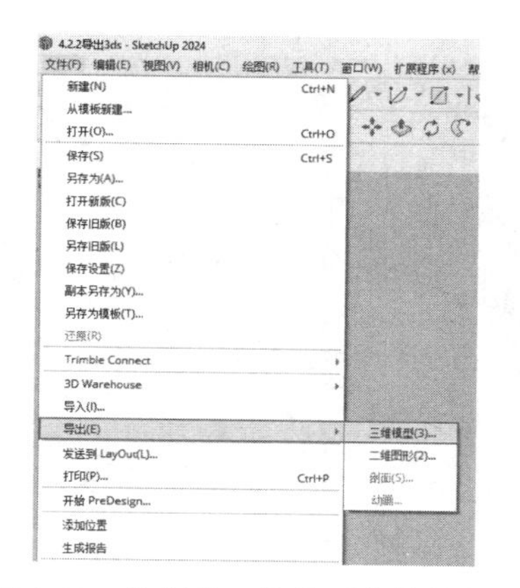

图 4-43　执行【三维模型】菜单命令

3DS 文件 (*.3ds)
AutoCAD DWG 文件 (*.dwg)
AutoCAD DXF 文件 (*.dxf)
COLLADA 文件 (*.dae)
FBX 文件 (*.fbx)
IFC 文件(*.ifc)
Google 地球文件 (*.kmz)
OBJ 文件 (*.obj)
STereoLithography 文件 (*.stl)
VRML 文件 (*.wrl)
XSI 文件 (*.xsi)

图 4-44　选择 3DS 文件

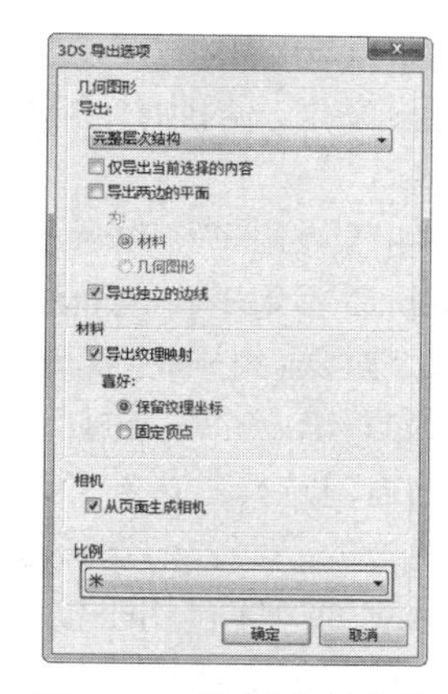

图 4-45　设置选项参数

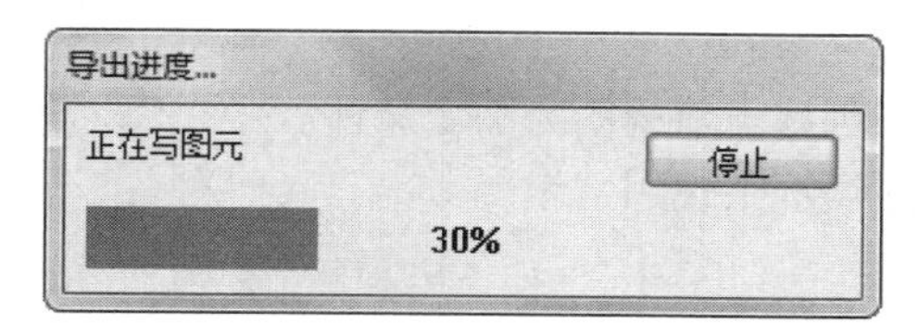

图 4-46　【导出进度】对话框

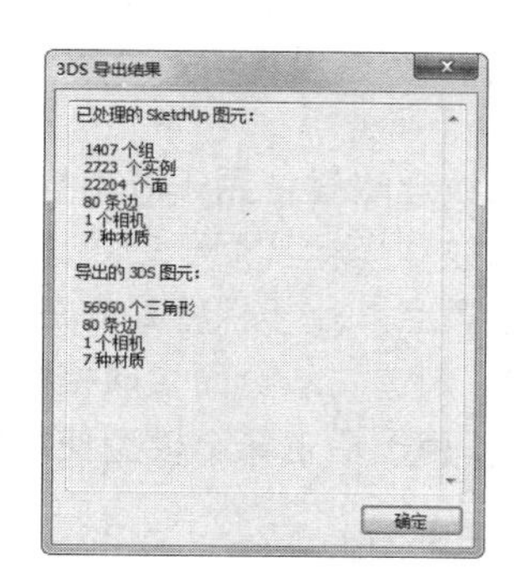

图 4-47　【3ds 导出结果】对话框

07 在导出路径中找到导出的“3ds”文件，即可使用 3dsmax 打开，如图 4-48 所示。

08 导出的“3ds”文件不但有完整的模型文件，还创建了对应的【摄影机】，调整构图比例进行默认渲染，渲染效果如图 4-49 所示，可以看到模型相当完好。

2.【3DS 导出选项】面板参数功能

在如图 4-50 所示的【3DS 导出选项】对话框中可以设置相应的参数，以得到所需的 3ds 模型，该对话框各项参数的含义如下：

【几何图形】：用于设置导出模式，包含以下四个子命令：

图 4-48　打开导出的“3ds”文件

图 4-49　渲染效果

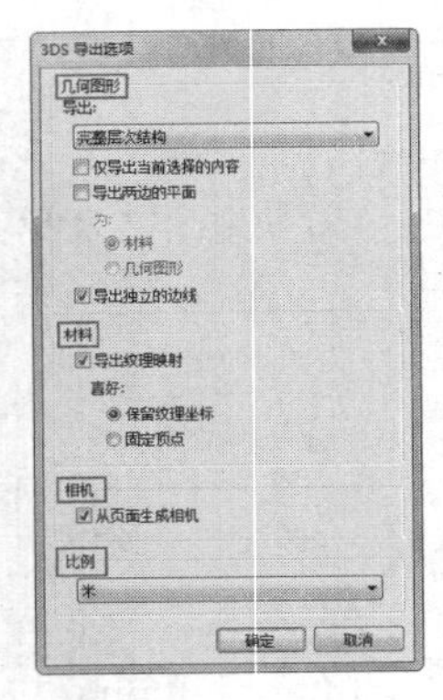

图 4-50　设置参数

- 导出：
  - 完整层次结构：用于将 SketchUp 模型文件按照组与组件的层级关系导出。导出时只有最高层次的物体会转化为物体。也就是说，任何嵌套的组或组件只能转换为一个物体。
  - 按图层：用于将 SketchUp 模型文件按同一图层上的物体导出。
  - 按材质：用于将 SketchUp 模型文件按材质贴图导出。
  - 单个对象：用于将 SketchUp 模型文件导出为已命名文件，在大型场景模型中应用较多，例如导出一个城市规划效果图中的某单体建筑物。
- 仅导出当前选择的内容：勾选该选项，将只导出当前选中的实体模型。
- 导出两边的平面：勾选该选项，将激活下面的【材料】和【几何图形】两个选项。
- 导出独立的边线：用于创建非常细长的矩形来模拟边线。因为独立边线是大部分 3D 程序所没有的功能，所以无法经由 3DS 格式直接转换。

【材料】用于激活 3DS 材质定义中的双面标记，【几何图形】用于将 SketchUp 模型中所有面都导出两次，一次导出正面，一次导出背面。不论选择哪个选项，都会使得导出的面的数量增加，导致渲染速度下降。

- 导出纹理映射：用于导出模型中的贴图材质。
- 保留纹理坐标：用于在导出 3DS 文件后不改变贴图坐标。
- 固定顶点：用于保持对齐贴图坐标与平面视图。

【相机】：勾选“从页面生成相机”选项后将保存、创建当前视图为图像文件。

【比例】：用于指定导出模型使用的比例单位，一般情况下使用“米”。

4.2.3　导出二维图像文件

SketchUp 可以导出的二维图像文件格式很多，如常用的 JPG、BMP 、TGA、TIF、PNG 等图像格式，这里以最常见的 JPG 格式为例，介绍 SketchUp 导出二维图像的方法，下面介绍具体操作步骤。

1. JPG 图像文件导出方法

01 打开配套资源“第 04 章 | 4.2.3 现代别墅”JPG 导出文件，如图 4-51 所示，其为一个别墅场景。

02 执行【文件】|【导出】|【二维图形】菜单命令，打开【输出二维图形】对话框，在【输出二维图形】对话框中选择【文件类型】为“JPEG 图像”，如图 4-52、图 4-53 所示。

图 4-51 别墅场景

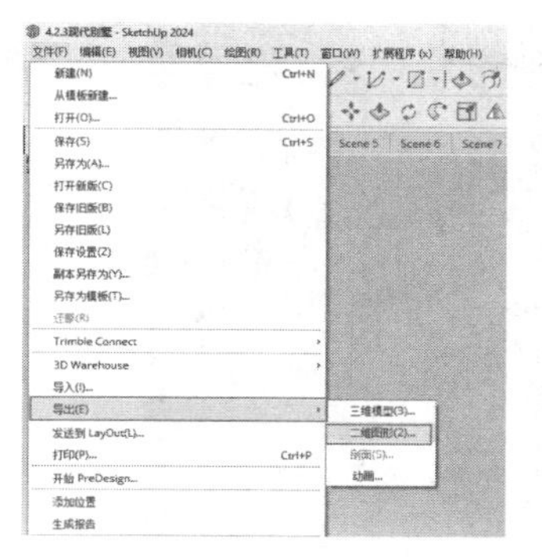

图 4-52 执行【二维图形】菜单命令

PDF 文件 (*.pdf)
EPS 文件 (*.eps)
Windows 位图 (*.bmp)
JPEG 图像 (*.jpg)
标签图像文件 (*.tif)
便携式网络图像 (*.png)
AutoCAD DWG 文件 (*.dwg)
AutoCAD DXF 文件 (*.dxf)

图 4-53 选择导出格式

03 单击【选项】按钮，弹出【导出 JPG 选项】对话框，如图 4-54 所示。

04 根据导出要求设置【导出 JPG 选项】对话框图像大小的参数，在【输出二维图形】对话框中单击【导出】按钮，即可将 SketchUp 当前视图导出为 JPG 文件，如图 4-55 所示。

2. 导出 JPG 选项面板参数功能

如果对导出二维图像的尺寸、清晰度等有较高的要求，可以通过【导出 JPG 选项】对话框进行参数设置，如图 4-56 所示。

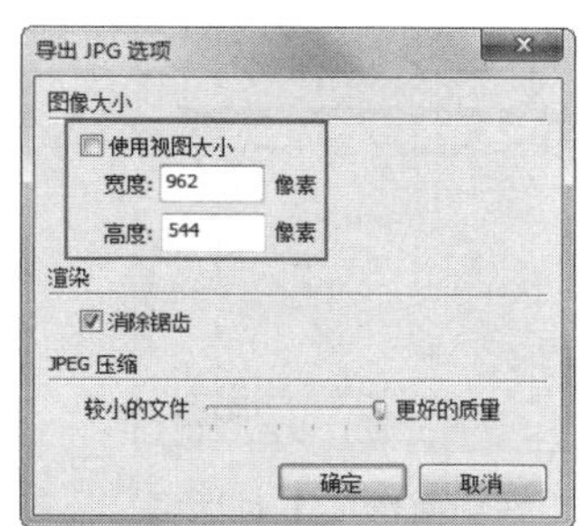

图 4-54 【导出 JPG 选项】对话框

图 4-55 导出为 JPG 文件

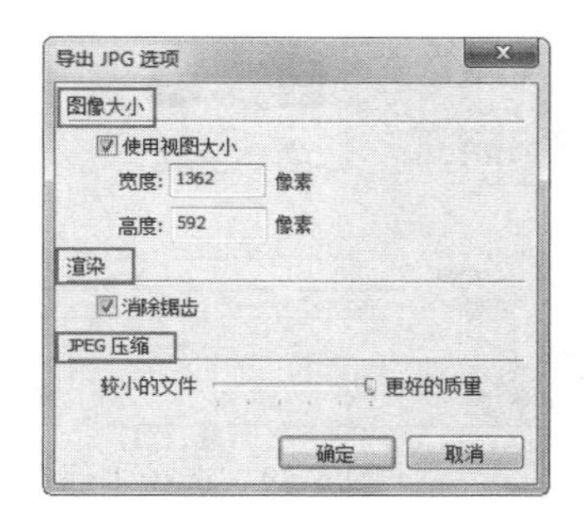

图 4-56 进行参数设置

【图像大小】：默认状况下该参数为勾选，此时导出的二维图像的尺寸大小等同于当前视图窗口的大小。取消该项，则可以自定义图像尺寸。

【渲染】：勾选消除锯齿后，SketchUp 将对图像进行平滑处理，从而减少图像中的线条锯齿，同时需要更多的导出时间。

【JPEG 压缩】滑块：通过滑块可以控制导出的 JPG 文件的质量，越往右质量越高，导出时间越长，图像效果越理想。

4.2.4 导出二维截面文件

通过【剖面】导出命令，可以将 SketchUp 中的截面图形导出为 AutoCAD 可用的 DWG/DXF 格式文件，从而在 AutoCAD 中加工成施工图。

1. AutoCAD 文件导出方法

01 打开配套资源“第 04 章 /4.2.4 导出二维截面 .skp”模型文件，如图 4-57 所示，该场景为一个已经应用了【截面】工具的场景，在视图中已经能看到其内部布局。

02 执行【文件】|【导出】|【剖面】菜单命令，如图 4-58 所示。

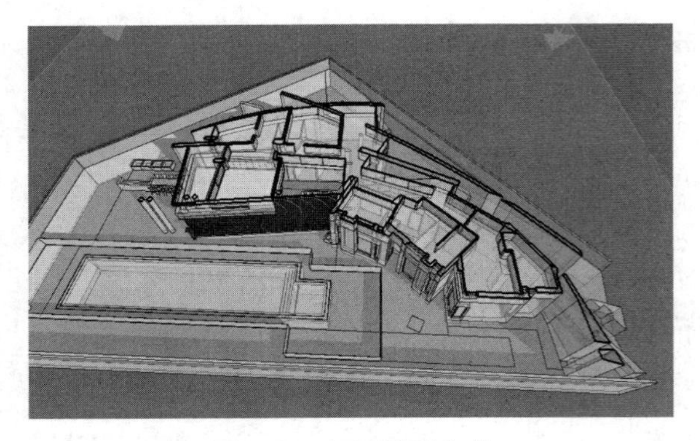

图 4-57　打开模型文件

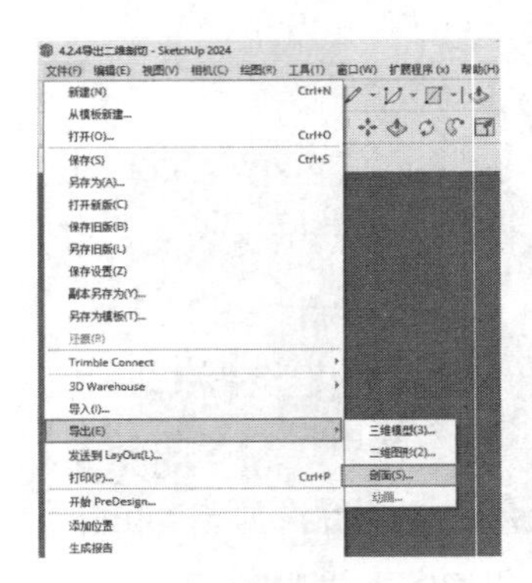

图 4-58　执行【剖面】菜单命令

03 打开【输出二维剖面】对话框，选择【保存类型】为“AutoCAD DWG 文件”，如图 4-59 所示。

04 单击【输出二维剖面】对话框中的【选项】按钮，打开【二维剖面选项】对话框，如图 4-60 所示。根据导出要求设置相关参数，单击【确定】按钮。

图 4-59　选择【保存类型】

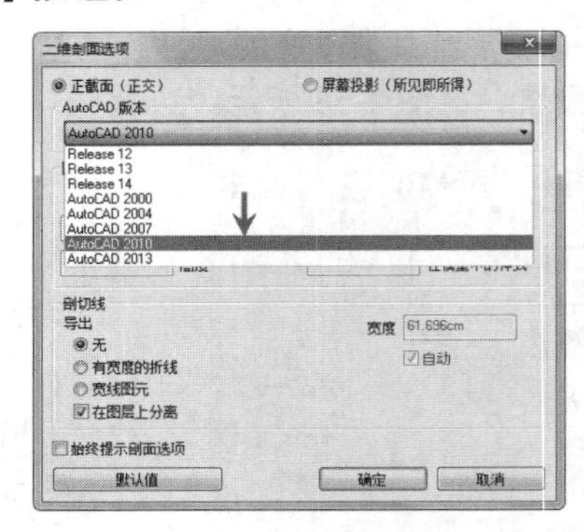

图 4-60　【二维剖面选项】对话框

05 单击【输出二维剖面】对话框【导出】按钮，即可导出 DWG 文件，成功导出 DWG 文件后，SketchUp 将弹出如图 4-61 所示的提示。

06 在导出路径中找到导出的 DWG 文件，即可使用 AutoCAD 打开与查看，如图 4-62 所示。

2. 二维剖面选项面板参数功能

在场景中添加一个剖面，并执行【文件】|【导出】|【剖面】命令，在弹出的【输出二维剖面】对话框中单击【选项】按钮，即可在弹出的【二维剖面选项】对话框中对输出文件进行相关的参数设置，如图 4-63 所示。

图 4-61　提示

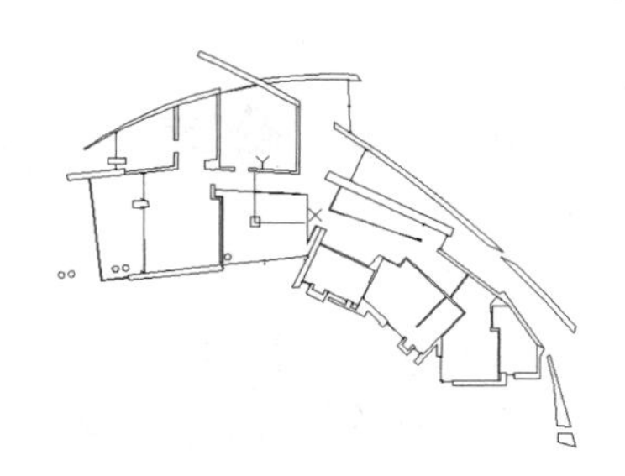

图 4-62　使用 AutoCAD 打开与查看

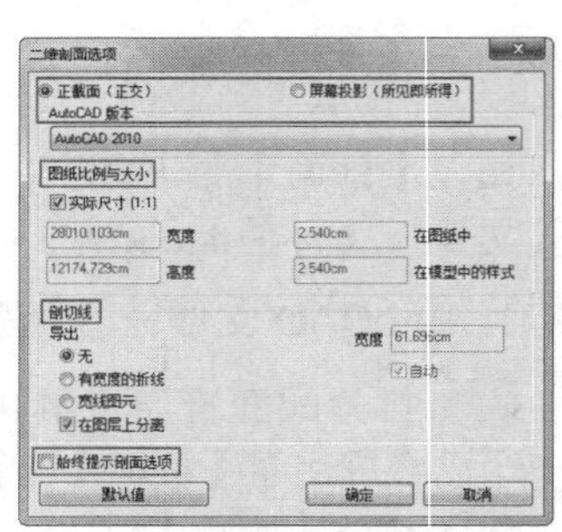

图 4-63　参数设置

【二维剖面选项】对话框各项参数含义如下：

【正截面(正交)】：默认该参数为勾选，此时无论视图中模型有多么倾斜，导出的 DWG 图纸均以截面切片的正交视图为参考，该文件在 AutoCAD 中可用于加工出施工图，以及其他精确可测的其他图纸。

【屏幕投影(所见即所得)】：勾选该参数后，导出的 DWG 图纸将以屏幕上看到的剖面视图为参考，该种情况下导出的 DWG 图纸会保留透视的角度，因此其尺寸将失去价值。

【AutoCAD 版本】：根据当前使用的 AutoCAD 版本选择对应版本号。

【图纸比例与大小】：用于设置图纸尺寸，包含以下 5 个子命令：

- 实际尺寸 (1:1)：默认该参数为勾选，导出的 DWG 图纸中尺寸大小与当前模型一致。取消该项参数勾选，可以通过其下的参数进行比例的缩放以及自定义设置。
- 在模型中 / 在图纸中：【在模型中】与【在图纸中】的比例是图形在导出时的缩放比例。可以指定图形的缩放比例，使之符合建筑惯例。
- 宽度 / 高度：用于设置输出图纸的尺寸大小。

【剖切线】：用于设置导出的剖切线，包含以下 4 子命令：

- 导出：该参数用于选择是否将截面线同时输出在 DWG 图纸内，默认选择为【无】，此时将不导出截面线。
- 有宽度的折线：选择该选项，截面线将导出为多段线实体，取消其后的【自动】复选框勾选，可自定义线段宽度。
- 宽线图元：选择该选项，截面线将导出为粗实线实体，此外，该选项只有在高于 R14 以上的 AutoCAD 版本中才有效。
- 在图层上分离：选择该参数后，截面线与其截到的图形将分别置于不同的图层。

【始终提示剖面选项】：默认该参数为不勾选，因此每次导出 DWG 文件时需要打开该面板进行设置。如果勾选该项，则 SketchUp 将以上次导出设置进行 DWG 文件的输出。

第05章

SketchUp 基本建模练习

本章重点：

- ◆ 制作酒柜模型
- ◆ 制作木桥模型
- ◆ 制作欧式凉亭模型
- ◆ 制作喷水池模型
- ◆ 制作廊架模型

在系统学习了 SketchUp 的常用工具及高级功能后，从本章开始，将按照从简单到复杂、从室内到室外的顺序，实战演练前面所学知识，以提高 SketchUp 的应用能力和水平。

本章将通过酒柜、木桥、欧式凉亭、喷水池、廊架和景观塔模型创建练习，逐步掌握并精通 SketchUp 建模的方法与技巧。

5.1 制作酒柜模型

本节将制作如图 5-1 所示的酒柜模型，主要学习【矩形】、【直线】、【推/拉】、【偏移】及【卷尺】工具的使用方法，并进一步了解与掌握【材质】工具的使用方法。

5.1.1 制作酒柜轮廓

01 打开 SketchUp 后，执行【窗口】|【模型信息】命令，打开【模型信息】对话框。选择【单位】选项卡，设置【度量单位】参数，如图 5-2 所示。

图 5-1 酒柜模型

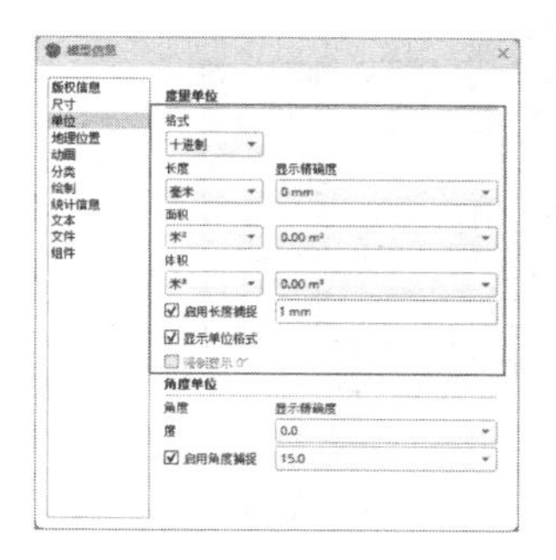

图 5-2 设置【度量单位】参数

02 启用【矩形】创建工具，通过跟踪 Z 轴创建起点，输入“3230mm，2400mm”创建一个立面矩形，如图 5-3 所示。

03 启用【推/拉】工具，将【矩形】推/拉出 300mm 的厚度，创建出酒柜的轮廓，如图 5-4 所示。

04 通过细化【矩形】创建酒柜模型的框架，启用【卷尺】工具，单击选择左侧的边线，如图 5-5 所示。

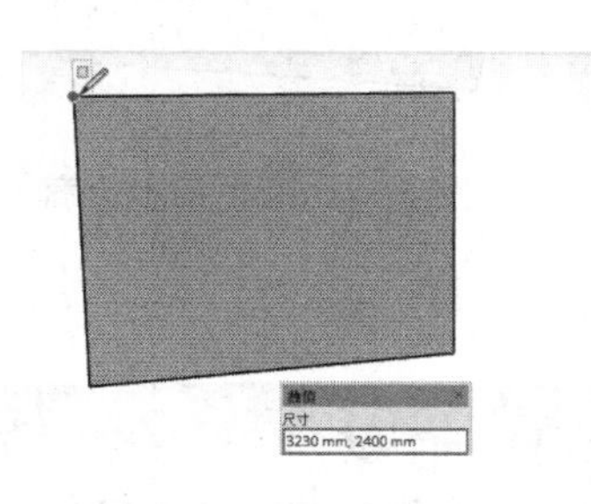

图 5-3 创建一个立面矩形

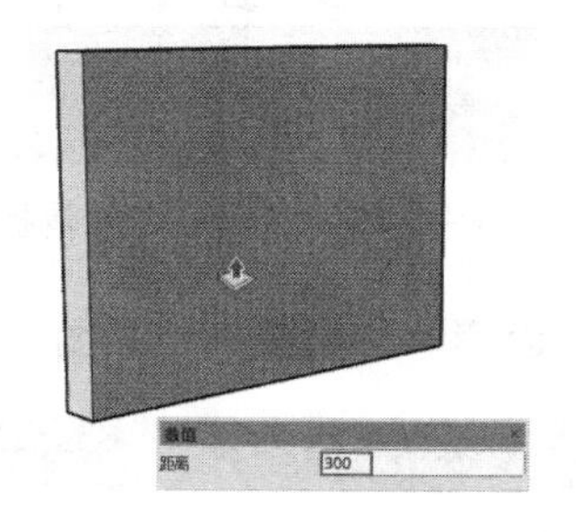

图 5-4 创建出酒柜的轮廓

图 5-5 启用【卷尺】工具

05 往右创建距离为 900mm 的一条辅助线，再选择右侧的边线重复类似的操作，往左创建同样距离的一条辅助线，如图 5-6、图 5-7 所示。

06 启用【直线】创建工具，通过捕捉辅助线与边线的交点，将矩形正面切割为三部分，如图 5-8、图 5-9 所示。

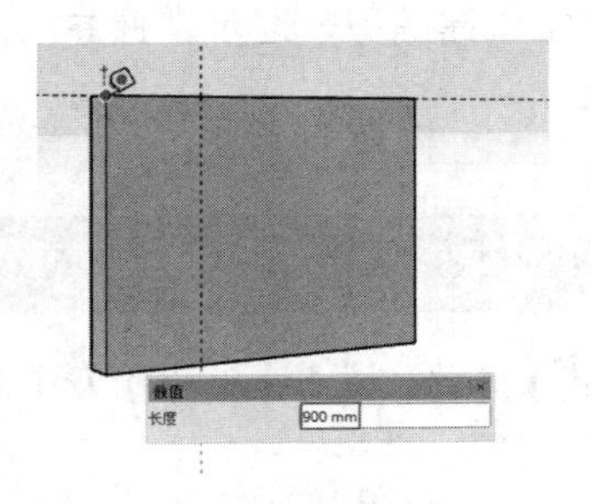

图 5-6 创建辅助线

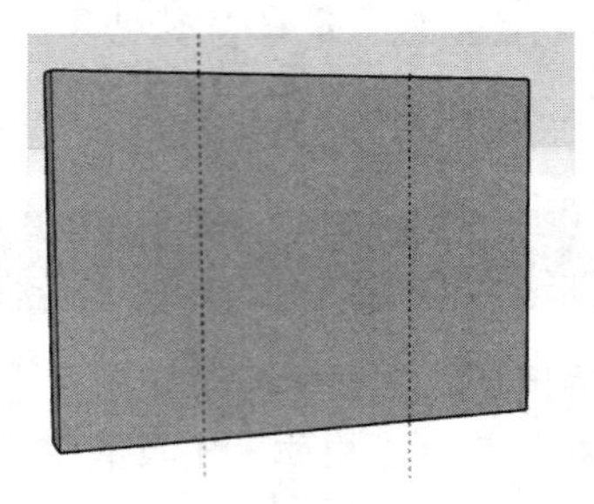

图 5-7 辅助线完成效果

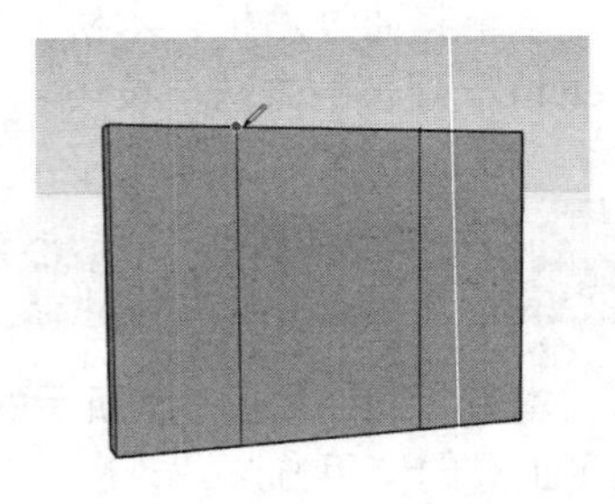

图 5-8 利用辅助线切割矩形

07 启用【偏移】工具，选择左侧的切割面向内偏移 60mm，然后直接双击另外两个切割面，获得同样的偏移效果，如图 5-10、图 5-11 所示。

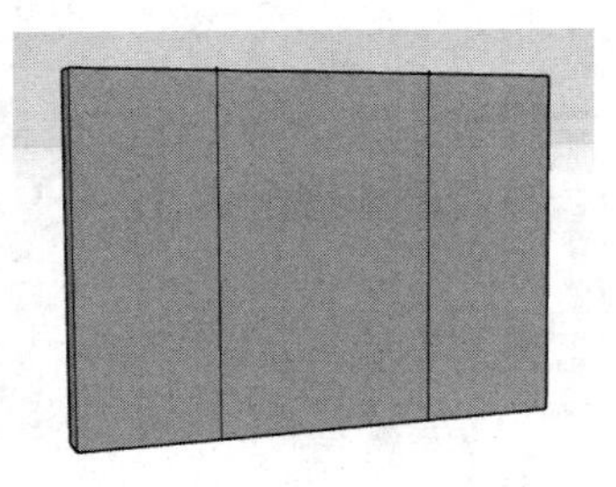

图 5-9 矩形切割完成

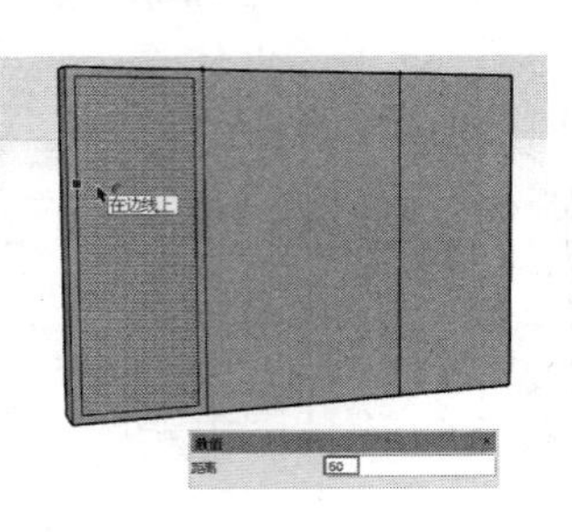

图 5-10 往内偏移切割面

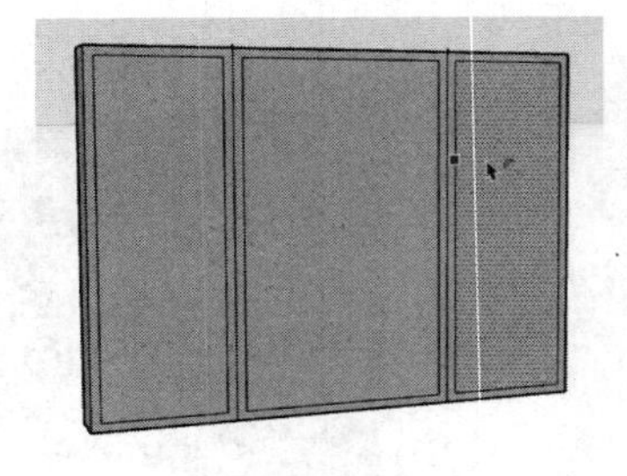

图 5-11 偏移另外两个切割面

08 酒柜的顶板通常要厚一些，因此选择顶部偏移边线向下移动 40mm，得到 100mm 的厚度，然后将酒柜内部隔板的厚度调整为 60mm，如图 5-12、图 5-13 所示。

09 通过以上操作后，酒柜的轮廓已经初具雏形，如图 5-14 所示，接下来进行进一步细化。

图 5-12 向下偏移边线

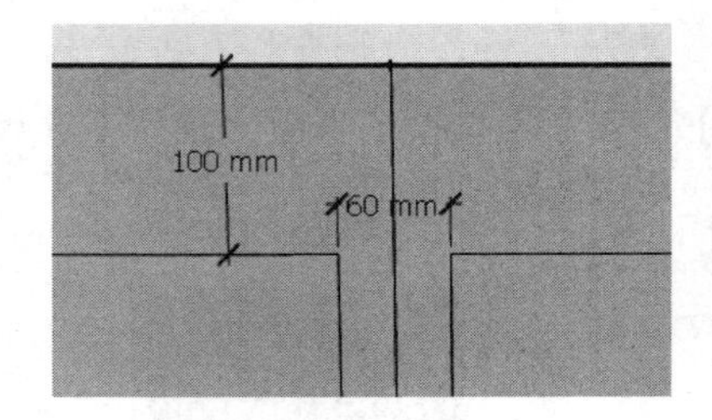

图 5-13 顶板与内部隔板厚度

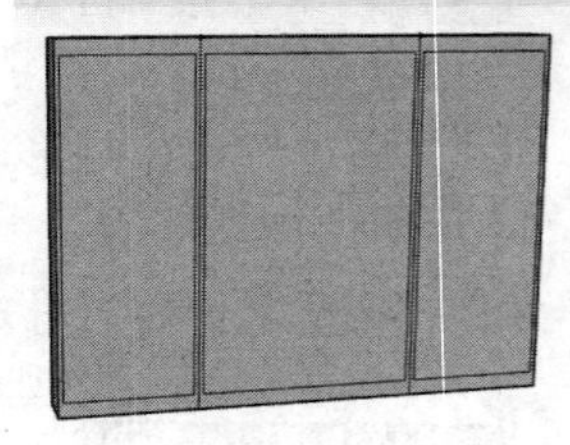

图 5-14 酒柜初步轮廓

10 旋转到模型背面，选择背部面删除，如图 5-15、图 5-16 所示。

注 意

在 SketchUp 中进行推 / 拉时，如果推 / 拉面与背部面相接触，将形成自动打通的效果，如图 5-17 所示。因此删除酒柜模型背部面，不但可以省面，也可以避免推 / 拉时形成打通的效果。

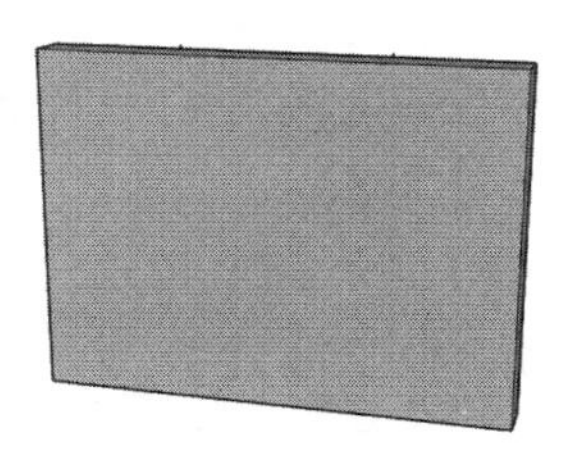

图 5-15　选择背部面

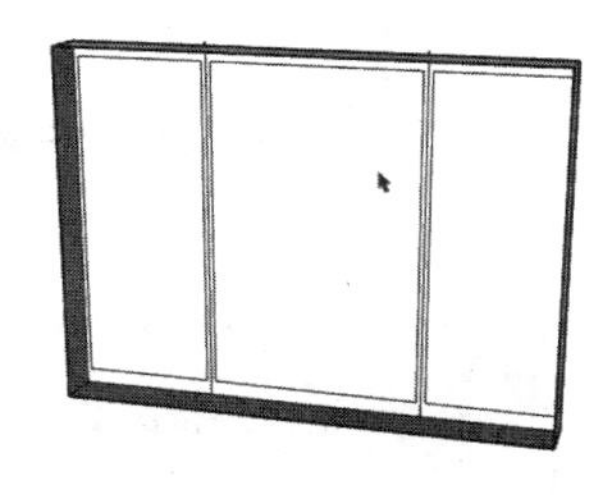

图 5-16　删除背部面

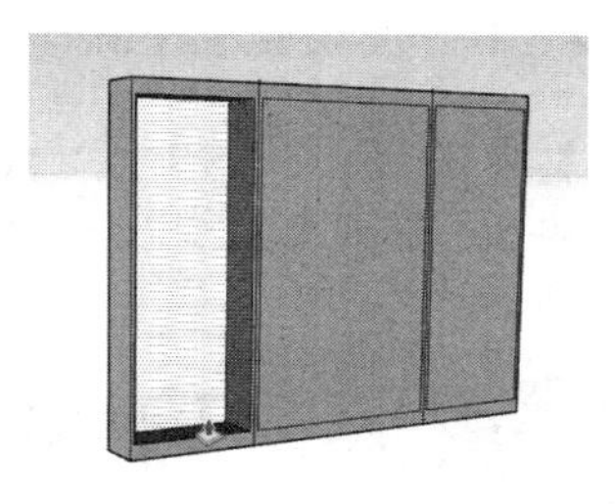

图 5-17　自动打通的效果

11 启用【推 / 拉】工具，选择左侧切割面向内推 / 拉 295mm，如图 5-18 所示。在另外两个切割面上双击鼠标，进行同样的处理，如图 5-19 所示。

12 由于酒柜下沿直接与地面接触，因此选择底部模型面向下推 / 拉，形成打通的效果，如图 5-20、图 5-21 所示。

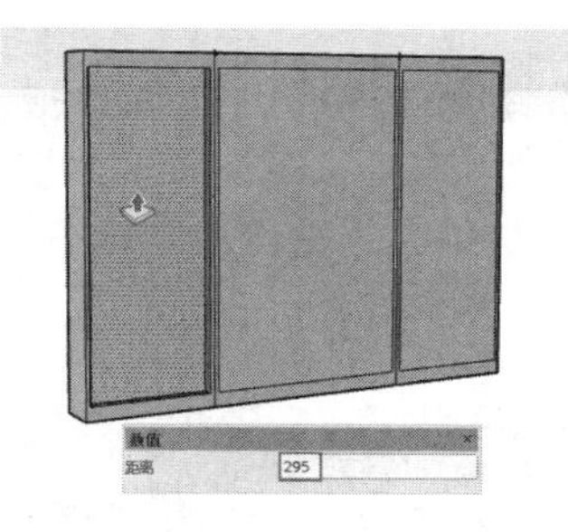

图 5-18　向内推 / 拉切割面

图 5-19　双击其他切割面

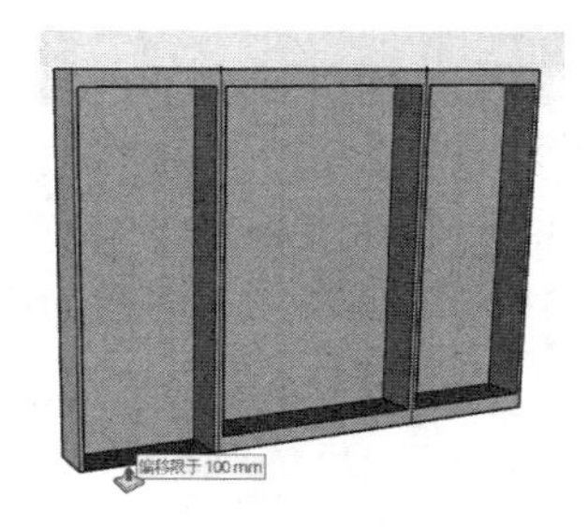

图 5-20　向下推 / 拉底部模型面

13 直接双击另外两个底部模型面，将酒柜下沿完全打通，如图 5-22 所示。

14 打开【材质】面板，选择【木质纹】材质类型中的【原色樱桃木】，如图 5-23 所示，将其赋予当前模型，如图 5-24 所示。

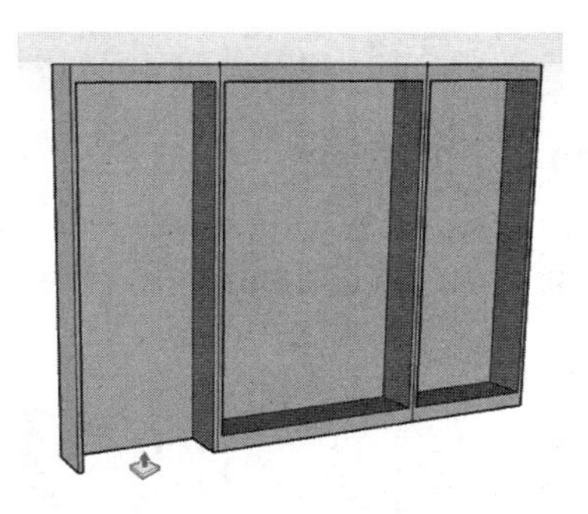

图 5-21　打通底部模型面

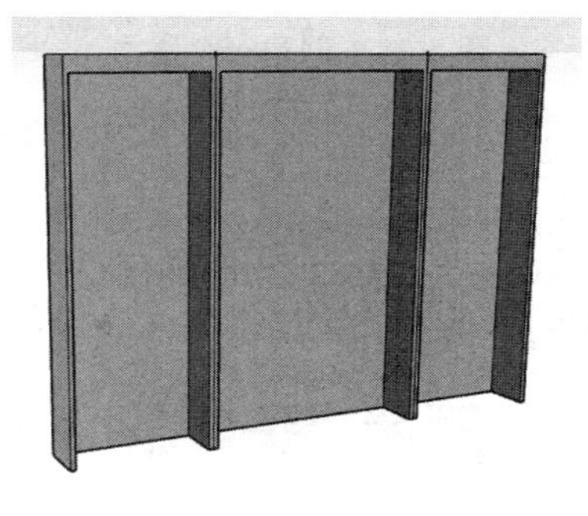

图 5-22　将酒柜下沿完全打通

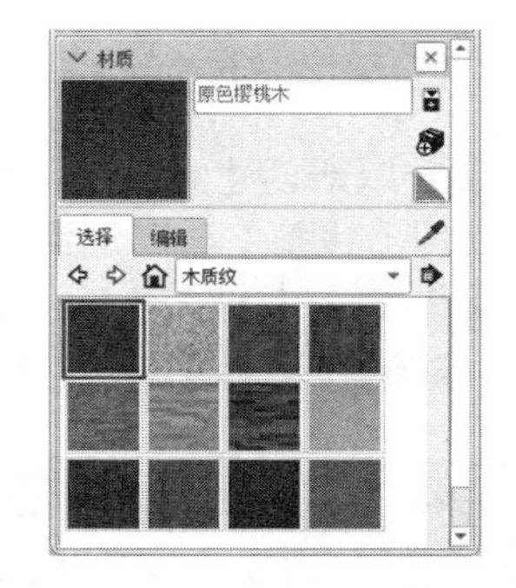

图 5-23　选择【原色樱桃木】

15 在进一步细化模型前，为了避免影响当前模型，首先将其创建为组件，如图 5-25 所示。

注 意

全选模型，在【材质】面板中选择【原色樱桃木】材质，光标显示为油漆桶的形式。在模型上单击，即可一次性为模型赋予材质。

5.1.2 制作酒柜层板等细节

01 执行【视图】|【表面类型】|【X 光透视模式】菜单命令，将当前模型透明化，以便于其他部件模型的对位，如图 5-26 所示。

图 5-24 赋予当前模型

图 5-25 创建为组件

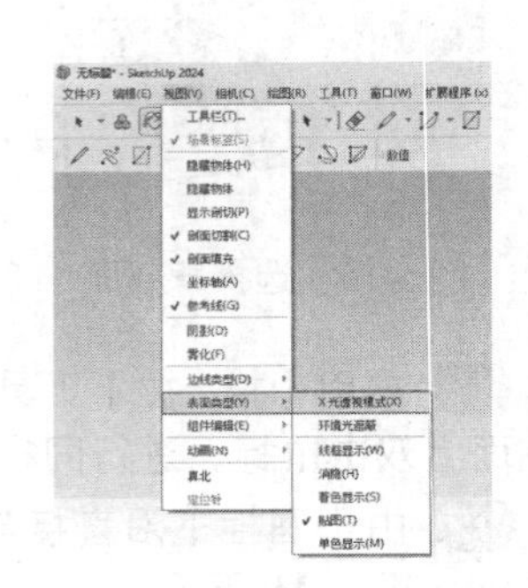

图 5-26 选择【X 光透视模式】

02 启用【卷尺】工具，选择底部边线向上偏移，创建两条距离 300mm 的辅助线，如图 5-27 所示，用于酒柜其他模型的对位。

03 制作酒柜两侧的柜子。启用【矩形】创建工具，捕捉辅助线与边线的交点，创建一个平面，如图 5-28 所示，将其向内推 295mm，如图 5-29 所示。

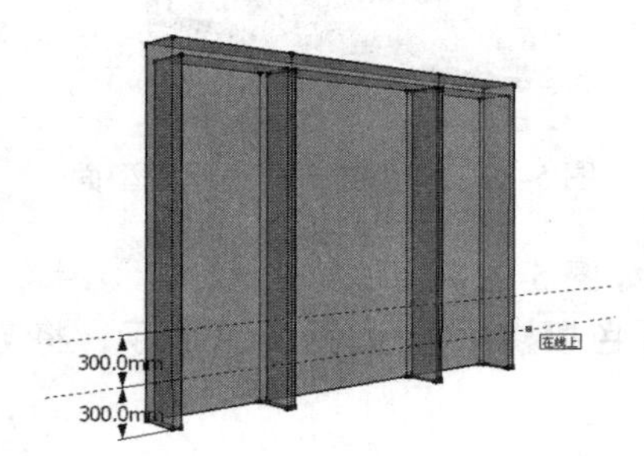

图 5-27 创建两条辅助线

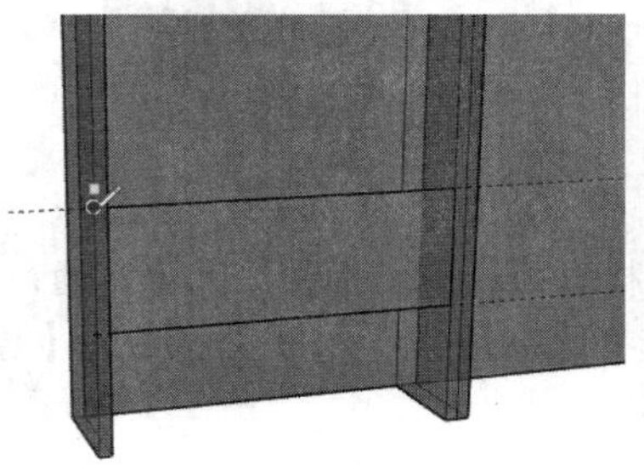

图 5-28 创建一个平面

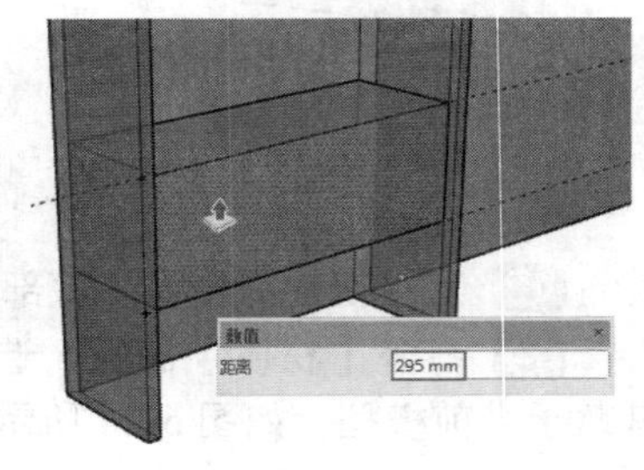

图 5-29 向内推 295mm

04 以新创建的矩形平面底部边线为参考，准确创建如图 5-30 所示的辅助线，然后以此为参考，使用【线条】创建工具完成面的细分。

05 启用【推 / 拉】工具，依次选择宽度为 5mm 的两个细分面，往内推进 20mm，得到柜子抽屉、缝隙以及顶板细节，如图 5-31、图 5-32 所示。

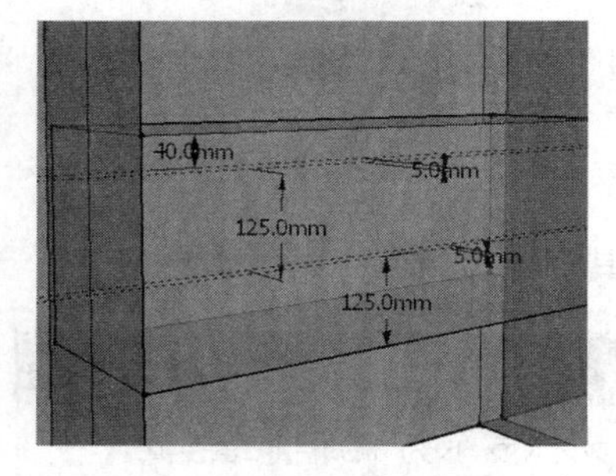

图 5-30 创建辅助线

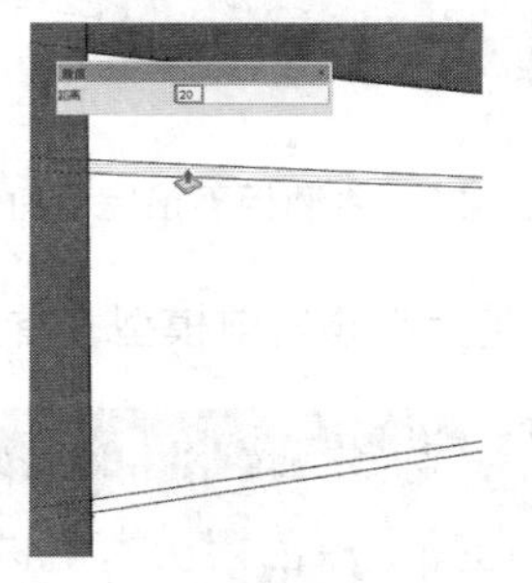

图 5-31 向内推 / 拉缝隙

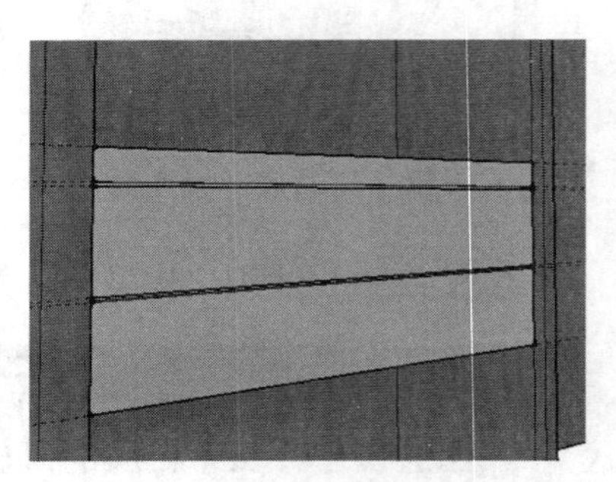

图 5-32 柜子模型完成效果

06 柜子模型创建完成后，为其赋予“原色樱桃木”材质，并制作出拉手模型，如图 5-33 所示。

07 拉手制作完成后，将其与柜子整体创建为组件，然后将【组】往后移动 20mm，对位柜子模型，如图 5-34、图 5-35 所示。

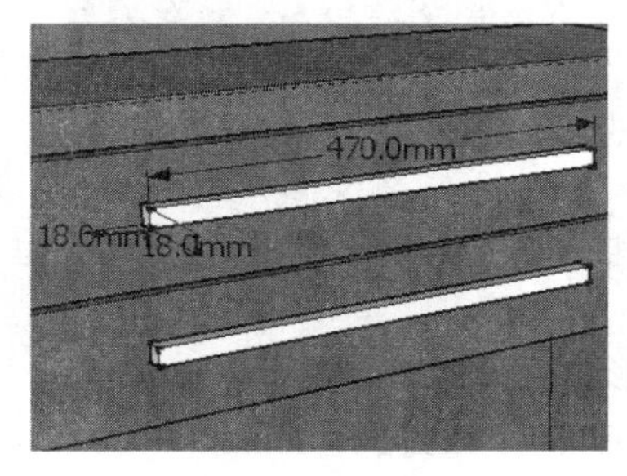

图 5-33 赋予材质并制作拉手

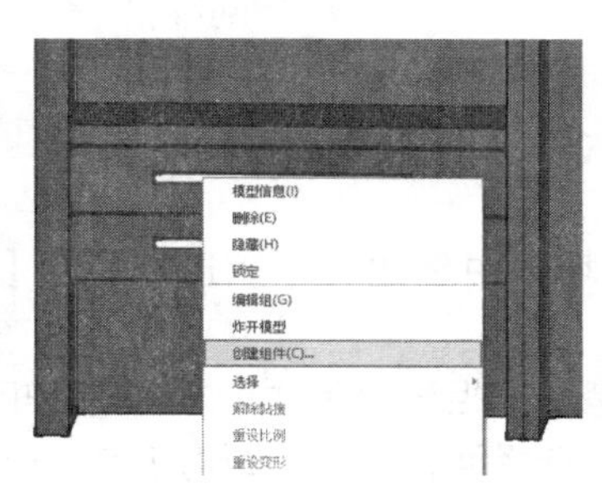

图 5-34 整体创建为组件

图 5-35 对位柜子模型

08 创建如图 5-36 所示的酒柜层板模型，通过辅助线与【移动】工具进行准确地对位与复制，如图 5-37、图 5-38 所示。

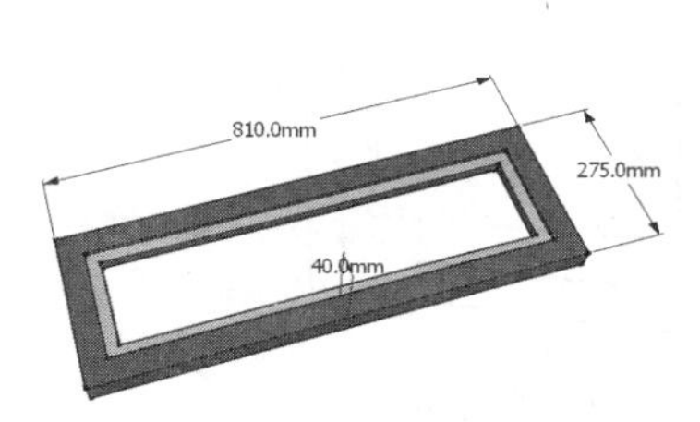

图 5-36 酒柜层板模型

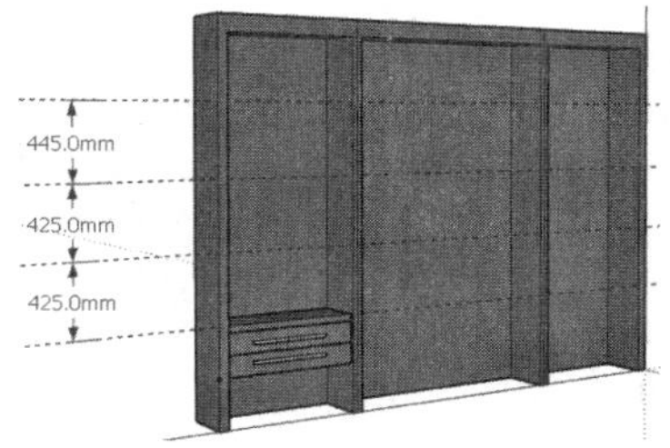

图 5-37 创建层板对位辅助线

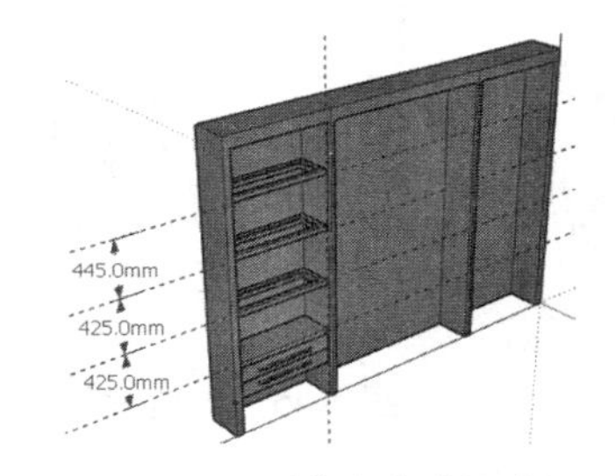

图 5-38 对位与复制层板

09 酒柜左侧的柜子与层板创建好后，将其整体选择，通过【移动】工具复制至右侧，如图 5-39、图 5-40 所示。

10 酒柜两侧的模型细节制作完成后，再通过【矩形】、【直线】及【推 / 拉】工具，创建酒柜中部如图 5-41 所示的柜子模型，然后将其进行对位，如图 5-42 所示。

图 5-39 移动复制右侧模型

图 5-40 复制完成效果

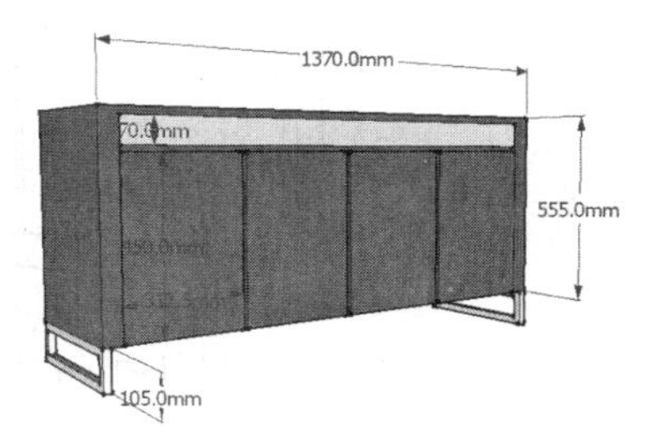

图 5-41 酒柜中部的柜子模型

5.1.3 制作酒柜其他细节

01 使用【圆】、【偏移】及【推 / 拉】工具制作如图 5-43 所示的筒灯灯头模型，按照如图 5-44 所示尺寸进行复制与对位。

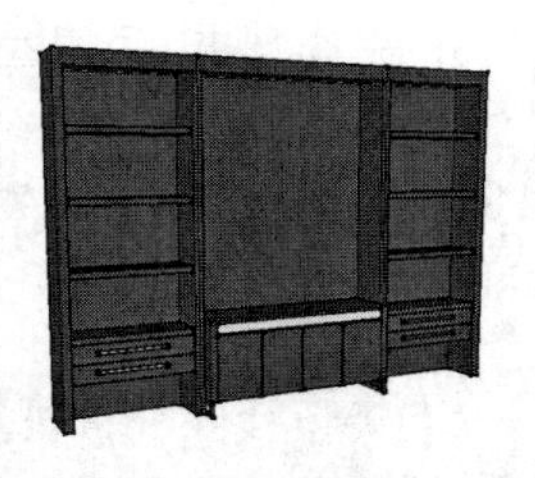

图 5-42 对位中部柜子模型

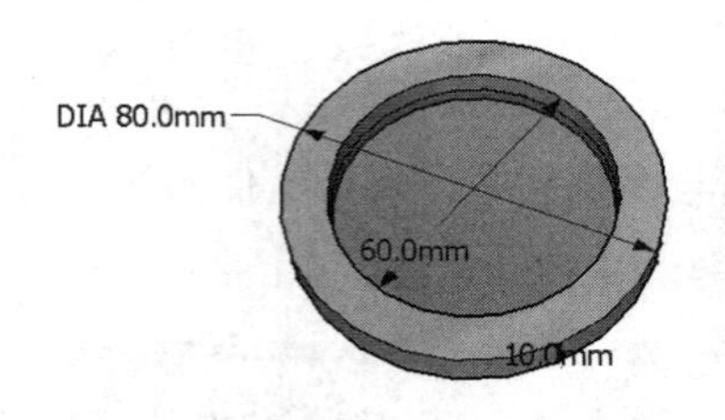

图 5-43 筒灯灯头模型

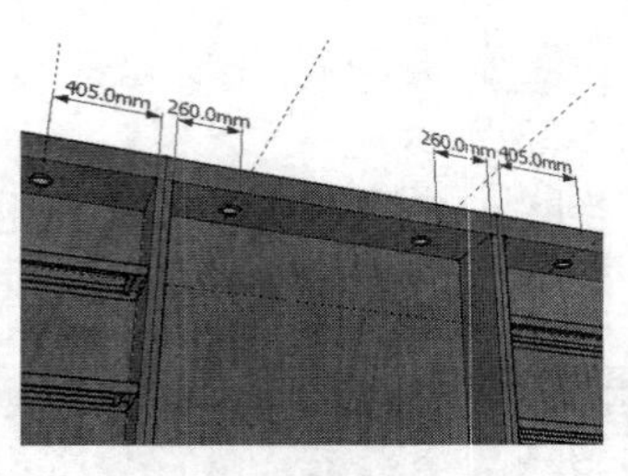

图 5-44 复制与对位

02 激活【矩形】工具，在场景中创建一个矩形。利用【推/拉】工具，设置【距离】为 20mm，推拉矩形。

03 利用【偏移】工具，参考中部柜子的尺寸，向内偏移矩形边，如图 5-45 所示。

04 继续利用【偏移】工具，选择面，设置【距离】为 20mm，向下推拉面，如图 5-46 所示。

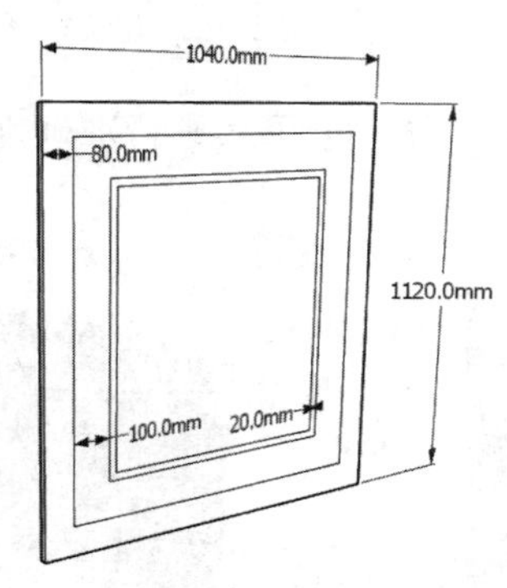

图 5-45 向内偏移矩形边

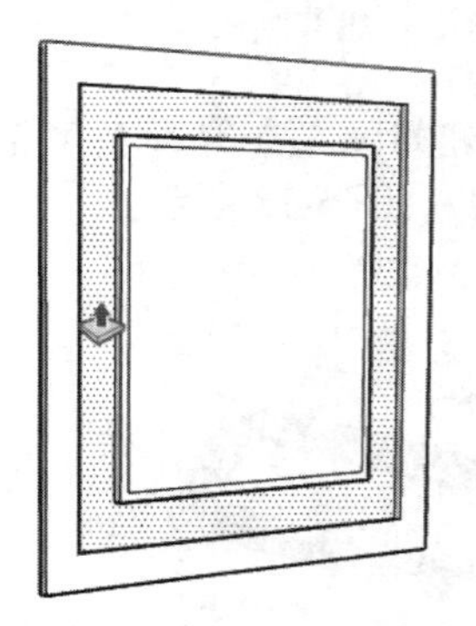

图 5-46 向下推拉面

05 重新选择面，更改【距离】为 15mm，继续向下推拉面，如图 5-47 所示。

06 选择面，如图 5-48 所示。

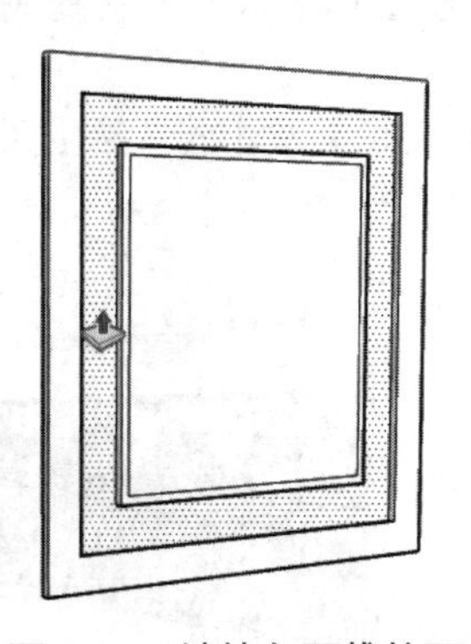

图 5-47 继续向下推拉面

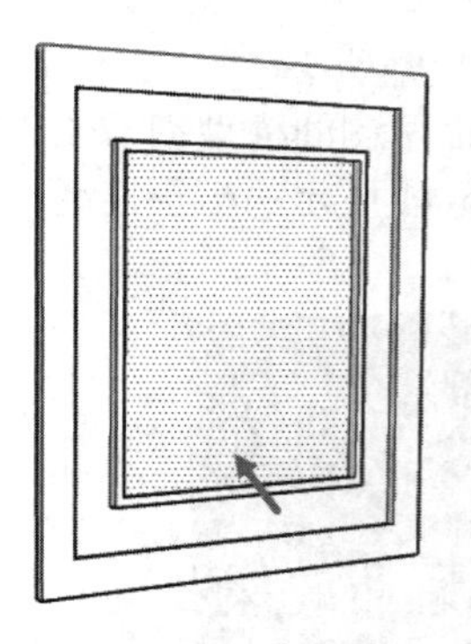

图 5-48 选择面

07 在右侧的【图元信息】选项组下单击按钮，如图 5-49 所示。

08 打开【选择颜料】对话框，选择一种颜料，单击【编辑】按钮，如图 5-50 所示。

09 打开【材质】面板【编辑】对话框，在【纹理】选项组下单击【浏览材质图像文件】按钮，如图 5-51 所示。

10 打开【选择图像】对话框，如图 5-52 所示。选择纹理图像，单击【打开】按钮，调用图像。

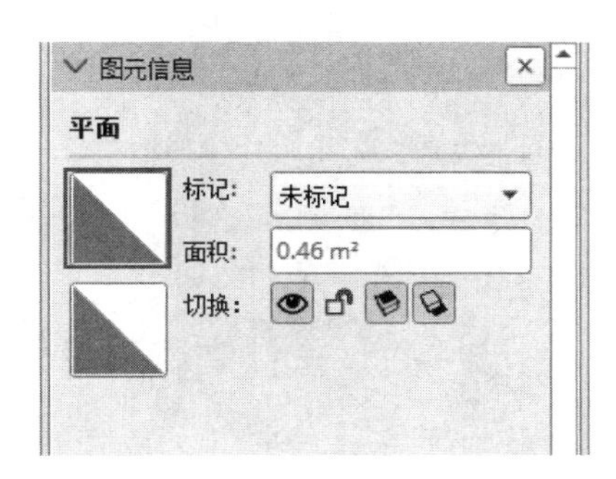

图 5-49 单击按钮

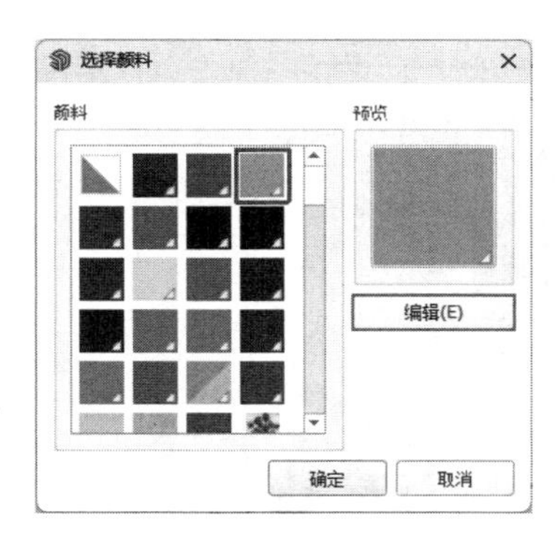

图 5-50 单击【编辑】按钮

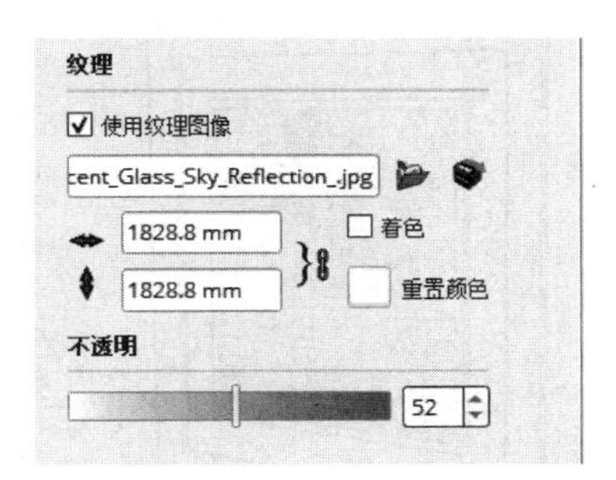

图 5-51 单击【浏览材质图像文件】按钮

图 5-52 【选择图像】对话框

11 在【纹理】选项组下设置图像尺寸，如图 5-53 所示。

12 单击【确定】按钮，关闭对话框，观察赋予纹理的效果，如图 5-54 所示。

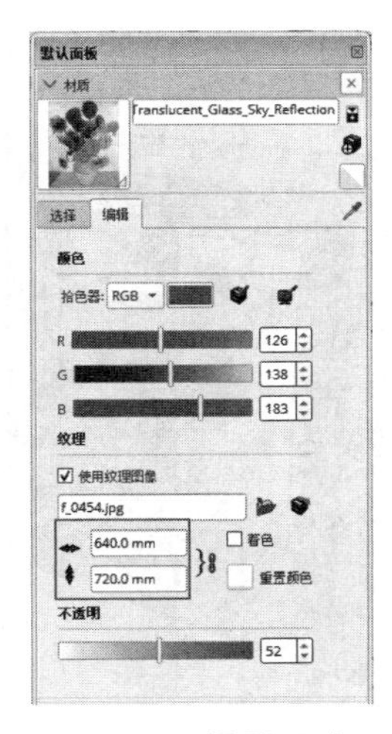

图 5-53 设置尺寸

图 5-54 赋予纹理的效果

13 选择纹理图像，右击，选择【纹理】|【位置】选项，如图 5-55 所示。

14 进入编辑图像位置的模式，如图 5-56 所示。

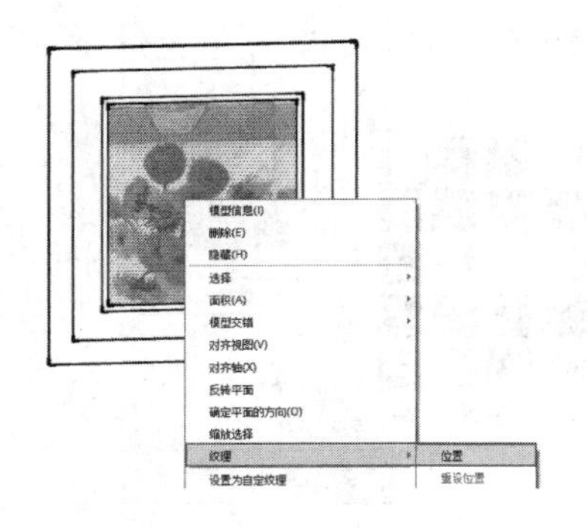

图 5-55 选择【位置】选项

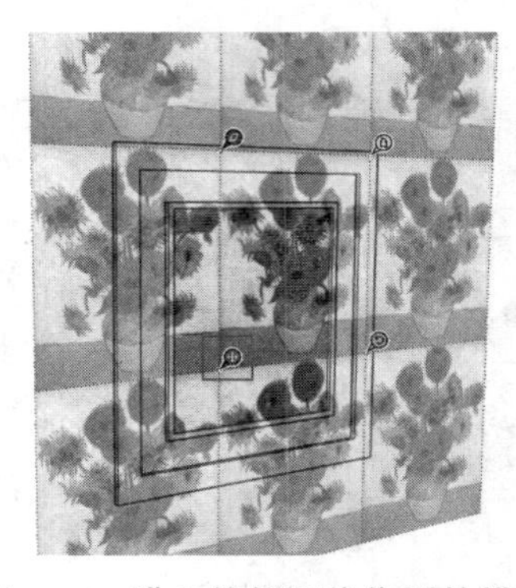

图 5-56 进入编辑图像位置的模式

15 激活左下角的【移动】按钮，调整图像的位置，如图 5-57 所示。

16 在空白位置单击，退出编辑模式，编辑结果如图 5-58 所示。

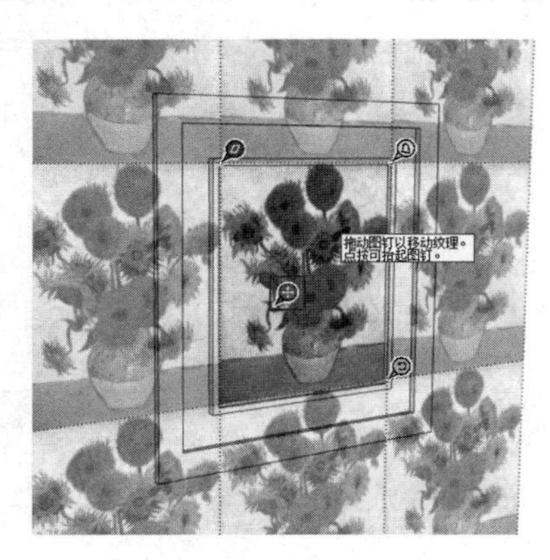

图 5-57 调整图像的位置

图 5-58 编辑结果

17 重复上述操作，为画框赋予纹理，如图 5-59 所示。

18 为底板赋予纹理，效果如图 5-60 所示。

图 5-59 为画框赋予纹理

图 5-60 为底板赋予纹理

19 将油画放置到酒柜的中央位置，放置结果如图 5-61 所示。

20 酒柜模型创建完成，最终效果如图 5-62 所示。

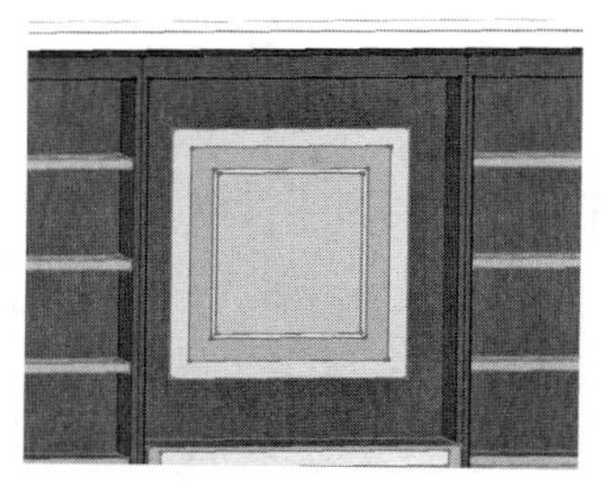

图 5-61　放置结果

图 5-62　最终效果

5.2 制作木桥模型

本节将制作如图 5-63 所示的木桥模型，主要练习【直线】、【圆弧】、【圆】、【推 / 拉】、【路径跟随】等工具，其中【圆弧】、【圆】及【路径跟随】工具是学习的重点。

5.2.1 制作桥身骨架

01 启动 SketchUp，进入【模型信息】面板，选择【单位】选项卡，设置【度量单位】参数，如图 5-64 所示。

图 5-63　木桥模型

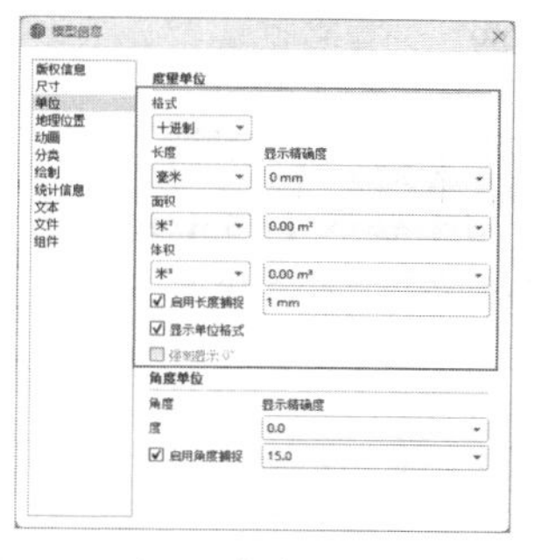

图 5-64　设置【度量单位】参数

02 启用【直线】工具，确定起点后输入长度值，创建三条连续的线段，如图 5-65、图 5-66 所示。

> **技 巧**
>
> 为了精确创建圆弧，这里绘制三条连续线段，而不是一条直线段。

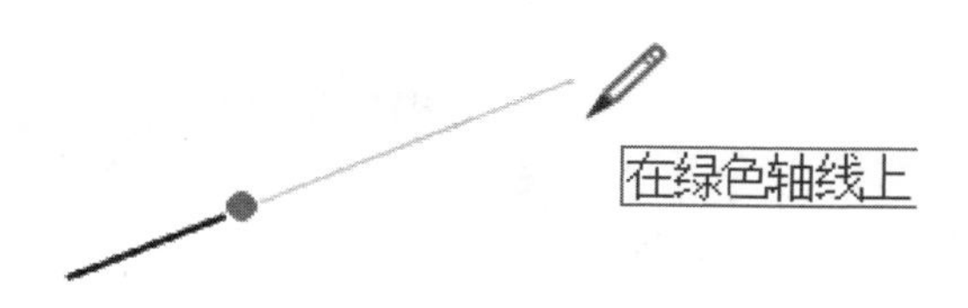

图 5-65　启用【直线】工具

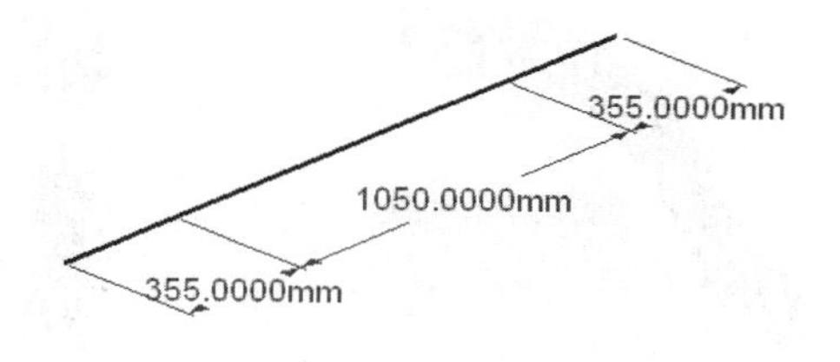

图 5-66　绘制三条连续线段

03 启用【圆弧】工具，分别捕捉中间线段两侧端点，如图 5-67、图 5-68 所示。

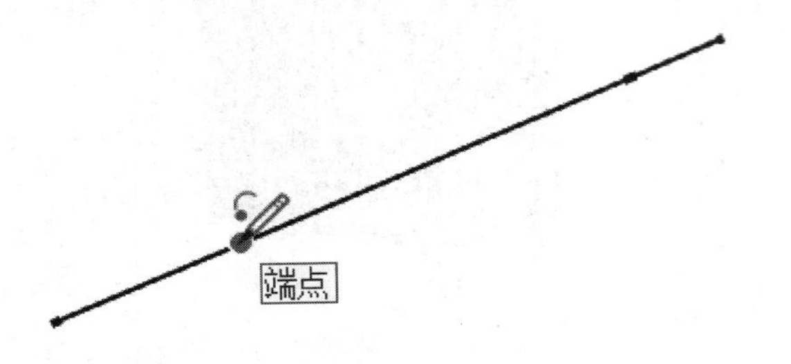

图 5-67　捕捉线段一侧端点

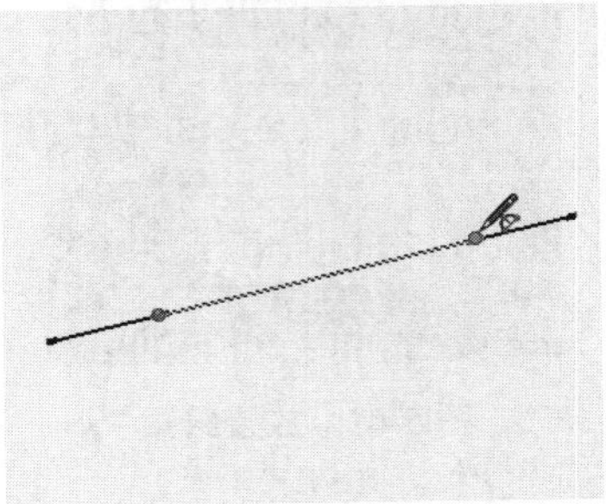

图 5-68　捕捉线段另一侧端点

04 向上拖动鼠标，输入距离 235mm 创建圆弧，删除中间用于捕捉的线段，如图 5-69~图 5-71 所示。

图 5-69　创建圆弧

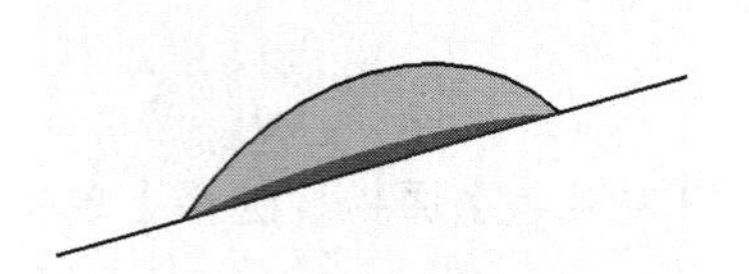

图 5-70　圆弧创建完成

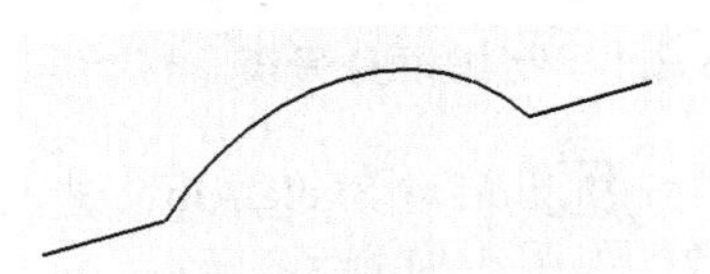

图 5-71　删除多余线段

05 启用【偏移】工具，将之前创建好的线段向上偏移 85mm，如图 5-72 所示。

06 利用【卷尺】与【直线】工具，封闭线段，形成木桥主支架的平面图形，具体细节如图 5-73 所示。

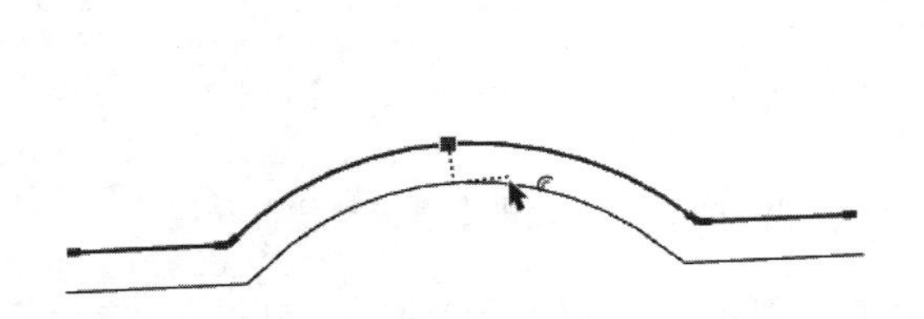

图 5-72　将线段向上偏移 85mm

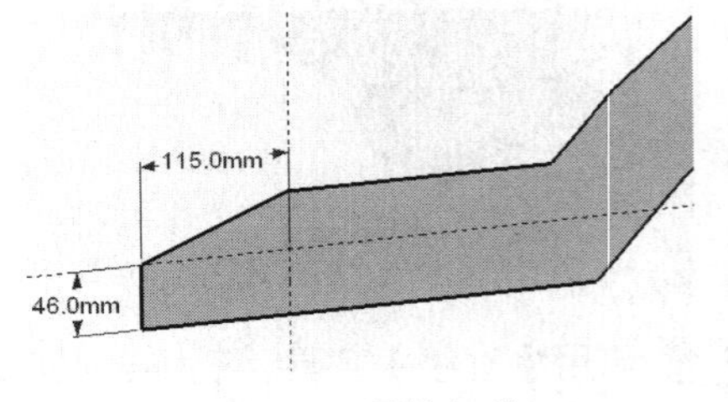

图 5-73　具体细节

07 启用【推 / 拉】工具，将创建好的平面推 / 拉 85mm，如图 5-74 所示。为其赋予“原色樱桃木”材质，如图 5-75、图 5-76 所示。

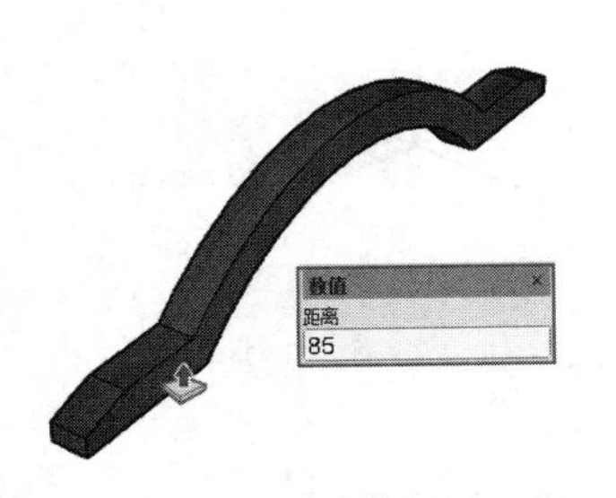

图 5-74　推 / 拉 85mm 厚度

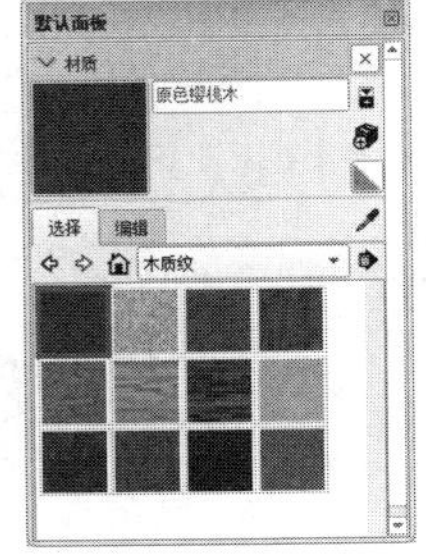

图 5-75　选择“原色樱桃木”材质

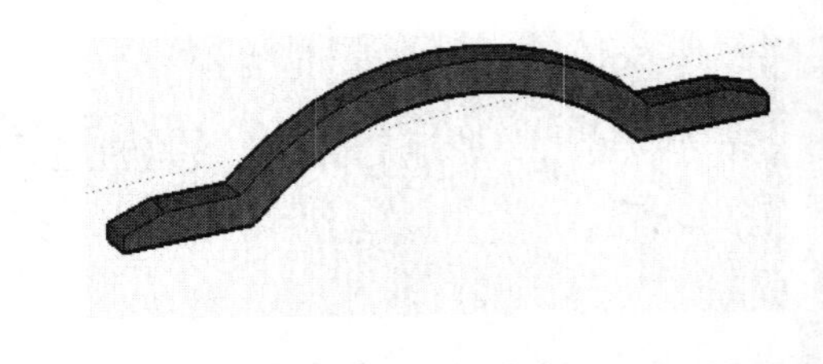

图 5-76　赋予原色樱桃木质纹材质

08 选择支架模型，创建为群组，如图 5-77 所示。将其往右复制一份，距离为 620mm，复制结果如图 5-78 所示。

图 5-77 创建为群组

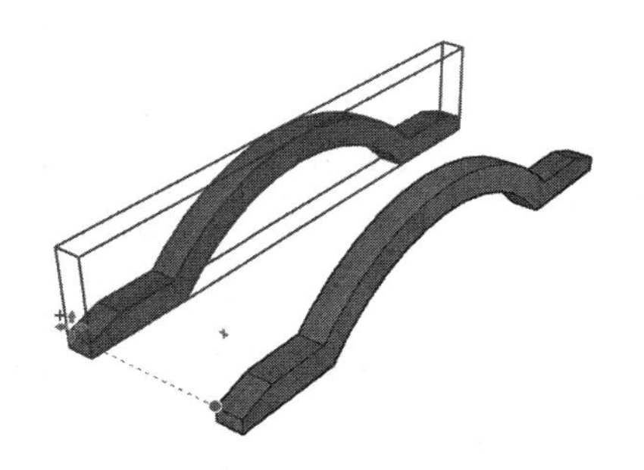

图 5-78 复制结果

5.2.2 制作木桥栏杆

01 创建如图 5-79 所示的栏杆模型，首先创建其上部结构，如图 5-80 所示。

02 启用【直线】工具，创建如图 5-81 所示的四条连续线段用于捕捉。然后以长度为 48mm 的线段下侧端点为起点往右创建一条线段，如图 5-82 所示。

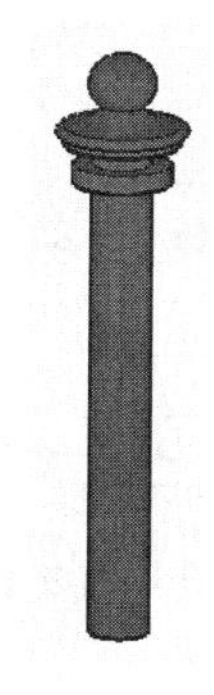

图 5-79 栏杆模型

图 5-80 栏杆上部结构

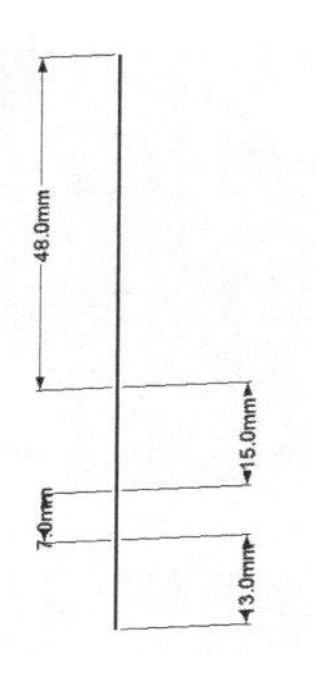

图 5-81 四条连续线段

03 启用【圆弧】工具，捕捉如图 5-83 所示两条线段的端点，输入距离值 20.8mm，创建一段圆弧。

04 重复类似的操作，创建其他圆弧，最后绘制线段形成封闭平面，如图 5-84~ 图 5-86 所示。

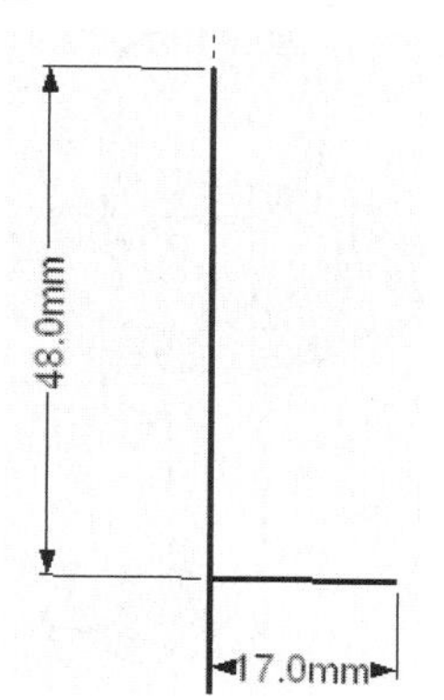

图 5-82 往右创建一条线段

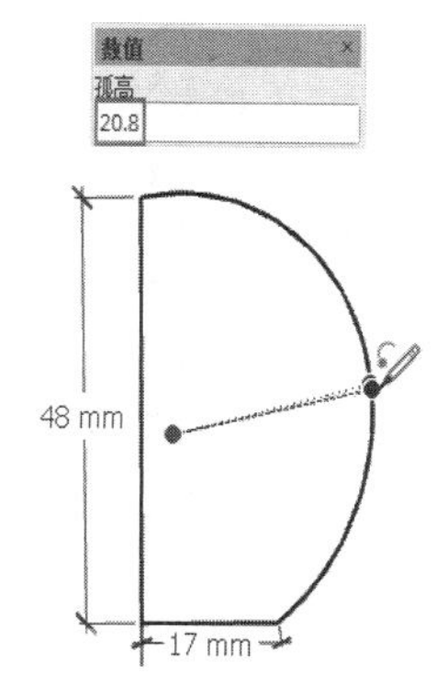

图 5-83 创建一段圆弧

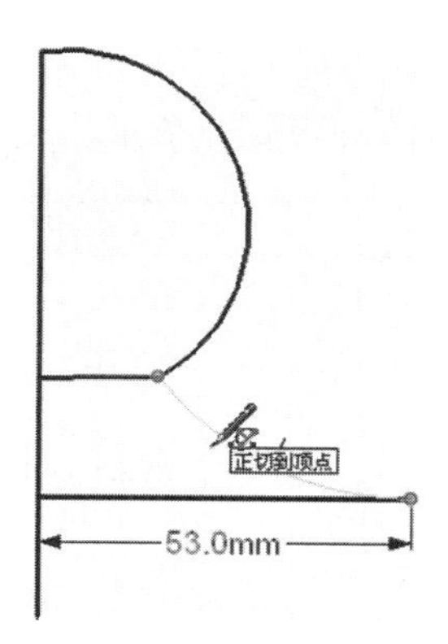

图 5-84 创建中部圆弧

05 启用【圆】工具，捕捉平面两侧端点创建一个圆形平面，如图 5-87 所示。

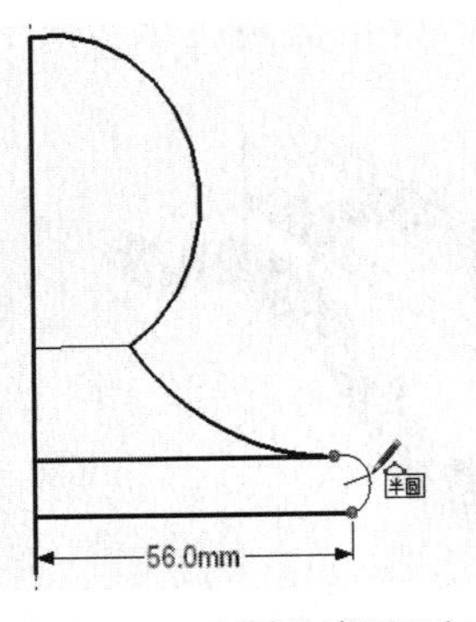

图 5-85　创建下部圆弧

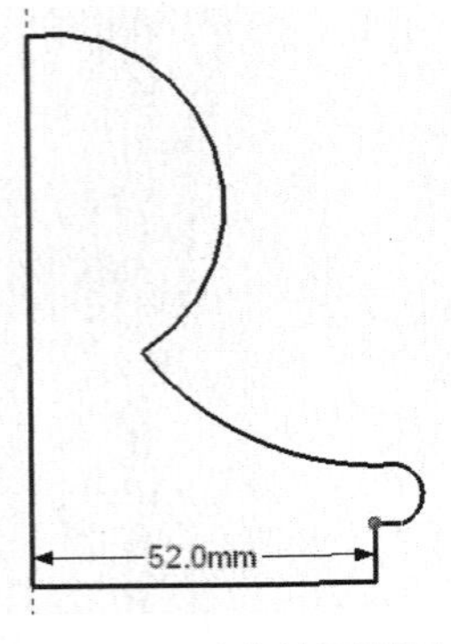

图 5-86　形成封闭平面

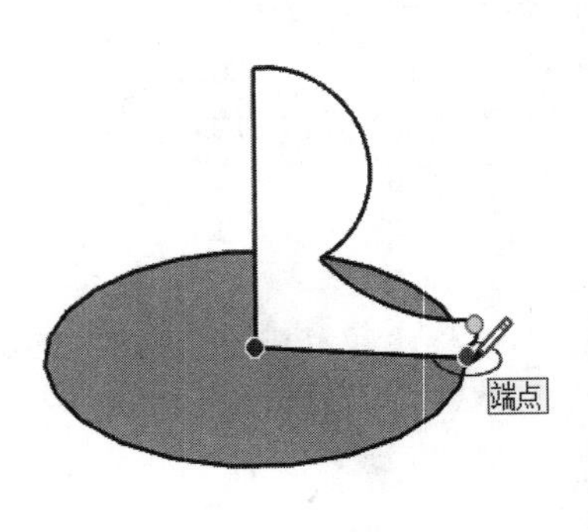

图 5-87　创建一个圆形平面

06 启用【路径跟随】工具，选择【圆弧】及【直线】工具创建圆形平面，如图 5-88 所示。

07 移动鼠标捕捉创建的圆形平面周边，进行路径跟随，如图 5-89 所示。捕捉一圈后，得到如图 5-90 所示的模型效果。

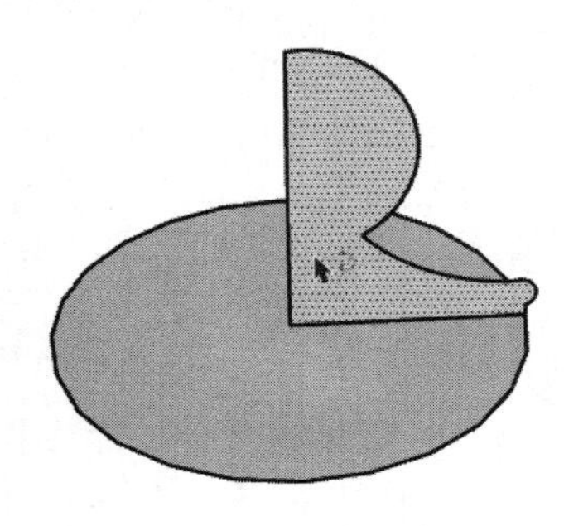
图 5-88　启用【路径跟随】工具

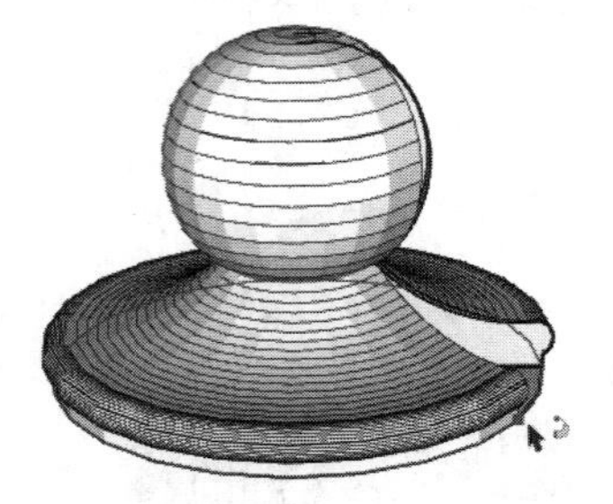
图 5-89　进行路径跟随

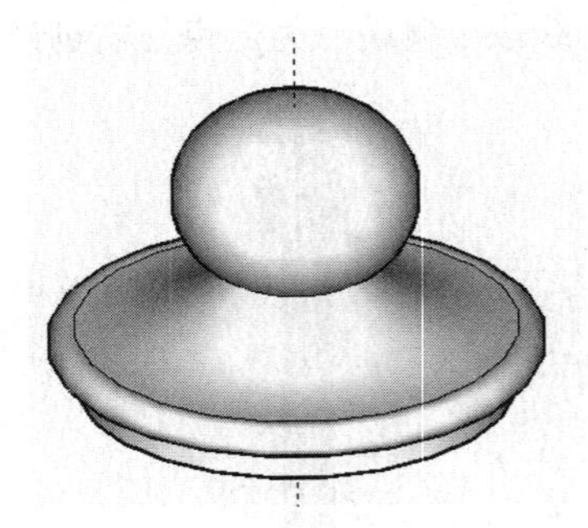
图 5-90　模型效果

08 制作栏杆下半部分，启用【直线】工具创建截面，如图 5-91、图 5-92 所示。

09 启用【圆】工具，捕捉截面两侧创建圆形，如图 5-93 所示。

10 启用【路径跟随】工具，如图 5-94、图 5-95 所示创建栏杆下部。

11 栏杆模型整体创建完成后，进入【材料】面板，为其赋予“原色樱桃木”，如图 5-96 所示，然后创建为【组】，如图 5-97 所示。

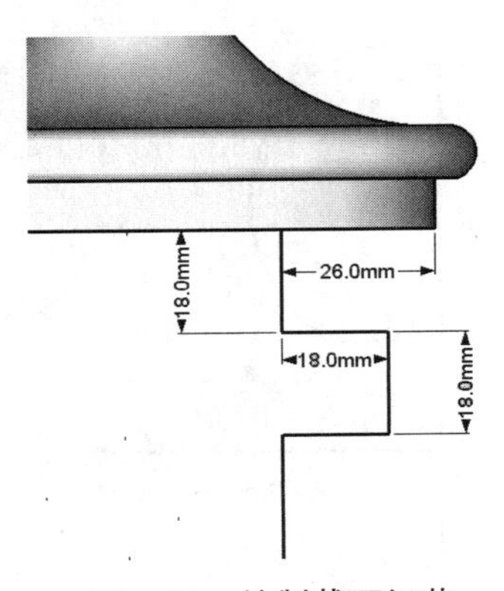

图 5-91　绘制截面细节

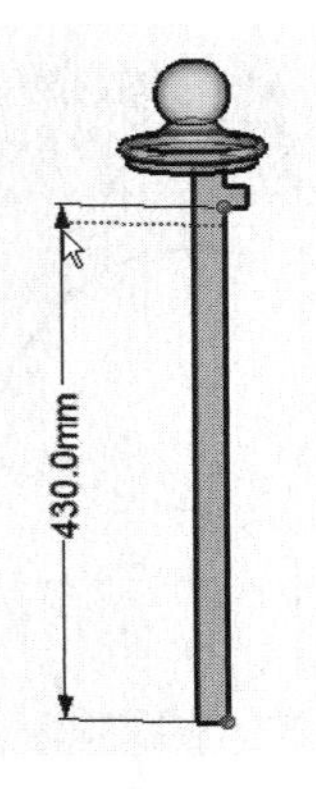

图 5-92　创建截面

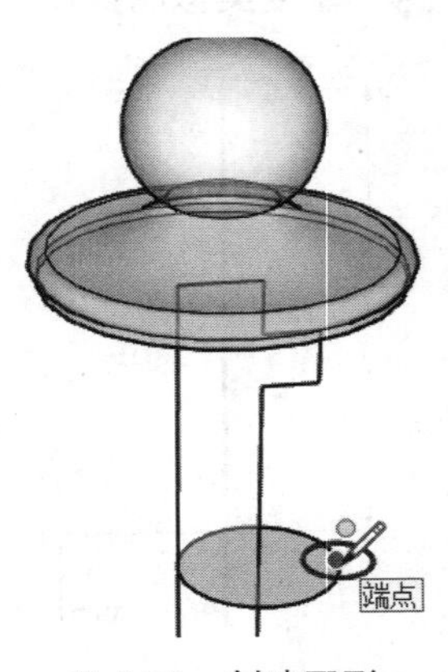

图 5-93　创建圆形

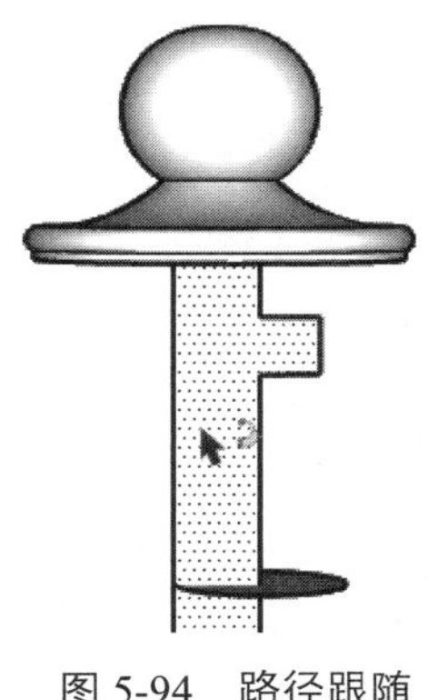

图 5-94　路径跟随

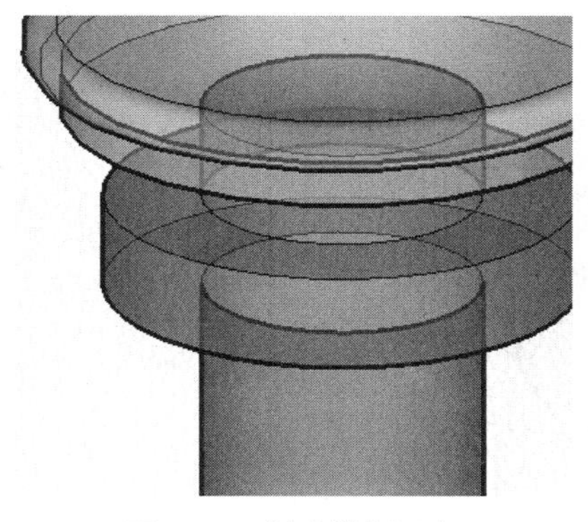

图 5-95　创建栏杆下部

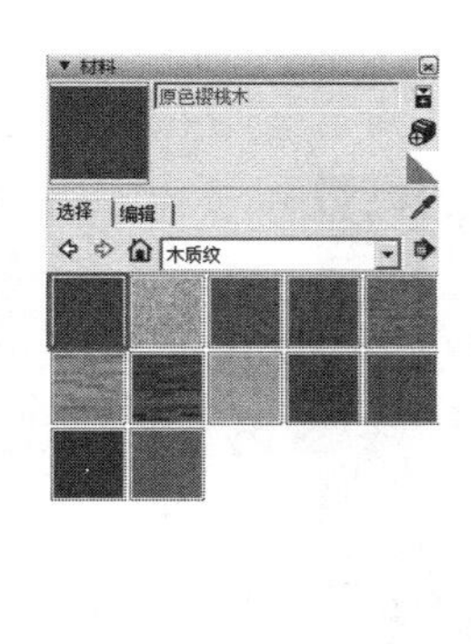

图 5-96　赋予“原色樱桃木”

12 将创建的栏杆模型移动到木桥支架中央部分，然后复制出其他位置栏杆，如图 5-98、图 5-99 所示。

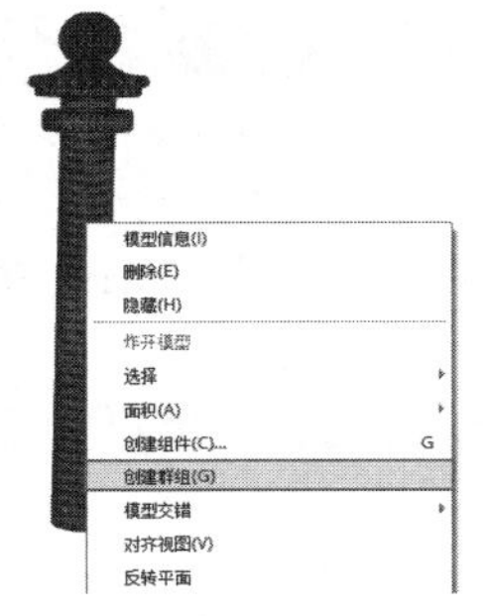

图 5-97　创建为【组】

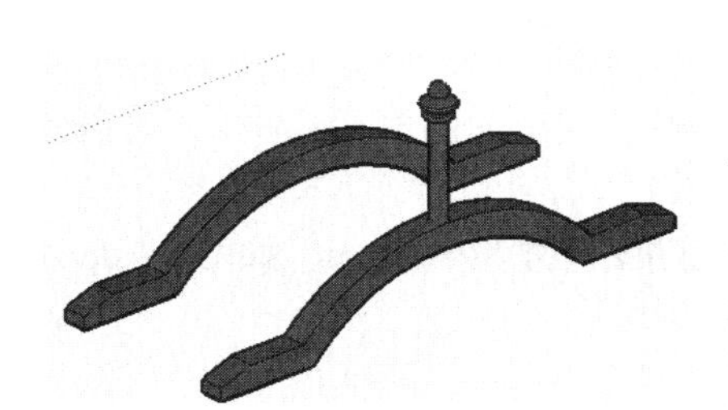

图 5-98　对位栏杆模型

图 5-99　复制栏杆模型

5.2.3　完成桥面细节

01 制作桥面木板模型，首先利用【直线】与【圆弧】工具捕捉支架模型边线创建一条线段。

02 启用【偏移】工具，将创建好的线段向上偏移 20mm，如图 5-100 所示，然后启用【直线】创建工具封闭平面，如图 5-101 所示。

03 启用【推 / 拉】工具，将封闭平面向右推 / 拉 30mm，如图 5-102 所示，然后选择另一侧的面，向左推 / 拉 735mm，如图 5-103 所示。

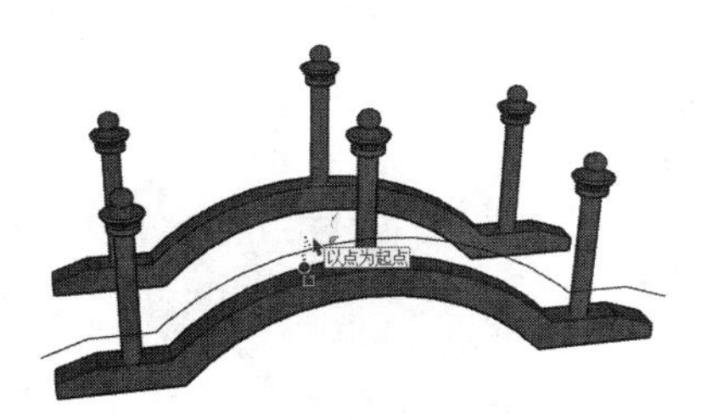

图 5-100　偏移线段

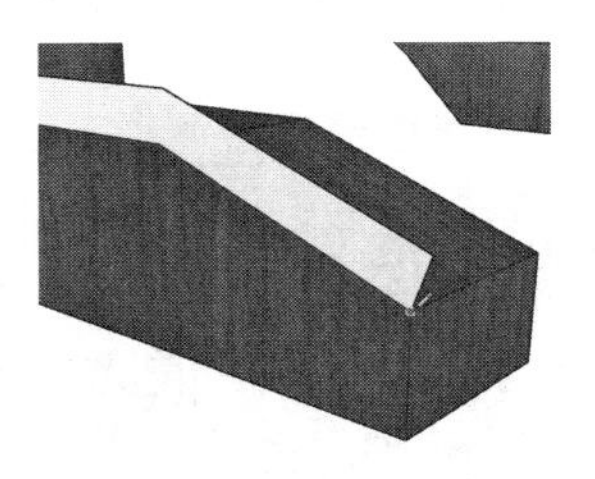

图 5-101　封闭平面

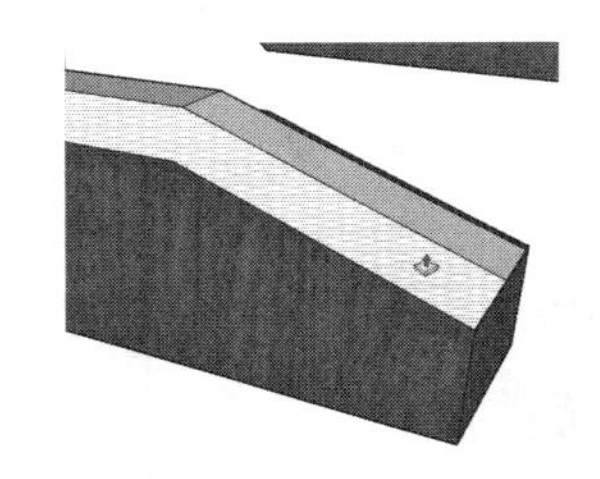

图 5-102　向右推 / 拉 30mm

04 桥面通常由多块木板拼接而成，这里使用贴图进行快速模拟。进入【材质】面板【编辑】对话框，创建一个新的材质，在其贴图通道内加载一张“木板”贴图，如图 5-104 所示。

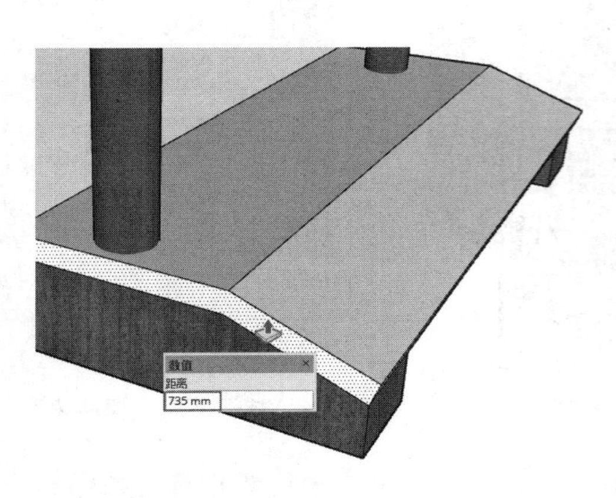

图 5-103 向左推 / 拉 735mm

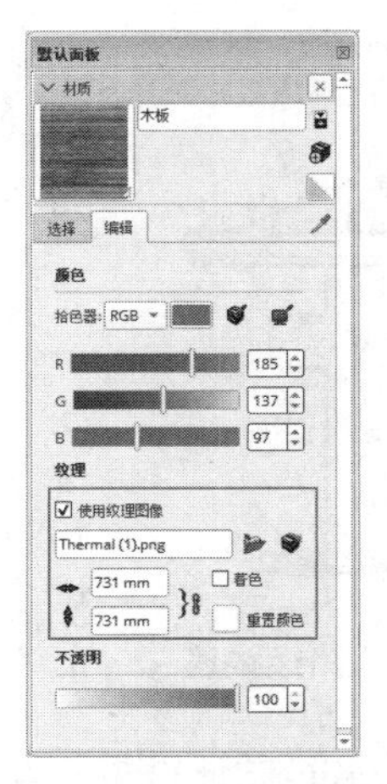

图 5-104 加载一张“木板”贴图

技 巧

往两侧推 / 拉生成模型，可以避免模型位置的调整。

05 将创建的材质赋予桥面模型，效果如图 5-105 所示，可以发现默认的贴图拼贴效果很不理想，接下来进行调整。

06 在【纹理】选项组下调整贴图尺寸为 800mm，如图 5-106 所示，此时贴图大小合适，但方向不正确，调整效果如图 5-107 所示。

图 5-105 赋予材质效果

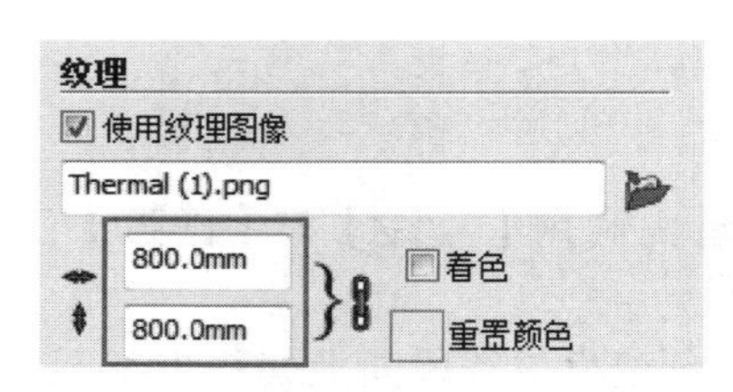

图 5-106 调整贴图尺寸

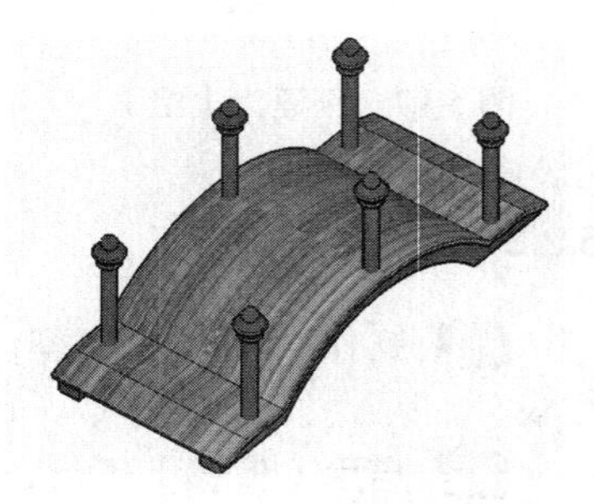

图 5-107 调整效果

07 选中纹理，右击，在快捷菜单中选择【纹理】|【编辑纹理图像】选项，如图 5-108 所示。在打开的贴图编辑窗口中将贴图旋转 90°，如图 5-109 所示。以得到正确的纹理走向，如图 5-110 所示。

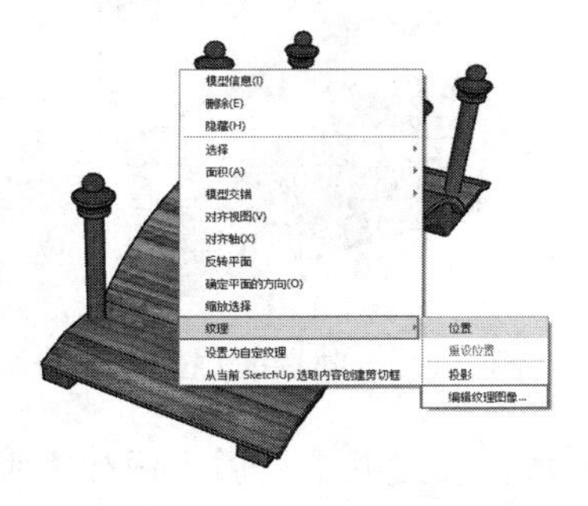

图 5-108 快捷菜单

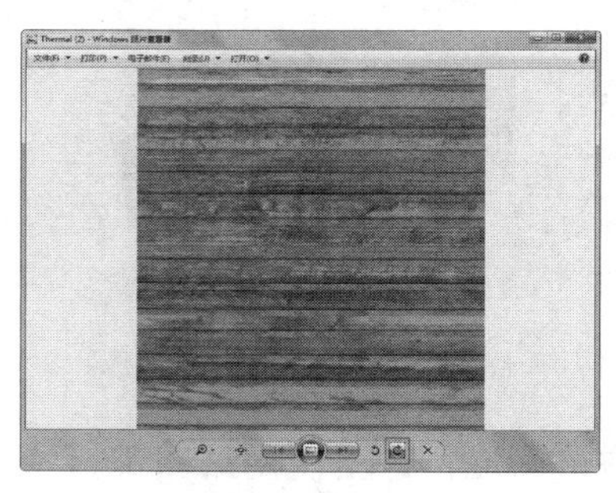

图 5-109 旋转贴图

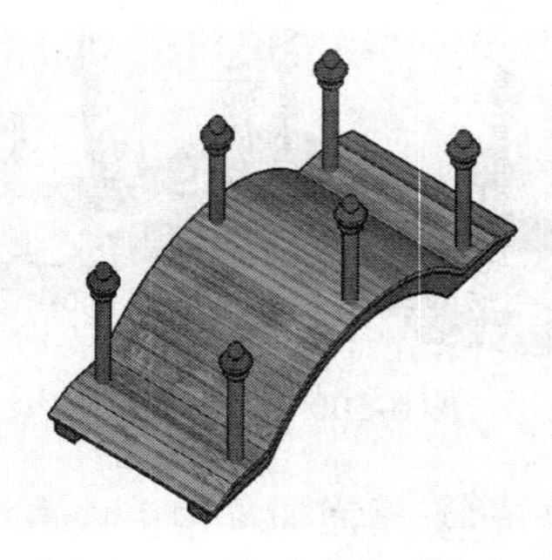

图 5-110 正确的纹理走向

08 重复之前类似的操作，创建出如图 5-111 所示的压条模型，最后制作用于横向连接的护栏模型。

09 启用【圆弧】工具，通过捕捉栏杆创建一条连接弧线，如图 5-112 所示。

10 启用【偏移】工具，将创建好的连接弧线向上偏移 25mm，如图 5-113 所示。启用【推 / 拉】工具推 / 拉 25mm，如图 5-114 所示。

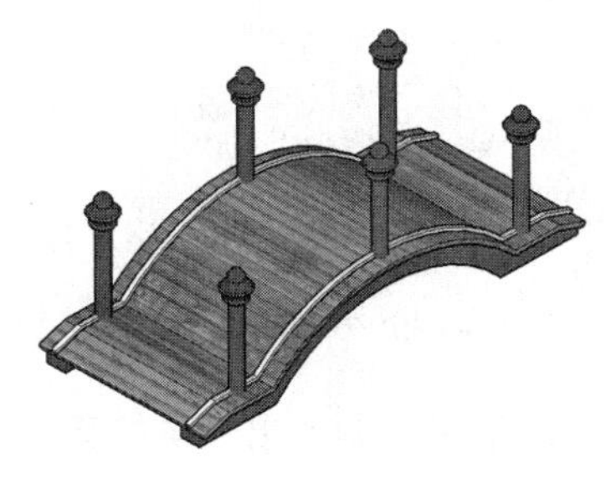

图 5-111 压条模型

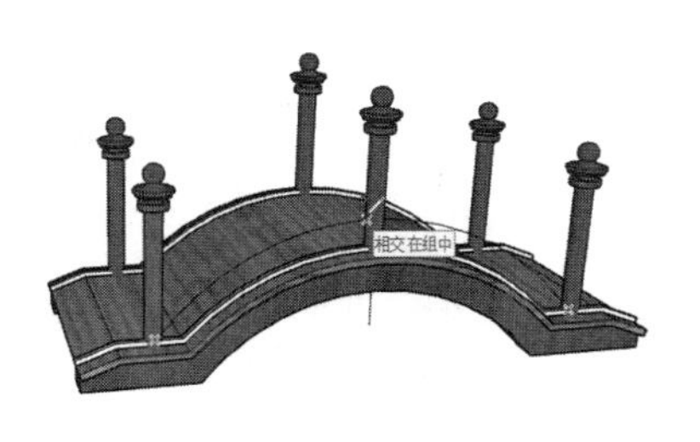

图 5-112 创建一条连接弧线

图 5-113 偏移连接弧线

11 启用【移动】工具，如图 5-115 所示复制出其他连接栏杆，为其赋予木纹材质，最终得到如图 5-116 所示的木桥完成效果。

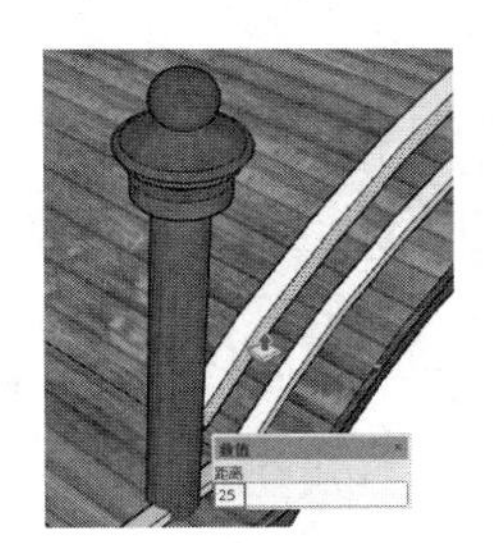

图 5-114 推 / 拉 25mm

图 5-115 复制出其他连接栏杆

图 5-116 木桥完成效果

5.3 制作欧式凉亭模型

本节制作如图 5-117 所示的欧式凉亭模型，主要使用了【圆】、【圆弧】、【直线】、【推 / 拉】、【旋转】及【路径跟随】等工具，其中【旋转】和【路径跟随】工具是本节学习的重点。

5.3.1 制作凉亭平台

01 启动 SketchUp，进入【模型信息】面板，选择【单位】选项卡，设置【度量单位】参数，如图 5-118 所示。

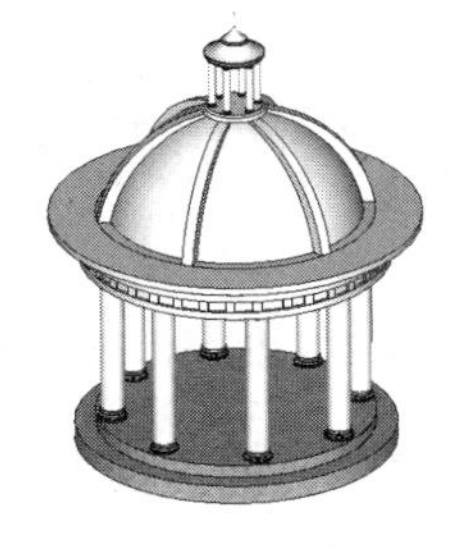

图 5-117 欧式凉亭模型

图 5-118 设置【度量单位】参数

02 启用【圆】工具，绘制凉亭底部圆形平面，如图 5-119 所示。启用【推 / 拉】工具，推 / 拉 265mm，如图 5-120 所示。

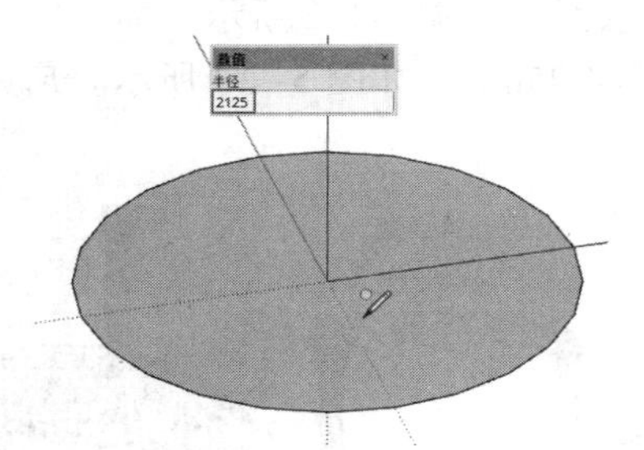

图 5-119　绘制凉亭底部圆形平面

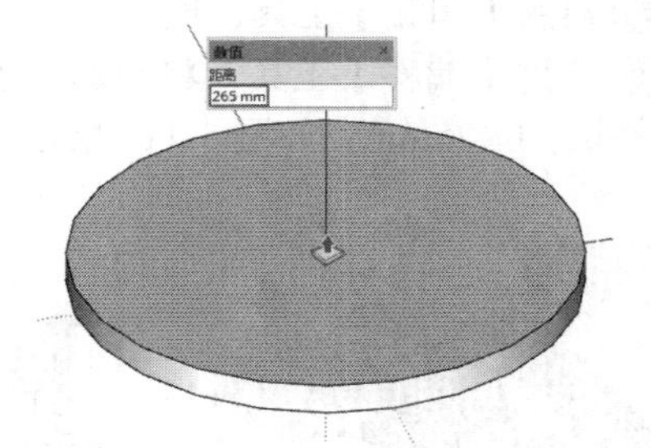

图 5-120　推 / 拉 265mm

03 启用【偏移】工具，将顶部平面向内偏移 275mm，如图 5-121 所示，制作出台阶的宽度。

04 启用【推 / 拉】工具，制作出台阶的高度，如图 5-122 所示。进入【材质】面板【编辑】对话框，为底部模型赋予“黄褐色碎石”材质，如图 5-123 所示。

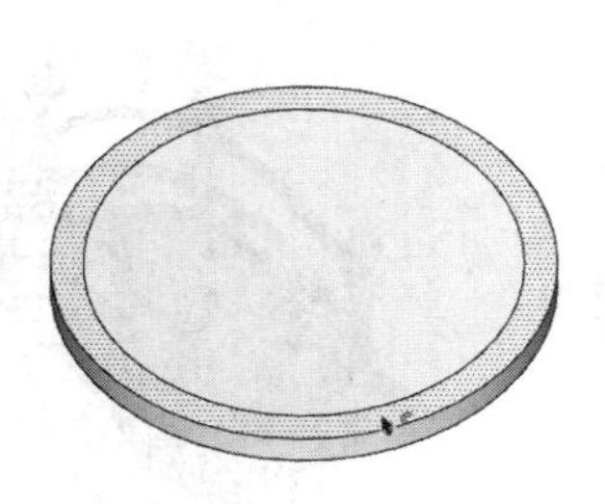

图 5-121　向内偏移 275mm

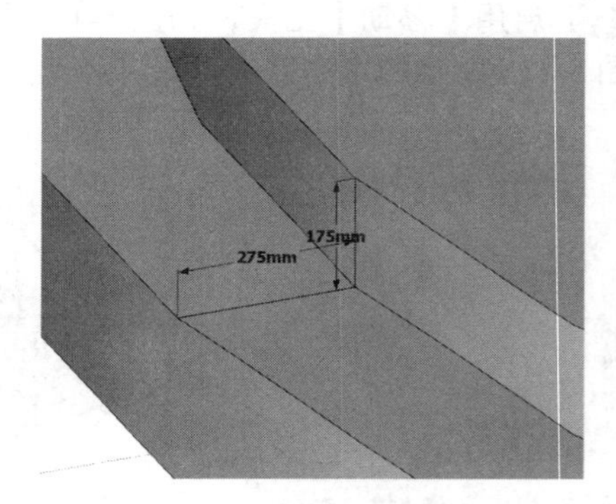

图 5-122　制作出台阶的高度

5.3.2　制作凉亭支柱与连接角线

01 制作凉亭圆形支柱模型，结合使用【直线】与【圆弧】工具，绘制出支柱底部截面细节，如图 5-124 所示。

图 5-123　赋予“黄褐色碎石”材质

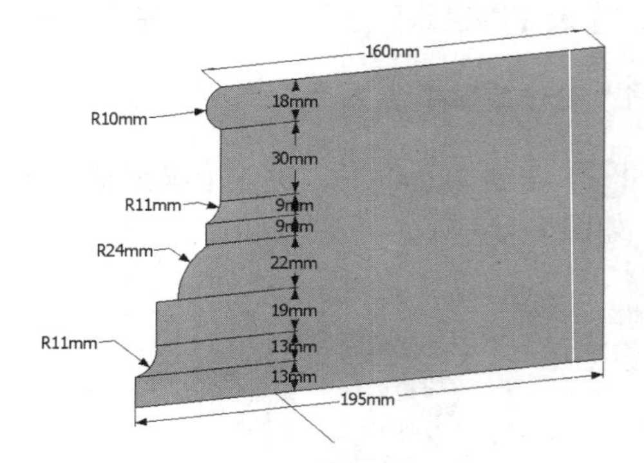

图 5-124　支柱底部截面细节

02 启用【圆形】工具，以支柱底部截面为参考，绘制一个圆形平面，如图 5-125 所示。启用【路径跟随】工具，如图 5-126 所示，选择截面制作底部模型，完成效果如图 5-127 所示。

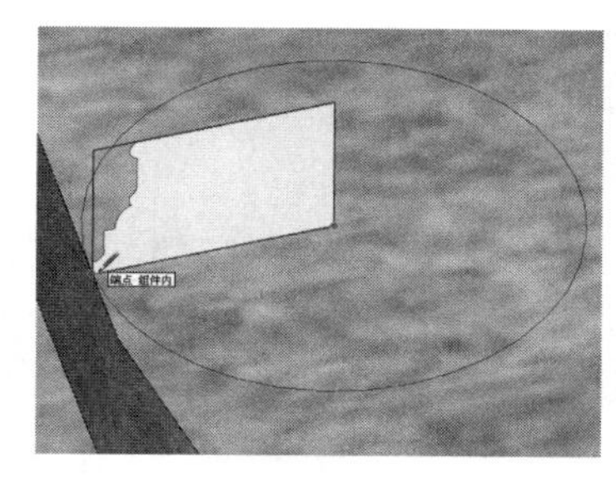
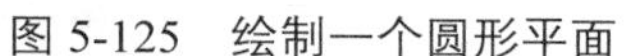

图 5-125　绘制一个圆形平面

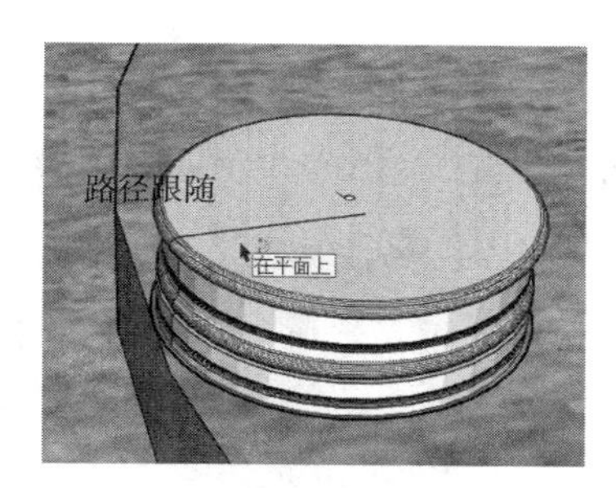

图 5-126　启用【路径跟随】工具

图 5-127　完成效果

03 启用【推 / 拉】工具，推 / 拉出 2000mm 的柱体高度，如图 5-128 所示。

04 启用【移动】工具，并按键盘上的“Ctrl”键，选择支柱底座模型，向上复制，如图 5-129 所示。执行右键菜单中【翻转方向】|【组的蓝轴】命令调整其朝向，如图 5-130 所示。

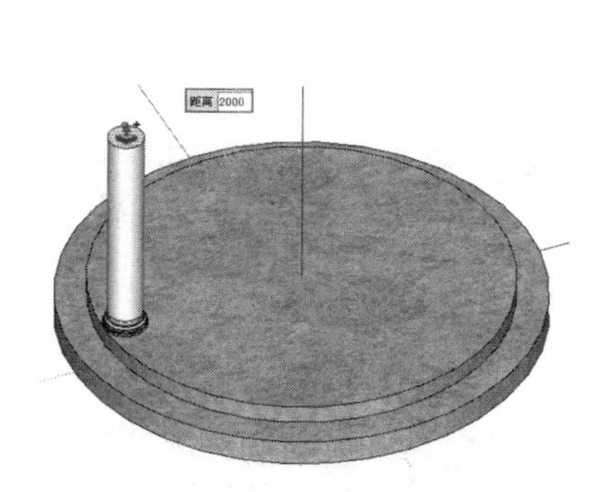

图 5-128　推 / 拉出柱体高度

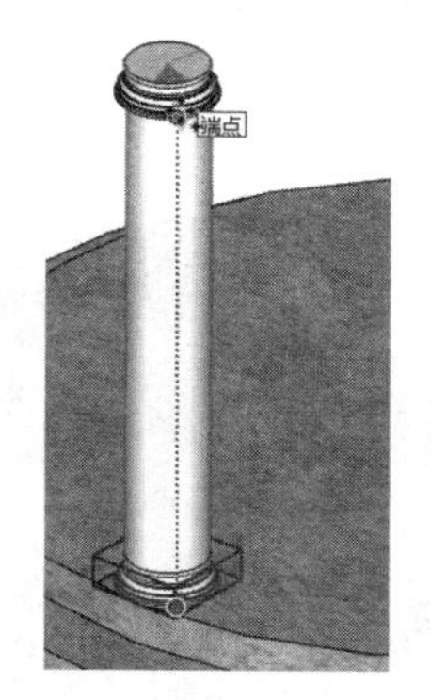

图 5-129　向上复制底座模型

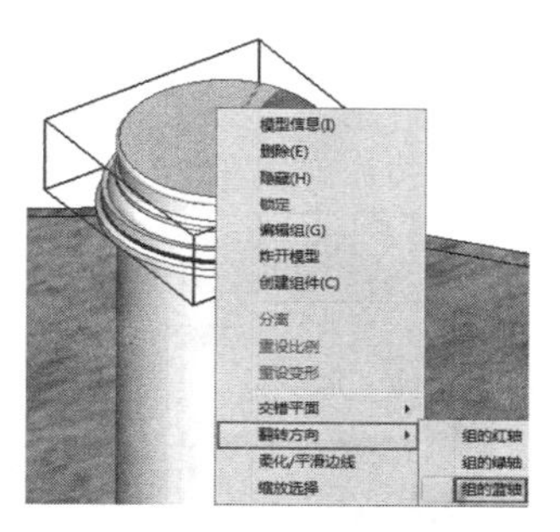

图 5-130　调整底座模型朝向

05 将制作完成的圆形支柱模型创建为组件，如图 5-131 所示。启用【旋转】工具，选择凉亭底座中心为旋转中心，如图 5-132 所示。

06 在“角度”数值输入框内输入 45，进行旋转复制，如图 5-133 所示，完成第一个支柱模型的制作。再输入 7x，同时复制多个模型，得到凉亭其他支柱模型，此时顶面图如图 5-134 所示，透视图如图 5-135 所示。

07 绘制凉亭顶部连接处的角线。结合使用【直线】和【圆弧】工具，绘制角线截面，如图 5-136 所示。

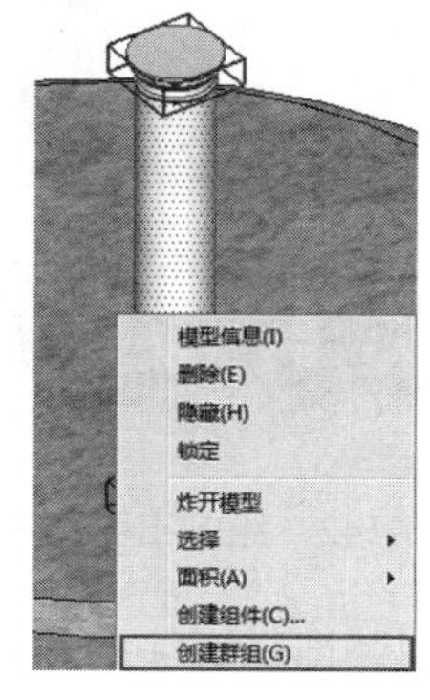

图 5-131　创建为【组】

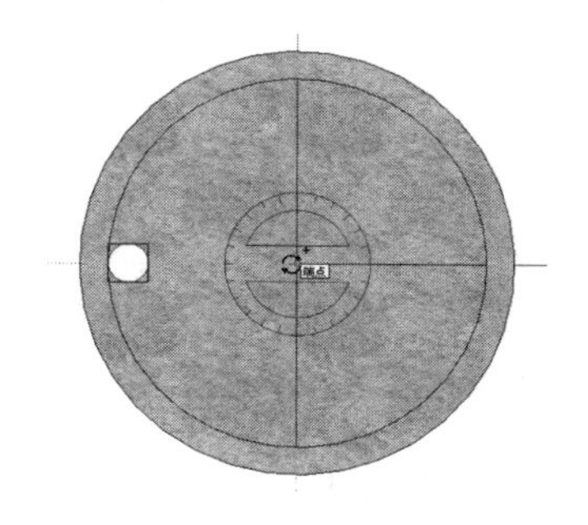

图 5-132　启用【旋转】工具

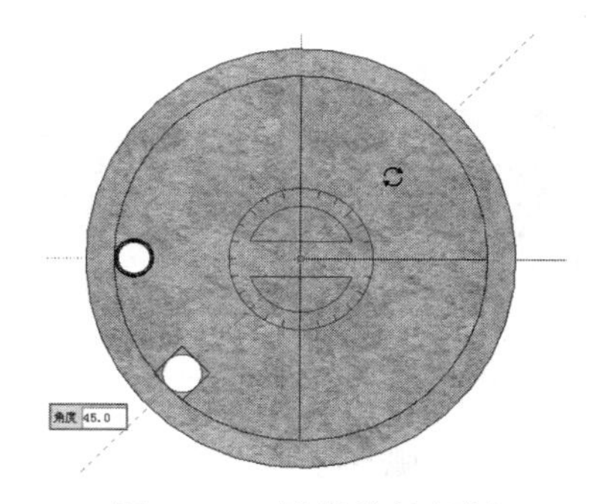

图 5-133　进行旋转复制

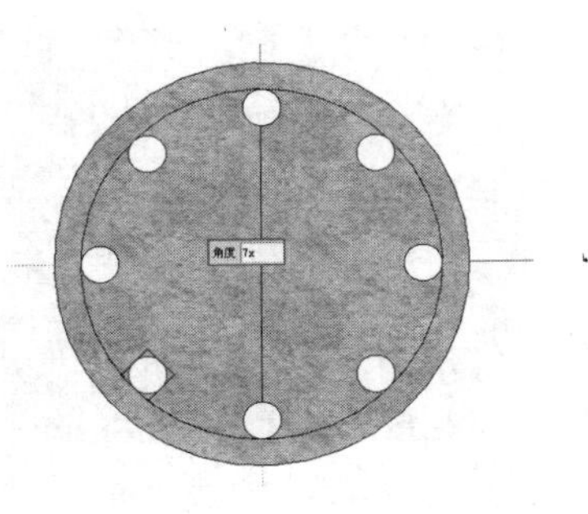

图 5-134　顶面图

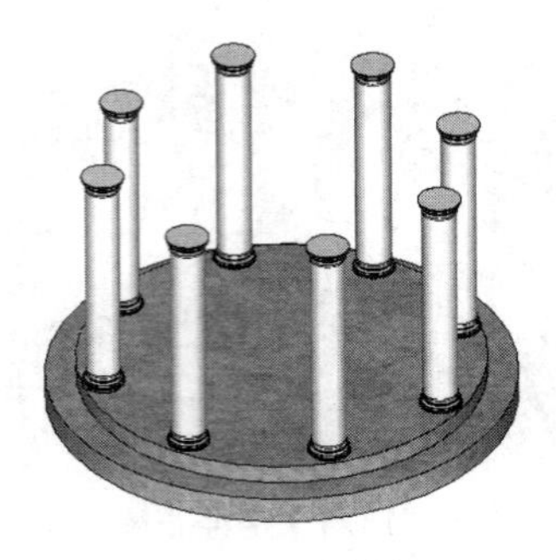

图 5-135　透视图

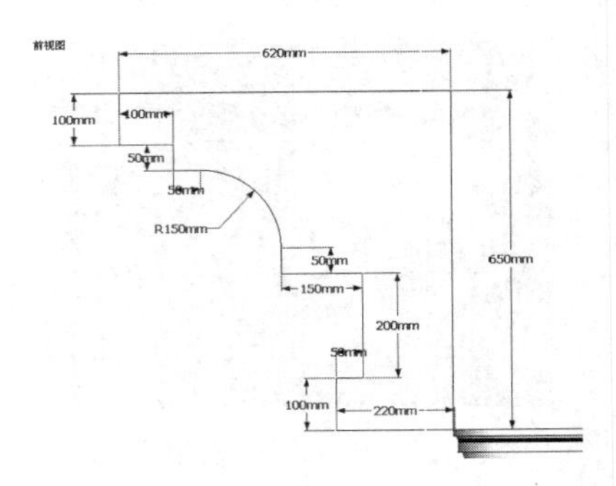

图 5-136　绘制角线截面

08 启用【直线】工具，捕捉凉亭底座中心向上绘制一条直线，启用【圆】工具，以其为圆心绘制一个圆形平面，如图 5-137 所示。

09 启用【路径跟随】工具，先选择角线截面，然后捕捉圆形平面进行路径跟随，完成角线的制作，如图 5-138 与图 5-139 所示。

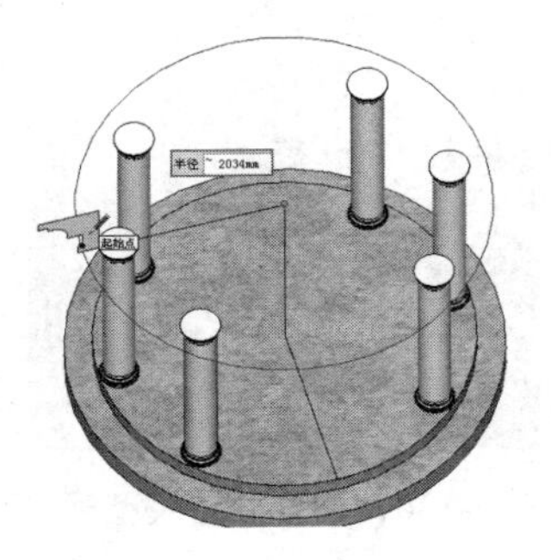

图 5-137　绘制一个圆形平面

图 5-138　启用【路径跟随】工具

图 5-139　完成角线的制作

5.3.3　制作凉亭屋顶

01 结合使用【圆弧】、【直线】以及【圆】工具，绘制好屋顶截面与圆形跟随路径，启用【路径跟随】工具，绘制出弧形亭顶，如图 5-140 ~ 图 5-142 所示。

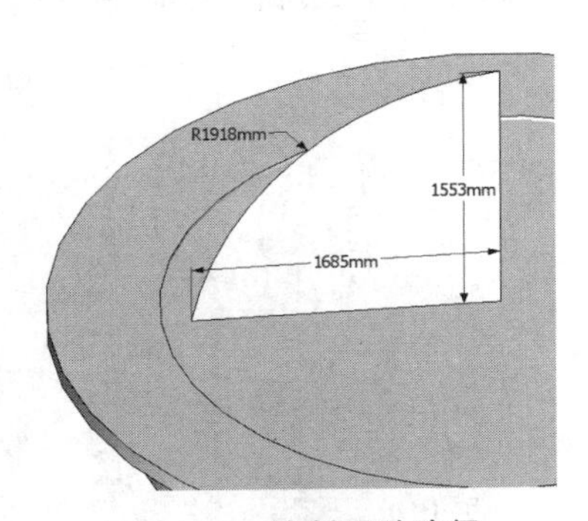

图 5-140　绘制跟随路径

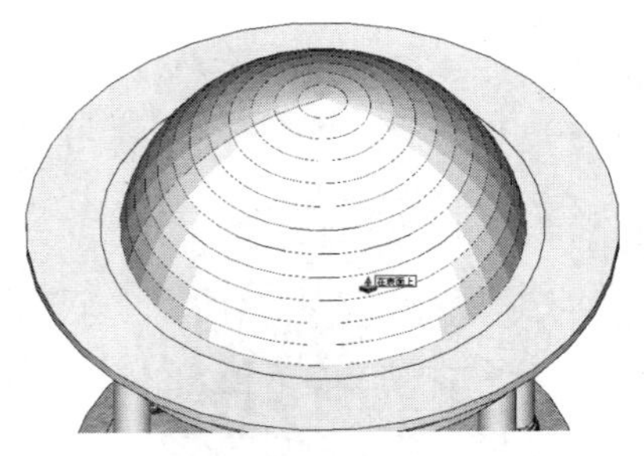

图 5-141　启用【路径跟随】工具

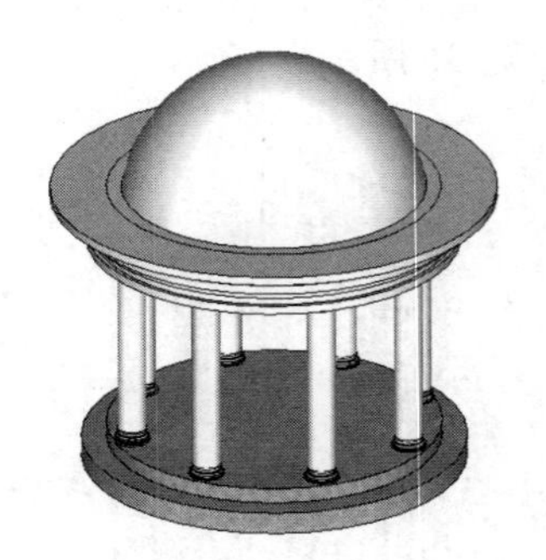

图 5-142　绘制出弧形亭顶

02 弧形亭顶绘制完成后，结合使用【圆弧】与【直线】工具，绘制装饰弧形线条截面，如图 5-143 ~ 图 5-145 所示。

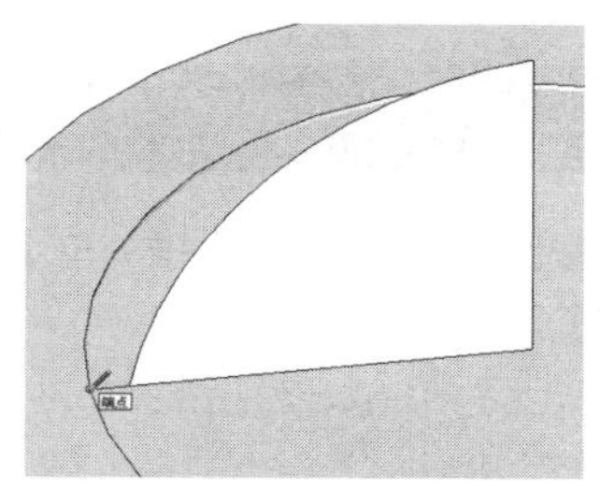

图 5-143　启用【圆弧】与【直线】工具

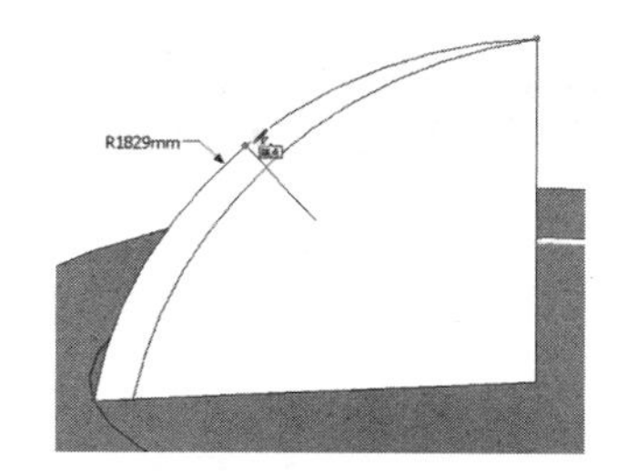

图 5-144　绘制装饰弧形线条截面

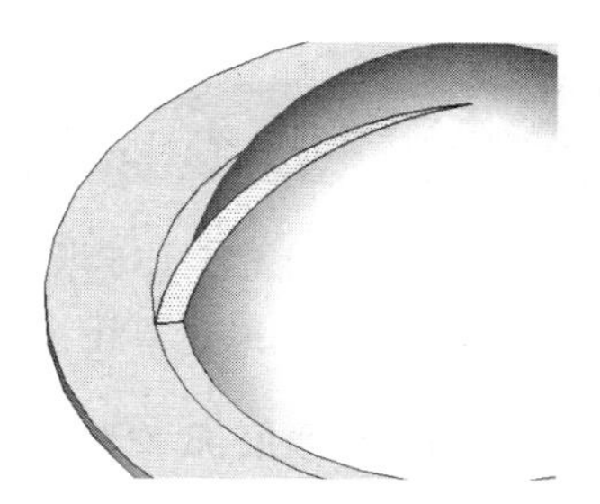

图 5-145　完成效果

03 启用【推 / 拉】工具，推 / 拉弧形截面，制作出 150mm 的厚度。启用【旋转】工具，旋转复制出其他装饰弧形线条，如图 5-146~ 图 5-148 所示。

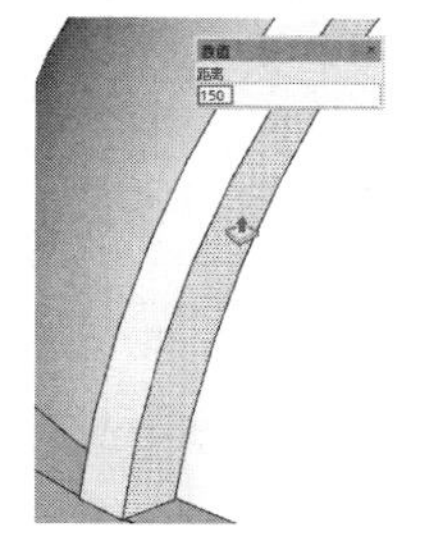

图 5-146　启用【推 / 拉】工具

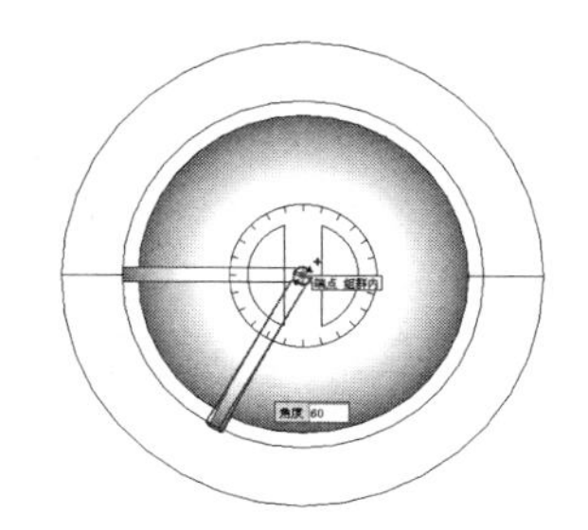

图 5-147　启用【旋转】工具

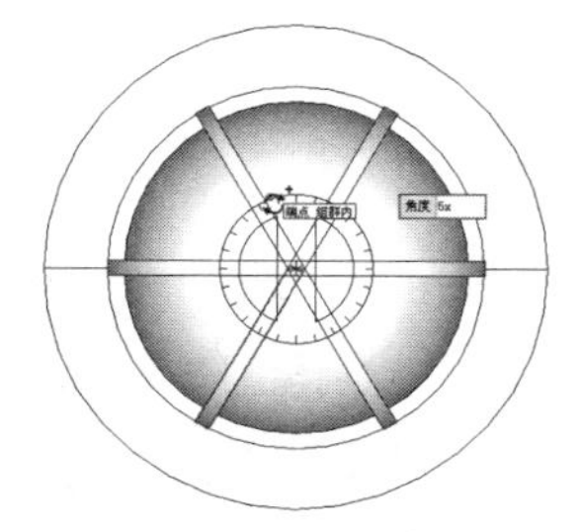

图 5-148　旋转复制多个对象

04 结合使用【矩形】与【推 / 拉】工具创建装饰块，启用【旋转】工具，旋转复制其他装饰块，如图 5-149~ 图 5-151 所示。

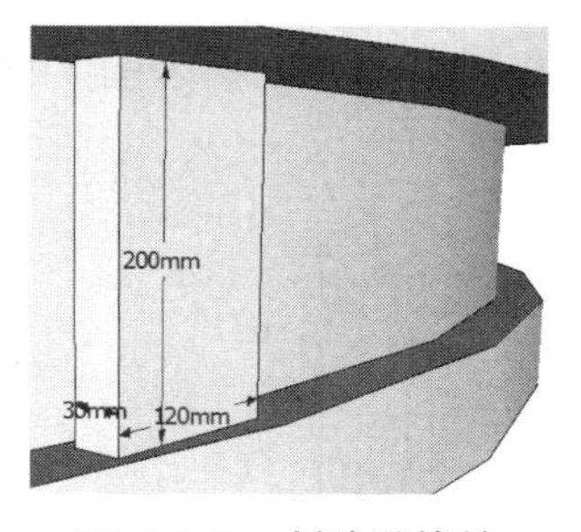

图 5-149　创建装饰块

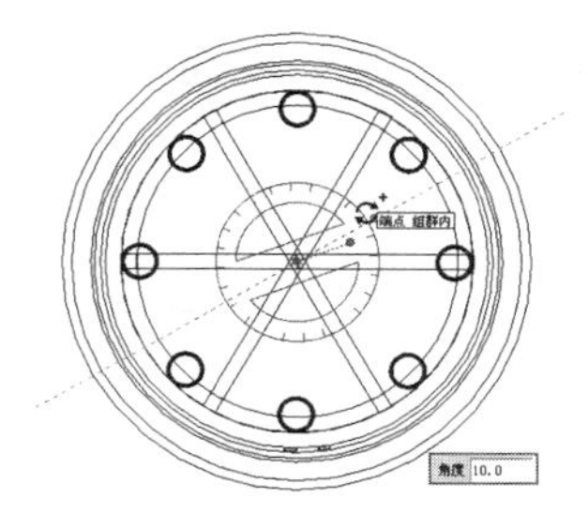

图 5-150　旋转复制装饰块

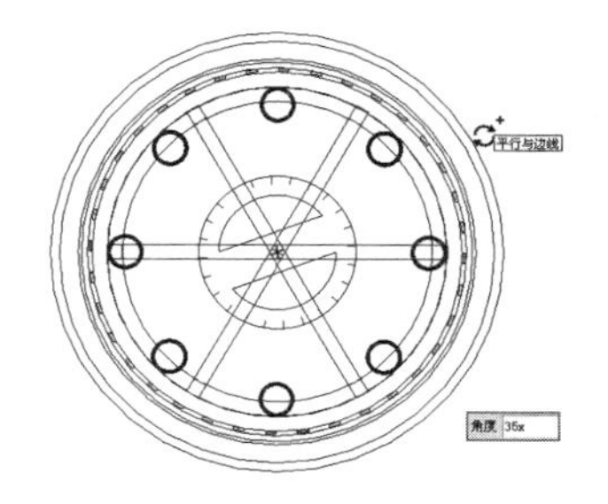

图 5-151　同时复制多个装饰块

05 至此，欧式凉亭的主要模型绘制完成，效果如图 5-152 所示。

06 使用类似的方法绘制出凉亭顶部的装饰构件，如图 5-153 所示，得到欧式凉亭最终模型，如图 5-154 所示。

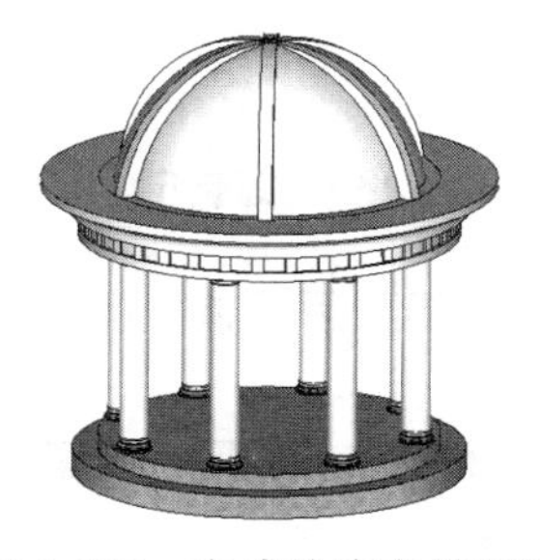

图 5-152　完成的凉亭模型效果

图 5-153　凉亭顶部的装饰构件

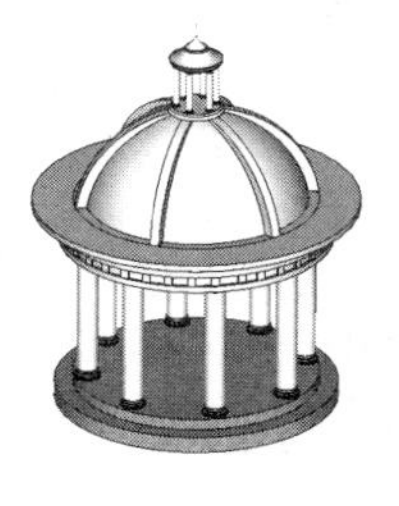

图 5-154　欧式凉亭最终模型

5.4 制作喷水池模型

本节制作如图 5-155 所示的喷水池模型，主要使用了【圆】、【圆弧】、【直线】、【推 / 拉】和【路径跟随】等工具，其中【圆】和【路径跟随】工具是本节的学习重点。

5.4.1 制作喷泉底部水池

01 启动 SketchUp，进入【模型信息】面板，选择【单位】选项卡，设置【度量单位】参数，如图 5-156 所示。

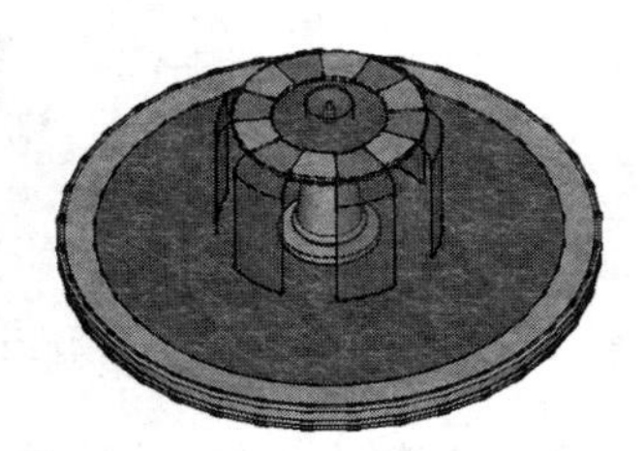

图 5-155　喷水池模型

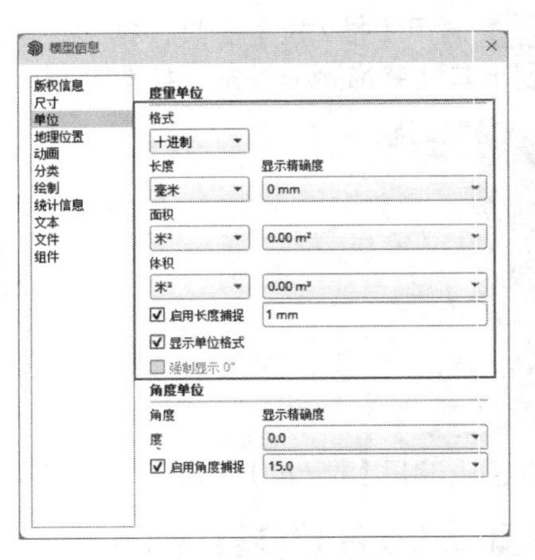

图 5-156　设置【度量单位】参数

02 制作如图 5-157 所示的圆形底部水池。启用【直线】与【圆弧】工具，参考图 5-158、图 5-159 所示尺寸创建截面。

图 5-157　底部水池模型

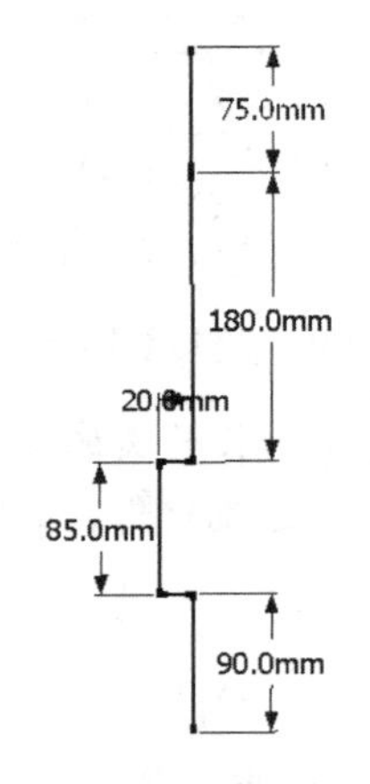

图 5-158　连续线段尺寸

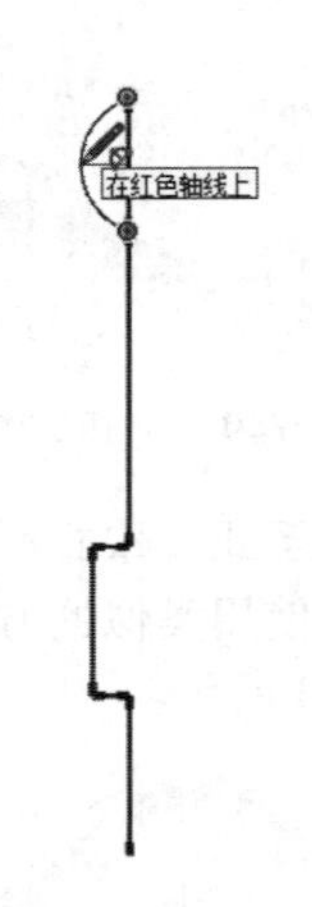

图 5-159　圆弧尺寸

03 启用【卷尺】工具，参考截面最左侧的线段向右偏移 3500mm，得到用于捕捉圆心的辅助线，如图 5-160 所示。

04 启用【圆】创建工具，捕捉辅助线端点圆心，创建一个半径为 3500mm 的圆形平面，如图 5-161 所示。在创建过程中，将分段提高到 36，以得到较为圆滑的边缘。

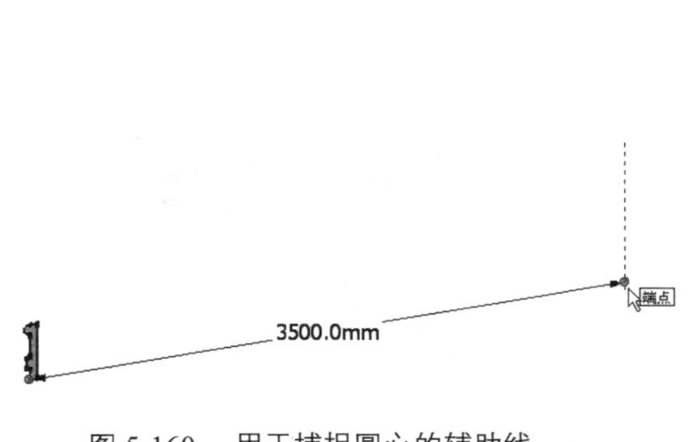

图 5-160　用于捕捉圆心的辅助线

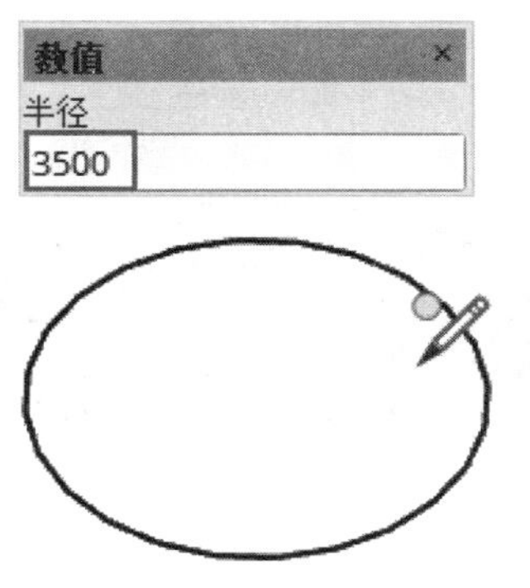

图 5-161　创建圆形平面

05 启用【路径跟随】工具，如图 5-162 所示，选择创建好的截面捕捉圆周，创建底部水池轮廓造型，如图 5-163 所示。

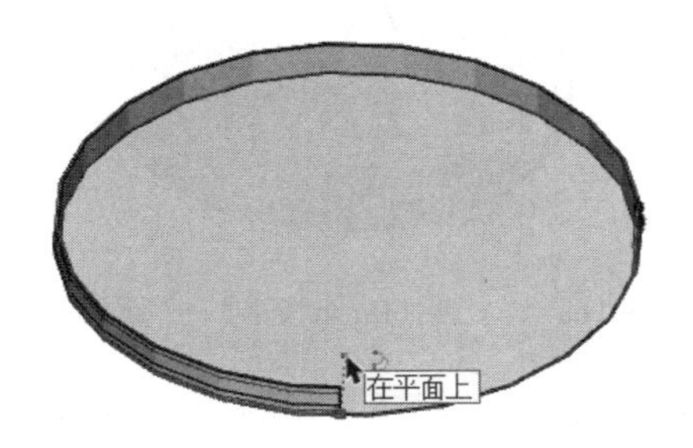

图 5-162　启用【路径跟随】工具

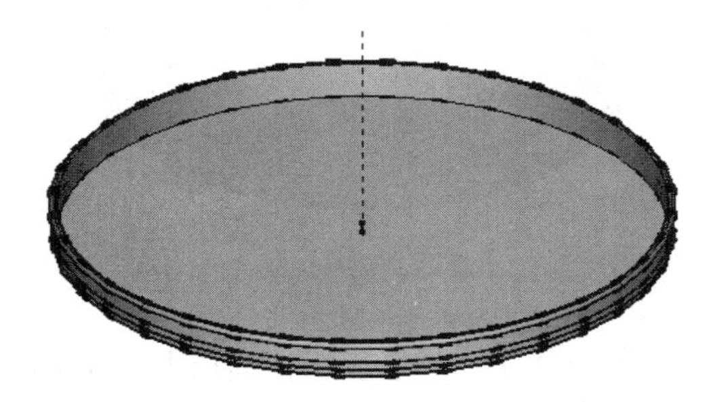

图 5-163　创建底部水池轮廓造型

06 启用【推/拉】工具，选择圆形平面，向上推/拉 422mm，如图 5-164 所示。启用【偏移】工具，将其向内偏移 400mm，如图 5-165 所示。

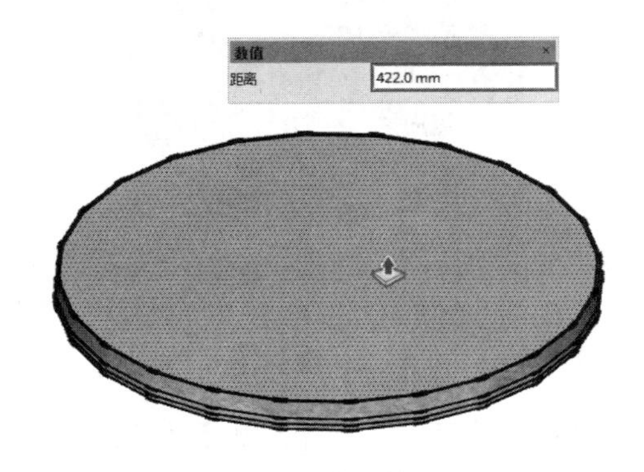

图 5-164　向上推 / 拉 422mm

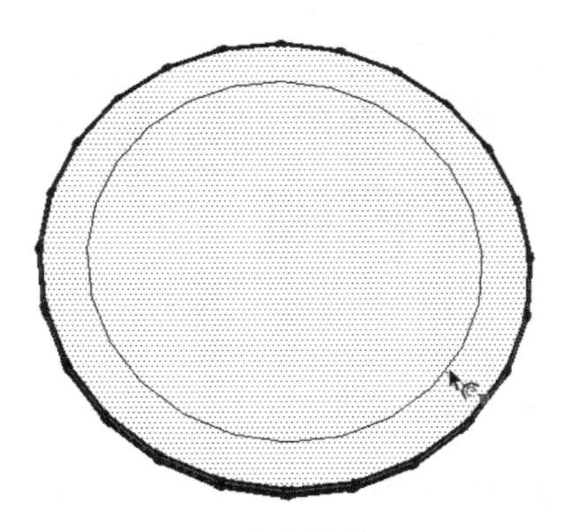

图 5-165　向内偏移 400mm

07 启用【推 / 拉】工具，选择偏移形成的内部圆形平面，向下推 / 拉 200mm，如图 5-166 所示，制作出水池的边沿细节。

08 进入【材料】面板，选择【石头】材质类型中的“卡其色拉绒石材”，如图 5-167 所示，将其赋予创建好的底部水池模型，如图 5-168 所示。

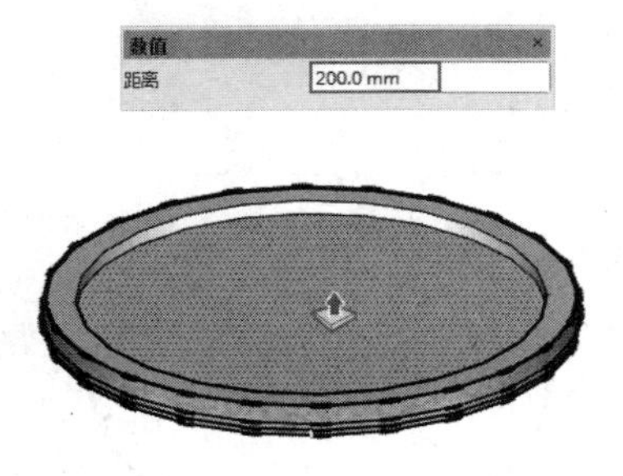

图 5-166　向下推 / 拉 200mm

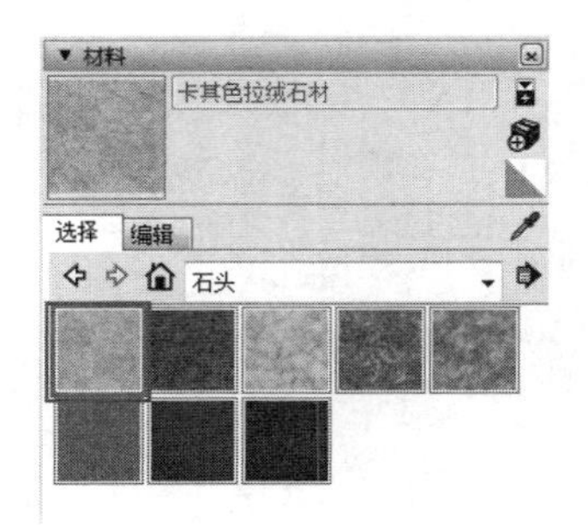

图 5-167　选择“卡其色拉绒石材”

09 启用【移动】工具，按住“Ctrl”键，选择内部圆形平面，将其向上 160mm 复制一个，用于制作水面，如图 5-169 所示。

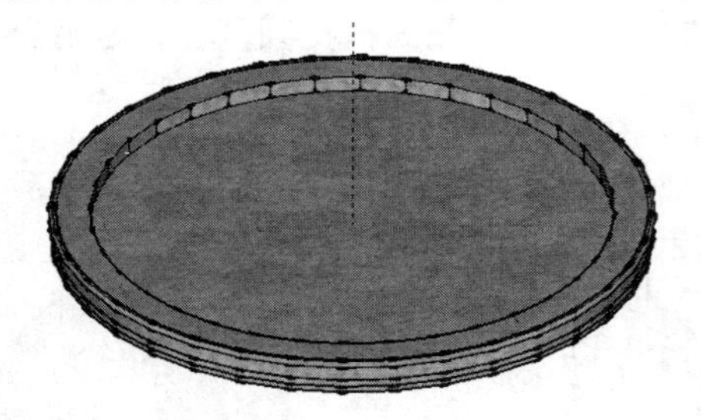
图 5-168　将石材赋予底部水池模型

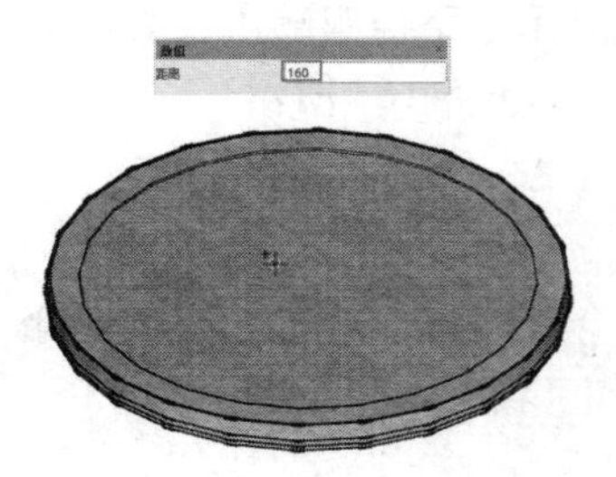
图 5-169　向上 160mm 复制一个圆形平面

10 进入【材料】面板，选择【水纹】材质类型中的“水池”材质，如图 5-170 所示。将其赋予复制得到的圆形平面，制作出水面效果，与图 5-171 所示。

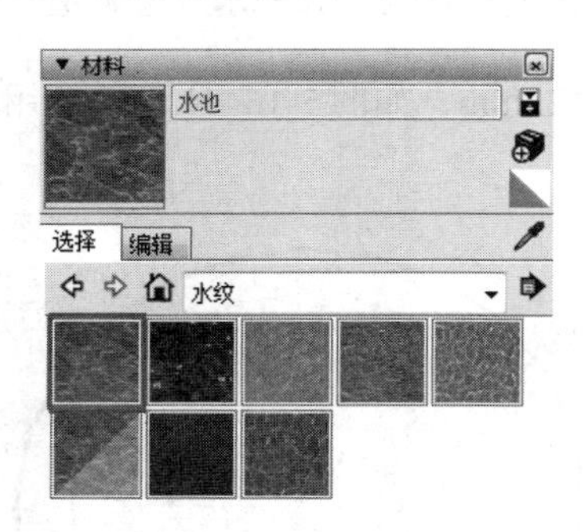

图 5-170　选择“水池”材质

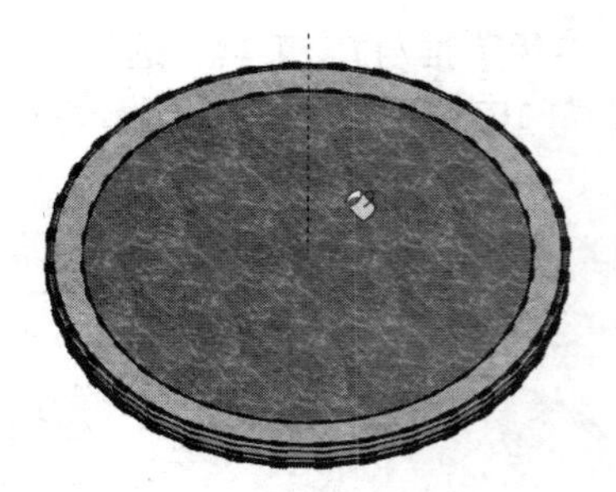
图 5-171　将材质赋予圆形平面

5.4.2　制作喷泉水盆

01 制作如图 5-172 所示的水池连接构件模型，首先利用【直线】与【圆弧】工具绘制截面，尺寸如图 5-173 所示。

02 启用【圆】工具，以截面底部左右两侧的端点为参考，绘制一个圆形平面，如图 5-174 所示。

03 启用【路径跟随】工具，如图 5-175 所示。选择截面平面后跟随圆形周长，创建连接体模型，如图 5-176 所示。

04 创建连接构件上方的水盆模型，如图 5-177 所示。

图 5-172　水池连接构件模型

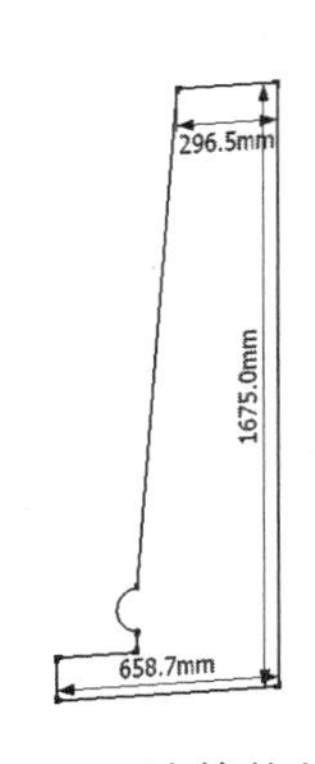

图 5-173　连接构件尺寸

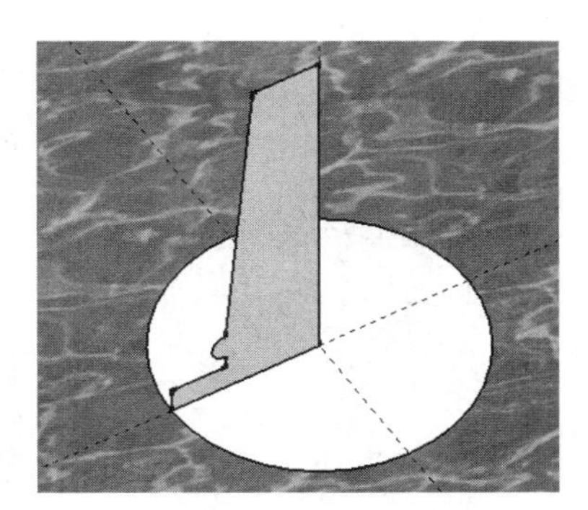
图 5-174　绘制一个圆形平面

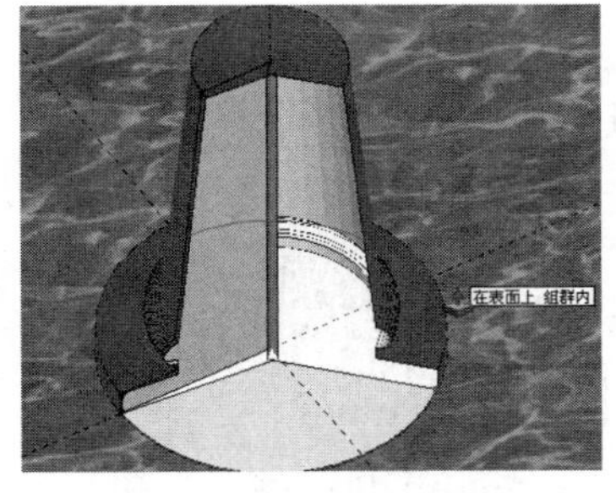
图 5-175　启用【路径跟随】工具

图 5-176　创建连接体模型

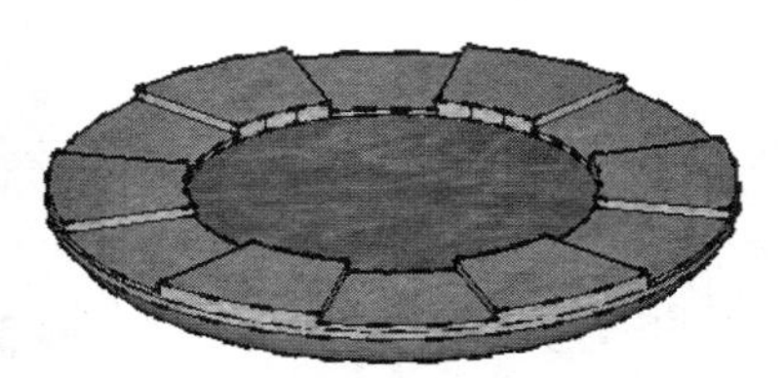
图 5-177　水盆模型

05 参考图 5-178 所示尺寸创建截面，然后重复类似的操作，使用【路径跟随】工具创建如图 5-179 所示的水盆模型轮廓。

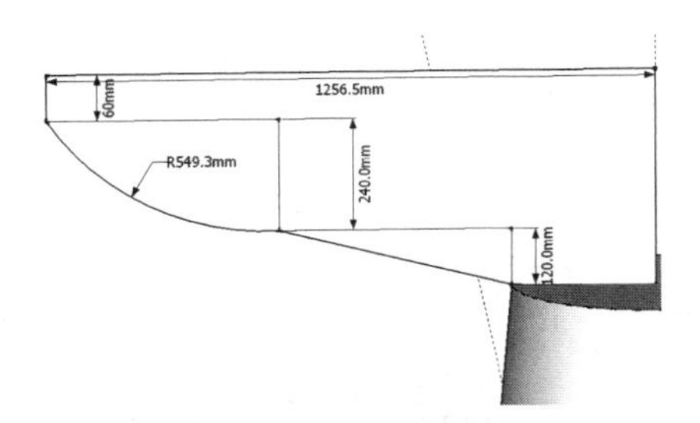

图 5-178　水盆截面尺寸

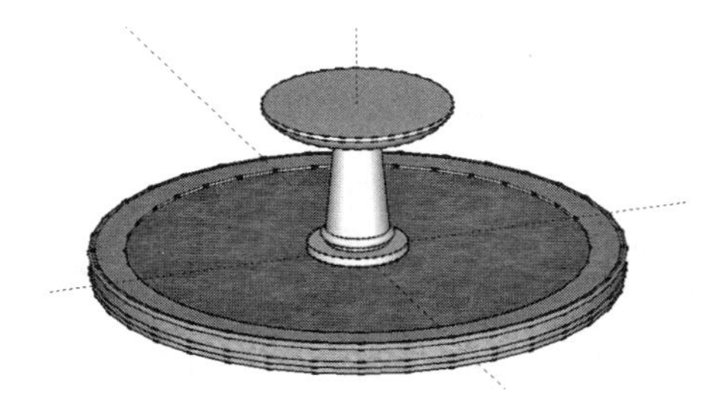
图 5-179　水盆模型轮廓

06 细化水盆模型，启用【偏移】工具，将其上端的圆形平面向内偏移 500mm，如图 5-180 所示。

07 启用【推 / 拉】工具，将偏移得到的内部圆形平面向下推 / 拉 75mm，如图 5-181 所示。

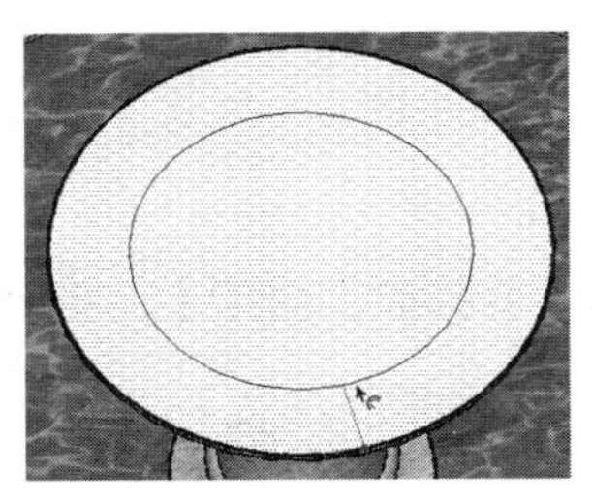
图 5-180　向内偏移 500mm

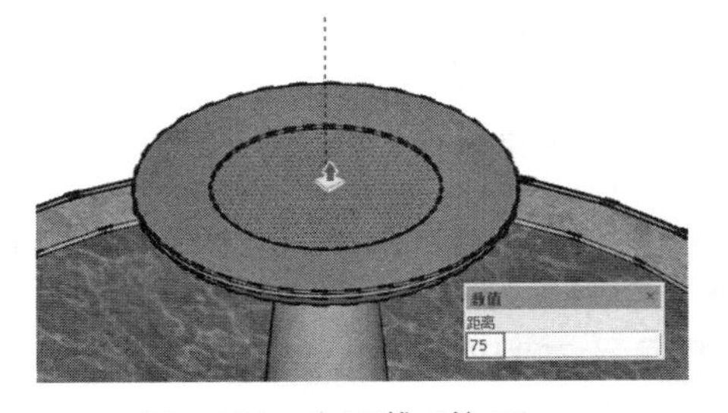

图 5-181　向下推 / 拉 75mm

08 为水盆模型赋予“卡其色拉绒石材”材质，如图 5-182 所示。参考底部水池水面的制作方法，制作出水盆的水面效果，如图 5-183 所示，赋予水面材质，如图 5-184 所示。

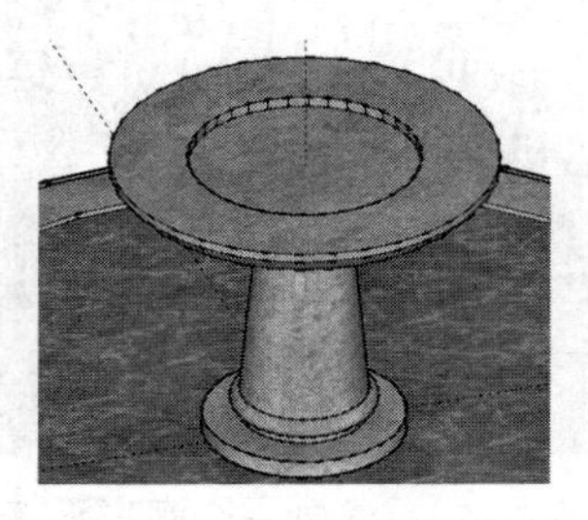
图 5-182　为水盆赋予材质

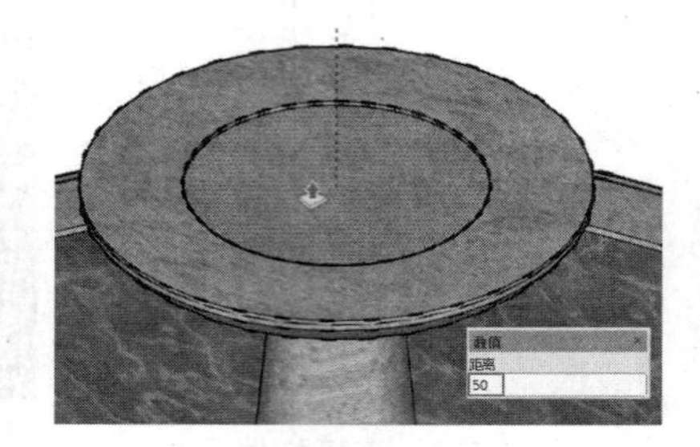
图 5-183　水盆的水面效果

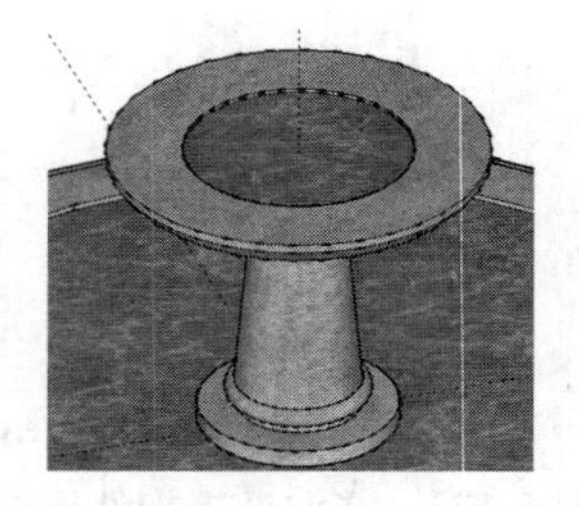
图 5-184　赋予水面材质

09 启用【直线】创建工具，将水盆边沿分割成均等的 12 份，如图 5-185 所示。

10 启用【推 / 拉】工具，将间隔分割面拉高 40mm，如图 5-186、图 5-187 所示。

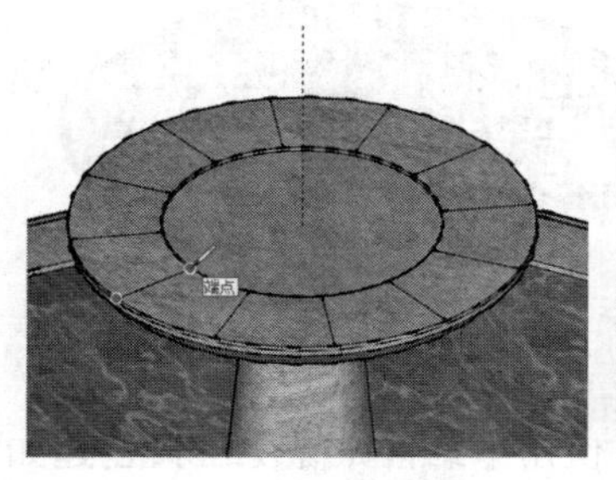
图 5-185　分割水盆边沿

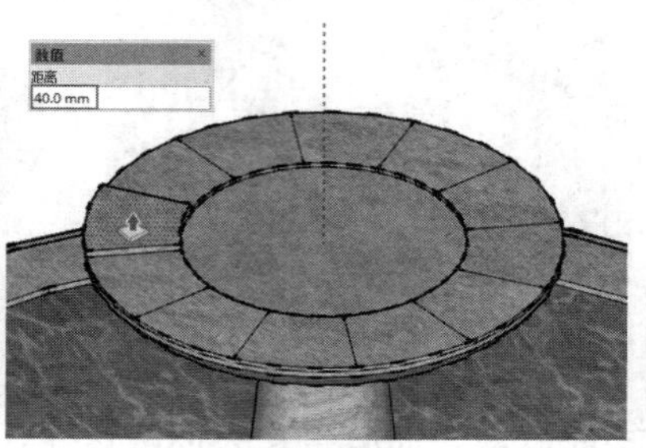

图 5-186　将间隔分割面拉高 40mm

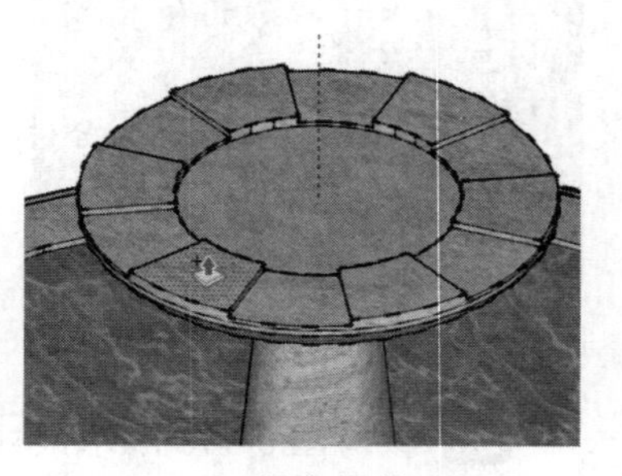
图 5-187　推高其他分割面

11 制作水盆中央的喷嘴模型。参考图 5-188 所示尺寸创建其截面，使用【路径跟随】工具创建如图 5-189 所示的喷嘴模型。

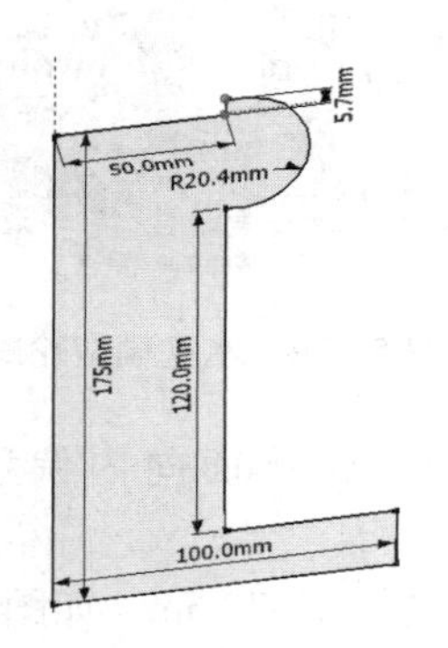

图 5-188　喷嘴截面尺寸

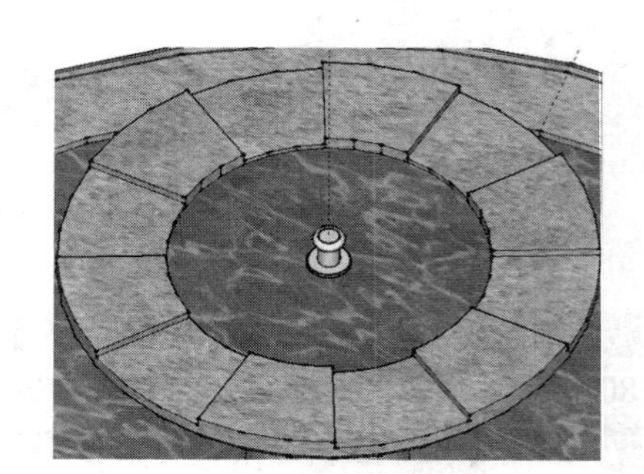
图 5-189　喷嘴模型

5.4.3 制作喷泉水幕

01 制作喷洒水幕模型。参考如图 5-190 所示尺寸绘制水幕截面，启用【路径跟随】工具，创建水幕模型，如图 5-191 所示。

02 水幕制作单面模型即可，因此选择删除外部模型面，如图 5-192 所示。为其赋予“浅蓝色水池”材质，如图 5-193 所示。

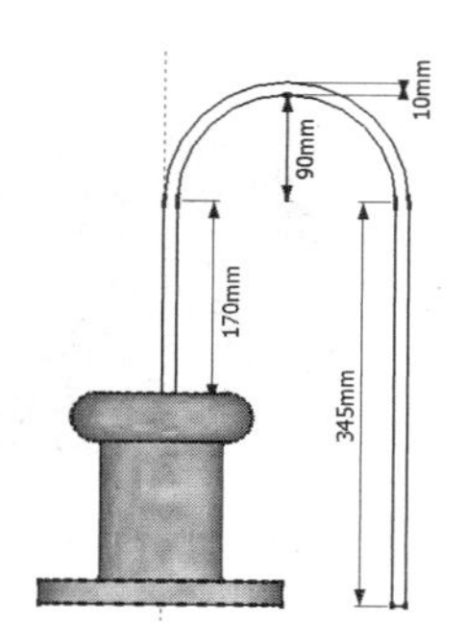

图 5-190　喷洒水幕截面尺寸

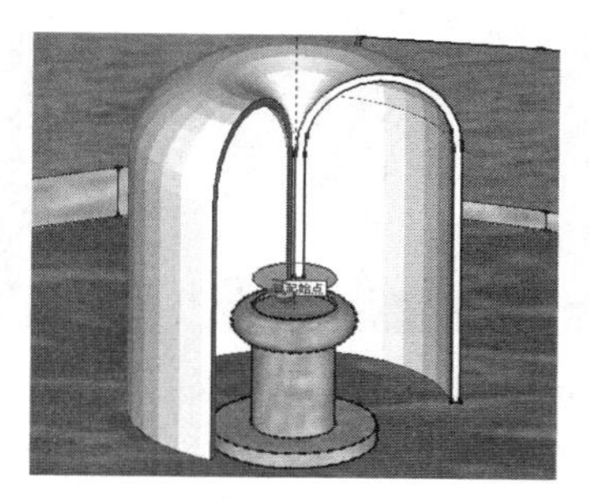

图 5-191　启用【路径跟随】工具

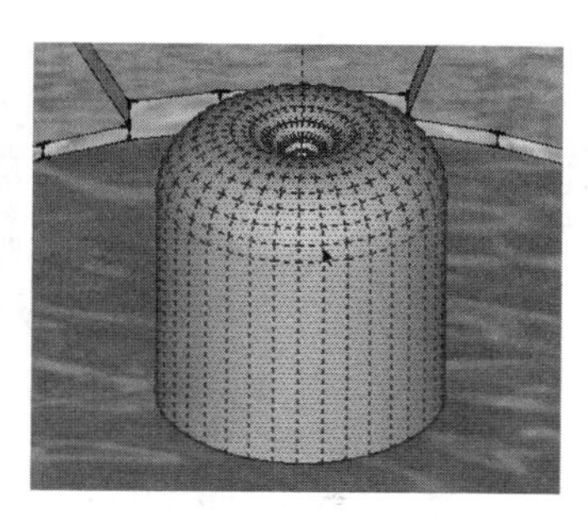

图 5-192　选择删除外部模型面

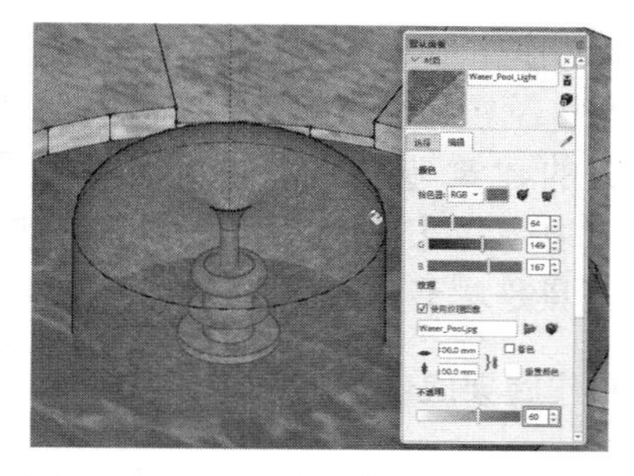

图 5-193　赋予“浅蓝色水池”材质

注 意

水幕材质的不透明度应该降低，以体现水幕的透明感。此外如果水幕模型的大小不太理想，可以在赋予材质后将其创建为组件，然后启用【缩放】工具调整其大小即可，如图 5-194 所示。

03 喷洒水幕创建完成后，启用【直线】、【圆弧】工具以及【偏移】与【路径跟随】等工具，制作出如图 5-195 所示的下跌水幕。

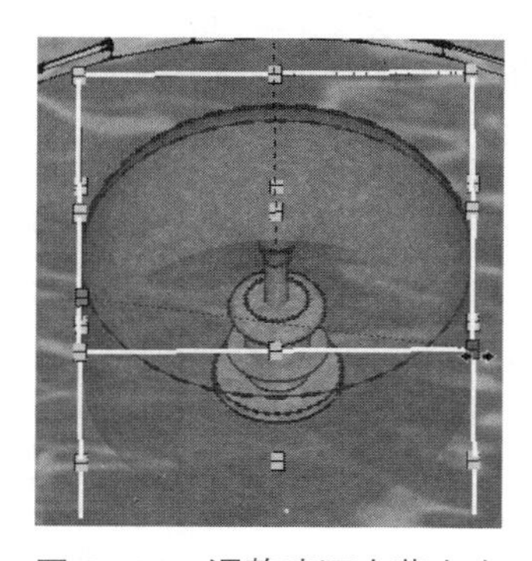

图 5-194　调整喷洒水幕大小

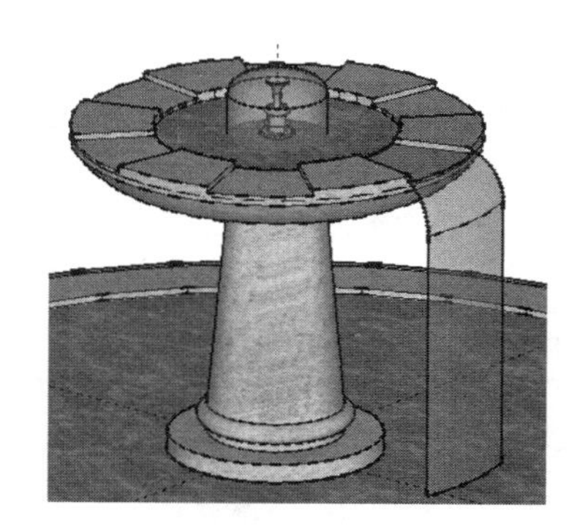

图 5-195　下跌水幕

04 启用【旋转】工具，选择下跌水幕模型，以水盆中心为旋转中心进行旋转复制，如图 5-196、图 5-197 所示。

05 创建完成的喷水池模型最终效果如图 5-198 所示。

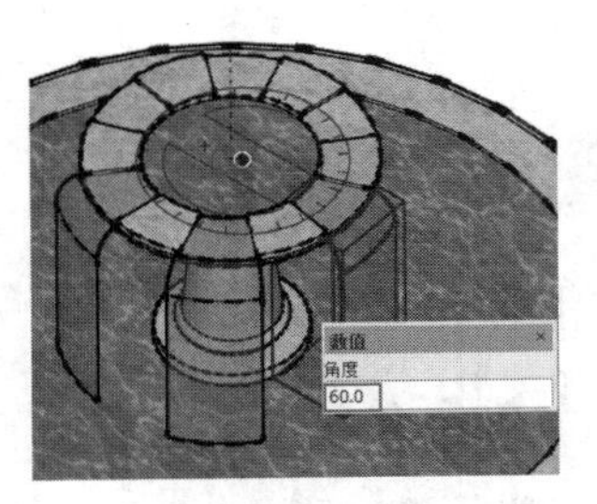

图 5-196　旋转复制下跌水幕

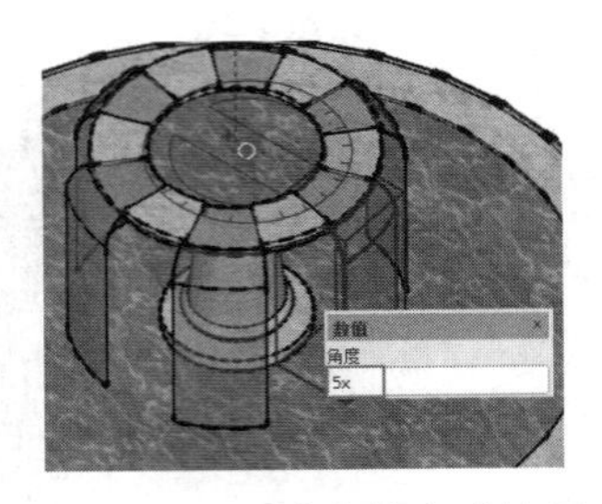

图 5-197　下跌水幕完成效果

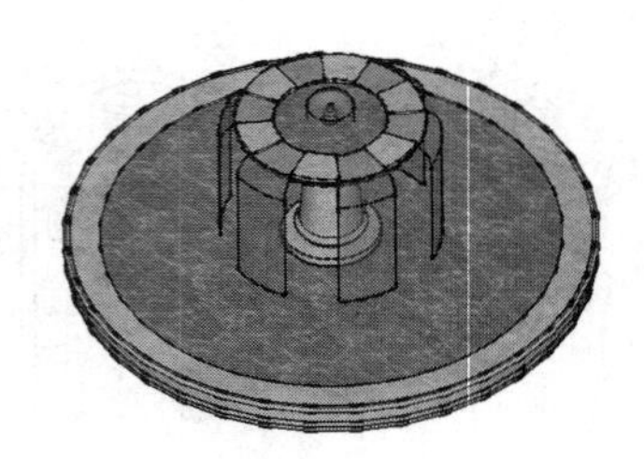
图 5-198　喷水池模型最终效果

5.5 制作廊架模型

本节制作如图 5-199 所示的室外廊架模型。廊架是供游人休息、游赏用的建筑，它既有简单的使用功能，又有优美的建筑造型。本实例主要使用了【直线】、【圆弧】、【推/拉】、【移动】工具，其中【推/拉】与【移动】工具是本节学习的重点。

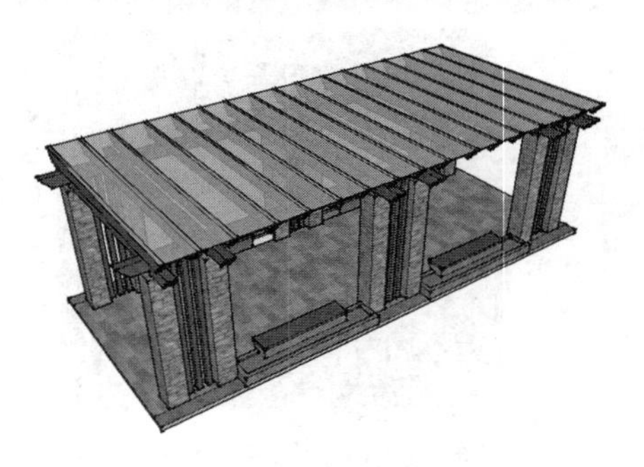
图 5-199　室外廊架模型

5.5.1　制作廊架底部平台

01 启动 SketchUp，进入【模型信息】面板，选择【单位】选项卡，设置【度量单位】参数，如图 5-200 所示。

02 室外廊架模型相对比较复杂，主要由支柱、长椅与支架部件构成，如图 5-201~图 5-203 所示。因此本节重点讲解模型的精准复制、拉伸等技巧。

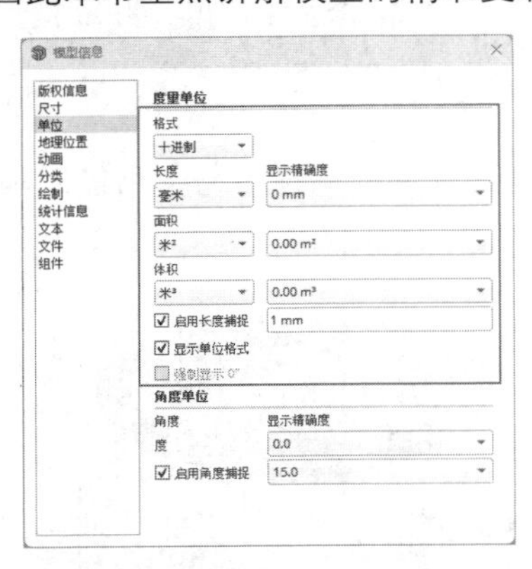

图 5-200　设置【度量单位】参数

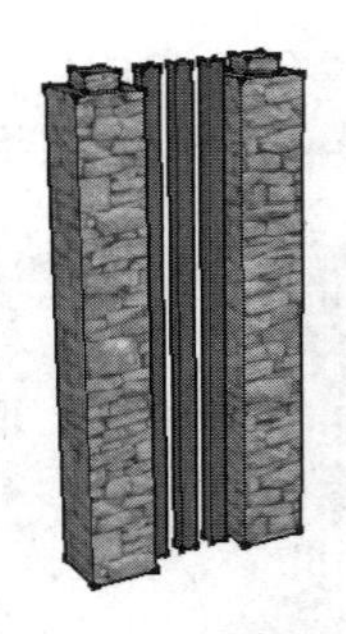
图 5-201　支柱部件模型

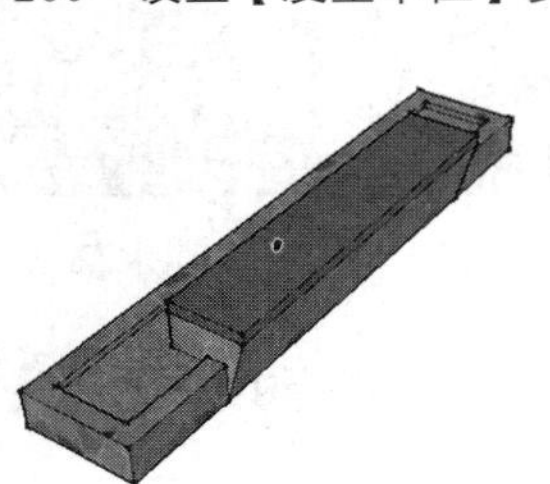
图 5-202　长椅部件模型

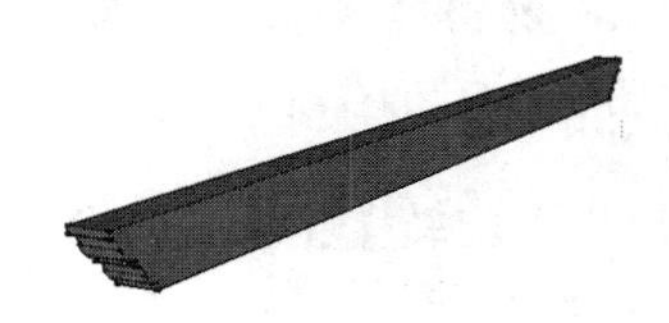
图 5-203　支架部件模型

03 启用【矩形】工具，绘制一个 1100mm×4600mm 大小的矩形，如图 5-204 所示。

04 启用【卷尺】工具，通过参考矩形平面四周边线，创建用于定位的辅助线，如图 5-205、图 5-206 所示。

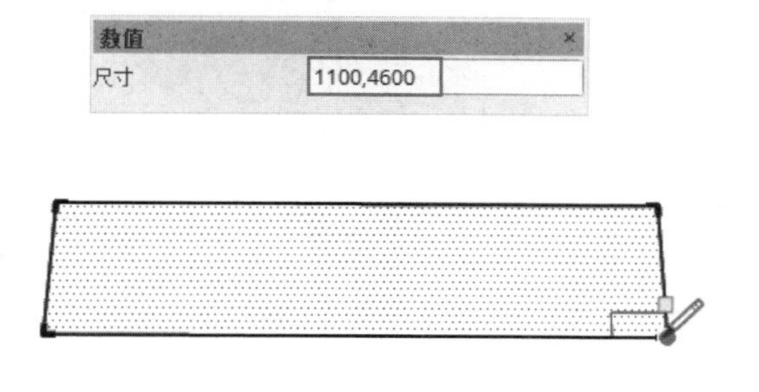

图 5-204　绘制一个矩形

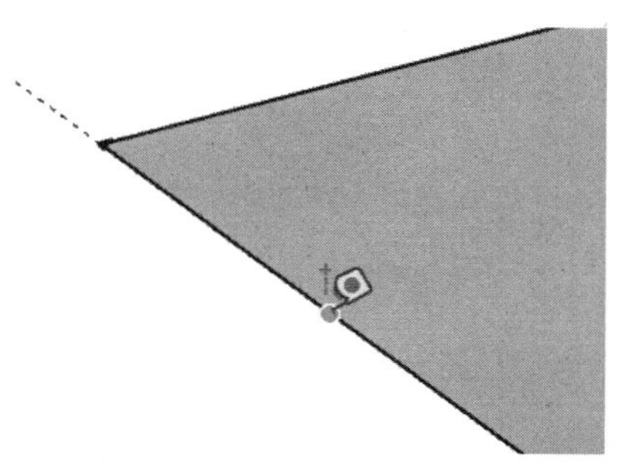

图 5-205　启用【卷尺】工具

05 辅助线创建完成后，启用【推 / 拉】工具，将平面向下推 / 拉 100mm，如图 5-207 所示。

技 巧

由于廊架呈中心对称，所以在图 5-206 中只标出了部分数据，其他数据根据对称关系推导即可。

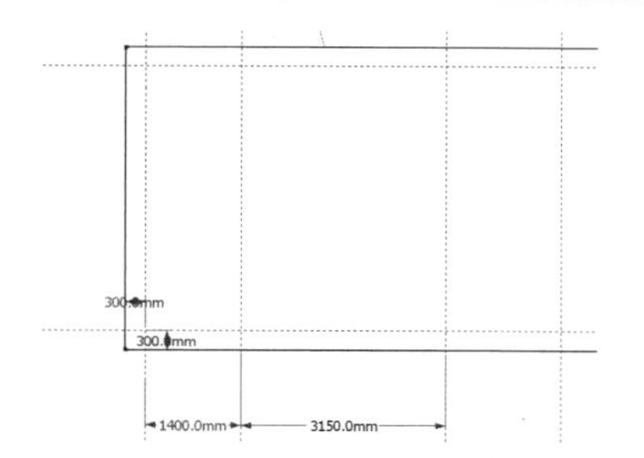

图 5-206　创建用于定位的辅助线

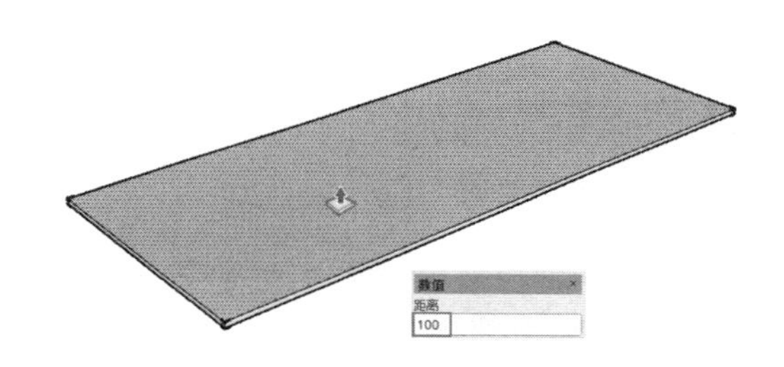

图 5-207　向下推 / 拉 100mm

06 启用【直线】工具，捕捉两侧的参考线，分割模型面，如图 5-208 所示。分割完成后，执行【视图】|【参考线】菜单命令，将辅助线隐藏，以便于下面的操作，如图 5-209 所示。

07 进入【材料】面板，选择“走道石材铺面”材质，如图 5-210 所示。将其赋予两侧的分割小平面，如图 5-211 所示。

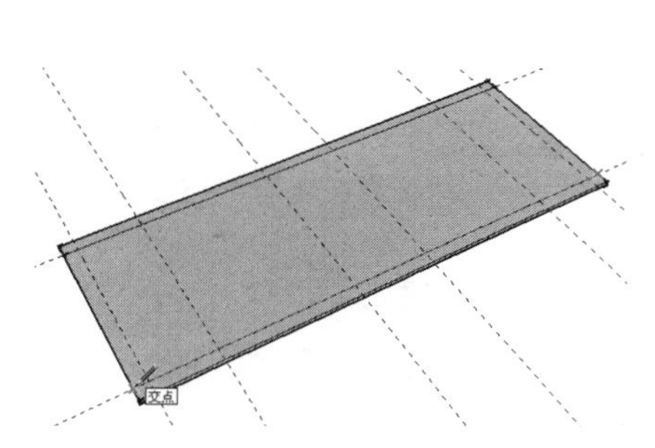

图 5-208　分割模型面

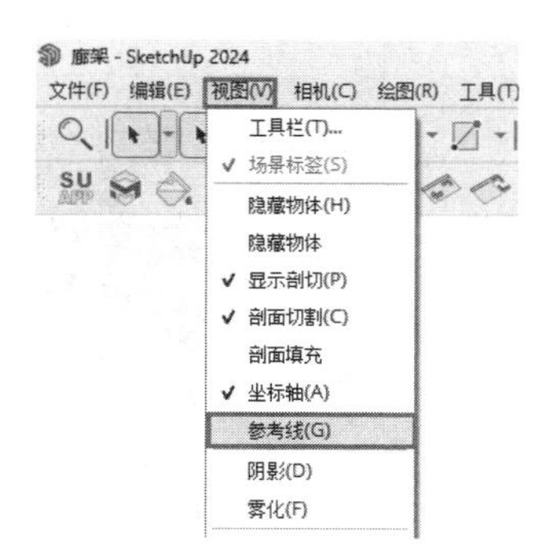

图 5-209　执行【参考线】菜单命令

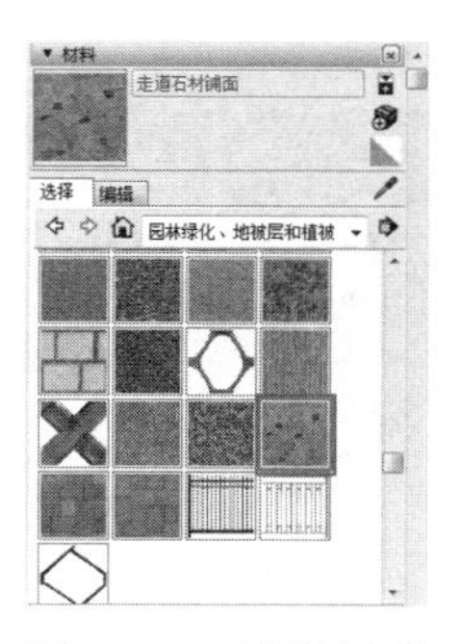

图 5-210　选择材质

08 选择“多色石块”材质，如图 5-212 所示，将其赋予中间的平面，如图 5-213 所示。

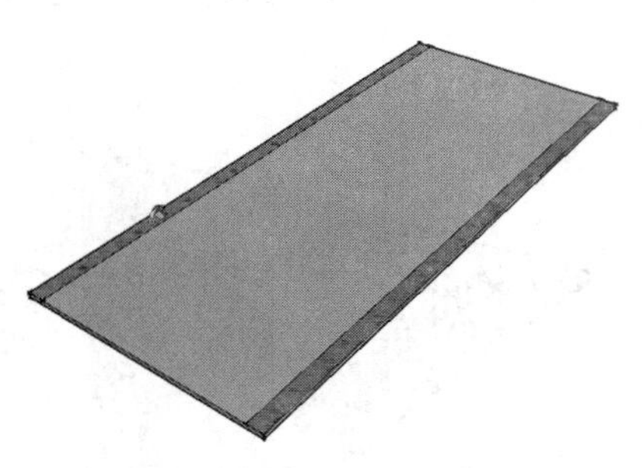

图 5-211　将材质赋予两侧小平面

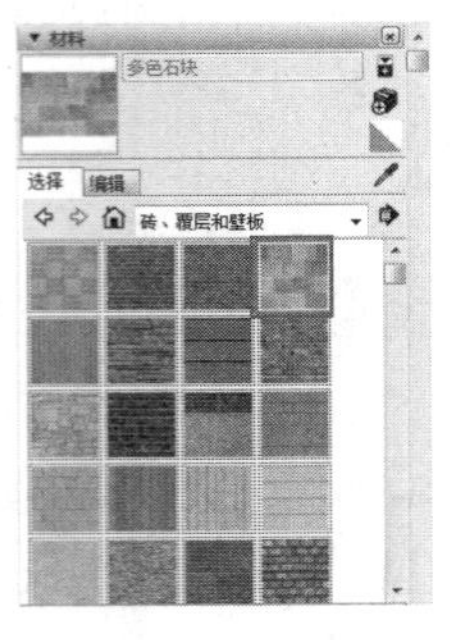

图 5-212　选择材质

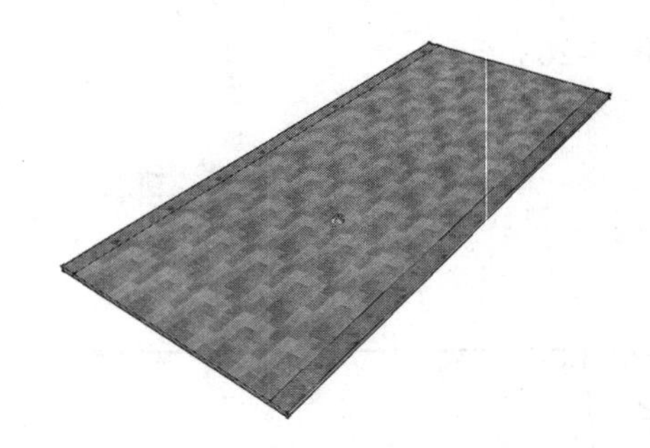
图 5-213　将材质赋予中间的平面

09 默认的“多色石块”材质贴图大小与方向都不理想，在中间的平面右击，选择【位置】菜单命令进行调整，如图 5-214~ 图 5-216 所示。

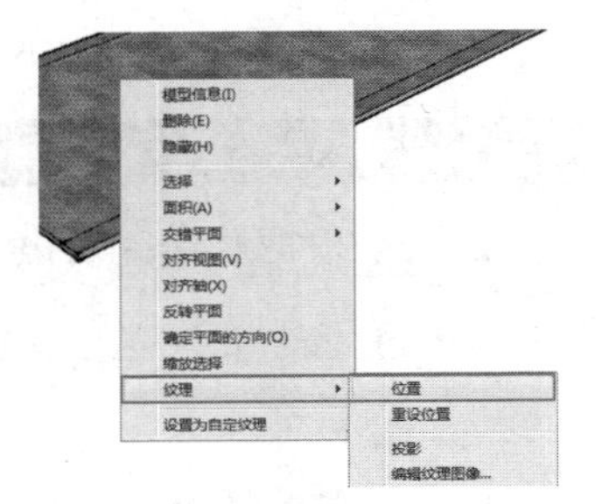

图 5-214　选择【位置】菜单命令

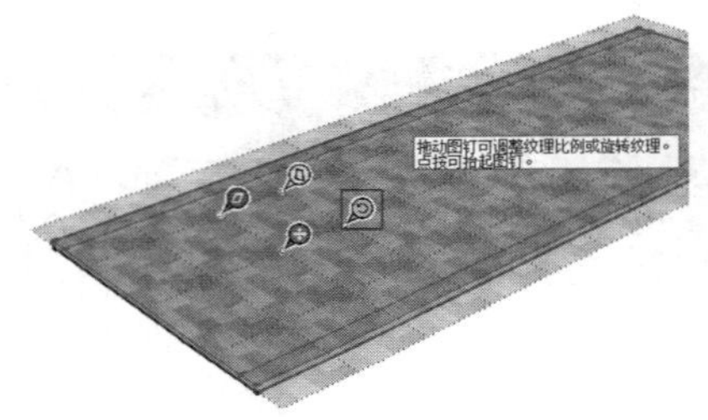
图 5-215　旋转并缩小贴图

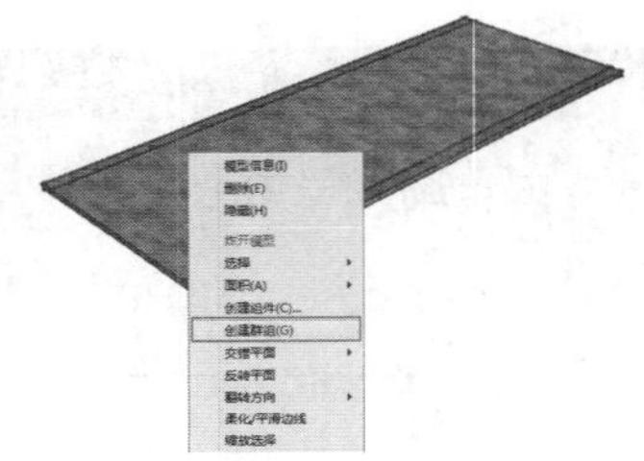
图 5-216　创建为【组】

5.5.2　制作廊架支柱

01 廊架的底部平台制作完成后，接下来创建支柱部件模型。显示辅助线，启用【矩形】工具，创建一个矩形平面，如图 5-217 所示。

02 启用【推 / 拉】工具，将平面向上推 / 拉 2920mm，如图 5-218 所示。

03 启用【偏移】工具，将平面向内偏移 100mm，如图 5-219 所示。再向上推 / 拉 80mm，如图 5-220 所示。

04 单个柱体创建完成后，启用【移动】工具，捕捉辅助线的交点，将其向右复制一个，如图 5-221 所示。

05 创建支柱间的木方结构。启用【矩形】工具，创建一个边长为 100mm 的正方形平面，如图 5-222 所示。

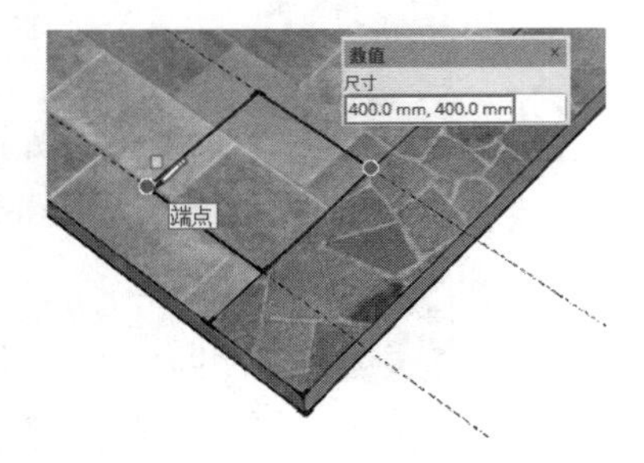

图 5-217　创建一个矩形平面

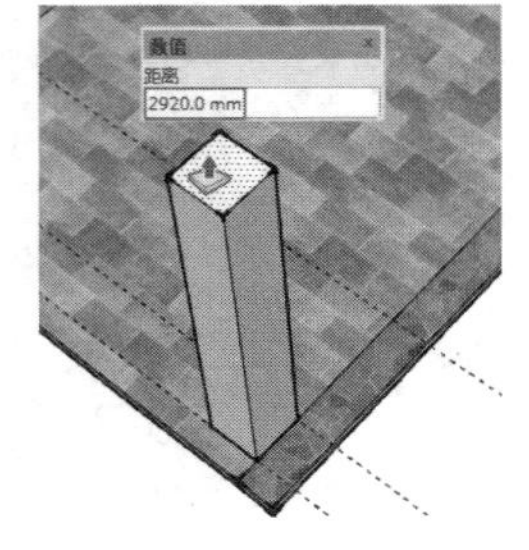

图 5-218　向上推 / 拉 2920mm

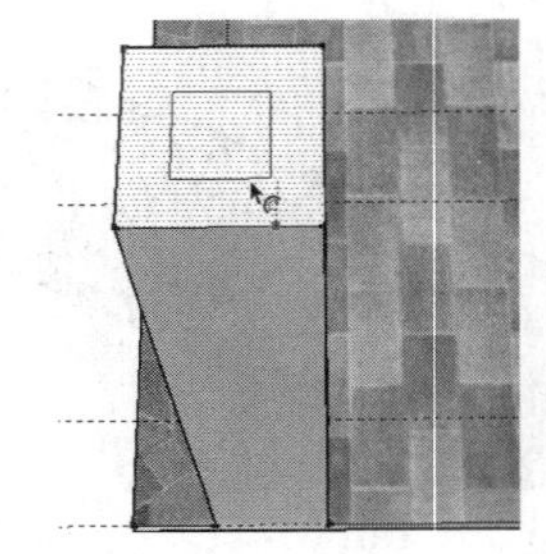
图 5-219　启用【偏移】工具

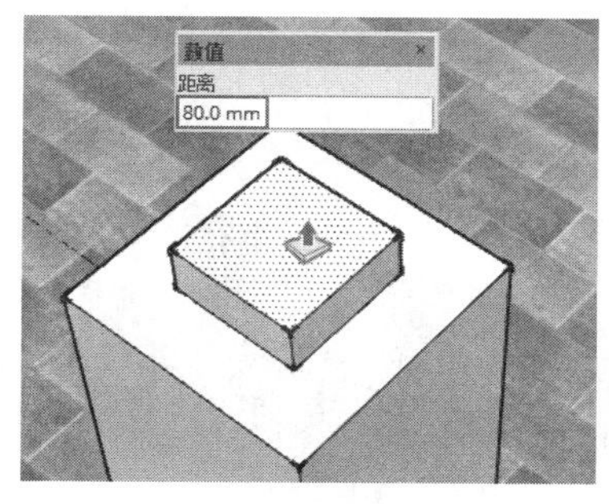

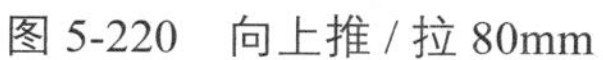
图 5-220　向上推 / 拉 80mm

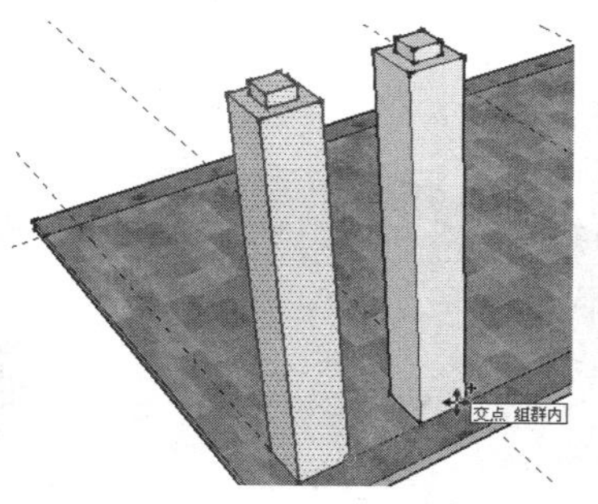

图 5-221　向右复制一个柱体

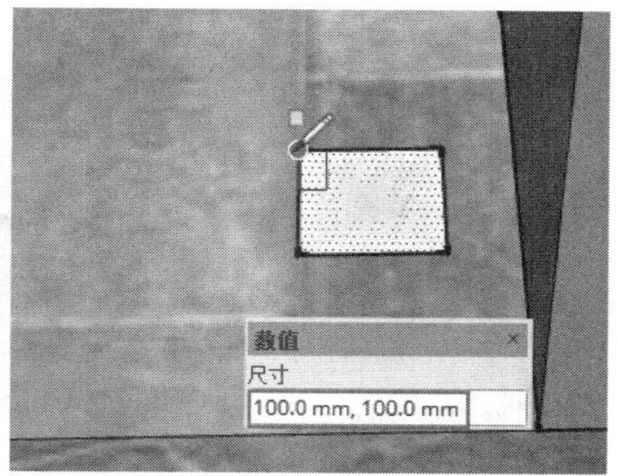

图 5-222　创建一个正方形平面

06 将正方形平面与支柱在 XY 平面上中心对齐，然后进行复制与对位，如图 5-223 所示。

07 启用【推 / 拉】工具，将其中一个正方形平面拉高至 3000mm，然后双击另外两个平面进行同样的操作，完成效果如图 5-224 所示。

08 支柱部件模型创建完成后，为其赋予相应材质。进入【材料】面板，为支柱赋予“砌成层的粗糙石头”材质，如图 5-225、图 5-226 所示。

09 选择“原色樱桃木”材质，将其赋予木方结构，如图 5-227、图 5-228 所示。

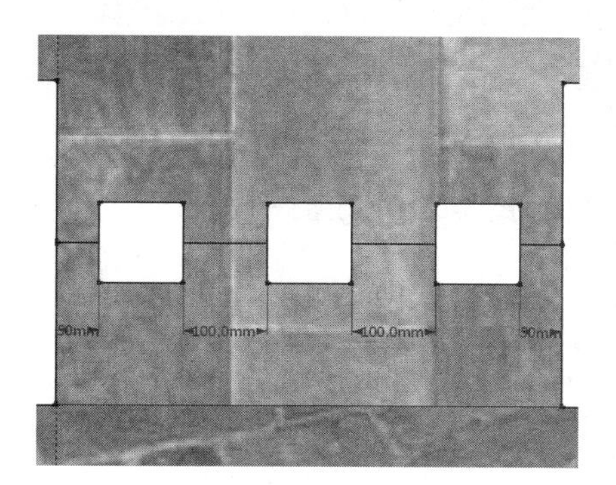

图 5-223　进行复制与对位

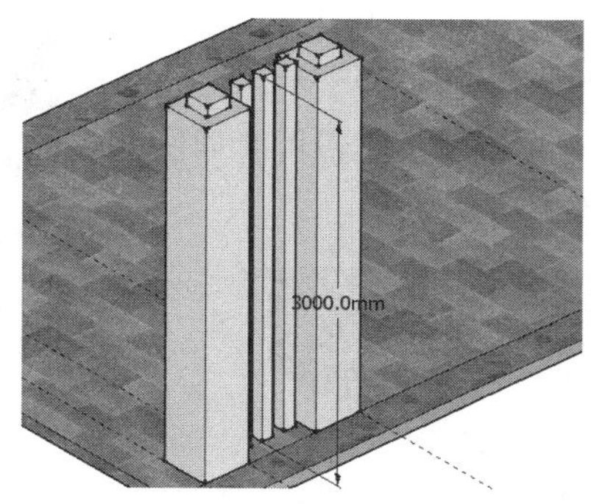

图 5-224　将平面拉高至 3000mm

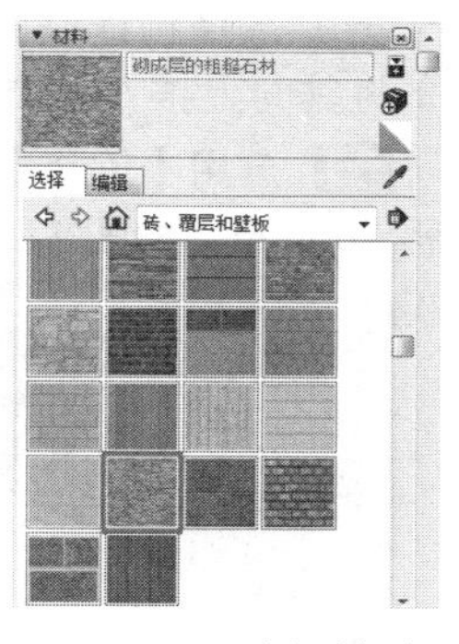

图 5-225　选择材质

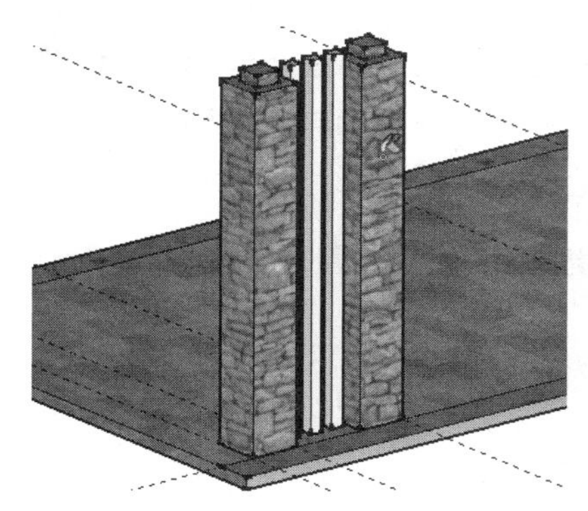

图 5-226　赋予支柱材质

图 5-227　选择材质

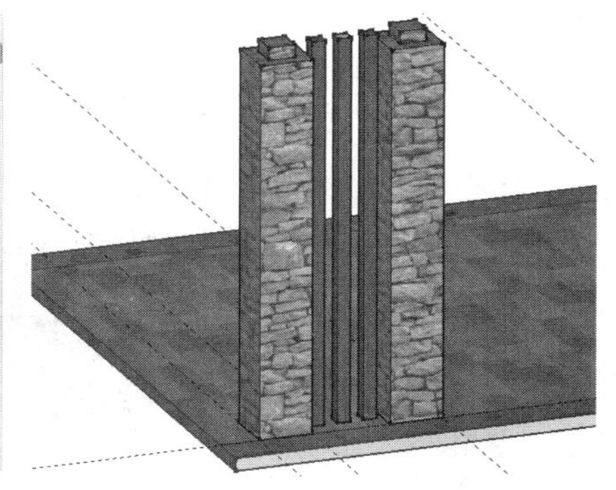

图 5-228　赋予木方结构材质

10 支柱模型被赋予材质后，将其创建为组件。然后启用【移动】工具，并按键盘上的“Ctrl”键，捕捉辅助线的交点，将其向右整体复制一份，如图 5-229、图 5-230 所示。

11 选择支柱模型重复移动复制，完成效果如图 5-231 所示。

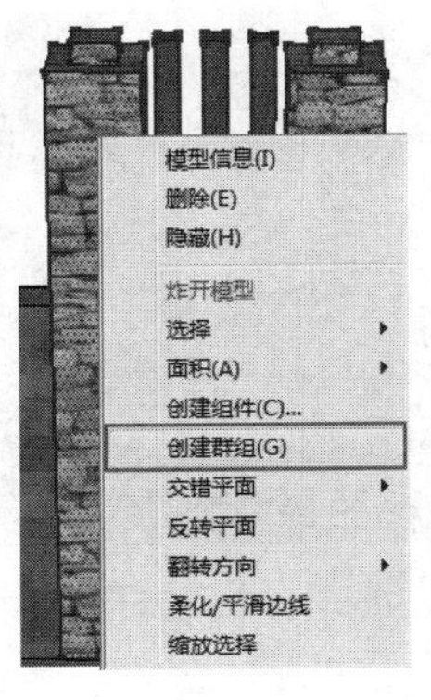

图 5-229 创建为【组】

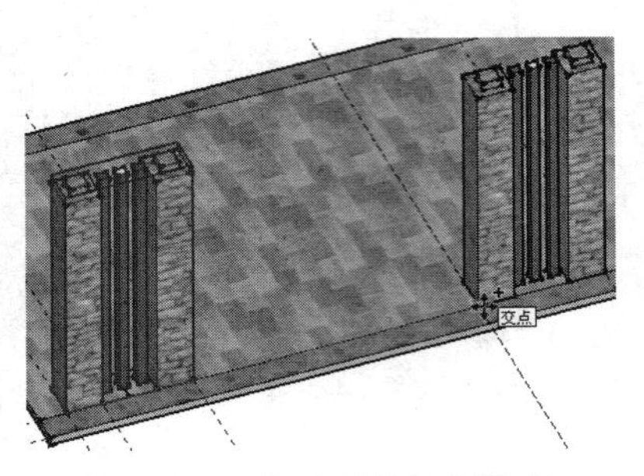

图 5-230 向右整体复制支柱

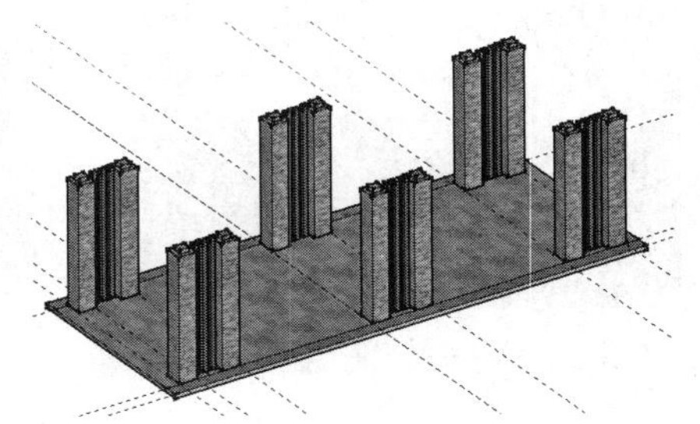

图 5-231 支柱复制完成效果

5.5.3 制作廊架座椅

01 启用【矩形】工具，捕捉支柱端点创建第一个角点，如图 5-232 所示，然后输入尺寸创建一个指定大小的矩形。

02 选择创建好的矩形平面，启用【推/拉】工具，将其向上推/拉 210mm，如图 5-233 所示。

03 启用【偏移】工具，将矩形上方的平面向内偏移 100mm，如图 5-234 所示。

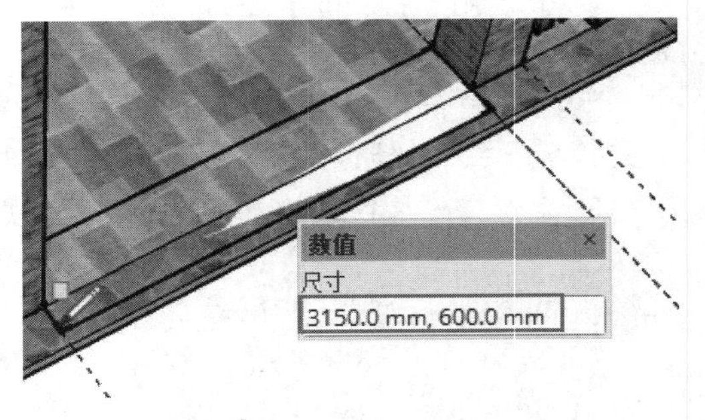

图 5-232 创建一个矩形

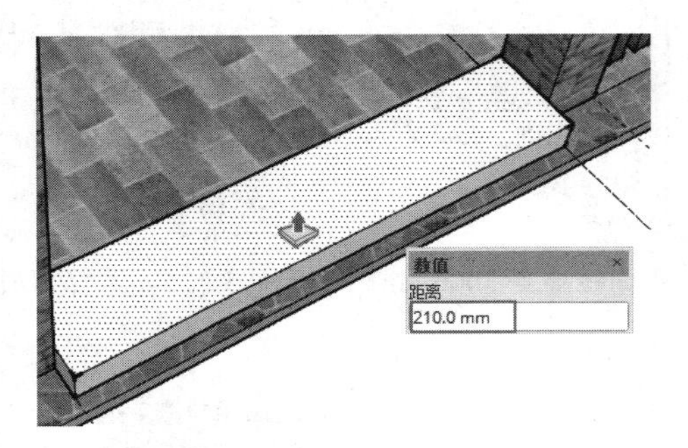

图 5-233 向上推/拉 210mm

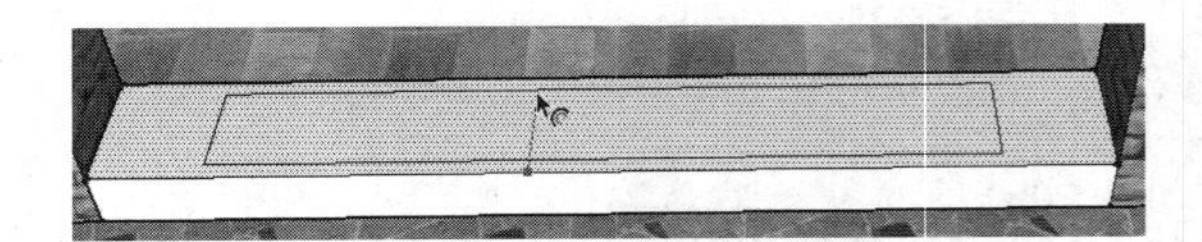

图 5-234 将矩形上方平面向内偏移 100mm

04 启用【卷尺】工具与【直线】工具，细化分割矩形表面，如图 5-235 所示。

05 旋转视图至座椅模型的正面，启用【直线】工具，对模型侧面进行分割，如图 5-236 所示。

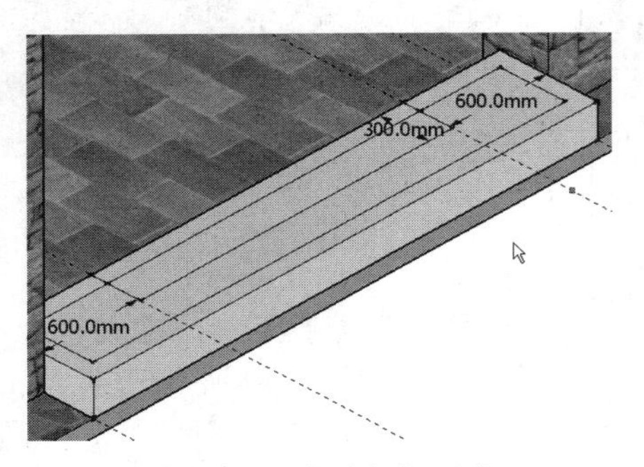

图 5-235 细化分割矩形表面

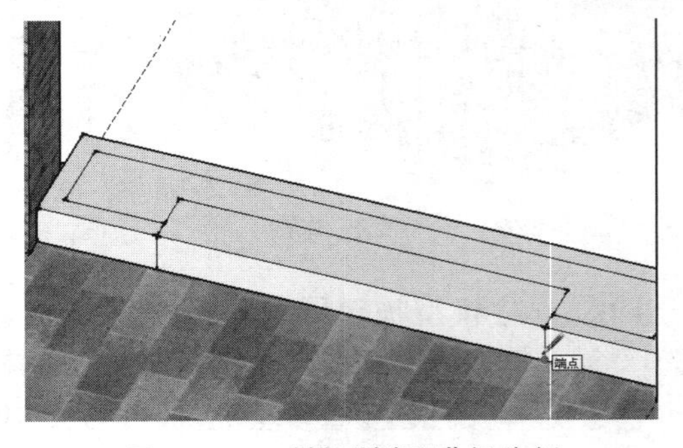

图 5-236 对模型侧面进行分割

06 分割完成后，启用【推 / 拉】工具，进行两次推 / 拉，如图 5-237、图 5-238 所示，创建出座椅的雏形。

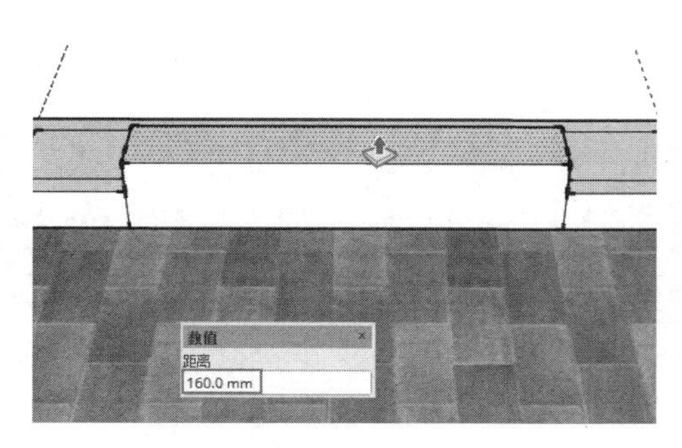

图 5-237　第一次推 / 拉

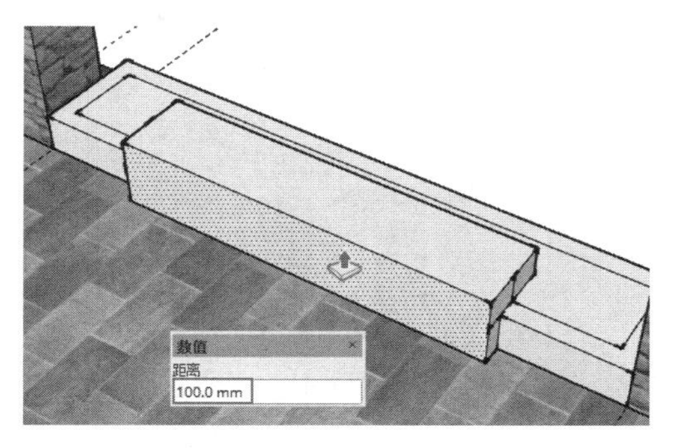

图 5-238　第二次推 / 拉

07 推 / 拉完成后，选择左右两侧的多余边线进行删除，如图 5-239 所示。

08 启用【移动】工具，并按键盘上的“Ctrl”键，选择移动底部边线，移动至后方交点，形成斜面效果，如图 5-240 所示。

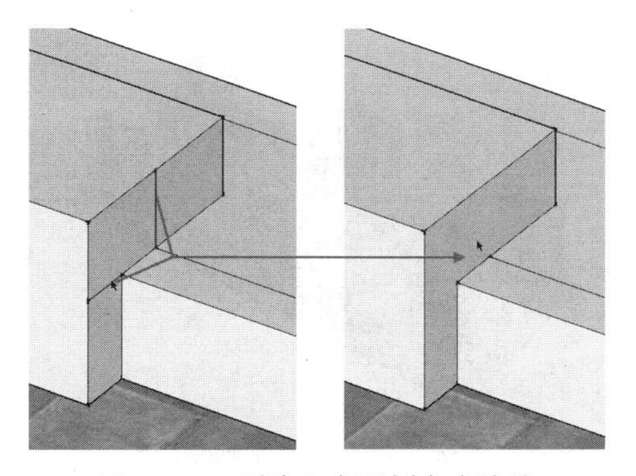
图 5-239　删除左右两侧多余边线

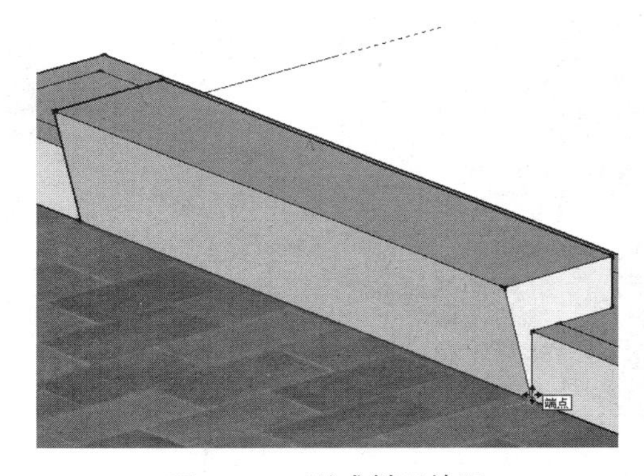

图 5-240　形成斜面效果

09 选择顶部模型面，启用【推 / 拉】工具，并按键盘上的“Ctrl”键，向上推拉复制 60mm，创建座垫模型，如图 5-241 所示。

10 将视图旋转回后方，启用【推 / 拉】工具，制作出凹槽细节，完成座椅模型的制作，如图 5-242 所示。

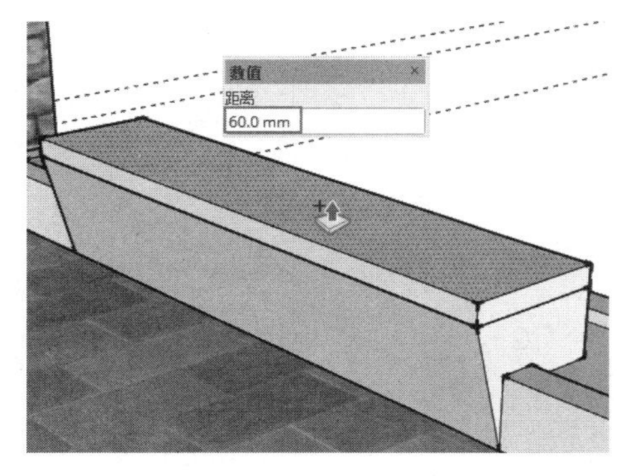

图 5-241　创建座垫模型

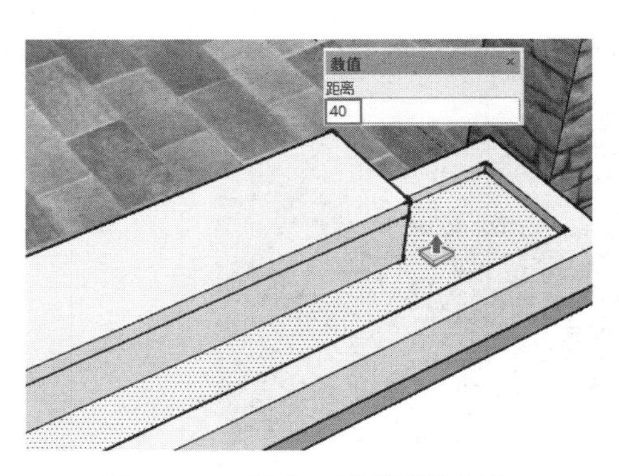

图 5-242　完成座椅模型的制作

11 进入【材料】面板，选择“草被 1”材质，将其赋予凹槽中的平面，然后将之前的木纹与石料材质赋予其他部件模型，最后创建相应的组，如图 5-243、图 5-244 所示。

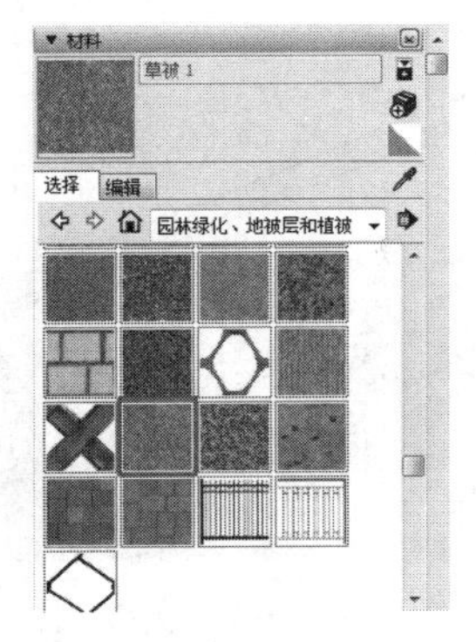

图 5-243 选择“草被 1”材质

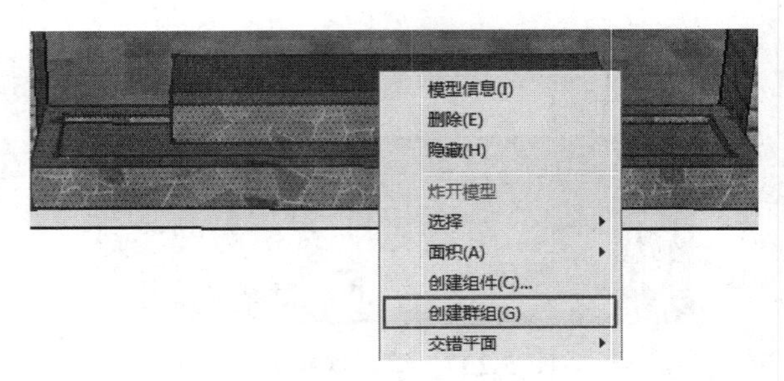

图 5-244 创建相应的组

12 材质赋予完成后，启用【移动】工具，捕捉辅助线交点，复制出其他位置的座椅模型，如图 5-245、图 5-246 所示。

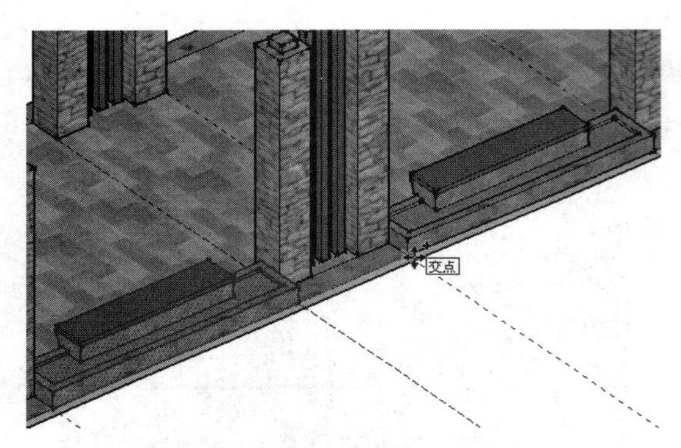

图 5-245 移动复制座椅模型

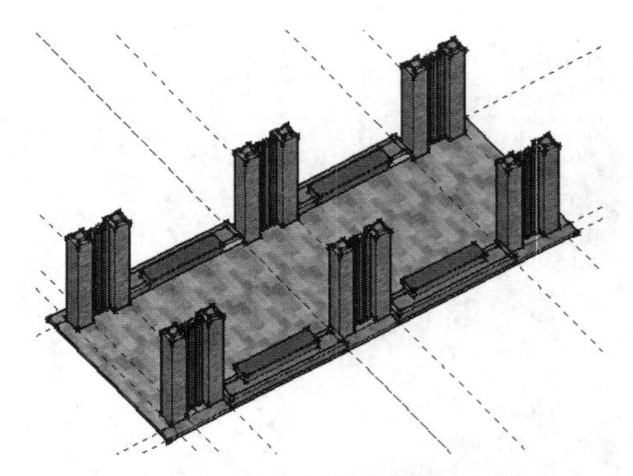

图 5-246 座椅模型复制完成效果

5.5.4 制作廊架顶部支架

01 创建如图 5-247 所示的顶部支架部件模型，启用【直线】工具，参考如图 5-248 所示尺寸创建连续的线段。

02 启用【圆弧】工具，通过捕捉之前的线段端点，创建出如图 5-249 所示的线形。参考廊架的整体长度，通过【移动】以及【直线】工具，制作出如图 5-250 所示的支架平面。

图 5-247 顶部支架部件模型

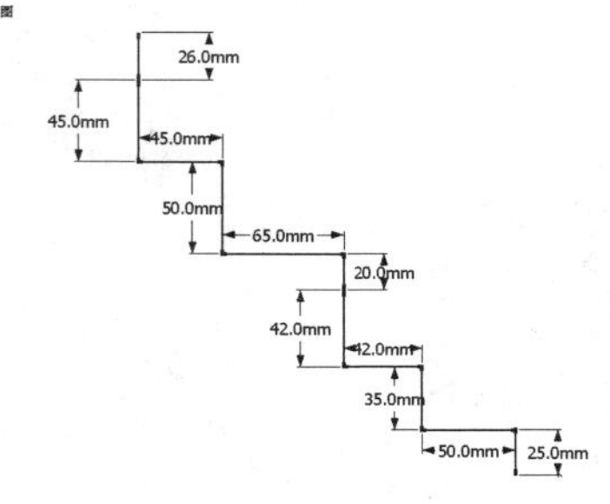

图 5-248 连续线段尺寸

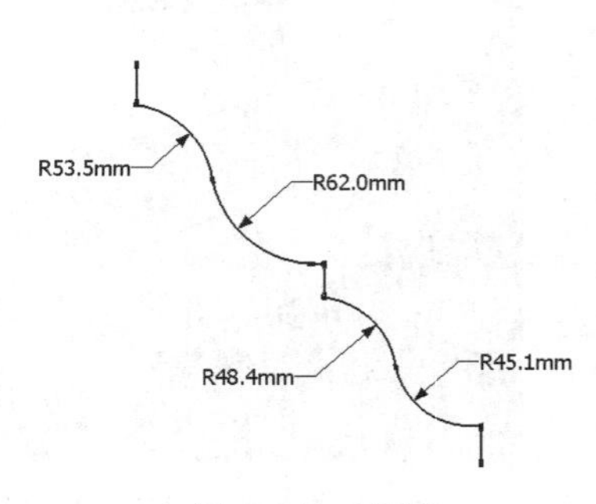

图 5-249 线形

03 启用【推 / 拉】工具，将平面推 / 拉 160mm，启用【移动】工具，复制出另一侧的支架，如图 5-251、图 5-252 所示。

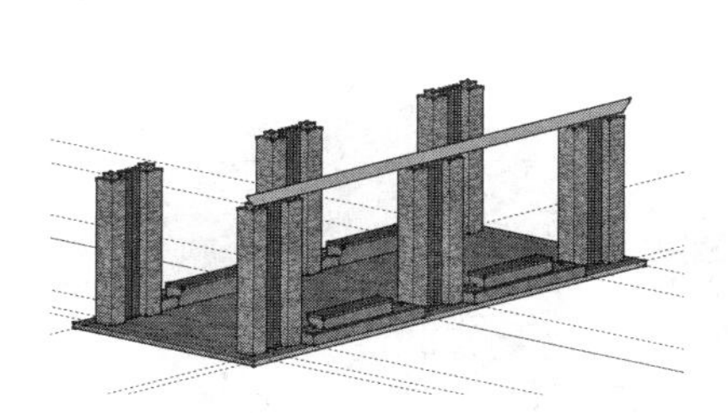
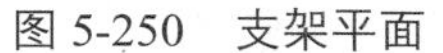
图 5-250 支架平面

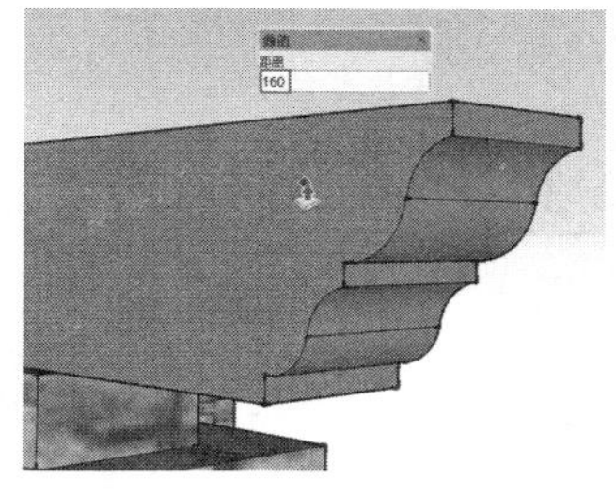

图 5-251 启用【推 / 拉】工具

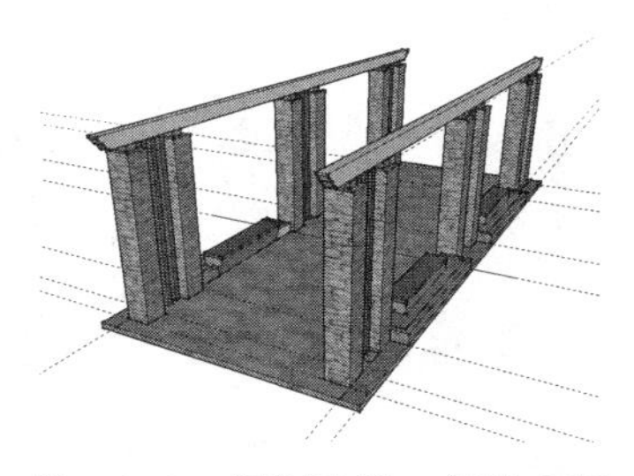
图 5-252 复制出另一侧的支架

技 巧

该支架与支柱紧贴，并在 XY 平面中心对齐。

04 选择其中一根支架模型，启用【移动】工具，并按键盘上的“Ctrl”键，以模型自身的中点为中心进行移动复制，制作出纵向的支架模型，如图 5-253 所示。

05 通过【缩放】工具调整支架长度，使其两侧各突出支柱 320mm，如图 5-254 所示。

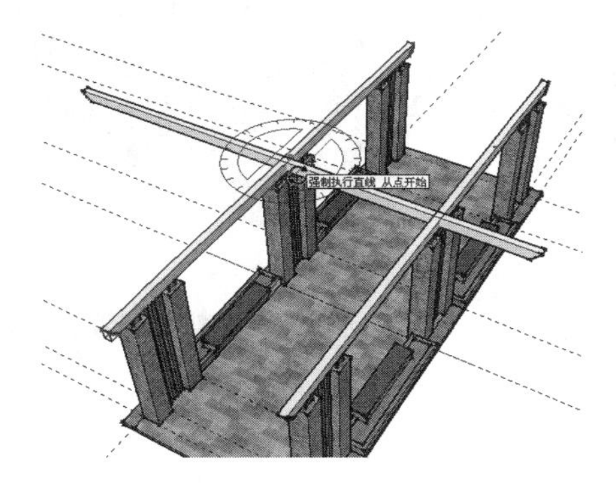
图 5-253 纵向的支架模型

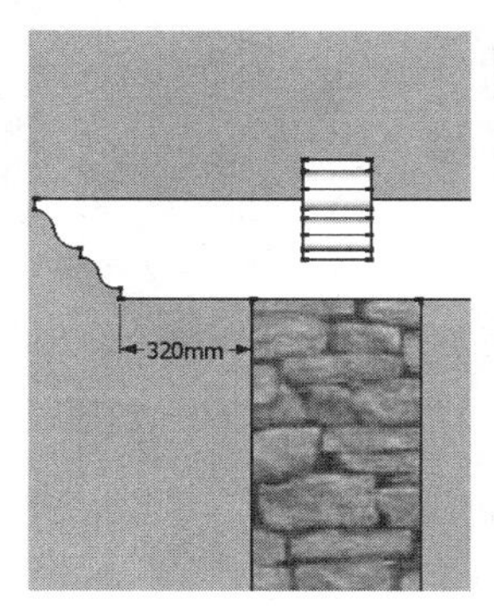

图 5-254 调整支架长度

06 长度与位置调整完成后，启用【移动】工具进行复制，得到其他位置的纵向支架，如图 5-255 所示。

07 制作最上层的支架模型。将纵向支架复制并向上移动 350mm，如图 5-256 所示。

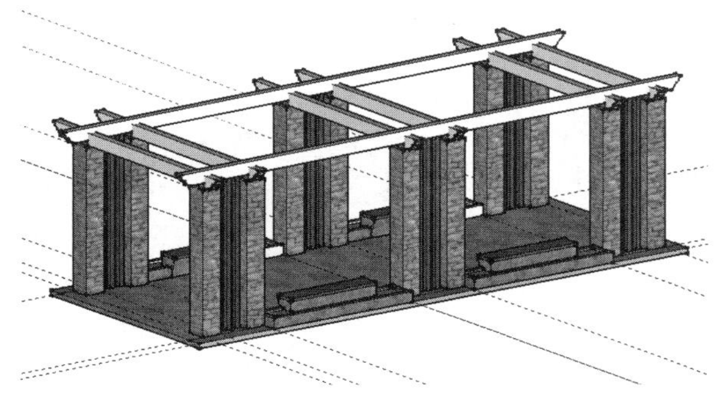
图 5-255 得到其他位置的纵向支架

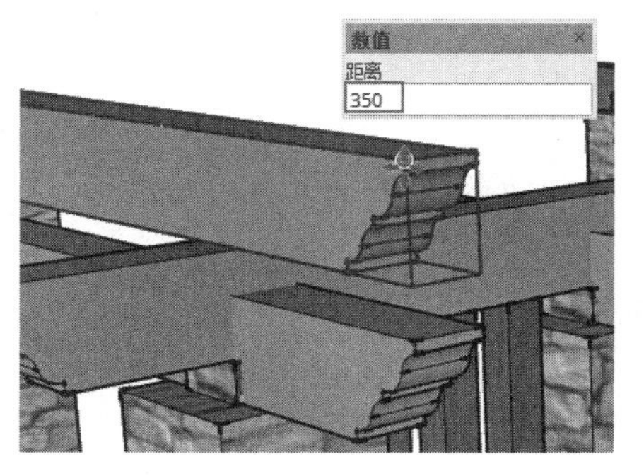

图 5-256 复制并向上移动支架

08 启用【缩放】工具，按下“Ctrl”键，将支架厚度减半（在X轴向拉伸），如图5-257所示。

09 复制得到其他上层支架，如图5-258所示，全选所有顶部支架，赋予“原色樱桃木”材质，如图5-259所示。

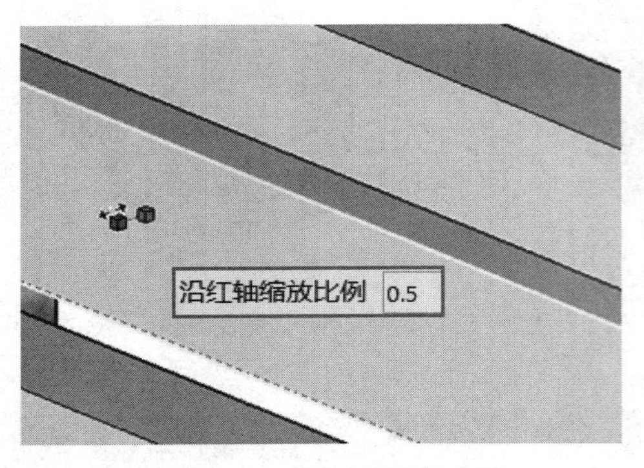

图5-257　将支架厚度减半

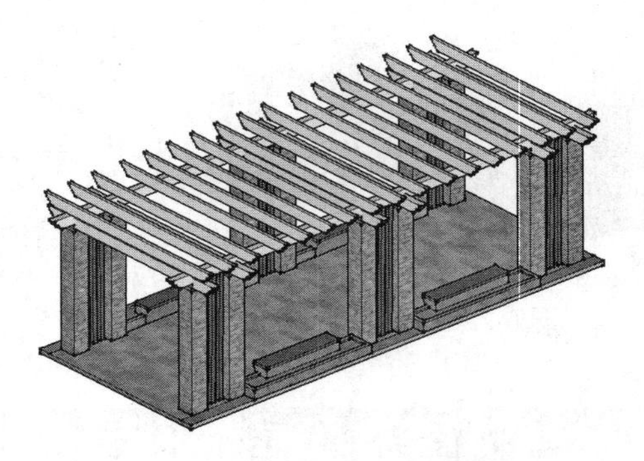

图5-258　复制得到其他上层支架

10 启用【矩形】工具，创建顶部阳光板模型，如图5-260所示。为其赋予半透明材质，最终得到如图5-261所示的廊架模型效果。

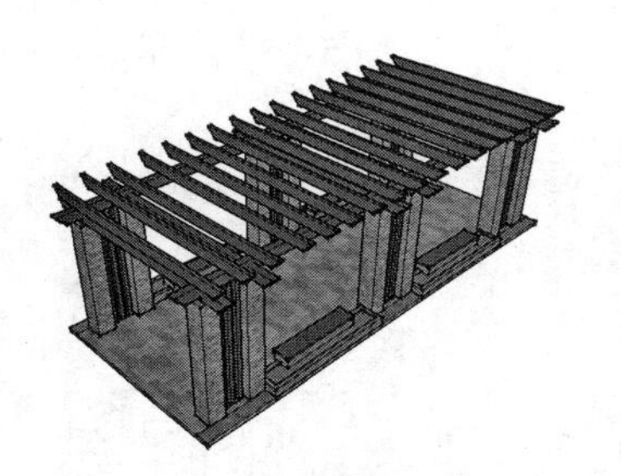

图5-259　赋予“原色樱桃木”材质

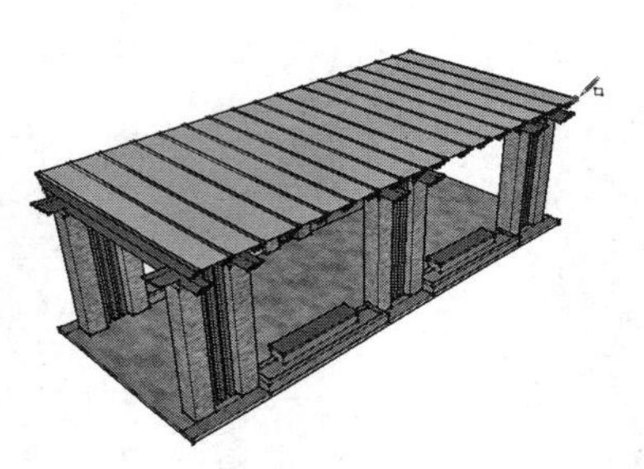

图5-260　创建顶部阳光板模型

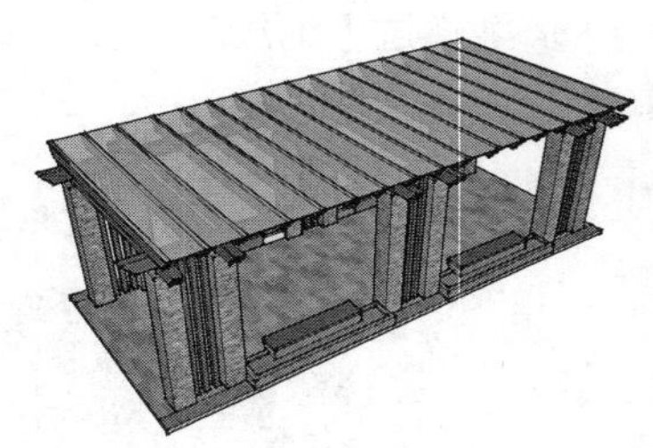

图5-261　廊架模型效果

第06章

室内户型图设计

本章重点：

- ◆ 制作户型框架
- ◆ 布置门窗
- ◆ 细化客厅与茶室
- ◆ 细化厨房
- ◆ 细化主卧
- ◆ 细化其余空间
- ◆ 户型图最终完善

户型图是房地产开发商向购房者展示楼盘户型结构的重要手段。本章将学习户型图建模方法和技巧。SketchUp 注重整个设计的推敲过程，本例户型图的创建以一张户型布置图为参考，然后根据室内设计中的常规标准，通过逐步推敲与细化，最终完成户型图模型的制作，如图 6-1 ~ 图 6-4 所示。

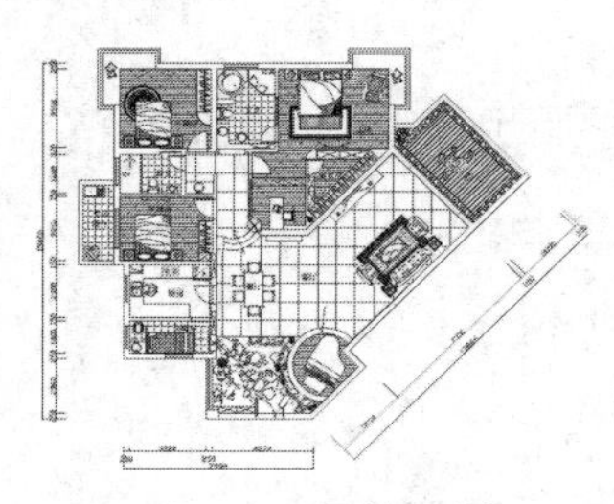

图 6-1　原始图纸

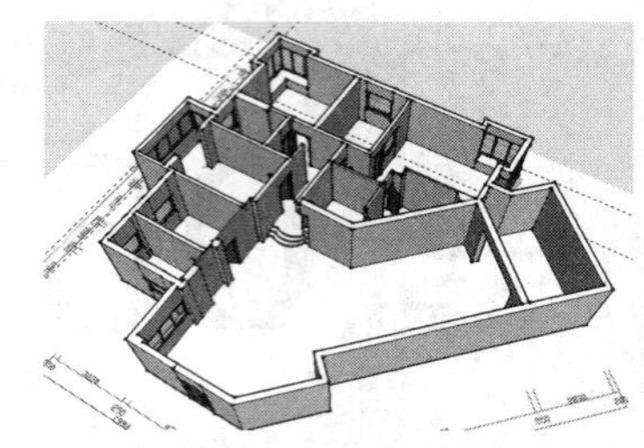

图 6-2　建立框架

图 6-3　细化空间

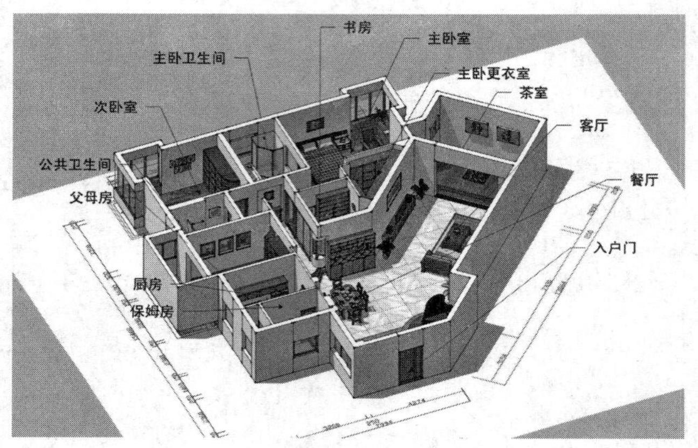

图 6-4　户型图完成效果

6.1 制作户型框架

6.1.1 制作户型基本墙体

01 启动 SketchUp 软件，进入【模型信息】面板，设置场景单位为 mm，如图 6-5、图 6-6 所示。

图 6-5　执行命令

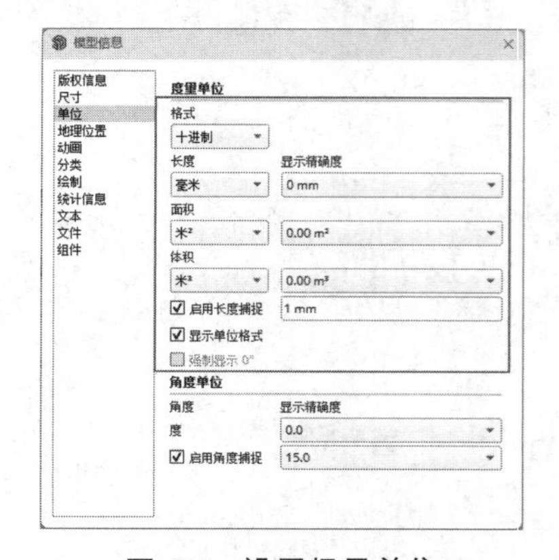

图 6-6　设置场景单位

02 执行【文件】|【导入】菜单命令，如图 6-7 所示，在打开的【导入】面板中选择“所有支持的图片类型”选项，导入配套资源中的“第 06 章 \ 四居室内布置 .jpg”文件，如图 6-8 所示。

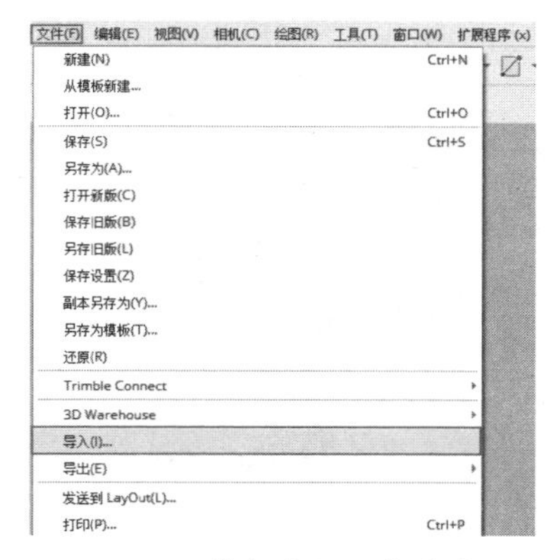

图 6-7 执行【导入】命令

图 6-8 导入文件

03 图片导入场景后，按住“Ctrl”键，移动鼠标将图片中心与原点对齐，如图 6-9 所示。

04 导入的图片尺寸通常与实际不符，如图 6-10 所示，平面布置图中标注为 3194mm 的距离实际长度为 269593.4mm，下面进行校正。

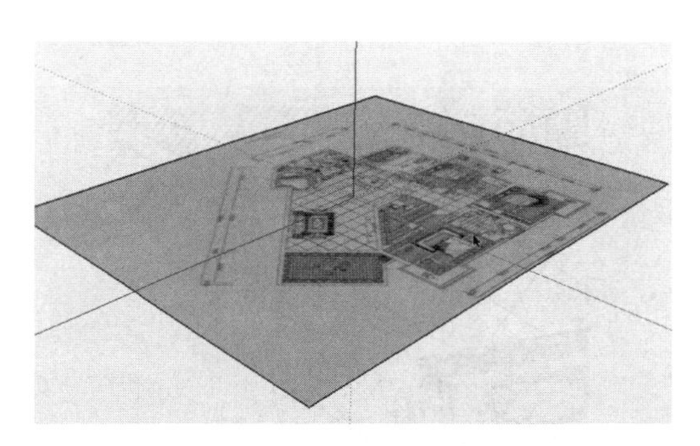

图 6-9 对齐坐标原点

图 6-10 导入的图片尺寸与实际不符

05 启用【卷尺】工具，在标注长度为 3194mm 的线段上确定起点与终点，单击后输入目标数值 3194，如图 6-11 所示。

06 输入目标数值后按下“Enter”键，将弹出如图 6-12 所示的面板，提示是否重置模型大小，此时单击【是】按钮。

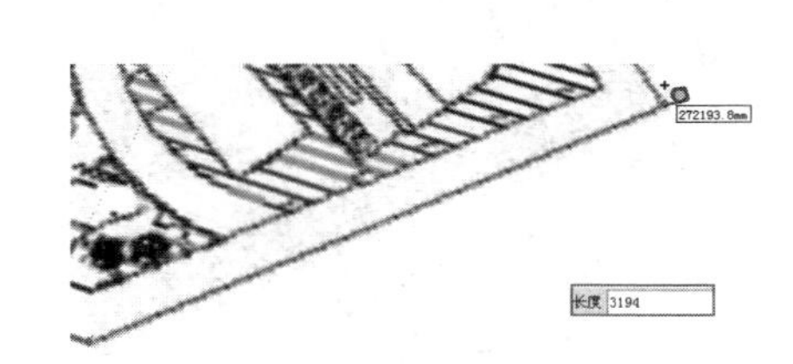

图 6-11 启用测量距离工具

图 6-12 确认重置模型大小

07 重置模型后，再次对长度为 3194mm 的线段进行测量，可以发现其已经十分接近标注长度。调整后的图片尺寸如图 6-13 所示。

08 启用【直线】工具，捕捉图片中外侧墙体线条绘制外部墙体，如图 6-14 所示。

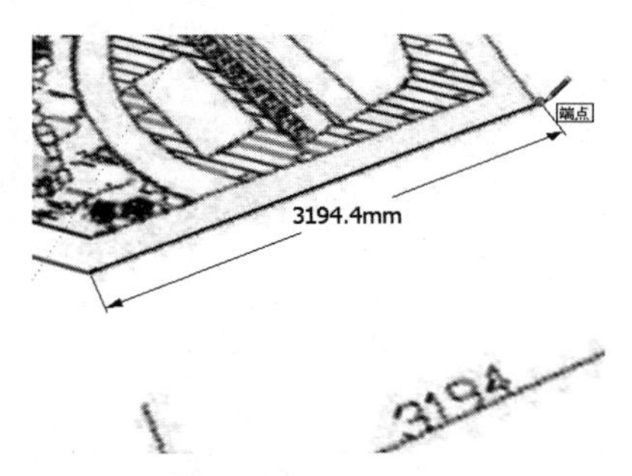

图 6-13 调整后的图片尺寸

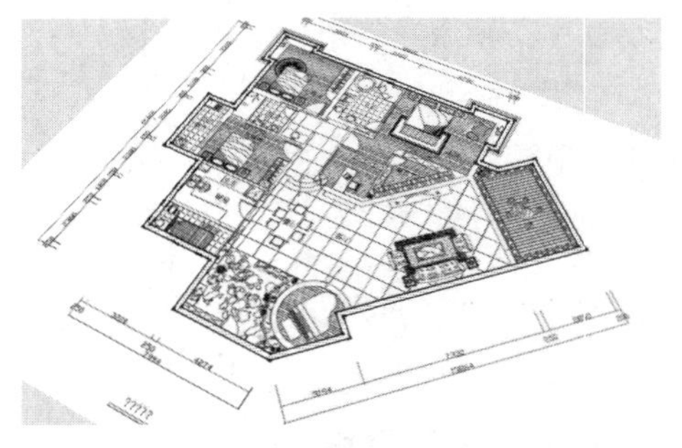

图 6-14 绘制外部墙体

注 意

为了方便确定窗洞与门洞的位置，在绘制墙体线时，应该在开洞两侧位置单击预留位置参考点，如图 6-15 所示。

09 外部墙体绘制完成后，放大显示图纸，如图 6-16 所示绘制内部墙体线，绘制完成的墙体轮廓平面如图 6-17 所示。

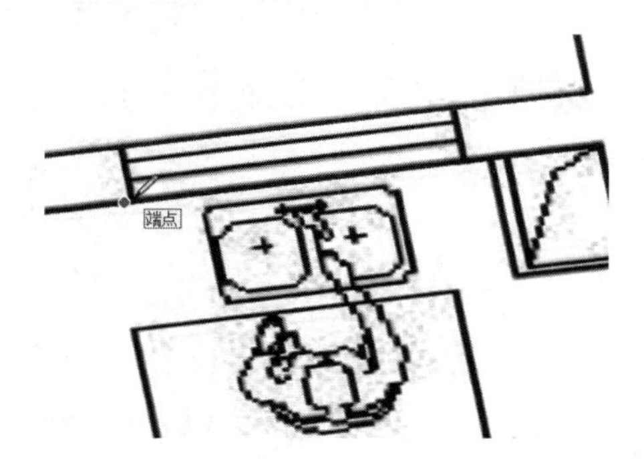

图 6-15 单击预留位置参考点

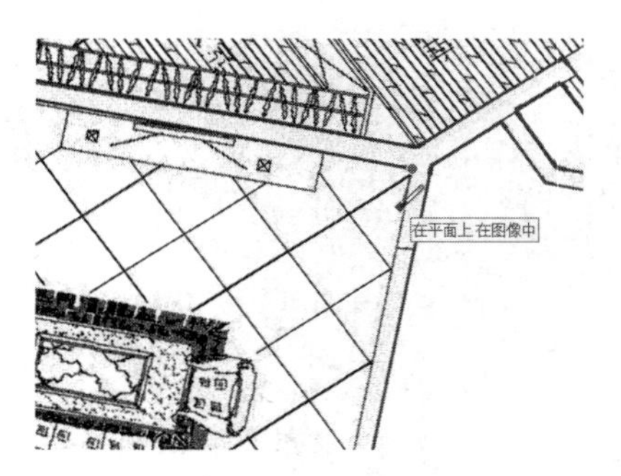

图 6-16 绘制内部墙体线

10 启用【推 / 拉】工具，选择所有绘制好的轮廓线，将其向上推 2700mm，如图 6-18 所示。

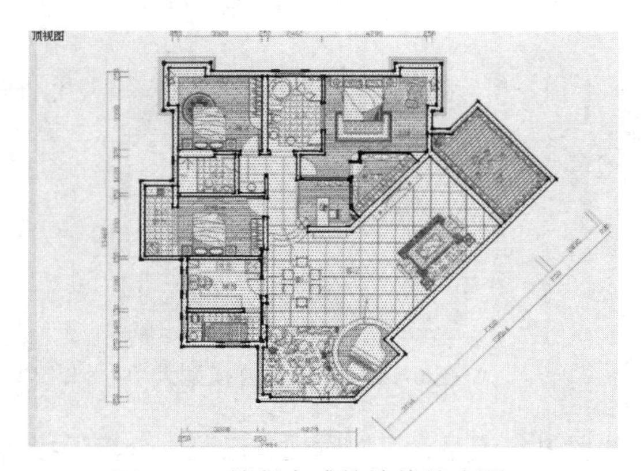

图 6-17 绘制完成的墙体轮廓平面

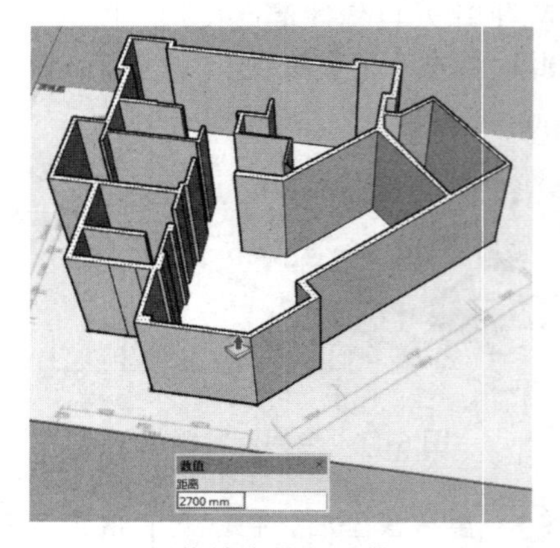

图 6-18 将轮廓线向上推 2700mm

11 执行【视图】|【表面类型】|【X 光透视模式】菜单命令，如图 6-19 所示，将墙体调整为透明效果，以便创建门洞与窗洞，如图 6-20 所示。

12 为了避免辅助定位等操作分割墙面，选择所有墙体，将其创建为组件，如图 6-21 所示。

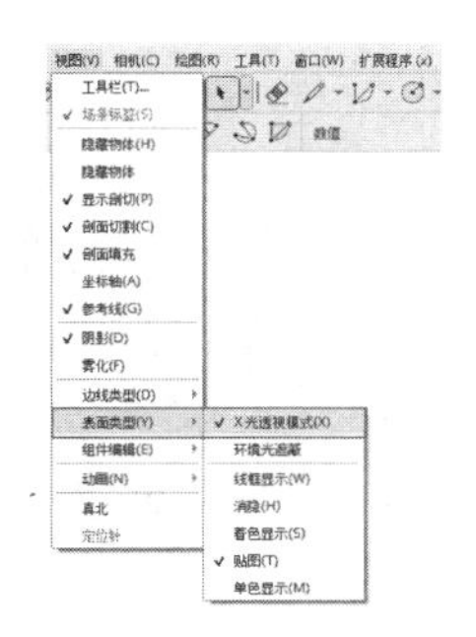

图 6-19 执行【X 光透视模式】命令

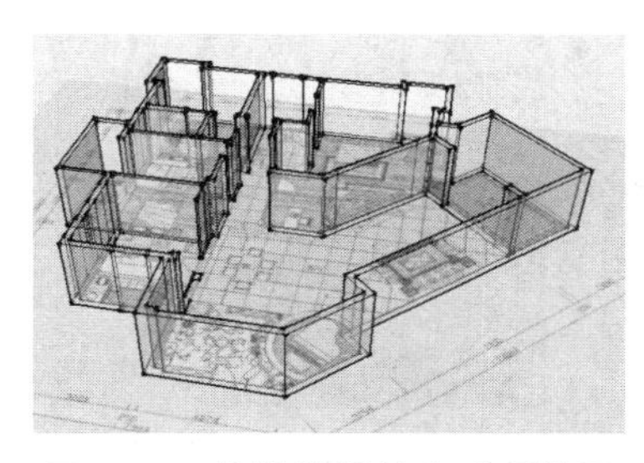

图 6-20 将墙体调整为透明效果

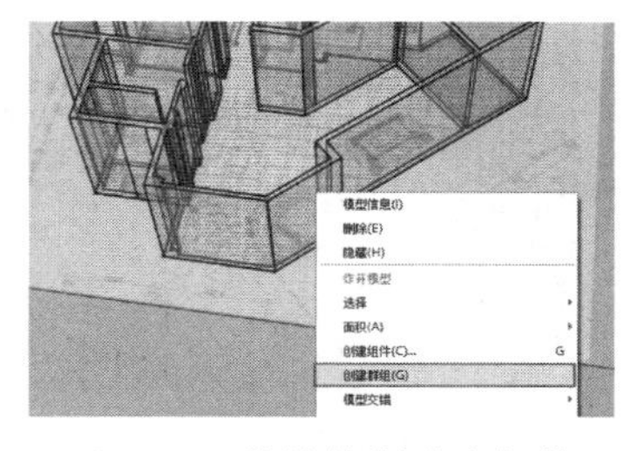

图 6-21 将墙体创建为组件

6.1.2 创建窗洞与门洞

01 启用【矩形】工具，在场景内绘制一个矩形，使其能覆盖整个户型图区域，如图 6-22 所示。

> **技 巧**
>
> 窗台高度通常在 800 ~ 1200mm 之间，多层建筑窗台标准高度为 900mm。为了快速定位窗台高度，这里创建一个平面进行参考。

02 启用【移动】工具，将创建的矩形平面在 Z 轴方向上移动 900mm，如图 6-23 所示。

03 启用【直线】工具，在墙体边线上进行捕捉，即可捕捉到距离地面 900mm 的交点，如图 6-24 所示。

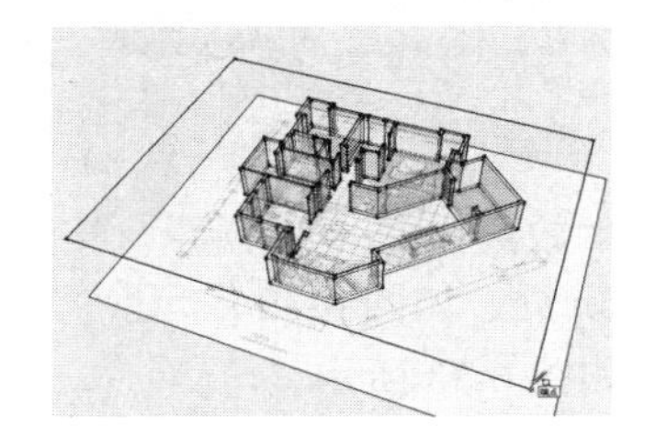

图 6-22 绘制一个矩形

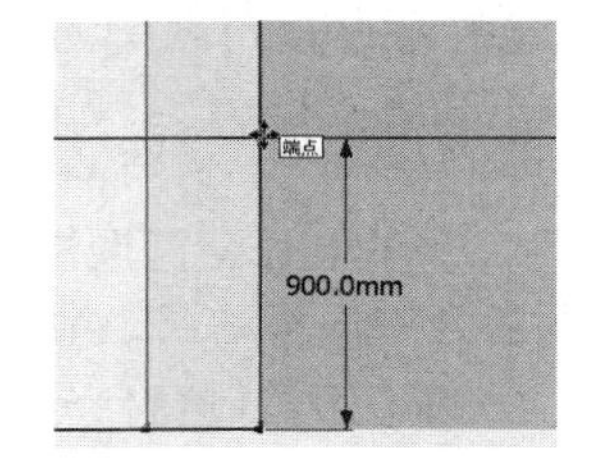

图 6-23 在 Z 轴方向上移动 900mm

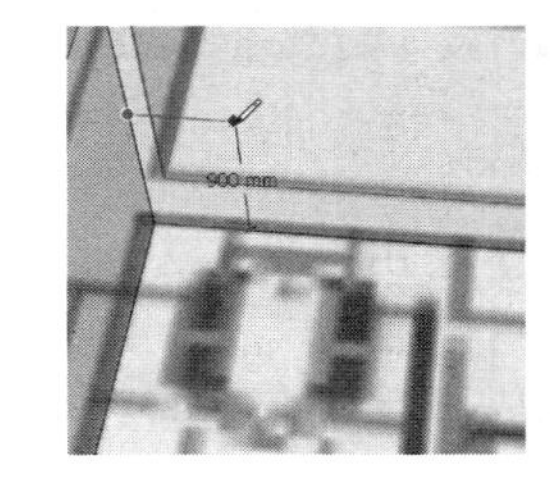

图 6-24 捕捉距离地面 900mm 的交点

> **注 意**
>
> 在建筑设计中，窗户的尺寸并没有标准的高度，可以根据采光、通风以及美观等因素进行灵活调整。

04 启用【直线】工具，捕捉交点，连接墙体上预留的窗户定位线创建出窗台线，然后启用【移动】工具，按键盘上的“Ctrl”键，将其向上移动 1200mm 复制一份，如图 6-25 所示。

05 启用【推/拉】工具，打通分割面创建窗洞，如图 6-26 所示。使用同样方法，打通场景中其他位置的窗洞，窗洞制作完成的效果如图 6-27 所示。

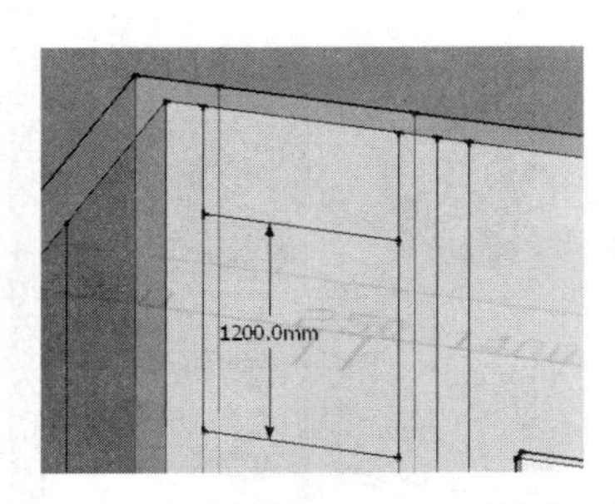

图 6-25 向上移动 1200mm 复制一份

图 6-26 启用【推/拉】工具

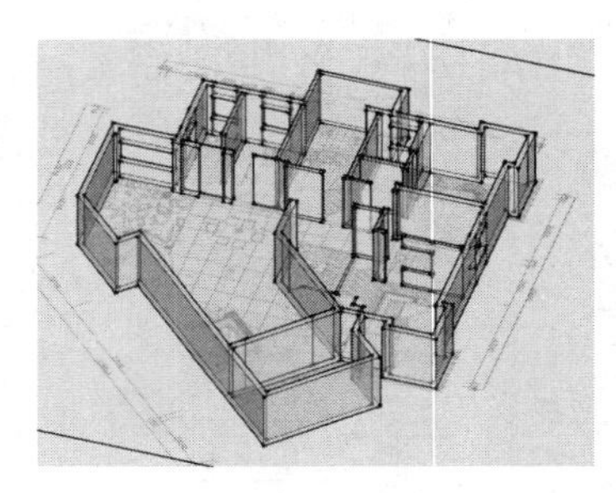

图 6-27 窗洞制作完成的效果

06 制作门洞。启用【移动】工具，将参考平面移动至距地面 2000mm 处，如图 6-28 所示。

07 启用【直线】工具，捕捉交点，连接边线，如图 6-29 所示。启用【推/拉】工具，闭合墙体形成门洞，如图 6-30 所示。

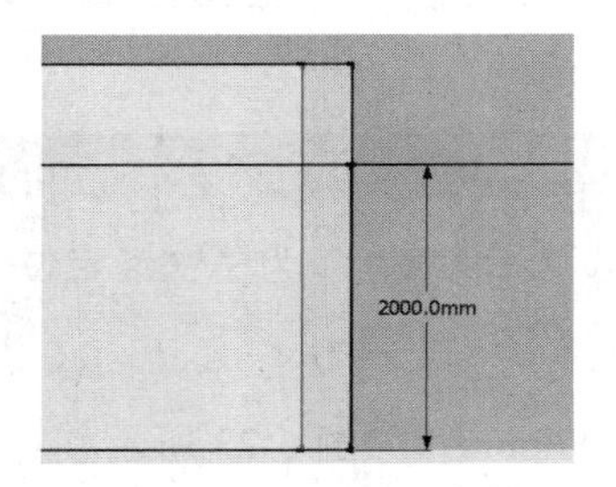

图 6-28 移动参考平面

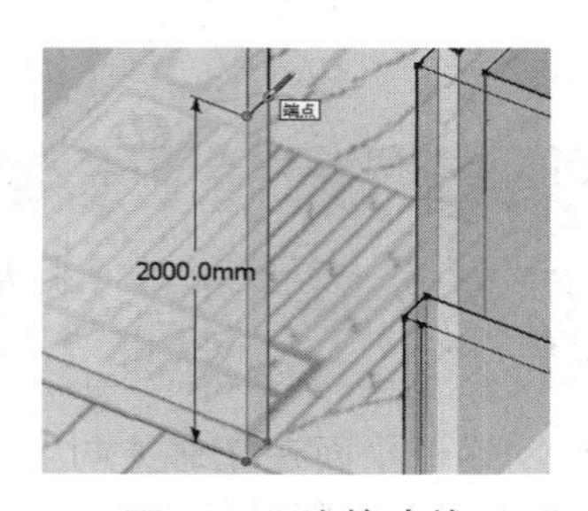

图 6-29 连接边线

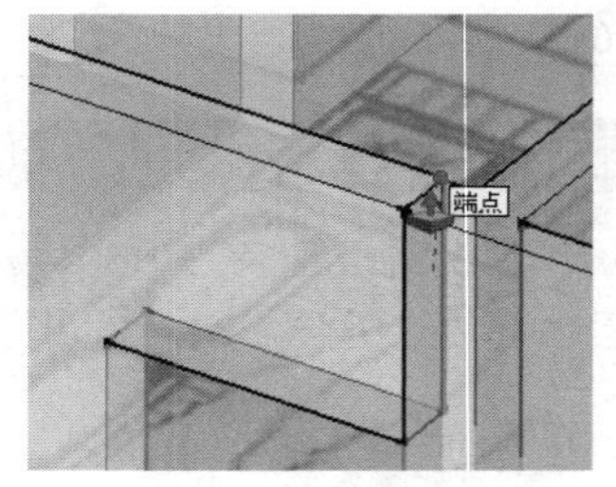

图 6-30 启用【推/拉】工具

注 意

居室门高度一般为 2m，入户门高度一般为 2.1m。

08 使用上述方法，完成户型图其他门洞的制作，门洞制作完成的效果如图 6-31 所示。接下来制作飘窗窗洞，启用【移动】工具，将参考平面移动至距地面 600mm 处，如图 6-32 所示。

09 启用【直线】工具，捕捉交点，在墙面上绘制窗台分割线，如图 6-33 所示。

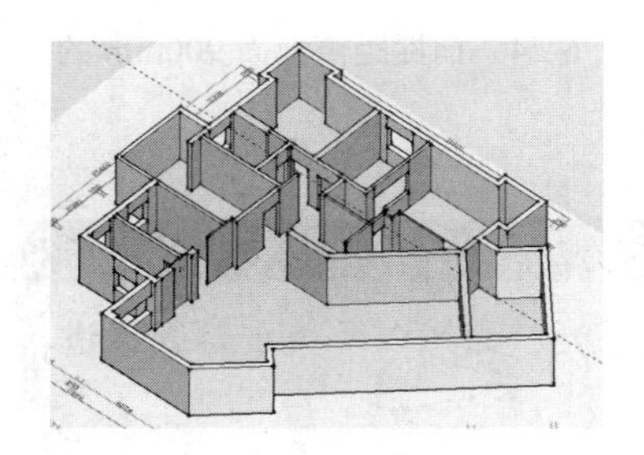

图 6-31 门洞制作完成的效果

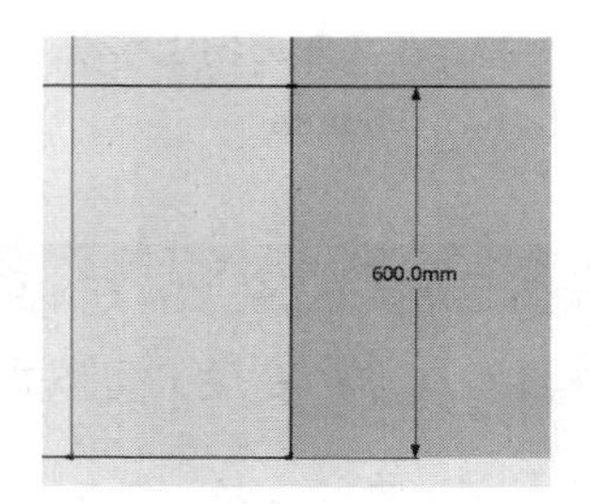

图 6-32 移动参考平面

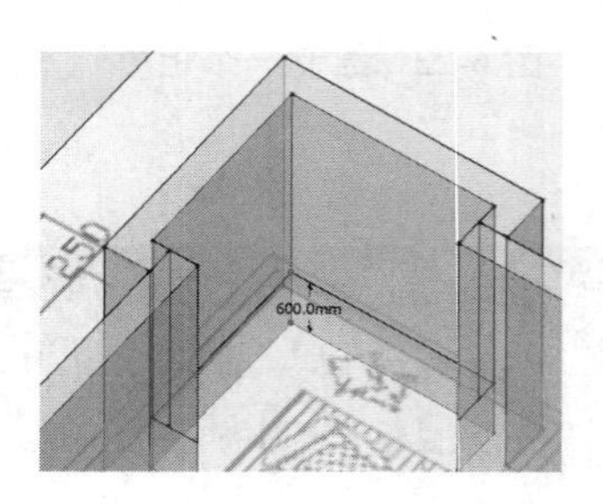

图 6-33 在墙面上绘制窗台分割线

注 意

由于飘窗面积大、视野开阔，在具有采光通风功能的同时，也增加了室内的有效使用面积，用途非常广泛。其窗台高度比普通窗台要矮一些，通常为 50 ~ 60cm。

10 启用【移动】工具，将创建的分割线向上 1600mm 复制一份，移动复制出飘窗高度，如图 6-34 所示。

11 启用【推 / 拉】工具，将飘窗窗洞打通，如图 6-35 所示。将飘窗下方墙体向内拉伸，制作出飘窗窗台，如图 6-36 所示。

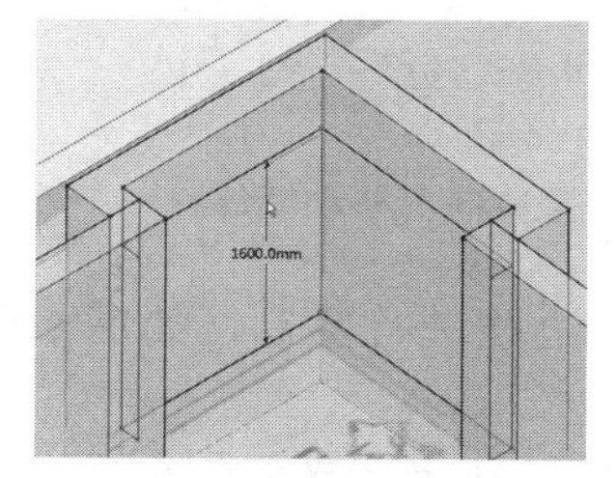
图 6-34 移动复制出飘窗高度

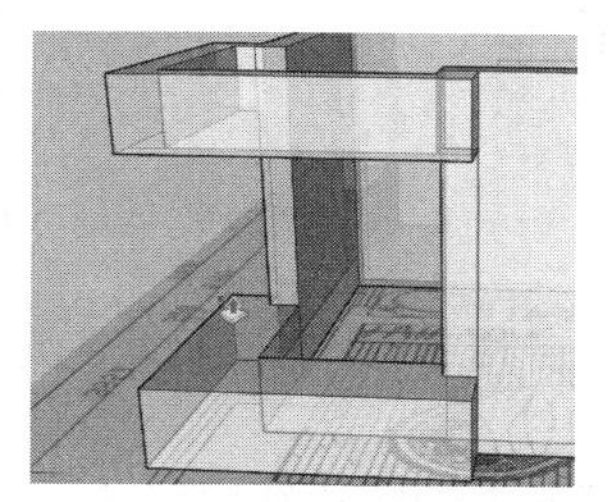
图 6-35 将飘窗窗洞打通

图 6-36 制作出飘窗窗台

12 使用同样的方法，制作出另一侧的飘窗窗台，如图 6-37 所示。户型图窗洞与门洞全部制作完成，完成效果如图 6-38 所示。

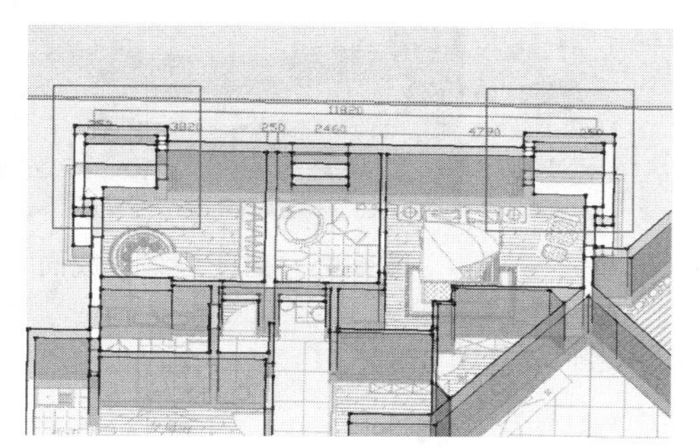
图 6-37 制作出另一侧的飘窗窗台

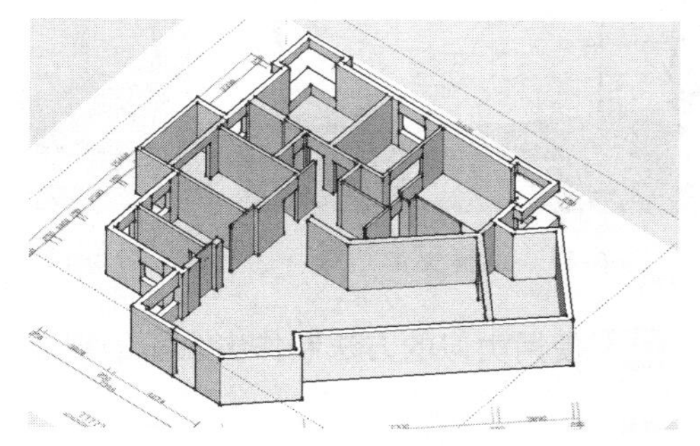
图 6-38 窗洞与门洞完成效果

6.1.3 制作下沉式客厅

01 启用【直线】工具，参考布置图台阶位置，分割客厅地面，如图 6-39 所示。

02 启用【推 / 拉】工具，将划分的客厅等空间地面向下推拉 420mm，如图 6-40 所示。

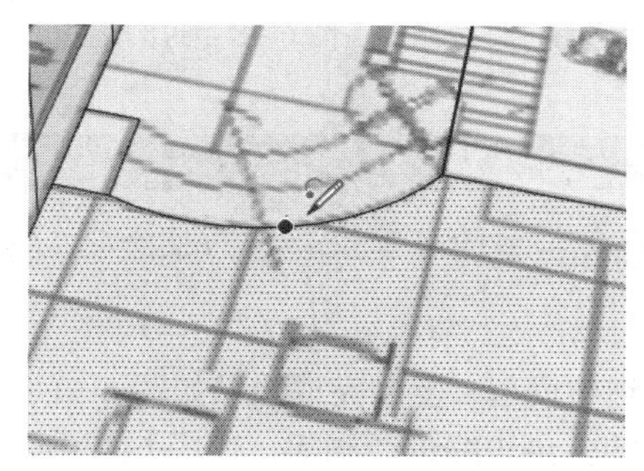
图 6-39 分割客厅地面

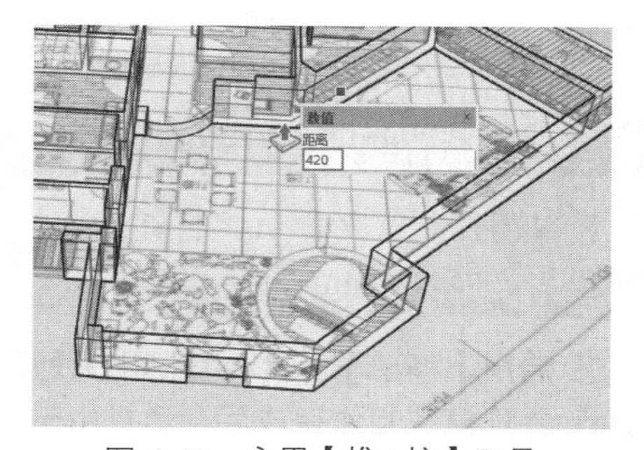

图 6-40 启用【推 / 拉】工具

03 此时客厅地面被布局图平面遮挡，如图 6-41 所示，因此选择墙体模型，将其整体向上移动 420mm，如图 6-42 所示。

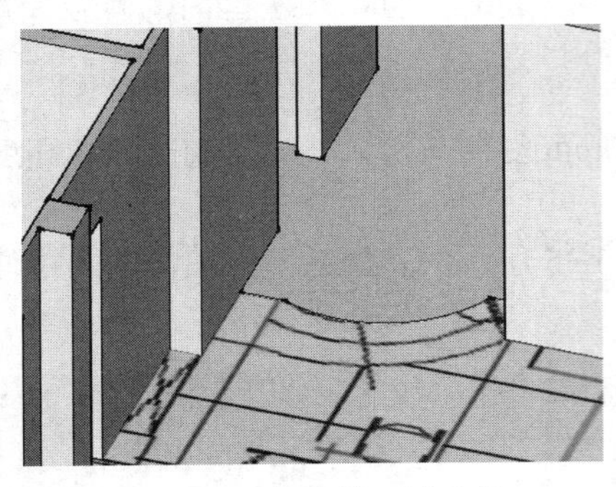
图 6-41 客厅地面被遮挡

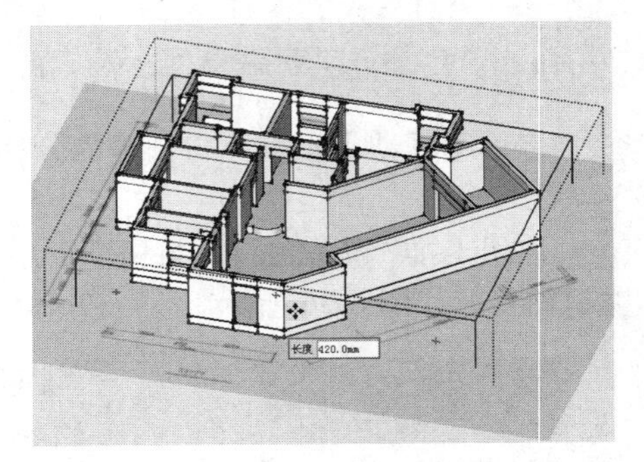
图 6-42 整体向上移动墙体

04 制作客厅到走廊的台阶，启用【移动】工具，选择弧形边线进行复制，如图 6-43、图 6-44 所示。

05 启用【直线】工具，封闭复制得到的边线以形成面，如图 6-45 所示。启用【推 / 拉】工具，制作出台阶初步效果，如图 6-46 所示。

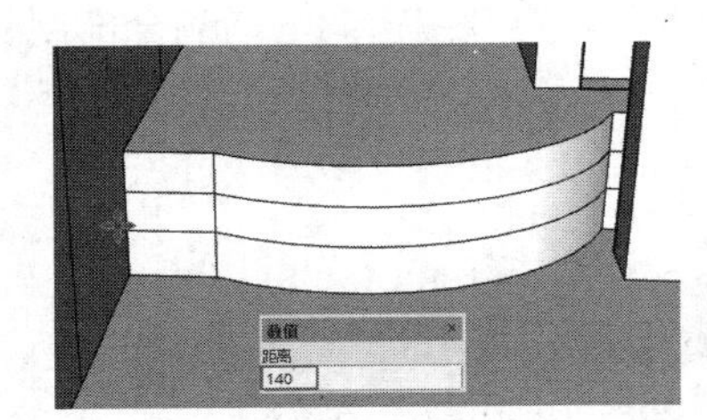
图 6-43 选择弧形边线

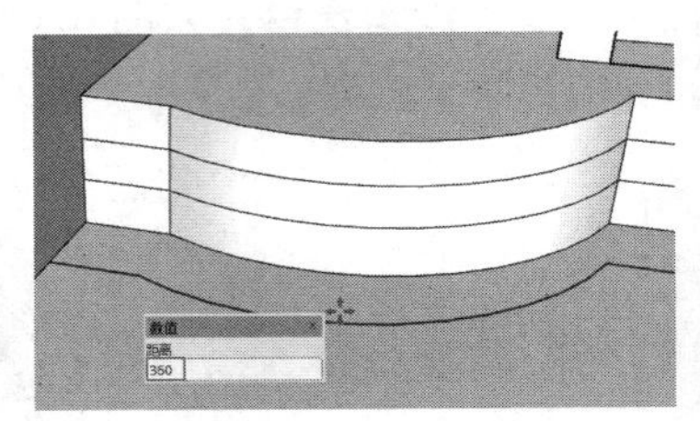
图 6-44 移动复制弧形边线

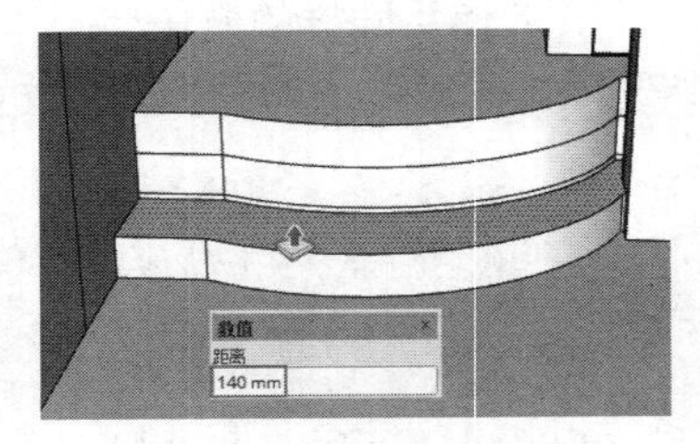
图 6-45 封闭边线形成面

06 使用类似的方法制作出台阶的细节，如图 6-47 ~ 图 6-50 所示。

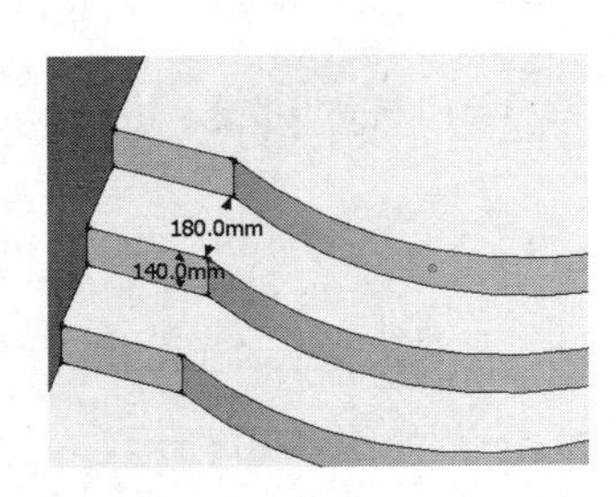

图 6-46 制作出台阶初步效果

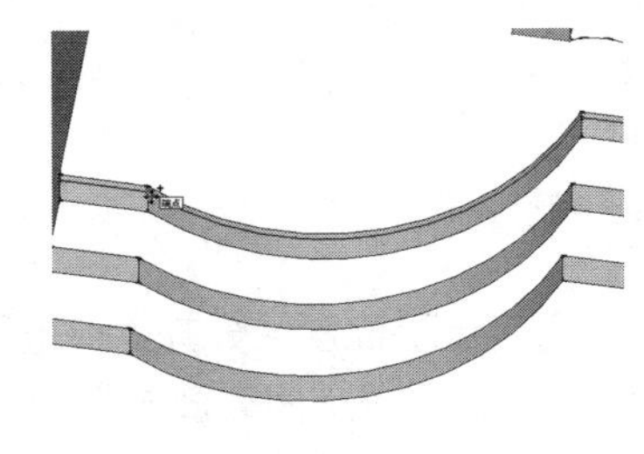
图 6-47 移动复制弧形边线

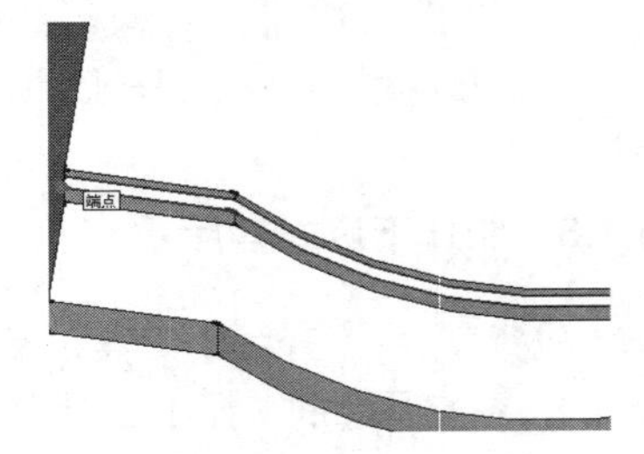
图 6-48 封闭边线

技 巧

在封闭得到弧形面后，将其创建为组件，可以避免与台阶模型交接，方便选择与移动复制。

07 启用【移动】工具，复制出另外两处压边线条细节模型，复制完成效果如图 6-51 所示。

08 台阶模型制作完成后，选择由于空间下沉产生的多余边线进行删除，如图 6-52 所示。接下来调整窗台与窗户高度。

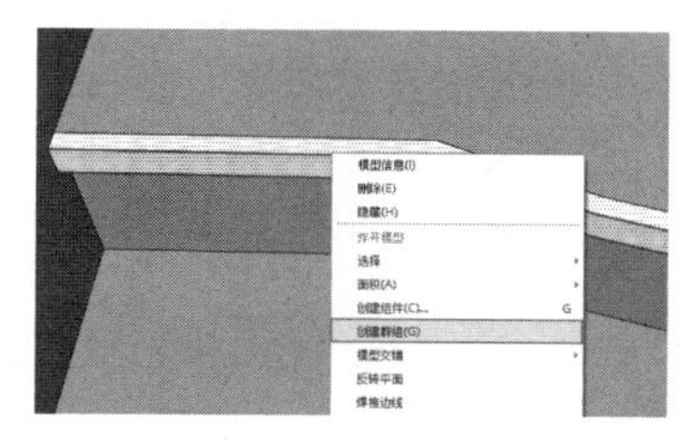

图 6-49　创建为【组】

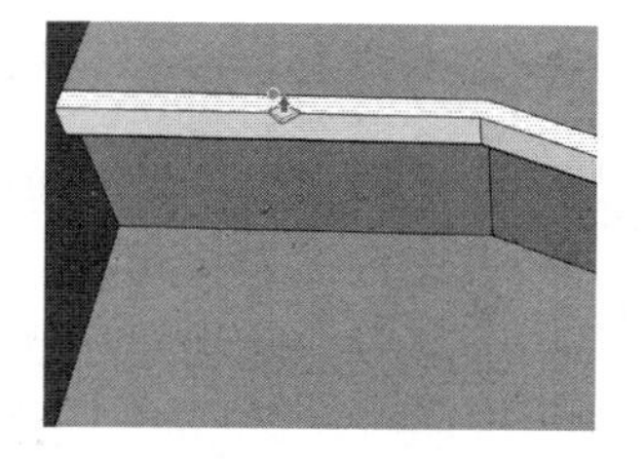

图 6-50　制作出台阶的细节

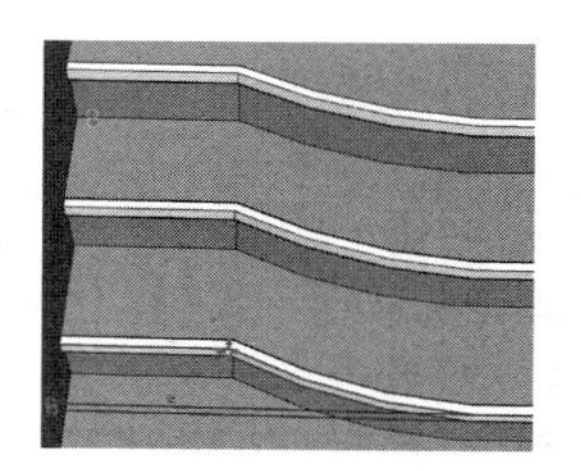

图 6-51　复制完成效果

09 启用【移动】工具，选择窗台平面，将其向下移动 420mm，如图 6-53 所示。

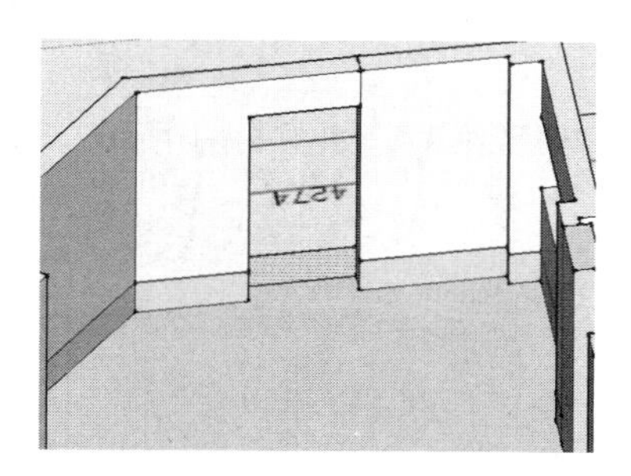

图 6-52　删除多余边线

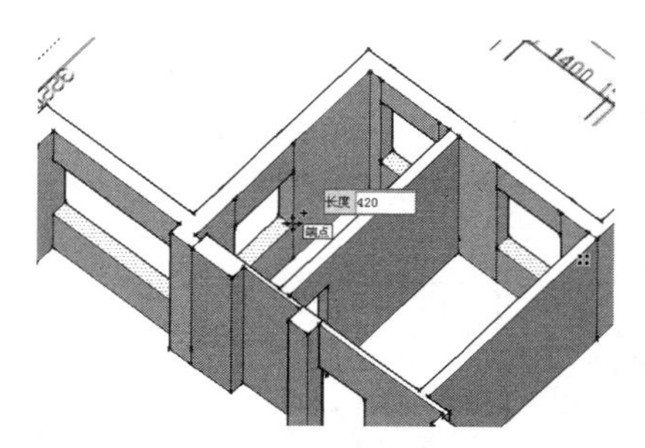

图 6-53　将窗台平面向下移动 420mm

10 旋转视角，选择窗户上沿，同样将其向下移动 420mm，如图 6-54 所示。

11 至此，户型图的框架与基本结构制作完成，完成效果如图 6-55 所示。

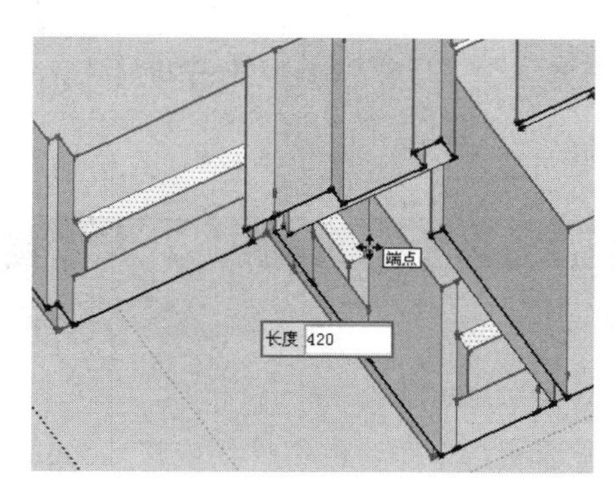

图 6-54　将窗台上沿向下移动 420mm

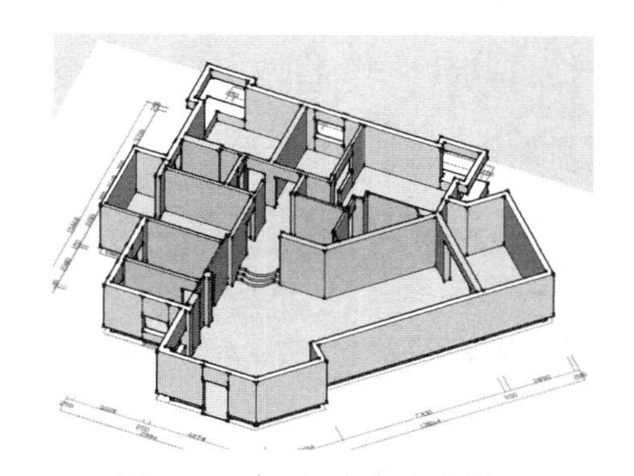

图 6-55　户型图框架完成效果

6.2 布置门窗

6.2.1 布置门模型

01 制作入户门，根据平面布局图可以判断其为子母门，如图 6-56 所示。

02 启用【矩形】工具，参考门洞创建一个矩形平面，如图 6-57 所示。启用【偏移】工具，将其向内偏移 55mm，如图 6-58 所示。

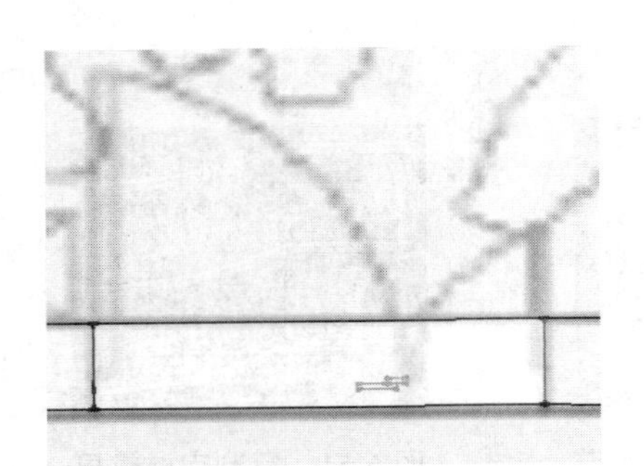

图 6-56　平面布局中的子母门

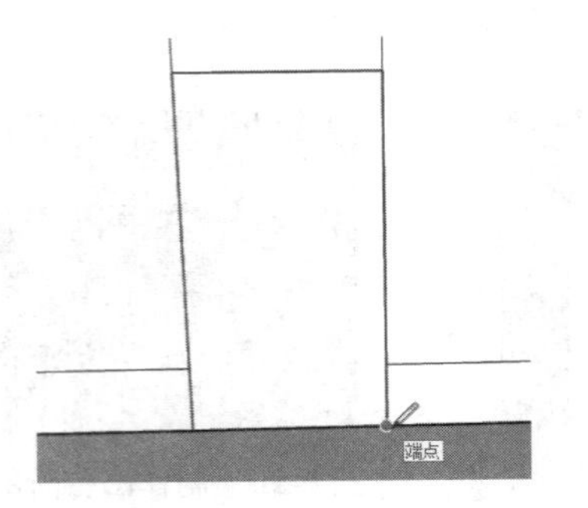

图 6-57　创建一个矩形平面

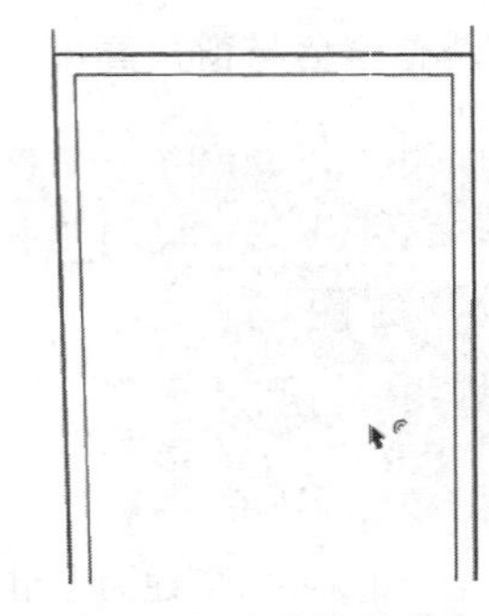

图 6-58　启用【偏移】工具

03 启用【推 / 拉】工具，将偏移得到的内部平面向内推拉 75mm，如图 6-59 所示。启用【直线】工具，对面进行分割，如图 6-60 所示。

04 结合使用【偏移】与【推 / 拉】工具，制作子母门模型细节，如图 6-61 所示。进入【材料】面板，为其赋予“原色樱桃木”材质，如图 6-62 所示。

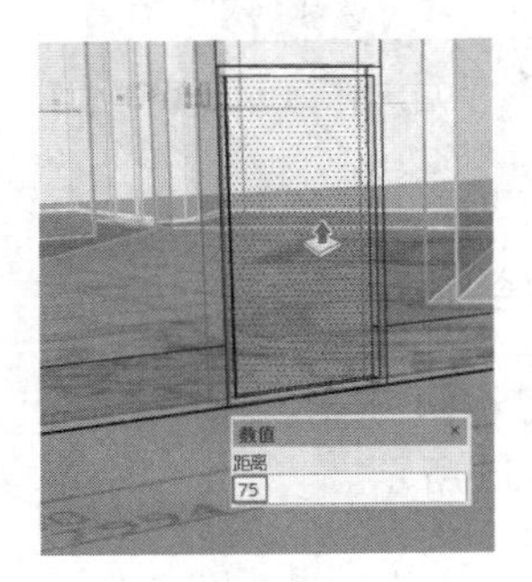

图 6-59　启用【推 / 拉】工具

图 6-60　对面进行分割

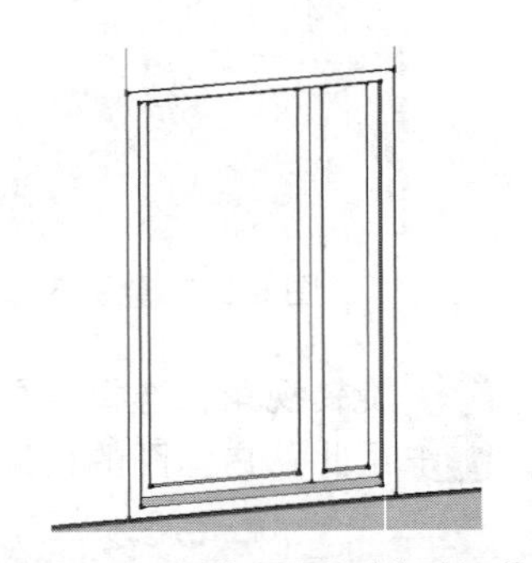

图 6-61　制作子母门模型细节

05 制作好门把模型，完成的子母门效果如图 6-63 所示。

技 巧

在室内设计中，门页与门框的厚度都有相应的标准，但在户型图制作中，由于视角的原因，难以观察到这些细节，因此在制作时以效果美观为主。

06 户型图其他空间门模型的制作，可以直接调入配套资源中附带的组件，或在 Google 模型库中搜索查找进行调入，如图 6-64 ~ 图 6-67 所示。

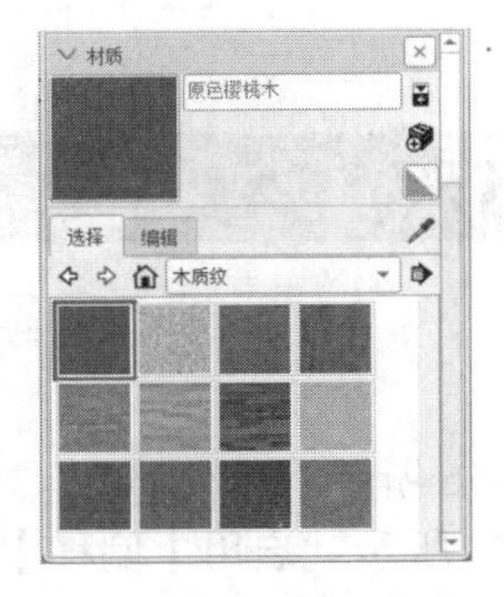

图 6-62　赋予“原色樱桃木”材质

图 6-63　完成的子母门效果

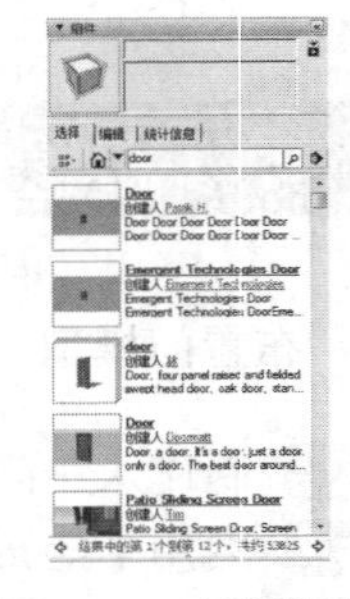

图 6-64　使用组件

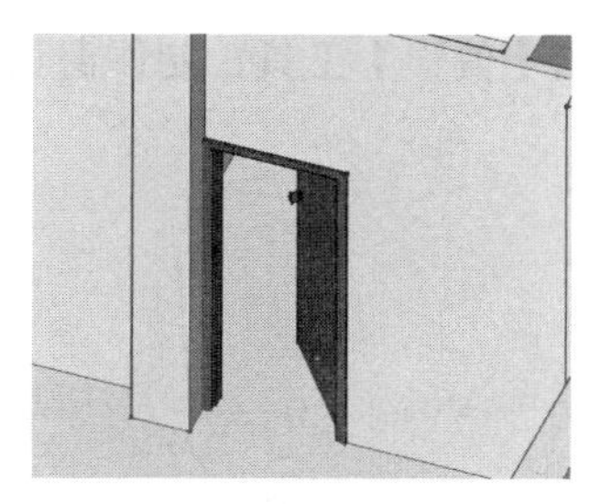

图 6-65　调入卧室门组件

图 6-66　调入卫生间门组件

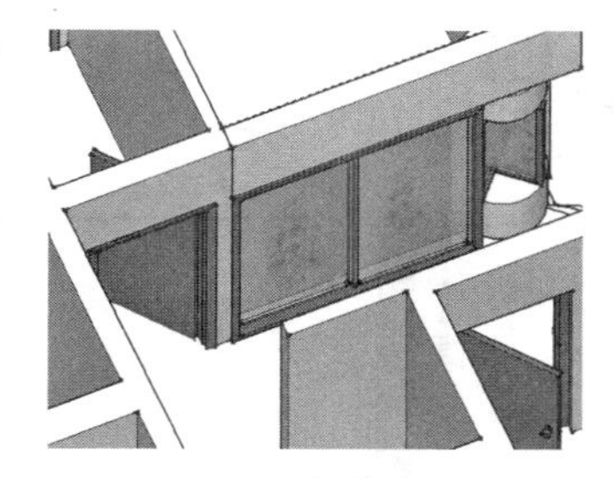

图 6-67　调入书房推拉门组件

注 意

不同空间的门，宽度和样式会有较大的区别，如卫生间的门通常要窄一些，一般会有磨砂玻璃进行装饰。

6.2.2　布置窗户

01 制作入户门左侧的窗户。结合使用【矩形】、【偏移】与【推 / 拉】工具，完成窗框模型制作，如图 6-68 ~ 图 6-70 所示。

图 6-68　绘制窗户轮廓平面

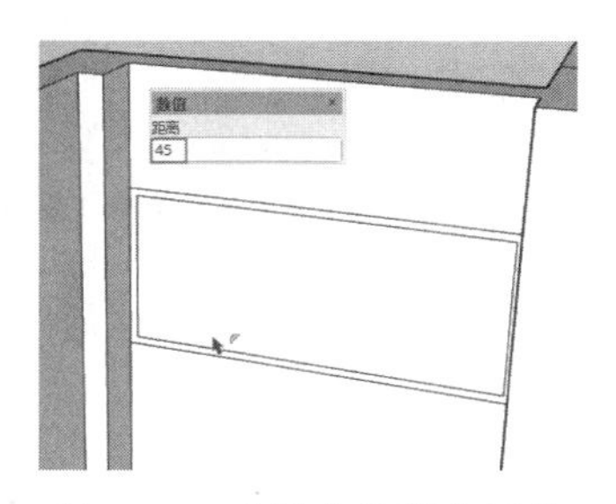

图 6-69　启用【偏移】工具

图 6-70　启用【推 / 拉】工具

02 制作窗户细节，选择底部边线进行等分，如图 6-71 所示。右击，将其三等分，如图 6-72 所示。

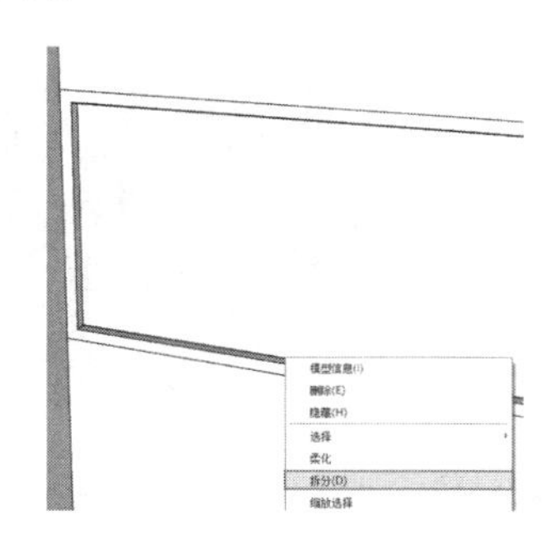

图 6-71　选择底部边线进行等分

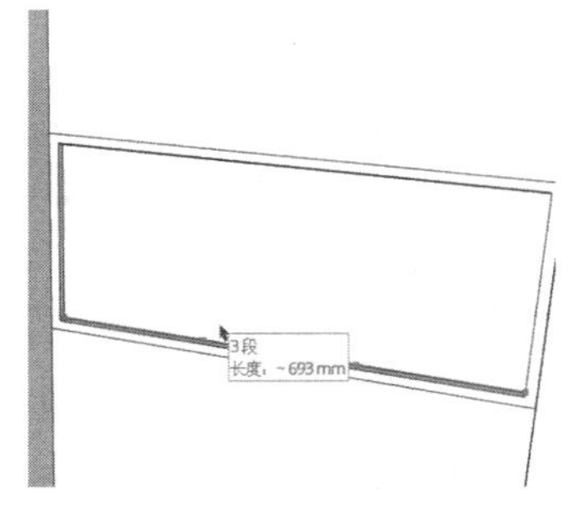

图 6-72　三等分线段

注 意

该窗洞的长度为 2360mm，将其三等分制作 3 个窗页比较合理，如果制作 2 个会太大，制作 4 个则太小。

03 启用【直线】工具，分割出 3 个平面，如图 6-73 所示。启用【偏移】工具，制作窗页轮廓，如图 6-74 所示。

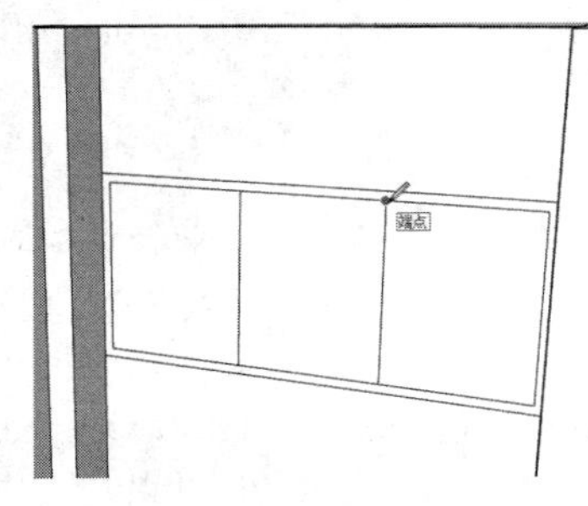

图 6-73　分割出 3 个平面

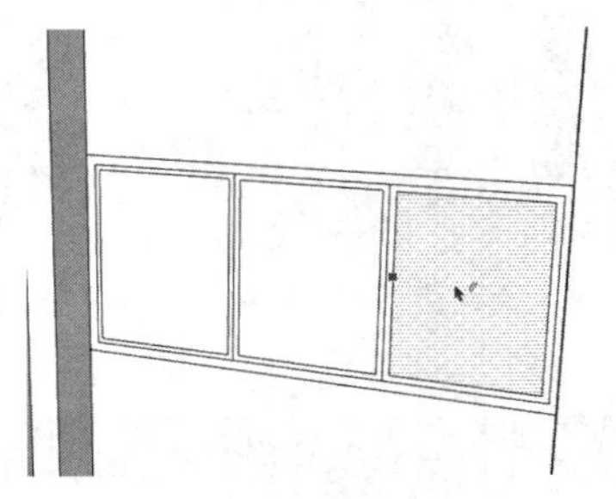

图 6-74　启用【偏移】工具

04 启用【推 / 拉】工具，对窗页分割面进行推拉，制作窗页的细节，如图 6-75 所示。注意不能将所有的窗页制作在同一平面上，而应该形成推拉窗的前后层次，窗框细节如图 6-76 所示。

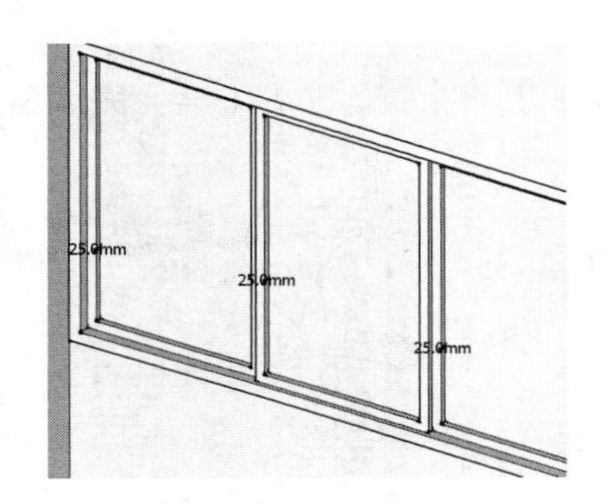

图 6-75　制作窗页的细节

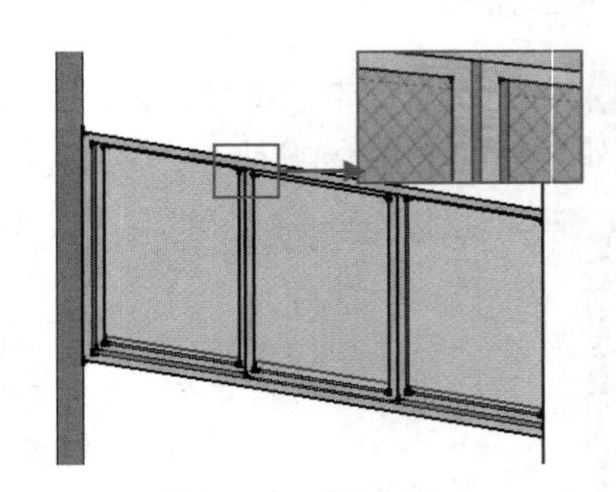

图 6-76　窗框细节

05 窗户模型制作完成后，选择窗框模型，为其赋予金属材质，如图 6-77 所示。选择玻璃模型，为其赋予半透明材质，如图 6-78 所示。

06 使用类似的方法，制作出其他位置普通窗户模型，完成效果如图 6-79 所示。

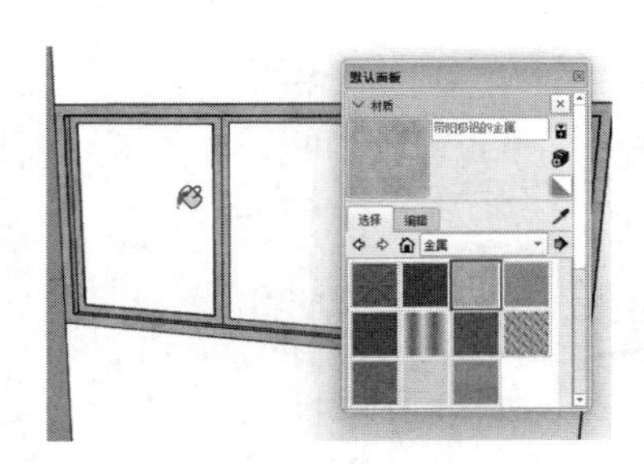

图 6-77　为窗框模型赋予金属材质

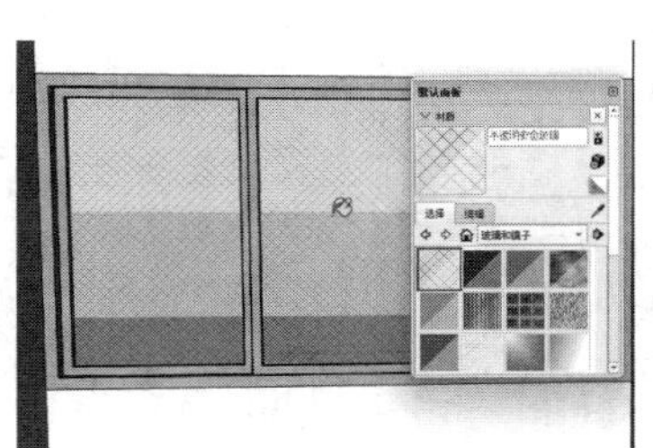

图 6-78　为玻璃模型赋予半透明材质

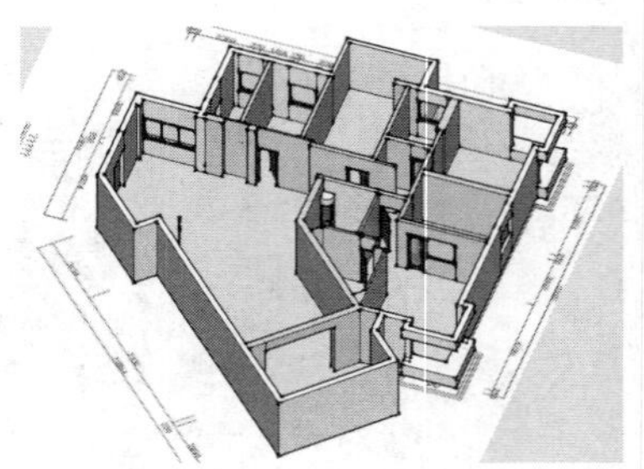

图 6-79　窗户模型完成效果

6.2.3　制作飘窗模型

01 启用【偏移】工具，选择飘窗窗台外侧边线，如图 6-80 所示。连续进行两次偏移，如图 6-81 所示。

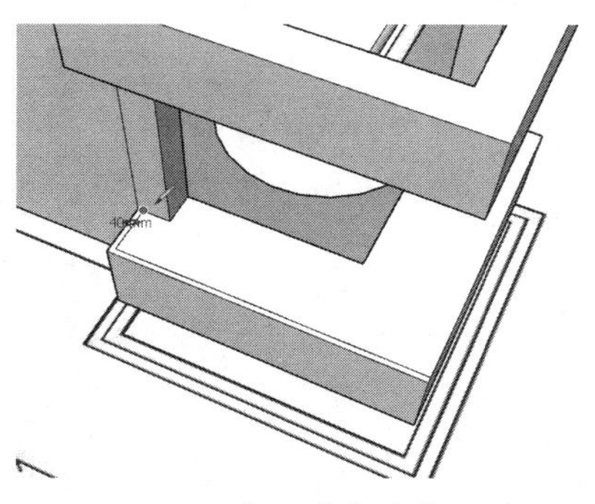
图 6-80 启用【偏移】工具

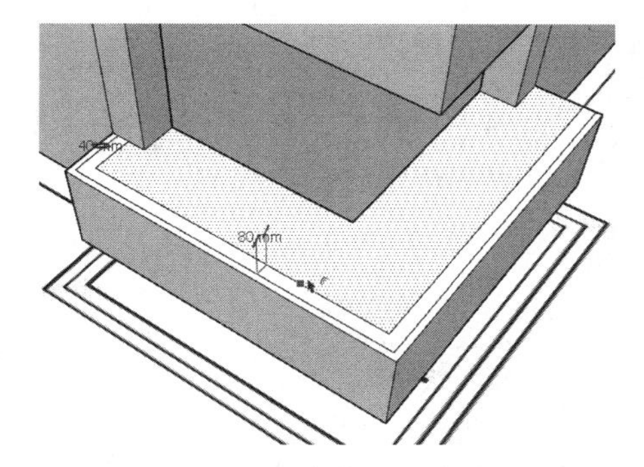
图 6-81 连续进行两次偏移

技 巧

第一次偏移用于制作飘窗窗框与外侧窗沿的距离，第二次偏移用于制作飘窗窗框轮廓平面。

02 启用【推 / 拉】工具，选择飘窗窗框平面，将其推拉至顶部窗沿，如图 6-82 所示。

03 通过细化飘窗内部平面制作细节效果，首先细化出 3 个窗页轮廓，如图 6-83、图 6-84 所示。

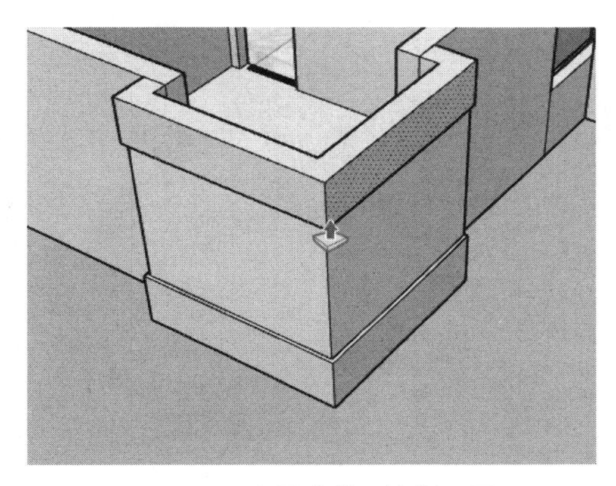
图 6-82 启用【推 / 拉】工具

图 6-83 分割内部平面

04 使用【推 / 拉】工具制作窗页厚度与位置细节，如图 6-85 所示。

05 进入【材料】面板，为其赋予对应的金属与半透明材质，完成效果如图 6-86 所示。

06 将制作好的飘窗模型复制至另外一侧，并镜像调整好位置，最后制作阳台窗户模型。

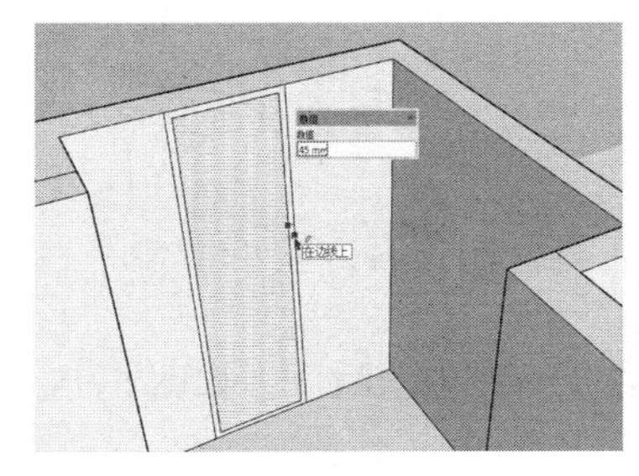
图 6-84 细化窗页轮廓

图 6-85 制作窗页厚度与位置细节

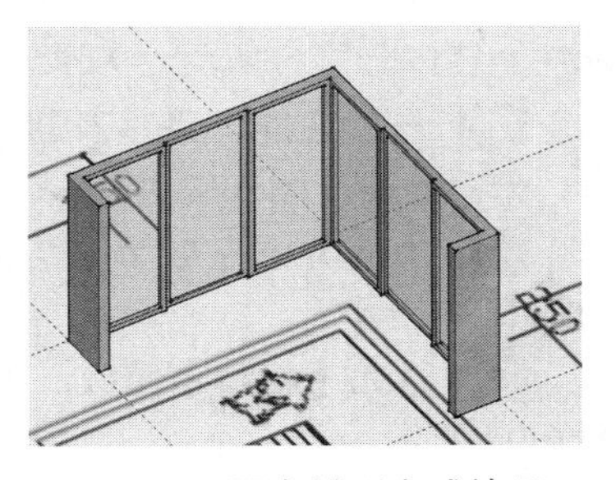
图 6-86 飘窗模型完成效果

6.2.4 制作阳台窗户

01 启用【直线】工具，分割阳台内部墙体，定位阳台窗户高度，如图 6-87 所示。

02 继续细化阳台窗户细节，为其赋予金属与半透明材质，如图 6-88 ~ 图 6-90 所示。

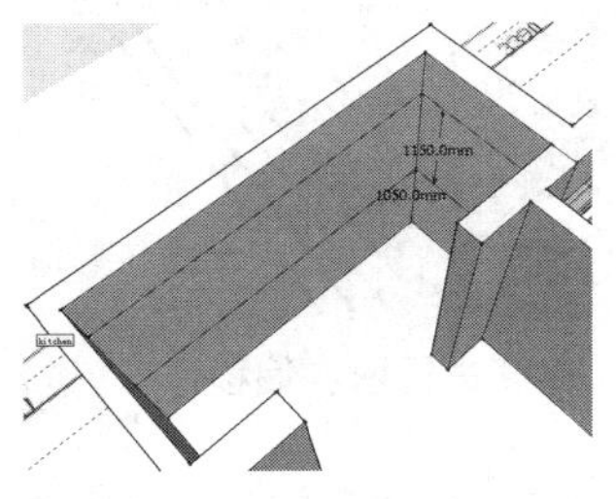

图 6-87 定位阳台窗户高度

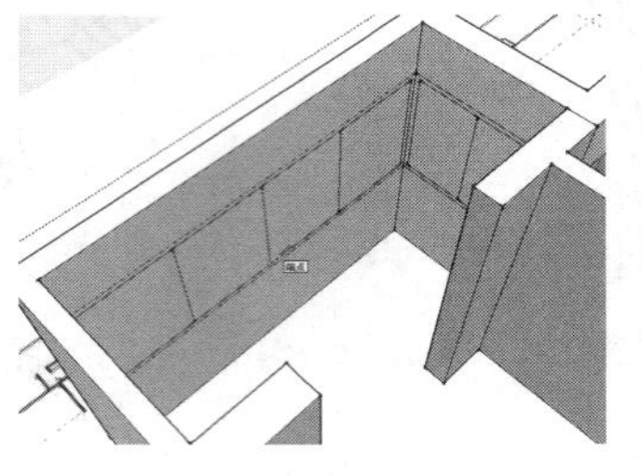

图 6-88 分割内部平面

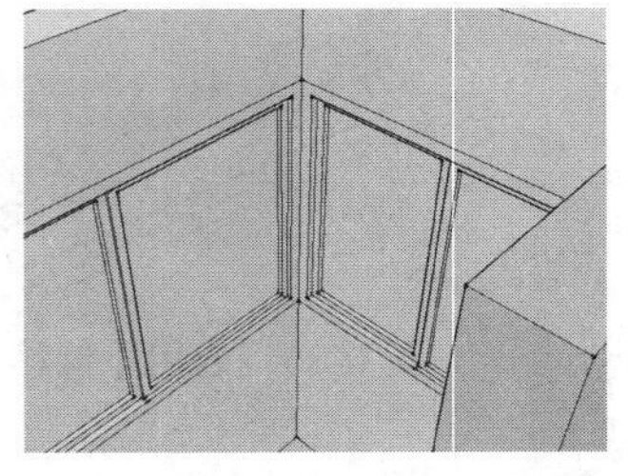

图 6-89 制作阳台窗户模型细节

注 意

低层、多层住宅的阳台栏杆净高不应低于 1.05m，中高层、高层住宅的阳台栏杆净高不应低于 1.10m。

03 阳台窗户模型制作完成，场景门窗完成效果如图 6-91 所示。

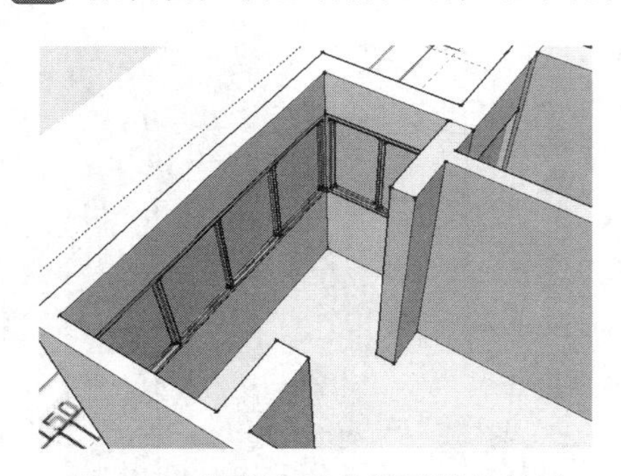

图 6-90 为阳台窗户模型赋予材质

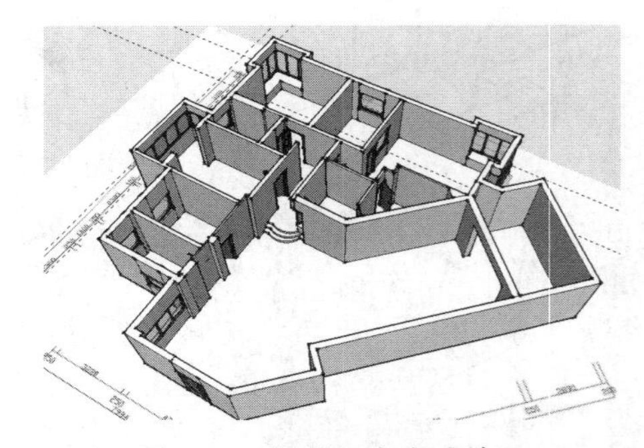

图 6-91 场景门窗完成效果

6.3 细化客厅与茶室

一套完整的户型应有客厅、卧室、书房、卫生间、厨房等日常生活必需的功能空间，这些功能空间的划分主要通过摆放的室内家具、地面和墙面装饰材料进行体现。本户型客厅与茶室没有硬性的墙体分隔，如图 6-92 所示。

01 分割客厅、茶室及厨房等空间地面。启用【直线】工具，捕捉各空间墙体与地面的交点，分割地面如图 6-93 所示。

02 地面分割完成后，结合使用【圆弧】工具与【推 / 拉】工具，制作客厅内的钢琴平台，如图 6-94 所示。

03 进入【材料】面板，为入户花园、平台及客厅地板制作并赋予对应的材质，如图 6-95 ~ 图 6-97 所示。

图 6-92　客厅与餐厅布局

图 6-93　分割地面

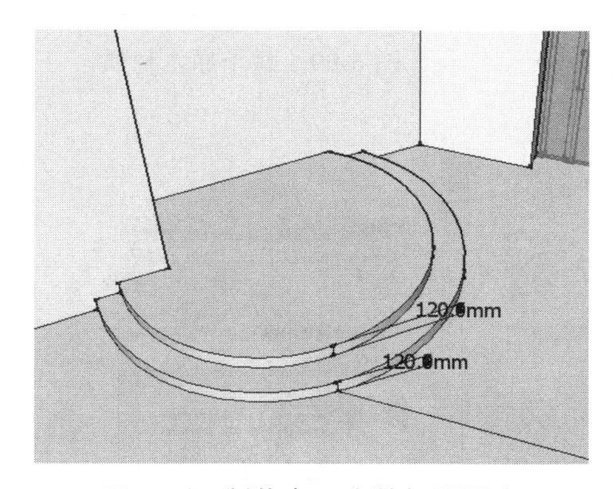

图 6-94　制作客厅内的钢琴平台

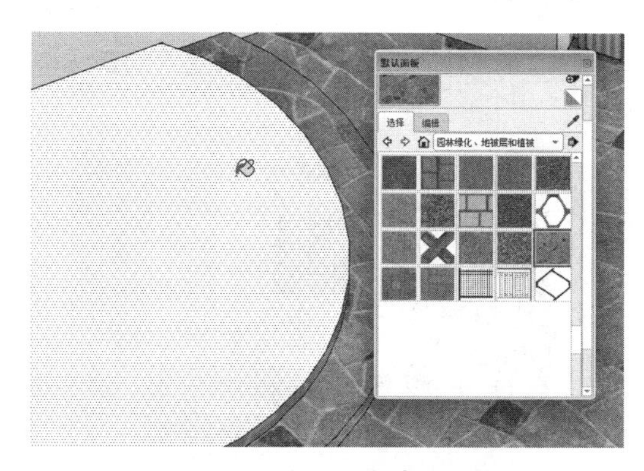

图 6-95　赋予石头地面材质

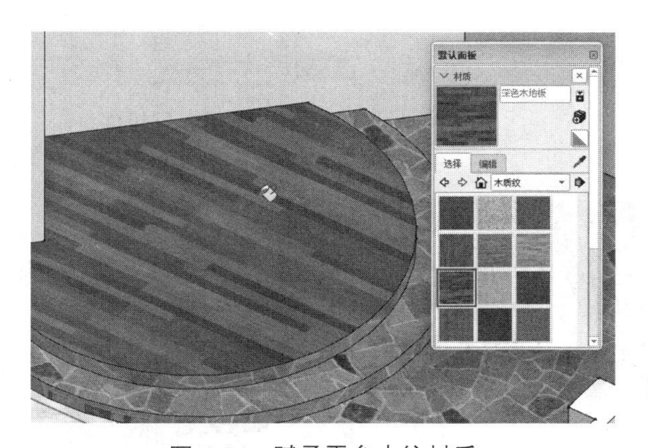

图 6-96　赋予平台木纹材质

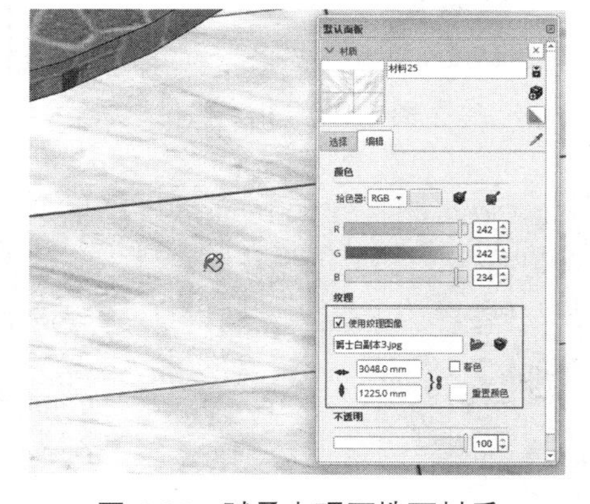

图 6-97　赋予大理石地面材质

04 结合使用【偏移】与【推 / 拉】工具，完成茶室平台的制作，如图 6-98 所示。进入【材料】面板，为其赋予原木材质，如图 6-99 所示。

05 为门槛指定花岗岩材质，如图 6-100 所示。

06 调用配套光盘中的家具组件，如图 6-101 所示。参考平面布局图的设计，完成客厅与茶室的家具布置，完成效果如图 6-102 ~ 图 6-104 所示。

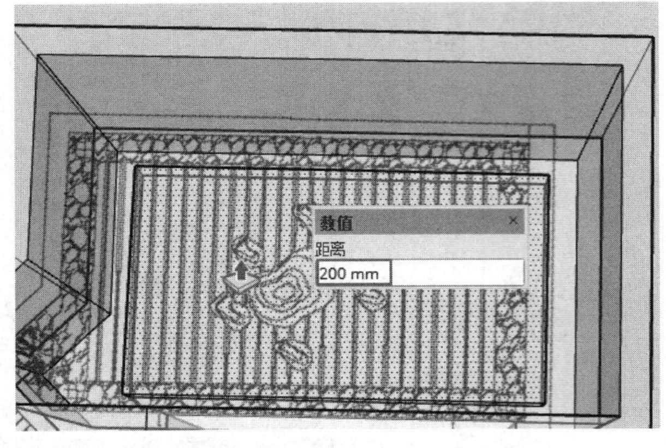

图 6-98　制作茶室平台面

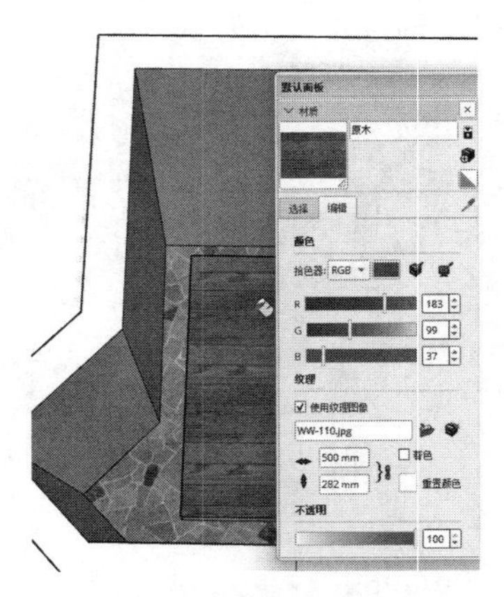

图 6-99　赋予原木材质

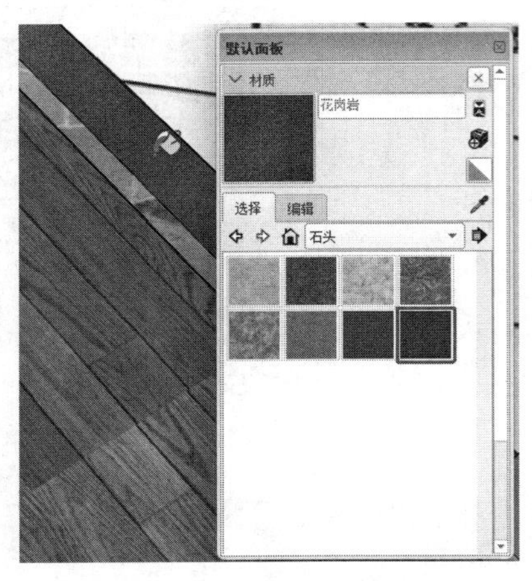

图 6-100　指定门槛材质

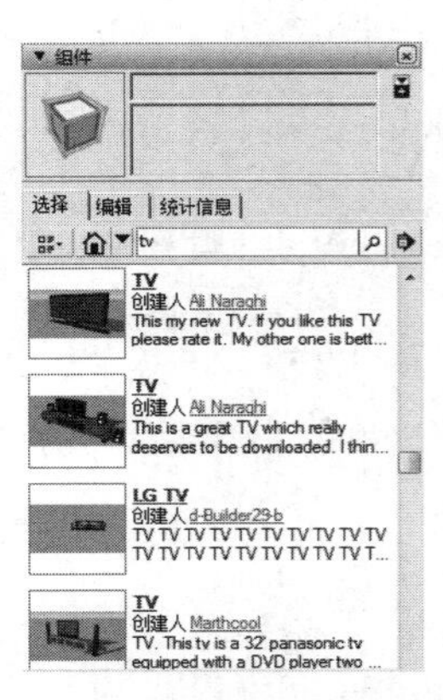

图 6-101　调用家具组件

图 6-102　餐厅区域效果

图 6-103　客厅区域效果

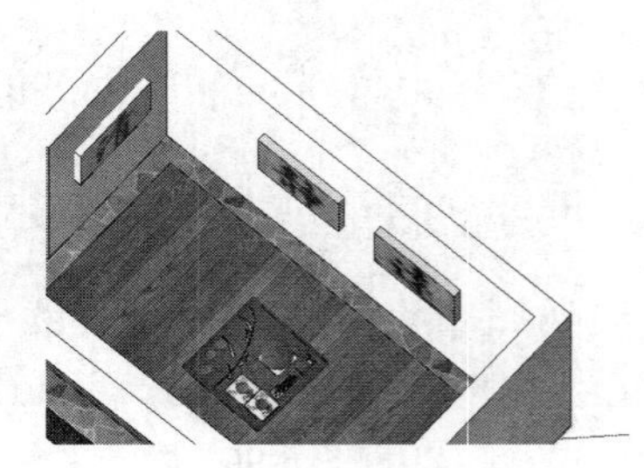

图 6-104　茶室区域效果

6.4 细化厨房

厨房区域空间布置如图 6-105 所示，主要由 U 形橱柜组成。

01 选择厨房地面，进入【材料】面板，为其制作并赋予防滑地砖材质，如图 6-106 所示。

图 6-105　厨房区域空间布置

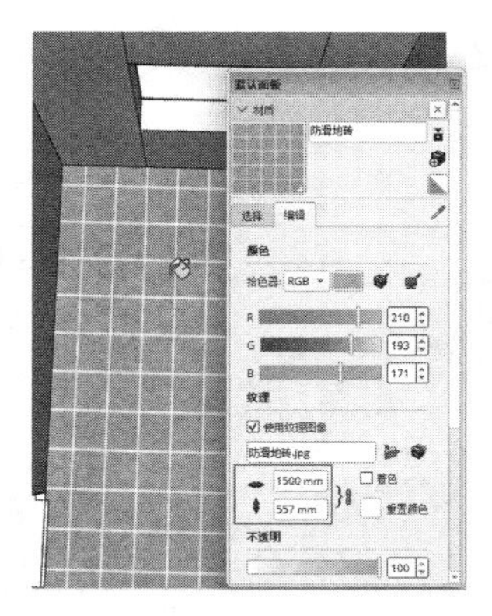

图 6-106　为厨房地面赋予防滑地砖材质

注 意

材质贴图默认大小和位置通常都不理想，此时可以通过【位置】快捷菜单命令进行调整，如图 6-107 ~ 图 6-109 所示。在调整过程中要注意两点：第一，砖块的大小与形状要合适；第二，砖块的接缝应与墙面紧贴。

图 6-107　材质贴图默认效果

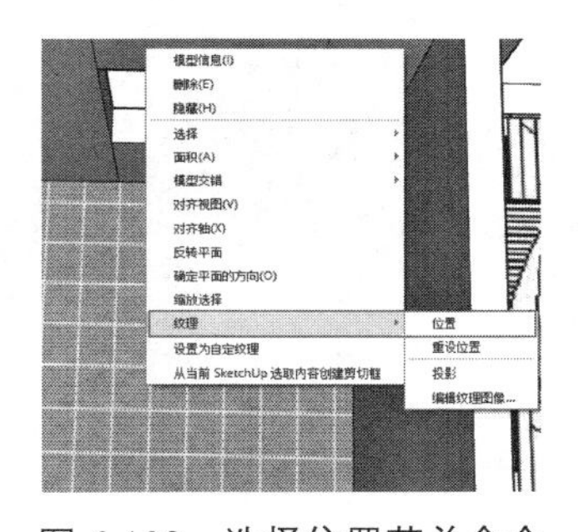

图 6-108　选择位置菜单命令

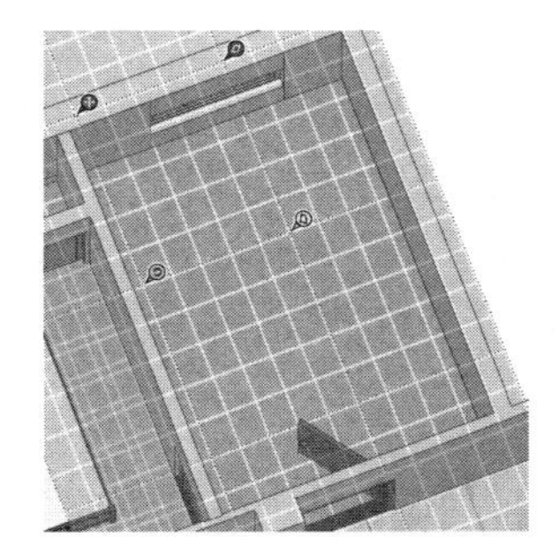
图 6-109　调整效果

02 启用【直线】工具，参考平面布局图绘制出橱柜轮廓，启用【推 / 拉】工具，制作出 800mm 的高度，如图 6-110、图 6-111 所示。

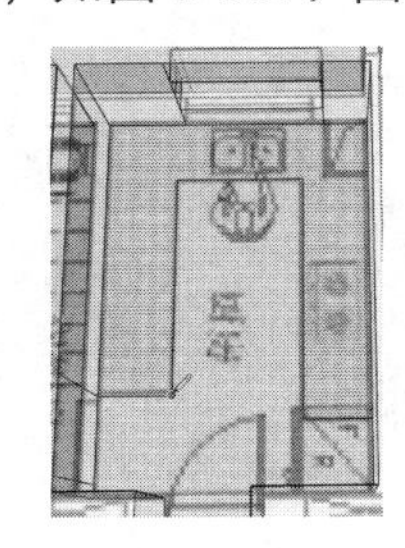
图 6-110　绘制橱柜平面

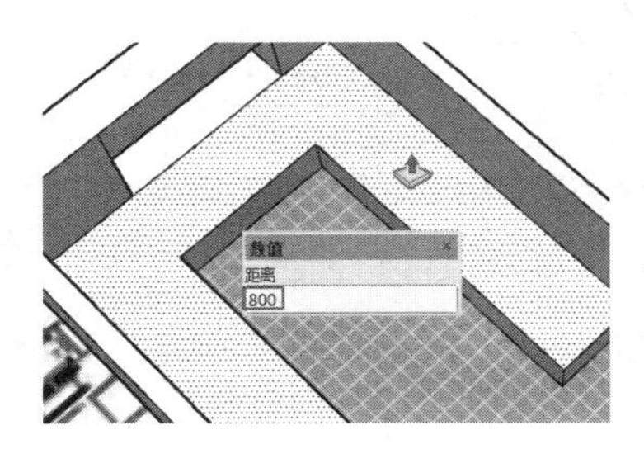

图 6-111　启用【推 / 拉】工具

注 意

橱柜台面标准高度为 810 ~ 840mm，考虑到橱柜上还需要安放大理石平台，因此这里制作 800mm 的高度。

03 结合使用【直线】、【偏移】及【推/拉】工具，完成柜面细化，如图 6-112、图 6-113 所示。

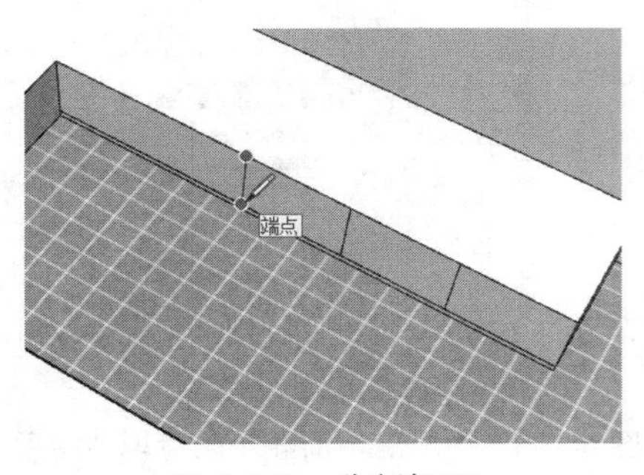

图 6-112 分割柜面

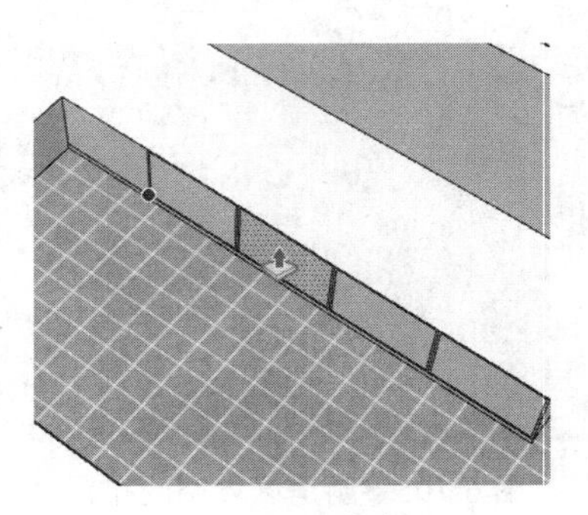
图 6-113 细化柜面

04 制作出大理石台面，赋予柜体与台面对应材质，如图 6-114 所示。

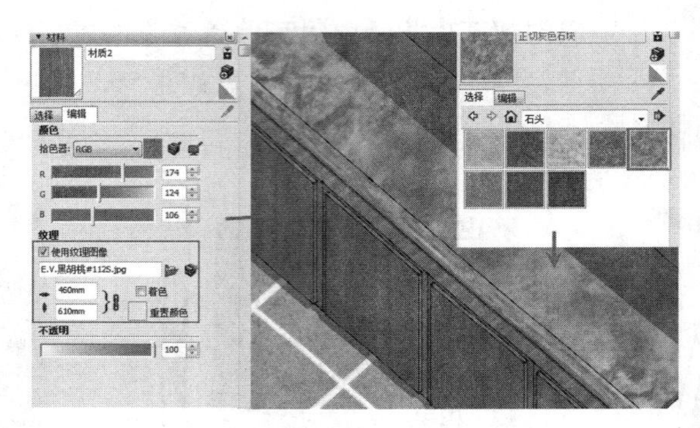

图 6-114 赋予柜体与台面对应材质

05 合并洗菜盆、煤气灶等厨房常用厨具、电器组件，然后制作出吊柜模型，如图 6-115、图 6-116 所示。

图 6-115 合并组件

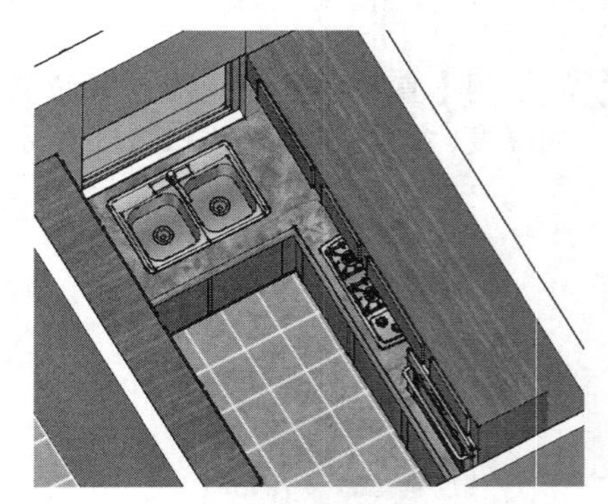
图 6-116 厨房空间完成效果

技巧

在合并洗菜盆等模型时，需要在台面与柜体上开洞，此时可以先启用【矩形】工具，在表面绘制一个分割面，再启用【偏移】工具调整出合适的分割面大小，最后删除分割面即可，如图 6-117 ~ 图 6-119 所示。

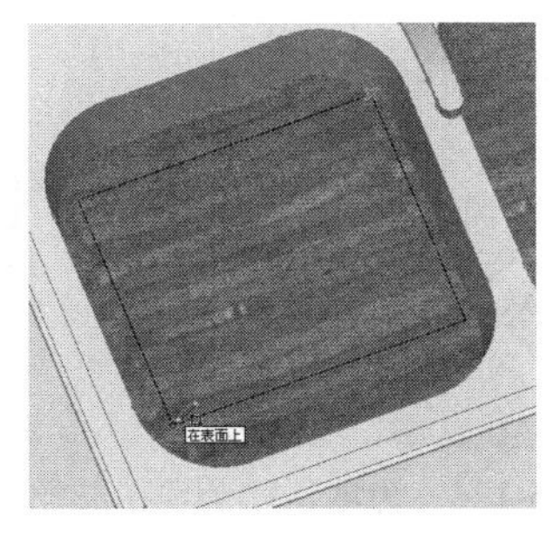

图 6-117 绘制矩形切割面

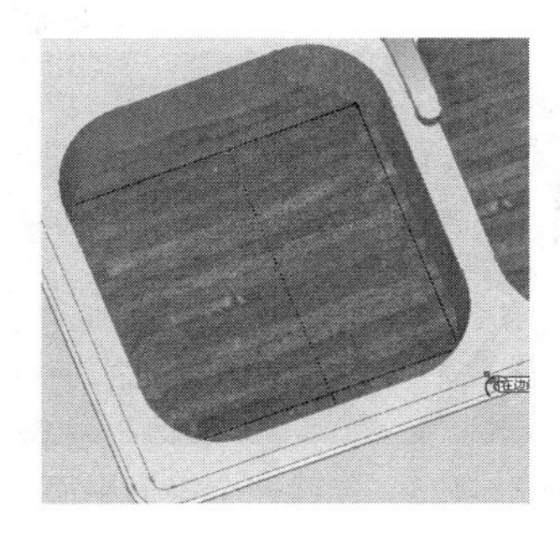

图 6-118 启用【偏移】工具

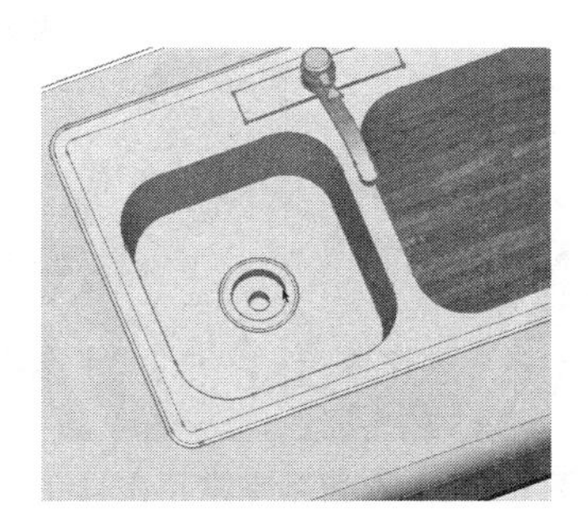

图 6-119 删除切割面

6.5 细化主卧

6.5.1 细化主卧卧室

01 本例户型主卧空间由卧室、更衣室及卫生间组成，如图 6-120 所示。首先细化卧室空间，分割地面后，为其赋予深色木地板材质，如图 6-121 所示。

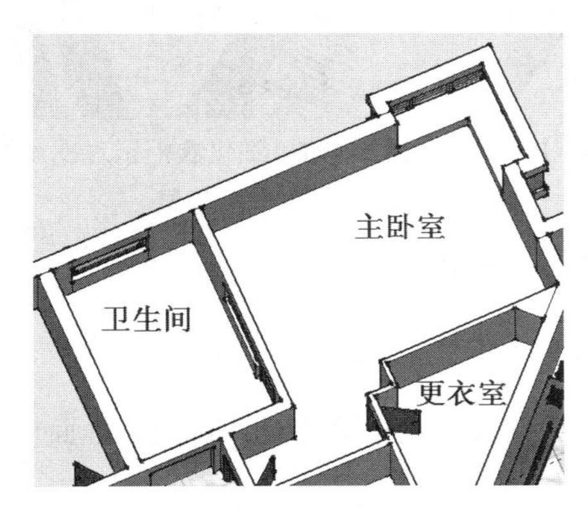

图 6-120 主卧空间

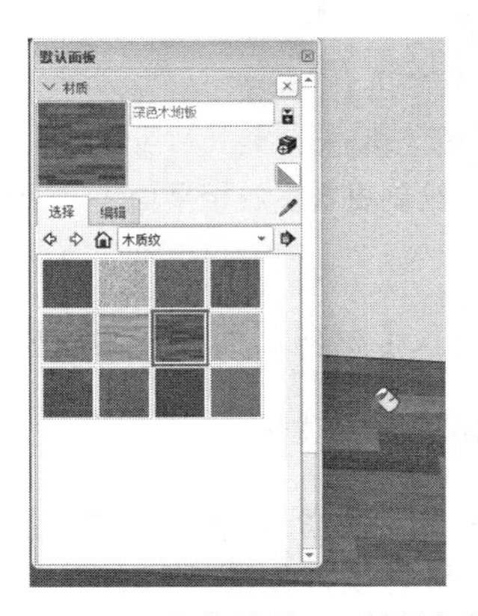

图 6-121 为主卧地面赋予材质

02 进入 X 光透视模式，参考平面布局图，布置卧室常用的家具组件，完成效果如图 6-122 所示。

注 意

飘窗平台使用与茶室平台一样的原木材质。

03 创建一个合适大小的矩形平面作为地毯，如图 6-123 所示，为其赋予地毯贴图，如图 6-124 所示。

6.5.2 细化主卧更衣室

客厅、卧室等空间家具都可以选用现成的组件，但更衣室、书房等空间需要根据空间形状和大小设计相应的家具。

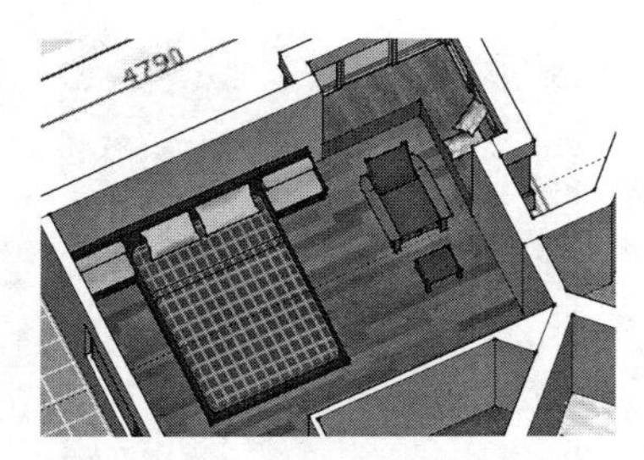

图 6-122　布置卧室常用家具完成效果

图 6-123　创建一个矩形平面

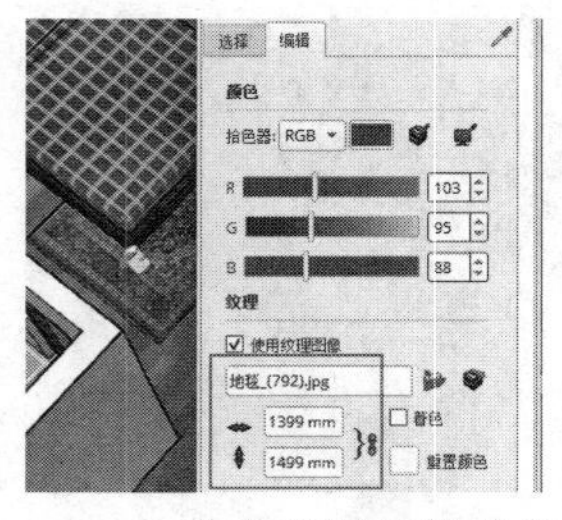
图 6-124　为地毯赋予地毯贴图

01 进入 X 光透视模式，启用【直线】工具，参考平面布局图绘制更衣室衣柜平面，如图 6-125 所示。启用【推 / 拉】工具制作其高度，如图 6-126 所示。

02 由于在观察视角中，衣柜只有一面可以观察到细节，因此只需制作该面细节即可，读者可参考图 6-127 所示效果进行制作。

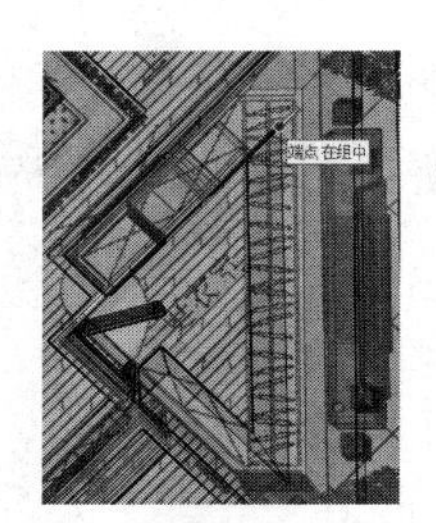
图 6-125　绘制更衣室衣柜平面

图 6-126　启用【推 / 拉】工具

图 6-127　细化衣柜正对视角细节效果

03 进入【材料】面板，为衣柜制作并赋予木纹材质，如图 6-128 所示。

6.5.3　细化主卧卫生间

01 主卧卫生间的平面布局如图 6-129 所示，可以看到其功能十分齐全。首先为地面制作并赋予防滑地砖材质，如图 6-130 所示。

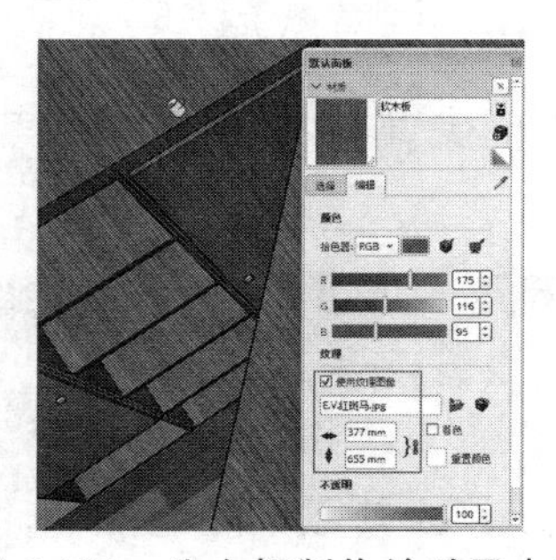
图 6-128　为衣柜制作并赋予木纹材质

图 6-129　主卧卫生间的平面布局

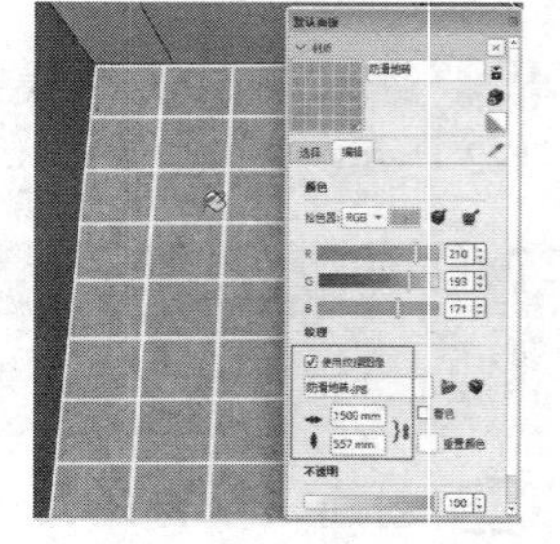
图 6-130　为地面赋予材质

02 结合使用【直线】工具与【推 / 拉】工具，制作卫生间盥洗平台与镜子模型，如图 6-131 所示，并赋予材质。

03 调入卫生间常用组件，得到主卧卫生间效果如图 6-132 所示。

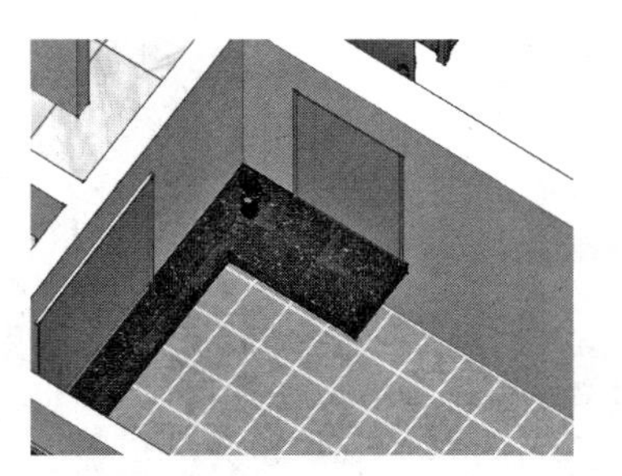

图 6-131　制作盥洗平台与镜子模型

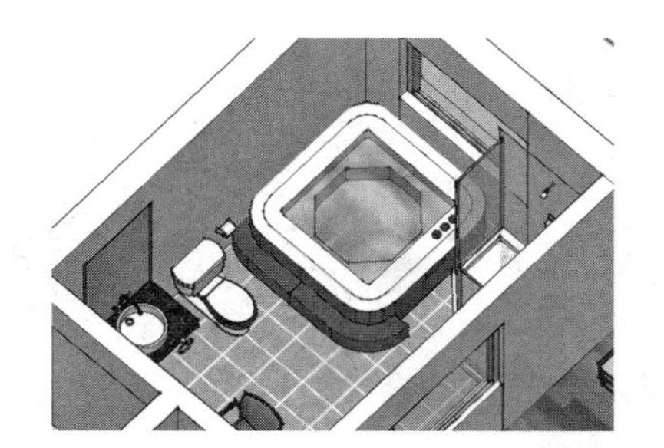

图 6-132　主卧卫生间效果

6.6 细化其余空间

通过类似的方法，分别细化客卧、客卫以及书房等，完成效果如图 6-133 ~ 图 6-136 所示。

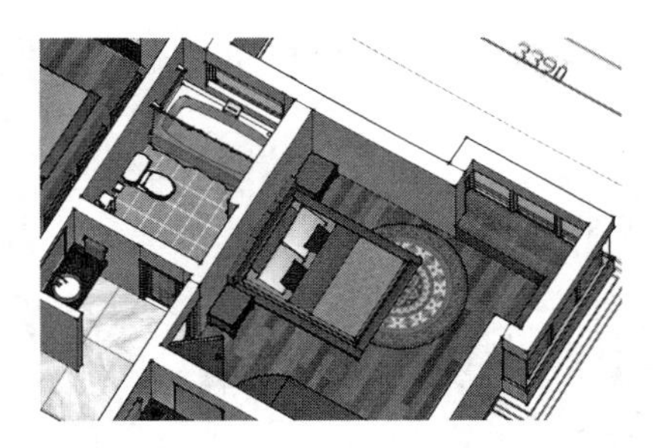

图 6-133　客卧及客卫完成效果

图 6-134　父母房完成效果

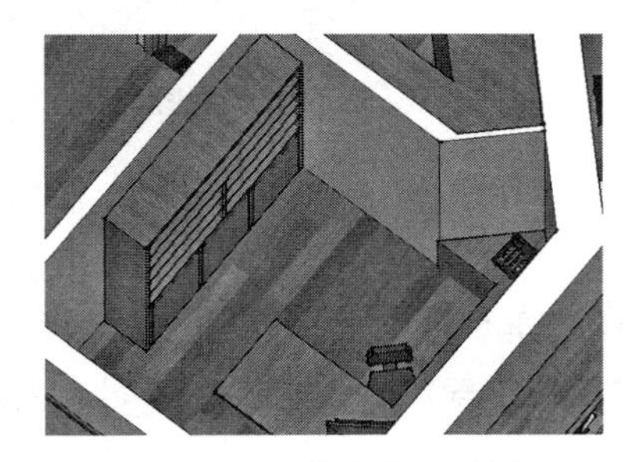

图 6-135　书房完成效果

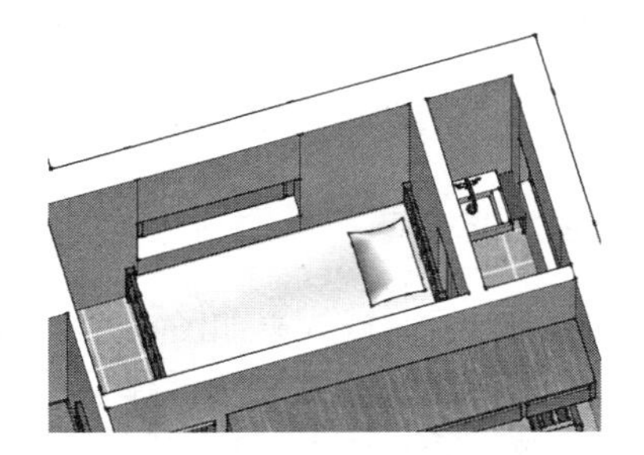

图 6-136　保姆房完成效果

6.7 户型图最终完善

6.7.1　布置空间装饰物

各空间细化完成后，接下来布置一些室内植物及装饰物，增强空间的层次感，使户型图更逼真。

在客厅电视柜两侧添加盆栽，在客厅和主卧墙面布置挂画，如图 6-137、图 6-138 所示。

图 6-137　在客厅布置盆栽与挂画

图 6-138　在主卧布置挂画

同样在各个卧室调入植物与挂画，以及一些相框、书籍等常用物品，如图 6-139～图 6-140 所示。

技 巧

在布置挂画时，只需要布置观察视角内可见的墙面即可。

图 6-139　在父母房及公共卫生间布置挂画

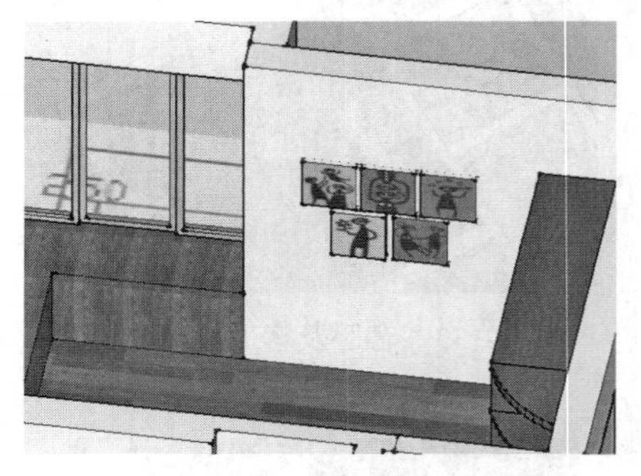

图 6-140　在客卧布置挂画

6.7.2　标注功能空间

01 空间布置完成效果如图 6-141 所示，接下来启用【文字】工具进行空间的标注。

02 为了便于视图旋转等操作，首先选择风格工具栏中的【单色显示】样式按钮，将场景切换到单色显示，减轻显示负担，如图 6-142 所示。

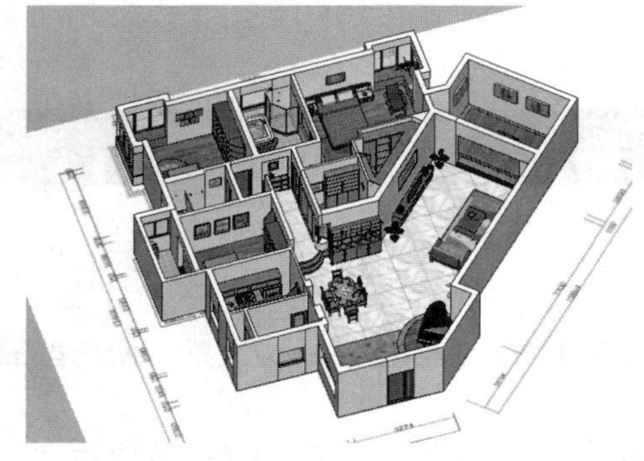

图 6-141　空间布置完成效果

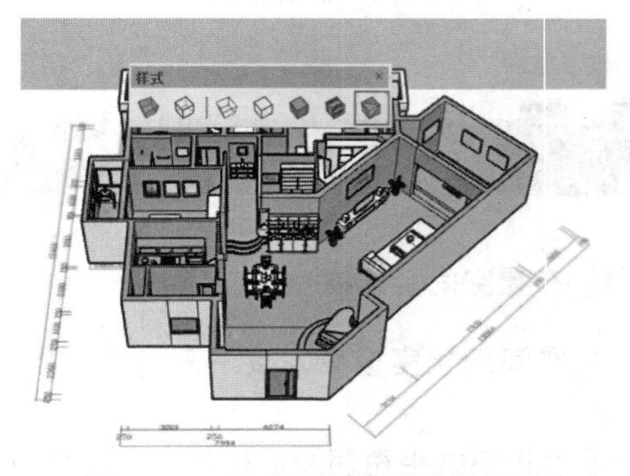

图 6-142　将场景切换到单色显示

03 启用【文字】工具，在客厅空间内单击引出引线，然后将其拖动至墙体外侧，如图 6-143、图 6-144 所示。

图 6-143　启用【文字】工具

图 6-144　引出引线

04 确定好标注放置位置后单击，修改文字内容为“客厅”，如图 6-145 所示。

05 重复相同的操作，完成整个场景空间的标注，效果如图 6-146 所示。

图 6-145　修改文字内容为“客厅”

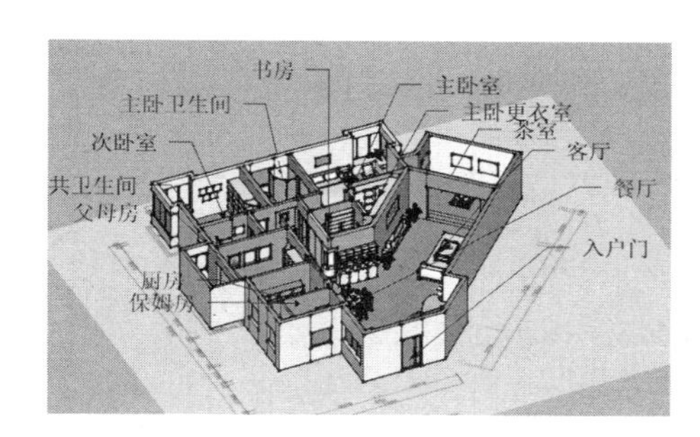

图 6-146　空间标注完成效果

6.7.3　制作阴影效果

01 执行【视图】/【工具栏】菜单命令，在弹出的工具栏选项板中勾选【阴影】选项，按下【显示 / 隐藏阴影】按钮，显示场景当前阴影效果，如图 6-147 所示。

02 本场景不需要考虑阴影的真实性，因此直接滑动【日期】以及【时间】滑块，调整得到所需阴影效果即可，如图 6-148 所示。

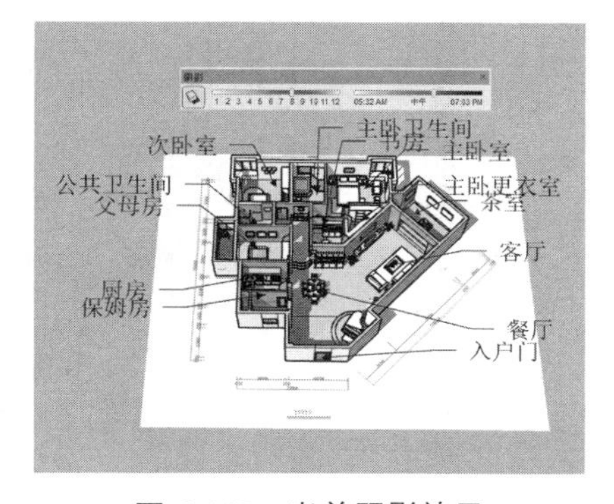

图 6-147　当前阴影效果

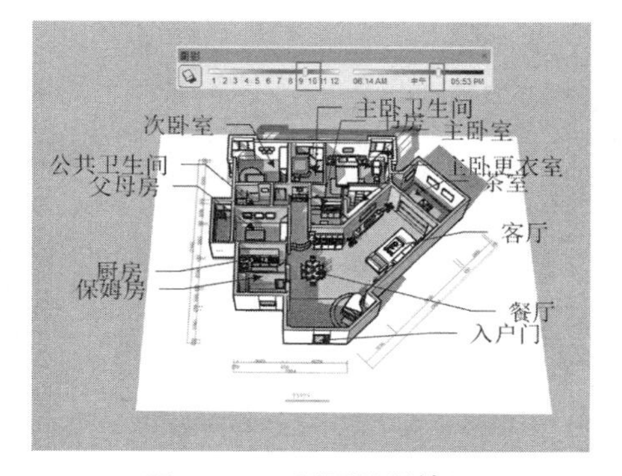

图 6-148　所需阴影效果

03 调整好阴影参数后，取消之前设置的【单色显示】样式，完成本例户型图模型，效果如图 6-149 所示。

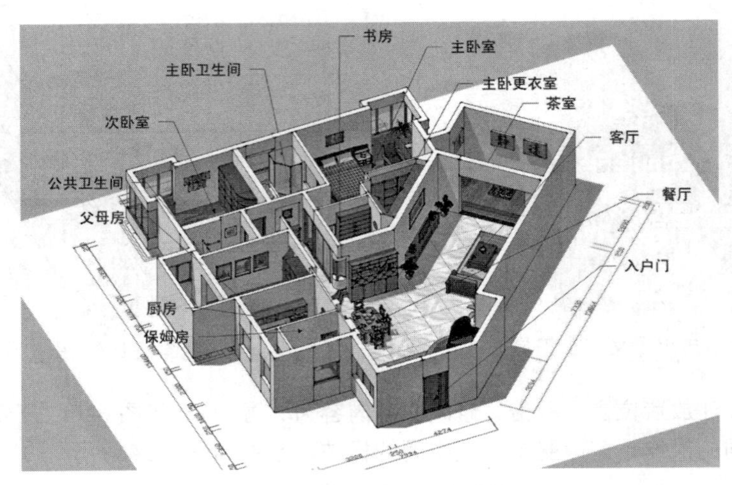

图 6-149　户型图模型完成效果

第07章

欧式别墅客厅室内设计

本章重点：

- 制作空间框架
- 细化客厅模型
- 制作过道
- 合并常用家具

室内户型图主要用于表现室内各功能空间的划分和整体布局，而室内设计重点表现的是各个空间的具体设计细节，包括墙面和吊顶造型设计、照明设计、家具设计、色彩设计及材料设计等。

本章介绍的是欧式别墅客厅室内设计，其平面布置图为图 7-1 所示的圆圈范围，模型完成效果如图 7-2 ~ 图 7-4 所示。

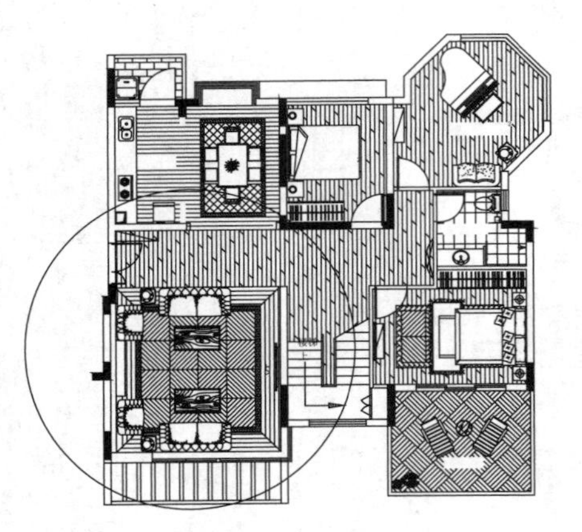

图 7-1　户型图纸

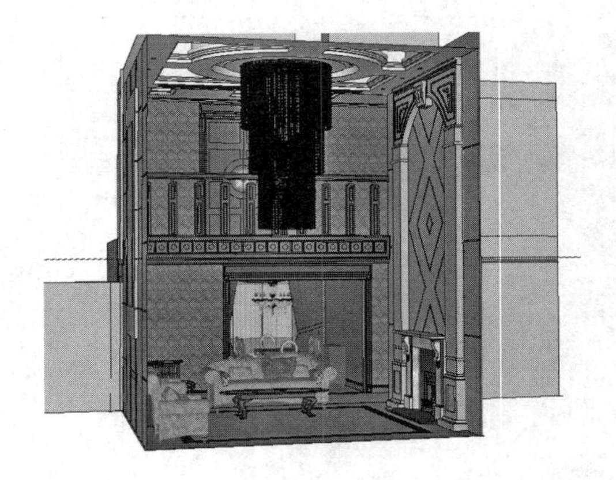

图 7-2　客厅模型效果

图 7-3　栏杆及双开门细节

图 7-4　吊顶及背景墙细节

在使用 SketchUp 进行室内效果图表现时，首先建立空间的墙体框架，然后制作地面铺地、立面装饰及吊顶等模型细节，最后合并常用的家具和陈设，如图 7-5 ~ 图 7-8 所示。

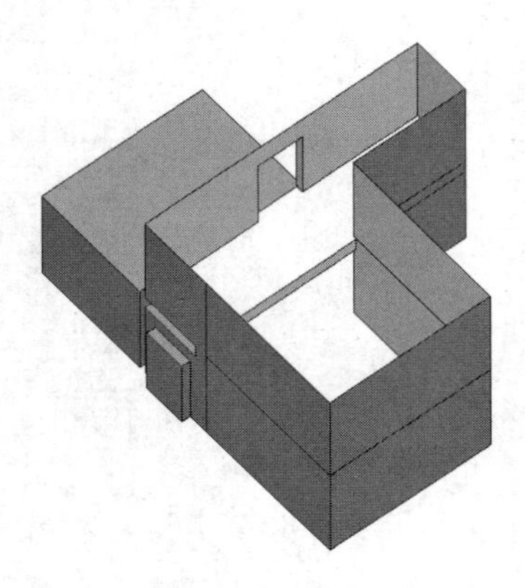

图 7-5　建立空间的墙体框架

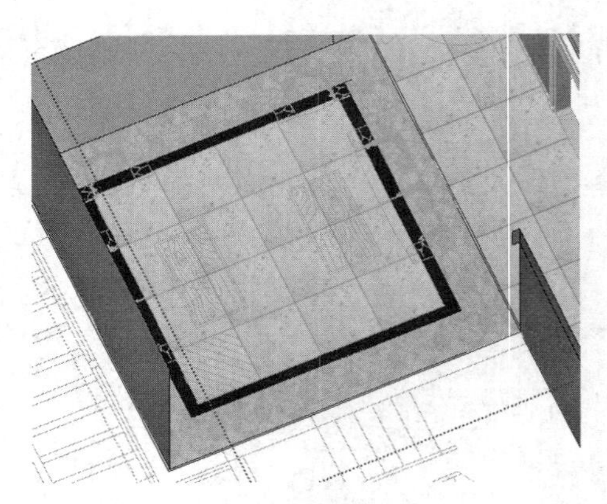

图 7-6　制作地面铺地

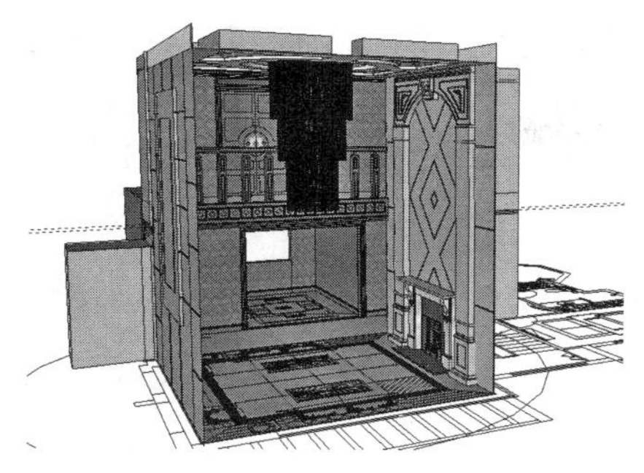

图 7-7　制作立面装饰及吊顶

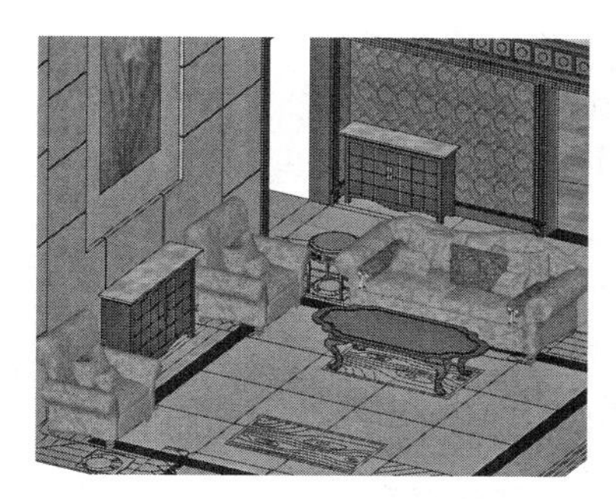

图 7-8　合并常用的家具和陈设

7.1 制作空间框架

7.1.1　建立空间墙体

本节导入 AutoCAD 的 DWG 格式平面布置图辅助建模。

01 启动 SketchUp，选择【模型信息】命令，如图 7-9 所示，进入【模型信息】面板。设置场景单位为 mm，如图 7-10 所示。

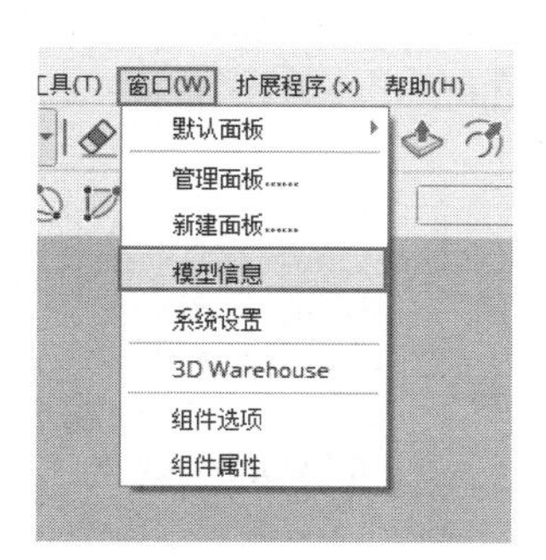

图 7-9　选择【模型信息】命令

图 7-10　设置场景单位

02 执行【文件】|【导入】菜单命令，如图 7-11 所示。选择“AutoCAD 文件”文件类型，选择“平面 .dwg”文件，如图 7-12 所示。

图 7-11　执行【导入】菜单命令

图 7-12　选择文件

03 单击【选项】按钮，打开【导入 AutoCAD DWG/DXF 选项】面板，设置参数，如图 7-13 所示。

04 在 SketchUp 中导入 CAD 图纸，如图 7-14 所示，接下来进行图纸尺寸的检验。

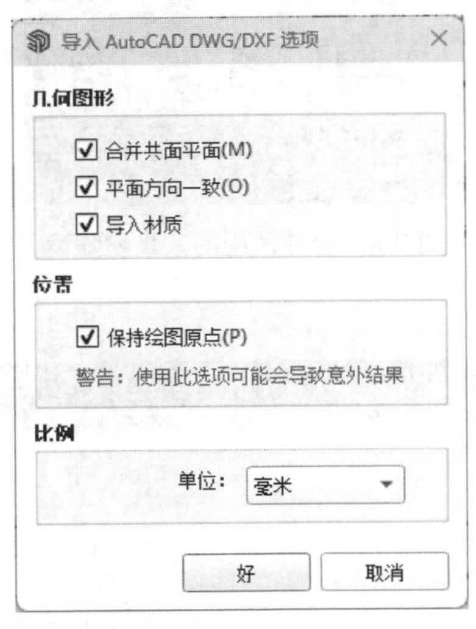

图 7-13　设置参数

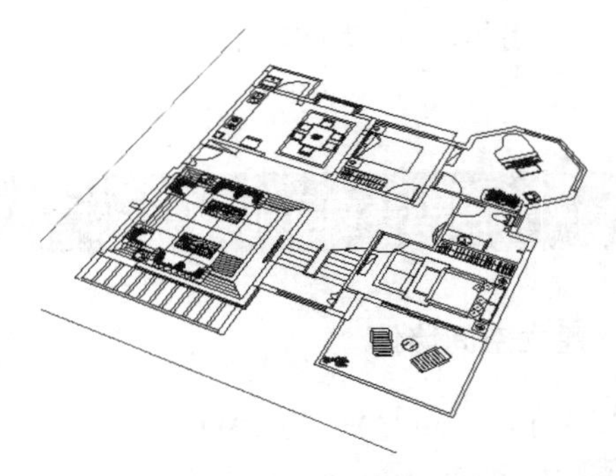

图 7-14　导入 CAD 图纸

05 启用【卷尺】工具，测量出图纸中沙发模型的长度，对比原始 CAD 图纸中的数值，如图 7-15、图 7-16 所示，以确定图纸的比例与尺寸没有发生改变。

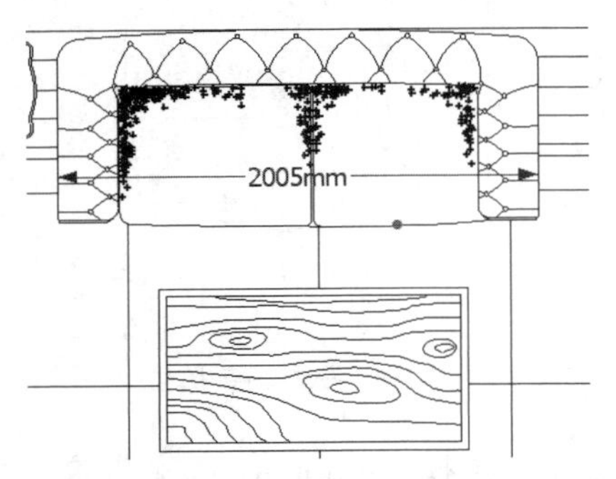

图 7-15　测量导入图纸的长度

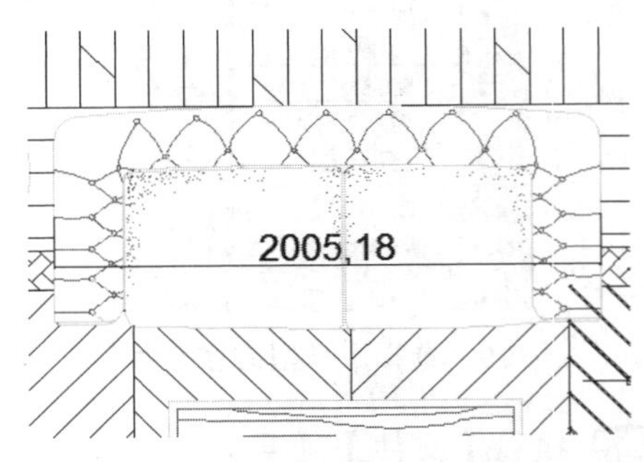

图 7-16　原始 CAD 图纸的长度

06 启用【直线】工具，捕捉图纸内墙创建封闭平面，如图 7-17、图 7-18 所示。

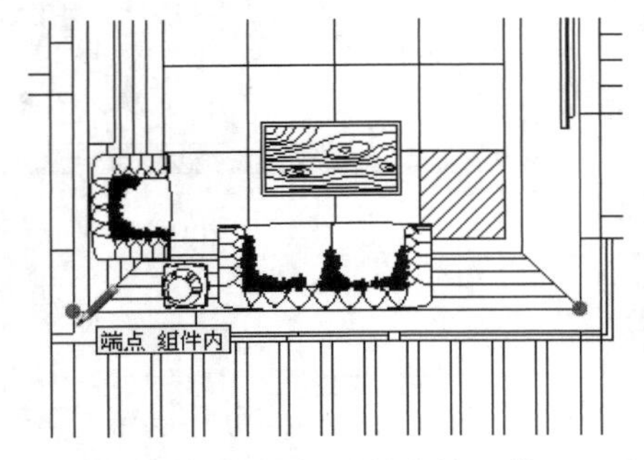

图 7-17　捕捉图纸内墙画线

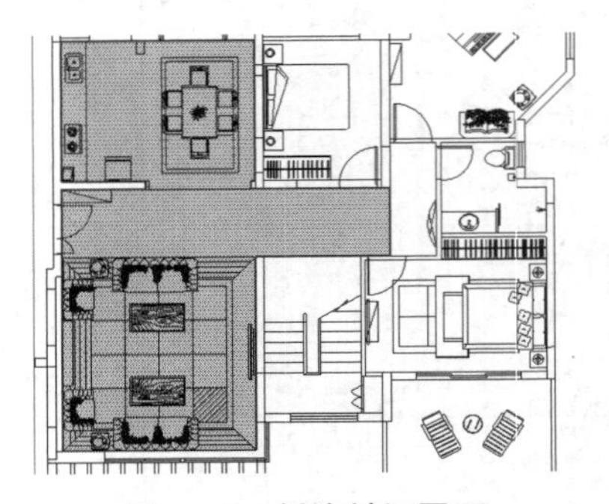

图 7-18　创建封闭平面

07 启用【推 / 拉】工具，向上推拉 3000mm，制作第一层墙体，如图 7-19 所示。

08 按住“Ctrl”键再次进行推拉，制作第二层墙体，如图 7-20 所示。

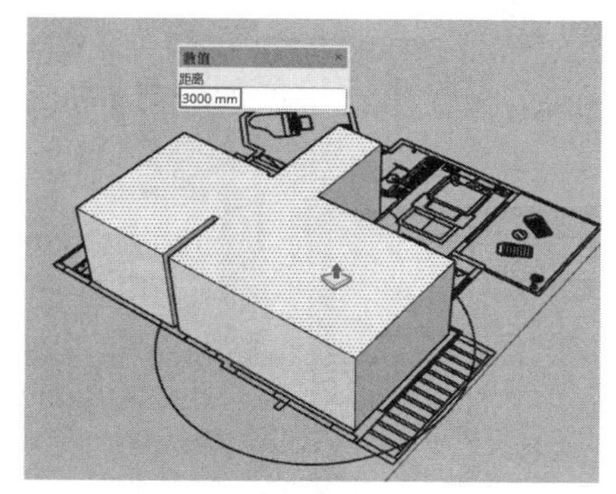

图 7-19 制作第一层墙体

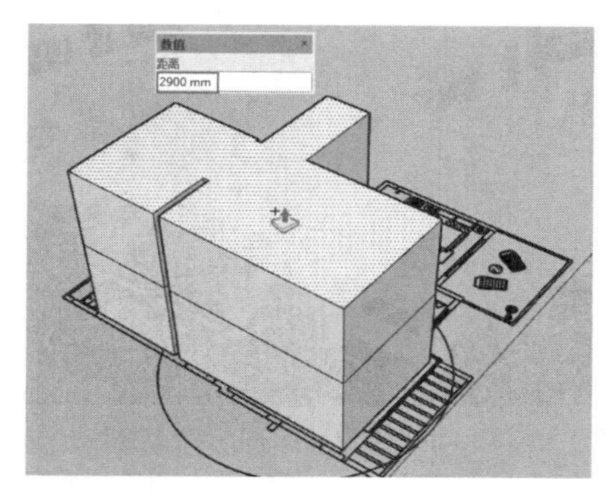

图 7-20 制作第二层墙体

09 将创建的轮廓模型【反转平面】，然后隐藏顶面，如图 7-21、图 7-22 所示。

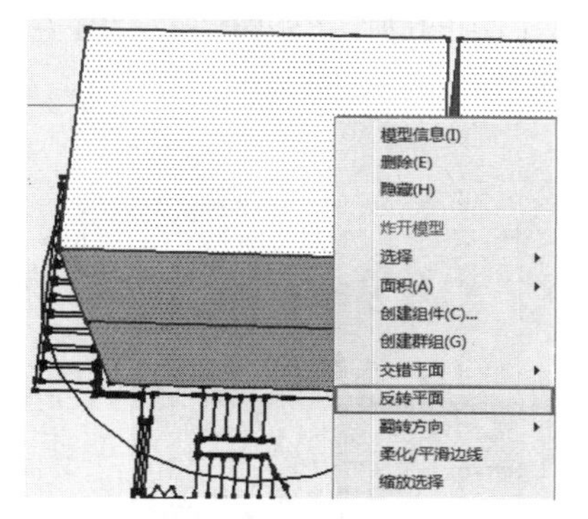

图 7-21 选择【反转平面】命令

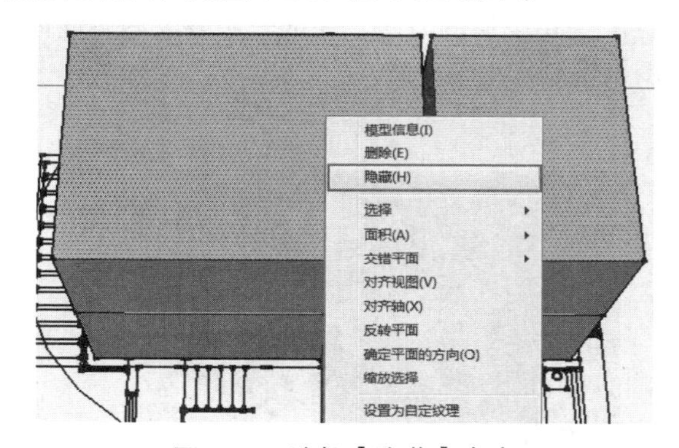

图 7-22 选择【隐藏】命令

10 隐藏顶面后，就可以观察模型内部的效果，如图 7-23 所示。

客厅墙体创建完成后，接下来制作室内空间门（窗）洞与过道平台。

7.1.2 创建门（窗）洞与过道平台

01 启用【卷尺】工具，参考左侧墙体底部边线，制作高度为 2200mm 的门洞参考线，如图 7-24 所示。

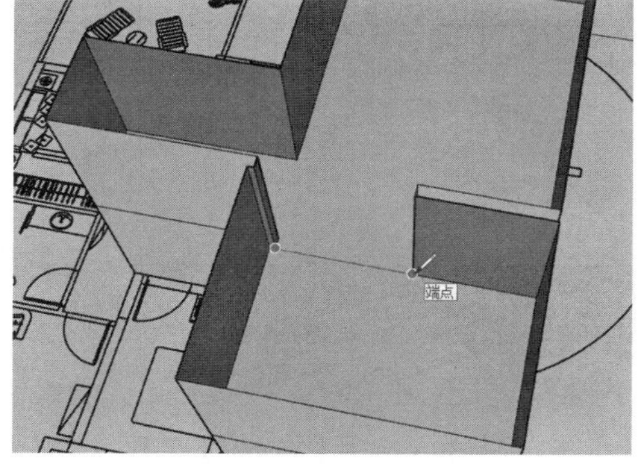

图 7-23 模型内部的效果

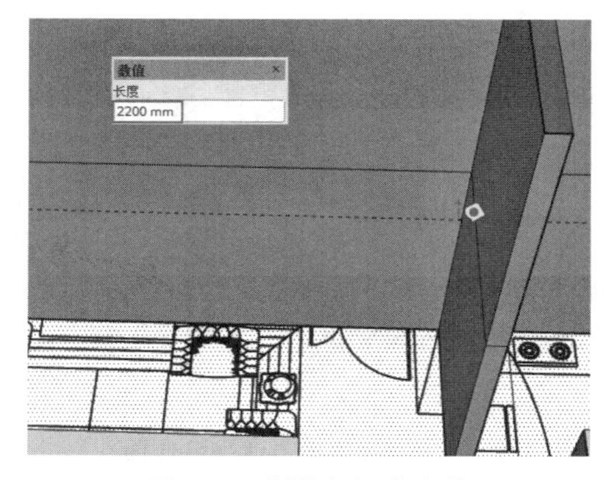

图 7-24 制作门洞参考线

02 启用【线条】与【推 / 拉】工具，制作一层左侧门洞，如图 7-25、图 7-26 所示。使用同样的方法完成一层餐厅门洞的制作。

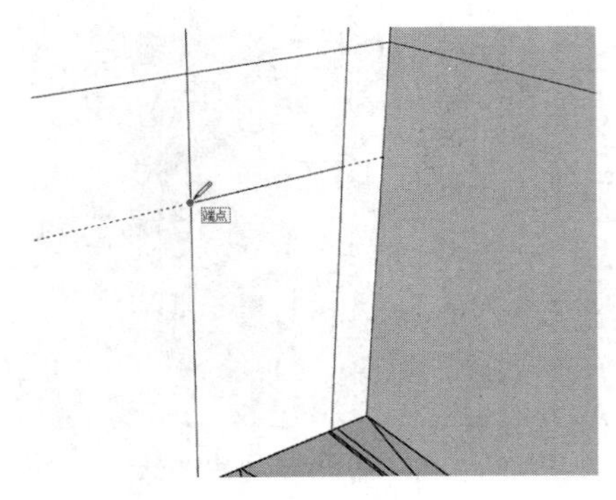

图 7-25 启用【线条】工具

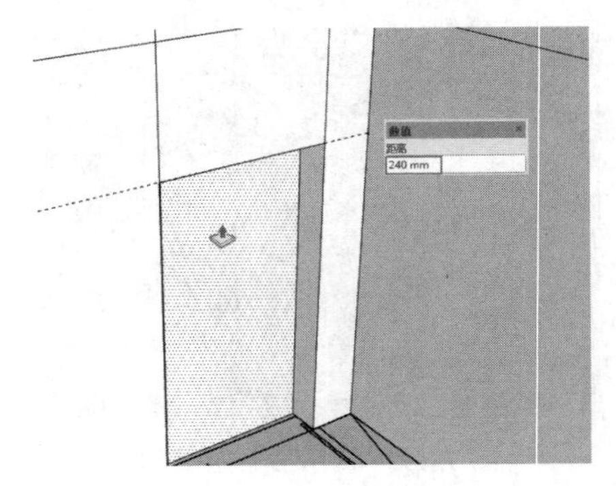

图 7-26 启用【推 / 拉】工具

03 使用类似的方法，完成一层餐厅后侧墙体窗洞与二层门洞的制作，如图 7-27、图 7-28 所示。接下来制作过道平台。

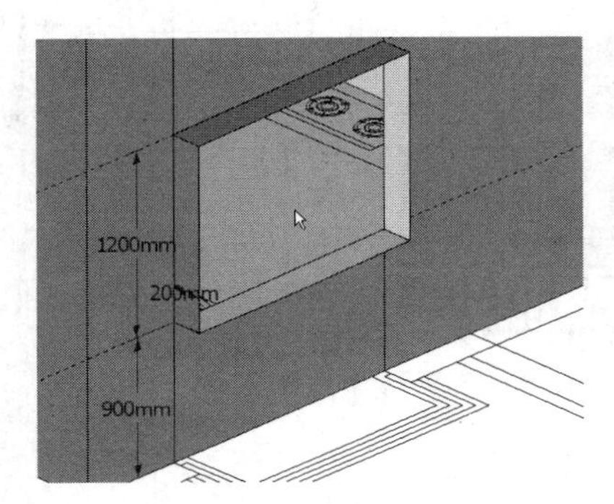

图 7-27 一层餐厅门洞

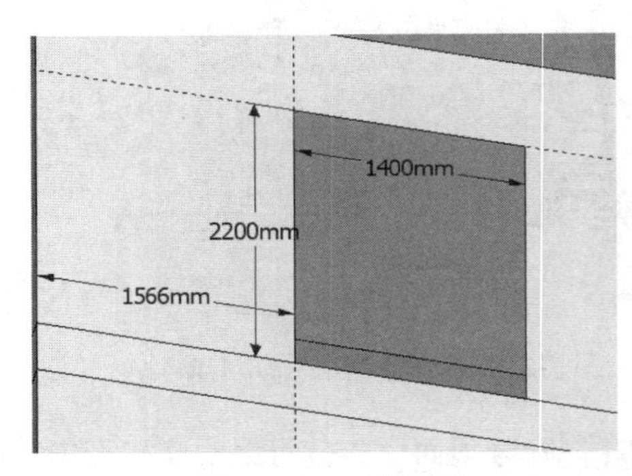

图 7-28 二层门洞

04 启用【卷尺】工具，参考过道底部边线，创建一条 2600mm 的参考线，启用【直线】工具，分割出过道平台侧面，如图 7-29 所示。

05 启用【推 / 拉】工具，向前推拉 1650mm，如图 7-30 所示。

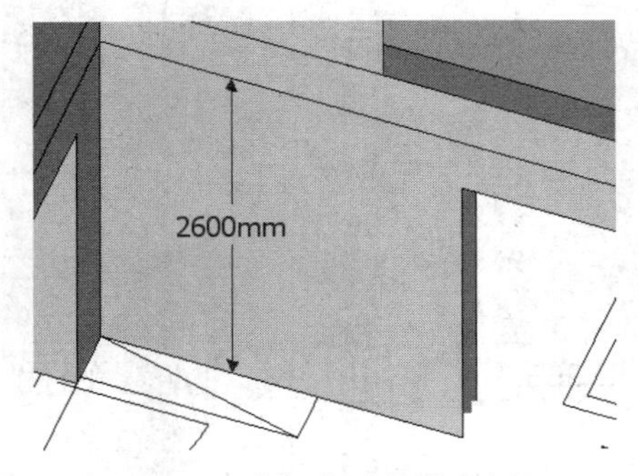

图 7-29 分割出过道平台侧面

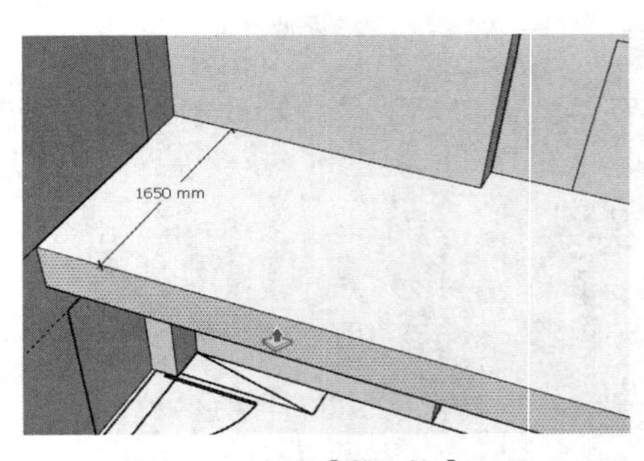

图 7-30 启用【推 / 拉】工具

06 启用【直线】工具，捕捉过道与右侧墙体的交点进行分割，再推拉 100mm，完成过道平台的制作，如图 7-31、图 7-32 所示。

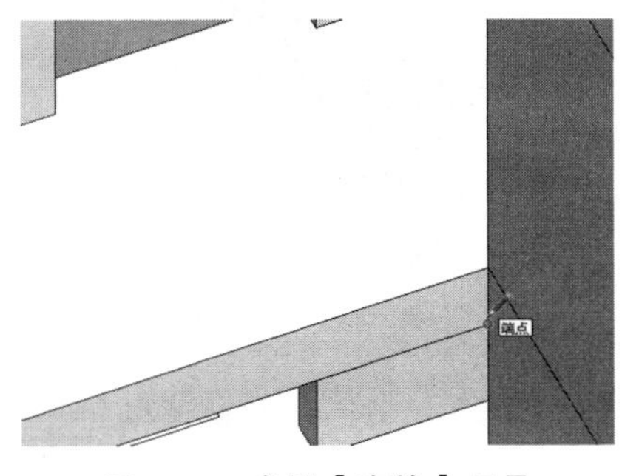

图 7-31　启用【直线】工具

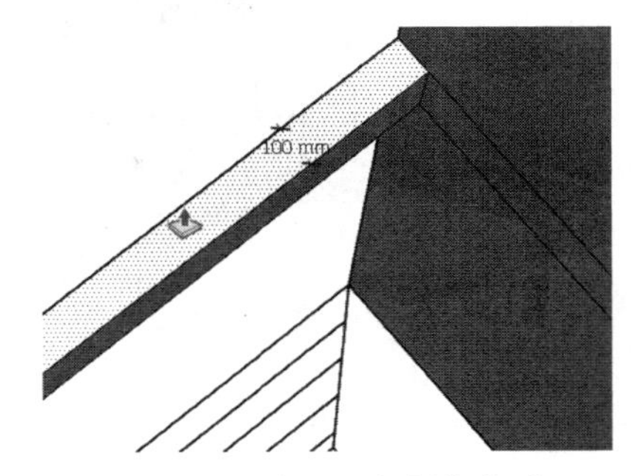

图 7-32　过道平台制作完成

07 至此，客厅空间模型框架制作完成，如图 7-33 所示。

7.1.3　制作踢脚线与门套线

01 启用【直线】工具，在墙角处绘制踢脚线截面，如图 7-34 所示。

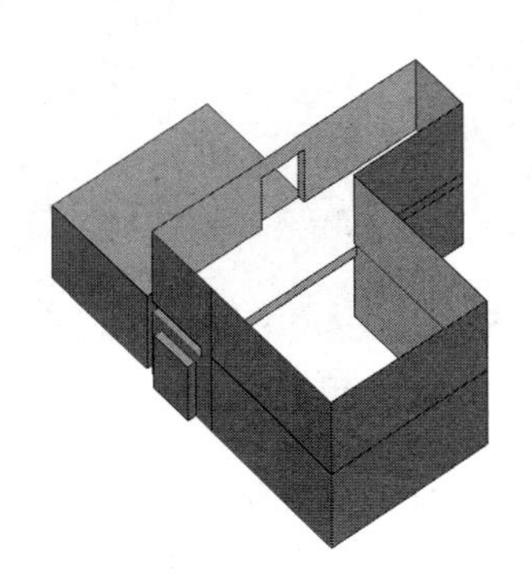
图 7-33　客厅空间模型框架完成

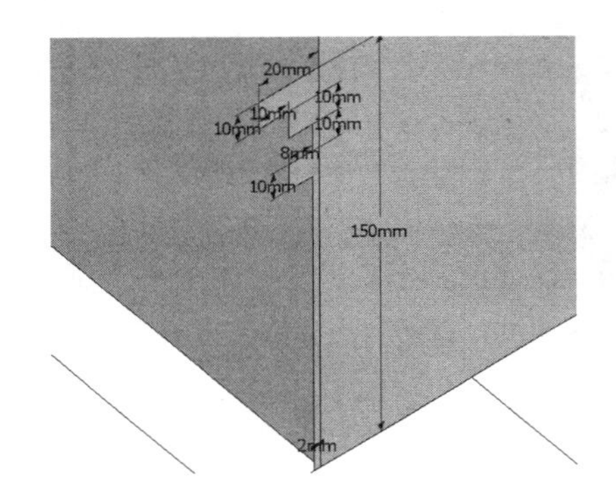

图 7-34　绘制踢脚线截面

02 绘制跟随路径，如图 7-35 ~ 图 7-37 所示。由于踢脚线与门套线存在完全连接的细节，因此需要绘制弯曲的跟随路径。

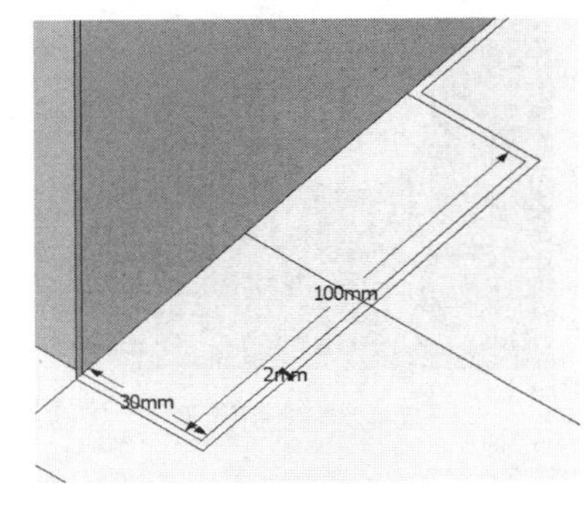

图 7-35　绘制踢脚线跟随路径

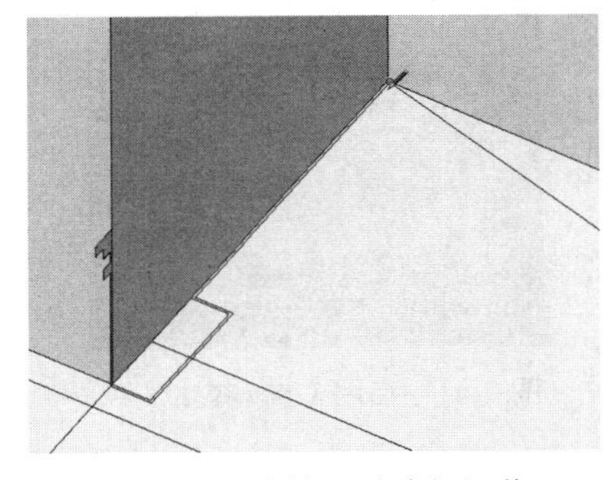
图 7-36　踢脚线跟随路径细节 1

03 启用【路径跟随】工具，选择踢脚线截面，跟随绘制好的路径平面制作出踢脚线模型，如图 7-38 所示。

图 7-37　踢脚线跟随路径细节 2

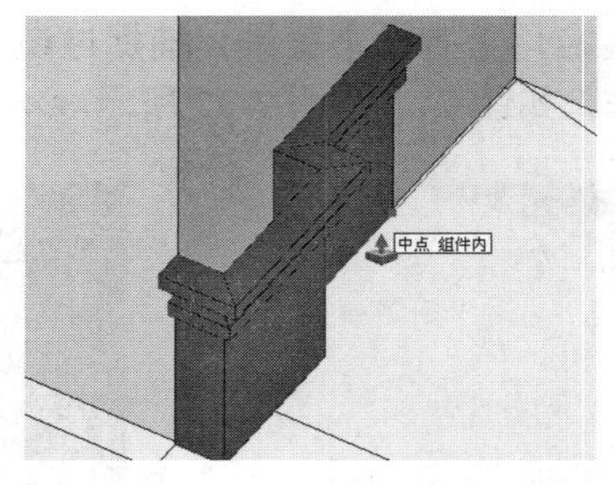

图 7-38　启用【路径跟随】工具

04 进入【材料】面板，为创建好的模型赋予“原色樱桃木”材质，并修改贴图尺寸，如图 7-39 所示。

05 制作门套线底部模型细节。启用【偏移】工具，如图 7-40 所示，向内偏移 15mm。

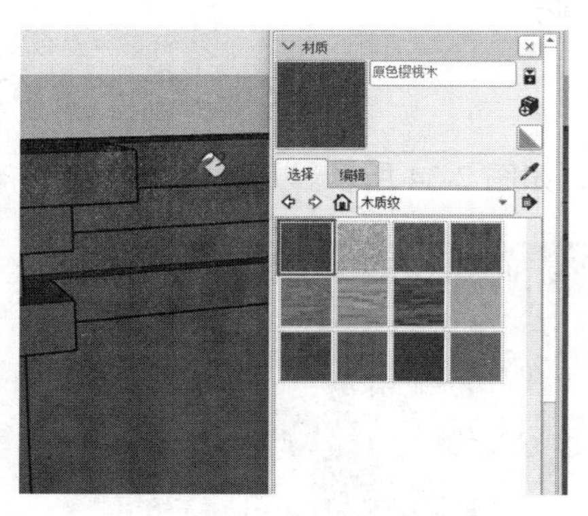

图 7-39　赋予材质并修改贴图尺寸

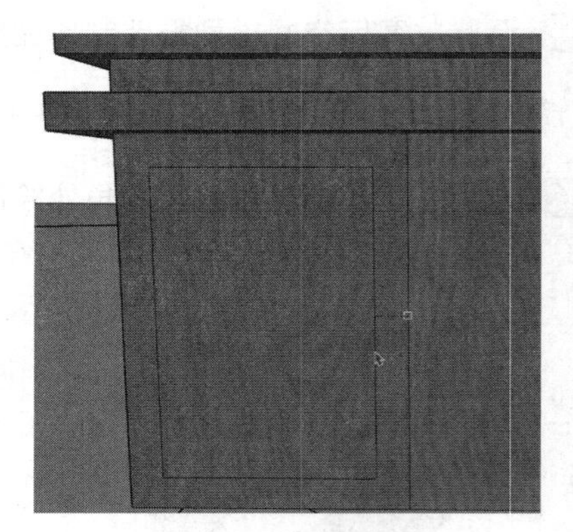

图 7-40　启用【偏移】工具

06 启用【推 / 拉】工具，如图 7-41 所示，制作出门套线底部模型装饰细节。

07 启用【圆】工具，在模型面上绘制圆形，如图 7-42 所示，设置半径为 23mm。

图 7-41　启用【推 / 拉】工具

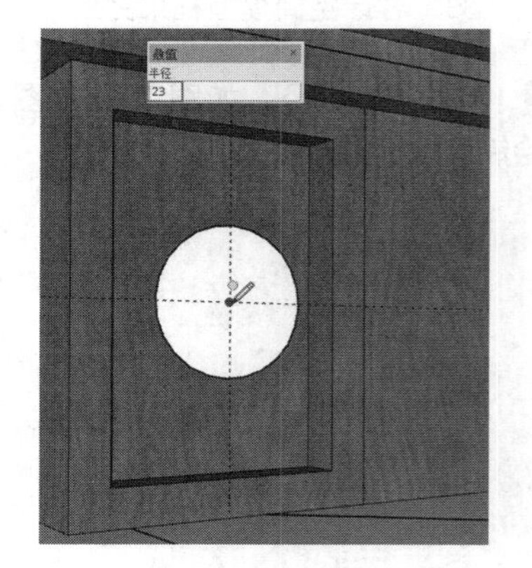

图 7-42　绘制圆形

08 启用【推 / 拉】工具，选择圆形面，设置距离为 8mm，移动鼠标推拉模型面，如图 7-43 所示。

09 制作竖向的门套线模型。启用【直线】工具，创建门套线截面，如图 7-44 所示。

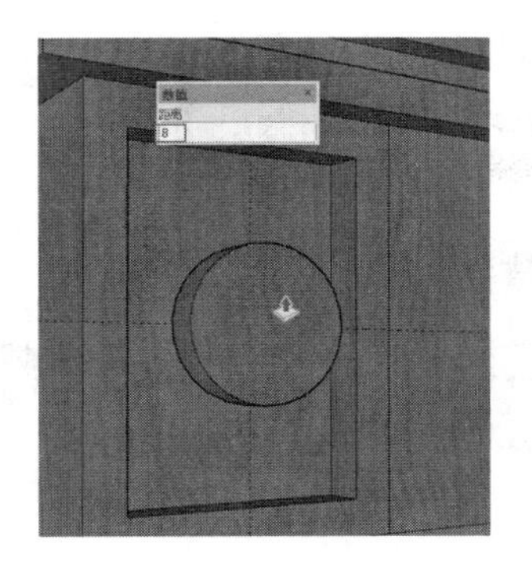

图 7-43　推拉模型面

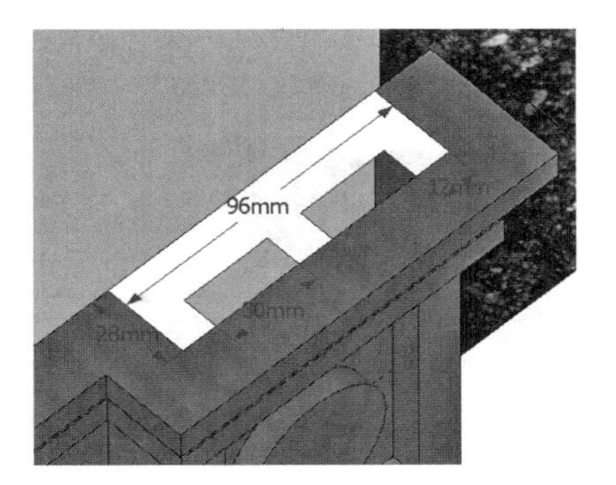

图 7-44　创建门套线截面

10 启用【推 / 拉】工具，将截面推至门洞上侧边缘，完成竖向门套线的制作，如图 7-45 所示。

11 选择复制之前制作的装饰细节，如图 7-46 所示。

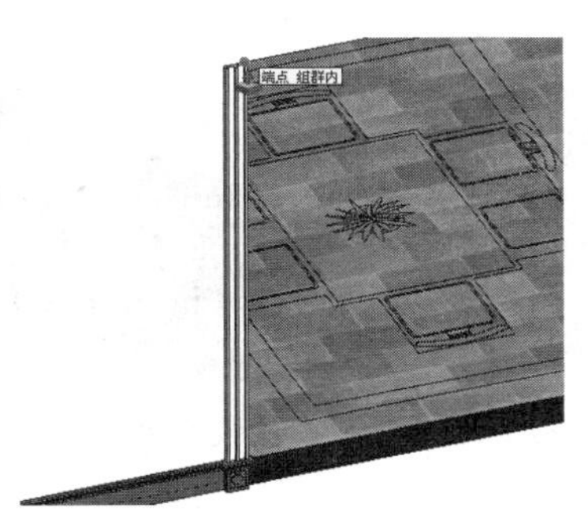

图 7-45　制作完成的竖向门套线

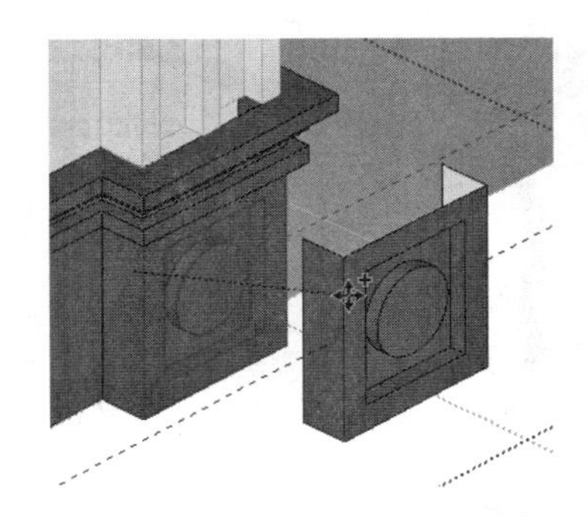

图 7-46　选择复制之前制作的装饰细节

12 捕捉竖向门套线的端点，对位装饰细节，如图 7-47 所示。

13 旋转复制出顶部横向门套线，如图 7-48 所示。

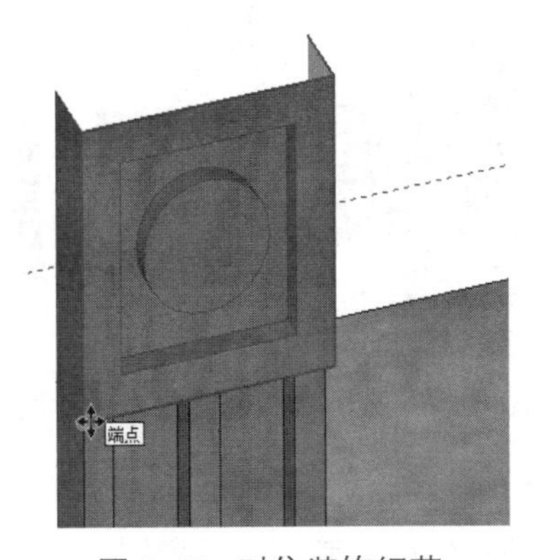

图 7-47　对位装饰细节

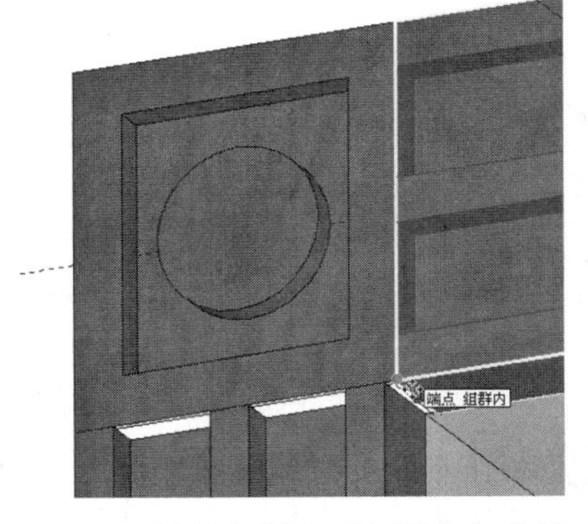

图 7-48　旋转复制出顶部横向门套线

14 使用【缩放】工具调整横向门套线的长度，如图 7-49 所示。

15 使用同样方法制作对侧相同的模型，如图 7-50 所示。

16 启用【矩形】工具，绘制门头装饰平面轮廓，如图 7-51 所示。

17 使用【偏移】工具，绘制门头装饰尺寸，如图 7-52 所示。

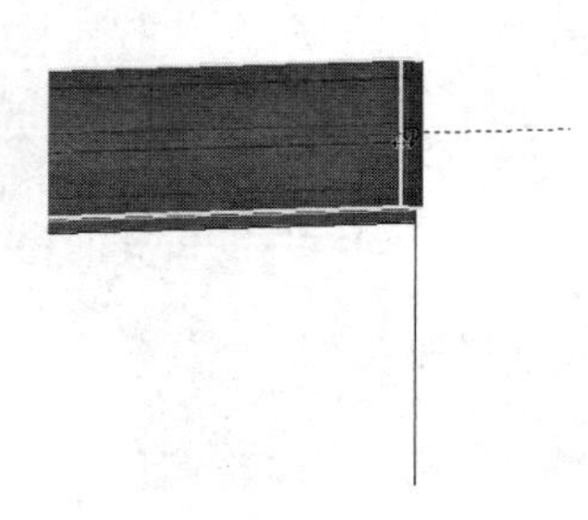

图 7-49　调整横向门套线的长度

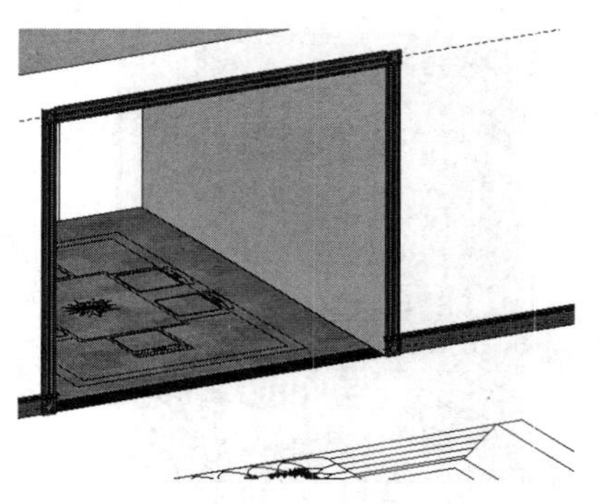

图 7-50　制作对侧相同的模型

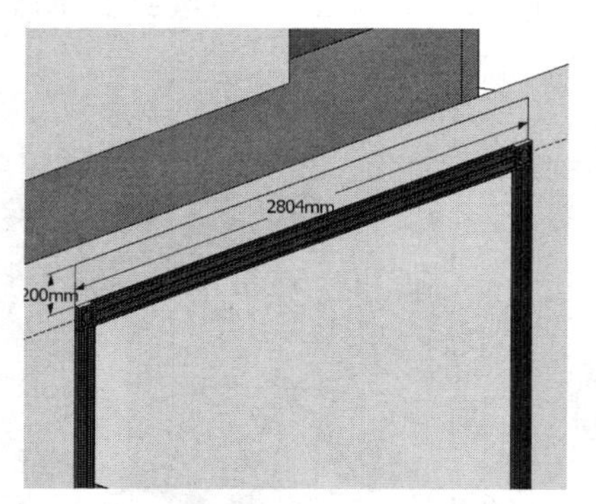

图 7-51　绘制门头装饰平面轮廓

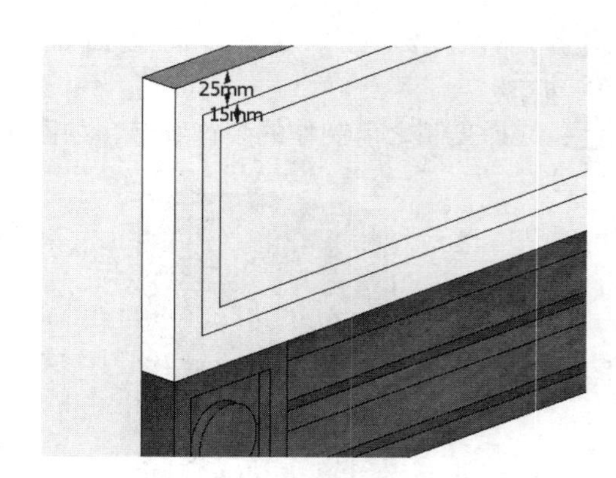

图 7-52　绘制门头装饰尺寸

18 使用【推 / 拉】工具，制作门头凹凸细节，如图 7-53 所示。

19 进入【材料】面板，为门头部分模型赋予“原色樱桃木”材质，如图 7-54 所示。

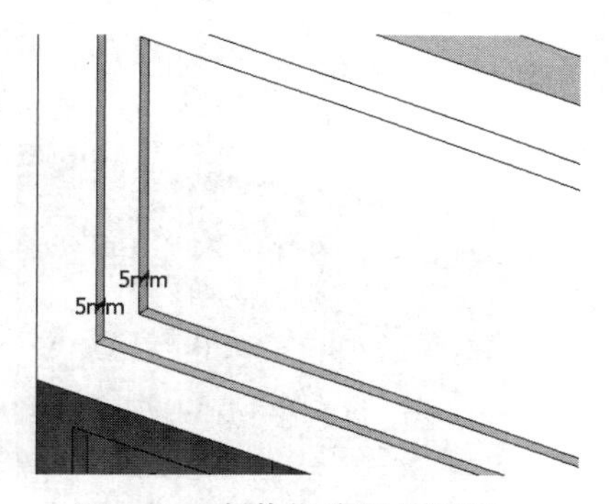

图 7-53　制作门头凹凸细节

图 7-54　赋予“原色樱桃木”材质

20 制作木雕刻材质并赋予模型，使用贴图模拟出门头雕花细节，如图 7-55 所示。

21 启用【推 / 拉】工具，如图 7-56 所示，直接选择门洞侧面，制作出门套侧板。

22 完成餐厅门套线的制作，效果如图 7-57 所示。

23 启用【移动】工具，按键盘上的“Ctrl”键，将制作好的门套线进行移动复制，如图 7-58 所示。

24 将复制的门套线进行对位，然后复制出其他门套线，并启用【缩放】工具调整好尺寸，如图 7-59、图 7-60 所示。

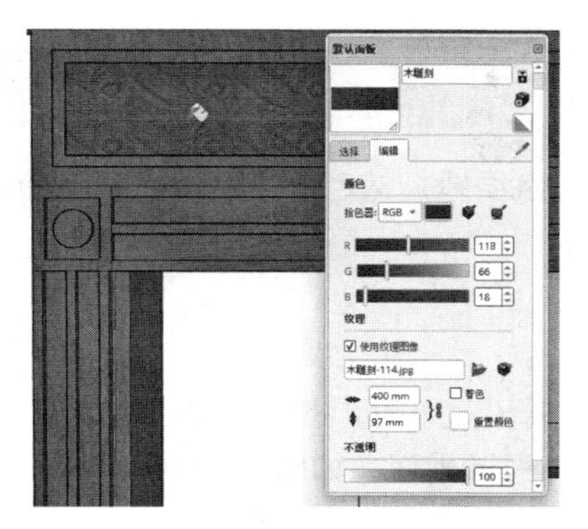
图 7-55　使用贴图模拟出雕花细节

图 7-56　启用【推 / 拉】工具

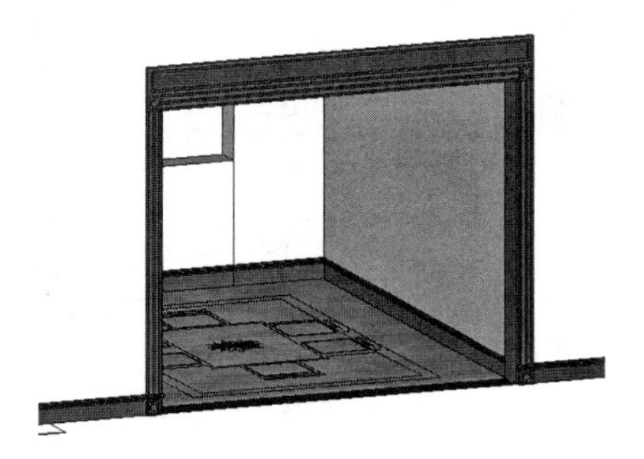
图 7-57　餐厅门套线制作完成效果

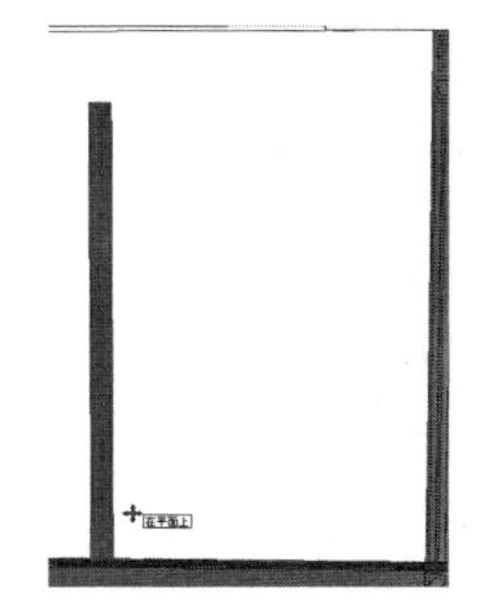
图 7-58　移动复制门套线

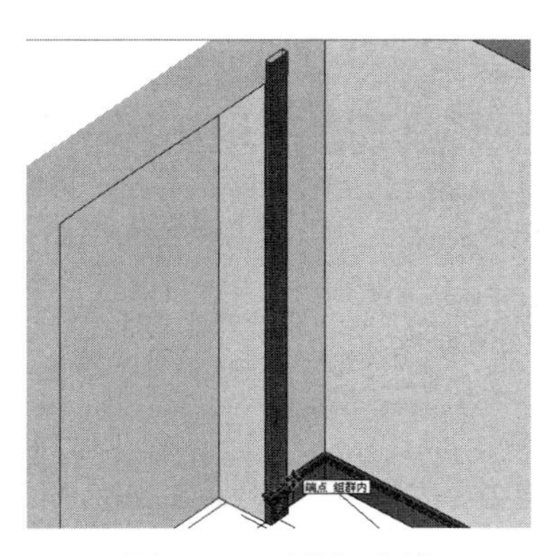
图 7-59　对位门套线

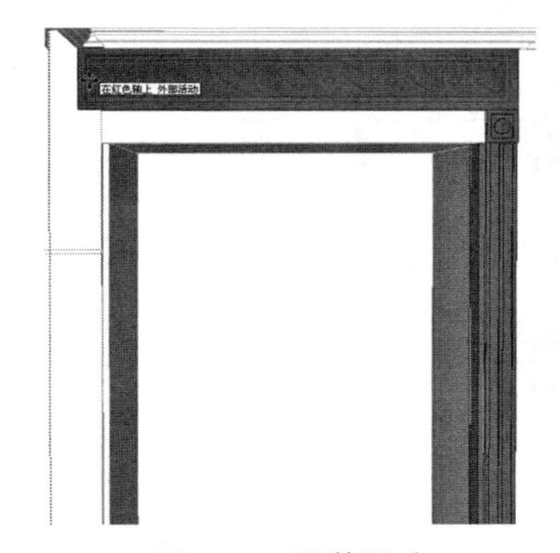
图 7-60　调整尺寸

25 复制出对侧的门套线，完成一层过道左侧门套的制作，如图 7-61、图 7-62 所示。

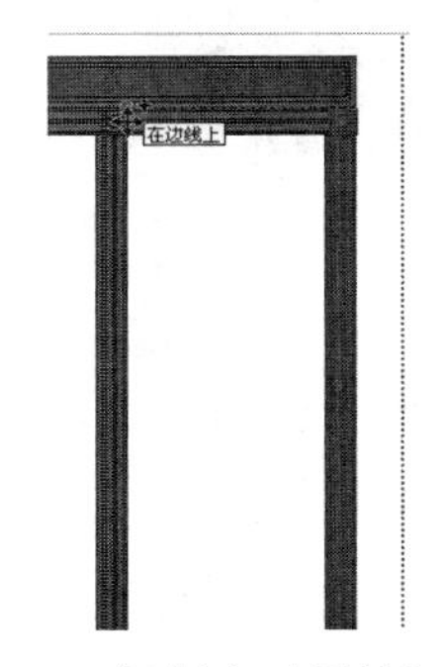

图 7-61　复制出对侧的门套线

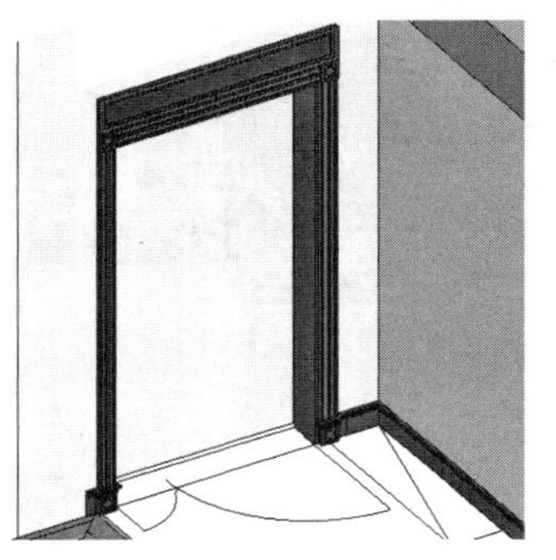
图 7-62　一层过道左侧门套完成效果

7.2 细化客厅模型

空间细化通常按照从下至上的顺序进行，首先制作地面铺地，然后逐步往上完成立面与吊顶创建。

7.2.1 细化铺地

01 为了方便观察与操作，首先在俯视图中隐藏正面墙体，如图 7-63 所示。

02 启用【直线】工具，参考 CAD 图纸，分割客厅与过道地面，如图 7-64 所示。

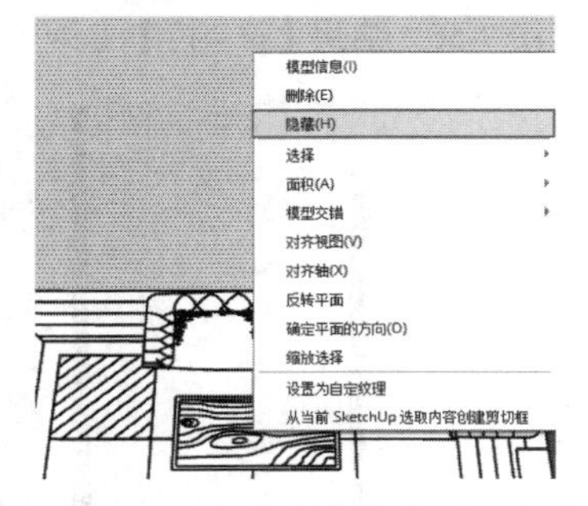

图 7-63　在俯视图中隐藏正面墙体

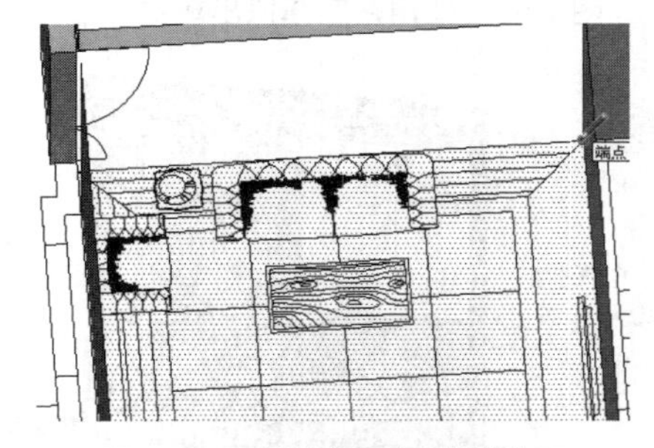

图 7-64　分割客厅与过道地面

03 启用【偏移】工具，选择分割好的客厅地面向内进行偏移，分割出客厅地面铺贴细节，如图 7-65 、图 7-66 所示。

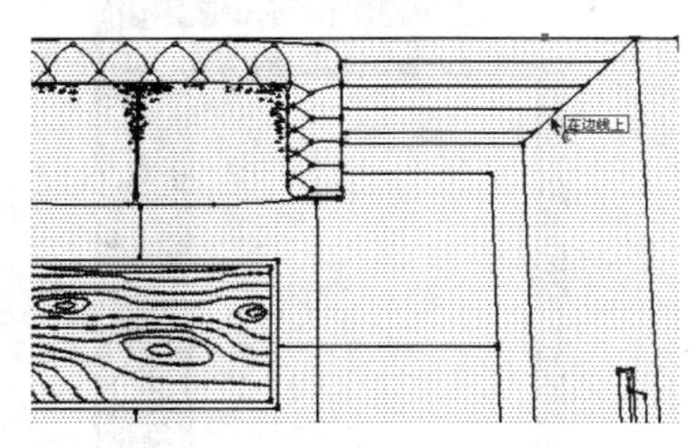

图 7-65　启用【偏移】工具

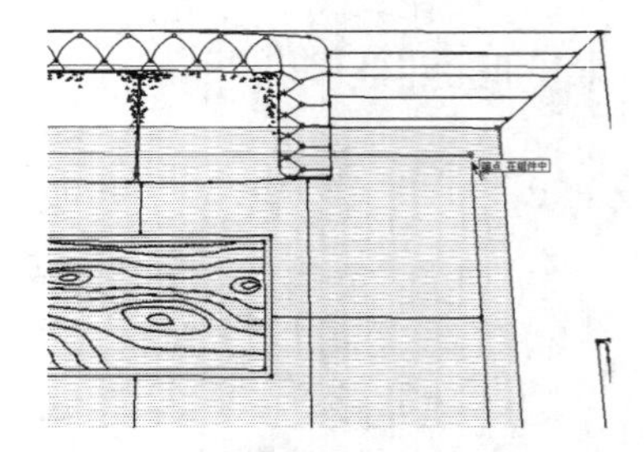

图 7-66　分割出客厅地面铺贴细节

04 进入【材料】面板，分别为最外侧的地面赋予对应的石材，如图 7-67、图 7-68 所示。

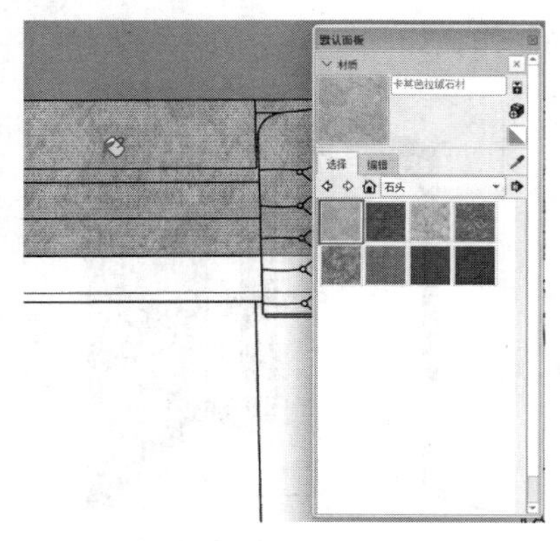

图 7-67　赋予最外层石材

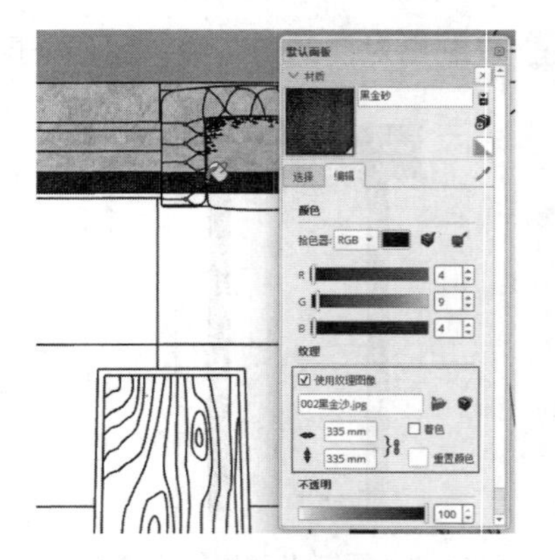

图 7-68　赋予中间层黑金砂

05 为客厅地面中间部分赋予卡其色拉绒石材，并调整贴图铺贴效果，如图 7-69、图 7-70 所示。

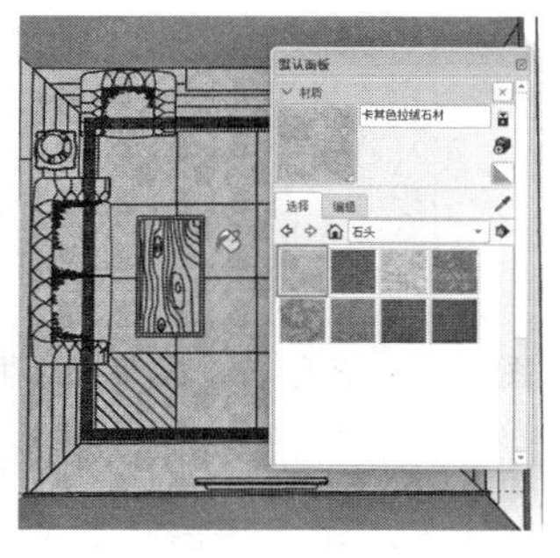

图 7-69　赋予卡其色拉绒石材

图 7-70　调整贴图铺贴效果

06 客厅地面铺地制作完成后，使用类似方法完成过道与餐厅地面的制作，完成效果如图 7-71、图 7-72 所示。

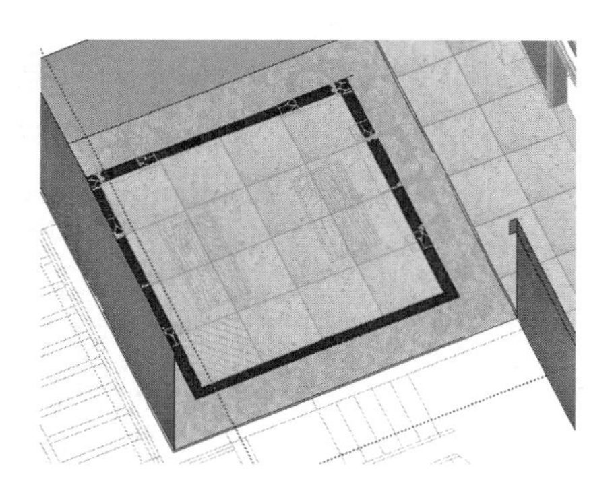
图 7-71　客厅与过道铺地完成效果

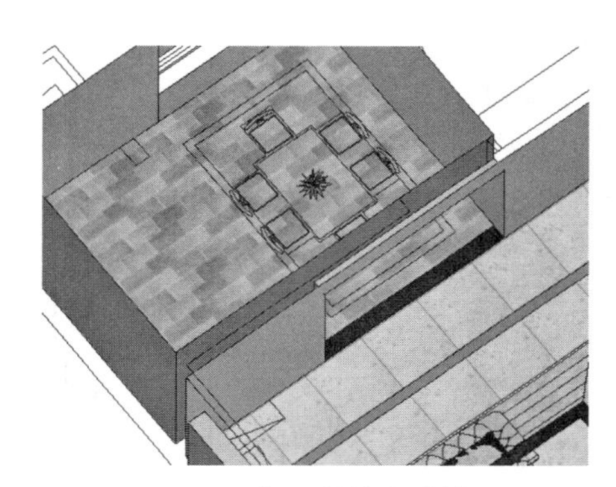
图 7-72　餐厅铺地完成效果

7.2.2　细化客厅右侧立面

01 制作如图 7-73 所示的客厅壁炉立面模型。选择右侧墙体模型，将其单独创建为群组，如图 7-74 所示。启用【卷尺】与【直线】工具，对其进行初步划分，如图 7-75 所示。

02 继续划分各个装饰构件的细分区域，如图 7-76 所示。

03 启用【圆弧】工具，创建立面装饰弧形，完成客厅右立面装饰平面的划分，如图 7-77、图 7-78 所示。

图 7-73　客厅壁炉立面模型

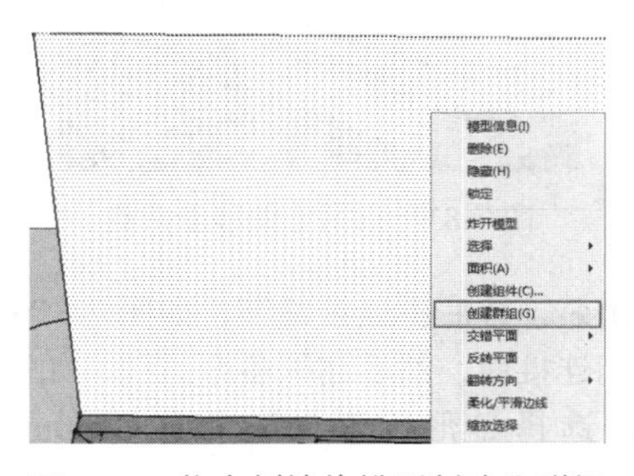

图 7-74　将右侧墙体模型创建为群组

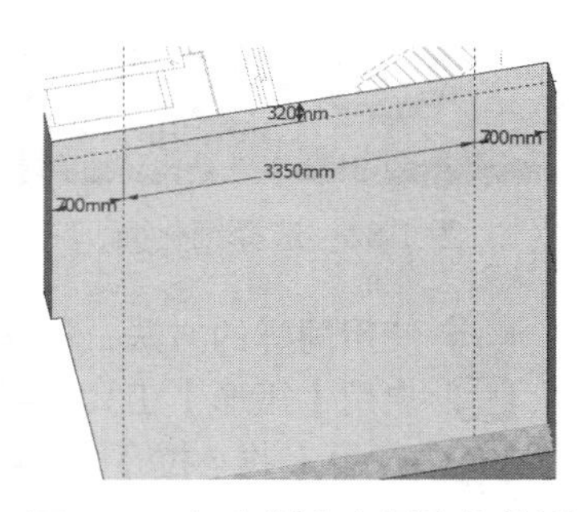

图 7-75　初步划分右侧墙体模型

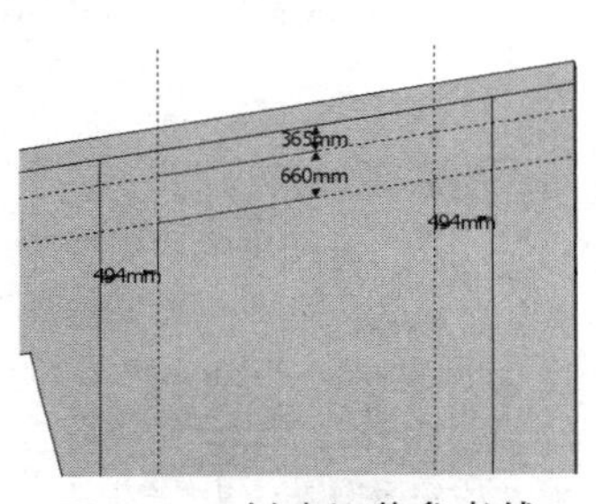

图 7-76　创建细节参考线

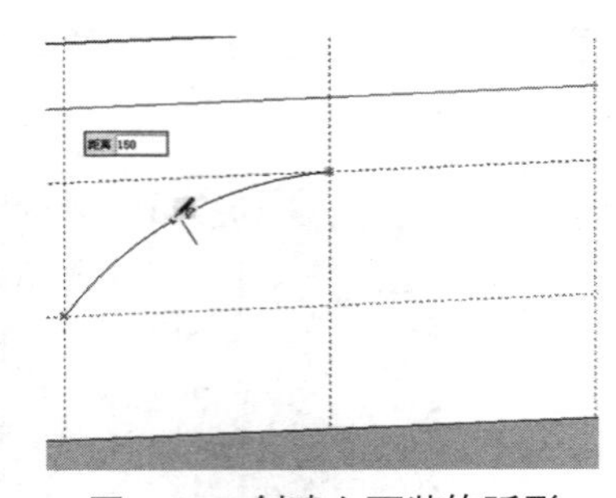

图 7-77　创建立面装饰弧形

图 7-78　客厅右立面装饰平面划分效果

04 根据划分平面创建三维模型。结合使用【矩形】以及【直线】工具，绘制立面装饰柱底座截面，如图 7-79 所示。

05 启用【矩形】工具，绘制路径跟随平面，启用【路径跟随】工具，制作装饰柱底座，如图 7-80、图 7-81 所示。

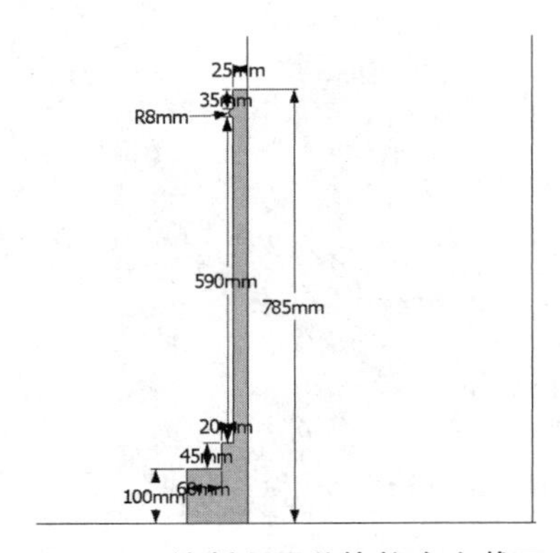

图 7-79　绘制立面装饰柱底座截面

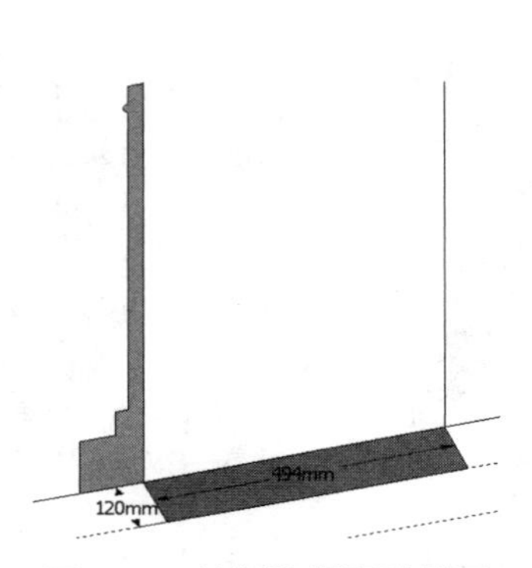

图 7-80　绘制路径跟随平面

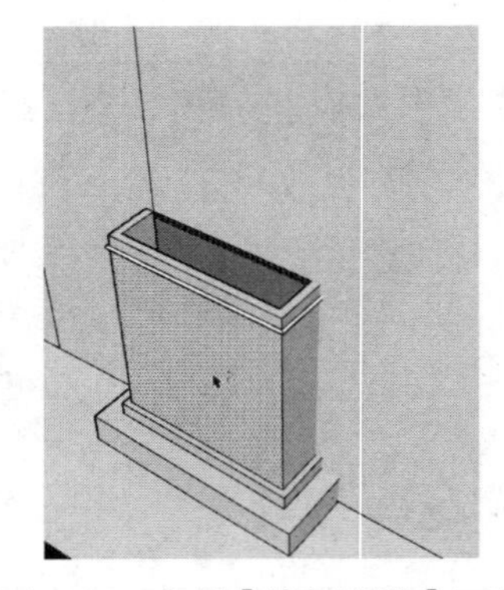

图 7-81　启用【路径跟随】工具

06 结合使用【偏移】与【推/拉】工具，制作装饰柱底座细节，如图 7-82 ~ 图 7-84 所示。

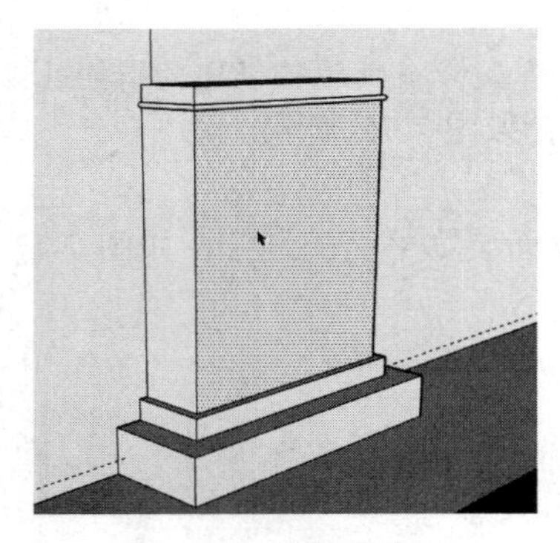

图 7-82　选择细化面

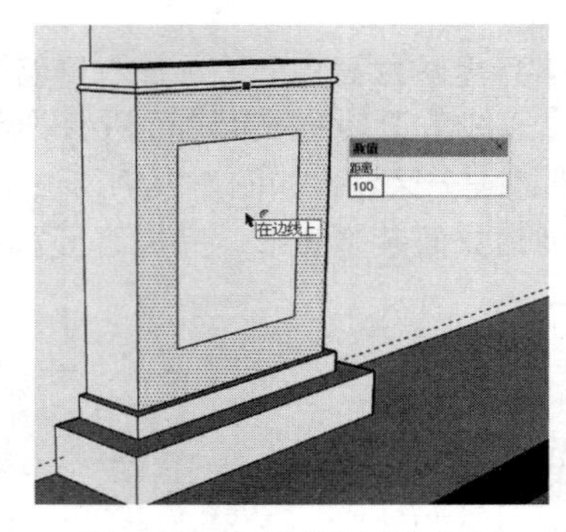

图 7-83　启用【偏移】工具

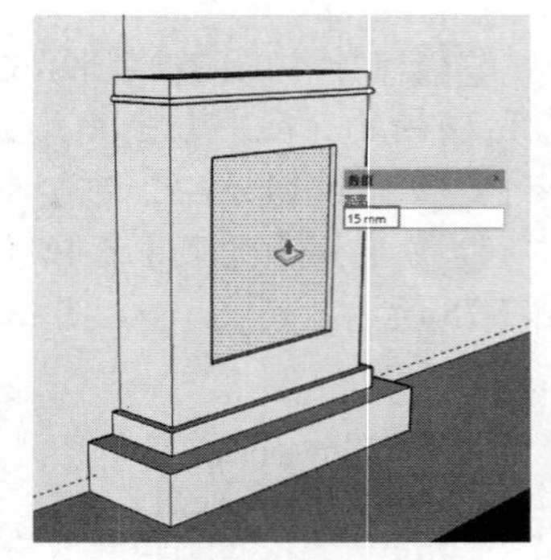

图 7-84　启用【推/拉】工具

07 使用同样的方法，制作出装饰柱底座连接细节，如图 7-85 ~ 图 7-87 所示。

08 启用【矩形】工具，封闭连接面，然后删除多余边线，如图 7-88、图 7-89 所示。

09 启用【推/拉】工具，选择 U 形平面向上推拉 3190mm，制作出装饰柱柱身，如图 7-90 所示。

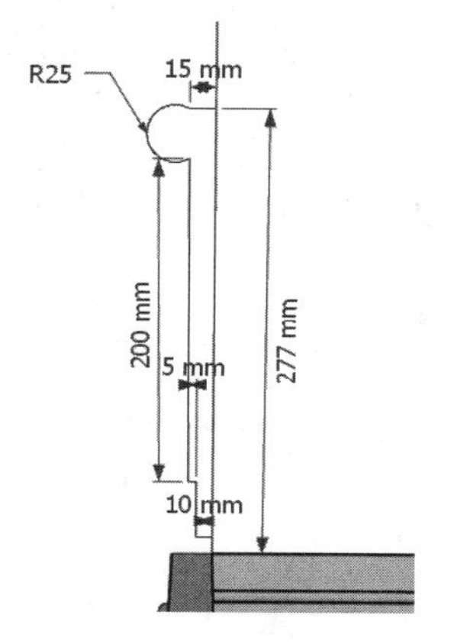

图 7-85 绘制连接截面

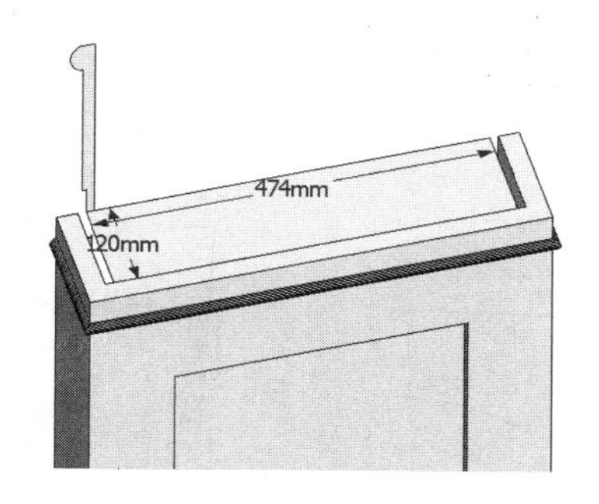

图 7-86 绘制路径跟随平面

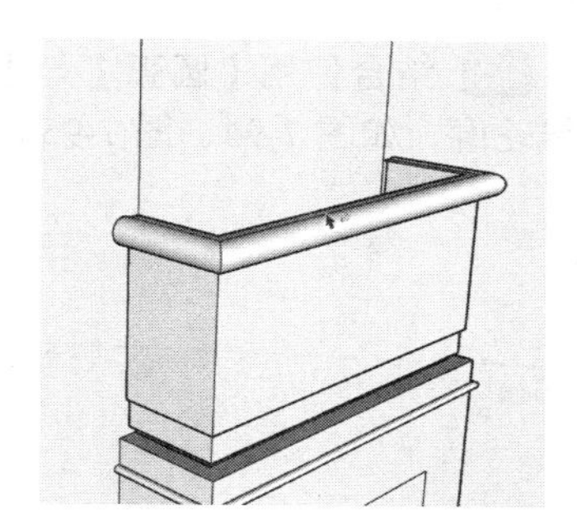

图 7-87 启用【路径跟随】工具

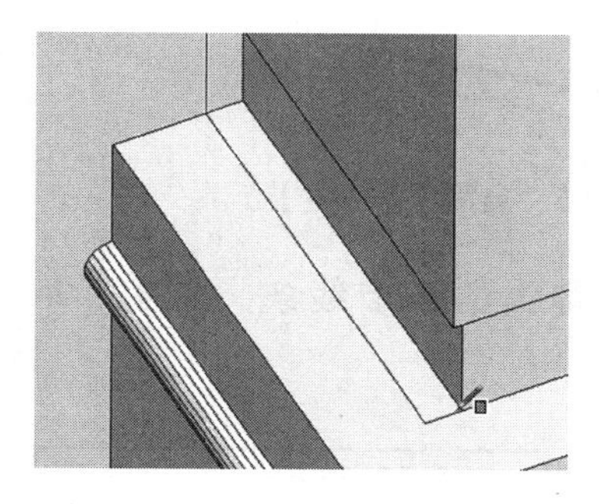

图 7-88 封闭连接面

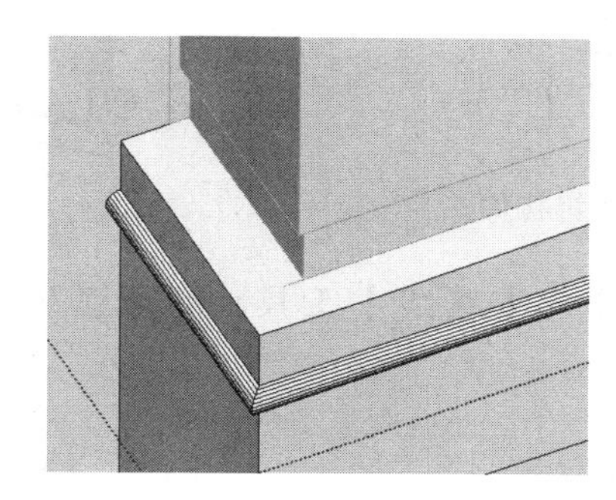

图 7-89 删除多余边线

图 7-90 启用【推 / 拉】工具

10 结合【直线】、【圆弧】工具，绘制装饰柱柱头截面，启用【路径跟随】工具，创建柱头模型，如图 7-91 ~ 图 7-93 所示。

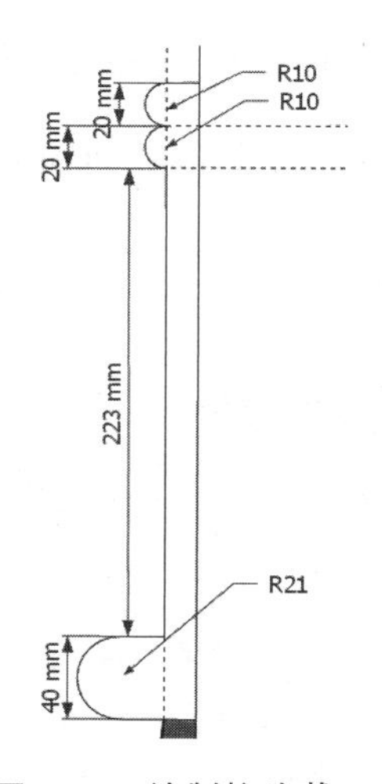

图 7-91 绘制柱头截面

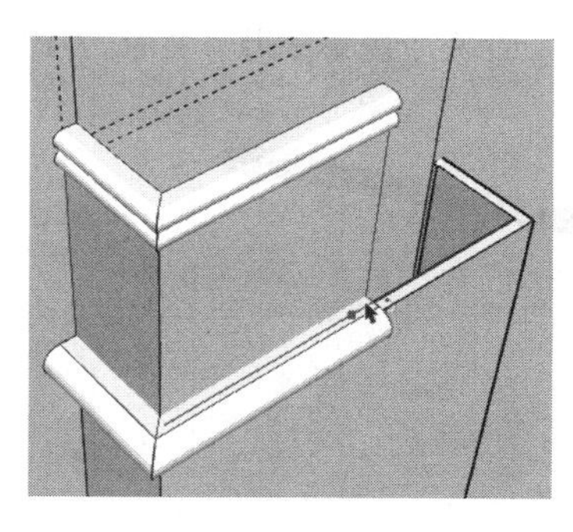

图 7-92 启用【路径跟随】工具

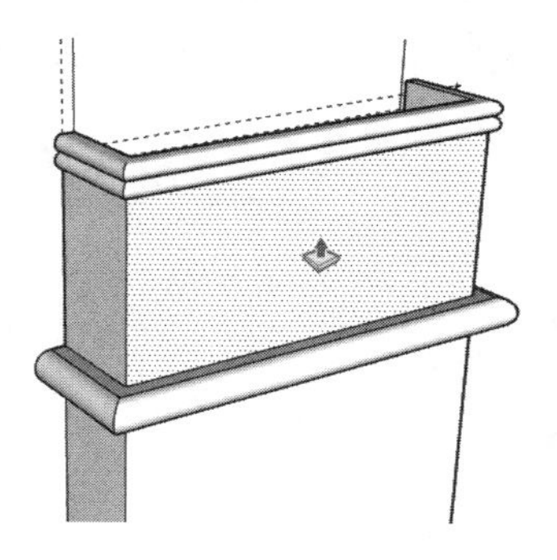

图 7-93 柱头模型完成效果

注 意

如果在已有平面上直接进行路径跟随，所得到的模型面可能出现反面，此时选择对应模型面，右击，选择【反转平面】命令即可。

11 结合使用【圆弧】与【直线】工具，绘制弧形装饰构件，启用【推/拉】工具，制作出三维轮廓，如图 7-94、图 7-95 所示。

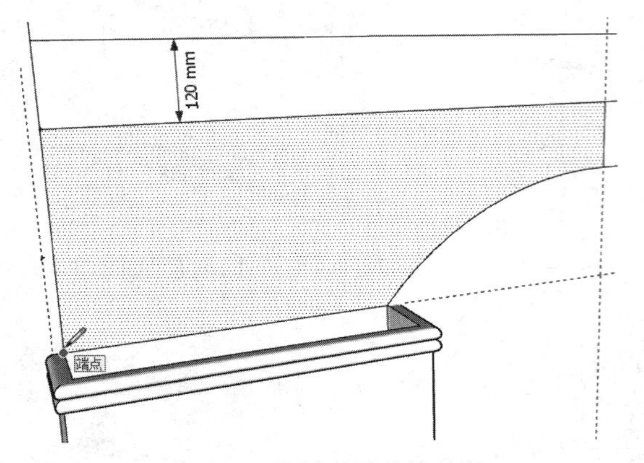

图 7-94　绘制弧形装饰构件

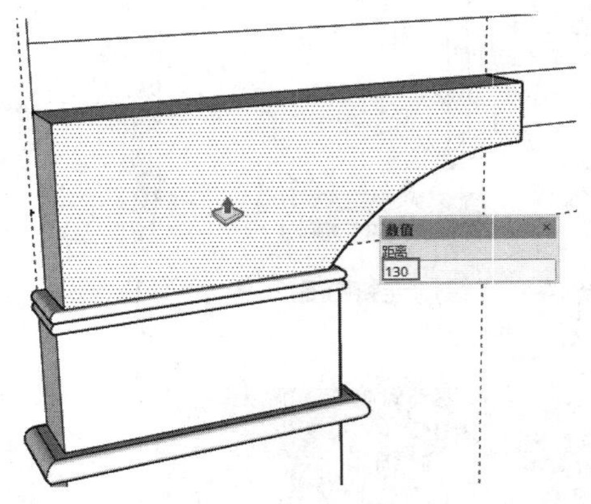

图 7-95　启用【推/拉】工具

12 结合使用【偏移】与【直线】工具，制作弧形装饰上的细节线条，如图 7-96 ~ 图 7-98 所示。

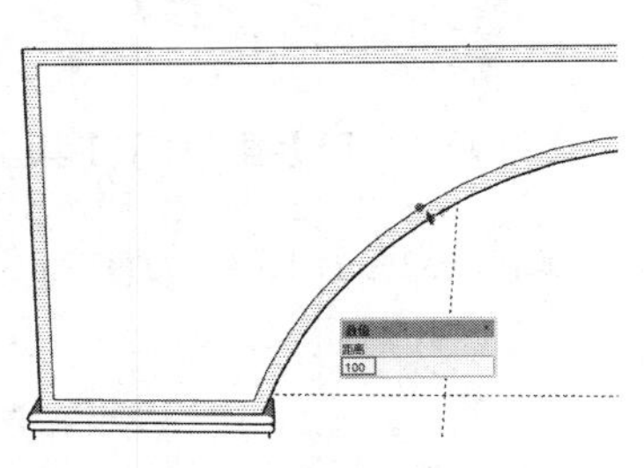

图 7-96　偏移 100mm

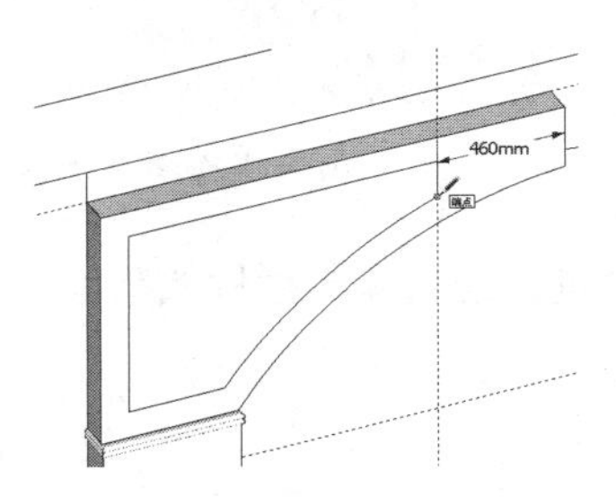

图 7-97　划分弧形平面

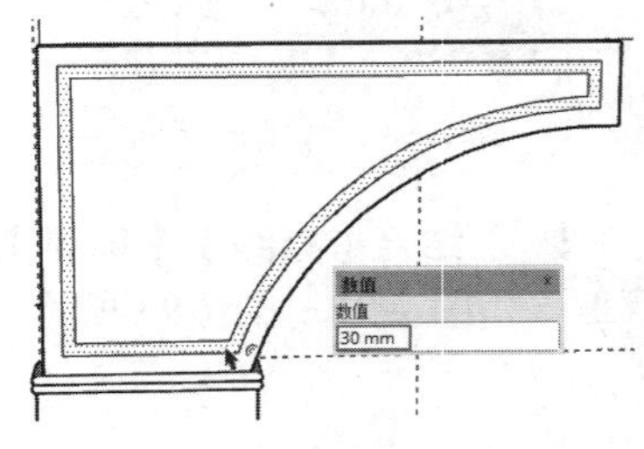

图 7-98　启用【偏移】工具

13 完成装饰线条的细化后，启用【直线】工具，划分右侧的区域，以制作其他细节，如图 7-99、图 7-100 所示。

14 启用【推/拉】工具，制作弧形装饰线条细节，如图 7-101 所示。

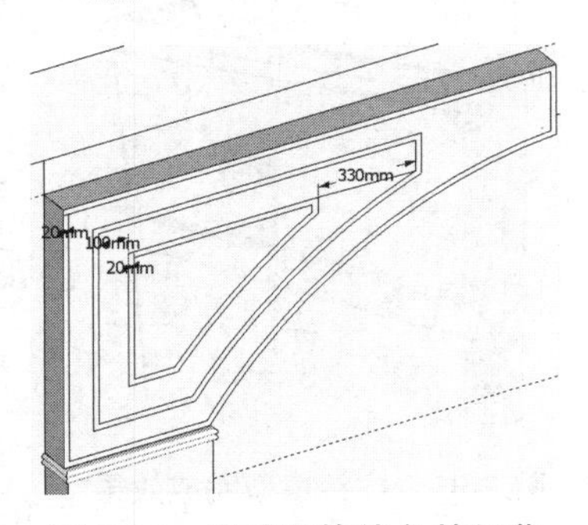

图 7-99　完成装饰线条的细化

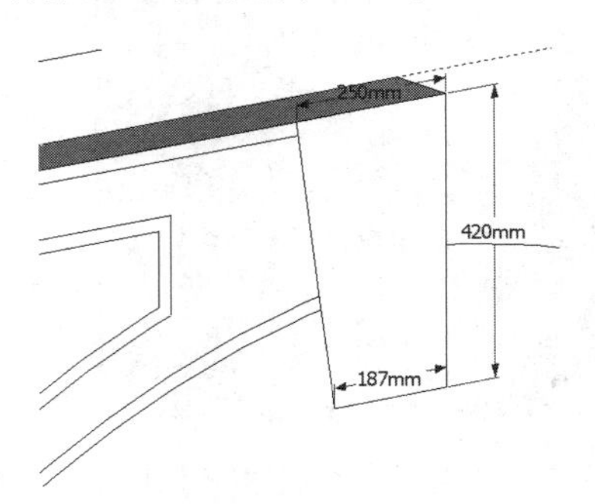

图 7-100　划分右侧的区域

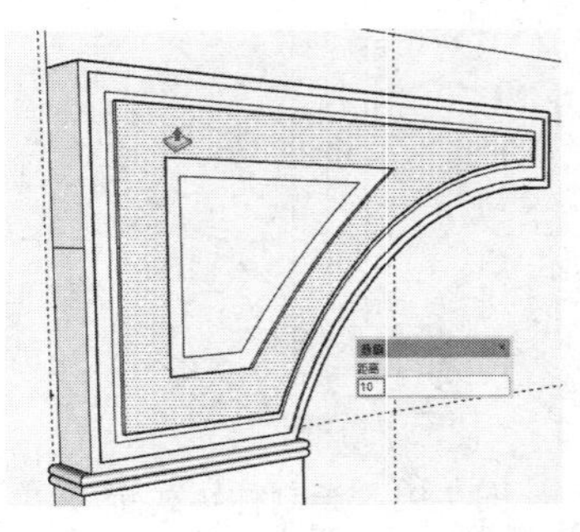
图 7-101　制作弧形装饰线条细节

15 通过【组件】面板调入雕花装饰组件，调整位置与大小，如图 7-102、图 7-103 所示。

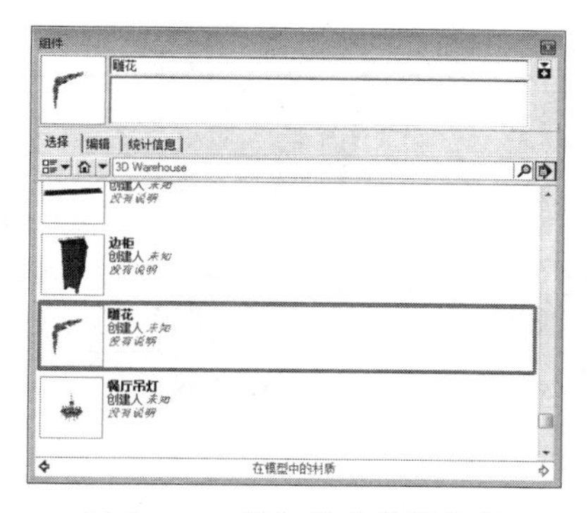

图 7-102 调入雕花装饰组件

图 7-103 调整位置与大小

技 巧

有些门头雕花装饰可以采用贴图进行模拟，但较大的立面雕花装饰最好使用实体模型，以得到理想的细节效果。

16 移动复制右侧立面模型，通过【镜像】|【组的绿轴】菜单命令调整朝向，如图 7-104、图 7-105 所示。

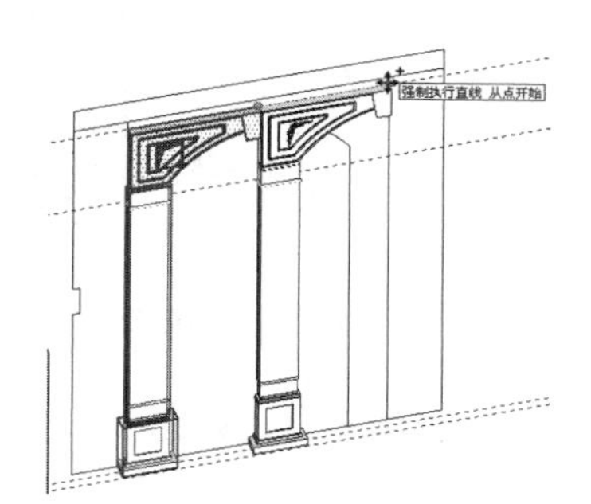

图 7-104 移动右侧立面模型

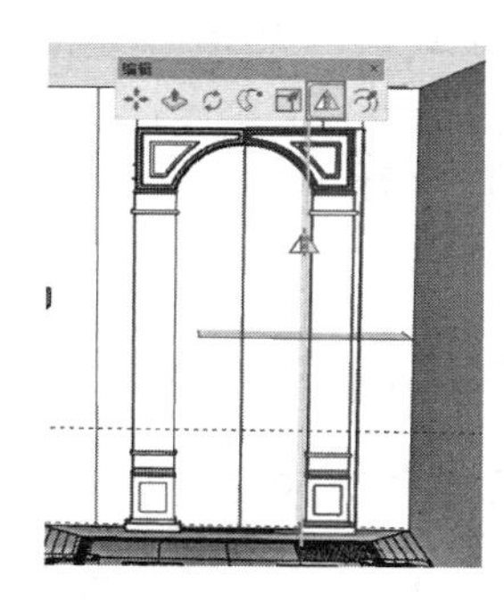

图 7-105 调整朝向

17 将复制的模型剪切至原始模型【组】内，然后删除交接处的边线，形成完整的模型，如图 7-106 所示。

18 启用【偏移】和【推/拉】工具，制作模型中部轮廓，然后调整边线形成斜面，如图 7-107 ~ 图 7-109 所示。

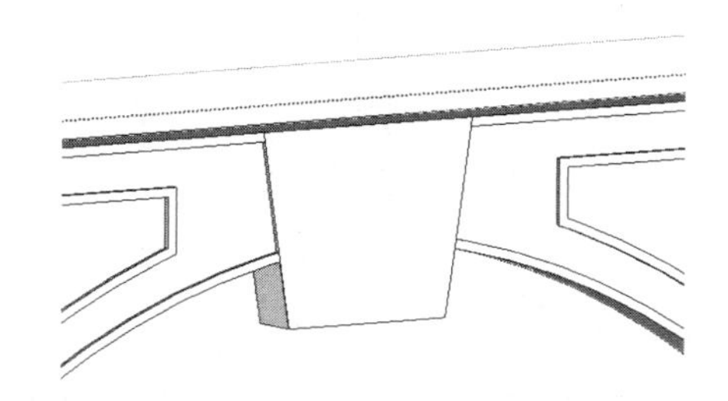

图 7-106 形成完整的模型

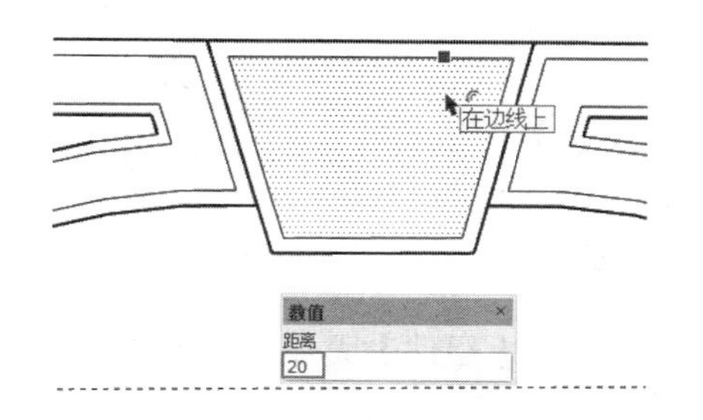

图 7-107 启用【偏移】工具

19 启用【偏移】、【推/拉】以及【圆形】工具，制作装饰细节，如图 7-110 ~ 图 7-112 所示。

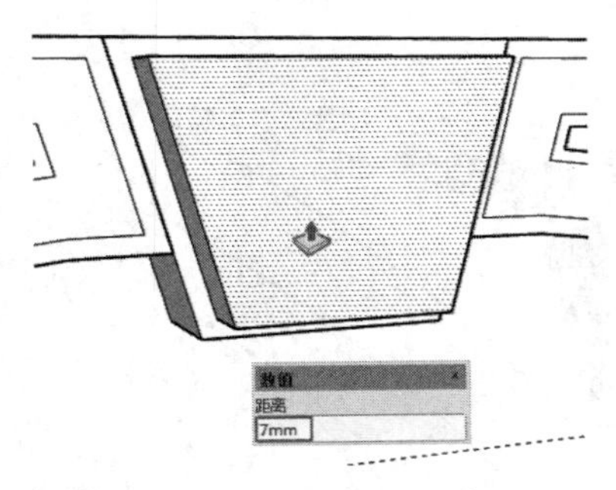

图 7-108　启用【推/拉】工具

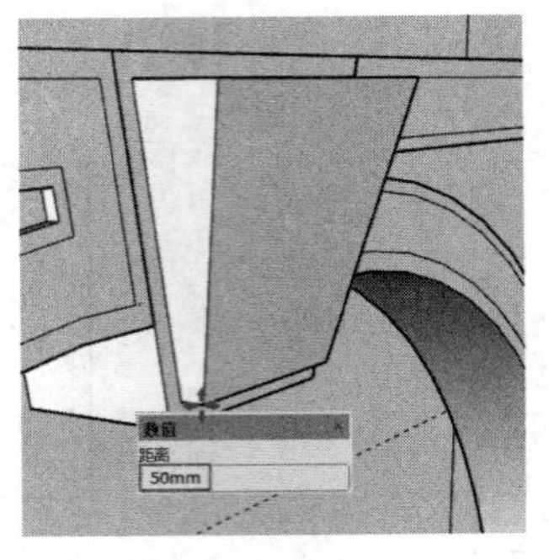

图 7-109　调整边线形成斜面

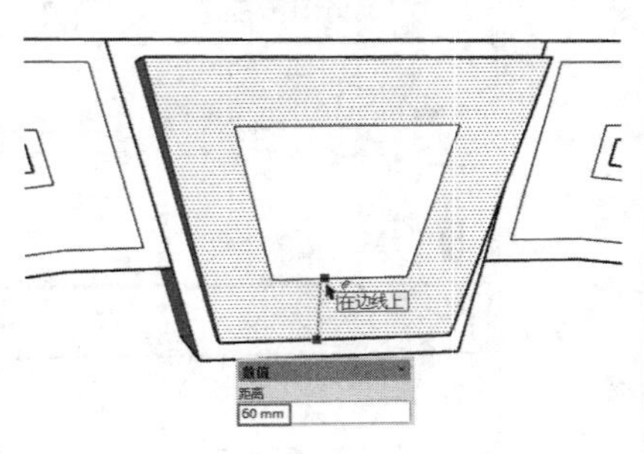

图 7-110　启用【偏移】工具

20 启用【直线】工具以及【推/拉】工具，完成顶部装饰线的制作，如图 7-113、图 7-114 所示。

图 7-111　启用【推/拉】工具

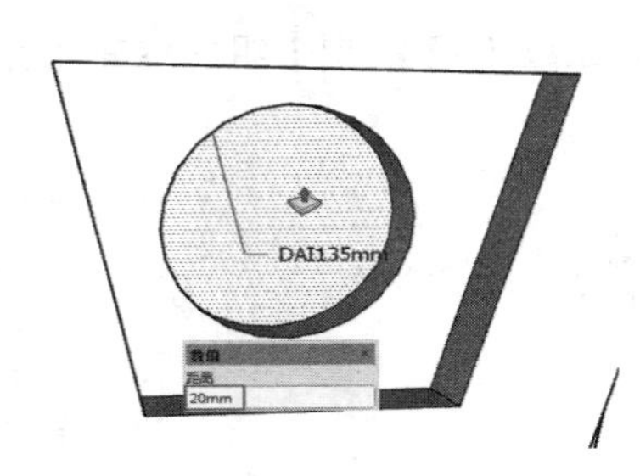

图 7-112　制作装饰细节

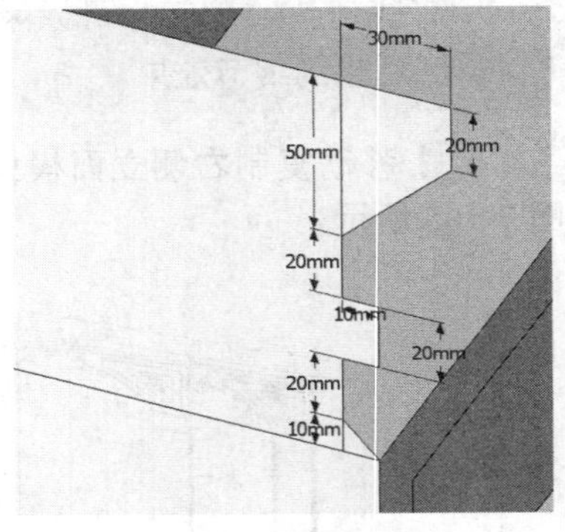

图 7-113　绘制装饰角线平面

21 模型制作完成后，进入【材料】面板，为其赋予卡其色拉绒石材，如图 7-115 所示，并调整贴图尺寸。

图 7-114　完成顶部装饰线的制作

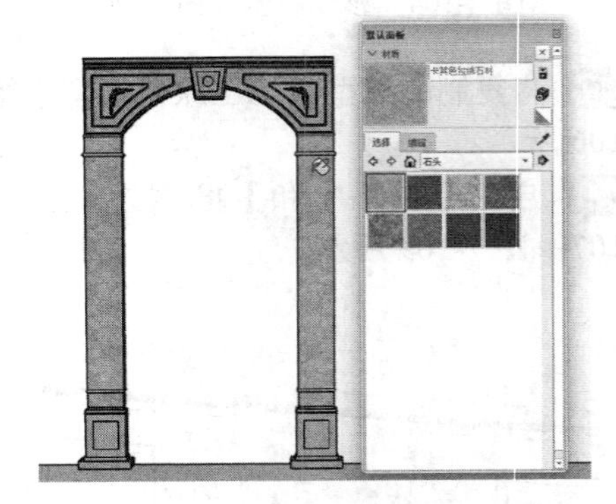
图 7-115　赋予卡其色拉绒石材

22 进入【组件】面板，调入“壁炉”模型组件并调整位置与大小，如图 7-116 所示。

23 启用【直线】工具，绘制一条中心线，然后将其拆分为五段，如图 7-117 ~ 图 7-119 所示。

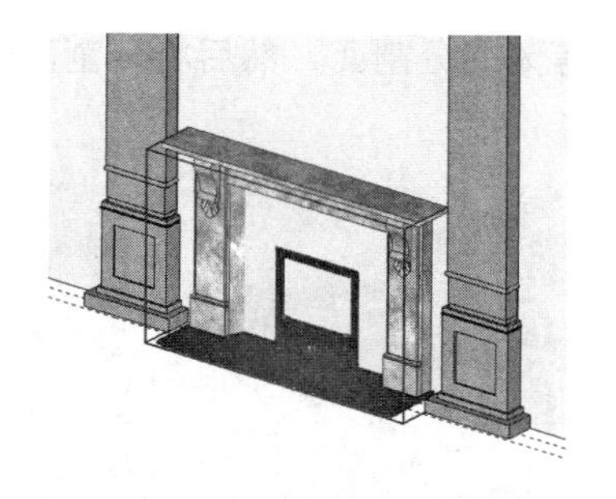

图 7-116　调入壁炉模型组件并调整

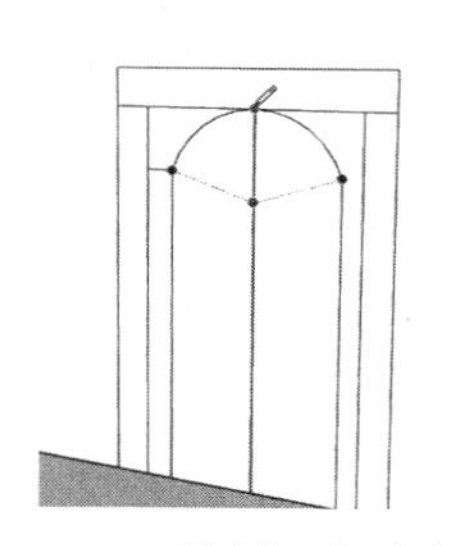

图 7-117　绘制一条中心线

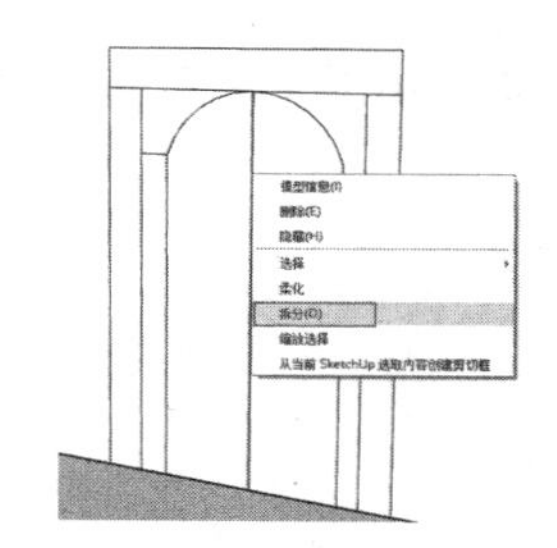

图 7-118　启用【拆分】命令

24 捕捉拆分点划分墙体，然后对划分形成的分割线进行拆分处理，如图 7-120 ~ 图 7-122 所示。

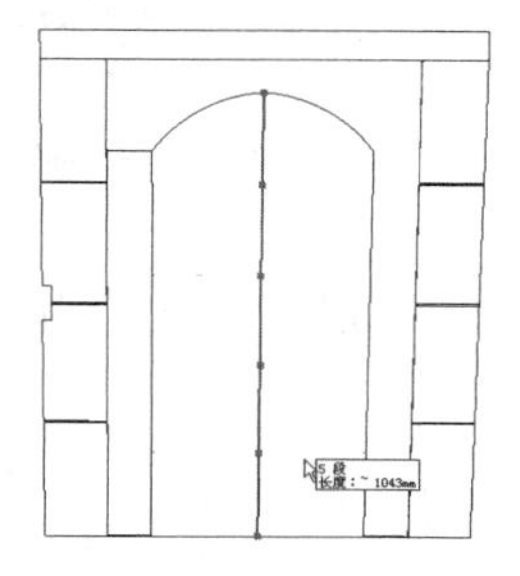

图 7-119　拆分成五段

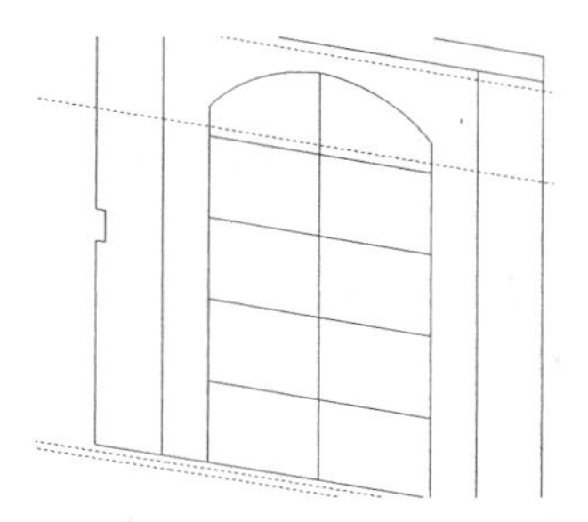

图 7-120　分割墙体立面

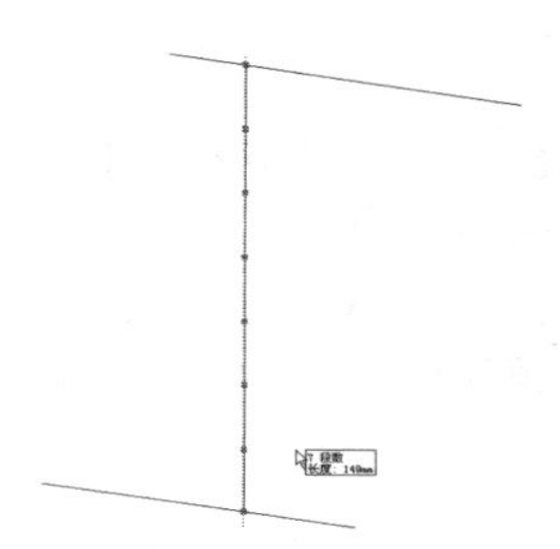

图 7-121　拆分竖向分割线

25 连接拆分点，在中间创建一个菱形分割面。启用【偏移】工具，捕捉横向线段的中间与右侧端点，逐步制作出整个墙面细节，如图 7-123 ~ 图 7-125 所示。

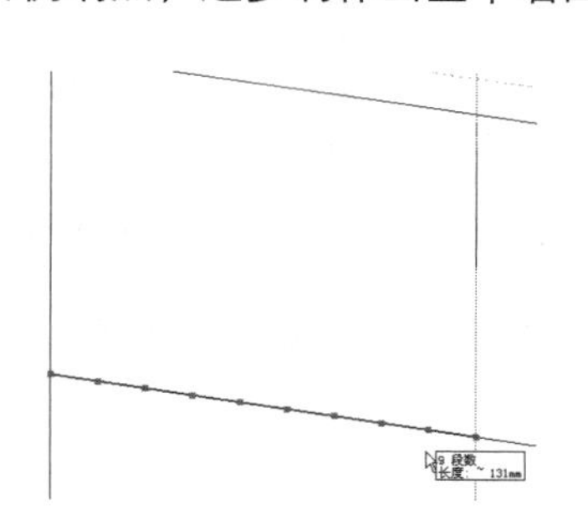

图 7-122　拆分横向分割线

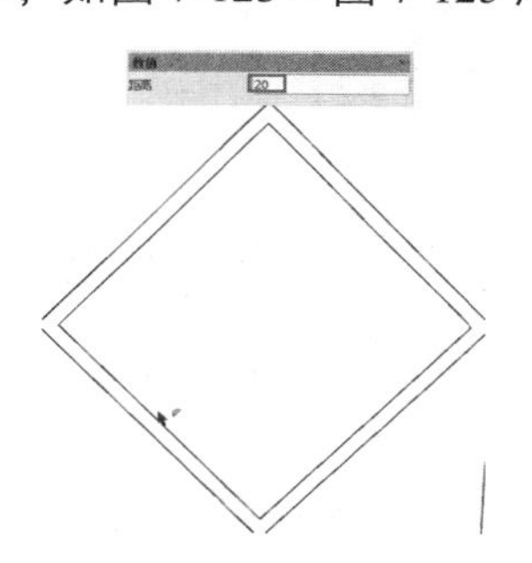

图 7-123　创建一个菱形分割面

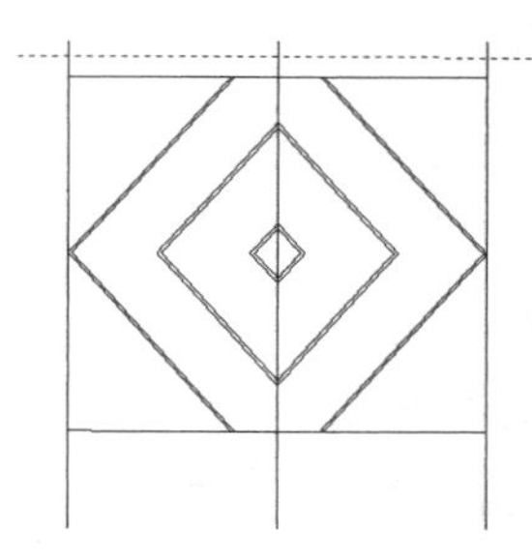

图 7-124　完成部分分割面

26 启用【推 / 拉】工具，选择菱形分割面交接的分割面向内推拉 20mm，制作出拼缝模型细节，如图 7-126、图 7-127 所示。

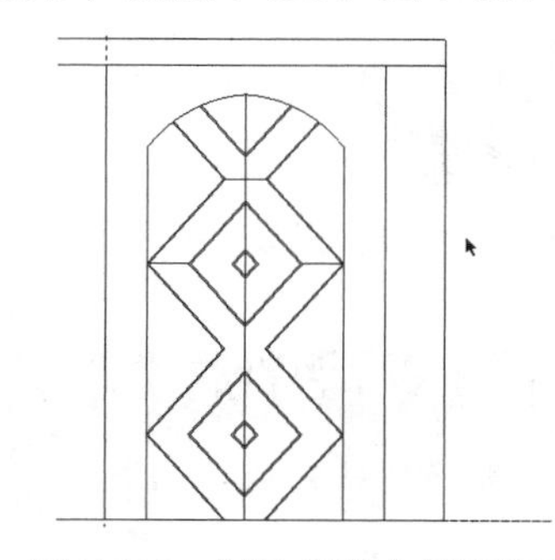

图 7-125　制作出整个墙面细节

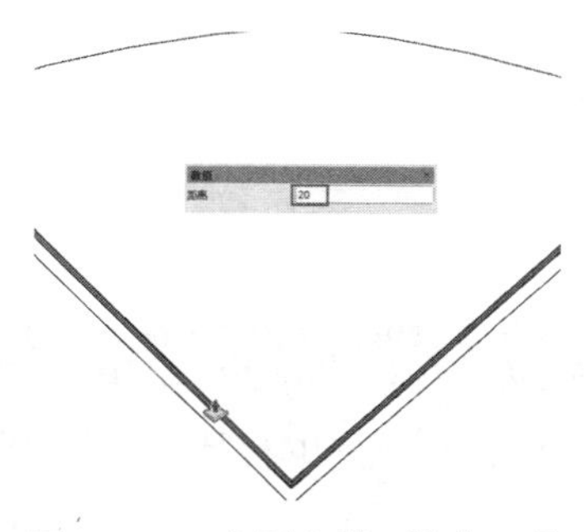

图 7-126　启用【推 / 拉】工具

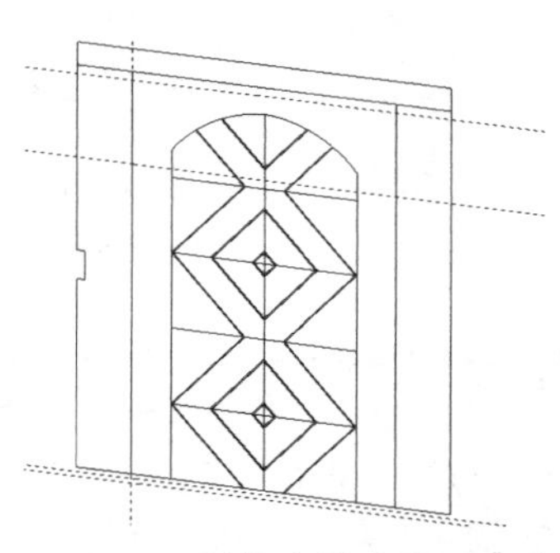

图 7-127　制作出拼缝模型细节

27 启用【矩形】工具，捕捉壁炉端点，在墙面上创建一个等大的分割面，然后将分割面删除，以显示出壁炉内部模型，如图 7-128 ~ 图 7-130 所示。

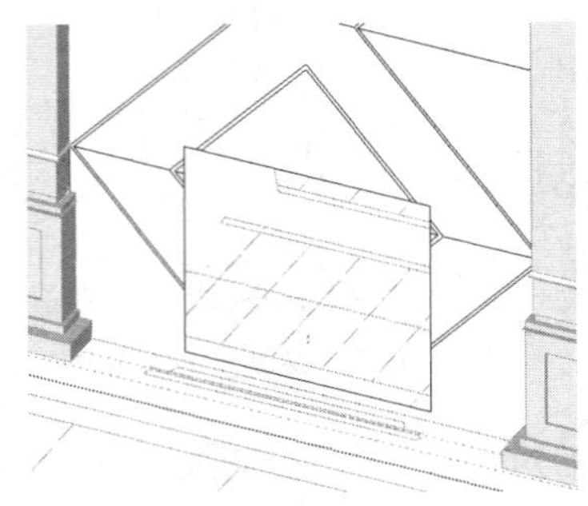

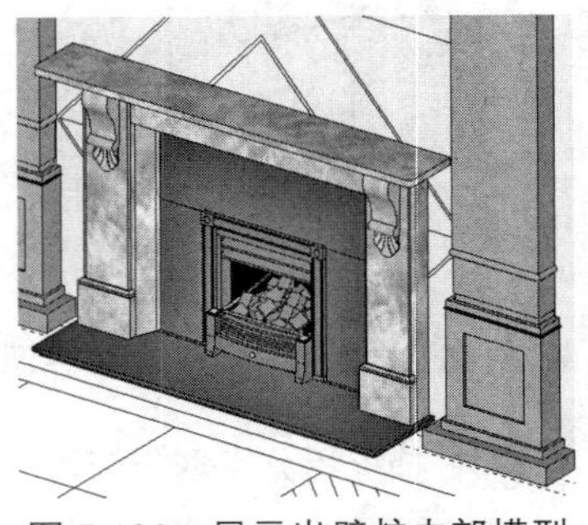

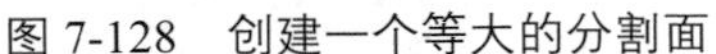

图 7-128 创建一个等大的分割面　　图 7-129 删除分割面　　图 7-130 显示出壁炉内部模型

28 进入【材料】面板，为制作好的墙壁模型赋予石材，如图 7-131 所示。接下来制作两侧的银镜装饰面细节。

29 选择右侧边线，利用【拆分】菜单命令将其拆分为 4 段，制作出宽度与深度均为 20mm 的银镜拼缝细节，如图 7-132、图 7-133 所示。

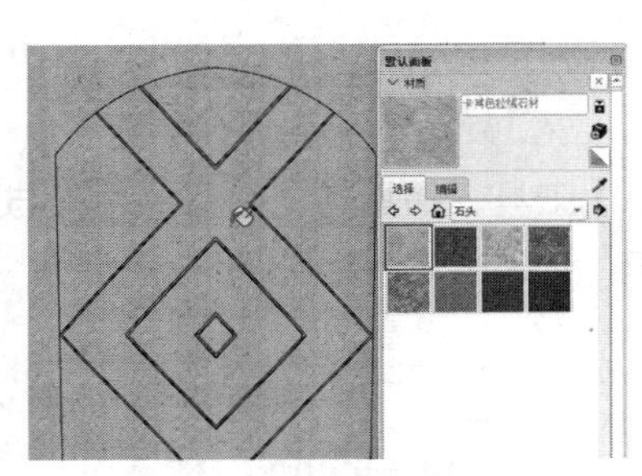

图 7-131 为墙壁模型赋予石材

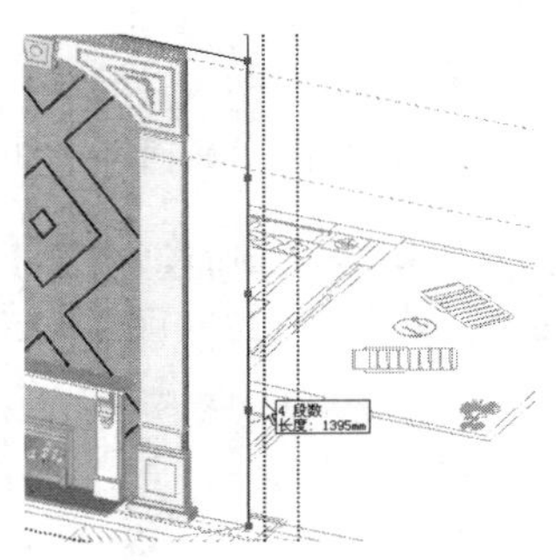

图 7-132 拆分右侧边线

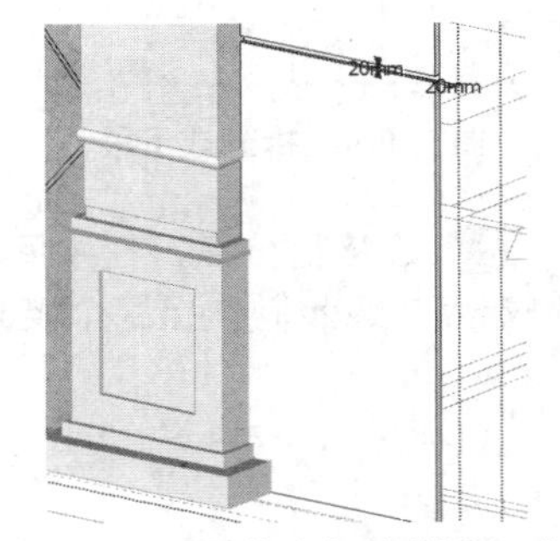

图 7-133 制作出银镜拼缝细节

30 使用同样方法完成左侧银镜模型制作，然后为其赋予“带阳极铝的金属”材质，如图 7-134 所示。

31 至此，客厅右侧立面创建完成，完成效果如图 7-135 所示。

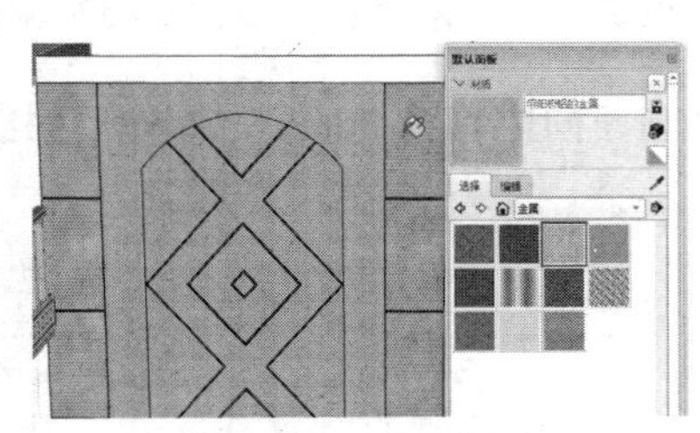

图 7-134 指定材质

图 7-135 客厅右侧立面完成效果

注 意

SketchUp 不能直接制作出具有反射效果的材质，这里先赋予光亮的金属材质进行区分，在后期渲染时再添加反射细节。

7.2.3 细化客厅左侧立面

01 客厅左侧立面主要由两侧的装饰银镜与中间背景墙构成，完成效果如图 7-136 所示。

02 选择左侧墙面，单独创建为群组，如图 7-137 所示。对其进行初步分割，如图 7-138 所示。

图 7-136 客厅左侧立面完成效果

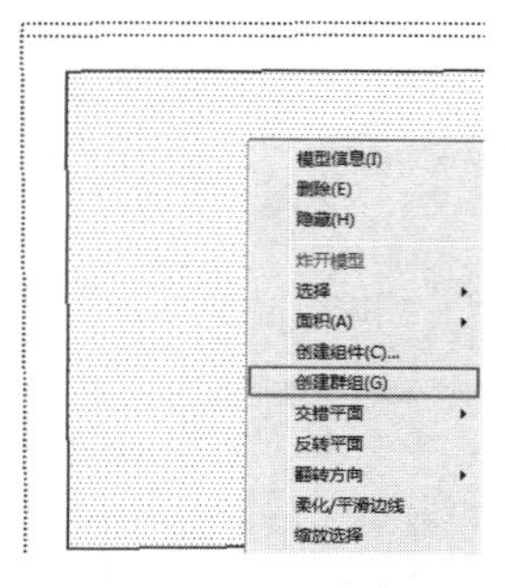

图 7-137 创建为群组

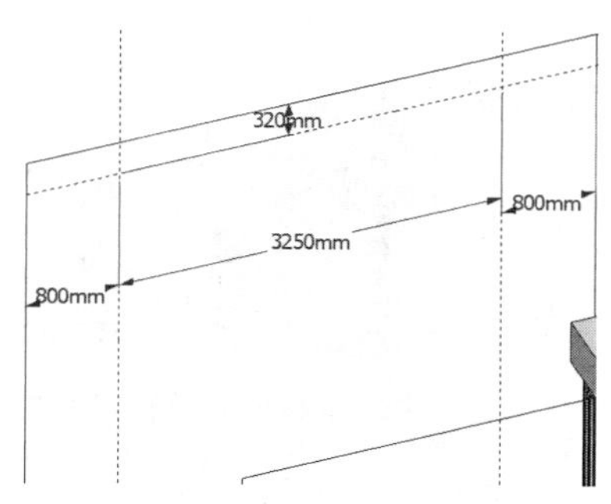

图 7-138 初步分割墙面

03 选择墙面进一步分割，如图 7-139 所示，启用【推 / 拉】工具制作墙面中部凹凸细节，如图 7-140 所示。

04 结合使用【偏移】与【推 / 拉】工具，完成模型其他凹凸细节制作，如图 7-141 ~ 图 7-143 所示。

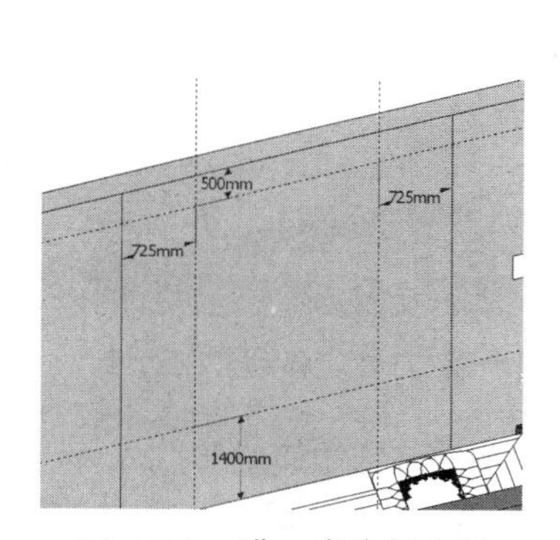

图 7-139 进一步分割墙面

图 7-140 启用【推 / 拉】工具

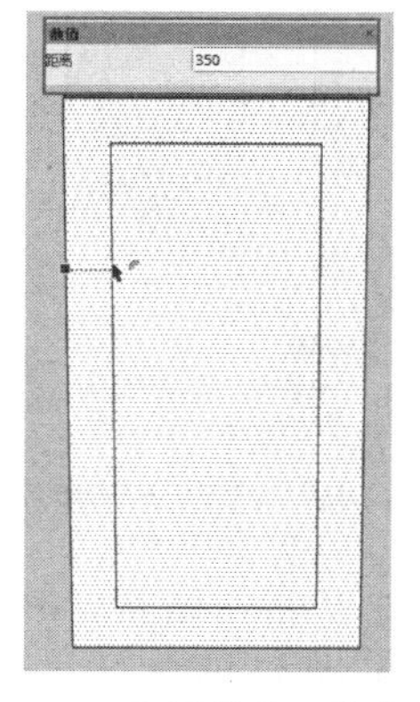

图 7-141 启用【偏 / 移】工具

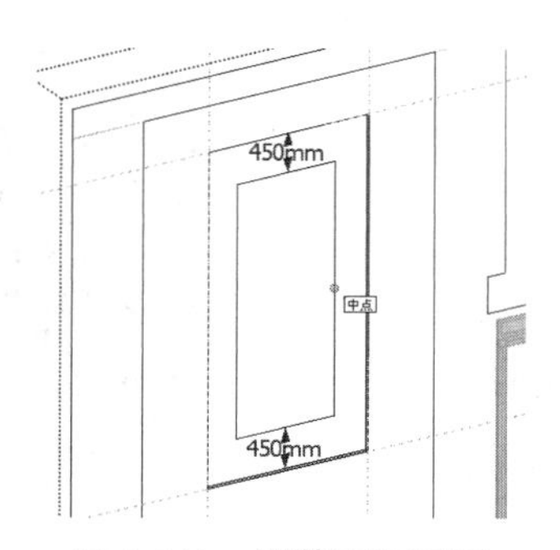

图 7-142 调整画框平面

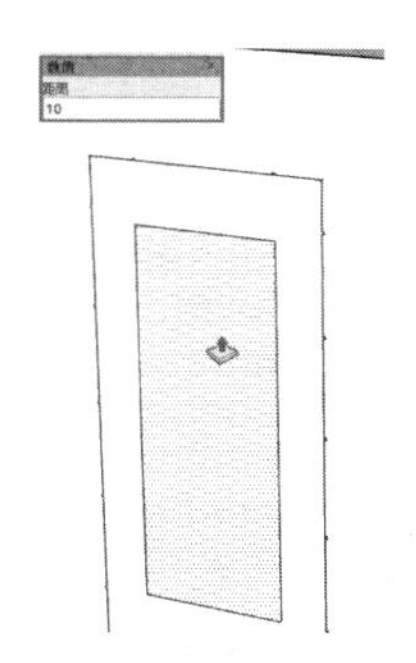
图 7-143 启用【推 / 拉】工具

05 进入【材料】面板，为中央区域制作并赋予花卉油画材质（材质 15），为外侧银镜模型赋予“带阳极铝的金属”材质，如图 7-144、图 7-145 所示。

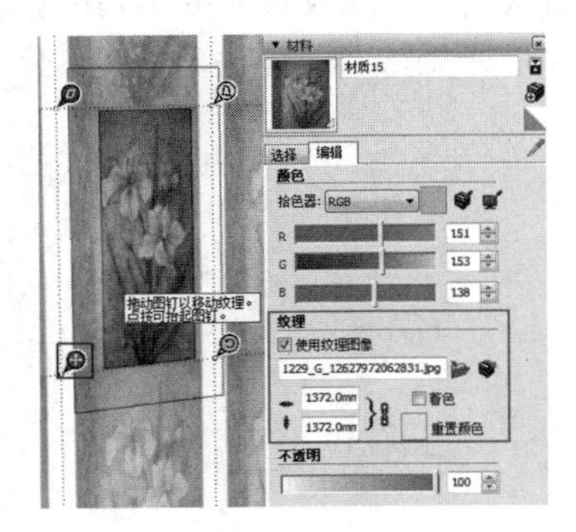

图 7-144　赋予花卉油画材质

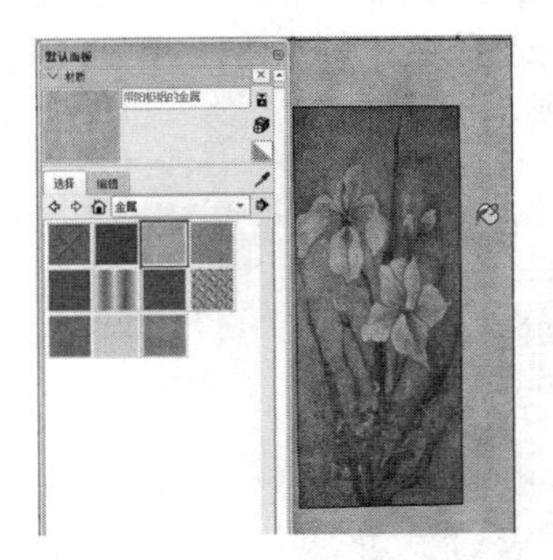

图 7-145　赋予“带阳极铝的金属”材质

06 启用【卷尺】工具，绘制分割参考线，启用【直线】工具进行分割，如图 7-146、图 7-147 所示进行制作。

07 选择分割的边线，启用【移动】工具，按键盘上的“Ctrl”键以 15mm 的宽度进行复制，然后启用【推 / 拉】工具制作石材拼缝，如图 7-148、图 7-149 所示。

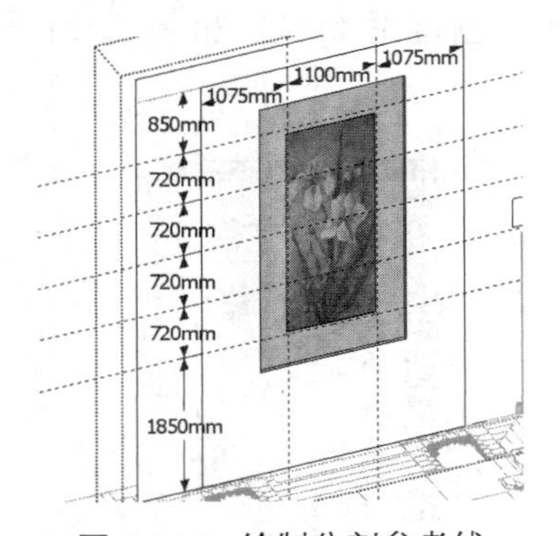

图 7-146　绘制分割参考线

图 7-147　分割中部平面

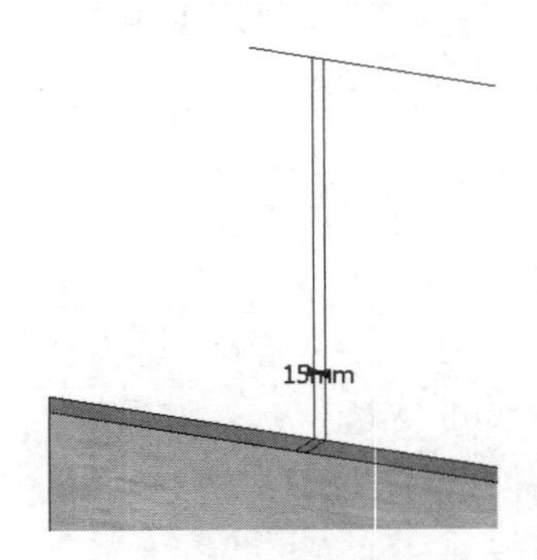

图 7-148　移动复制边线

08 为拼缝墙面赋予石材材质，如图 7-150 所示。接下来制作两侧的装饰银镜细节。

09 选择外侧边线，将其拆分为 6 段，启用【直线】工具分割两侧平面，如图 7-151、图 7-152 所示。

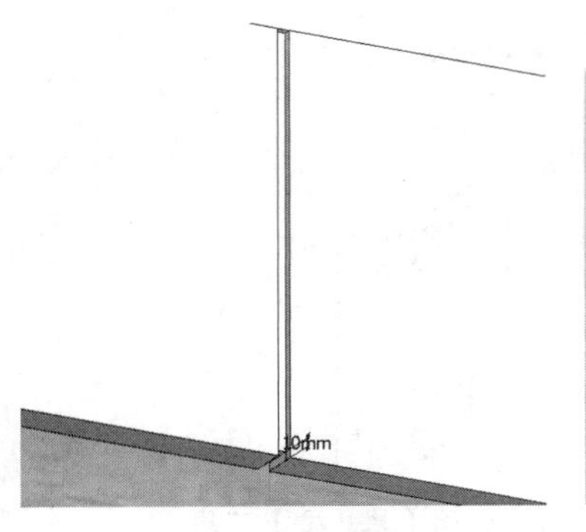

图 7-149　制作石材拼缝

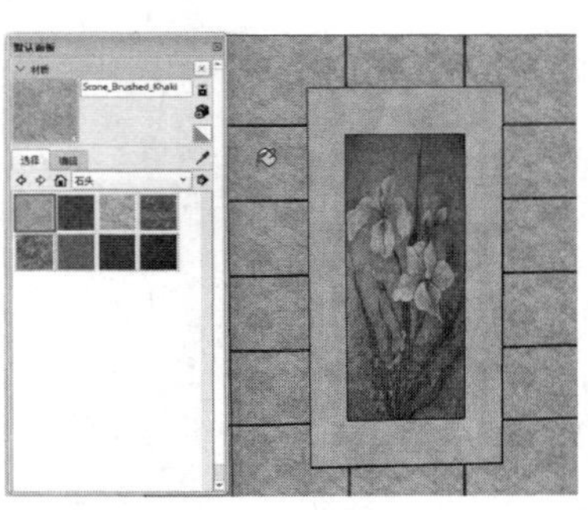

图 7-150　赋予石材材质

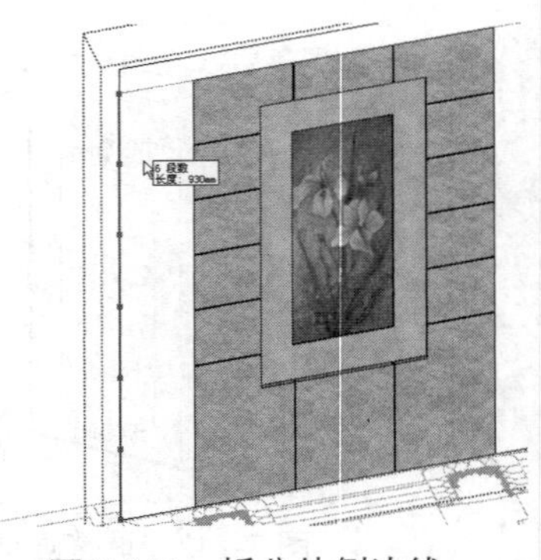

图 7-151　拆分外侧边线

10 结合使用【移动】与【推 / 拉】工具，制作出银镜的拼缝细节，如图 7-153 所示。

11 进入【材料】面板，为装饰银镜赋予“带阳极铝的金属”材质，如图 7-154 所示。至此，客厅左侧立面模型细化完成。

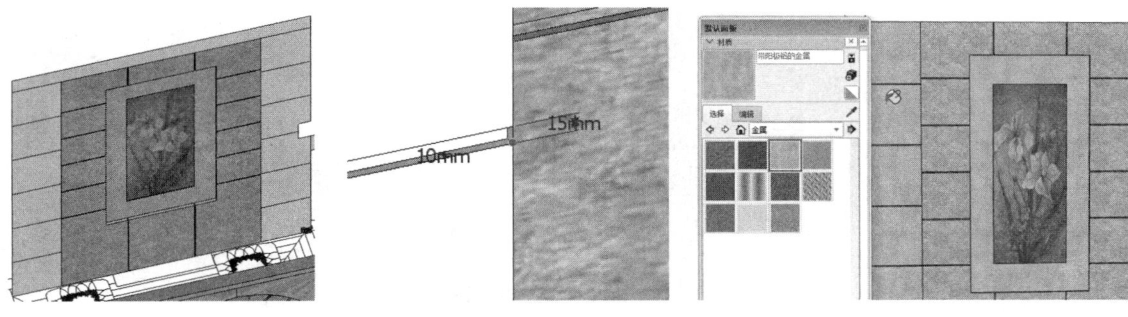

图 7-152　分割两侧平面　图 7-153　制作出银镜的拼缝细节　图 7-154　赋予“带阳极铝的金属”材质

7.2.4　细化客厅吊顶

01 启用【直线】工具，分割出客厅吊顶平面，如图 7-155 所示。启用【偏移】工具，向内偏移 450mm，如图 7-156 所示。

02 启用【卷尺】工具，绘制吊顶分割参考线，结合使用【矩形】与【圆形】工具，分割吊顶平面，如图 7-157、图 7-158 所示。

图 7-155　分割出客厅吊顶平面

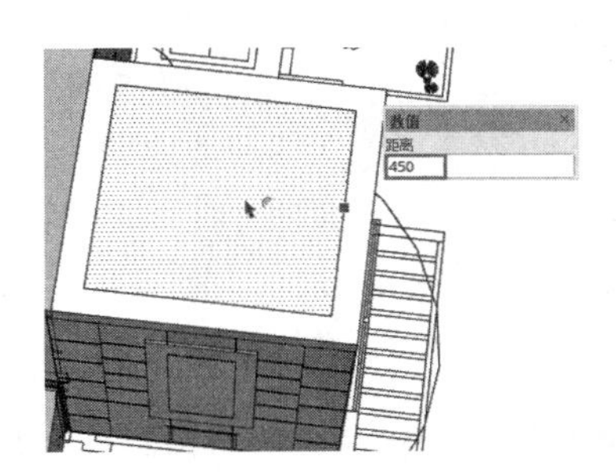

图 7-156　启用【偏移】工具

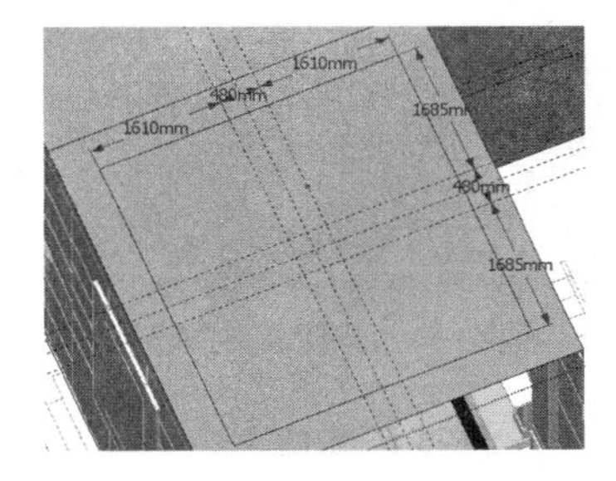

图 7-157　绘制吊顶分割参考线

03 删除掉多余边线形成最终分割效果，启用【推 / 拉】工具完成吊顶层次效果，如图 7-159 ~ 图 7-161 所示。

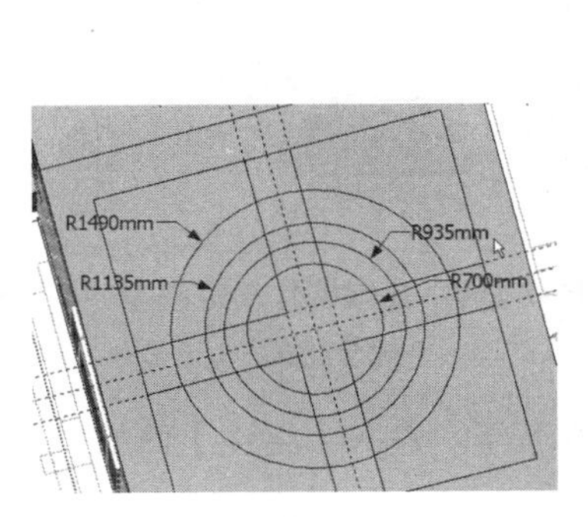

图 7-158　分割吊顶平面

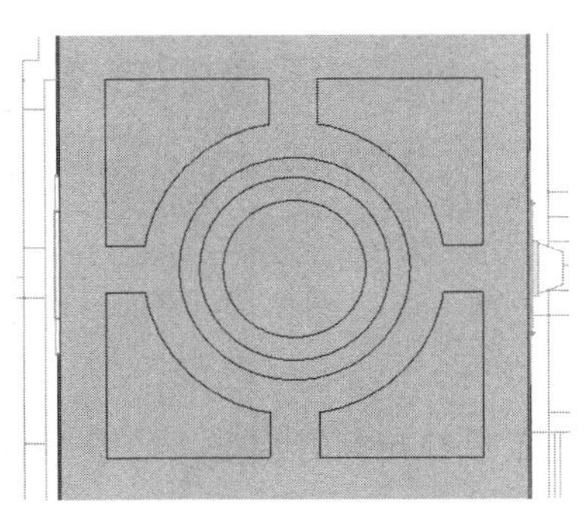

图 7-159　最终分割效果

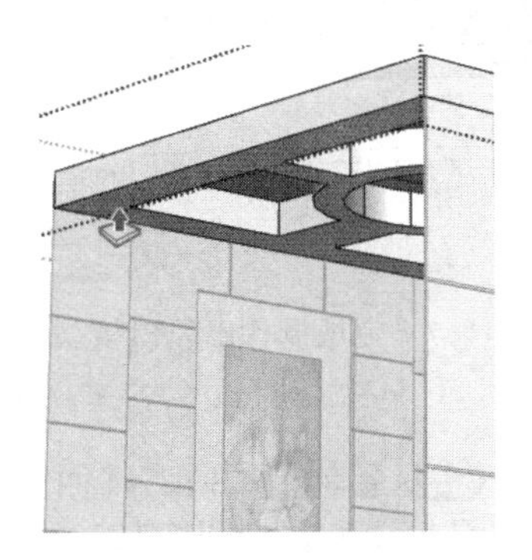

图 7-160　启用【推 / 拉】工具

04 结合使用【直线】与【圆弧】工具，绘制吊顶角线截面，启用【路径跟随】工具制作角线模型，如图 7-162、图 7-163 所示。

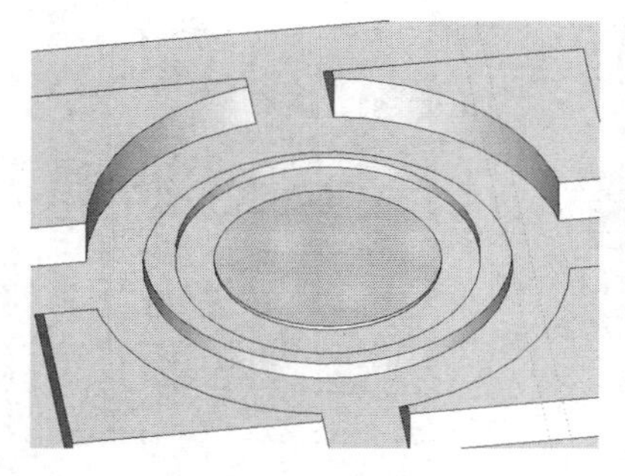

图 7-161　客厅吊顶层次初步效果

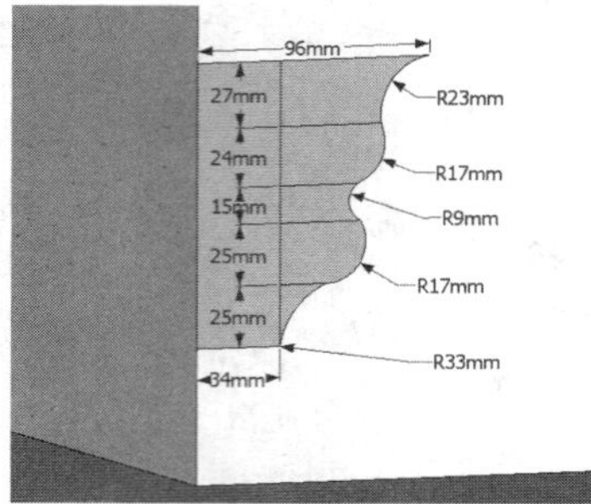

图 7-162　制作吊顶角线截面

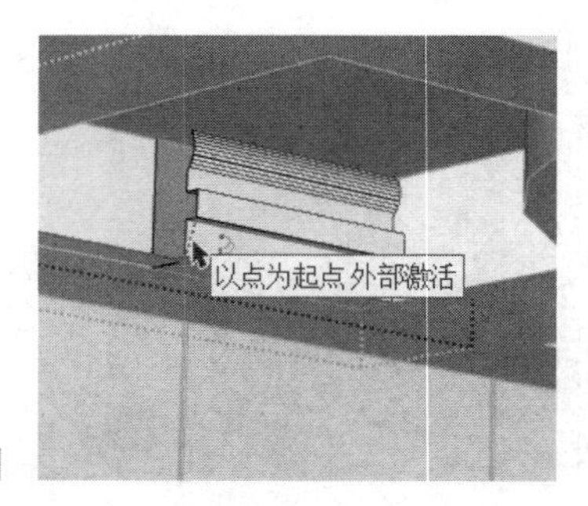

图 7-163　启用【路径跟随】工具

05 选择制作好的角线进行移动复制，通过【翻转方向】菜单命令调整模型朝向，如图 7-164、图 7-165 所示。

06 制作出风口模型。结合使用【矩形】、【偏移】及【推 / 拉】工具完成其模型的制作，赋予黑色金属材质，如图 7-166、图 7-167 所示。

图 7-164　移动复制角线

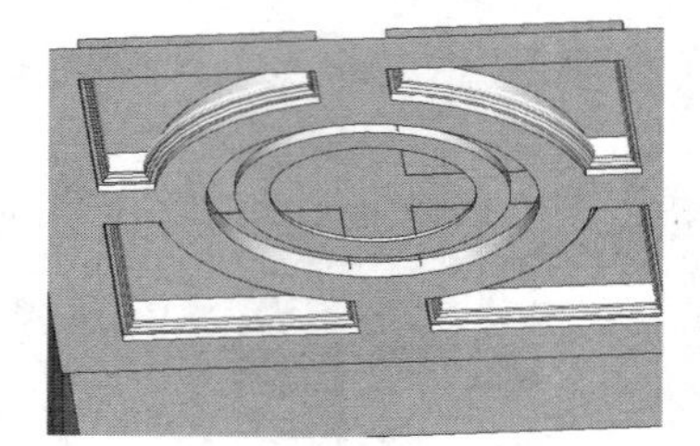

图 7-165　调整模型朝向

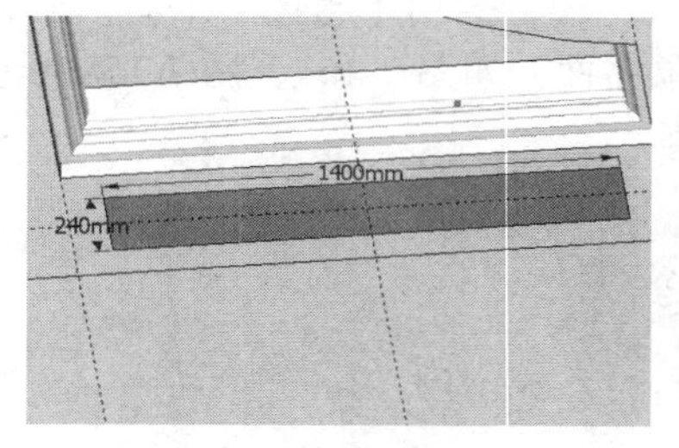

图 7-166　分割出风口平面

07 使用类似方法制作吊顶筒灯模型，赋予发光金属材质，如图 7-168、图 7-169 所示。

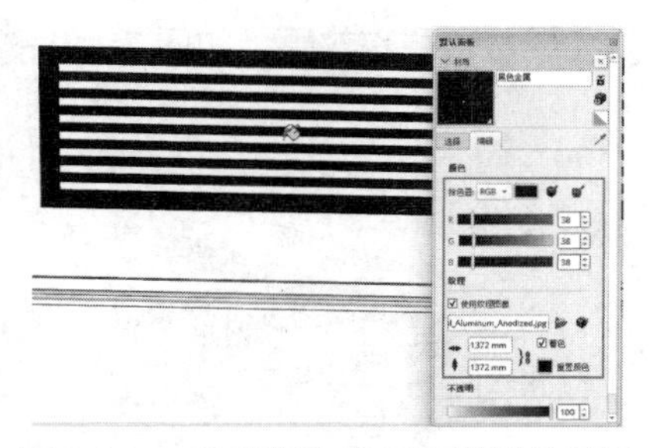

图 7-167　完成制作出风口模型并赋予材质

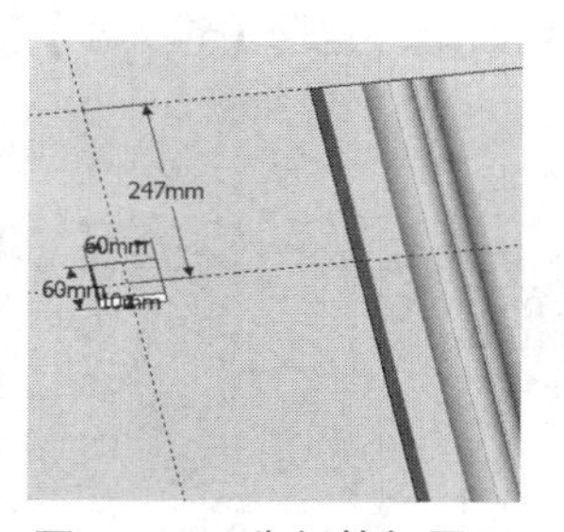

图 7-168　分割筒灯平面

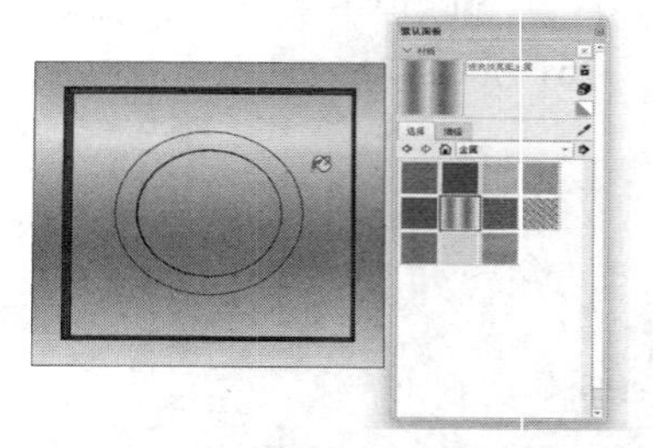

图 7-169　完成制作筒灯模型并赋予材质

08 复制出吊顶上其他位置的出风口与筒灯模型，如图 7-170 所示。进入【组件】面板，调入水晶灯模型，如图 7-171 所示。

完成客厅立面以及吊顶模型的制作后，接下来制作过道细节。

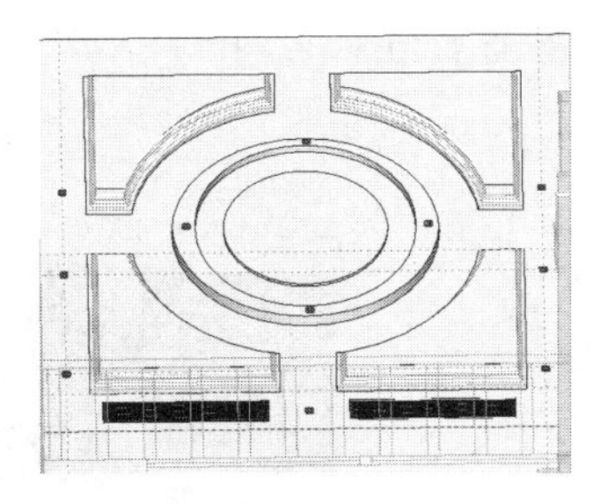

图 7-170　复制筒灯与出风口模型

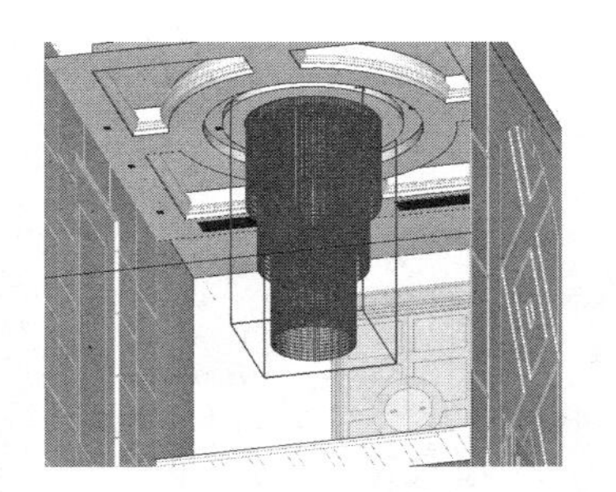

图 7-171　调入水晶灯模型

7.3 制作过道

过道主要由装饰栏杆、过道吊顶以及双开门组成，完成效果如图 7-172、图 7-173 所示。

图 7-172　过道装饰栏杆与吊顶效果

7.3.1　制作过道装饰与栏杆

01 启用【偏移】工具，选择过道侧面向内偏移 80mm，偏移效果如图 7-174 所示。

02 继续使用【偏移】工具制作出 20mm 的线宽，启用【推 / 拉】工具制作 15mm 深度装饰线，如图 7-175 所示。

图 7-173　过道双开门效果

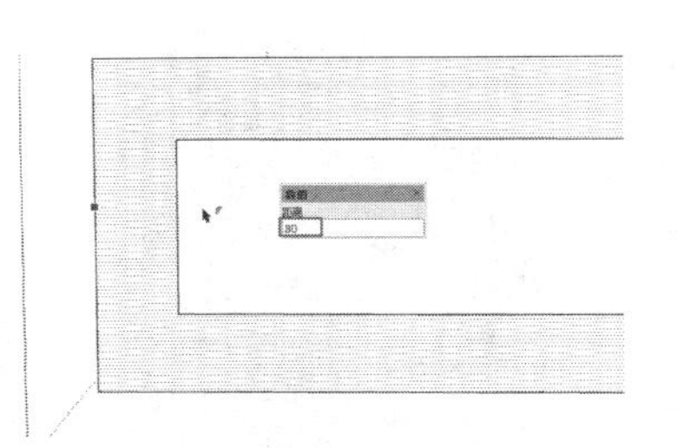

图 7-174　偏移效果

图 7-175　制作装饰线

03 为模型面分别赋予“原色樱桃木”与“木雕刻”装饰材质。然后将内侧边线拆分为 21 段，如图 7-176 所示。

04 启用【直线】工具，完成左侧的分割，启用【偏移】工具，向内偏移 15mm，如图 7-177 所示。

05 启用【卷尺】工具，找到装饰面中心点，结合使用【圆】与【推 / 拉】工具，完成圆形装饰细节，如图 7-178 所示。

图 7-176　拆分内侧边线

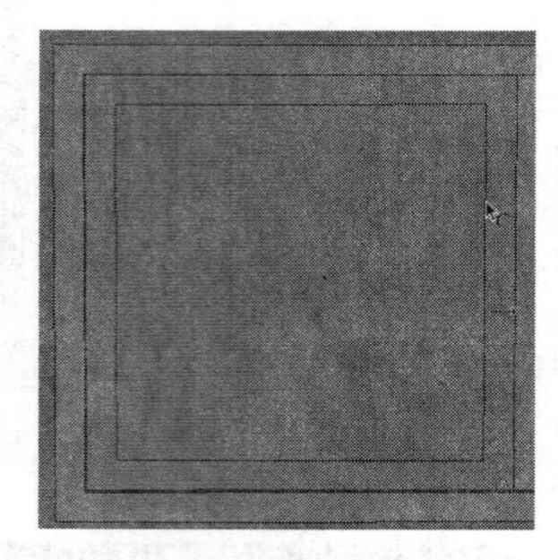
图 7-177　启用【偏移】工具

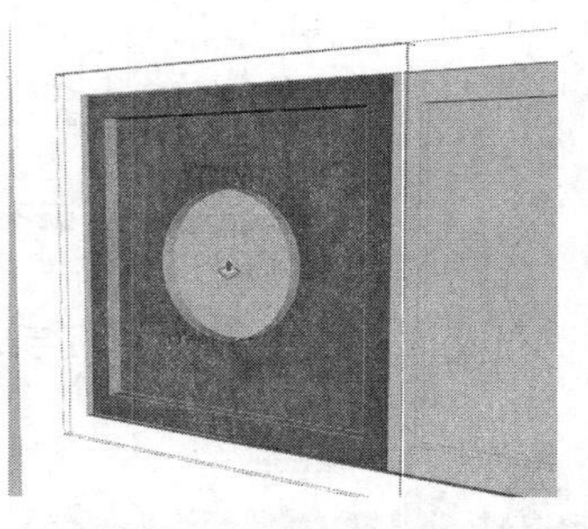
图 7-178　完成圆形装饰细节

06 选择完成的圆形装饰细节进行移动复制，完成模型细节的制作，如图 7-179、图 7-180 所示。

07 启用【直线】工具，绘制收边线条截面，启用【推 / 拉】工具，创建出模型，如图 7-181、图 7-182 所示。

图 7-179　复制圆形装饰细节

图 7-180　模型细节完成效果

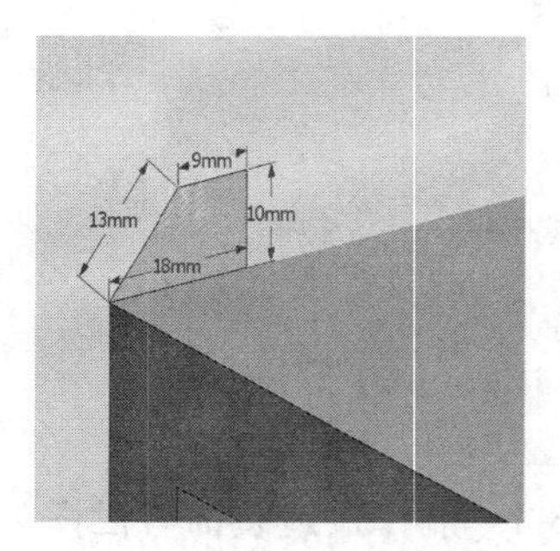

图 7-181　绘制收边线条截面

08 赋予收边线条“原色樱桃木”材质，将其移动复制至下端，并进行【翻转方向】调整，如图 7-183 所示。

09 启用【矩形】工具，在距离左侧墙体 310mm 的位置绘制一个矩形平面，如图 7-184 所示。

图 7-182　启用【推 / 拉】工具

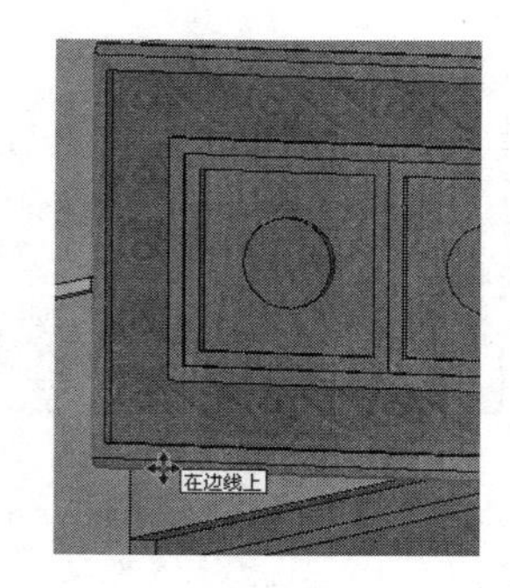

图 7-183　移动复制并调整

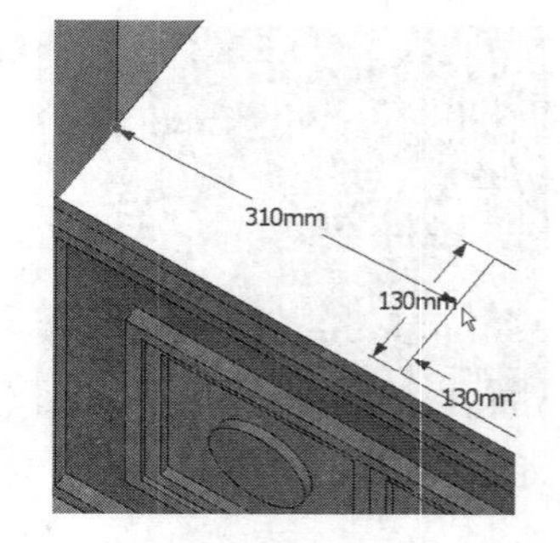

图 7-184　绘制一个矩形平面

10 启用【推 / 拉】工具，为矩形平面制作 910mm 的高度，将其正面以 2:1 的比例进行分割，如图 7-185、图 7-186 所示。

11 结合使用【偏移】与【推/拉】工具，完成栏杆正面线条细节的制作，如图 7-187～图 7-189 所示。

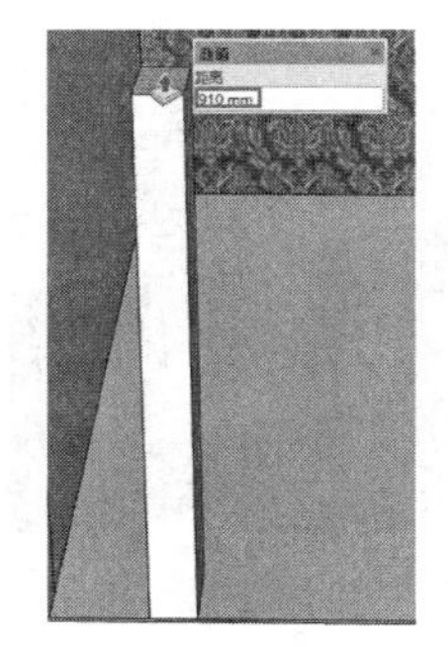
图 7-185　启用【推/拉】工具

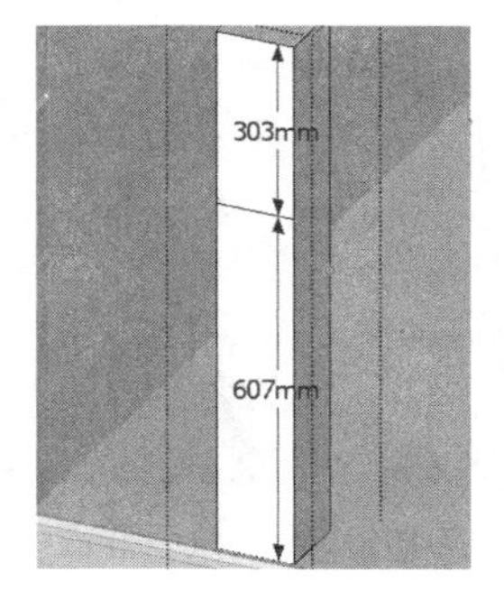

图 7-186　分割正向栏杆面

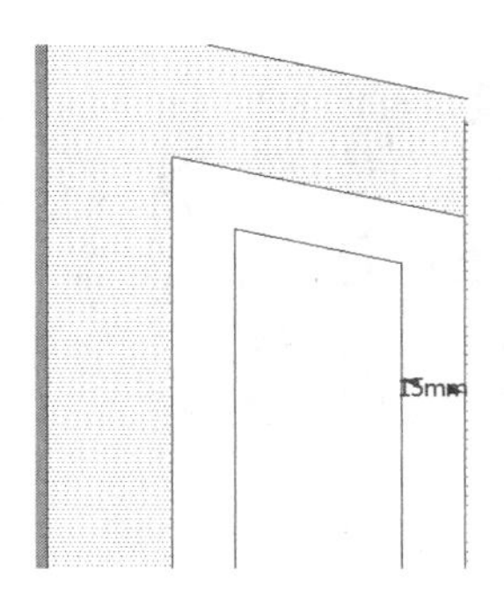
图 7-187　制作线条细节

12 执行【文件】|【导入】命令，如图 7-190 所示。

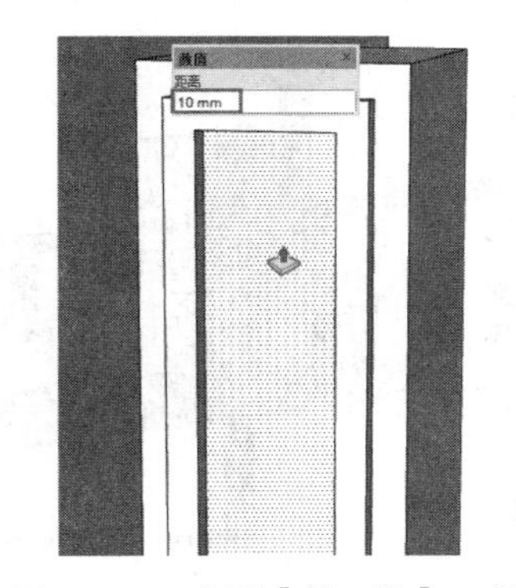
图 7-188　启用【推/拉】工具

图 7-189　栏杆主体完成效果

图 7-190　执行【导入】命令

13 在对话框中选择柱头组件，导入至场景中并放置至合适位置，如图 7-191、图 7-192 所示。

14 赋予栏杆模型“原色樱桃木”材质，然后以间隔 310mm 的距离复制 9 份，如图 7-193、图 7-194 所示。

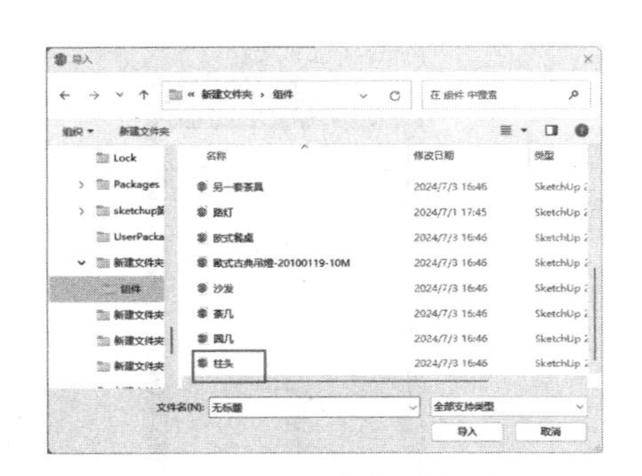
图 7-191　选择柱头组件

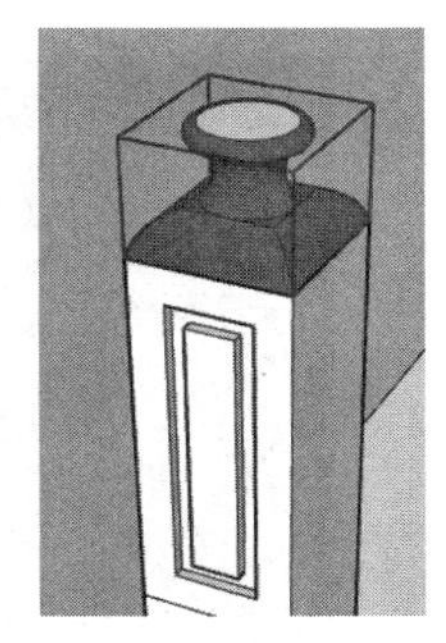
图 7-192　放置柱头

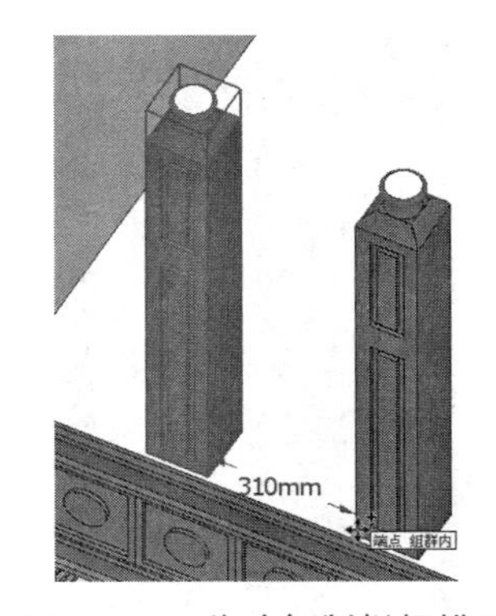

图 7-193　移动复制栏杆模型

15 制作栏杆上端扶手模型，启用【矩形】工具绘制扶手截面，如图 7-195 所示。

16 启用【推 / 拉】工具，将截面拉伸至右侧墙体交接处，如图 7-196 所示。

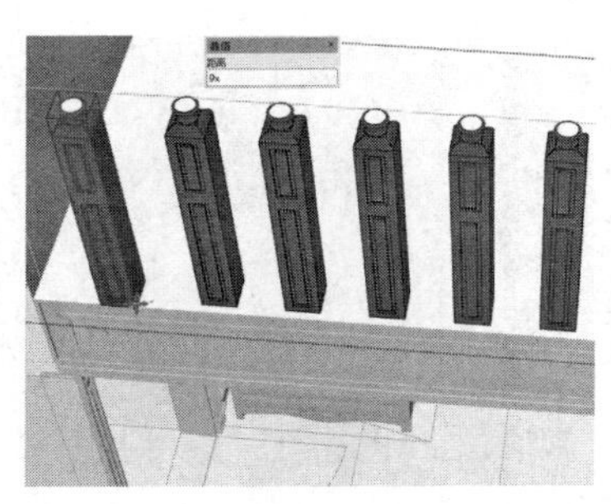
图 7-194　栏杆模型复制完成效果

图 7-195　绘制扶手截面

图 7-196　启用【推 / 拉】工具

17 启用【偏移】工具，将截面向内偏移 20mm，启用【推 / 拉】工具，将其向内凹陷 10mm，模型完成后对应赋予材质即可，如图 7-197、图 7-198 所示。

18 此时过道效果如图 7-199 所示。接下来制作二层过道处的双开门模型。

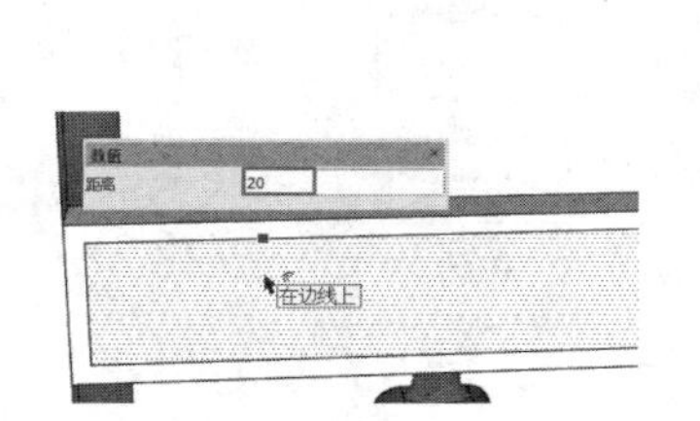

图 7-197　启用【偏移】工具

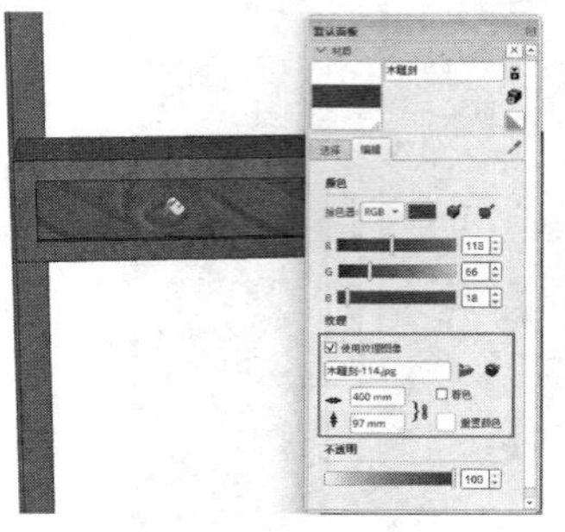
图 7-198　赋予材质

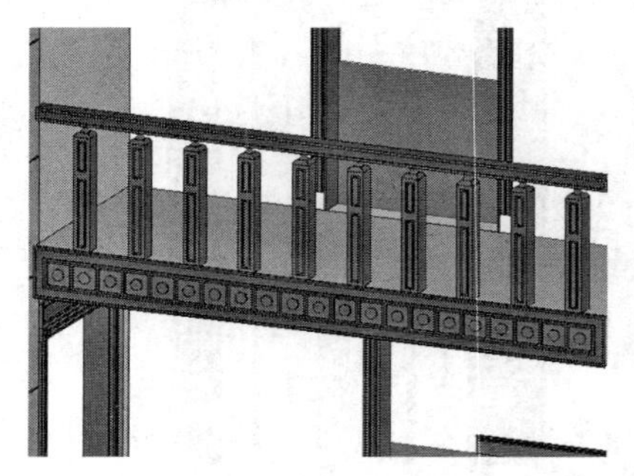
图 7-199　此时过道效果

7.3.2　制作双开门

01 启用【矩形】工具，捕捉门套创建绘制等大的矩形平面，然后拆分并删除一半模型平面，如图 7-200 ~ 图 7-202 所示。

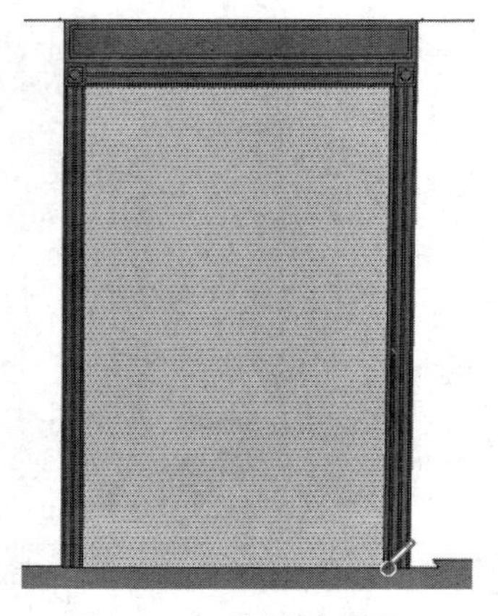
图 7-200　绘制矩形平面

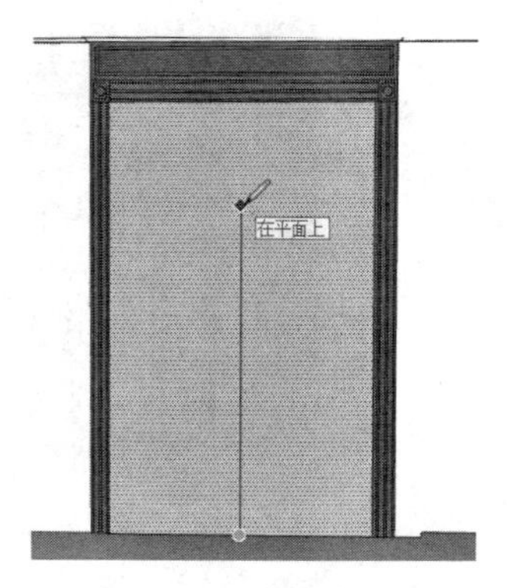

图 7-201　绘制中心线

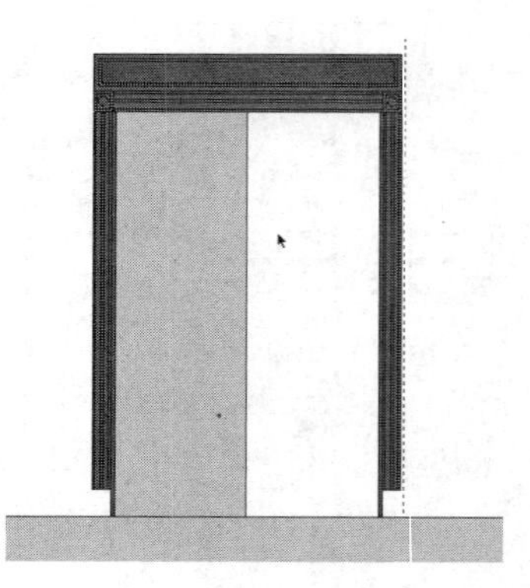
图 7-202　删除一半模型平面

02 启用【卷尺】工具，绘制门页分割参考线。启用【偏移】工具，将其向内偏移 60mm，如图 7-203、图 7-204 所示。

03 启用【直线】工具，分割中部细分面，如图 7-205 所示。

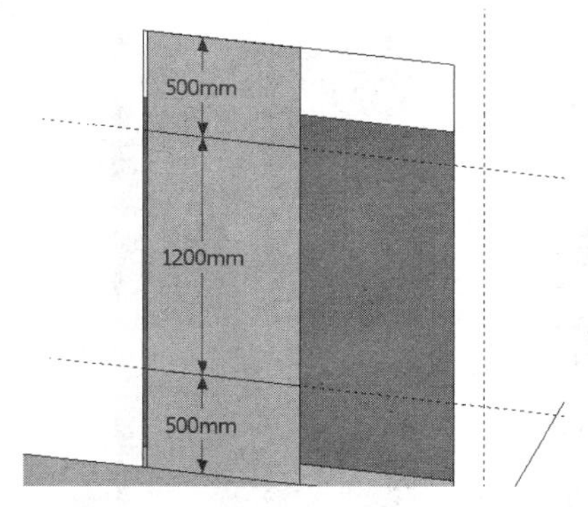

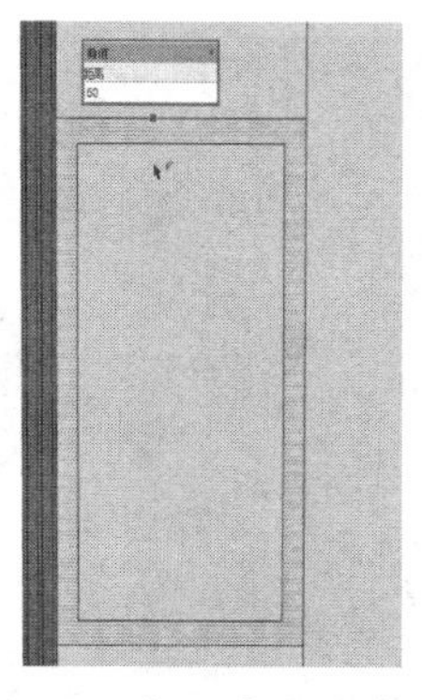

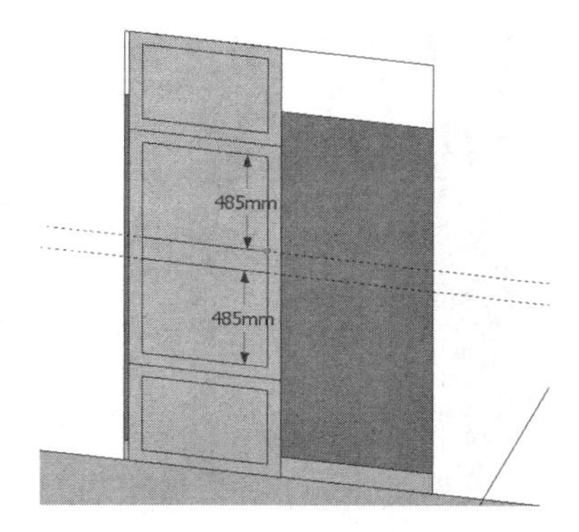

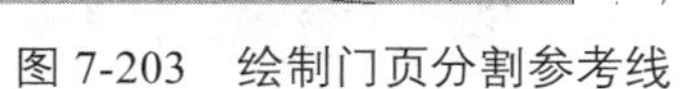
图 7-203 绘制门页分割参考线

图 7-204 启用【偏移】工具

图 7-205 分割中部细分面

04 启用【圆】工具，捕捉右侧边线中点，绘制一个半径约为 375mm 的圆形平面，启用【偏移】工具，将其向内偏移 120mm，如图 7-206 ~ 图 7-208 所示。

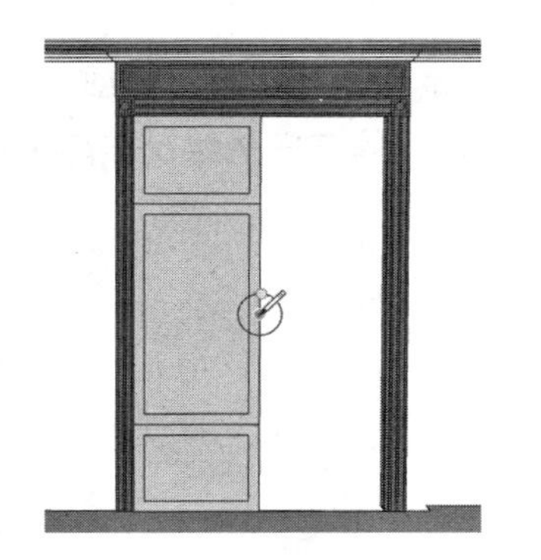
图 7-206 捕捉右侧边线中点

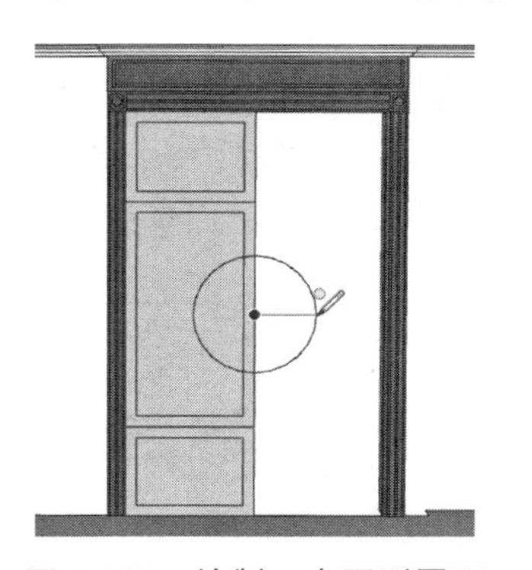
图 7-207 绘制一个圆形平面

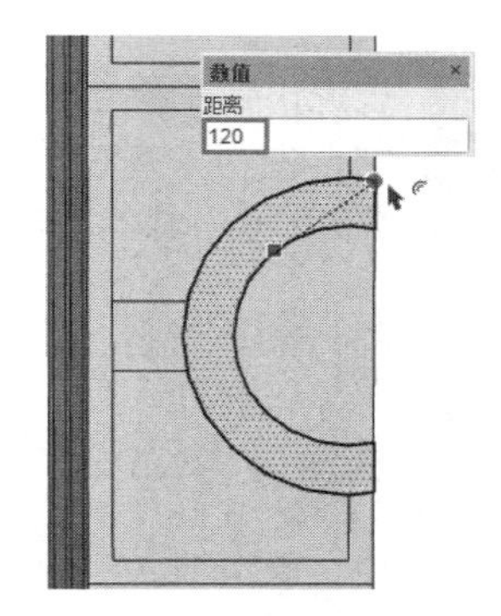

图 7-208 启用【偏移】工具

05 删除多余边线，启用【推 / 拉】工具，将细分面向内推拉 5mm，制作门页细节，如图 7-209 所示。赋予部分模型“原色樱桃木”材质，如图 7-210 所示。

06 为门页中部的半圆形平面制作并赋予“门花纹”材质，注意调整贴图拼贴效果，如图 7-211 所示。

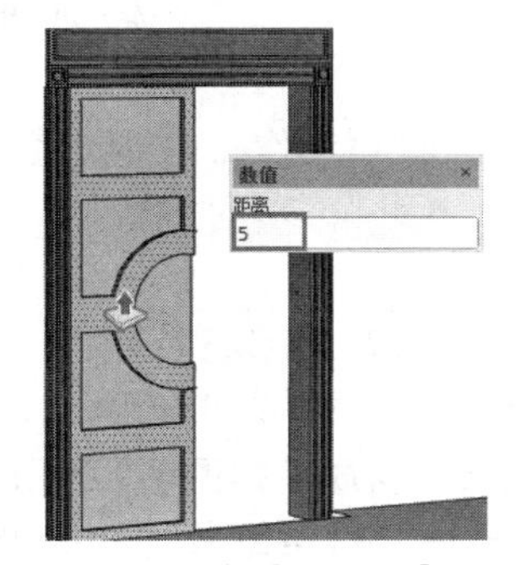

图 7-209 启用【推 / 拉】工具

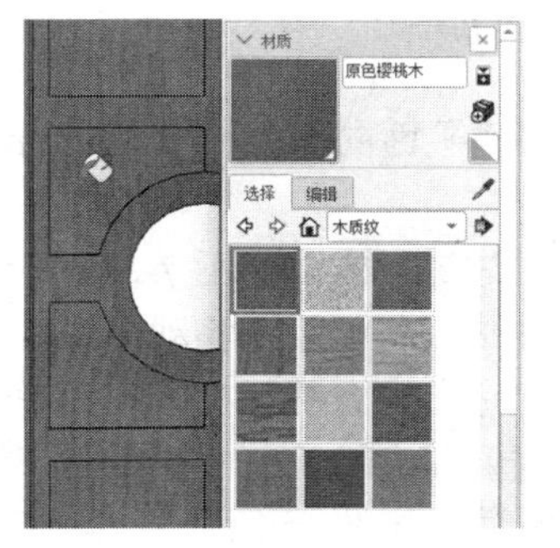

图 7-210 赋予部分模型“原色樱桃木”材质

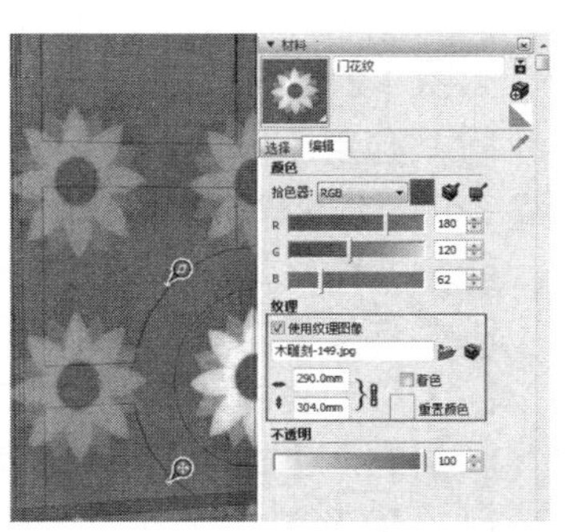

图 7-211 制作并赋予“门花纹”材质

07 启用【移动】工具，复制制作好的门页模型，使用【翻转方向】命令调整朝向，如图 7-212 所示。

08 导入“拉手”模型组件，完成双开门模型制作，如图 7-213、图 7-214 所示。

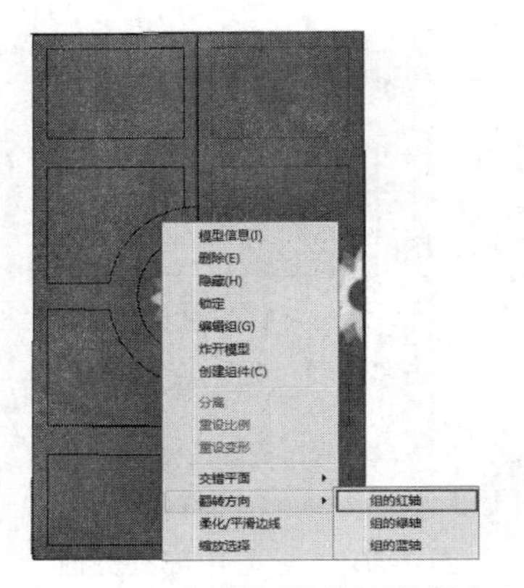

图 7-212　复制门页并调整朝向

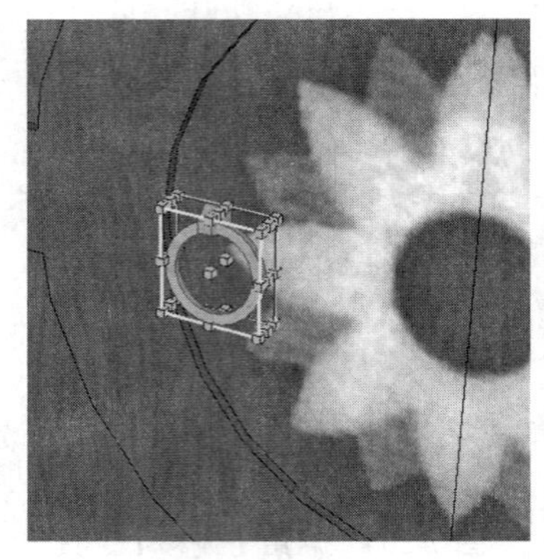

图 7-213　导入“拉手”模型组件

图 7-214　双开门模型完成效果

7.3.3　制作过道吊顶

01 过道吊顶主要包含天花角线与矩形灯槽，如图 7-215 所示。首先制作天花角线模型。

02 结合使用【直线】与【圆弧】工具，绘制天花角线截面，捕捉墙体与门头绘制跟随路径平面，如图 7-216、图 7-217 所示。

图 7-215　天花角线与矩形灯槽

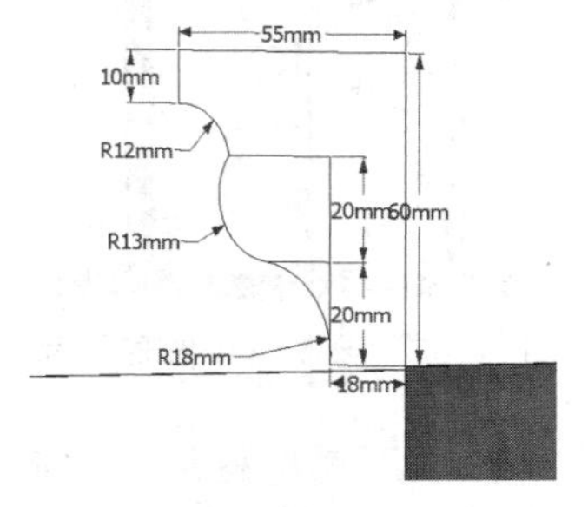

图 7-216　绘制天花角线截面

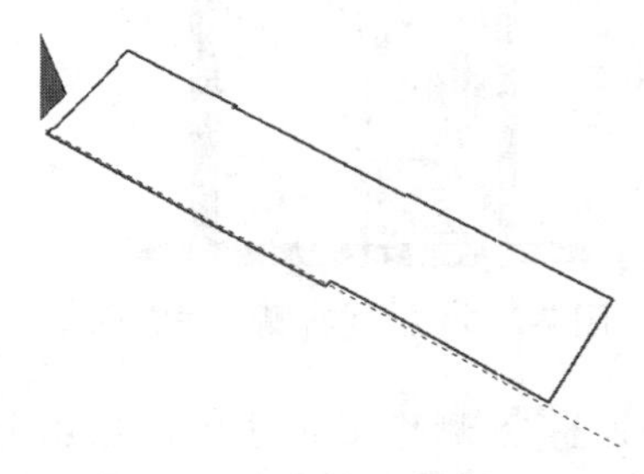

图 7-217　绘制跟随路径平面

03 启用【路径跟随】工具，完成天花角线制作，如图 7-218 所示。

04 结合使用【卷尺】与【矩形】工具，对一层过道顶面进行分割，分割出三个矩形灯槽平面，如图 7-219 所示。

05 启用【推 / 拉】工具，将灯槽平面向上推拉出 200mm 的深度，然后制作出内部角线，如图 7-220、图 7-221 所示。

06 将角线模型移动复制至二层过道上方，如图 7-222 所示。

07 选择天花角线与门头连接的边线，启用【移动】工具进行对位，如图 7-223 所示。

08 移动复制吊顶模型至二层过道上方，并捕捉天花角线进行对位，如图 7-224 所示。

09 进入【材料】面板，为过道及餐厅墙面制作并赋予“红色墙纸”材质，如图 7-225 所示。

过道模型制作完成后，当前场景的结构与各个立面细节制作完成，模型立面完成效果如图 7-226 所示，最后再根据 CAD 图纸导入常用家具模型即可。

图 7-218　天花角线完成效果

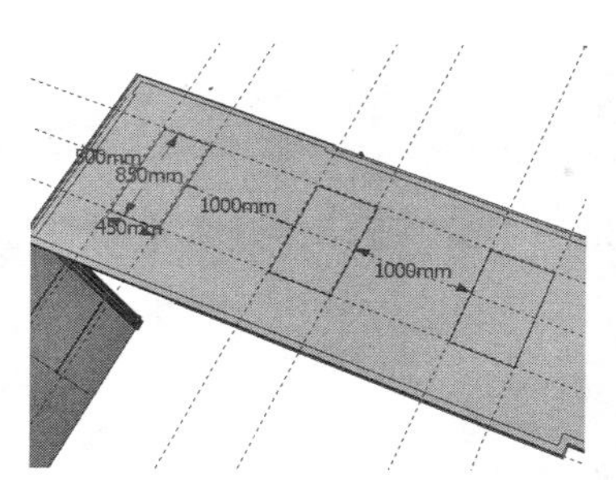

图 7-219　分割一层过道顶面

图 7-220　启用【推 / 拉】工具

图 7-221　制作出内部角线

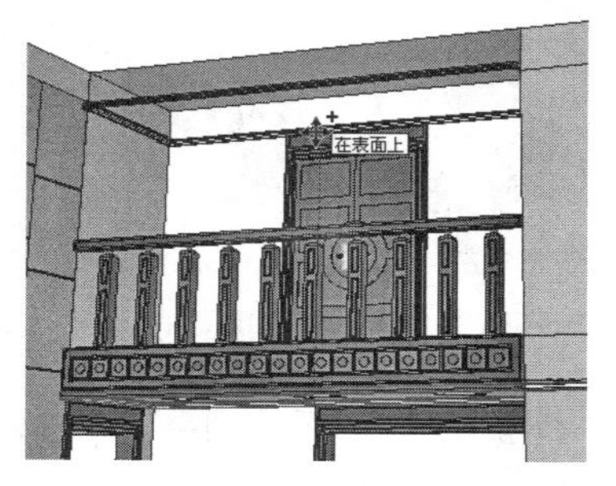

图 7-222　移动复制角线模型

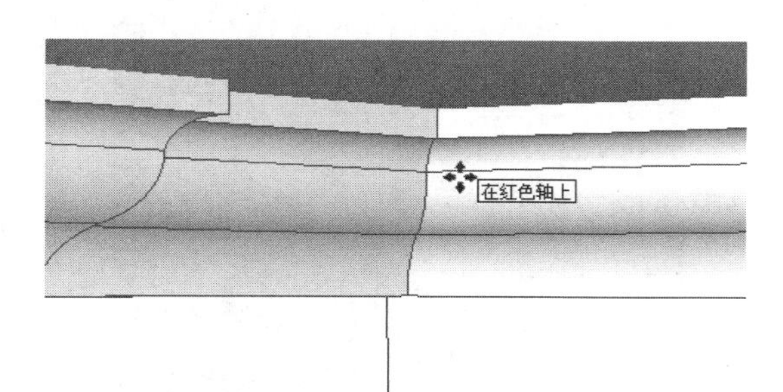

图 7-223　进行对位

图 7-224　复制吊顶模型并对位

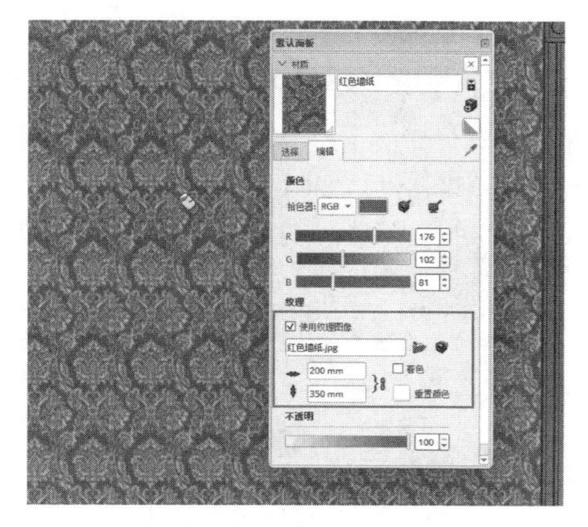

图 7-225　赋予“红色墙纸”材质

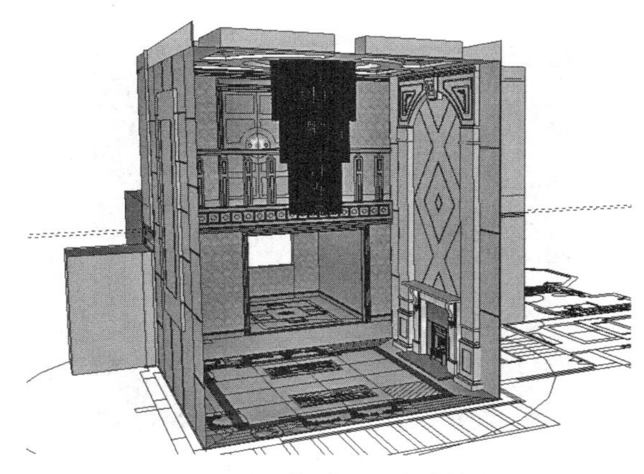

图 7-226　模型立面完成效果

7.4 合并常用家具

01 本别墅客厅家具布置如图 7-227 所示，进入【组件】面板，导入双人沙发组件，如图 7-228 所示。

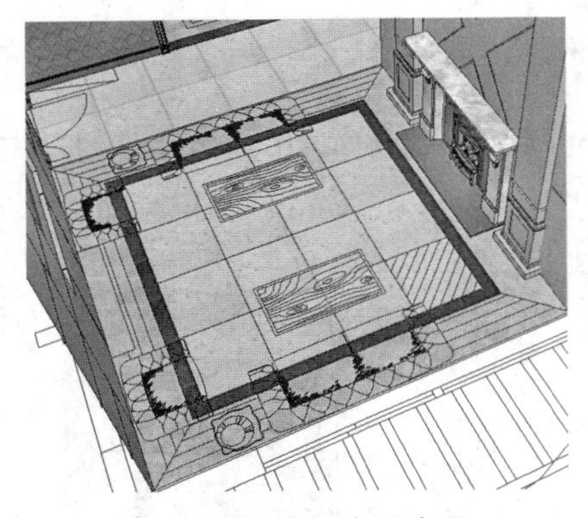

图 7-227　客厅家具布置

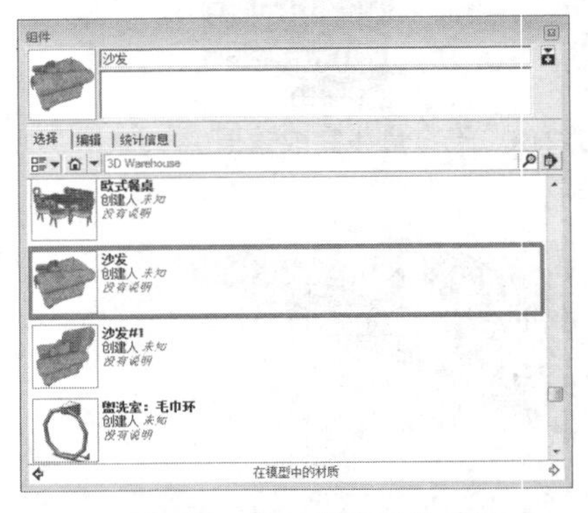

图 7-228　进入【组件】面板

02 参考 CAD 图纸，调整双人沙发模型的大致位置，启用【缩放】工具，调整好造型大小，如图 7-229、图 7-230 所示。

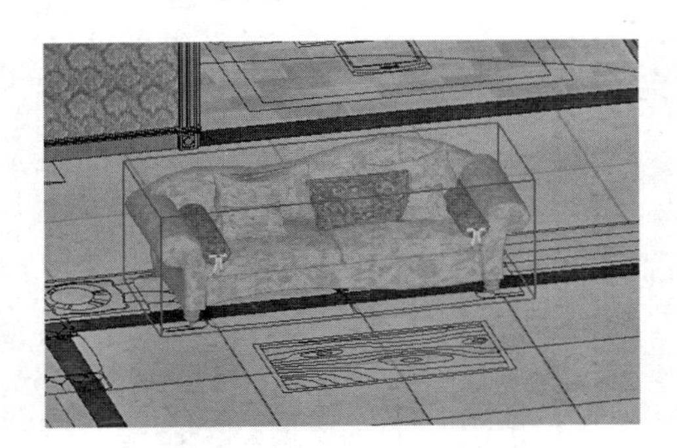

图 7-229　调整双人沙发位置

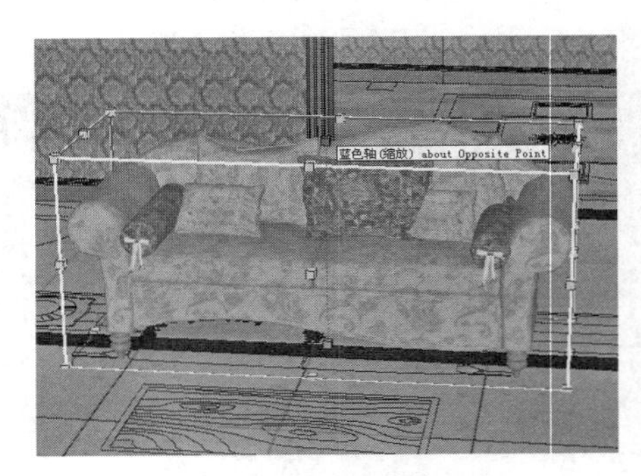

图 7-230　调整双人沙发大小

03 使用类似的方法完成客厅及餐厅其他基本家具的布置，如图 7-231、图 7-232 所示。

图 7-231　客厅布置完成效果

图 7-232　餐厅布置效果

04 至此，欧式客厅室内设计全部完成，最终效果如图 7-233 所示。

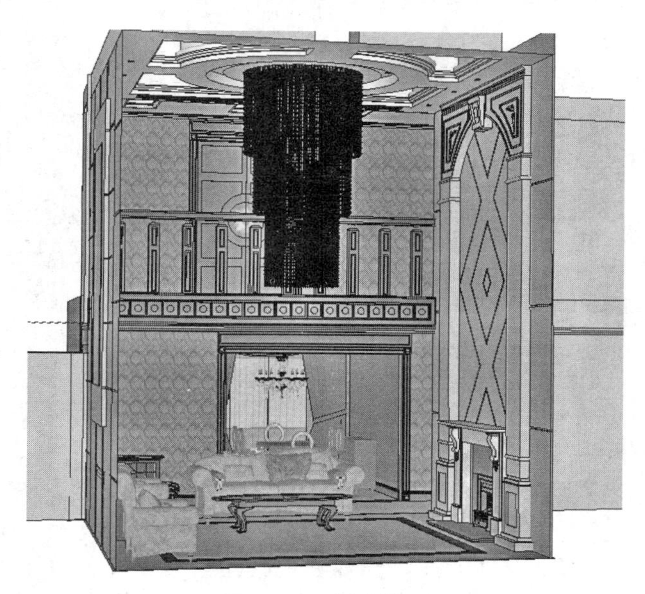

图 7-233 最终效果

第08章

室外别墅建筑照片建模

本章重点：

- SketchUp 照片建模基础
- SketchUp 照片建模实例

根据二维照（图）片创建三维实体模型，是 SketchUp 一个非常强大且极具特色的功能。在谷歌地球上，众多的 SketchUp 爱好者通过现有的二维照（图）片，完成了许多标志性建筑三维模型的制作，如图 8-1、图 8-2 所示。

图 8-1　谷歌地球中的世博中国馆三维模型

图 8-2　谷歌地球中的鸟巢三维模型

本章将首先讲解 SketchUp 照片建模的基本技术，然后通过将图 8-3 所示的别墅照片，建立出如图 8-4 所示的三维模型实例，学习 SketchUp 照片建模的方法、流程与相关技巧。

图 8-3　建筑原始照片

图 8-4　SketchUp 照片建模完成效果

8.1 SketchUp 照片建模基础

8.1.1　如何导入照片

在 SketchUp 中有两种导入照片进行匹配建模的方法，一种通过【相机】菜单导入，另一种则通过【文件】菜单导入，如图 8-5、图 8-6 所示。

图 8-5　通过【相机】菜单导入

图 8-6　通过【文件】菜单导入

8.1.2 匹配照片

将照片以匹配建模的用途导入到 SketchUp 后，将出现如图 8-7 所示的照片匹配界面，以及如图 8-8 所示的【照片匹配】面板。

选择照片匹配界面坐标轴，可以确定坐标原点位置，如图 8-9 所示。通过将坐标原点定位于建模主体在照片中最近端的位置，有利于模型的准确创建。

图 8-7 照片匹配界面

图 8-8 【照片匹配】面板

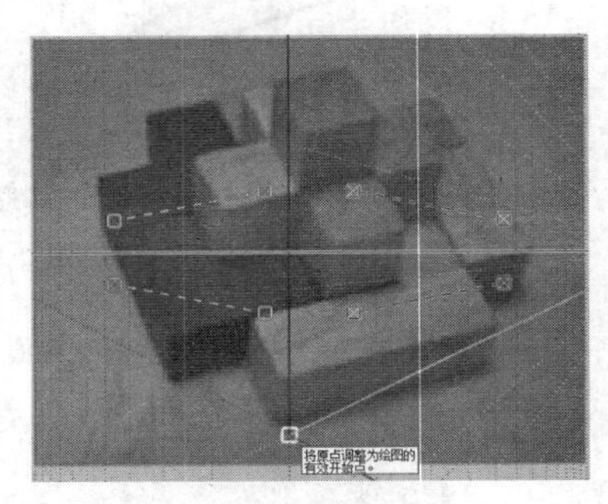

图 8-9 确定坐标原点位置

照片匹配界面中有红绿两色的轴向定位线（各两根），其中绿色定位线用于定位 Y 轴，参考照片中建模主体纵向边线匹配好其位置即可，如图 8-10、图 8-11 所示。

而红色定位线用于定位 X 轴，参考照片中建模主体横向边线匹配其位置，通常前两根定位线可以选择与原点相交，定位红（X）轴参考线如图 8-12 所示。

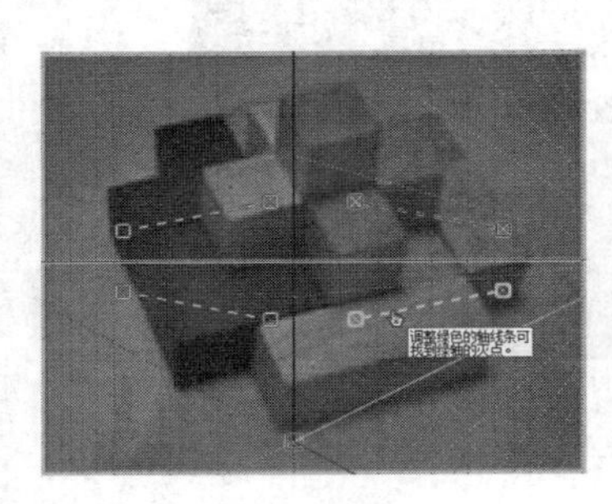

图 8-10 选择绿（Y）轴参考线

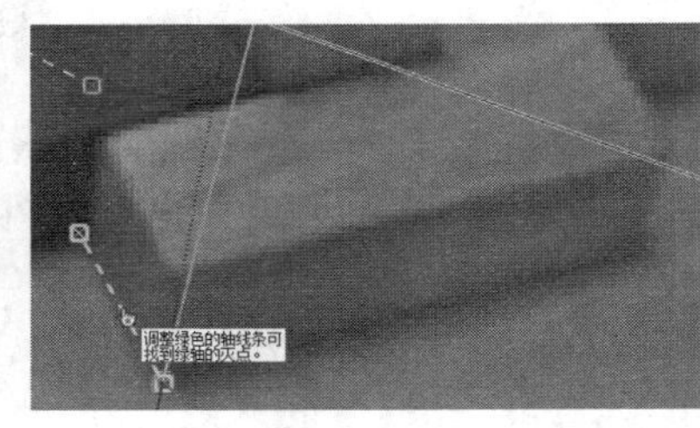

图 8-11 定位绿（Y）轴参考线

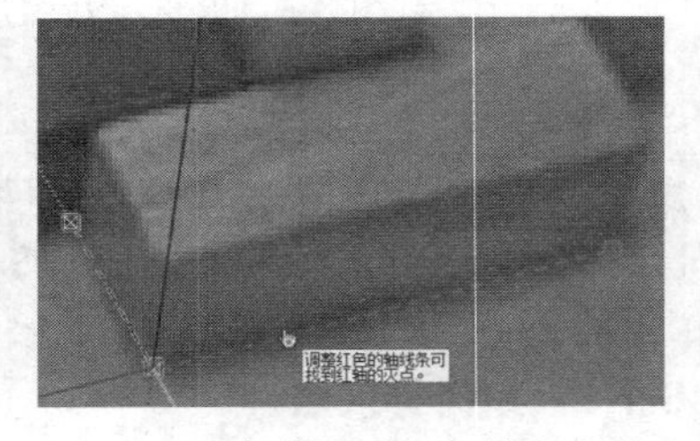

图 8-12 定位红（X）轴参考线

技 巧

在放置的过程中，应实时注意坐标轴各个轴线是否与照片主体中的对应边线相切合。

旋转好前两根定位轴线后，再使用同样的方法找到建模主体中对应走向的其他边线，放置另外两根轴线即可，最后单击【照片匹配】面板中的【完成】按钮完成匹配，如图 8-13、图 8-14 所示。

注 意

确定完成匹配效果后，如果发现坐标轴线与图片中模型主体对应边线不太切合，可以执行【相机】/【编辑照片匹配】菜单命令进行调整。

图 8-13　定位另外两条轴线

图 8-14　定位完成

8.1.3　建立模型

完成照片匹配后，接下来即可利用匹配好的坐标轴建立模型，启用【直线】工具，捕捉原点绘制第一条线段，如图 8-15 所示。

在线段的绘制过程中，为了得到水平或垂直的线段，需要捕捉对应方向坐标轴进行绘制，并最终封闭形成平面，如图 8-16 ~ 图 8-18 所示。

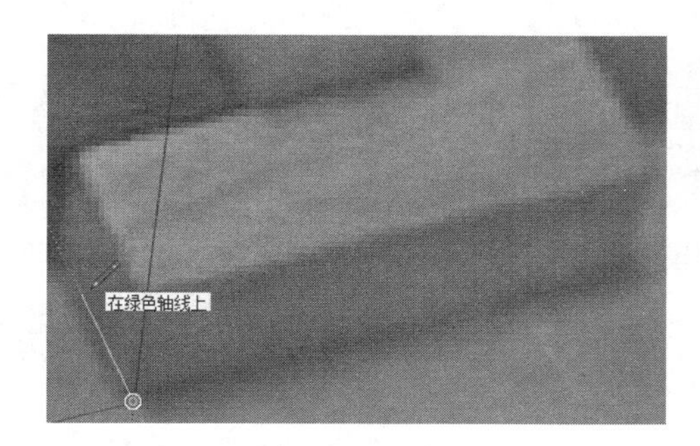

图 8-15　捕捉原点绘制第一条线段

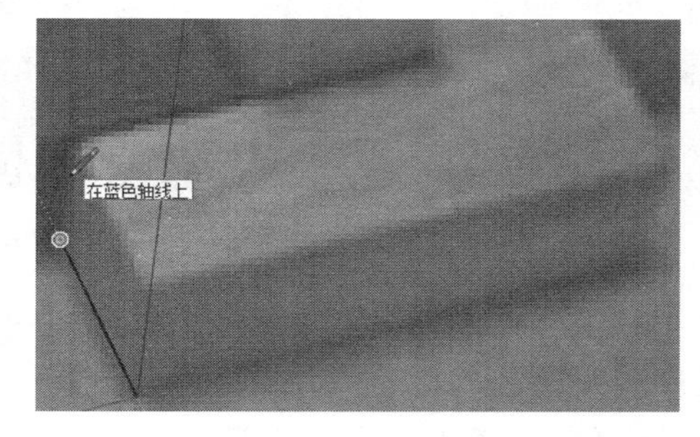

图 8-16　捕捉蓝色轴线绘制垂线

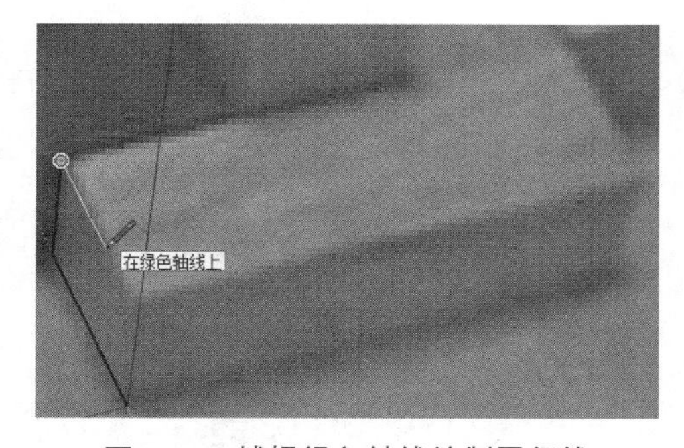

图 8-17　捕捉绿色轴线绘制平行线

图 8-18　封闭形成平面

绘制好平面后，启用【推 / 拉】工具，参考照片中模型进行推拉，推拉完成后转动视图，即可发现已经创建好实体模型，如图 8-19、图 8-20 所示。

如果要返回照片匹配视图，只需单击当前的页面名称即可，如图 8-21 所示。返回照片匹配视图后，以创建好的模型为参考创建出其他模型，如图 8-22、图 8-23 所示。

图 8-19　参考照片进行推拉

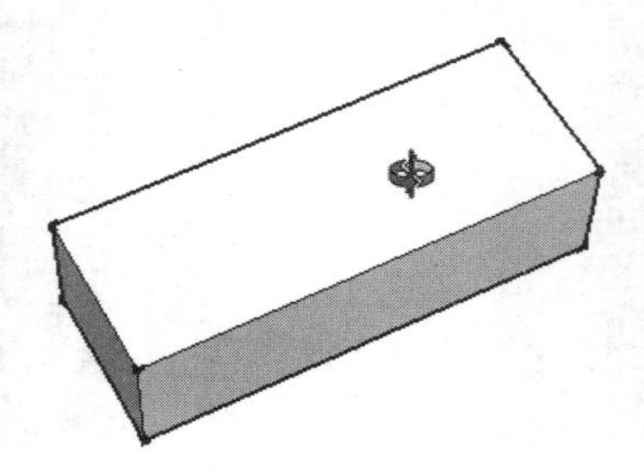
图 8-20　推拉完成效果

图 8-21　返回照片匹配视图

技 巧

创建初步模型后，其他模型可以根据位置关系在透视图中进行快速创建，如图 8-24 所示。

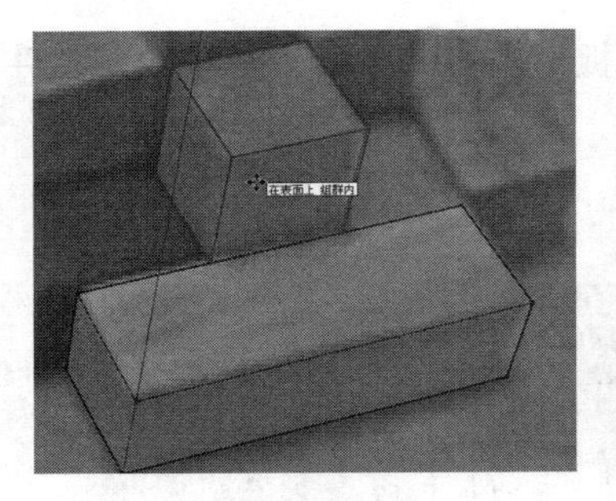
图 8-22　创建其他模型

图 8-23　复制模型

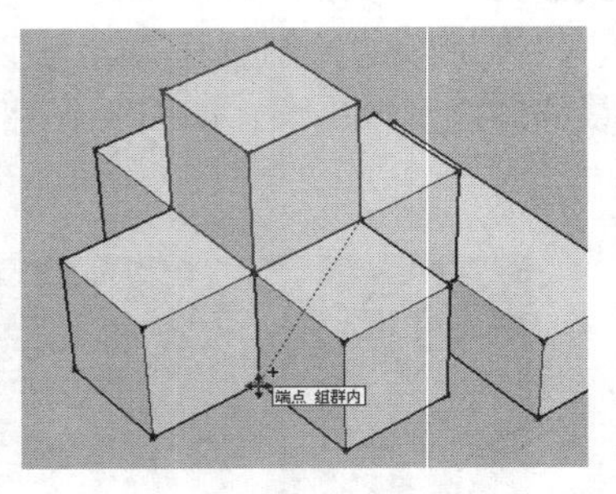

图 8-24　快速创建出其他模型

根据上述方法创建完成模型，效果如图 8-25 所示，最后删除当前页面，即可得到纯模型效果，如图 8-26、图 8-27 所示。

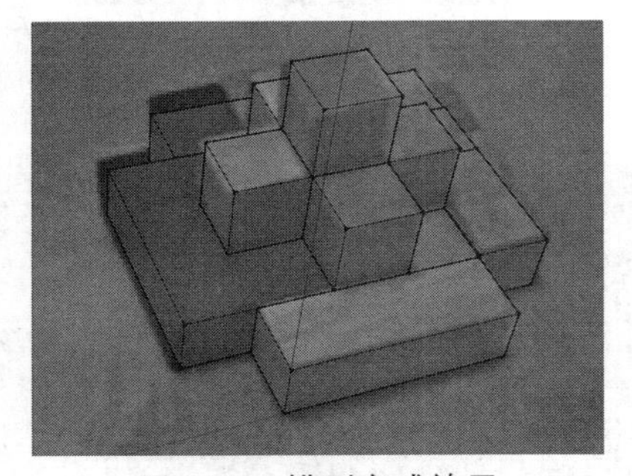
图 8-25　模型完成效果

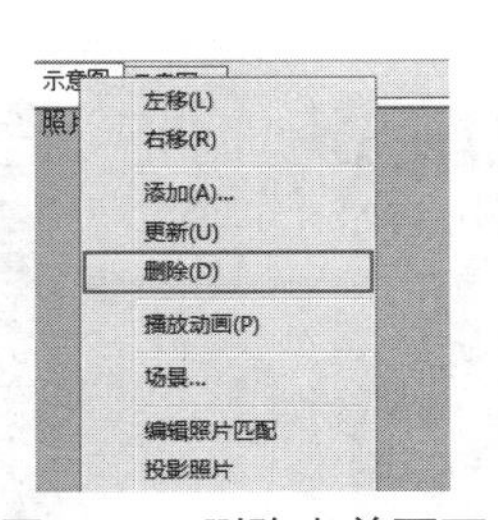

图 8-26　删除当前页面

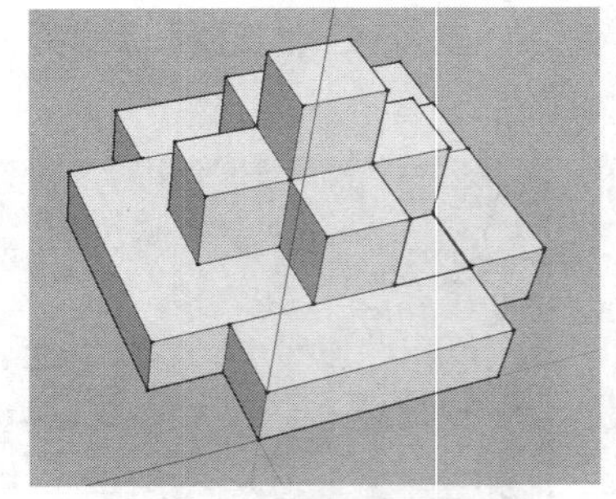
图 8-27　纯模型效果

注 意

SketchUp 照片建模有时并不能完全匹配照片模型大小与位置，原因通常有如下三点：

第一：用于匹配的照片经过不等比的调整，透视关系已经改变。

第二：用于匹配的照片在拍摄时使用产生透视扭曲的镜头。

第三：由于参考的是二维图片，在建立三维模型时要去主观推测一些效果，因此会造成一些必然的误差。

模型建立完成后，参考照片为其赋予对应材质，如图 8-28 所示。此外，在【照片匹配】面板中如果单击【从照片投影纹理】按钮，系统将自动指定匹配照片投影位置的材质，如图 8-29、图 8-30 所示。

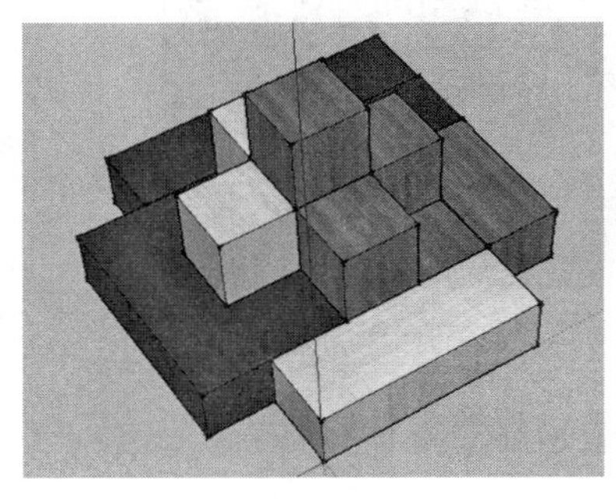

图 8-28　赋予对应材质

图 8-29　单击【从照片投影纹理】按钮

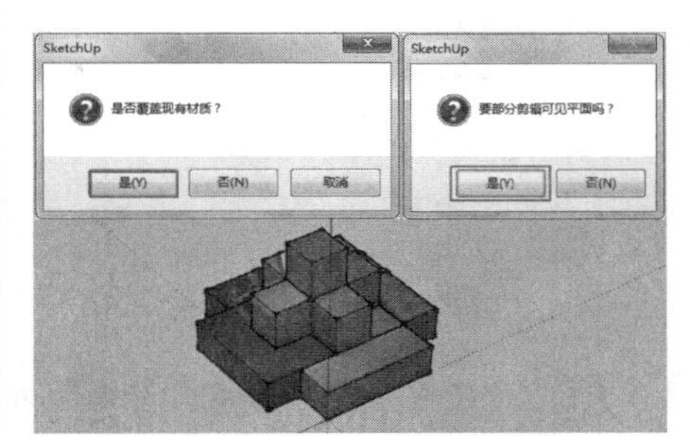

图 8-30　系统自动指定材质

8.2 SketchUp 照片建模实例

8.2.1　匹配照片

01 启动 SketchUp，执行【模型信息】命令，如图 8-31 所示。进入【模型信息】面板，设置场景单位为毫米，如图 8-32 所示。

图 8-31　执行【模型信息】命令

图 8-32　设置场景单位

注 意

由于本例创建的是建筑模型，系统默认的人物模型可以用于参考建筑尺寸，因此可以将其保留。

02 执行【相机】|【匹配新照片】命令，选择别墅照片作为匹配背景，如图 8-33 所示。

03 匹配照片的效果如图 8-34 所示。

图 8-33　选择别墅照片

图 8-34　匹配照片的效果

04 定位好坐标轴原点，参考照片调整好照片匹配关系，如图 8-35、图 8-36 所示。

图 8-35　调整好照片匹配关系

图 8-36 【照片匹配】面板

8.2.2　建立建筑主体轮廓

01 启用【直线】工具，捕捉坐标原点，创建线段起点，如图 8-37 所示。向后捕捉绿色轴线，创建水平线段，如图 8-38 所示。

图 8-37　捕捉坐标原点

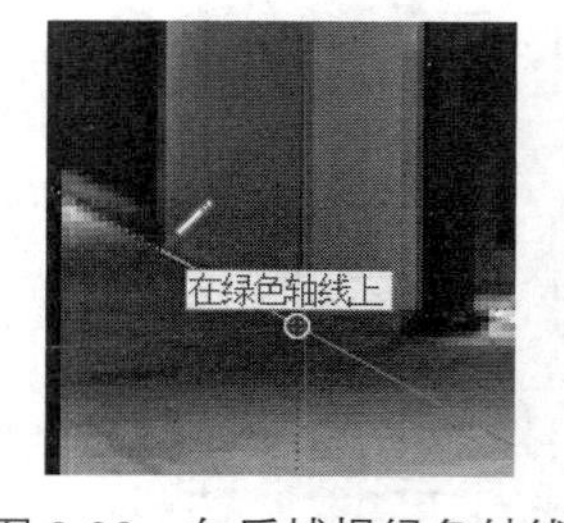

图 8-38　向后捕捉绿色轴线

技 巧

通过二维照片匹配创建出形态一致的三维模型较容易，但必须同时考虑到模型间的前后及层次关系，因此在创建模型时必须层层推进。本例首先通过捕捉原点以及轴线创建大门模型，然后以其为参考创建其他模型。

02 向上捕捉蓝色轴线并参考照片，创建垂直向上的线段，如图 8-39 所示。通过类似的方法封闭该平面，如图 8-40、图 8-41 所示。

图 8-39　向上捕捉蓝色轴线　　图 8-40　向前捕捉蓝色轴线确定长度　图 8-41　捕捉坐标原点封闭平面

03 启用【推 / 拉】工具，参考照片制作大门的轮廓，如图 8-42 所示。启用【直线】工具，分割模型面，如图 8-43 所示。

图 8-42　启用【推 / 拉】工具

图 8-43　分割模型面

04 启用【推 / 拉】工具，打通分割面，形成大门框架，如图 8-44 所示。将其整体创建为群组，如图 8-45 所示。

图 8-44　打通分割面

图 8-45　整体创建为群组

05 大门模型创建完成后，即可以其为参考，制作其他模型。观察匹配照片，可以发现别墅二层与其直接相连，因此启用【直线】工具，捕捉其边线上的点作为线段起点向后创建一条线段，如图 8-46、图 8-47 所示。

图 8-46　捕捉线段起点

图 8-47　参考照片向后创建线段

注 意

在创建别墅二层时，捕捉大门边线上的点作为线段起点，可以保证别墅二层模型与大门的层次关系，否则创建好的模型在形态上能与照片保持一致，但旋转视图即可发现创建的模型与大门模型距离相隔甚远。

06 通过各个轴向的捕捉，绘制出构成平面的其他线段，并最终形成封闭平面，如图 8-48 ~ 图 8-50 所示。

图 8-48　捕捉蓝色轴线向上画线

图 8-49　捕捉蓝色轴线向下画线

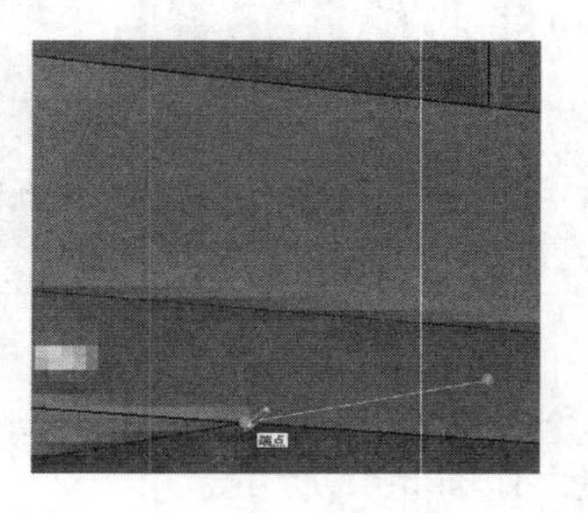

图 8-50　捕捉绿色轴线连接形成平面

07 启用【推 / 拉】工具，参考照片制作别墅二层模型轮廓，完成后转动视图，可以发现其与大门的位置关系符合现实中的常规设计，如图 8-51、图 8-52 所示。

图 8-51　启用【推 / 拉】工具

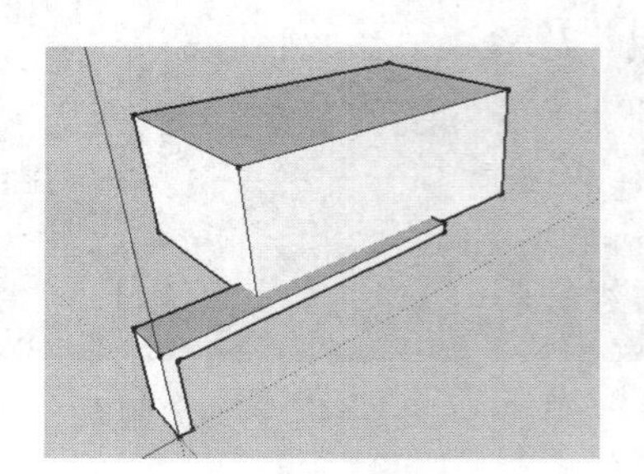

图 8-52　当前模型效果

08 参考当前创建的别墅二层模型，结合使用【直线】工具与【推 / 拉】工具，制作屋檐初步效果，如图 8-53 所示。

09 由于屋檐一直延伸至右侧屋面，因此选择当前模型右侧边线，启用【移动】工具，参考照片调整其位置，如图 8-54 所示。

10 转动至透视图，通过之前调整好的边线位置完成右侧屋檐模型的制作，如图 8-55 ~ 图 8-57 所示。

11 屋檐模型完成后，结合使用【直线】工具与【推 / 拉】工具，参考匹配照片完成别墅二层正面门洞与窗洞的制作，如图 8-58 ~ 图 8-61 所示。

图 8-53 制作屋檐初步效果

图 8-54 参考照片调整其位置

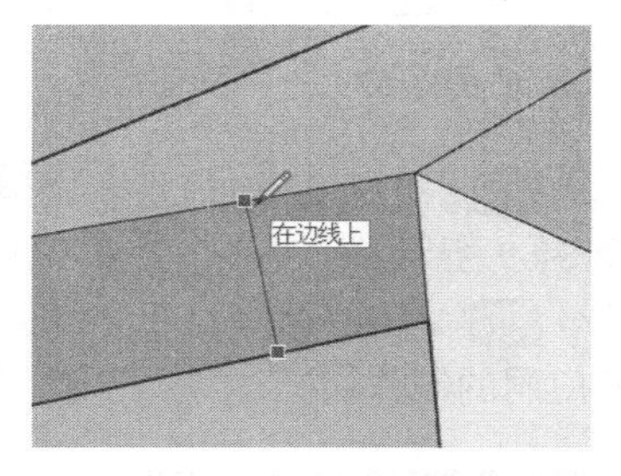

图 8-55 在透视图中创建边线

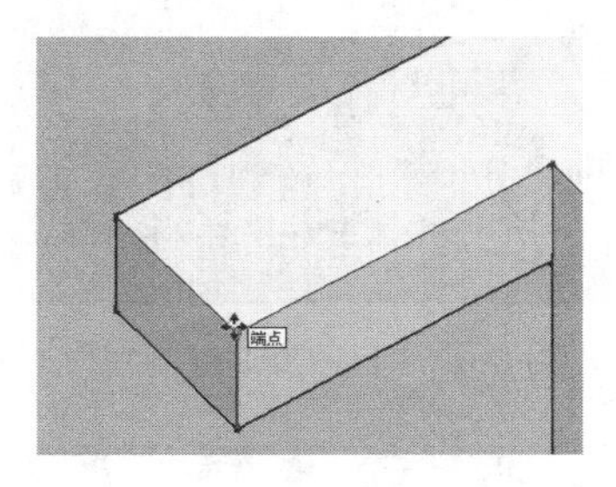

图 8-56 移动对齐边线

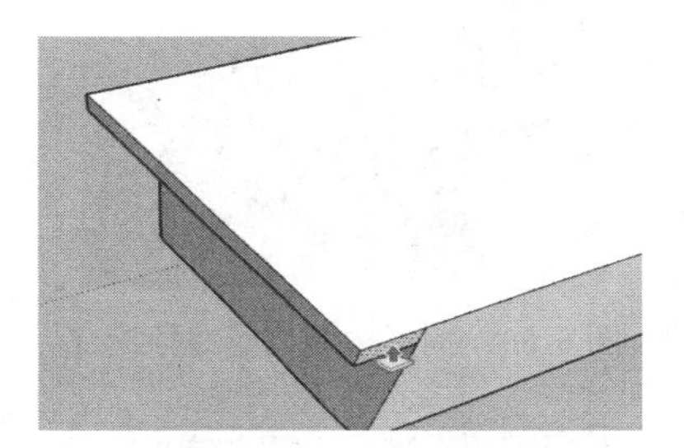

图 8-57 推拉出侧面屋檐

图 8-58 强制相交平面画出左侧分割线

图 8-59 强制相交平面画出右侧分割线

图 8-60 封闭形成分割平面

图 8-61 参考照片推拉出深度

12 旋转至透视图，对齐大门与窗台边沿，然后删除模型中多余的线段，如图 8-62 ~ 图 8-64 所示。

13 结合使用【直线】工具与【推 / 拉】工具，完成别墅二层左侧窗洞的制作，如图 8-65 所示。接下来制作别墅一层轮廓。

14 启用【直线】工具，捕捉别墅二层底部边线，参考匹配照片位置创建线段起点，如图 8-66 所示。

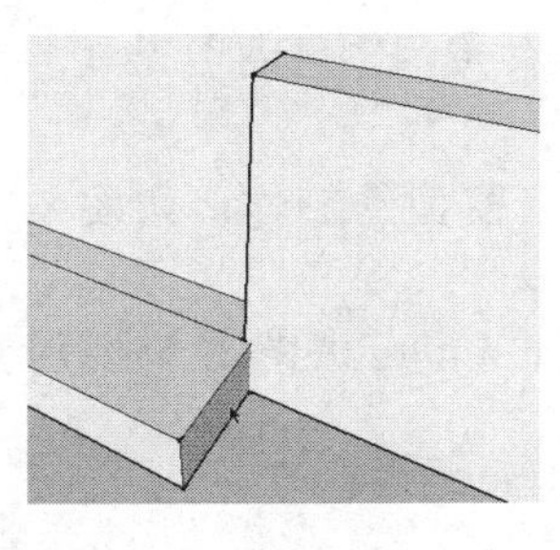

图 8-62　选择平面

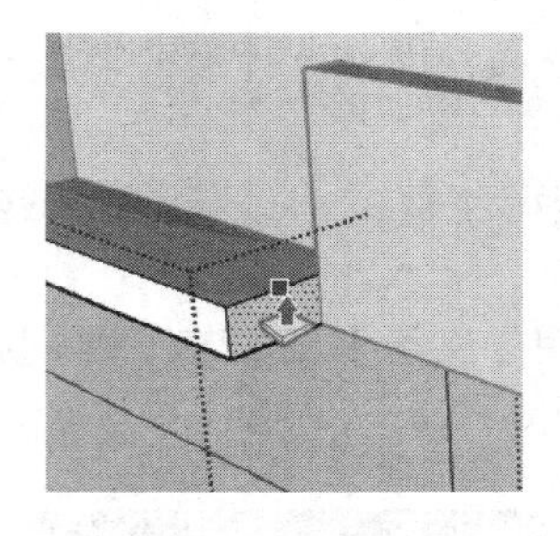

图 8-63　推拉对齐边沿

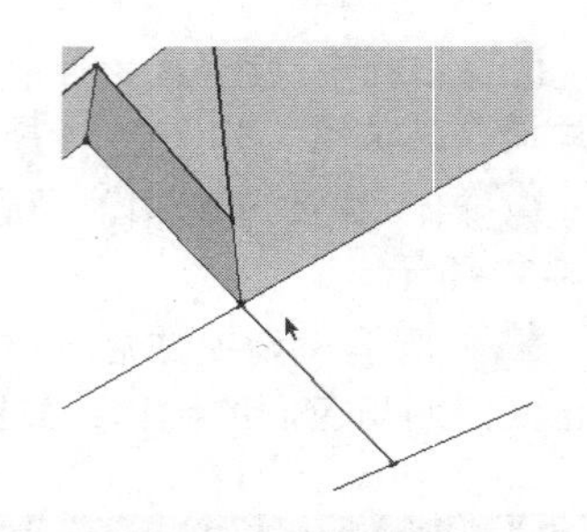

图 8-64　删除多余线段

15 捕捉绿色轴线，参考照片向后绘制线段，然后逐步形成封闭平面，如图 8-67 ~ 图 8-69 所示。

16 启用【推 / 拉】工具，参考照片制作别墅一层轮廓模型，如图 8-70 所示。接下来进行正面门洞的制作。

图 8-65　制作左侧墙洞

图 8-66　捕捉边线创建线段起点

图 8-67　参考照片绘制线段

图 8-68　捕捉蓝色轴线向下画线

图 8-69　封闭平面

图 8-70　启用【推 / 拉】工具

17 为了保证一、二层门洞处于同一垂直线段，启用【卷尺】工具，绘制一条辅助线，如图 8-71 所示。

18 启用【直线】工具与【推 / 拉】工具，结合轴向捕捉与照片位置，制作别墅一层门洞，注意在最右侧保留墙体厚度，如图 8-72 ~ 图 8-75 所示。

19 别墅一层正面门洞制作完成后，平移视图至左侧，结合使用【直线】工具与【推 / 拉】工具完成窗洞的制作，如图 8-76、图 8-77 所示。

20 别墅一、二层轮廓模型创建完成后，将楼体模型创建为组件，如图 8-78 所示。接下来制作别墅后方模型轮廓。

21 为了准确创建出后方模型的层次，捕捉一层墙体，并在红色轴线上向左创建一条线段作为辅助线，如图 8-79 所示。

图 8-71　绘制一条辅助线

图 8-72　参考辅助线绘制线段

图 8-73　捕捉边线绘制线段端点

图 8-74　参考照片绘制封闭分割面

图 8-75　启用【推、拉】工具

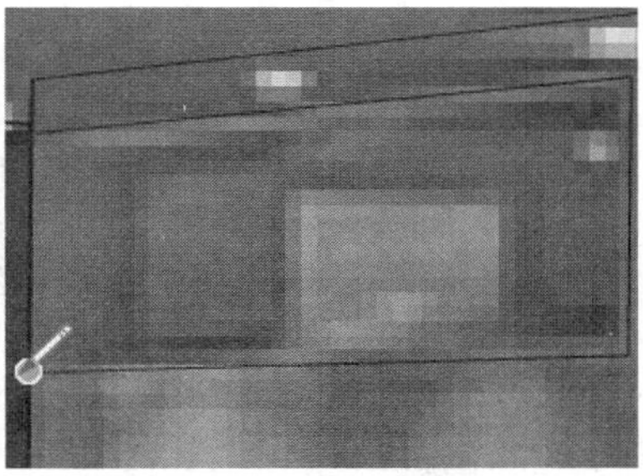

图 8-76　绘制右侧窗户分割面

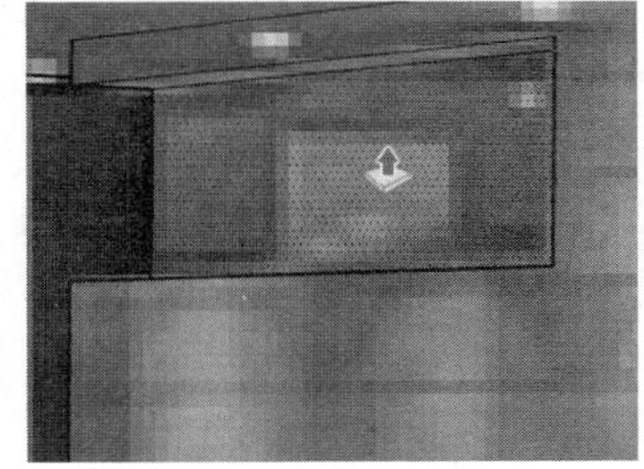

图 8-77　启用【推 / 拉】工具

图 8-78　将楼体模型创建为组件

图 8-79　捕捉红色轴线创建辅助线

22 捕捉二层底部边线，并参考匹配照片中位置，绘制一条垂直向下的线段与之前的辅助线相交，如图 8-80 所示。

23 启用【直线】工具，捕捉交点创建线段起点，捕捉绿色轴线并匹配照片，向后绘制一条线段，如图 8-81 所示。

24 捕捉蓝色轴线并参考匹配照片，向上绘制一条垂直线段确定轮廓高度，如图 8-82 所示。

图 8-80　捕捉边线绘制垂直线段

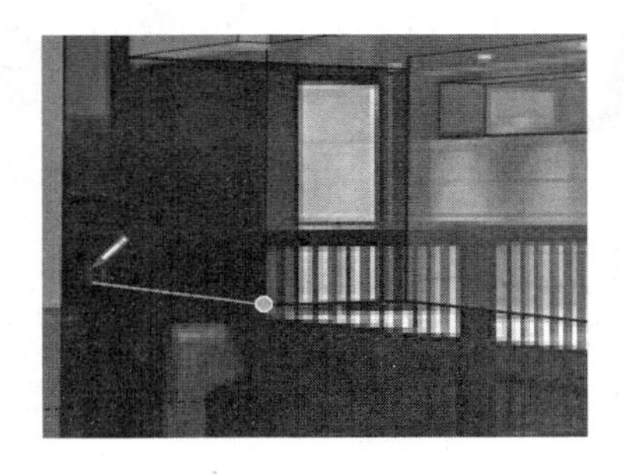

图 8-81　捕捉绿色轴线向后绘制线段

图 8-82　捕捉蓝色轴线向上绘制线段

25 由于背面模型无法从匹配照片中得到参考，因此接下来旋转视图至模型背面，通过推断封闭该平面，如图 8-83、图 8-84 所示。

26 启用【推 / 拉】工具，完成背面模型的制作，如图 8-85 所示。然后参考匹配图片，完成其正面门洞的制作，如图 8-86 所示。

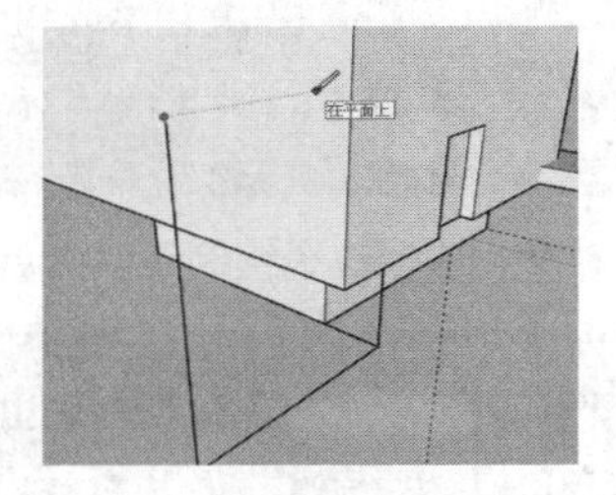

图 8-83　在透视图中绘制水平线

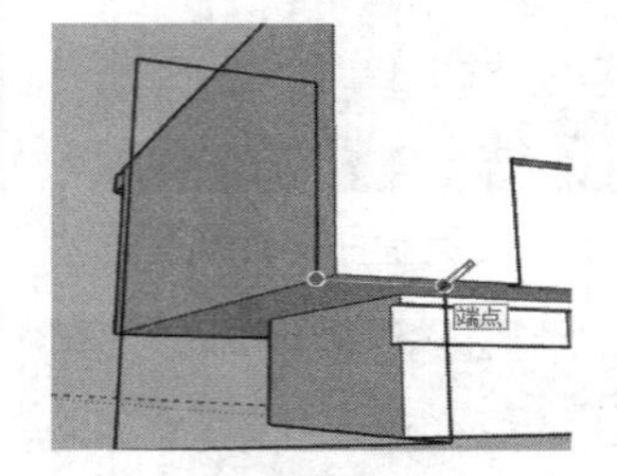

图 8-84　在透视图中封闭该平面

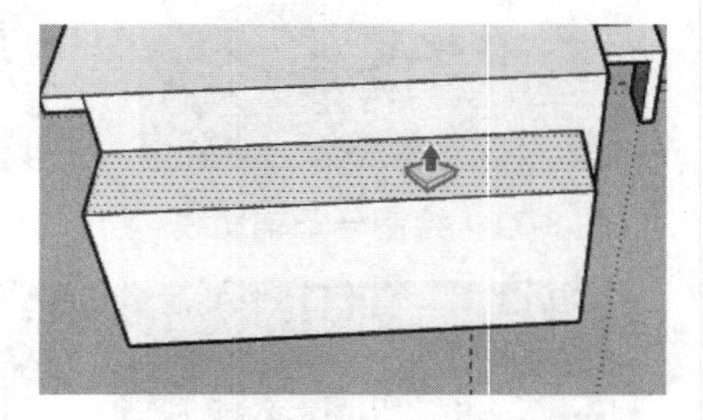
图 8-85　启用【推 / 拉】工具

27 将制作好的模型创建群组，然后删除多余线段，如图 8-87、图 8-88 所示。

图 8-86　制作门洞

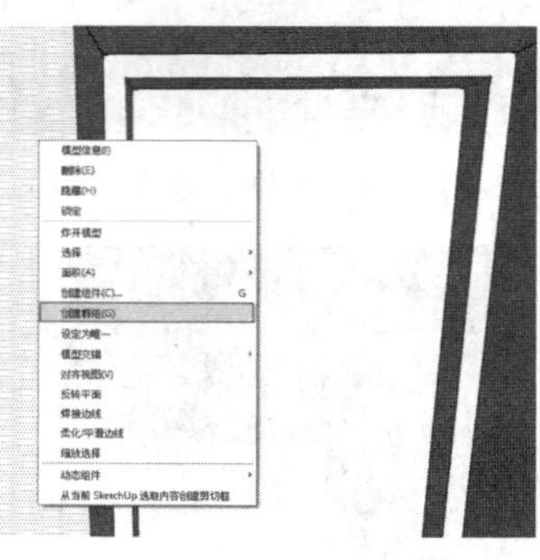
图 8-87　创建群组

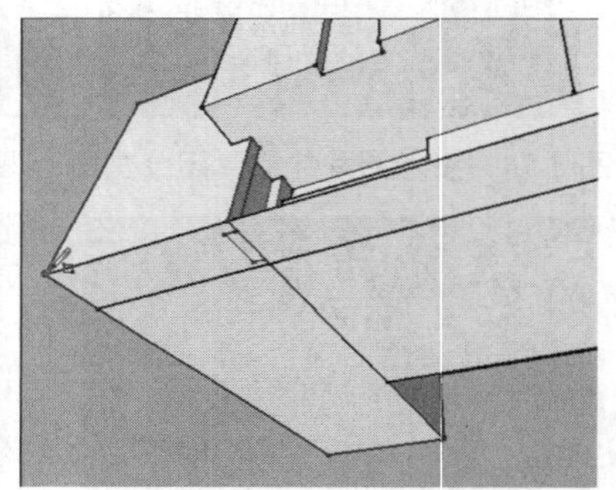
图 8-88　删除多余线段

28 如图 8-89、图 8-90 所示绘制出走廊与地基模型，最终得到如图 8-91 所示的别墅轮廓模型效果。

图 8-89　绘制出走廊平台模型

图 8-90　向下移动复制出地基模型

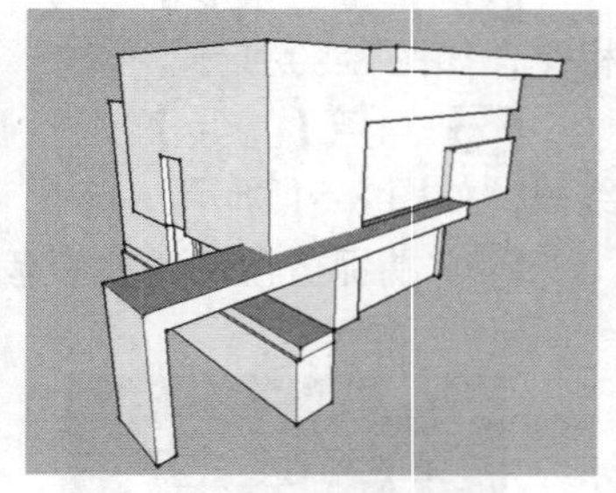
图 8-91　别墅轮廓模型效果

8.2.3　制作建筑细节模型

01 细化出别墅二层的门窗模型，启用【卷尺】工具，拉出辅助线。启用【直线】工具，初步分割模型面，如图 8-92、图 8-93 所示。

02 启用【直线】工具，参考照片细化平面，如图 8-94 所示。删除分割产生的多余线段，如图 8-95 所示。

图 8-92　拉出辅助线

图 8-93　初步分割模型面

图 8-94　细化平面

03 细节完成效果如图 8-96 所示。选择相关模型面将其创建为群组，以便于独立编辑，如图 8-97 所示。

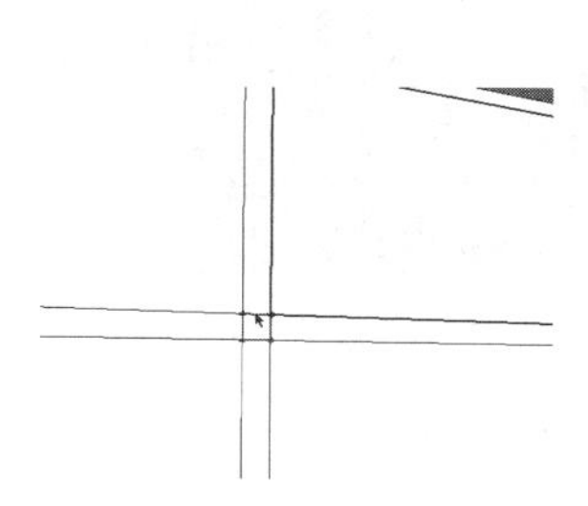

图 8-95　删除多余线段

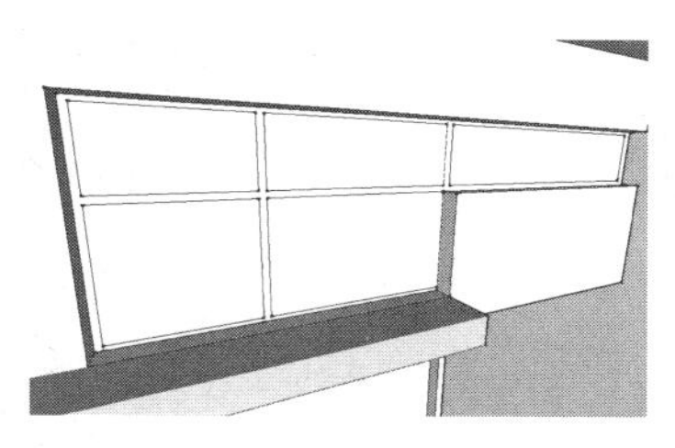

图 8-96　细化完成效果

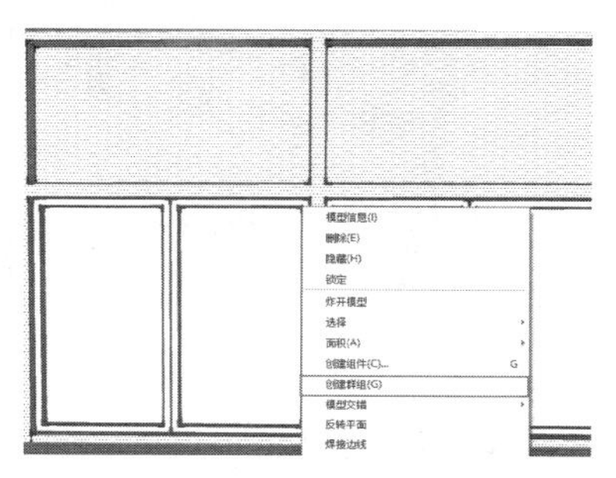

图 8-97　创建为群组

04 启用【推 / 拉】工具，参考匹配照片中的深度制作窗框细节，如图 8-98 所示。在其他分割面上逐个双击，完成其他窗框制作，如图 8-99 所示。

05 制作材质效果。进入【材料】面板，选择“带阳极铝的金属”材质，将其贴图颜色调整为深灰色后赋予模型，如图 8-100、图 8-101 所示。

图 8-98　制作窗框细节

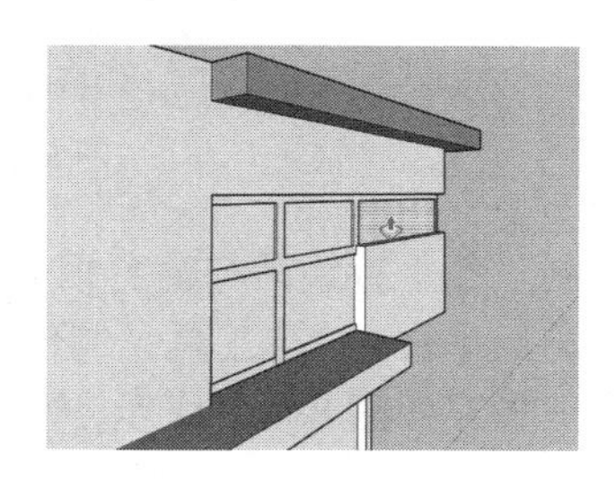

图 8-99　完成其他窗框制作

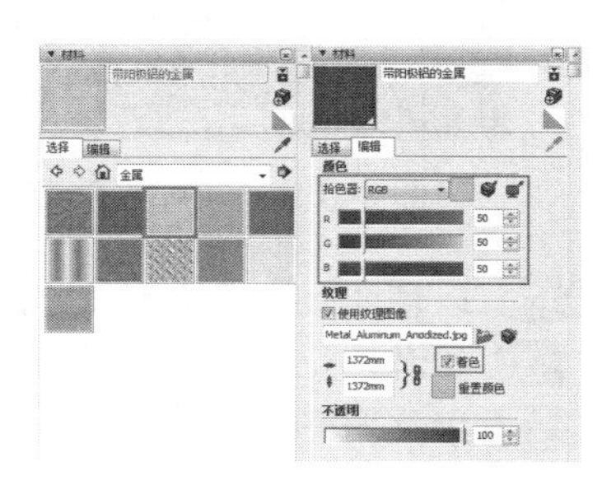

图 8-100　选择材质

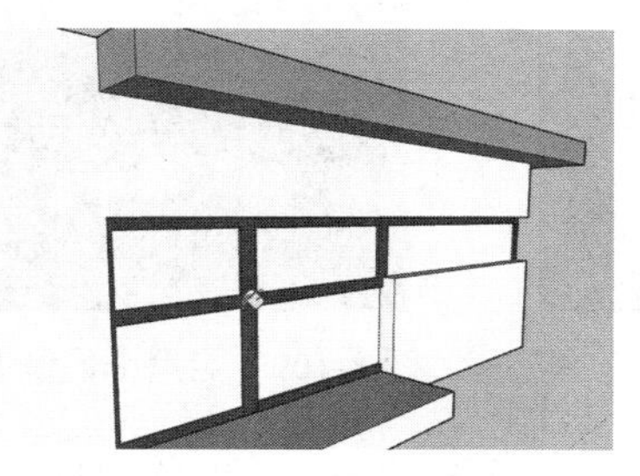

图 8-101　将材质赋予模型

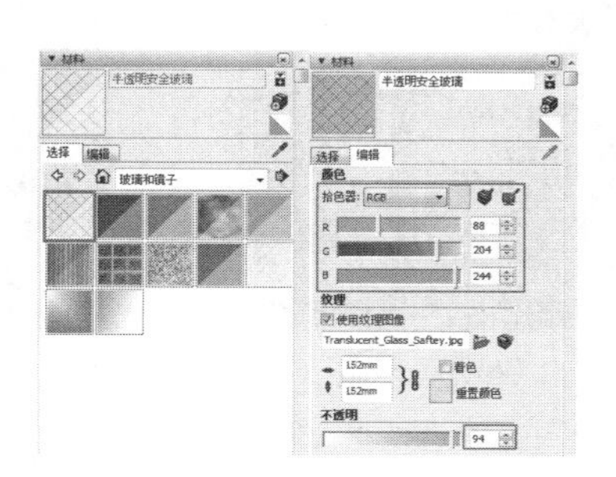

图 8-102　调整不透明度数值

注 意

除了该处的门框外，场景中的围栏、路灯等模型使用的也是该金属材质。

06 选择“半透明安全玻璃”材质，将其不透明度数值调整为 94，如图 8-102 所示。将其赋予玻璃模型，如图 8-103 所示。

07 返回照片匹配视图，观察当前显示效果，如图 8-104 所示。为了便于参考匹配照片，将玻璃材质调整为完全透明，即不透明度暂时调整为 0，如图 8-105 所示。

图 8-103 将材质赋予玻璃模型

图 8-104 当前显示效果

08 制作装饰栅格模型，启用【卷尺】工具，绘制一条辅助线，如图 8-106 所示。

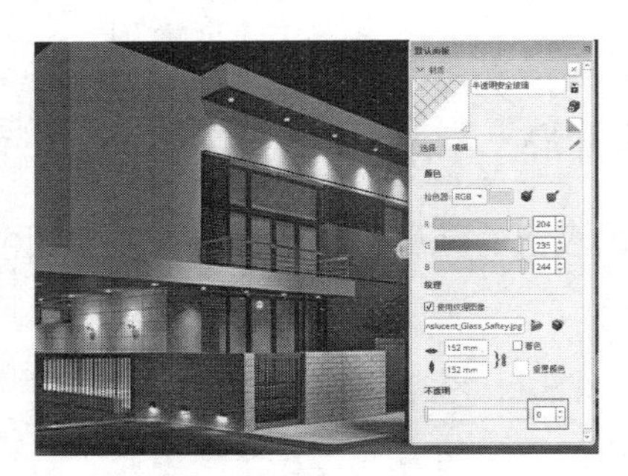

图 8-105 调整为完全透明

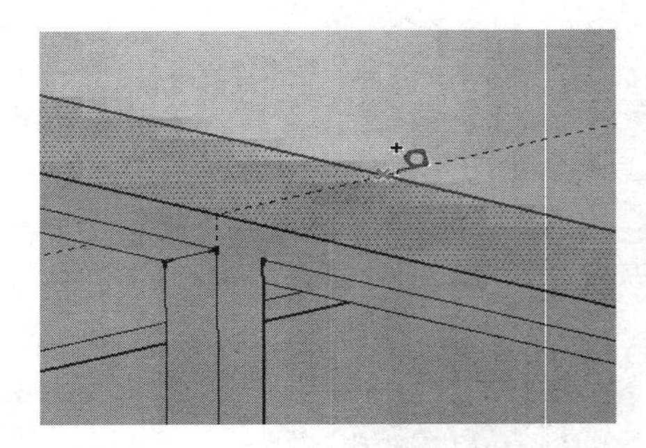

图 8-106 绘制一条辅助线

09 以辅助线中点为起点，向下绘制一条垂直线段与窗台相交，如图 8-107 所示。

10 参考匹配照片绘制封闭平面，启用【推 / 拉】工具，制作整体轮廓，如图 8-108 所示。

11 细化栅格模型。启用【偏移】工具，如图 8-109 所示，制作出边框。

图 8-107 绘制一条垂直线段

图 8-108 启用【推 / 拉】工具

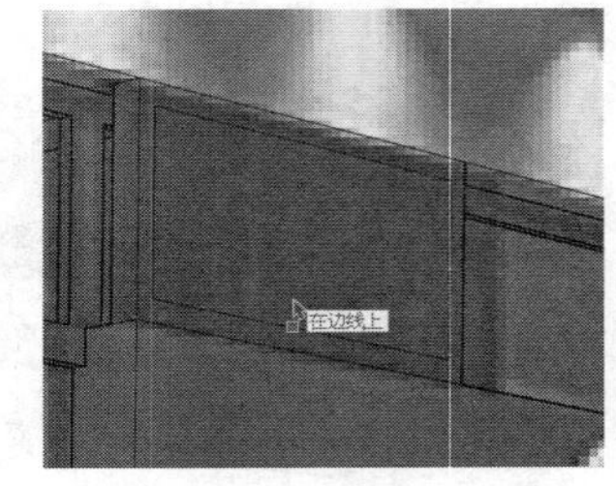

图 8-109 启用【偏移】工具

12 启用【推 / 拉】工具，制作出些许厚度，然后对其表面进行细化，制作出内部分割面，如图 8-110 ~ 图 8-112 所示。

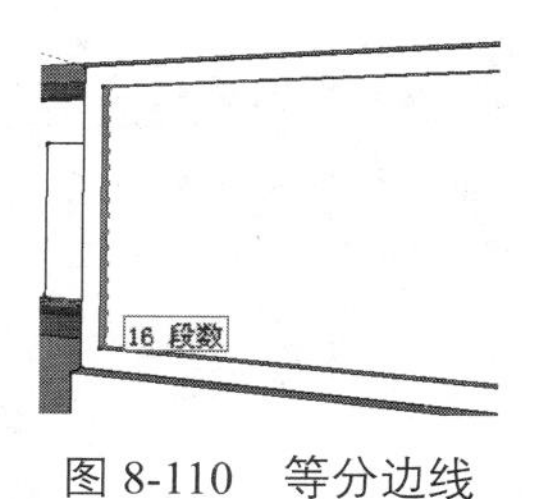

图 8-110　等分边线

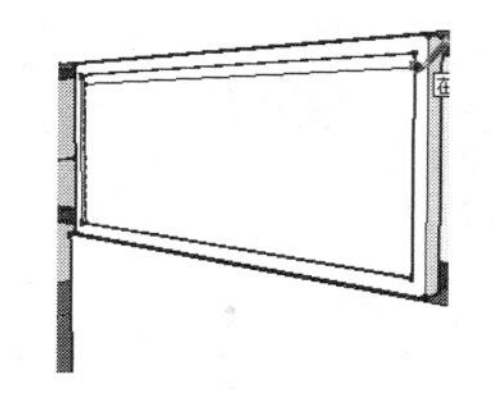
图 8-111　绘制分割线

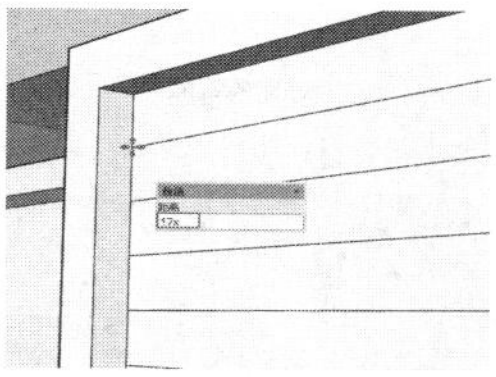

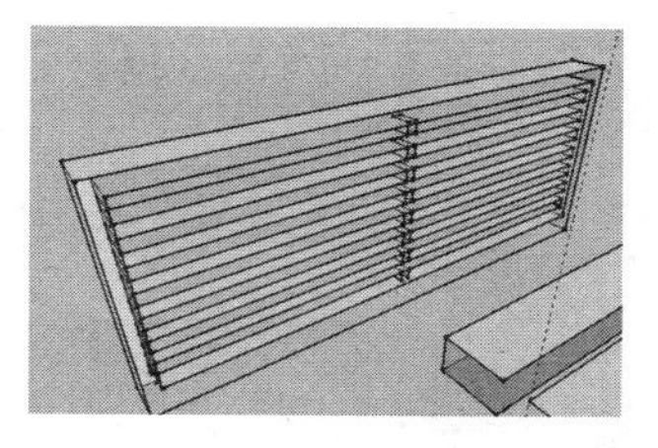
图 8-112　移动复制分割线

13 分割完成后，启用【推 / 拉】工具，间隔推拉分割面，完成栅格的制作。旋转至模型背面，删除背面模型面，如图 8-113 ~ 图 8-115 所示。

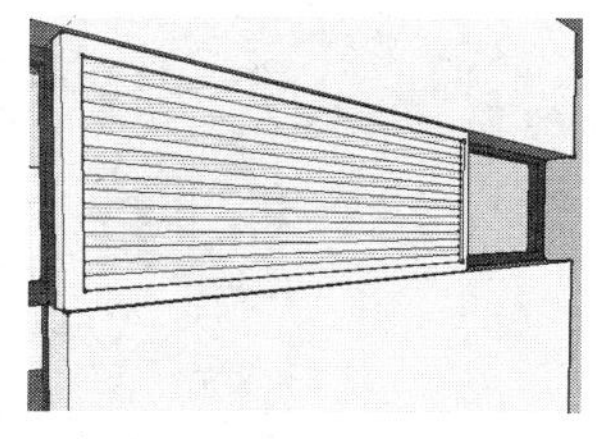
图 8-113　间隔推拉分割面

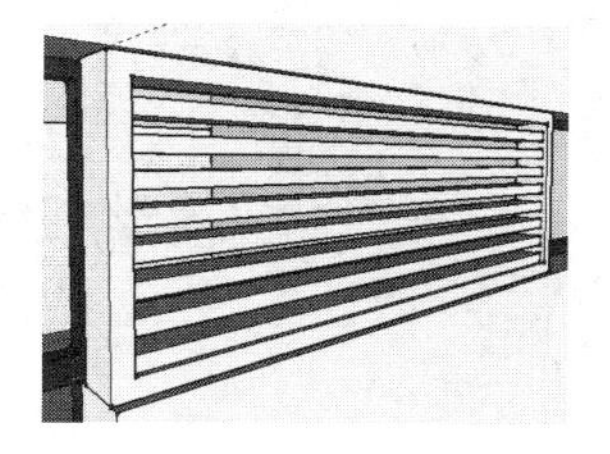
图 8-114　栅格完成效果

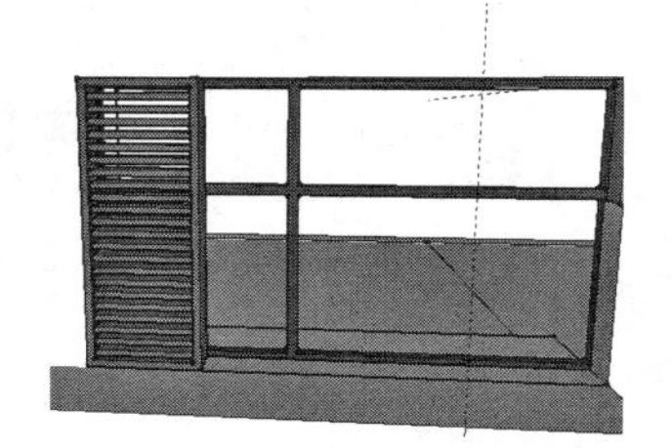
图 8-115　删除背面模型面

14 进入【材料】面板，选择“原色樱桃木”材质，将其赋予模型，然后将其创建为组件，如图 8-116、图 8-117 所示。

15 使用类似的方法制作左侧竖向栅格，完成推拉门模型的制作，如图 8-118、图 8-119 所示。

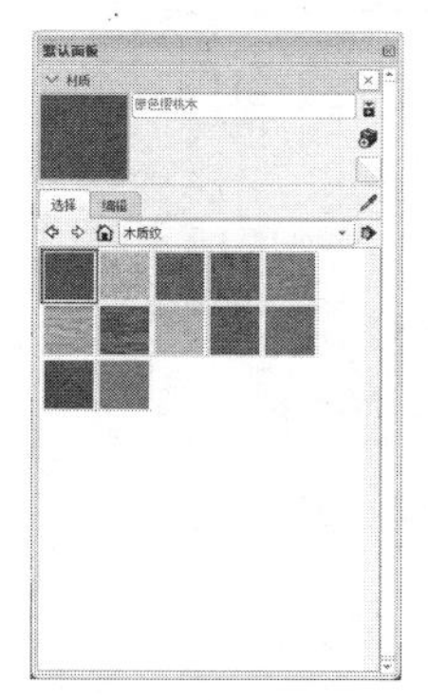
图 8-116　选择“原色樱桃木”材质

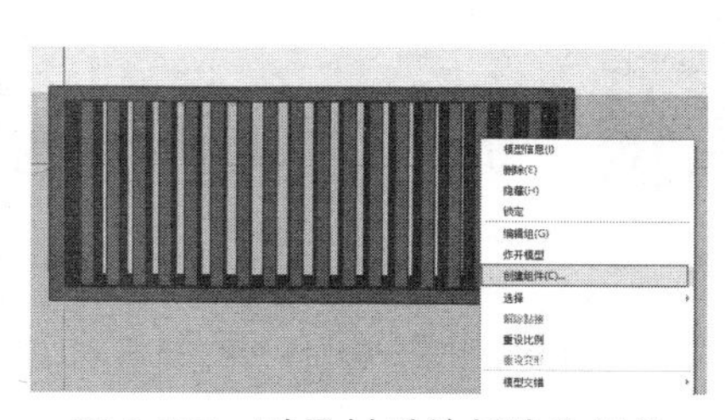
图 8-117　赋予材质并创建为组件

图 8-118　绘制左侧栅格

16 制作栏杆模型，参考匹配照片绘制出平面，启用【推 / 拉】工具，推拉出栏杆轮廓，如图 8-120 所示。

17 启用【直线】工具，分割栏杆平面，形成栏杆细节，如图 8-121 所示。

18 启用【推 / 拉】工具，细化栏杆模型，并同时制作出玻璃效果，如图 8-122 所示。为栏杆赋予相应材质，如图 8-123 所示。

19 使用相同的方法完成别墅二层右侧栏杆模型制作，完成效果如图 8-124 所示。

20 至此，别墅二层正面门窗细化完成，当前照片匹配视图效果如图 8-125 所示。接下来细化别墅一层推拉门模型。

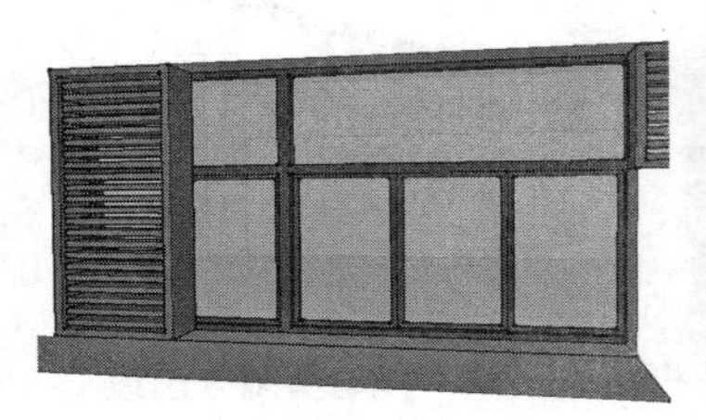
图 8-119　制作完成的推拉门模型

图 8-120　推拉出栏杆轮廓

图 8-121　分割栏杆平面

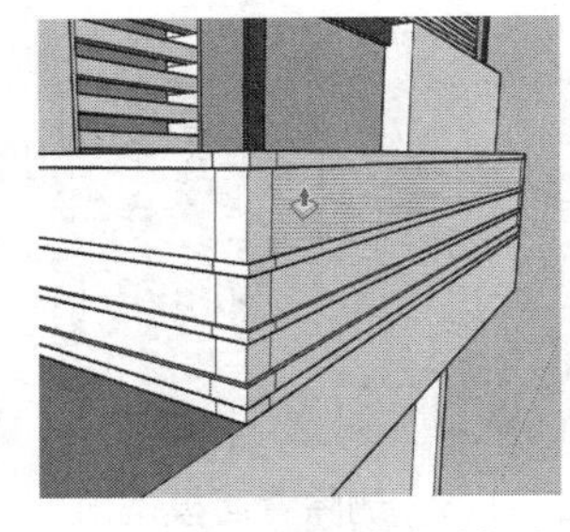
图 8-122　细化栏杆模型

图 8-123　为栏杆赋予相应材质

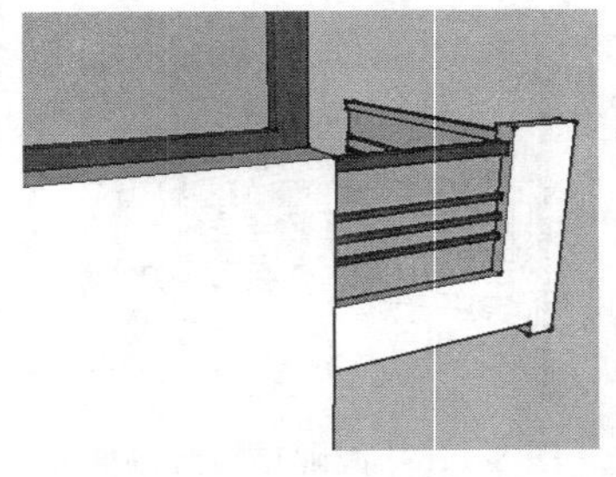
图 8-124　右侧栏杆完成效果

21 启用【偏移】工具，向内偏移出门框，然后选择底部边线，将其五等分，如图 8-126、图 8-127 所示。

图 8-125　当前照片匹配视图效果

图 8-126　向内偏移出门框

22 启用【直线】工具，捕捉等分点进行分割平面，然后启用【偏移】工具，向内偏移出单个推拉门页，如图 8-128、图 8-129 所示。

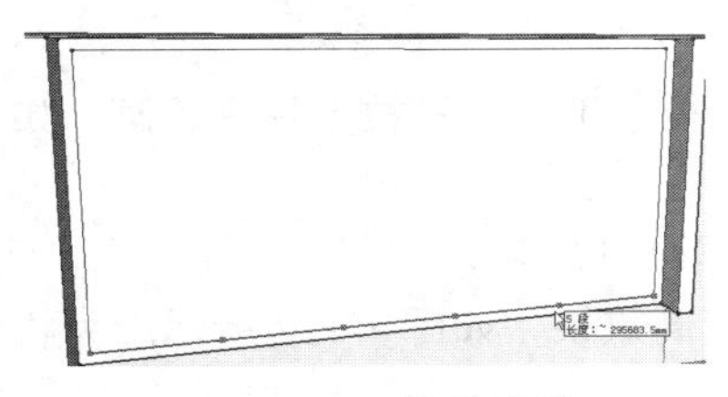
图 8-127　五等分边线

图 8-128　分割平面

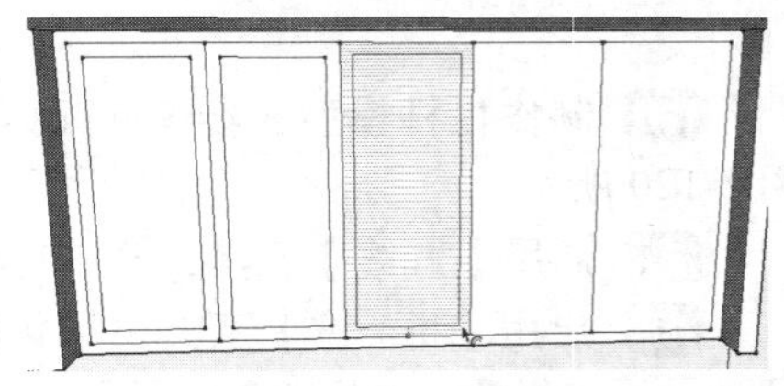
图 8-129　启用【偏移】工具

23 启用【推 / 拉】工具，制作出门页厚度以及玻璃，然后进入【材质】面板，赋予相应材质并复制栅格，如图 8-130 与图 8-131 所示。

24 启用【移动】工具，将之前制作好的栅格模型移动复制至第一层，然后删除多余栅格，如图 8-132 所示。

图 8-130　启用【推 / 拉】工具

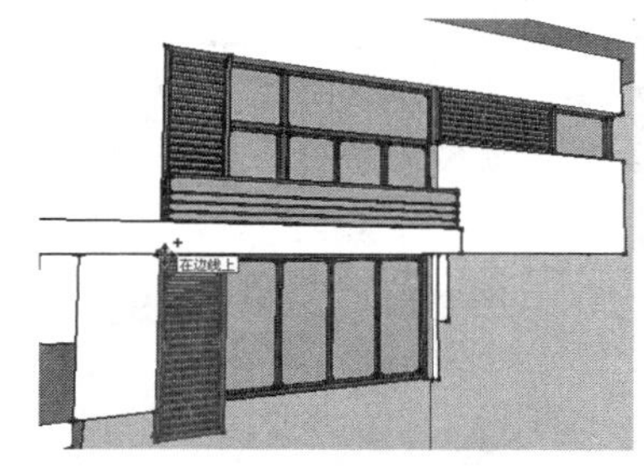

图 8-131　赋予相应材质并复制栅格

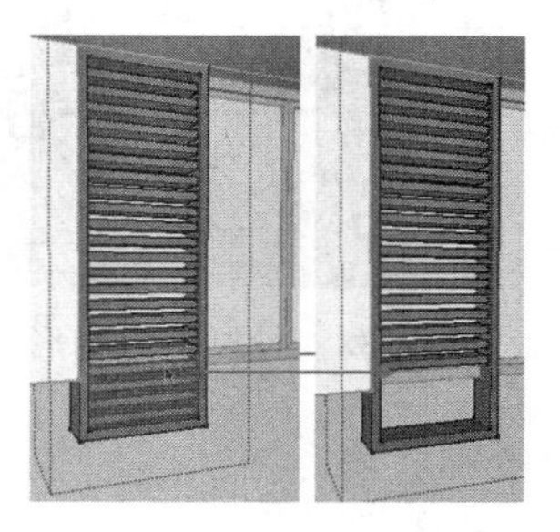

图 8-132　删除多余栅格

25 调整栅格至右侧门框，如图 8-133 所示。然后转动视图至模型右侧，复制栅格，如图 8-134 所示。完成其他门窗的制作，如图 8-135 所示。

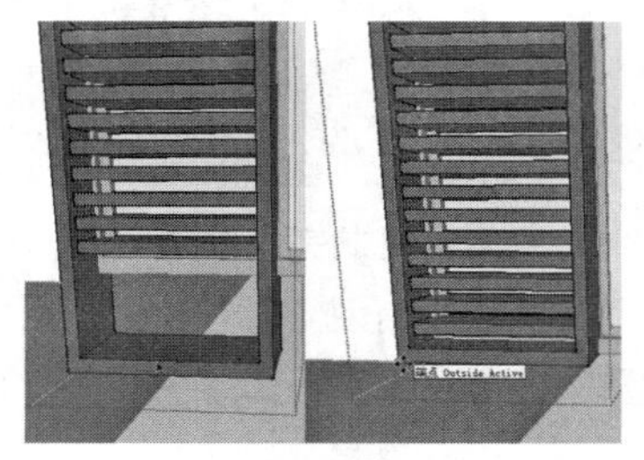

图 8-133　调整栅格至右侧门框

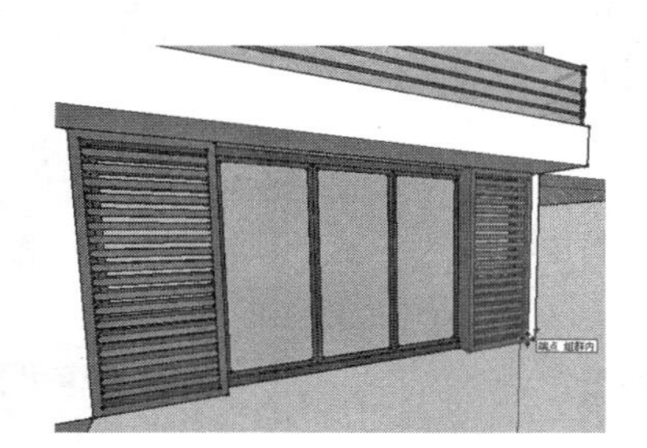

图 8-134　复制栅格

图 8-135　完成其他门窗的制作

26 别墅门窗模型制作完成后，参考匹配照片为模型主体制作并赋予材质，如图 8-136、图 8-137 所示。

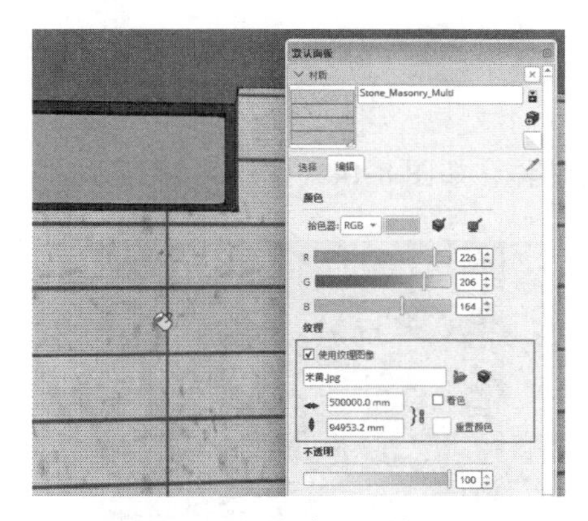

图 8-136　制作并赋予墙面石材

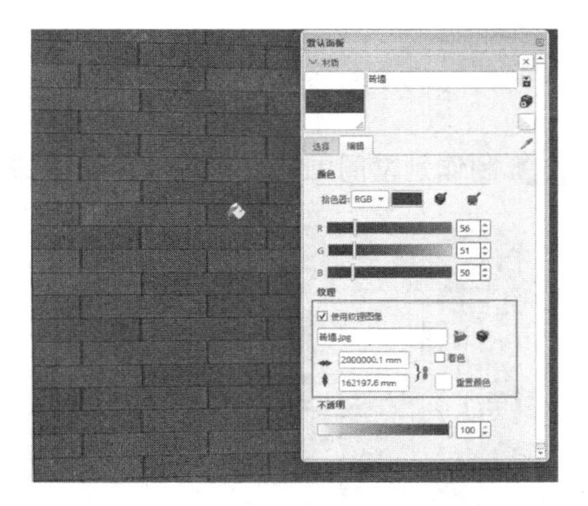

图 8-137　制作并赋予砖墙材质

27 制作别墅主体各种灯具，首先制作筒灯模型，如图 8-138 ~ 图 8-140 所示。

28 筒灯模型制作完成后，进入【材料】面板，为灯具赋予对应材质，然后参考匹配照片进行复制，如图 8-141、图 8-142 所示。

29 在匹配照片中无法观察细节的壁灯模型，可以直接调用类似组件，如图 8-143、图 8-144 所示。

图 8-138　绘制射灯圆形平面

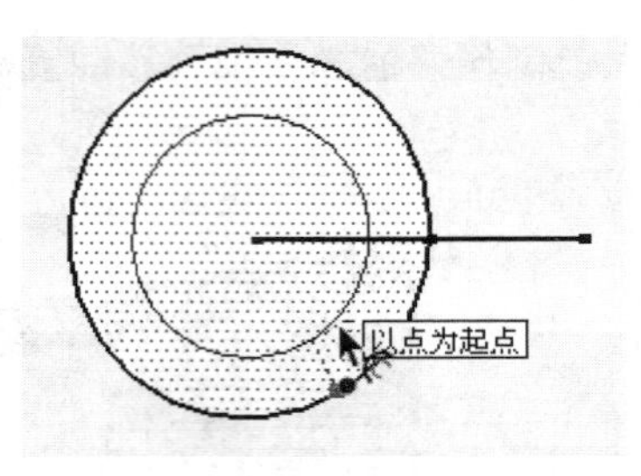

图 8-139　启用【偏移】工具

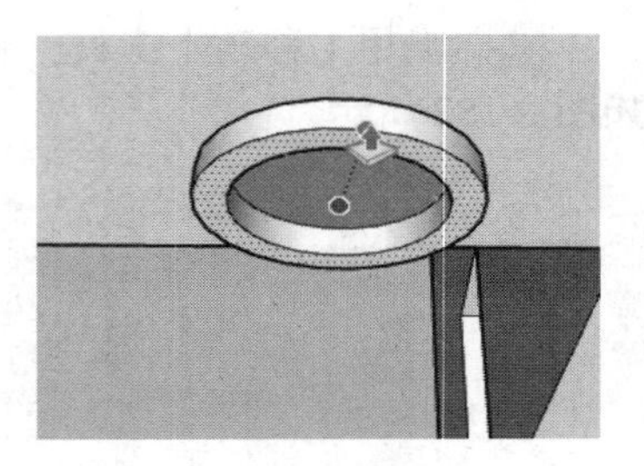

图 8-140　启用【推 / 拉】工具

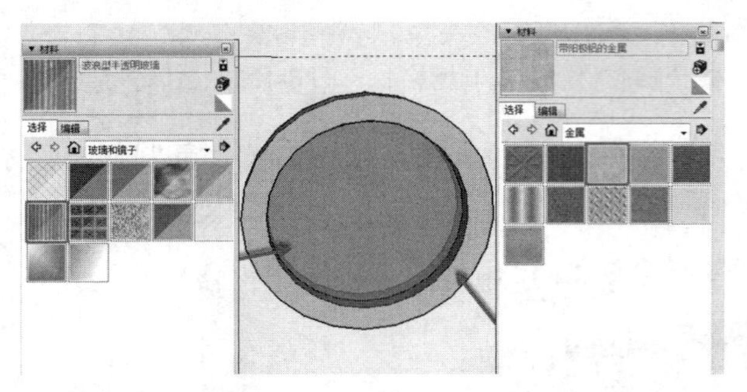

图 8-141　为灯具赋予对应材质

图 8-142　灯具复制完成效果

图 8-143　调用壁灯组件

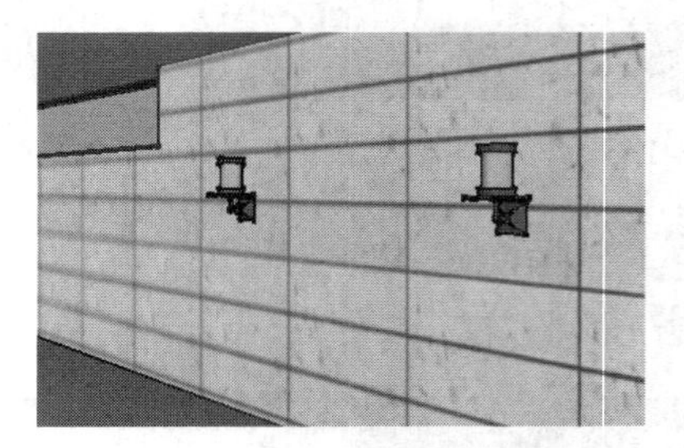

图 8-144　壁灯完成效果

30 制作别墅周围的栅栏等模型，完成建筑模型的制作，如图 8-145、图 8-146 所示。

图 8-145　制作完成的建筑模型

图 8-146　建筑模型照片匹配效果

8.2.4　制作周边设施及环境

建筑主体模型制作完成后，接下来创建建筑周边人行道、马路、灯具以及树木等附属设施。

01 制作与建筑围栏相连的人行道，启用【直线】工具，捕捉围栏端点为线段起点，如

图 8-147 所示。

02 捕捉绿色轴线，参考匹配照片完成线段绘制，如图 8-148 所示。捕捉边线创建线段起点，并参考匹配照片绘制另一条线段，如图 8-149、图 8-150 所示。

03 绘制两条相交线段后，启用【圆弧】工具，创建圆弧，如图 8-151 所示。然后参考匹配照片封闭形成平面。

图 8-147　捕捉围栏端点为线段起点

图 8-148　参考匹配照片完成线段绘制

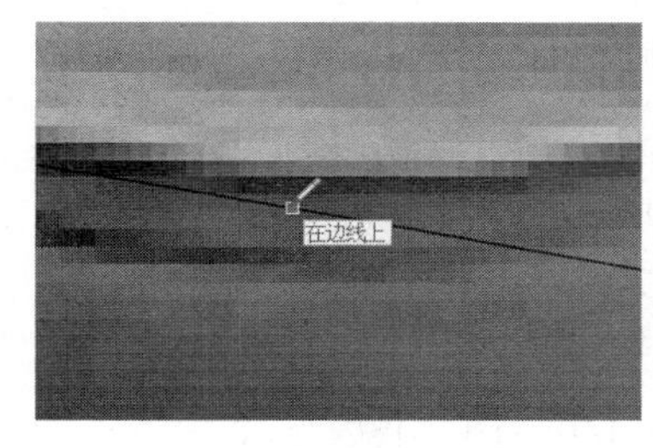

图 8-149　捕捉边线创建线段起点

图 8-150　绘制另一条线段

图 8-151　创建圆弧

04 启用【偏移】工具，将平面向外偏移分割路沿细节，如图 8-152 所示。启用【推 / 拉】工具，制作路沿效果，如图 8-153 所示。

05 使用类似的方法，完成其他路面的制作，然后进入【材料】面板，制作并赋予对应材质，如图 8-154、图 8-155 所示。

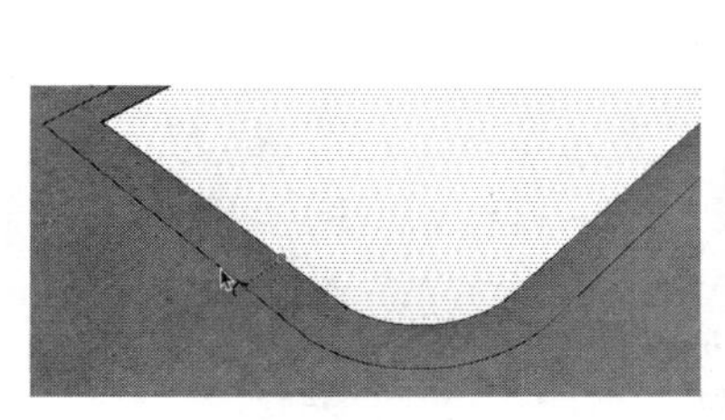

图 8-152　启用【偏移】工具

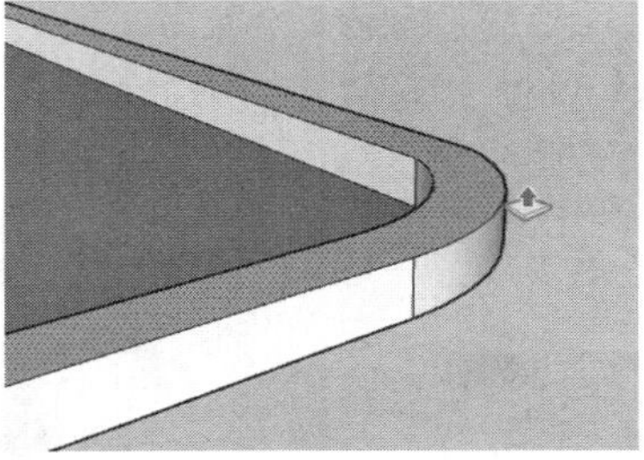

图 8-153　启用【推 / 拉】工具

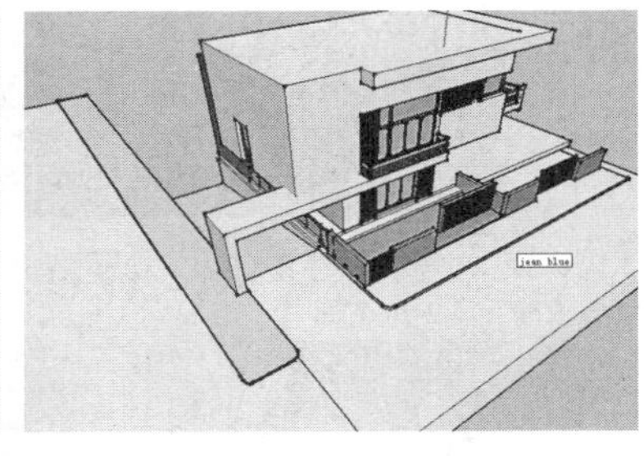

图 8-154　制作完成其他路面

06 路面制作完成后，结合使用【直线】、【偏移】、【推 / 拉】工具及【拆分】等菜单命令，制作出大门与左侧围栏模型，如图 8-156 所示。

07 执行【文件】|【导入】命令，如图 8-157 所示。

08 打开【导入】对话框，选择路灯组件，如图 8-158 所示。

09 将组件导入场景，放置路灯的结果如图 8-159 所示。

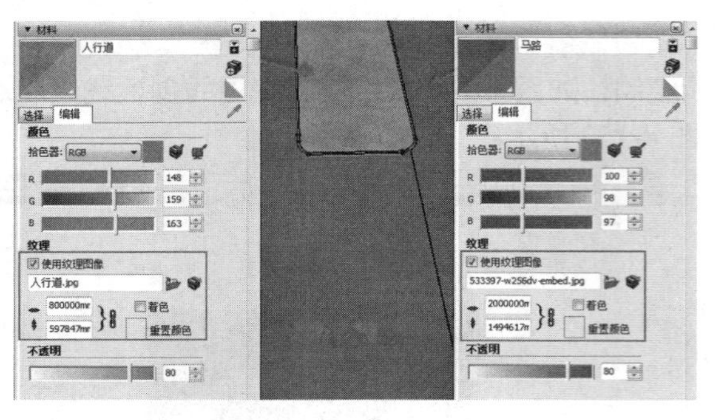

图 8-155　赋予地面与人行道材质

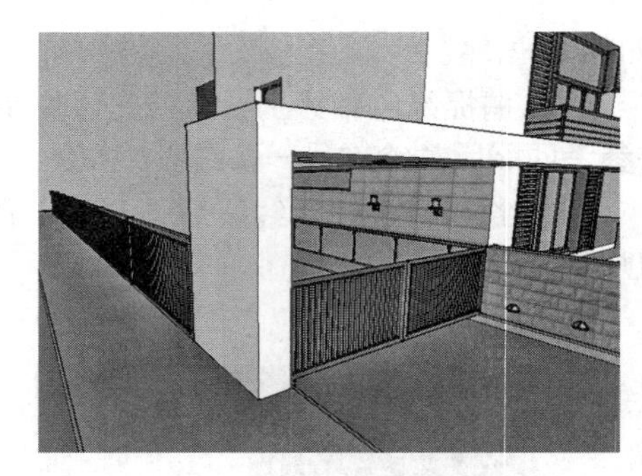

图 8-156　大门与左侧围栏模型

图 8-157　执行【导入】命令

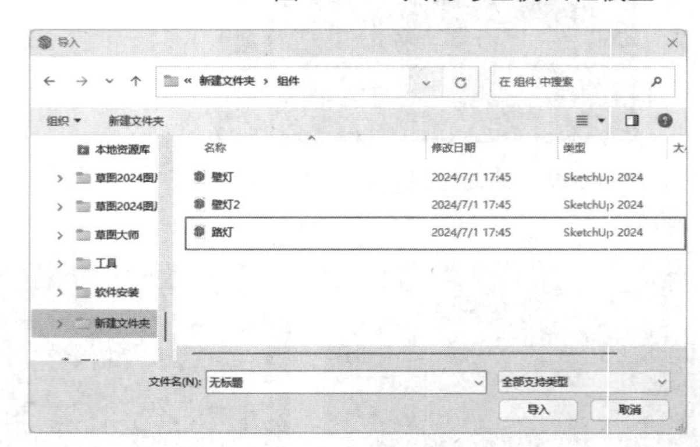

图 8-158　选择路灯组件

10 调用植物组件，参考匹配照片制作场景中的树木，如图 8-160 ~ 图 8-162 所示。

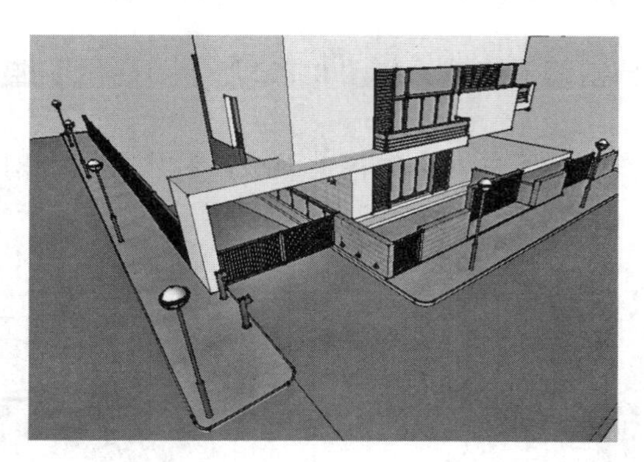

图 8-159　放置路灯的效果

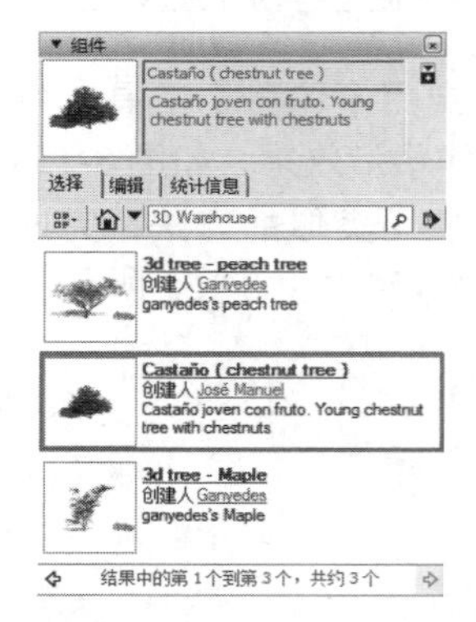

图 8-160　打开【组件】面板

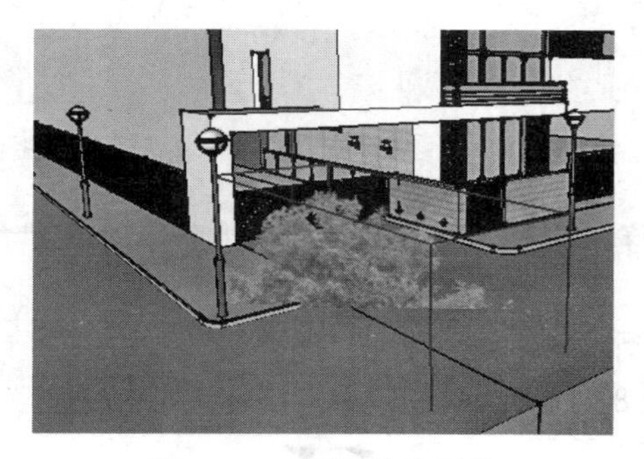

图 8-161　调用植物组件

图 8-162　调整植物组件大小与位置

11 调整好植物组件大小与位置后，勾选组件【总是朝向相机】参数，复制出其他位置的树木，如图 8-163、图 8-164 所示。

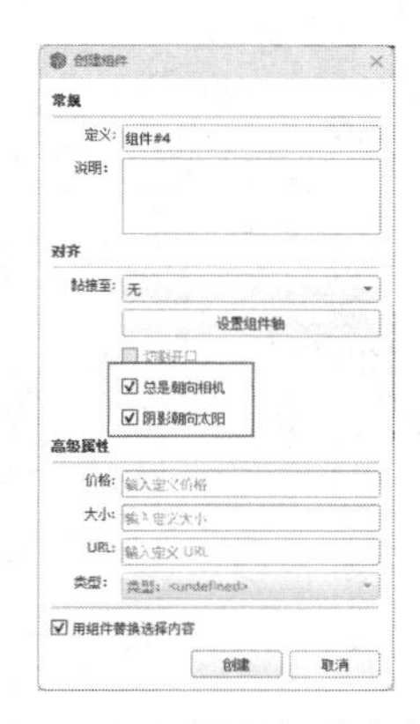

图 8-163　设置组件参数

图 8-164　复制出其他位置的树木

12 至此，室外建筑图片建模全部完成，删除页面，即可得到如图 8-165 所示的模型完成效果。

图 8-165　模型完成效果

第09章

欧式办公楼建筑设计

本章重点：

- 正式建模前的准备工作
- 建立建筑轮廓模型
- 制作主入口
- 制作正立面
- 制作侧立面
- 制作背立面
- 制作屋顶及细节

欧式风格建筑外形优美典雅，风格雍容华贵，由于有较多的华丽装饰和精美造型，因此建模有一定的难度，需要掌握一定的方法和技巧。

本章通过一个复杂的欧式建筑的绘制，讲解 SketchUp 欧式建筑的绘制方法和流程，制作完成的模型效果如图 9-1 ~ 图 9-4 所示。

图 9-1　欧式建筑模型正面效果

图 9-2　欧式建筑模型背面效果

图 9-3　欧式建筑模型侧面效果

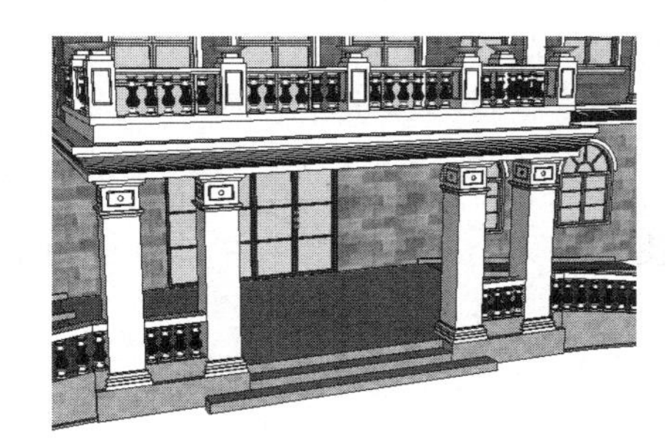

图 9-4　欧式建筑模型细节效果

9.1 正式建模前的准备工作

施工图通常附带大量的图块、标注以及文字等信息，这些信息导入 SketchUp 后，都会占用大量资源，也不便于图纸的观察，因此首先应该在 AutoCAD 中对其进行简化整理。

9.1.1　在 AutoCAD 中简化整理图纸

启动 AutoCAD，打开配套资源"第 09 章 \ 欧式建筑图纸 .dwg"，如图 9-5 所示。可以看到当前的图纸中包含许多标注与图块等信息，如图 9-6 所示。

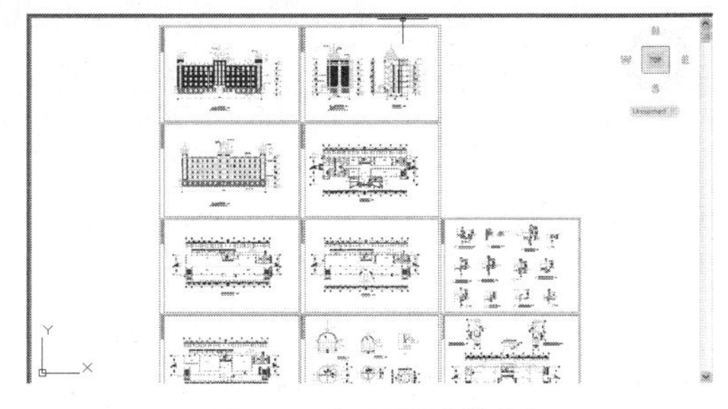

图 9-5　打开配套资源

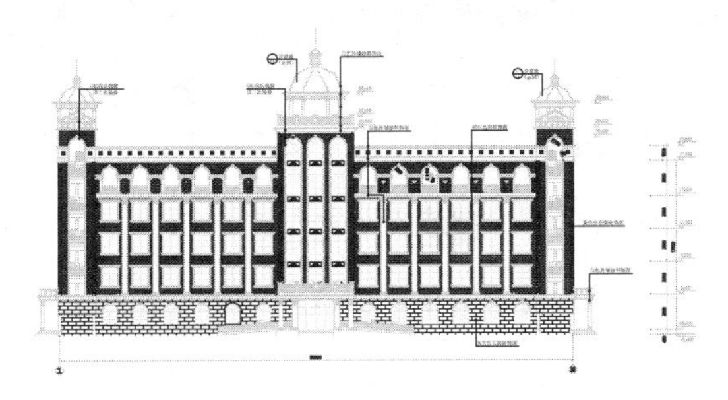

图 9-6　当前的图纸

技 巧

成套的 AutoCAD 建筑施工图通常包含多个平面和立面图，这些图形可以在 SketchUp 建模时直接利用。而图纸中的节点图和大样图，则一般不导入 SketchUp，只用于数据读取和结构参考。

单击 AutoCAD【图层】下拉列表按钮，单击图层前的💡图标，关闭标注、文字等不需要的图层，如图 9-7、图 9-8 所示。

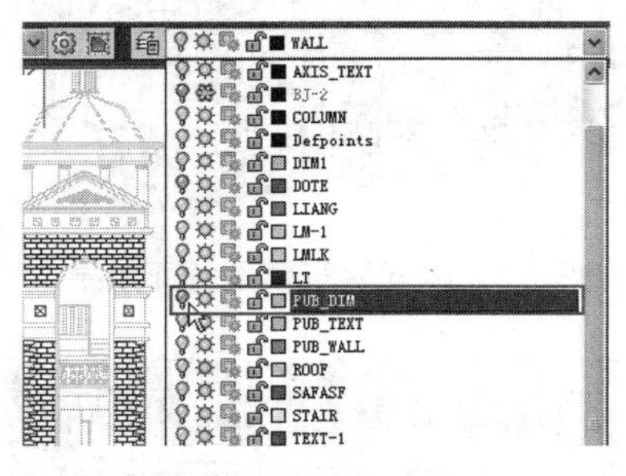

图 9-7　关闭标注图层

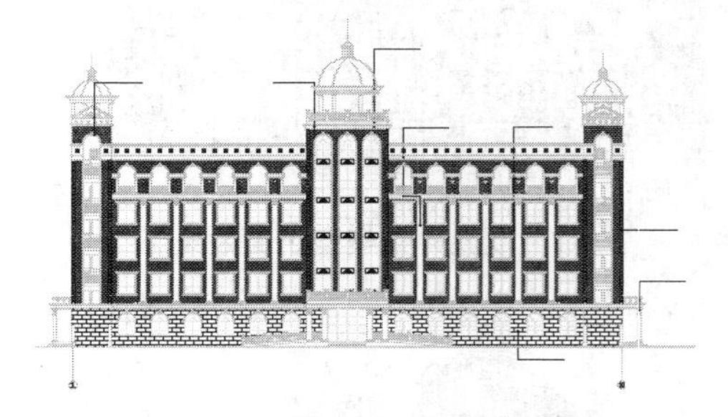

图 9-8　标注图层关闭效果

使用相同方法，关闭图纸中其他多余图层，只显示建筑基本信息，简化后的图纸如图 9-9 所示。

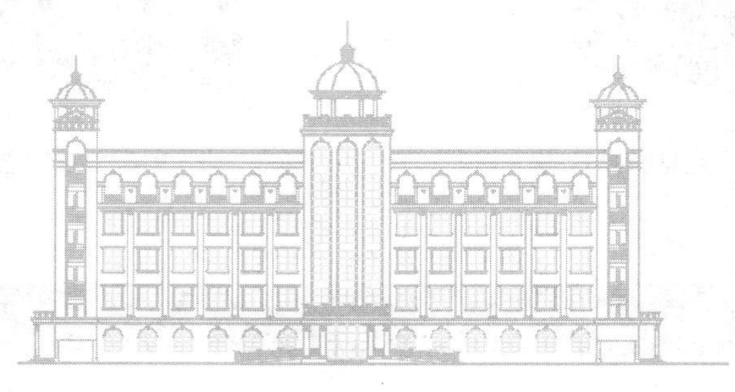

图 9-9　简化后的图纸

选择整理好的单张图纸，按下“Ctrl+C”键进行复制。然后新建一个空白的 CAD 文档，按下“Ctrl + V”键粘贴，以分开保存。

按下“M”键启用【移动】工具，选择整理图纸，然后输入“0,0,0”，将其移动至坐标原点，以方便导入 SketchUp 中进行定位，最后将该图纸保存。

注 意

建筑图纸中包含许多重复元素，如门窗、栏杆等，如图 9-10 所示。如果使用的电脑配置不高，还可以继续删除重复的元素，如图 9-11 所示。

通过相同的方法整理其他立面以及平面图，并分开保存，如图 9-12 ~ 图 9-15 所示。

9.1.2　导入整理好的图纸至 SketchUp

在 AutoCAD 中整理好图纸后，接下来将其导入 SketchUp，并整理图层和进行位置对齐。

01 打开 SketchUp，进入【模型信息】面板，设置场景单位，如图 9-16 所示。

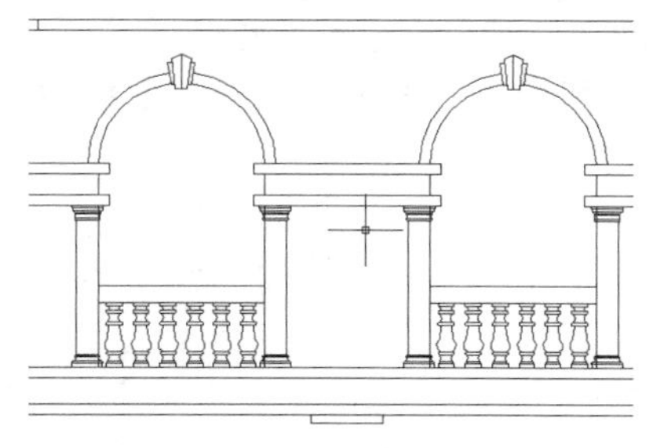

图 9-10　图纸中的重复元素

图 9-11　删除重复的元素

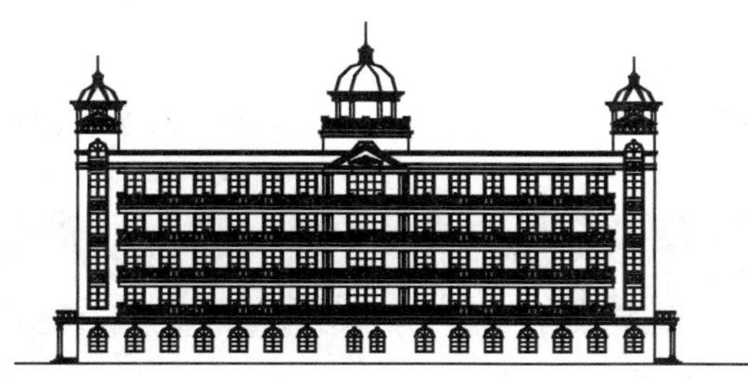

图 9-12　单独保存背立面

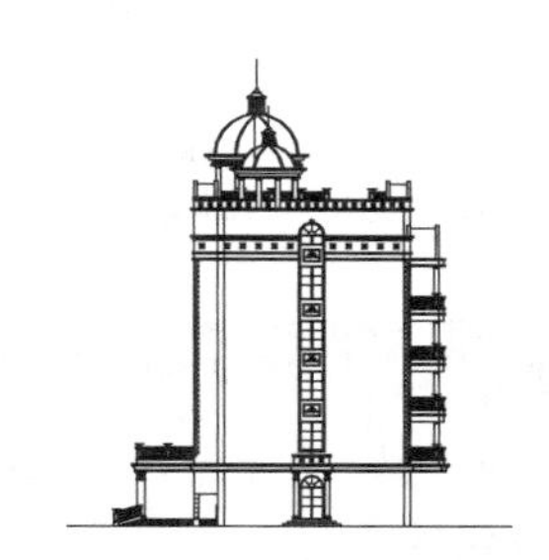

图 9-13　单独保存侧立面

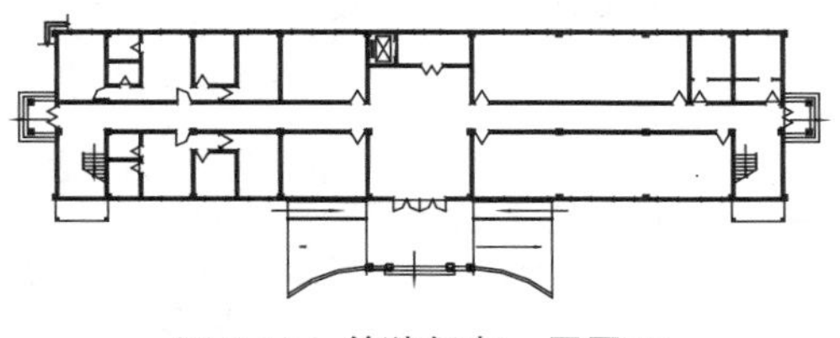

图 9-14　单独保存一层平面

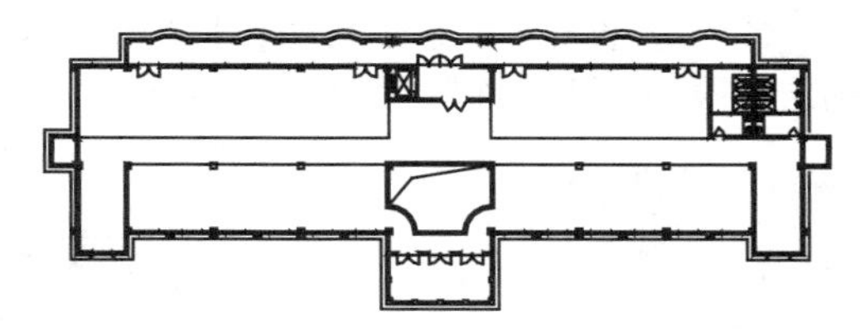

图 9-15　单独保存其他层平面

02 执行【文件】|【导入】菜单命令，在弹出的【导入】面板中选择 AutoCAD 文件类型，设置 AutoCAD 导入选项，如图 9-17 所示。

图 9-16　设置场景单位

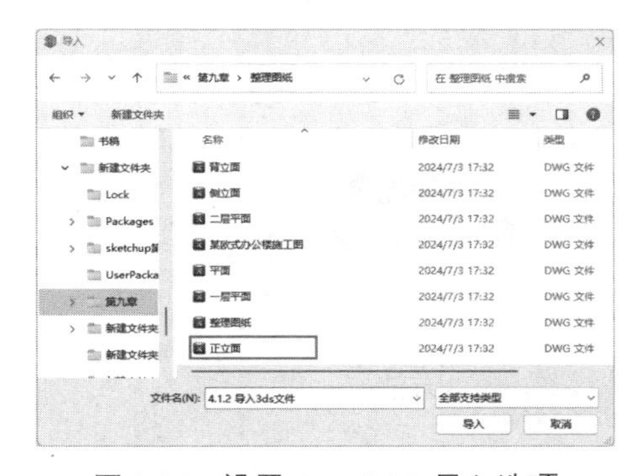

图 9-17　设置 AutoCAD 导入选项

03 选择导入整理后的正立面，导入完成的效果如图 9-18 所示。

04 执行【窗口】|【标记】菜单命令，如图 9-19 所示，打开【标记】工具栏。

05 在弹出的【标记】面板选择多余图层，如图 9-20 所示，单击【删除标记】按钮⊖，删除选中的图层。

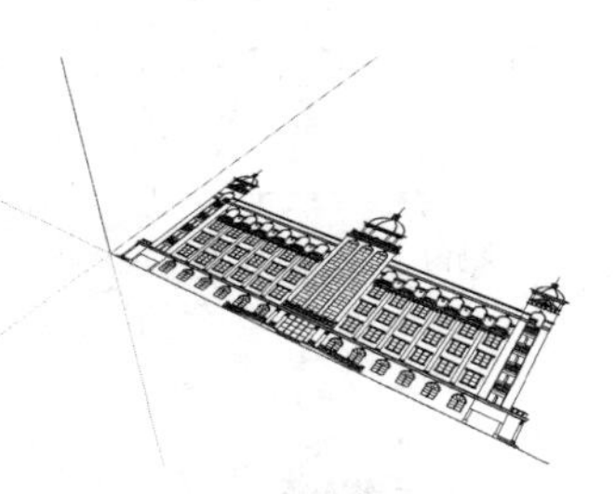

图 9-18　导入完成的效果

图 9-19　执行【标记】菜单命令

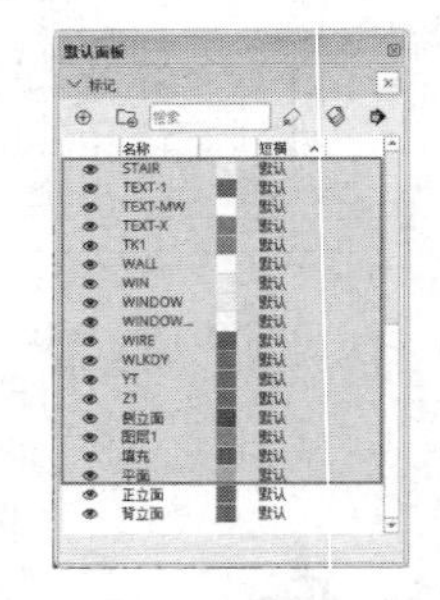

图 9-20　选择多余图层

注 意

观察可以发现，导入图纸恰好位于原点附近，这是由于之前在 AutoCAD 中已经将图纸移动至原点的原因。

06 为当前导入的正立面图新建“正立面”图层，如图 9-21 所示。

07 全选场景中的正立面图，将其创建为群组，如图 9-22 所示。进入【图元信息】面板，将其图层更改为“正立面”，如图 9-23 所示。

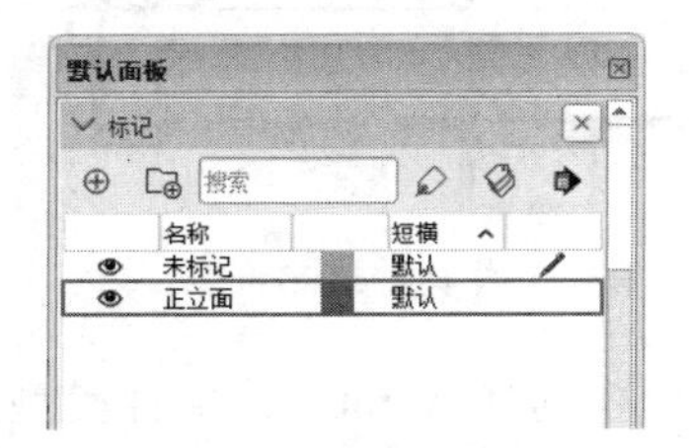

图 9-21　创建“正立面”图层

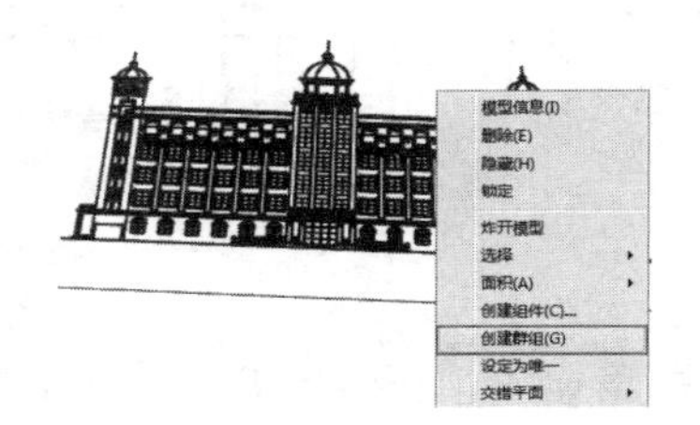

图 9-22　将导入图纸创建为群组

图 9-23　【图元信息】面板

08 启用【旋转】工具，将正立面图竖立，如图 9-24 所示。启用【移动】工具，将其中心与 Z 轴对齐，如图 9-25 所示。

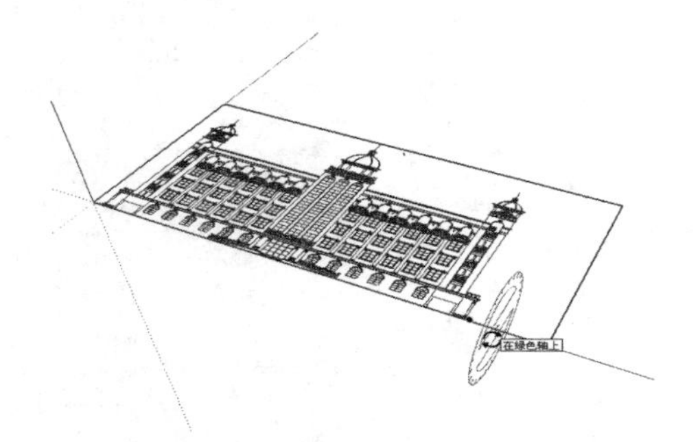

图 9-24　将正立面图纸竖立

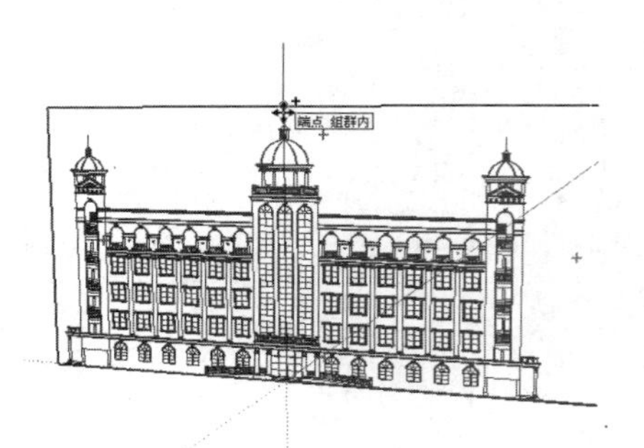

图 9-25　将图纸中心与 Z 轴对齐

09 导入侧立面、背立面及一层平面图，对其图层进行同样的处理，并旋转与对位，如图 9-26 ~ 图 9-28 所示。

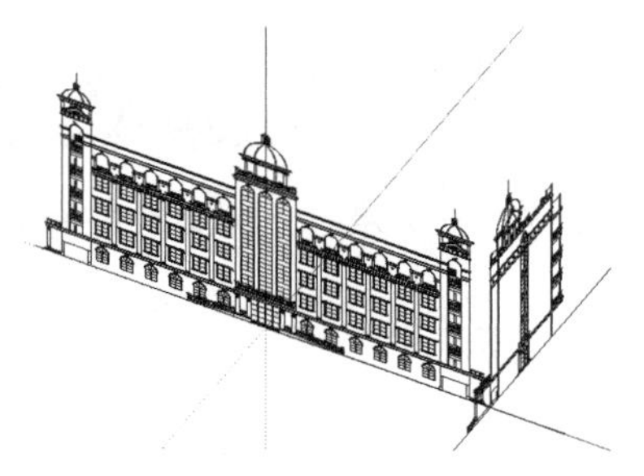

图 9-26　导入侧立面图

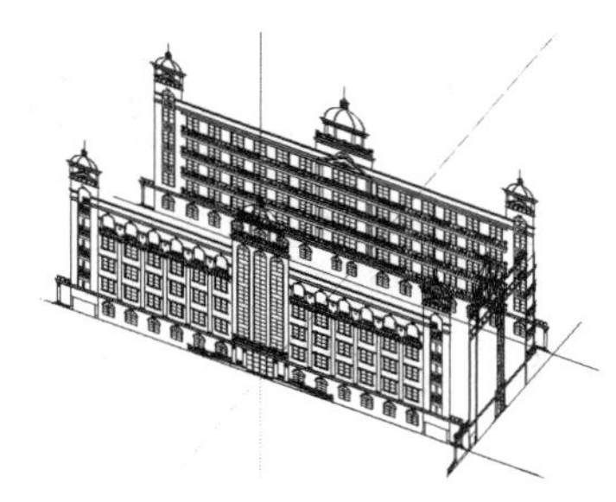

图 9-27　导入背立面图

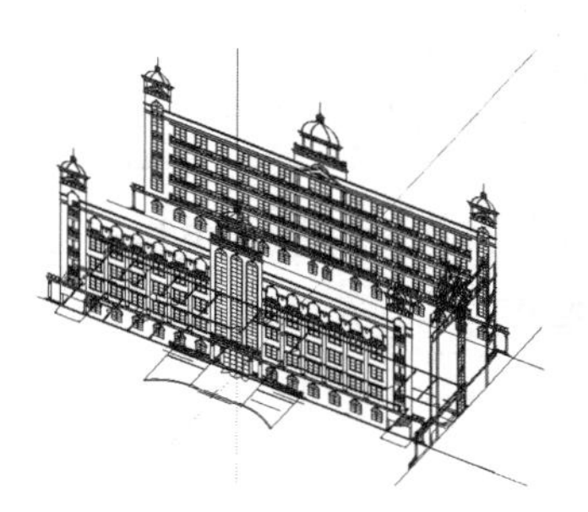

图 9-28　导入一层平面图

注 意

平面图通常导入一层平面即可，其他层平面图可以根据建模需要再适时导入。

9.1.3　通过图纸分析建模思路

在正式创建模型前，观察图纸分析出建筑的特点，从而形成明确的建模思路，提高模型创建的效率。本欧式建筑的特点主要如下：

第一、建筑整体呈对称结构，左右两侧模型完全一致，如图 9-29、图 9-30 所示。

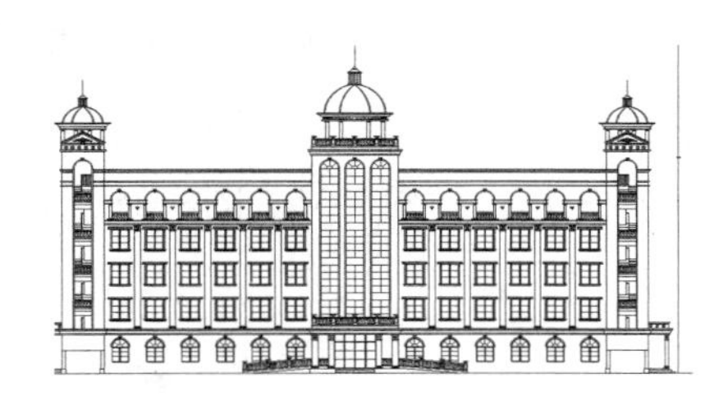

图 9-29　建筑正立面图

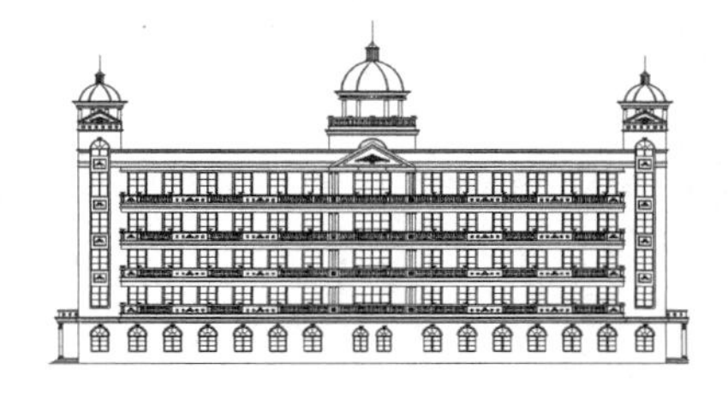

图 9-30　建筑背立面图

第二、建筑各个立面都存在大量重复的元素，如门窗、廊柱、栏杆等，如图 9-31、图 9-32 所示。

图 9-31　正立面上重复的门窗

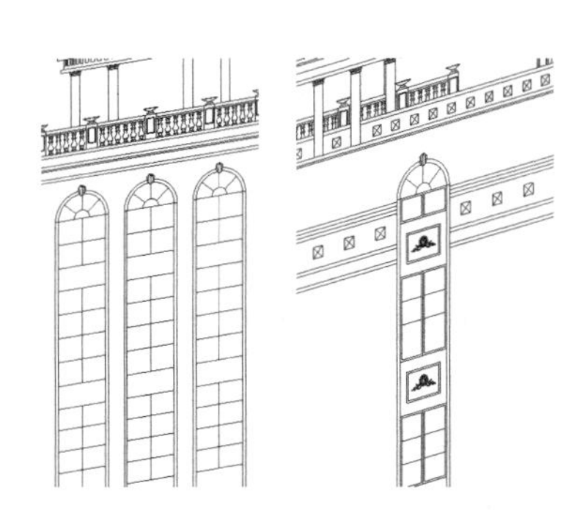

图 9-32　正立面与侧立面类似的构造

结合以上两个主要建筑特点，本例将选择以“面”为单位进行建模的方法。首先建立建筑模型轮廓，然后细化包括主入口在内的“正立面”模型。接着逐步制作其他立面细节，相同的建筑元素可以复制得到，快速完成其他立面模型的制作。

9.2 建立建筑轮廓模型

01 为了创建准确的建筑轮廓，启用【移动】工具，以平面图的边角为准，选择各个立面进行对位，如图 9-33 所示。

02 为了便于平面图的观察与捕捉，选择隐藏立面图，如图 9-34 所示。

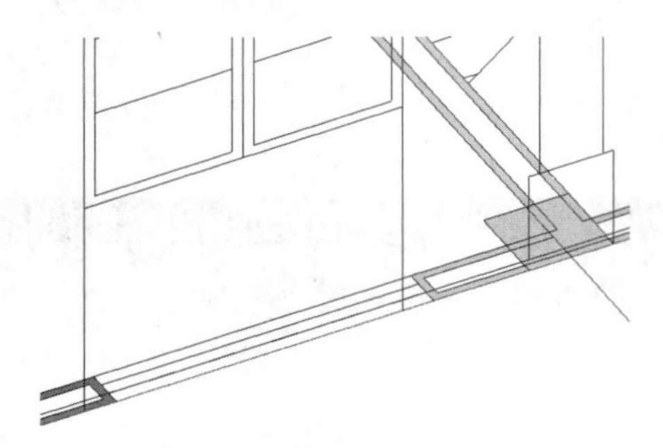

图 9-33 选择各个立面进行对位

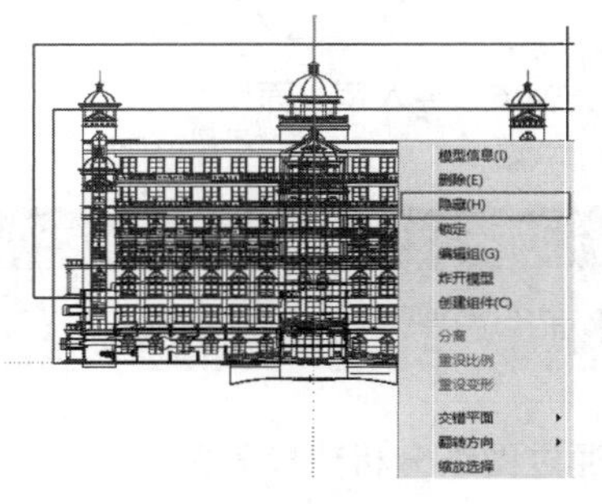

图 9-34 选择隐藏立面图

注 意

在对位立面图与平面图时，有可能会发现两者门窗等位置不能对齐，此时只要注意将图纸整体对齐即可，门窗等位置通常以立面为准。

03 启用【矩形】工具，捕捉平面图对角的端点创建一个矩形，如图 9-35、图 9-36 所示。

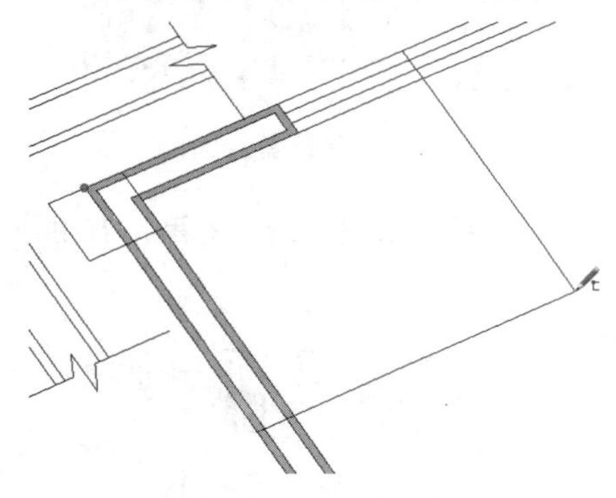

图 9-35 捕捉端点创建矩形

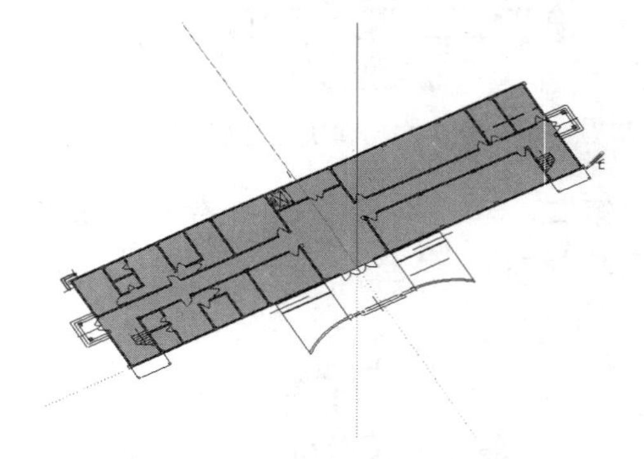

图 9-36 矩形平面创建完成

04 切换至 AutoCAD 窗口，查看图纸标高，如图 9-37 所示。返回 SketchUp，启用【推 / 拉】工具，准确创建出建筑下层高度，如图 9-38 所示。

05 查看建筑二至五层的标高，如图 9-39 所示，并创建层高，如图 9-40 所示。

06 建筑整体高度创建完成后，显示立面图，观察创建模型高度与图纸高度是否吻合，如图 9-41 所示。

07 通过观察导入图纸可以发现，建筑正立面中央与两侧均存在向外凸出的部分，如图 9-42 所示。因此再导入建筑二层平面图并进行对齐，如图 9-43 所示。

08 参考导入的二层平面图，启用【直线】工具，进行正立面中央区域的分割，如图 9-44、图 9-45 所示。

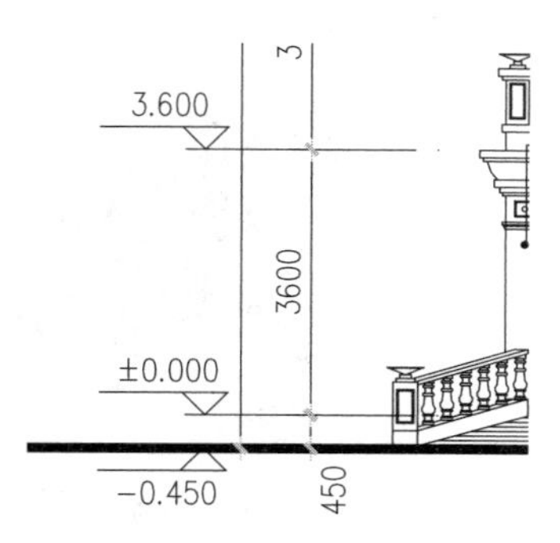

图 9-37　查看图纸标高

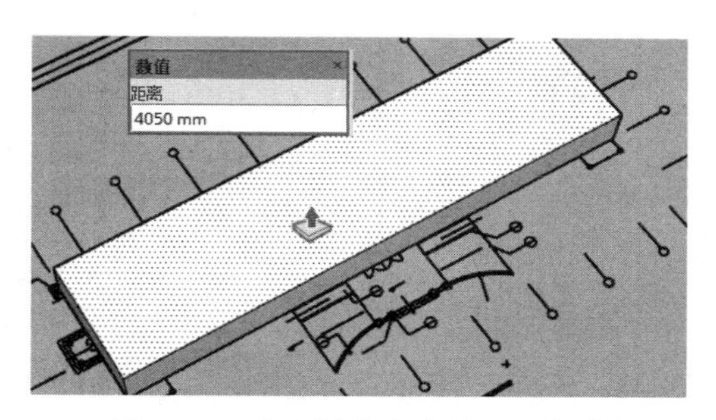

图 9-38　准确创建出建筑下层高度

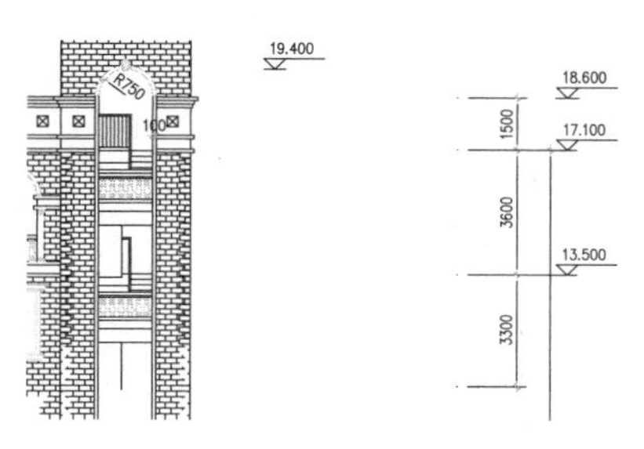

图 9-39　查看建筑二至五层的标高

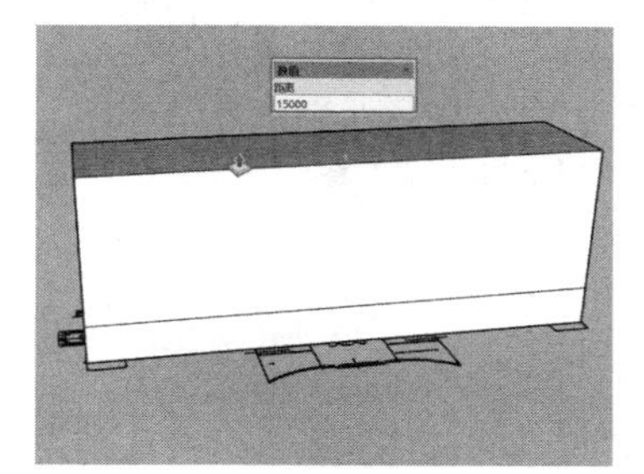

图 9-40　创建层高

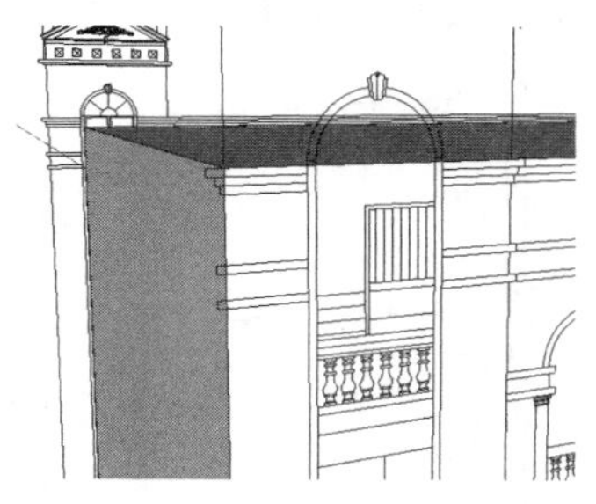

图 9-41　观察模型高度是否吻合

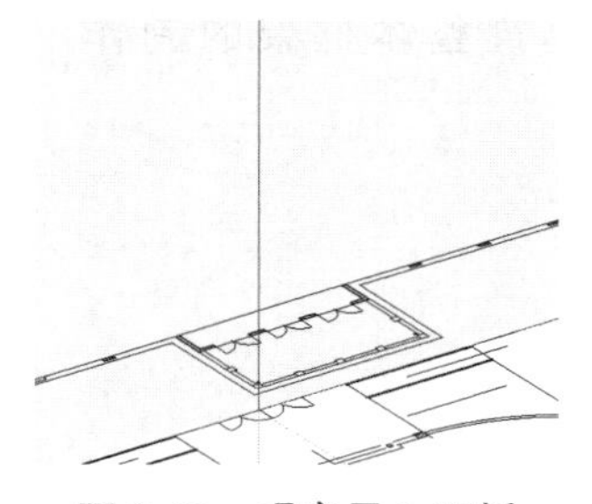

图 9-42　观察导入图纸

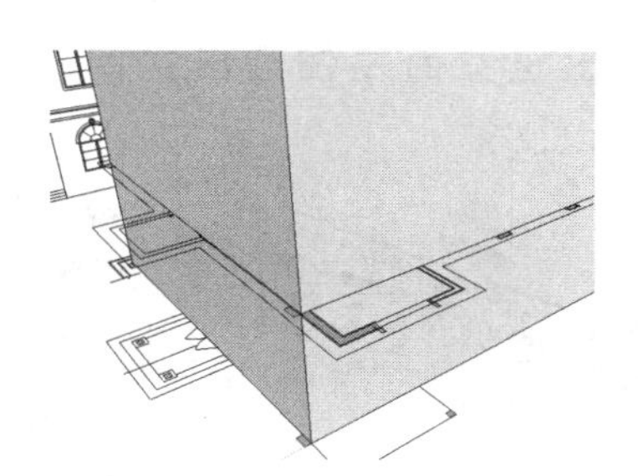

图 9-43　导入图纸并进行对齐

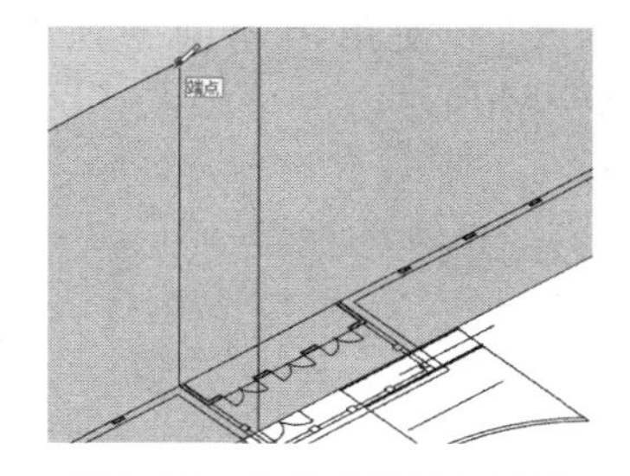

图 9-44　启用【直线】工具

09 启用【推 / 拉】工具，参考二层平面图制作出该处的凸出部分，如图 9-46 所示。

10 移动视图至模型右侧，启用【直线】工具，参考二层平面图分割出右侧的凸出空间，如图 9-47、图 9-48 所示。

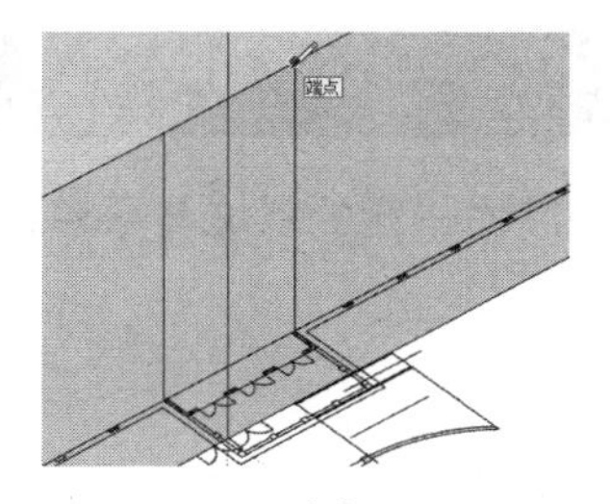

图 9-45　分割正立面

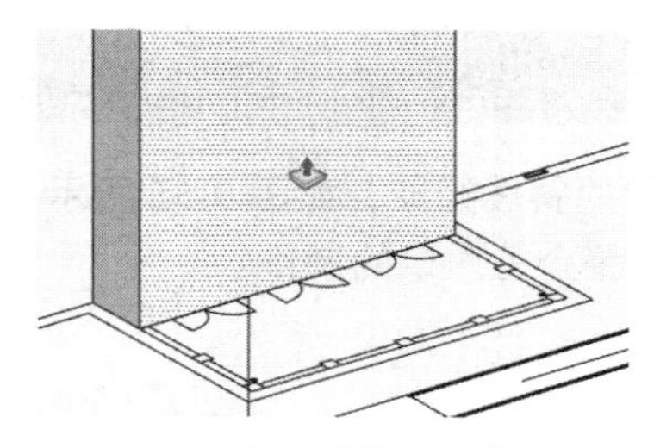

图 9-46　启用【推 / 拉】工具

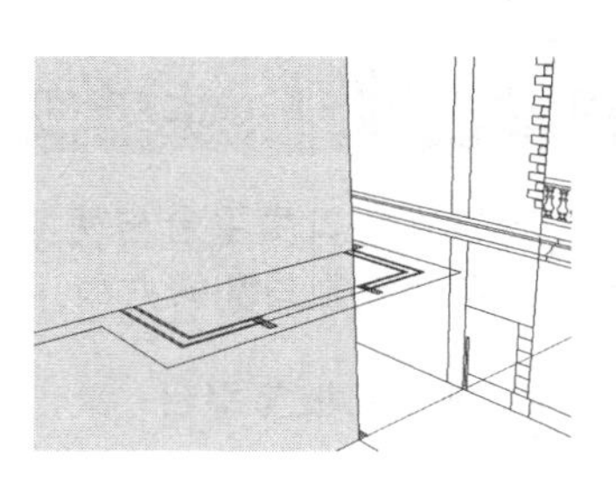

图 9-47　移动视图至模型右侧

11 启用【推 / 拉】工具，参考二层平面图制作出该处的凸出部分，如图 9-49 所示。观察右侧立面图，可以发现该处凸出空间一直延伸至一层中间区域，如图 9-50 所示。

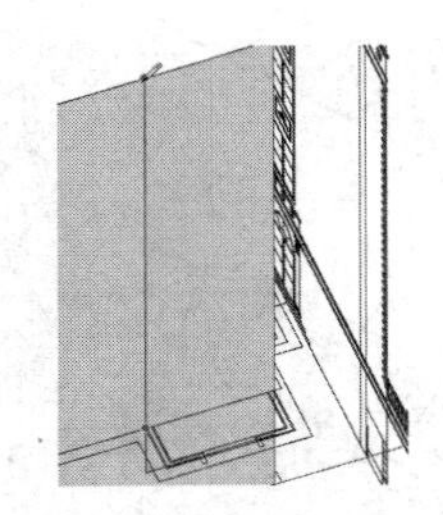
图 9-48　分割出右侧的凸出空间

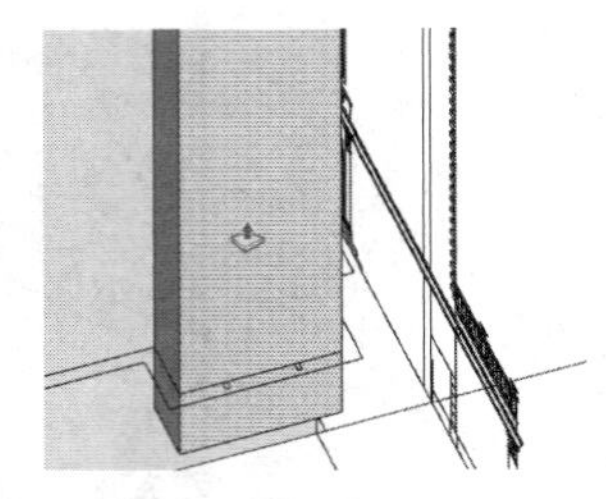
图 9-49　启用【推 / 拉】工具

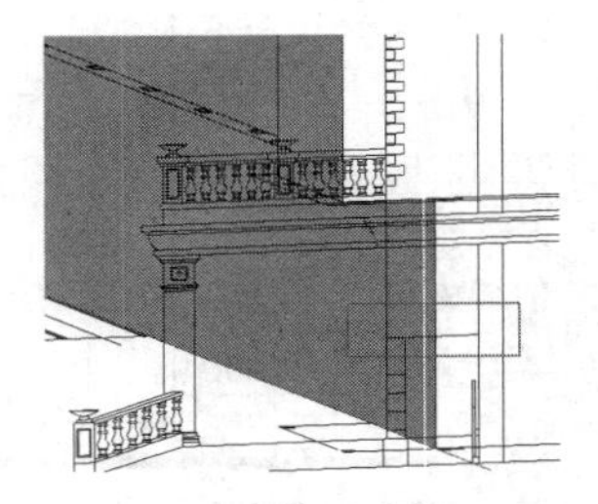
图 9-50　观察右侧立面图

12 启用【推 / 拉】工具，选择底部分割平面制作一定的厚度，如图 9-51 所示。选择底部边线，在【右视图】中参考侧立面图将其移动到准确的高度，如图 9-52、图 9-53 所示。

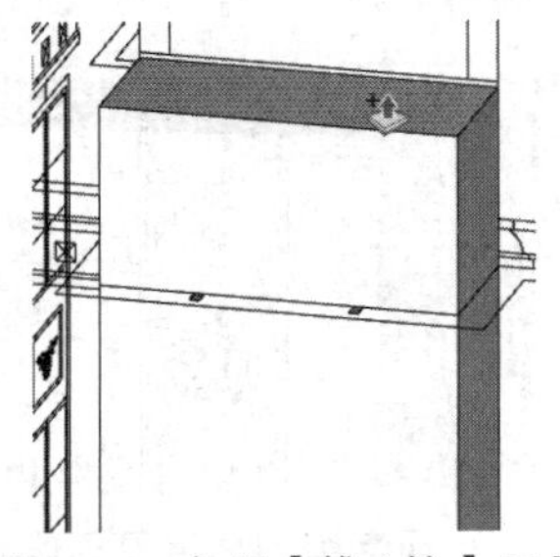
图 9-51　启用【推 / 拉】工具

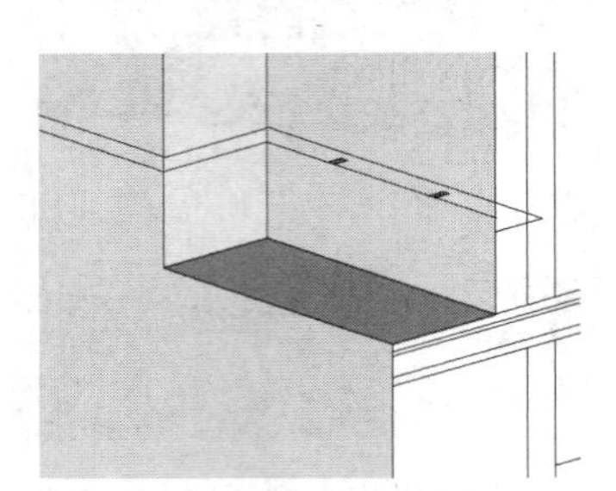
图 9-52　选择底部边线

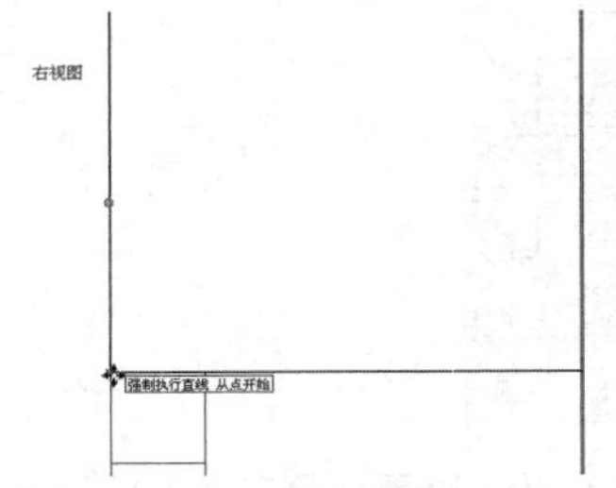

图 9-53　将边线移动到准确的高度

13 使用相同的方法制作出正立面左侧凸出空间，完成建筑整体框架的制作，如图 9-54 所示。

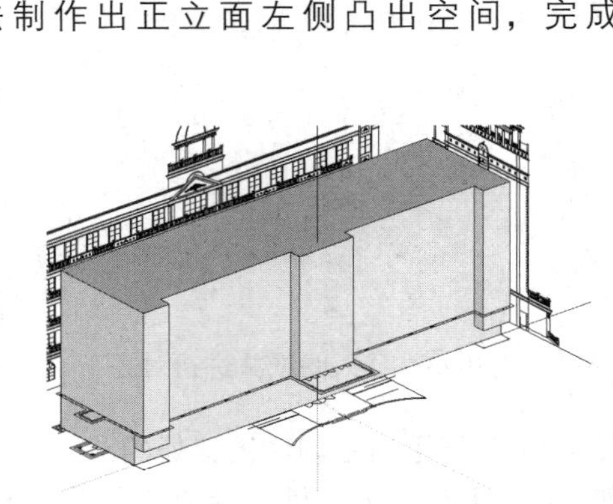
图 9-54　制作完成的建筑整体框架

9.3 制作主入口

建筑主入口由平台与两侧对称的斜坡组成，如图 9-55 所示。首先制作一侧的斜坡与平台，然后通过移动复制与翻转方向，完成整个主入口的制作。

9.3.1 制作斜坡与平台

01 启用【直线】工具，捕捉正立面图创建三角形的斜坡平面，如图 9-56 所示。启用【推 /

拉】工具，制作出人行坡道，如图 9-57 所示。

图 9-55　建筑主入口立面图

图 9-56　创建斜坡平面

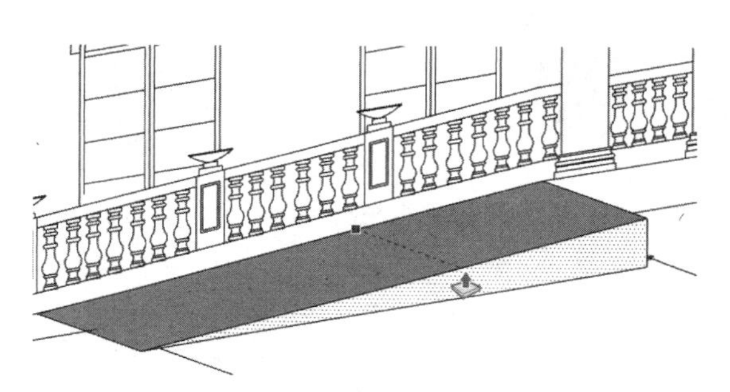

图 9-57　制作出人行坡道

02 启用【矩形】工具，捕捉正立面图创建入口平台平面，如图 9-58 所示。启用【推 / 拉】工具，制作出平台模型，如图 9-59 所示。

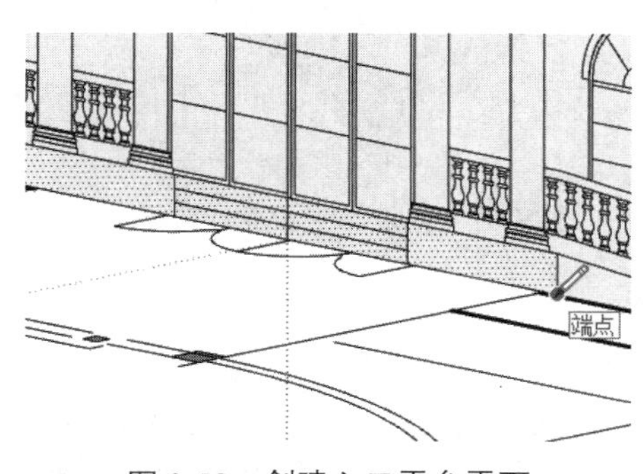

图 9-58　创建入口平台平面

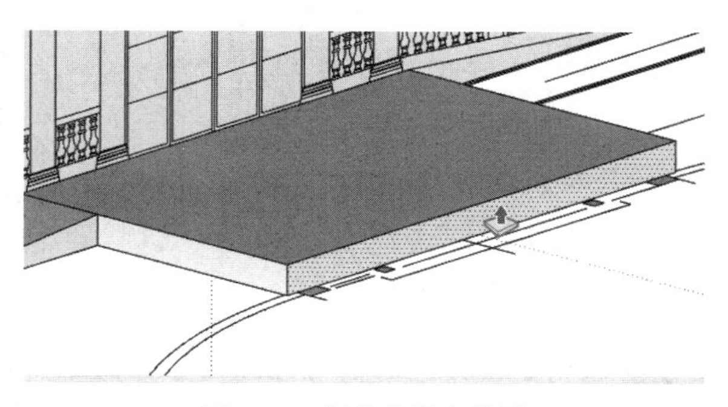

图 9-59　制作出平台模型

03 结合使用【直线】与【推 / 拉】工具，捕捉一层平面图，制作车行斜坡平面，然后选择左侧上方边线，使用【移动】工具制作出斜面效果，如图 9-60 ~ 图 9-62 所示。

04 结合使用【直线】、【圆弧】工具，捕捉一层平面图，绘制车行斜坡栏杆平台，选择上部边线，在右视图中通过【移动】工具调整高度，形成斜坡，如图 9-63 ~ 图 9-65 所示。

05 使用类似的方法，制作出人行坡道与车行坡道的分隔线，完成斜坡与平台模型的制作，如图 9-66、图 9-67 所示。

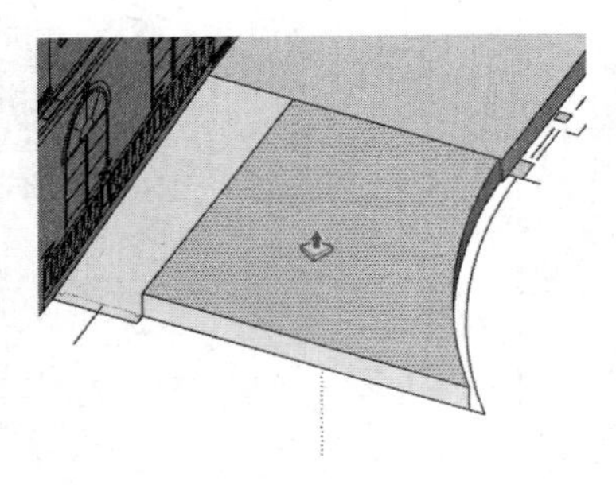

图 9-60　制作车行斜坡平面

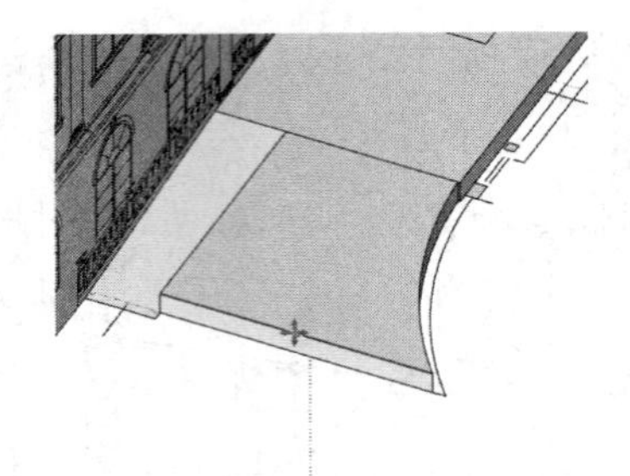

图 9-61　选择左侧上方边线

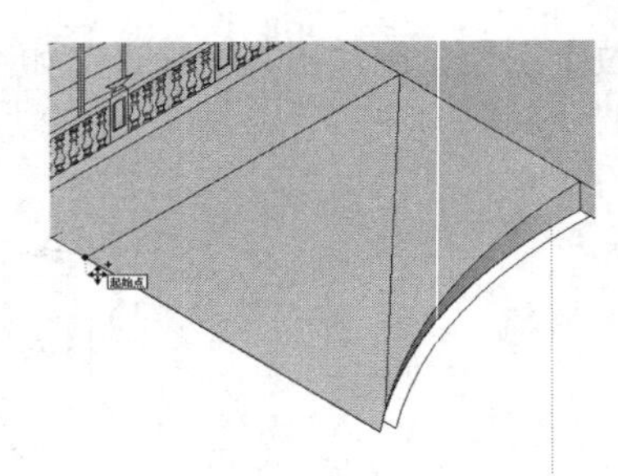

图 9-62　制作出斜面效果

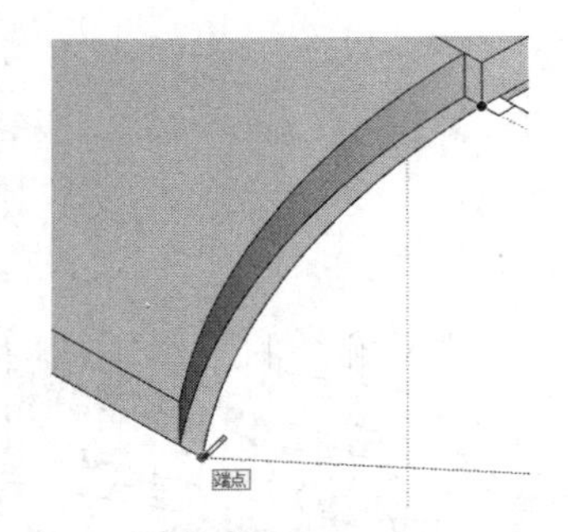

图 9-63　绘制车行斜坡栏杆平台

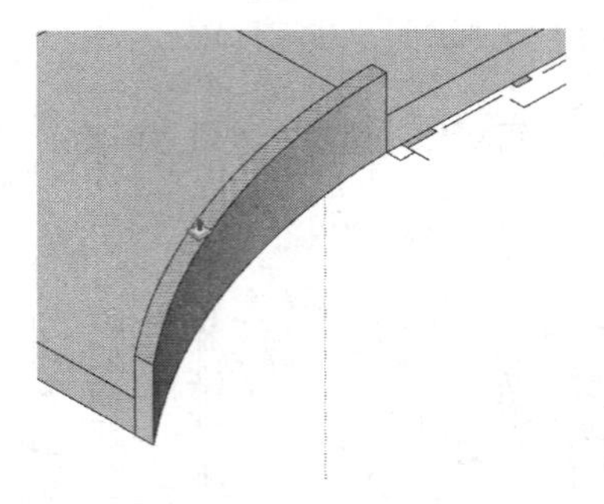

图 9-64　调整高度

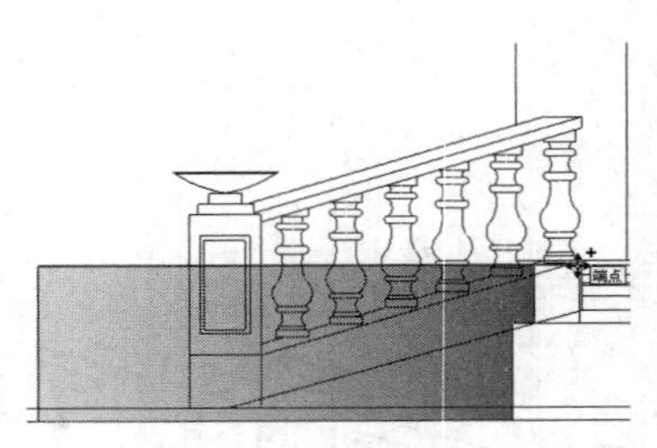

图 9-65　形成斜坡效果

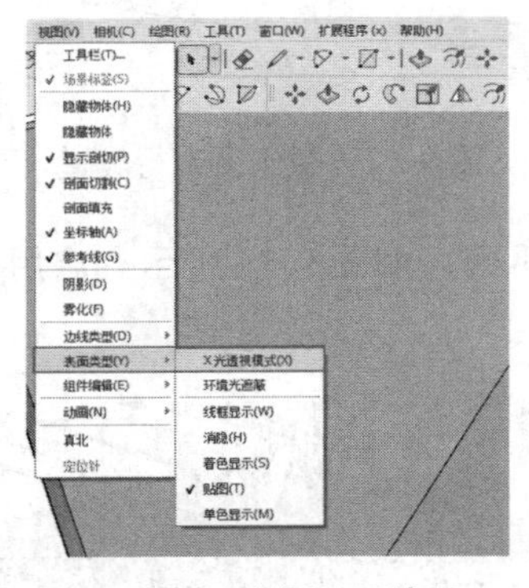

图 9-66　选择显示效果

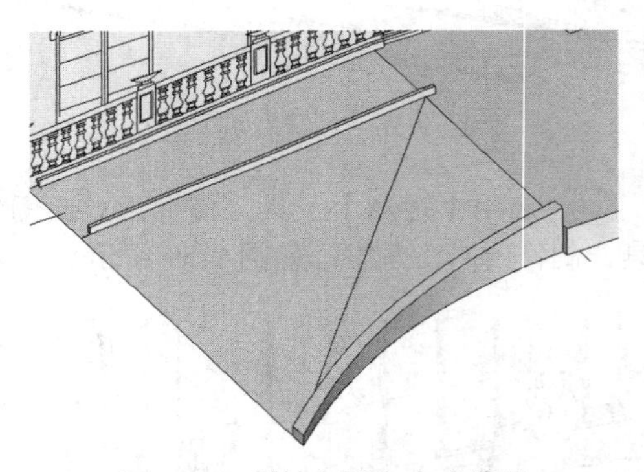

图 9-67　斜坡与平台完成效果

9.3.2　制作石柱与栏杆

01 启用【直线】工具，直接在正立面图上捕捉石柱中心线向上进行分割，如图 9-68 所示。

02 删除石柱中间多余线段形成平面。启动【移动】工具，将其向外复制并调整位置，如图 9-69、图 9-70 所示。

03 观察 CAD 图纸，可以发现该石柱为方形石柱，如图 9-71 所示。启用【矩形】工具，创建一个等大的矩形平面，如图 9-72 所示。

04 启用【路径跟随】工具，选择石柱平面后捕捉矩形平面，创建石柱模型，如图 9-73 所示。接下来制作石柱柱头的细节。

05 参考正立面图中的石柱细节，结合使用【偏移】、【圆】以及【推 / 拉】工具，制作柱头细节，如图 9-74 ~ 图 9-76 所示。

图 9-68 捕捉中心线向上分割

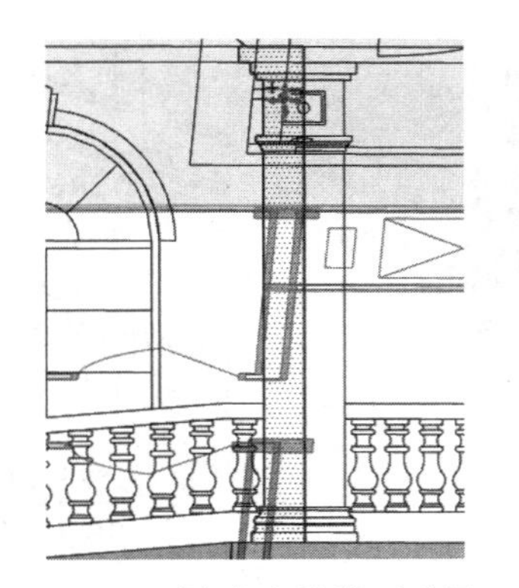

图 9-69 删除多余线段形成平面

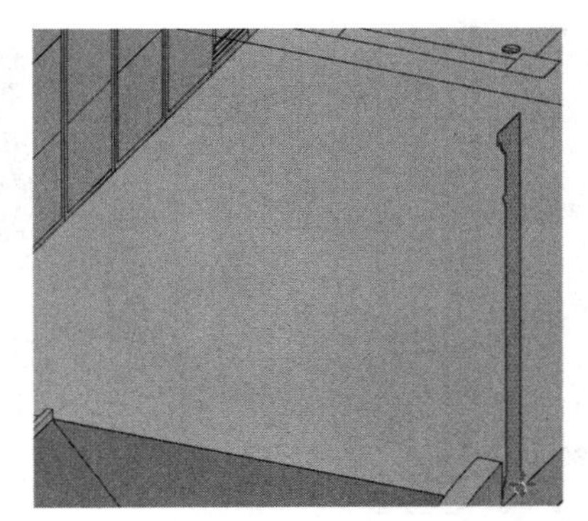

图 9-70 向外复制并调整位置

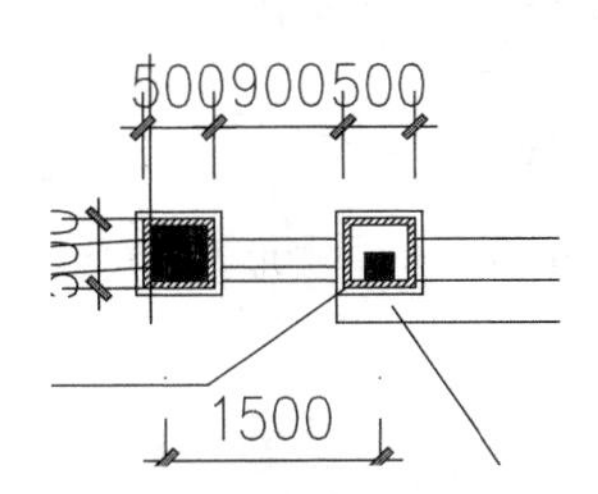

图 9-71 石柱为方形石柱

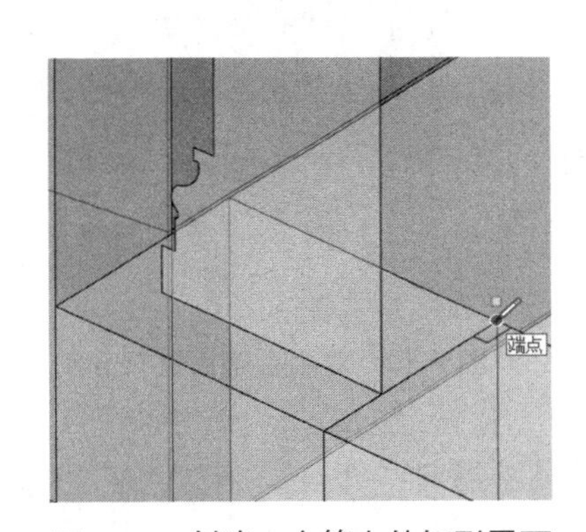

图 9-72 创建一个等大的矩形平面

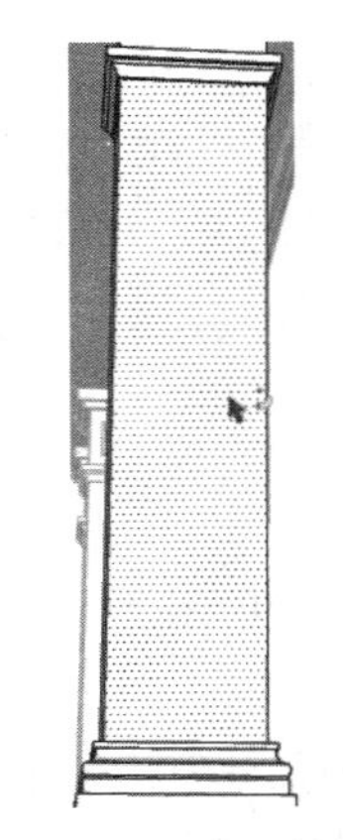

图 9-73 创建石柱模型

图 9-74 正立面图纸中的石柱细节

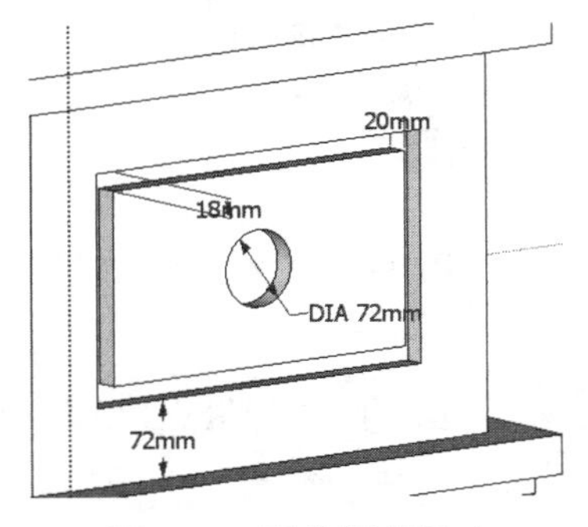

图 9-75 石柱细节尺寸

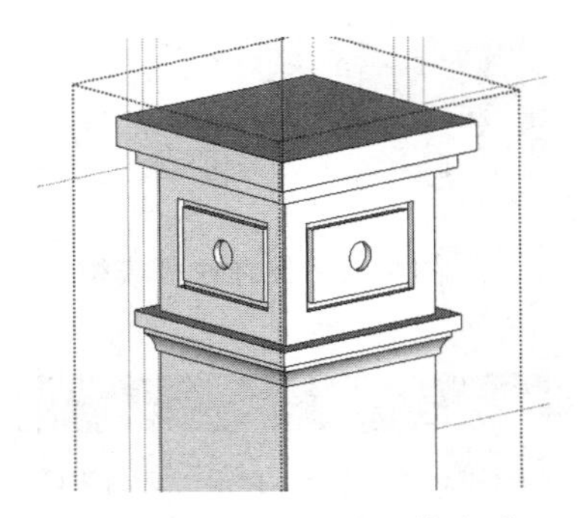

图 9-76 柱头细节制作完成

06 将制作好的石柱模型创建为群组，启用【移动】工具，参考一层平面图进行复制，如图 9-77、图 9-78 所示。

07 细化平台台阶，参考正立面图，对平台侧面进行分割，如图 9-79、图 9-80 所示。

08 启用【推 / 拉】工具，制作台阶踏步细节，尺寸如图 9-81 所示。此时应注意在台阶右侧进行相同的处理。

09 使用类似的方法，制作正立面图中的栏杆模型，如图 9-82、图 9-83 所示。

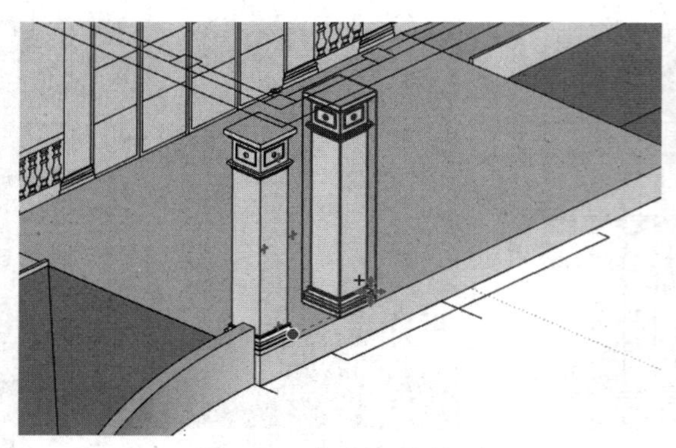
图 9-77　复制石柱模型

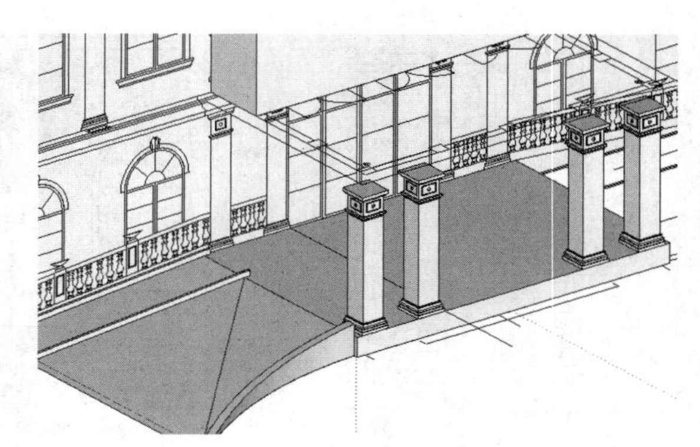
图 9-78　石柱模型复制完成效果

图 9-79　参考正立面图纸

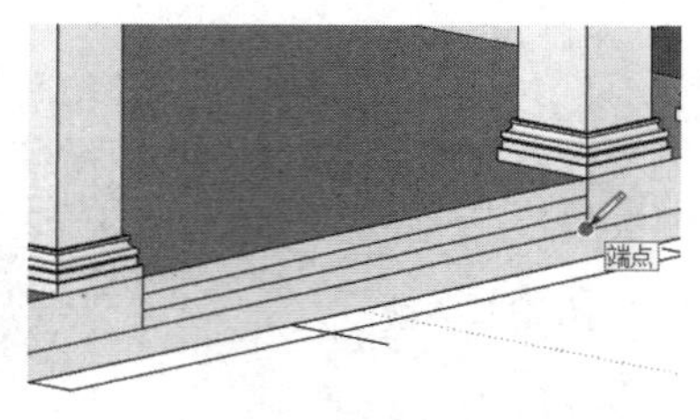

图 9-80　对平台侧面进行分割

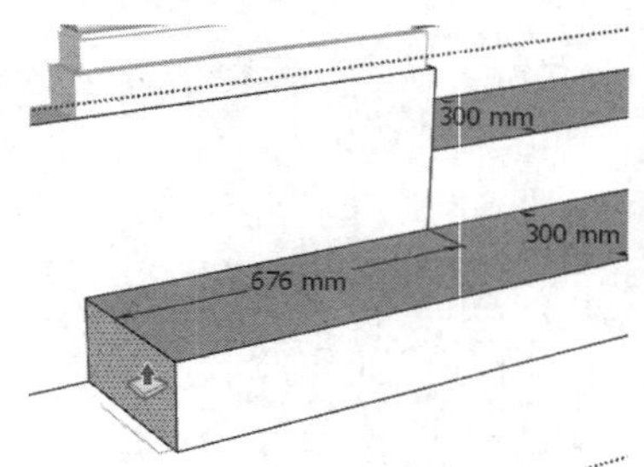

图 9-81　台阶踏步细节尺寸

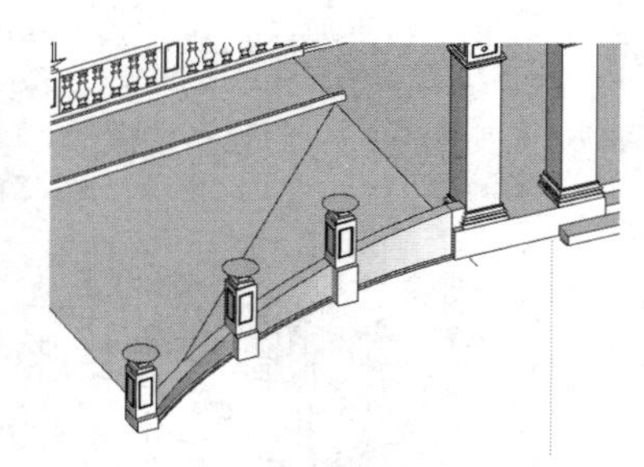
图 9-82　制作栏杆模型

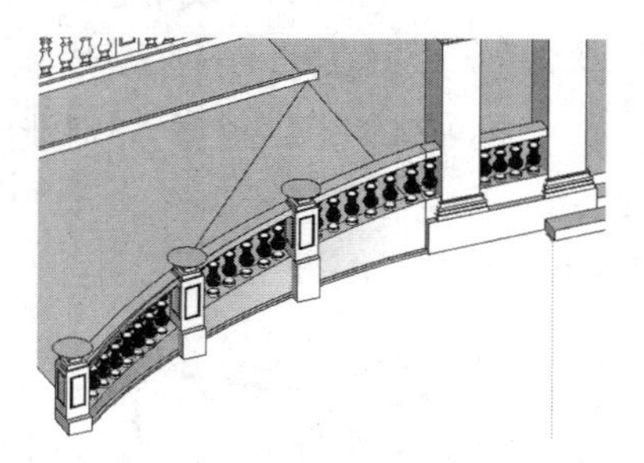
图 9-83　栏杆模型完成效果

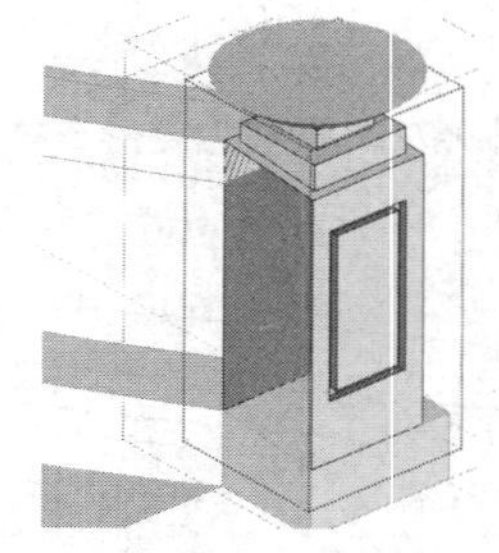
图 9-84　删除背面模型面

注 意

立柱及栏杆等模型将在场景中进行大量复制，如果电脑配置不高，必须进行省面处理。省面最为常用的方法就是删除背面模型面，如图 9-84 所示。需要注意的是，有些建模人员为了省事，直接利用 CAD 图形作为建模平面，此方法虽然快捷，但由于 CAD 图形存在许多细分线，会造成生成的模型面数过多。因此，如果想省面，制作时必须重新绘制建模平面，并且只可以制作正面模型，如图 9-85、图 9-86 所示。

10 主入口模型制作完成后，进入【材质】面板，为斜坡以及平台赋予对应的材质，如图 9-87、图 9-88 所示。

11 赋予材质的主入口效果如图 9-89 所示。

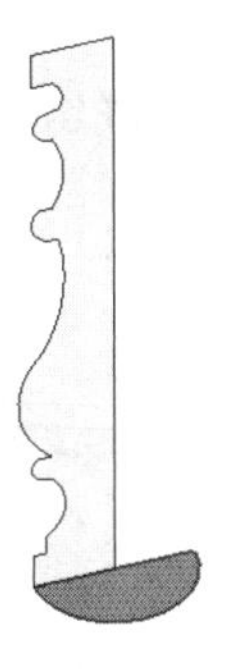
图 9-85　重新绘制建模平面

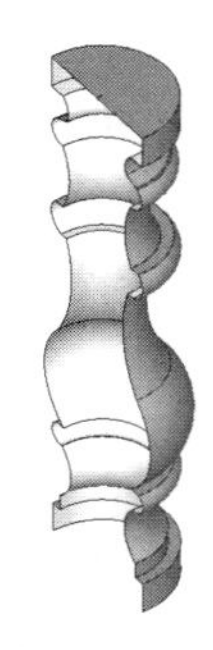
图 9-86　模型省面的比较

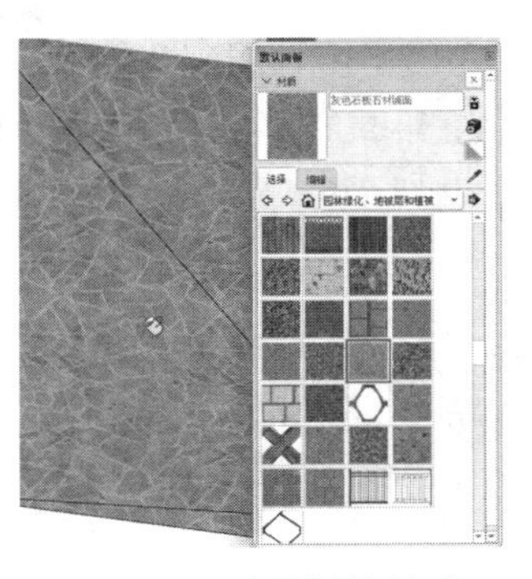
图 9-87　赋予斜坡材质

图 9-88　赋予平台材质

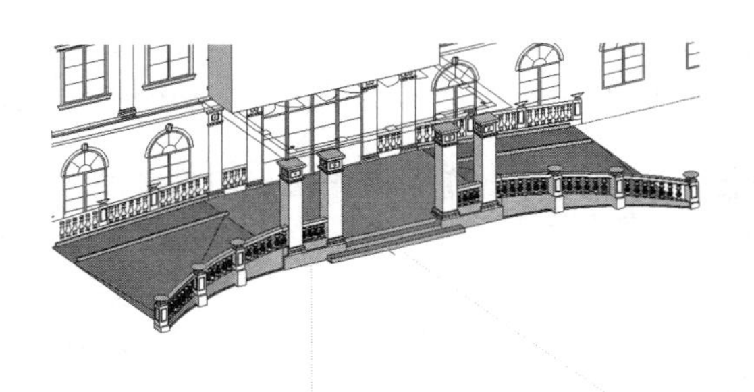
图 9-89　赋予材质的主入口效果

注 意

在建筑施工图中，石柱标明为白色涂料，因此保持其为默认的材质即可。

9.4 制作正立面

从门窗等立面造型上进行区分，本幢欧式办公楼建筑正立面可分为三个层次，如图 9-90 ～图 9-92 所示，下面分别进行创建。

图 9-90　底层

图 9-91　二至四层

图 9-92　第五层

9.4.1　制作大门

01 参考 CAD 图纸中的大门图形，制作底层大门模型，如图 9-93 所示。启用【矩形】工具，创建大门平面，如图 9-94 所示。

02 参考立面图，使用【矩形】工具细化门框平面，细化完成后创建为群组，如图 9-95、图 9-96 所示。

图 9-93 CAD 图纸中的大门图形

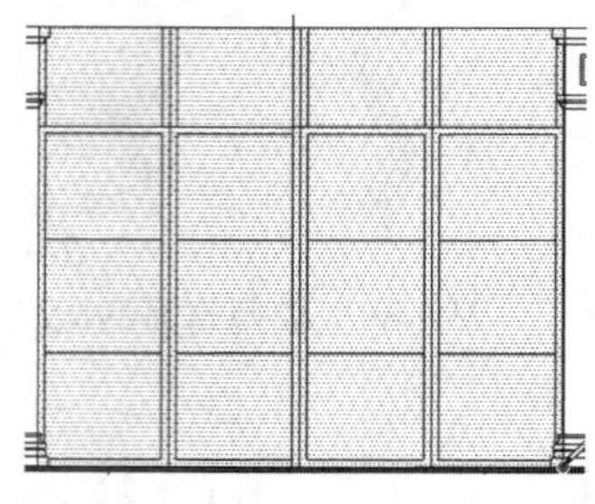

图 9-94 创建大门平面

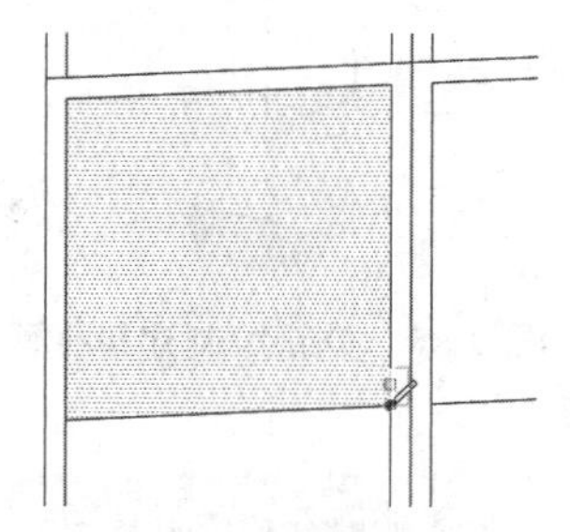

图 9-95 参考图纸细化平面

03 使用【推 / 拉】工具推拉出门框厚度，再结合使用【偏移】等工具制作完成大门模型，如图 9-97、图 9-98 所示。

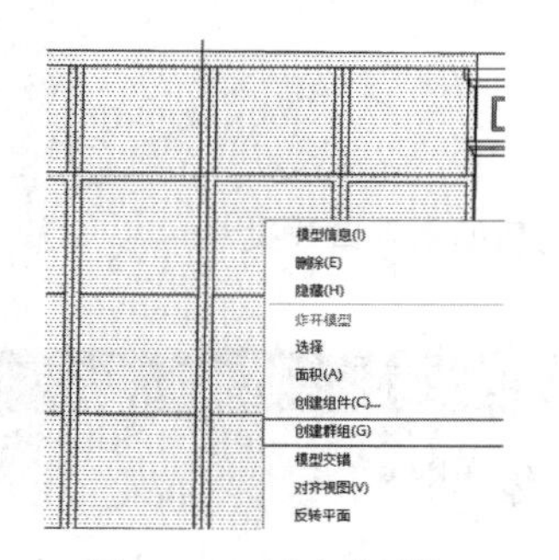

图 9-96 创建为群组

图 9-97 推拉出门框厚度

图 9-98 大门模型完成效果

04 调入大门拉手组件，为门框与玻璃赋予对应材质，如图 9-99 所示。

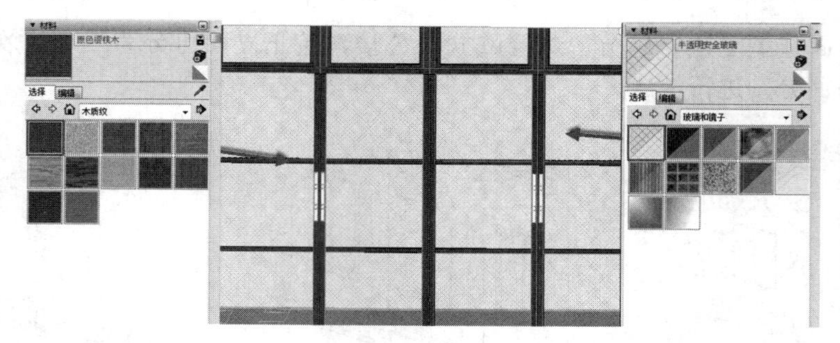

图 9-99 调入大门拉手组件并为门框与玻璃赋予材质

9.4.2 制作底层门窗

01 结合使用【直线】与【圆弧】工具，参考立面图逐步制作出底层门窗与装饰线模型，如图 9-100 ~ 图 9-102 所示。

02 进入【材料】面板，为窗框与玻璃赋予对应材质，如图 9-103 所示，然后创建为群组。

图 9-100　绘制窗户平面

图 9-101　细化窗框模型

图 9-102　制作窗户装饰细节

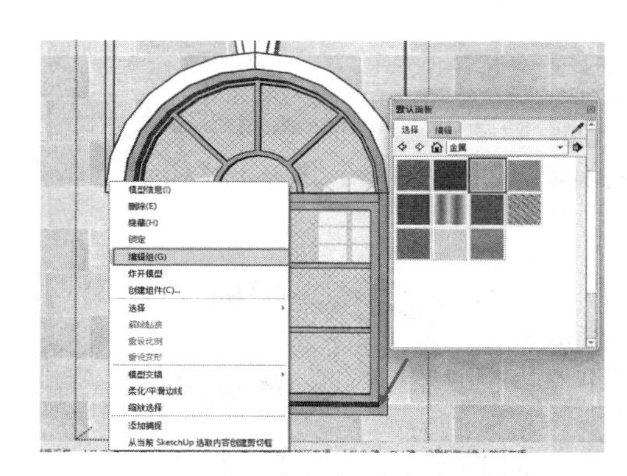

图 9-103　为窗框与玻璃赋予材质

03 制作底层墙体窗洞。捕捉正立面图，绘制出窗洞轮廓。

04 启用【推 / 拉】工具，将其向内推拉，制作出窗洞，删除多余模型面之后，将其创建为组件，如图 9-104 所示。注意勾选“切割开口”复选框。

05 选择组件，参考立面图进行移动复制，每复制一处则会自动形成窗洞效果，如图 9-105 所示。

06 参考立面图，完成底层所有窗洞的制作，复制出所有窗户，完成底层门窗模型的制作，如图 9-106 所示。

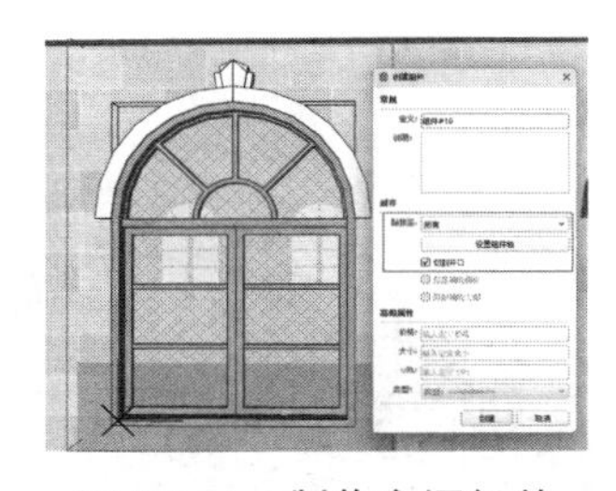

图 9-104　制作窗洞组件

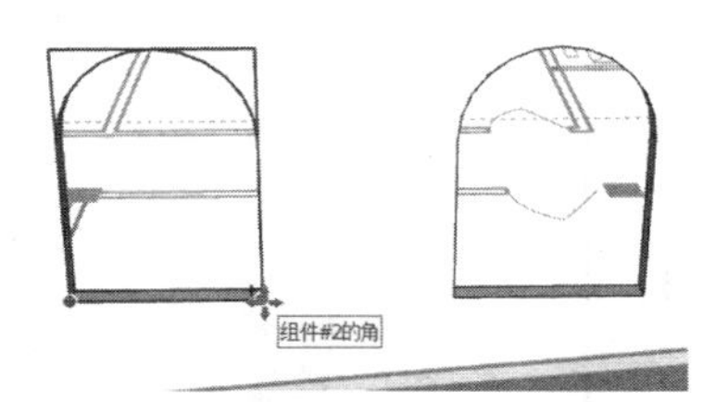

图 9-105　复制组件形成窗洞效果

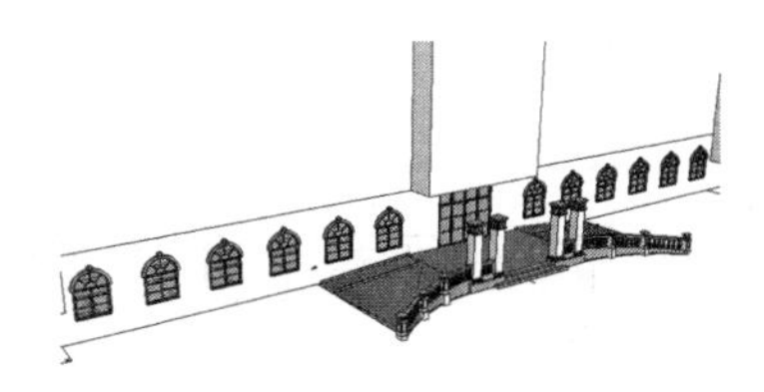

图 9-106　完成底层门窗模型的制作

9.4.3　制作阳台

01 参考立面图，启用【直线】工具，绘制出阳台角线平面，启用【移动】工具，将其复制并对位，如图 9-107 与图 9-108 所示。

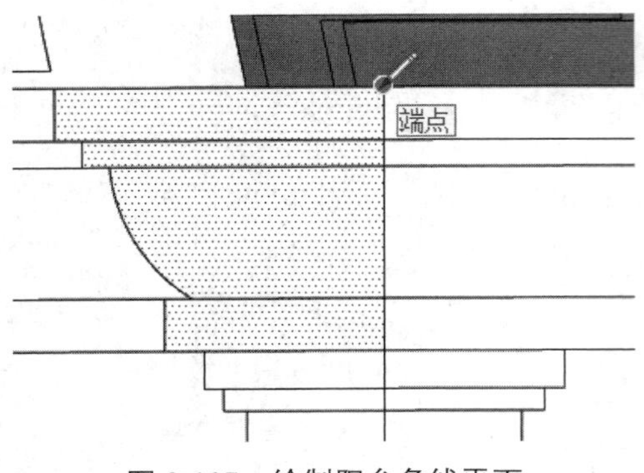

图 9-107　绘制阳台角线平面

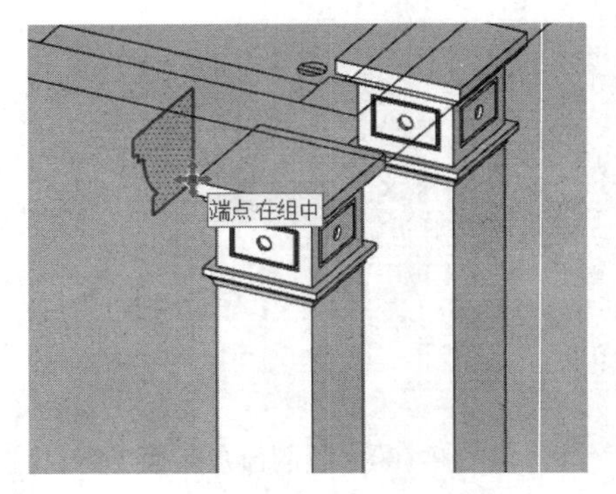

图 9-108　复制角线平面并对位

02 隐藏正立面图，参考二层平面图绘制角线路径跟随平面。启用【路径跟随】工具，制作角线模型，如图 9-109、图 9-110 所示。

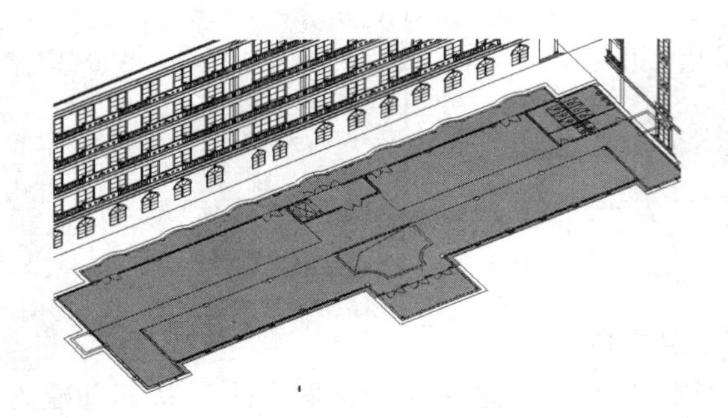

图 9-109　绘制角线路径跟随平面

图 9-110　角线模型完成效果

03 启用【移动】工具，在右视图中参考侧立面对齐角线高度，如图 9-111 所示。

04 选择之前创建好的栏杆立柱等模型，参考 CAD 图纸复制与摆放模型，制作好阳台模型，如图 9-112、图 9-113 所示。

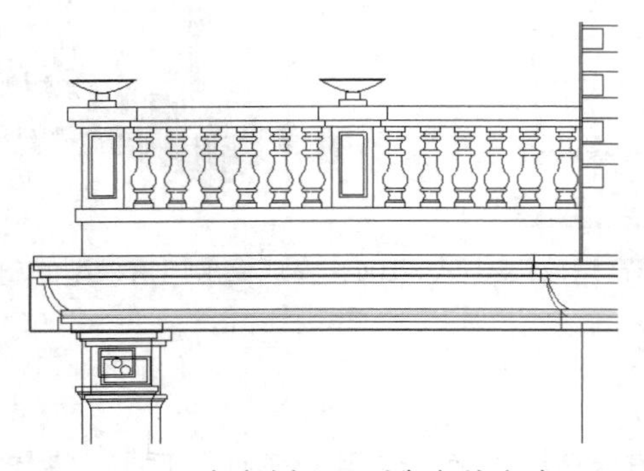

图 9-111　参考侧立面对齐角线高度

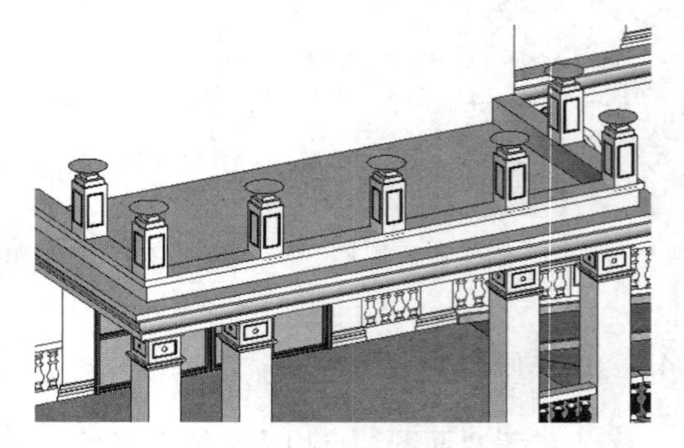

图 9-112　复制与摆放模型

05 选择底层墙体，进入【材料】面板，为其赋予材质，完成正立面底层模型的制作，如图 9-114、图 9-115 所示。

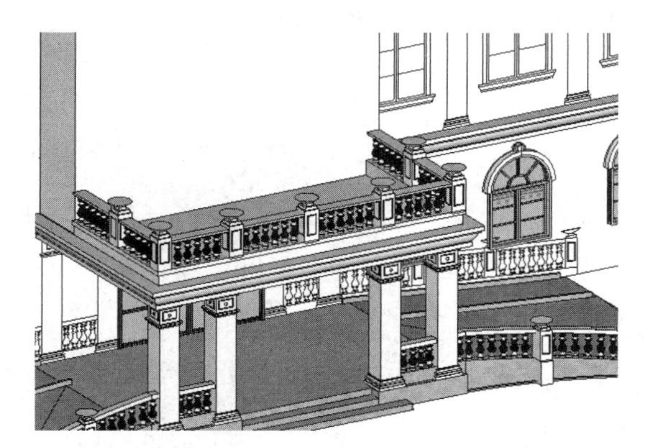

图 9-113　阳台模型制作完成效果

图 9-114　赋予底层墙面材质

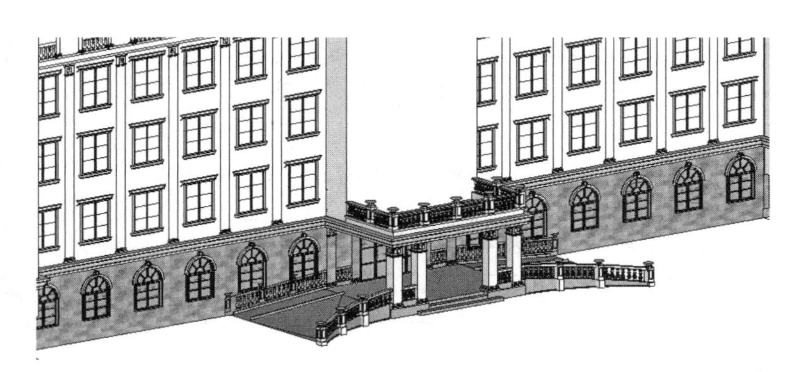

图 9-115　正立面底层模型制作完成效果

9.4.4　制作中间楼层立面

建筑二至四层立面主要由窗户以及装饰立柱构成，下面介绍具体模型创建步骤。

01 参考正立面图，绘制出单个的窗户模型，并创建为组件，使用组件快速完成立面窗洞的制作，如图 9-116、图 9-117 所示。

02 通过【移动】工具制作正立面左侧窗户，然后将其整体向右复制，并通过【翻转方向】菜单命令调整好位置，如图 9-118、图 9-119 所示。

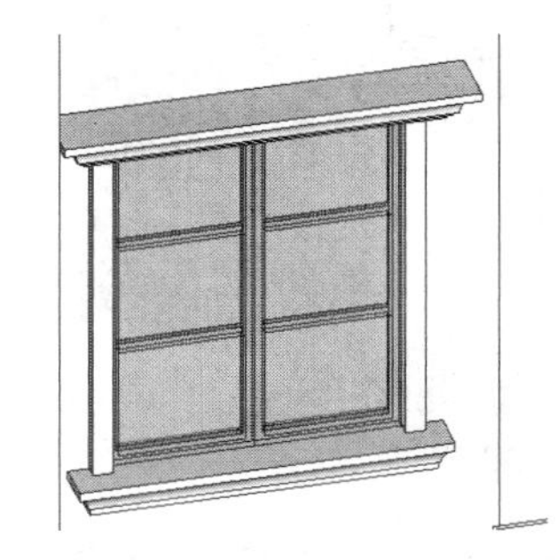

图 9-116　制作立面窗户组件

图 9-117　立面窗洞制作完成

图 9-118　制作正立面左侧窗户

03 启用【移动】工具，将之前制作的主入口石柱模型复制至正立面墙体，然后参考图纸调整好其位置，如图 9-120 所示。

04 双击进入石柱【组】，选择上部柱头边线，参考立面图调整石柱高度，如图 9-121、图 9-122 所示。

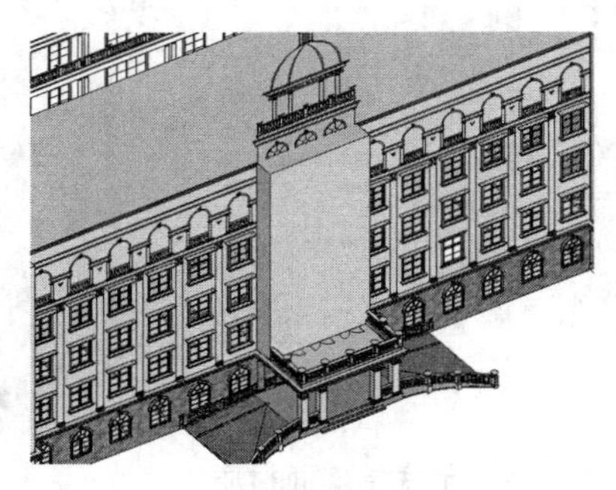

图 9-119　复制并调整好位置

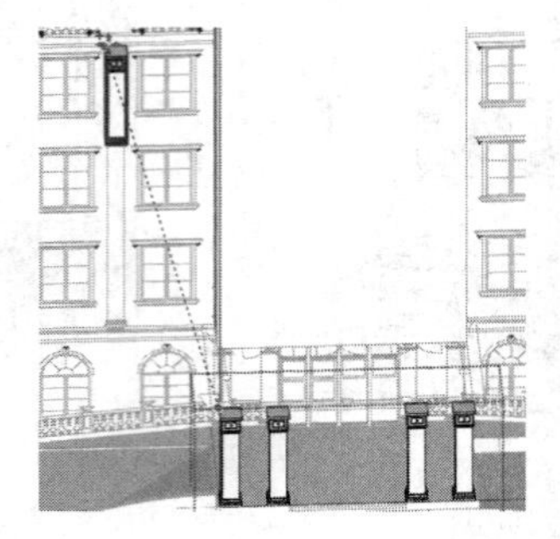

图 9-120　复制石柱并调整位置

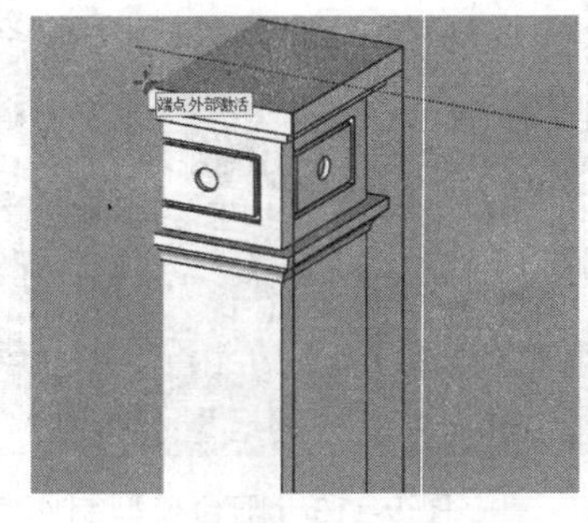

图 9-121　选择上部柱头边线

05 将立面装饰柱部分嵌入至墙体内，考虑到省面，可以利用【差集】实体工具去除嵌入墙体的部分模型，然后删除多余线段，如图 9-123、图 9-124 所示。

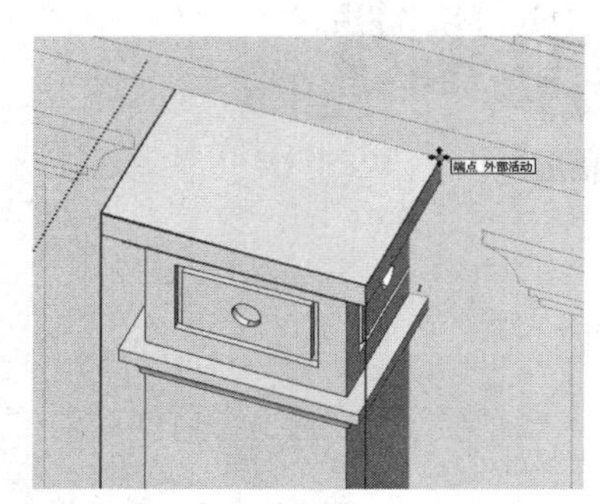

图 9-122　参考立面图调整石柱高度

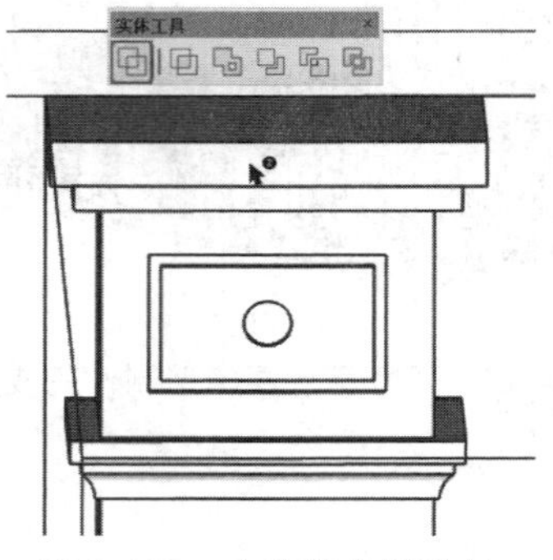

图 9-123　去除嵌入墙体的部分模型

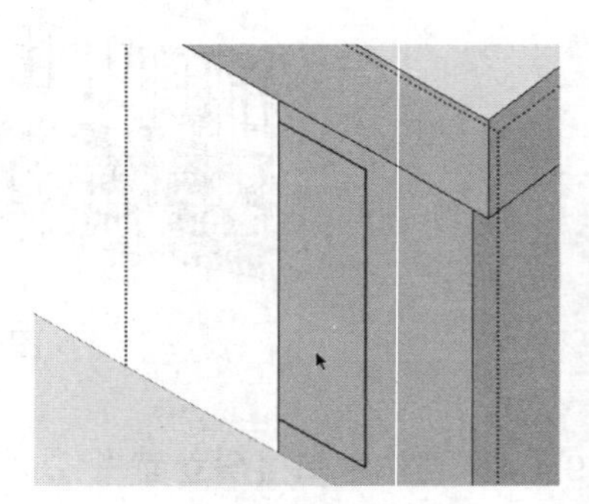

图 9-124　删除多余边线

06 单个正立面装饰柱制作完成后，启用【移动】工具，参考立面图进行复制，完成正立面二至四层模型的制作，如图 9-125、图 9-126 所示。

图 9-125　复制正立面装饰柱

图 9-126　完成正立面二至四层模型的制作

9.4.5 制作顶楼立面

观察 CAD 五层平面图可以发现，建筑正面顶楼有走廊及过道等空间，如图 9-127 所示，因此其制作方法会有所区别。

01 启用【直线】工具，参考正立面图中四层与五层的角线，对平面进行分割，如图 9-128 所示。

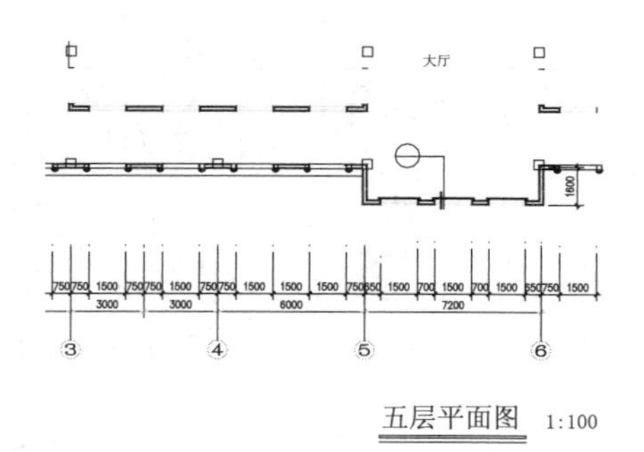

图 9-127　CAD 五层平面图

图 9-128　对平面进行分割

02 启用【推 / 拉】工具，将分割出的平面向内推拉 2400mm 形成走廊，如图 9-129 所示。用同样的方法，制作左侧过道等空间，如图 9-130 所示。

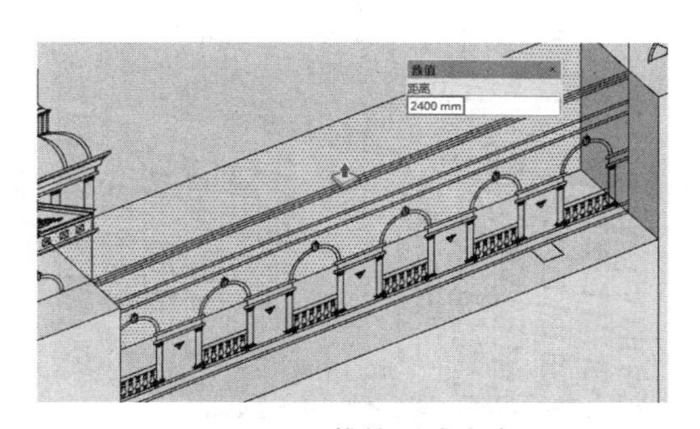

图 9-129　推拉形成走廊

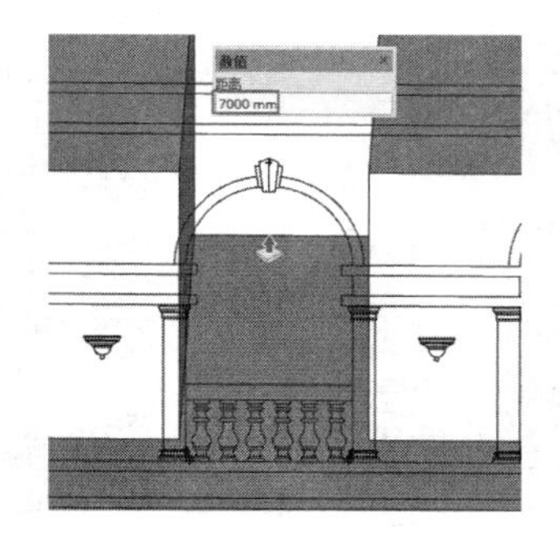

图 9-130　制作左侧过道等空间

03 绘制立面墙体。结合使用【直线】与【圆弧】工具，参考正立面图绘制部分线段，如图 9-131 所示。

04 启用【移动】工具，参考正立面图选择线段进行复制，启用【直线】工具，最终形成封闭平面，如图 9-132、图 9-133 所示。

图 9-131　绘制部分线段

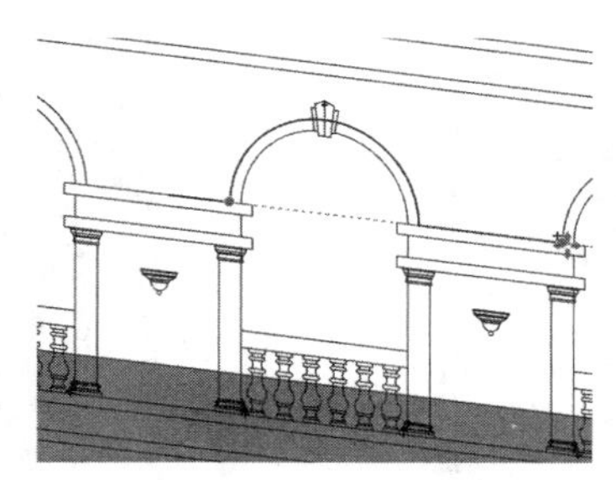

图 9-132　复制线段

图 9-133　形成封闭平面

05 启用【推 / 拉】工具，将平面向内推拉 240mm，制作出墙体，如图 9-134 所示。

06 参考正立面图，绘制石柱与装饰角线，然后对应进行移动复制，如图 9-135、图 9-136 所示。

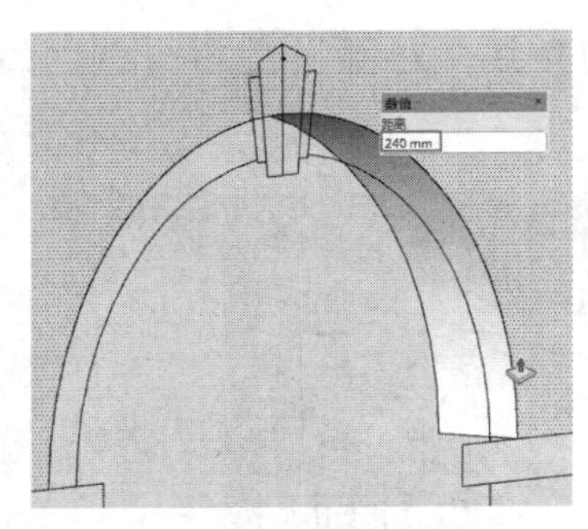

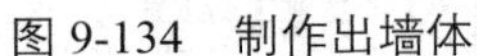

图 9-134　制作出墙体

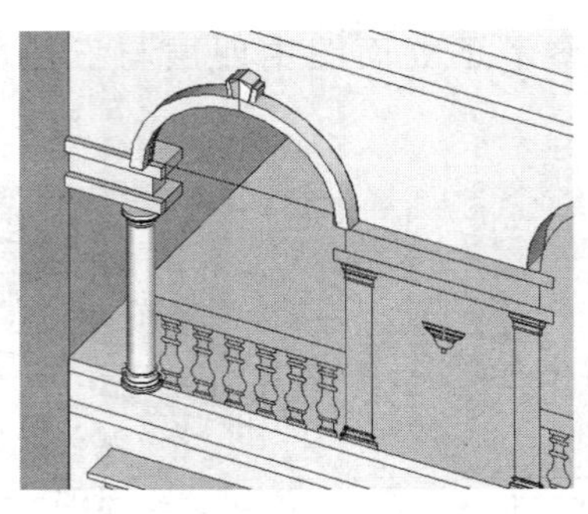

图 9-135　绘制石柱与装饰角线

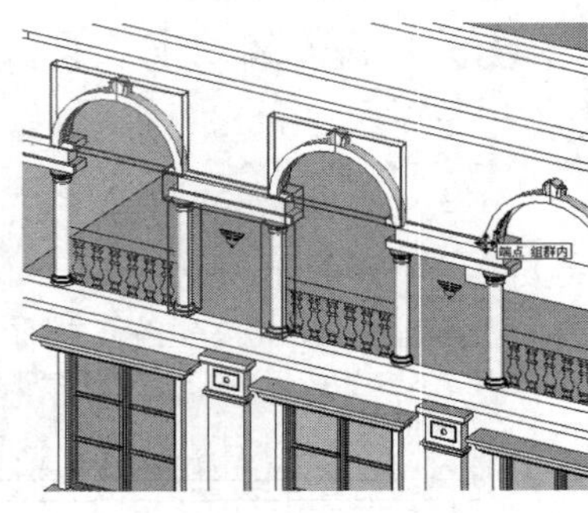

图 9-136　复制石柱与装饰角线

07 复制之前创建好的栏杆模型，完成五层过道栏杆模型的制作，然后制作其他细节装饰模型，完成正立面左侧对应楼层模型的制作，如图 9-137 所示。

08 选择制作好的模型向右进行移动复制，通过【翻转方向】菜单命令调整好位置，如图 9-138 所示。

图 9-137　制作栏杆和其他细节装饰模型

图 9-138　调整好位置

09 进入【材料】面板，为正立面墙体制作并赋予饰面砖墙材质，如图 9-139 所示。当前正立面模型效果如图 9-140 所示。

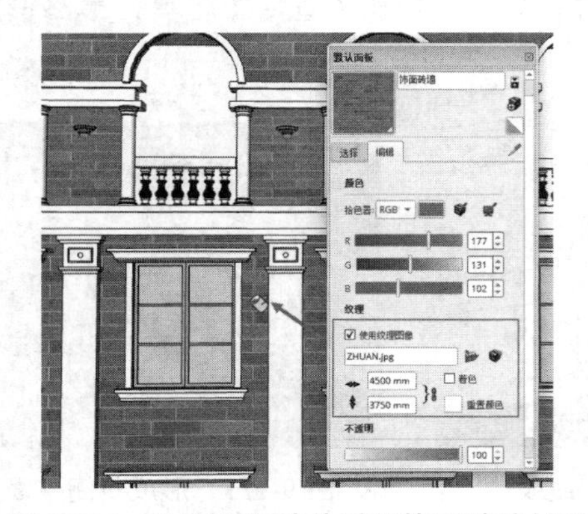

图 9-139　为正立面墙体赋予饰面砖墙材质

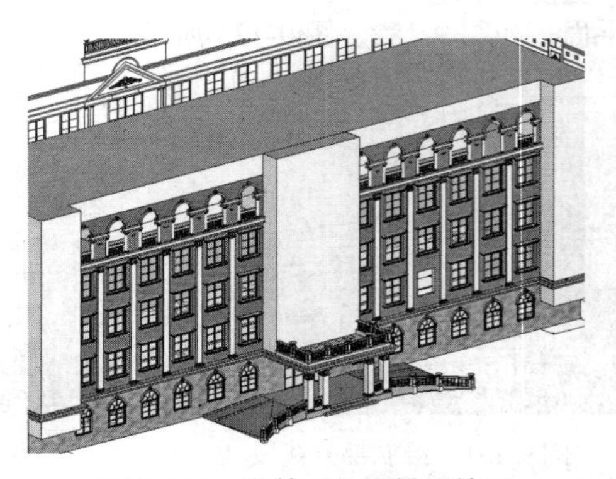

图 9-140　当前正立面模型效果

9.4.6 完成正立面其他细节

01 启用【推 / 拉】工具，参考正立面图，调整中央凸出模型面的高度，如图 9-141、图 9-142 所示。

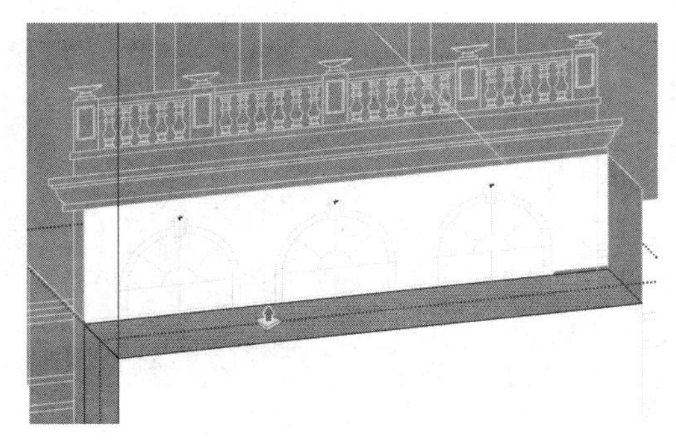

图 9-141 选择顶部分割面

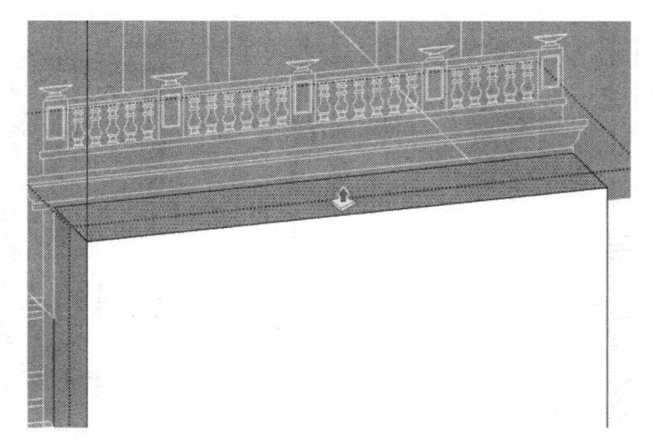

图 9-142 调整中央凸出模型面的高度

02 启用【移动】工具，选择正立面图，将其与模型面外侧进行对位，方便图纸的观察，如图 9-143 所示。

03 结合【直线】与【圆弧】工具，参考正立面图绘制窗洞分割面，使用【推 / 拉】工具制作出窗洞，如图 9-144、图 9-145 所示。

图 9-143 对位以方便观察

图 9-144 绘制窗洞分割面

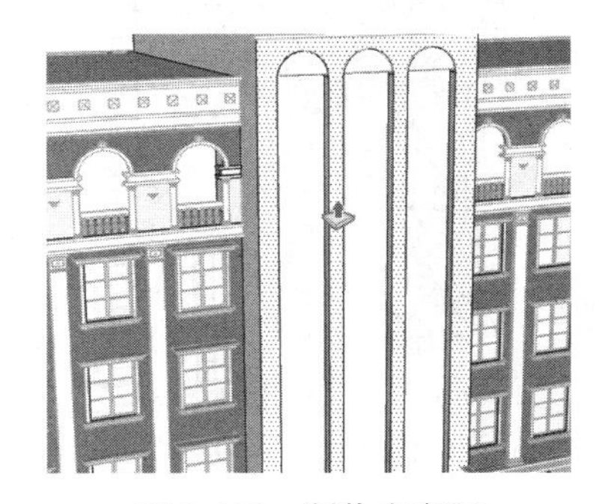

图 9-145 制作出窗洞

04 启用【移动】工具，选择底层窗户进行移动复制，然后参考正立面图进行对位，如图 9-146、图 9-147 所示。

05 双击进入窗户模型【组】，选择窗框底部边线，参考正立面图将其移动至窗洞底部，如图 9-148、图 9-149 所示。

图 9-146 移动复制底层窗户

图 9-147 参考正立面图进行对位

图 9-148 选择窗框底部边线

06 根据正立面图完成该处窗户模型的制作，并移动复制出另外两排窗户模型，如图 9-150、图 9-151 所示。

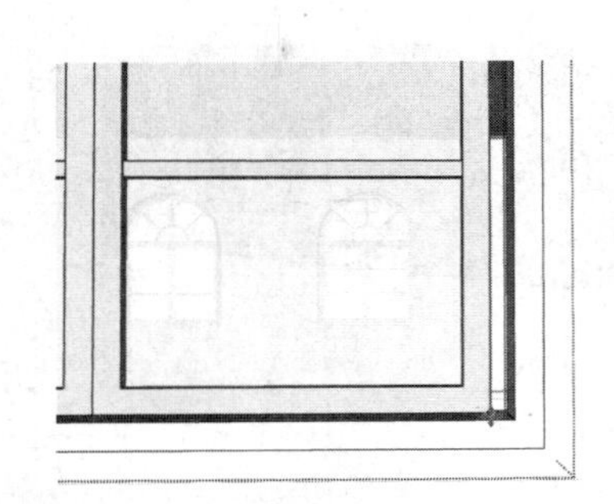
图 9-149　移动边线至窗洞底部

图 9-150　完成该处窗户模型的制作

图 9-151　移动复制出另外两排窗户模型

07 通过类似的操作，完成左侧凸出空间立面细节的制作，如图 9-152 ~ 图 9-154 所示。接下来制作顶层的装饰角线。

图 9-152　进行高度对位

图 9-153　打通墙体

图 9-154　通过复制及调整制作好细节

08 参考正立面图与侧立面图，绘制角线平面与跟随路径，启用【路径跟随】工具，制作好左侧的角线，如图 9-155 ~ 图 9-157 所示。

图 9-155　绘制角线平面与跟随路径

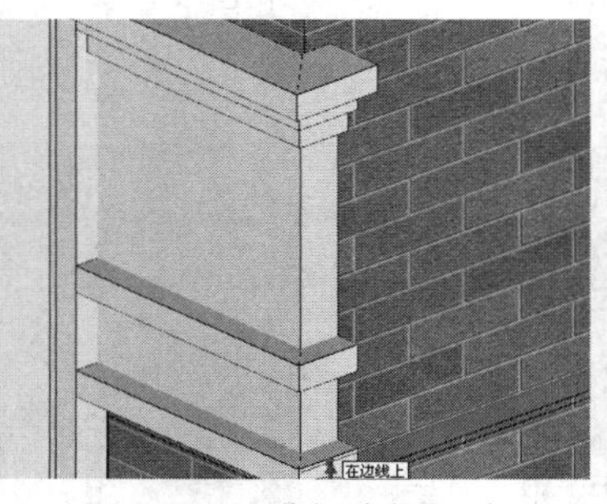

图 9-156　进行路径跟随

图 9-157　制作好左侧的角线

09 参考CAD图纸，制作出顶部角线上的尖角装饰块，参考立面图进行移动复制与对位，如图9-158～图9-160所示。

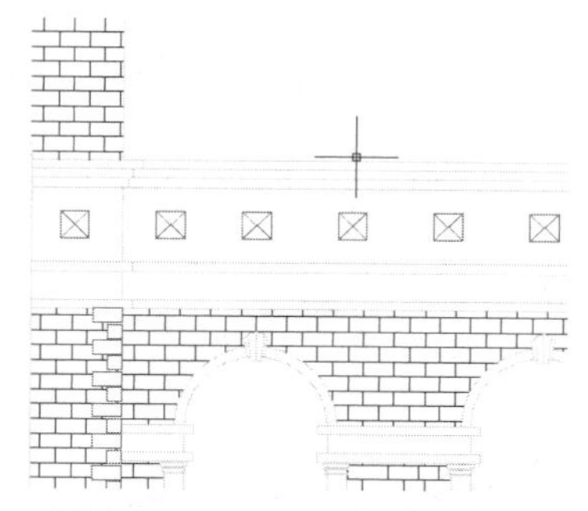
图9-158　CAD图纸中的尖角装饰块

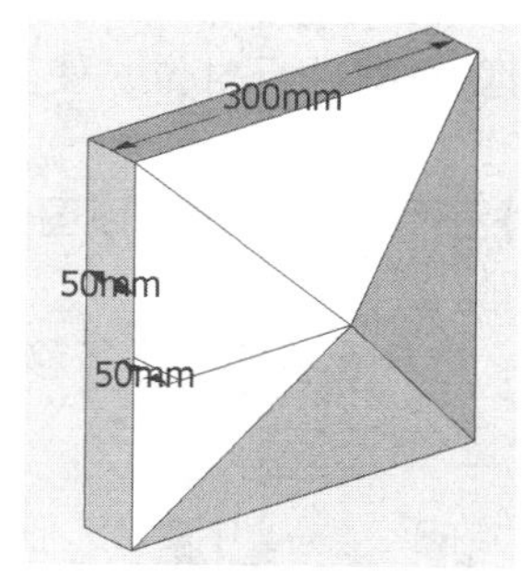

图9-159　制作尖角装饰块模型

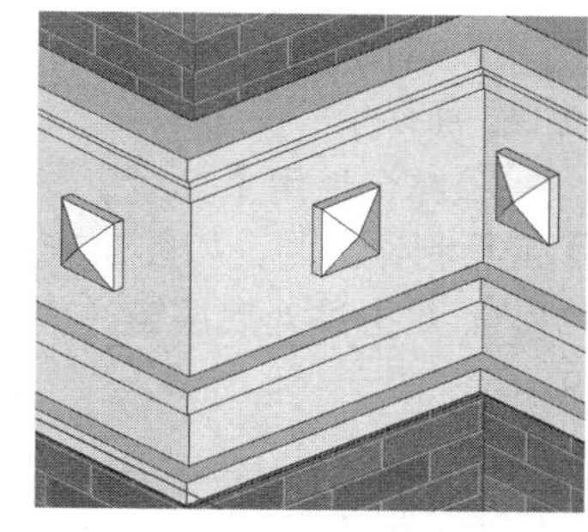
图9-160　移动复制与对位尖角装饰块

10 完成左侧模型制作后，使用【移动】工具与【翻转方向】菜单命令，制作出右侧对应的门窗与角线等模型，完成的正立面模型效果如图9-161所示。

图9-161　完成的正立面模型效果

9.5 制作侧立面

办公楼侧立面图如图9-162所示，主要由底部入口、窗户与角线装饰构成，如图9-163、图9-164所示。

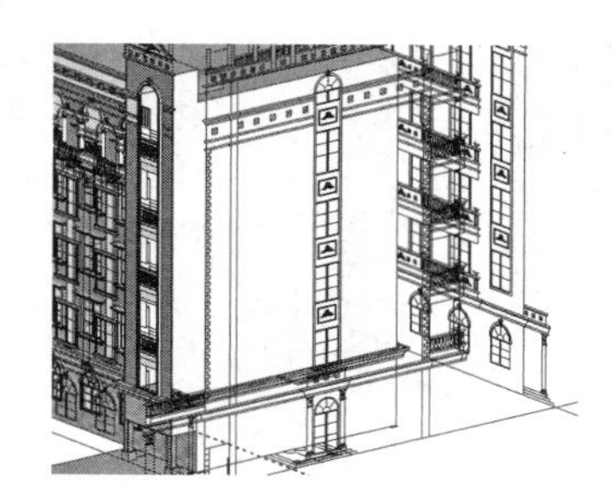
图9-162　办公楼侧立面图

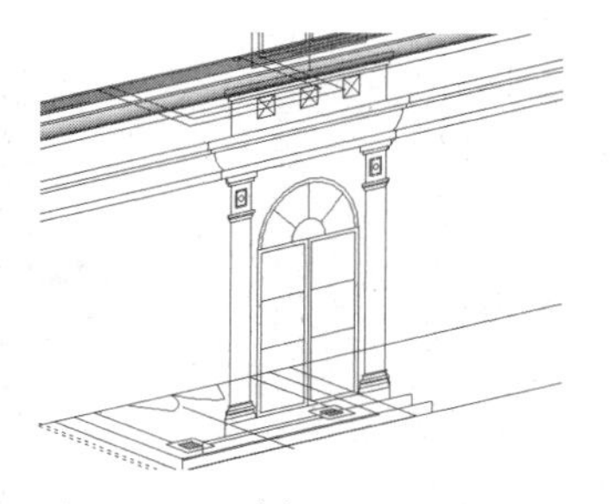
图9-163　侧立面入口细节

图9-164　侧立面窗户与角线装饰细节

侧立面有很多模型与正立面完全一致或相似，因此可以通过复制或缩放的方法快速创建。

9.5.1 制作侧面入口

01 启用【移动】工具，选择侧立面图进行对位，使其紧贴模型，以方便模型的创建，如图 9-165 所示。

02 结合使用【直线】与【圆弧】工具，参考侧立面图分割出底部门洞平面，然后启用【推 / 拉】工具制作门洞，如图 9-166 所示。

03 双击进入底层窗户模型群组，选择窗框模型进行移动复制，并在侧立面中进行对位，如图 9-167、图 9-168 所示。

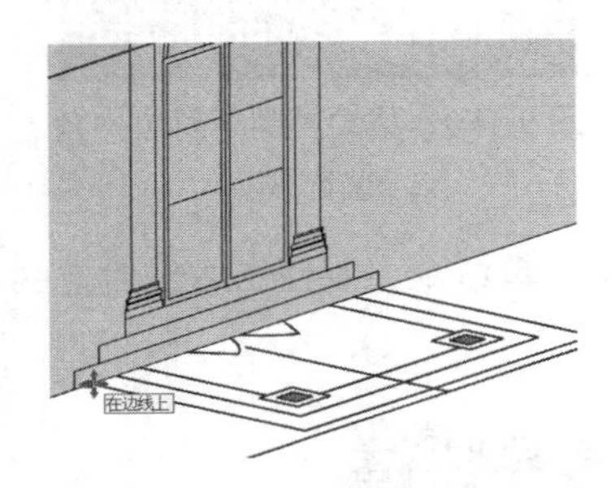

图 9-165 对位侧立面图

图 9-166 制作门洞

图 9-167 移动复制窗框模型

04 在右视图中参考侧立面图调整造型，然后复制并旋转好门把模型，完成侧门模型的制作，如图 9-169、图 9-170 所示。

图 9-168 在侧立面中进行对位

图 9-169 参考侧立面图调整造型

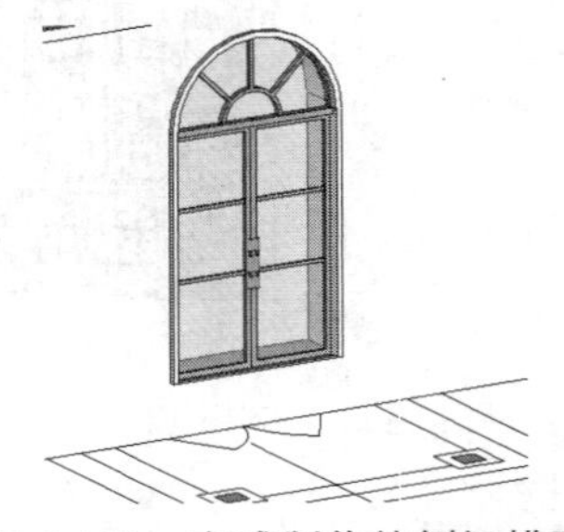

图 9-170 完成制作的侧门模型

05 结合使用【矩形】与【推 / 拉】工具，完成侧门台阶的制作，如图 9-171、图 9-172 所示。

图 9-171 制作侧门台阶

图 9-172 侧门台阶完成效果

06 选择主入口石柱进行移动复制，将其在侧立面对位，参考侧立面图调整大小与高度，如图 9-173 ~ 图 9-175 所示。

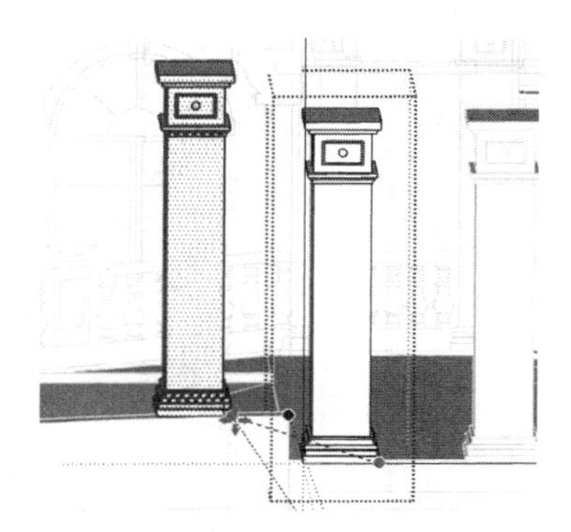
图 9-173　移动复制主入口石柱

图 9-174　调整石柱模型大小

图 9-175　调整石柱模型高度

07 启用【移动】工具，完成另一侧石柱的制作，参考图纸完成侧面入口其他模型，如图 9-176、图 9-177 所示。

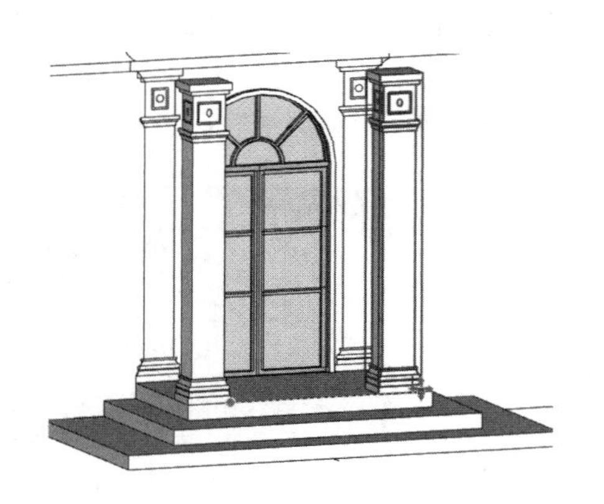
图 9-176　移动复制石柱

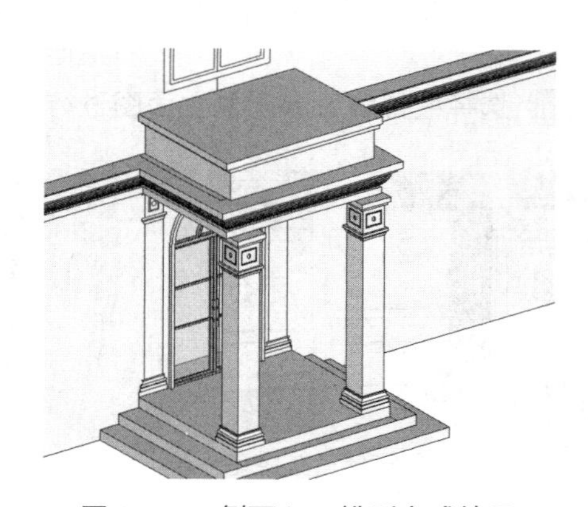
图 9-177　侧面入口模型完成效果

9.5.2　制作侧面窗户与角线

01 参考侧立面图，结合使用【矩形】与【推 / 拉】工具制作窗洞，然后移动复制正立面中央的窗户并进行对位，如图 9-178 ~ 图 9-180 所示。

图 9-178　制作窗洞

图 9-179　移动复制窗户

图 9-180　在右视图中对位窗户

02 在右视图中参考侧立面图调整窗格大小等细节，完成侧立面窗户的制作，如图 9-181、图 9-182 所示。

图 9-181 参考侧立面图调整窗户

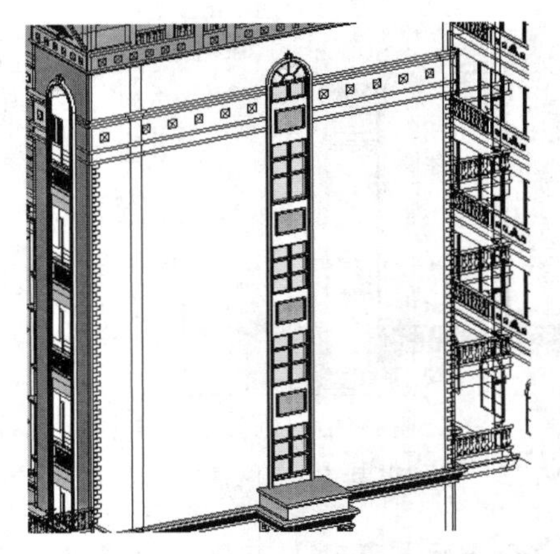

图 9-182 侧立面窗户制作完成效果

03 选择正立面部分角线模型进行移动复制，在侧面对位后参考图纸延长角线，如图 9-183、图 9-184 所示。

04 选择装饰块，参考侧立面图进行移动复制，如图 9-185 所示。

图 9-183 选择部分角线模型进行复制

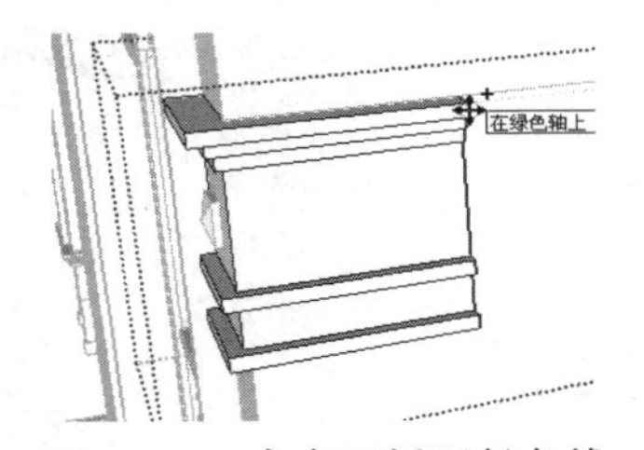

图 9-184 参考图纸延长角线

图 9-185 移动复制装饰块

05 分别为入口台阶和侧立面墙体赋予石材与砖墙材质，如图 9-186、图 9-187 所示。

06 删除建筑左侧墙面，启用【移动】工具，选择右侧墙面进行移动复制，如图 9-188、图 9-189 所示。

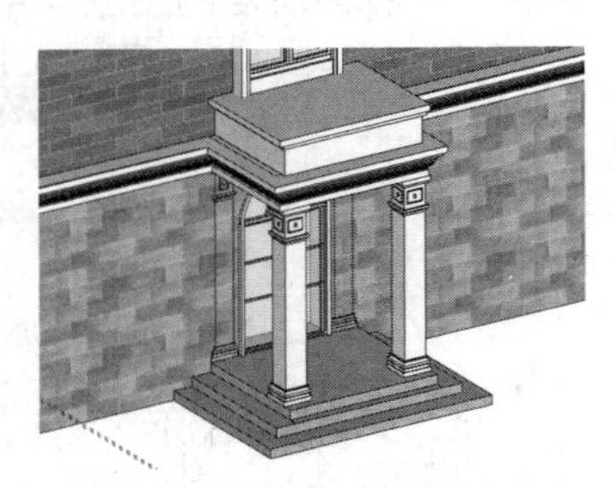

图 9-186 赋予入口台阶石材

图 9-187 赋予侧立面墙体砖墙材质

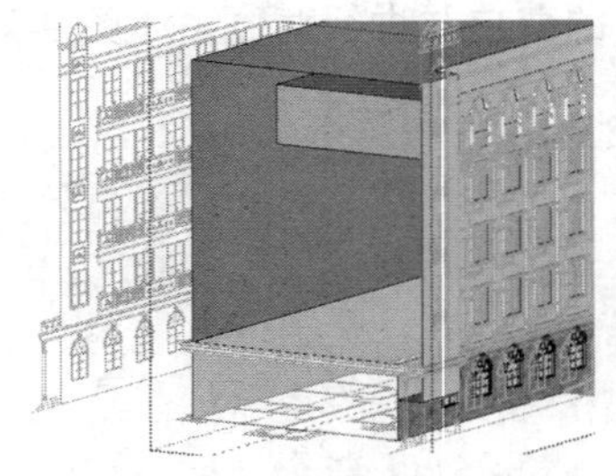

图 9-188 删除建筑左侧墙面

07 使用【镜像】菜单命令调整墙面方向，然后进行位置对齐，如图 9-190 所示。

08 右侧立面墙体其他模型通过类似方法制作，最终完成效果如图 9-191 所示。

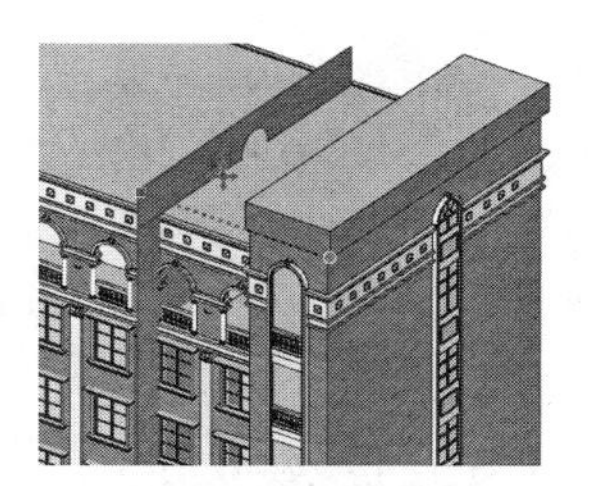

图 9-189　移动复制右侧墙面

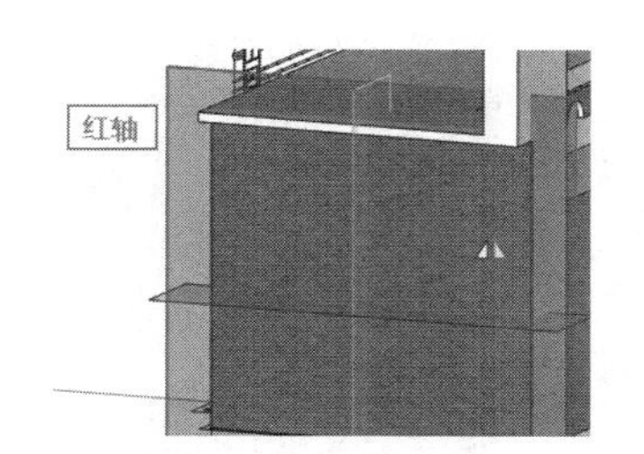

图 9-190　调整墙面方向并进行位置对齐

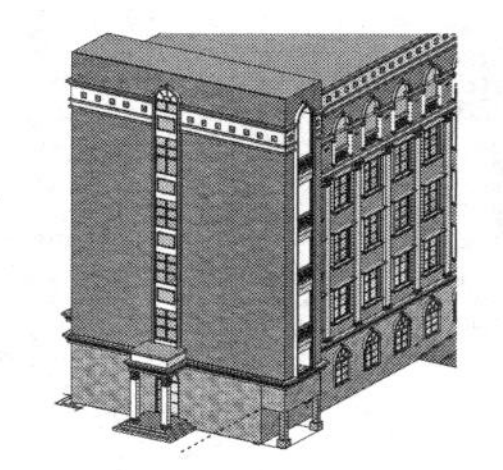

图 9-191　最终完成效果

9.6 制作背立面

背立面图如图 9-192 所示，主要由底层窗户、二至五层门窗与阳台及装饰圆柱组成，如图 9-193 ~ 图 9-195 所示。

图 9-192　背立面图

背立面中窗户、阳台栏杆等构件也存在相似的模型，因此可以通过快速复制创建，首先绘制背立面底层门窗。

图 9-193　背立面底层窗户

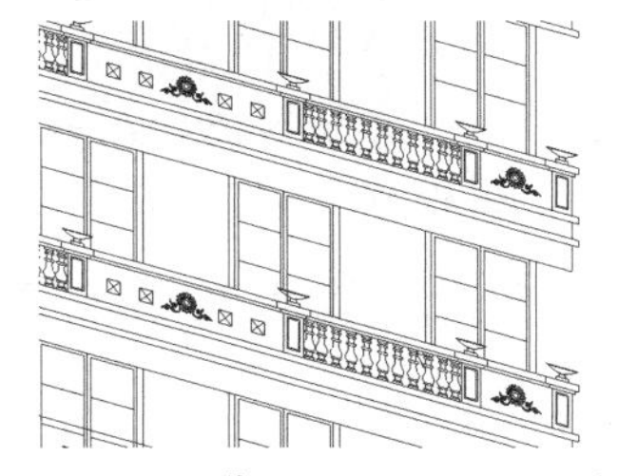

图 9-194　背立面二至五层门窗与阳台

图 9-195　背立面装饰圆柱

9.6.1　制作背立面底层窗户

01 启用【移动】工具，对位背立面图，以方便直接在模型上分割窗洞，如图 9-196 所示。

02 结合使用【直线】与【圆弧】工具，分割窗洞平面，启用【推 / 拉】工具，制作窗洞，如图 9-197、图 9-198 所示。

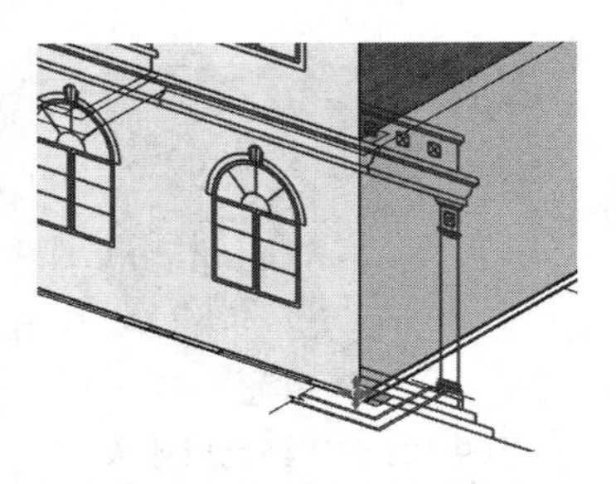
图 9-196　对位背立面图

图 9-197　分割窗洞平面

图 9-198　制作窗洞

03 将制作好的窗洞创建为组件，如图 9-199 所示。移动复制出底层其他窗洞，如图 9-200 所示。

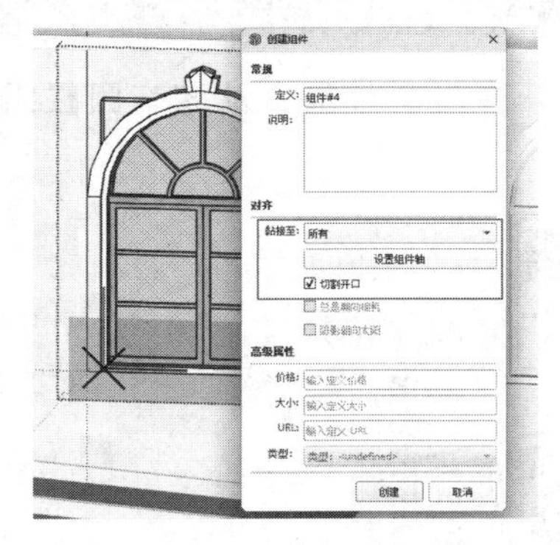
图 9-199　创建窗洞组件

图 9-200　移动复制出底层其他窗洞

04 启用【移动】工具，选择复制正立面底层窗户，在背立面中调整位置和方向，并参考背立面图纸调整大小，如图 9-201 ~ 图 9-203 所示。

图 9-201　移动复制正立面底层窗户

图 9-202　对位窗户至背立面

图 9-203　调整窗户大小

05 复制出背立面底层其他窗户，然后赋予底层墙体对应的材质，如图 9-204、图 9-205 所示。

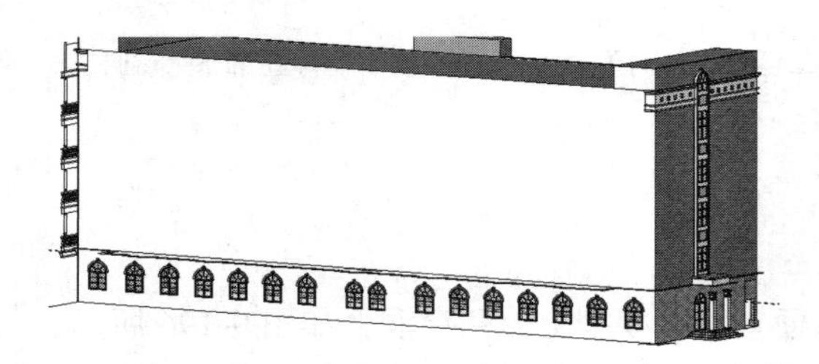
图 9-204　复制出背立面底层其他窗户

图 9-205　赋予底层墙体对应的材质

9.6.2　制作背立面其他门窗

01 制作其他层大门模型，启用【矩形】工具，参考背立面图分割大门平面，如图 9-206、图 9-207 所示。

02 参考背立面图细化大门造型，然后复制门把模型并赋予对应材质，如图 9-208、图 9-209 所示。

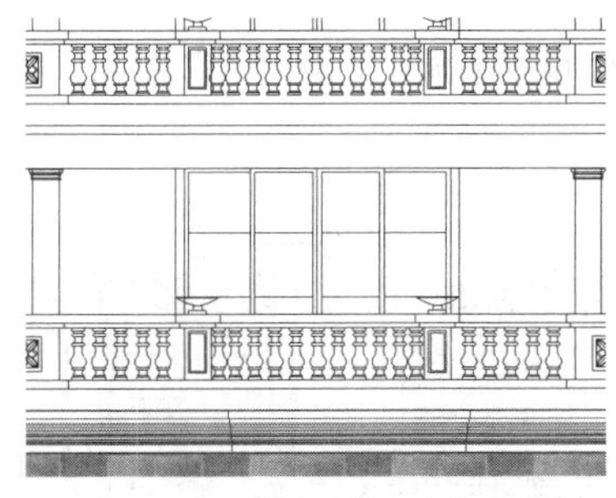
图 9-206　背立面图大门图形

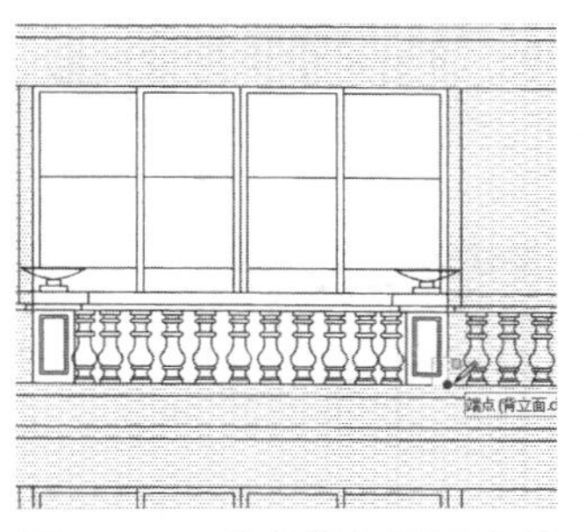
图 9-207　参考背立面图分割大门平面

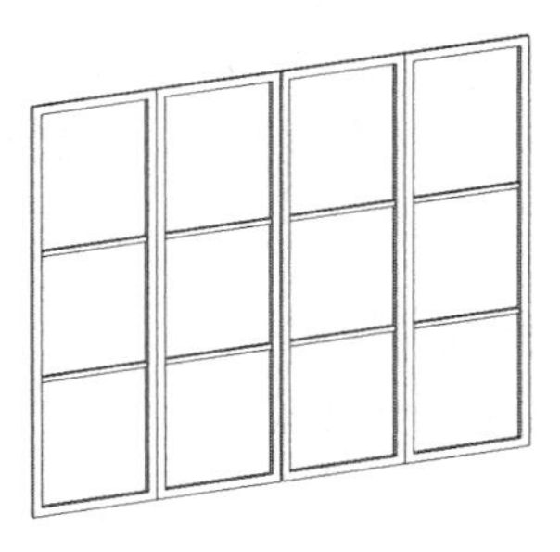
图 9-208　细化大门模型

03 启用【移动】工具，参考背立面图进行复制与对位，如图 9-210 所示。

04 选择正立面对应的窗户进行移动复制，参考背立面图进行窗户对位，如图 9-211、图 9-212 所示。

图 9-209　复制门把模型并赋予对应材质

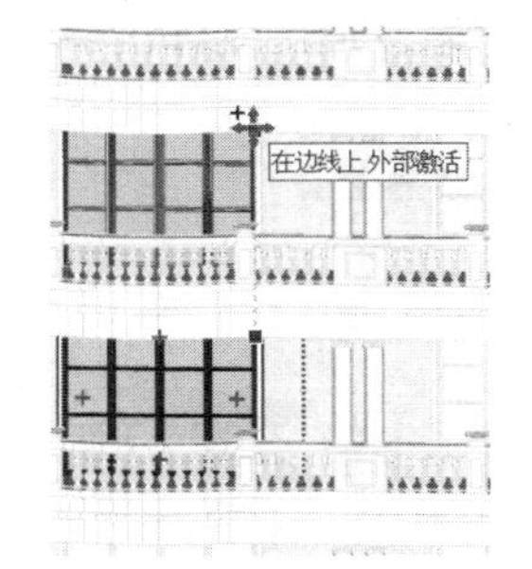
图 9-210　移动复制并对位

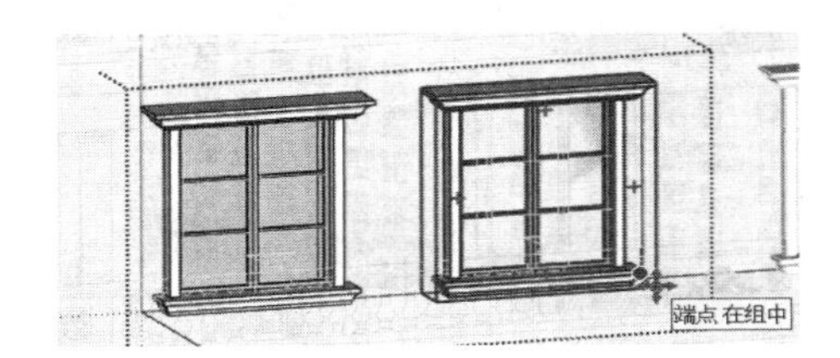

图 9-211　移动复制正立面窗户

05 启用【矩形】工具，捕捉窗框内侧对角点，在平面上分割出等大的矩形平面以制作窗洞，如图 9-213 所示。

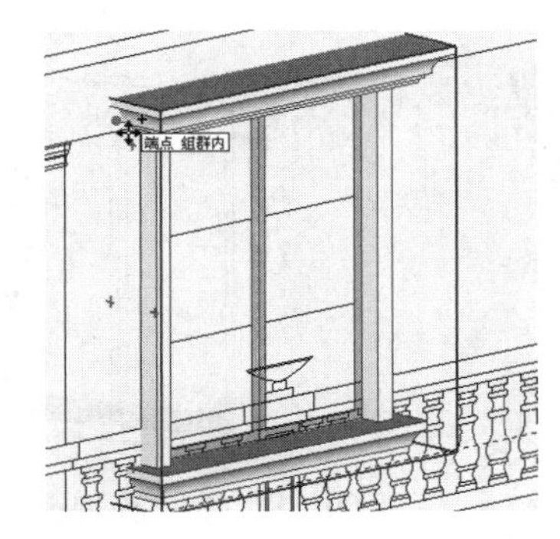

图 9-212　参考背立面图进行窗户对位

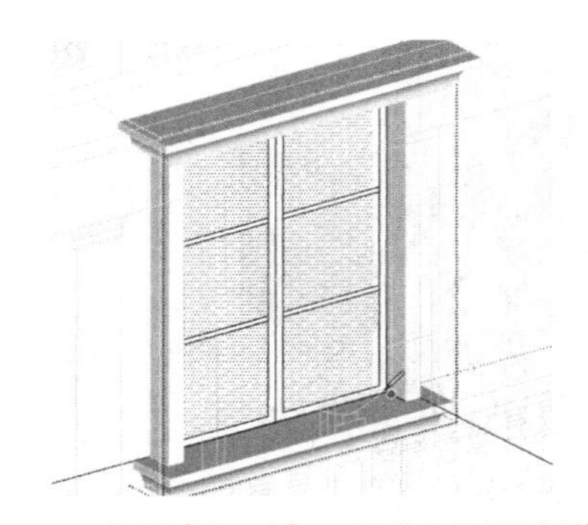
图 9-213　启用【矩形】工具分割平面制作窗洞

技 巧

前面介绍了制作窗洞组件快速创建窗户空洞的方法，这里介绍另一种方法，即将窗洞组件与窗户模型创建为组件，然后同时进行移动复制。

06 启用【推 / 拉】工具，向内推出窗洞，将其创建为组件，然后将其与窗户模型整体创建群组，如图 9-214、图 9-215 所示。

07 启用【移动】工具，参考背立面图对窗户与窗洞群组进行移动复制，完成背立面其他窗户的制作，如图 9-216、图 9-217 所示。

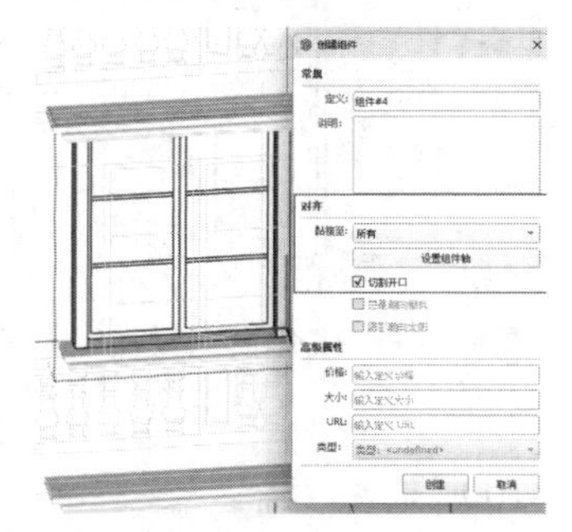

图 9-214　将窗洞创建为组件

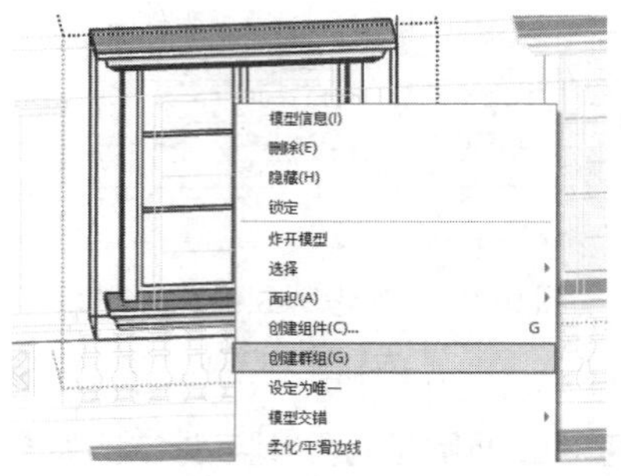

图 9-215　将窗洞与窗户整体创建群组

图 9-216　移动复制窗户与窗洞群组

08 制作背立面两侧的窗户模型，参考背立面图制作出窗洞，如图 9-218、图 9-219 所示。

图 9-217　背立面门窗完成效果

图 9-218　绘制左侧窗洞

图 9-219　推拉制作出窗洞

09 启用【移动】工具，移动复制正立面中造型相似的窗户模型，在背立面中参考图纸进行对位，如图 9-220、图 9-221 所示。

10 根据背立面图，修改复制的窗户模型长度与造型细节，如图 9-222、图 9-223 所示。

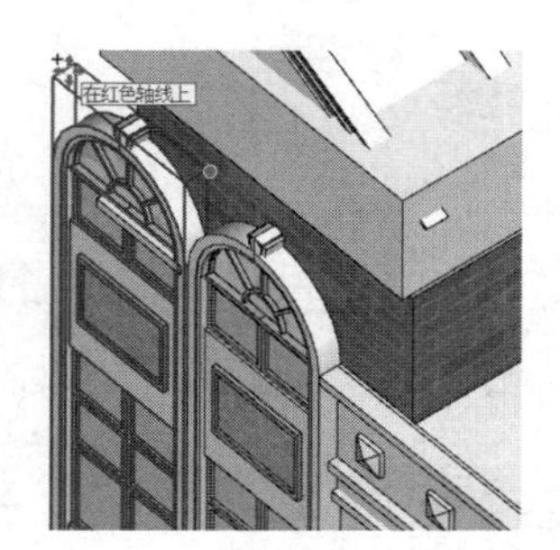

图 9-220　复制正立面中造型相似的窗户模型

图 9-221　在背立面中对位窗户模型

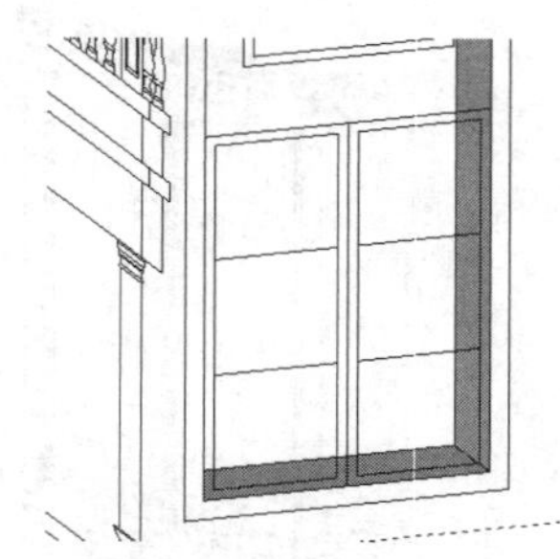
图 9-222　背立面图窗户造型

11 使用【移动】工具与【翻转方向】菜单命令完成右侧窗户的制作，然后为背立面墙体赋予砖墙材质，得到如图 9-224 所示的完成效果。

图 9-223　修改窗户模型长度与造型细节

图 9-224　背立面窗户完成效果

9.6.3　制作背立面阳台与角线

01 背立面的阳台角线比较复杂，其中第一层与其他层在细节上又有所区别，如图 9-225、图 9-226 所示。

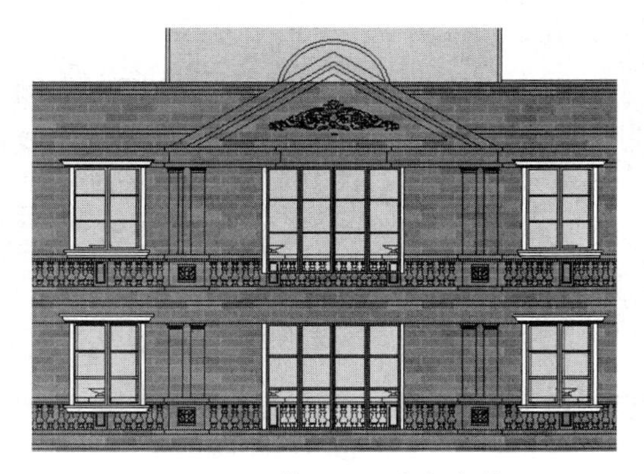

图 9-225　背立面阳台与角线

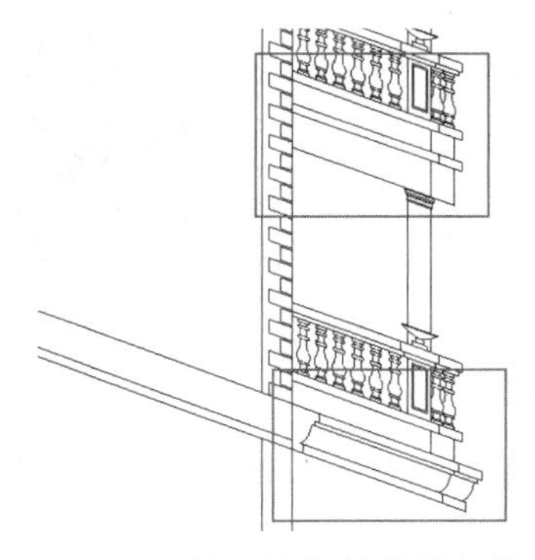

图 9-226　第一层与其他层角线细节的不同

02 第一层阳台角线最下端细节在制作正立面阳台时已经制作完成，此时可以直接启用【矩形】工具制作阳台板，如图 9-227、图 9-228 所示。

03 封闭完成后，逐步选择各个转角的部分边线，参考背立面图进行对位，如图 9-229、图 9-230 所示。

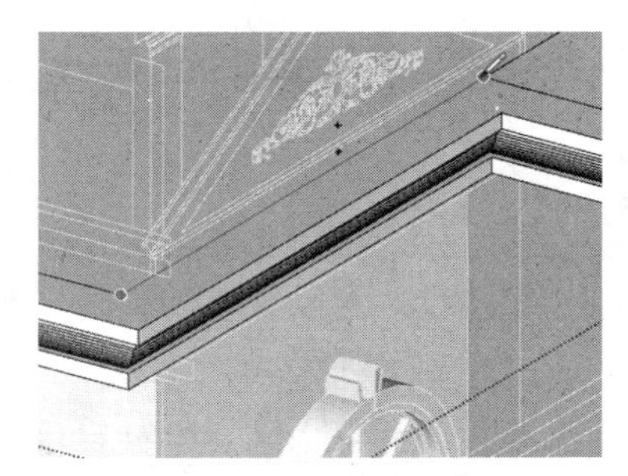

图 9-227　启用【矩形】工具

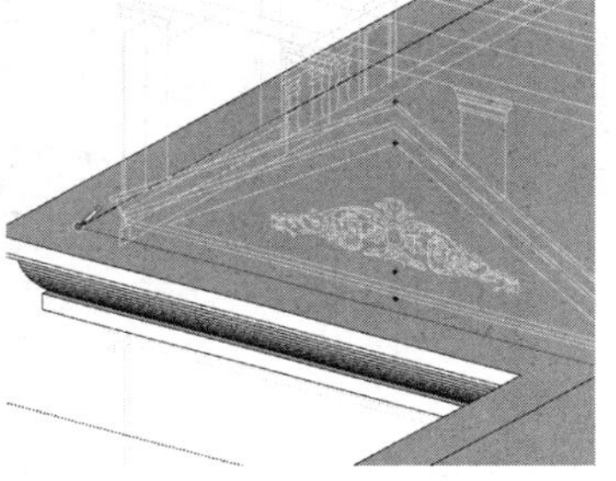

图 9-228　绘制矩形制作阳台板

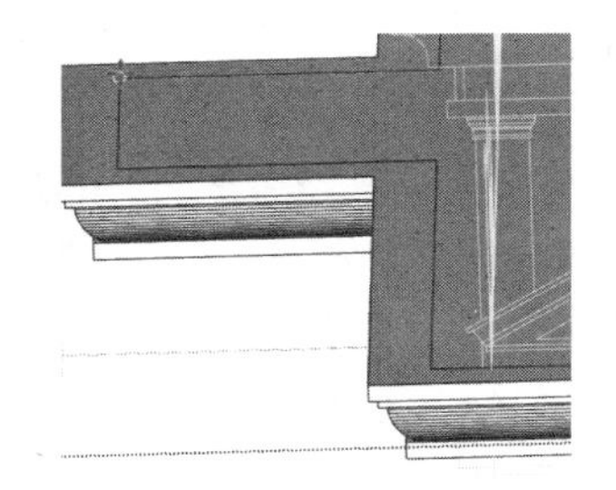

图 9-229　选择各个转角的部分边线

04 直接利用立面图绘制阳台底部其他角线的截面，启用【偏移】工具，利用创建好的阳台板平面制作出跟随路径平面，如图 9-231、图 9-232 所示。

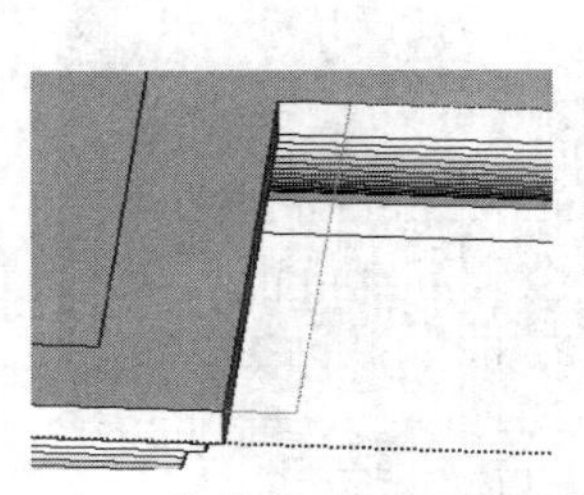

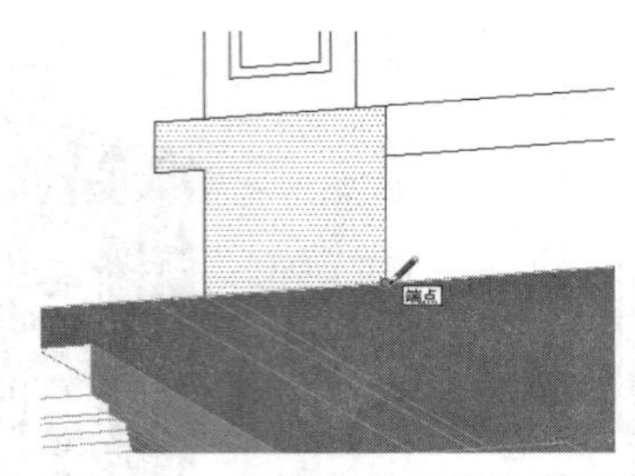

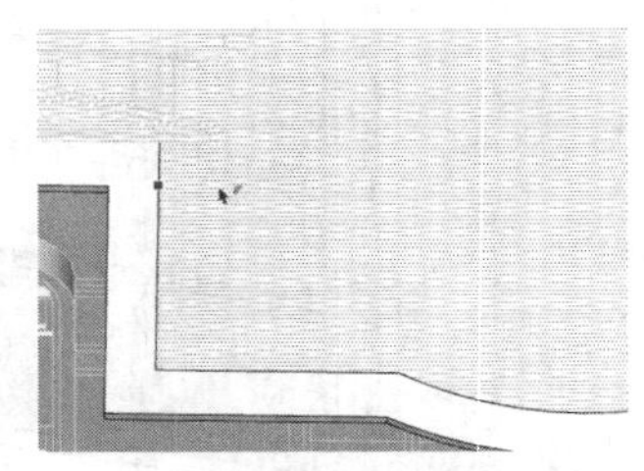

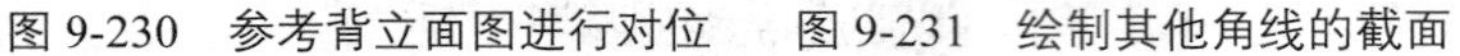

图 9-230 参考背立面图进行对位　图 9-231 绘制其他角线的截面　图 9-232 制作出跟随路径平面

05 启用【路径跟随】工具制作角线模型，完成第二层阳台板模型的制作，如图 9-233、图 9-234 所示。

06 启用【移动】工具，选择前一步制作好的角线模型，参考立面图向上进行移动复制，如图 9-235 所示。

图 9-233 启用【路径跟随】工具

图 9-234 第二层阳台角线模型完成效果

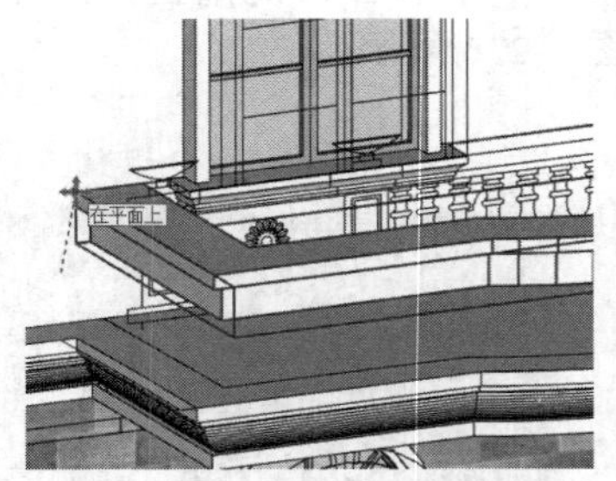

图 9-235 向上移动复制制作好的角线模型

07 进入右视图选择角线下部边线，参考侧立面图向上调整厚度，制作出阳台栏杆台面，如图 9-236、图 9-237 所示。

08 启用【移动】工具，选择正立面阳台立柱与栏杆模型进行复制，然后参考侧立面图纸进行对位与调整，完成背面栏杆制作，如图 9-238 ~ 图 9-240 所示。

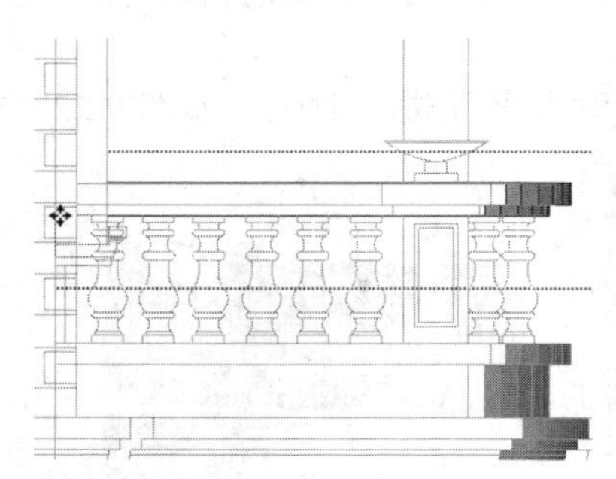

图 9-236 参考侧立面图纸调整厚度

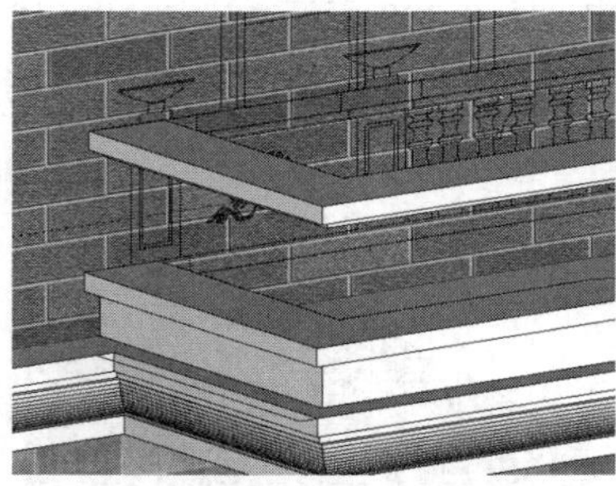

图 9-237 阳台栏杆台面完成效果

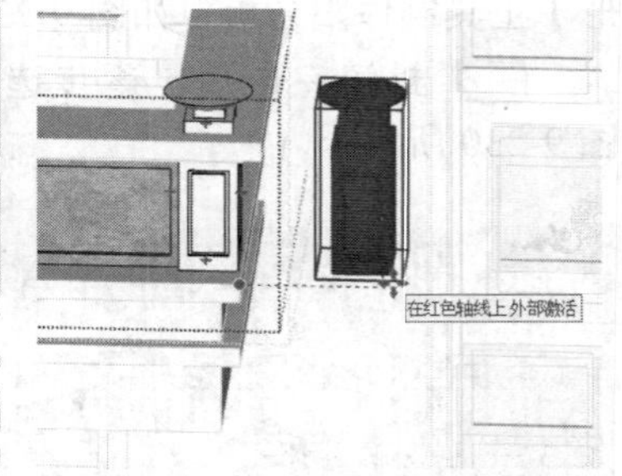

图 9-238 移动复制立柱与栏杆模型

09 结合使用【圆】以及【路径跟随】工具，参考背立面图制作背立面的装饰圆柱，然后进行移动复制，如图 9-241、图 9-242 所示。

图 9-239　参考侧立面图进行对位与调整

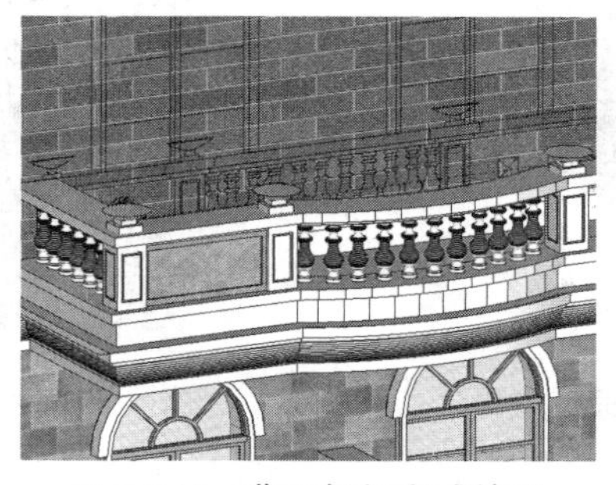

图 9-240　背面栏杆完成效果

图 9-241　绘制背立面装饰圆柱

10 复制出对侧的装饰圆柱，完成第二层阳台模型的制作，如图 9-243 所示。

11 参考背立面图中三至五层阳台角线图形，使用【路径跟随】工具制作阳台角线，如图 9-244、图 9-245 所示。

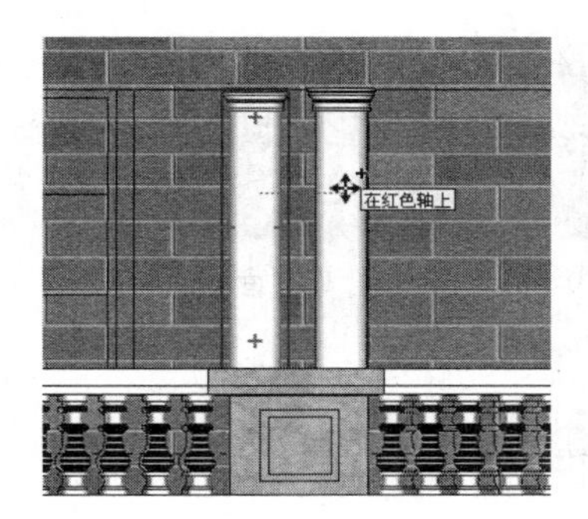

图 9-242　移动复制装饰圆柱

图 9-243　第二层阳台模型完成效果

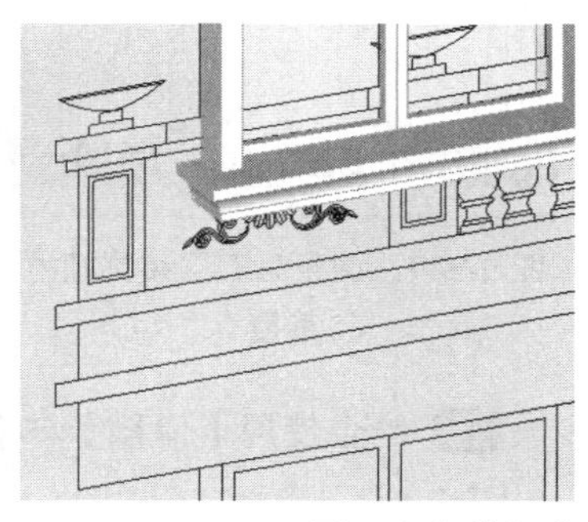

图 9-244　三至五层阳台角线细节

12 移动复制第二层阳台中创建的栏杆与装饰圆柱，组成第三层阳台模型，然后再复制出其他层阳台模型，完成背立面阳台模型的制作，如图 9-246、图 9-247 所示。

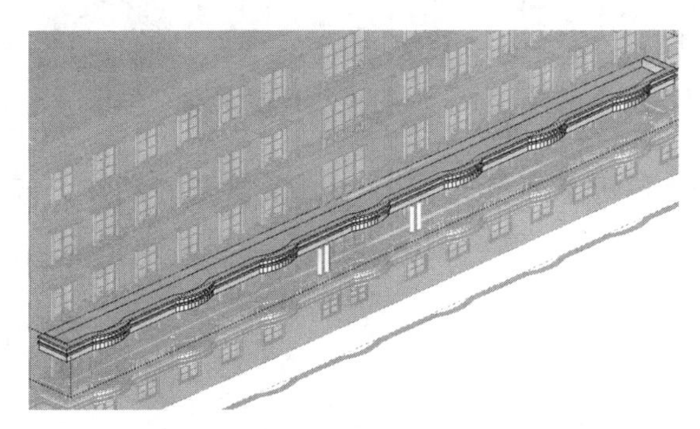

图 9-245　使用【路径跟随】工具制作阳台角线

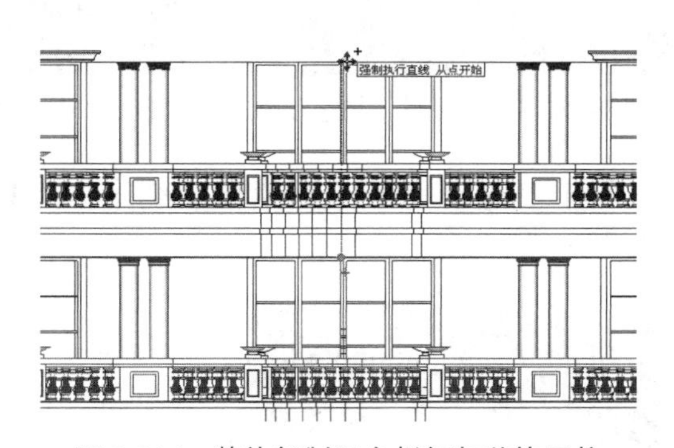

图 9-246　整体复制阳台栏杆与装饰圆柱

13 由于阳台模型面数庞大，为了便于以后操作，在制作完成后将一至四层阳台模型进行隐藏，如图 9-248 所示。仅保留第五层阳台装饰圆柱，以参考进行背立面装饰构件与角线的制作。

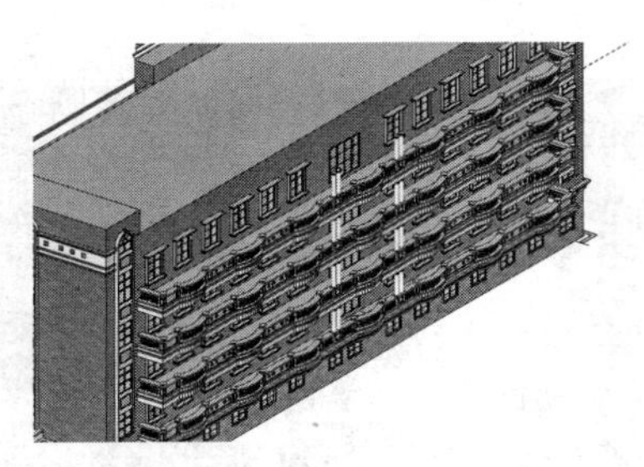

图 9-247　背立面阳台模型完成效果

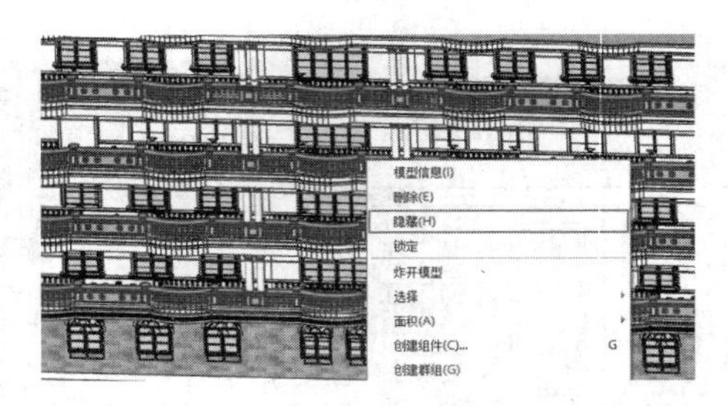

图 9-248　隐藏一至四层阳台模型

14 选择第五层阳台装饰圆柱上方边线，参考背立面图调整好其高度，如图 9-249 所示。

15 参考 CAD 侧立面图，使用【直线】工具，绘制平面，制作出背立面坡顶轮廓，如图 9-250、图 9-251 所示。

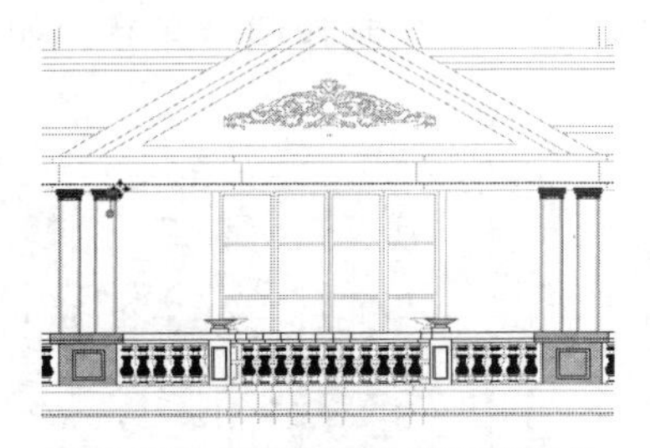

图 9-249　调整第五层装饰圆柱高度

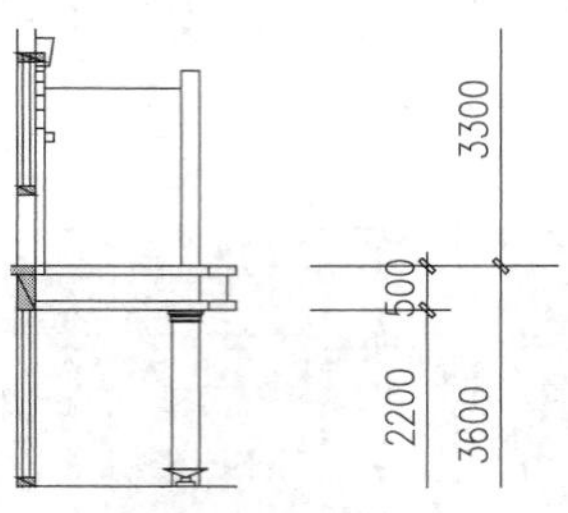

图 9-250　绘制平面

图 9-251　制作出背立面坡顶轮廓

16 结合使用【偏移】与【推/拉】工具，完成坡顶细节的创建，如图 9-252 ~ 图 9-255 所示。

图 9-252　启用【推/拉】工具

图 9-253　启用【偏移】工具

图 9-254　进行细节推拉

17 参考背立面阳台顶板图纸，使用【路径跟随】工具完成阳台顶板模型的制作，如图 9-256、图 9-257 所示。

图 9-255　坡顶细节完成效果

图 9-256　阳台顶板角线细节

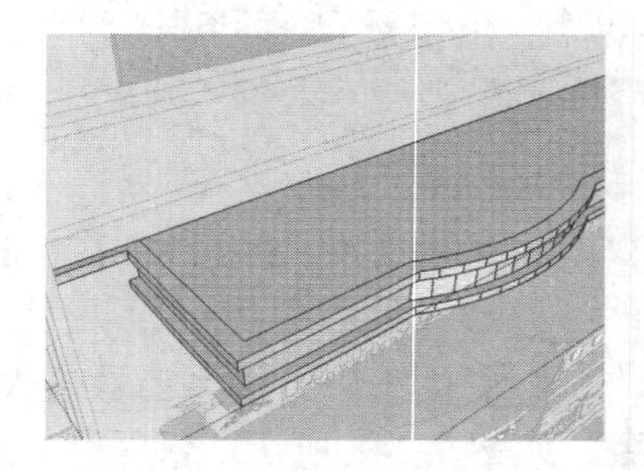

图 9-257　制作出阳台顶板

18 参考侧立面图，绘制出背立面顶部角线截面，启用【推 / 拉】工具，制作出背立面顶部角线，如图 9-258 ~ 图 9-260 所示。

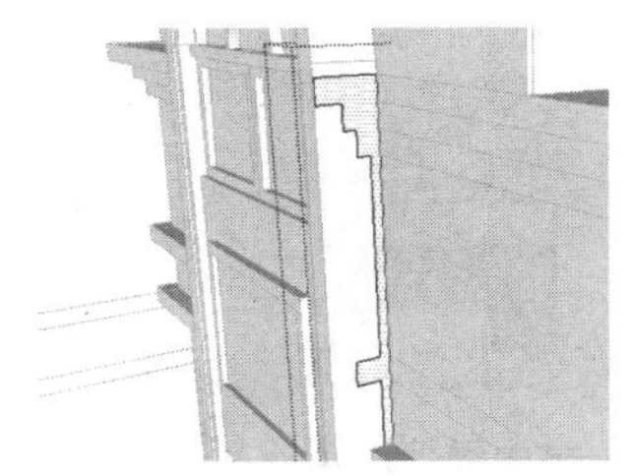

图 9-258 绘制顶部角线平面

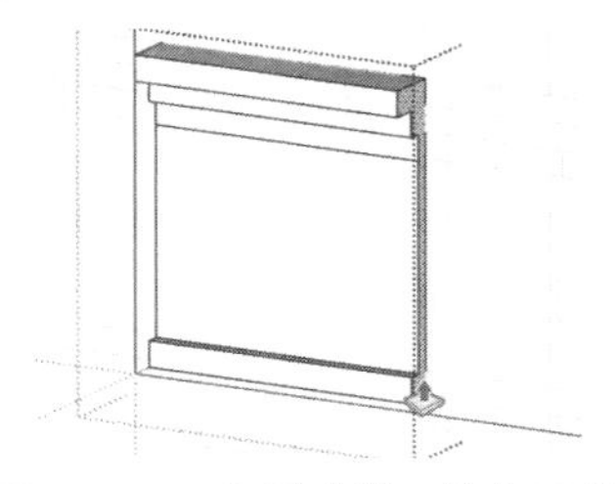

图 9-259 启用【推 / 拉】工具

图 9-260 制作完成的背立面顶部角线

19 启用【移动】工具，选择侧立面中的装饰块复制至背立面，并参考图纸进行对位与复制，如图 9-261、图 9-262 所示。

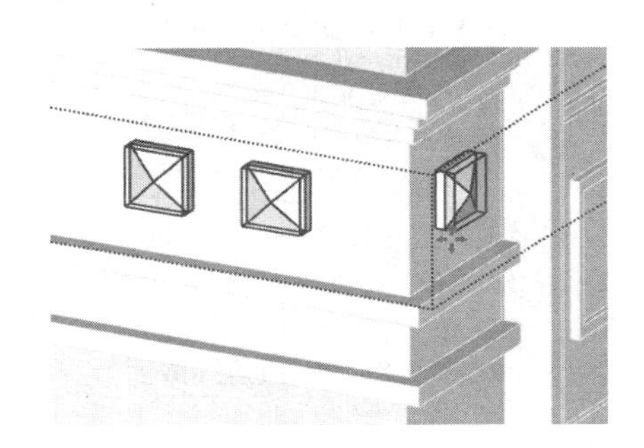

图 9-261 移动复制装饰块

图 9-262 复制装饰块完成效果

20 建筑背立面模型完成效果如图 9-263 所示。

图 9-263 建筑背立面模型完成效果

9.7 制作屋顶及细节

本办公楼建筑的屋顶由欧式凉亭与装饰角线组成，如图 9-264、图 9-265 所示。本书第 5 章已经练习了圆形凉亭模型的绘制，因此这里只介绍装饰角线的创建，然后直接调用组件，即可完成屋顶模型的创建。

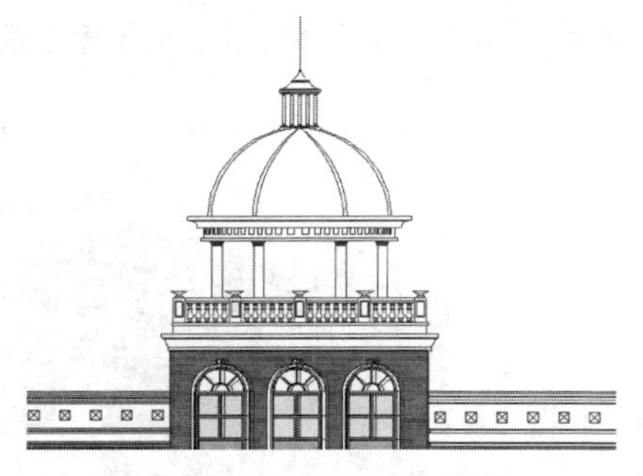
图 9-264　中间屋顶图纸效果

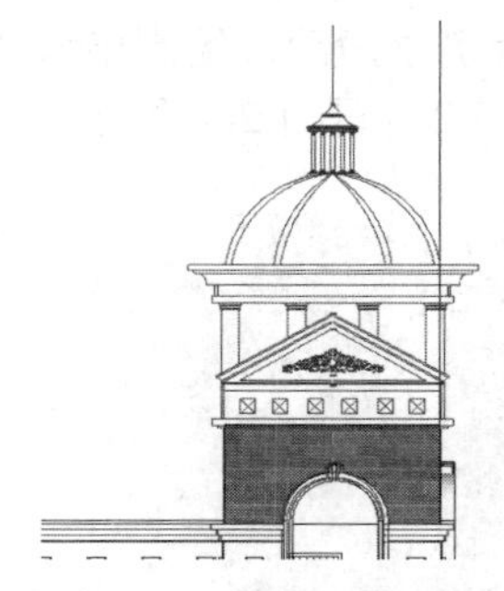
图 9-265　两侧屋顶图纸效果

01 启用【推 / 拉】工具，制作中间屋顶轮廓，参考正立面图绘制屋顶角线截面，如图 9-266、图 9-267 所示。

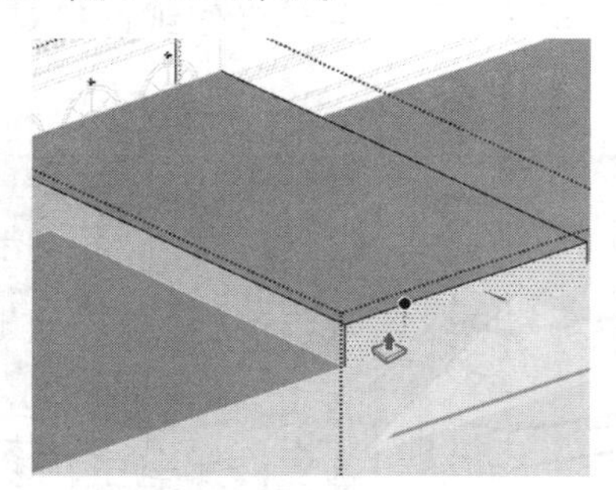
图 9-266　启用【推 / 拉】工具

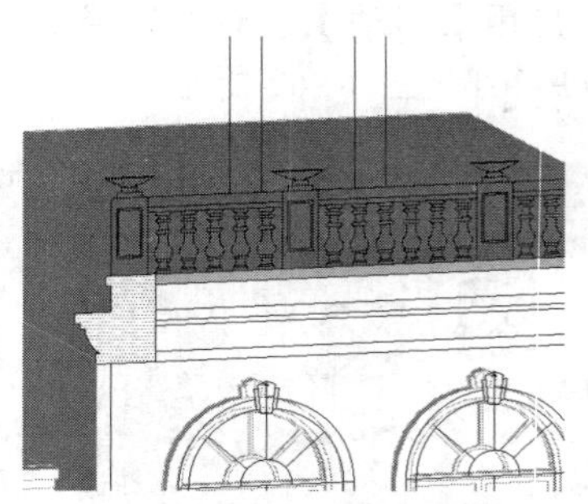
图 9-267　绘制屋顶角线截面

02 启用【矩形】工具绘制路径平面，启用【路径跟随】工具制作中间屋顶角线，如图 9-268、图 9-269 所示。

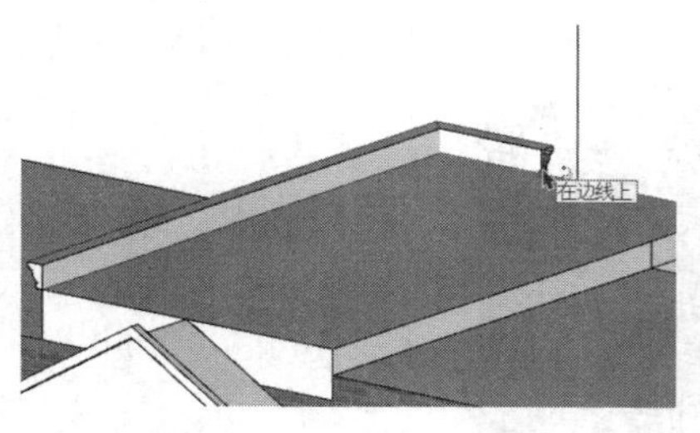

图 9-268　启用【路径跟随】工具

图 9-269　中间屋顶角线完成效果

03 启用【移动】工具，将之前创建好的立柱与栏杆复制至中间屋顶，如图 9-270 所示。

04 使用类似的方法，完成左右两侧屋顶的角线与装饰细节绘制，如图 9-271、图 9-272 所示。

图 9-270　复制立柱与栏杆

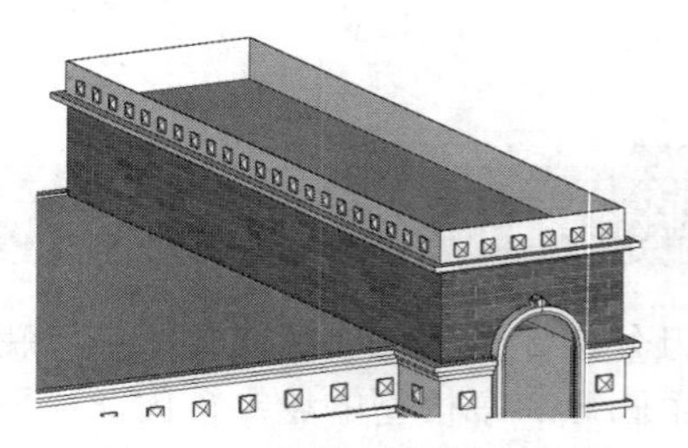
图 9-271　制作两侧屋顶角线

05 进入【组件】面板，调入之前创建好的欧式凉亭模型，根据各个立面图进行对位与大小调整，如图 9-273 ~ 图 9-275 所示。

图 9-272　制作两侧屋顶装饰细节

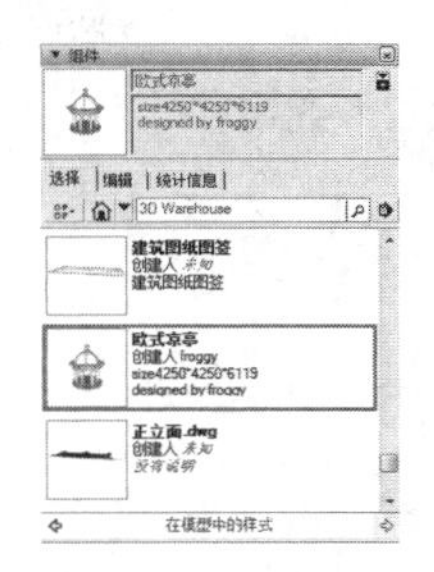

图 9-273　调用欧式凉亭组件

图 9-274　参考图纸进行对位

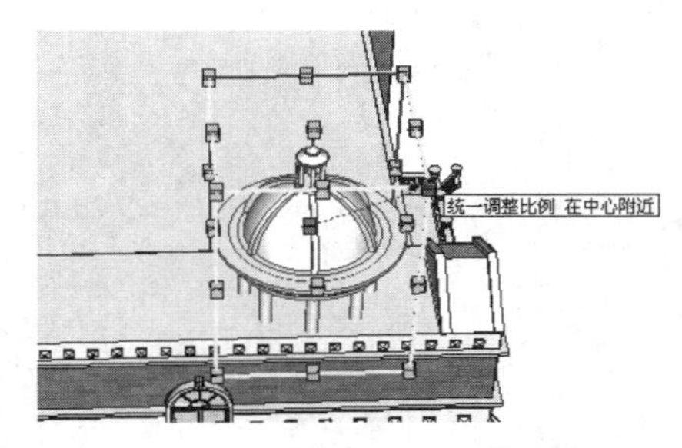

图 9-275　参考图纸调整大小

06 至此，本幢欧式办公楼建筑模型创建完成，最终完成效果如图 9-276 所示。

图 9-276　最终完成效果

第10章

广场景观方案设计

本章重点：

- 正式建模前的准备工作
- 建立入口及周边景观模型
- 制作中心广场
- 制作后方汀步及水景
- 制作建筑及环境
- 细化景观节点效果

景观设计是指在建筑设计或规划设计的过程中，对周围环境要素的整体考虑，使得建筑(群)与自然环境产生呼应关系，使其使用更方便、更舒适，提高其整体的艺术价值。在人们日益向往大自然、渴望回归大自然的今天，景观设计越来越受到人们的重视。

本章设计的是一个政府办公楼广场景观，通过CAD平面布置图和彩色平面图(简称彩平图)完成广场景观方案制作，如图10-1、图10-2所示。

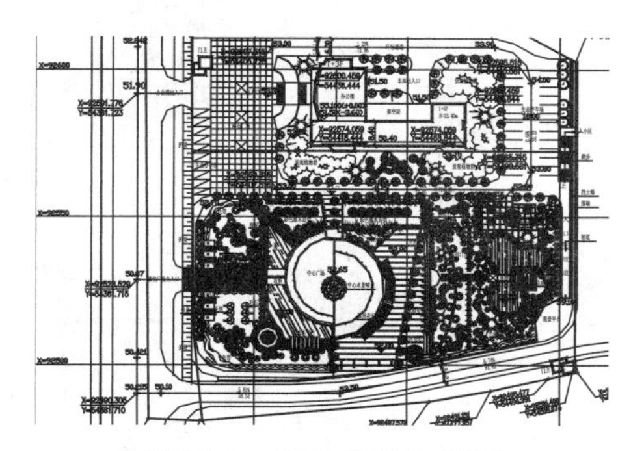

图10-1 CAD平面布置图

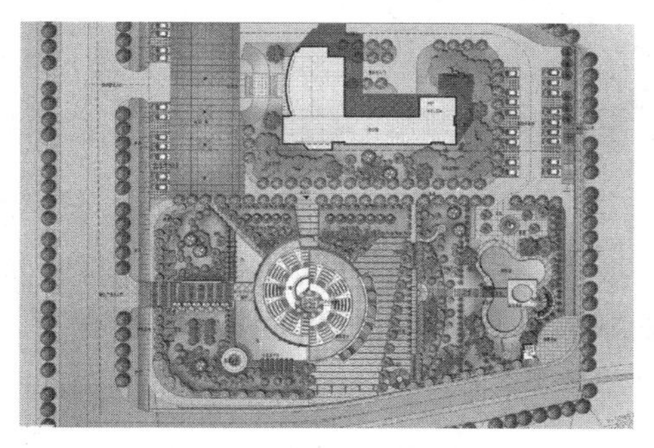

图10-2 彩色平面图

最终完成的景观鸟瞰效果及相关的节点景观效果如图10-3～图10-6所示。

图10-3 景观鸟瞰效果

图10-4 入口节点景观效果

图10-5 广场节点景观效果

图10-6 水景节点景观效果

10.1 正式建模前的准备工作

10.1.1 在Photoshop中裁剪彩平图

启动Photoshop，按“Ctrl+O”快捷键，打开配套资源“第10章\景观彩平图.jpg”，如图10-7所示。按“C”键启用【裁剪】工具，裁剪掉右侧及上方多余部分，如图10-8所示。

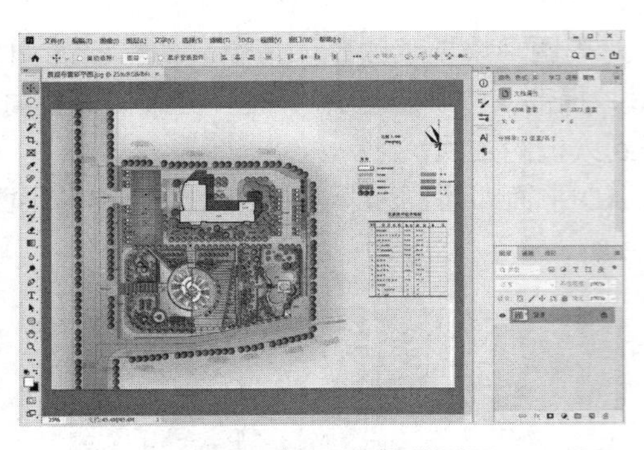

图 10-7　打开景观彩平图

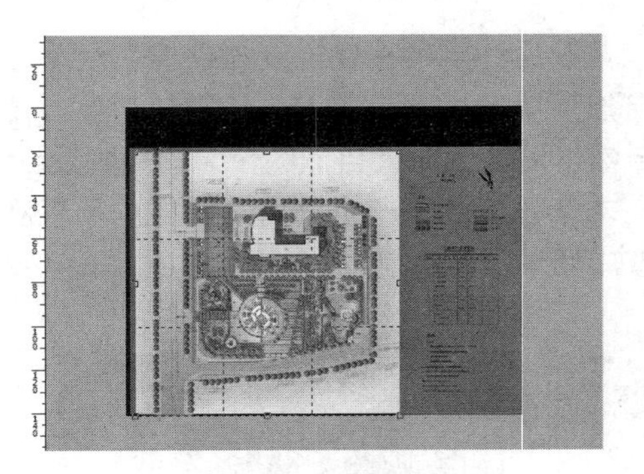

图 10-8　裁剪景观彩平图

按“Ctrl + Shift + S”快捷键，将裁剪后的景观彩平图以另一个文件名进行保存，如图 10-9 所示。

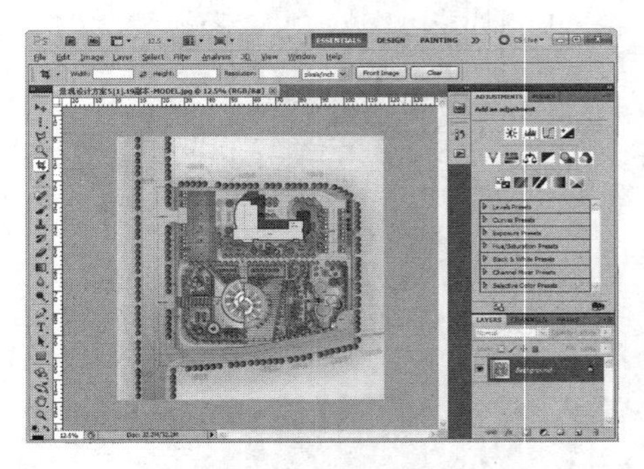

图 10-9　裁剪后的彩平图

10.1.2　导入整理图纸至 SketchUp

01 启动 SketchUp，进入【模型信息】面板，设置场景单位，如图 10-10 所示。

02 执行【文件】/【导入】菜单命令，在弹出的【导入】面板中选择裁剪后的景观彩平图，如图 10-11 所示。

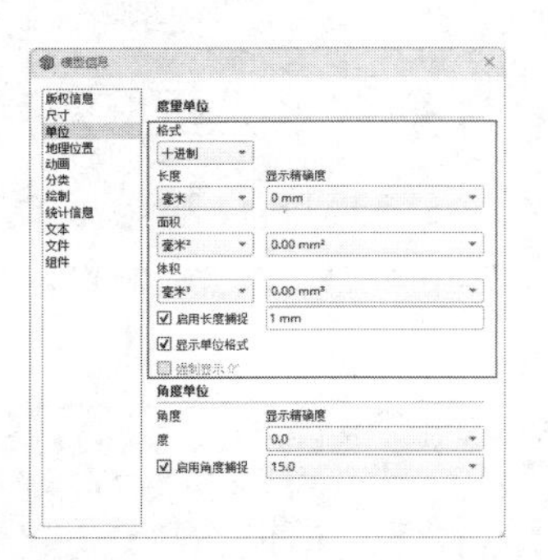

图 10-10　设置场景单位

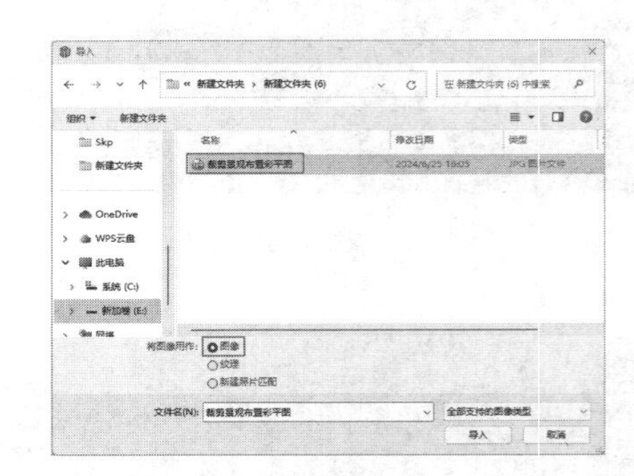

图 10-11　导入景观彩平图

03 景观彩平图导入效果如图 10-12 所示。参考 CAD 图纸设置导入图纸尺寸，测量 CAD 图纸中主入口台阶宽度，如图 10-13 所示。

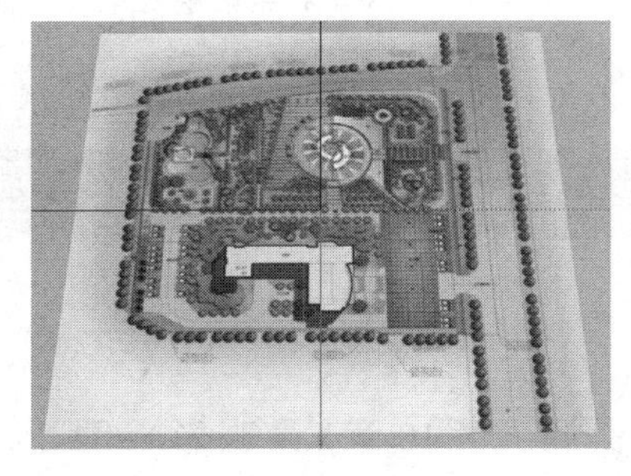

图 10-12　景观彩平图导入效果

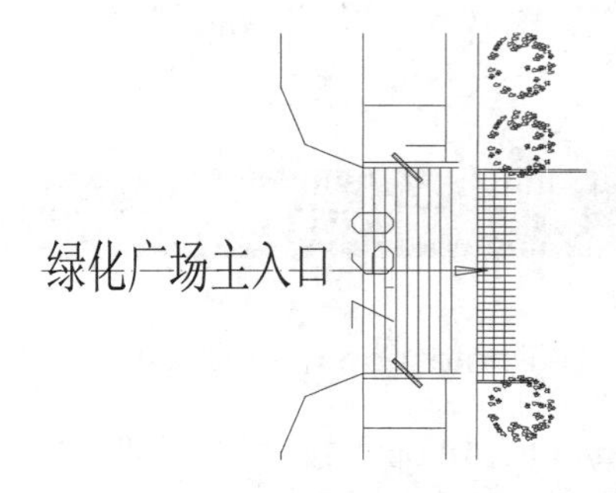

图 10-13　测量 CAD 图纸中主入口台阶宽度

04 根据 CAD 图纸中的尺寸，启用【卷尺】工具，重设图纸中主入口台阶宽度，如图 10-14、图 10-15 所示。

图 10-14　重设图纸中主入口台阶宽度

图 10-15　确定重设图纸尺寸

05 图纸尺寸重设完成后，测量图纸中一些部位验证尺寸，确保景观彩平图尺寸正常，如图 10-16、图 10-17 所示。

图 10-16　测量停车位宽度

图 10-17　验证停车位宽度

06 调整后的景观彩平图如图 10-18 所示。

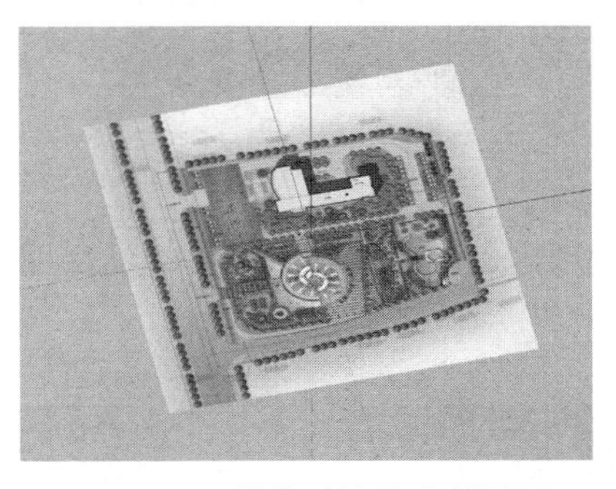

图 10-18　调整后的景观彩平图

10.2 建立入口及周边景观模型

10.2.1 创建台阶及中心景观通道

01 执行【视图】/【表面类型】/【X 光透视模式】菜单命令，将彩平图以透明方式显示，如图 10-19 所示。

02 制作主入口台阶模型。查看 CAD 图纸中的标高，得到台阶整体的大概高度，如图 10-20 所示。

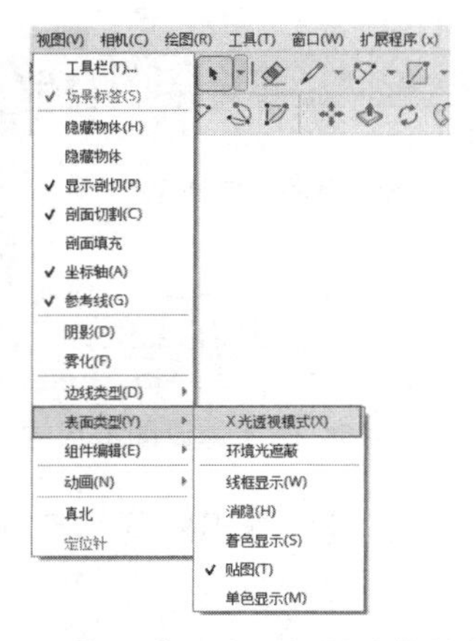

图 10-19 执行【X 光透视模式】菜单命令

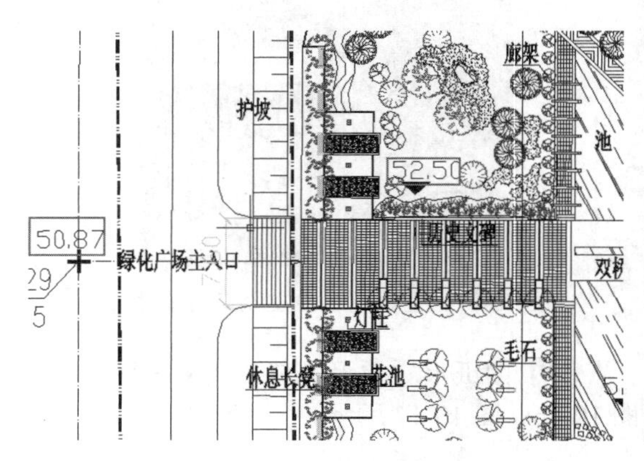

图 10-20 查看 CAD 图纸中的标高

03 结合使用【矩形】与【直线】工具，通过拆分绘制出台阶的细分平面，如图 10-21 ~ 图 10-23 所示。

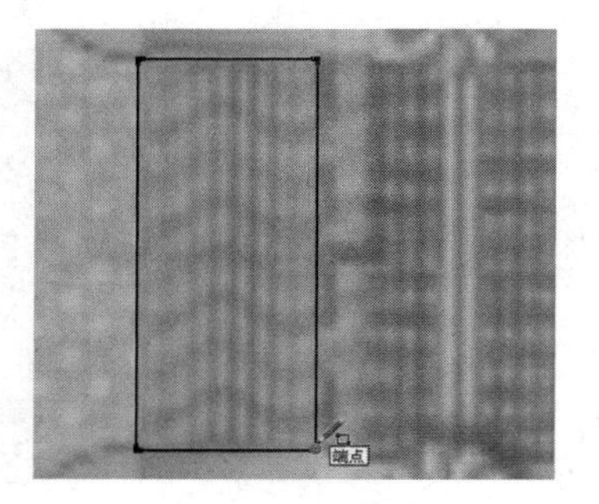

图 10-21 分割台阶面

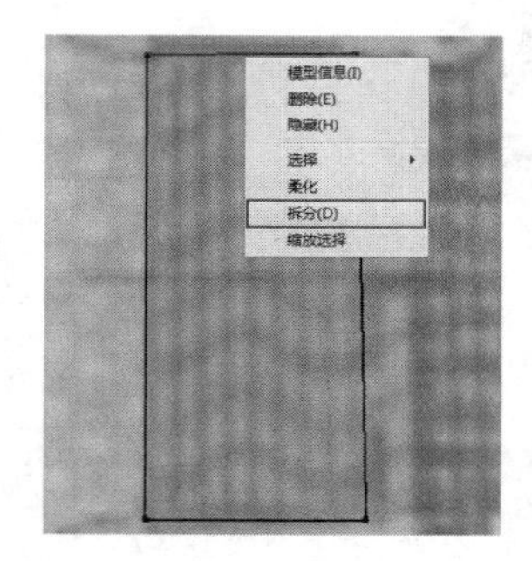

图 10-22 拆分线段

图 10-23 绘制台阶的细分平面

04 启用【推 / 拉】工具，创建出台阶的细节造型，然后删除两侧平面并将其创建为群组，如图 10-24、图 10-25 所示。

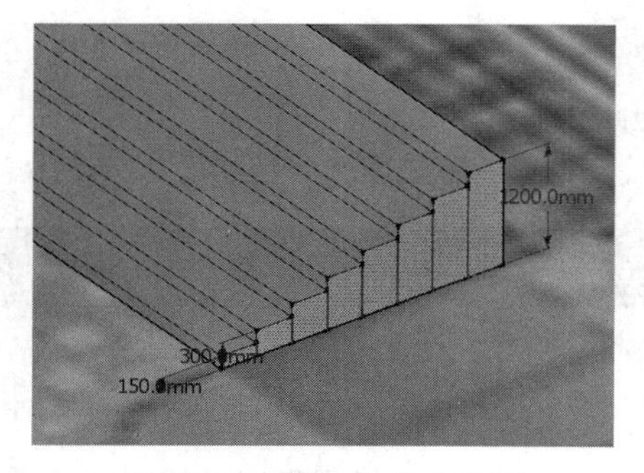

图 10-24 推拉出台阶造型

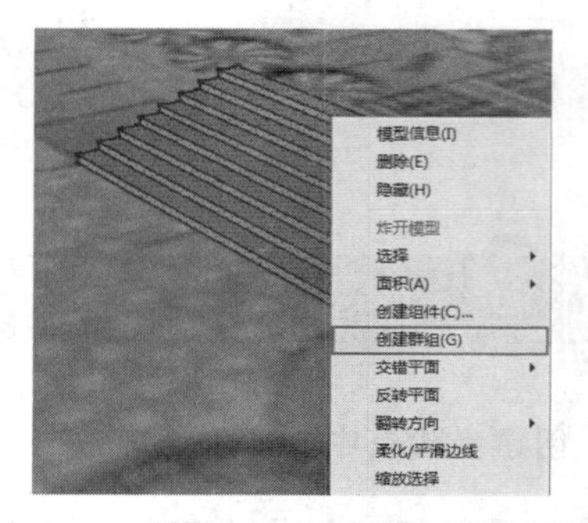

图 10-25 删除两侧平面并创建为群组

05 启用【直线】工具，绘制台阶侧面截面，启用【推/拉】与【移动】工具完成台阶模型，如图 10-26、图 10-27 所示。

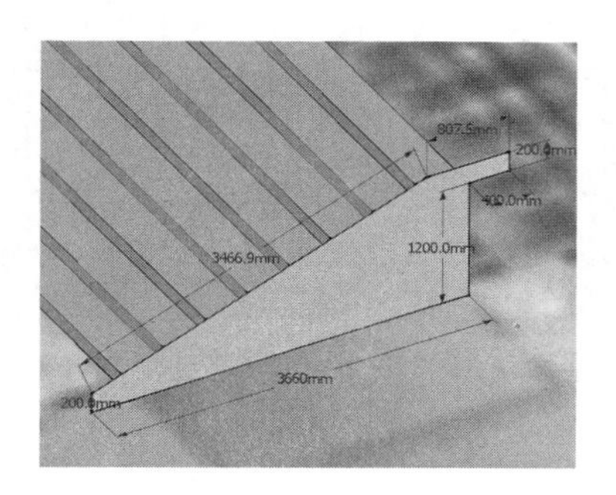

图 10-26 绘制台阶侧面截面

图 10-27 完成台阶模型

06 进入【材料】面板，为台阶赋予“灰色石板石材铺面”材质，完成主入口台阶模型的制作，如图 10-28 所示。

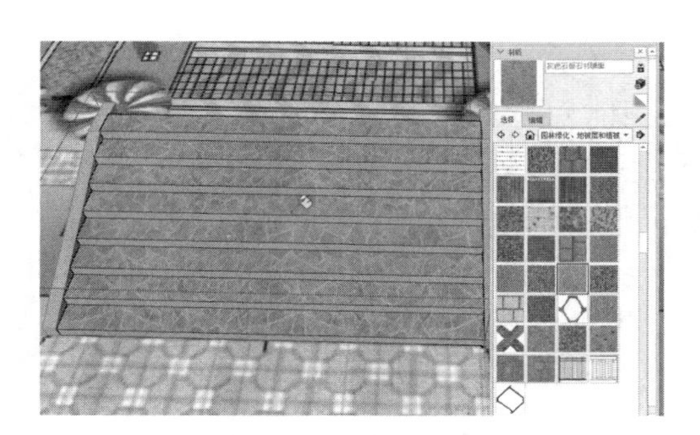

图 10-28 为台阶赋予材质

图 10-29 推拉出中心通道轮廓

07 制作中心通道。进入台阶【组】，选择后方的平面，启用【推/拉】工具，推拉出中心通道轮廓，如图 10-29 所示。

08 选择中心通道相关的面与边线进行剪切，退出台阶【组】后回场景进行粘贴与对位，如图 10-30 ~ 图 10-32 所示。

图 10-30 选择中心通道创建群组

图 10-31 剪切出台阶组

图 10-32 粘贴回场景

09 启用【直线】工具，参考景观彩平图分割中心通道地面，如图 10-33、图 10-34 所示。

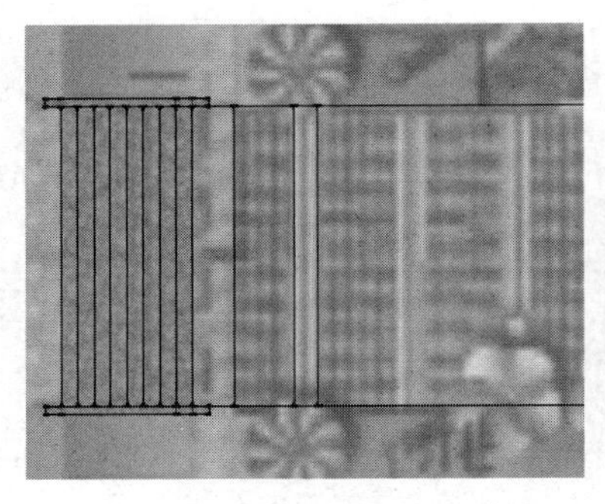
图 10-33　分割中心通道平面

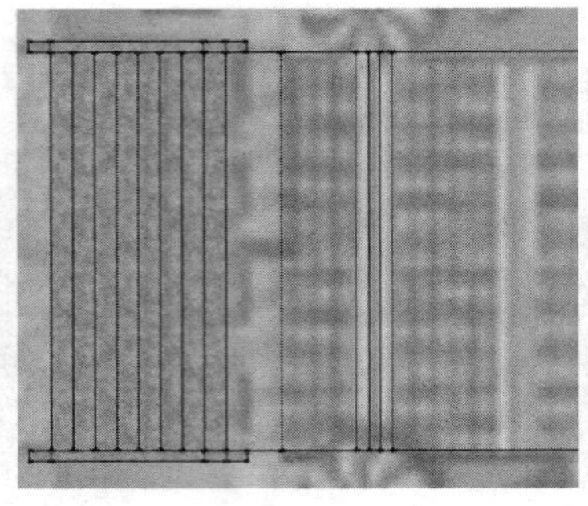
图 10-34　细分中心通道平面

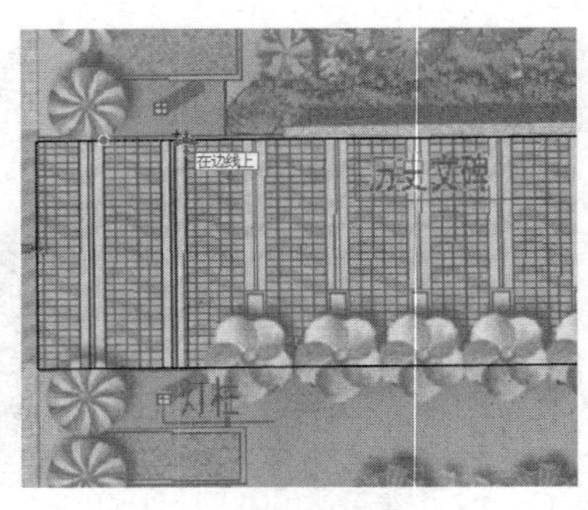

图 10-35　移动复制分割线段

10 选择分割好的线段，启用【移动】工具，复制出其他位置的分割线段，如图 10-35、图 10-36 所示。

11 参考景观彩平图制作右侧的树池，如图 10-37 所示。

12 启用【直线】工具，参考景观彩平图分割出右侧树池所在平面，如图 10-38 所示。

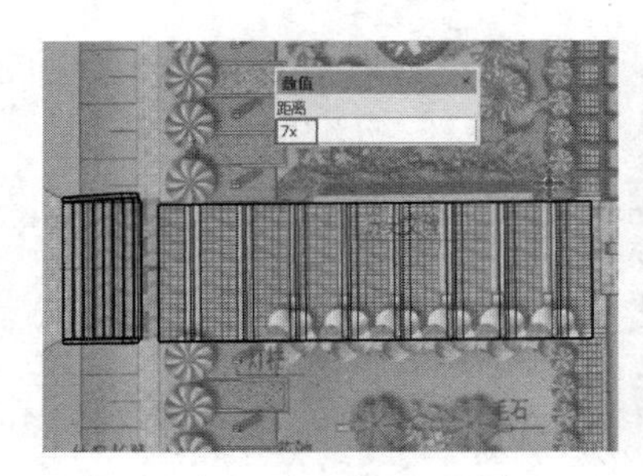

图 10-36　多重复制分割线段

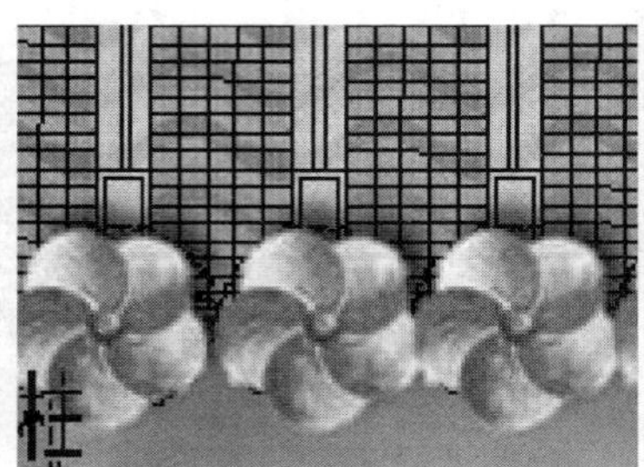
图 10-37　制作右侧的树池

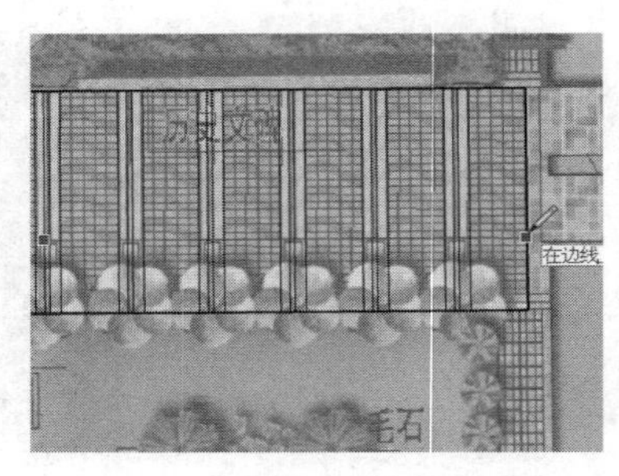

图 10-38　分割出右侧树池所在平面

13 删除多余边线，结合使用【偏移】与【推 / 拉】工具制作出单个树池的轮廓，如图 10-39 ~ 图 10-41 所示。

图 10-39　删除多余边线

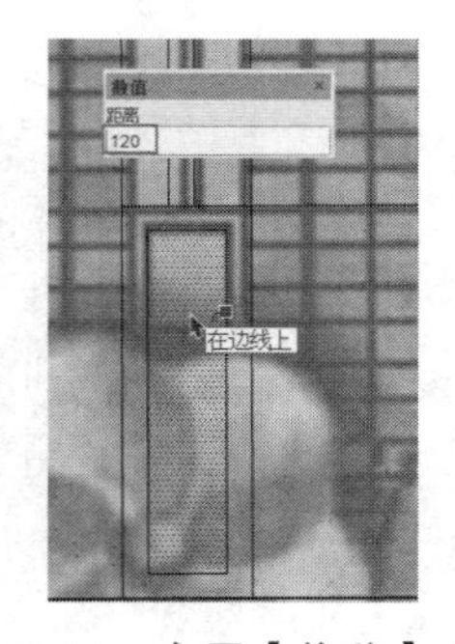

图 10-40　启用【偏移】工具

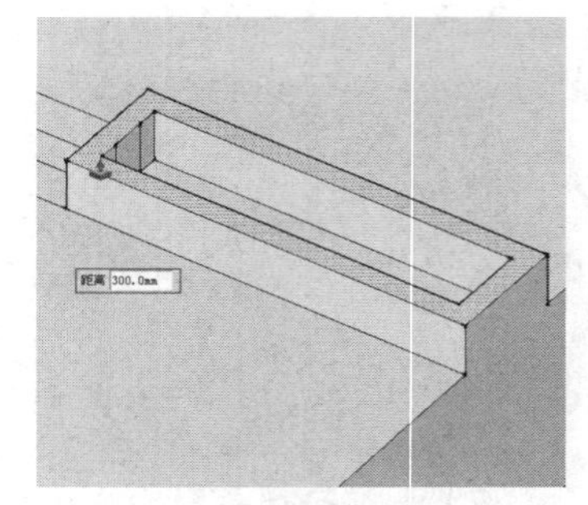

图 10-41　启用【推 / 拉】工具

14 调整树坛内草皮高度，进入【材料】面板为其赋予对应材质，然后创建为群组，如图 10-42 ~ 图 10-44 所示。

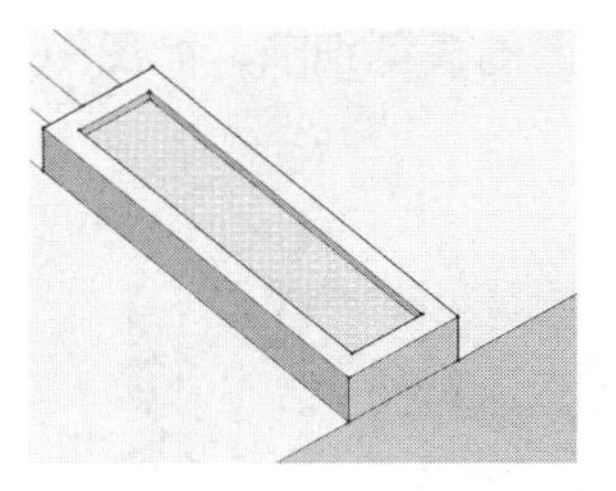

图 10-42　调整草皮高度

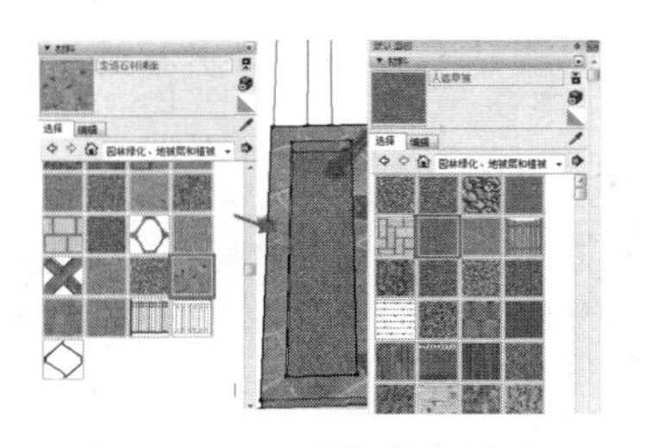

图 10-43　赋予草皮材质

图 10-44　创建为群组

15 选择创建的树池组，启用【移动】工具复制出其他位置的树池，如图 10-45 所示。

16 进入【材料】面板，为中心通道地面赋予石材，如图 10-46 所示。接下来制作中心通道右侧的历史文碑模型。

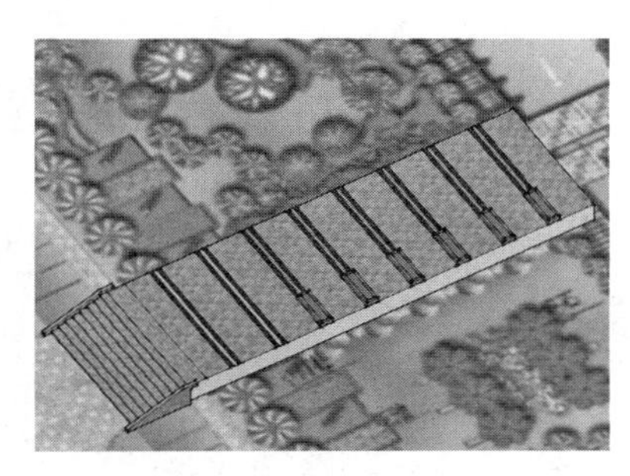

图 10-45　多重复制树池组

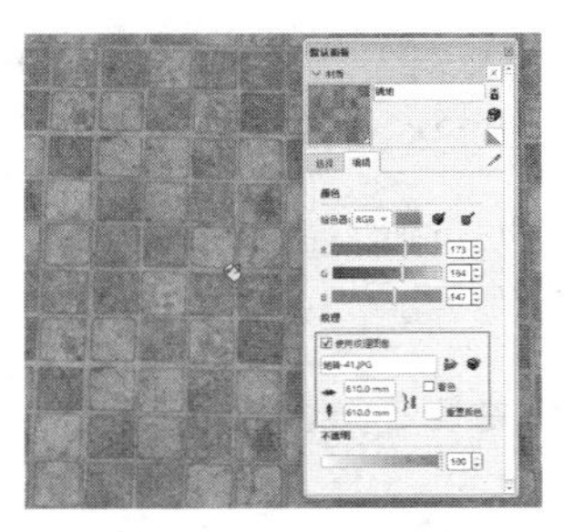

图 10-46　为中心通道地面赋予石材

17 启用【矩形】工具，参考景观彩平图绘制石碑平面，如图 10-47 所示。结合使用【推 / 拉】与【直线】工具进行分割，如图 10-48 所示。

图 10-47　绘制石碑平面

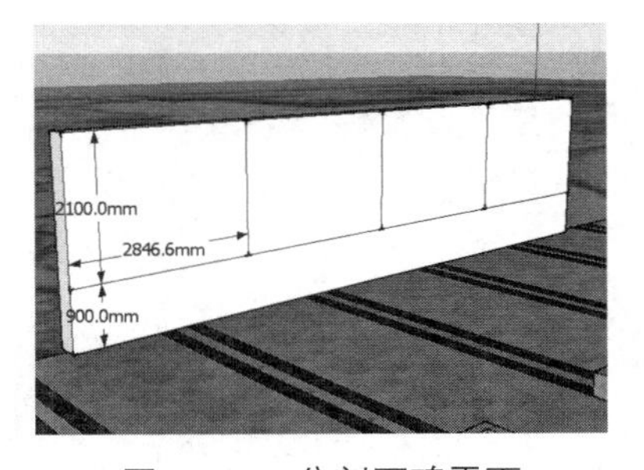

图 10-48　分割石碑平面

18 启用【推 / 拉】工具制作石碑上部与下部的模型细节，如图 10-49、图 10-50 所示。

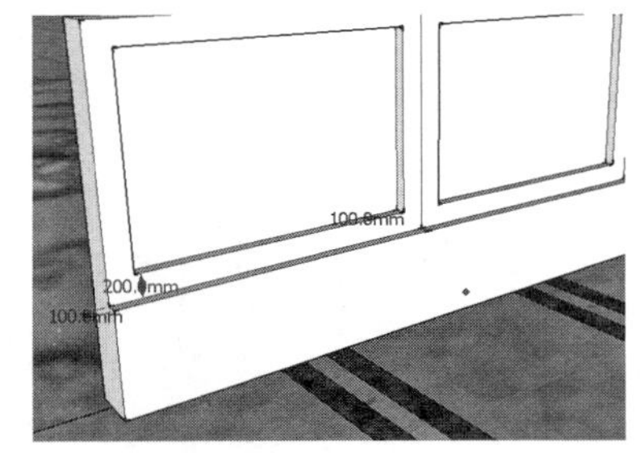

图 10-49　制作石碑上部的模型细节

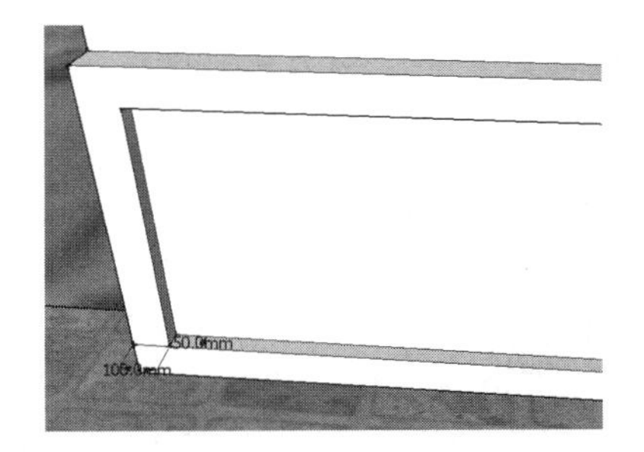

图 10-50　制作石碑下部的模型细节

19 进入【材料】面板，通过浮雕贴图分别模拟出石碑上部与下部的模型细节，如图 10-51、图 10-52 所示。

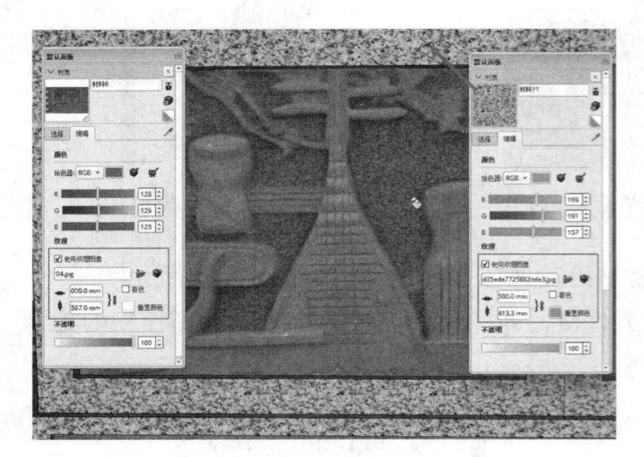

图 10-51 赋予上部浮雕材质

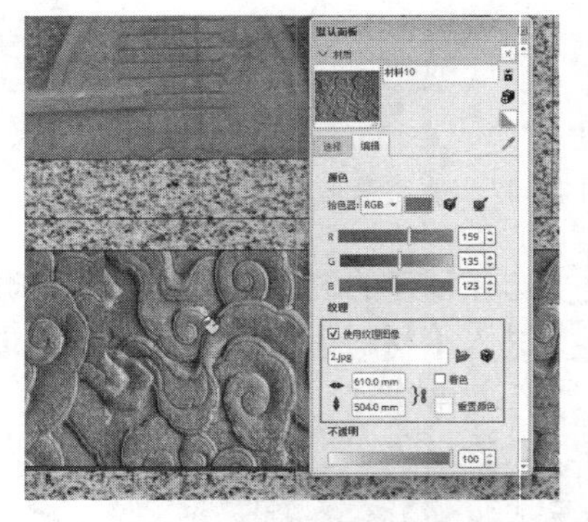

图 10-52 赋予下部浮雕材质

20 至此，中心通道景观模型制作完成，效果如图 10-53 所示。

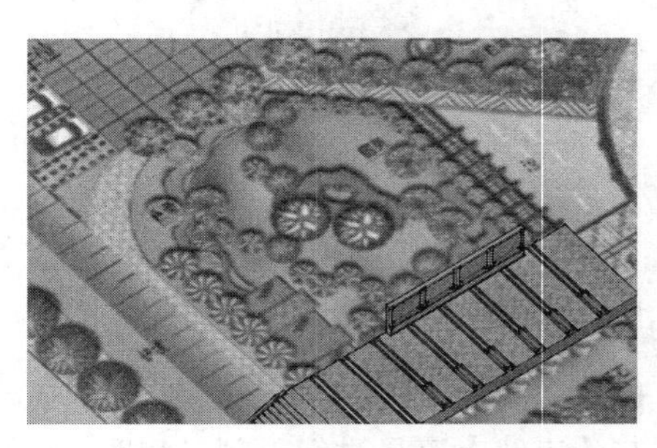

图 10-53 中心通道景观模型完成效果

10.2.2 制作右侧小道景观

01 制作主入口右侧小道的景观。启用【推/拉】工具，参考景观彩平图制作出右侧整体轮廓模型，如图 10-54 所示。

02 启用【直线】工具，参考景观彩平图分割道路平面，如图 10-55、图 10-56 所示。

图 10-54 制作出右侧整体轮廓模型

图 10-55 分割道路平面

03 结合使用【偏移】与【推/拉】工具制作路沿细节，如图 10-57、图 10-58 所示。

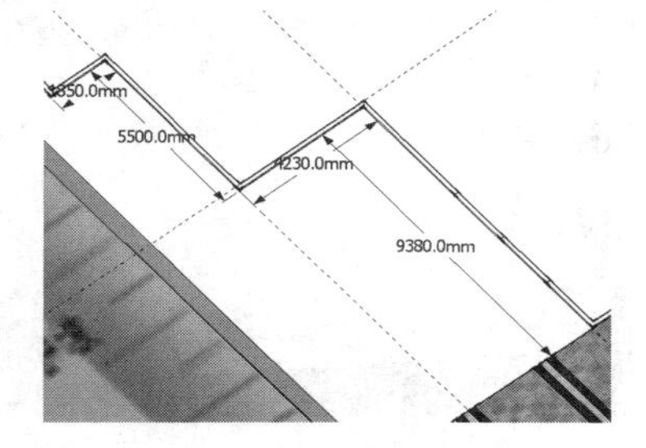

图 10-56 主入口右侧细节尺寸

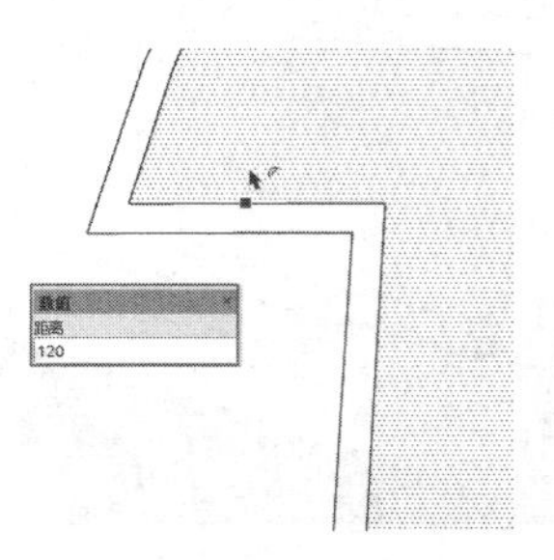

图 10-57 小道尺寸细节

04 制作小道处的花坛细节，选择内侧的线段进行拆分，在第二分段处制作花坛模型，如图 10-59、图 10-60 所示。

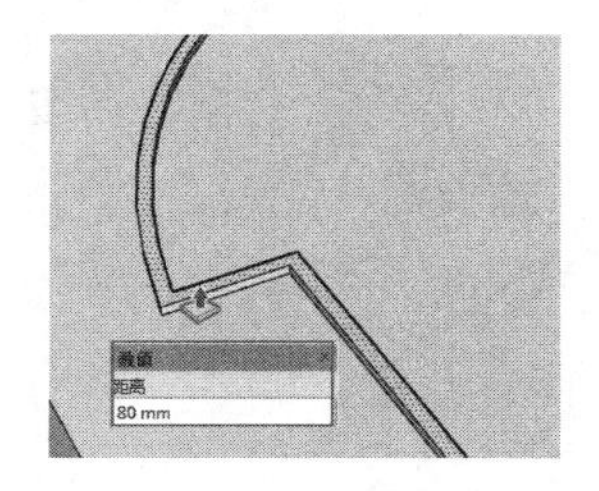

图 10-58　推拉出路沿细节

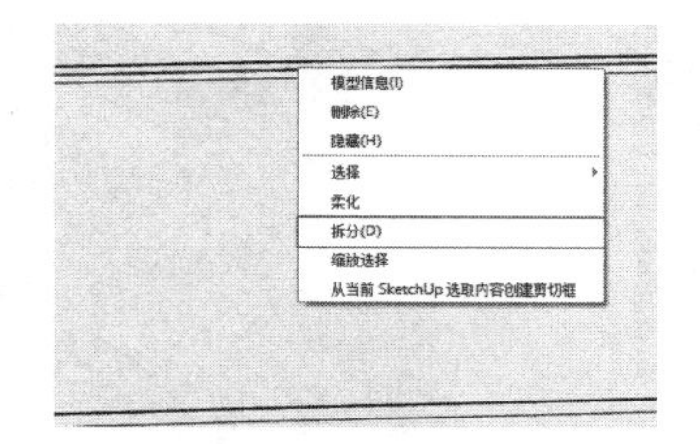

图 10-59　拆分线段

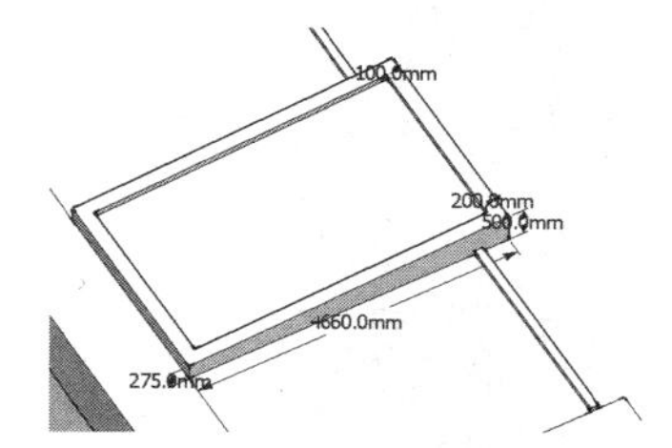

图 10-60　制作花坛模型

05 进入【材料】面板，为花坛赋予对应材质，然后将其创建为群组。并复制一组至第四分段处，如图 10-61、图 10-62 所示。

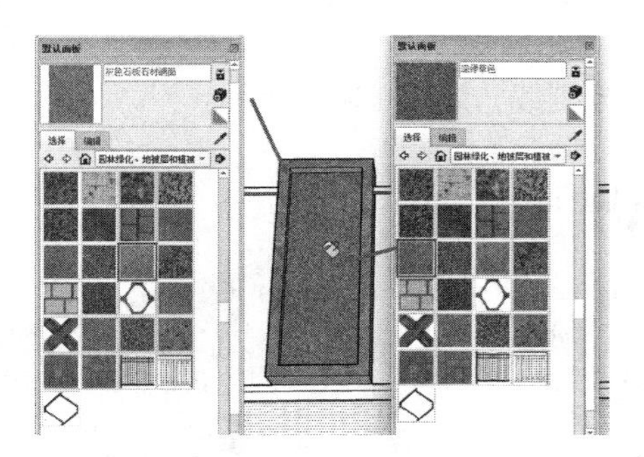
图 10-61　赋予花坛材质

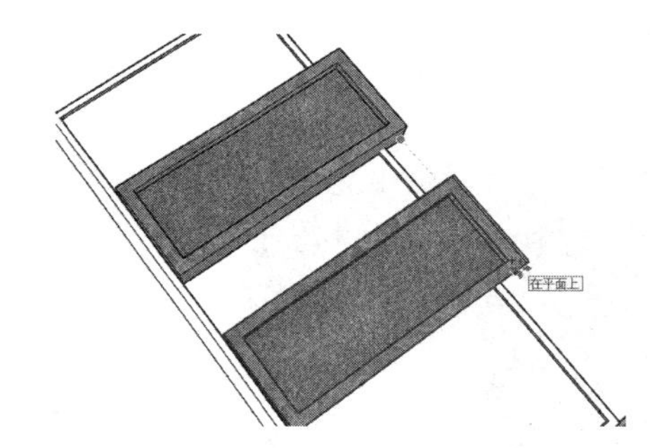

图 10-62　复制一组

06 合并长椅及草地灯模型组件，完成右侧小道的模型制作，如图 10-63、图 10-64 所示。

图 10-63　选择长椅模型组件

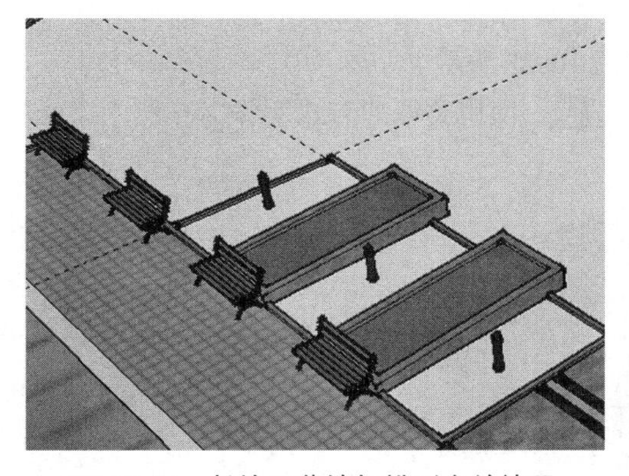
图 10-64　长椅及草地灯模型合并效果

07 进入【材料】面板，为小道地面赋予石材，完成右侧通道的制作，如图 10-65、图 10-66 所示。

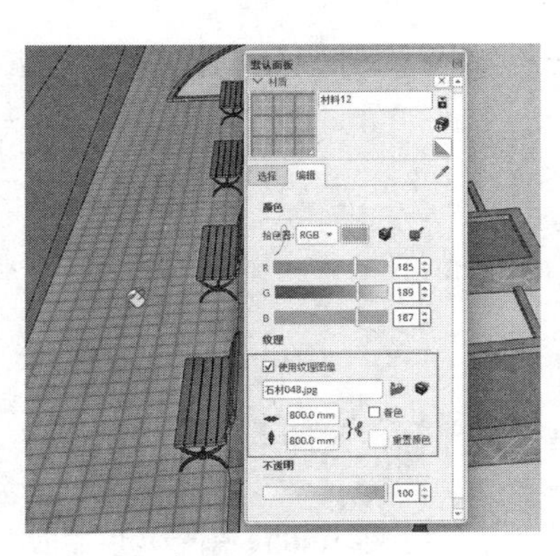

图 10-65　为小道地面赋予石材

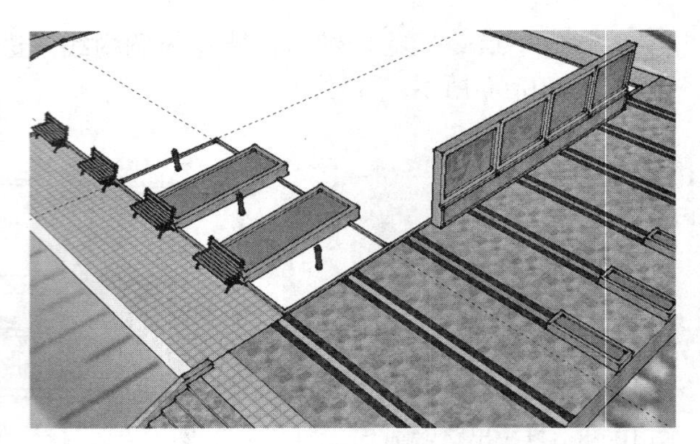

图 10-66　右侧通道及花坛完成效果

10.2.3　制作廊架

01 景观彩平图中的廊架如图 10-67 所示，启用【直线】工具，制作右上角斜向走廊通道分割线，如图 10-68 所示。

02 启用【直线】工具，制作廊架所处平面的斜坡分割线，如图 10-69 所示。

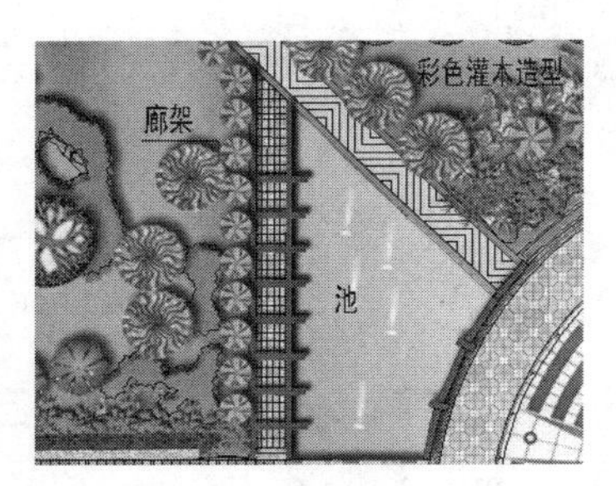

图 10-67　景观彩平图中的廊架

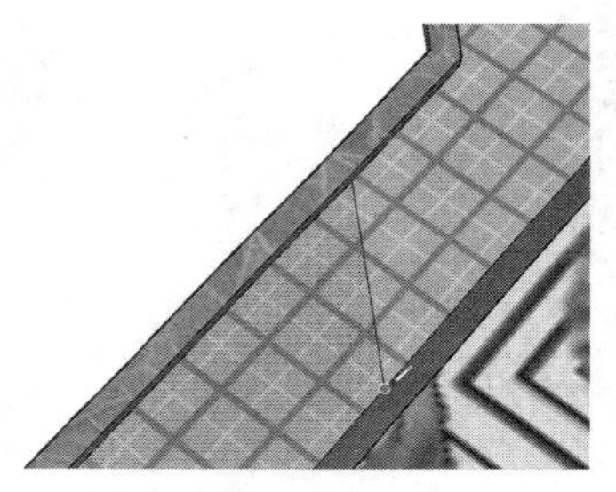

图 10-68　右上角斜向走廊通道分割线

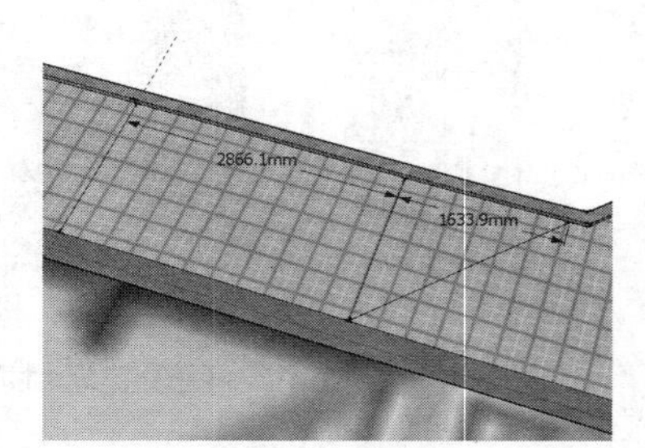

图 10-69　廊架所处平面的斜坡分割线

03 启用【推 / 拉】工具，推拉出斜坡高度，如图 10-70 所示。选择边线，调整出斜坡效果，如图 10-71 所示。

04 使用类似的方法制作出左侧入口处的台阶效果，如图 10-72 所示。

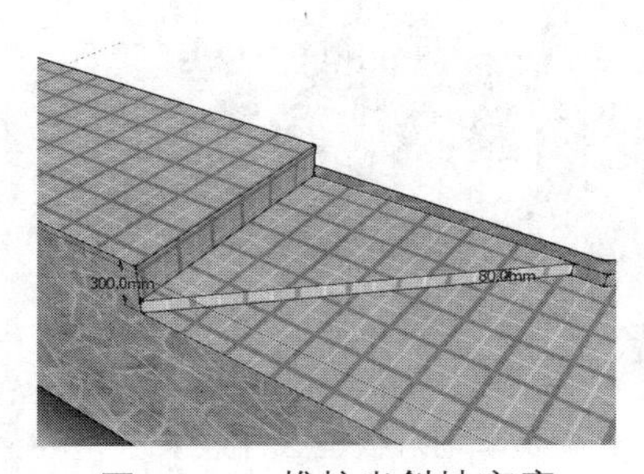

图 10-70　推拉出斜坡高度

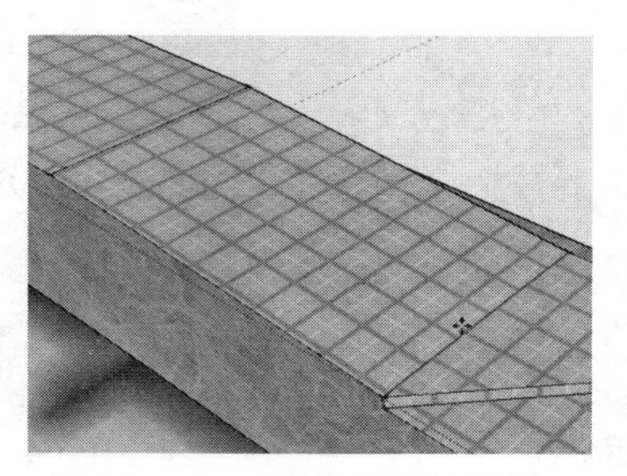

图 10-71　调整出斜坡效果

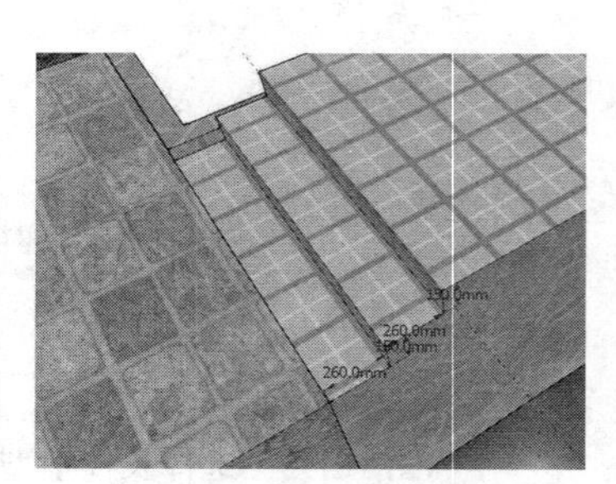

图 10-72　制作出左侧入口处的台阶效果

05 根据台阶与斜坡，完成路沿细节的修改，如图 10-73、图 10-74 所示。

06 合并第 5 章创建的“青砖廊架”模型组件，根据当前场景调整造型，完成廊架效果的制作，如图 10-75、图 10-76 所示。

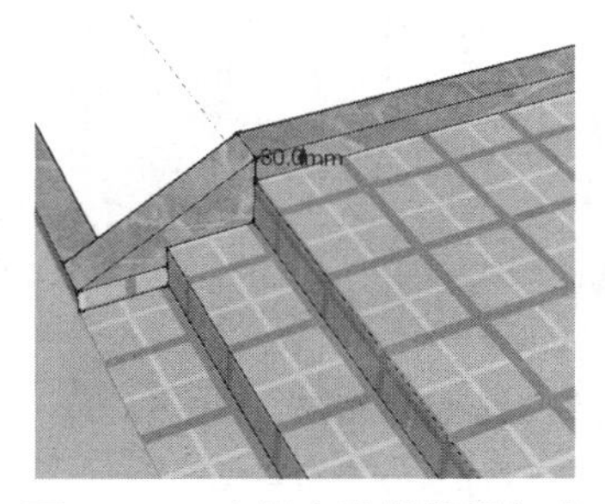

图 10-73 廊架台阶的路沿细节

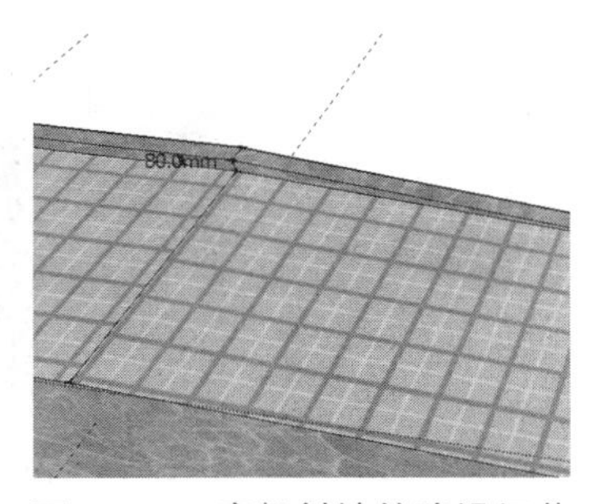

图 10-74 廊架斜坡的路沿细节

图 10-75 合并创建好的廊架组件

10.2.4 制作曲水流觞及亲水木平台

01 彩平图中心通道右侧景观布置如图 10-77 所示，除了有与左侧类似的花坛外，主要有曲水流觞与亲水木平台两处景观。

02 结合使用【直线】与【圆】工具，参考彩平图绘制右侧轮廓平面，如图 10-78 所示，然后启用【推 / 拉】工具，进行推高处理，如图 10-79 所示。

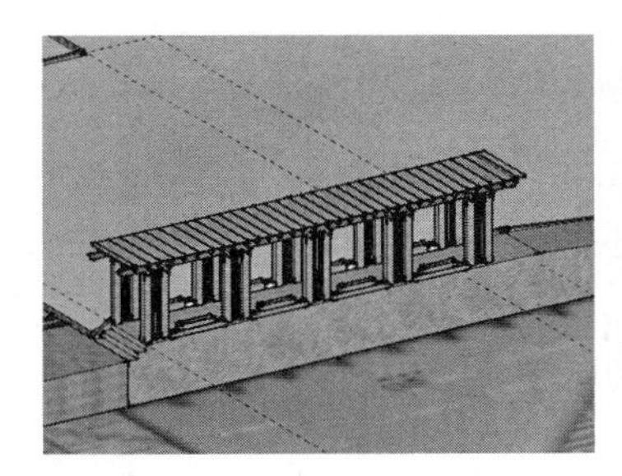

图 10-76 廊架组件调整完成效果

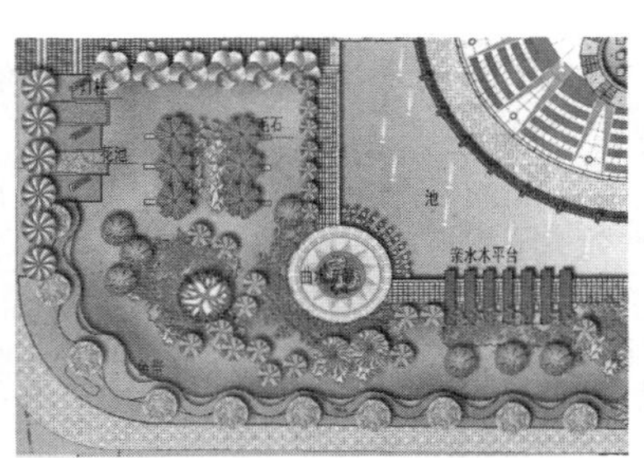

图 10-77 彩平图中心通道右侧景观布置

图 10-78 绘制右侧轮廓平面

03 参考彩平图复制左侧制作好的花坛与长椅等模型，制作右侧花坛与路沿等细节，赋予小道对应的材质，如图 10-80 所示。

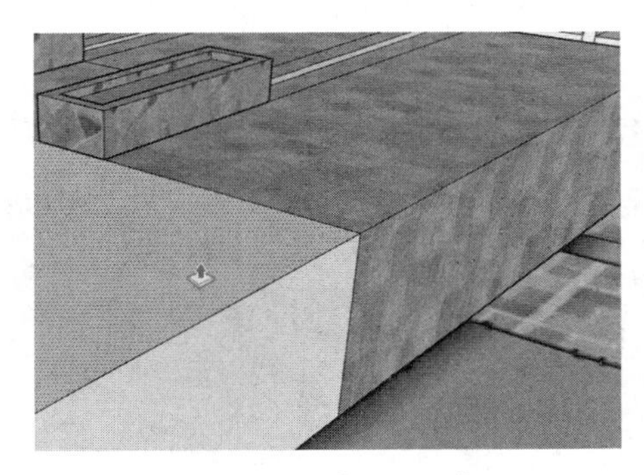

图 10-79 启用【推 / 拉】工具

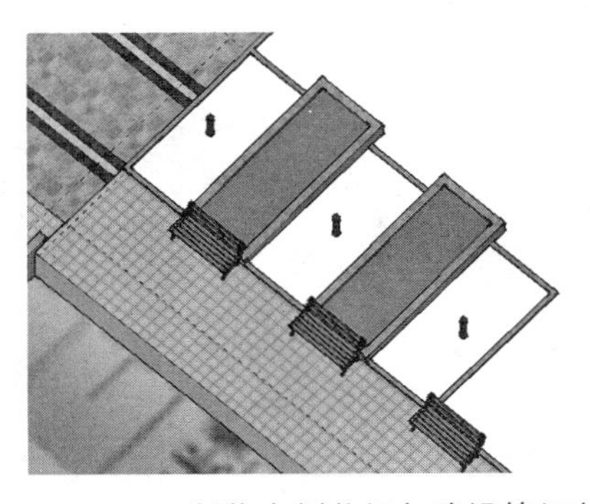

图 10-80 制作右侧花坛与路沿等细节

04 制作中部的毛石模型，以及右侧通往曲水流觞的台阶细节，如图 10-81、图 10-82 所示。

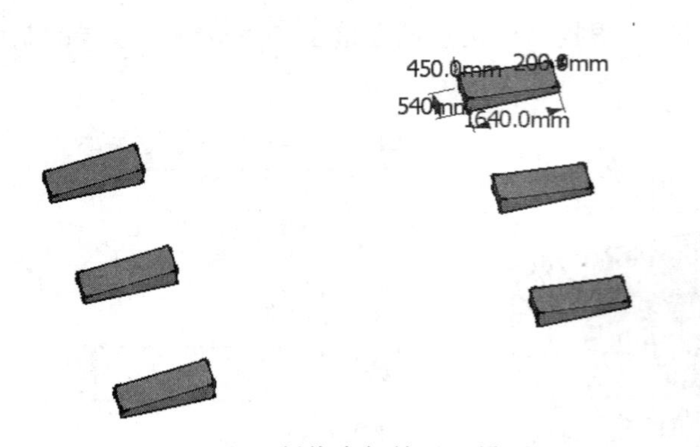

图 10-81　制作中部的毛石模型

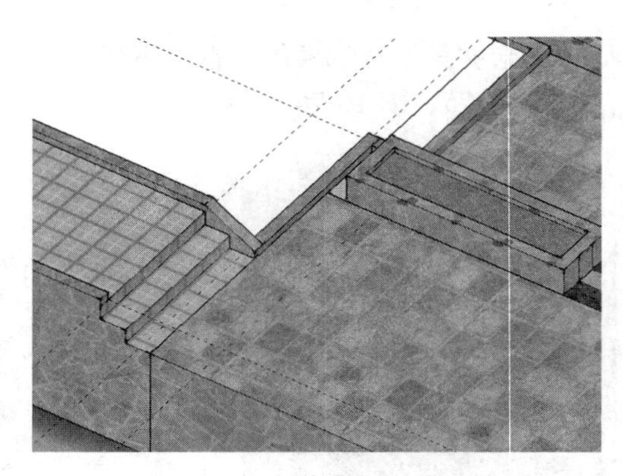

图 10-82　制作右侧台阶细节

05 选择曲水流觞所在的圆形平面，进入【材料】面板，为其赋予一张地花贴图，如图 10-83 所示。

06 结合使用【偏移】与【推 / 拉】工具，制作出曲水流觞的细节造型，如图 10-84、图 10-85 所示。

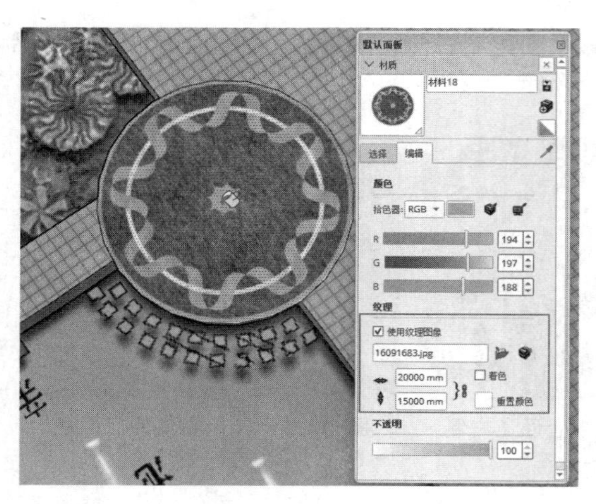

图 10-83　为曲水流觞平面赋予地花贴图

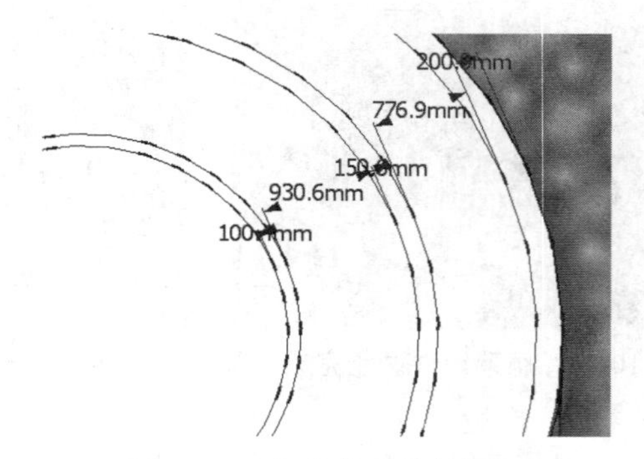

图 10-84　细分曲水流觞平面

07 参考曲水流觞的实景照片，选择中心圆形平面，赋予贴图模拟出该效果，如图 10-86 ~ 图 10-88 所示。接下来制作亲水木平台等模型。

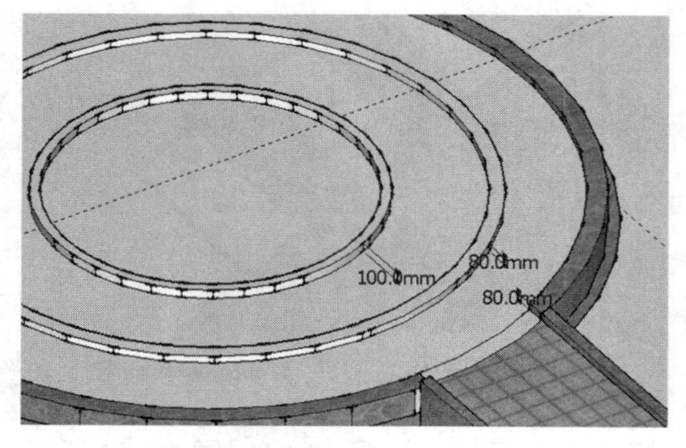

图 10-85　启用【推 / 拉】工具

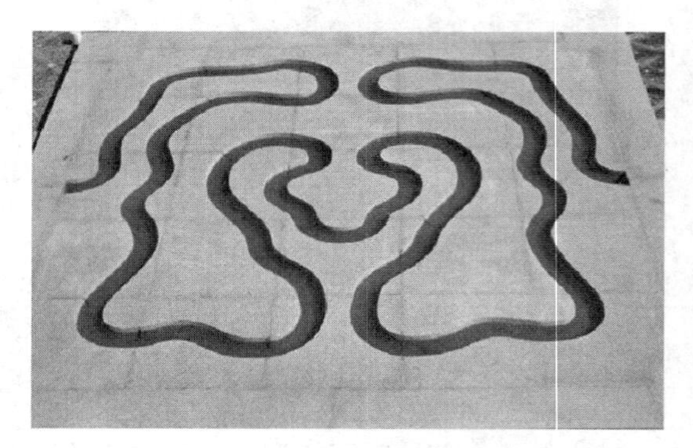

图 10-86　曲水流觞实景照片

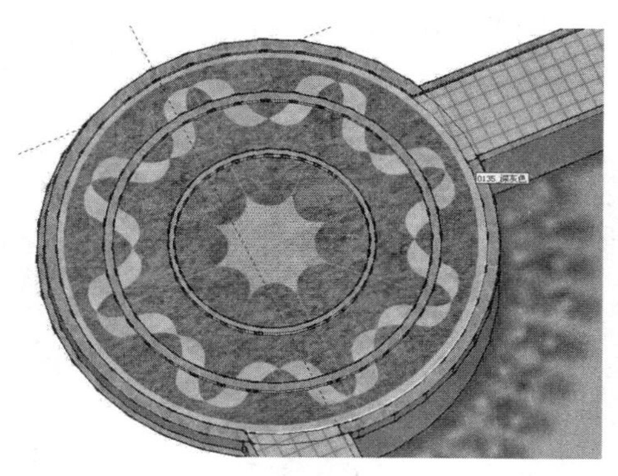

图 10-87　选择中心圆形平面

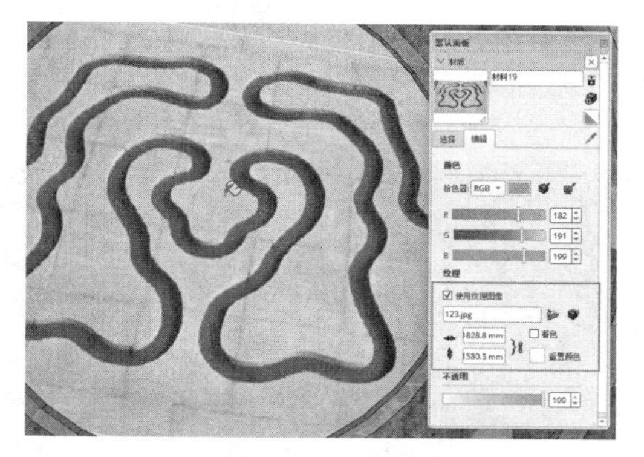

图 10-88　赋予实景贴图

08 亲水木平台与周边相关的景观布置如图 10-89 所示。首先制作曲水流觞外侧位于水面内的石柱模型。

09 启用【矩形】工具，参考彩平图绘制石柱平面，如图 10-90 所示。

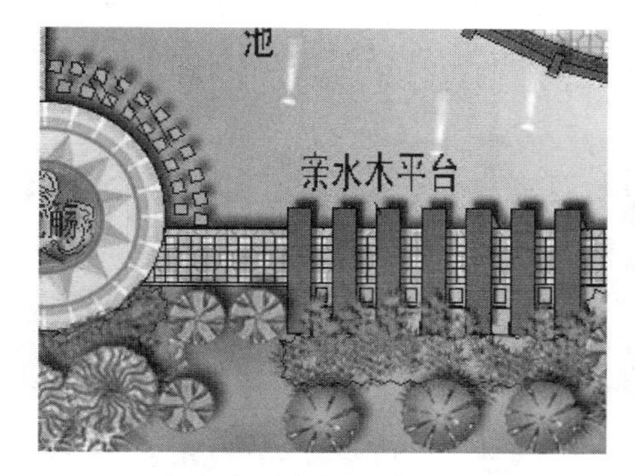

图 10-89　亲水木平台与周边相关的景观布置

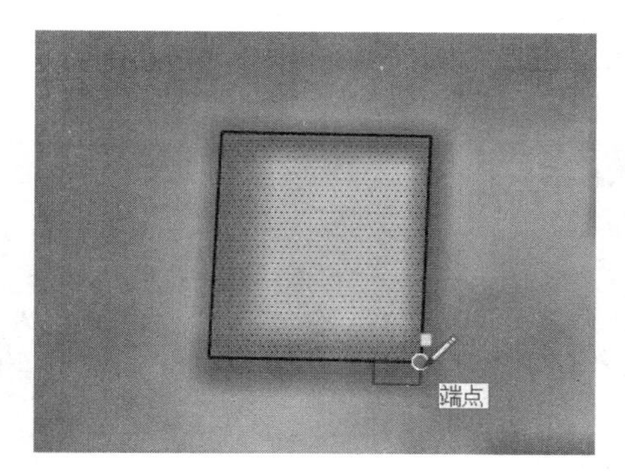

图 10-90　绘制石柱平面

10 启用【推 / 拉】工具，推拉出石柱高度，完成制作石柱并为其赋予对应材质，如图 10-91 所示。

11 将制作好的石柱创建为群组，参考彩平图进行移动复制，如图 10-92、图 10-93 所示。接下来制作亲水木平台。

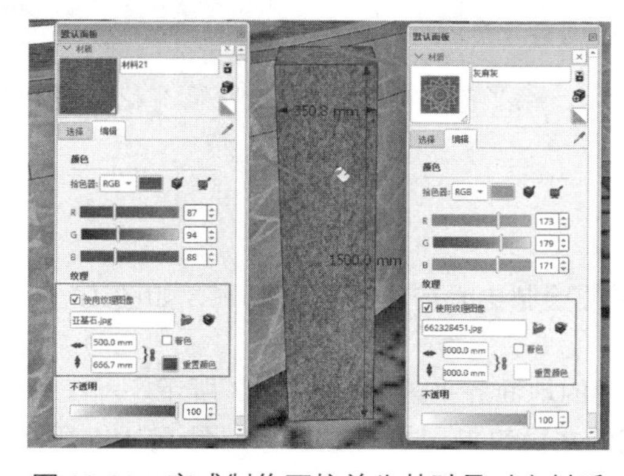

图 10-91　完成制作石柱并为其赋予对应材质

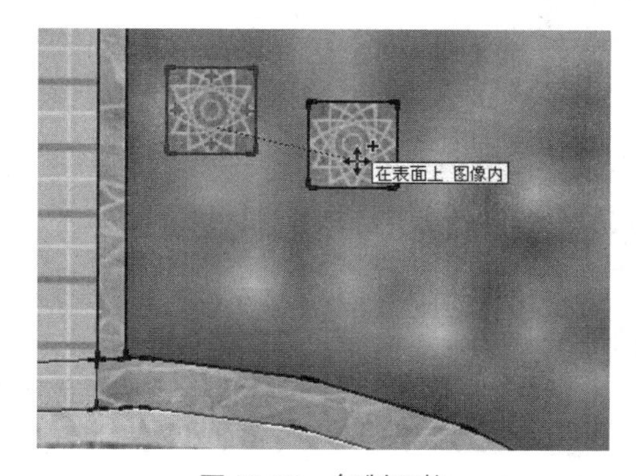

图 10-92　复制石柱

12 启用【矩形】工具，参考彩平图绘制亲水木平台平面，如图 10-94 所示。

13 结合使用【直线】以及【推/拉】工具，制作亲水木平台细节，并赋予对应材质，如图 10-95 所示。

图 10-93　石柱复制完成效果

图 10-94　绘制亲水木平台平面

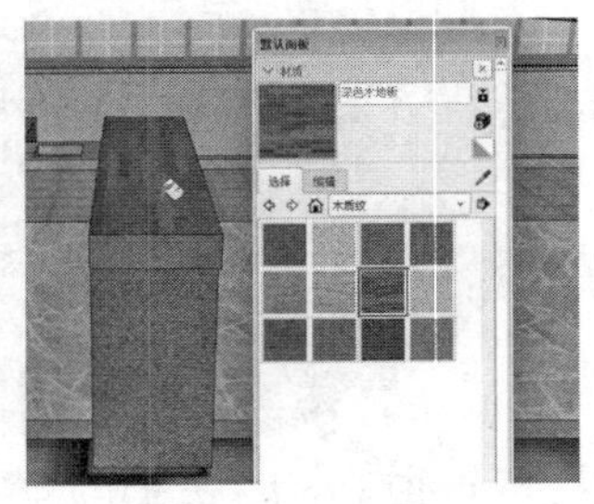
图 10-95　制作亲水木平台细节并赋予材质

14 制作平台内侧的小花坛模型，如图 10-96 所示，并赋予对应材质。

15 将亲水木平台与小花坛模型共同创建为群组，通过【移动】工具进行复制，如图 10-97 所示。完成整体效果，如图 10-98 所示。

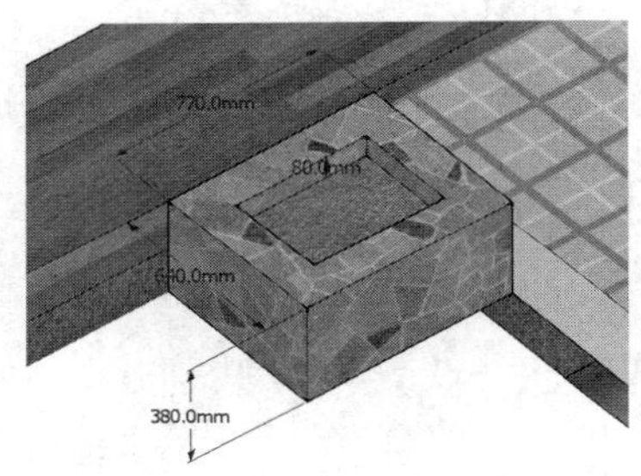

图 10-96　制作小花坛模型

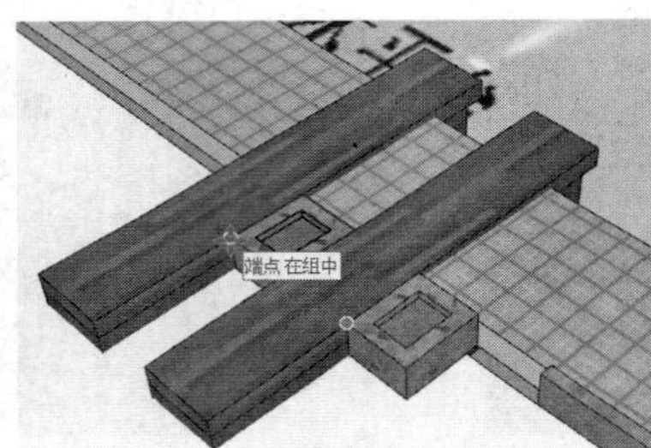

图 10-97　复制亲水木平台与小花坛模型

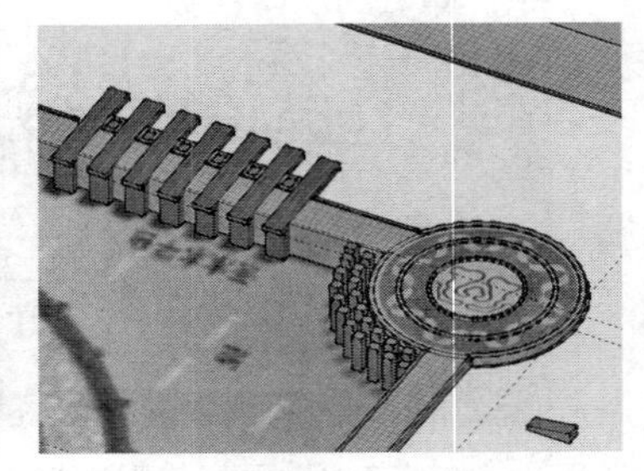
图 10-98　完成整体效果

至此，中心通道与周边相关的景观均制作完成，接下来制作中心广场及周边的景观模型。

10.3 制作中心广场

中心广场彩平图及其周边景观效果如图 10-99 所示，除了制作中心广场的喷泉、花坛等模型外，还应处理好模型间的连接细节。

10.3.1 绘制轮廓并处理连接细节

01 结合使用【直线】与【圆】工具，参考彩平图绘制中心广场的平面轮廓，如图 10-100 ~ 图 10-102 所示。

02 启用【推/拉】工具，推高平面至与之前创建的地面齐平，如图 10-103 所示。

03 处理好两个区域连接的小道模型，制作中间的水面效果，如图 10-104、图 10-105 所示。

04 合并之前创建的木桥模型组件，参考彩平图调整其位置和大小，然后复制出双桥效果，如图 10-106、图 10-107 所示。

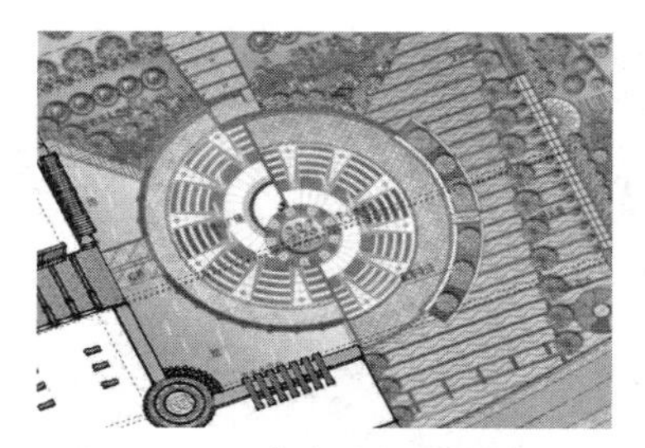

图 10-99　中心广场彩平图及周边景观效果

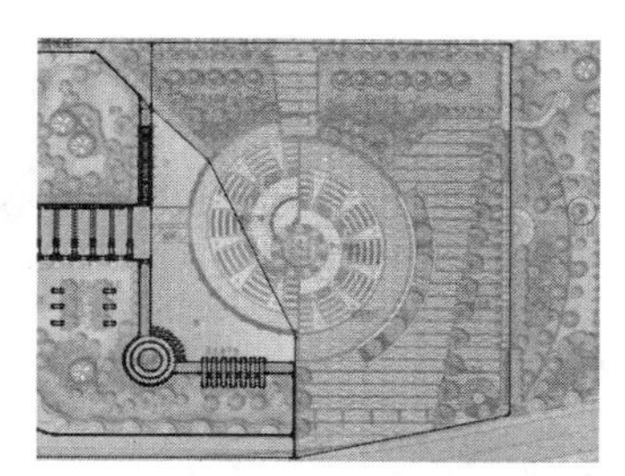

图 10-100　启用【直线】工具绘制初步平面

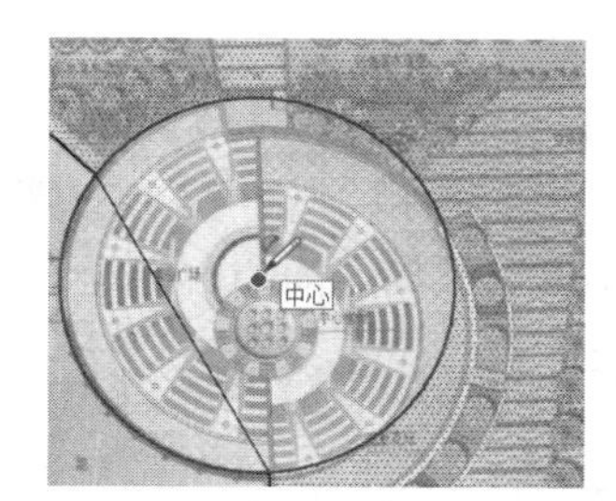

图 10-101　启用【圆】工具绘制广场轮廓

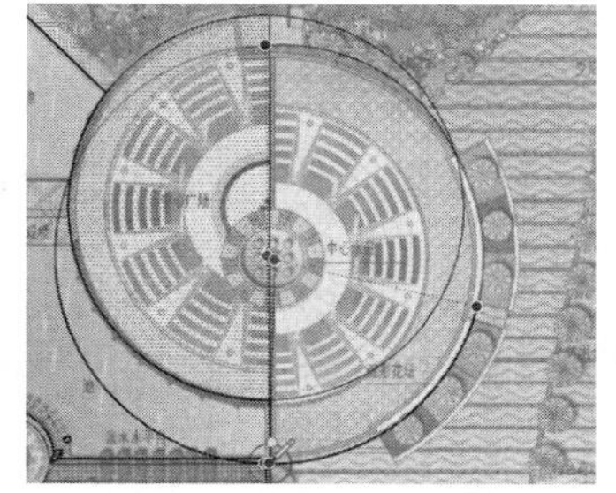

图 10-102　广场平面细节完成效果

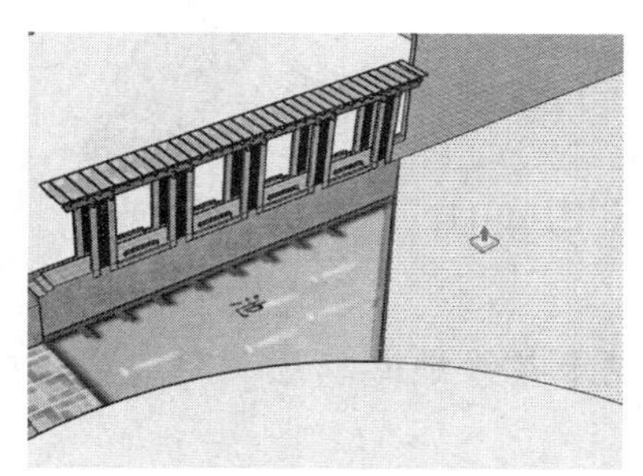

图 10-103　启用【推 / 拉】工具

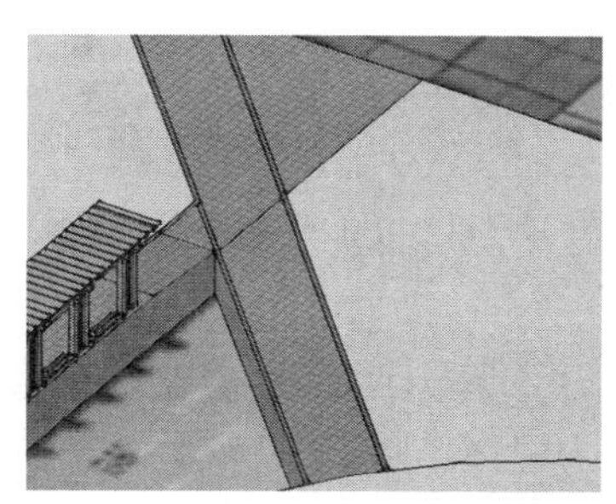

图 10-104　处理好小道模型

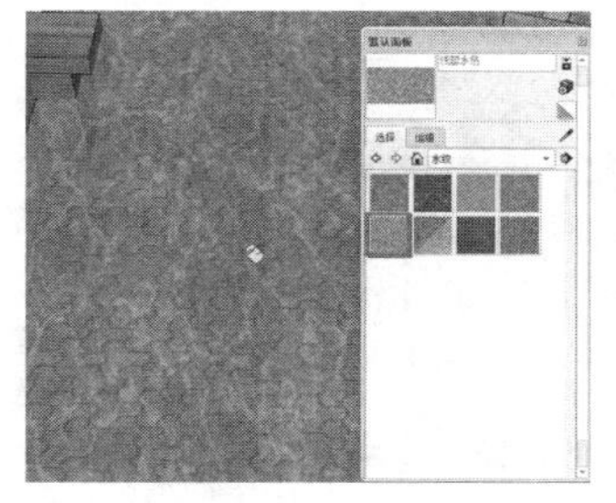

图 10-105　制作中间的水面效果

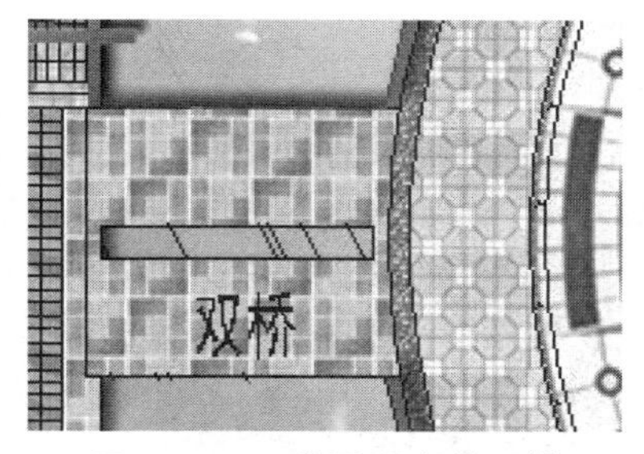

图 10-106　彩平图中的双桥

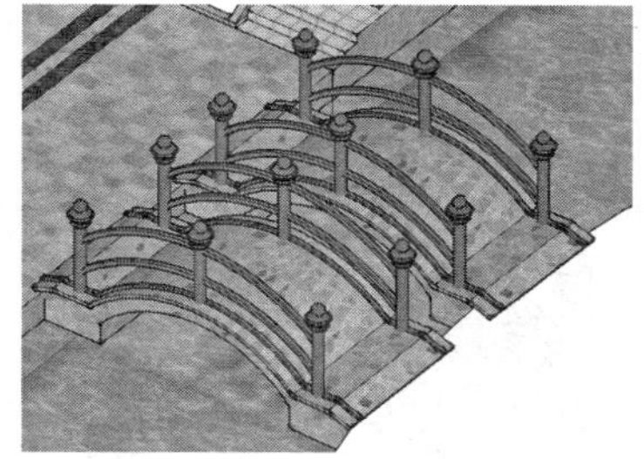

图 10-107　合并木桥模型并进行调整

10.3.2　制作中心广场及喷泉

01 启用【直线】工具，参考彩平图分割出中心广场与入口等平面，如图 10-108 所示。

02 结合使用【偏移】与【推 / 拉】工具，制作各处的路沿细节，如图 10-109 所示。

03 进入【材料】面板，为中心广场赋予地花贴图，如图 10-110 所示。

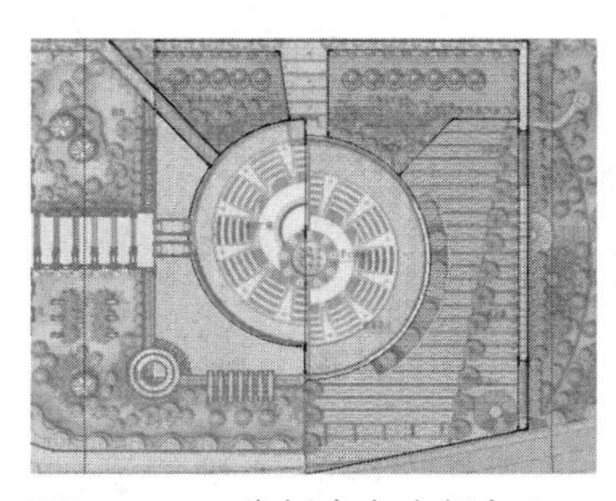

图 10-108　分割中心广场与入口等平面

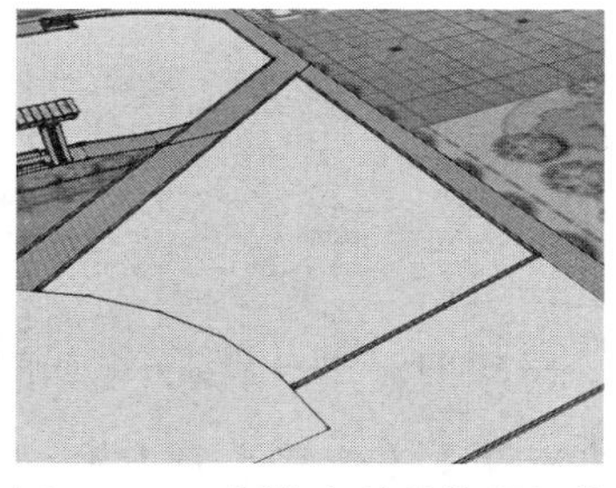

图 10-109　制作各处的路沿细节

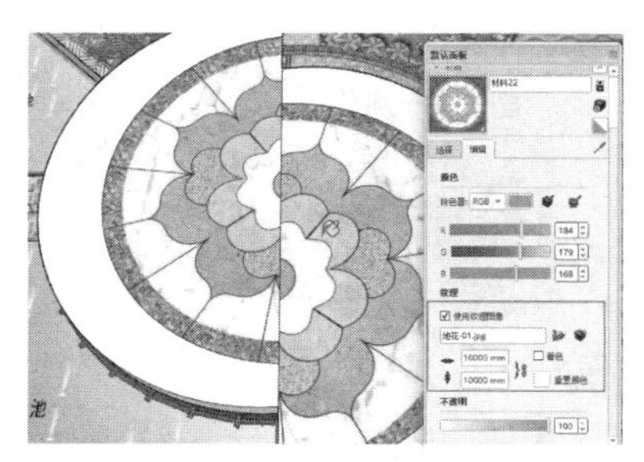

图 10-110　为中心广场赋予地花贴图

04 参考中心广场 CAD 图纸，启用【直线】工具，分割出水槽细节，如图 10-111、图 10-112 所示。

05 启用【推 / 拉】工具，制作出 50mm 的水槽深度。进入【材料】面板，为水槽赋予“浅蓝水色”材质，如图 10-113 所示。

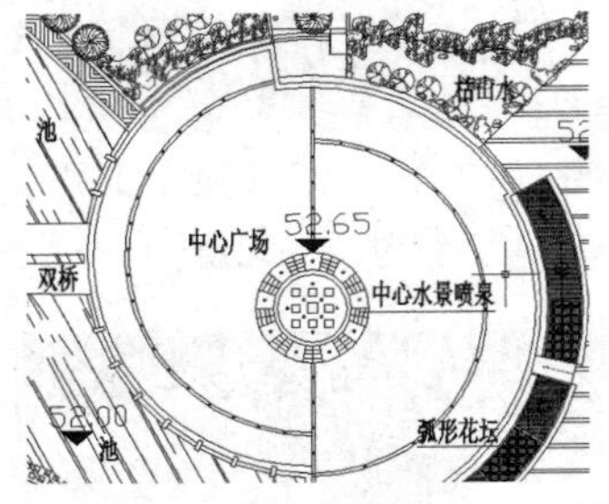

图 10-111　中心广场 CAD 图纸

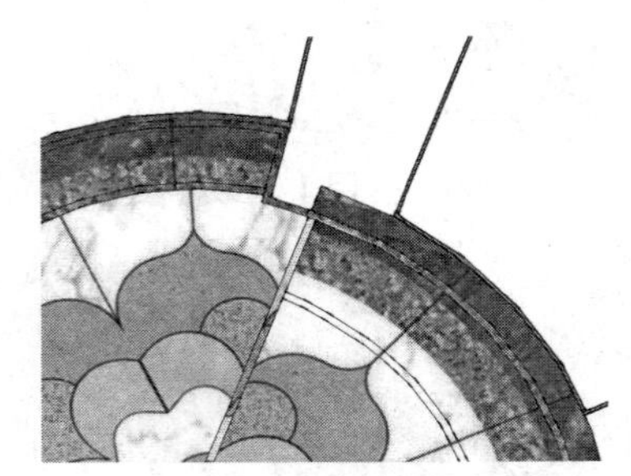
图 10-112　分割出水槽细节

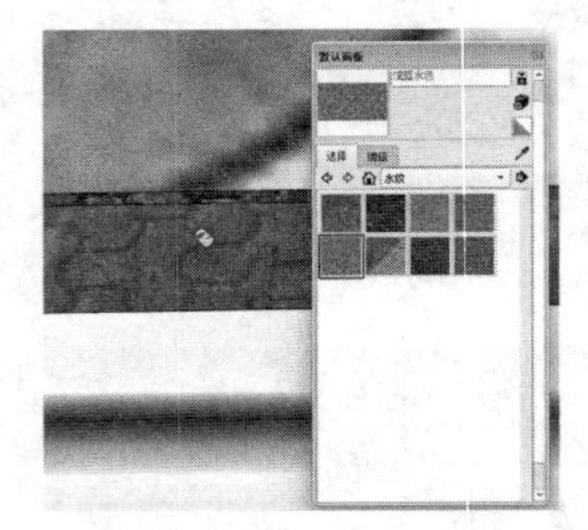
图 10-113　为水槽赋予“浅蓝水色”材质

06 为广场外侧弧形地面赋予花纹地砖材质，完成中心广场水槽与铺地效果制作，如图 10-114、图 10-115 所示。

07 结合使用【圆】与【偏移】工具，参考彩平图对中心喷泉圆形平面进行分割，如图 10-116、图 10-117 所示。

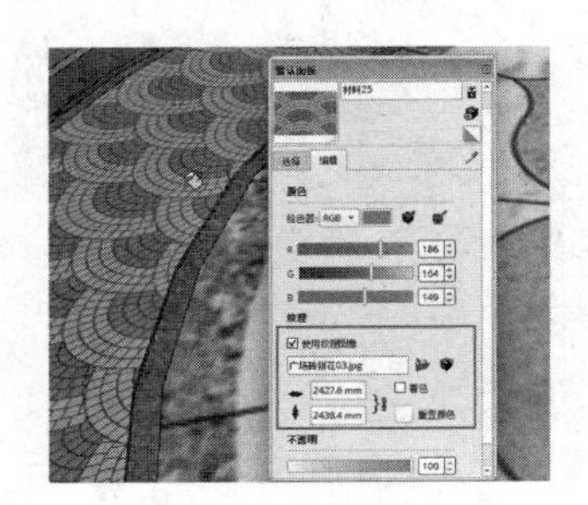
图 10-114　为弧形地面赋予花纹地砖材质

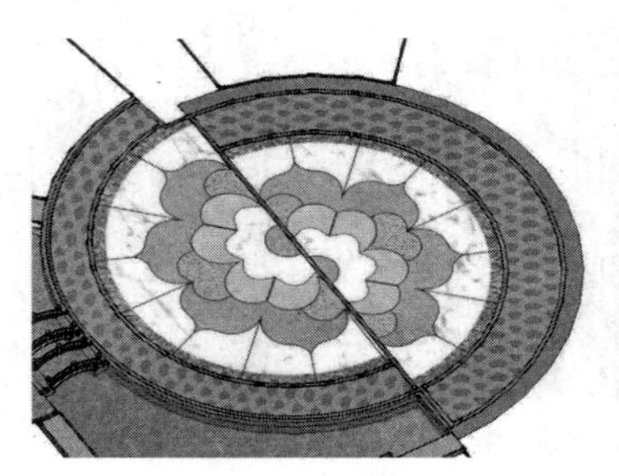
图 10-115　广场铺地及水槽完成效果

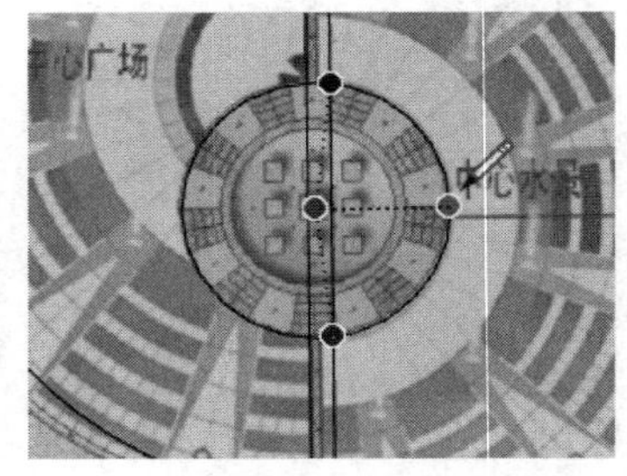
图 10-116　分割中心喷泉圆形平面

08 启用【直线】工具，对中心喷泉进行进一步细分，启用【旋转】工具，将分割线以 45° 进行复制，如图 10-118、图 10-119 所示。

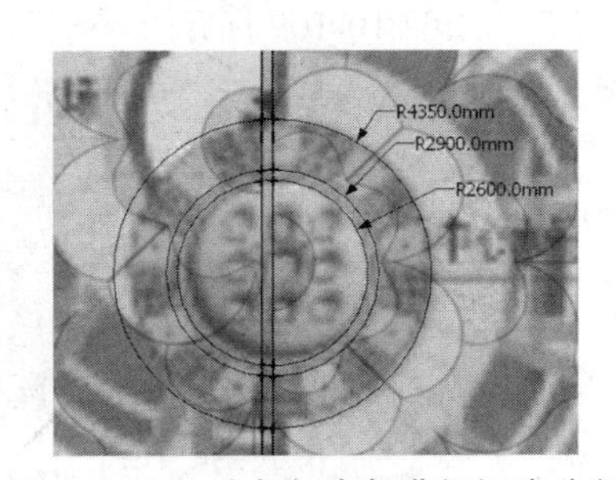

图 10-117　对中心喷泉进行初步分割

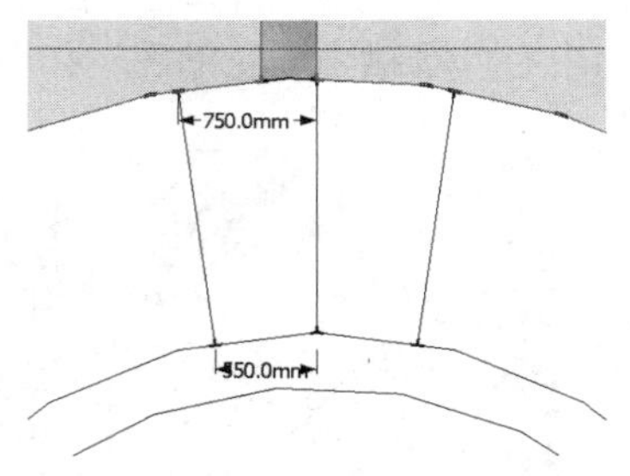

图 10-118　进一步细分中心喷泉

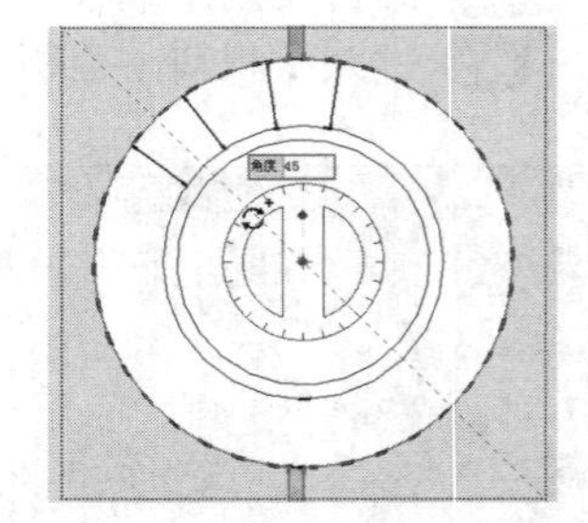
图 10-119　旋转复制分割线

09 拆分分割线，结合使用【直线】、【偏移】及【推 / 拉】工具制作中心水槽模型，如图 10-120、图 10-121 所示。

10 启用【旋转】工具，选择水槽，以 45° 进行多重旋转复制，完成其余水槽模型的制作，如图 10-122 所示。

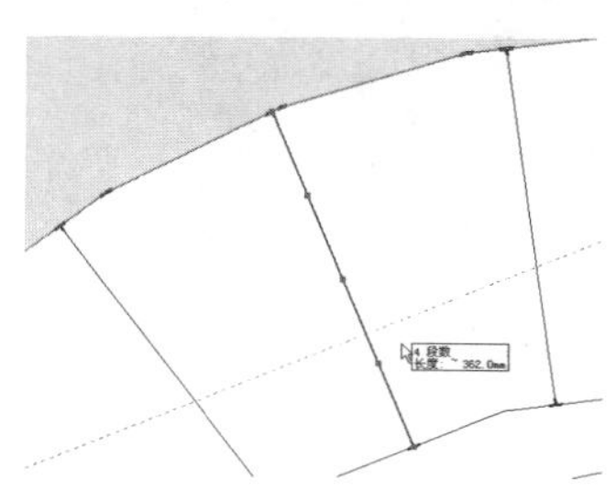

图 10-120　拆分分割线

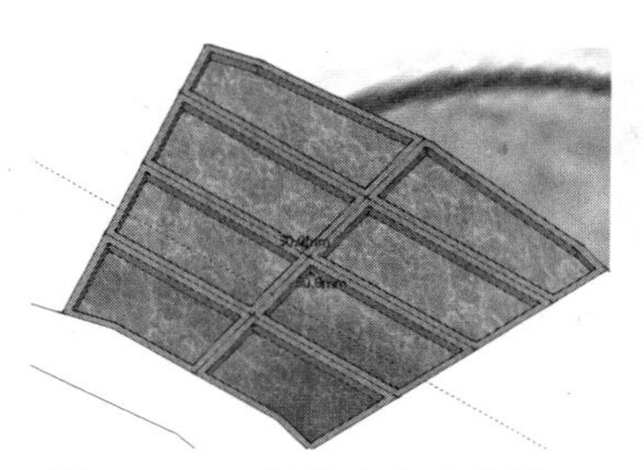
图 10-121　制作中心水槽模型

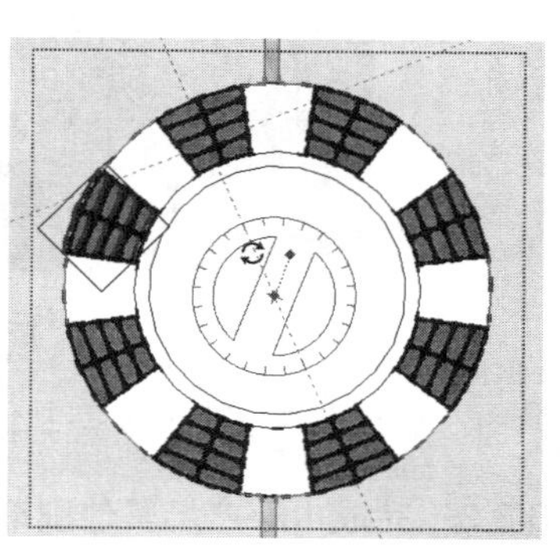
图 10-122　多重旋转复制水槽

11 进入【材料】面板，为水槽中间平面赋予地花贴图材质，如图 10-123 所示。

12 结合使用【圆】、【偏移】及【推 / 拉】工具，制作喷嘴模型，然后进行多重旋转复制，如图 10-124 ~ 图 10-126 所示。

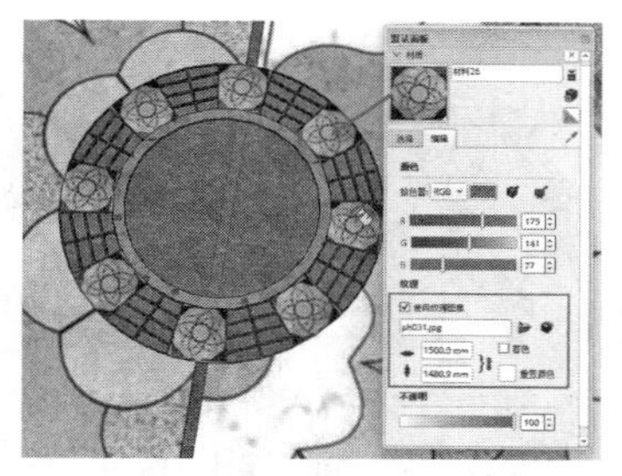
图 10-123　赋予地花贴图材质

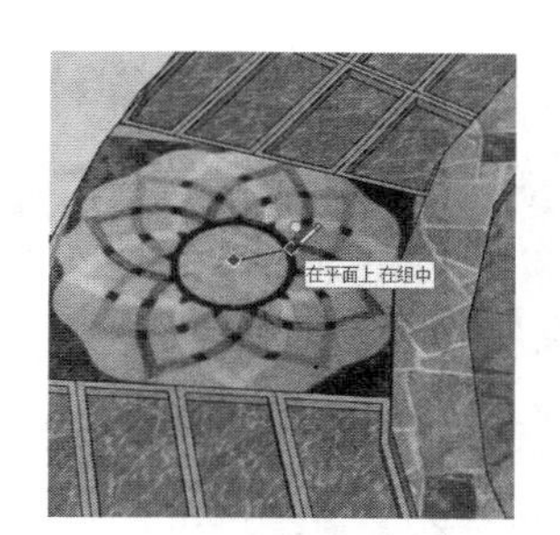

图 10-124　绘制喷嘴圆形平面

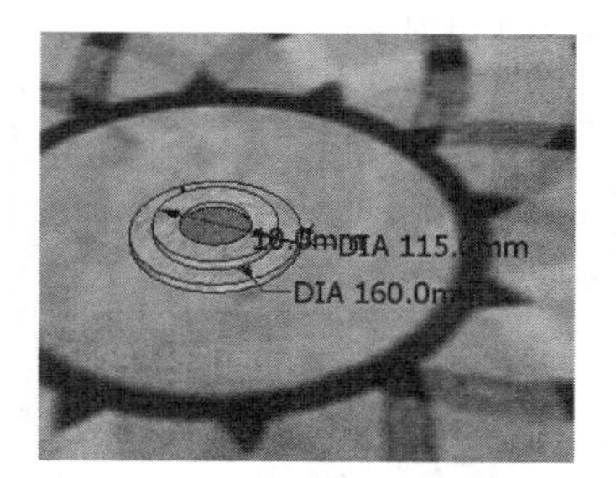
图 10-125　制作喷嘴模型

13 选择制作好的石柱模型进行移动复制，参考彩平图调整位置与大小，制作中间较大的石柱，如图 10-127、图 10-128 所示。

图 10-126　多重旋转复制喷嘴模型

图 10-127　移动复制石柱模型

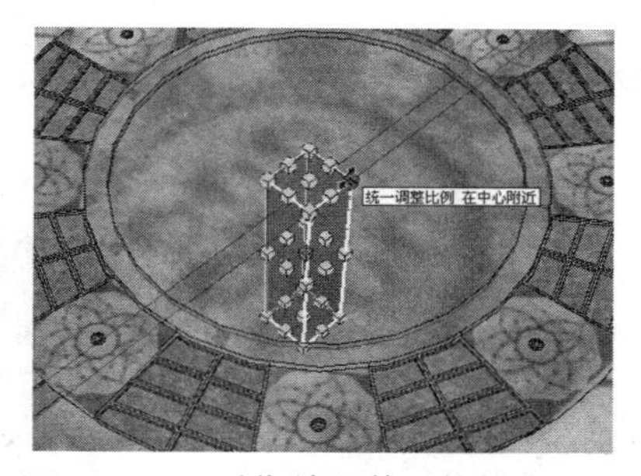

图 10-128　对位并调整石柱模型大小

14 选择复制好的石柱，参考彩平图继续复制出中心喷泉中的其他石柱，完成中心喷泉模型的制作，如图 10-129、图 10-130 所示。

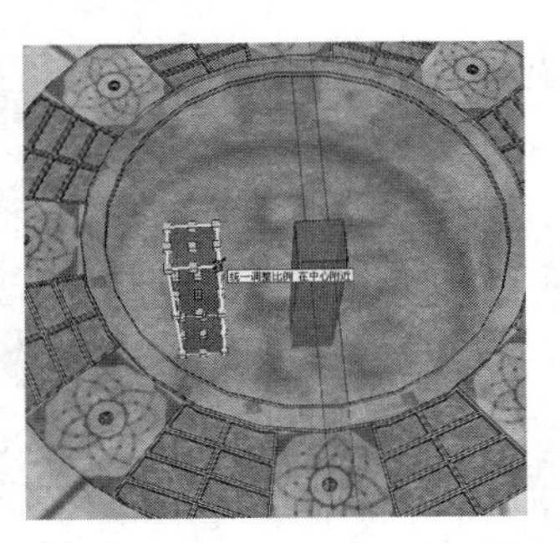

图 10-129　移动复制石柱并调整大小

图 10-130　中心喷泉模型完成效果

广场以及中心喷泉模型制作完成后，接下来制作广场周边的配套设施与景观模型。

10.3.3　完成中心广场其他细节

01 制作广场外沿的出水石柱，启用【矩形】工具，参考彩平图绘制石柱平面，如图 10-131 所示。

02 结合使用【直线】与【推 / 拉】工具，制作出水石柱模型，赋予对应材质，如图 10-132 所示。

03 选择制作的出水石柱，参考彩平图进行旋转复制，完成外沿效果的制作，如图 10-133、图 10-134 所示。

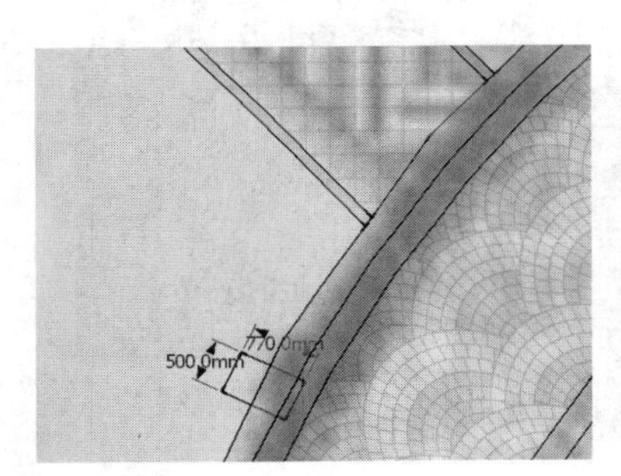

图 10-131　绘制石柱平面

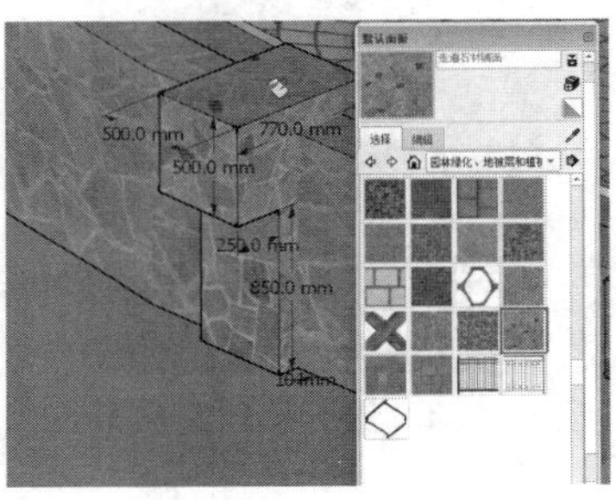

图 10-132　制作出水石柱模型并赋予材质

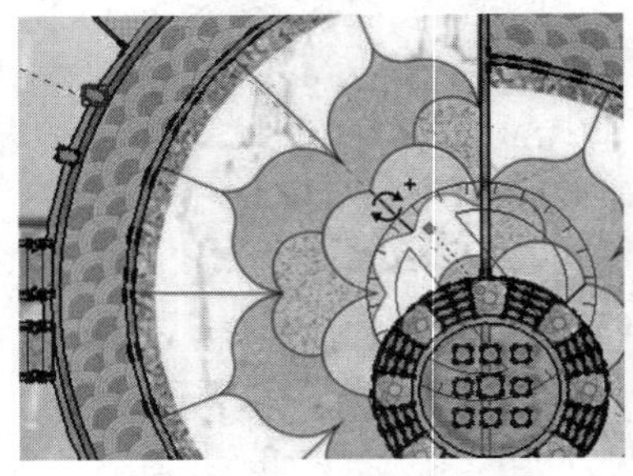

图 10-133　旋转复制出水石柱

04 结合使用【偏移】与【推 / 拉】工具，制作广场左上角的小型花坛模型，然后赋予对应材质，如图 10-135、图 10-136 所示。

图 10-134　外沿完成效果

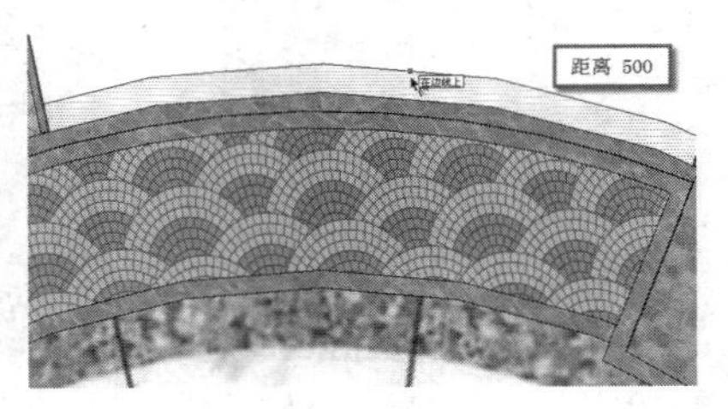

图 10-135　制作小型花坛平面

图 10-136　完成小型花坛模型

05 使用类似的方法，制作广场正上方的弧形石碑模型并赋予对应材质，如图 10-137 所示。

06 为了在弧形平面上形成理想的贴图效果，在其正前方绘制一个矩形平面赋予诗文贴图材质，如图 10-138 所示。

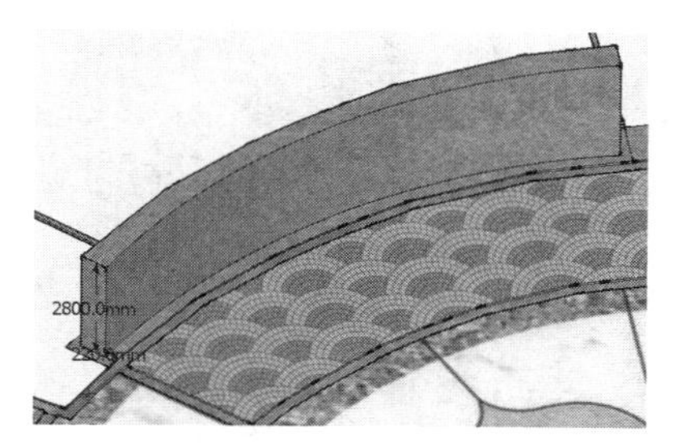

图 10-137　制作弧形石碑模型并赋予材质

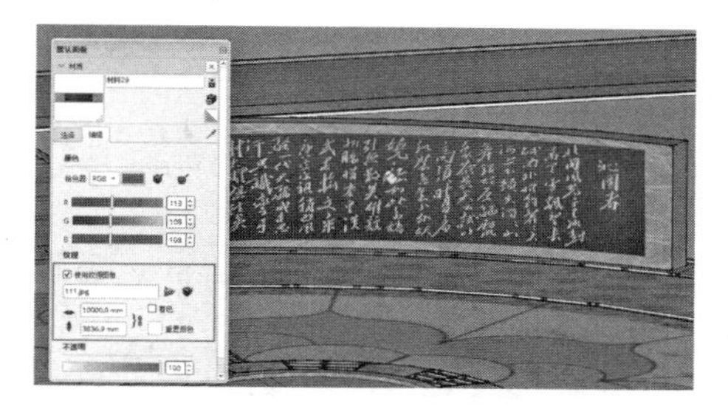

图 10-138　绘制矩形平面并赋予诗文贴图材质

07 选择矩形平面进行贴图投影处理，将贴图效果投影至后方弧形平面后删除矩形平面，如图 10-139、图 10-140 所示。

08 结合使用【偏移】与【推 / 拉】工具，制作广场右侧大型花坛，参考彩平图进行旋转复制，如图 10-141 ~ 图 10-143 所示。

09 制作广场上方入口处铺地细节。启用【直线】工具，参考彩平图进行中心广场入口地面分割，如图 10-144、图 10-145 所示。

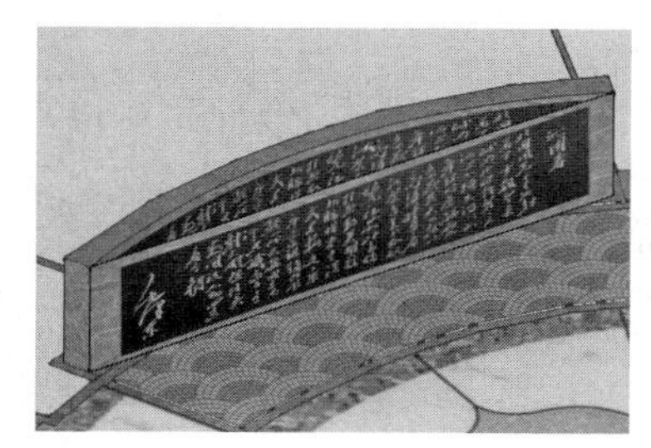

图 10-139　通过贴图投影制作弧形平面贴图

图 10-140　弧形石碑完成效果

图 10-141　绘制大型花坛平面

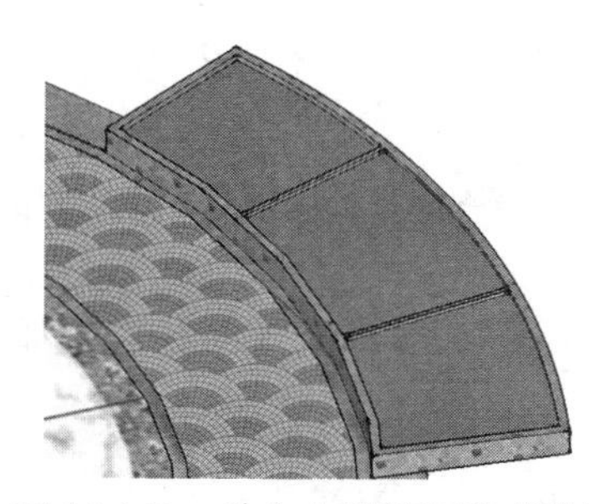

图 10-142　单个大型花坛完成效果

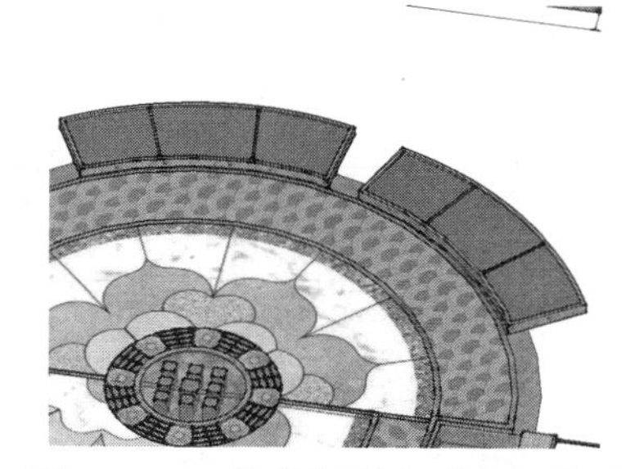

图 10-143　旋转复制大型花坛模型

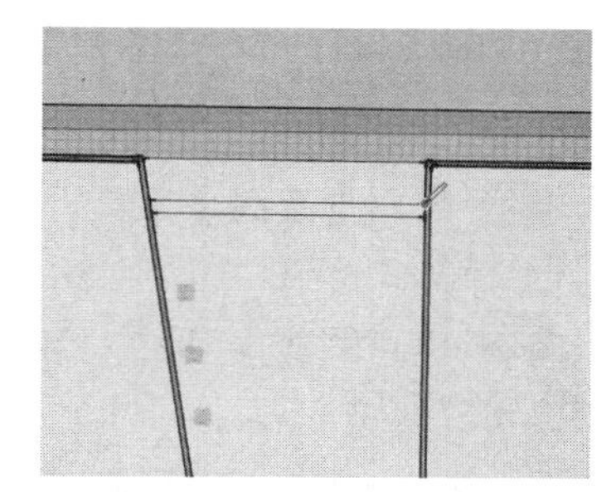

图 10-144　分割中心广场入口地面

10 进入【材料】面板，为分割地面分别赋予对应的材质贴图，如图 10-146 所示。

11 结合使用【矩形】与【推 / 拉】工具，参考彩平图制作入口处的树池模型，然后赋予对应材质，如图 10-147 所示。

12 参考彩平图，移动复制出其他位置的树池，完成入口处树坛模型的制作，如图 10-148 所示。

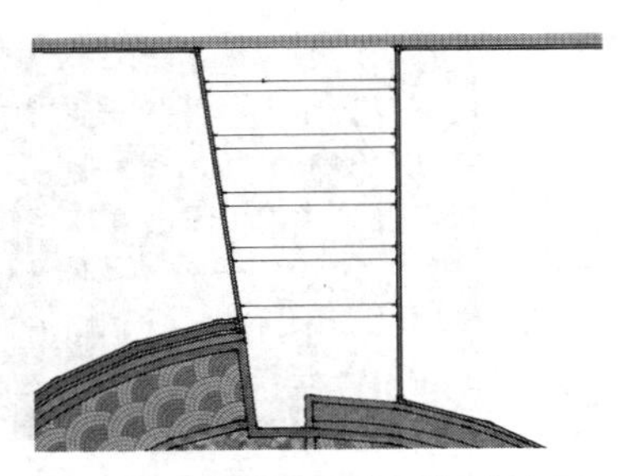

图 10-145　地面分割完成效果

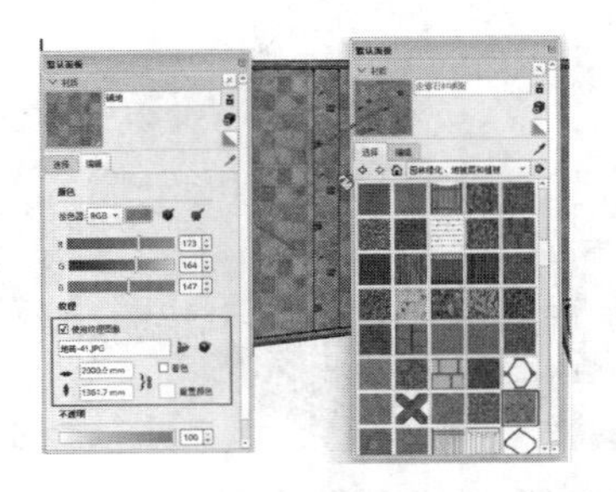

图 10-146　为分割地面赋予材质

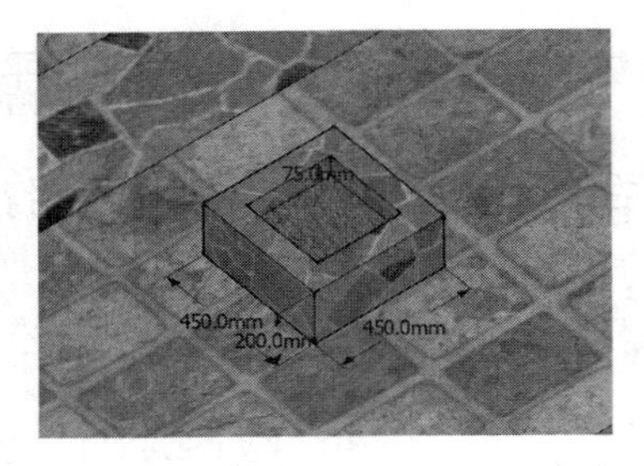

图 10-147　制作入口处的树池模型并赋予材质

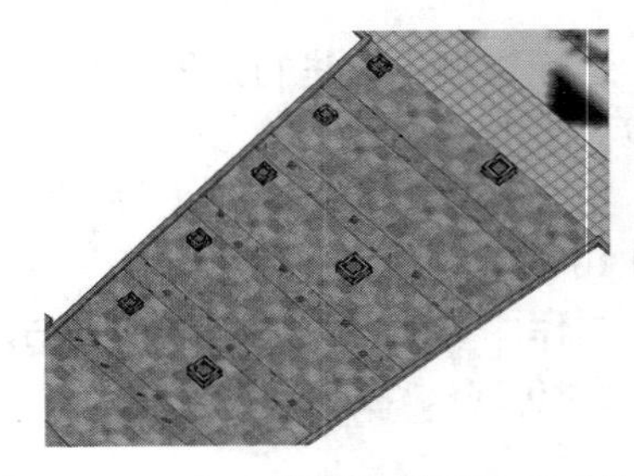

图 10-148　入口处树坛模型的完成效果

13 使用类似的方法，完成广场右侧地面横向的分割并赋予对应材质，如图 10-149、图 10-150 所示。

14 进行斜向分割，创建参考用的辅助线，如图 10-151、图 10-152 所示。

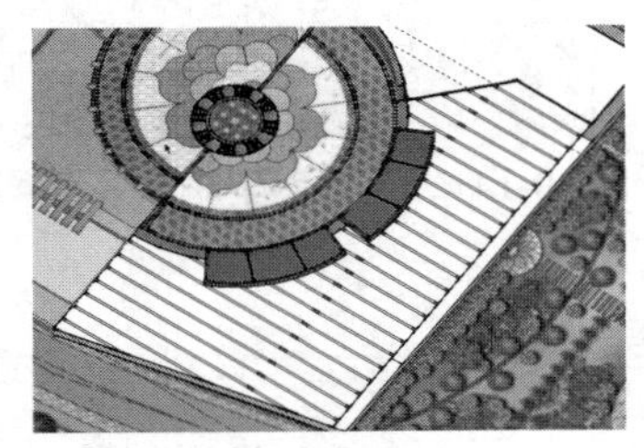

图 10-149　横向分割广场右侧地面

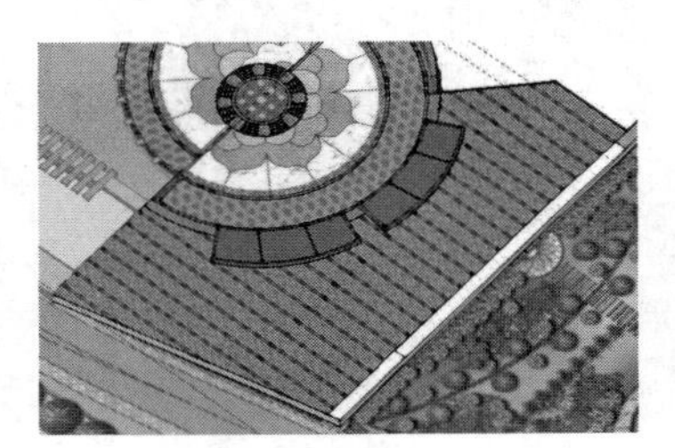

图 10-150　赋予分割地面材质

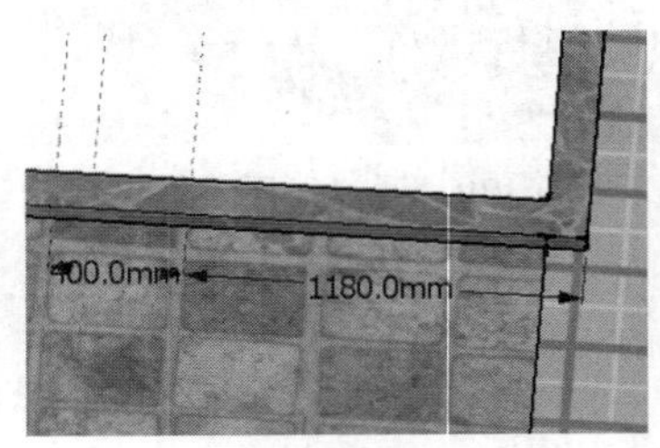

图 10-151　创建斜向分割上部参考线

15 启用【直线】工具，连接辅助线，完成地面的斜向分割，赋予对应石材进行区分，如图 10-153 所示。

16 结合使用【直线】与【推 / 拉】工具，制作广场下方的毛石，然后复制树池模型，如图 10-154 所示。

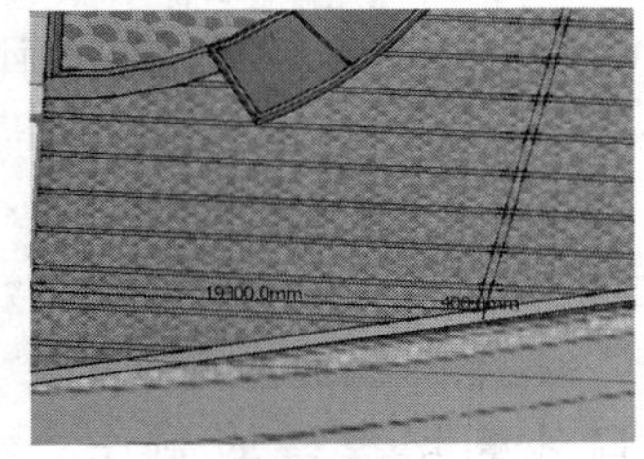

图 10-152　创建斜向分割参考线

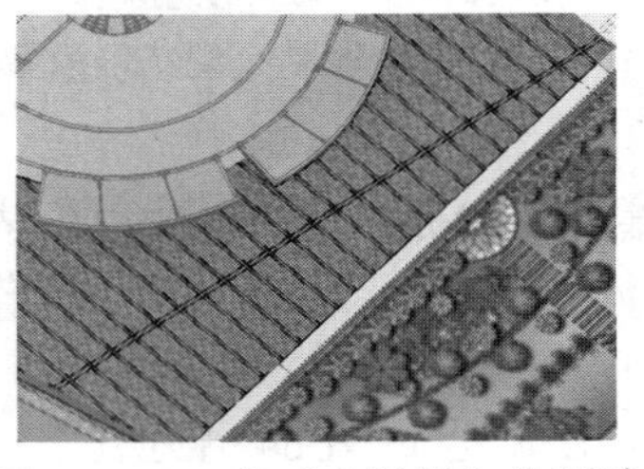

图 10-153　完成广场斜向分割并赋予对应石材

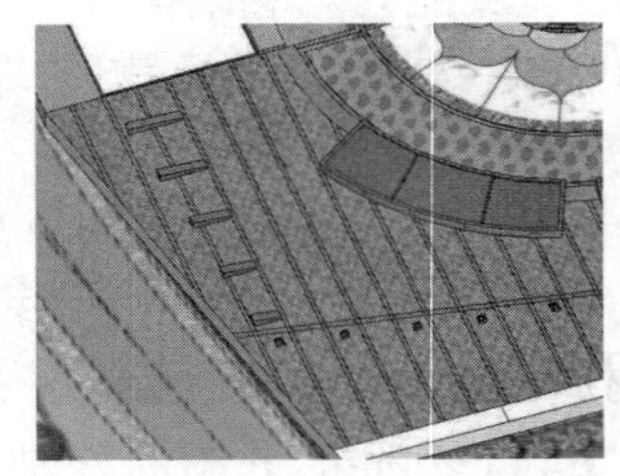

图 10-154　创建广场毛石并复制树池模型

17 创建广场右下角的花坛模型。参考彩平图位置，绘制一个半径为 3150mm 的圆形平面，如图 10-155 所示。

18 结合使用【偏移】与【推 / 拉】工具，制作圆形花坛模型，然后赋予对应材质，如图 10-156、图 10-157 所示。

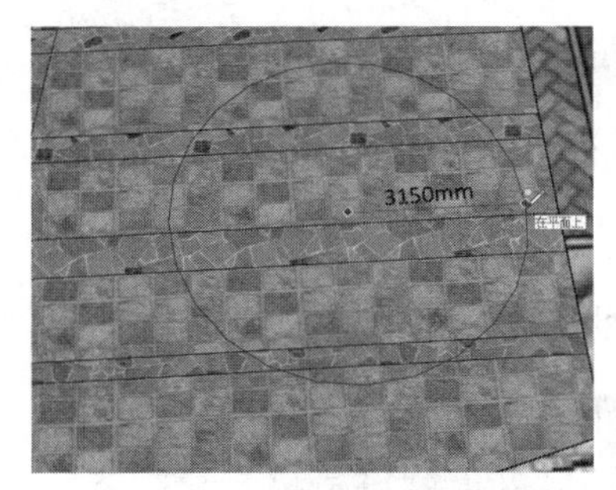

图 10-155　绘制一个圆形平面

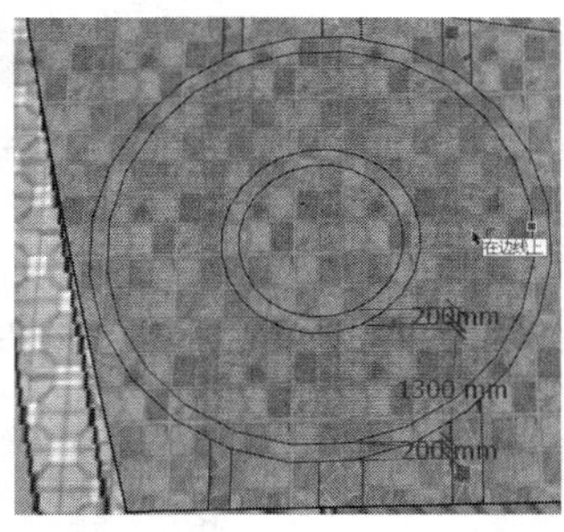

图 10-156　制作圆形花坛模型

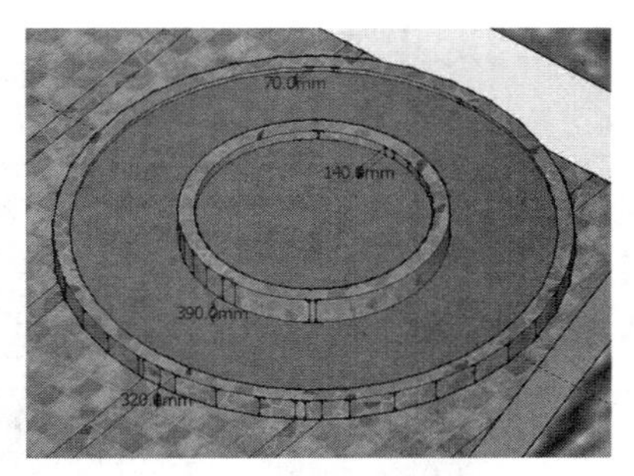

图 10-157　圆形花坛模型完成效果

19 制作花坛右侧的矩形石碑。结合使用【偏移】与【推 / 拉】工具，制作石碑初步细节，如图 10-158、图 10-159 所示。

20 结合使用【直线】与【推 / 拉】工具，制作石碑细节，为其赋予对应贴图材质，如图 10-160、图 10-161 所示。

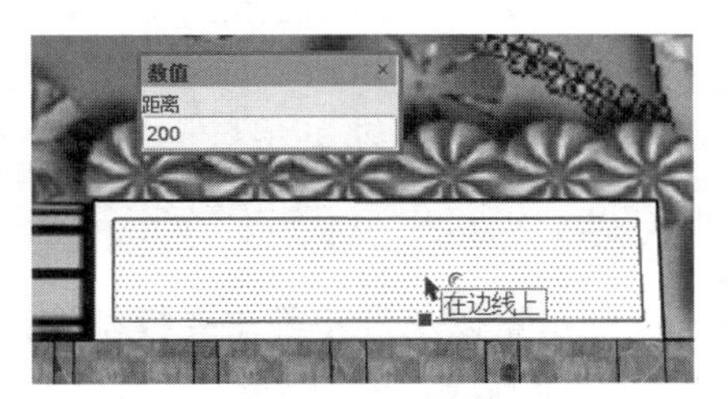

图 10-158　绘制石碑平面

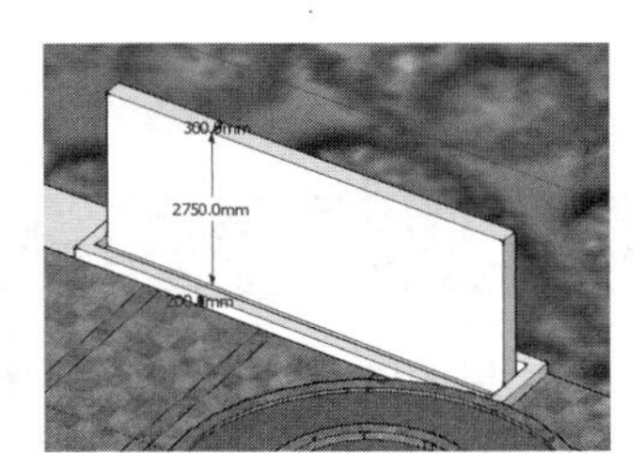

图 10-159　制作石碑初步细节

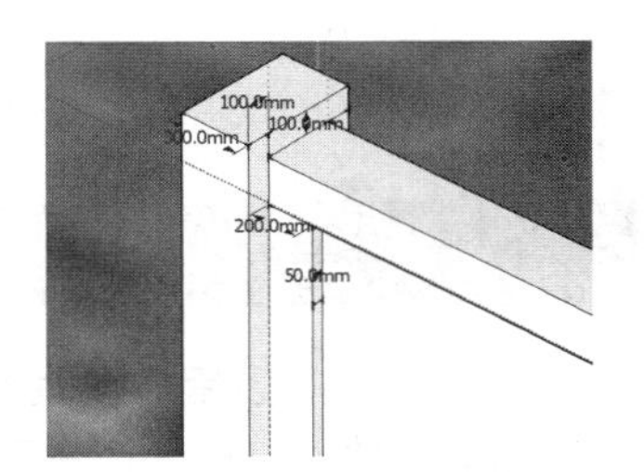

图 10-160　完成石碑细节

21 参考彩平图，移动复制石碑至广场右上角，然后更改贴图效果，如图 10-162 所示。

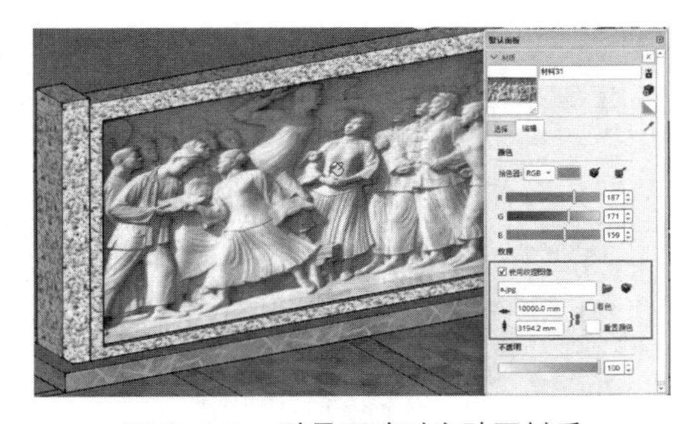
图 10-161　赋予石碑对应贴图材质

图 10-162　制作广场右上角石碑并更改贴图

22 合并“阳光长廊”模型组件，参考彩平图进行调整与复制，如图 10-163 ~ 图 10-165 所示。

图 10-163　合并“阳光长廊”模型组件

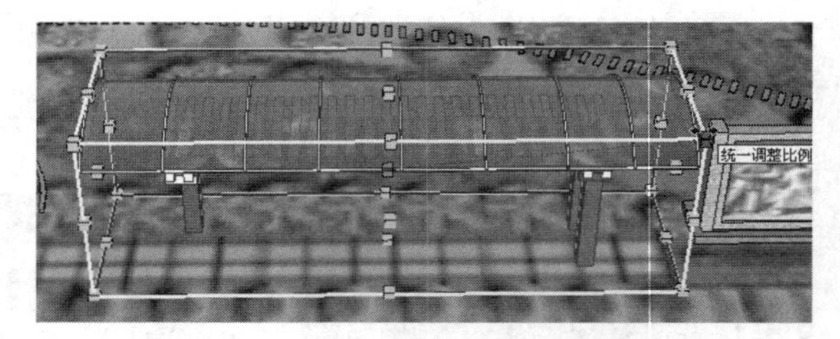

图 10-164　调整阳光长廊大小

至此，中心广场及周边的景观模型全部制作完成，完成效果如图 10-166 所示。

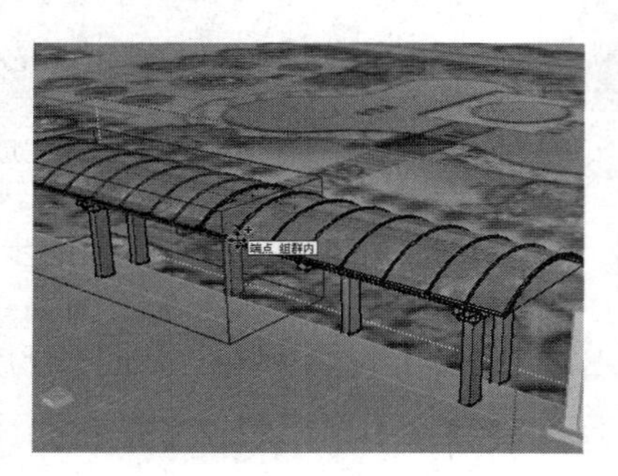

图 10-165　移动复制阳光长廊

图 10-166　中心广场及周边的景观模型完成效果

10.4 制作后方汀步及水景

彩平图中广场后方水景及汀步效果如图 10-167 所示，除了中心水景以及汀步等主要模型外，还有正上方的入口广场与右下角的弧形休息廊，接下来介绍它们的制作方法。

10.4.1　建立水景轮廓

01 参考彩平图，结合使用【直线】与【圆弧】工具，绘制轮廓平面并完成初步分割，如图 10-168 ~ 图 10-170 所示。

图 10-167　彩平图中广场后方水景及汀步效果

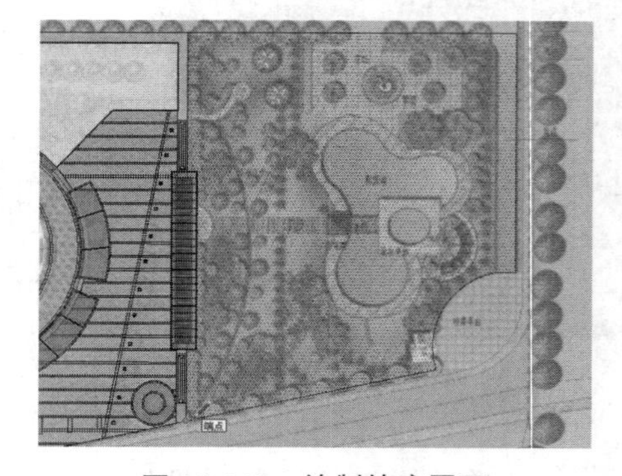

图 10-168　绘制轮廓平面

02 启用【推 / 拉】工具，制作后方整体轮廓与水景初步层次，如图 10-171 所示。

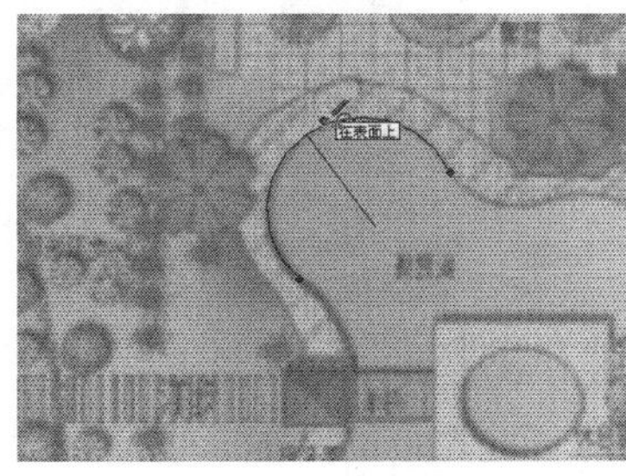

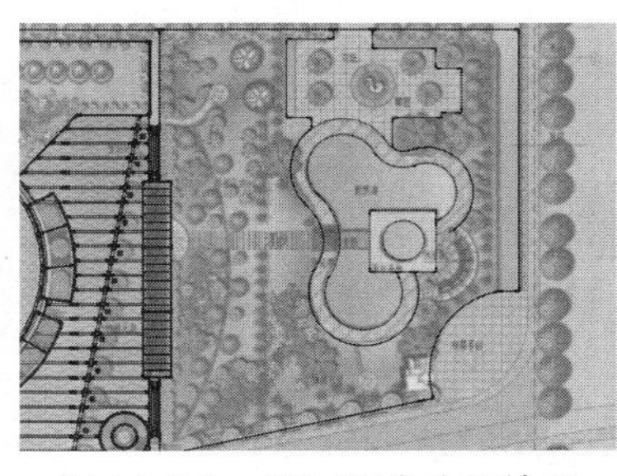

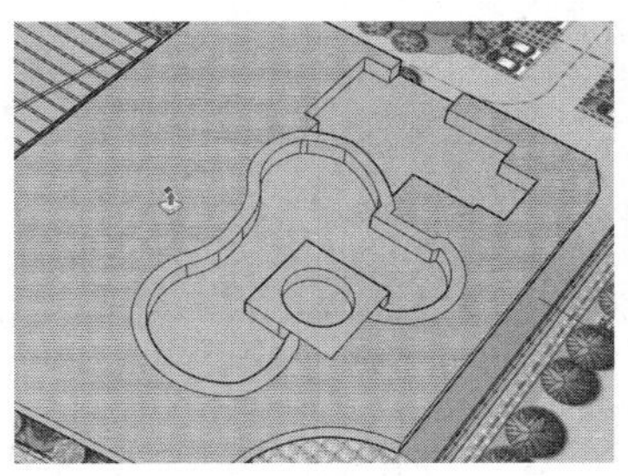

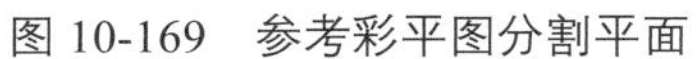

图 10-169　参考彩平图分割平面　　图 10-170　平面初步分割效果　　图 10-171　启用【推 / 拉】工具

10.4.2　制作汀步及小广场

01 参考彩平图，结合使用【圆】与【圆弧】工具，分割出左上角汀步通道平面，如图 10-172、图 10-173 所示。

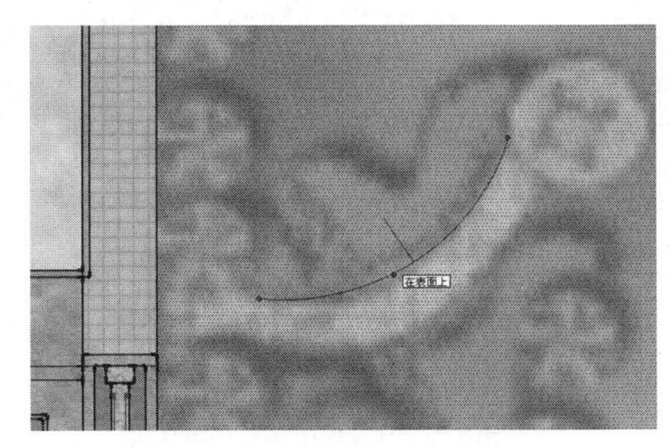

图 10-172　分割左上角汀步通道平面

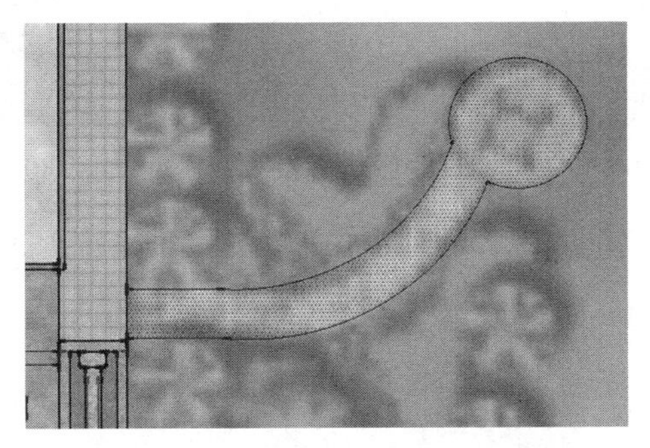

图 10-173　汀步通道平面分割完成效果

02 进入【材料】面板，为汀步通道赋予“石头”贴图，如图 10-174 所示。

03 启用【推 / 拉】工具，为汀步通道推拉出 20mm 的深度，使用【矩形】与【推 / 拉】工具制作汀步石板，如图 10-175 所示。

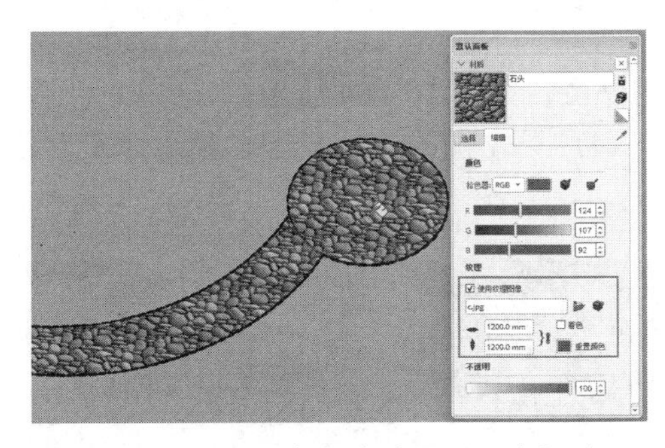

图 10-174　为汀步通道赋予“石头”贴图

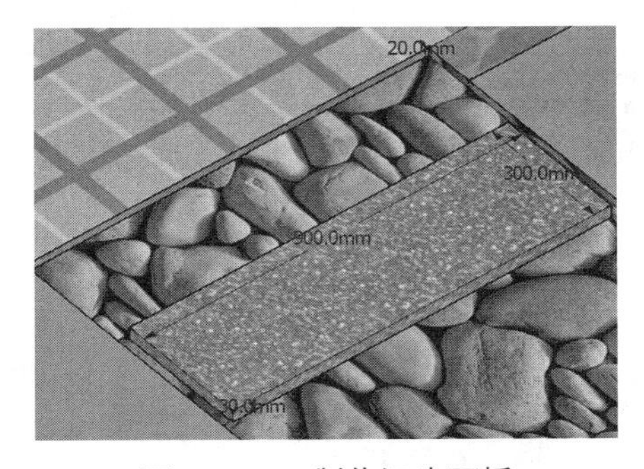

图 10-175　制作汀步石板

04 参考彩平图，选择汀步石板进行移动复制，完成通道末端圆形平台的制作，如图 10-176、图 10-177 所示。

05 通过【组件】面板合并石桌凳模型组件，如图 10-178 所示，完成该处汀步效果的制作。

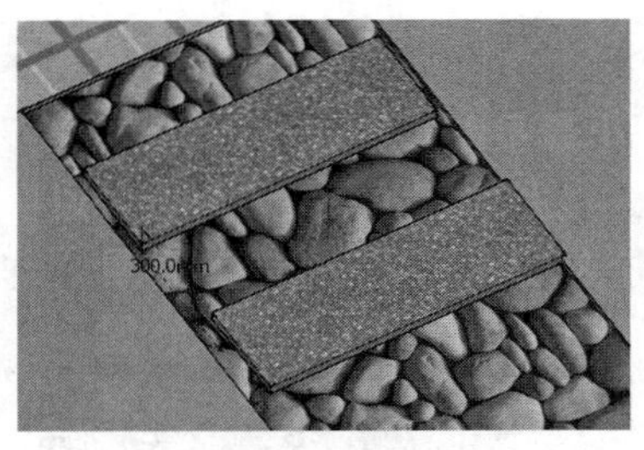

图 10-176　移动复制汀步石板

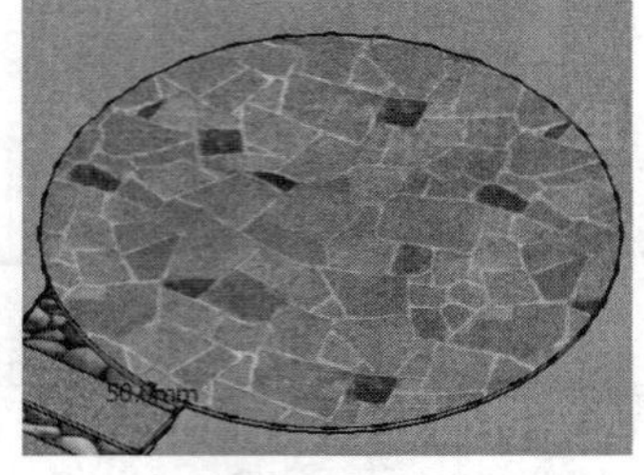

图 10-177　制作完成的圆形平台

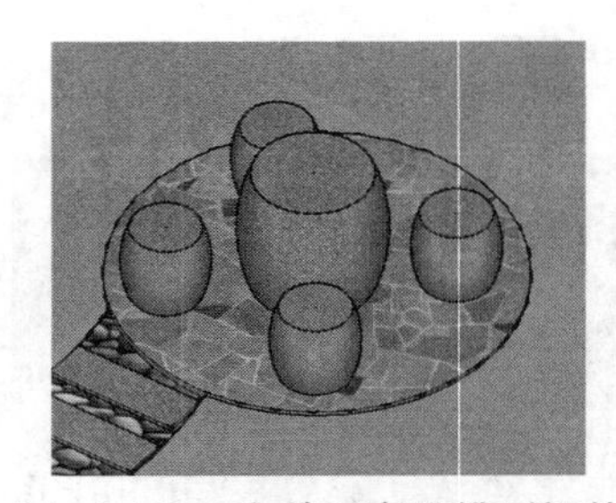

图 10-178　合并石桌凳模型组件

06 使用类似的方法，制作中部的直线汀步石板与通道，如图 10-179、图 10-180 所示。

07 参考彩平图完成弧形汀步效果制作，如图 10-181、图 10-182 所示。

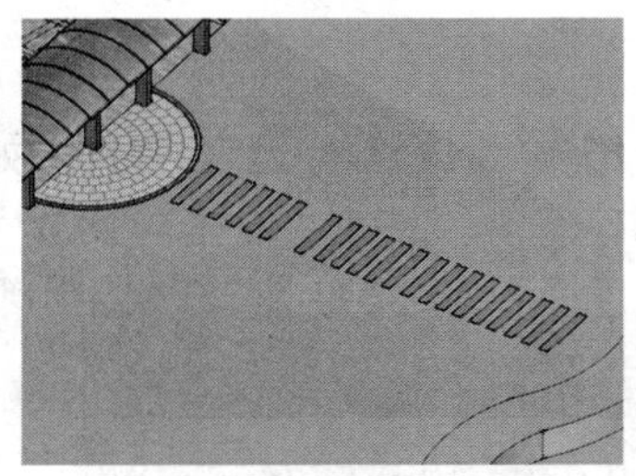

图 10-179　复制中心区域汀步石板

图 10-180　制作中部汀步通道

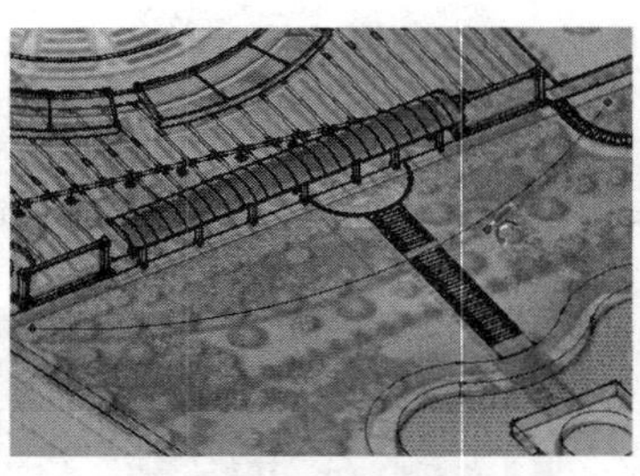

图 10-181　分割弧形汀步通道

08 所有汀步制作完成效果如图 10-183 所示，接下来制作水景入口广场模型。

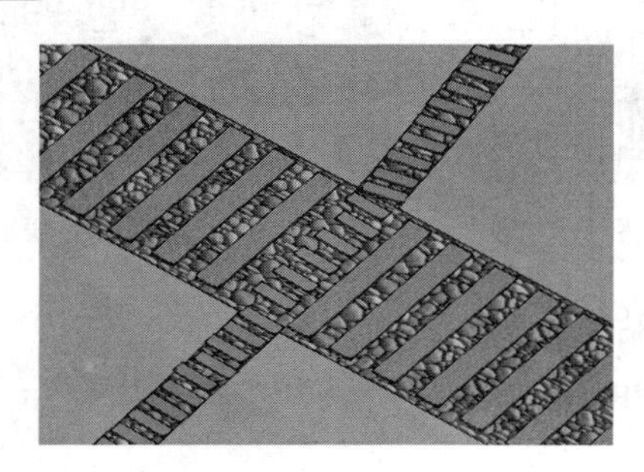

图 10-182　制作弧形汀步效果

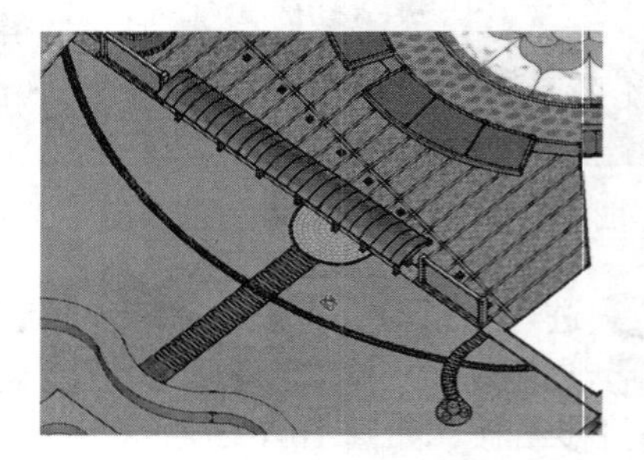

图 10-183　所有汀步制作完成效果

09 进入【材料】面板，为水景入口广场赋予铺地贴图，如图 10-184 所示。

10 结合使用【偏移】与【推 / 拉】工具，制作入口广场左侧的花坛模型，然后赋予对应材质，如图 10-185、图 10-186 所示。

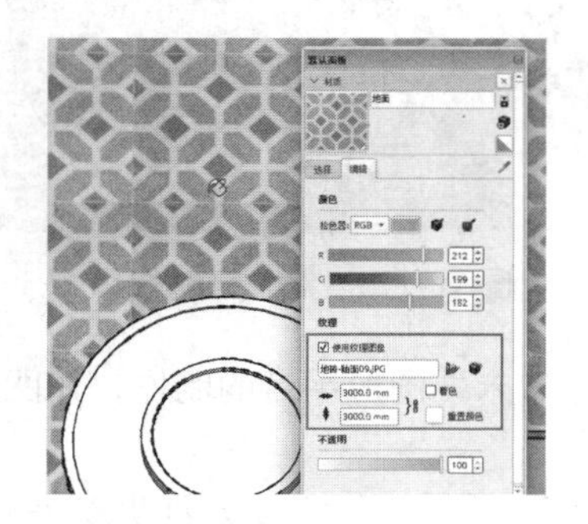

图 10-184　为水景入口广场赋予铺地贴图

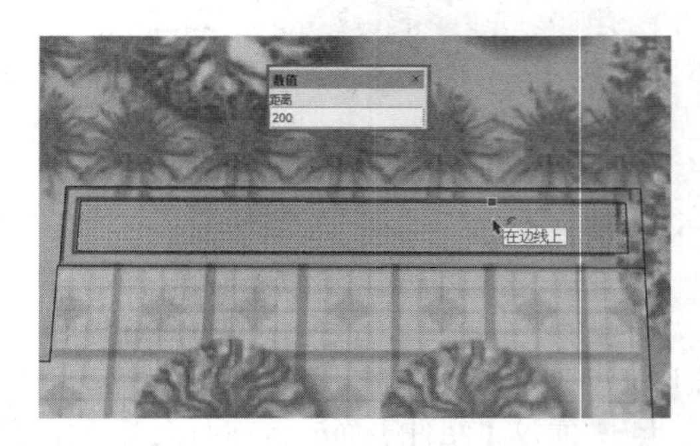

图 10-185　绘制入口广场左侧的花坛平面

11 结合使用【偏移】与【推 / 拉】工具，制作广场周边的路沿细节，如图 10-187 所示。

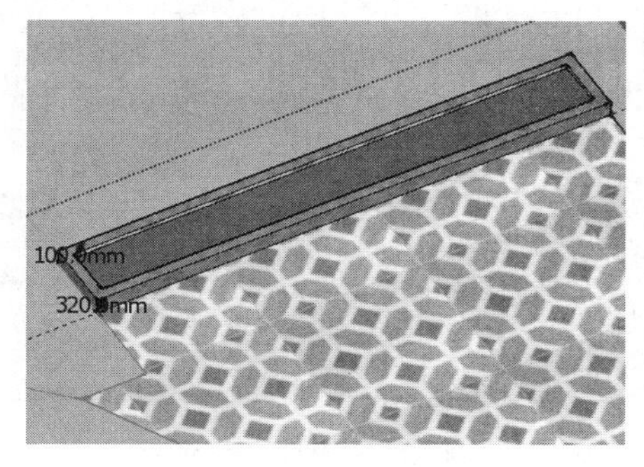

图 10-186 花坛模型制作完成效果

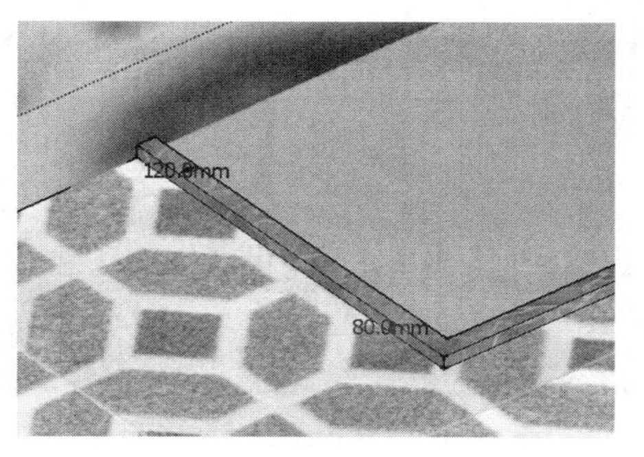

图 10-187 制作广场周边的路沿细节

12 参考彩平图，移动复制树坛至水景广场，然后合并雕塑模型组件，完成广场效果如图 10-188 所示。

10.4.3 制作水景

01 结合使用【偏移】与【推 / 拉】工具，制作水景环路内外两侧的路沿细节，如图 10-189、图 10-190 所示。

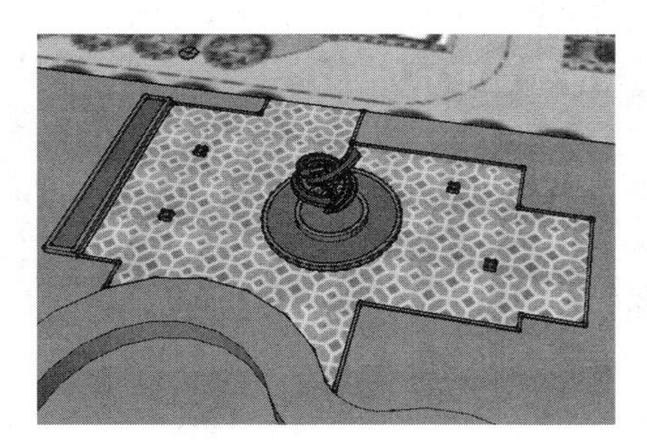

图 10-188 复制树坛并合并雕塑模型组件

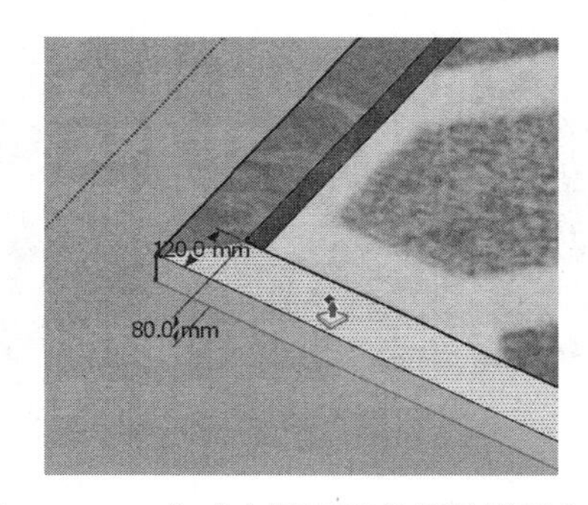

图 10-189 完成水景环路外侧的路沿细节

02 进入【材料】面板，为水景环路赋予铺地贴图，如图 10-191 所示。

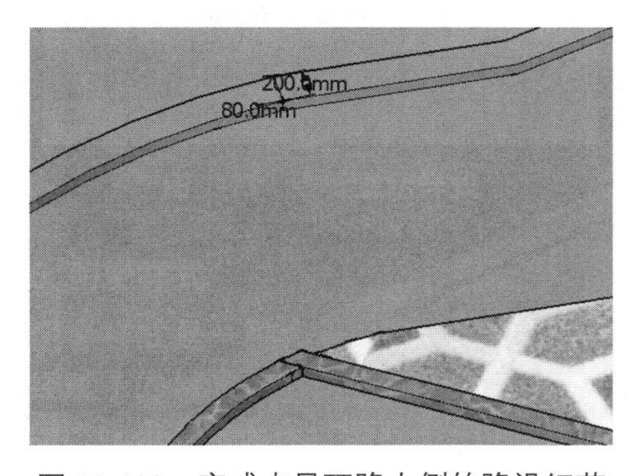

图 10-190 完成水景环路内侧的路沿细节

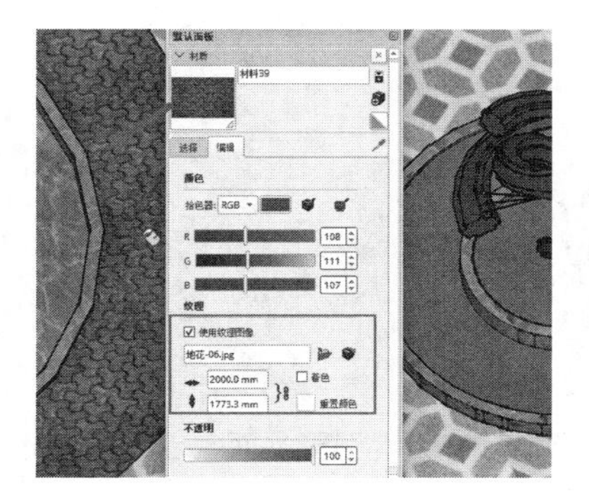

图 10-191 为水景环路赋予铺地贴图

03 参考彩平图水景配套设施，调入相关的组件完成对应模型制作，如图 10-192、图 10-193 所示。

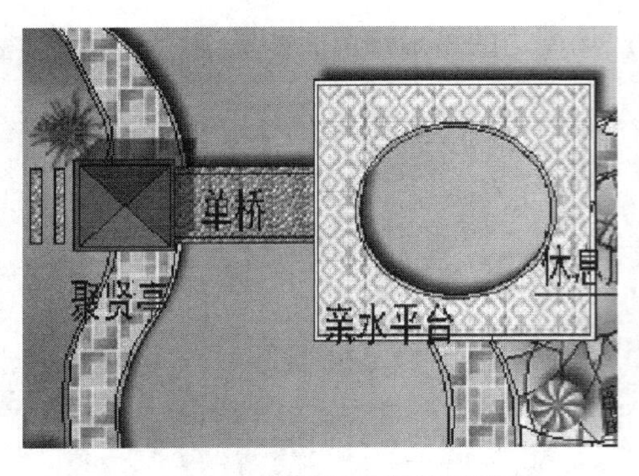

图 10-192　彩平图水景配套设施

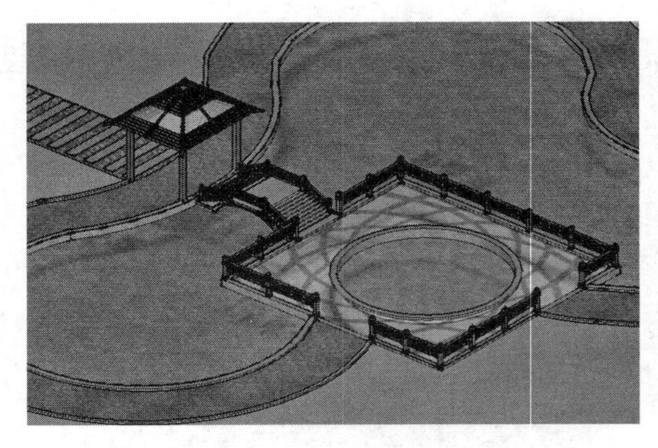

图 10-193　调入相关组件完成对应模型制作

10.4.4　完成其他细节

01 参考彩平图，分割出右下角的弧形休息廊平面，如图 10-194 所示。

02 结合使用【偏移】与【推 / 拉】工具，制作弧形休息廊后方的弧形花坛，然后赋予对应材质，如图 10-195、图 10-196 所示。

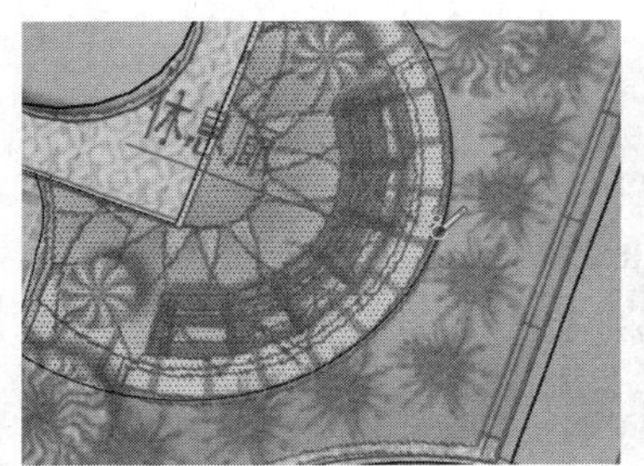

图 10-194　分割出弧形休息廊平面

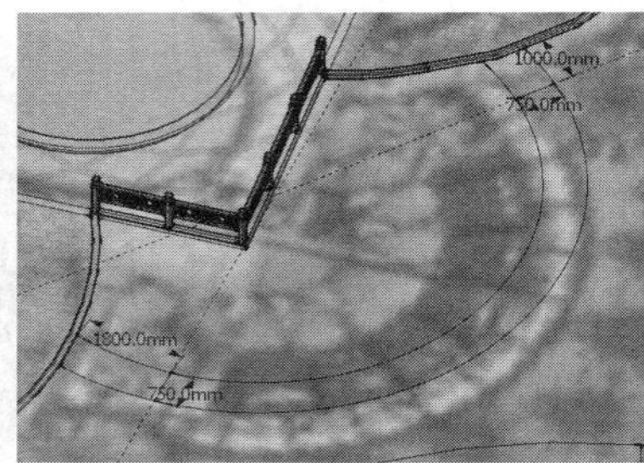

图 10-195　制作弧形花坛模型

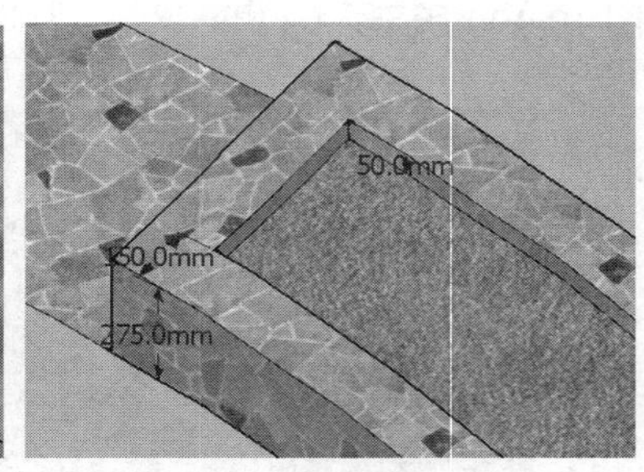

图 10-196　为弧形花坛赋予对应材质

03 为弧形平面赋予地面贴图，合并弧形休息廊模型组件，如图 10-197、图 10-198 所示。

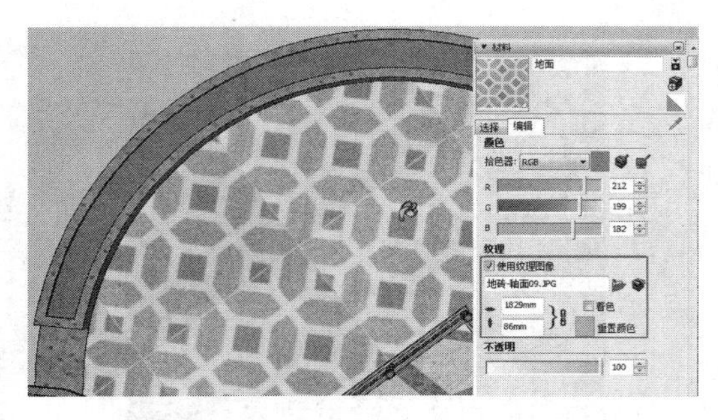

图 10-197　为弧形平面赋予地面贴图

图 10-198　合并弧形休息模型组件

04 参考彩平图，使用之前介绍过的方法，完成图纸右下角汀步制作，如图 10-199、图 10-200 所示。

至此，景观区域制作完成，效果如图 10-201 所示。

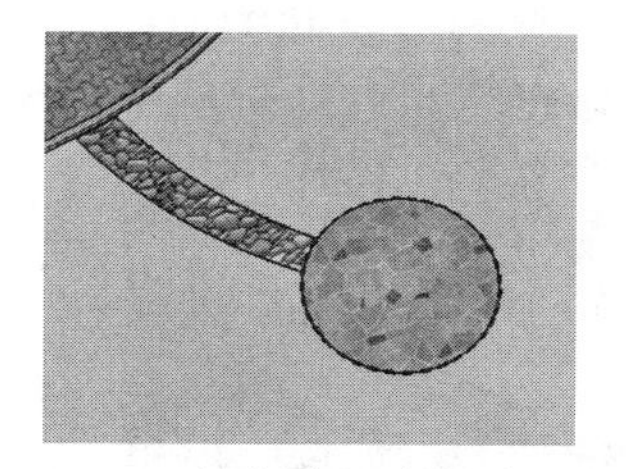
图 10-199 绘制右下角汀步通道及平台

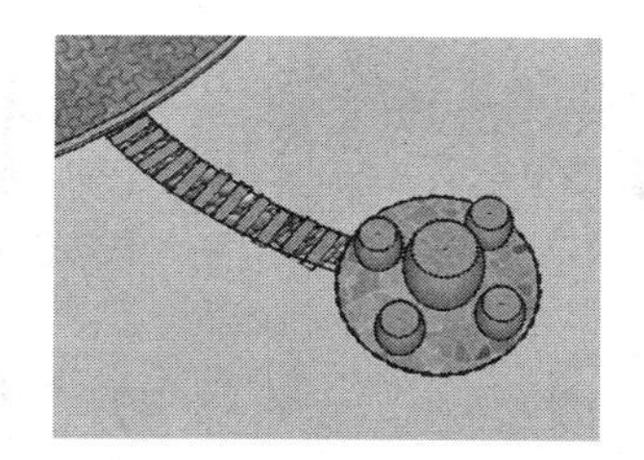
图 10-200 复制汀步与石桌凳

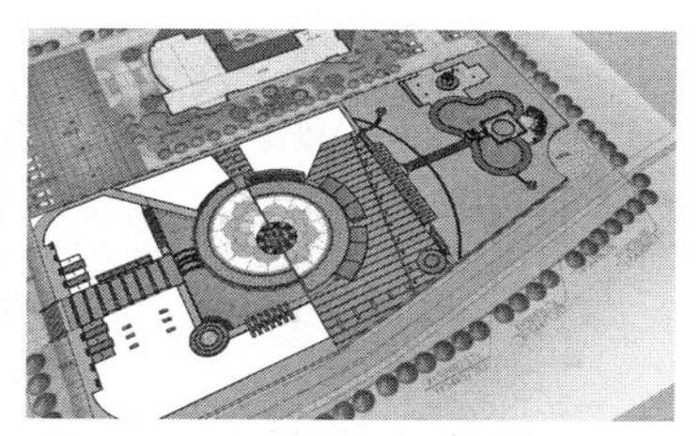
图 10-201 景观区域制作完成效果

10.5 制作建筑及环境

10.5.1 制作建筑模型

01 参考彩平图，绘制建筑及周边的配套平面，然后进行细节分割，如图 10-202、图 10-203 所示。

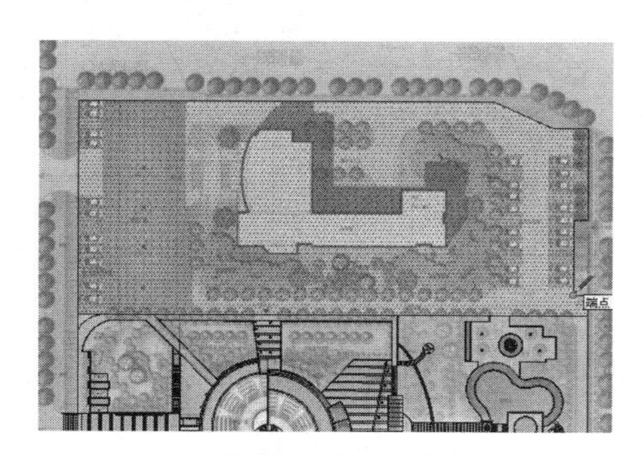
图 10-202 绘制建筑及周边的配套平面

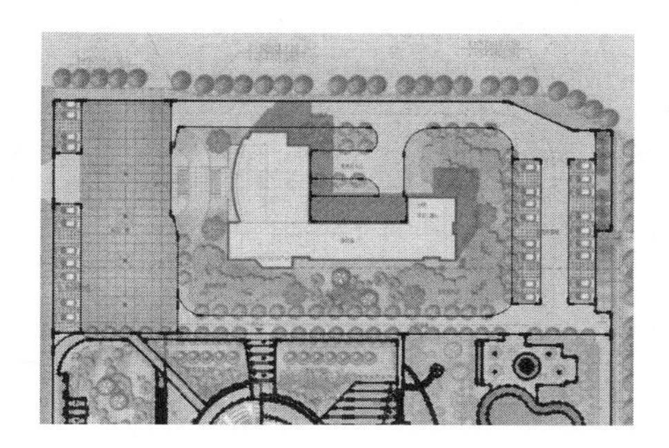
图 10-203 进行细节分割

02 制作出建筑周边的广场、停车场等配套模型，然后通过复制拉伸操作制作建筑主体轮廓，如图 10-204、图 10-205 所示。

图 10-204 制作出建筑周边配套模型

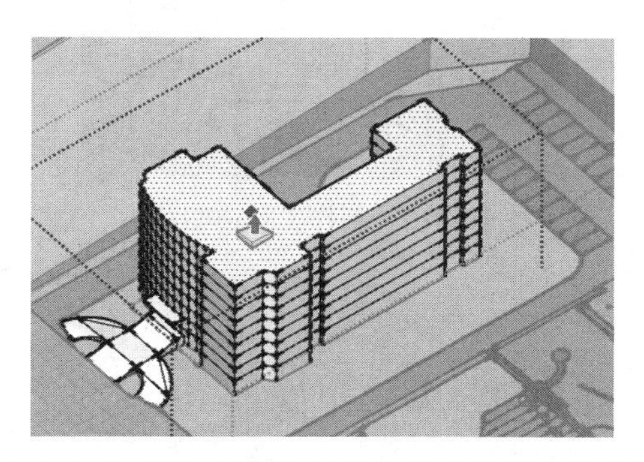
图 10-205 通过复制拉伸操作制作建筑主体轮廓

03 参考彩平图制作建筑入口轮廓，并与建筑主体一起赋予半透明材质，如图 10-206、图 10-207 所示。

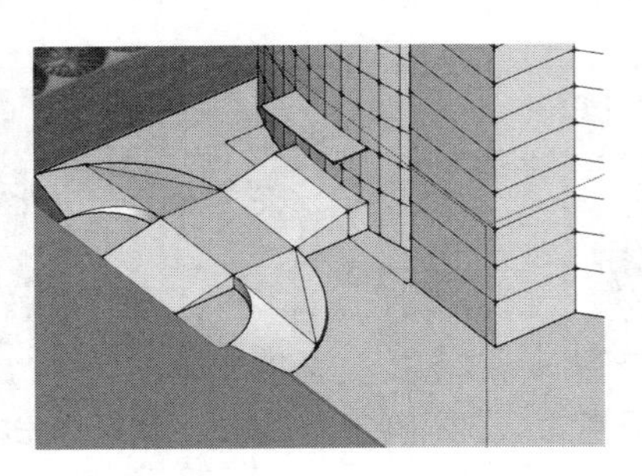

图 10-206　制作建筑入口轮廓

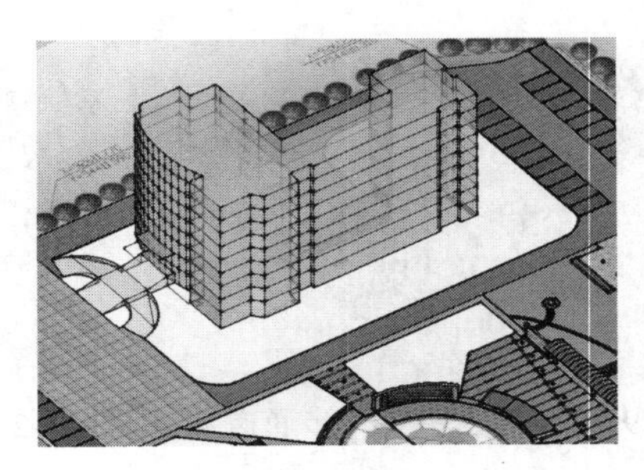

图 10-207　赋予建筑主体及入口半透明材质

10.5.2　制作环境

01 参考 CAD 图纸中公路与入口的造型及标高，完成相关模型制作，如图 10-208 ~ 图 10-210 所示。

02 参考 CAD 图纸中外围上行坡道造型与标高，完成相关模型的制作，如图 10-211、图 10-212 所示。

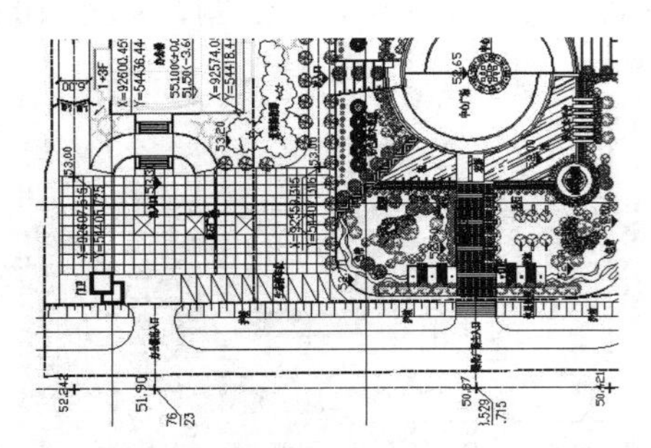

图 10-208　CAD 图纸公路及入口效果

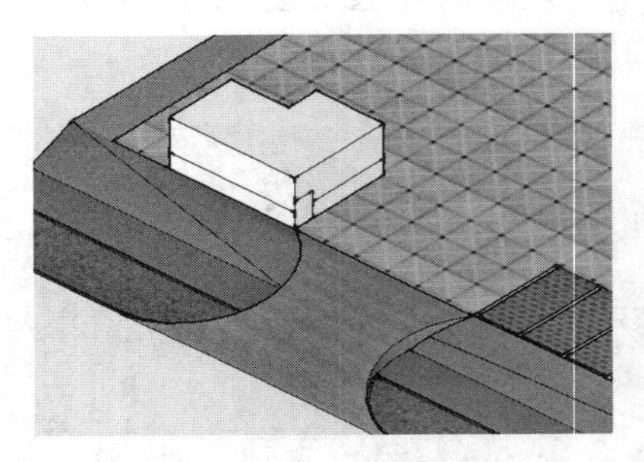

图 10-209　制作车辆入口坡道

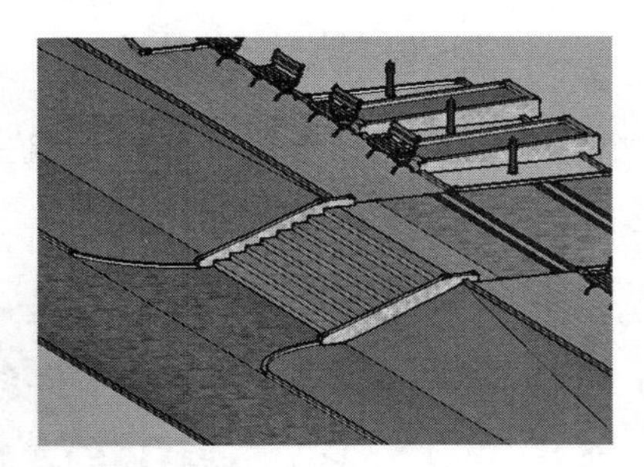

图 10-210　制作人行道与护坡

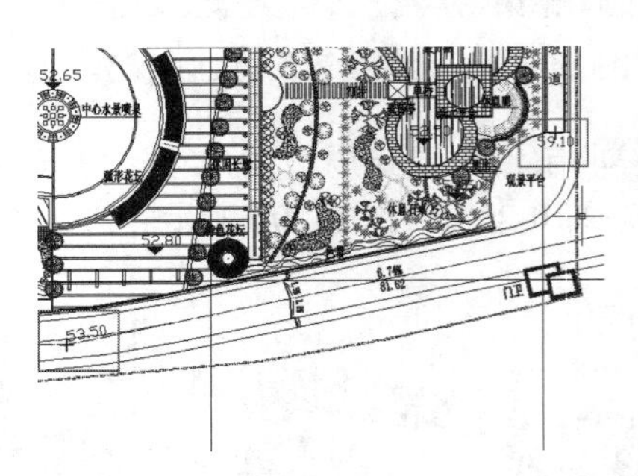

图 10-211　CAD 图纸中外围上行坡道

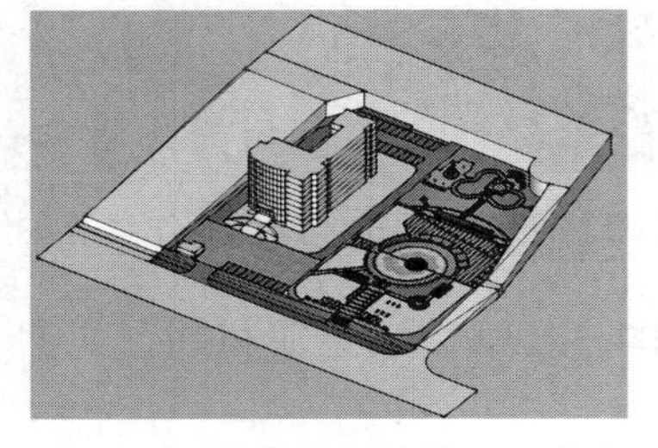

图 10-212　制作上行坡道及周边路面

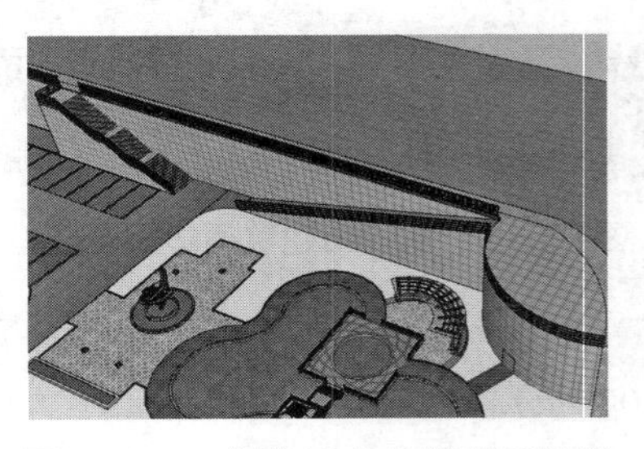

图 10-213　制作后方的楼梯及坡道

03 结合彩平图，制作后方的楼梯及坡道，完成场景整体模型的制作，如图 10-213、图 10-214 所示。

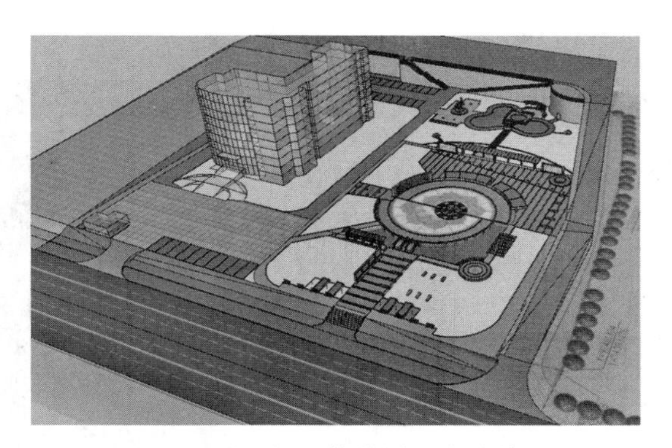

图 10-214 场景整体模型完成效果

10.6 细化景观节点效果

本节重点介绍场景主入口以及中心广场景观节点的细化，两处完成效果如图 10-215、图 10-216 所示。

图 10-215 入口节点细化效果

图 10-216 中心广场节点细化完成效果

10.6.1 细化入口景观节点

1. 创建场景

调整入口观察角度如图 10-217 所示，进入【场景】面板，创建“入口节点”场景，以保存当前的观察视角，如图 10-218 所示。

图 10-217 调整入口观察角度

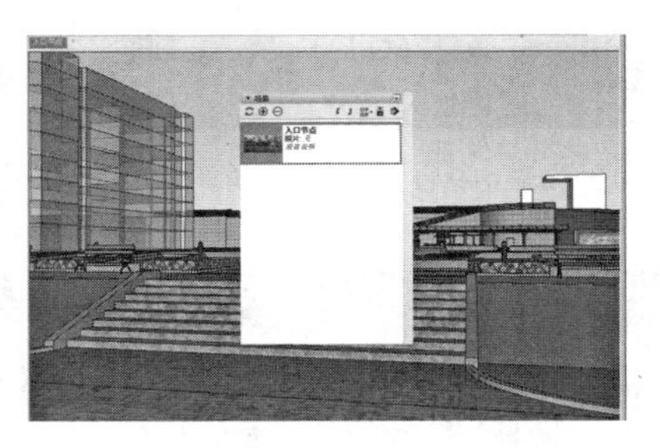

图 10-218 创建“入口节点”场景

2. 添加植物及石头

01 进入【组件】面板，调入大树 2 组件，通过捕捉端点放置位置，如图 10-219、图 10-220 所示。

图 10-219　调入大树 2 组件

图 10-220　布置大树 2 组件

02 大树 2 组件放置好后，勾选“总是朝向相机”复选框，使其产生正对摄影机的效果，如图 10-221 所示。

03 参考彩平图，布置入口周边的树木效果，如图 10-222、图 10-223 所示。

图 10-221　产生正对摄影机的效果

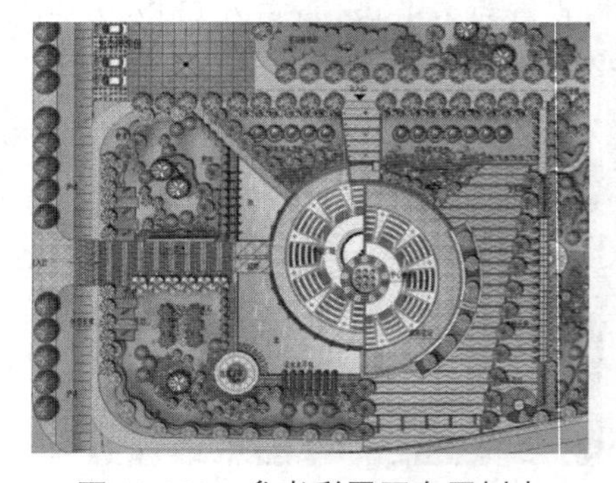

图 10-222　参考彩平图布置树木

图 10-223　中心通道右上角树木布置效果

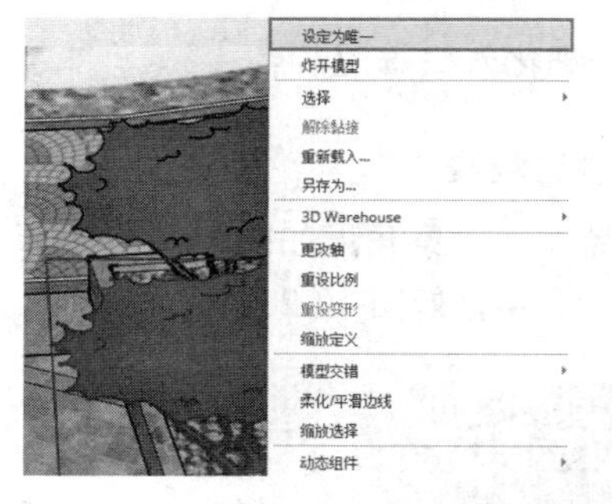

图 10-224　选择将某些组件设置为自定项

技 巧

调入的树木组件通常颜色都比较单调，此时可以选择将某些组件设置为自定项，然后调整颜色，以达到美化的效果，如图 10-224、图 10-225 所示。

04 树木及灌木通常通过调入组件完成，花丛等模型则通常通过推拉花丛平面，然后赋予花丛贴图模拟，如图 10-226、图 10-227 所示。

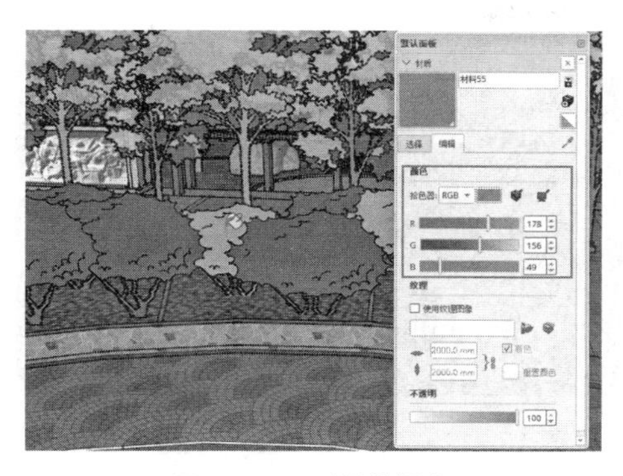

图 10-225　调整颜色

图 10-226　推拉花丛平面

05 通过合并组件及贴图的方式，完成石块与草地效果的制作，如图 10-228 所示。

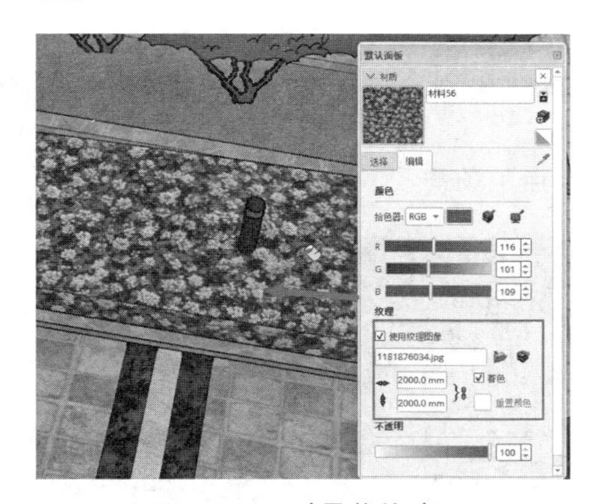

图 10-227　赋予花丛贴图

图 10-228　完成石块与草地效果的制作

3. 添加人物

01 进入【组件】面板，调入人物模型，参考景观位置合理放置，如图 10-229、图 10-230 所示。

图 10-229　选择人物模型组件

图 10-230　布置人物模型组件

02 根据中心通道以及入口台阶模型的特点，继续布置其他人物模型，效果如图 10-231、图 10-232 所示，完成入口节点效果的制作。

图 10-231　中心通道布置人物模型效果

图 10-232　入口处布置人物模型效果

10.6.2　细化中心广场景观节点

1. 创建场景

01 参考彩平图，选择当前布置好的植物、石头等模型组件，通过移动复制与缩放操作制作完成整体效果，如图 10-233 所示。

02 调整视图如图 10-234 所示，创建“中心广场节点”场景。

图 10-233　制作完成整体效果

图 10-234　调整视图

2. 完善喷泉及水池细节效果

01 进入【组件】面板，调入喷泉低组件，将其移动至喷嘴位置，并启用【缩放】工具调整大小，如图 10-235、图 10-236 所示。

图 10-235　调入喷泉低组件

图 10-236　移动位置并调整大小

02 使用【旋转】工具对调整好的喷泉组件进行旋转复制，如图 10-237、图 10-238 所示。

图 10-237　选择喷泉组件

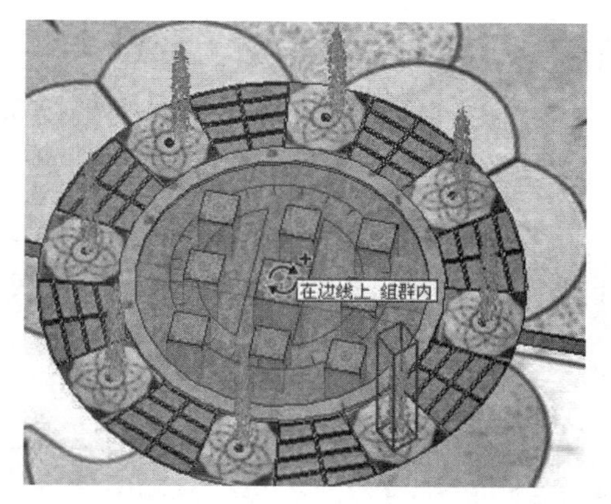

图 10-238　旋转复制喷泉组件

03 通过类似的操作，完成中心喷泉的造型制作，效果如图 10-239 所示。合并出水口模型组件，如图 10-240 所示。

图 10-239　中心喷泉水柱完成效果

图 10-240　合并出水口模型组件

04 旋转复制出水口模型组件，合并荷花组件至水池，完成喷泉及水池细节，如图 10-241、图 10-242 所示。

图 10-241　旋转复制出水口模型组件并合并荷花组件

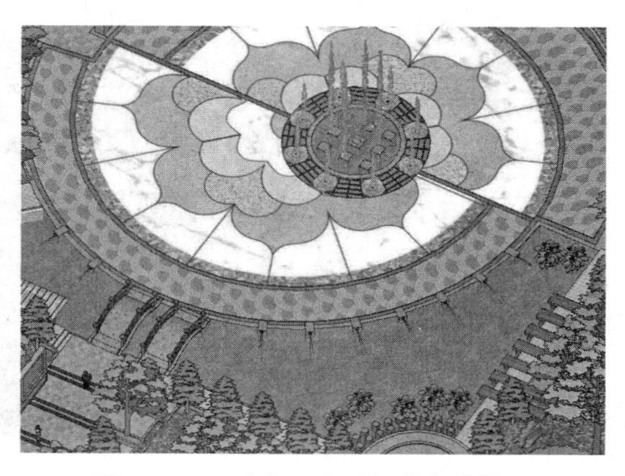

图 10-242　喷泉及水池细节完成效果

3. 添加人物与动物

01 进入【组件】面板，调入人物组件，逐步完成广场中心及周边相关景点人群的布置，如图 10-243 ~ 图 10-245 所示。

02 调入白鸽以及小狗等动物组件，完成中心广场节点效果，如图 10-246、图 10-247 所示。

图 10-243　布置中心喷泉周边人群

图 10-244　布置亲水木平台周边人群

图 10-245　布置广场左侧人群

图 10-246　布置广场中心白鸽及小狗模型组件

图 10-247　中心广场节点完成效果

10.6.3 完成其他节点效果的细化

使用类似的步骤，完成场景中其他效果的细化，如图 10-248 ~ 图 10-250 所示。

图 10-248 后方水景效果的细化

图 10-249 后方停车坪效果的细化

图 10-250 场景最终鸟瞰效果

第11章

V-Ray for SketchUp 渲染器

本章重点：

- V-Ray for SketchUp 渲染器概述
- V-Ray for SketchUp 渲染器详解
- 实战—室内客厅效果图渲染

11.1 V-Ray for SketchUp 渲染器概述

SketchUp 虽然建模功能灵活，易于操作，但渲染功能非常有限。在材质上，只有贴图、颜色及透明度控制，不能设置真实世界物体的反射、折射、自发光、凹凸等属性，因此只能表达建筑的大概效果，无法生成真实的照片级效果。此外 SketchUp 灯光系统只有太阳光，没有其他灯光系统，无法表达夜景及室内灯光效果；仅提供了阴影模式，只能对阳面、阴面进行简单的亮度区分。而 V-Ray for SketchUp 渲染插件的出现，弥补了 SketchUp 渲染功能的不足。V-Ray 渲染插件具有参数较少、材质调节灵活、灯光简单而强大的特点。只要掌握了正确的渲染方法，现在使用 SketchUp 也能做出照片级的效果图，如图 11-1、图 11-2 所示。

图 11-1　室内渲染效果

图 11-2　室外渲染效果

总的来说，V-Ray 渲染器具有如下特点：

- V-Ray 拥有优秀的全局照明系统和超强的渲染引擎，可以快速计算出比较自然的灯光关系效果，并且同时支持室外、室内及机械产品的渲染。
- V-Ray 还支持其他主要三维软件，如 3ds max、Maya、Rhino 等，其使用方式及界面相似。
- V-Ray 以插件的方式存在于 SketchUp 界面中，实现了对 SketchUp 场景的渲染，同时也做到了与 SketchUp 的无缝整合，使用起来最为方便。
- V-Ray 支持高动态贴图（HDRI），能完整表现出真实世界中的真正亮度，模拟环境光源。
- V-Ray 拥有强大的材质系统，庞大的用户群提供的教程、资料、素材也极为丰富，遇到困难通过网络很容易便可找到答案。
- 开发了 V-Ray 与 SketchUp 的插件接口的美国 ASGVIS 公司，已经在 2011 年被 Chaos-Group 收购，相对于 FRBRMR 等渲染器来说，V-Ray 的用户群非常大，很多网站都开辟了 V-Ray 渲染技术讨论区，便于用户进行技术交流。

11.2 V-Ray for SketchUp 渲染器详解

在初步了解了 V-Ray 渲染器的特点后，下面将详细讲解 V-Ray for SketchUp 渲染器的具体使用方法。

11.2.1 V-Ray for SketchUp 主工具栏

在 SketchUp 软件中安装好 V-Ray 插件后，会在界面上出现主工具栏和光源工具栏，V-ray 主工具栏如图 11-3 所示。

图 11-3　V-ray 主工具栏

该工具栏中共有 11 个工具按钮，主要的工具按钮的功能介绍如下：

- 【资源管理器】：此工具用于打开 V-Ray 资产管理器，编辑设置场景中的 V-Ray 材质。
- 【Chaos cosmos】：打开此工具，可以调用 3D 模型以及用于渲染。
- 【渲染】：单击该按钮，开始或终止非互动式渲染。
- 【交互式渲染】：单击该按钮，开始或终止交互式渲染。
- 【Chaos Cloud 渲染】：导出并使用 Chaos Cloud 渲染当前场景。
- 【Chaos Cloud 批量渲染】：启用 Chaos Cloud 批量渲染，将 Sketchup 项目的所有场景上传到 Chaos Cloud 进行渲染。
- 【V-ray Vision】：单击按钮，打开 V-ray Vision 进行实时渲染。
- 【视口渲染】：单击该按钮，在 SketchUp 视口中进行互动式渲染。
- 【帧缓存窗口】：用于打开帧缓存窗口。
- 【批量渲染】：开始或停止批量渲染，开启时批量渲染 SU 每一个场景记录的内容。
- 【锁定相机方向】：在 SU 中移动相机时，允许互动式渲染窗口停止镜头更新。

11.2.2　V-Ray 资源管理器

V-Ray 资源管理器（V-Ray Asset Editor）用于创建材质和设置材质的属性。单击 V-Ray 工具栏资源管理器按钮，可以打开 V-Ray 资源管理器对话框，如图 11-4 所示。

单击资源管理器右侧向右箭头按钮，展开参数设置区，如图 11-5 所示。资源管理器由三个部分组成，右上角为【材质预览视窗】，左部为【材质列表】，右部为【材质参数设置区】。在材质列表中选择任意一种材质后，面板右侧将会出现【材质参数设置区】。

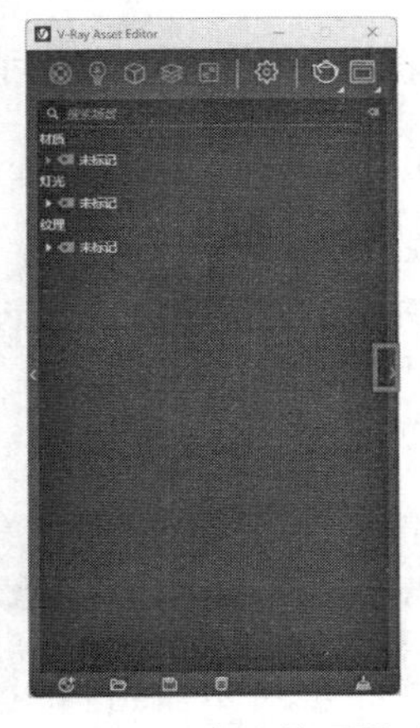

图 11-4　V-Ray 资源管理器对话框

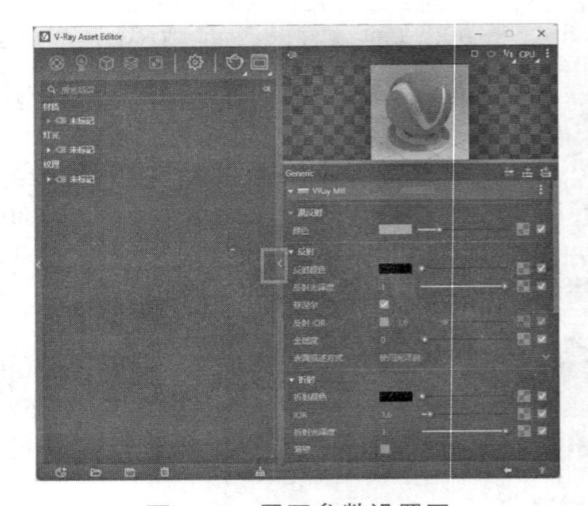

图 11-5　展开参数设置区

1. 材质预览视窗

在资源管理器的右上角，资源管理器将根据材质参数的设置，自动生成材质的大概效果，以便观察材质是否合适，如图 11-5 所示。

2. 工具按钮

在材质列表的下方显示 5 个工具按钮，如图 11-6 所示，主要用于查看和管理场景材质。工具按钮的含义如下：

➢【添加材质】：单击按钮，向上弹出显示多种类型材质的列表，如图 11-7 所示。选择一种材质类型，例如选择 Generic 类型，即可添加新材质，如图 11-8 所示。

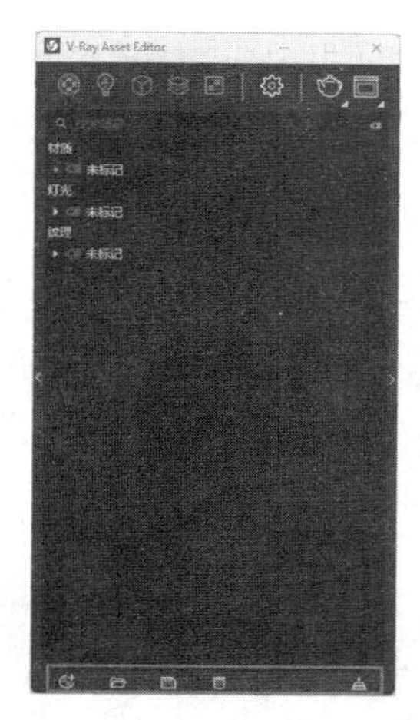

图 11-6　工具按钮

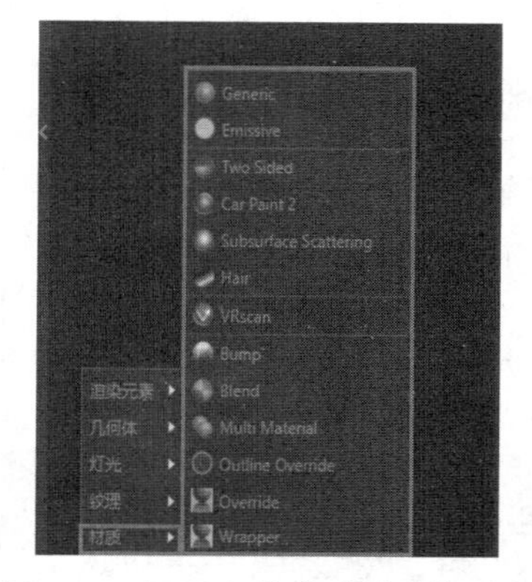

图 11-7　显示多种类型材质的列表

➢【导入 .vrmat 文件】：用于将保存于磁盘上的材质读入到场景中，如果重名，将自动在材质名称后加上序号。

➢【将材质保存到文件】：将材质保存到磁盘。

➢【删除材质】：删除选中的材质。

➢【清理未使用的材质】：用于清理场景中没有使用到的材质，加快软件运行速度。

在材质列表任意材质上右击，将出现如图 11-9 所示的右键菜单。

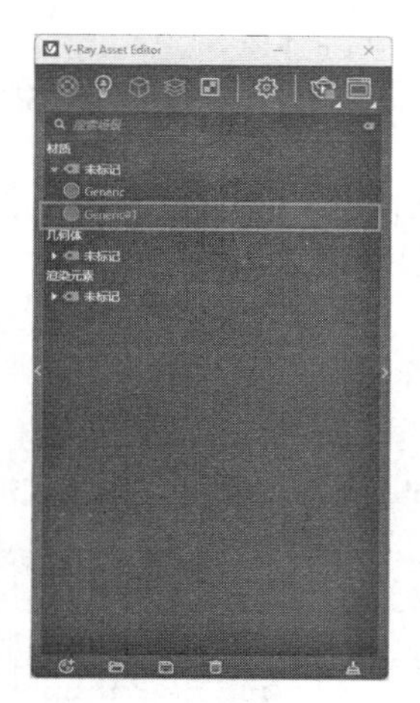

图 11-8　添加新材质

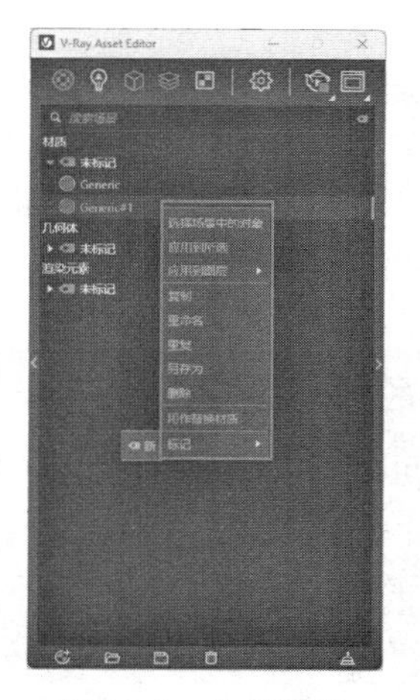

图 11-9　右键菜单

此右键菜单中各选项含义如下：

➢ 选择场景中的对象：用于选择场景中使用此材质的物体。

➢ 应用到所选：用于将当前选定材质赋予当前选择的物体。

- 应用到图层：用于将当前选定材质赋予指定图层中的全部物体。
- 复制：复制选中的材质。
- 重命名：用于对材质重新命名，方便查找和管理。
- 重复：用于将相同物体的材质复制，复制之后的材质会在后面的名称上出现“#+ 数字”。
- 另存为：用于将当前选定材质保存在磁盘上，以供其他场景中使用。
- 删除：用于删除不需要的材质。
- 用作替换材质：用作物体材质的替换材质。
- 标记：用于给物体做上标记，并应用到标记面板，方便管理物体。

11.2.3 创建 V-Ray 材质流程

在了解了资源管理器之后，本节通过具体操作讲解材质的创建过程。

01 在 V-Ray 工具栏上单击按钮，打开【V-Ray 资源管理器】，如图 11-10 所示。

02 单击左下角的【添加材质】按钮，在列表中选择“通用（Generic）”材质，如图 11-11 所示。

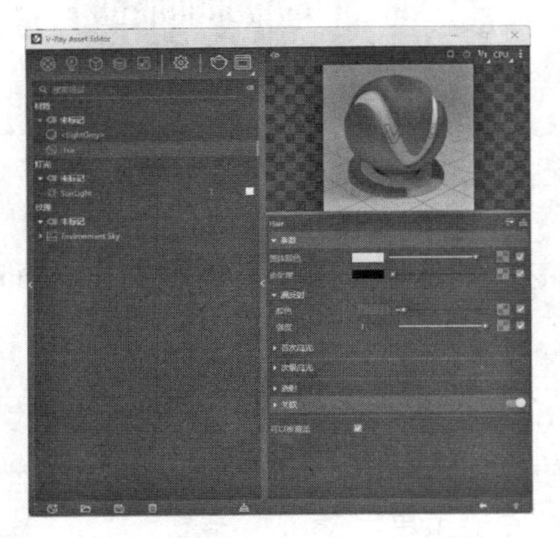

图 11-10 V-Ray 资源管理器

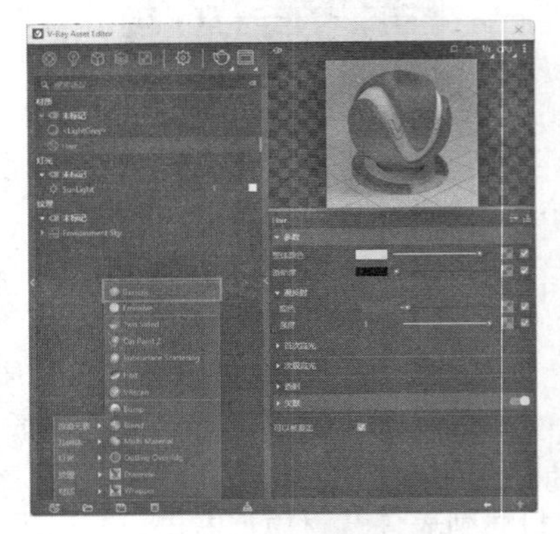

图 11-11 选择材质类型

03 在新材质上右击，可以进行更名、复制、保存等一系列操作，同时右边出现新建材质的相关设置参数，如图 11-12 所示。

04 单击参数选项组下的按钮，可打开与之对应的参数对话框。例如单击“漫反射”选项右侧的色块，将出现如图 11-13 所示的参数设置对话框，在其中设置漫反射的颜色。

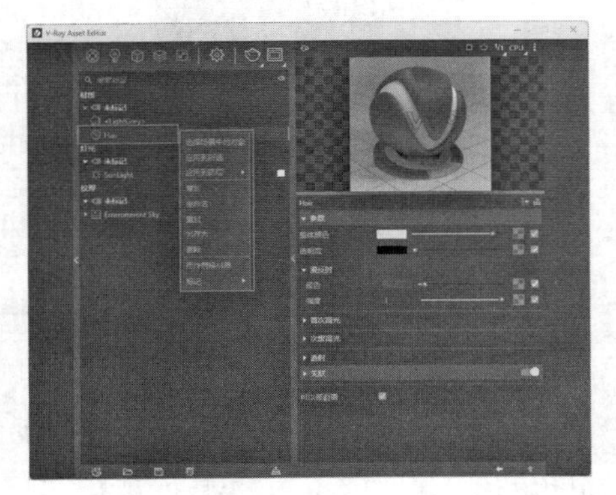

图 11-12 出现相关设置参数

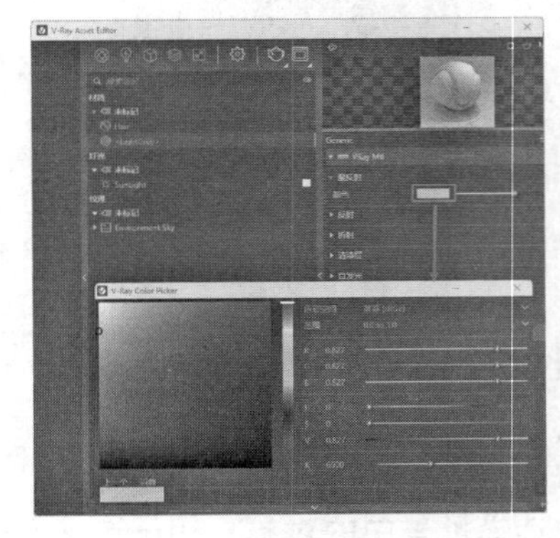

图 11-13 参数设置对话框

11.2.4 Chaos cosmos

Chaos cosmos 用于调用 3D 模型与渲染材质，窗口由【3D 模型】、【材质】、【HDRI】、【合集】、【创作者】5 个板块组成，前三者构成了 Chaos cosmos 的核心板块，单击 V-Ray 工具栏【Chaos cosmos】按钮，可以打开【Chaos cosmos】对话框，如图 11-14 所示。

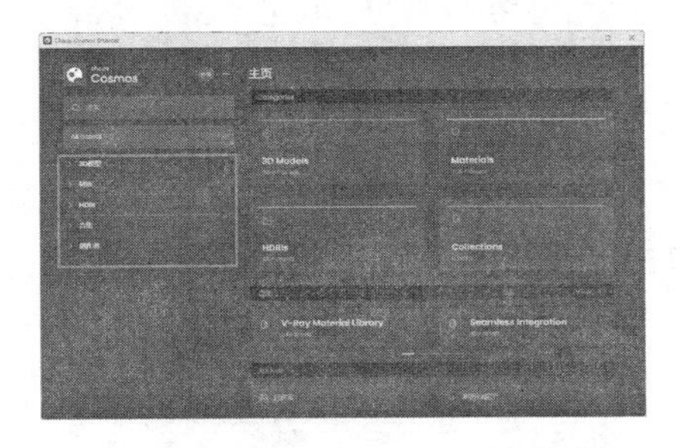

图 11-14 【Chaos cosmos】对话框

图 11-15 查看各类 3D 模型

1. 3D 模型

单击左侧的 3D 模型列表，可以查看各类 3D 模型，如图 11-15 所示。3D 模型由家具、装饰、灯具、植物、车辆、人物等模型组成，用于不同场景，如图 11-16 ~ 图 11-21 所示。

家具模型包含了沙发、椅子、桌子等在内的 8 种不同类型的家具模型。

装饰模型包含了餐具和家电、玩具和爱好、办公室装饰、花瓶和植物等 10 种装饰模型。

灯具模型包含了吊灯、吸顶灯、台灯、落地灯、壁灯等 6 种灯具模型。

植物模型包含了树木、室内植物、花草与石头等 4 种植物模型。

车辆模型包含了飞机、汽车、摩托车、SUV、卡车等 8 种车辆模型。

人物模型包含了坐、站立、走路 3 种形态的人物模型。

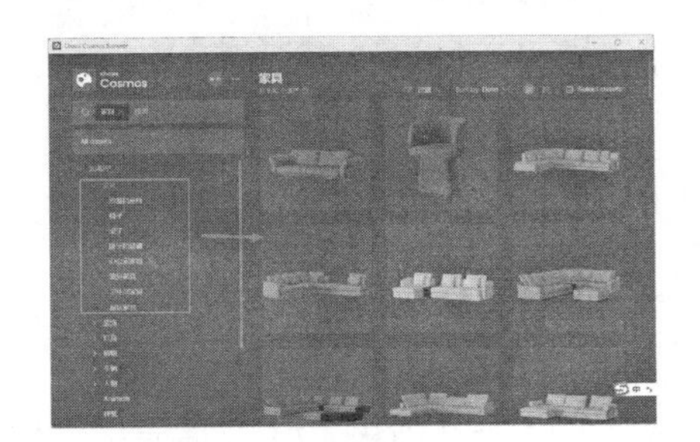

图 11-16 家具模型

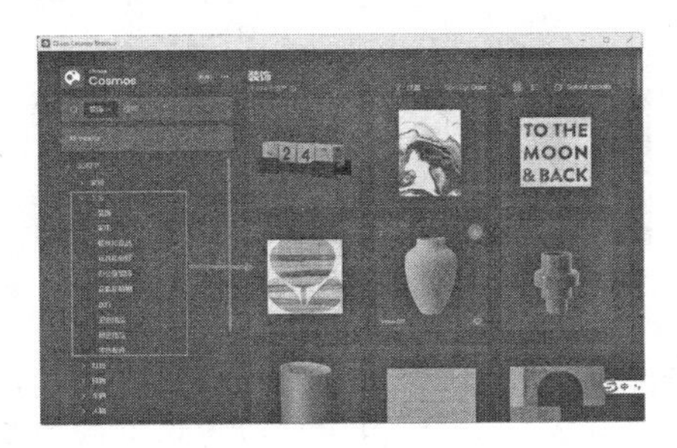

图 11-17 装饰模型

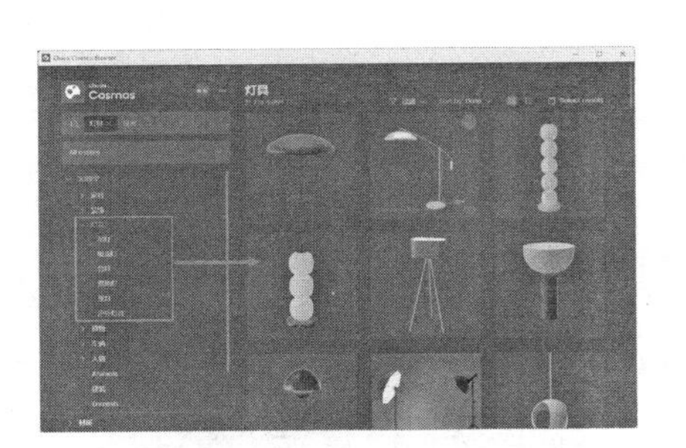

图 11-18 灯具模型

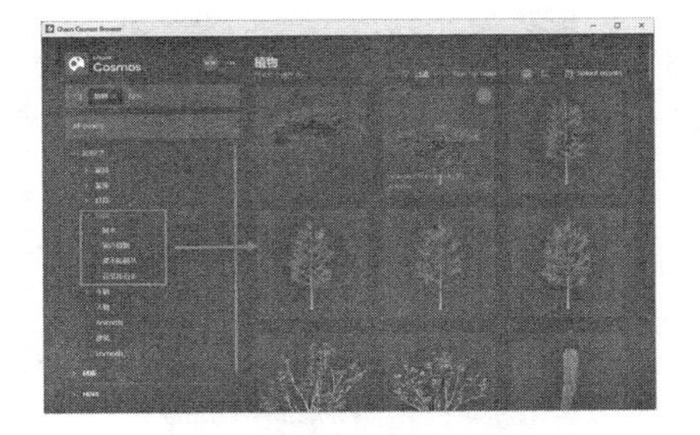

图 11-19 植物模型

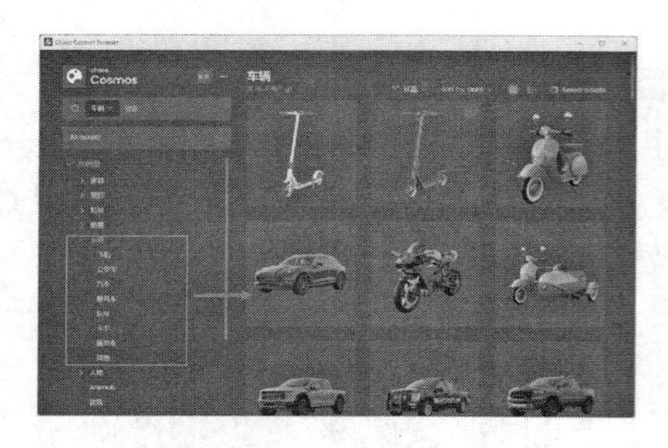

图 11-20　车辆模型

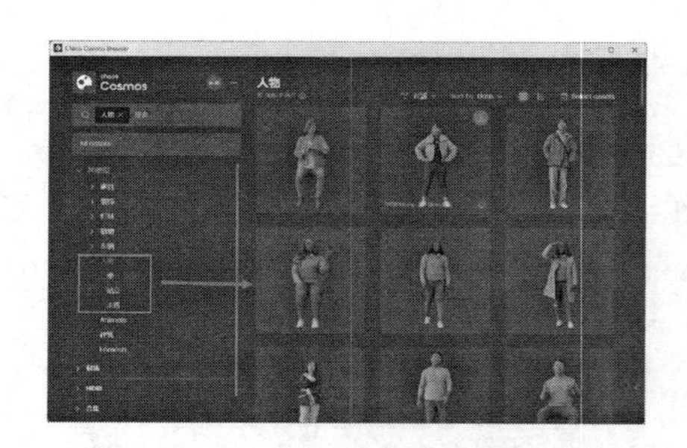

图 11-21　人物模型

在以上 6 种模型中，又细分出许多种类的模型，单击所需模型进行下载，下载完成后，单击导入即可，如图 11-22 ~ 图 11-25 所示。

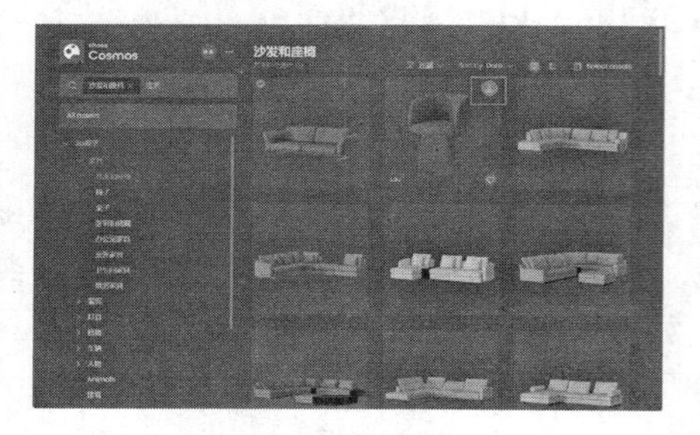

图 11-22　下载模型

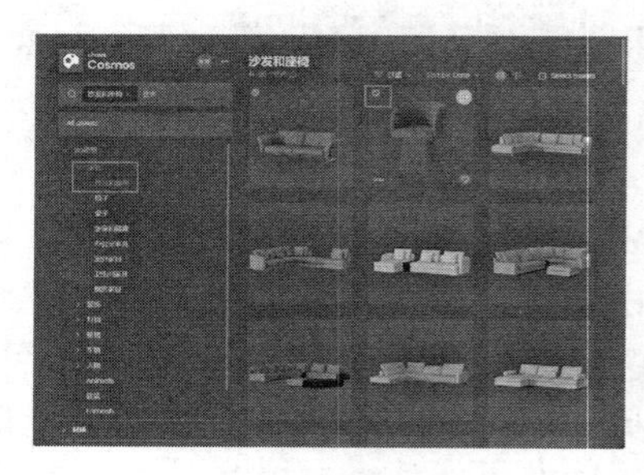

图 11-23　模型下载完成

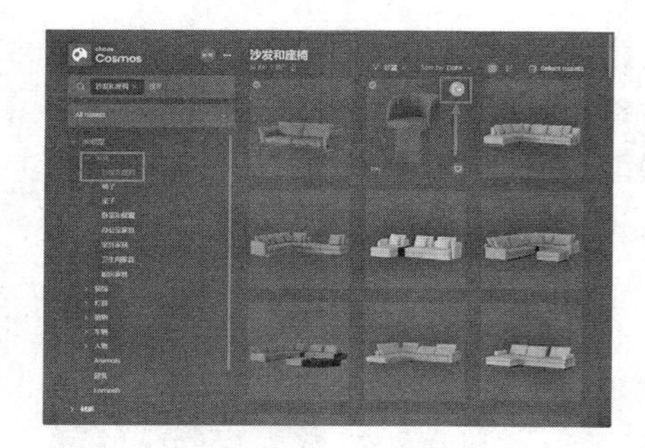

图 11-24　导入模型

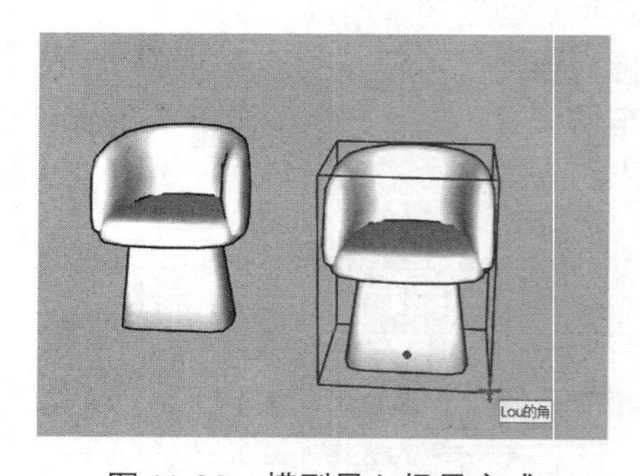

图 11-25　模型导入场景完成

2. Chaos cosmos 的材质

Chaos cosmos 的材质可以直接下载。下载后打开【窗口】/【默认面板】/【材质面板】找到对应的材质名称，赋予模型材质即可，如图 11-26 ~ 图 11-29 所示。

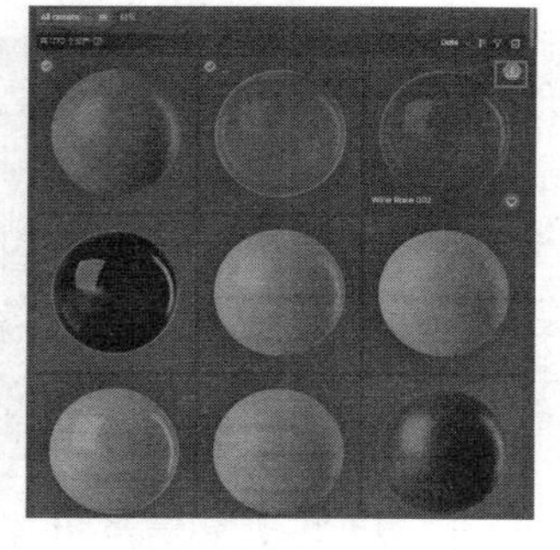

图 11-26　单击选择材质

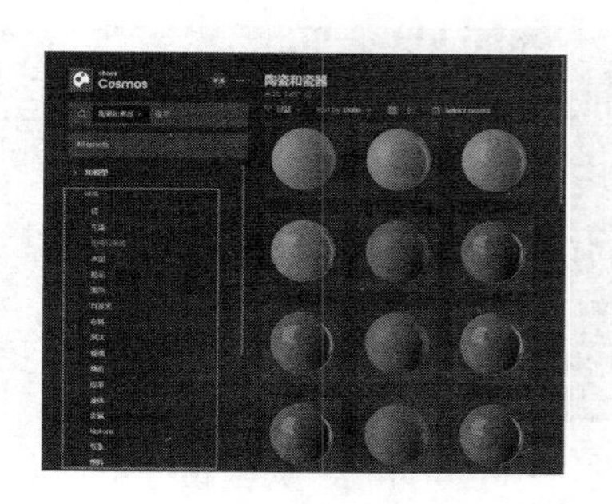

图 11-27　下载材质

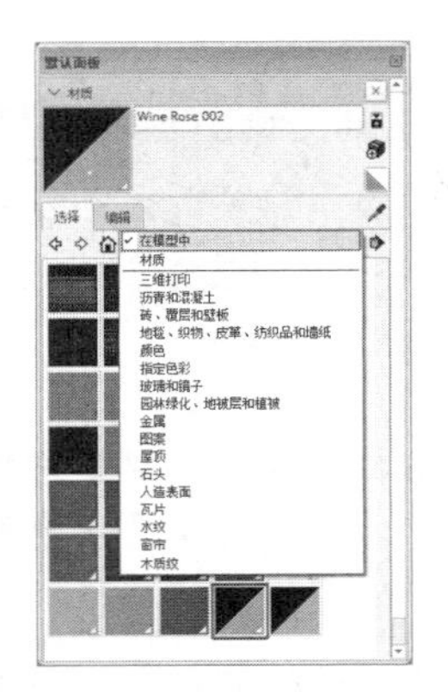

图 11-28　找到下载的材质

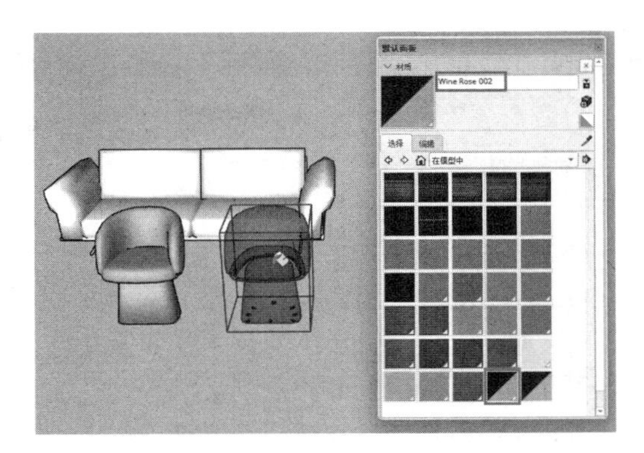

图 11-29　赋予模型材质

注 意

在材质参数设置区中，还提供其他类型的材质参数，例如反射、折射、不透明度等。展开卷展栏，可以详细设定材质参数，如图 11-30 所示为【反射】卷展栏。

11.2.5　V-Ray for SketchUp 材质类型

V-Ray for SketchUp 材质类型包括 Blend（混合材质）、Two Sided（双面材质）和 Generic（通用材质），如图 11-31 所示，本节对常用的几种材质类型进行介绍。

1. Blend（混合材质）

Blend 是两种基本材质的混合，主要用于模拟天鹅绒、丝绸、高光镀膜金属等材质效果，混合材质参数如图 11-32 所示。

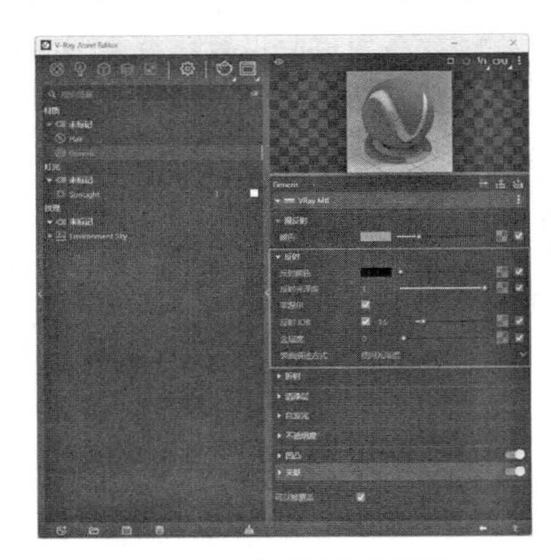

图 11-30 【反射】卷展栏

图 11-31　材质类型

图 11-32　混合材质参数

> **注 意**
>
> 在制作车漆材质和布料材质时，常常基于菲涅耳原理来设置材质的漫反射颜色，让材质表面随着观察角度的不同而发生反射强弱变化。

2. Generic（通用材质）

Generic 是最常用的材质类型，可模拟出多数物体的属性，其他几种材质类型都是以通用材质为基础。Generic 中包含【漫反射】、【反射】、【折射】、【清漆层】、【自发光】、【不透明度】和【关联】等子选项，如图 11-33 所示。

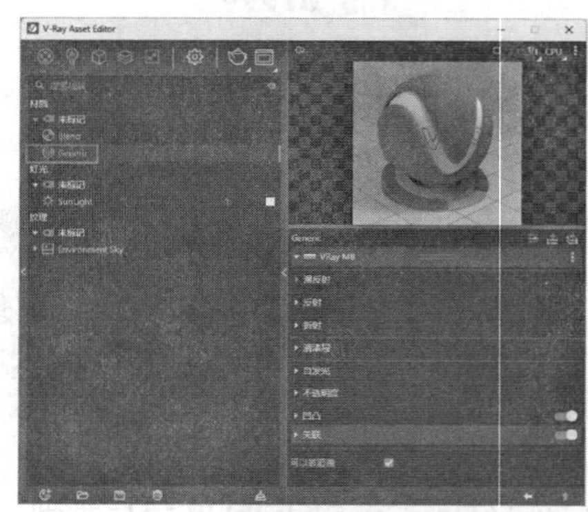

图 11-33　通用材质参数

Generic 部分参数卷展栏含义如下：

- 【漫反射】：材质漫反射是通过设置漫反射的颜色及粗糙度实现的，可以自定义颜色的类型，或者添加贴图及纹理。【漫反射】卷展栏如图 11-34 所示。
- 【反射】：通过设置反射的颜色、高光光泽度以及反射光泽度等参数，定义材质的反射效果。用户可以选择参数选项、滑动滑块的位置或者设置参数来调整材质的反射值。【反射】卷展栏如图 11-35 所示。

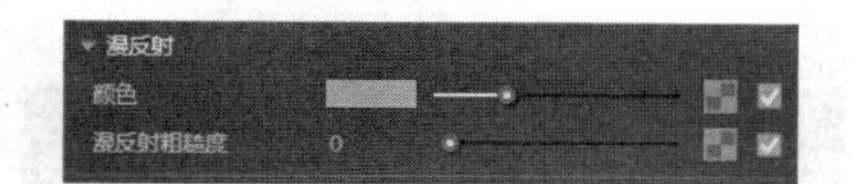

图 11-34 【漫反射】卷展栏

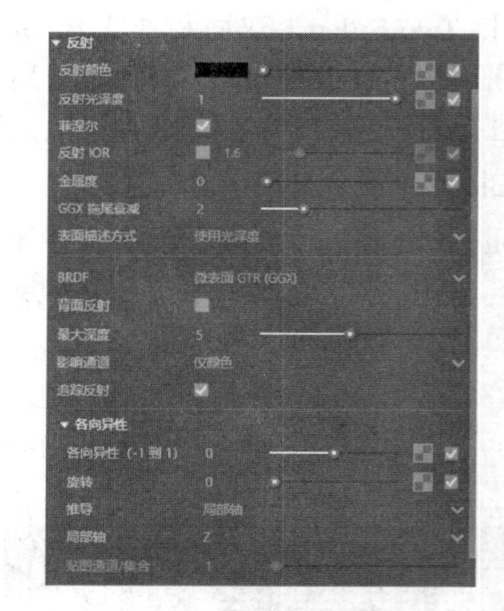

图 11-35 【反射】卷展栏

- 【折射】：折射用来设置物体的选项或雾、色散、阴影、半透明属性。在 V-Ray for SketchUp 材质中，折射是以折射层的方式实现的，折射层在漫反射层下面，是材质的最底层。实现该功能需要设置透明参数，也就是折射颜色的亮度，否则折射效果是无法表现出来的。【折射】卷展栏如图 11-36 所示。
- 【不透明度】：通过输入参数或者调整滑块的位置来定义不透明度。单击“模式”，在列表中显示两种模式，分别是修剪、随机。【不透明度】卷展栏如图 11-37 所示。

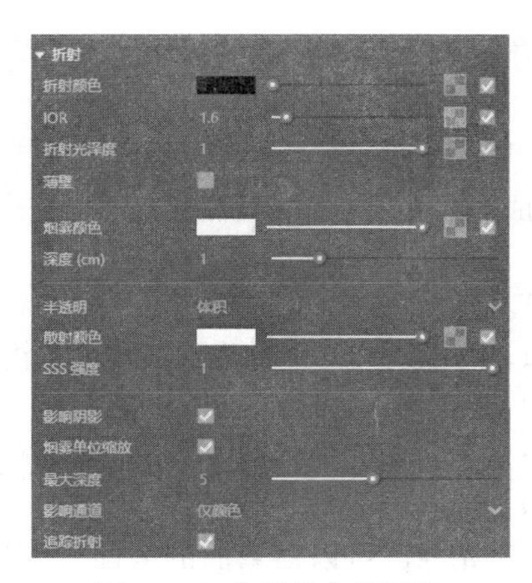

图 11-36 【折射】卷展栏

图 11-37 【不透明度】卷展栏

➢【设置切换】：该卷展栏相当于材质的选项切换，可切换普通设置和高级设置，如图 11-38 所示。

➢【添加属性】：【添加属性】卷展栏是对漫反射、反射、折射图层的扩充。此图层是将材质中那些共用的且仅需一个的贴图汇总。【添加属性】卷展栏如图 11-39 所示。

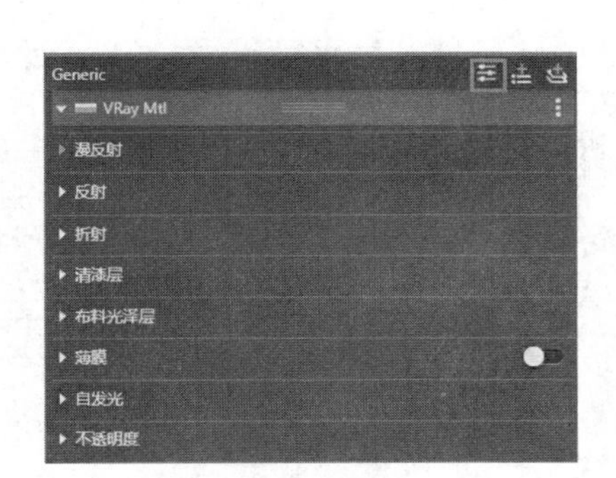

图 11-38 【设置切换】卷展栏

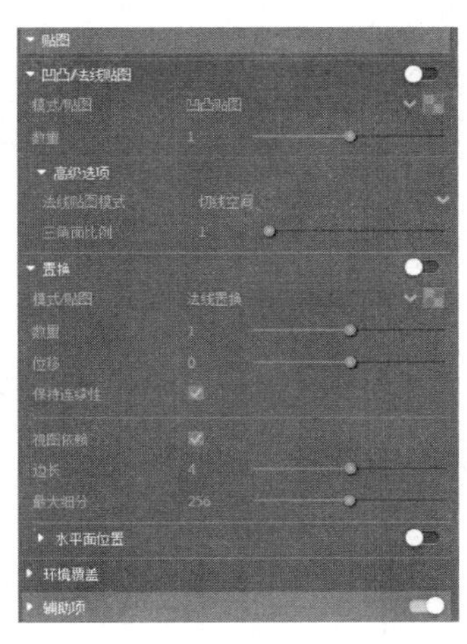

图 11-39 【添加属性】卷展栏

3. Two Sided（双面材质）

用于模拟半透明的薄片效果，如纸张、灯罩等。双面材质是一种较特殊的材质，它由两种子材质组成，通过参数（颜色灰度值）可以控制两种子材质的显示比例。这种材质可以用来制作窗帘、纸张等薄的、具有半透明效果的材质，如果与 V-Ray 的灯光配合使用，还可以制作出非常漂亮的灯罩和灯箱效果，双面材质设置面板如图 11-40 所示。

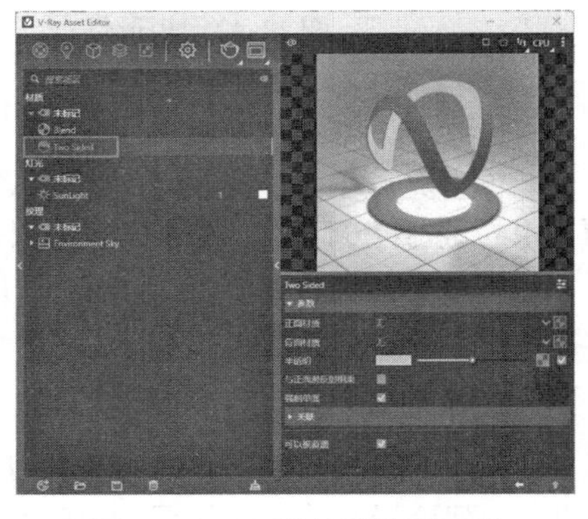

图 11-40 双面材质设置面板

11.2.6 V-Ray 光源工具栏

V-Ray 光源工具栏包括【矩形灯】、【球灯】、【聚光灯】、【光域网（IES）光源】、【泛光灯】、【穹顶光源】等命令按钮，如图 11-41 所示。本节介绍常用的几种光源。

光源工具栏中工具按钮的功能如下：

V-Ray 灯光

图 11-41　光源工具栏

- 【灯光生成器】：打开灯光生成器窗口，可生成室内或室外光源。
- 【矩形灯】：用于在场景中指定位置创建矩形灯。
- 【球灯】：用于在场景中指定位置创建球体光源，可以对内凹形的表面实现均匀的照明。
- 【聚光灯】：用于在场景中指定位置创建聚光灯。
- 【光域网光源】：用于在场景中指定位置创建一盏可加载光域网的 V-Ray 光源。
- 【泛光灯】：用于在场景中指定位置创建泛光灯。
- 【穹顶光源】：用于在场景中指定位置创建穹顶光源，可以对弯曲的表面实现均匀的照明。
- 【转换网格灯】：转换 SketchUp 组或组件物体为网格灯。

1. 矩形灯

在光源工具栏上单击【矩形灯】，指定起点与对角点绘制矩形灯，如图 11-42 所示。打开【V-Ray 资源管理器】，单击【光源】，在列表中显示场景光源的名称。

在右侧的界面中显示矩形灯的参数选项，如图 11-43 所示。通过修改参数，可以控制灯光的颜色、强度以及形状、方向性等。

图 11-42　矩形灯

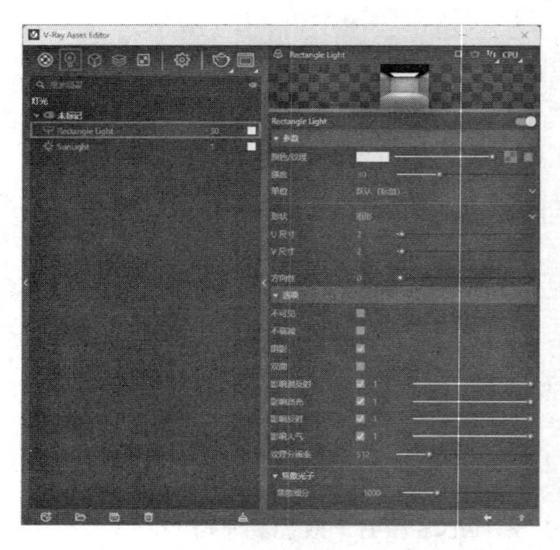

图 11-43　显示矩形灯的参数选项

2. 球灯

单击光源工具栏上的【球灯】，指定点并设置半径即可创建球灯，如图 11-44 所示。打开【V-Ray 资源管理器】，在【光源】列表下选择【球灯】，在右侧的界面中显示选项参数。

单击【颜色】后的色块，打开【拾色器】对话框，在其中自定义灯光的颜色。调整【选项】卷展栏下的球灯参数，控制球灯的漫反射、高光效果，如图 11-45 所示。

3. 聚光灯

单击光源工具栏上的【聚光灯】，在场景中单击创建光源，按住“Shift”键控制光源的方向。创建聚光灯的效果如图 11-46 所示。

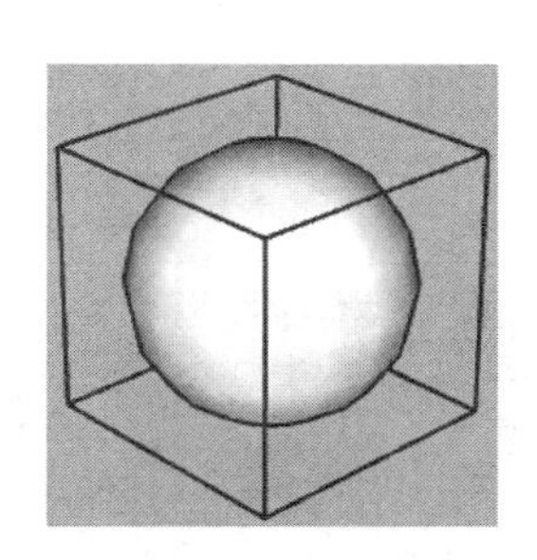

图 11-44　创建球灯

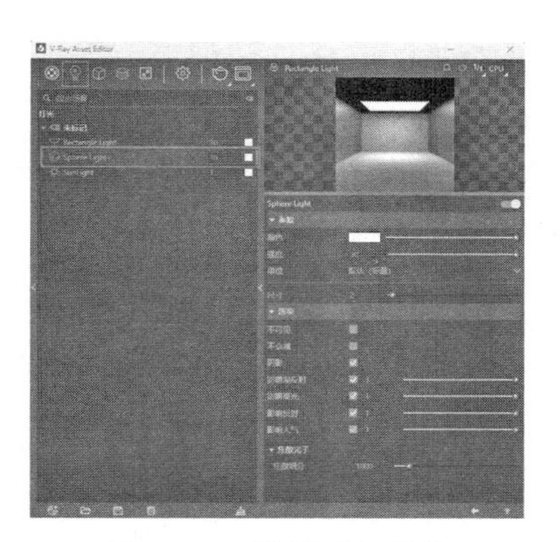

图 11-45　设置球灯参数

打开【V-Ray 资源管理器】，在【光源】列表中选择聚光灯，在右侧的界面中显示光源参数。展开卷展栏，设定聚光灯参数，如图 11-47 所示。

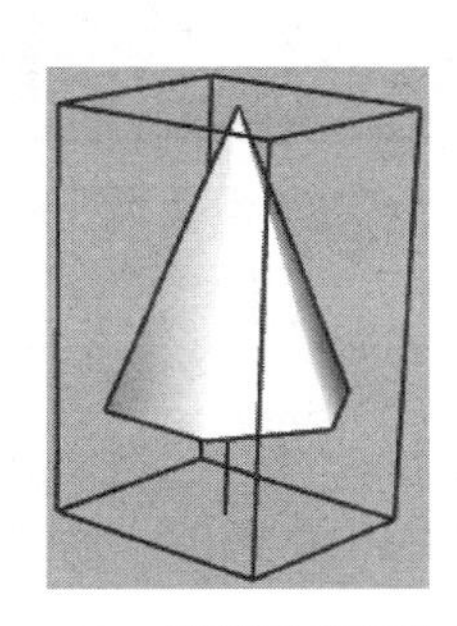

图 11-46　创建聚光灯的效果

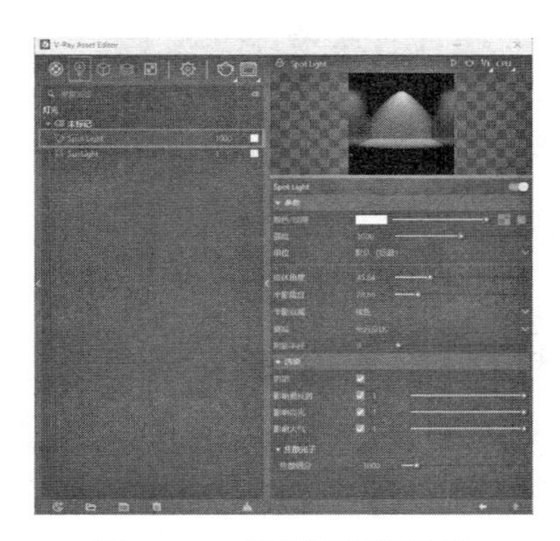

图 11-47　设置聚光灯参数

4. **光域网光源**

单击光源工具栏上的【光域网光源】，打开【IES File】文件夹，选择格式为 .ies 的文件。单击【打开】按钮，调用灯光文件。在场景中单击创建光域网光源，如图 11-48 所示。

打开【V-Ray 资源管理器】，在【光源】列表下显示光域网光源名称。选择光源，在右侧的界面中显示光源参数。在【IES 灯光文件】选项中显示文件路径，如图 11-49 所示。设置其他选项参数，调整光源在场景中的显示效果。

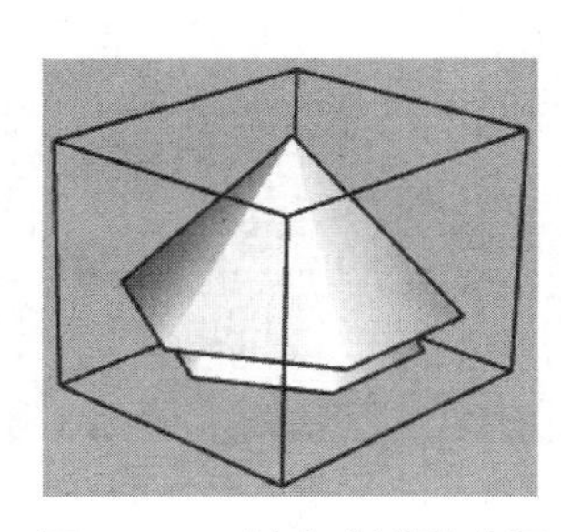

图 11-48　创建光域网光源

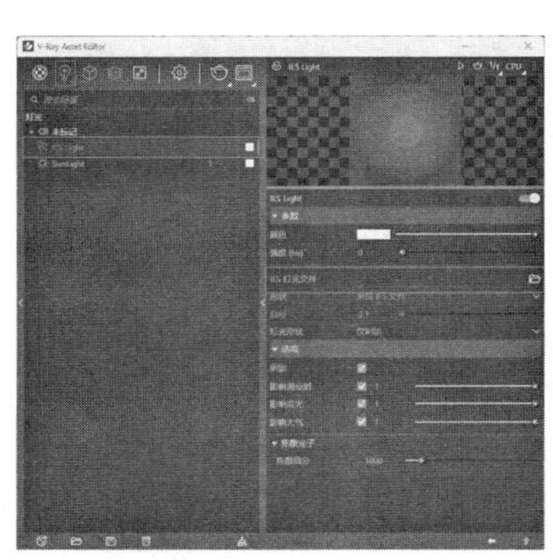

图 11-49　设置光域网光源参数

5. 泛光灯

在光源工具栏上单击【泛光灯】，在场景中单击创建光源，如图 11-50 所示。打开【V-Ray 资源管理器】，在【光源】列表下选择泛光灯，展开右侧界面的卷展栏，设置泛光灯参数，如图 11-51 所示。

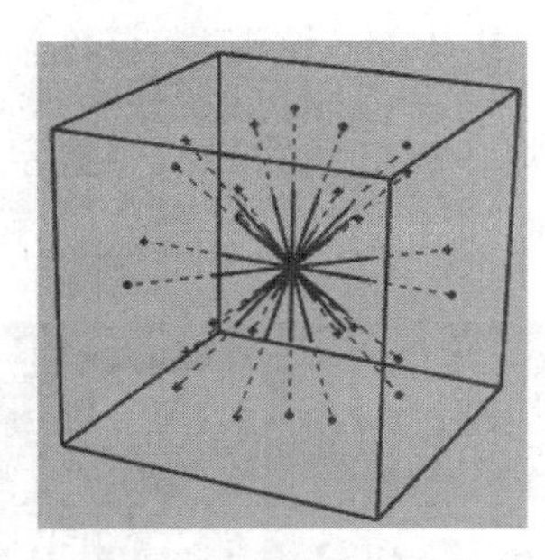

图 11-50　创建泛光灯

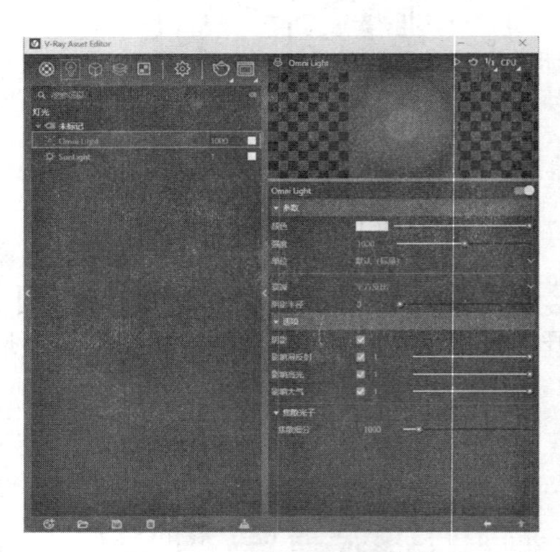

图 11-51　设置泛光灯参数

6. 穹顶光源

在光源工具栏上单击【穹顶光源】，在场景中单击创建穹顶光源，如图 11-52 所示。按住“Shift”键创建带贴图穹顶光源。按住“Ctrl”键，打开对话框选择 HDR 贴图，创建带贴图的穹顶光源。

打开【V-Ray 资源管理器】，在【光源】列表中选择穹顶光源，在右侧的界面中显示穹顶光源参数，如图 11-53 所示。修改选项参数，定义光源的颜色、强度以及形状等。

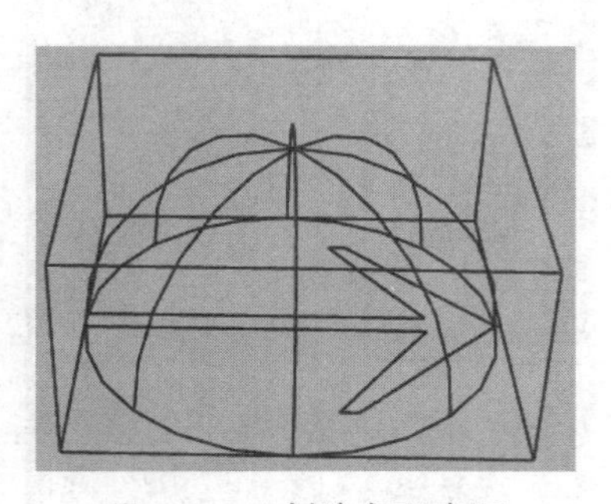

图 11-52　创建穹顶光源

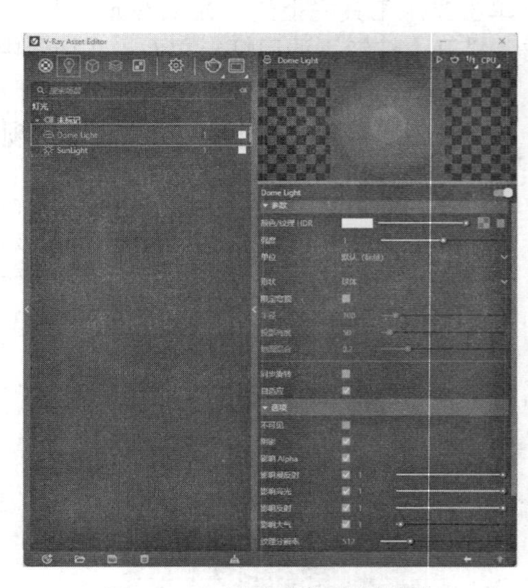

图 11-53　设置穹顶光源参数

7. 太阳光

打开【V-Ray 资源管理器】，在【光源】列表下选择太阳光，在右侧的界面中展开太阳光参数卷展栏，如图 11-54 所示。设置选项参数，定义太阳光的颜色、强度以及尺寸。

在【天空】卷展栏中单击“天空模型”选项，向下弹出天空模型样式列表，如图 11-55 所示。选择列表选项，定义天空模型样式。

图 11-54 太阳光参数卷展栏

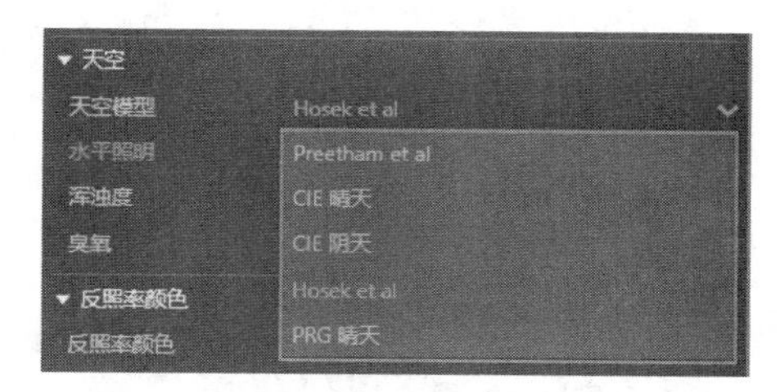

图 11-55 天空模型样式列表

8. 转换网格灯

选择常见的组件，单击光源工具栏上的【转换网格灯】按钮，可将组件转换为网格灯，如图 11-56 所示。

打开【V-Ray 资源管理器】，在【光源】列表中选择网格灯，在右侧的界面中设置网格灯参数，如图 11-57 所示。

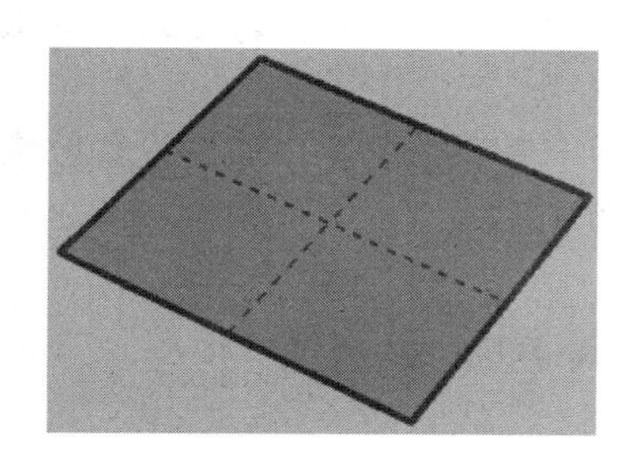

图 11-56 将组件转换为网格灯

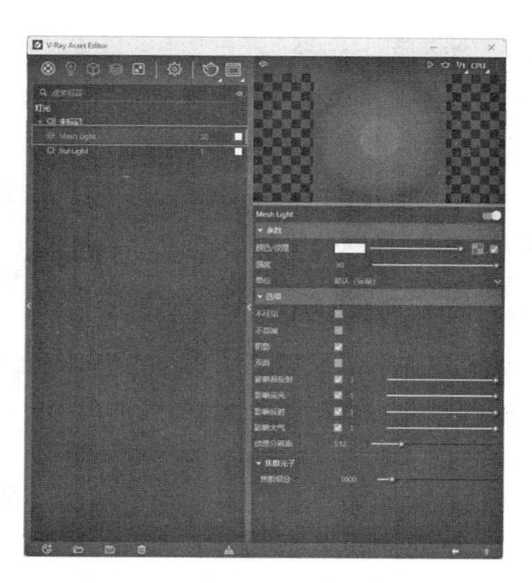

图 11-57 设置网格灯参数

11.2.7 V-Ray 渲染设置面板

打开【V-Ray 资源管理器】，单击【设置】按钮，显示 V-Ray 渲染设置面板，如图 11-58 所示。

V-Ray for SketchUp 大部分渲染参数都在该设置面板中完成，共有 12 个卷展栏，分别是【渲染设置】、【摄像机设置】、【渲染输出】【环境设置】等。本节将介绍几个常用卷展栏的用法。

1. 渲染设置

在【渲染设置】卷展栏中通过设置参数，选择渲染的引擎类型以及渲染的方式，如图 11-59 所示。

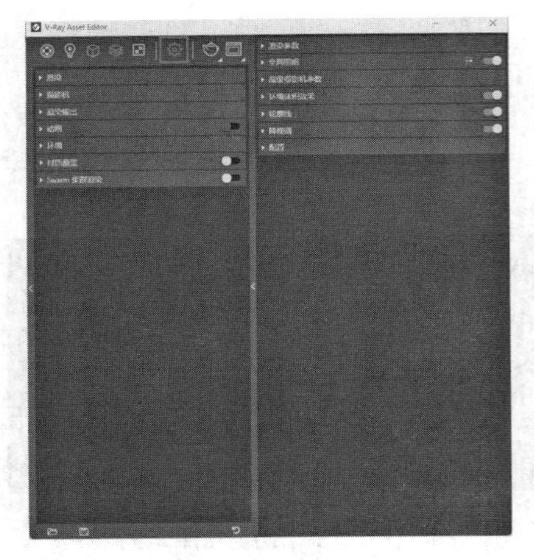

图 11-58　V-Ray 渲染设置面板

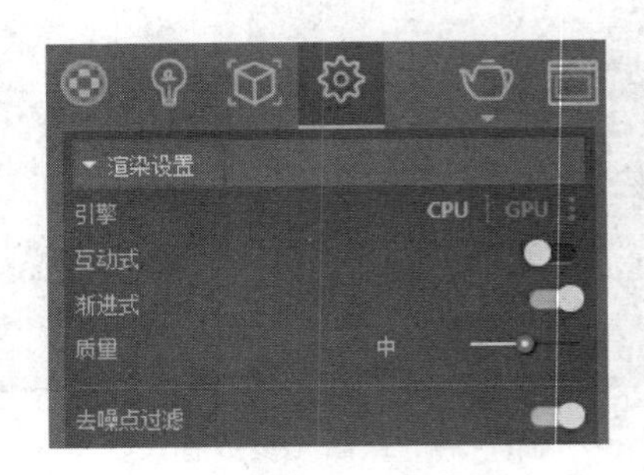

图 11-59　【渲染设置】卷展栏

卷展栏中各选项的含义如下：

➢ 引擎：默认选择 CPU。单击选择 GPU，激活右侧的圆点。单击圆点，显示另一引擎的 GPU/CPU。
➢ 互动式 / 渐进式：指定渲染的方式。
➢ 质量：选择“互动式”渲染，可以在“质量”选项中选择图像的质量，有低、中、高三种类型可以选择。
➢ 去噪点过滤：降低图像上的噪点。

2. 摄像机设置

在使用摄像机拍摄景物时，可通过调节光圈、快门或使用不同大小的感光度 ISO 以获得正常的曝光照片。摄像机的白平衡调节功能还可以对因色温变化引起的相片偏色现象进行修正。

V-Ray 也具有相同功能的摄像机。可调整渲染图像的曝光和色彩等效果，达到真实摄像机效果。【摄像机】卷展栏如图 11-60 所示。

V-Ray 中支持渲染景深，在渲染中需要景深效果。启用【景深】功能，通过设置散焦、焦距等参数营造景深效果。

其他选项的含义介绍如下：

➢ 类型：单击选项向下弹出列表，显示三种类型的摄像机。分别是“标准”“VR 球形全景”“VR 立方体贴图”，默认选择“标准”类型。
➢ 立体：默认情况下该选项没有启用。启用该选项，可设置渲染的立体效果。
➢ 曝光值：设置标准摄像机的曝光值。
➢ 白平衡：单击颜色色块，打开【拾色器】，设置白平衡的颜色。
➢ 失焦：输入数据或者移动圆形滑块调整渲染中的光晕效果。
➢ 垂直镜头倾斜：修正渲染过程中垂直效果发生偏差的问题。

3. 环境设置

在【环境】卷展栏中设置参数，如图 11-61 所示，影响场景的环境效果。卷展栏中各选项含义如下：

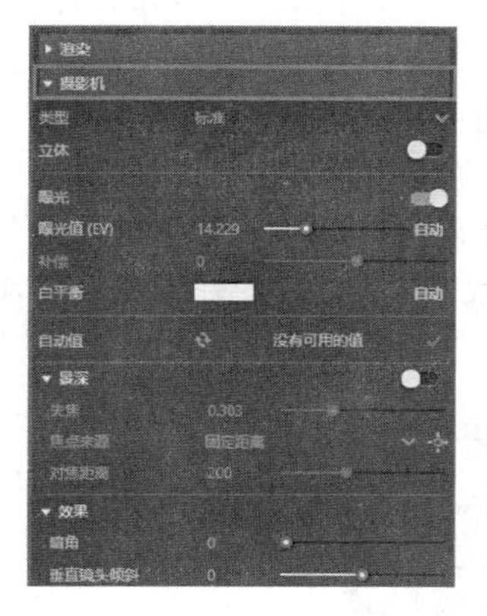

图 11-60 【摄像机】卷展栏

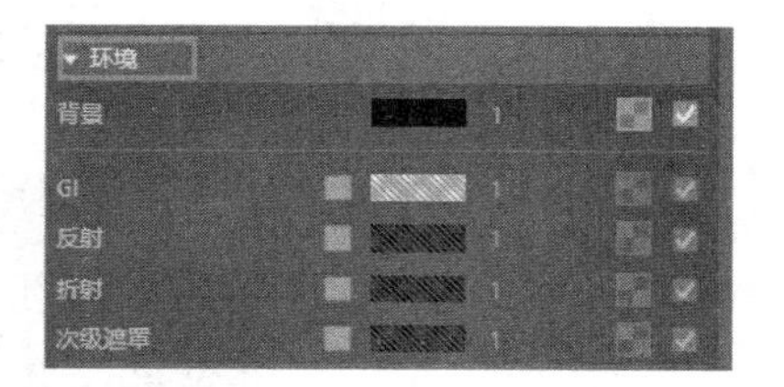

图 11-61 【环境】卷展栏

- 背景：单击颜色色块，在【拾色器】中设置背景色。输入数值，调整背景色的强度。选择“贴图”选项，单击按钮进入参数界面，如图 11-62 所示。在界面中，天空的显示效果包括颜色、强度以及尺寸等。设置完毕后，单击左下角的【返回】按钮返回【环境】卷展栏。
- GI（天光）：选择该选项，设置天光的颜色以及强度。
- 反射：选择该选项，设置反射颜色及强度。
- 折射：选择该选项，设置折射的颜色与强度。
- 次级遮罩：选择该选项，调整次级遮罩的颜色种类以及强度大小。

4. 全局照明

在【全局照明】卷展栏中设置参数，如图 11-63 所示，控制整个场景空间的照明效果。各选项含义介绍如下：

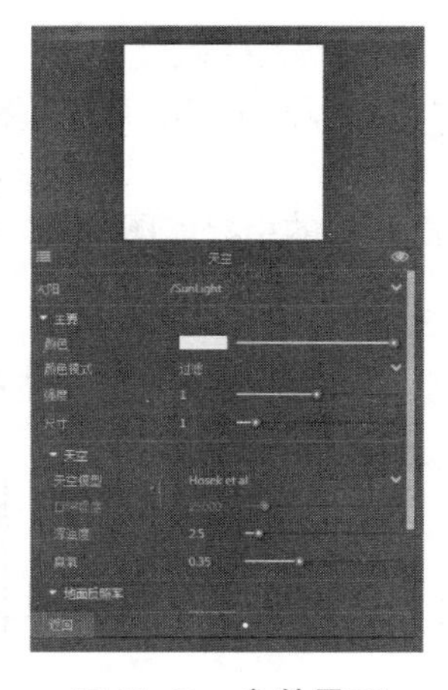

图 11-62 参数界面

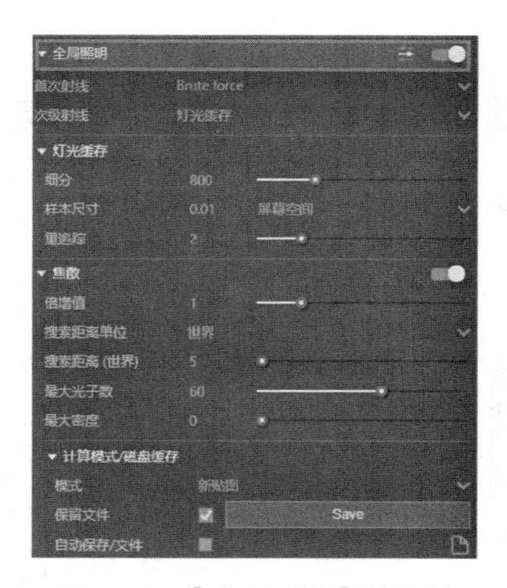

图 11-63 【全局照明】卷展栏

- 首次射线：单击选项，在列表中提供三种模式的引擎供用户选择，分别是“强算”“发光贴图”“灯光缓存”。默认选择“强算（Brute force）”模式。

➢ 次级射线：在选项列表中提供三种模式，分别是“无”、“强算”、“灯光缓存”。默认选择“灯光缓存”模式。
➢ 细分：设置渲染过程中图像的细分值。参数值越大，物体越精细，所需的时间也更长。反之亦然。
➢ 样本尺寸：设置在渲染时的采样值，值越大，所需内存越大，时间也越长。
➢ 重追踪：默认值为 1，所设置的值越大，需要的渲染时间也越长。
➢ 模式：设置文件缓存的模式，单击“保存”按钮，设置保存路径。单击右上角的“切换到高级设置”按钮，显示参数设置面板，如图 11-64 所示。选择选项，设置在渲染结束后缓存文件的处理方法。

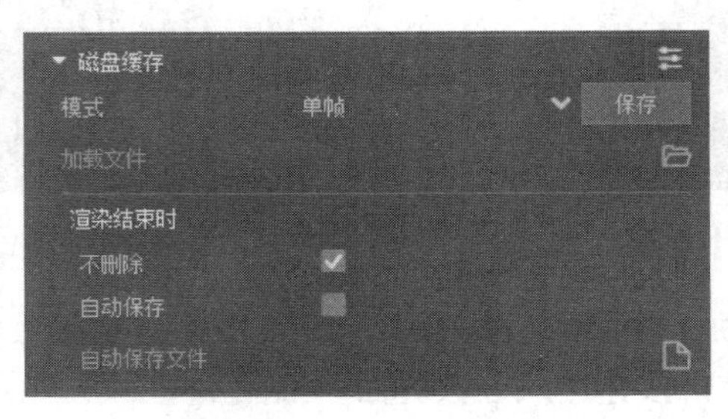

图 11-64　参数设置面板

11.3 实战—室内客厅效果图渲染

在了解了 V-Ray for SketchUp 的材质、灯光和渲染的基本知识之后，本节将通过客厅案例，讲解如何使用 V-Ray 渲染器渲染室内效果图。

11.3.1 布置家具

要进行室内效果图的设计，首先要布置家具，客厅家具包括沙发、茶几、餐桌、电视、灯具等。

01 按键盘上的“Ctrl+O”组合键，打开配套资源的“素材\第 11 章\11.3.1 客厅初始模型 .skp”，如图 11-65 所示。

02 选择天花板，右击将其进行隐藏，如图 11-66 所示，隐藏后的结果如图 11-67 所示。

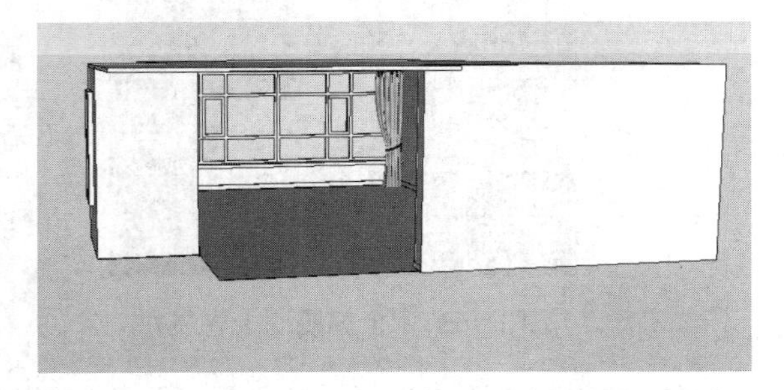
图 11-65　打开素材文件

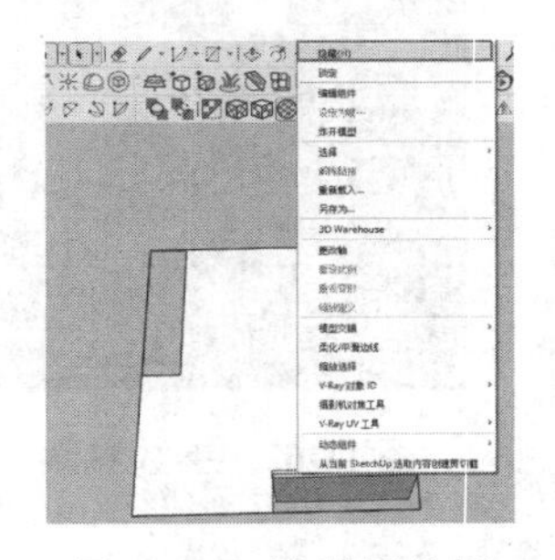
图 11-66　隐藏天花板

03 调用【文件】|【导入】菜单命令，导入配套资源“素材\第 11 章\配套模型”文件夹的家具模型，如图 11-68 所示。

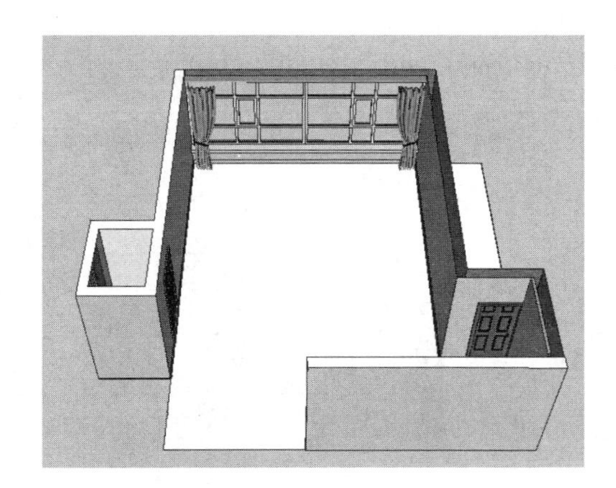

图 11-67 隐藏后的结果

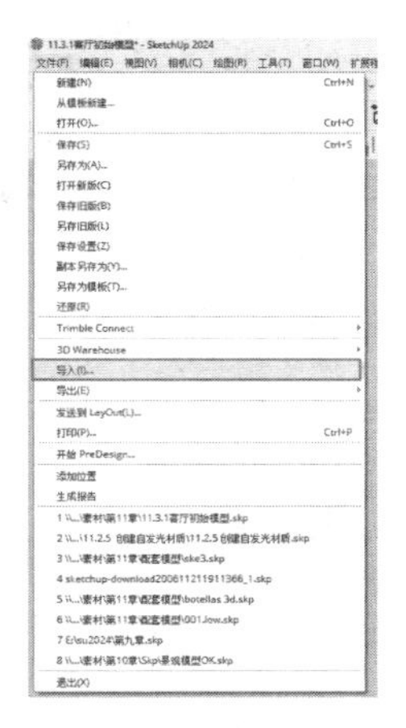

图 11-68 执行【导入】菜单命令

04 系统弹出【导入】对话框，如图 11-69 所示。
05 选择组件中的餐桌模型进行导入，如图 11-70 所示。

图 11-69 【导入】对话框

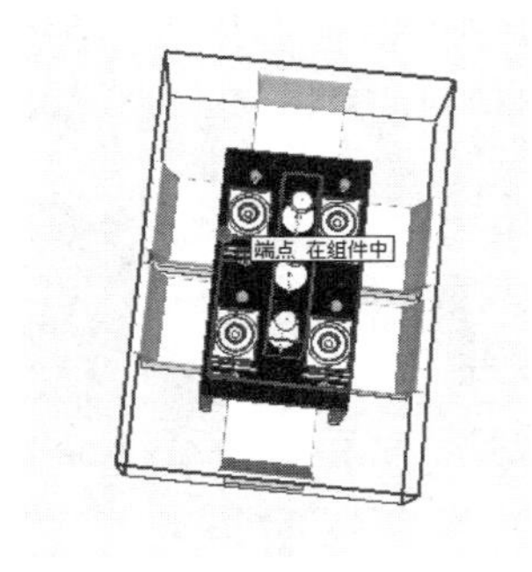

图 11-70 导入餐桌模型

06 使用【缩放】工具，将餐桌等比例缩放到合适的大小，结果如图 11-71 所示。
07 使用【移动】和【旋转】工具将餐桌调整到合适的位置，如图 11-72 所示。
08 使用相同的方法将其他家具导入，导入结果如图 11-73 所示。

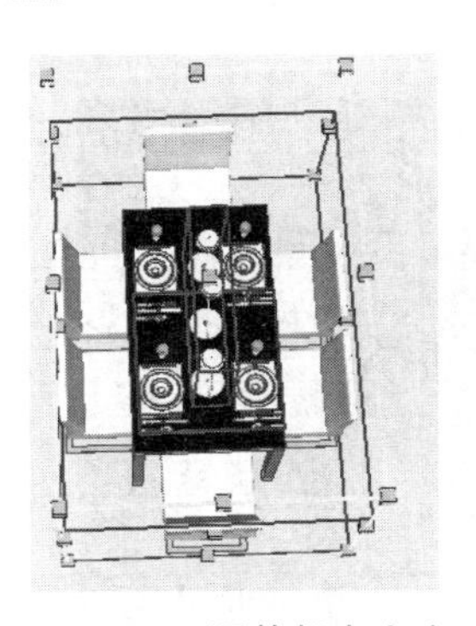

图 11-71 调整餐桌大小

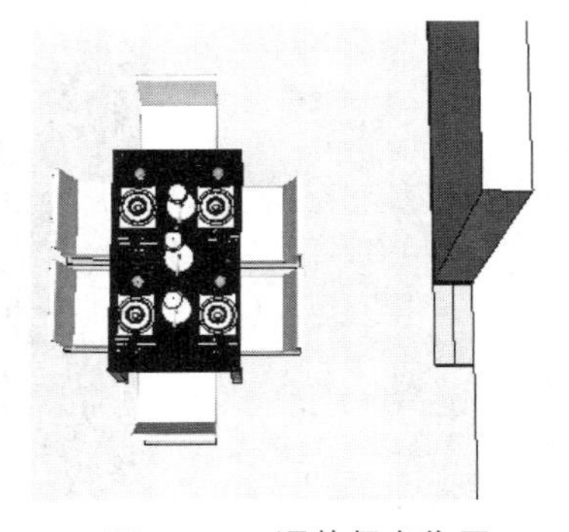

图 11-72 调整餐桌位置

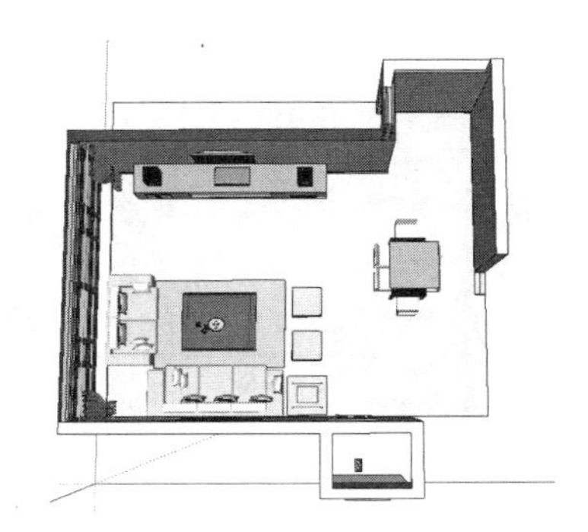

图 11-73 导入结果

11.3.2 添加材质

在主要家具布置完成后，接下来赋予场景模型材质。

01 按下键盘上的“B”键，弹出【材料】面板，如图 11-74 所示。

02 单击【材料】面板上的【创建材质】按钮，在弹出的对话框中选择随书配送光盘中的贴图，操作过程如图 11-75 所示。

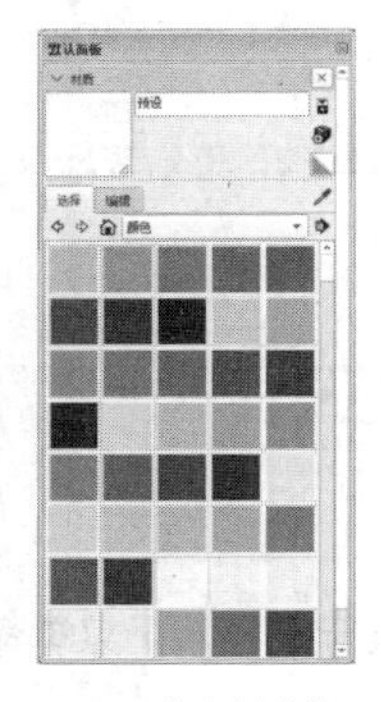

图 11-74 【材料】面板

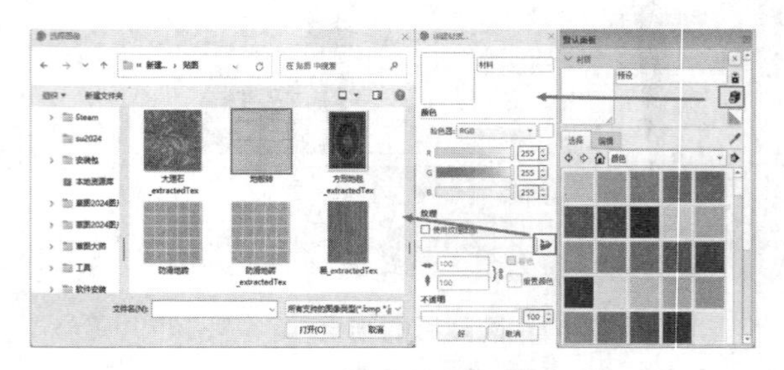

图 11-75 创建材质操作过程

03 将创建好的材质赋予地板，结果如图 11-76 所示。

04 调整地板贴图的尺寸，结果如图 11-77 所示。

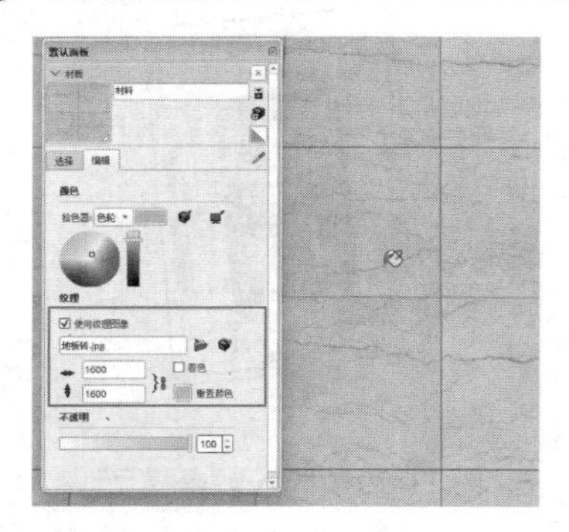

图 11-76 将创建好的材质赋予地板

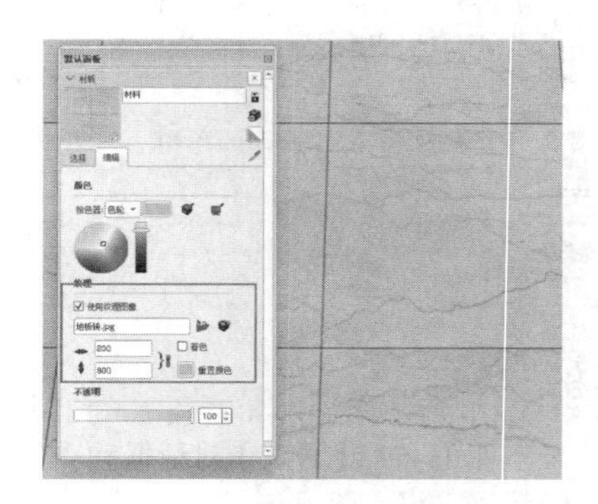

图 11-77 调整地板贴图的尺寸

05 在地板上右击，选择【纹理】|【位置】命令，调整纹理的位置，如图 11-78 所示。

06 选择地板，打开 V-Ray 资源管理器，如图 11-79 所示。

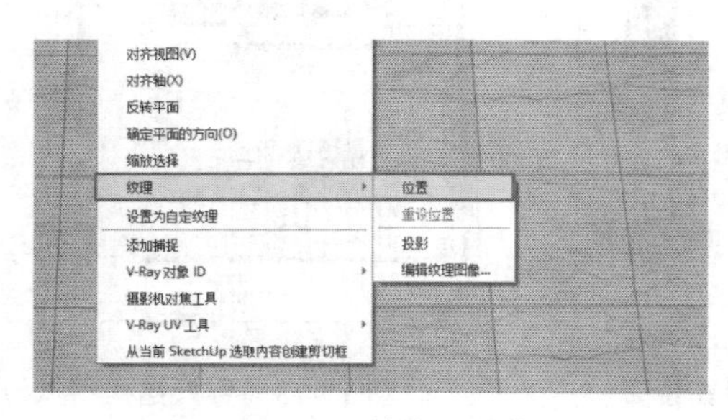

图 11-78 调整纹理的位置

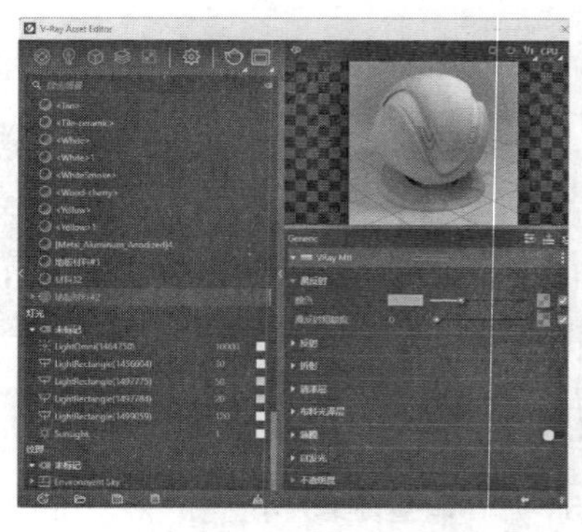

图 11-79 打开 V-Ray 资源管理器

07 使用【材料】面板中的吸管工具，吸取地板材质，操作过程如图 11-80 所示。

08 在 V-Ray 资源管理器中新建一个材质，在【反射】设置面板中单击“颜色”选项后的色块，在【拾色器】中设置如图 11-81 所示的颜色作为反射颜色。

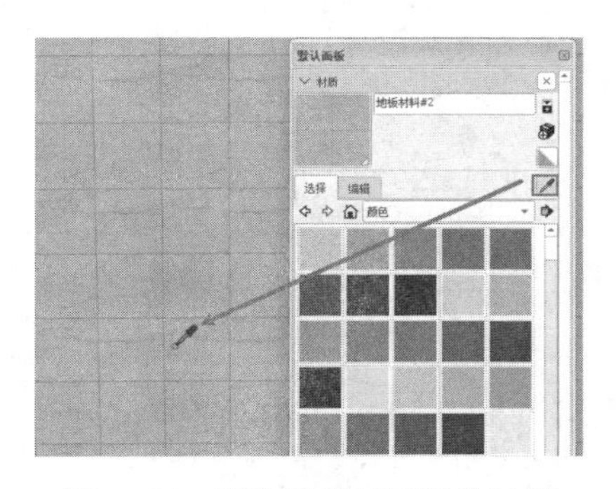

图 11-80　吸取地板材质操作过程

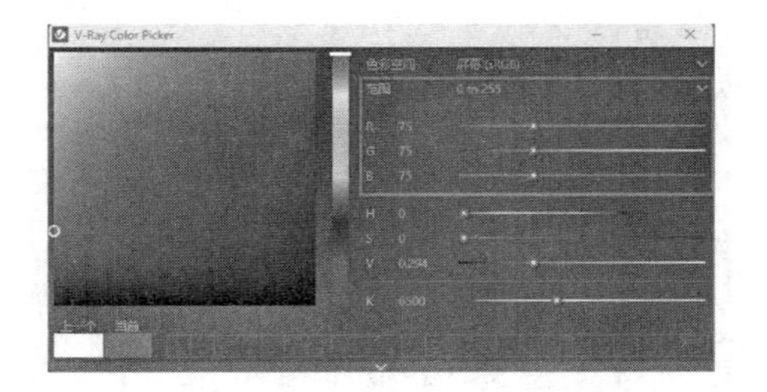

图 11-81　设置反射颜色

09 单击“应用”按钮，再单击“确定”按钮返回资源管理器。在【反射】设置面板中设置参数，在右上角的窗口中预览地板的反射效果，如图 11-82 所示。

10 使用【材料】面板中的吸管工具，吸取沙发的材质，如图 11-83 所示。

图 11-82　预览反射效果

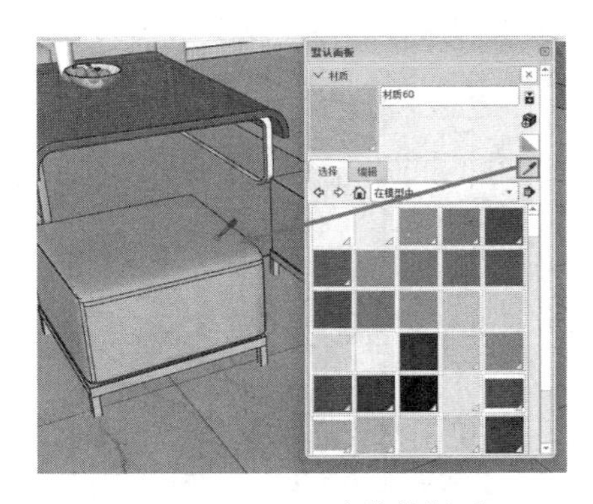

图 11-83　吸取沙发的材质

11 在【拾色器】中设置反射颜色为“40,40,40”，其他参数设置如图 11-84 所示。

12 吸取沙发组中的茶几玻璃面材质，在【拾色器】中设置反射颜色为“25,25,25”，其他的参数保持默认，如图 11-85 所示。

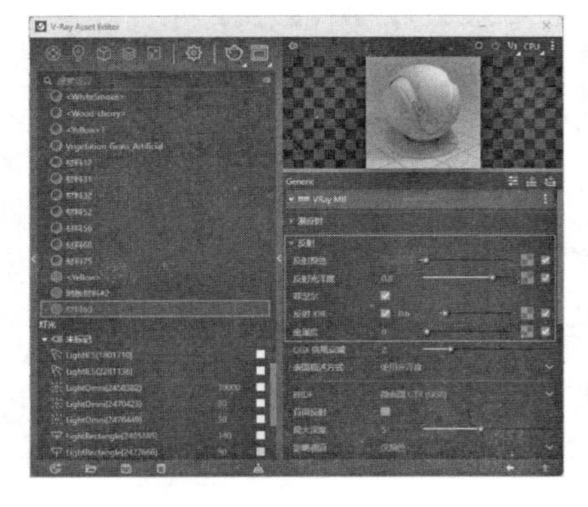

图 11-84　设置参数

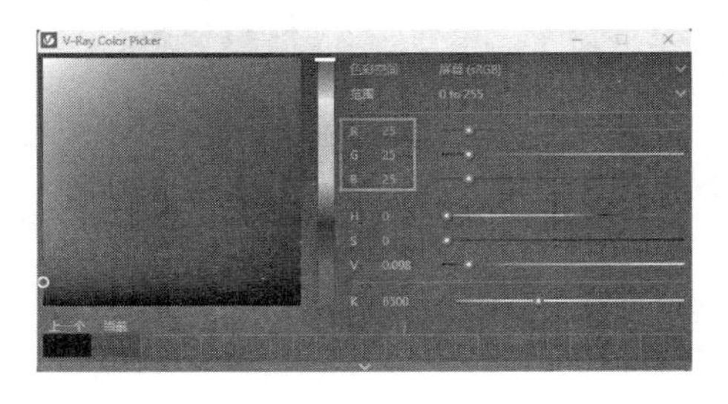

图 11-85　设置反射颜色

13 在资源管理器中设置茶几玻璃面的反射参数，如图 11-86 所示。

14 使用同样的方法赋予内墙壁墙纸材质，如图 11-87 所示。

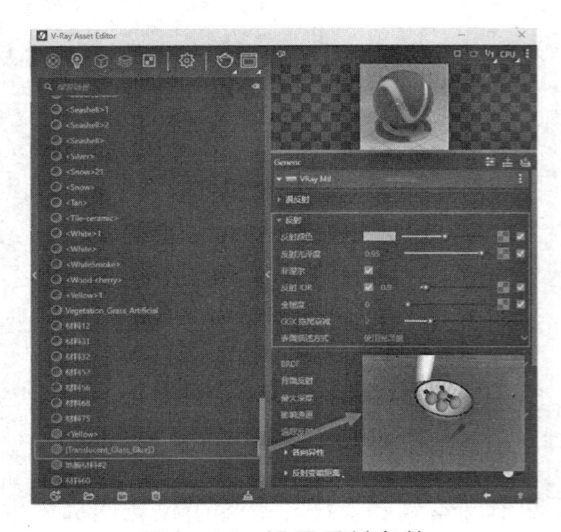

图 11-86　设置反射参数

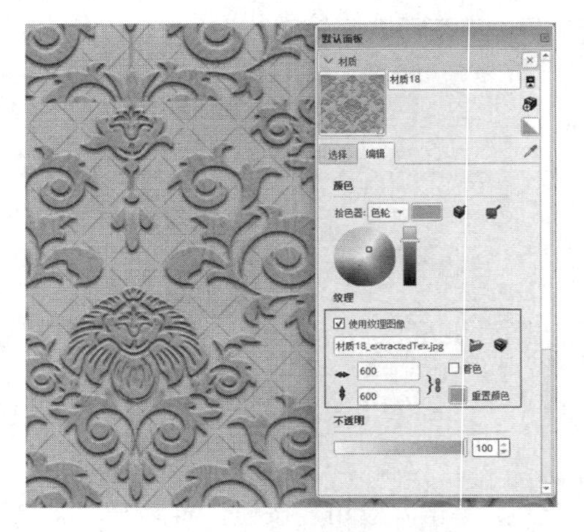

图 11-87　赋予内墙壁墙纸材质

15 使用同样的方法赋予外侧墙材质，如图 11-88 所示。

16 使用同样的方法赋予电视机材质，如图 11-89 所示。

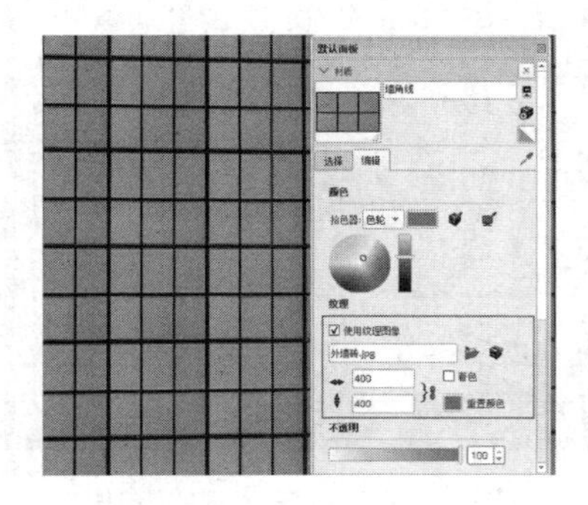

图 11-88　赋予外侧墙材质

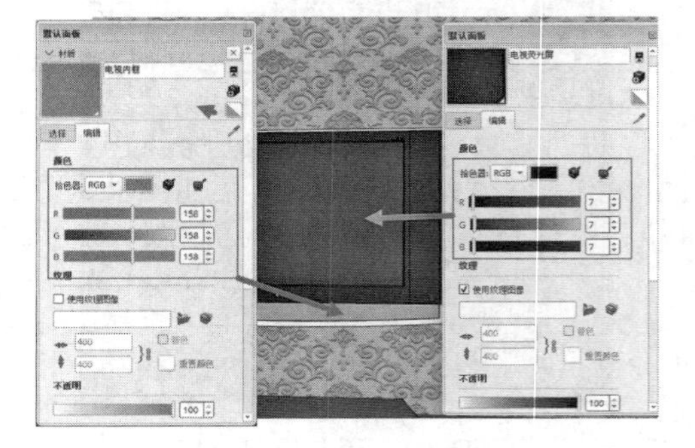

图 11-89　赋予电视机材质

17 使用同样的方法赋予窗帘材质，如图 11-90 所示。

18 使用同样的方法赋予装饰画贴图，如图 11-91 所示。

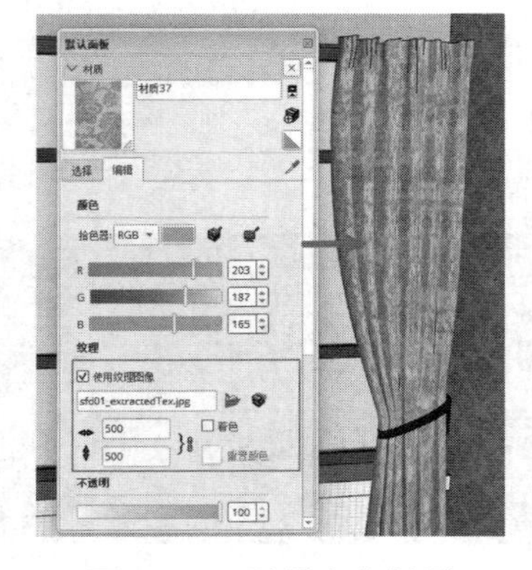

图 11-90　赋予窗帘材质

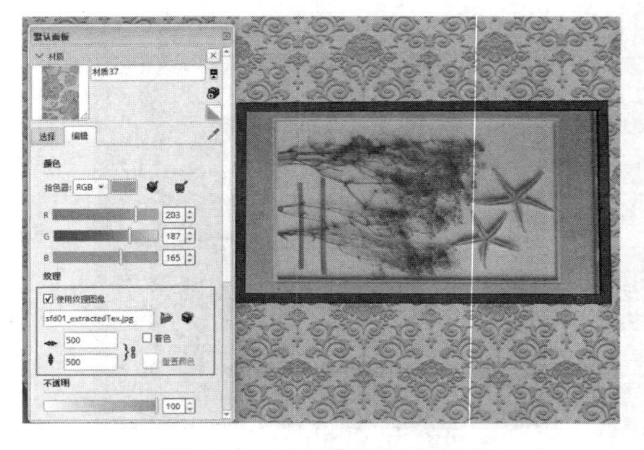

图 11-91　赋予装饰画贴图

19 在窗户外使用矩形工具绘制一个矩形并赋予环境贴图，如图 11-92 所示。

20 赋予材质完成后，结果如图 11-93 所示。

图 11-92 绘制矩形并赋予环境贴图

图 11-93 赋予材质完成结果

11.3.3 布置灯具

赋予材质完成后，需要在场景中布置灯具，通过渲染表现出灯光的效果，使效果图更加真实。

01 执行【绘图】|【形状】|【矩形】菜单命令，在天花板上绘制一个矩形，并结合【推 / 拉】工具向下推出如图 11-94 所示的吊顶造型。

02 在 V-Ray 光源工具栏上单击“矩形灯”，在天花板内侧的灯带凹槽处创建 4 个矩形灯，如图 11-95 所示。

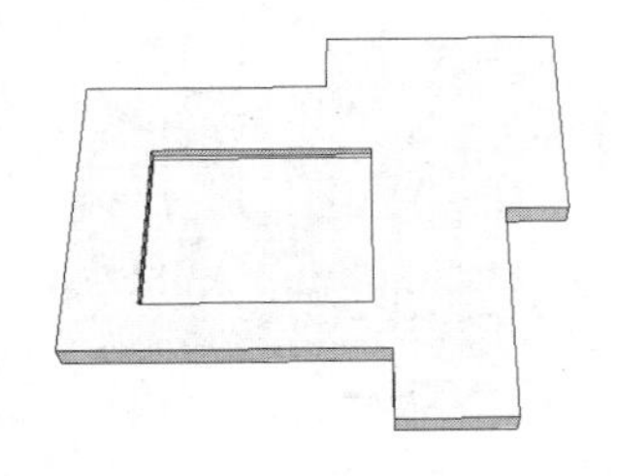

图 11-94 吊顶造型

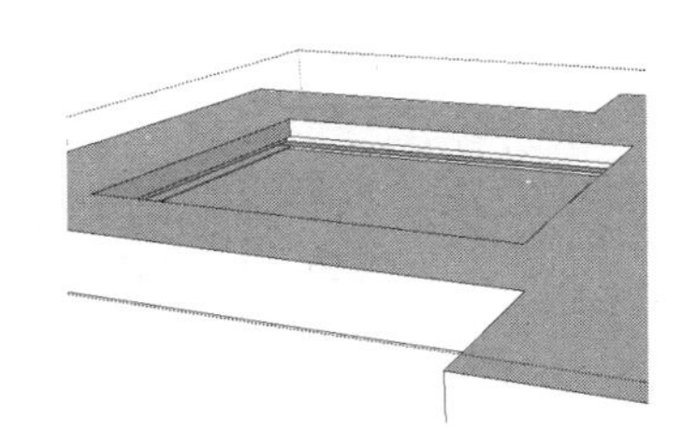

图 11-95 创建矩形灯

03 选择矩形灯，打开 V-Ray 资源管理器。在【光源】列表下选择矩形灯，在右侧的界面中单击【颜色 / 纹理】选项后的色块，在【拾色器】对话框中设置颜色参数，如图 11-96 所示。

04 结束设置后，返回 V-Ray 资源管理器，在右侧的界面中设置光源参数，如图 11-97 所示。

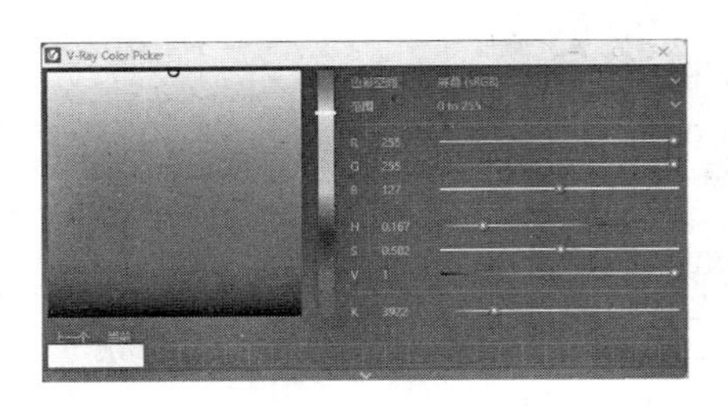

图 11-96 设置颜色参数

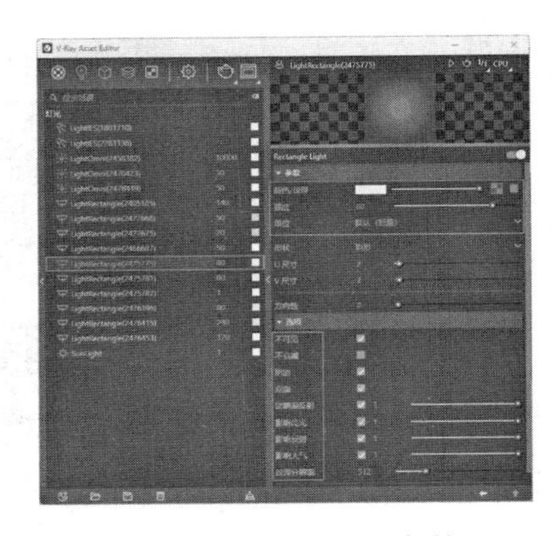

图 11-97 设置光源参数

05 执行【文件】|【导入】命令，导入配套光盘提供的“筒灯”组件，如图 11-98 所示。

06 在 V-Ray 光源工具栏中单击 ，在绘图区单击鼠标，在打开的对话框中选择光域网文件，如图 11-99 所示。

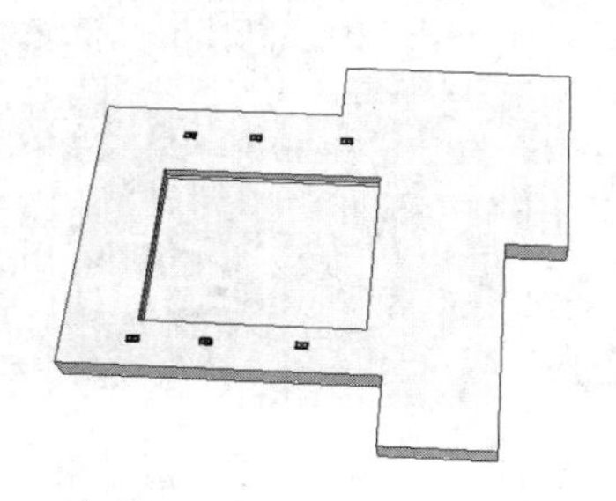

图 11-98　导入“筒灯”组件

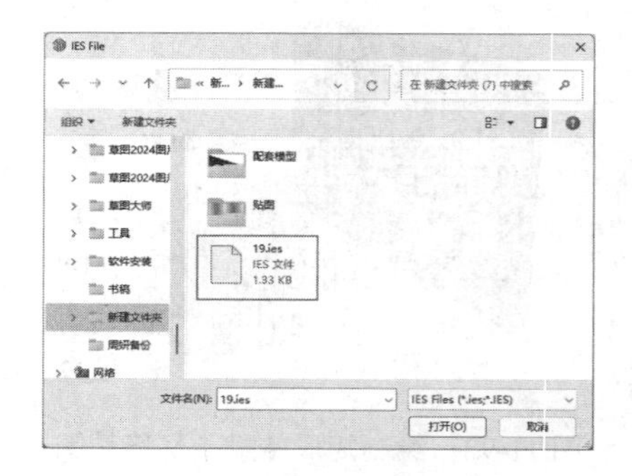

图 11-99　选择光域网文件

07 在绘图区域中单击创建 IES 灯，如图 11-100 所示。

08 打开 V-Ray 资源管理器，在【光源】列表中选择 IES 灯，在右侧界面中设置光域网光源参数，如图 11-101 所示。

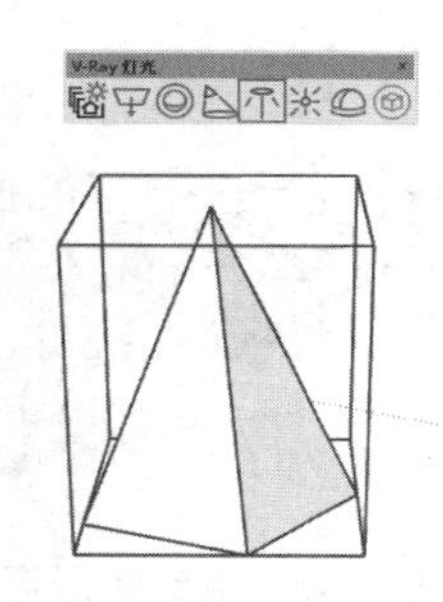

图 11-100　创建 IES 灯

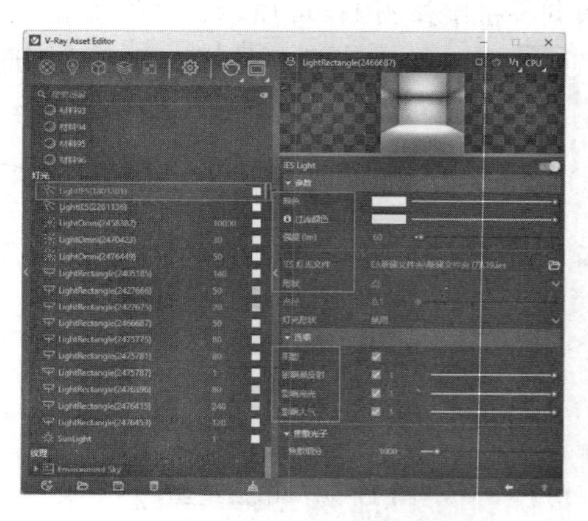

图 11-101　设置光域网光源参数

09 选择 IES 灯，按“M”键激活【移动】工具，将设置好参数的 IES 灯移动到筒灯位置下方，结果如图 11-102 所示。并使用移动复制的方法，将 IES 灯复制到其他筒灯位置的下方。

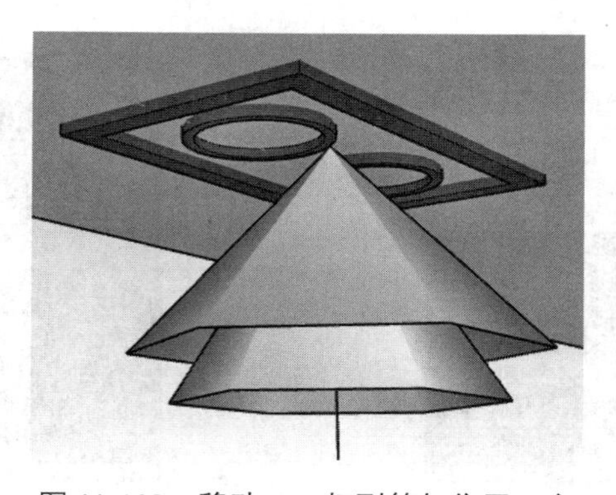

图 11-102　移动 IES 灯到筒灯位置下方

10 在 V-Ray 光源工具栏中单击◎，在筒灯内部创建一个球灯，结果如图 11-103 所示。

11 选择【缩放】工具，对球灯执行等比例缩放和上下缩放，调整结果如图 11-104 所示。

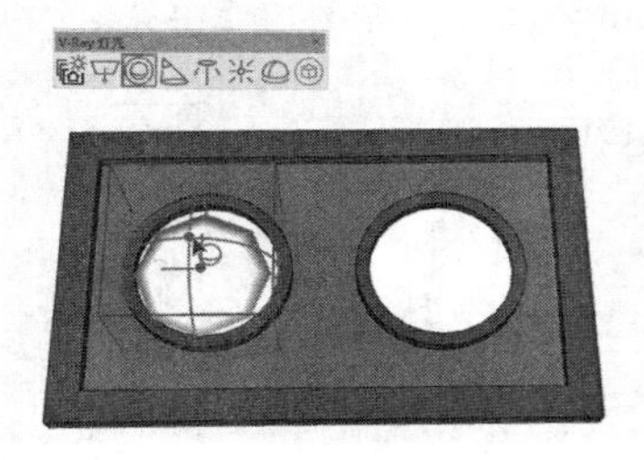

图 11-103　创建一个球灯

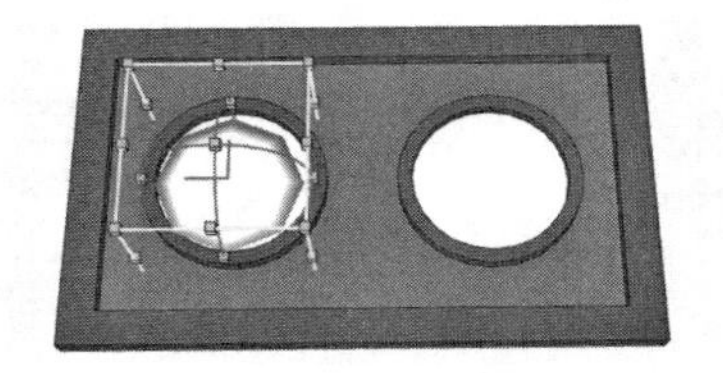

图 11-104　调整球灯结果

12 选择球灯，打开 V-Ray 资源管理器，单击颜色图块，在【拾色器】中设置灯光颜色 RGB 值为【255、186、4】，如图 11-105 所示。

13 在 V-Ray 资源管理器的右侧界面设置灯光参数，如图 11-106 所示。

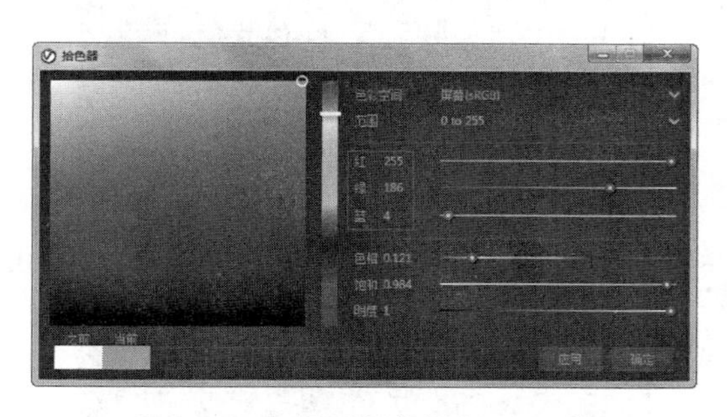

图 11-105　设置灯光颜色 RGB 值

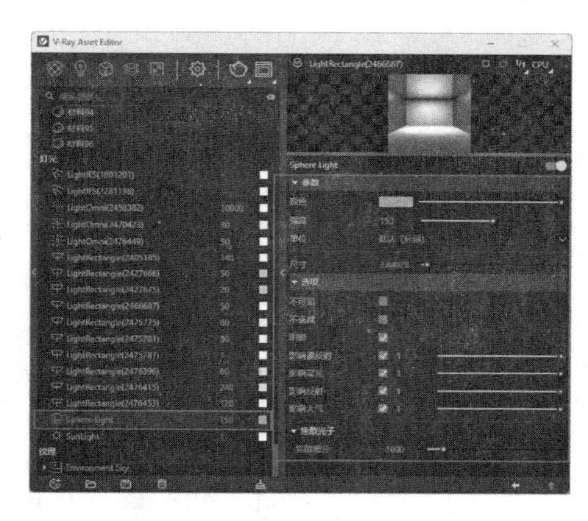

图 11-106　设置灯光参数

14 将调整好的球灯复制到其他筒灯下，如图 11-107 所示。使用同样的方法，在其他筒灯下放置球灯。

15 执行【编辑】|【取消隐藏】|【全部】命令，如图 11-108 所示，取消隐藏天花板。

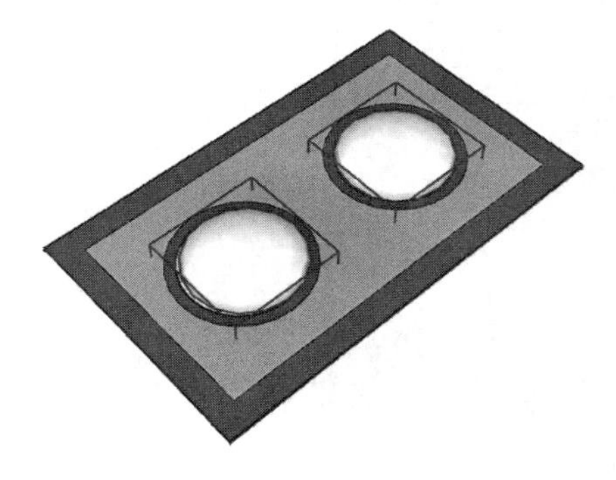

图 11-107　复制调整好的球灯到其他筒灯下

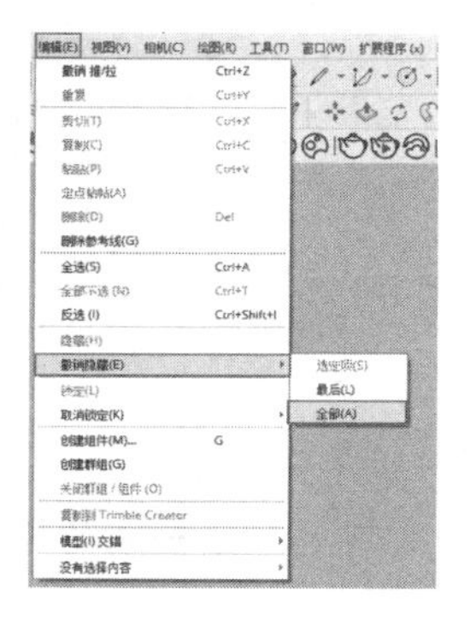

图 11-108　执行【全部】命令

16 执行【文件】|【导入】命令，在【导入】对话框中选择客厅吊灯，如图 11-109 所示。

17 调整导入吊灯的位置，结果如图 11-110 所示。

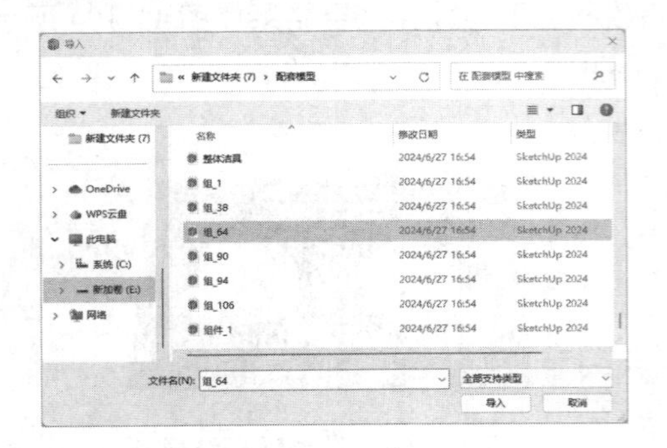

图 11-109　选择客厅吊灯

图 11-110　调整导入吊灯的位置

18 在【材料】面板中使用吸管单击吸取吊灯材质，如图 11-111 所示。此时可快速地在 V-Ray 资源管理器材质列表下方找到相应的材质。

19 在 V-Ray 资源管理器的右侧界面设置自发光材质参数，如图 11-112 所示。

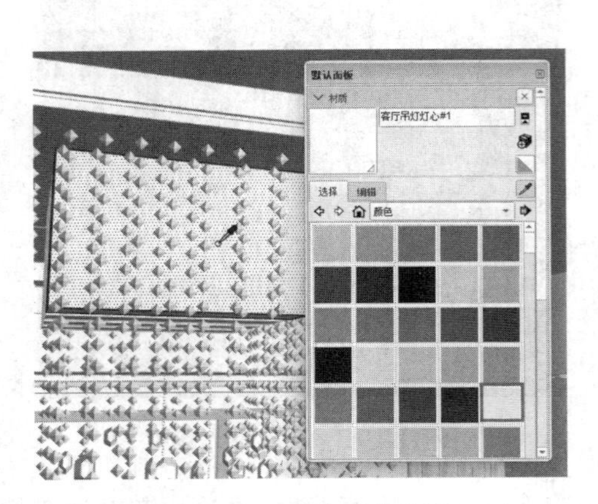

图 11-111　吸取吊灯材质

图 11-112　设置自发光材质参数

20 在 V-Ray 资源管理器中单击，进行简单的渲染，效果如图 11-113 所示。

图 11-113　简单渲染效果

21 使用同样的方法，在餐桌和沙发旁放置灯具，结果如图 11-114 所示。

22 在放置的沙发灯具下方放置矩形灯，如图 11-115 所示。

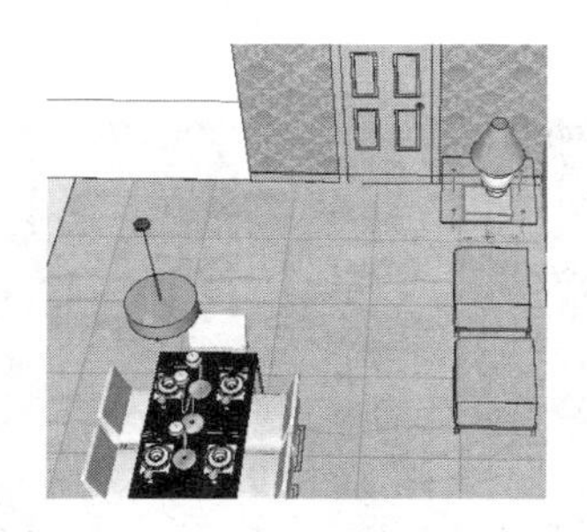

图 11-114　在沙发旁放置灯具

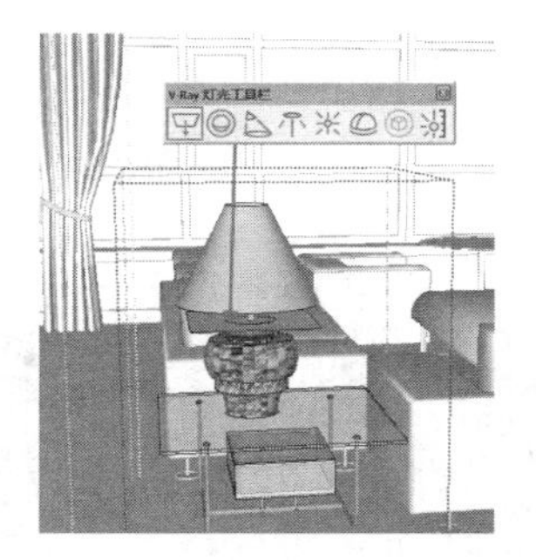

图 11-115　放置矩形灯

23 打开 V-Ray 资源管理器，在【光源】列表中选择矩形灯，单击右侧界面中的颜色色块。在【拾色器】中设置颜色参数，如图 11-116 所示。

24 在 V-Ray 资源管理器的右侧界面设置灯光参数，如图 11-117 所示。

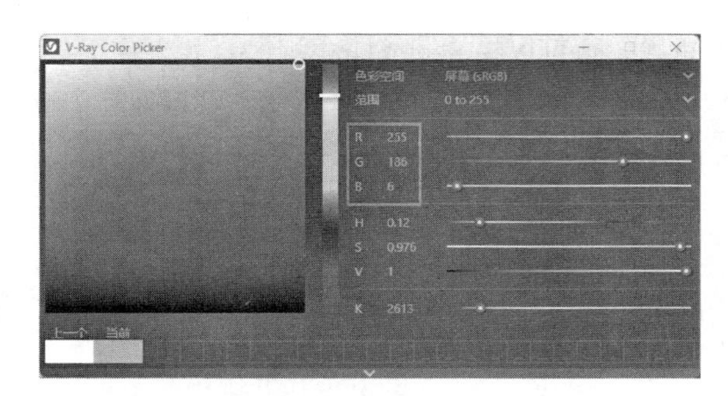

图 11-116　设置颜色参数

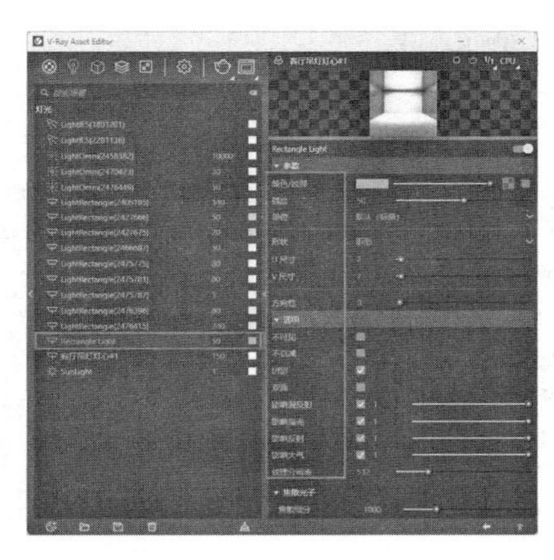

图 11-117　设置灯光参数

25 使用同样的方法在餐桌上方的吊灯处创建矩形灯，如图 11-118 所示。

26 打开 V-Ray 资源管理器，在右侧的界面中设置灯光参数，如图 11-119 所示。

图 11-118　创建矩形灯

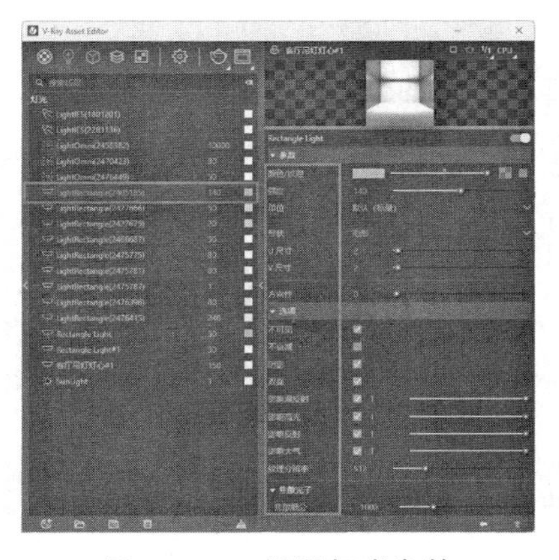

图 11-119　设置灯光参数

27 使用【材料】面板中的吸管工具吸取沙发左边的落地灯灯罩，在 V-Ray 资源管理器中单击透明度色块，在【拾色器】中设置透明度颜色为“80,80,80”，如图 11-120 所示。

28 在 V-Ray 资源管理器中设置发光强度为 50，如图 11-121 所示。至此，灯光布置完成。

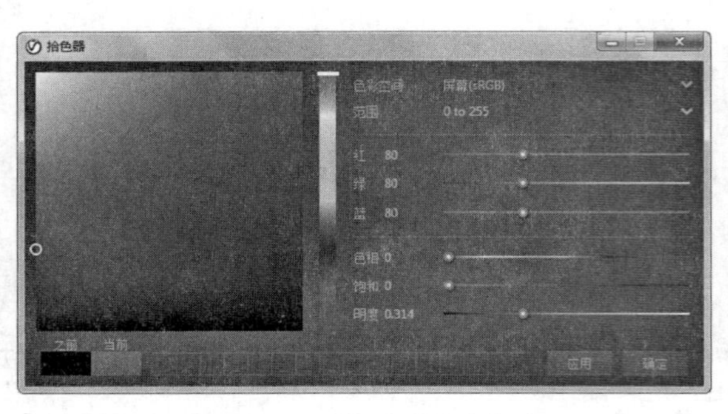

图 11-120　设置透明度颜色

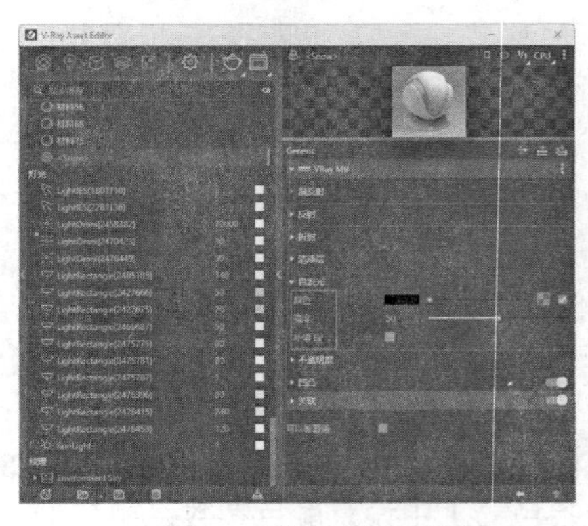

图 11-121　设置发光强度

11.3.4　添加装饰

灯光布置完成后，可以在室内增加一些装饰，如盆栽、餐具等，使室内效果更加真实。添加室内装饰时，既可以从随书光盘提供的组件库中查找，也可以在 SketchUp 网上 3D 模型库下载。

单击工具栏中的【获取模型】按钮，打开 3D 模型库，如图 11-122 所示。在搜索栏中输入“盆栽”，可以搜索到模型库中的盆栽模型，如图 11-123 所示。

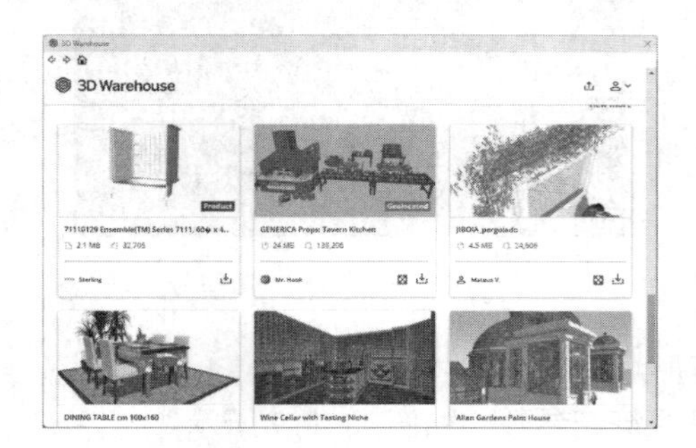

图 11-122　打开 3D 模型库

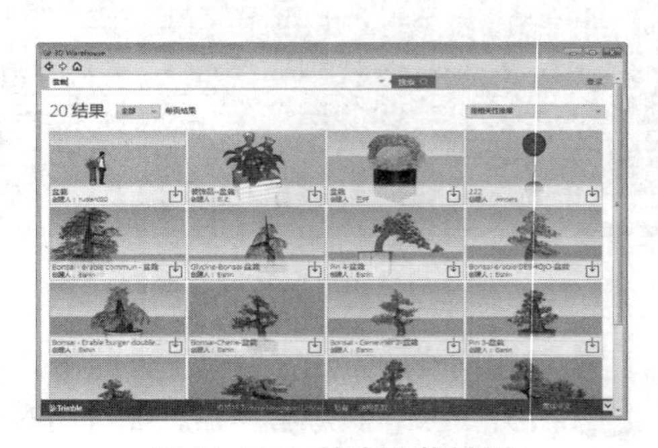

图 11-123　搜索盆栽模型

选择需要的模型，如图 11-124 所示，单击【下载】即可进行导入，如图 11-125 所示。

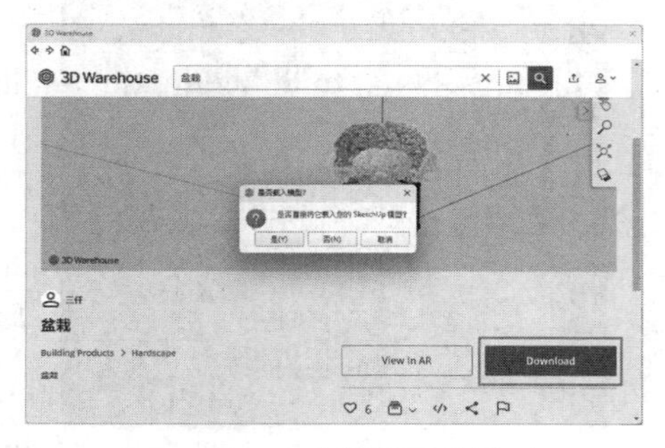

图 11-124　选择需要的模型

图 11-125　导入模型

将下载的盆栽模型放置在阳台合适的位置，如图 11-126 所示。使用同样的方法放置其他盆栽及装饰，结果如图 11-127 所示。

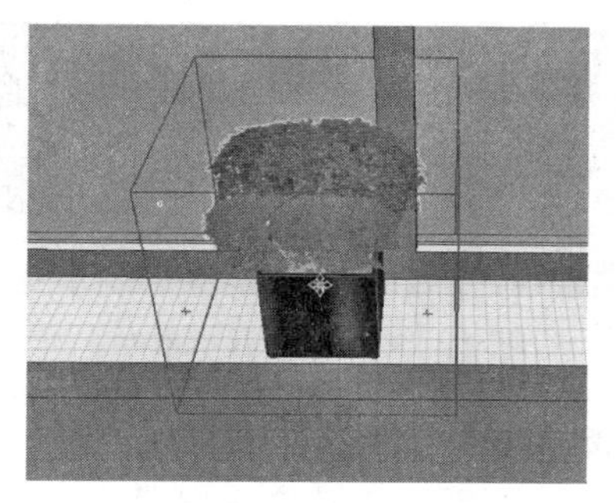

图 11-126　放置盆栽模型

图 11-127　放置其他盆栽及装饰

11.3.5　最终渲染

布置好室内装饰后，接下来设置摄像机的拍摄角度，具体操作如下。

01 单击工具栏上【定位摄像机】按钮，在图中适当的位置进行放置，如图 11-128 所示。

02 放置到合适的位置后单击定位镜头，结果如图 11-129 所示，此时的摄像机拍摄高度为系统默认的高度 1676mm。

图 11-128　放置摄像机位置

图 11-129　单击定位镜头

03 在键盘上输入 980mm，并按回车键调整摄像机的高度，如图 11-130 所示。

04 单击阴影工具栏上的【显示 / 隐藏阴影】按钮，打开阴影显示，对阴影进行适当的调整，结果如图 11-131 所示。

图 11-130　调整摄像机拍摄高度

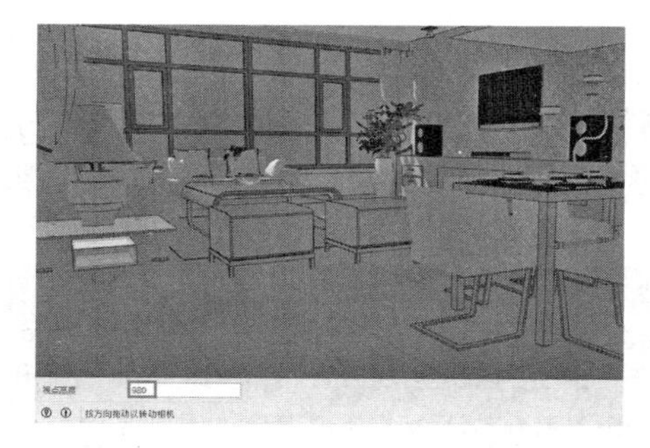

图 11-131　调整阴影的结果

05 在 V-Ray 资源管理器的工具栏上单击设置按钮，如图 11-132 所示。

06 在【渲染输出】卷展栏中设置尺寸参数，如图 11-133 所示。

图 11-132　单击设置按钮

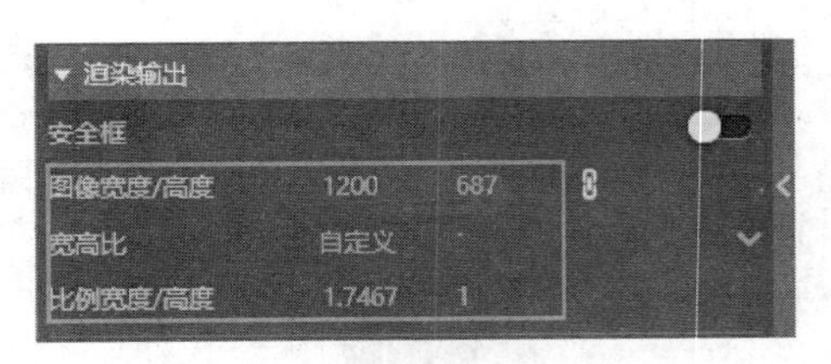

图 11-133　设置尺寸参数

07 在【环境】卷展栏中设置 GI（天光）强度为 2，如图 11-134 所示。

08 打开【渲染输出】卷展栏，选择【保存图片】选项，并设置渲染文件保存的路径以及类型，如图 11-135 所示。

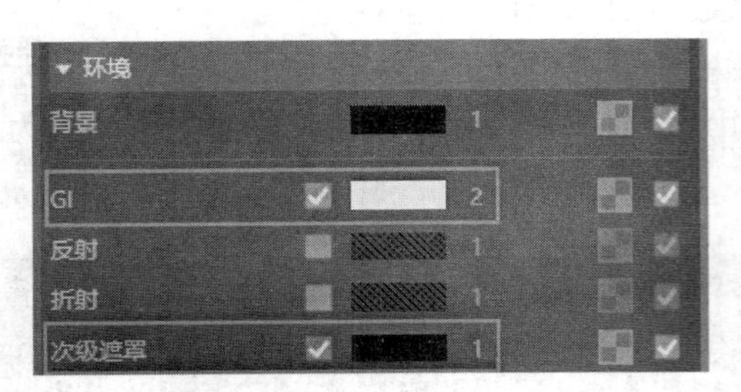

图 11-134　设置环境参数

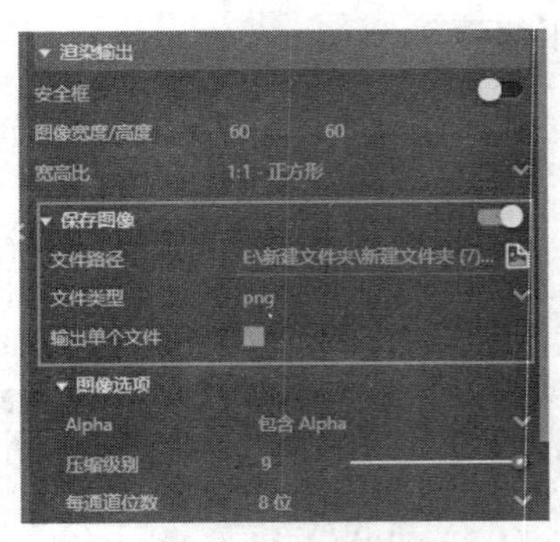

图 11-135　设置渲染文件保存参数

09 在【全局照明】卷展栏中设置【首次射线】为“发光贴图”,【次级射线】为“灯光缓存”，如图 11-136 所示。

10 在【发光贴图】卷展栏中设置最小比率为 −2，细分为 80，如图 11-137 所示。

图 11-136　设置全局照明参数

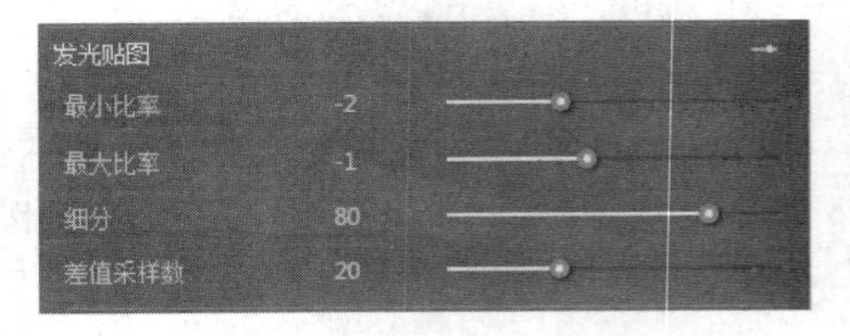

图 11-137　设置发光贴图参数

11 在【灯光缓存】展卷栏中设置细分为 1200，重追踪为 6，如图 11-138 所示。

12 设置完成后，单击渲染按钮渲染场景，如图 11-139 所示。

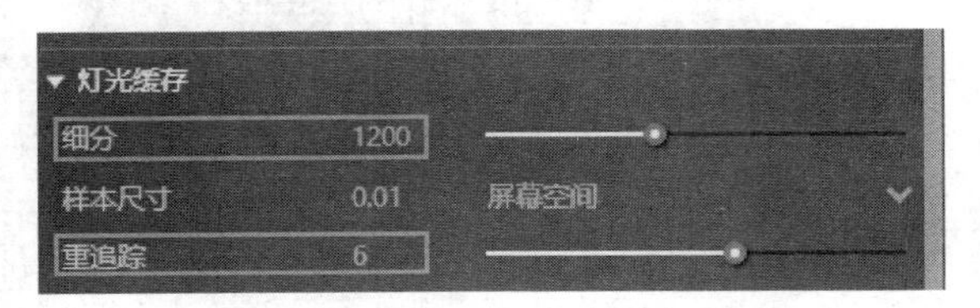

图 11-138　设置灯光缓存参数

图 11-139　单击渲染按钮

13 渲染完成结果如图 11-140 所示。

图 11-140　渲染完成结果